7.2.4 实例操作——制作茶几

7.3.3 实例操作——制作沙发

7.4.1 实例操作——制作文件架

7.5.2 实例操作——制作墙体及窗户

7.5.3 实例操作——制作欧式台灯

7.5.5 实例操作——制作装饰画

7.6.2 实例操作——制作窗帘

7.6.3 实例操作——制作圆形桌布

7.7.1 实例操作——制作旋转楼梯

7.7.2 实例操作——制作田园台灯

7.7.7 实例操作——制作液晶显示器

8.6.1 瓷器材质

8.6.2 木纹材质

8.6.3 石材材质

8.6.4 包装盒材质

8.6.5 玻璃材质

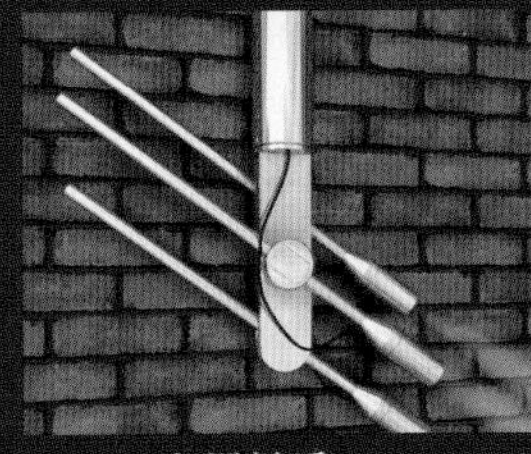
8.6.6 金属材质

8.6.7 镜面材质

9.5 大堂灯光的创建

10.3.1 卫生间摄影机

10.3.2 鸟瞰

11.4.2 VR毛皮

11.4.3 VR平面

11.5 VRay置换模式

13.1　VRay白膜线框图的渲染

13.2　草图渲染的参数设置

13.3　成图渲染的参数设置

13.4　存储并调用光子贴图

14.2.1　图层

14.2.2　通道

14.2.3　蒙版

15.5　调整配景素材

15.6　使用“羽化”功能处理倒影

15.7　使用渐变工具调整背景

16.1　光晕效果

16.2　背景环境的添加

16.3　阴影和倒影的添加

16.4　室内后期处理流程

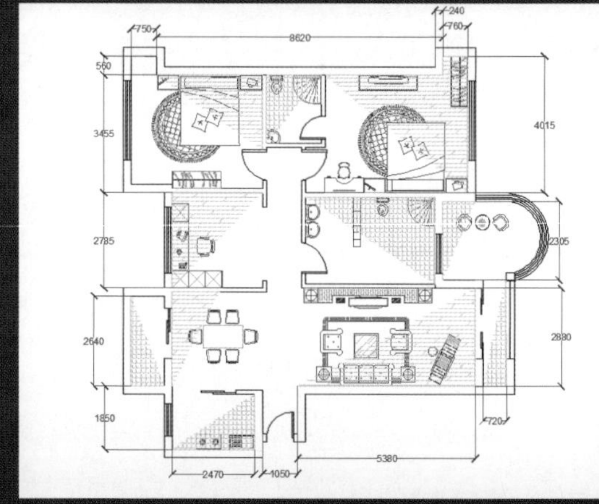

第5章　户型平面图设计

第17章 客厅的设计与表现

简约欧式客厅，整体风格豪华、富丽，充满强烈的动感，使用轻快纤细的曲线装饰，效果典雅、亲切。设计方案以白色凹凸的壁纸、经典的欧式家具、水晶灯等来表现富丽而不奢华的客厅格调。

第18章 餐厅的设计与表现

简约欧式餐厅，明朗轻快的橙色色调，给人一种温馨的感觉，也能够促进人的食欲。餐厅的墙面装饰设计上下了一番功夫，制作了一个反光的磨砂镜面，使这个小小的餐厅空间看起来更宽阔。

第20章
卫生间的设计与表现

卫生间是家中最隐秘的一个地方，精心对待卫生间，就是精心捍卫自己和家人的健康与舒适。本案例中的卫生间设计主要凸显的是整体简约欧式风格，除此之外，还在此空间中隔出洗浴空间，方便实用。

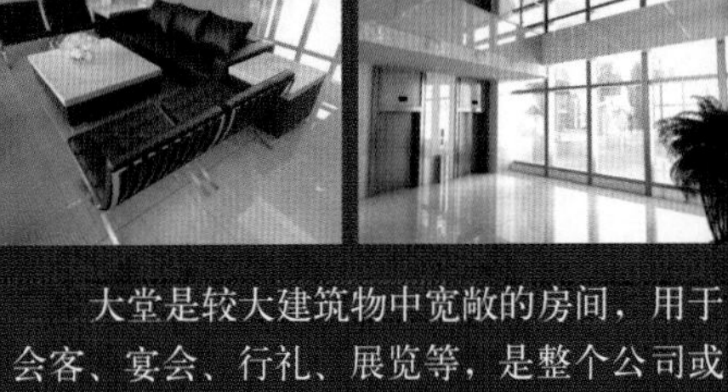

第21章 大堂的设计与表现

大堂是较大建筑物中宽敞的房间，用于会客、宴会、行礼、展览等，是整个公司或楼宇大厦的门面。在此案例中主要使用了瓷砖和金属以及玻璃材料进行装饰，使整个大堂空间显得庄重、宽敞、干净。其中添加了一系列的装饰植物，使得颜色的氛围带有生机和动态，使得大堂不再单调。

第22章
住宅楼的设计与表现

住宅楼是供居住的房屋，是家人日常起居、外人不得随意进入的封闭空间。在本案例中模型的建立主要凸显居民楼的层次感和亲切感。主要设计还是表现在后期处理中，通过添加装饰植物、广场、人物等素材，表达出亲切的园林家园的感觉。

圣典之作

◎ **技术手册** 22章400多页的手册篇幅，全面系统地讲解了AutoCAD、3ds Max、VRay、Photoshop制作室内外精美效果图的过程，结合实际经验，方便、快捷、灵活地绘制出超写实的效果图。

◎ **精美案例** 6个大型室内外效果图案例，涉及客厅、餐厅、卧室、卫生间、大堂以及住宅楼的设计与表现，通过一线老师多年的设计经验，完美地将其呈现给读者。

孙启善 裴祥喜 秦 浩 编著

超值附赠**4.3GB**的**DVD**光盘内容，其中包括300多个贴图文件、200多个场景文件、80多个素材文件，以及近900分钟的视频教学文件，同时还赠送1500多个光域网、模型库和贴图文件。

北京希望电子出版社
Beijing Hope Electronic Press
www.bhp.com.cn

内容简介

本书讲述用 AutoCAD、3ds Max、VRay、Photoshop 制作室内外精美效果图的过程，利用各软件相互配合中的技巧，结合实际经验，方便、快捷、灵活地绘制出超写实的效果图。

全书共 5 部分。第 1 部分 AutoCAD 平面绘图篇，包括 1~5 章，主要讲述 CAD 的基本操作及绘制各种图纸的方法；第 2 部分 3ds Max 模型制作篇，包括 6~10 章，主要讲述 3ds Max 的基本操作及效果图的制作思路；第 3 部分 VRay 渲染器篇，包括 11~13 章，主要介绍 VRay 的基本操作及灯光材质和渲染的设置；第 4 部分 Photoshop 后期处理篇，包括 14~16 章，主要介绍 Photoshop 在后期处理中的重要性，及如何修饰渲染出效果图文件；第 5 部分综合案例写实篇，包括 17~22 章，主要介绍室内外效果图的制作构思和流程。

本书语言简洁、实例精彩，既可以作为室内外设计人员的参考手册，也可以供各类电脑设计培训班作为学习教材。

本书配套光盘中的内容为部分场景文件、素材文件及多媒体教学视频文件。

图书在版编目（CIP）数据

AutoCAD+3ds Max+VRay+Photoshop 室内外效果图设计手册 / 孙启善，裴祥喜，秦浩编著. —北京：北京希望电子出版社，2014.2

ISBN 978-7-83002-131-3

Ⅰ. ①A… Ⅱ. ①孙… ②裴… ③秦… Ⅲ. ①室内装饰设计－计算机辅助设计－AutoCAD 软件②室内装饰设计－计算机辅助设计三维动画软件③室内装饰设计－计算机辅助设计－图像处理软件 Ⅳ. ①TU238-39

中国版本图书馆 CIP 数据核字（2013）第 312715 号

出版：北京希望电子出版社
地址：北京市海淀区上地 3 街 9 号
金隅嘉华大厦 C 座 610
邮编：100085
网址：www.bhp.com.cn
电话：010-62978181（总机）转发行部
010-82702675（邮购）
传真：010-82702698
经销：各地新华书店

封面：付 巍
编辑：刘秀青
校对：刘 伟
开本：787mm×1092mm 1/16
印张：26.5（彩页 8 面）
印数：1-3000
字数：607 千字
印刷：北京瑞富峪印务有限公司
版次：2014 年 2 月 1 版 1 次印刷

定价：59.00 元（配 1 张 DVD 光盘）

Preface 前言

随着计算机技术的飞速发展，人类正进入信息时代，计算机与信息技术的迅猛发展正在改变人们的思维、工作、生活和学习方式。目前，一个普通的读者掌握1~3个图形图像处理软件是比较普遍的。但在目前的市场中，一本书中所涉及到的内容往往是相对片面的，想要全面、透彻地学习几个设计软件，靠一本书是难以达到的。本书就是为了满足广大读者对这方面知识的渴求，可以娴熟地，更专业、更系统地将这几个软件结合使用，从而可以得心应手地创作出高品质的效果图。

本书共分为5部分。第1部分AutoCAD平面绘图篇，包括第1~5章，介绍AutoCAD 2014基础知识、AutoCAD基本图形的绘制与修改、图层/图块的设置与控制、尺寸标注在图纸中的应用、户型平面图设计等内容。第2部分3ds Max模型制作篇，包括第6~10章，介绍3ds Max 2014基础知识、模型的创建与编辑、3ds Max的材质、3ds Max的灯光、3ds Max的摄影机等内容。第3部分VRay渲染器篇，包括第11~13章，介绍认识VRay、VRay的渲染参数面板、VRay的基本操作等内容。第4部分Photoshop后期处理篇，包括第14~16章，介绍Photoshop CS6基础应用、Photoshop中的常用工具和命令、后期处理技巧等内容。第5部分综合案例写实篇，包括第17~22章，介绍客厅的设计与表现、餐厅的设计与表现、卧室的设计与表现、卫生间的设计与表现、大堂的设计与表现、住宅楼的设计与表现等内容。

本书编写的目的是帮助热衷于室内设计及创作电脑效果图的朋友，全面掌握AutoCAD、3ds Max、VRay、Photoshop软件的基本应用，可以轻松、专业地制作出高水准的作品。作者力求用精简的语言讲述更充实的软件知识、内容，以满足业界各层次读者不同程度的认识与需求，并能在学习完本书后，有一种收获颇丰、书超所值的感觉。

本书由具有多年教学和工作经验的设计师孙启善、裴祥喜、秦浩编写，其中河北工程技术高等专科学校裴祥喜老师编写了第1~10章，淄博职业学院秦浩老师编写了第11~16章，孙启善老师编写了第17~22章。在写作的过程中，得到了王梅君、孔令起、李秀华、王保财、张波、陈云龙、冯常伟、耿丽丽、韩雷、王宝娜、李娜、王玉、孙平、张双志、陈俊霞、孙玉雪、张金忠、崔会静、宋海生等的大力帮助和支持，在此表示由衷的感谢。

经过紧张的组织、策划和创作，本书终于如期面世。在写作过程中，虽然始终坚持严谨、求实的作风和追求高水平、高质量、高品位的目标，但错误和不足之处在所难免，敬请读者、专业人士和同行批评、指正、赐教，我们将诚恳接受您的意见，并在以后推出的图书中不断改进和提高。

邮箱：bhpbangzhu@163.com。

编著者

目录 Contents

第5章 户型平面图设计

第6章 3ds Max 2014基础

第7章 模型的创建与编辑

第8章 3ds Max的材质

第9章 3ds Max的灯光

第10章 摄影机

第11章 认识VRay

第12章 VRay的渲染参数面板

第13章 VRay的基本操作

第14章 Photoshop CS6基础应用

第15章 Photoshop中的常用工具和命令

第16章 后期处理技巧

第17章 客厅的设计与表现

第18章 餐厅的设计与表现

第19章 卧室的设计与表现

第20章 卫生间的设计与表现

第21章 大堂的设计与表现

第22章 住宅楼的设计与表现

第1章　AutoCAD 2014基础知识

本章内容

- AutoCAD的概述及功能
- 进入AutoCAD系统
- AutoCAD界面详解
- 专业绘制图纸的方法

从本章开始，将带领大家学习AutoCAD这个软件。AutoCAD（Auto Computer Aided Design）是美国Autodesk公司首次于1982年开发的自动计算机辅助设计软件，用于二维绘图、详细绘制、设计文档和基本三维设计，现已经成为国际上广为流行的绘图工具。AutoCAD具有良好的用户界面，通过交互菜单或命令行方式便可以进行各种操作。它的多文档设计环境，让非计算机专业人员也能很快地学会使用。在不断实践的过程中，更好地掌握它的各种应用和开发技巧，可以不断提高工作效率。AutoCAD具有广泛的适应性，它可以在各种操作系统支持的微型计算机和工作站上运行。

计算机常用术语约定如下。

- 单击：指快速按鼠标左键一下。
- 单击右键：指快速按鼠标右键一下。
- 双击：指快速连续两次按左键。
- 拖曳：按住鼠标左键不放，同时拖动鼠标到预定的位置，松开鼠标左键。
- +：指同时按下加号左、右的两个键，如Alt+F4表示同时按下键盘中的Alt和F4两个键。
- |：在以后的练习中以单竖线来表示执行菜单命令的层次，如“文件”|“打开”表示先单击“文件”菜单，然后在弹出的下拉菜单中单击“打开”命令。

1.1　AutoCAD的概述及功能

在学习AutoCAD之前，首先来了解一下什么是CAD。CAD是英语Compute-Aided-Design的缩写，意思是“计算机辅助设计”；Auto是用户熟悉的Automation（自动化）英语词头；而2014是一个软件版本序号，在AutoCAD 2000之前，是以版本升级的顺序命名，如AutoCAD R12.0、AutoCAD R13.0、AutoCAD R14.0等。AutoCAD 2014是AutoCAD 2013的全面升级版本。

尽管计算机从诞生到现在已经有半个多世纪的历史，但计算机得到突飞猛进的发展，也就是近一二十年，甚至可以说是近几年的事。特别是PC机（Personal-Computer个人计算机）的简单化、用户化推动了计算机的发展。计算机的软件和硬件是一对不可分割的孪生兄弟，软件的发展离不开硬件作支持，硬件的发展如果离开了软件也寸步难行。

美国Autodesk®公司于1982年12月推出了AutoCAD的第一个版本AutoCAD R1.0。那时候，可能只有简单的几个命令，如直线、圆等，运行于很低级的DOS操作系统。随着计算机的硬件和软件的发展，Autodesk®公司相继推出了AutoCAD R1.0版~ AutoCAD 2013。美国当地时间2013年3月26日，Autodesk通过网络广播发布消息，称其2014系列的软件套件，建筑、产品、工厂、工厂设计、工程、建筑和基础设施，以及数字娱乐创作的预览版可以到公司网站下载。2014年套件正式版已在4月12日面市。

AutoCAD 2014版本提供了图形选项卡，它在打开的图形间切换或创建新图形时非常方便。对Windows 8全面支持，即全面支持触屏操作这种超炫的操作方法。增加了社会化合作设计功能，可以通过AutoCAD 2014与其他设计者交流并交换图形。实景地图支持，可以将DWG图形与现实的实景地图结合在一起，利用GPS等方式直接定位到指定位置上。

1.2 进入AutoCAD 2014系统

如果计算机里已经安装了程序系统，那么就可以启动并学习AutoCAD这个功能强大的二维与三维设计软件了。

如何启动并快速地进入AutoCAD系统呢？接下来就学习启动AutoCAD系统的3种方法。

1.2.1 启动AutoCAD

对于初次接触AutoCAD的读者，如何打开并进入AutoCAD系统呢？在这里介绍3种方法，其前提条件是：首先应该认识AutoCAD的启动程序快捷图标；知道AutoCAD安装在硬盘上所默认的路径；了解AutoCAD所生成的文件类型，这是启动并进入AutoCAD系统之前要做的准备工作。

1. 第一种方法

可把光标放在Windows系统界面上，在创建好的启动程序快捷图标上面双击，即可启动AutoCAD系统。

2. 第二种方法

单击任务栏左边的（开始）按钮，在弹出的选项菜单中依次单击“所有程序”|“Autodesk”|“AutoCAD 2014-简体中文(Simplified Chinese)”|“AutoCAD 2014”选项，即可启动AutoCAD系统，如图1-1所示。

所有程序 | Autodesk | AutoCAD 2014 - 简体中文 (Simplit | AutoCAD 2014 - 简体中文

图1-1

3. 第三种方法

在资源管理器中（或其他任何渠道）找到扩展名为“.dwg”的文件，双击该文件，即可启动进入AutoCAD系统，如图1-2所示。

以上的3种启动方法，只要执行了任何一种启动方式，都可以进入AutoCAD系统。此时，屏幕上即出现AutoCAD的启动画面，如图1-3所示。

图1-2

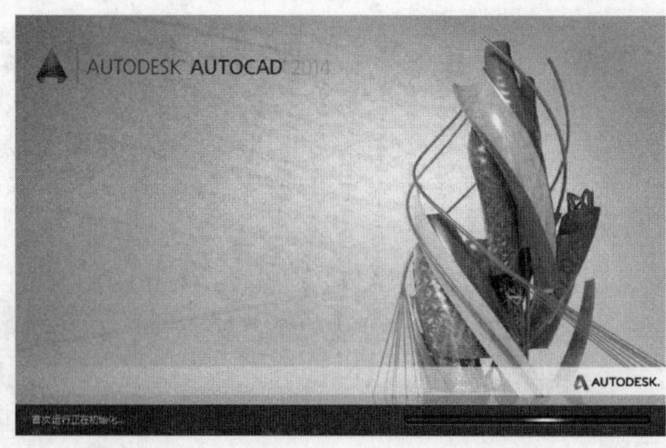

图1-3

等待一会儿，系统就会进入到工作界面当中。

> **注意** 在后面学习3ds Max的时候，它们的启动方式是一样的，到时就不重复讲述了，希望大家注意。

AutoCAD 2014默认的启动状态如图1-4所示。

默认状态下启动AutoCAD 2014此时，会显示“欢迎”对话框，在其中可以看到有“工作”、“学习”、“扩展”3个板块，其中我们最常用的是“工作”板块。“工作”板块中共有4个命令，它们分别是“新建”、“打开”、“打开样例文件”、“最近使用的文件”。如果不想在启动AutoCAD 2014后显示“欢迎”对话框，可以在“欢迎”对话框的左下角取消勾选“启动时显示”复选框。

图1-4

1.2.2 退出AutoCAD

当退出AutoCAD 2014绘图软件时，首先要退出当前的AutoCAD文件。如果当前文件已经保存，那么用户可以使用以下方式退出软件。

- 单击AutoCAD 2014标题栏中的 (关闭) 按钮。
- 按Alt+F4组合键。
- 执行菜单栏中的“文件”|“退出”命令。
- 在命令行中输入Quit或Exit后，按Enter键。
- 展开“应用程序菜单”，单击退出 Autodesk AutoCAD 2014按钮。

在退出AutoCAD 2014软件之前，如果没有将当前的绘图文件保存，那么系统将会弹出如图1-5所示的提示对话框，单击“是”按钮，将弹出“图形另存为”对话框，用于对图形进行命名保存；单击“否”按钮，系统将放弃保存并退出AutoCAD 2014软件；单击“取消”按钮，系统将取消当前执行的退出命令。

图1-5

1.3 AutoCAD 2014界面详解

AutoCAD 2014的4个工作空间各有特点及优势，但作为AutoCAD 2014基础用户，选择“AutoCAD经典”工作空间比较明智，该工作空间界面与其他应用程序界面比较相似，更为大众化，容易被初级用户所接受。本节以“AutoCAD经典”工作空间为例，首先介绍AutoCAD 2014的工作界面各元素及其功能。

从图1-6中可以看出，AutoCAD 2014的界面主要由快速访问工具栏、菜单栏、工具栏、绘图工具栏、绘图区、命令行、状态栏等界面元素组成，本节首先简单介绍界面各元素的基本功能和操作。

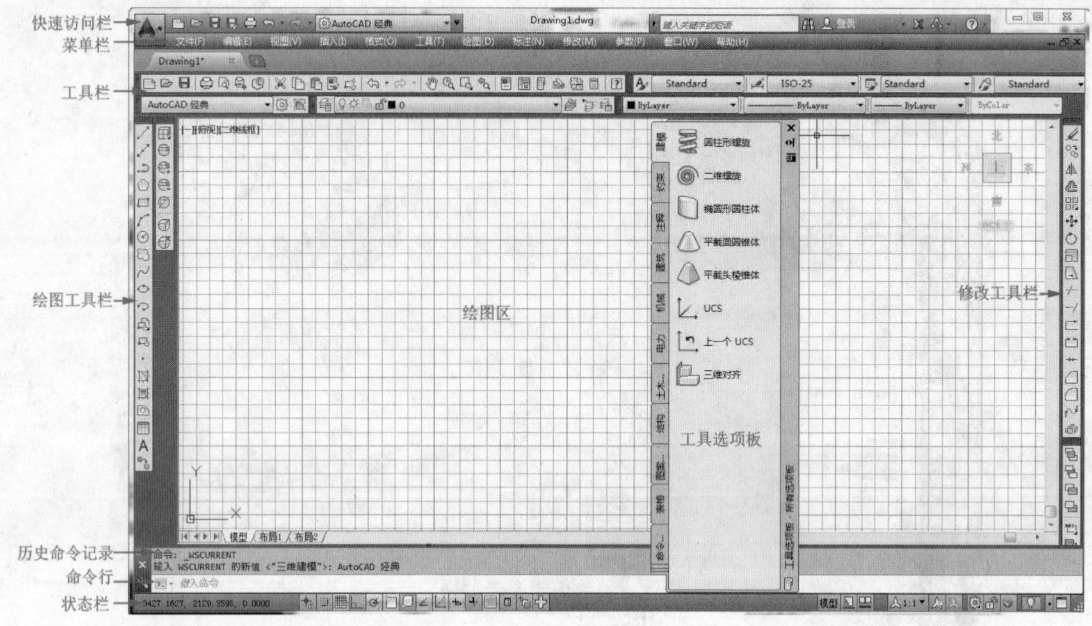

图1-6

1.3.1 标题栏

标题栏位于AutoCAD 2014工作界面的最顶部，如图1-7所示。

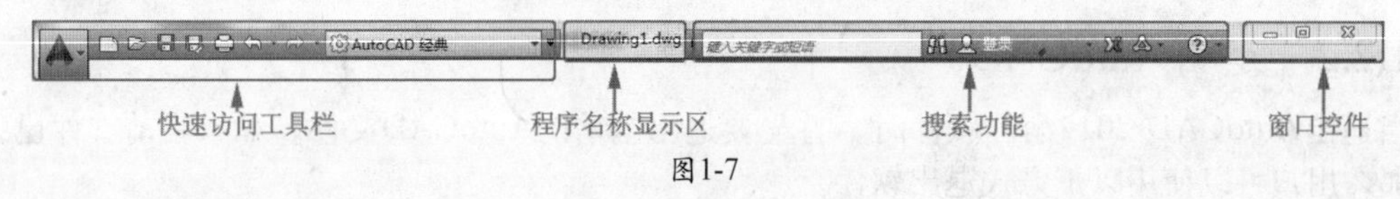

图1-7

标题栏的左端为快速访问工具栏，另外还包括程序名称显示区、搜索功能和窗口控制按钮等内容。

- 快速访问工具栏不但可以快速访问某些命令，还可以添加、删除常用命令按钮到工具栏中，以及控制菜单栏的显示和各工具栏的开关状态等。
- 程序名称显示区主要用于显示当前正在运行的程序名和当前被激活的图形文件名称。
- 搜索功能可以快速获取所需信息，搜索所需资源。
- 窗口控制按钮位于标题栏最右端，主要有（最小化）、（恢复）、（最大化）和（关闭）按钮，分别用于控制AutoCAD窗口的大小和关闭。

1.3.2 菜单栏

菜单栏位于标题栏的下侧，如图1-8所示。AutoCAD的常用制图工具和编辑等工具都分门别类地排列在这些菜单中，在主菜单项上单击左键，即可展开此主菜单，然后将光标移至所需命令选项上单击左键，即可激活该命令。

图1-8

AutoCAD共为用户提供了“文件”、“编辑”、“视图”、“插入”、“格式”、“工具”、“绘图”、“标注”、“修改”、“参数”、“窗口”、“帮助”共12个主菜单。

- “文件”菜单：用于对图形文件进行设置、保存、清理、打印以及发布等。
- “编辑”菜单：用于对图形进行一些常规编辑，包括复制、粘贴、链接等。
- “视图”菜单：主要用于调整和管理视图，以方便视图内图形的显示，便于查看和修改图形。
- “插入”菜单：用于向当前文件中引用外部资源，如块、参照、图像、布局以及超链接等。

- “格式”菜单：用于设置与绘图环境有关的参数和样式等，如绘图单位、颜色、线型及文字、尺寸样式等。
- “工具”菜单：为用户设置了一些辅助工具和常规的资源组织管理工具。
- “绘图”菜单：二维和三维图元的绘制菜单，几乎所有的绘图和建模工具都组织在此菜单内。
- “标注”菜单：专用于为图形标注尺寸的菜单，它包含了所有与尺寸标注相关的工具。
- “修改”菜单：主要用于对图形进行修整、编辑、细化和完善。
- “参数”菜单：主要用于为图形添加几何约束和标注约束等。
- “窗口”菜单：主要用于控制AutoCAD多文档的排列方式以及AutoCAD界面元素的锁定状态。
- “帮助”菜单：主要用于为用户提供一些帮助性的信息。

菜单栏左端的图标就是“菜单浏览器”图标，菜单栏最右边是AutoCAD文件的窗口控制按钮，如▬（最小化）、◫（还原）、▭（最大化）和✖（关闭）用于控制图形文件窗口的显示。

1.3.3 工具栏

工具栏位于绘图窗口的两侧和上侧，分别是主工具栏、绘图工具栏和修改工具栏。将光标移至工具栏按钮上单击左键，即可快速激活该命令。

在默认设置下，AutoCAD 2014共为用户提供了51种工具栏，在任一工具栏中单击右键，即可打开快捷菜单，显示各工具选项，如图1-9所示。

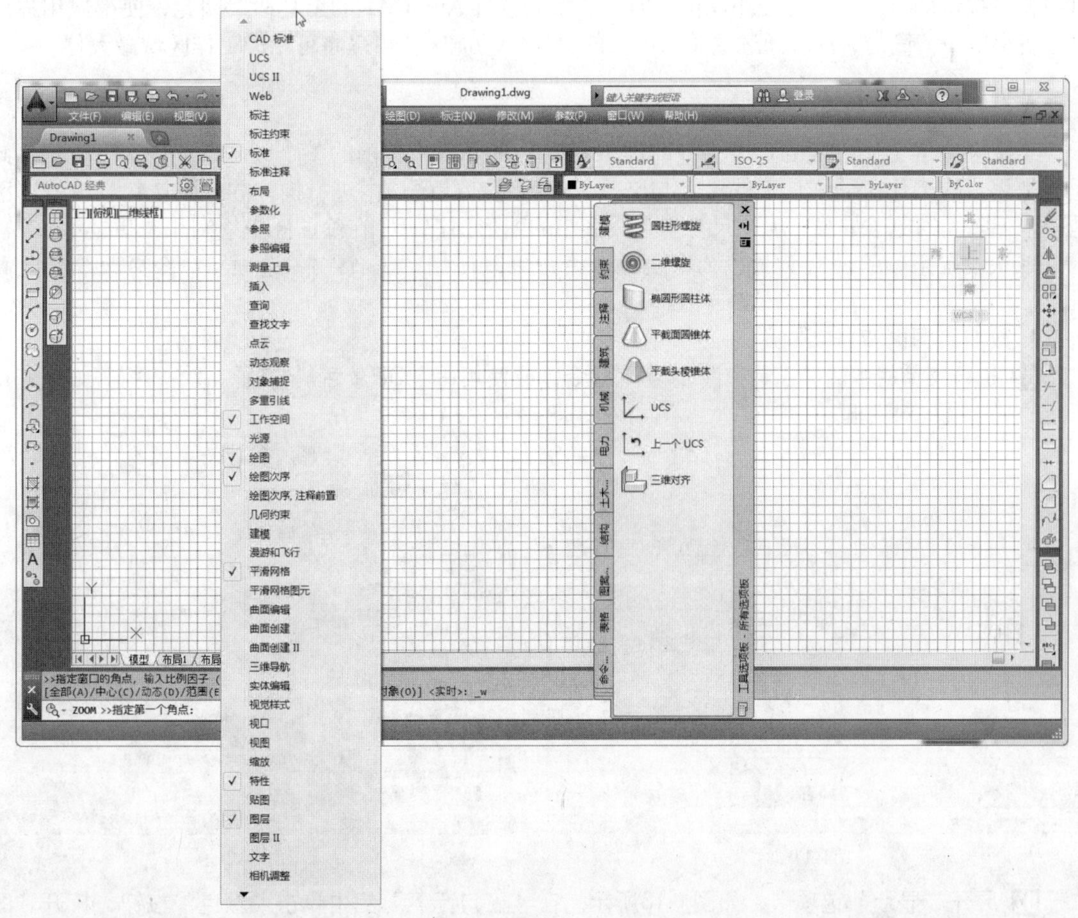

图1-9

在需要打开的选项上单击左键，即可打开相应的工具栏；将打开的工具栏拖到绘图区任一侧，松开左键即可将其固定；相反，也可将固定工具栏拖至绘图区，灵活控制工具栏的开关状态。

在工具栏快捷菜单中选择“锁定位置”|“固定的工具栏/面板”命令，可以将绘图区四侧的工具栏固定，工具栏一旦被固定后，是不可以被拖动的。另外，用户也可以单击状态栏中的（锁定/未锁定）按钮，从弹出的按钮菜单中控制工具栏和窗口的固定状态。

提示 在工具栏菜单中，带有勾号的表示当前已经打开的工具栏，不带有勾号的表示没有打开的工具栏。为了增大绘图空间，通常只将几种常用的工具栏放在用户界面上，而将其他工具栏隐藏，需要时再调出。

1.3.4 功能区

功能区主要出现在“二维草图与注释”、“三维建模”、“三维基础”等工作空间内，它代替了AutoCAD众多的工具栏，以面板的形式，将各工具按钮分门别类地集合在选项卡内。各工作空间中的功能区不尽相同，如图1-10所示是“草图与注释”工作空间的功能区。

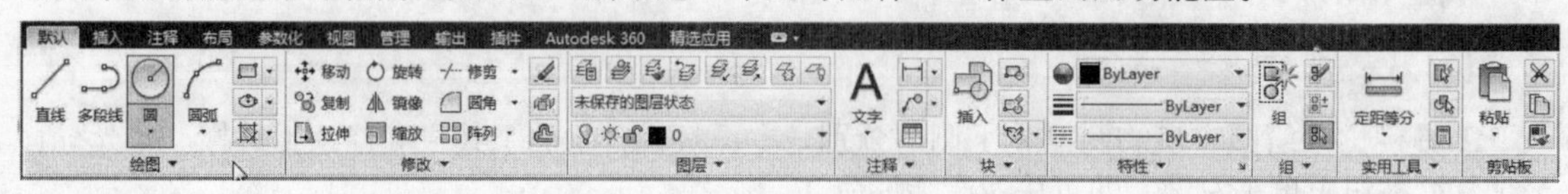

图1-10

在功能区中，用户调用工具非常方便，只需在功能区中展开相应选项卡，然后在所需面板上单击相应按钮即可。由于在使用功能区时，无需再显示AutoCAD的工具栏，因此，使得应用程序窗口变得单一、简洁有序。通过这单一简洁的界面，功能区还可以将可用的工作区域最大化。

1.3.5 绘图区

绘图区位于工作界面的正中央，即被工具栏和命令行所包围的整个区域，如图1-11所示。此区域是用户的工作区域，图形的设计与修改工作就是在此区域内进行操作的，默认状态下绘图区是一个无限大的电子屏幕，无论尺寸多大或多小的图形，都可以在绘图区中绘制和灵活显示。

默认设置下，绘图区背景色为深灰色，用户可以使用“工具”|“选项”命令更改绘图区背景色。

1. 改变绘图区背景

01 执行菜单栏中的“工具”|“选项”命令，或使用命令OP激活“选项”命令，打开如图1-12所示的“选项”对话框。

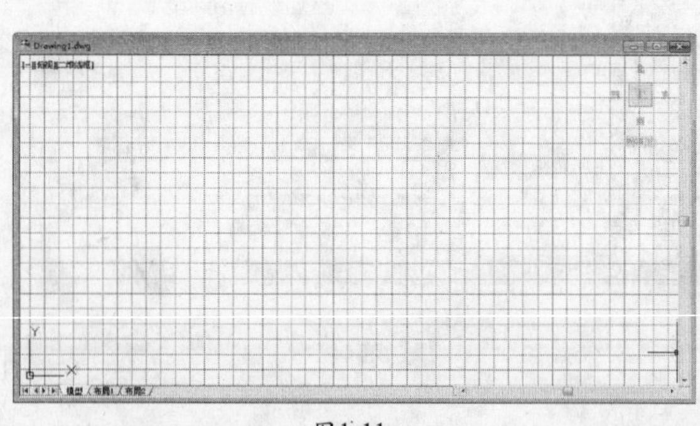

图1-11

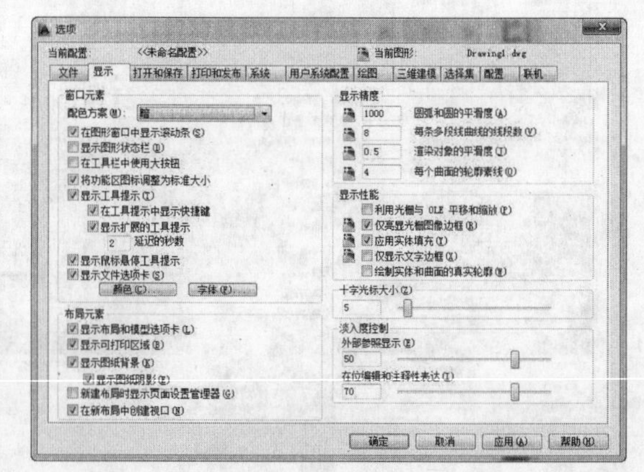

图1-12

02 展开“显示”选项卡，如图1-13所示。在“窗口元素”组中单击“颜色”按钮，打开“图形窗口颜色”对话框，展开“颜色”下拉列表，设置绘图背景颜色，如图1-14所示。

03 单击“应用并关闭”按钮返回“选项”对话框，单击“确定”按钮，完成背景颜色的设置。

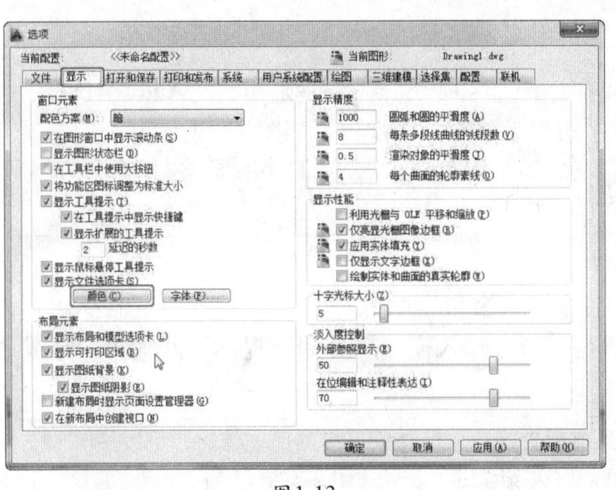

图1-13

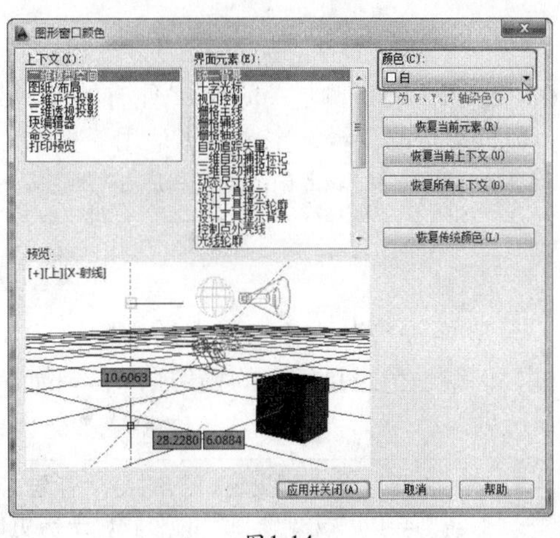

图1-14

2. 改变绘图区光标

当用户移动鼠标时，绘图区会出现一个随光标移动的十字符号，此符号被称为“十字光标”，它是由“拾取点光标”和“选择光标”叠加而成的，其中“拾取点光标”是点的坐标拾取器，当执行绘图命令时，显示为拾取点光标；“选择光标”是对象拾取器，当选择对象时，显示为选择光标；当没有任何命令执行的前提下，显示为十字光标，如图1-15所示。

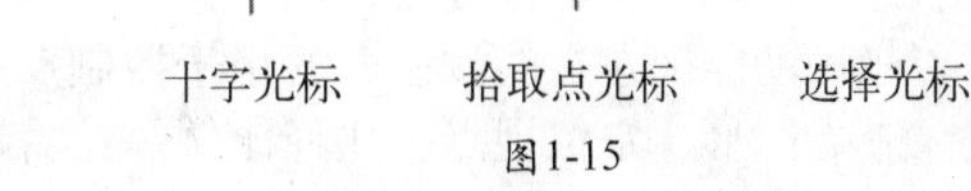

图1-15

在绘图过程中，有时需要设置坐标系图标的样式、大小，或隐藏坐标系图标。下面来学习坐标系图标的设置与隐藏技能，操作步骤如下。

01 执行菜单栏中的“视图”|“显示”|“UCS图标”|“特性”命令，打开如图1-16所示的“UCS图标”对话框。

02 从“UCS图标”对话框中可以看出，默认设置下系统显示三维UCS图标样式，用户也可以根据绘图需要单击“二维”单选按钮，将UCS图标设置为二维样式，如图1-17所示。

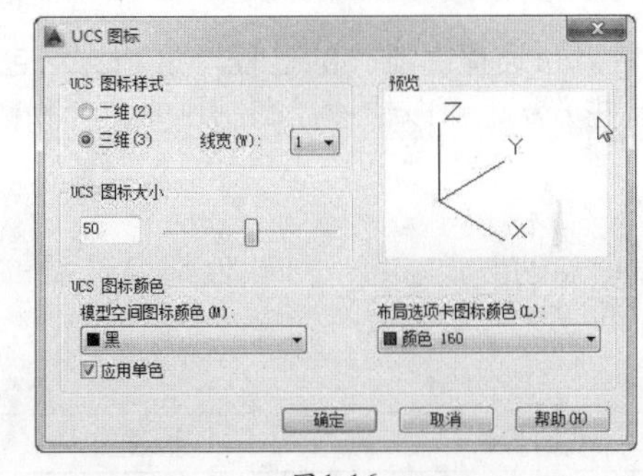

图1-16

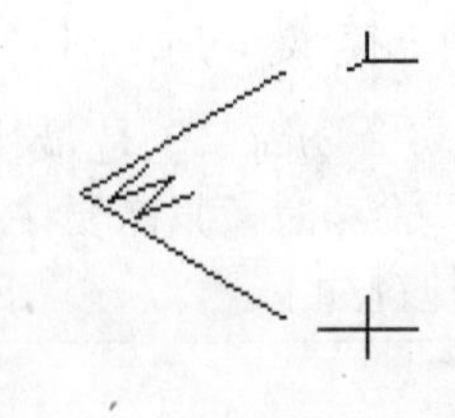

图1-17

03 在“UCS图标大小”组中可以设置图标的大小，默认为50。

04 在“UCS图标颜色”组中可以设置UCS图标的颜色，模型空间中UCS图标的默认颜色为黑色，布局空间中UCS图标的默认颜色为160号色。

05 执行菜单栏中的“视图”|“显示”|“UCS图标”|“开”命令，可以隐藏UCS图标。

3. 绘图区标签

在绘图区左下部有3个标签，即模型、布局1和布局2，分别代表了两种绘图空间，即模型空间和布局空间。模型标签代表了当前绘图区窗口是处于模型空间，通常在模型空间进行绘图。布局1和布局2是默认设置下的布局空间，主要用于图形的打印输出。用户可以通过单击标签，在这两种操作空间之间进行切换。

1.3.6 命令行及文本窗口

绘图区的下侧是AutoCAD独有的窗口组成部分，即“命令行”，它是用户与AutoCAD软件进行数据交流的平台，主要功能是用于提示和显示用户当前的操作步骤，如图1-18所示。

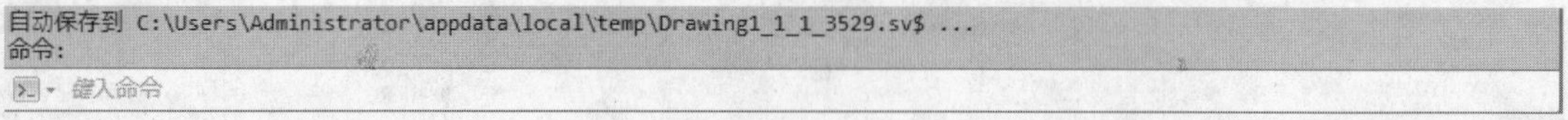

自动保存到 C:\Users\Administrator\appdata\local\temp\Drawing1_1_1_3529.sv$ ...
命令:
键入命令

图1-18

“命令行”分为“命令历史窗口”和“命令输入窗口”两部分：上面一行为“命令历史窗口”，用于记录执行过的操作信息；下面一行是“命令输入窗口”，用于提示用户输入命令或命令选项。

提示 由于“命令历史窗口”的显示有限，如果需要直观快速地查看更多的历史信息，可以按F2键，系统则会以“文本窗口”的形式显示历史信息，再次按F2键，即可关闭文本窗口。

1.3.7 状态栏与快捷按钮

如图1-19所示的状态栏位于AutoCAD操作界面的最底部，它由坐标读数器、辅助功能区、状态栏菜单3部分组成。

2456.3372, 1229.9836, 0.0000 模型

图1-19

状态栏左端为坐标读数器，用于显示十字光标所处位置的坐标值。坐标读数器右端为辅助功能区，辅助功能区左端的按钮主要用于控制点的精确定位和追踪；中间的按钮主要用于快速查看布局、查看图形、定位视点、注释比例等；右端的按钮主要用于对工具栏或窗口等固定、工作空间切换以及绘图区的全屏显示等，是一些辅助绘图功能。

单击状态栏右侧的小三角，可以打开状态栏快捷菜单，菜单中的各选项与状态栏中的各按钮功能一致，用户也可以通过各菜单项以及菜单中的各功能键控制各辅助按钮的开关状态。

1.4 专业绘制图纸的方法

在绘制图纸的过程中，有许许多多的方法可以快速提高制作的过程，这些方法包括快捷键、命令、辅助工具以及右键菜单等。熟悉和掌握这些方法，可以快速提高制作的速度和精确度。

1.4.1 快捷键的使用

“快捷键与命令简写”是最快捷的一种命令启动方式。每一种软件都配置了一些命令快捷键，在执行这些命令时，只需要按下相应的键即可。

常用的快捷键如下。

F1	帮助	Ctrl+N	新建文件
F2	打开文本窗口	Ctrl+O	打开文件
F3	对象捕捉开关	Ctrl+S	保存文件
F4	三维对象捕捉开关	Ctrl+P	打印文件
F5	等轴测平面转换	Ctrl+Z	撤销上一步操作
F6	动态UCS	Ctrl+Y	重复撤销的操作
F7	栅格开关	Ctrl+X	剪切
F8	正交开关	Ctrl+C	复制
F9	捕捉开关	Ctrl+V	粘贴
F10	极轴开关	Ctrl+K	超链接

F11	对象跟踪开关	Ctrl+0	全屏
F12	动态输入	Ctrl+1	特性管理器
Delete	删除	Ctrl+2	设计中心
Ctr+A	全选	Ctrl+3	特性
Ctrl+4	图纸集管理器	Ctrl+5	信息选项板
Ctrl+6	数据路连接	Ctrl+7	标记集管理器
Ctrl+8	快速计算器	Ctrl+9	命令行
Ctrl+W	选择循环	Ctrl+Shift+P	快捷特性
Ctrl+Shift+I	推断约束	Ctrl+Shift+C	带基点复制
Ctrl+Shift+V	粘贴为块	Ctrl+Shift+S	另存为

另外，AutoCAD还有一种更为方便的“命令简写”，即命令表达式的缩写，使用这种命令简写能够起到快速执行命令的作用，不过需要配合Enter键。例如“直线”命令的英文缩写为L，用户只需按下键盘上的L字母键后再按Enter键，就能激活画线命令。

1.4.2 透明命令的应用

在绘制图形时，如果需要复制、移动、定位的图形太大或太小，就不利于操作的进行，这时可以用“实时缩放”及“实时平移”功能缩放图形或移动图形至合适的大小。退出该命令时，前面正在执行的命令没有中断，可以继续进行操作，这样的命令就叫透明命令。“实时缩放”和“实时平移”是典型的透明命令。

设置“栅格”和“捕捉”能够精确地绘制和编辑对象。可以通过调整栅格和捕捉之间的距离，使其达到所需的捕捉距离，“栅格”和“捕捉”也是透明命令。

- “栅格”命令：是指定间距显示的点，给用户提供直接的距离和定位参照，它类似于可自定义的坐标值。
- “捕捉”命令：是与栅格配合使用的，它只能使光标以指定的间距移动。

可以调整栅格和捕捉的角度，或将栅格和捕捉栅格设置为等轴测模式，以便在二维空间中模拟三维视图。一般栅格和捕捉栅格具有相同的基点、旋转角度和间距，但间距可以设置为不同的值。

注意 栅格只显示在绘图界限范围之内，只是一种辅助定位系统，不是图形文件的组成部分，它不会被打印输出。

另外，在设置显示栅格时，间距不要太小，否则显示出的栅格可能密度太高而看不清楚图形，缩小图形时也可能因栅格太密而不显示栅格。

想调整栅格与捕捉，必须在“草图设置”对话框中改变栅格的距离与捕捉的距离。打开“草图设置”对话框，可用以下3种方法。

- 选择菜单栏中的“工具”|“绘图设置”命令。
- 在命令行中输入dsettings，按键盘上的Enter键。
- 将光标放在状态行中任意一个命令按钮上，单击鼠标右键，在弹出的快捷菜单中选择“设置”选项。

无论执行以上任意一种方法，都可以将“草图设置”对话框打开，如图1-20所示。

在“草图设置”对话框中共有7个选项卡，它们分别是“捕捉和栅格”、“极轴追踪”、“对象捕捉”、“三维对象捕捉”、“动态输入”、“快捷特性”和“选择循环”。

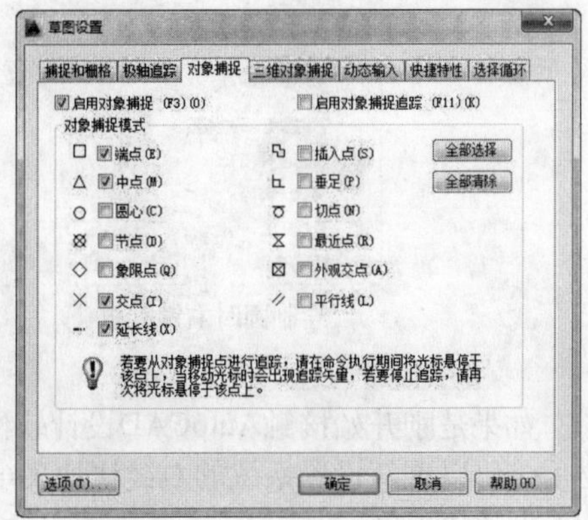

图1-20

- 捕捉和栅格：指定捕捉和栅格设置。
- 极轴追踪：控制自动追踪的设置。
- 对象捕捉：使用执行对象捕捉设置（也称为对象捕捉），可以在对象上的精确位置指定捕捉点。选择多个选项后，将应用选定的捕捉模式，以返回距离靶框中心最近的点。按Tab键，可以在这些选项之间循环。
- 三维对象捕捉：使用执行对象捕捉设置（也称为对象捕捉），可以在对象上的精确位置指定捕捉点。选择多个选项后，将应用选定的捕捉模式，以返回距离靶框中心最近的点。按Tab键，可以在这些选项之间循环。
- 动态输入：控制指针输入、标注输入、动态提示以及绘图工具提示的外观。
- 快捷特性：指定用于显示“快捷特性”面板的设置。
- 选择循环：可以通过按住 Shift+空格键来选择重叠的对象。可以控制是否显示蓝色光标图标以指示重叠对象，还可以配置“选择”列表框的显示。

1.4.3 绘图辅助工具的灵活应用

在绘制图形时，确定点的最快方法是，将光标移动至图形的任意点上，直接单击鼠标左键点取图形。但有时光标很难精确指定某一位置，总存在一定的误差，因此必须通过一些其他方法来辅助光标定位点。AutoCAD提供了一些绘图辅助工具，如“栅格”、“捕捉模式”、“对象捕捉”、“正交模式”、“对象捕捉模式”等。

1.4.4 右键快捷菜单的定义与设置

在执行命令的过程中，AutoCAD还提供了一种快捷菜单，当单击鼠标右键时将弹出右键快捷菜单。快捷菜单的选项因单击环境的不同而变化，快捷菜单提供了快速执行命令的途径。无论何时，只要在绘图窗口中单击鼠标右键，都会弹出相关命令和常用命令的快捷菜单，从而提高了作图效率。在命令的执行前后，图形的选择与未选择时，弹出的菜单各不相同。

执行命令后单击鼠标右键，弹出的菜单提示是否重复上次命令。命令执行过程中单击鼠标右键，弹出的菜单会提供当前所执行命令的所有选项，如图1-21所示。选定物体后单击鼠标右键，在弹出的菜单中会提供与所选物体有关的命令。选定物体时单击鼠标右键，在弹出的菜单中则提供基本的CAD命令，如剪切、复制、粘贴、快速选择、查找等。

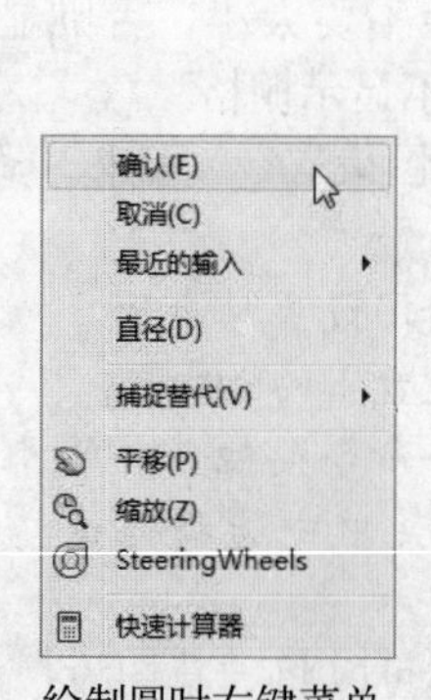

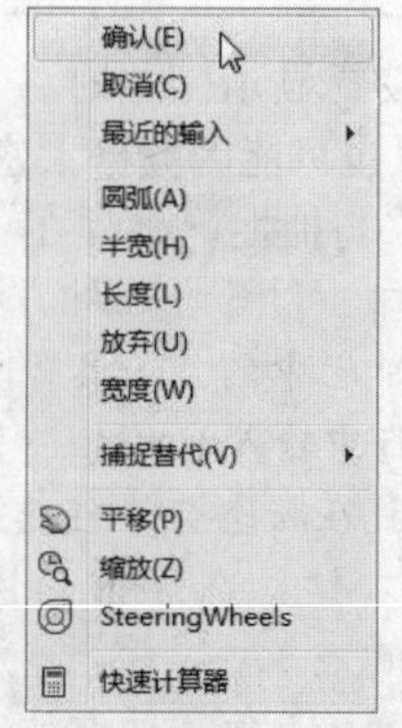

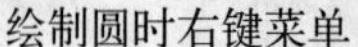
绘制圆时右键菜单　　绘制圆时右键菜单　　绘制多段线时右键菜单

图1-21

如果是刚开始接触AutoCAD设计软件的话，可以先练习右键快捷菜单的使用方法；熟练掌握之后，可以重新设置系统的右键快捷菜单，便于更快捷地绘制图形。下面学习如何设置AutoCAD的右键快捷菜单。

01 选择“工具”|“选项”菜单命令。

02 在打开的“选项”对话框中，打开“用户系统配置”选项卡。单击“Windows标准操作”组下的“自定义右键单击”按钮，如图1-22所示。

03 在弹出的“自定义右键单击”对话框中，勾选“打开计时右键单击”复选框，此时“默认模式”和“命令模式”以灰色显示。在“编辑模式”组下单击“快捷菜单”单选按钮再单击“应用并关闭”按钮，返回到“选项”对话框，如图1-23所示。

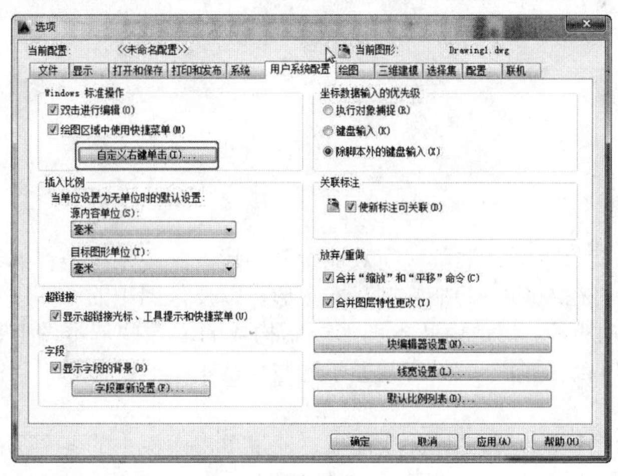

图1-22

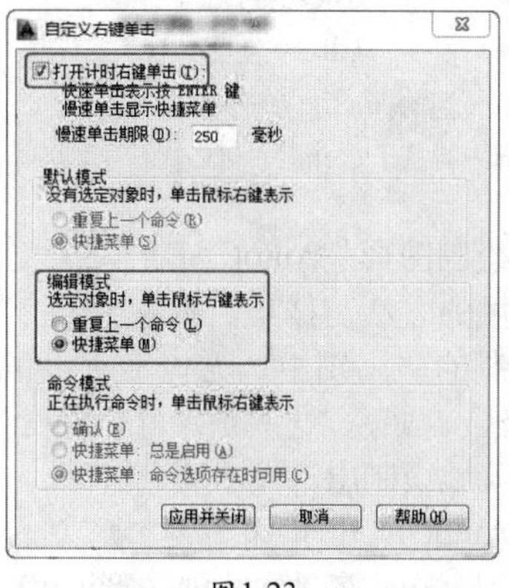

图1-23

04 单击“确定”按钮，关闭“选项”对话框。

05 此时，AutoCAD的右键快捷菜单重新设置完成。

在以后的操作中，如果需要结束正在进行的命令，只要单击鼠标右键即可确认，系统不会出现右键快捷菜单；如果需要使用右键快捷菜单中的某一选项时，只需按住鼠标右键停顿一会，即可出现右键快捷菜单，或者在命令行中输入相应的英文字母，切换至所需的命令选项。

1.5 小结

本章详细地为大家介绍了AutoCAD的先进功能，同时概括地介绍了AutoCAD的界面分布及基本操作，使大家在深入学习AutoCAD之前，对它有一个感性的认识，便于以后的学习。

关于更深入的内容与技巧，将在后面的章节中结合不同应用领域的实例进行讨论。千里之行，始于足下，希望读者朋友能够透彻理解本章的基本概念，灵活掌握基本操作，为后面的学习打下牢固的基础。

第2章　CAD基本图形的绘制与修改

本章内容

- 常用图形的绘制
- 常用修改命令的应用
- 用多段线绘制图形
- 夹点编辑的应用
- 图纸的文字说明
- 用基本图形绘制圆形

绘制图形是AutoCAD的一大重点，能否灵活、准确、高效地绘制图形，关键在于是否熟练掌握绘图的方法与技巧。本章主要介绍如何在AutoCAD中绘制基本图形，以及作图中的一些技巧。在绘制的施工图中，无论多复杂的几何图形，都是由基本图形要素构成的，这些基本图形包括点、线、圆等，这些是AutoCAD最基本的绘图命令。只有掌握了这些最基本的绘图命令，才能快速准确地绘制出工程图及机械图。

AutoCAD提供了方便、形象的“绘图”面板和“修改”面板，通过单击面板上的各个图标，可绘制、修改各种各样的图形。“绘图”及“修改”面板的形态如图2-1所示。

图2-1

AutoCAD系统所提供的每一个板块的面板都有很多命令，不可能在短时间内全部学完并掌握，必须有一个循序渐进的过程。下面主要学习AutoCAD绘制图纸中的一些基本、常用的绘图、修改命令。

2.1　常用绘图工具的使用

通常用AutoCAD来绘制图纸，需要先用“绘图”工具栏绘制基本图形，然后再用“修改”工具栏对已经完成的图形进行编辑、修改，才能达到预期的效果。

2.1.1　“直线”的绘制

线是最基本、最常用的一种几何图元，是组成工程图纸必不可少的元素之一。在AutoCAD中，使用“直线”命令，配合坐标输入功能，可以绘制一条或多条直线段，每条直线都被看做是一个独立的对象。

直线的创建方式如下。

执行菜单栏中的“绘图”|“直线”命令。

单击“绘图”工具栏或面板中的╱按钮。

在命令行输入Line后按Enter键。

使用命令简写L。

注意　在介绍AutoCAD时，是在“AutoCAD经典”下进行操作，“AutoCAD经典”是人们最常用一种工作空间。

在发出画线命令后，命令行中会出现提示“line指定第一点”。这时，只要在绘图窗口中任意位置单击鼠标一次，在命令行中又出现“指定下一点或（放弃）”；如再单击鼠标左键一次，即可确定为线的第二点，这时就画成了一条直线。但命令行中还没有结束，在命令行中又出现“指定下一点或（闭合/放弃）”；这时单击鼠标右键，会弹出如图2-2所示的右键快捷菜单。

图2-2

- 确认：当选择此选项时，结束该画线命令。
- 取消：当选择此选项时，可取消画线命令。
- 最近的输入：当选择此选项时，可通过坐标点来确定位置。
- 闭合：当选择此选项时，系统以第一条线段的起始点作为最后一条线段的端点，形成一个闭合的线段环，同时结束直线命令。在绘制了一系列线段（两条或两条以上）之后，可以使用“闭合”选项。
- 放弃：当选择此选项时，系统放弃上一步操作，删除直线序列中最近绘制的线段。在命令行多次输入U并按Enter键，系统按照绘制次序的逆序会逐个删除确定的线段。
- 捕捉替代：当选择此选项时，系统弹出临时捕捉追踪菜单，在其中可以选择需要的对象捕捉命令进行辅助操作。
- 平移：当选择此选项时，可任意观察绘图窗口中的每一部分。
- 缩放：当选择此选项时，可将绘图窗口任意放大或缩小。
- Steering Wheels：打开Steering Wheels控制盘，通过控制盘调整视图。
- 快速计算器：通过此选项，可进行绘制过程中的数据计算。

注意 拾取一点，这是CAD的一个重要操作术语，当CAD要求输入点时，在窗口指定位置单击鼠标左键，则当前光标所在点的坐标值就输入给了计算机。命令操作中的可选项，可以从命令行中输入，也可以从边屏菜单或右键快捷菜单中选择。

2.1.2 “构造线”的绘制

“构造线”命令用于绘制向两端无限延伸的绘图辅助线，此种辅助线不能作为图形轮廓线的一部分，但是可以通过修改工具将其编辑为图形轮廓线。

构造线的创建方式如下。

执行菜单栏中的“绘图”|“构造线”命令。

单击“绘图”工具栏或面板中的⤢按钮。

在命令行输入Xline后按Enter键。

使用命令简写XL。

执行“构造线”命令后，可以连续绘制多条构造线，直到结束命令为止。绘制构造线时，右击鼠标可结束创建构造线。

2.1.3 “多段线”的绘制

多段线是由一系列直线段或弧线段连接而成的一种特殊几何图元，此图元无论包括多少条直线元素或弧线元素，系统都将其看做单个对象。

在AutoCAD中，使用“多段线”命令可以绘制多段线，所绘制的多段线可以具有宽度、可以闭合或不闭合、可以为直线段也可以为弧线段，甚至可以绘制箭头，如图2-3所示。

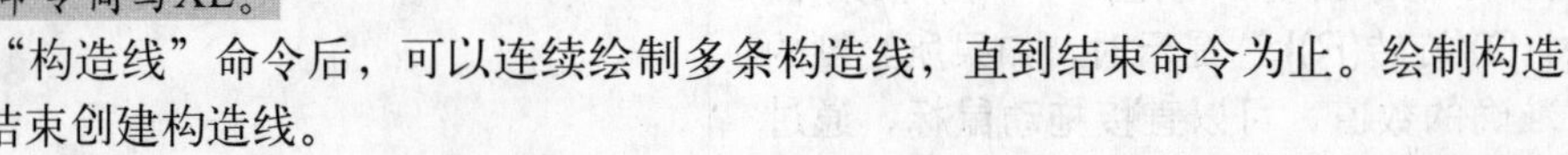

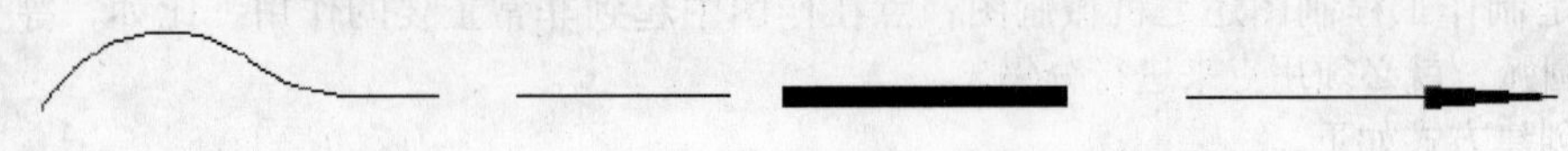
图2-3

多段线的创建方式如下。

执行菜单栏中的“绘图”|“多段线”命令。

单击“绘图”工具栏或面板中的按钮。

在命令行输入Pline后按Enter键。

使用命令简写PL。

在发出绘制多段线命令后，命令行提示“指定下一个点或 [圆弧(A)/半宽(H)/长度(L)/放弃(U)/宽度(W)]:”，其中的选项可供选择，如在命令行中输入“A”，激活圆弧命令，继续在绘图窗口中绘制圆弧，会出现一些圆弧的设置命令选项，从中可以设置圆弧的闭合、角度、圆心、方向等，还可以设置圆弧和直线度转换，同样通过命令行可以设置半宽、长度和宽度等，命令行的设置与右键快捷菜单中的设置相同，如图2-4所示是多选线的右键菜单。

确认(E)
取消(C)
最近的输入
圆弧(A)
半宽(H)
长度(L)
放弃(U)
宽度(W)
捕捉替代(V)
平移(P)
缩放(Z)
SteeringWheels
快速计算器

图2-4

相同的参数可以参考直线命令中的内容。

- 圆弧：绘制多段线，将下一起点定义为绘制弧。
- 半宽：设置半宽参数可以制作出箭头的效果。
- 长度：指定线的长度。

2.1.4 “矩形”的绘制

在AutoCAD中绘制矩形是工程绘图中不可缺少的。

激活“矩形”命令后，只需根据命令行提示，先后确定矩形的两个对角点即可绘制出矩形，也可用坐标输入的方法。

矩形的创建方式如下。

执行菜单栏中的“绘图”|“矩形”命令。

单击“绘图”工具栏或面板中的□按钮。

在命令行输入Rectang后按Enter键。

使用命令简写REC。

创建矩形的操作如下。

01 单击“绘图”工具栏中的□按钮，激活“矩形”命令（也可用前面讲述的其他两种方法来绘制）。

02 当命令中出现“指定第一个角点或 [倒角(C)/标高(E)/圆角(F)/厚度(T)/宽度(W)]:”提示时，在绘图窗口中任意位置单击鼠标左键，确定矩形的第一角点。

03 当命令行中出现“指定另一个角点或 [面积(A)/尺寸(D)/旋转(R)]:”提示时，如果所绘制的矩形没有准确的数值，可以直接拖动鼠标，通过单击左键确定矩形的大小。如果所绘制的矩形有具体的数值，可以用相对坐标来绘制（后面将会详细讲述相对坐标的使用）。绘制的矩形如图2-5所示。

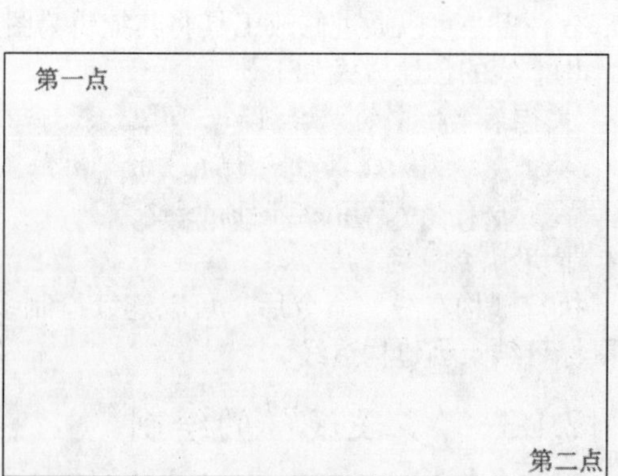

图2-5

2.1.5 “点”的绘制

无论是制作工程制图还是机械制图，点在作图中起到非常重要的作用。比如，等分一条线段、圆或圆弧，就必须用点来进行分隔。

点的创建方式如下。

执行菜单栏中的“绘图”|“点”|“单点”命令。

在“绘图”工具栏中单击▫按钮。

在命令行输入Point后按Enter键。

使用命令简写PO。

如果用系统默认的“点”的样式来等分图形，即使操作步骤正确，被等分后的图形，在视觉上基本上是没有变化的。因为系统默认的“点”的样式就是图形上的一个小点，根本无法区别。怎样才能让它们有所区别呢？在AutoCAD中“点”的样式是可以设置的，下面就来学习如何对“点”的样式及大小进行设置和绘制。

选择“格式”|“点样式”菜单命令，弹出“点样式”对话框，如图2-6所示。

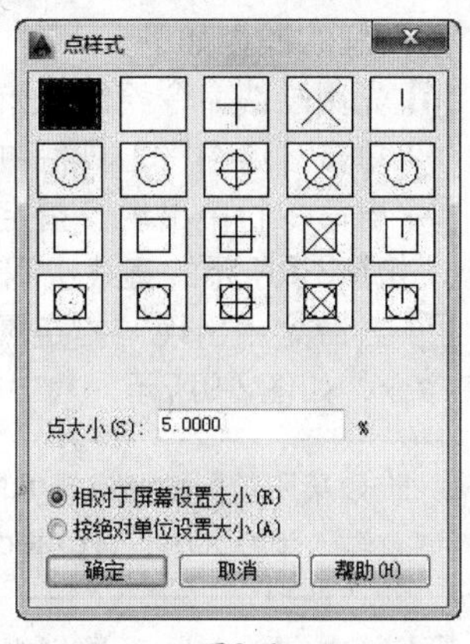

图2-6

在“点样式”对话框中，AutoCAD提供了20种点的样式。在如图2-6所示的对话框中选择所需要的一种点样式，单击“确定”按钮，在绘图窗口绘制的点即为选择的点。在选择点样式时，最好选取比较明显的样例，以便于观察。在设置点大小时，系统提供了两种方式：

- 相对于屏幕设置大小：按屏幕尺寸的百分比设置点的显示大小。当绘图窗口进行缩放时，点的显示大小并不改变。
- 按绝对单位设置大小：按“点大小”选项下指定的实际单位设置点的显示大小。当绘图窗口进行缩放时，AutoCAD显示的点的大小随之改变。

使用点定数等分一条线的操作如下。

01 首先在绘图窗口中绘制一条直线。

02 选择“绘图”|“点”|“定数等分”菜单命令，此时系统提示如下：“选择要定数等分的对象：”，在绘图窗口中选择要等分的直线。

03 又提示“输入线段数目或[块]”，输入6，按Enter键，如图2-7所示。

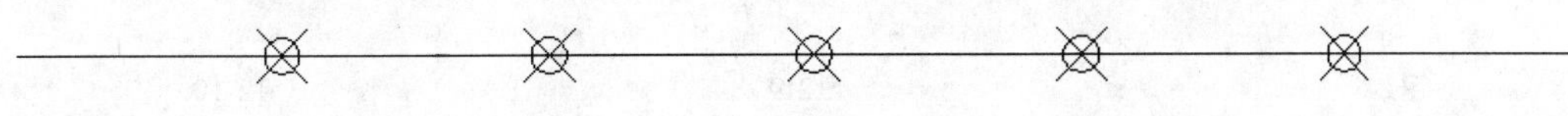

图2-7

也可以选择定距等分，就是输入的数值作为点与点的距离。

注意

如果在命令行输入PO或在菜单中选择“单点”菜单项，则每次只绘制一个点，而用其他方式激活“点”命令，则每次绘制多个。在应用“定数等分”命令时，输入的是等分数，不是点的个数，所以如果将所选对象分成五等分，实际上只需要4个点，而且每次只能对一个对象进行操作，不能对一组对象操作。

至此，已学习了点的设置与绘制，还可以用点来等分圆形、圆弧、矩形等图形，这里就不详细讲述了，希望大家自己试着练习一下。

2.1.6 “圆”的绘制

“圆”是工程绘图中另一种常用的实体，AutoCAD提供了6种画圆方式，这些方式是根据圆心、半径、直径和圆上的点等参数来控制的。

圆的创建方式如下。

执行菜单栏“绘图”|“圆”子菜单中的各个命令。

单击“绘图”工具栏或面板中的⊙按钮。

在命令行输入Circle后按Enter键。

使用命令简写C。

在发出画圆命令后，命令行中会出现指定圆的圆心或“三点/两点/切点、切点、半径”提示，可以根据实际情况来选择哪一种绘制方式合适。

绘制圆的操作如下。

01 先用画线命令绘制出如图2-8所示的线形。

02 单击“绘图”工具栏中的⊙按钮，激活“圆”命令，使用圆心、半径画圆。

03 当命令行中出现“指定圆的圆心或[三点/两点/相切、相切半径]：”提示时，通过光标确定圆心，如图2-9所示的直线中间的交点。

04 当命令中出现“指定圆的半径或[直径]”提示时，用光标在绘图窗口中确定第二点，系统结束命令，如图2-9所示。

> **注意** 如果所绘制的圆有具体的数据时，在确定圆心后，当命令中出现“指定圆的半径或[直径]”提示时，输入半径大小，按Enter键结束命令。

05 单击“绘图”工具栏中的⊙按钮，激活“圆”命令，使用两点画圆。

06 当命令中出现“指定圆的圆心或[三点/两点/相切、相切半径]：”提示时，在命令行中输入2P，按Enter键。通过光标在绘图窗口中确定圆的第一点，再确定第二点，就可以绘制如图2-10所示的圆。

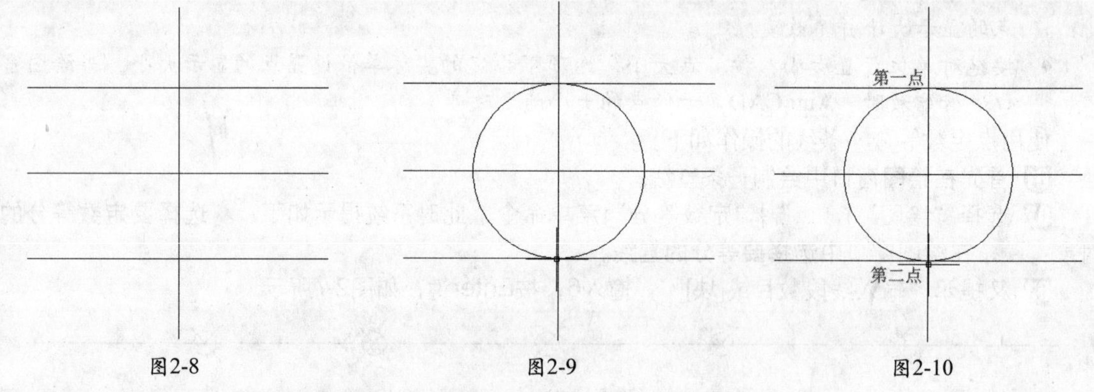

图2-8　　图2-9　　图2-10

07 先用画线命令绘制出如图2-11所示的三角形。

08 单击“绘图”工具栏中的⊙按钮，激活“圆”命令，使用三点画圆。

09 当命令中出现“指定圆的圆心或[三点/两点/相切、相切半径]：”提示时，在命令行中输入3P，按键盘Enter键。用光标分别将三角形的顶点指定为圆上的第一点、第二点、第三点，绘制如图2-12所示的圆。

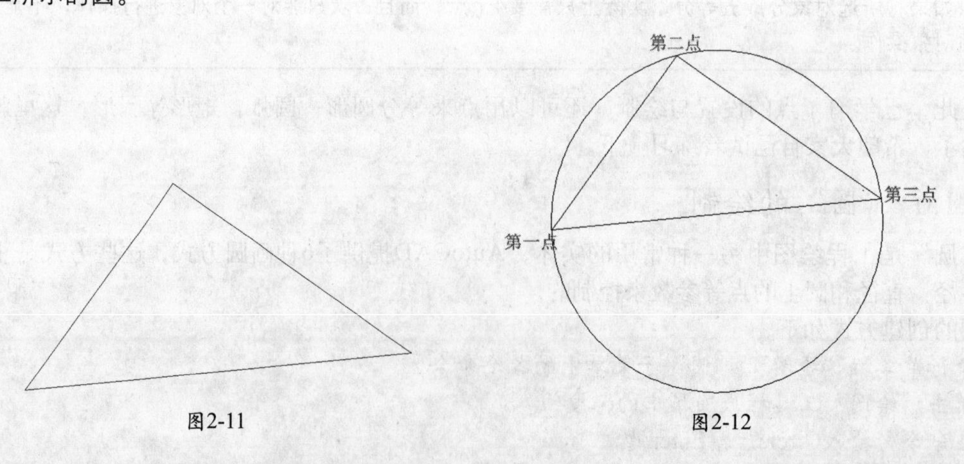

图2-11　　图2-12

> **注意** 除了上面介绍的这几种画圆的方法以外，还有其他的绘制方法。希望读者能够熟练掌握。

通过上面的讲解，大家已经学会了线、矩形、点、圆的绘制，想要灵活运用就必须多做练习，深入掌握其中的技巧。

2.1.7 “圆弧”的绘制

圆弧也是一种较常用的二维图形，AutoCAD为用户提供了5类共11种画弧方式，这些画弧工具都位于菜单栏“绘图”|“圆弧”子菜单下。本节学习绘制圆弧的方法和技巧。

圆弧的创建方式如下。

执行菜单栏“绘图”|“圆弧”子菜单中的各命令。

单击“绘图”工具栏或面板中的⌒按钮。

在命令行输入Arc后按Enter键。

使用命令简写A。

绘制圆弧的操作如下。

01 在“绘图”工具栏中激活⌒按钮，用三点绘制方式，在绘图窗口拾取起点、中点、端点，绘制成如图2-13所示的圆弧。

02 再用同样的方法激活“圆弧”命令，当命令行中出现“指定圆弧的起点或[圆心]：”提示时，在命令行中输入C，按Enter键。

03 命令行提示“指定圆弧的圆心”时，在绘图窗口中单击一下，来确定圆弧的圆心，再拾取“起点”和“端点”，即可用圆心、起点、端点绘制圆弧，如图2-14所示。

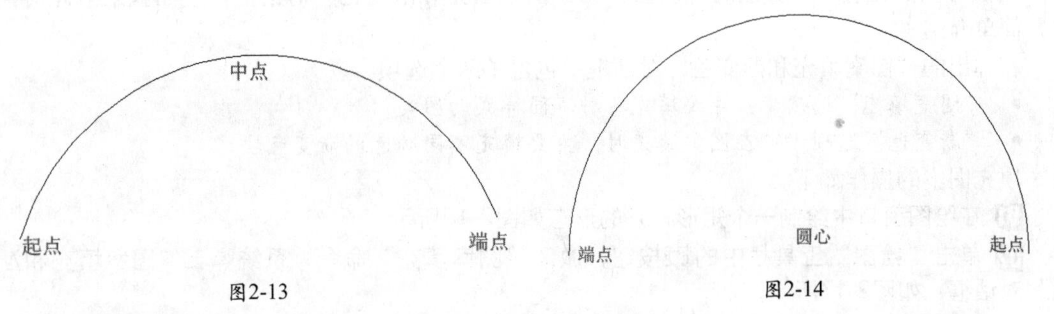

图2-13　　图2-14

现已学习了用“圆心、起点、端点”方法绘制弧，其他的绘制方式希望读者也能掌握。

2.1.8 “样条曲线”的绘制

样条曲线可以绘制圆滑的样条曲线，它可以由起点、终点、控制点及偏差来控制曲线。建筑上常用该命令绘制室内外布置及异形轮廓。

样条曲线的创建方式如下。

选择“绘图”|“样条曲线”菜单命令。

单击“绘图”工具栏中的~按钮。

在命令行输入Spline后按Enter键。

使用命令简写SPL。

绘制样条曲线的操作步骤如下。

01 单击“绘图”工具栏中的~按钮，将“样条曲线”命令激活。

02 当命令行中出现“指定第一个点或 [方式(M)/节点(K)/对象(O)]:”提示时，用光标在绘图窗口中单击鼠标左键一次，确定样条曲线的起点（第一点）的位置；当出现“输入下一个点或 [起点切向(T)/公差(L)]:”提示时，可以在命令行中输入坐标数值，也可以通过鼠标左键来确定第二点的位置；出现“输入下一个点或 [端点相切(T)/公差(L)/放弃(U)/闭合(C)]:”提示时，可通过鼠标左键来确定第三点的位置，直到绘制出所需样条曲线。

03 如果要结束命令，单击右键，在弹出的快捷菜单中单击“确定”按钮。样条曲线可用来绘制如图2-15所示的窗帘、立面床、枕头等造型。

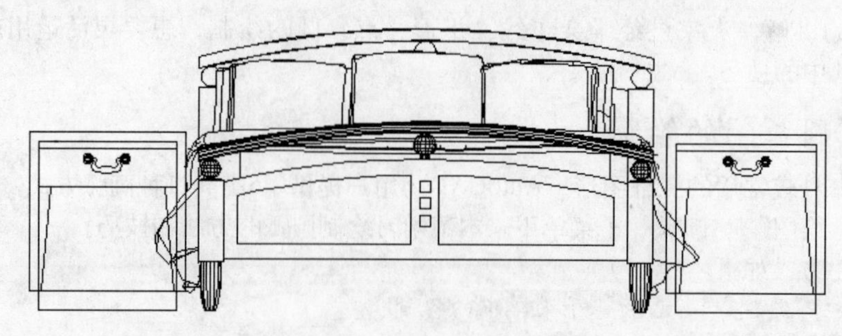

图2-15

2.1.9 “图案填充”的应用

在AutoCAD中“图案填充”命令是表现剖面图形的重要命令。为了区分各空间的表现，可采用不同的图例加以体现。AutoCAD提供了图案填充，来进行各部图形的区分。

图案填充的操作方式如下。

选择“绘图”|“图案填充”菜单命令。

单击“绘图”工具栏中的▧按钮。

在命令行中输入H，按键盘上的Enter键或空格键。

当执行上面任意一种方法时，就会弹出“图案填充和渐变色”对话框，下面就来对此对话框进行简单介绍。

在弹出的“图案填充和渐变色”对话框中包含了两个选项卡。

- “图案填充”选项卡：主要填充各种不同样式的图案。
- “渐变色”选项卡：在图案填充时，主要填充不同颜色的渐变色块。

填充图案的操作如下。

01 在绘图窗口中绘制一个矩形，它的形态如图2-16所示。

02 单击“绘图”工具栏中的▧按钮，激活“图案填充”命令，系统弹出“图案填充和渐变色”对话框，如图2-17所示。

图2-16

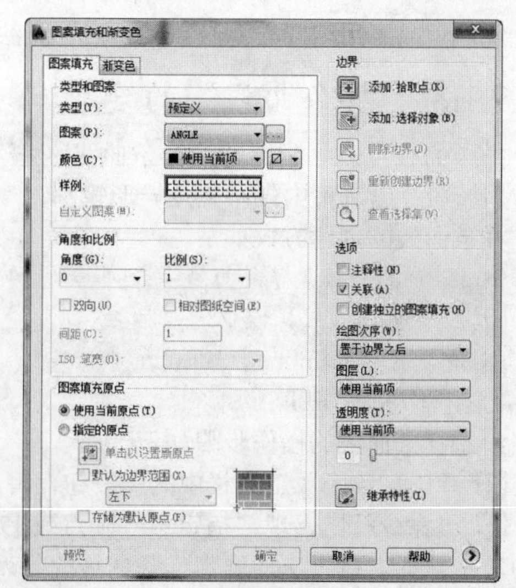

图2-17

03 单击“图案填充”选项卡中“样例”右侧的列表框，在弹出的“填充图案选项板”对话框的“其他预定义”选项卡中选择ANGLE图案，如图2-18所示。

04 单击“确定”按钮，返回到“图案填充和渐变色”对话框，单击其对话框中的▣（添加：拾取点）按钮。

> **注意** 在进行图案填充时，必须满足两个条件：其一，进行填充的图形必须是封闭的二维线形；其二，在设置好填充图案，返回到“图案填充和渐变色”对话框中时，必须单击▣（添加：拾取点）按钮，在绘图窗口中对要图案填充图形的内部拾取一点。

05 单击绘图窗口中的矩形，然后按Enter键，在弹出的“图案填充和渐变色”对话框中，单击“确定”按钮。如果想在确定之前看一下填充的效果，可单击“预览”按钮，即可观察到进行填充的效果，单击鼠标左键返回到“图案填充和渐变色”对话框。绘图窗口中的矩形即被填充上地砖的图案，如图2-19所示。

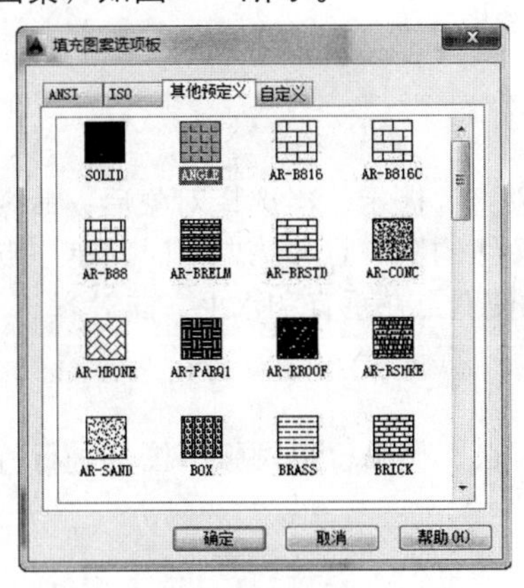

图2-18

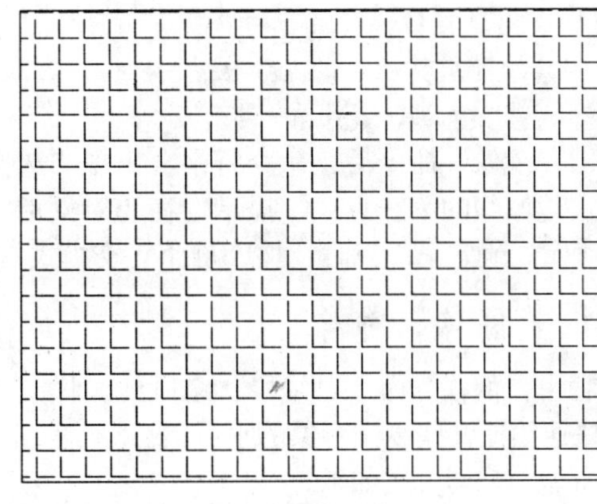
图2-19

> **注意** 如果矩形内没有出现填充的图案或图案的大小不合适，可以调整“图案填充和渐变色”对话框下的“比例”选项；如果要改变图案的角度，可以调整“图案填充和填充”对话框下的“角度”选项。读者也可以根据自己的绘图需要，在“其他预定义”选项卡中选择任意图案进行填充。

2.2 常用修改命令的应用

用CAD绘制图形的过程中，前面已经绘制并保存了一些简单的图形，在以后的应用中，如果需要在此基础上有所变换，就可以对其施加相应的修改命令，进行适当的编辑，得到所需的图形。

2.2.1 “删除”命令

删除命令的启动方式如下。

- 选择“修改”|“删除”菜单命令。
- 单击“修改”工具栏中的按钮。
- 在命令行中输入E，按键盘上的Enter键。

当发出“删除”命令后，命令行会出现“选择对象：”的提示，则可以用任意一种方式来选择对象。

2.2.2 “复制”命令

在绘图时，往往需要重复绘制相同的实体，可以使用AutoCAD中的“复制”命令将原有对象不变的基础上再复制出新的图形。

复制命令的启动方式如下。

- 选择“修改”|“复制”菜单命令。
- 单击“修改”工具栏中的按钮。
- 在命令行中输入CO或CP，按键盘上的Enter键。

当发出“复制”命令后，命令行将首先提示“选择对象：”，然后提示指定基点进行复制。

注意　AutoCAD在启动“复制”命令的时候，直接以多重复制的方式进行操作，也就是说，当选择需要复制的对象后，可以通过指定多个基点进行多重复制。

2.2.3 “镜像”命令

当绘制的是对称图形的时候，可以只绘制图形的一侧，然后利用“镜像”命令将图形进行镜像操作。

镜像命令的启动方式如下。

选择“修改”|“镜像”菜单命令。

单击“修改”工具栏中的按钮。

在命令行中输入MI，按Enter键。

当发出“镜像”命令后，命令行中会出现“选择对象：”提示，当选择对象后，命令行中会出现“确定镜像线的第一点：”提示，在为对象指定镜像线的第一点和第二点时，第一点用端点捕捉方式确定；确定第二点时，按F8键将正交模式打开，使两点在垂直和水平方向对齐。

2.2.4 “偏移”命令

可以利用“偏移”命令对线段、多段线、样条曲线、圆、圆弧、椭圆弧等图形进行偏移，这样就可以快速绘制某些复杂对象的平行线。

偏移命令的启动方式如下。

选择“修改”|“偏移”菜单命令。

单击“修改”工具栏中的按钮。

在命令行中输入O，按Enter键。

当发出“偏移”命令后，命令行中会提示“指定偏移距离或 [通过(T)/删除(E)/图层(L)] <通过>:”，如果直接指定了偏移距离，AutoCAD会提示选择要偏移的对象，然后要求指定将对象向哪一侧偏移，最后将对象向指定一侧偏移相应距离。系统会反复提示选择对象和偏移方向，以便对多个对象进行偏移，直到用户结束“偏移”命令。

“通过(T)”选项将生成通过某一点的偏移对象。选择该选项后，AutoCAD首先要求指定要偏移的对象，然后提示输入一个点，生成的新对象将通过该点。AutoCAD会不断重复这两个提示，以便偏移多个对象，直到用户停止响应才选择“偏移”命令。

2.2.5 “阵列”命令

运用“阵列”命令，可将对象有规律地复制到其他位置。阵列分为矩形阵列和环形阵列两种方式。对于矩形阵列，可以控制行和列的数目以及它们之间的距离；对于环形阵列，可以将对象围绕着某个中心点以相等的角度进行复制，控制对象副本的数目并决定是否旋转副本。对于创建多个固定间距的对象，阵列比复制的速度要快得多。

阵列命令的启动方式如下。

选择“修改”|“阵列”菜单命令。

单击“修改”工具栏中的按钮。

在命令行中输入AR，按Enter键。

当发出“阵列”命令后，在弹出的“阵列”对话框确定阵列的类型，还可选择阵列的对象或其他相关的选项。

2.2.6 “移动”命令

利用“移动”命令，可以方便地将图形移动到新位置。

移动命令的启动方式如下。

选择“修改”|“移动”菜单命令。

单击“修改”工具栏中的✥按钮。

在命令行中输入M，按Enter键。

当发出“移动”命令后，系统首先提示选择对象，然后提示需要指定基点，作为用来移动的基点，然后再确定一点作为移动的目的点。

2.2.7 “旋转”命令

当对图形进行一定角度的变换时，可利用AutoCAD系统提供的“旋转”命令来完成。

旋转命令的启动方式如下。

选择“修改”|“旋转”菜单命令。

单击“修改”工具栏中的○按钮。

在命令行中输入RO，按Enter键。

当发出“旋转”命令后，命令行首先会出现“选择对象：”的提示，按要求指定基点，在提示指定旋转角度时可以使用“参照”（R）选项，该选项要求用户指定“参照角”和“新角度”，新角度是相对于参照角进行计算的。参照角可以通过两个点来确定，新角度将相对于这两点确定的直线，而不是相对于X轴。

2.2.8 “比例”命令

利用“比例”命令可以将选定对象的图形尺寸，按一定的缩放比例进行放大或缩小。

比例命令的启动方式如下。

选择“修改”|“比例”菜单命令。

单击“修改”工具栏中的□按钮。

在命令行中输入SC，按Enter键。

当发出“比例”命令后，命令行首先会出现“选择对象：”提示，选择对象后，命令行中要求指定基点，最后要求指定缩放比例或进入“参照”选项。该选项要求指定参考长度和新长度，系统将用这两个长度的缩放值来确定缩放比例。

注意 “比例”命令和“实时缩放”命令是两个概念，千万不能混淆。“比例”命令是将对象的大小和图形的坐标进行改变，而“实时缩放”命令只改变观察绘图窗口的大小，对象的大小和图形的坐标不发生改变。

2.2.9 “拉伸”命令

“拉伸”命令可以拉伸或移动与选择窗口相交的圆弧、椭圆弧、直线、多段线、二维实体、射线和样条曲线等实体。拉伸时，系统移动窗口内的端点，而不改变窗口外的端点；移动窗口内的宽线和二维实体的顶点，而不改变窗口外的宽线和二维实体的顶点。多段线的每一段都被当作简单的直线或圆弧分开处理。“拉伸”命令和“移动”命令操作过程相同，所不同的是：

- 必须用“交叉窗口”或“交叉多边形窗口”选择对象。
- 被窗口完全套住的对象和点作移动，被交叉窗口碰到的对象被拉伸。

注意 要拉伸对象，首先为拉伸指定一个基点，然后指定位移点。由于拉伸移动位于交叉选择窗口内部的端点，因此必须用交叉选择的方式来选择对象。

拉伸命令的启动方式如下。

选择“修改”|“拉伸”菜单命令。

单击“修改”工具栏中的□按钮。

在命令行中输入S，按Enter键。

2.2.10 “修剪”命令

利用“修剪”命令可以剪去一个对象的不需要部分，修剪的对象可以是线段、多段线、圆、椭圆、圆弧、椭圆弧、样条曲线等。它们也可以作为剪切边，文字、浮动绘图窗口区等对象也可以作为剪切边使用。

修剪命令的启动方式如下。

选择“修改”|“修剪”菜单命令。

单击“修改”工具栏中的-/--按钮。

在命令行中输入TR，按Enter键。

当发出命令后，命令行中会提示“当前设置：投影=UCS边=无”和“选择一个修剪的边：”，第一行中显示了当前的投影模式和相交方式，第二句提示选择作为剪切边的对象。当结束选择后，AutoCAD继续提示“选择要修剪的对象，或按住 Shift 键选择要延伸的对象，或[栏选(F)/窗交(C)/投影(P)/边(E)/删除(R)/放弃(U)]:”，单击需要修剪的对象即可。

注意 在使用“修剪”命令修剪实体时，命令行第一次提示需要选择的对象时，是选择剪切边界而并非被剪实体。

2.2.11 “延伸”命令

“延伸”命令可以通过缩短或拉长，使对象精确地延伸至由其他对象定义的边界边。

延伸命令的启动方式如下。

选择“修改”|“延伸”菜单命令。

单击“修改”工具栏中的--/按钮。

在命令行中输入EX，按Enter键。

当发出命令后，命令行中会提示“选择边界的边…”和“选择对象或（全部选择）：”，提示选择作为延伸边的对象。当结束选择后，AutoCAD继续提示“选择要延伸的对象，或按住 Shift 键选择要修剪的对象，或[栏选(F)/窗交(C)/投影(P)/边(E)/放弃(U)]:”，只要选择需要延伸的对象即可。

注意 在执行“延伸”命令的时候，如果遇到需要修剪的对象时，无需退出“延伸”命令就可以修剪对象，按住键盘上的Shift键并选择要修剪的对象即可。同样，如果正在实行“修剪”命令，遇到需要延伸的对象时，也可以按住Shift键并选择对象进行延伸。

2.2.12 “倒角”命令

“倒角”命令是用来对两条直线进行倒直角处理的，倒角的数值可以调整，如果两条线段之间超过一定的距离，此命令就无法使用。

倒角命令的启动方式如下。

选择“修改”|“倒角”菜单命令。

单击“修改”工具栏中的□按钮。

在命令行中输入CHA，按Enter键。

当发出命令后，命令行中会出现“(修剪模式) 当前倒角距离 1 = 0.0000，距离 2 = 0.0000”和“选择第一条直线或 [放弃(U)/多段线(P)/距离(D)/角度(A)/修剪(T)/方式(E)/多个(M)]:”两行提示。

第一行提示了当前的修剪设置和倒角距离。第二行提示了用户需要输入的各选项。如果直接选择一条直线，系统会提示用户选择第二条直线，然后使用前面提示的剪切设置和倒角距离将两个线段倒角。

提示行各选项功能如下。

- 放弃：选择该选项后，可以撤销倒角命令中上一步的操作。

- 多段线：进入该选项后，AutoCAD提示用户选择多段线，然后在多段线的所有顶点处用倒角直线连接各段。
- 距离：进入该选项后，系统将提示用户输入第一个和第二个倒角距离。倒角距离，即两个被倒角对象的交点（或延长线交点）与倒角线和被倒角对象交点的距离。
- 角度：进入该选项后，系统将提示用户输入第一个倒角距离和从第一条线开始的倒角角度。与“距离”选项相似，该选项也是确定倒角线的一个方法。
- 修剪：设置“修剪”选项，即控制AutoCAD是否将选定边修剪到倒角线端点。
- 方式：该选项用于指定倒角线的确定方式，控制AutoCAD使用两个距离还是一个距离和一个角度来创建倒角。
- 多个：选择该选项后，系统可按照相同的数据，对多条线段进行倒角。

2.2.13 “圆角”命令

在绘图过程中，往往需要对图形进行倒角处理。下面就通过“圆角”命令对图形进行倒角。

圆角命令的启动方式如下。

选择“修改”|“圆角”菜单命令。

单击“修改”工具栏中的□按钮。

在命令行中输入F，按Enter键。

当发出命令后，命令行中会出现“当前设置: 模式 = 修剪，半径 = 0.0000”和“选择第一个对象或 [放弃(U)/多段线(P)/半径(R)/修剪(T)/多个(M)]:”两行提示。

第一行显示了剪切和倒角圆弧的半径，第二行要求用户输入倒角选项。如果直接选择对象，则AutoCAD会要求用户选择第二个倒角对象，然后用当前的剪切模式和半径绘制倒角圆弧。

提示行各选项功能如下。

- 放弃：选择该选项后，可以撤销圆角命令中上一步的操作。
- 多段线：进入该选项后，系统提示用户选择2D多段线，然后在多段线的所有顶点处用倒角圆弧连接各段。
- 半径：选择该选项后，系统将提示用户输入倒角圆弧的半径。
- 修剪：确定是否对选定的两条线段超过圆弧的部分进行修剪操作。
- 多个：选择该选项后，系统可按照相同的数据，对多条线进行圆角。

2.2.14 “分解”命令

“分解”命令是将整体，比如矩形、正多边形、图块、多段线、图案填充、尺寸标注、块等分解成一个个独立的对象。这些对象一旦被分解后便无法复原，因此要慎重使用“分解”命令。特别是填充图案、尺寸标注等一般不需要分解。“分解”命令和“删除”命令一样，是最简单的AutoCAD命令。

分解命令的启动方式如下。

选择“修改”|“分解”菜单命令。

单击“修改“工具栏中的按钮。

在命令行中输入X，按Enter键。

当发出“分解”命令后，命令行中会出现“选择对象：”提示，当选择对象后，命令行中还会提示“选择对象：”，如果还有需要分解的图形，可以继续操作，单击右键结束命令。执行分解命令后的矩形，在无选择状态时与分解前是没有区别的，当将它们全部选中就会发现，分解后的矩形夹点增多，即矩形的四条边成为单独的线段，可对它们进行单个操作，如图2-20所示。

基本的绘图与修改命令已经讲述完成了，希望大家认真学习，为后面图纸绘制打下坚实的基础。

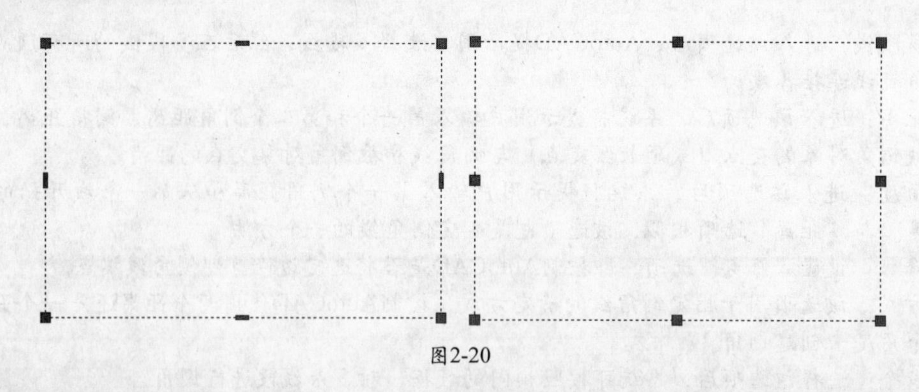

图2-20

2.3 多段线的应用——绘制顶面图窗帘

场景路径：Scene\cha02\顶面图窗帘.dwg

视频路径：视频\cha02\2.3 顶面图窗帘.mp4

在顶面图的绘制过程中，经常要表示窗帘的位置，就需要绘制如图2-21所示的窗帘，那么用哪一种命令可以更好地表示出窗帘的平面形状呢？下面就来学习如何用“多段线”命令来绘制窗帘。

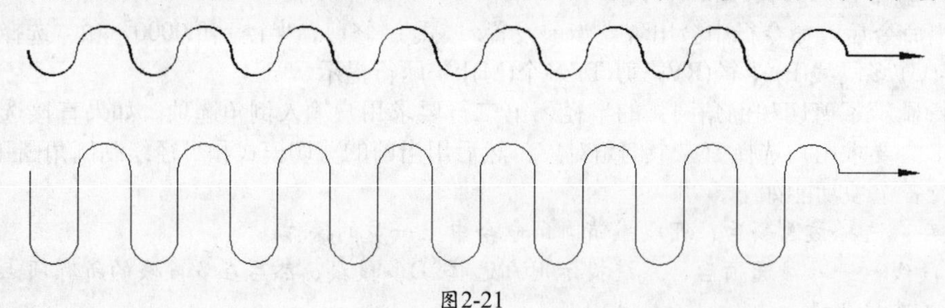

图2-21

01 单击“绘图”工具栏中的（多线段）按钮，激活“多段线”命令。

02 通常在AutoCAD中，“多段线”命令默认的是先绘直线，需绘制圆弧的话必须先选择圆弧，这就需要在绘图窗口中确定第一点后，在命令行中输入A，按Enter键，确定当前绘制的是圆弧，然后在命令行中输入W，按Enter键，分别确定起点线宽为5，端点线宽为0，此时在绘图窗口中出现一段粗细不等的圆弧，在绘图窗口中单击左键确定圆弧的第二点，如图2-22所示。

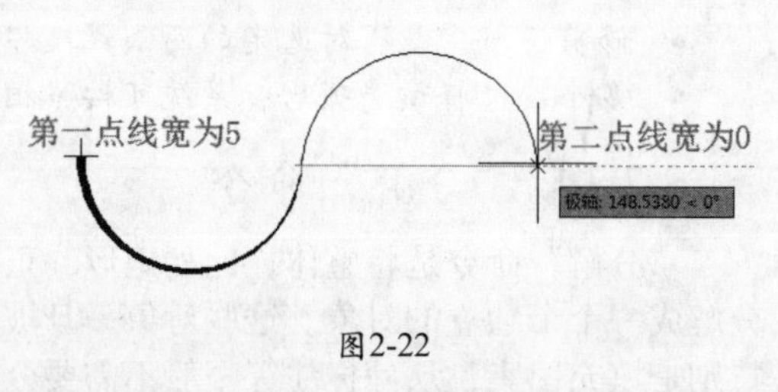

图2-22

03 粗细不等的圆弧绘制完成，此时命令行提示“指定圆弧的端点或[角度/圆心/闭合/方向/半宽/直线/半径/第二个点/放弃/宽度]”，在命令行中输入W，指定起点宽度为0，指定端点宽度为5，在绘图窗口中单击左键确定圆弧的第二点，如图2-23所示。

04 剩下的部分可以逐个绘制，但这样的话，圆弧的大小不容易控制，可以通过“复制”命令对其进行编辑，复制的基点可以参考图2-24。

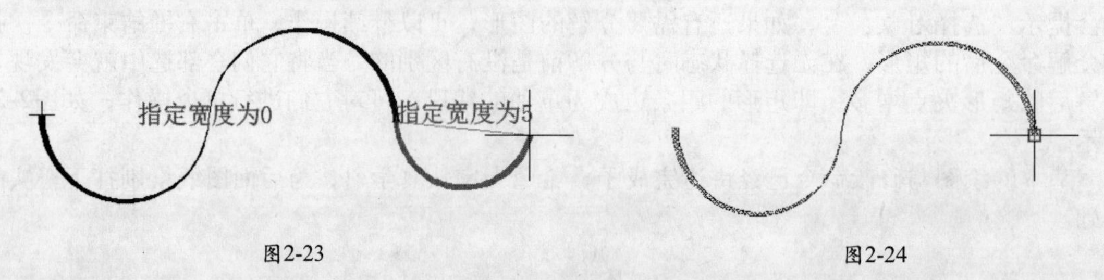

图2-23　　图2-24

05 多段线执行复制后即可出现窗帘的形态，如图2-25所示。但是缺少窗帘的走向箭头，可以按照上面讲述的方法绘制，确定箭头起点的线宽为20，端点的线宽为0，如图2-26所示。

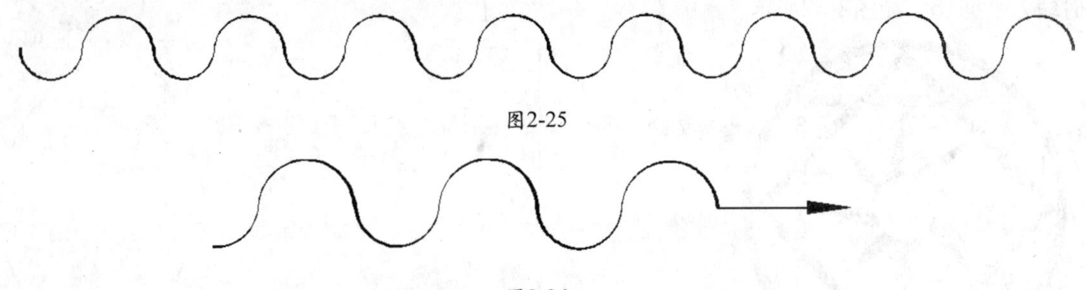

图2-25

图2-26

上面所讲述的是第一种顶面图窗帘的绘制方法，第二种窗帘的绘制方法与它类似，只是在直线与圆弧之间切换，下面就来学习其绘制方法。

01 激活“多段线”命令，在绘图窗口中先确定两点，绘制一条垂直方向的线段，然后在命令行中输入A，调出“圆弧”命令，圆弧的直径可在绘图窗口中单击左键确定，此时命令行提示“指定圆弧的端点或[角度/圆心/闭合/方向/半宽/直线/半径/第二个点/放弃]”，在命令行中输入L，绘制与第一条直线等长度的线段，再按照上面的方法绘制一段圆弧，如图2-27所示。

02 现在已经绘制了窗帘的一部分，对多段线执行复制后即可出现窗帘的形态，如图2-28所示。按照上面讲述的方法绘制窗帘的走向箭头，激活“多段线”命令，确定箭头起点的线宽为20，端点的线宽为0（此时的线宽可能不是十分合适，当绘图窗口中出现箭头时，观察其粗细程度。如果不合适，可以在命令行中输入U，按Enter键，取消刚才确定的线宽数值，重新定义），形态如图2-29所示。

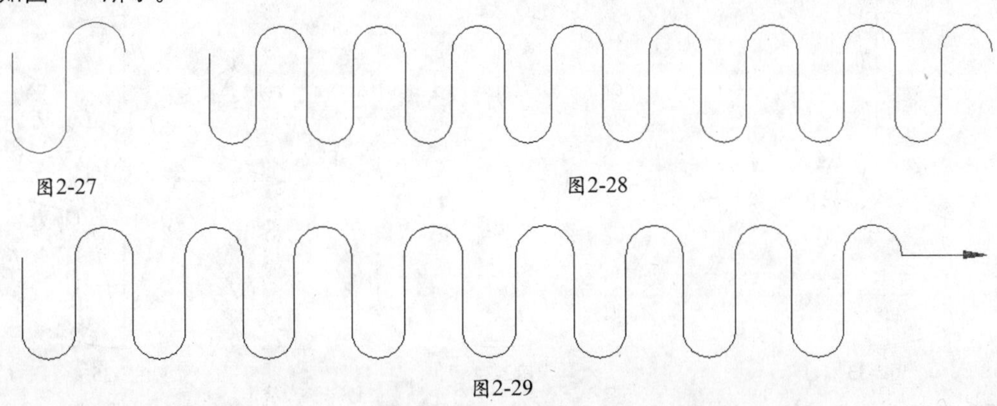

图2-27　　图2-28

图2-29

本节中学习了多段线的绘制，并用多段线来绘制应用于顶面图的窗帘造型，还可用它来绘制粗线。熟练掌握多段线的各项功能，可以在以后学习、工作中事半功倍。

2.4 夹点编辑的应用——绘制大理石地面拼花

场景路径：Scene\cha02\绘制大理石地面拼花.dwg

视频路径：视频\cha02\2.4 绘制大理石地面拼花.mp4

下面用夹点编辑以及综合命令的运用来绘制一个大理石地面拼花，其最终的效果如图2-30所示。

01 在绘图窗口中绘制一个半径为1000的圆，以圆心为起点向上绘制长为1000的直线，使直线的另一端点处于圆上，形态及位置如图2-31所示。

02 选择直线，激活（旋转）命令，当命令行提示“选择对象:”时，在绘图区中选择直线；当命令行提示“指定基点:”时，在绘图区中拾取圆心；命令行提示“指定旋转角度，或 [复制(C)/参照(R)] <0>:”时输入字母C；命令行提示“指定旋转角度，或 [复制(C)/参照(R)] <0>:”时输入数据15，如图2-32所示。

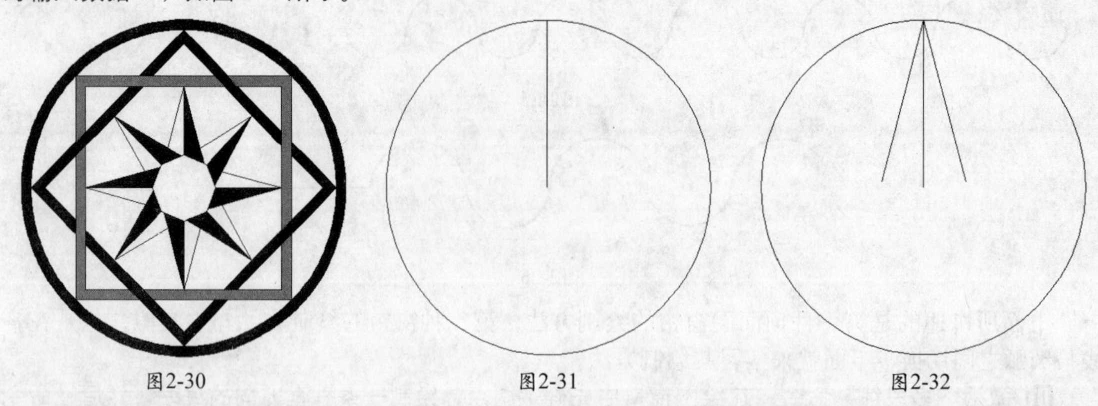

图2-30　　图2-31　　图2-32

03 激活 （多边形）命令，绘制一个以圆心为中心点，半径为300的外切于圆的八边形，然后对多边形执行旋转命令，角度为22.5°，如图2-33所示。

04 激活 （修剪）命令，选择多边形为剪切边，确认后通过单击鼠标左键，将多边形里面的线段修剪掉，如图2-34所示。

05 单击“修改”工具栏中的 按钮，在弹出的隐藏工具中选择 （环形阵列）命令。选择3条修剪后的线作为阵列对象，拾取圆心为中心；这时命令行提示“选择夹点以编辑阵列或 [关联(AS)/基点(B)/项目(I)/项目间角度(A)/填充角度(F)/行(ROW)/层(L)/旋转项目(ROT)/退出(X)] <退出>:”，在命令行中输入I，并设置项目数为8，Enter键结束阵列，如图2-35所示。

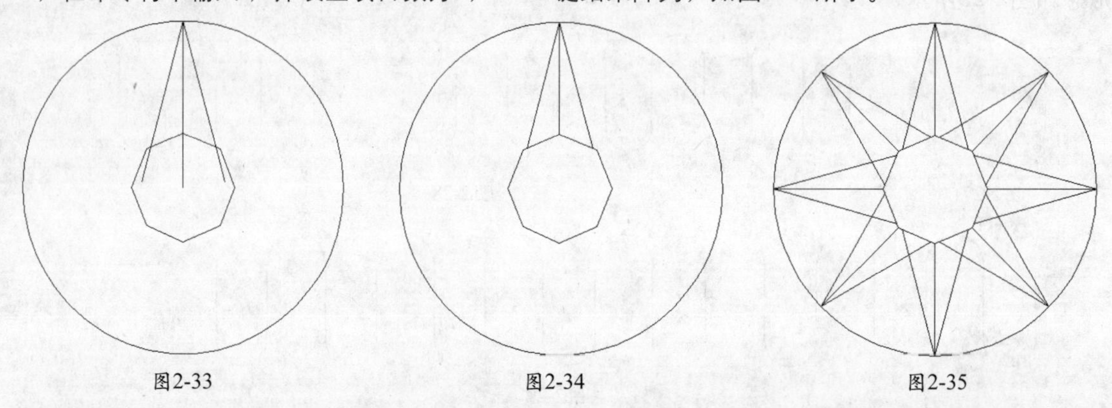

图2-33　　图2-34　　图2-35

06 激活 （修剪）命令，将阵列线段的多余部分修剪掉。修剪后的效果如图2-36所示。

07 激活“多边形”命令，绘制一个以圆心为中心点，半径为1000的外切于圆的四边形，然后对其执行偏移命令，向外偏移距离为100，如图2-37所示。

08 激活 （圆）命令，在绘图窗口中点取圆心点为圆心，当命令行提示“指定圆的半径或[直径]”时，在外面的多边形的任意角点上单击左键确定圆的半径，如图2-38所示。

09 激活 （多边形）命令，绘制以圆心为中心点，内接于圆的四边形，当命令行提示：“指定圆的半径”时，单击圆上任意象限点即可，如图2-39所示。

10 激活 （偏移）命令，确定偏移距离为100，分别将圆向外部偏移，将多边形向内部偏移，如图2-40所示。

11 激活 （修剪）命令，直接按Enter键，将多余的线段修剪掉。修剪后的效果如图2-41所示。

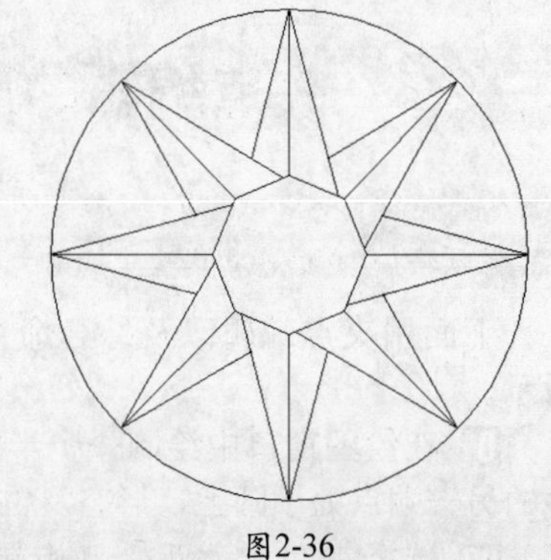

图2-36

12 单击“绘图”工具栏中的▨按钮，在“图案填充和渐变色”对话框中选择“图案”名称为SOLID的图案，在绘图窗口中对绘制的大理石地面拼花进行图案填充，将不需要的圆删除，效果如图2-42所示。

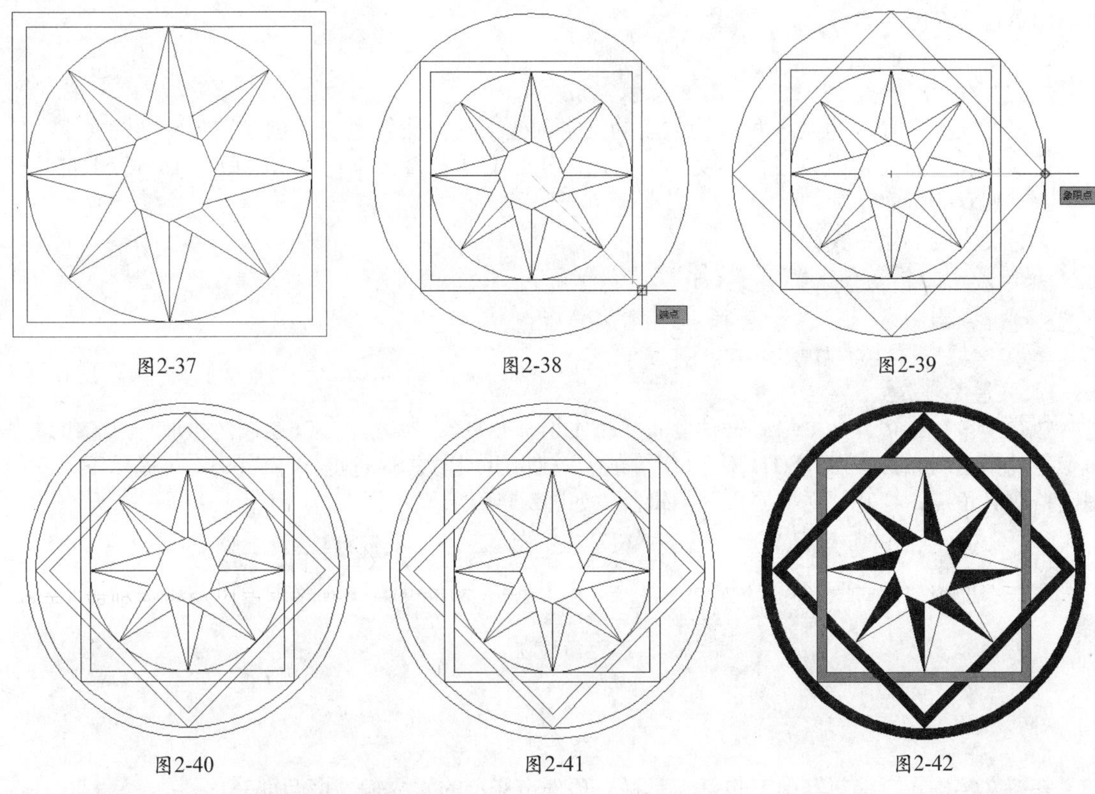

图2-37　图2-38　图2-39

图2-40　图2-41　图2-42

这样大理石地面拼花图案就完成了。

2.5 图纸的文字说明

文字是另外一种表达施工图纸信息的方式，用于表达图形无法传递的一些文字信息，是图纸中不可缺少的一项内容。而文字样式是指文字的外观效果，如字体、字号、倾斜角度、旋转角度以及其他的特殊效果等。相同内容的文字，如果使用不同的文字样式，其外观效果也不相同。

2.5.1 创建单行文字

“单行文字”命令用于通过命令行创建单行或多行的文字对象，所创建的每一行文字都被看做是一个独立的对象，如图2-43所示。

ABCDEFG

设计中心 设计中心 设计中心

图2-43

单行文字的创建方式如下。

执行菜单栏中的“绘图”|“文字”|“单行文字”命令。

单击“文字”工具栏或“文字”面板中的A|按钮。

在命令行输入Dtext后按Enter键。

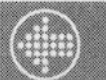

使用命令简写DT。

当执行创建单行文字命令后，提示行提示需要指定文字的起点、高度和角度，通过指定起点、高度和角度即可在绘图区中出现闪烁的光标，通过输入文本创建单行文字，按两次Enter键即可退出单行文字的创建。

2.5.2 创建多行文字

“多行文字”命令也是一种较为常用的文字创建工具，比较适合于创建较为复杂的文字，比如单行文字、多行文字以及段落性文字。无论创建的文字包含多少行、多少段，AutoCAD都将其作为一个独立的对象。

多行文字的创建方式如下。

执行菜单栏中的“绘图”|“文字”|“多行文字”命令。

单击“文字”工具栏或“文字”面板中的A按钮。

在命令行输入Mtext后按Enter键。

使用命令简写T。

执行“多行文字”命令后，在命令行“指定第一角点:”提示下，在绘图区拾取一点，继续在命令行“指定对角点或[高度(H)/对正(J)/行距(L)/旋转(R)/样式(S)/宽度(W)/栏(C)]:”提示下，在绘图区拾取对角点，打开“文字格式”编辑器，如图2-44所示。

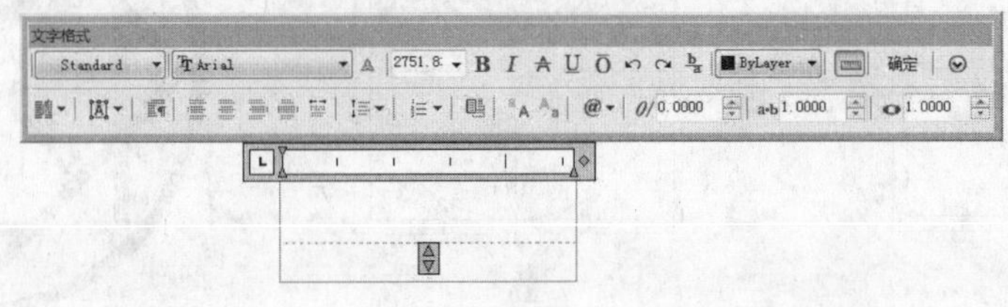

图2-44

在“文字格式”编辑器中，包括工具栏、顶部带标尺的文本输入框两部分。

工具栏主要用于控制多行文字对象的文字样式和选定文字的各种字符格式、对正方式、项目编号等。

- Standard 下拉列表：用于设置当前的文字样式。
- Arial 下拉列表：用于设置或修改文字的字体。
- 0.2000 下拉列表：用于设置新字符高度或更改选定文字的高度。
- ByLayer 下拉列表：用于为文字指定颜色或修改选定文字的颜色。
- **B**（粗体）按钮：用于为输入的文字对象或所选定文字对象设置粗体格式；*I*（斜体）按钮：用于为新输入文字对象或所选定文字对象设置斜体格式。此两个选项仅适用于使用TrueType 字体的字符。
- Ō（上划线）按钮：用于为文字或所选定的文字对象设置上划线格式。
- （堆叠）按钮：用于为输入的文字或选定的文字设置堆叠格式。要使文字堆叠，文字中须包含插入符（^）、正斜杠（/）或磅符号（#），堆叠字符左侧的文字将堆叠在字符右侧的文字之上。

注意：默认情况下，包含插入符（^）的文字转换为左对正的公差值；包含正斜杠（/）的文字转换为置中对正的分数值，斜杠被转换为一条同较长的字符串长度相同的水平线；包含磅符号（#）的文字转换为被斜线（高度与两个字符串高度相同）分开的分数。

- （标尺）按钮：用于控制文字输入框顶端标尺的开关状态。
- （栏数）按钮：用于为段落文字进行分栏排版。
- （多行文字对正）按钮：用于设置文字的对正方式。
- （段落）按钮：用于设置段落文字的制表位、缩进量、对齐、间距等。

- （左对齐）按钮：用于设置段落文字为左对齐方式。
- （居中）按钮：用于设置段落文字为居中对齐方式。
- （右对齐）按钮：用于设置段落文字为右对齐方式。
- （对正）按钮：用于设置段落文字为对正方式。
- （分布）按钮：用于设置段落文字为分布排列方式。
- （行距）按钮：用于设置段落文字的行间距。
- （编号）按钮：用于为段落文字进行编号。
- （插入字段）按钮：用于为段落文字插入一些特殊字段。
- （全部大写）按钮：用于修改英文字符为大写。
- （全部小写）按钮：用于修改英文字符为小写。
- @（符号）按钮：用于添加一些特殊符号。
- 0/ 0.0000（倾斜角度）按钮：用于修改文字的倾斜角度。
- a-b 1.0000（追踪）微调按钮：用于修改文字间的距离。
- 1.0000（宽度因子）按钮：用于修改文字的宽度比例。

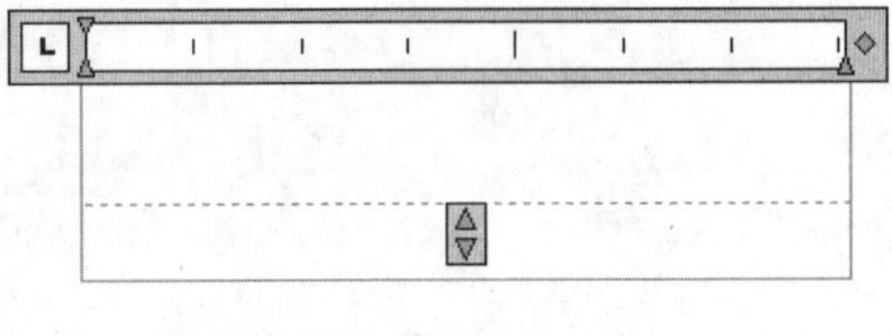

图2-45

文本输入框位于工具栏下侧，主要用于输入和编辑文字对象，它是由标尺和文本框两部分组成，如图2-45所示。在文本输入框内单击右键，可弹出如图2-46所示的快捷菜单，其选项功能如下。

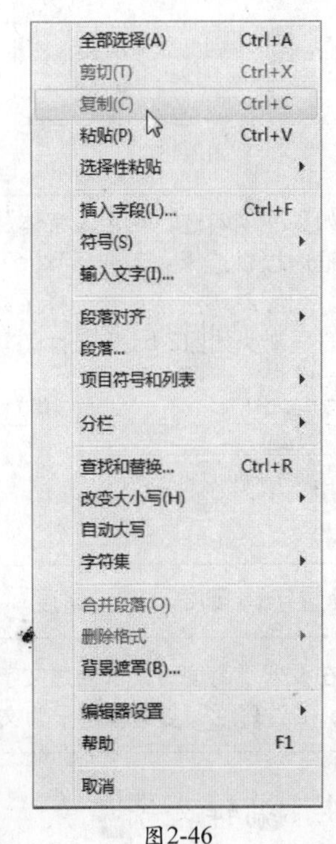

图2-46

- 全部选择：用于选择多行文字输入框中的所有文字。
- 改变大小写：用于改变选定文字对象的大小写。
- 查找和替换：用于搜索指定的文字串并使用新的文字将其替换。
- 自动大写：用于将新输入的文字或当前选择的文字转换成大写。
- 删除格式：用于删除选定文字的粗体、斜体或下划线等格式。
- 合并段落：用于将选定的段落合并为一段并用空格替换每段的回车符。
- 符号：用于在光标所在的位置插入一些特殊符号或不间断空格。
- 输入文字：用于向多行文本编辑器中插入TXT格式的文本、样板等文件或插入RTF格式的文件。

2.5.3 设置文字样式

在AutoCAD制图中，文字样式是使用“文字样式”命令来设置的，执行“文字样式”命令主要有以下方式。

执行菜单栏中的“格式”|“文字样式”命令。

单击“样式”工具栏或“文字”面板中的A按钮。

在命令行输入Style后按Enter键。

使用命令简写ST。

设置文字样式的操作步骤如下。

01 设置新样式。单击“样式”工具栏中的A按钮，激活“文字样式”命令，打开“文字样式”对话框，如图2-47所示。

02 单击“新建”按钮，在打开的“新建文字样式”对话框中为新样式命名，如图2-48所示。

03 单击“确定”按钮，新建名为“仿宋体”的文字样式，然后在“字体”组中展开“字体名”下拉列表，选择所需的“仿宋体”，如图2-49所示。

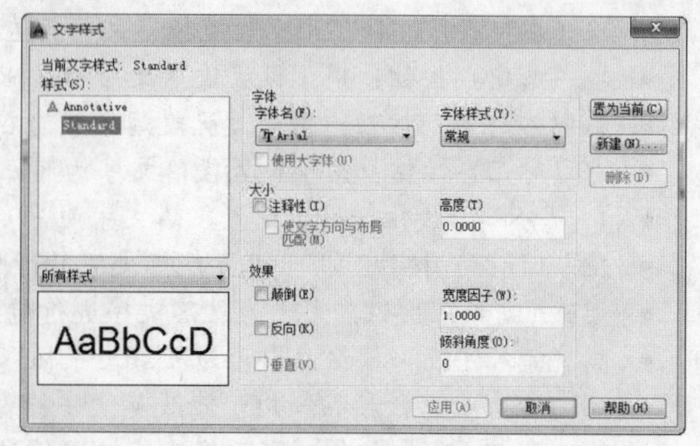

图2-47

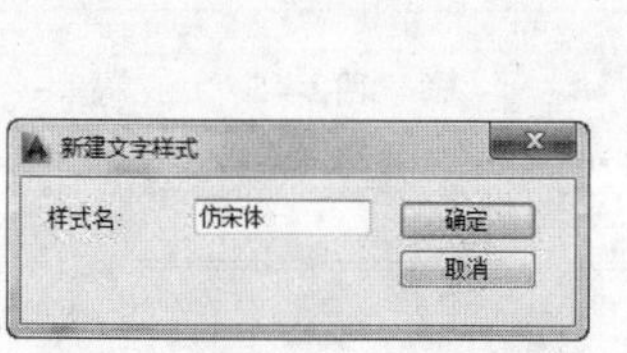

图2-48

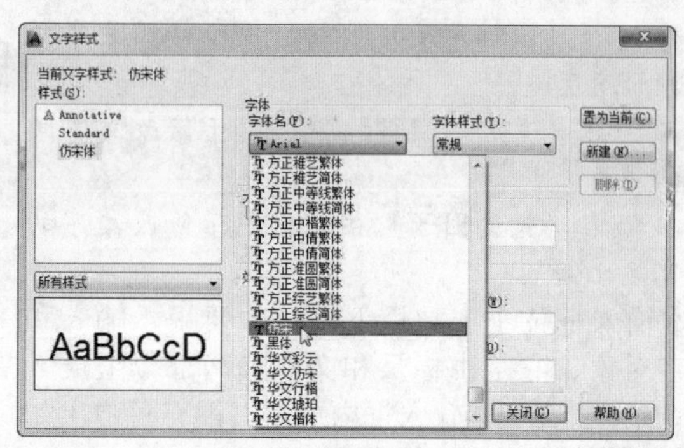

图2-49

提示

如果取消勾选“使用大字体”复选框，结果所有编译型字体（.SHX）和TrueType字体都显示在列表框内以供选择；若选择TrueType字体，那么在右侧“字体样式”下拉列表中可以设置当前字体样式，如图2-50所示；若选择了编译型字体（.SHX），且勾选了“使用大字体”复选框后，则右端的列表框变为如图2-51所示的状态，此时用于选择所需的大字体。

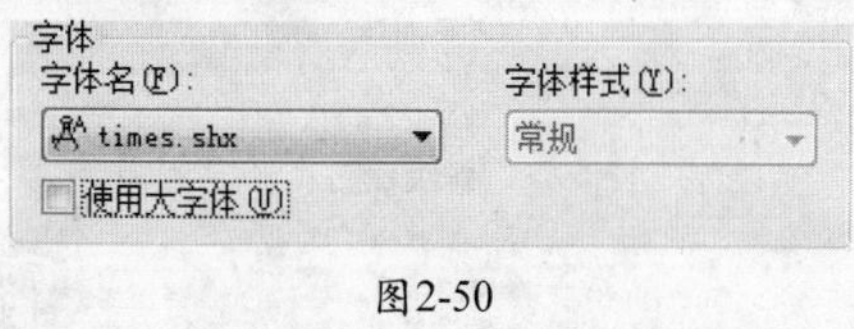

图2-50

图2-51

04 设置字体高度。在“高度”文本框中设置文字的高度。

提示

在设置了高度后，当创建文字时，命令行就不会再提示输入文字的高度；建议在此不设置字体的高度。“注释性”复选框用于为文字添加注释特性。

2.5.4 编辑文字

无论是输入单行文字还是多行文字，都可以对其进行编辑，“编辑文字”命令主要用于修改编辑现有的文字对象内容，或者为文字对象添加前缀或后缀等内容。

编辑文字的方式如下。

- 执行菜单栏中的“修改”|“对象”|“文字”|“编辑”命令。
- 单击“文字”工具栏或“文字”面板中的A按钮。
- 在命令行输入Ddedit后按Enter键。
- 使用命令简写ED。

编辑单行文字操作如下。

01 首先使用“单行文字”命令输入一段单行文字，如图2-52所示。

02 采用上述任意方式激活“编辑文字”命令，在命令行“选择注释对象或[放弃(U)]”操作提示下，单击要编辑的单行文字，即可进入单行文字编辑状态，如图2-53所示。

创建单行文字

图2-52

创建单行文字

图2-53

03 此时在此编辑框中输入正确的文字，然后按两次Enter键退出编辑状态，完成单行文字的编辑，结果如图2-54所示。

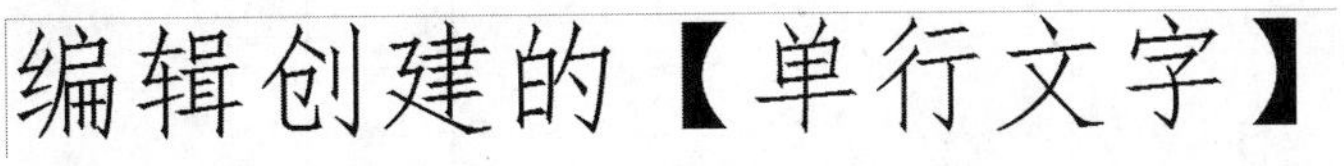

编辑创建的【单行文字】

图2-54

编辑多行文字操作如下。

01 首先使用“多行文字”命令输入一段多行文字，如图2-55所示。

02 采用上述任意方式激活“编辑文字”命令，在命令行“选择注释对象或[放弃(U)]”操作提示下，单击要编辑的多行文字，打开“文字格式”编辑器，如图2-56所示。

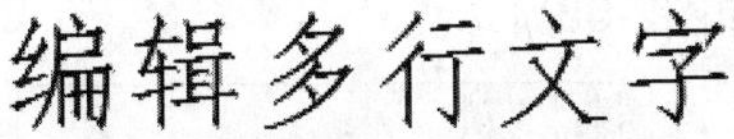

编辑多行文字

图2-55

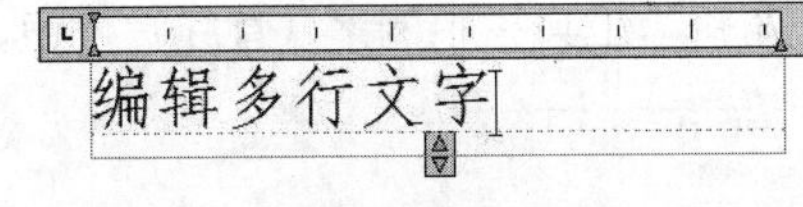

图2-56

03 将光标移动到文字的一端，拖动鼠标将文字选择，如图2-57所示。

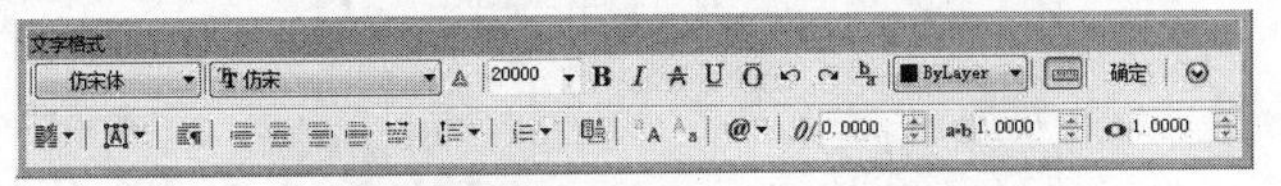

图2-57

04 在“文字格式”编辑器中修改文字的字体、大小和颜色等，最后在下方的文本框中输入新的文字内容，如图2-58所示。

05 单击 确定 按钮关闭“文字格式”编辑器，再按Enter键退出多行文字编辑模式，完成对多行文字的修改，结果如图2-59所示。

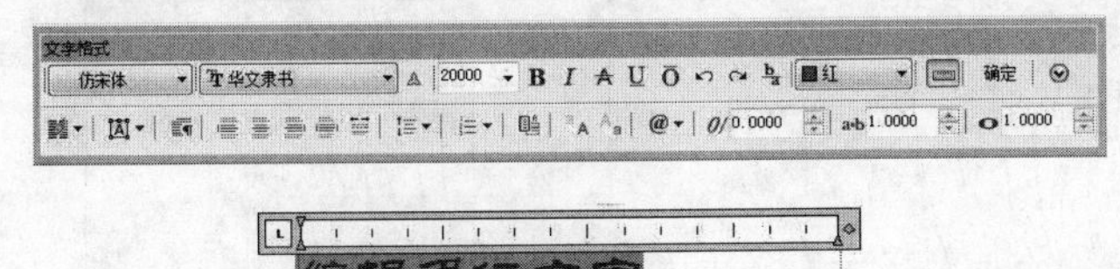

图2-58

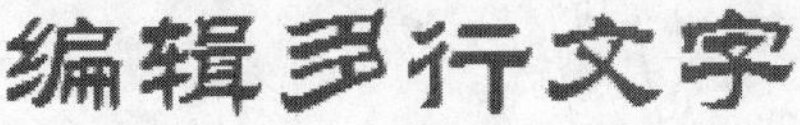

编辑多行文字

图2-59

2.6 基本图形的应用——绘制窗帘

场景路径：Scene\cha02\绘制窗帘.dwg

视频路径：视频\cha02\2.6 绘制窗帘.mp4

下面介绍如何使用基本图形绘制窗帘，效果如图2-60所示。

01 选择“常用”|“绘图”|“□（矩形）”工具，在命令行中出现“指定第一个角点[倒角/标高/圆角/厚度/宽度]：”提示时，输入数据“0,0”，按Enter键，当命令行中出现“指定另一个角点”时，在命令行中输入“500,500”，并按Enter键，矩形绘制完毕，如图2-61所示。

02 选择“常用”|“绘图”|“（多段线）”工具，在场景中绘制如图2-62所示的多段线。

图2-60

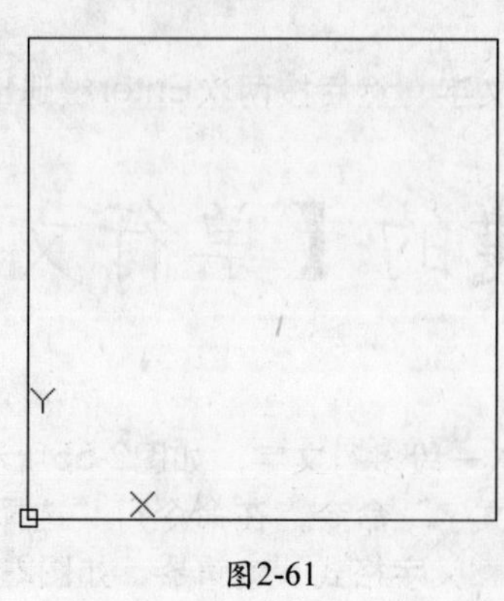

图2-61

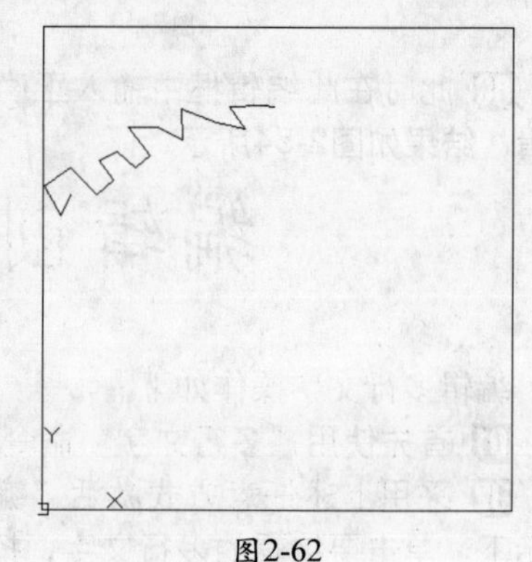

图2-62

03 确定没有选择任何命令，在绘图窗口中选择多段线，单击两个夹点中间的点，弹出对话框，从中选择“转换为圆弧”，如图2-63所示。

04 对多段线进行调整，如图2-64所示。

05 单击“常用”工具栏中的（直线）按钮，绘制直线，如图2-65所示。

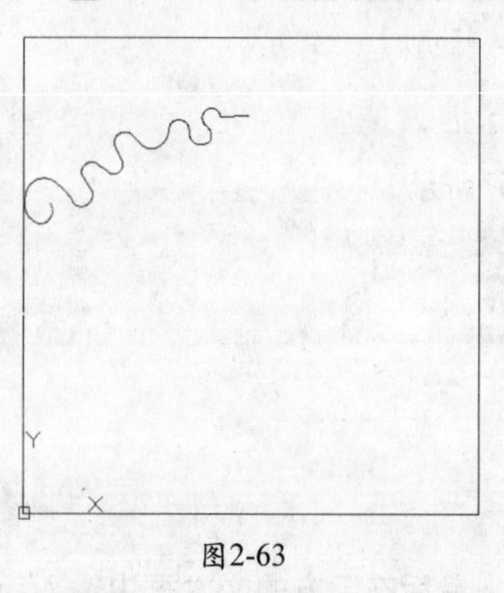

图2-63

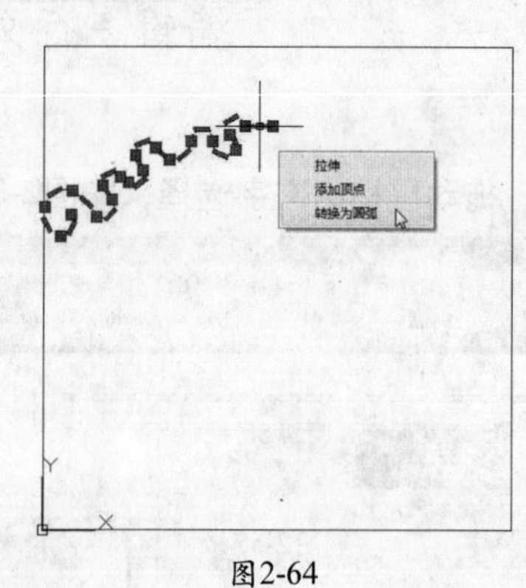

图2-64

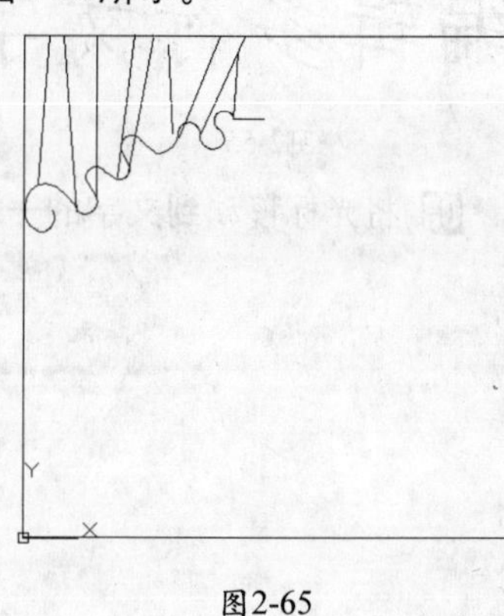

图2-65

06 绘制多段线，如图2-66所示。

07 使用修剪命令修剪线段，如图2-67所示。

08 继续绘制其他图形，如图2-68所示。

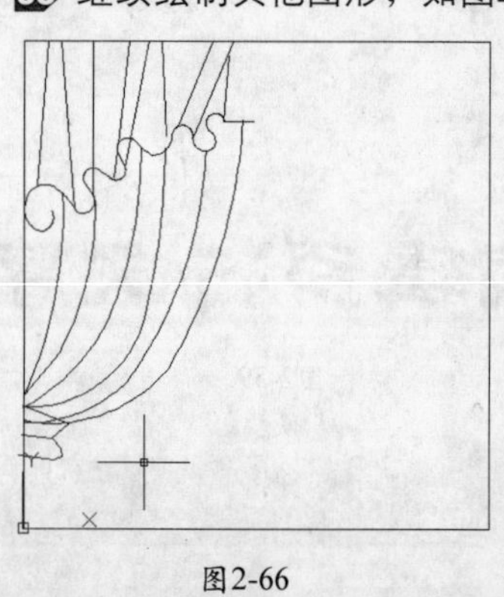

图2-66

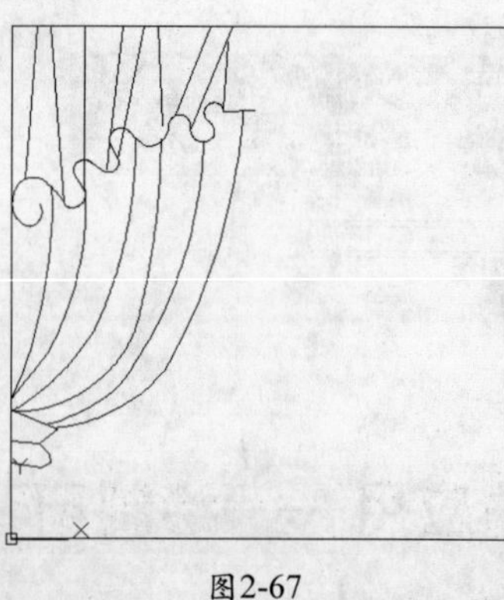

图2-67

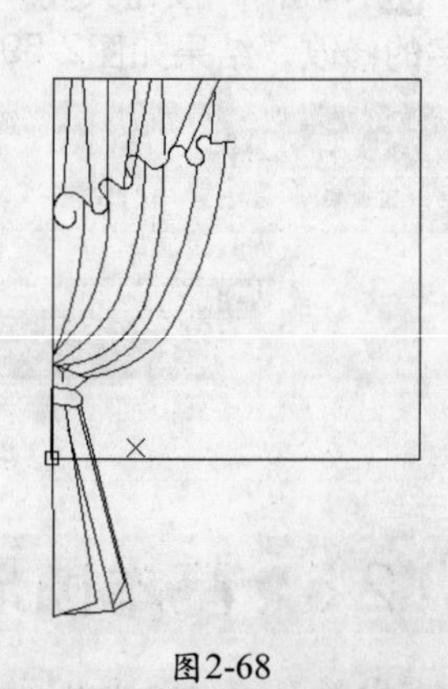

图2-68

09 使用镜像工具镜像图形，如图2-69所示。

10 调整图形的效果，如图2-70所示。

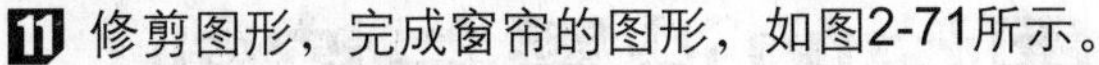

11 修剪图形，完成窗帘的图形，如图2-71所示。

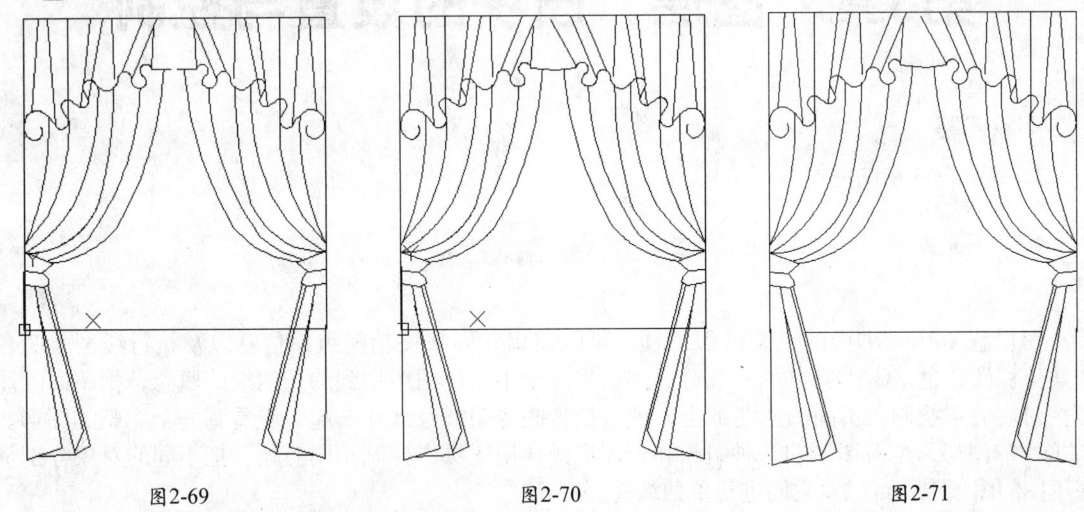

图2-69　　　　图2-70　　　　图2-71

2.7　小结

在本章中，主要讲述了AutoCAD中最基本的图形的绘制与修改方法，以及绘图的应用技巧。本章所学的内容，都是在绘图的实际操作中必须掌握的，也是最为基础的知识，在以后的章节学习中会经常用到。

希望读者牢固掌握、灵活运用这些方法，为以后的工程制图与机械制图打下坚实的基础。

第3章　图层、图块的设置与控制

本章内容

- 图层的设置与控制
- 图块的定义与应用
- 图块的编辑

图层是AutoCAD中的主要组织工具，可以使用它们来按功能组织信息以及执行线型、颜色和其他标准，也是CAD精华的一部分。图层来源于手工绘图中用到的透明纸的概念，把不同的图形按对应关系绘制在不同的透明纸上，最后把这些透明纸叠加在一起，就看到一个完整的图形。CAD中的图层只是对图形的一种组织和管理形式，用图层去控制不同对象、把不同的对象分别放在不同的图层上，可以对它们进行单独编辑。

3.1　图层的设置与控制

AutoCAD将图层及相关的特性单独设置了一条工具栏，用于显示图层的相关内容。“图层”工具栏常位于绘图窗口的上方，如图3-1所示。

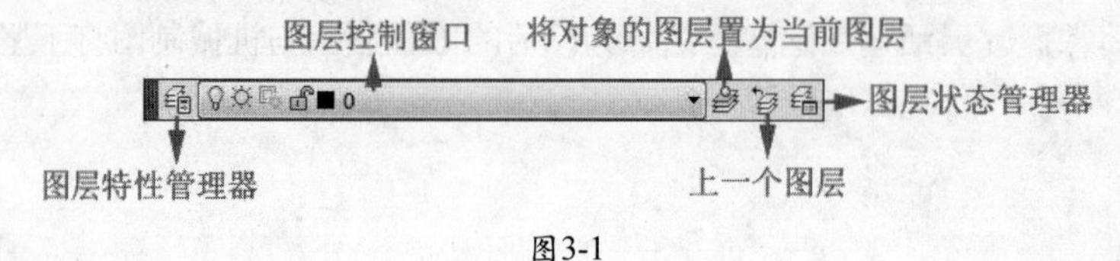

图3-1

其中各选项含义如下。

- （图层特性管理器）：单击该按钮，可打开图层特性管理器。
- 图层控制窗口：该列表中列出了符合条件的所有图层。单击该列表中的相应图层，可切换到该层上进行操作，从而可以进行图层间的快速切换，提高绘图效率。
- （将对象的图层置为当前）：单击该按钮，可将用户选定实体所在的图层设置为当前层。
- （上一个图层）：单击该按钮，系统将依次返回到上一个执行了编辑命令的图层。
- （图层状态管理器）：单击该按钮，打开图层特性管理器，可以对新建、编辑图层状态和说明。

选择的实体不同，“图层”工具栏中显示的状态信息也不相同，主要有以下几种情况：

- 如果当前图形中没有选中实体，“图层”工具栏的各列表框中显示的是系统当前图层的特性设置。
- 如果当前图形中选中一个实体或是多个具有相同特性设置的实体，则显示选中实体的图层特性设置。
- 如果当前图形中选中多个特性不同的实体，则列表框中不显示任何特性。

开始绘制新图形时，默认情况下系统只有一个图层0层。

默认情况下，图层0被指定使用白颜色（白色或黑色，由绘图窗口颜色决定），线型为Continuous（连续线），“默认”线宽（默认设置是0.01int或0.25mm）以及 正常的打印样式。0层是基础图层，不能删除或重命名0图层。当创建了多个图层之后，系统会自动产生一个图层“定义点”层，它是系统自动创建的图层，该图层上的对象不能被打印，在图层特性管理器中，该层的打印机图标是灰色显示，不能使用。

图层特性管理器的打开方式如下。

选择“格式”|“图层”菜单命令。

单击“图层”工具栏中的按钮。

在命令行中输入LA，按键盘上的Enter键或空格键。

执行上面任何一种方法，都可以打开图层特性管理器，如图3-2所示。

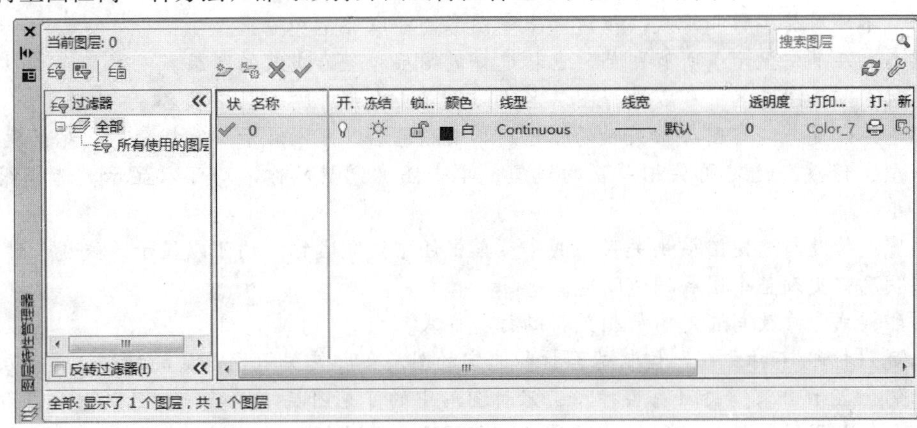

图3-2

3.1.1 图层特性管理器

图层特性管理器用于生成当前图层、添加新图层、删除图层和重命名图层。可以指定图层特性、打开和关闭图层、冻结和解冻图层、锁定和解锁图层、设置图层的打印样式以及打开和关闭图层打印。可以过滤在图层特性管理器中显示的图层名，可以保存和恢复图层状态及特性设置。

下面就来学习图层特性管理器中的相关内容。

- （新建特性过滤器）：显示“图层过滤器特性”对话框，从中可以根据图层的一个或多个特性创建图层过滤器。
- （新建组过滤器）：创建图层过滤器，其中包括选择并添加到该过滤器的图层。
- （图层状态管理器）：显示图层状态管理器，从中可以将图层的当前特性设置保存到一个命名图层状态中，以后可以再恢复这些设置。
- 过滤器（过滤器）：从中显示过滤树。
- （收拢图层过滤树）：将图层过滤树隐藏为左侧垂直栏。
- （新建）：创建新图层，列表将显示名为“图层1”的图层。
- （在所有视口中都被冻结的新图层视口）：创建图层，然后在所有现有布局视口中将其冻结。可以在“模型”选项卡或“布局”选项卡上访问此按钮。
- （删除图层）：从图形文件定义中删除选定的图层，只能删除没有参照的图层。参照图层包括0图层及“定义点”层、包含对象（包括块定义中的对象）的图层、当前图层和依赖外部参照的图层。不包含对象（包括块定义中的对象）的图层、非当前图层和不依赖外部参照的图层都可以用该按钮删除。
- （置为当前）：将选定图层设置为当前图层。
- （刷新）：通过扫描图形中的所有图元来刷新图层使用信息。
- （设置）：显示“图层设置”对话框，从中可以设置新图层通知方式，是否将图层过滤器更改应用于图层工具栏，以及更改视口替代的背景色。
- /（开/关控制图层）：这两个按钮用于控制图层的开关状态。默认状态下的图层都为打开的图层，按钮显示为。当按钮显示为时，位于图层上的对象都是可见的，并且可

在该层上进行绘图和修改操作；在按钮上单击，即可关闭该图层，按钮显示为（按钮变暗）。

- （冻结/解冻图层）：按钮用于在所有视图窗口中冻结或解冻图层。默认状态下图层是被解冻的，按钮显示为；在该按钮上单击，按钮显示为，位于该层上的内容不能在屏幕上显示或由绘图仪输出，不能进行重生成、消隐、渲染和打印等操作。
- （锁定/解锁图）：按钮用于锁定图层或解锁图层。默认状态下图层是解锁的，按钮显示为，在此按钮上单击，图层被锁定，按钮显示为，用户只能观察该层上的图形，不能对其编辑和修改，但该层上的图形仍可以显示和输出。
- 状态：在其中显示了所有图层，包括选择的图层和置为当前的图层。
- 名称：显示图层名。可以选择图层名，然后单击左键并输入新图层名。
- 颜色：改变与选定图层相关联的颜色。单击颜色名，可以显示“选择颜色”对话框。
- 线型：修改与选定图层相关联的线型。单击任意线型名称，均可以显示“选择线型”对话框。
- 线宽：修改与选定图层相关联的线宽。单击任意线宽名称，均可以显示“线宽”对话框。
- 透明度：更改整个图层的透明度。
- 打印样式：修改与选定图层相关联的打印样式。
- （打印/不打印）：控制是否打印选定的图层。即使关闭了图层的打印，该图层上的对象仍会显示出来。关闭图层打印，只对图形中的可见图层（图层是打开的并且是解冻的）有效。如果图层设为打印但该图层在当前图形中是冻结的或关闭的，则AutoCAD也不打印该图层。
- （新视口冻结）：视口冻结新创建视口中的图层。
- 说明：添加图层的说明文字。

3.1.2　创建图层

在默认状态下，AutoCAD仅为用户提供了0图层，以前所绘制的图形都位于该0图层上。一般情况下，在绘制大型设计图纸时，需要根据图形的表达内容等因素新建不同类型的图层，并且为各图层进行命名，以便对图形对象进行有效管理。

本节首先学习图层的具体新建过程。

01 新建一个绘图文件。

02 单击“图层”工具栏中的按钮，打开如图3-3所示的图层特性管理器。

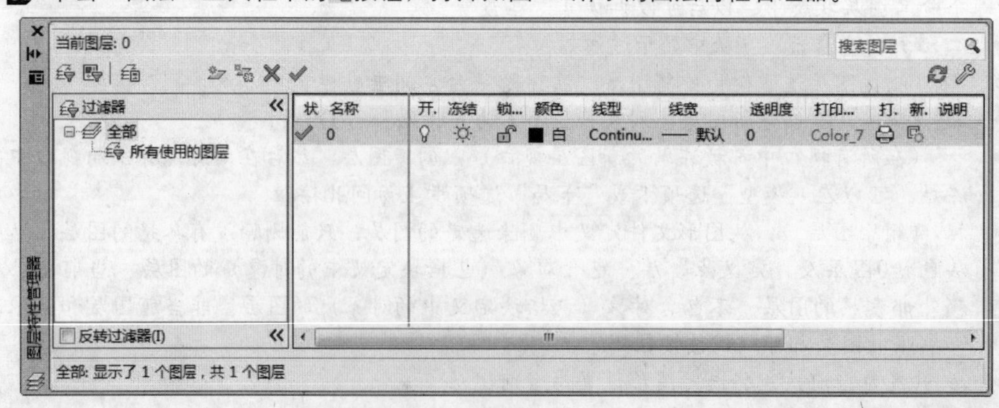

图3-3

03 单击图层特性管理器中的按钮，新建图层，新图层将以临时名称“图层1”显示在列表中，如图3-4所示。

04 在图层名称反白显示区域输入新图层的名称，例如输入“点划线”，以对图层进行重命名，如图3-5所示。

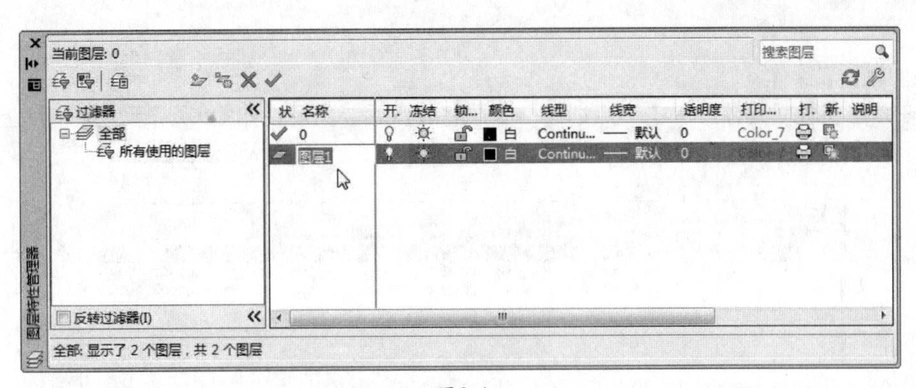

图3-4

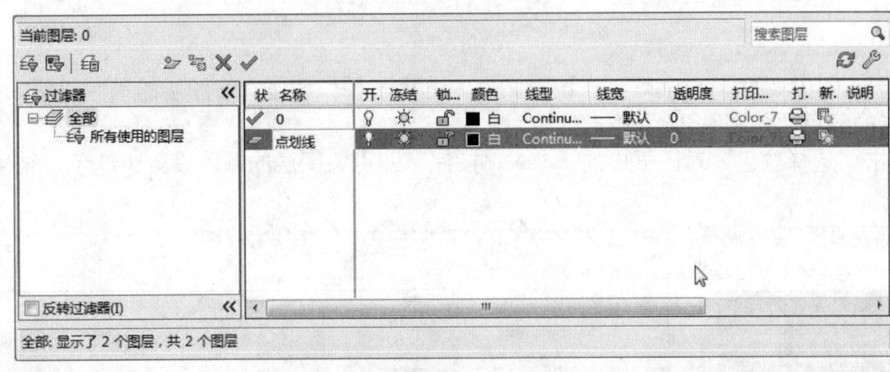

图3-5

提示　图层名最长可达255个字符，可以是数字、字母或其他字符；图层名中不允许含有大于号（>）、小于号（<）、斜杠（/）、反斜杠（\）以及标点等符号；另外，为图层命名时，必须确保图层名的唯一性。

05 按Alt+N快捷键，或再次单击按钮，创建另外两个图层，并对其进行重命名，结果如图3-6所示。

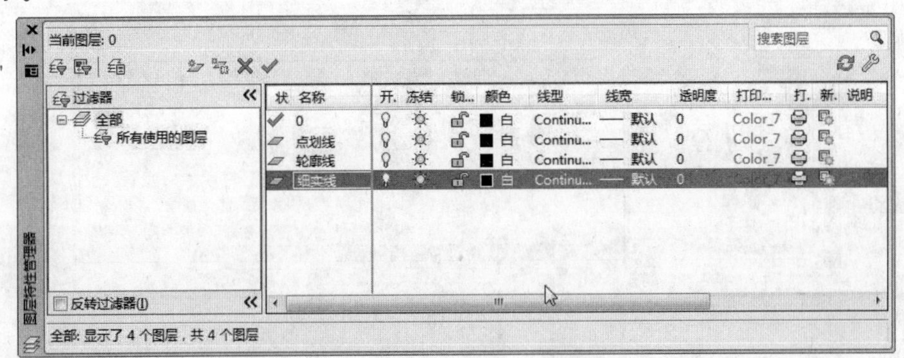

图3-6

提示　如果在创建新图层时选择了一个现有图层，或为新建图层指定了图层特性，那么后面创建的新图层将继承先前图层的一切特性（如颜色、线型等）。

3.1.3　设置图层

1. 颜色

在创建图层后，一般还需要为图层指定不同的颜色特性，下面继续学习图层颜色特性的具体设置过程。

01 继续上节操作。

02 在图层特性管理器中单击“点划线”图层将其激活，然后在如图3-7所示的颜色块上单击。

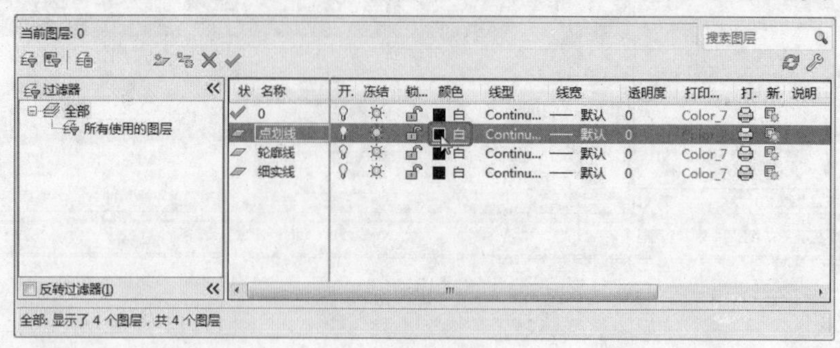

图3-7

03 打开“选择颜色”对话框，在该对话框中选择一种颜色作为该图层的颜色，例如选择红色作为该图层的颜色，如图3-8所示。

04 单击“选择颜色”对话框中的 确定 按钮，即可将图层的颜色设置为红色，结果如图3-9所示。

图3-8

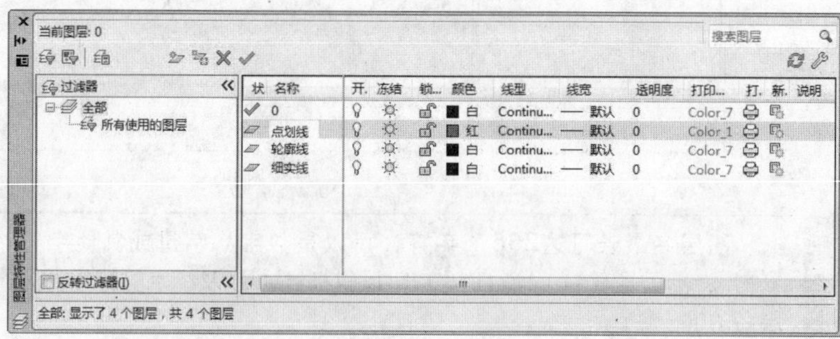

图3-9

05 参照上述操作，将“细实线”图层的颜色设置为102号色，结果如图3-10所示。

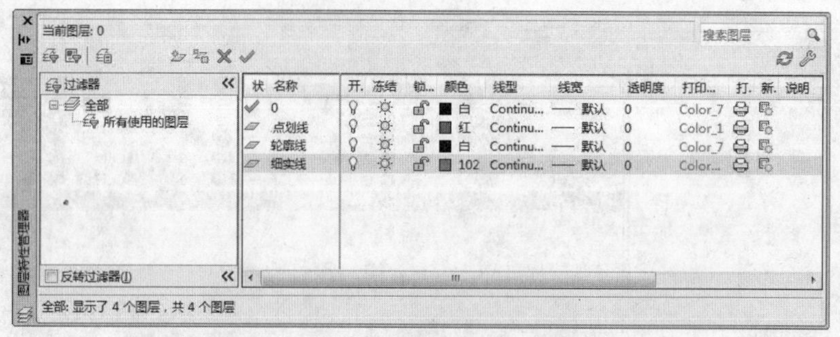

图3-10

2. 线型

在默认设置下，系统为用户提供了一种Continuous线型，但在实际的绘图过程中，要根据具体绘制内容设置不同的线型，线型的设置需要进行加载。下面继续学习加载线型的方法和技巧。

01 继续上节操作。

02 选中“点划线”图层，在如图3-11所示的线型按钮上单击，打开如图3-12所示

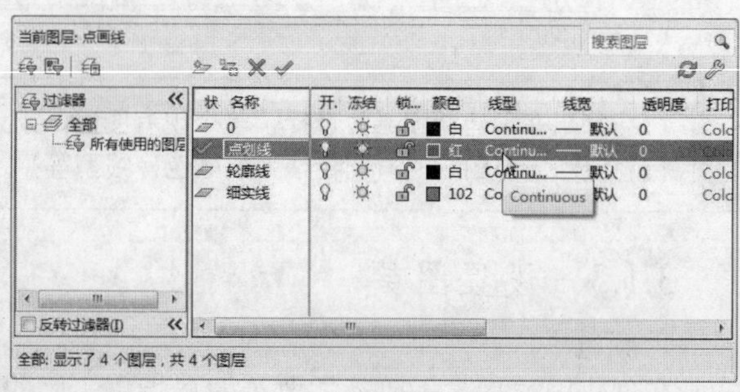

图3-11

的“选择线型”对话框。

03 在“选择线型”对话框中单击加载(L)...按钮，打开“加载或重载线型”对话框，选择ACAD_ISO04W100线型，如图3-13所示。

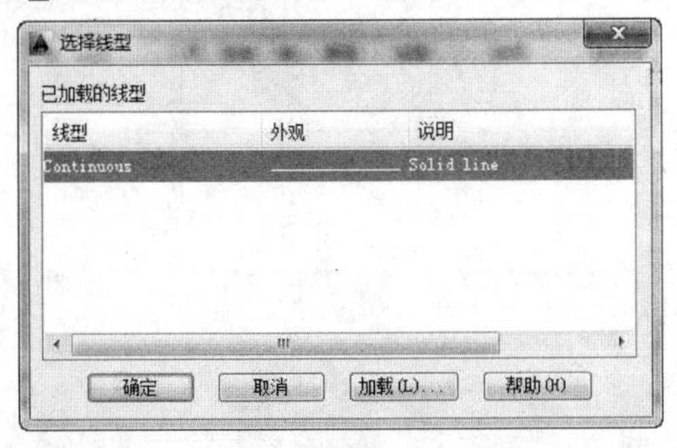

图3-12

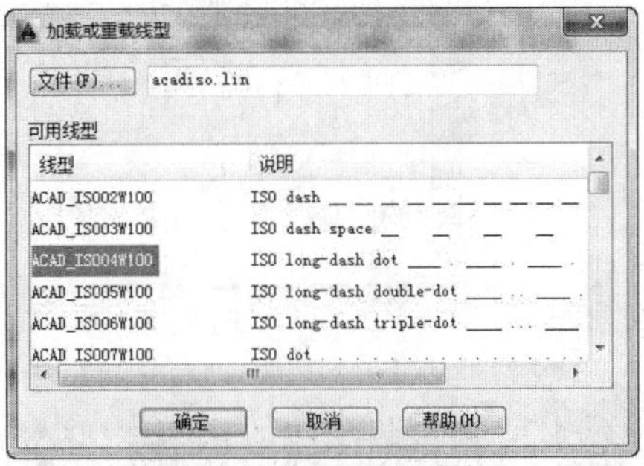

图3-13

04 单击确定按钮，结果选择的线型被加载到“选择线型”对话框内，如图3-14所示。

05 选择刚加载的线型后单击确定按钮，即将此线型附加给当前被选择的图层，结果如图3-15所示。

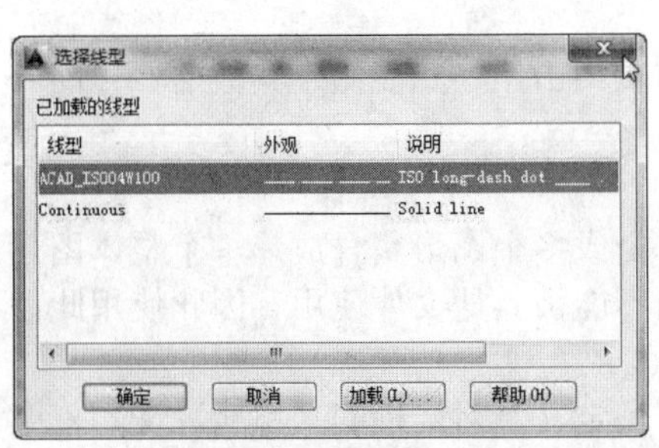

图3-14

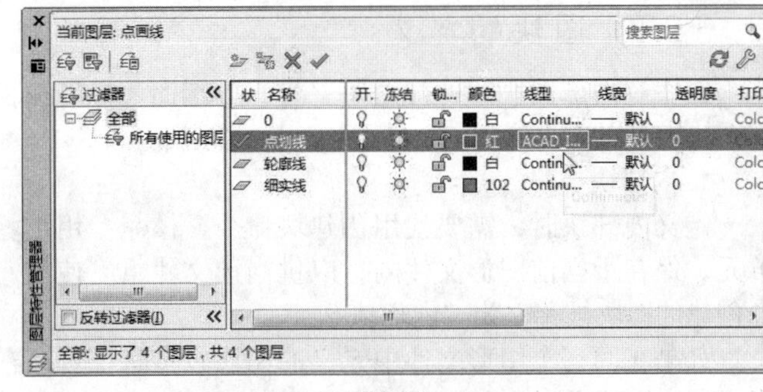

图3-15

3. 线宽

下面继续学习图层线宽的具体设置过程。

01 继续上节操作。

02 选中“轮廓线”图层，在如图3-16所示的线宽按钮上单击，打开如图3-17所示的“线宽”对话框。

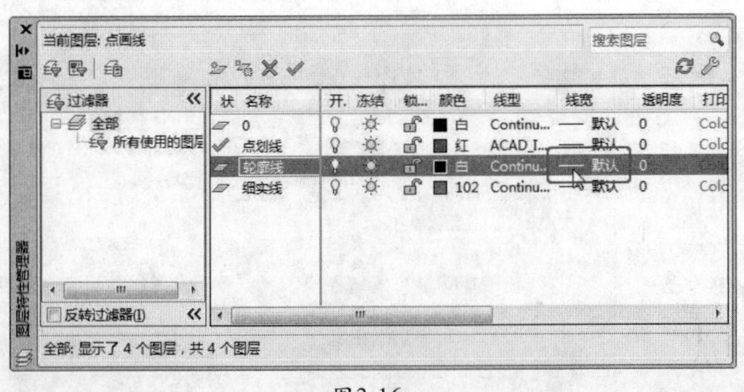

图3-16

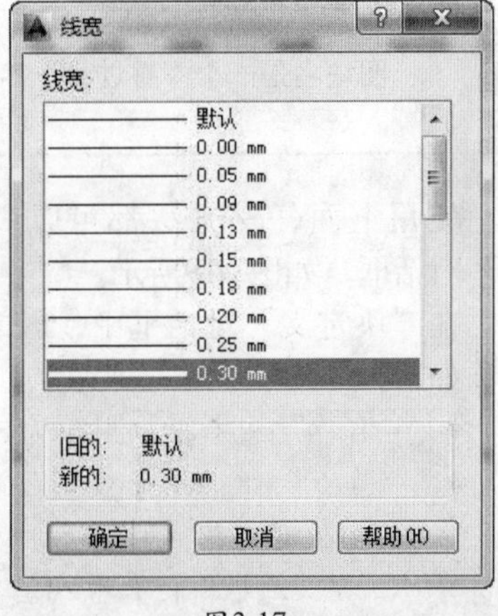

图3-17

03 在“线宽”对话框中选择0.30mm线宽，然后单击确定按钮返回图层特性管理器，结果“轮廓线”图层的线宽被设置为0.30mm，如图3-18所示。

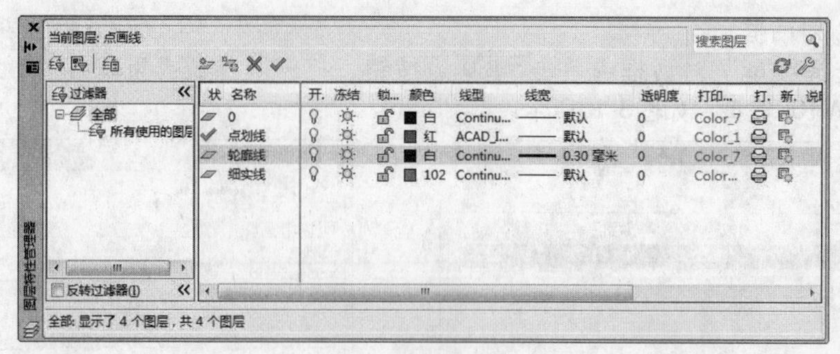

图3-18

3.2 图块的定义与应用

所谓图块，就是指通过将多个图形或文字组合起来形成单个对象的集合，以方便用户对其进行选择、应用和编辑等。在文件中引用了图块之后，不仅可以很大程度地提高绘图速度、节省存储空间，还可以使绘制的图形更标准化和规范化。

3.2.1 图块的定义

图块有内部图块和外部图块之分，内部图块只能被当前文件引用，不能用于其他文件；而外部图块则可以应用到任何文件中。

1. 内部块

定义内部块时，需要使用创建块命令，该命令用于将单个或多个图形集合成为一个整体图形单元，保存于当前图形文件内，以供当前文件重复使用，而不能被其他文件使用，因此使用此命令创建的图块被称之为“内部块”。

如果在同一个图形文件中定义的图块较多时，可以在“块定义”对话框的“说明”文本框中指定该图块的说明信息，以便于区分。

内部块的创建方式如下。

执行菜单栏中的“绘图”|“块”|“创建”命令。

单击“绘图”工具栏或“块”面板中的按钮。

在命令行输入Block或Bmake后按Enter键。

使用命令简写B。

提示　图块名是一个不超过255个字符的字符串，可包含字母、数字、$、-及_等符号。

使用上面任一方法都可以打开“块定义”对话框，如图3-19所示。

在“块定义”对话框中，较重要的一些选项如下。

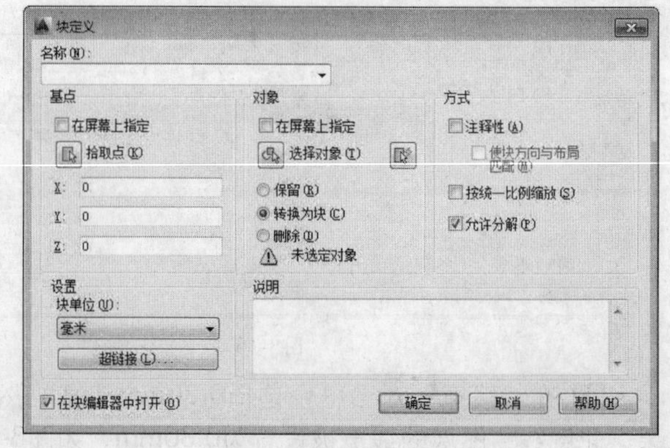

图3-19

- “名称”文本框：用于为新块命名。
- “基点”组：用于确定图块的插入基点。在定义基点时，用户可以直接在X、Y、Z文本框中输入基点坐标值，也可以在绘图区直接捕捉图形上的特征点。AutoCAD默认基点为原点。
- “快速选择”按钮：单击该按钮，

将弹出"快速选择"对话框，用户可以按照一定的条件定义一个选择集。

- "转换为块"单选按钮：用于将创建块的源图形转换为图块。
- "删除"单选按钮：用于将组成图块的图形对象从当前绘图区中删除。
- "在块编辑器中打开"复选框：用于定义完块后自动进入"块编辑器"窗口，以便对图块进行编辑管理。

"内部块"仅供当前文件所引用。为了弥补内部块的这一缺陷，AutoCAD为用户提供了"写块"命令，使用此命令可以定义外部块。所定义的外部块不但可以被当前文件所使用，还可以供其他文件重复进行引用。

使用"写块"命令可以将所选的实体以图形文件的形式保存在计算机中，即外部图块。用该命令形成的图形文件与其他图形文件一样可以打开、编辑和插入。在建筑制图中，使用外部图块也较为广泛，读者可预先将所要使用的图形绘制出来，然后用"写块"命令将其定义为外部图块，从而在实际工作时，快速地插入到图形中。

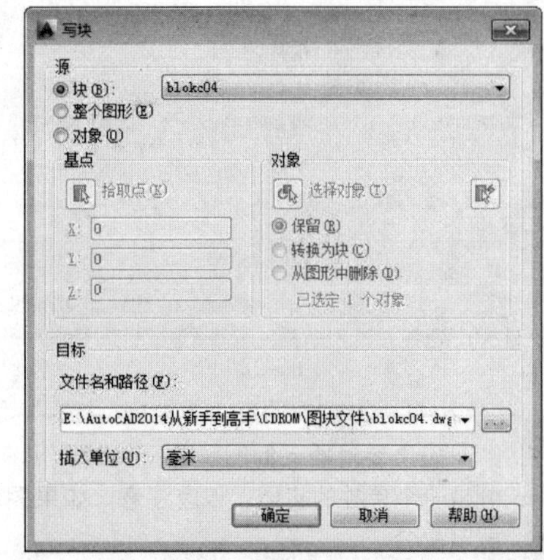

图3-20

2. 外部块

外部块的创建方式如下。

在命令行输入Wblock后按Enter键。

使用命令简写W。

执行上面任一方式都可以打开"写块"对话框，如图3-20所示，从中可以根据情况设置参数和选项。

3.2.2 图块的应用

在绘制图纸的过程中，定义图块的目的是为了在插入相同图形时更加方便、快捷，更快地提高做图速度。

在绘图过程中，内部图块和外部图块的插入到当前图形中，都是使用同一个命令，即"插入块"命令。在插入图块时，需确定图块的位置、比例因子和旋转角度。可使用不同的X、Y和Z坐标值指定块参照的比例。

插入块的方式如下。

选择"插入"|"块"菜单命令。

单击"绘图"工具栏中的按钮。

在命令行中输入I，按键盘上的Enter键或空格键。

插入块的操作如下。

01 单击"绘图"工具栏中的按钮。

02 弹出"插入"对话框，单击"浏览"按钮，在弹出的对话框中选择随书附带光盘中的"Scene\cha03\绿化带.dwg"文件，单击"打开"按钮，如图3-21所示。

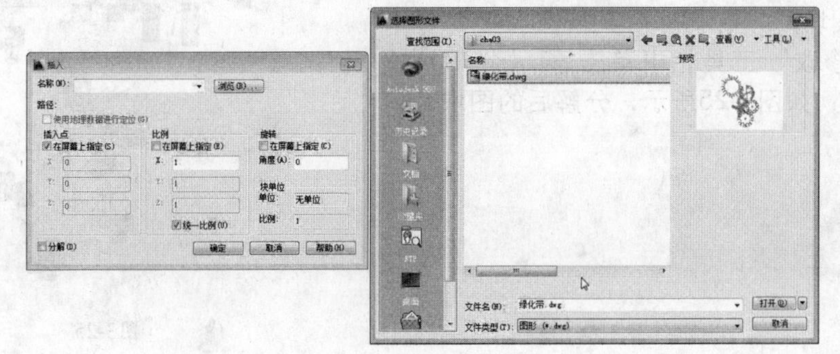

图3-21

03 打开图块，单击“确定”按钮，如图3-22所示。

04 在视口中移动鼠标指定图块的位置，如图3-23所示。

> **提示**
> 此时命令行提示“指定插入点或 [基点(B)/比例(S)/旋转(R)]:”。

05 单击鼠标即可确定图块的位置，如图3-24所示。

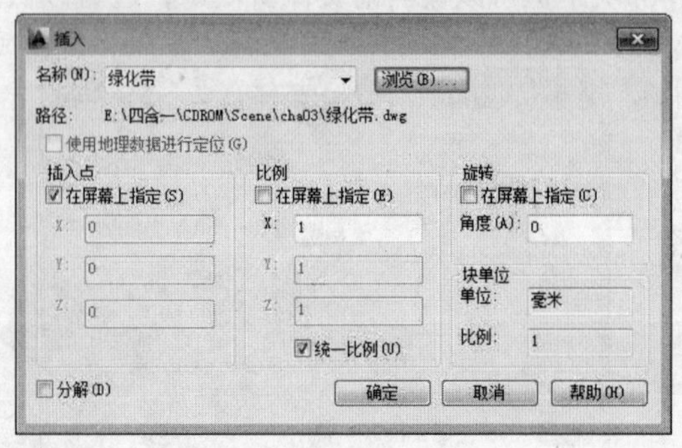

图3-22

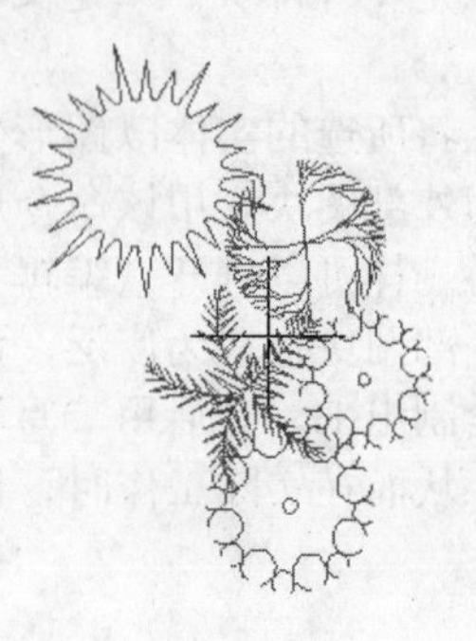

图3-23

图3-24

> **注意**
> 如果要对插入的图块进行编辑，可在“插入”对话框中选中“分解”选项，插入后的图块各部分是一个单独的实体。但应注意，如果图块在X、Y、Z方向以不同的比例插入，则不能用这里的“分解”命令。

如果要插入一个内部图块，则在“插入”对话框的“名称”下拉列表中选择所需的内部图块即可，其余的设置与插入外部图块相同。

用“创建块”和“写块”命令建立的图块，确定的插入点就是“插入”图块时插入的基点。

3.3 图块的编辑

图块是由一个或多个实体组成的一个特殊实体，可以用复制、旋转、镜像等命令对其进行整体修改，但修剪、延伸、偏移等命令不能对图块进行编辑。如果要对插入的图块进行修改，通常需要对其执行“分解”命令。

3.3.1 图块的分解

“分解”命令用于将复合对象分解成若干个基本的组成对象，该命令可用于图块、三维线框或实体、尺寸标注、多线、多段线等的分解。

分解图块的操作如下。

01 选择图块。

02 在“修改”工具栏中单击 （分解）按钮，分解图块，如图3-25所示，分解后的图块为单独的线条。

图3-25

3.3.2 图块的重新定义

如果一个图块被多次重复插入在一个图形文件中，当对这些已经插入的图块进行整体修改时，用块的重新定义即可一次性更新已经插入的块而不需要单独修改。

重新定义图块的方法是将一个插入的图块分解后，进行适当的调整、修改，再用“创建块”命令重新定义为同名的图块，将原来的图块进行覆盖，图形中引用的相同块将全部自动更正。这种方法用于修改不大的图块。

3.3.3 图块特性

在建立一个图块时，组成块的实体特性将随块定义一起存储。当在其他图形文件中插入图块时，这些特性也一起插入到当前图形文件。

（1）0层上图块的特性

如果组成图块的实体是在0图层上绘制的并且用“随层”设置特性，则该图块无论插入到图形文件的哪一层，其特性都采用当前层的设置。0层上“随层”块的特性随其插入层特性的改变而改变。

（2）指定颜色和线型的图块特性

如果组成图块的实体具有指定的颜色、线型和线宽，那么图块的特性也是固定的，在插入时不受当前图层设置的影响。

（3）“随块”图块特性

如果组成块的实体采用“随块”设置，则块在插入前没有任何层、颜色、线型、线宽的设置。当图块插入当前图层中，块的特性使用当前绘图环境的层、颜色、线型和线宽的设置。“随块”图块的特性是随不同的绘图环境而变化的。

（4）“随层”图块特性

由某个具有“随层”设置的实体组成一个内部块，这个层的颜色和线型等特性将设置并储存在图块中，以后不管在哪一层插入都保持这些特性。

如果在当前图形中插入一个具有“随层”设置的外部图块，当外部图块所在层在当前没有定义，则AutoCAD自动建立该层来放置图块，并且保持图块的特性与定义时保持一致；如果当前图形中存在与之同名而特性不同的层，当前图形中该层的特性将覆盖图块原有的特性。

（5）关闭或冻结层上图块的显示

当非0层块在某一层插入时，插入块实际上仍处于建立该图块的图层中（0层块除外），因此不管它的特性如何随插入块或绘图环境变化，当关闭该图层时，图块仍然显示，只有将建立该块的层关闭或将插入层冻结，图块才不再显示。而0层上建立的块，无论它的特性如何随插入层或绘图环境变化，当关闭插入层时，插入的0层块同时跟随关闭。

3.4 小结

本章主要讲解了图层的设置、控制，图块的生成、应用以及对图块属性的定义、编辑等。图层与图块的合理使用，可以快速地提高做图速度，这也体现了用AutoCAD绘制图纸的一大优势。

第4章　尺寸标注在图纸中的应用

本章内容

- 尺寸标注的基础知识
- 尺寸标注样式设置
- 尺寸标注的应用
- 尺寸标注的修改
- 距离与面积的应用

当用AutoCAD绘制完图形之后，重要的工作是给图纸标注尺寸，使其能够精确地标注出图形对象的长度、角度或半径等数据，如实反映对象的大小和位置关系。尺寸标注是工程制图、机械制图中最常用的操作之一。AutoCAD提供了丰富的尺寸标注的方法和样式，通过这些方法和样式，可以将画完的图形快速准确地进行尺寸标注。

4.1　尺寸标注的基础知识

尺寸标注是工程制图中最重要的数据表达方法，利用AutoCAD提供的尺寸标注命令，可以方便快速地标注图纸中各个图形方向的尺寸。在介绍具体的标注命令和标注方法之前，先了解一下AutoCAD中尺寸标注方面的一些基本知识。

4.1.1　尺寸标注工具栏

AutoCAD提供了一个形象而快捷的标注工具栏，利用此工具栏可以执行所有常用的尺寸标注命令。在进行标注尺寸时，可以直接在工具栏上单击所需的命令按钮，然后根据命令行提示，完成所标注的尺寸。“标注”工具栏的形态及命令按钮如图4-1所示。

图4-1

4.1.2　尺寸标注的组成

尽管尺寸标注在类型和外观上多种多样，但基本的标注都包含标注文字、尺寸界线、尺寸起止符号（尺寸箭头）、尺寸线、延伸线5部分，如图4-2所示。

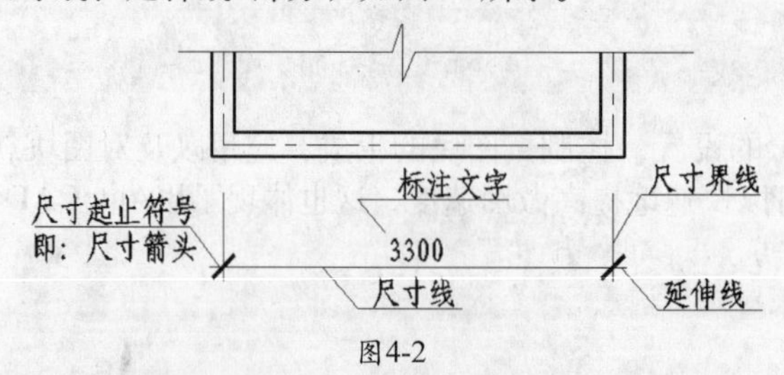

图4-2

- 标注文字：标注文字一般表示两条尺寸界线之间的距离或角度，标注文字中可以包含前缀、后缀以及公差等字符串。用户可以随意改变标注文字字符串。
- 尺寸线：尺寸线是表示尺寸标注的方向及长度（角度）的直线（当标注角度时，尺寸线以弧线表示）。AutoCAD通常将尺寸线置于测量区域之内。如果空间不足，也可以将尺寸线或文字其中一个置于测量区域之外，具体情况取决于标注样式的放置规则。

- 尺寸界线：尺寸界线位于尺寸线的两端，表示尺寸线的开始和结束。尺寸界线一般垂直于尺寸线，有时也可以将尺寸线倾斜。
- 尺寸起止符号（尺寸箭头）：尺寸起止符号（尺寸箭头）是添加在尺寸线两端的结束符号。箭头的形状、大小受系统变量控制，也根据绘制图纸类型的不同来改变。通常建筑制图中点尺寸箭头为倾斜45°的粗短线，机械制图则以箭头的形式来表现。AutoCAD系统默认的是机械制图的实心箭头。
- 延伸线：延伸线是尺寸线超出尺寸界线的部分，这一部分通常应用于建筑制图。

注意 标注文字表示的不一定就是两条尺寸界线之间的实际距离值。如果图形是按1:10的比例绘制的，若两尺寸线之间的实际距离值为40，此时的尺寸文字应该为400。

4.2 尺寸标注样式设置

尺寸标注是工程图纸中的重要组成部分，虽然AutoCAD提供了全面的尺寸标注命令，用户可以方便、快捷地进行尺寸标注，但是系统默认的尺寸标注是为机械制图设置的，不能满足建筑制图的要求。在制作AutoCAD标注建筑图形时，需要根据国家制图标准对建筑工程制图的相关规定及标准对尺寸标注的样式进行设置。

根据国家制图标准规定，建筑工程尺寸中，尺寸线、尺寸界线用细实线绘制；尺寸起止符号一般用粗短线绘制，长度为2~3mm；尺寸线一般与标注长度平行，且不宜超出尺寸界线；尺寸界线一般应与被标注的长度垂直，距离图形外轮廓不少于2mm，另一端应超出尺寸界线2~3mm；标注文字的单位除标高和总平面图以m为单位外，其他均为mm，标注文字依据其读取方向注写，靠近尺寸线上方的中部，如果没有足够的标注位置，标注文字可以写在尺寸线外侧，也可以用一条引线引出标注。在实际的操作过程中，要以具体情况而定，不能一概而论（上面所用尺寸均指图纸输出后图上的实际测量尺寸）。

在AutoCAD中，使用“标注样式管理器”命令来设置标注的样式，使标注的各项参数与所绘制的图纸类型相匹配。

打开“标注样式管理器”对话框的方式如下。

选择“格式”|“标注样式”菜单命令。

单击“标注”工具栏中的按钮。

在命令行中输入D，按键盘上的Enter键。

执行上面任意一种方法，系统都会弹出“标注样式管理器”对话框，通过这里的相关按钮来设置标注样式，如图4-3所示。

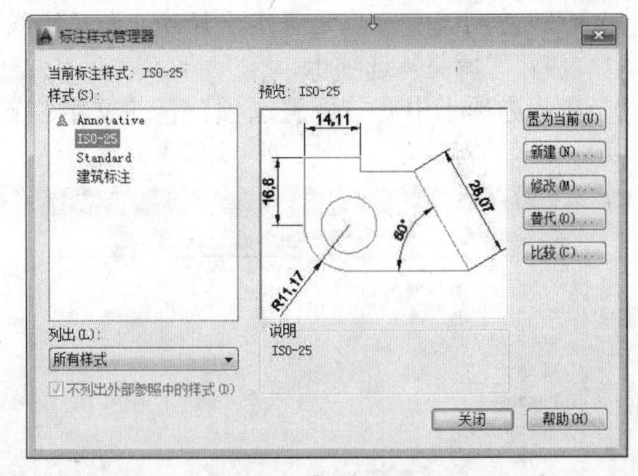

图4-3

4.2.1 “标注样式管理器”对话框

在“标注样式管理器”对话框中单击“修改”按钮，弹出“修改标注样式”对话框，从中可以建立一个自己的新样式对话框。在“修改标注样式”对话框中共有7个选项卡，它们分别为线、符号和箭头、文字、调整、主单位、换算单位、公差。

（1）“线”选项卡

在此选项卡中有“尺寸线”和“尺寸界线”组，如图4-4所示。

- 尺寸线：在此组中可以设置标注基线的颜色、线宽及延伸线的数值，显示与关闭两条尺寸线的标注。
- 尺寸界线：在此组中设置尺寸界线的颜色、线宽及超出标注基线数值的调整。

（2）“符号和箭头”选项卡

在此选项卡中有“箭头”、“圆心标记”、“弧长符号”和“半径折弯标注”组，如图4-5所示。

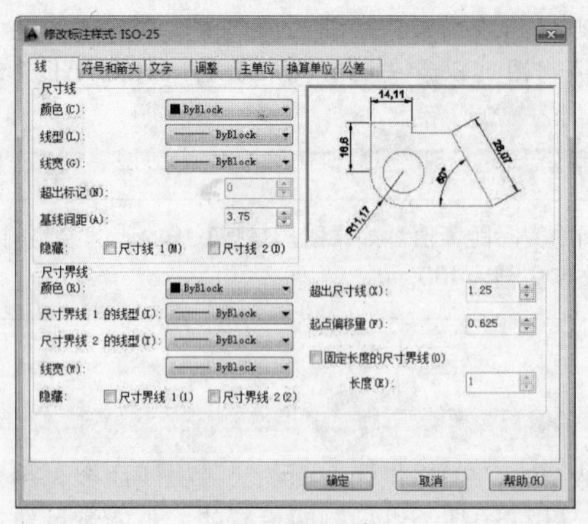

图4-4

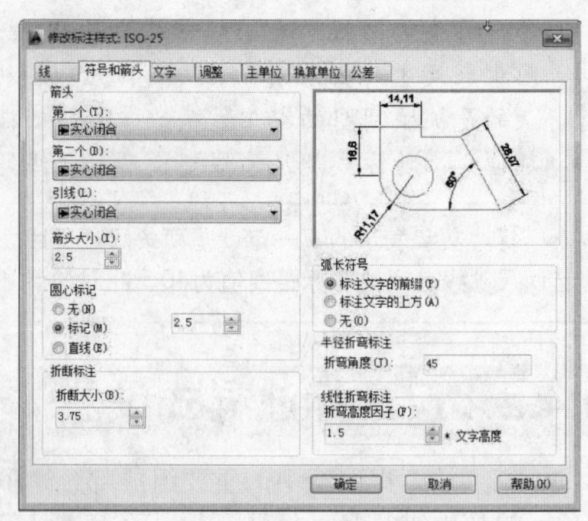

图4-5

- 箭头：在此组中设置箭头的各种标注样式。
- 圆心标记：可以选择任意类型的圆心标记，对圆心标记大小进行设置。
- 弧长符号：在此组中可以设置弧长符号及位置。
- 半径折弯标注：可以设置半径折弯标注的度数。

（3）“文字”选项卡

在此选项卡中有“文字外观”、“文字位置”和“文字对齐”组，如图4-6所示。

- 文字外观：可以对标注文字设置样式、颜色、文字高度、分数高度比例以及绘制文字边框。
- 文字位置：可以进行文字位置的设置以及标注文字与标注基线之间距离的设置。
- 文字对齐：可以选择水平标注、与尺寸线对齐标注以及标准标注。

（4）“调整”选项卡

在此选项卡中有“调整选项”、“文字位置”、“标注特征比例”和“优化”组，如图4-7所示。

图4-6

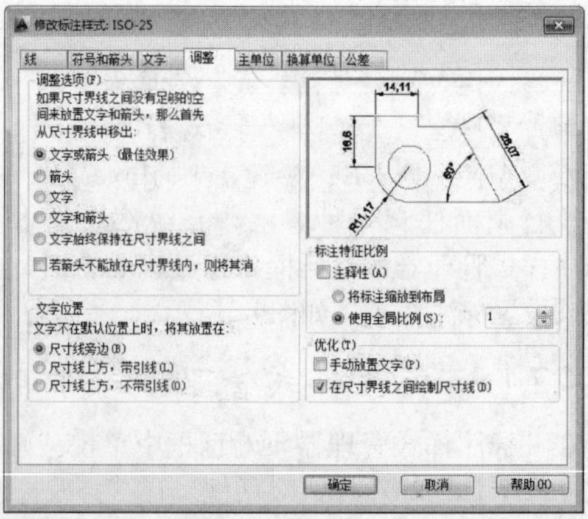

图4-7

- 调整选项：可选择将文字与箭头放置在标注尺寸的某一地方。
- 文字位置：可以选择如何在尺寸线上放置标注文字。
- 标注特征比例：可以使用一个全局设定的比例，为标注样式管理器中的各个参数设置一个统一的比例。
- 优化：可选择手动放置文字以及在尺寸线之间绘制标注基线。

（5）“主单位”选项卡

此选项卡中有“线性标注”和“角度标注”组。在此选项卡中可以设置尺寸单位的格式和精度及标注文字的前缀和后缀，如图4-8所示。

- 线性标注：可以设置小数的精度以及小数之间分隔的符号。
- 角度标注：可以设置小数的精度以及为尺寸标注加入前缀和后缀。

（6）“换算单位”选项卡

一般在此选项卡取其默认值，因为它是一个英制单位，在做图时用的全部是公制单位，所以此选项卡是灰色的，不可使用，如图4-9所示。

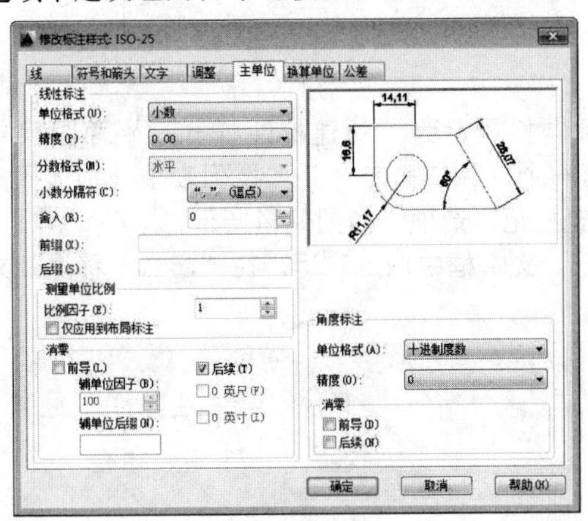

图4-8

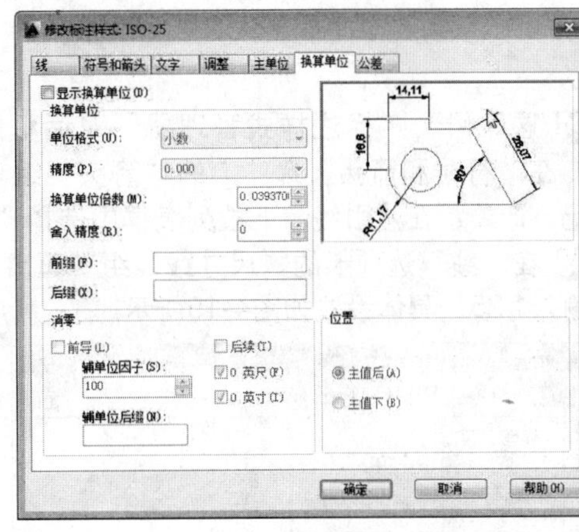

图4-9

注意 在“换算单位”选项卡中，只有勾选“显示换算单位”选项时才能使用，可以调整数值及加入前缀和后缀。

（7）“公差”选项卡

此选项卡默认是灰色的，只有在“方式”选项右侧的下拉列表框中选择“对称的”或其他选项时才能加入数值及前缀和后缀，如图4-10所示。

至此，“标注样式管理器”对话框中的7个选项卡就介绍完了。下面就来创建一个新的标注样式。

01 单击“标注”工具栏中的按钮（也可用前面讲述的其他两种方法），将“标注样式管理器”对话框打开，如图4-11所示。

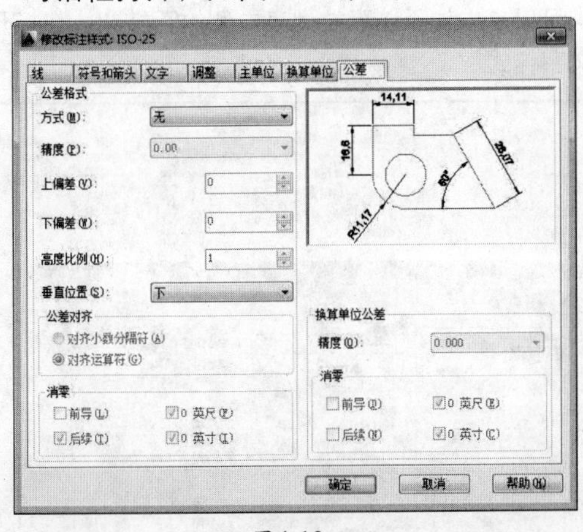

图4-10

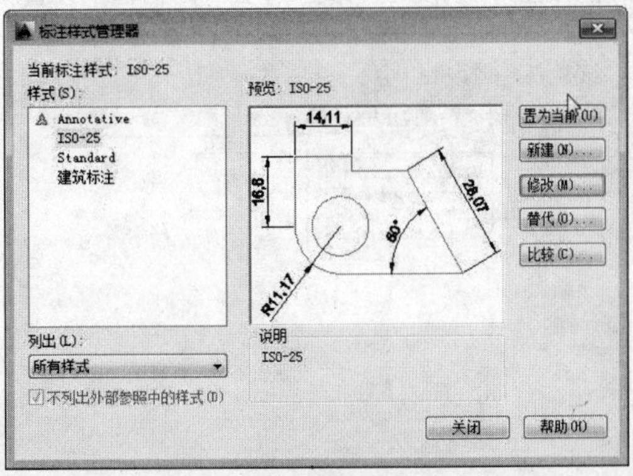

图4-11

02 单击“标注样式管理器”对话框中的“新建”按钮，弹出“创建新标注样式”对话框，如图4-12所示。

03 在“创建新标注样式”对话框的“新样式名”文本框中输入新文件名“平面图尺寸标注”，在“基础样式”下拉列表中选择“ISO-25”选项，在“用于”下拉列表中选择“所有标注”选项，然后单击“继续”按钮，如图4-13所示。

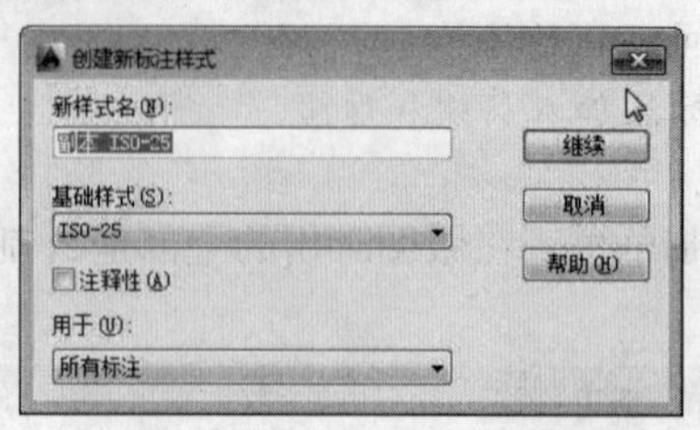

图4-12

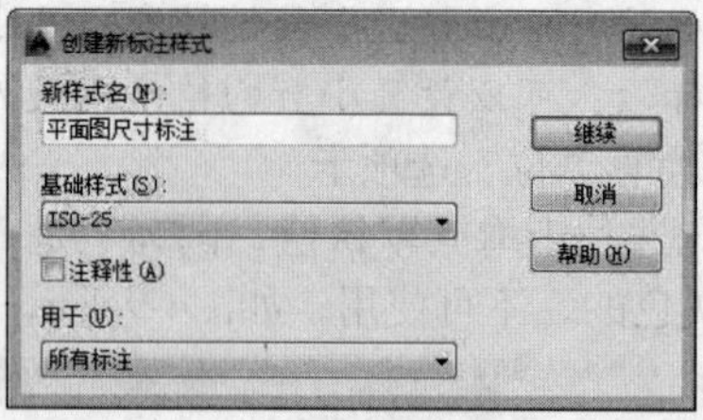

图4-13

04 这时候，“标注样式管理器”对话框的标题栏显示为“新建标注样式：平面图尺寸标注”。在“符号和箭头”选项卡的“箭头”组“第一个”和“第二个”下拉列表中分别选择“建筑标记”选项；在“引线”下拉列表框中选择“建筑标记”选项，如图4-14所示。

05 在“线”选项卡的“尺寸线”组“超出标记”文本框中输入1.25，在“起点偏移量”文本框中输入1.25，具体设置如图4-15所示。

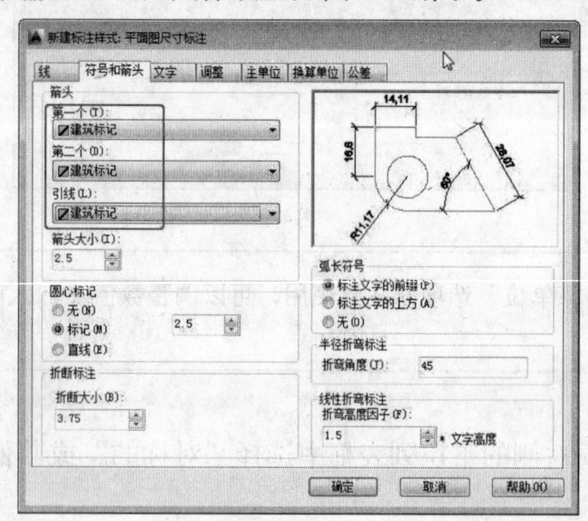

图4-14

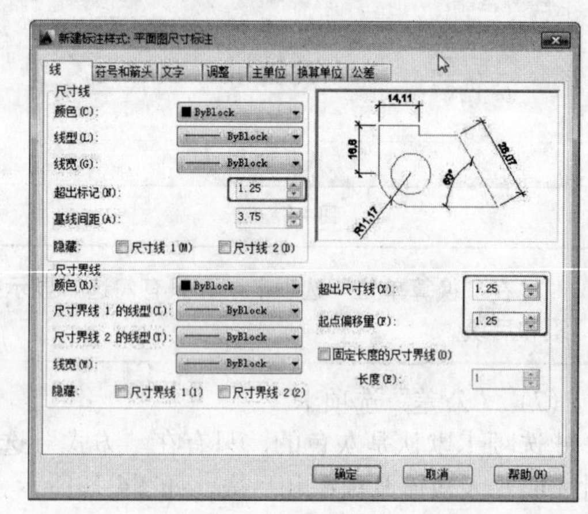

图4-15

06 在“文字”选项卡的“文字外观”组“文字样式”下拉列表中选择文字样式。在此系统提供了文字样式Standard，可以重新定义所需的文字样式，如图4-16所示。

注意 如果在该下拉列表框中没有所需要的文字样式，可以单击位于该下拉列表右侧的□按钮，在打开的如图4-17所示的“文字样式”对话框中设置新的文字样式。

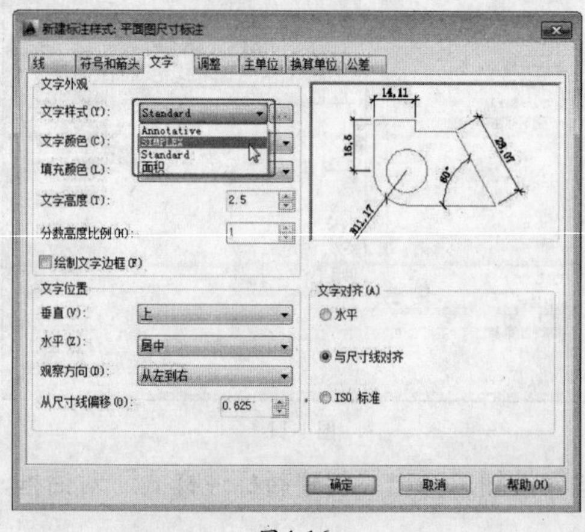

图4-16

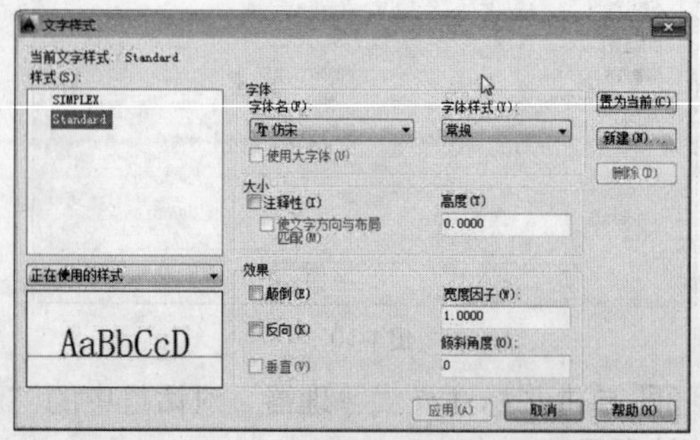

图4-17

07 在“调整”选项卡的“标注特征比例”组中单击“使用全局比例”单选按钮，对尺寸标注进行整体比例的设置，如图4-18所示。

> **注意** 全局比例的设置根据做图时确定的比例来确定数值，只需在“调整”选项卡中输入一个比例值即可。文字、箭头、标注基线的相关数值不需要再单独调整比例。

08 默认其他选项的设置，单击“确定”按钮返回“标注样式管理器”对话框，单击“关闭”按钮完成标注样式的设置。

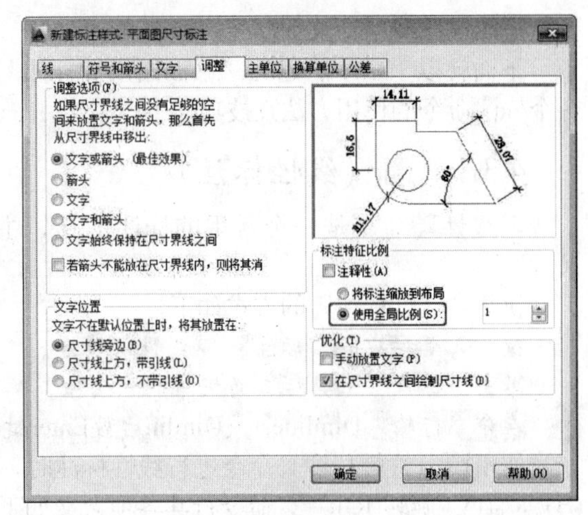

图4-18

> **注意** 对于一套完整的图纸，常常需要用到多种标注样式。可以按照上面的方法新建几个不同的标注样式，便于以后工作中调用。

4.2.2 替代标注样式

标注样式替代是对当前标注样式中的指定设置所作的修改，它与在不修改当前标注样式的情况下，在命令行中修改尺寸标注的系统变量等效。在“标注样式”对话框中单击“替代”按钮，可以为单独的标注或当前的标注样式定义标注样式替代。

某些标注特性对于图形或尺寸标注的样式来说是通用的，因此可以将其作为固定的标注样式来设置。其他标注特性一般基于单个基准应用，因此可以作为替代来更有效的应用。

在AutoCAD中，有如下设置标注样式替代的方式：

- 可以修改对话框中的选项或修改命令行的系统变量设置。
- 可以通过将修改的设置返回它的初始值来撤销替代。替代将应用到正在创建的标注以及所有以该标注样式为“基础样式”创建的标注，直到撤销替代或将其他标注样式置为当前为止。

4.2.3 比较标注样式

在AutoCAD中，可以对两个不同的标注样式进行比较。在“标注样式管理器”对话框中，单击“比较”按钮，打开如图4-19所示的“比较标注样式”对话框。在该对话框中可对两种标注样式进行比较，它们的比较结果显示在对话框下方的列表框中。

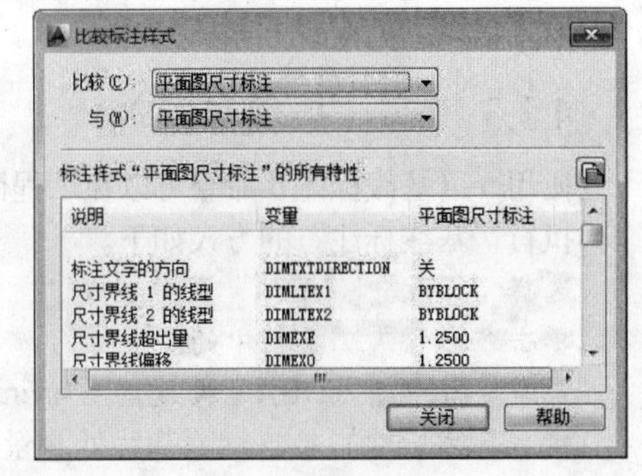

图4-19

“比较标注样式”对话框中各个选项的含义如下。

- 比较：在该下拉列表框中选择要进行比较的标注样式。
- 与：在该下拉列表框中选择一种用于比较的基础标注样式。
- ：单击该按钮，将比较结果复制到Windows剪贴板中，可供在其他程序中调用。

4.3 尺寸标注的应用

在AutoCAD中，系统提供了许多标注对象及设置标注格式的方法。在标注对象前，应该先选择合适的标注类型，从而提高工作效率。

下面就以上一节新建的“平面图尺寸标注”标注样式来标注对象为例，详细介绍AutoCAD中各个标注命令的使用方法及技巧。

4.3.1 ⊢⊣（线性标注）

“线性”命令是一个常用的标注工具，主要用于标注两点之间或图线的水平尺寸及垂直尺寸。

执行“线性标注”的方式如下。

执行菜单栏中的“标注”|“线性”命令。

单击“标注”工具栏或面板中的⊢⊣按钮。

在命令行输入Dimlinear或Dimlin后按Enter键。

使用⊢⊣（线性标注）命令进行线性标注时，命令行提示“[多行文字(M)/文字(T)/角度(A)/水平(H)/垂直(V)/旋转(R)]:”，命令行其各项含义如下。

- 多行文字：改变多行标注文字，或者给多行文字添加前缀、后缀。
- 文字：改变当前标注对象，或者为标注文字添加前缀、后缀。
- 角度：修改标注文字的角度。
- 水平：创建水平线性标注。
- 垂直：创建垂直线性标注。
- 旋转：创建旋转线性标注。

4.3.2 ↖↘（对齐标注）

使用“对齐标注”命令，可以标注垂直、水平和旋转的线型尺寸。在对齐标注中，尺寸先平行于尺寸界线连成的直线。“对齐标注”命令通常用于倾斜对象的尺寸标注，系统将自动调整尺寸线与所标注线段平行。

执行“对齐标注”的方式如下。

选择“标注”|“对齐”菜单命令。

单击“标注”工具栏中的↖↘按钮。

在命令行中输入DAL，按键盘上的Enter键。

↖↘（对齐标注）与⊢⊣（线性标注）的操作方法相同，不同的是结束标注命令后，系统显示尺寸标注的形态不同，如图4-20所示。

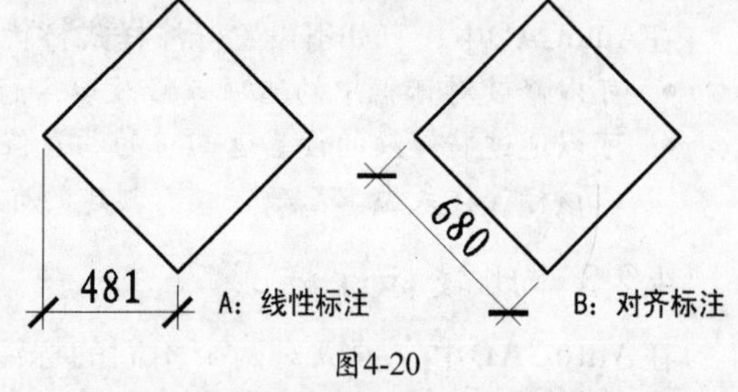

图4-20

4.3.3 ⊢（基线标注）

使用⊢（基线标注）命令可以在工程图形中标注有一个共同基准的线性尺寸或角度尺寸。

执行“基线标注”的方式如下。

选择“标注”|“基线”菜单命令。

单击“标注”工具栏中的⊢按钮。

在命令行中输入DBA，按键盘上的Enter键。

⊢（基线标注）是自同一基线处测量的多个标注。在创建基线时，系统从当前任务最近创建的尺寸标注中以增量方式创建基线标注。默认情况下，AutoCAD使用基准标注的第一条尺寸界线作为基线标注的尺寸界线原点。

> **注意** 在进行“基线标注”和“继续标注”之前，应先标注一个线性型尺寸、角度型尺寸和坐标型尺寸中的某一类型尺寸作为标注的起始点，然后以起始点为基准，依次进行标注。

创建基线标注的操作如下。

01 在用基线标注之前，先在绘图窗口中绘制一段梯状直线，如图4-21所示。

02 单击“标注”工具栏中的 （线性标注）按钮，在绘图窗口中创建线性标注，如图4-22所示。

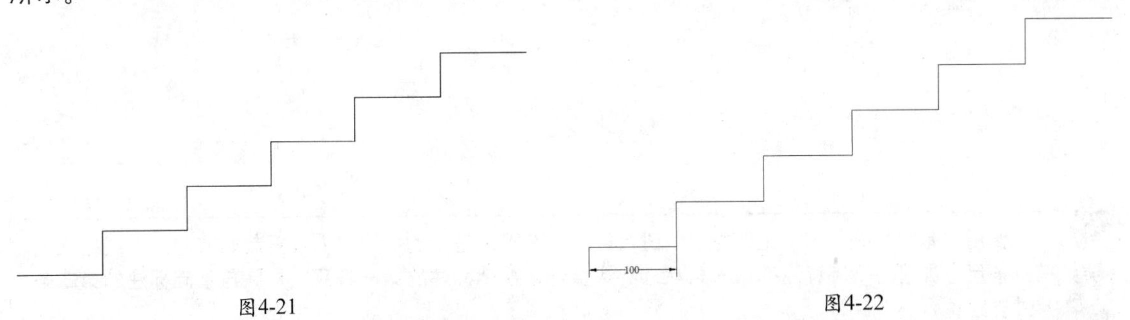

图4-21　　图4-22

03 单击“标注”工具栏中的 （基线标注）按钮，系统自动捕捉到线性标注的第一条尺寸界线原点，作为基线标注的第一条尺寸界限的原点。当命令行提示“指定第二条尺寸界线原点或 [放弃>选择] <选择>：”时，移动光标依次单击水平线段的右端点，按Enter键结束命令，如图4-23所示。

04 从图4-23可以发现每条尺寸界线的长度不是在一个水平线上。为了避免出现这种情况，应借助“极轴”或提前绘制辅助线的方法。对于已经标注完成的尺寸，可以用“夹点编辑”命令进行修改，如图4-24所示。

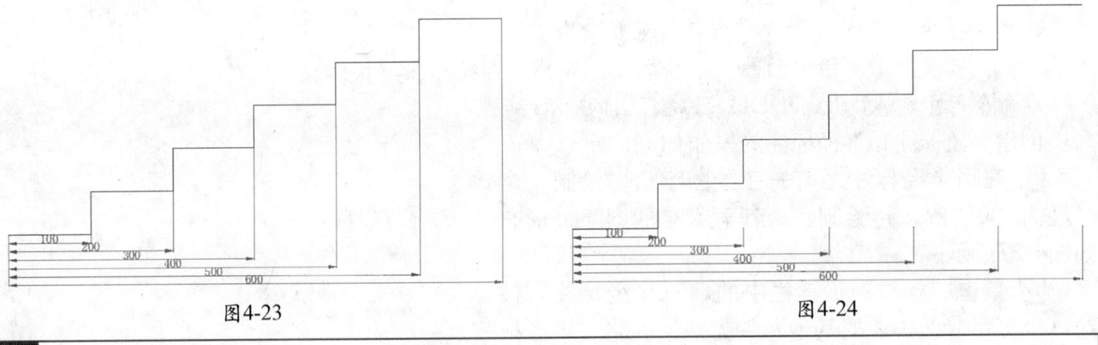

图4-23　　图4-24

> **注意**　在进行基线标注的时候，各条尺寸线之间的距离为基线间距。系统在“标注样式管理器”对话框“线”选项卡“尺寸线”组中的“基线间距”文本框中控制基线间距。

4.3.4 （连续标注）

使用 （继续标注）命令可以标注在同一个方向上连续的线性尺寸或角度尺寸。

执行“连续标注”的方式如下。

- 选择“标注”|“连续”菜单命令。
- 单击“标注”工具栏中的 按钮。
- 在命令行中输入DCO，按键盘上的Enter键。

AutoCAD除了基线标注外，还提供了另一种按某一基准线进行标注的形式，这种标注方法可以使尺寸线以首尾相连的方式进行连续标注，这种尺寸标注形式称为继续标注，也称为链式标注。

创建连续标注的操作如下。

01 将刚才绘制的图形与第一个线性标注复制一组，为了控制尺寸界线的长度相同，可以提前绘制一条辅助线并结合“极轴”同时使用。单击“标注”工具栏中的 （线性标注）按钮，在绘图窗口中创建线性标注，如图4-25所示。

02 单击“标注”工具栏中的 （连续标注）按钮（也可用前面讲述的其他两种方法），将继续“标注”命令激活。当命令行提示“选择连续标注：”时，在绘图窗口中点击线性标注，在命令行的提示下，依次确定尺寸界线的原点。标注完成的形态如图4-26所示。

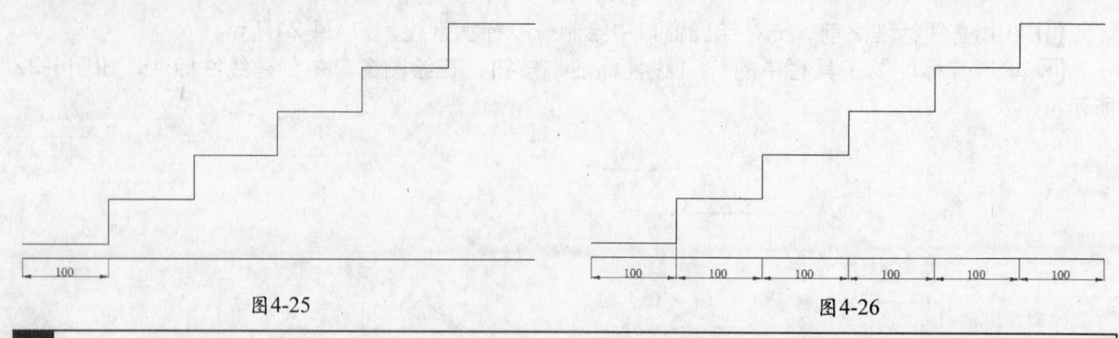

图4-25　　图4-26

> **注意**　使用“基线标注”和“继续标注”进行标注，在确定基础的标注时要注意起始方向。基线标注的第一条尺寸界线与基础标注的第一条尺寸界线重合，继续标注的第一条尺寸界线与基础标注的第二条尺寸界线重合。

4.3.5 （半径标注）&（直径标注）

使用（半径标注）和（直径标注）命令可以标注圆或圆弧的半径或直径的尺寸。该命令将根据圆或圆弧的大小、标注样式的选项设置以及光标的位置来生成不同特征的半径或直径标注。

执行“半径标注”和“直径标注”的方式如下。

- 选择“标注”|“半径”或“直径”菜单命令。
- 单击“标注”工具栏中的（半径标注）和（直径标注）按钮。
- 在命令行中输入DRA和DDI，按键盘上的Enter键。

创建半径标注和直径标注的操作如下。

01 在用半径标注之前先在绘图窗口中绘制一个半径为100的圆，再绘制一个任意大小的圆弧，形态如图4-27所示。

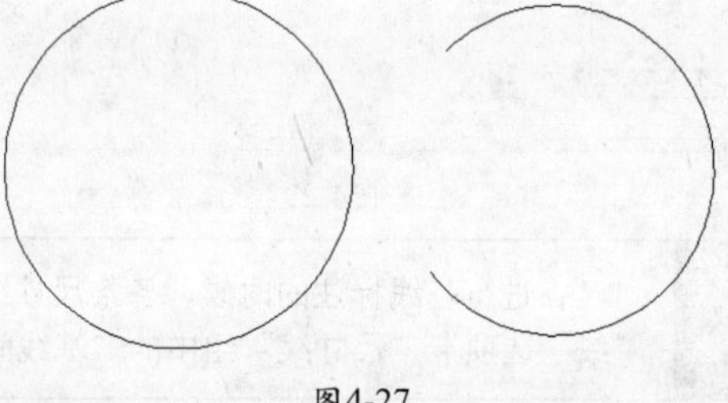

图4-27

02 单击“标注”工具栏中的（半径标注）按钮（也可用前面讲述的其他两种方法），将“半径标注”命令激活。

03 当命令中出现“选择弧或圆：”提示时，在绘图窗口中点取圆，选择完毕后，单击鼠标右键即创建成半径标注。

04 再用同样的方法为弧标注半径，如图4-28所示。

05 单击“标注”工具栏中的（直径标注）按钮（也可用前面讲述的其他两种方法），将“直径标注”命令激活，按照命令行提示，对圆和圆弧进行直径标注。直径标注的操作过程与半径标注相同，在这里就不做详细介绍了。圆和圆弧标注直径后的形态如图4-29所示。

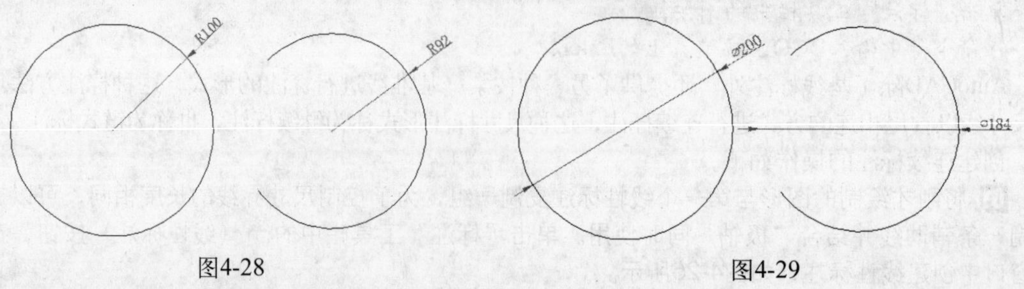

图4-28　　图4-29

4.3.6 （角度标注）

使用“角度标注”命令可以精确测量并标注被测对象之间的夹角。使用该命令可以对圆弧进行角度标注，系统会自动计算并标注角度。

“角度标注”可以测量两条直线或三个点之间的角度。如果要测量圆的两条半径之间的角度，可以选择此圆，然后指定角度端点。对于其他对象，需要选择对象然后指定标注位置。还可以通过指定角度顶点和端点标注角度。创建标注时，可以在指定尺寸线位置之前修改文字内容和对齐方式。

执行“角度标注”的方式如下。

选择“标注”|“角度”菜单命令。

单击“标注”工具栏中的按钮。

在命令行中输入DAN，按键盘上的Enter键。

创建角度标注的操作如下。

01 在用角度标注之前，先在绘图窗口中创建一段圆弧和两条带有夹角的线段，形态如图4-30所示。

02 单击“标注”工具栏中的（角度标注）按钮（也可用前面讲述的其他两种方法），将“角度标注”命令激活。

03 此时命令行提示“选择圆弧、圆、直线或<指定顶点>：”，在绘图窗口中单击刚才绘制的圆弧；当命令行提示“指定标注弧线位置或[多行文字>文字>角度]”时，移动鼠标并通过单击左键确定尺寸线的位置。

04 重新激活“角度标注”命令，当命令行提示“选择圆弧、圆、直线或<指定顶点>：”时，在绘图窗口中依次单击刚才绘制的两条线段，然后在命令行的提示下确定尺寸线的位置，如图4-31所示。

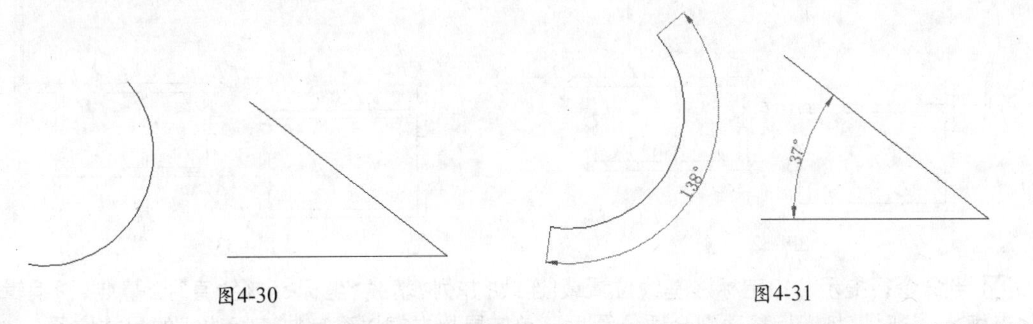

图4-30　　图4-31

> **注意**　角度标注可以相对于现有角度标注创建基线和连续角度标注。基线和连续角度标注小于或等于180°。

4.3.7 （快速标注）

在标注尺寸过程中，有时常会因为要标注的对象不同而选择不同的标注类型，这样就降低了工作效率。为此，AutoCAD提供了“快速标注”命令。快速标注的使用可以快速地标注所选择的对象，该功能是一种交互式、自动化的尺寸标注生成器，大大简化了繁重的标注工作，有效地提高了工作效率。

执行“快速标注”的方式如下。

选择“标注”|“快速”菜单命令。

单击“标注”工具栏中的按钮。

在命令行中输入QDIM，按键盘上的Enter键。

执行“快速标注”命令，在系统提示下选择需要标注的对象后，命令行会继续提示“指定尺寸线位置或[连续>并列>基线>坐标>半径>直径>基准点>编辑>设置]<连续>：”，在该提示下选择需要的标注类型，根据系统提示即可快速标注对象。部分选项含义如下。

- 基准点：为坐标标注及基线标注选择新的相对点，选择此选项后，系统提示指定新的基点，并会重新提示选择标注方式。
- 编辑：编辑尺寸标注。输入E，系统提示“指定要删除的标注点或[添加>退出]<退出>：”，这时图形中所有的关键点均显示为3号，可以直接点取带有3号的点，系统将删除对该点的标注。输入A，可以指定新增的标注点。
- 设置：为尺寸界线的原点设置默认的对象捕捉。

创建快速标注的操作如下。

01 选择“文件”|“打开”菜单命令，打开本书配套光盘中的“Scene\cha04\室内户型图.dwg”文件，如图4-32所示。

02 在进行快速标注之前，为了准确地点取要标注的标注基线，必须将平面图的墙体层关闭，只保留中心线层（标注基线）。这样，可以方便地进行快速标注，如图4-32所示。

03 单击“标注”工具栏中的 （快速标注）按钮（也可用前面讲述的其他两种方法），将“快速标注”命令激活。

04 当命令行中出现“选择要标注的几何图形：”提示，在绘图窗口中依次点击A、B、C、D、E、F、G处的垂直线段，如图4-33所示，然后按Enter键。

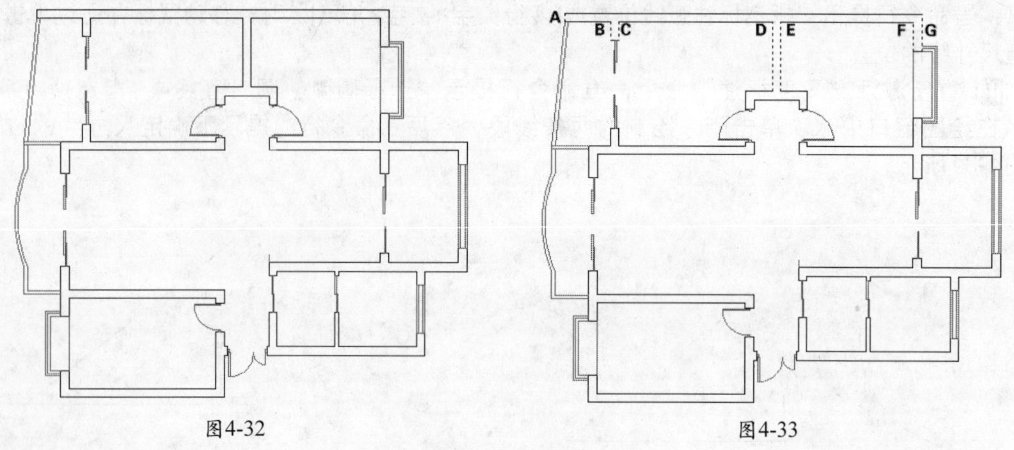

图4-32　　图4-33

05 当命令行提示“指定标注基线位置或[连续>并列>基线>坐标>半径>直径>基准点>编辑>设置]<连续>：”时，将光标移动到合适位置后，单击鼠标左键以确定快速标注线的尺寸位置。

06 创建出的快速标注，如图4-34所示。

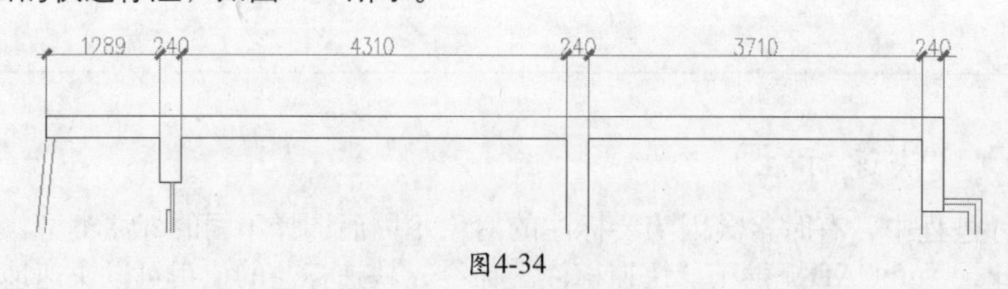

图4-34

注意 当执行的“快速标注”命令结束之后，在选择标注基线时，选择几条标注基线，就能标注几条标注基线之间的距离。

4.3.8　快速引线

快速引线可以从图形中的任意点或特征创建引线并在绘制时控制其外观。在建筑制图中，常用该命令对内部构件的材料、型号及组成等对象进行说明。

执行“快速引线”标注的方式如下。

在命令行中输入Qleader，按键盘上的Enter键。

创建快速引线的操作如下。

01 选择“文件”|“打开”菜单命令，打开随书附带光盘中的“Scene\cha04\角形洗手池.dwg”文件，通过对快速引线来注释大理石材料的名称，如图4-35所示。

02 在命令行中输入QLEADER，按键盘上的Enter键。

03 当命令行提示“指定第一个引线点或 [设置] <设置>：”时，在洗手池上任意拾取一点，作为快速引线的第一点。

04 当命令行提示“指定下一点：”时，移动鼠标在图形的右上角任意拾取一点；此时命令行提示“指定下一点：”，向右移动鼠标在水平位置上拾取一点。

05 当命令行提示“指定文字宽度<0>：”时，按Enter键，默认宽度为0。

06 当命令行提示“输入注释文字的第一行 <多行文字>：”时，按Enter键，系统弹出“文字格式”对话框，在其中输入“白水晶大理石”，单击“确定”按钮，结束命令。

07 通过一些辅助工具调整注释文字，如图4-36所示。

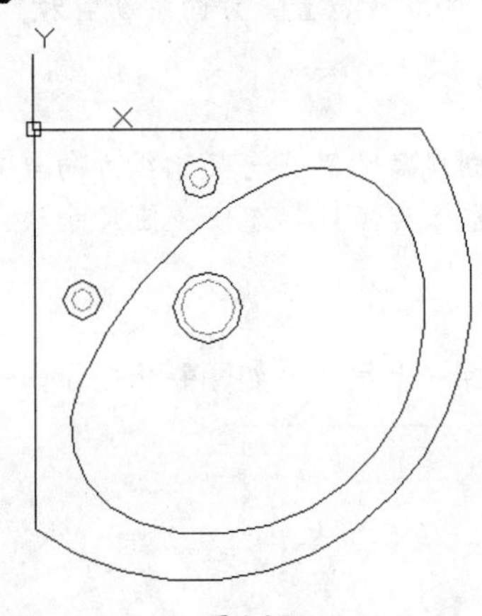

图4-35

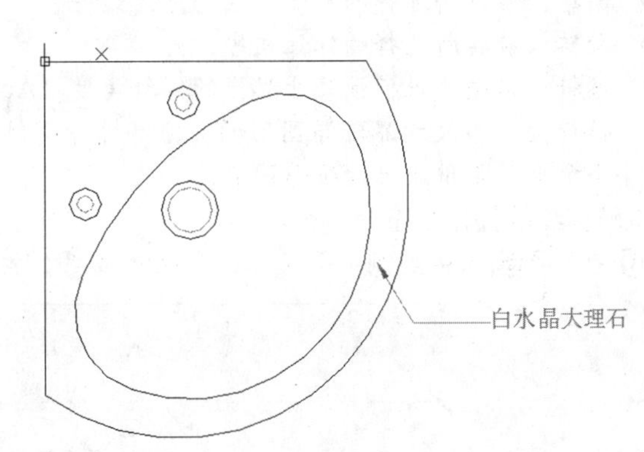

图4-36

引线可以是直线段或平滑的样条曲线。引线颜色由当前的尺寸线颜色控制，引线比例由当前标注样式中设置的全局标注比例控制，箭头（如果显示一个箭头）的类型和尺寸由当前标注样式中定义的第一个箭头控制。

在AutoCAD中，可以对引线标注进行设置，如设置引线的类型、箭头样式等。当激活“快速引线”命令后，系统提示“指定第一个引线点或[设置]<设置>：”，在该提示下选择[设置]选项或直接单击鼠标右键，系统会弹出“引线设置”对话框，如图4-37所示，在此对话框中有“注释”、“引线和箭头”、“附着”选项卡，它们各自的含义如下。

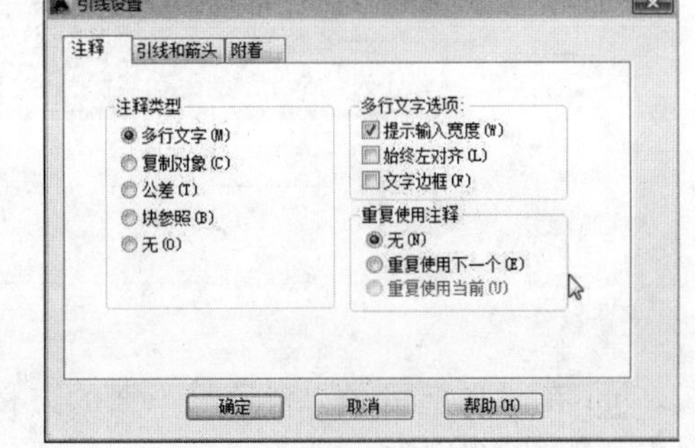

图4-37

- 注释：设置引线注释类型，指定多行文字选项，并指明是否需要重复使用注释。
- 引线和箭头：设置引线和箭头格式。
- 附着：设置引线和多行文字注释的附加位置，只有在“注释”选项卡上选定“多行文字”时，此选项卡才可用。

系统通过这3个选项卡来控制快速引线的相关设置，在这里就不做详细介绍了。

4.4 尺寸标注的修改

在标注完图形的尺寸之后，还可以通过一系列的标注编辑命令对尺寸标注进行适当的修改，以符合设计的要求。

4.4.1 （编辑标注）

在AutoCAD中，系统提供了多种方法满足大家对尺寸标注进行编辑。下面将详细介绍“编辑标注”命令。

使用“编辑标注”命令可以修改尺寸标注的标注文字，也可以对标注文字的位置、角度等特性进行编辑。

执行“编辑标注”的方式如下。

选择“标注”|“倾斜”菜单命令。

单击“标注”工具栏中的按钮。

在命令行中输入DED，按键盘上的Enter键。

执行该命令后，系统提示“输入编辑类型[默认>新建>旋转>倾斜]<默认>：”，该提示中各选项含义如下。

- 默认：将尺寸文字按“标注样式管理器”对话框所定义的默认位置、方向重新置放。
- 新建：修改所选择的尺寸标注的标注文字。
- 旋转：旋转所选择的标注文字。
- 倾斜：调整线性标注尺寸界线的倾斜角度。AutoCAD 创建尺寸界线与尺寸线方向垂直的线性标注。当尺寸界线与图形的其他部件冲突时，可以选择“倾斜”选项，使尺寸线倾斜一个角度，常用于标注锥形图形。

编辑标注的操作如下。

01 在绘图窗口中绘制一条长度为3000的直线，然后将它标注上尺寸，如图4-38所示。

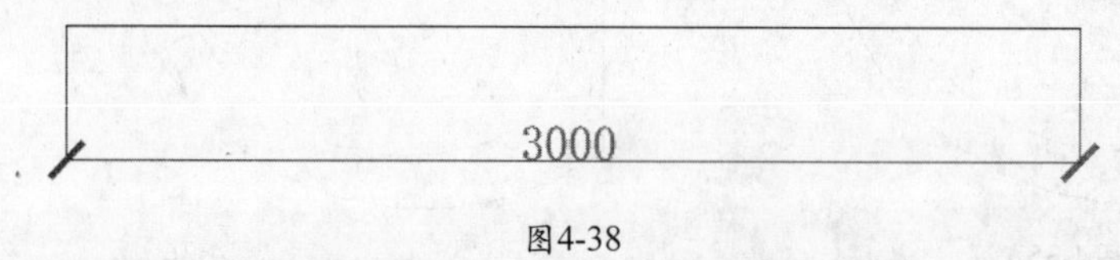

图4-38

02 单击“标注”工具栏中的按钮，当命令行中出现“输入标注编辑类型 [默认>新建>旋转>倾斜] <默认>：”提示时，在命令行中输入N，按键盘上的Enter键，系统弹出如图4-39所示的“文字格式”对话框。

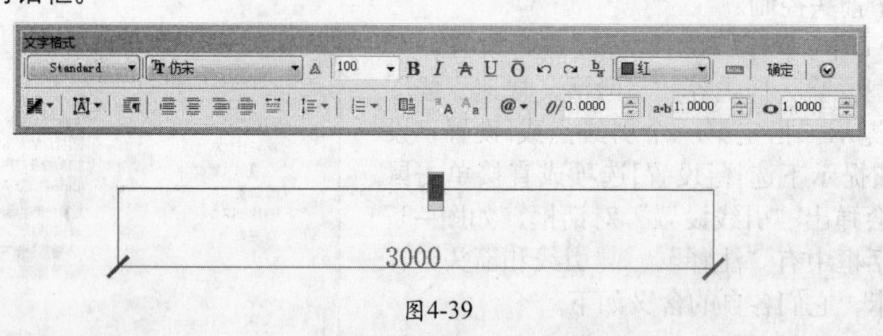

图4-39

03 在“文字格式”对话框下面的方格左边输入“%%C”（这是“直径”符号的控制代码），如图4-40所示。

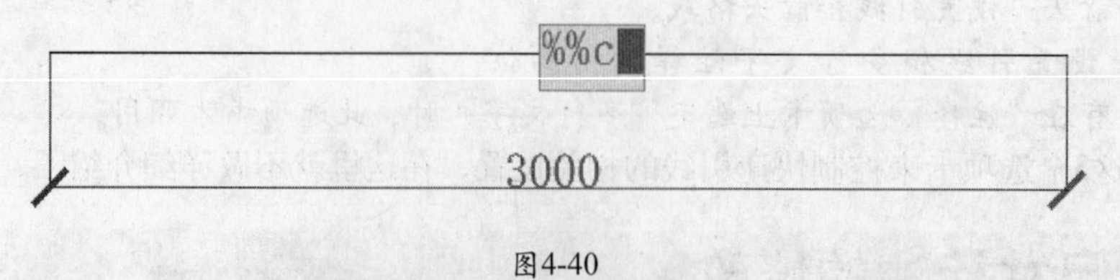

图4-40

04 单击“确定”按钮，系统返回到绘图窗口中。此时命令行提示“选择对象”，这时选择刚才标注的长度为3000的尺寸标注即可，结束命令后会发现在标注文字的左侧出现了一个直径符号，如图4-41所示。

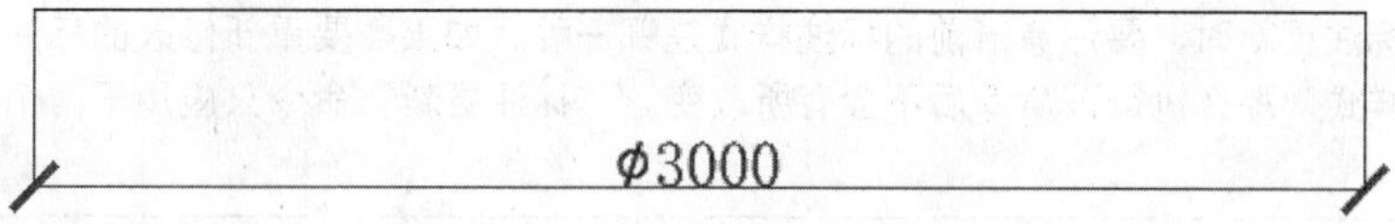

ϕ3000

图4-41

注意　编辑标注的时候，在弹出的“文字格式”对话框中的“<>”方括号表示标注文字，可以将它删除掉输入任意数值。

4.4.2 （编辑标注文字）

使用（编辑标注文字）命令可以对尺寸线及尺寸文字的位置进行修改。

执行“编辑标注文字”的方式如下。

选择“标注”|“对齐文字”菜单命令。

单击“标注”工具栏中的按钮。

在命令行中输入DIMTED，按键盘上的Enter键。

执行该命令后，系统提示“选择标注：”，在该提示下选择需编辑的标注对象，系统继续提示“指定标注文字的新位置或[左>右>中心>默认>角度]：”，该提示中各选项的含义如下。

- 左：沿尺寸线向左移动标注文字，如图4-42中图A所示。
- 右：沿尺寸线向右移动标注文字，如图4-42中图B所示。
- 中心：把标注文字放在尺寸线的中心，如图4-42中图C所示。
- 默认：将标注文字重新移动回默认位置。
- 角度：将标注文字按所指定的角度进行旋转，如图4-42中图D所示。

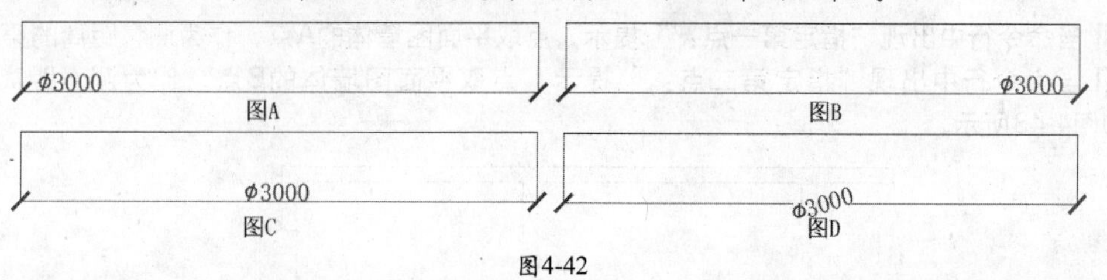

图4-42

4.4.3 （标注更新）

“标注更新”命令用于将尺寸对象的样式更新为当前尺寸标注样式，还可以将当前的标注样式保存起来，以供随时调用。

执行“标注更新”的方式如下。

执行菜单栏中的“标注”|“更新”命令。

单击“标注”工具栏或面板中的按钮。

在命令行输入Dimstyle后按Enter键。

执行该命令后，系统提示“当前标注样式:平面图尺寸标注，输入标注样式选项[保存>恢复>状态>变量>应用>?] <恢复>：选择对象：”，在该提示下选择需更新的标注对象，选择完毕单击鼠标右键即可。在该提示中各选项的含义如下。

- 保存：将标注系统变量的当前设置保存到标注样式。
- 恢复：将尺寸标注系统变量设置恢复为选定标注样式的设置。
- 状态：显示所有标注系统变量的当前值，列出变量表之后自动结束命令。
- 变量：列出某个标注样式或选定标注的系统变量设置，但不修改当前设置。
- 应用：将当前尺寸标注系统变量设置应用到选定标注对象，永久替代应用于这些对象的任何现有标注样式。

注意 在使用标注更新时，要注意当前的标注样式是哪一种。如果需要重新修改的标注尺寸标注样式就是当前标注样式，那么执行该命令后不会有所改变。"标注更新"命令只应用于两个不同的标注样式之间。

4.5 距离与面积的应用

当绘制完图纸时，还需要测量不同的两点之间的距离和各个房间的面积。例如，想知道绘制的平面图各内墙的长度和房间的面积，以便于进行室内家具的布置、设计和预算，这就用到AutoCAD提供的两个方便而快捷的查询命令："距离"和"面积"。

4.5.1 （距离）

利用AutoCAD中的"距离"命令可以计算出任意两点之间的距离数值。该命令需要指定两点，才可以得出这两点之间的距离。

执行"距离"的方式如下。

选择"工具"|"查询"|"距离"菜单命令。

单击"查询"工具栏中的按钮。

在命令行中输入DI，按键盘上的Enter键。

测量距离的操作如下。

01 选择"文件"|"打开"菜单命令，打开随书附带光盘中的"Scene\cha04\室内户型图.dwg"文件。

02 单击"查询"工具栏中的按钮（也可用前面讲述的其他两种方法），将"距离"命令激活。

03 当命令行中出现"指定第一点："提示，点取平面图墙体的A点，作为测量距离的第一点。

04 当命令行中出现"指定第二点："提示，点取平面图墙体的B点，作为测量距离的第二点，如图4-43所示。

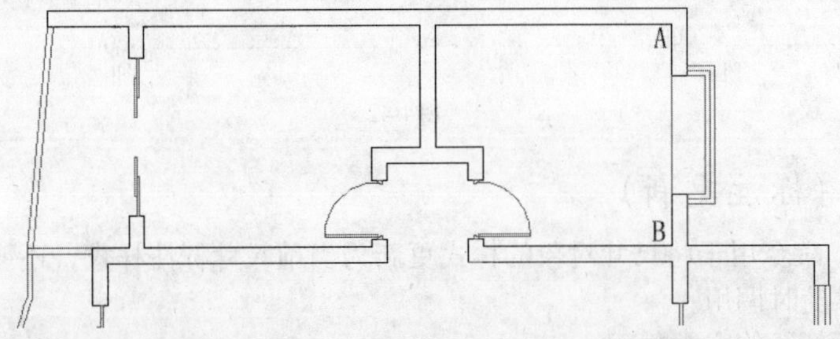

图4-43

05 此时命令行中会出现"距离=3360，XY平面中倾斜角=90，与XY平面的夹角=0，X的增量=0，Y的增量=3360，Z的增量=0"提示，即确定为测量卧室的开间长度为3360 mm。

06 利用前面讲述的"文字"命令，把刚才测量的距离数值标注在平面图上，如图4-44所示。

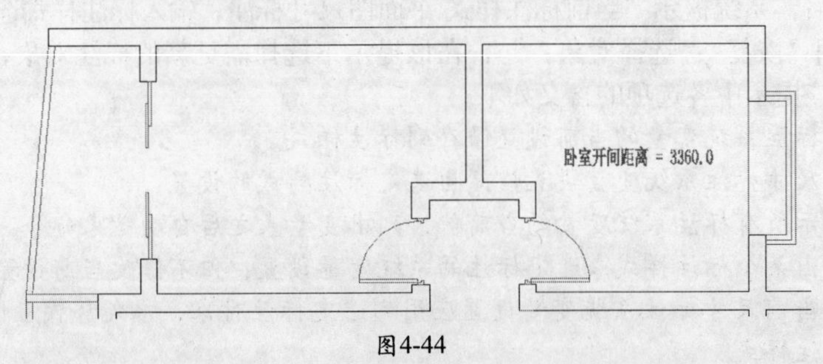

图4-44

4.5.2 （面积）

无论用手工还是用AutoCAD绘制完成平面图以后，还要进行测量面积，所以系统提供了“面积”命令，可以准确快速地计算出房间平面图的面积，也可以通过选择闭合的多段线对象来指定。

执行“面积”的方式如下。

选择“工具”|“查询”|“面积”菜单命令。

单击“查询”工具栏中的按钮。

在命令行中输入AA，按键盘上的Enter键。

测量面积的操作如下。

01 继续使用上面实例进行测量面积的操作。

02 单击“查询”工具栏中按钮（也可用前面讲述的其他两种方法），将“面积”命令激活。

03 当命令行中出现“指定第一个角点或[对象>加>减]：”提示时，点取如图4-45所示的A点，作为指定区域的第一角点。

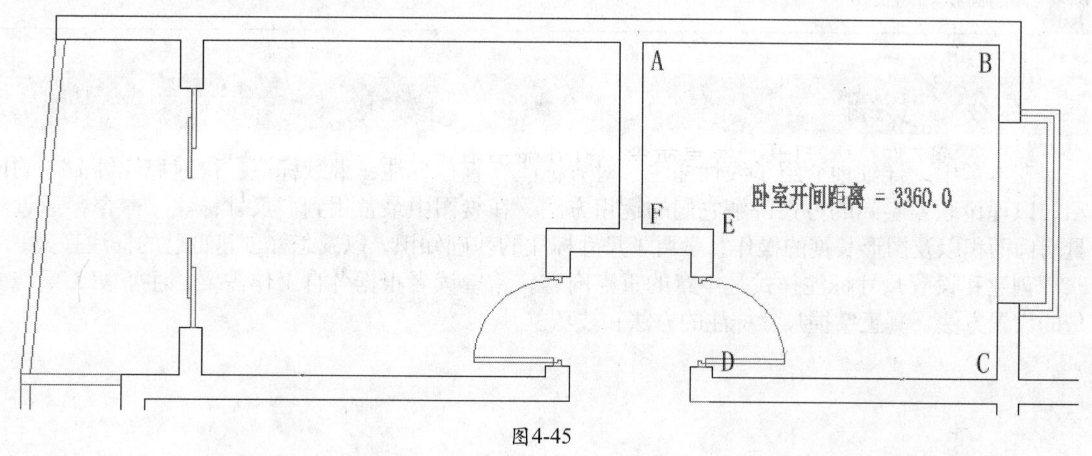

图4-45

04 当命令行中出现“确定下一个角点或按Enter键全选：”提示时，依次点取如图4-45所示的B点、C点、D点、E点和F点，最后再点取A点，作为指定区域的7个角点，如图4-46所示。

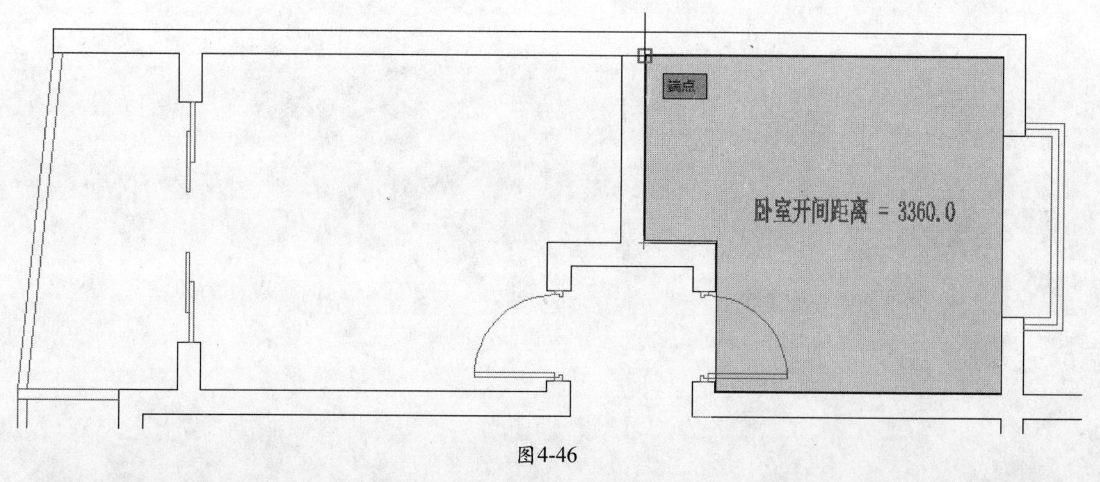

图4-46

05 单击鼠标右键，结束“面积”命令。此时，命令行中会出现“区域=11340600.0，周长=14140.0”提示。

06 把刚才测量的面积及周长数值标注在平面图上，如图4-47所示。

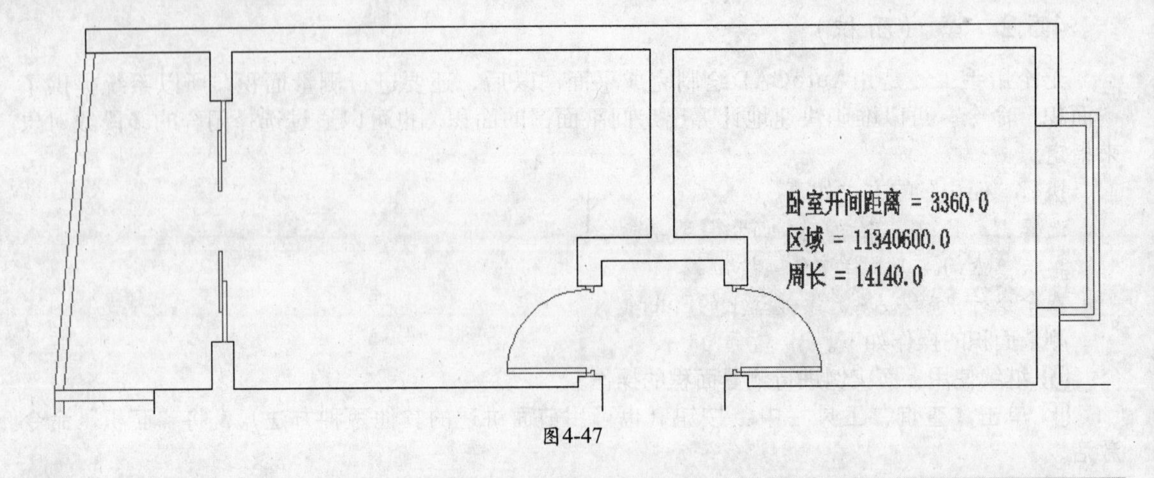

图4-47

注意 “面积”命令只能查询由圆、椭圆、矩形、正多边形、多段线、样条曲线和面域等命令所绘制实体的面积和周长。

4.6 小结

在本章中，详细地介绍了线性标注、对齐标注、直径标注、继续标注、快速标注等命令的使用，以理论联系实际的方式讲解它们的运用方法。在绘图中最常用到“尺寸标注”命令，通过测量房间面积以及图形长度的操作，学习了尺寸标注的基础知识，以及怎样创建自己的标注样式。

创建和设置尺寸标注样式是本章的重点内容，希望读者根据各自工作需要，注重相关系统变量的设置方法，真正掌握尺寸标注的方法和技巧。

第5章　户型平面图设计

本章内容

- 绘制户型结构图的轴线
- 绘制墙体
- 绘制门窗
- 完善室内布置
- 创建标注

建筑设计是AutoCAD制图中的重要内容。本章将通过绘制某公寓楼建筑平面图的案例，向大家详细讲解建筑平面图纸的形成、用途、建筑平面图的表达内容以及AutoCAD建筑平面图的绘制方法和技巧。

5.1　绘制户型结构图的轴线

最终场景路径：Scene\cha05\户型图\户型图.dwg

视频路径：视频\cha05\5.1 绘制户型结构图的轴线.mp4

本节首先绘制户型结构图的定位轴线，以学习定位轴线的绘制方法和技巧。

01 新建一个AutoCAD文件，运行LIMITS（图形界限）命令，当命令行提示“指定左下角点或 [开(ON)/关(OFF)] <0.0000,0.0000>:”时输入“0,0”按Enter键；当提示“指定右上角点<420.0000,297.0000>:”时，输入“42000,297000”按Enter键。

02 选择“视图”|“缩放”|“全部”菜单命令，将图形界限所设置的区域，居中布满屏幕。

03 在“图层”工具栏中单击按钮，打开图层特性管理器，单击按钮，新建并重新命名图层名称为“轴线”，如图5-1所示。

04 选择轴线的线型，弹出“选择线型”对话框，单击“加载”按钮，如图5-2所示。

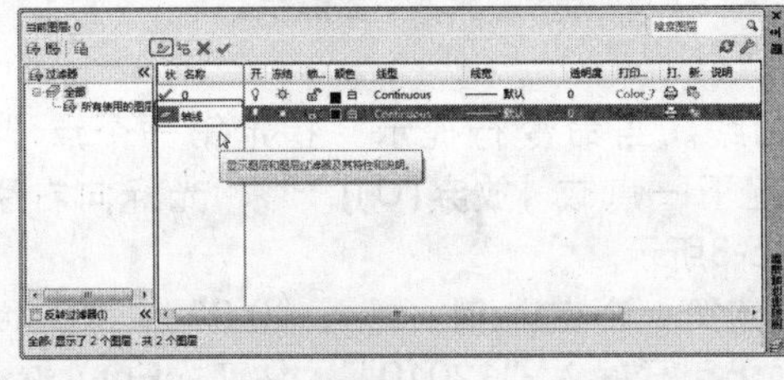

图5-1

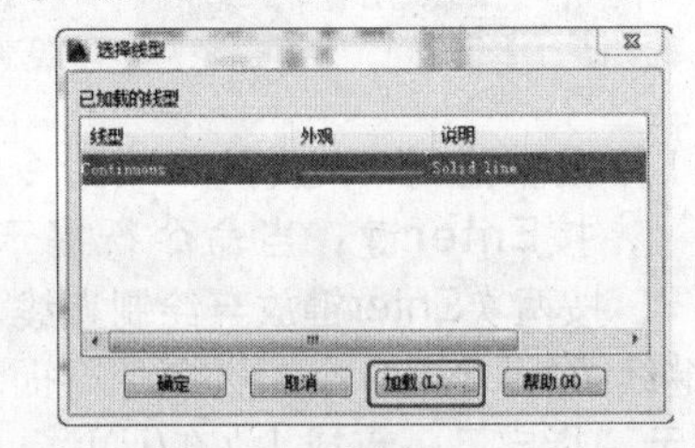

图5-2

05 弹出“加载或重载线型”对话框，从中选择CENTER线型，如图5-3所示，单击“确定”按钮。

06 回到“选择线型”对话框，从中选择加载的CENTER线型，单击“确定”按钮，如图5-4所示。

图5-3

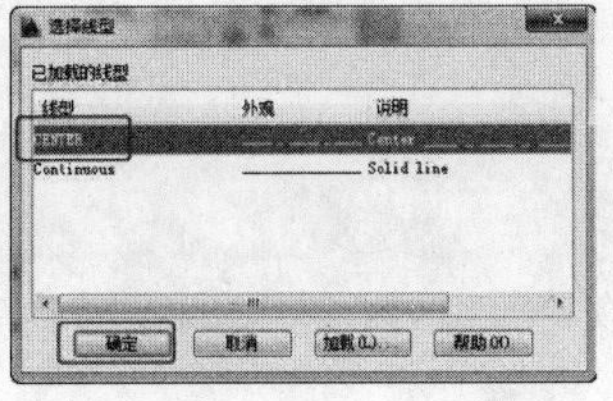

图5-4

07 加载线型后，设置“轴线”图层的演示为“红色”，如图5-5所示。

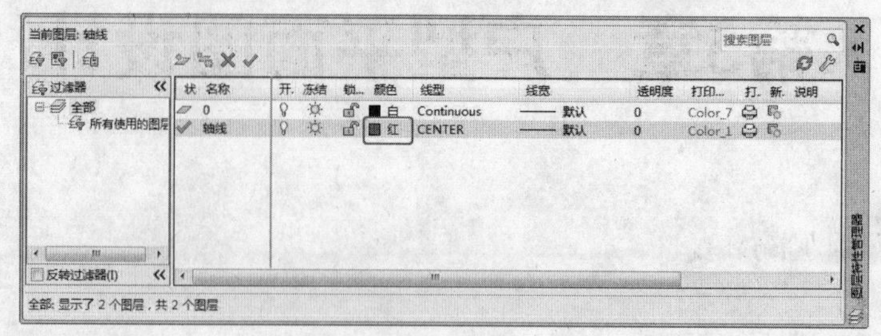

图5-5

08 依次创建“墙体”图层、“门窗”图层、“标注”图层，设置“标注”图层为蓝色，“墙体”图层和“门窗”图层为白色，如图5-6所示。

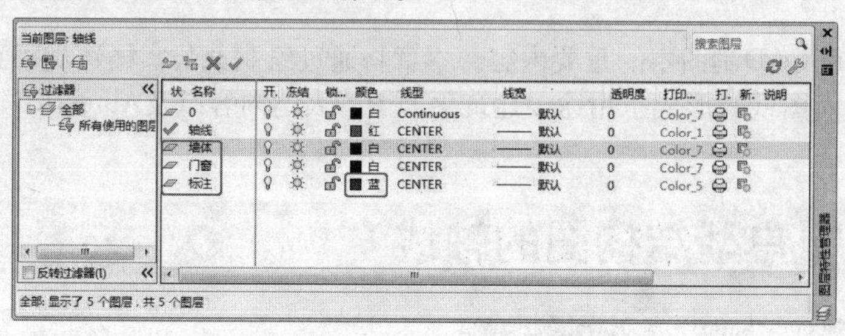

图5-6

09 执行以上操作后，即可将“轴线”图层设置为当前图层，如图5-7所示，单击![X]按钮，关闭图层特性管理器。

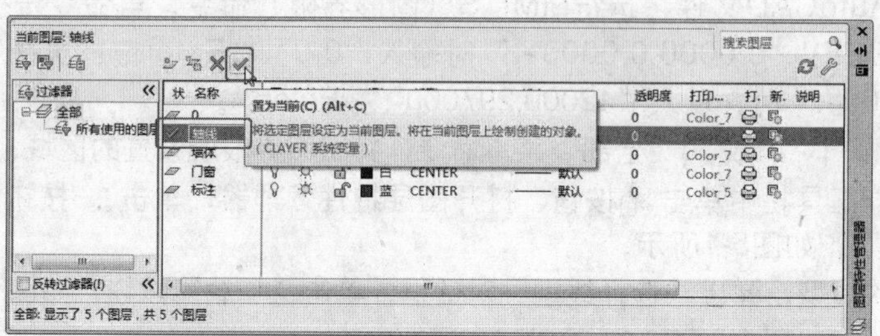

图5-7

10 打开极轴追踪，运行LINE命令绘制轴线。当命令行提示“指定第一个点:”时，输入“0,0”，按Enter键；当命令行提示“指定下一点或 [放弃(U)]: ”，光标向右引导输入“11820”，按两次Enter键放弃绘制直线，如图5-8所示。

11 继续执行LINE命令，当命令行提示“指定第一个点:”时，输入“0,0”，按Enter键；当命令行提示“指定下一点或 [放弃(U)]: ”光标向上引导输入“12010”，按两次Enter键，放弃绘制直线，如图5-9所示。

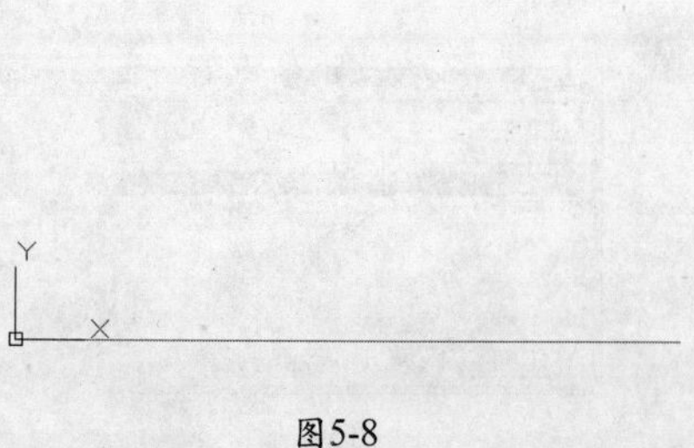

图5-8

图5-9

12 在“修改”工具栏中单击按钮，或使用命令OFFSET，命令提示如下：

```
命令：_offset
当前设置：删除源=否  图层=源  OFFSETGAPTYPE=0
指定偏移距离或 [通过(T)/删除(E)/图层(L)] <通过>:          //输入数值470 Enter
选择要偏移的对象，或 [退出(E)/放弃(U)] <退出>:            //选择水平的直线
指定要偏移的那一侧上的点，或 [退出(E)/多个(M)/放弃(U)] <退出>:
                                                        //向上移动偏移直线并鼠标单击
选择要偏移的对象，或 [退出(E)/放弃(U)] <退出>:            // Enter
```

继续执行命令，分别在偏移的直线上再次设置偏移参数为1380、3120、2785、3695和560，如图5-10所示。

13 重复执行偏移命令，设置垂直直线向右偏移，偏移直线的距离分别为1230、2950、1290、570、3330、1240和1200，如图5-11所示。

图5-10

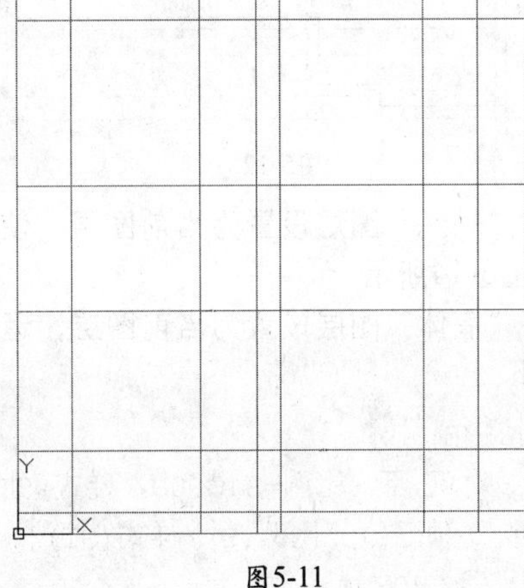

图5-11

> **提示** 在绘制轴线时，为了简化视图，一般先绘制主要轴线，在随后的制图过程中可以随时添加和删除轴线。

5.2 绘制墙体

最终场景路径：Scene\cha05\户型图\户型图.dwg

视频路径：视频\cha05\ 5.2 绘制墙体.mp4

绘制墙体的具体操作步骤如下。

01 将“墙体”图层设置为当前图层。

02 使用MLINE多线命令，结合交点捕捉绘制墙体，命令设置如下：

```
命令：_MLINE
当前设置：对正=下，比例= 240.00，样式=STANDARD
指定起点或 [对正(J)/比例(S)/样式(ST)]:          //S Enter
输入多线比例 <240.00>:                          //240 Enter
当前设置：对正=下，比例= 240.00，样式= STANDARD
指定起点或 [对正(J)/比例(S)/样式(ST)]:          //J Enter
输入对正类型[上(T)/无(Z)/下(B)] <下>:           //B Enter
当前设置：对正=下，比例=240.00，样式=STANDARD
```

```
指定起点或 [对正(J)/比例(S)/样式(ST)]:    //在绘图区中依次捕捉绘制多线，如图5-12所示
指定下一点或 [闭合(C)/放弃(U)]:           //绘制完成后按 C键闭合多线
```

03 继续使用MLINE多线命令，结合交点捕捉绘制墙体，如图5-13所示。

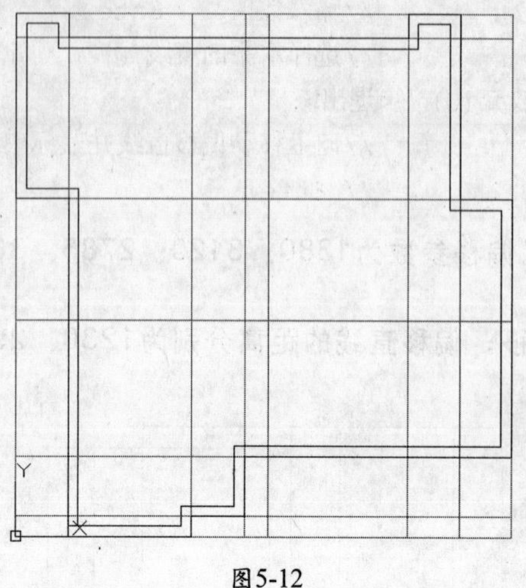

图5-12

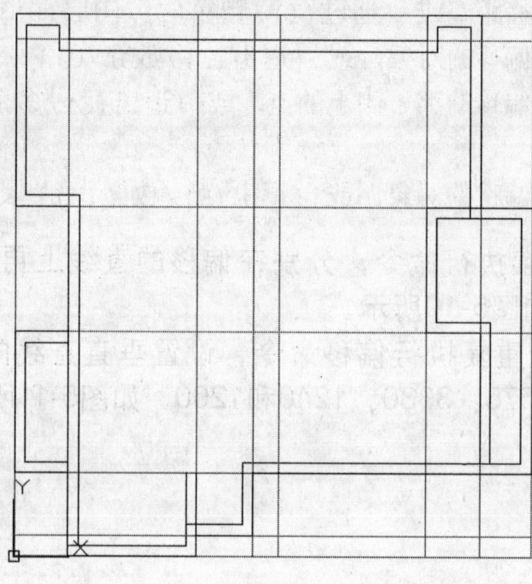

图5-13

04 将"轴线"图层设置为当前图层，使用偏移命令，将最上方的第二条水平轴线，向下偏移2370，如图5-14所示。

05 将"墙体"图层设置为当前图层，运用MLINE多线命令，根据命令行提示继续绘制，命令行设置如下：

```
命令:_ MLINE
当前设置: 对正=下，比例=240.00，样式=STANDARD
指定起点或 [对正(J)/比例(S)/样式(ST)]:       //S Enter
输入多线比例<240.00>:                        //120 Enter
当前设置: 对正=下，比例= 240.00，样式=STANDARD
指定起点或 [对正(J)/比例(S)/样式(ST)]:       //在绘图区中结合捕捉交点绘制内侧墙体
```

06 通过多次使用MLINE命令绘制内侧墙体，如图5-15所示。

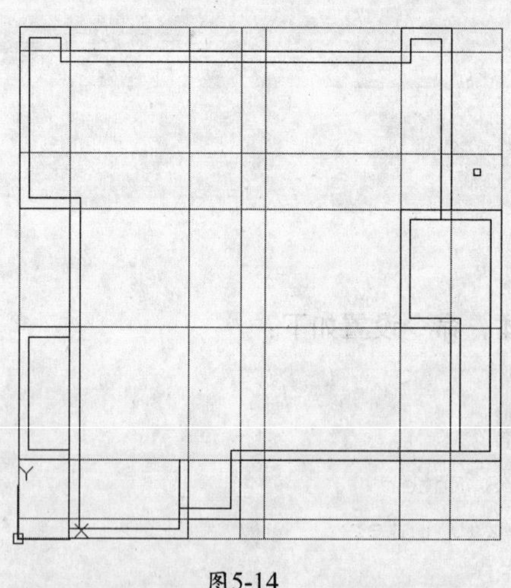

图5-14

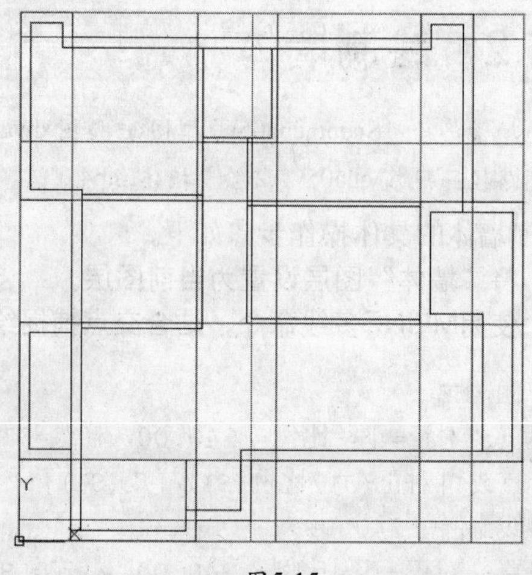

图5-15

提示

绘制完成后，可以使用移动工具简单调整内侧墙线。

07 打开图层特性管理器，将“轴线”关闭，如图5-16所示。

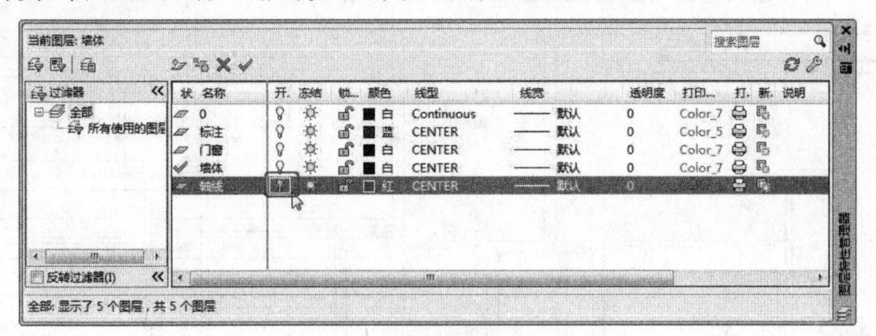

图5-16

08 全选墙体线型，在“修改”工具栏中单击按钮，或在命令行中输入EXPLODE分解墙线。如图5-17所示，单独选择线型，查看分解的效果。

09 使用延伸命令延伸直线，并使用修剪命令修剪多余的线段，效果如图5-18所示。

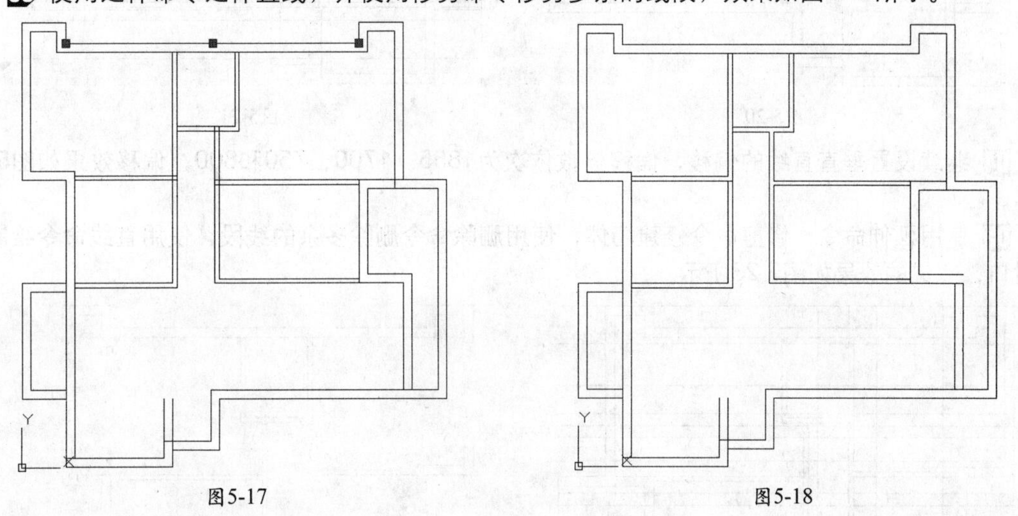

图5-17　　图5-18

5.3 绘制门窗

最终场景路径：Scene\cha05\户型图\户型图.dwg

视频路径：视频\cha05\ 5.3 绘制门窗.mp4

绘制门窗的具体操作如下。

01 将“门窗”图层设置为当前图层，并显示“轴线”层，如图5-19所示。

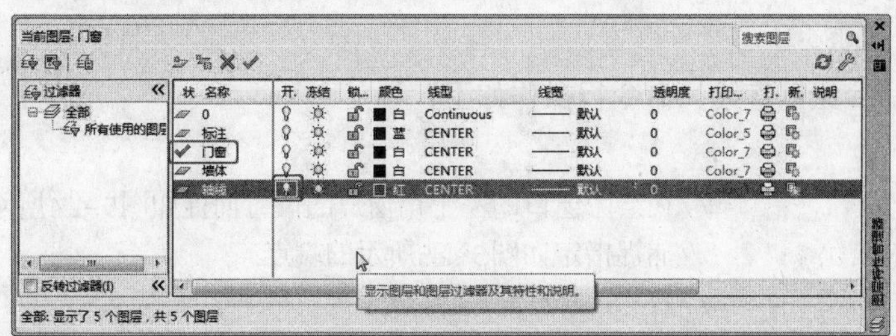

图5-19

02 使用直线命令，结合捕捉，在绘图区中轴线的上方和左侧绘制两条直线，关闭“轴线”层，如图5-20所示。

03 使用OFFSET偏移命令，根据命令行提示操作，选择顶端水平直线，偏移距离依次为950、1040、700、310、290、590、800、310、460、250、740、170、210、820、1460、

870、120、340和960，进行偏移处理的结果如图5-21所示。

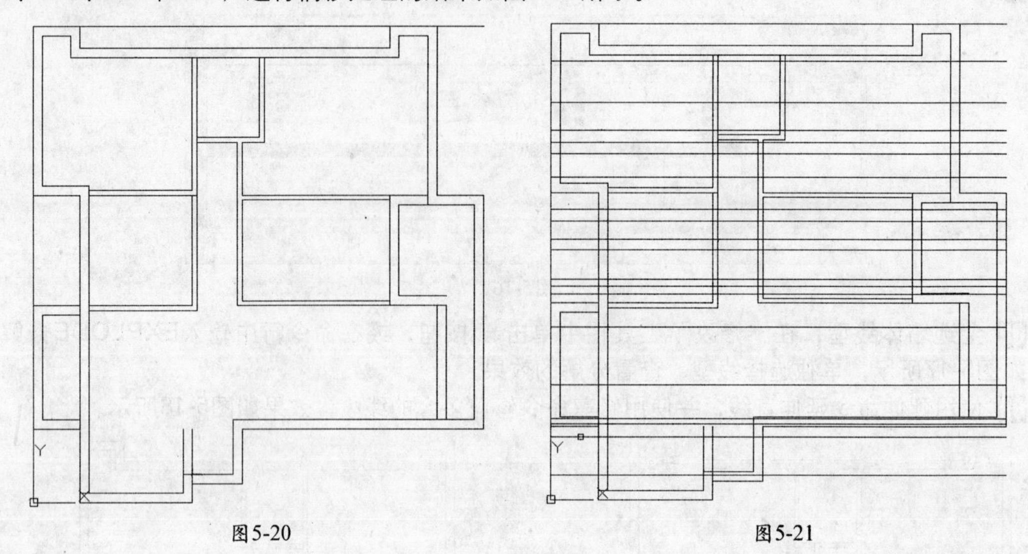

图5-20　　　　图5-21

04 继续设置垂直直线的偏移，偏移参数依次为1855、1700、750和800，偏移效果如图5-22所示。

05 使用延伸命令、修剪命令修建墙体，使用删除命令删除多余的线段，使用直线命令绘制墙体封口，完成的效果如图5-23所示。

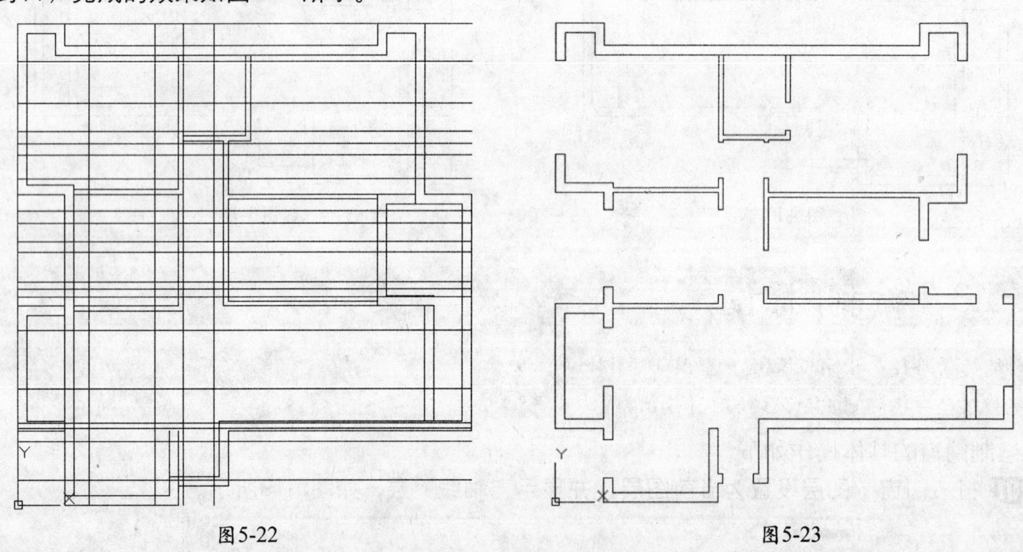

图5-22　　　　图5-23

06 使用LINE命令绘制直线，命令行操作如下：

```
命令: _line
指定第一个点:                    //在绘图窗口的左上角窗户的位置捕捉如图5-24所示的端点
指定下一点或 [放弃(U)]:          //捕捉指定如图5-25所示的端点
指定下一点或 [放弃(U)]:          //Enter
```

07 使用OFFSET命令偏移直线，命令行操作如下：

```
命令: _offset
当前设置: 删除源=否  图层=源  OFFSETGAPTYPE=0
指定偏移距离或 [通过(T)/删除(E)/图层(L)] <800.0000>:  //输入偏移数值60 Enter
选择要偏移的对象，或 [退出(E)/放弃(U)] <退出>:        //选择绘制的直线
```

指定要偏移的那一侧上的点，或 [退出(E)/多个(M)/放弃(U)] <退出>://向右移动鼠标并单击

继续移动选择对象并向右偏移，绘制的效果如图5-26所示。

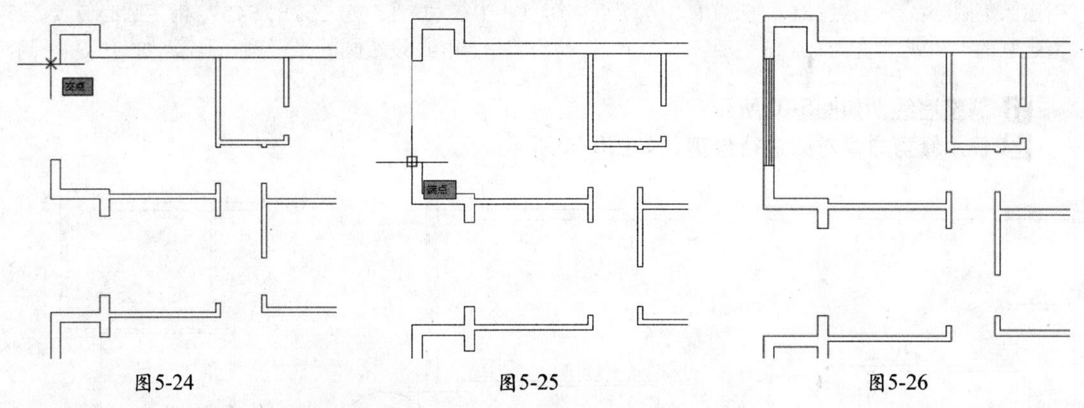

图5-24　　图5-25　　图5-26

08 使用同样的方法绘制其他窗户，如图5-27所示。

09 使用LINE命令绘制直线，命令行设置如下：

```
命令: _line
指定第一个点:                //在绘图区如图5-28所示的端点处单击
指定下一点或 [放弃(U)]:      //水平向右移动鼠标输入数值870 Enter，如图5-29所示
指定下一点或 [放弃(U)]:      //Enter结束创建，如图5-30所示
```

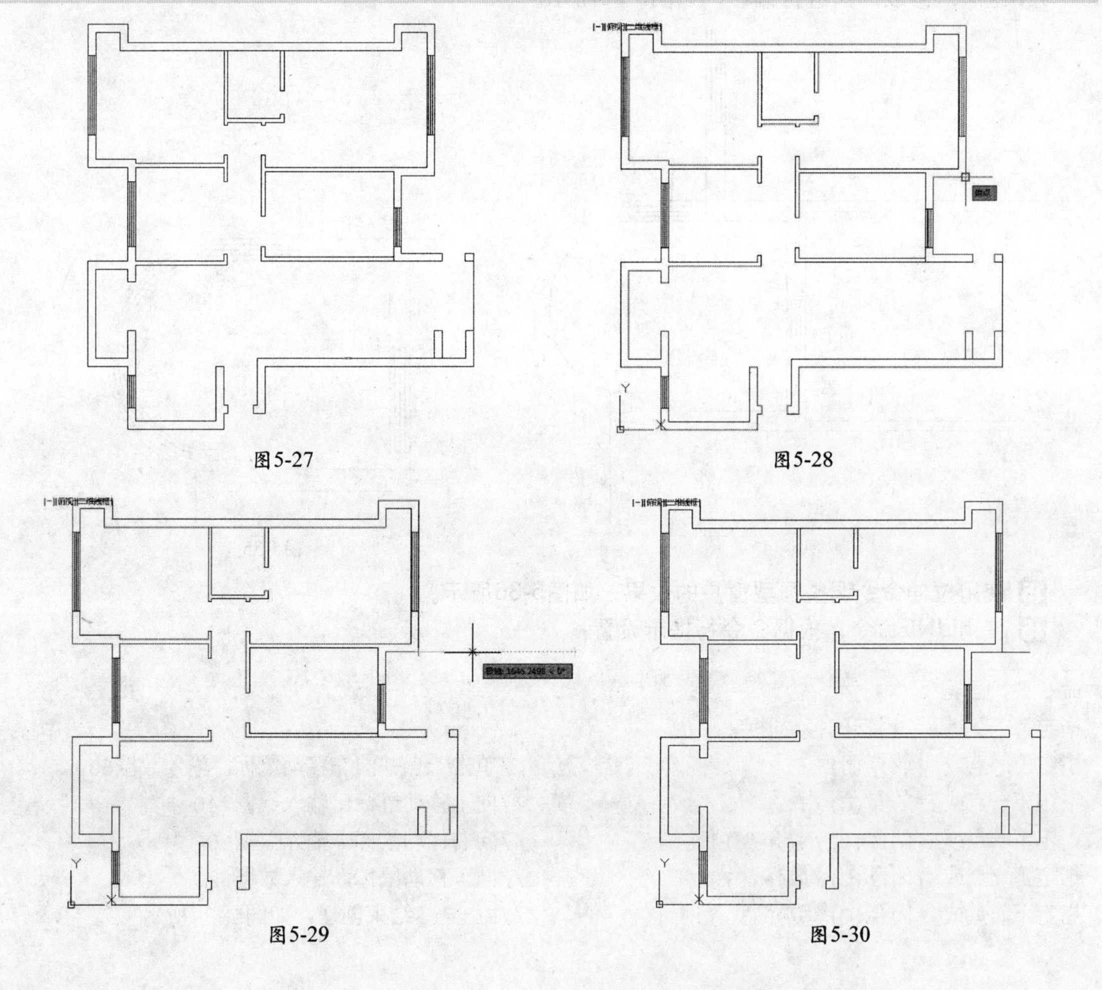

图5-27　　图5-28

图5-29　　图5-30

10 使用CIRCLE命令根据命令行提示创建圆，命令行设置如下：

```
命令: _circle
指定圆的圆心或 [三点(3P)/两点(2P)/切点、切点、半径(T)]://11525,6457 指定圆心位置
指定圆的半径或 [直径(D)]:                    //1059 设置圆的半径 Enter，如图5-31所示
```

11 调整墙线，如图5-32所示。

12 使用修剪命令对圆进行修剪，如图5-33所示。

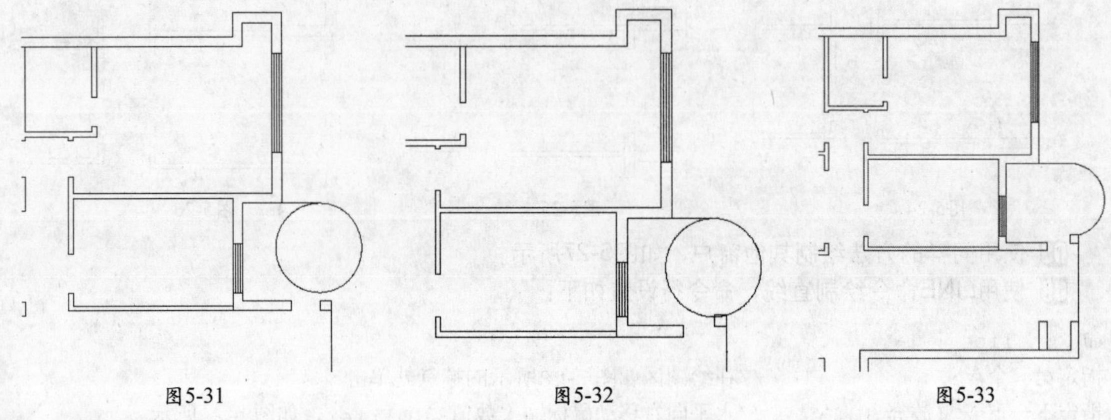

图5-31　　图5-32　　图5-33

13 使用偏移命令，设置偏移参数为60，在绘图区中偏移复制直线，如图5-34所示。

14 继续对修改的圆进行偏移，如图5-35所示。

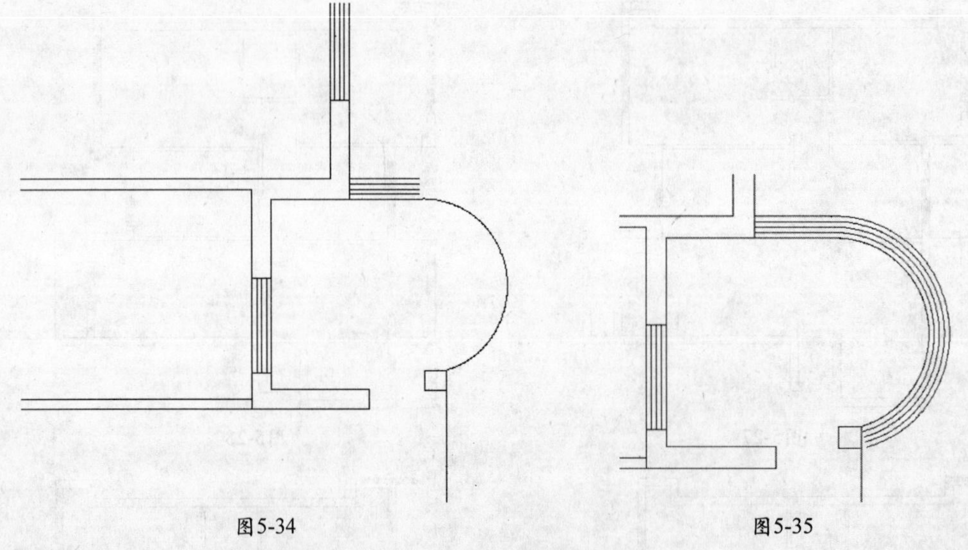

图5-34　　图5-35

15 使用拉伸命令调整圆型窗户的效果，如图5-36所示。

16 使用LINE命令，根据命令行提示设置：

```
命令: _line
指定第一个点: <打开对象捕捉>
指定下一点或 [放弃(U)]:                    //单击一点并向左移动鼠标，输入数据60
指定下一点或 [放弃(U)]:                    //向上移动鼠标，输入数据740
指定下一点或 [闭合(C)/放弃(U)]:            //向右移动鼠标，输入数据60
指定下一点或 [闭合(C)/放弃(U)]:            //向下移动鼠标，输入数据620
指定下一点或 [闭合(C)/放弃(U)]:            //Enter 结束创建，如图5-37所示
```

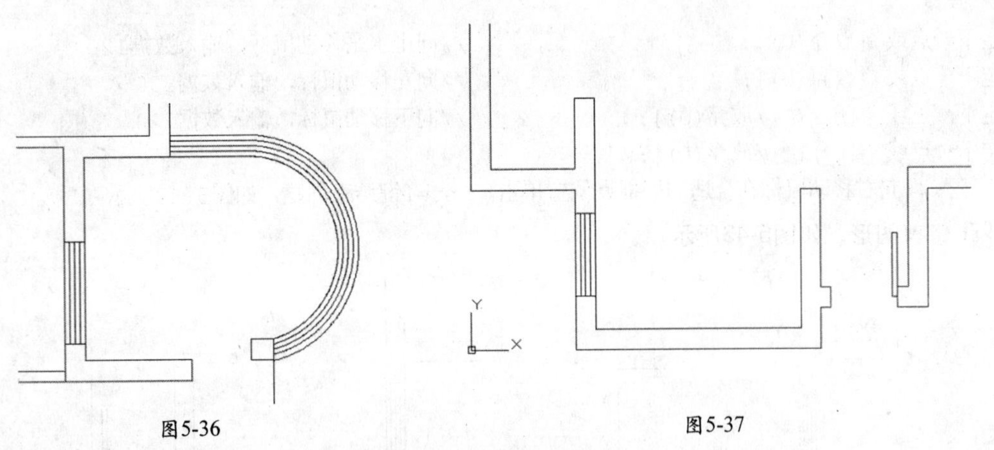

图5-36　　图5-37

17 运用CIRCLE圆命令，根据命令行提示创建圆：

```
命令: _circle
指定圆的圆心或 [三点(3P)/两点(2P)/切点、切点、半径(T)]:
            //在如图5-38所示的位置捕捉顶点，指定圆心
指定圆的半径或 [直径(D)] <1059.0000>: //设置半径为740 Enter，绘制的圆如图5-39所示
```

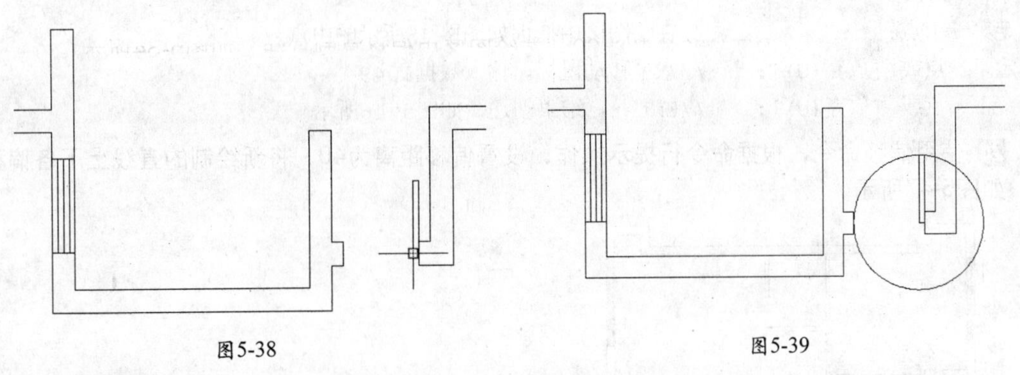

图5-38　　图5-39

18 使用修剪命令，根据命令行提示修剪圆，如图5-40所示。

19 使用LINE直线命令，在如图5-41所示的位置绘制线。

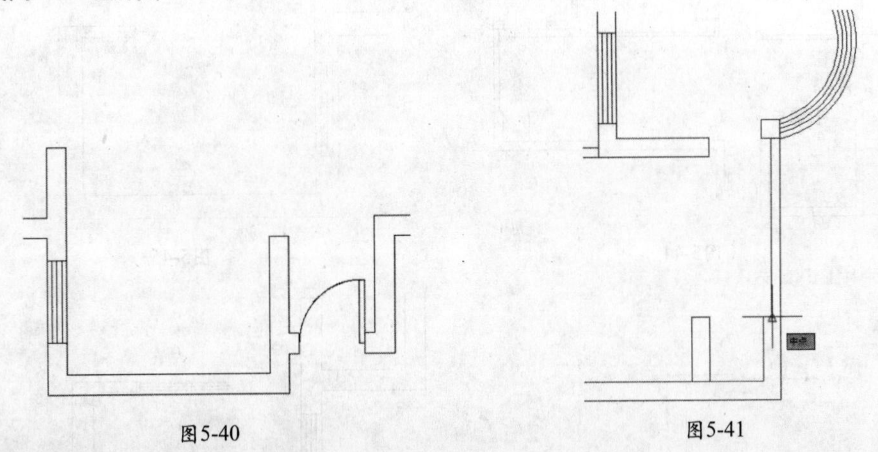

图5-40　　图5-41

20 继续使用LINE直线命令，根据命令行提示设置：

```
命令: _line
指定第一个点:捕捉一点
```

```
指定下一点或 [放弃(U)]:                    //向上水平移动鼠标，输入数据120
指定下一点或 [放弃(U)]:                    //向左移动鼠标，输入数据800
指定下一点或 [闭合(C)/放弃(U)]:            //向下移动鼠标，输入数据120
指定下一点或 [闭合(C)/放弃(U)]:
        //向右移动鼠标在合适的捕捉点位置单击，Enter键结束创建，如图5-42所示
```

21 修剪图形，如图5-43所示。

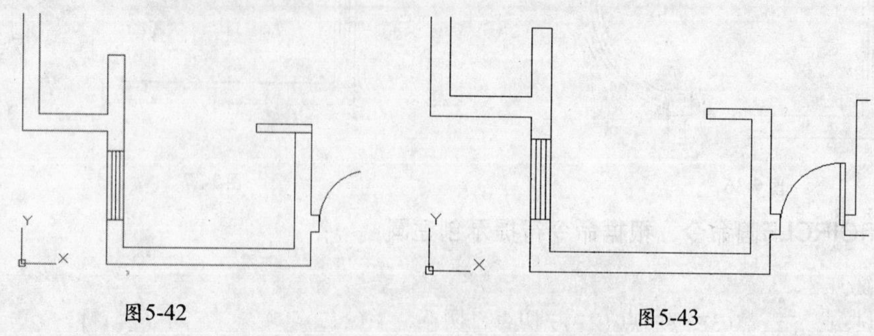

图5-42　　图5-43

22 使用同样的方法绘制或复制并调整其他的门，如图5-44所示。

23 使用LINE直线命令，根据命令行提示绘制直线：

```
命令: _line
指定第一个点:                   //在绘图区中捕捉如图5-45所示的中点
指定下一点或 [放弃(U)]:         //水平移动鼠标，输入数据1049
指定下一点或 [放弃(U)]:         //Enter，结束创建，如图5-46所示
```

24 使用偏移命令，根据命令行提示操作，设置偏移距离为40，将新绘制的直线上下各偏移一次，如图5-47所示。

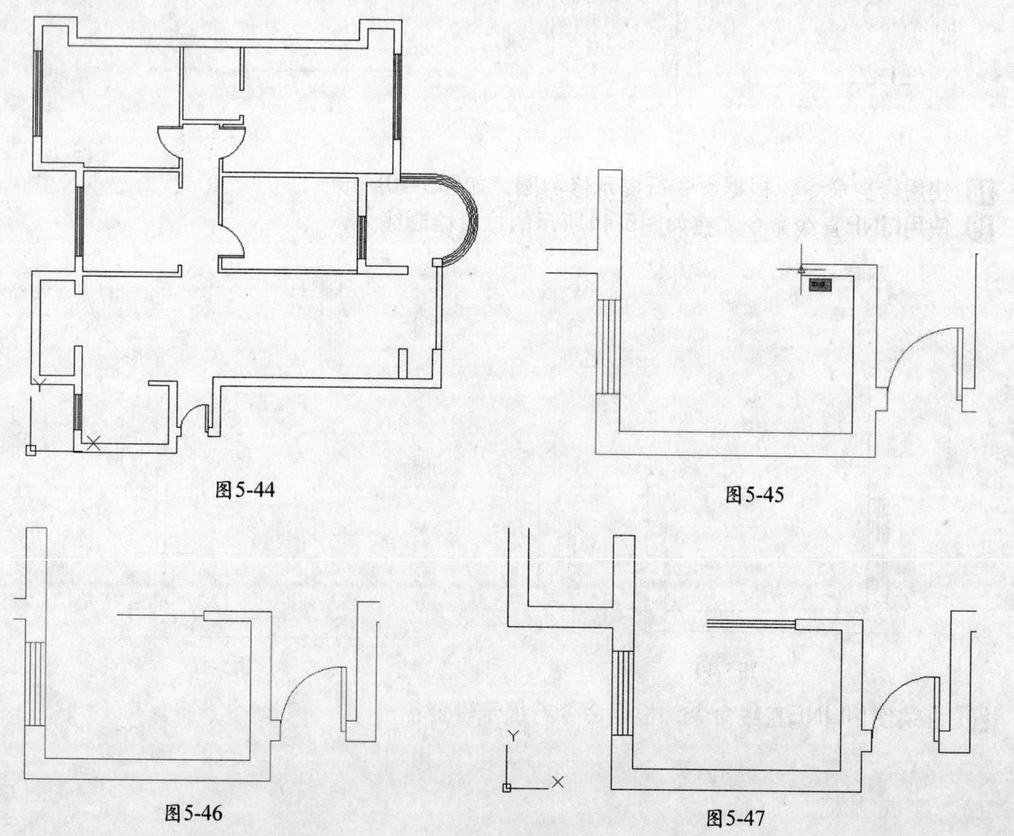

图5-44　　图5-45

图5-46　　图5-47

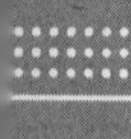

25 重复执行LINE直线命令，连接偏移后直线的中点和左侧的端点，创建直线。重复执行偏移命令连接中间的直线，向左右各偏移171，效果如图5-48所示。

26 使用修剪命令修剪直线，如图5-49所示。

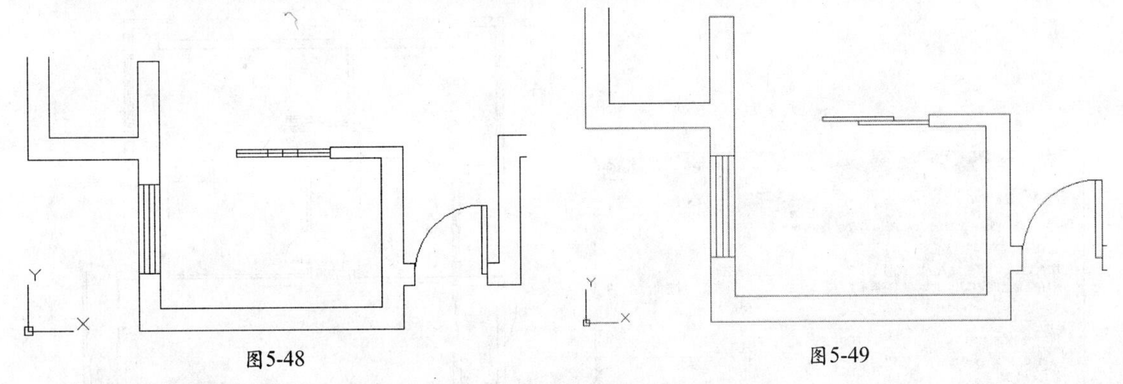

图5-48　　　　图5-49

27 创建其他推拉门，完成的门窗绘制，如图5-50所示。

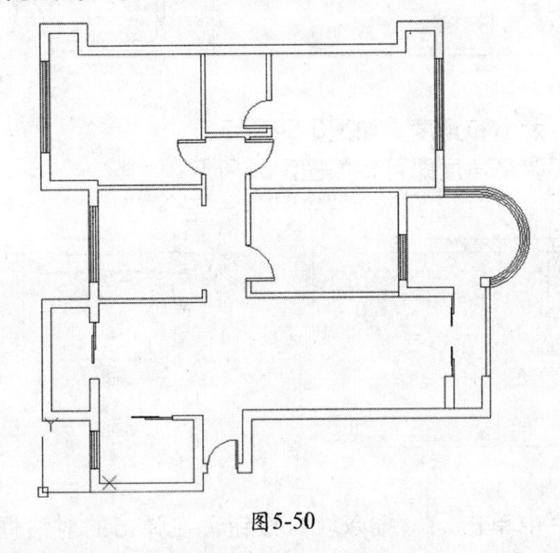

图5-50

5.4　导入家具图块

最终场景路径：Scene\cha05\户型图\户型图.dwg

图块路径：Scene\cha05

视频路径：视频\cha05\5.4 导入家具图块.mp4

导入家具图块的具体操作步骤如下。

01 新建“家具”层，并将其设置为当前图层，如图5-51所示。

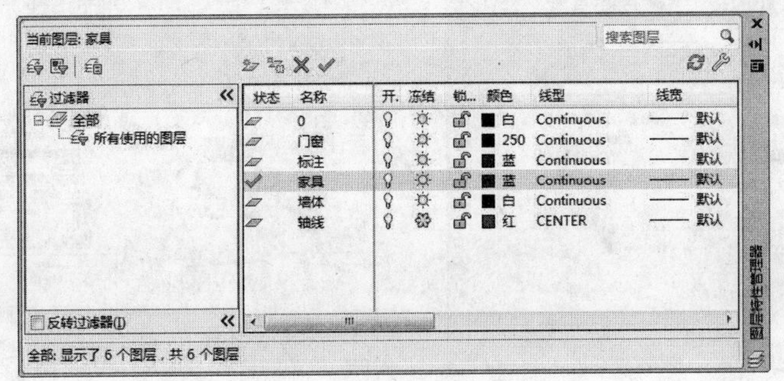

图5-51

02 在“常用”工具栏中单击 （插入块）按钮，在弹出的对话框中选择随书附带光盘中的“Scene\Cha05\双人床02.dwg”文件，如图5-52所示。

03 单击“确定”按钮后，通过鼠标在绘图区中单击确定图块的位置，如图5-53所示。

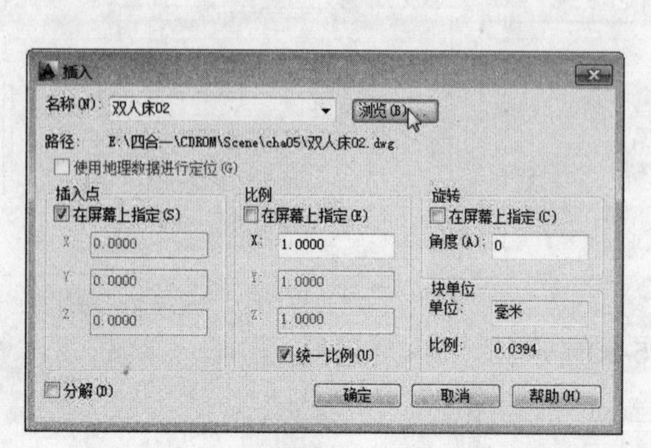

图5-52

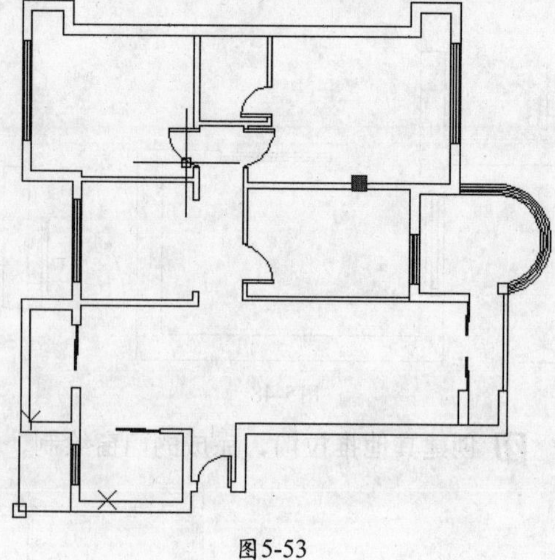

图5-53

04 调整图块的位置、大小和角度，如图5-54所示。

05 复制相同的图块，调整角度即可，如图5-55所示。

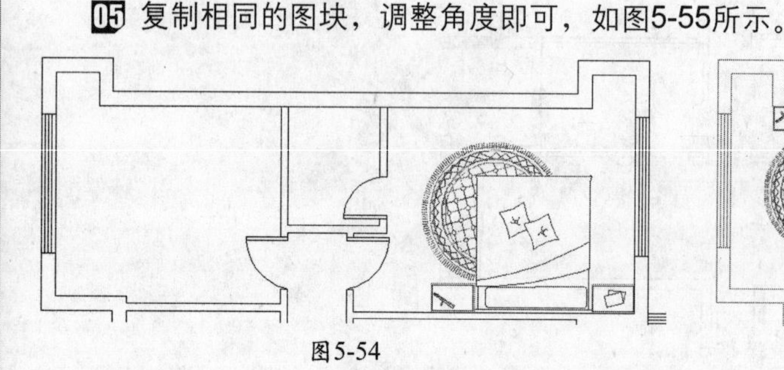

图5-54

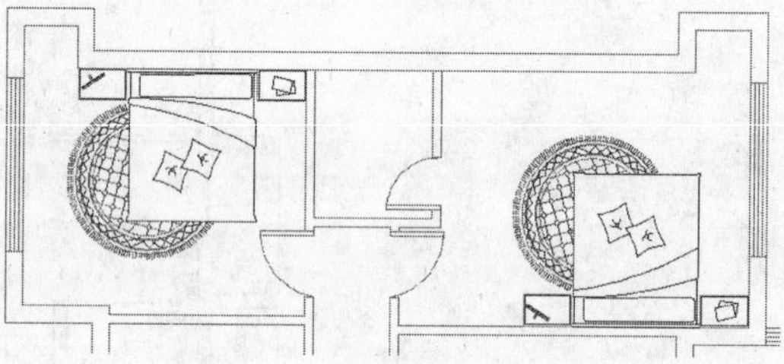

图5-55

06 在“常用”工具栏中单击 （插入块）按钮，在弹出的对话框中选择随书附带光盘中的“Scene\Cha05\衣柜01.dwg”文件，如图5-56所示。

07 使用相同的方法添加其他的装饰图块，调整图块在绘图区中的大小，如图5-57所示。

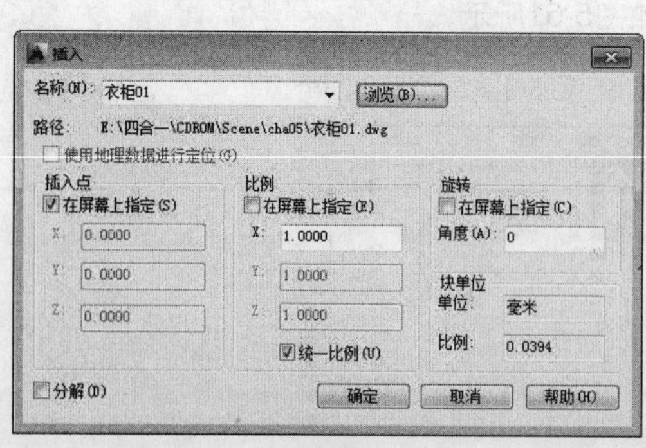

图5-56

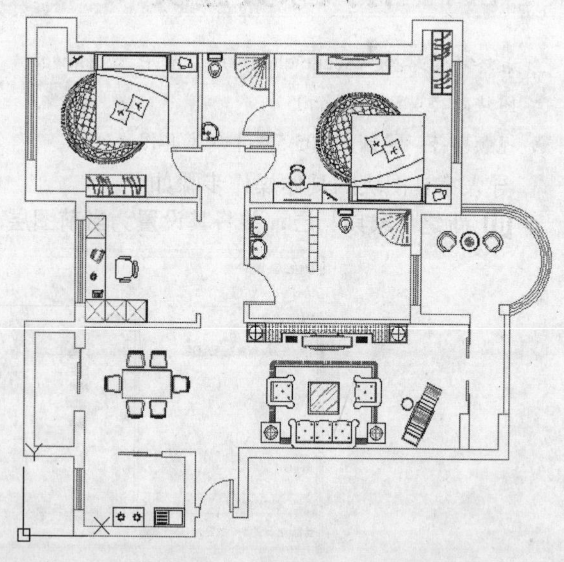

图5-57

5.5 填充地面

最终场景路径：Scene\cha05\户型图\户型图.dwg

视频路径：视频\cha05\5.5 填充地面.mp4

下面介绍填充地面的操作。

01 新建图层“地面”图层，设置图层的颜色并将其设置为当前图层，如图5-58所示。

02 使用LINE直线命令，结合捕捉工具，绘制如图5-59所示的闭合线。

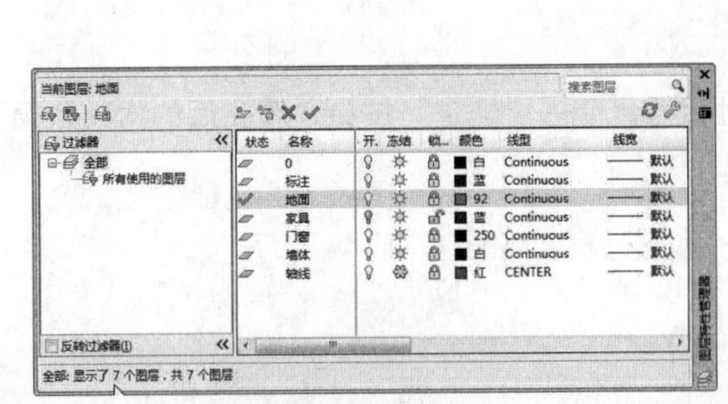

图5-58

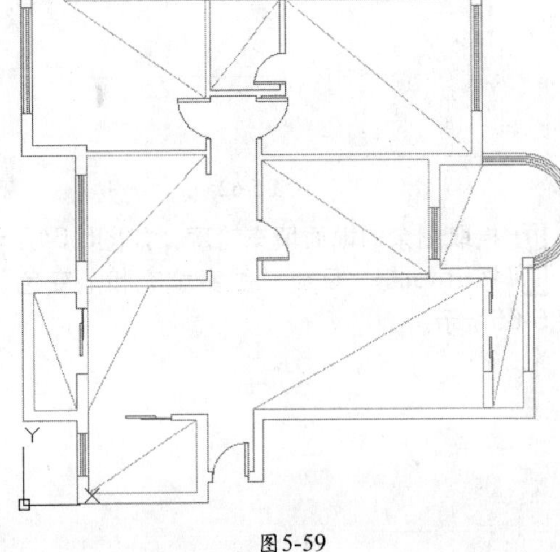

图5-59

03 在“绘图”工具栏中单击按钮，弹出“图案填充和渐变色”对话框，从中选择“图案”和“比例”，参数合适即可，单击(添加：拾取点）按钮，如图5-60所示。

04 在绘图区中选择卫生间、厨房和阳台的地面轮廓线，如图5-61所示。

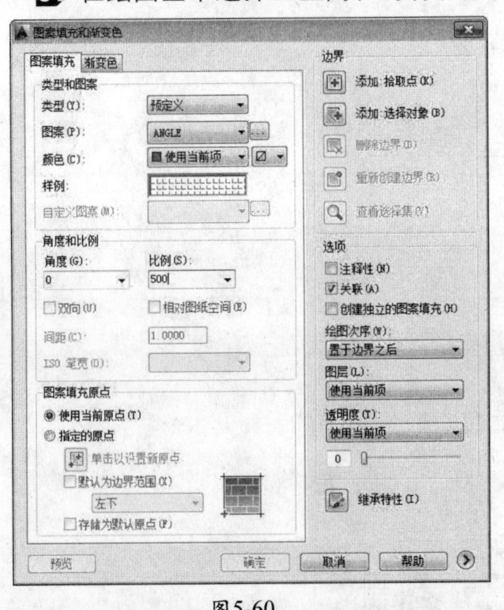

图5-60

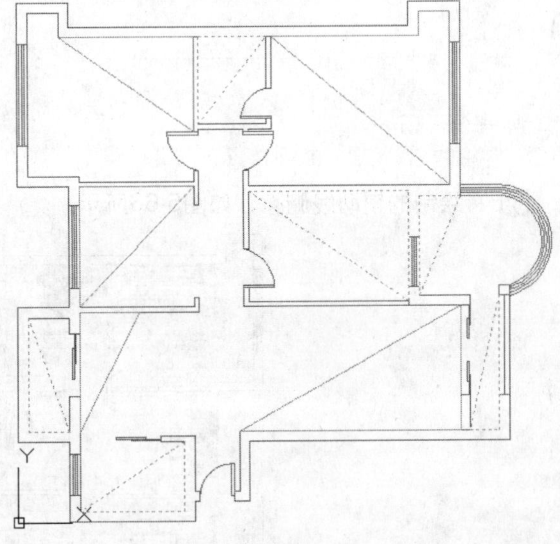

图5-61

05 按Enter键，回到“图案填充和渐变色”对话框，单击“确定”按钮，填充后的瓷砖效果如图5-62所示。

06 打开“图案填充和渐变色”对话框，选择“图案”和“比例”，单击(添加：拾取点）按钮，如图5-63所示。

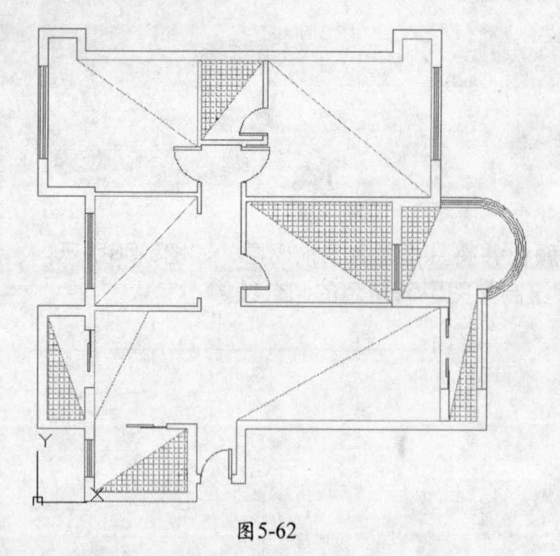

图5-62

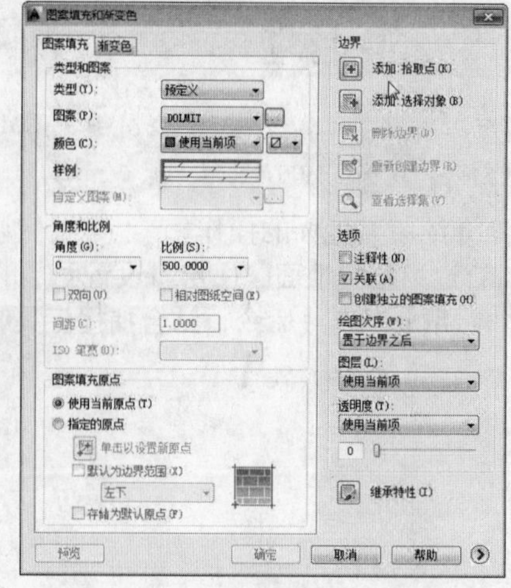

图5-63

07 拾取剩余的地面填充轮廓，如图5-64所示。

08 按Enter键，回到“图案填充和渐变色”对话框，单击“确定”按钮，填充后的木纹效果如图5-65所示。

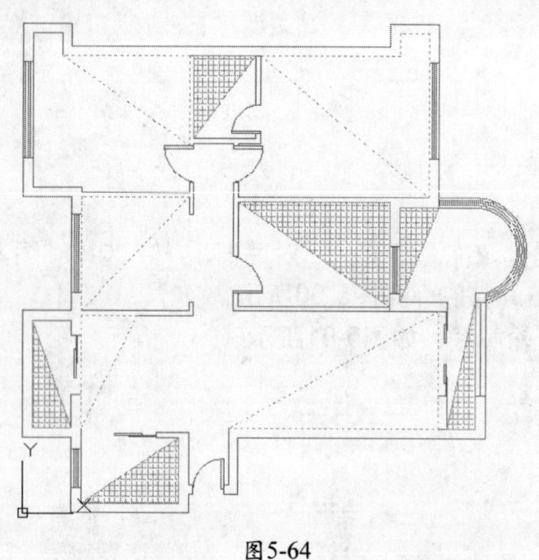

图5-64

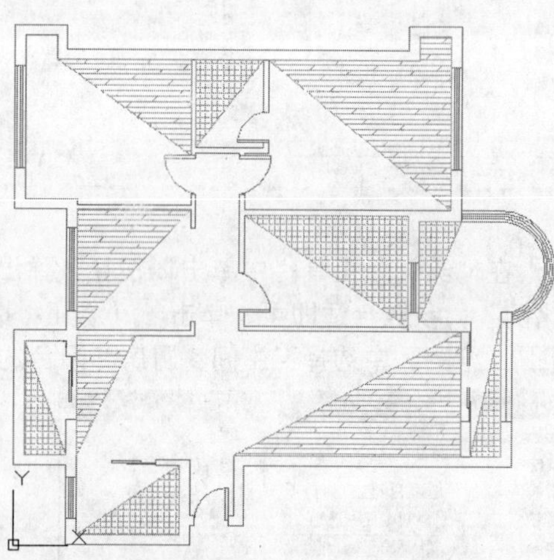

图5-65

09 将绘制的辅助线删除，如图5-66所示。

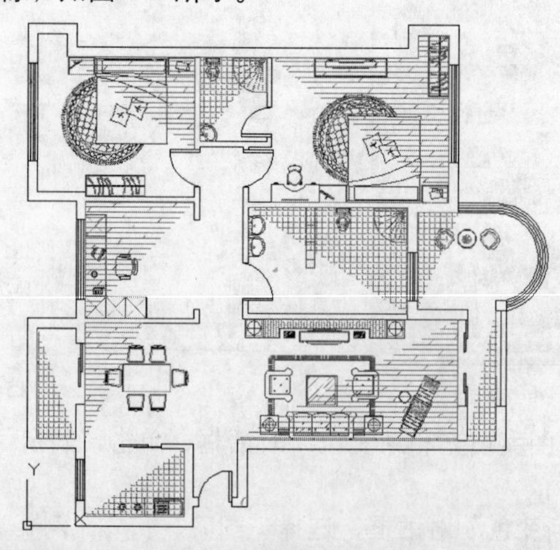

图5-66

5.6 创建标注

最终场景路径：Scene\cha05\户型图\户型图.dwg

视频路径：视频\cha05\5.6 创建标注.mp4

下面为户型图创建标注。

01 将“标注”图层设置为当前图层。在“标注”工具栏中选中线性标注，通过捕捉创建室内框架的标注。如果出现如图5-67所示的标注时，可以通过“标注样式”来调整标注的效果，如图5-68所示。

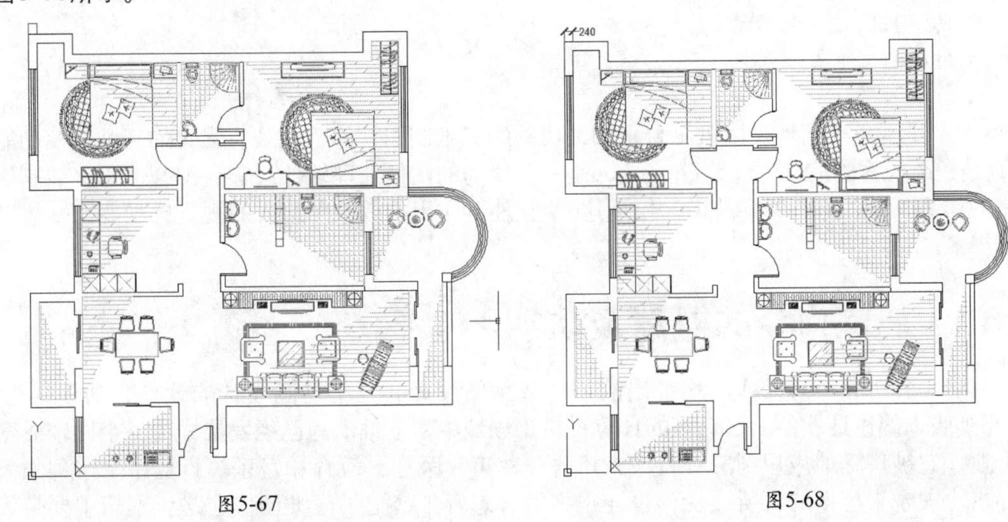

图5-67　　图5-68

02 创建的标注效果如果5-69所示。

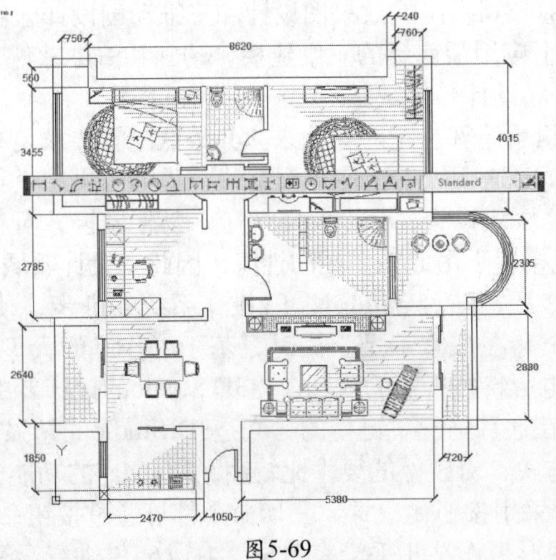

图5-69

5.7 小结

本章主要讲述了绘制一套完整的家庭装修设计方案的步骤。通过平面图的绘制，学习了该如何观察图纸，该从哪一部分着手绘制，如何将设计方案结合施工工艺把图纸绘制完整、准确。

本章作为AutoCAD的最后部分，主要目的是希望大家将前面的所有知识进行一次系统的综合运用，结合实际工作、操作过程中的相关技巧，通过全面绘制一个设计案例的图纸，熟练掌握这些基本的软件知识和操作技巧。

第6章　3ds Max 2014基础

本章内容

- 3ds Max的概述及功能
- 3ds Max的启动与退出
- 3ds Max界面详解
- 用电脑制作效果图的流程
- 素材库的文档管理

3ds Max是近年来出现在微机平台上的最优秀的三维制作软件，它具有强大的三维建模功能。VRay则是一个优秀的渲染软件，Photoshop是一个优秀的图像处理软件。三者配合使用，能制作出高精度的作品。可以毫不置疑地说，使用这3个软件制作出的效果图给人的视觉感受要比一般摄影照片强得多。

6.1　3ds Max的概述及功能

3ds Max系列是Autodesk公司推出的一个效果图设计和三维动画设计的软件，其前身是3D Studio系列版本的设计软件。在众多的计算机应用领域中，三维动画已经发展成为一个比较成熟的独立产业，它被广泛地应用到影视特技、广告、军事、医疗、教育和娱乐等行业中。这种强大的视觉冲击力被越来越多的人所接受，也让很多的有志青年踏上了三维创作之路。本节主要带领读者认识3ds Max，了解3ds Max 2014的新增功能。

3ds Max系列是Autodesk公司推出的效果图设计和三维动画设计软件，是著名软件3D Studio的升级版本。3ds Max是世界上应用最广泛的三维建模、动画和渲染软件，广泛应用于游戏开发、角色动画、电影电视视觉效果和设计等领域。

DOS 版本的3D Studio 诞生于20世纪80年代末，其最低配置要求是386 DX，不附加处理器，这样低的硬件要求使得3D Studio这个软件迅速风靡全球，成为效果图设计和三维动画设计领域的领头羊。3D Studio采用内部模块化设计，命令简单明了，易于掌握，可存储24位真彩图像。它的出现使得计算机上的图形功能接近于图形工作站的性能，因此在设计领域得到了广泛运用。

但是进入20世纪90年代后，随着Windows 9x操作系统的进步，使DOS下的设计软件在颜色深度、内存、渲染和速度上存在严重不足。同时，基于工作站的大型三维设计软件Softimage、Lightwave和Wavefront等在电影特技行业的成功，使3D Studio的设计者决心迎头赶上。

3ds Max系列软件就是在这种情况下诞生的，它是3D Studio的超强升级版本，运行于Windows NT环境下，采用32位操作方式，对硬件的要求比较高。3ds Max的功能强大，内置工具十分丰富，外置接口也很多。它的内部采用按钮化设计，一切命令都可通过按钮命令来实现。3ds Max的算法很先进，所带来的质感和图形工作站几乎没有差异。它以64位进行运算，可存储32位真彩图像。3ds Max一经推出，其强大功能立即使它成为制作效果图和三维动画的首选软件。它是通用性极强的三维模型和动画制作软件，该软件功能非常全面，可以完成从建模、渲染到动画的全部制作任务，因而被广泛应用于各个领域。

Autodesk 3ds Max 2014为在更短的时间内制作模型和纹理、角色动画及更高品质的图像提供了令人无法抗拒的新技术。建模与纹理工具集的巨大改进可通过新的前后关联的用户界面调用，有助于加快日常工作流程，而非破坏性的 Containers 分层编辑可促进并行协作。同时，用于制作、管理和动画角色的完全集成的高性能工具集可帮助快速呈现栩栩如生的场景。而且，借助新的基于节点的材质编辑器、高质量硬件渲染器、纹理贴图与材质的视口内显示以及全功能的 HDR 合成器，制作炫目的写实图像空前的容易。

6.2 进入3ds Max 2014

如果现在计算机里已经安装了3ds Max 2014软件程序，那么就可以启动并来学习3ds Max 2014这个功能强大的三维设计软件了。

6.2.1 启动3ds Max 2014

启动3ds Max的前提条件与启动AutoCAD相同：首先应该认识3ds Max的启动程序快捷图标；知道3ds Max安装在电脑硬盘上所默认的路径；了解3ds Max所生成的文件类型。在这里我们介绍3种启动方法。

- 第一种方法：在桌面双击图标，即可打开3ds Max 2014启动界面。
- 第二种方法：单击任务栏左边的（开始）按钮，在弹出的菜单中依次单击“所有程序”|“Autodesk”|“Autodesk 3ds Max 2014”|“3ds Max 2014-Simplified Chinese”选项，即可启动3ds Max系统，如图6-1所示。

所有程序 | Autodesk | Autodesk 3ds Max 2014 | 3ds Max 2014 - Simplified Chines

图6-1

- 第三种方法：在“资源管理器”对话框中（或其他任何渠道）找到扩展名为.max的文件，双击该文件，即可启动3ds Max系统，如图6-2所示。

以上的3种启动方法，只要执行了任何一种启动方式，都可以进入3ds Max系统。此时，屏幕上即出现3ds Max的启动画面，如图6-3所示。等待一会，系统就会进入到工作界面中。

图6-2

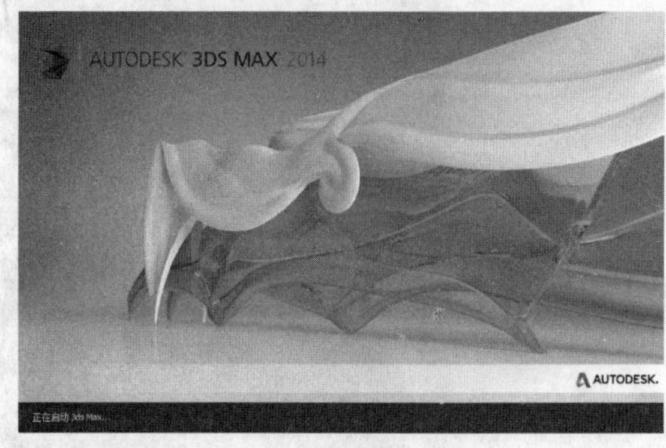

图6-3

6.2.2 启动对话框

默认状态下启动3ds Max 2014时，会显示“欢迎”对话框，在“欢迎”对话框中可以看到有“了解”和“使用”板块，其中最常用的是“使用”板块。“使用”板块中共有3栏，分别是创建新的空场景、打开文件、最近使用的文件。如果不想在启动3ds Max 2014后显示“欢迎”对话框，可以在“欢迎”对话框的左下角取消勾选“在启动时显示此欢迎屏幕”复选框。

3ds Max 2014默认的启动状态如图6-4所示。

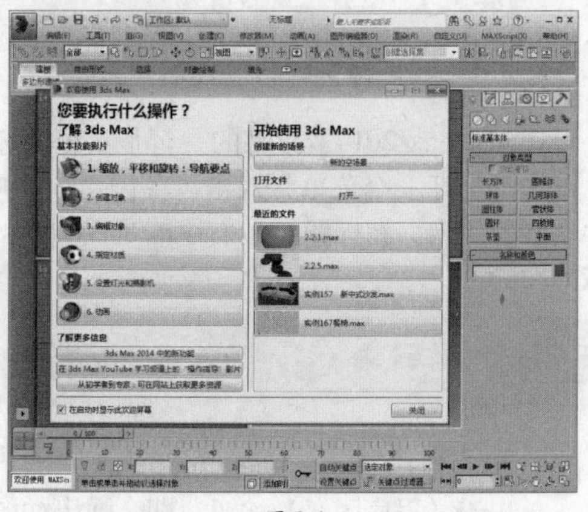

图6-4

6.3 退出3ds Max 2014

上节学习了如何启动3ds Max 2014，那么又该怎样退出呢？在使用任何一个应用程序工作结束后，都应该退出关闭该应用程序。

任何Windows下的应用程序，退出和关闭应用程序都是相同的。

- 方法一：单击标题栏左上角的（菜单）按钮，在弹出的下拉菜单中选中“退出3ds Max”命令。
- 方法二：单击程序窗口右上角标的 x （关闭）按钮。
- 方法三：按Alt+F4快捷键。

6.4 3ds Max 2014界面详解

运行3ds Max 2012，进入操作界面。在3ds Max 2012的操作界面中，界面的外框尺寸是可以改变的，但功能区的尺寸不能改变，只有4个视图区的尺寸可以改变。工具栏和命令面板不能全部显示出来，只能通过拖动滑动条才能显示出来。

3ds Max 2014操作界面主要由标题栏、菜单栏、工具栏、提示行和状态栏、命令面板、工作视图、视图控制区、动画控制区8个区域组成，如图6-5所示。

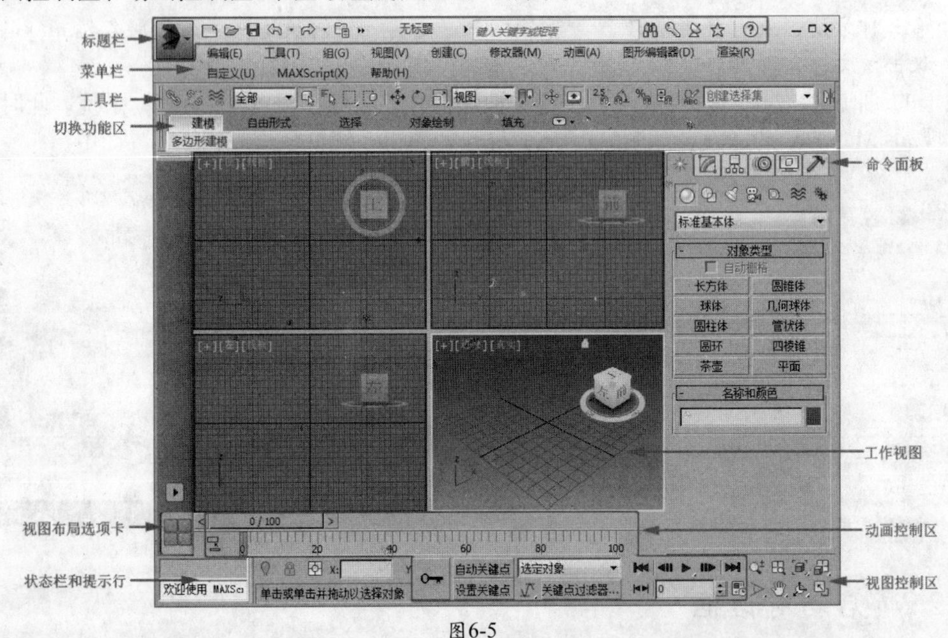

图6-5

6.4.1 标题栏

在3ds Max 2014最顶部的一行是系统的标题栏，位于标题栏最左边的是3ds Max的程序图标，单击可打开一个菜单，双击可关闭当前的应用程序。紧随其右侧是快速访问工具栏，中间是文件名和软件名。在标题栏最右边的是Windows的3个基本控制按钮：最小化、最大化、关闭。其形态如图6-6所示。

图6-6

1. （程序图标）按钮

单击（程序图标）按钮，即会弹出如图6-7所示的菜单。

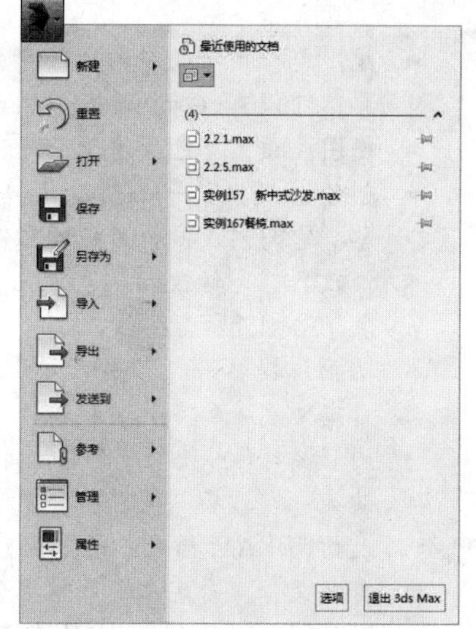

图6-7

- 新建：单击“新建”命令，在子菜单中可以选择新建全部、保留对象、保留对象和层次。
- 重置：使用“重置”命令，可以清除所有数据并重置3ds Max设置（视口配置、捕捉设置、材质编辑器、背景图像，等等）。重置可以还原启动默认设置（保存在maxstart.max文件中），并且可以移除当前会话期间所做的任何自定义设置。
- 打开：使用该命令，可以在弹出的子菜单中选择打开的文件类型。
- 保存：将当前场景进行保存。
- 另存为：将场景另存为一个新的文件。
- 导入：使用该选项可以根据弹出的子菜单中的命令选择导入、合并、替换方式导入场景。
- 导出：使用该命令，可以在弹出的子菜单中选择直接导出、导出选定对象、导出DWF文件等。
- 参考：在子菜单中选择相应的选项，设置场景中的参考模式。
- 管理：其中包括设置项目文件夹和资源追踪。
- 属性：从中访问文件属性和摘要信息。

2. 快速访问工具栏

快速访问工具栏提供一些最常用的文件管理命令以及撤消和重做命令。

- （新建场景）：单击以开始一个新的场景。
- （打开文件）：单击以打开保存的场景。
- （保存文件）：单击保存当前打开的场景。
- （撤消场景操作）：用于撤销最近一次操作的命令，可以连续使用，快捷键为Ctrl＋Z。单击向下箭头可以显示以前操作的排序列表，以便选择撤消操作的起始点。
- （重做场景操作）：用于恢复撤销的命令，可以连续使用，快捷键为Ctrl＋Y。单击向下箭头可以显示以前操作的排序列表，可以选择重做操作的起始点。
- （项目文件夹）：可以为特定项目指定文件存放位置。
- （快速访问工具栏下拉菜单）：单击以显示工作区的布局设计和用于管理快速访问工具栏显示的下拉列表。在自定义快速访问工具栏中可以自定义快速访问工具，也可以选择隐藏该工具栏等操作。

3. 无标题 键入关键字或短语 标题和信息中心

- 标题显示.max文件的名称。
- 通过信息中心可访问有关3ds Max和其他Autodesk产品的信息。将光标放到信息中心的工具按钮上，会出现按钮的功能提示。

6.4.2 菜单栏

菜单栏位于标题栏的下面。它与标准的Windows文件菜单模式及使用方法基本相同。菜单栏为用户提供了一个用于文件的管理、编辑、渲染及寻找帮助的用户接口。其形态如图6-8所示。

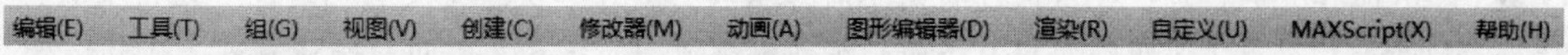

编辑(E) 工具(T) 组(G) 视图(V) 创建(C) 修改器(M) 动画(A) 图形编辑器(D) 渲染(R) 自定义(U) MAXScript(X) 帮助(H)

图6-8

- 编辑：“编辑”菜单包含用于在场景中选择和编辑对象的命令，如撤销、重做、暂存、取回、删除、克隆、移动等。
- 工具：在3ds Max场景中，“工具”菜单可更改或管理对象，从子菜单中可以看到常用的工具和命令。

- 组：包含用于将场景中的对象成组和解组的功能。组可将两个或多个对象组合为一个组对象。可以为组对象命名，然后像任何其他对象一样对它们进行处理。
- 视图：该菜单包含用于设置和控制视口的命令。
- 创建：提供了一个创建几何体、灯光、摄影机和辅助对象的方法。该菜单包含各种子菜单，它与创建命令面板的功能是相同的。
- 修改器：“修改器”菜单提供了快速应用常用修改器的方式。此菜单上各个项的可用性取决于当前选择。
- 动画：提供一组有关动画、约束和控制器以及反向运动学解算器的命令。此菜单中还提供自定义属性和参数关联控件，以及用于创建、查看和重命名动画预览的控件。
- 图形编辑器：使用“图形编辑器”菜单可以访问用于管理场景及其层次和动画的图表子窗口。
- 渲染：“渲染”菜单包含用于渲染场景、设置环境和渲染效果、使用Video Post合成场景以及访问 RAM 播放器的命令。
- 自定义：“自定义”菜单包含用于自定义 3ds Max 用户界面的命令。
- MAXSctipt（X）：该菜单包含用于处理脚本的命令，这些脚本是使用软件内置脚本语言MAXScript创建的。
- 帮助：通过“帮助”菜单可以访问3ds Max 联机参考系统。

6.4.3 工具栏

在3ds Max中，工具栏分为主工具栏和浮动工具栏。工具栏是把经常用到的命令以工具按钮的形式放在不同的位置，是应用程序中最简单、最方便的使用工具。

1. 主工具栏

在3ds Max菜单栏下面有一行工具按钮，称为工具栏，为操作时大部分常用任务提供了快捷而直观的图标和对话框，其中一些在菜单栏中也有相应的命令，但习惯上使用工具栏来进行操作。其显示的全部工具栏的形态如图6-9所示。

图6-9

主工具栏里的工具是对已经创建的对象进行选择、变换、着色、赋材质等。但即使是在1024×768的分辨率下，工具栏上的工具也不可能全部显示，可以将鼠标光标箭头移动到按钮之间的空白处，当鼠标箭头变为手形状时，就可以按住鼠标左键，左右拖动工具栏来进行选择。

> **注意** 许多按钮的右下角会带有三角标记的按钮，这表示含有多重选择按钮的弹出按钮。在这样的按钮上按住鼠标左键不放，会弹出按钮选择菜单，移动到所需要的命令按钮上单击鼠标即可进行选择。

- （选择并链接）：可以通过将两个对象链接作为子和父，定义它们之间的层次关系。子级将继承应用于父级的变换（移动、旋转和缩放），但是子级的变换对父级没有影响。
- （断开当前选择链接）：可移除两个对象之间的层次关系。
- （绑定到空间扭曲）：可以把当前选择附加到空间扭曲。
- 全部 ▾（选择过滤器）：使用选择过滤器列表，如图6-10所示，可以限制由选择工具选择的对象的特定类型和组合。例如，如果选择“摄影机”选项，则使用选择工具只能选择摄影机。

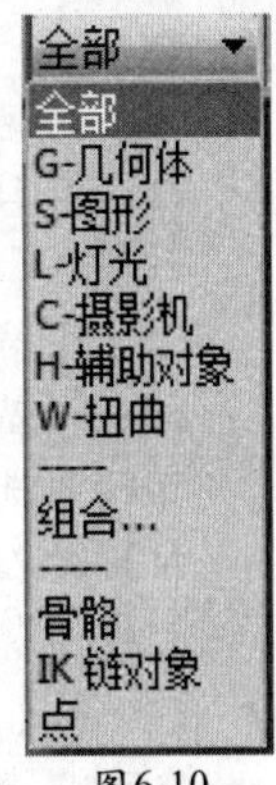

图6-10

- (选择对象)：可选择对象或子对象，以便进行操纵。
- (按名称选择)：可以使用“选择对象”对话框从当前场景中的所有对象列表中选择对象。
- (矩形选择区域)：在视口中以矩形框选区域。下拉列表提供了(圆形选择区域)、(围栏选择区域)、(套索选择区域)和(绘制选择区域)供选择。
- (窗口/交叉)：在按区域选择时，可以在窗口和交叉模式之间进行切换。在窗口模式中，只能选择所选内容内的对象或子对象。在交叉模式中，可以选择区域内的所有对象或子对象，以及与区域边界相交的任何对象或子对象。
- (选择并移动)：要移动单个对象，则无须先选择该工具。当该工具处于活动状态时，单击对象进行选择，并拖动鼠标以移动该对象。
- (选择并旋转)：当该按钮处于激活状态时，单击对象进行选择，并拖动鼠标以旋转该对象。
- (选择并均匀缩放)：使用(选择并均匀缩放)按钮，可以沿所有3个轴以相同量缩放对象，同时保持对象的原始比例。(选择并非均匀缩放)按钮可以根据活动轴约束以非均匀方式缩放对象。(选择并挤压)按钮可以根据活动轴约束来缩放对象。
- 视图 (参考坐标系)：参考坐标系统列出了所有可以指定给变换操作(移动、旋转、放缩)的坐标系统。在对对象进行变换时，需要灵活使用这些坐标系，首先选定坐标系，然后选择轴向，最后才进行变换，这是一个标准的操作流程。
- (使用轴点中心)：下拉列表提供了对用于确定缩放和旋转操作几何中心的3种方法的访问。使用(使用轴点中心)按钮，可以围绕其各自的轴点旋转或缩放一个或多个对象。(使用选择中心)按钮可以围绕其共同的几何中心旋转或缩放一个或多个对象。如果变换多个对象，该软件会计算所有对象的平均几何中心，并将此几何中心用做变换中心。(使用变换坐标中心)按钮可以围绕当前坐标系的中心旋转或缩放一个或多个对象。
- (选择并操纵)：使用该按钮可以通过在视口中拖动“操纵器”来编辑某些对象、修改器和控制器的参数。
- (键盘快捷键覆盖切换)：使用键盘快捷键覆盖切换，可以在只使用主用户界面快捷键与同时使用主快捷键和组(如编辑/可编辑网格、轨迹视图和NURBS等)快捷键之间进行切换。可以在“自定义用户界面”对话框中自定义键盘快捷键。
- (捕捉开关)：(3D捕捉)是默认设置，光标直接捕捉到3D空间中的任何几何体。3D捕捉用于创建和移动所有尺寸的几何体，而不考虑构造平面。(2D捕捉)光标仅捕捉活动构建栅格，包括该栅格平面上的任何几何体，将忽略Z轴或垂直尺寸。(2.5D捕捉)光标仅捕捉活动栅格上对象投影的顶点或边缘。
- (角度捕捉切换)：角度捕捉切换确定多数功能的增量旋转。默认设置为以5°增量进行旋转。
- (百分比捕捉切换)：百分比捕捉切换通过指定的百分比增加对象的缩放。
- (微调器捕捉切换)：使用微调器捕捉切换设置3ds Max中所有微调器的单个单击增加或减少值。
- 创建选择集 (编辑命名选择集)：显示“编辑命名选择”对话框，可用于管理子对象的命名选择集。
- (镜像)：单击该按钮，将弹出“镜像”对话框，使用该对话框可以在镜像一个或多个对象的方向时，移动这些对象。“镜像”对话框还可以用于围绕当前坐标系中心镜像当前选择。使用“镜像”对话框可以同时创建克隆对象。

- （对齐）：（对齐）下拉列表提供了用于对齐对象的6种不同工具的访问。在下拉列表中单击（对齐）按钮，然后选择对象，将弹出“对齐”对话框，使用该对话框可将当前选择与目标选择对齐，目标对象的名称将显示在“对齐”对话框的标题栏中；执行子对象对齐时，“对齐”对话框的标题栏会显示为对齐子对象当前选择。使用“快速对齐”按钮，可将当前选择的位置与目标对象的位置立即对齐。使用（法线对齐）按钮，弹出对话框，基于每个对象上面或选择的法线方向将两个对象对齐；使用（放置高光）按钮，可将灯光或对象对齐到另一对象，以便可以精确定位其高光或反射；使用（对齐摄影机）按钮，可以将摄影机与选定的面法线对齐；（对齐到视图）按钮可用于显示“对齐到视图”对话框，可以将对象或子对象选择的局部轴与当前视口对齐。
- （层管理器）：主工具栏上的（层管理器）按钮可以创建和删除层的无模式对话框。也可以查看和编辑场景中所有层的设置，以及与其相关联的对象。使用此对话框，可以指定光能传递解决方案中的名称、可见性、渲染性、颜色，以及对象和层的包含情况。
- （切换功能区）：单击该按钮，可以打开或关闭Graphite建模工具功能区。Graphite建模工具代表一种用于编辑网格和多边形对象的新范例。它具有基于上下文的自定义界面，该界面提供了完全特定于建模任务的所有工具（且仅提供此类工具），且仅在用户需要相关参数时才提供对应的访问权限，从而最大限度地减少屏幕上的杂乱情况。
- （曲线编辑器）：曲线编辑器是一种轨迹视图模式，用于以图表上的功能曲线来表示运动。利用它，用户可以查看运动的插值和软件在关键帧之间创建的对象变换。使用曲线上找到的关键点的切线控制柄，可以轻松查看和控制场景中各个对象的运动和动画效果。
- （图解视图）：图解视图是基于节点的场景图，通过它可以访问对象属性、材质、控制器、修改器、层次和不可见场景关系，如关联参数和实例。
- （材质编辑器）：材质编辑器提供创建和编辑对象材质，以及贴图的功能。
- （渲染设置）：“渲染场景”对话框具有多个面板，面板的数量和名称因活动渲染器而异。
- （渲染帧窗口）：会显示渲染输出。
- （快速渲染）：该按钮可以使用当前产品级渲染设置来渲染场景，而无须显示“渲染场景”对话框。

2. 浮动工具栏

在主工具栏空白处单击鼠标右键，可以调用其他工具行和命令面板，其中“轴约束”、“层”和“附加”属于浮动工具栏，其形态如图6-11所示。

层就像是一张张透明的、覆盖在一起的图，将不同的场景信息组织聚合在一起，形成一个完整的场景。在3ds Max中，新建对象会从创建的层中呈现颜色、可视性、可渲染性、显示隐藏情况等共同的属性。使用层可以使场景信息管理更加快捷容易。

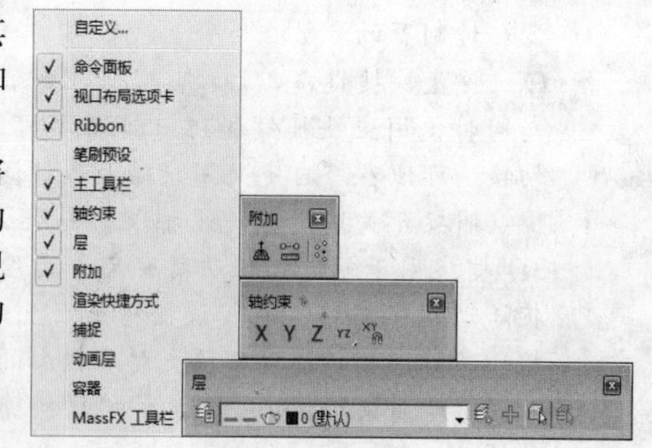

图6-11

- （层管理器）：打开“图层特性管理器”对话框。
- （0层）：在层列表中显示所有层的名称及属性图标。
- （新建层）：通过这个按钮，可以建立新图层。
- （将当前选择添加到当前层）：可以将当前选择的物体添加到当前的图层中。
- （选择当前层中的对象）：单击此按钮，可以将当前层中的物体选择。
- （设置当前层为选择的层）：可以将当前的层设置为选择的层。

3.“轴约束”与“附加”工具栏

- X Y Z （轴向约束）：用于锁定坐标轴向，进行单方向或双方向的变换操作。X、Y、Z

按钮用于锁定单个坐标轴向；在XY按钮中还包含了YZ、ZX按钮，用于锁定双方向的坐标轴向。

- （在捕捉中启用轴约束切换）：在捕捉时锁定坐标轴向。
- （阵列）：创建当前选择对象的阵列（即一连串的复制对象），它可以控制产生一维、二维、三维的阵列复制，常用于大量有序地复制对象。
- （自动栅格）：通过基于单击的面的法线生成和激活一个临时构造平面，可以自动创建、合并或导入其他对象表面上的对象。
- （测量距离）：可以快速测量两个点之间的距离。

6.4.4 工作视图

工作视图区域是3ds Max操作界面中最大的区域，位于操作界面的中部，它是主要的工作区。在工作视图区域中，3ds Max 2014系统本身默认为4个基本视图。

- 顶视图：从场景正上方向下垂直观察对象。
- 前视图：从场景正前方观察对象。
- 左视图：从场景正左方观察对象。
- 透视图：能从任何角度观察对象的整体效果，可以变换角度进行观察。透视图是以三维立体方式对场景进行显示观察的，其他3个视图都是以平面形式对场景进行显示观察的。

提示

4个视图的类型是可以转换的，激活视图后按相应的快捷键即可实现视图之间的转换。顶视图（Top）的快捷键为T、底视图（Bottom）的快捷键为B、左视图（Left）的快捷键为L、正交视图（Use）的快捷键为U、前视图（Front）的快捷键为F、透视图（Perspective）的快捷键为P、摄影机视图（Camera）的快捷键为C。

切换视图还可以用另一种方法。在每个视图的左上角都有视图类型提示，单击视图名称，如图6-12所示，在弹出的菜单中选择要切换的视图类型即可。

在3ds Max 2014中，各视图的大小也不是固定不变的，将光标移到视图分界处，光标变为十字形状✥，按住鼠标左键不放并拖曳光标，就可以调整各视图的大小，如图6-13所示。如果想恢复均匀分布的状态，可以在视图的分界线处单击鼠标右键，选择“重置布局”命令，即可复位视图，如图6-14所示。

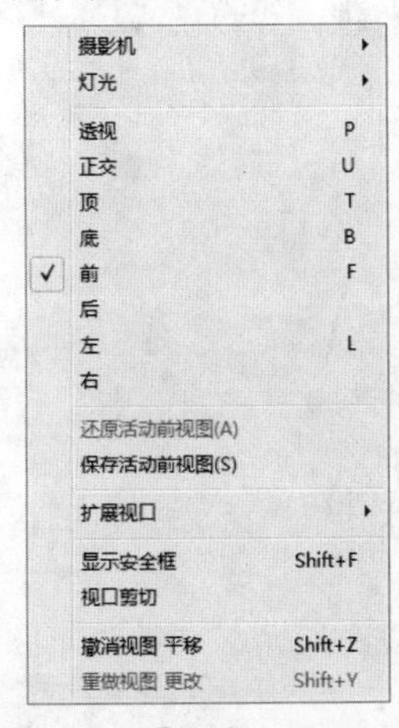

图6-12

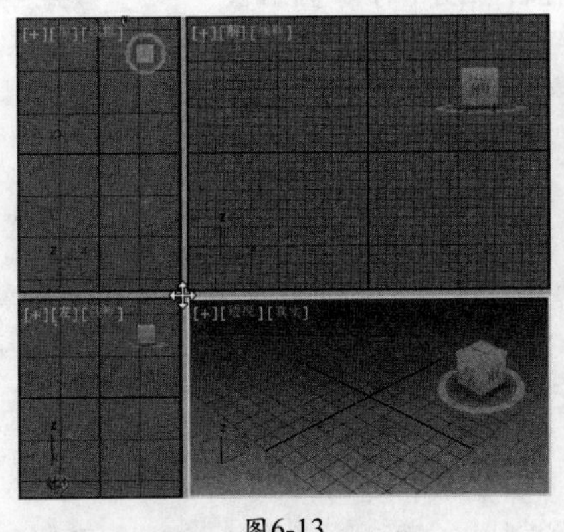
图6-13

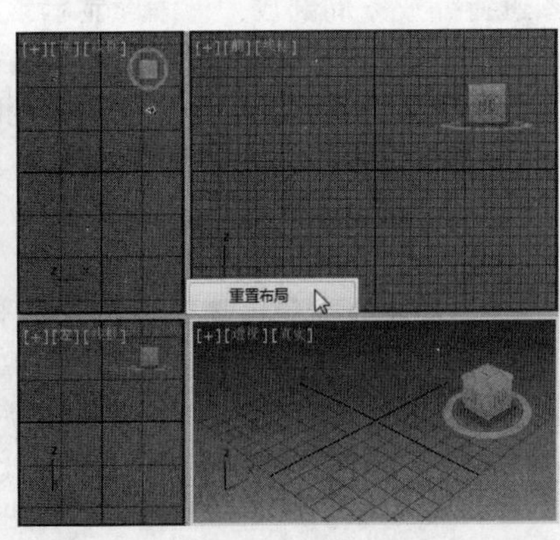

图6-14

6.4.5 提示行及状态栏

状态栏用于设定多种点模式，显示的是一些基本的数据。提示行主要用于在建模时对造型空间位置的提示及说明。其形态如图6-15所示。

图6-15

6.4.6 命令面板

命令面板位于3ds Max界面的右侧，是3ds Max的核心工作区，提供了丰富的工具及修改命令，用于完成模型的建立编辑、动画轨迹的设置、灯光和相机的控制等，外部插件的窗口也位于这里。对于命令面板的使用，包括按钮、输入区、下拉菜单等，都非常容易，鼠标的操作也很简单，单击或拖动即可。无法同时显示的区域，只要当光标变成形状时上下拖动即可。

命令面板包括6大部分，分别为（创建）、（修改）、（层次）、（运动）、（显示）、（实用程序），如图6-16所示。

图6-16

- （创建）：创建命令面板中的对象种类有7种，包括几何体、图形、灯光、摄影机、辅助对象、空间扭曲、系统。
- （修改）：用于改变现有对象的创建参数，调整一组对象或单独对象的几何外形，进行次对象的选择和参数修改，删除修改，转换参数对象为可编辑对象。
- （层次）：主要用于调节相互连接对象之间的层级关系，包括轴、IK、链接信息。
- （运动）：提供了对选择对象的运动控制能力，可以控制运动轨迹以及指定各种动画控制器，并且对各个关键点的信息进行编辑操作。主要配合轨迹视图来一同完成动作的控制，分为参数和轨迹两部分。
- （显示）：主要用于控制场景中各种对象的显示情况，通过显示、隐藏、冻结等控制来更好地完成效果图制作，加快画面的显示速度。
- （实用程序）：这里提供了31个外部程序，用于完成一些特殊的操作，包括资源浏览器、透视匹配、塌陷、颜色剪贴板、测量、运动捕捉、重置变换、MAXScript（脚本语言）、Fight Studio（c）等。选择了相应的程序之后，在命令面板下方就会显示出相应的参数控制面板。

6.4.7 视图控制区

在屏幕右下角有8个图标按钮，它们是当前激活视图的控制工具，主要用于调整视图显示的大小和方位。可以对视图进行缩放、局部放大、满屏显示、旋转以及平移等显示状态的调整。其中有些按钮会根据当前被激活视窗的不同而发生变化。根据不同的操作，视图控制区的全部按钮的显示形态如图6-17所示。

标准视图工具

摄影机视图工具

图6-17

1. 标准视图工具

- （缩放）：单击该按钮后，视图中光标变为形状，按住鼠标左键不放并拖曳光标，可以拉近或推远场景，只作用于当前被激活的视图窗口。快捷键为Alt+Z，但会放弃正使用的其他工具；使用Ctrl+Alt+鼠标中键快捷键可以即时进行视图的推拉放缩，无需放弃正在使用的工具，这是最常用的快捷操作方式。
- （缩放所有视图）：单击该按钮后，在视图中光标变为形状，按住鼠标左键不放并拖曳光标，所有可见视图都会同步拉近或推远场景。
- （最大化显示选定对象）：将选定对象或对象集在活动透视或正交视口中居中显示。当要浏览的小对象在复杂场景中丢失时，该控件非常有用。
- （最大化显示）：该按钮是（最大化显示选定对象）按钮的隐藏按钮，单击该按钮后，将所有可见的对象在活动、透视或正交视口中居中显示。当在单个视口中查看场景的每个对象时，这个控件非常有用。

- （所有视图最大化显示选定对象）：将选定对象或对象集在所有视口中居中显示。当要浏览的小对象在复杂场景中丢失时，该控件非常有用。
- （所有视图中最大化显示）：将所有可见对象在所有视口中居中显示。当希望在每个可用视口的场景中看到各个对象时，该控件非常有用。
- （缩放区域）：可放大在视口内拖动的矩形区域。仅当活动视口是正交、透视或用户三向投影视图时，该控件才可用。该控件不可用于摄影机视口。
- （视野）：该按钮只能在透视图或摄影机视图中使用。单击该按钮，按住鼠标左键不放并拖曳光标，视图中相对视野及视角会发生远近的变化。
- （平移视图）：单击该按钮，视图中光标变为形状，按住鼠标左键不放并拖曳光标，可以移动视图位置。如果配备的鼠标有滚轮，在视图中直接按住滚轮不放并拖曳光标即可。
- （环绕）：将视图中心用作旋转中心。如果对象靠近视口的边缘，它们可能会旋出视图范围。
- （选定的环绕）：将当前选择的中心用作旋转的中心。当视图围绕其中心旋转时，选定对象将保持在视口中的同一位置上。
- （环绕子对象）：将当前选定子对象的中心用作旋转的中心。当视图围绕其中心旋转时，当前选择将保持在视口中的同一位置上。

注意

在进行弧形旋转时，视图中会出现一个黄色圆圈，在圈内拖动时会进行全方位的旋转；在圈外拖动时会在当前视点平面上进行旋转；在四角的十字框上拖动时会以当前点进行水平或垂直旋转；如果配合Shift键进行左右移动或上下移动，可以将旋转锁定在水平方向或垂直方向上。在透视图或用户视图中，按住Alt键，同时按住鼠标滚轮不放并拖曳光标，也可以对对象进行视角的旋转。

- （最大化视口切换）：单击此按钮，当前视图满屏显示，便于对场景进行精细编辑操作。再次单击此按钮，可恢复原来的状态，其快捷键为Alt+W。

2. 摄影机视图工具

- （推拉摄影机）：沿视线移动摄影机的出发点，保持出发点与目标点之间连线的方向不变，使出发点在此线上滑动。这种方式不改变目标点的位置，只改变出发点的位置。
- （推拉目标）：沿视线移动摄影机的目标点，保持出发点与目标点之间连线的方向不变，使目标点在此线上滑动，这种方式不会改变摄影机视图中的影像效果，只是有可能使摄影机反向。
- （推拉摄影机+目标）：沿视线同时移动摄影机的目标点与出发点，这种方式产生的效果与推拉摄影机相同，只是保证了摄影机本身形态不发生改变。
- （透视）：以推拉出发点的方式来改变摄影机的镜头值，配合Ctrl键可以增加变化的幅度。
- （侧滚摄影机）：沿着垂直与视平面的方向旋转摄影机的角度。
- （视野）：固定摄影机的目标点与出发点，通过改变视野取景的大小来改变镜头值，这是一种调节镜头的好方法，效果与“透视+推拉摄影机”相同。
- （平移摄影机）：在平行与视平面的方向上同时平移摄影机的目标点与出发点，配合Ctrl键可以加速平移变化，配合Shift键可以锁定在垂直或水平方向上平移。可以直接使用鼠标中键进行平移。
- （环游摄影机）：固定摄影机的目标点，使出发点围着它进行旋转观测，配合Shift键可以锁在单方向上的旋转。
- （摇移摄影机）：固定摄影机的出发点，使目标点进行旋转观测，配合Shift键可以锁定在单方向上的旋转。

6.4.8 动画控制区

动画控制区位于屏幕的下方，包括动画控制区、时间滑块和轨迹条，主要用于制作动画时进

行动画的记录、动画帧的选择、动画的播放以及动画时间的控制等。如图6-18所示为动画控制区。

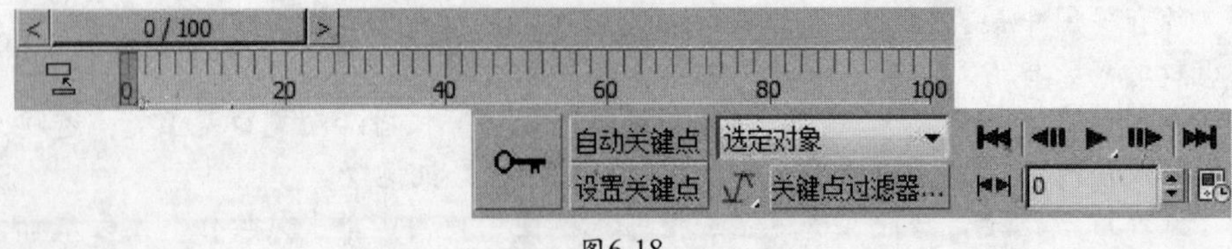

图6-18

- 自动关键点：启用自动关键点后，对对象位置、旋转和缩放所做的更改都会自动设置成关键帧（记录）。
- 设置关键点：其模式使用户能够控制什么时间创建什么类型的关键帧，即在需要设置关键帧的位置单击 （设置关键点）按钮，创建关键点。
- （新建关键点的默认入/出切线）：可为新的动画关键点提供快速设置默认切线类型的方法，这些新的关键点是用设置关键点模式或者自动关键点模式创建的。
- 关键点过滤器...（打开过滤器对话框）：显示“设置关键点过滤器”对话框，在该对话框中可以定义哪些类型的轨迹可以设置关键点，哪些类型不可以。
- （转至开头）：单击该按钮，可以将时间滑块移动到活动时间段的第一帧。
- （上一帧）：将时间滑块向后移动一帧。
- （播放动画）：用于在活动视口中播放动画。
- （下一帧）：可将时间滑快向前移动一帧。
- （转至结尾）：将时间滑块移动到活动时间段的最后一个帧。
- （关键点模式切换）：使用关键点模式可以在动画中的关键帧之间直接跳转。
- （时间配置）：打开“时间配置”对话框，提供了帧速率、时间显示、播放和动画的设置。

6.5 用电脑制作效果图的流程

现实生活中建造高楼大厦时，首先要有一个合适的场地，将砂、石、砖等建筑材料运到场地的周围，然后用这些建筑材料将楼房的框架建立起来，再用水泥、涂料等装饰材料进行内外墙装饰，直至最终完成时呈现人们面前的壮丽景观。用3ds Max来制作效果图的过程与建筑流程相似，首先用三维对象或二维线形建立一个地面，用来模拟现实中场地的面积，再依次建立模型的其他部分，并赋予相应的材质（材质指实际用到的建筑材料），为它设置摄影机和灯光，然后渲染成图片，最后用Photoshop等软件添加一些配景，如添加人物、植物及装饰物等，最后达到理想的效果。

6.5.1 建立模型阶段

建立模型是制作效果图的第一步，首先要根据已有的图纸或自己的设计意图在脑海中勾勒出大体框架，并在电脑中制作出它的雏形，然后再利用材质、光源对其进行修饰、美化。模型建立的好坏直接影响到效果图最终效果。

建立模型大致有两种方法：第一种是直接使用3ds Max建立模型。一些初学者用此方法建立起的模型常会出现比例失调等现象，这是因为没有掌握好3ds Max中的单位与捕捉等工具的使用。第二种是在Auto CAD软件中绘制出平面图和立面图，然后导入到3ds Max中，再以导入的线形做参考来建立起三维模型。此方法是一些设计院或作图公司最常使用的方法，因此将其称为“专业作图模式”。

无论采用哪种方法建模，最重要的是先做好构思，做到胸有成竹，在未正式制作之前脑海中应该已有对象的基本形象，同时必须注意场景模型在空间上的尺寸比例关系，先设置好系统单位，再按照图纸上标出的尺寸建立模型，以确保建立的模型不会出现比例失调等问题。

6.5.2 设置摄影机阶段

设置摄影机主要是为了模拟现实中人们从何种方向与角度观察建筑物，得到一个最理想的观察视角。设置摄影机在制作效果图中比较简单，但是想要得到一个最佳的观察角度，必须了解摄影机的各项参数与设置技巧。

6.5.3 赋材质阶段

通过3ds Max中默认的创建模式所建立的模型如果不进行处理，其所表现出来的状态还只是像建筑的毛坯、框架。要想让它更美观，就需要通过一些外墙涂料、瓷砖、大理石来对它进行修饰，3ds Max 2014也是这样，建完模型后需要材质来表现它的效果。给模型赋予材质，是为了更好地模拟对象的真实质感，当模型建立完成后，显示在视图中的对象，仅仅是以颜色块的方式显示，这种方式下的模型就如同儿童用积木建立起的楼房，无论怎么看都还只是一个儿童玩具，只有赋予其材质才能将对象的真实质感表现出来，例如大理石地面、玻璃幕墙、哑光不锈钢、塑料等都可以通过材质编辑器来模拟。

6.5.4 设置灯光阶段

光源是效果图制作中最重要的一步，也是最具技巧性的，灯光及它产生的阴影将直接影响到场景中对象的质感以及整个场景中对象的空间感和层次感，材质虽然有自己的颜色与纹理，但还会受到灯光的影响。室内灯光的设置要比室外的灯光复杂一些，因此制作者需要提高各方面的综合能力，包括对3ds Max灯光的了解、对现实生活中光源的了解、对光能传递的了解、对真实世界的分析等。如果掌握了这些知识，相信用户一定能设置出理想的灯光效果。

制作效果图过程中，设置灯光最好与材质同步进行，这样会使看到的效果更接近真实效果。

6.5.5 渲染阶段

无论在使用3ds Max制作效果图的过程中，还是在已经制作完成时，都要通过渲染来预览制作的效果是否理想，渲染所占用的时间也非常多，尤其是初学者，有可能建立一个对象就想要渲染一下看看，不过这样会占用很多作图时间，做图速度就会受到影响。那么什么时候渲染才合适呢?第一次：建立好基本结构框架时；第二次：建立好内部构件时（有时为了观察局部效果，也会进行多次局部放大渲染）；第三次：整体模型完成时；第四次：摄影机设置完成时；第五次：在调制材质与设置灯光时（这时可能也要进行多次渲染，以便观察具体的变化）；第六次：一切完成准备出图时（这时应确定一个合理的渲染尺寸）。渲染的每一步目标都是不一样的，在建模初期常采用整体渲染，只看大效果；到细部刻画阶段，采用局部渲染的方法，以便看清具体细节。

渲染可以用VRay进行，效果比用3ds Max自带的渲染器好很多，本书会对VRay渲染进行详细的讲叙。

6.5.6 后期处理阶段

后期处理主要是指通过图像处理软件为效果图添加符合其透视关系的配景和光效等，这一步工作量一般不大，但要想让图最后的确能在这个操作中有更好地表现效果，也是不容易的，因为这是一个很感性的工作，需要作者本身有较高的审美观和想像力，应知道加入什么样的图形是适合这个空间的，处理不好会画蛇添足。所以，这一部分的工作不可小视，也是必不可少的，它可以使场景显得更加真实，生动。配景主要包括装饰物、植物、人物等。但配景的添加不能过多或过于随意，过多会给人一种拥挤的感觉，过于随意会给人一种不协调的感觉。

常用的图像处理软件包括Photoshop、CorelDRAW、Photoimage等。Photoshop软件在效果图的制作中，主要是对其进行后期处理。

6.6 素材库的文档管理

想作一名专业的设计师或效果图制作人员，素材库的搜集与管理是一件非常重要的事情，如果没有好的素材库，将直接影响作图的速度与质量。所以，设计者平时就应该搜集、整理制作效果图的素材库，以后使用时就不至于没有好的素材。

6.6.1 模型库的建立

所谓模型库，就是三维模型资料库，就是用3ds Max制作的房间、家具等对象。如果在制作效果图的过程中每一个造型都要去制作，那时间就要很长了。再说，如果不了解它的具体形态，在加上命令掌握不是很熟练，可能制作起来就比较吃力，甚至制作出来了，形状也不可能很好看。当对软件掌握得很熟练了，再加上对设计有了很大的提高，这时就可以用3ds Max制作一些喜欢或者比较新颖的家具，然后将它保存到建立的模型库中。模型库大体分为沙发、电视、灯具、桌子、椅子、床、隔断、洁具等，这些文件全部是.max格式的，然后将每一个.max文件再经过渲染保存成一个图片格式的文件，最好是.jpg格式，因它的容量比较小，不占用很大的空间。

笔者本人将多年制作及搜集的模型库全部存放在本书配套光盘中的“赠送素材库\模型库”文件夹下，分类也比较细，希望对从事设计及绘图工作的人员有所帮助，如图6-19所示。

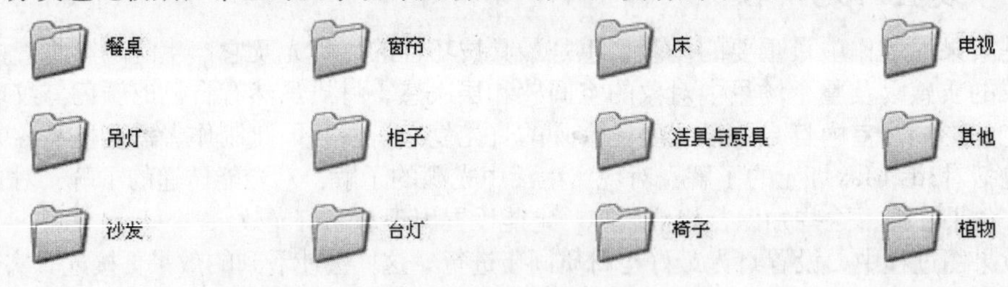

图6-19

6.6.2 贴图的搜集

贴图的建立是比不可缺少的，因为很多真实的材质就是用贴图表现出来的。平常最好注意搜集，条件好的话，可以用数码相机在材料市场或施工现场将一些真实的材料照下来，然后放在自己的电脑里面，建立一个专门放置贴图的文件夹，将每一种贴图分类。贴图通常保存为.jpg格式，如布纹、木纹、地板、花毯、大理石、风景、广告等。如图6-20所示，笔者已将这些文件存放在本书配套光盘中的“赠送素材库\贴图库”文件夹下。

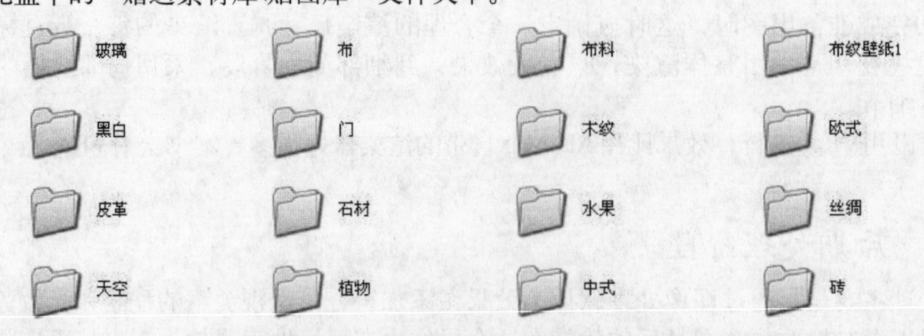

图6-20

搜集贴图只是一部分，更专业的方法是建立一个材质库，也就是将调制好的材质保存起来，在后期制作效果图时直接将它调出来使用，然后再调整整体效果。

6.6.3 灯光文件

无论用3ds Max或者VRay进行渲染，光域网文件的应用是必不可缺少的，它的扩展名为.ies格式。通过使用不同的光域网文件，能创建出不同的亮度分布、不同形状的光源效果，可以模拟出非常真实、自然的灯光效果，如筒灯、台灯、射灯、吊灯、落地灯等。如图6-21所示，笔者已将这些文件存放在本书配套光盘中的"赠送素材库\光域网库"文件夹下。

图6-21

有了以上的这些素材库，效果图时就可以很轻松地制作出来。希望大家除了使用这些素材库，自己平时要多搜集一些好的资料，然后将一些陈旧的素材删除掉。

6.6.4 积累设计方案

无论设计什么样的空间，最好有一些设计方案进行借鉴。如接到一个家装的图纸时，如果有一些客厅、餐厅、卧室等设计完成的空间，可以将其中合适的、经典的某一部分加入到设计方案中，根据实际的场景进行变换，从而得到更为优秀的设计作品。

6.6.5 3ds Max单位的设置

视频路径：视频\cha06\6.6.5 设置单位.mp4

无论是用3ds Max的光能传递还是VRay进行渲染，单位的设置是在制作效果图前第一个要考虑的问题，因为它直接影响到后面的整体比例。无论是室外建筑还是室内装饰，一般情况都使用的是毫米；在用CAD绘制图纸时，使用的单位也是毫米；所以在使用3ds Max作图时，同样使用毫米，只有这样才能更好地控制整体比例。

设置单位的操作如下。

01 在菜单栏中选择"自定义"|"单位设置"命令，弹出"单位设置"对话框。

02 在"单位设置"对话框中单击"公制"单选按钮，在下拉列表中选择"毫米"选项，再单击 系统单位设置 按钮，如图6-22所示。

03 弹出"系统单位设置"对话框，在"系统单位比例"组的单位下拉列表中选择"毫米"选项，单击 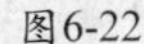 按钮，如图6-23所示。

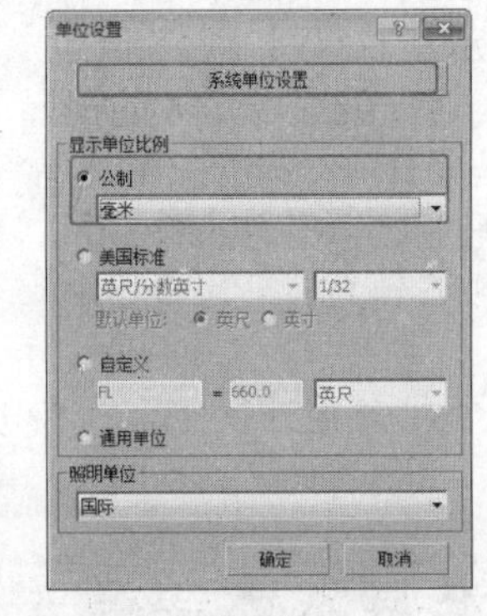

图6-22

图6-23

04 再回到的"单位设置"对话框中，单击 确定 按钮。

此时单位的设置已完成，大家可以按照上面的操作步骤来设置一遍。在后面制作造型时，使用的单位将全部是毫米。

6.7 小结

本章系统地为大家介绍了3ds Max的概念、发展史、启动及退出方式，重点讲述了3ds Max 2014的操作界面及界面中各主要功能区的基本功能，使大家在学习3ds Max 2014之前对它有一个感性的认识，便于以后的学习。在以后的章节中还要详细介绍各项命令的作用。千里之行，始于足下，希望读者朋友能够透彻理解本章的基本概念，灵活掌握基本操作知识，为今后的学习实例制作打下牢固的基础。

第7章　模型的创建与编辑

本章内容

- 三维的概念
- 使用基本体建模
- 绘制与编辑二维线形
- 用二维线形生成三维造型
- 使用放样命令生成复杂造型
- 使用修改命令编辑三维模型

用3ds Max制作效果图的过程类似于用积木搭建房屋，主要是利用软件提供的各种几何体建立基本的结构，再对它们进行适当的修改，直至最后成为效果图。二维线形在效果图制作的过程中是使用频率最高的，应该说标准基本体可以用来创建一些简单的三维造型，那么复杂一点的三维造型就需要二维线形来绘制了。但所绘制线形毕竟是属于二维的，想要出现复杂造型，就必须对它们施加一些编辑命令，只有这样才可以得到计划中的三维造型。这些命令的创建、使用与修改就是本章将要讲述的全部内容。

7.1　三维的概念

三维是指在平面二维系中又加入了一个方向向量构成的空间系。三维是坐标轴的三个轴，即x轴、y轴、z轴，其中x表示左右空间，y表示上下空间，z表示前后空间，这样就形成了人的视觉立体感。如图7-1所示是同样一个造型，第一个图是正面看到的效果，只能显示出它的x轴和y轴的控件；第二个图是透视看到的效果，将物体的x、y、z轴表现出来。

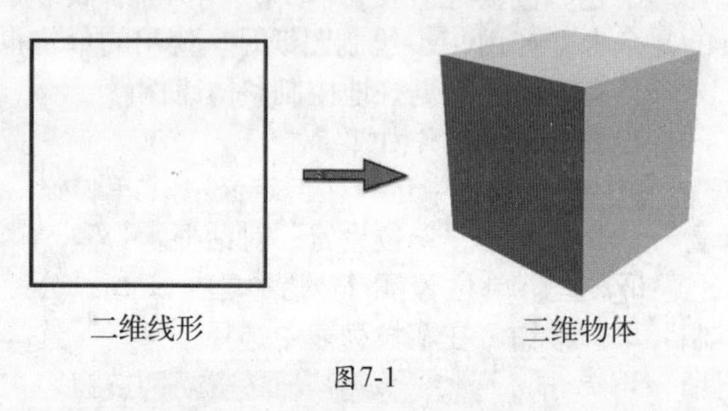

图7-1

3ds Max就是一个强大的三维设计软件，它不但能制作出非常漂亮的效果图，还可以制作动画及电影特效。

7.2　使用标准基本体建模

3ds Max中提供了非常容易使用的基本几何体建模工具，只需拖动鼠标，即可创建一个几何体，这就是标准基本体。

标准基本体是3ds Max最简单的一种三维物体。启动3ds Max软件后，在系统默认的状态下（创建）命令面板中（几何体）选项卡的“标准基本体”创建面板下有10种标准基本体，分别为长方体、球体、圆柱体、圆环、茶壶、圆锥体、几何球体、管状体、四棱锥、平面，如图7-2所示。

图7-2

标准基本体的10种标准基本体按照创建步骤的多少分为以下3类。

- 第一类：拖动鼠标一次创建完成，包括球体、茶壶、几何球体、平面。
- 第二类：拖动鼠标两次创建完成，包括长方体、圆柱体、圆环、四棱锥。

- 第三类：拖动鼠标三次创建完成，包括圆锥体、管状体。

要用3ds Max制作效果图，必须先了解标准基本体的用途及创建方法，因为这些几何体是制作效果图的基础。“标准基本体”创建命令面板主要由5个卷展栏构成，即对象类型、名称和颜色、创建方法、键盘输入、参数。

在这里只学习它们所共用的“对象类型”、“名称和颜色”和“键盘输入”卷展栏，其他两个卷展栏会因选择创建物体的类型，而发生相应的变化。

1.“对象类型”和“名称和颜色”卷展栏

- 对象类型：在此卷展栏中列出了常见的对象类型，这些几何体与工具栏所包含的几何体工具按钮是相对应的，包括长方体、球体、圆柱体、圆环、茶壶、圆锥体、几何球体、管状体、四棱锥、平面。

> **注意**
> 自动栅格：只有在选择了一个创建物体按钮之后，此选项才有效。当勾选此选项后，鼠标包含了一个指示轴，在已建物体表面移动鼠标的时候，鼠标会自动捕捉到邻近物体表面的一点，单击鼠标确定创建物体的X和Y轴坐标， Z轴会自动与最近的物体表面垂直。如果没有选定所要对齐的表面，那么接下来创建的物体则与当前激活的物体（即刚刚创建完成的物体）对齐。

- 名称和颜色：在这里可以指定当前创建物体的名称和颜色，还可以在创建完成后在此处对选定物体的名称和颜色进行修改，但前提是必须激活所要修改的物体。物体的名称可方便在复杂场景中对物体进行快速和准确的选择，常用的方法是单击主工具栏中的（按名称选择）按钮，在弹出的“选择对象”对话框的列表中单击所要选择物体的名称，再单击“选择”按钮，就可以快速地选择此物体。

2.“键盘输入”卷展栏

- 键盘输入：在创建长方体时，也可以不采用拖动鼠标创建的方式，而使用输入坐标位置与长宽高参数的方式来创建物体。使用键盘中的Tab键可以在不同数值输入框间切换，使用Enter键确定输入的数值；使用Shift+Tab快捷键可以退回到前一个数值输入框，输入完所有的数据后，单击“创建”按钮即可生成（因为此方式创建物体比较麻烦，所以在制作效果图时很少用到，在下面就不做重复讲述了）。

7.2.1　长方体

长方体可以用来创建正六面体或长方体的各种变体，在效果图制作过程中主要用来制作墙面、地面、方柱、玻璃、装饰线等造型。

创建长方体有两种方式，一种是立方体创建方式，另一种是长方体创建方式。

- 以立方体方式创建，操作简单，但只限于创建立方体。
- 以长方体方式创建，是系统默认的创建方式，用法比较灵活。

创建长方体的操作如下。

01 单击“（创建）”|“（几何体）”|“长方体”按钮，此时 长方体 按钮被激活后呈黄色显示。

02 在视图中单击鼠标左键并按住不放，拖曳鼠标光标来确定长方体的长度和宽度，如图7-3所示。释放鼠标左键向上或向下移动来确定长方体的高度，再单击鼠标左键，此时即可完成长方体的创建，如图7-4所示。

创建长方体前，先在“创建方法”卷展栏中选择创建模型的方式；创建完成后，在“参数”卷展栏中设置长方体的参数。如图7-5所示为长方体的“创建方法”和“参数”卷展栏。

1.“创建方法”卷展栏

- 立方体：选择此选项后，可以创建长、宽、高相等的立方体。
- 长方体：选择此选项后，创建出的长方体的长、宽、高的参数是由鼠标拖动或键盘输入来决定的。

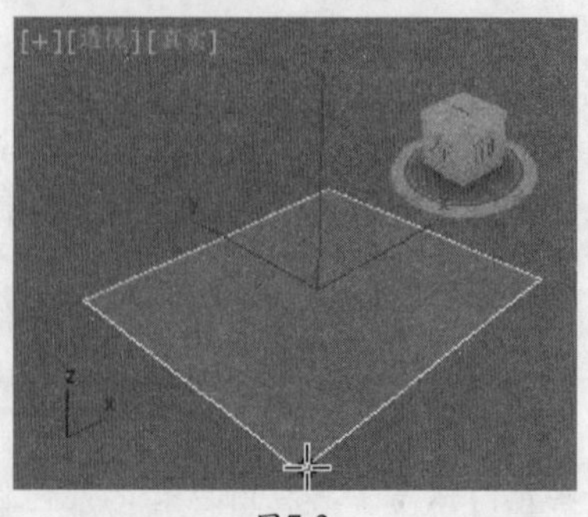
图7-3

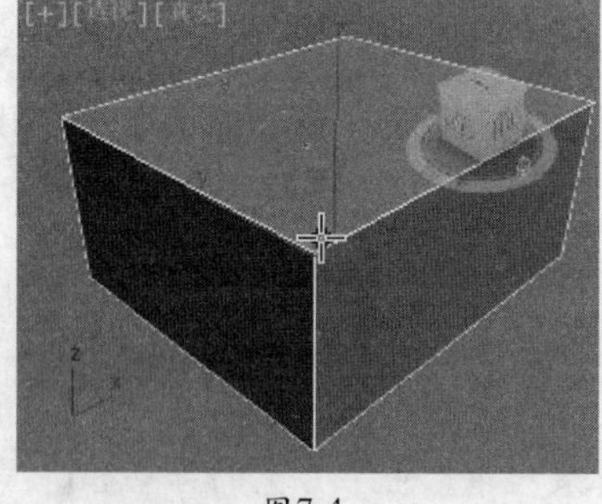
图7-4

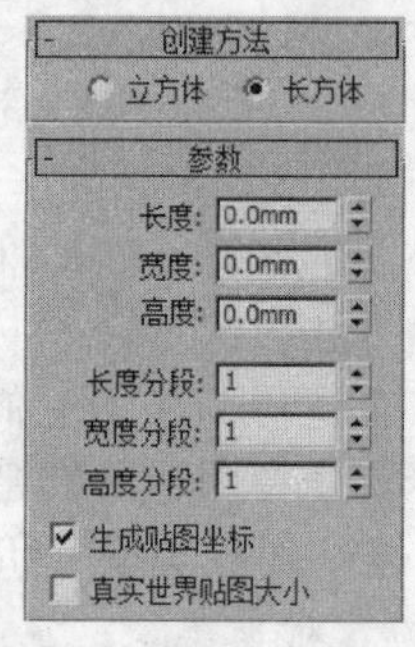

图7-5

注意：在创建长方体时，按住键盘上的Ctrl键，会将创建的长方体的第一个面限制为正方形，即长度和宽度数值相同。

2.“参数”卷展栏

- 长度、宽度、高度：用于控制长方体的长、宽、高。
- 长度分段、宽度分段、高度分段：用于控制长方体不同方向的段数。
- 生成贴图坐标：勾选此选项，系统自动指定贴图坐标。
- 真实世界贴图大小：不选中此复选框时，贴图大小符合创建对象的尺寸；选中此复选项时，贴图大小由绝对尺寸决定，而与对象的相对尺寸无关。

注意：几何体的段数是控制几何体表面光滑程度的参数，段数越多，表面就越光滑。但要注意的是，并不是段数越多越好，应该在不影响几何体形体的前提下将段数降到最低。在进行复杂建模时，如果物体不必要的段数过多，会影响建模和后期渲染的速度。

7.2.2 球体

球体可以用来创建平滑与不平滑的球体，也可以制作局部球体。在效果图制作过程中，主要用来制作装饰球、灯笼、吸顶灯等造型。

创建球体的方式有两种，一种是边创建方式，另一种是中心创建方式。

- 以边界为起点创建球体，在视图中单击鼠标左键形成的点即为球体的边界起点，随着光标的拖曳始终以该点作为球体的边界。
- 以中心为起点创建球体，在视图中第一次单击鼠标左键形成的点作为球体的中心点，这是系统默认的创建方式。

创建球体的操作如下。

01 单击“（创建）”|“（几何体）”|“球体”按钮。

02 移动光标到适当的位置，单击鼠标左键并按住不放，如图7-6所示。拖曳鼠标光标生成一个球体，移动光标可以调整球体的大小，在适当位置松开鼠标左键，球体创建完成，如图7-7所示。

创建球体前，先在“创建方法”卷展栏中选择创建模型的方式；创建完成后，在“参数”卷展栏中设置球体的参数。如图7-8所示为球体的“创建方法”和“参数”卷展栏。

“参数”卷展栏选项功能如下所示。

- 半径：设置球体的半径大小。
- 分段：设置表面的段数，值越高，表面越光滑，造型也越复杂。
- 半球：用于创建半球或球体的一部分。其取值范围为0～1。默认为0.0，表示建立完整的球体，增加数值，球体被逐渐减去。值为0.5时，制作出半球体，值为1.0时，球体全部消失。
- 切除/挤压：在进行半球系数调整时发挥作用。用于确定球体被切除后，原来的网格划分也随之切除或者仍保留但被挤入剩余的球体中。
- 启用切片：勾选此选项后，其下面对应的两个选项才起作用。它们将沿一定的角度对球体进行垂直挤压。

- 切片起始位置、切片结束位置：围绕局部坐标系的Z轴，确定球体切片操作的开始角度和结束角度。

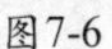
图7-6

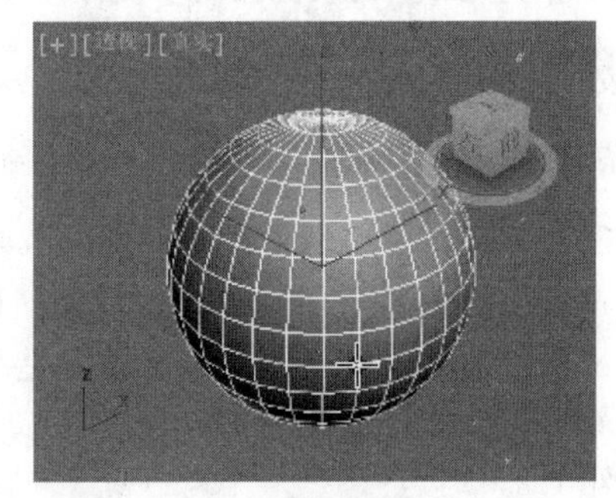

图7-7

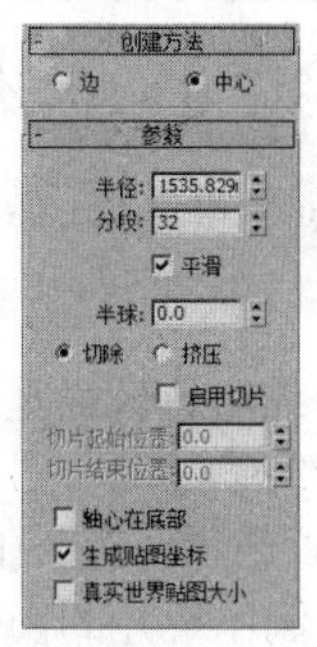

图7-8

> **注意** 在其他的几何体参数中也有切片选项，它们的功能和使用方法完全相同，以下将不再作重复讲述。请大家对这个命令多加练习，以达到完全理解。

- 轴心在底部：勾选此选项后，沿着球体的自身坐标系Z轴，将中心移动到球体的底部。默认情况下，球体的中心在轴心上，即球体创建时的结构平面上。

7.2.3 圆柱体

使用圆柱体可以创建棱柱体、圆柱体、局部圆柱或棱柱体，当高度为0时产生圆形或扇形平面。在效果图制作过程中，可以用来制作装饰柱、柱子、栏杆、扶手等构件。

圆柱体的创建方法与长方体基本相同。

创建圆柱体的操作如下。

01 单击“（创建）”|“（几何体）”|“圆柱体”按钮。

02 将鼠标光标移到视图中，单击并按住鼠标左键不放拖曳光标，视图中出现一个圆形平面，在适当的位置松开鼠标左键以确定圆柱体的半径，上下移动鼠标光标，圆柱体的高度会跟随光标的移动而增减，在适当的位置单击左键确定高度，圆柱体创建完成，如图7-9所示。

“参数”卷展栏（如图7-10所示）选项功能如下所示。

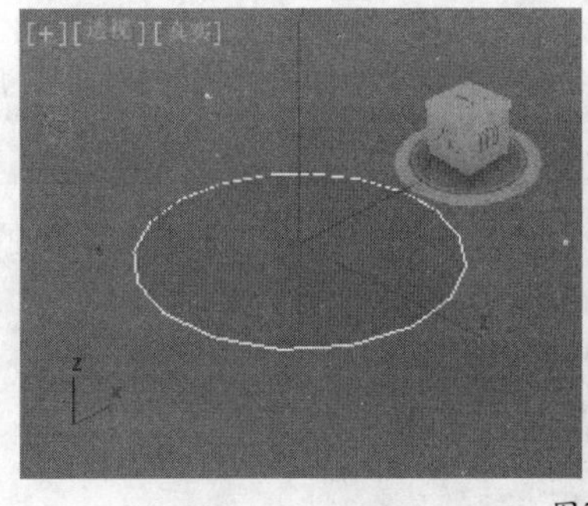

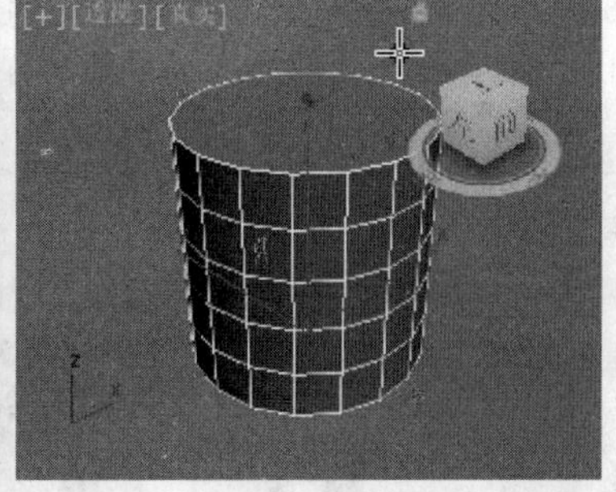

图7-9

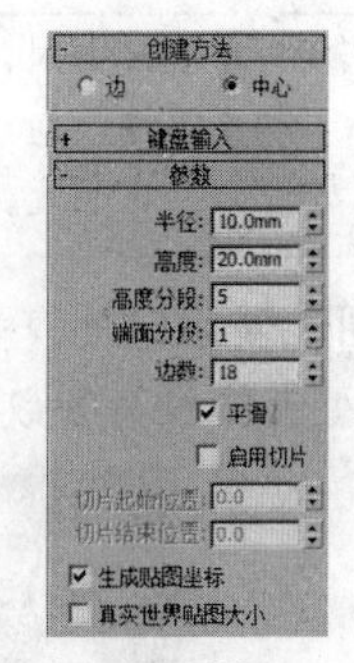

图7-10

- 半径：设置底面和顶面的半径。
- 高度：设置圆柱体的高度。
- 高度分段：确定柱体在高度上的段数。如果要弯曲柱体，高度段数可以产生光滑的弯曲效果。默认值为5，一般情况下可以设置为1。
- 端面分段：确定在柱体两个端面上沿半径方向的段数。
- 边数：确定圆周上的片段划分数（即棱柱的边数），对于圆柱体，边数越多越光滑。其最小值为3，此时圆柱体的截面为三角形。

上面已经详细地讲述了长方体、球体、圆柱体的创建方法及参数的作用，在“标准基本体”面板中还有圆环、茶壶、四棱锥、几何球体、管状体、四棱锥、平面。它们的创建方法基本相同，在这里就不重复讲述了，希望大家自己动手操作一下。

7.2.4 标准基本体建模——制作茶几

场景路径：Scene\cha07\茶几.max	贴图路径：map\cha07\茶几
最终场景路径：Scene\cha07\茶几场景.max	视频路径：视频\cha07\制作茶几.mp4

茶几是客厅里不可缺少的家具之一，其造型各异，种类繁多。为了巩固所学的知识，下面就用已经学过的长方体、圆柱体来制作一张简单的茶几造型。在制作茶几时，重点要掌握“复制”命令的应用，完成的茶几模型效果如图7-11所示。

制作茶几的操作如下。

01 启动3ds Max软件，将单位设置为毫米。

02 单击“（创建）”|“（几何体）”|“长方体”按钮，在顶视图创建长方体作为茶几面模型，在“参数”卷展栏中设置“长度”为600、“宽度”为1200、“高度”为10，如图7-12所示。

图7-11

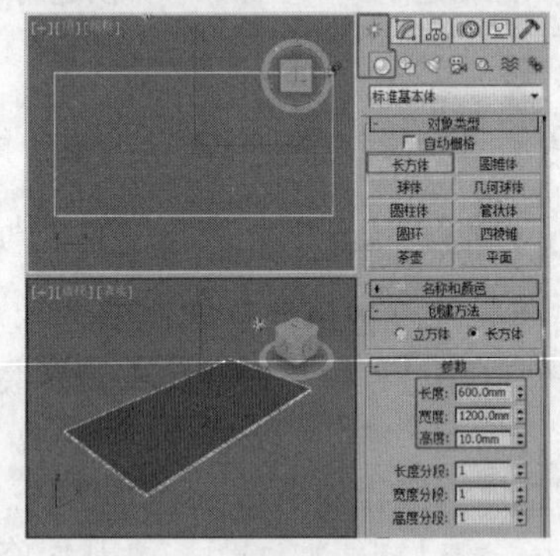

图7-12

03 在工具栏中单击（选择并移动）按钮，按住Shift键移动模型来复制选中模型。切换到（修改）命令面板，在“参数”卷展栏中修改模型参数，设置“长度”为600、“宽度”为20、“高度”为180，使用（选择并移动）工具调整模型至合适的位置，如图7-13所示。

> **注意** 复制模型时，如果需要修改复制出模型参数，在弹出的“克隆选项”对话框中选择复制出模型的“对象属性”为“复制”。如果是以“实例”的方式复制的，那么在修改复制出的模型参数时，原模型也会随之改变。

04 使用移动复式法复制Box002模型，调整复制出的模型至合适的位置，选择复制出的中间的模型并修改其参数，在“参数”卷展栏中设置“宽度”为10，如图7-14所示。

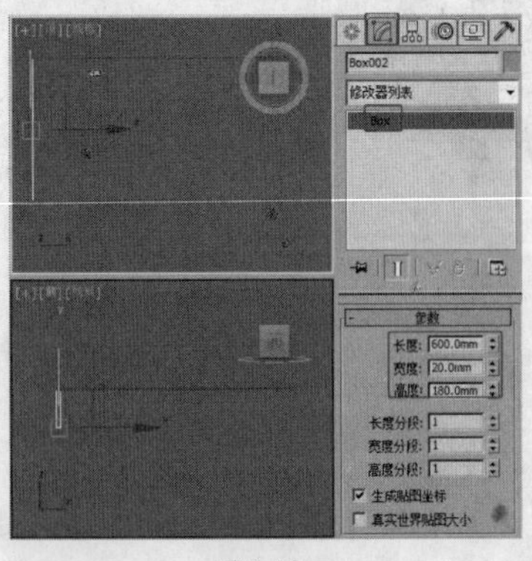

图7-13

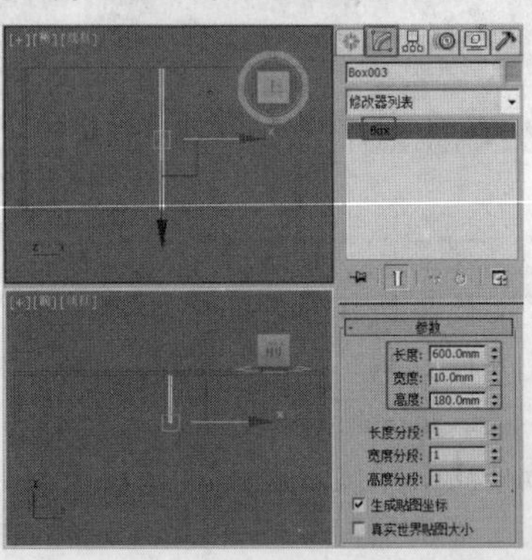

图7-14

05 在前视图中使用移动复制法复制Box001模型，在“参数”卷展栏中设置“高度”为20，调整模型至合适的位置，如图7-15所示。

06 单击“（创建）”|“（几何体）”|“圆柱体”按钮，在顶视图中创建圆柱体作为茶几腿模型，在“参数”卷展栏中设置“半径”为40、“高度”为240、“高度分段”为1，复制模型，并调整复制出的模型至合适的位置，如图7-16所示。

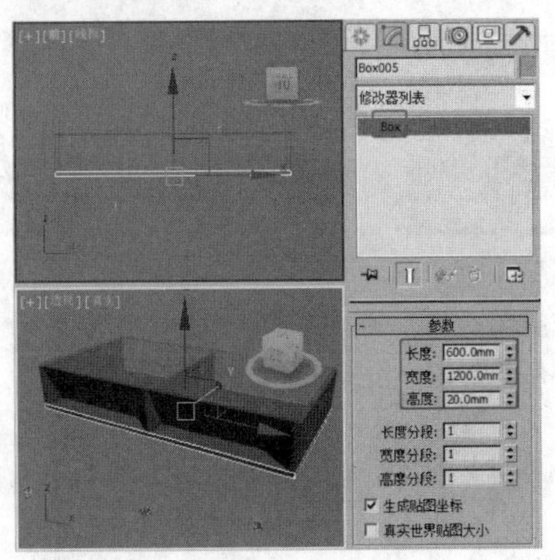

图7-15

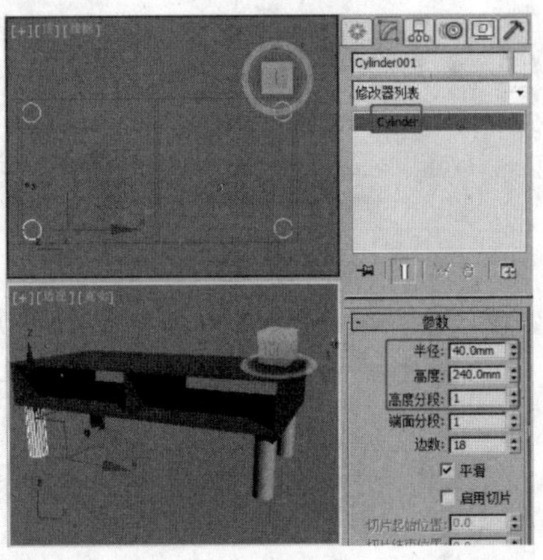

图7-16

07 单击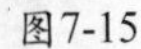（程序图标）按钮，在弹出的菜单中选择“另存为”命令，将此造型保存为“茶几.max”文件。

至此茶几就制作完成了，剩下的工作就是赋材质了。这里需要大家掌握的是复制物体的操作过程，可以运用其他的标准物体来制作一些家具构件。

7.3 使用扩展基本体建模

上一节已详细讲述了标准基本体的用途及创建方法，如果想要制作一些带有倒角或特殊形状的物体它们就无能为力了，这时可以通过“扩展基本体”模型来完成。它与标准基本体相比造型要复杂一些，可以将它看作是对标准基本体的一个补充。

在（几何体）选项卡中，单击“标准基本体”，在弹出的下拉列表中选择“扩展基本体”选项，出现“扩展基本体”创建面板，此面板与“标准基本体”创建面板结构相同，如图7-17所示。

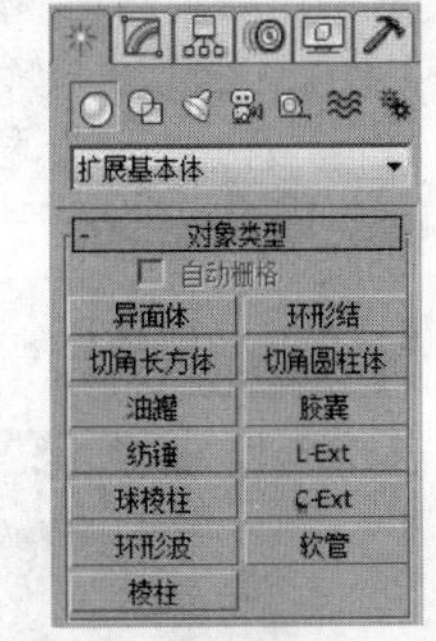

图7-17

在“对象属性”卷展栏中，列出了13种扩展基本体，它们包括异面体、切角长方体、油罐、纺锤、球棱柱、环形波、棱柱、环形结、切角圆柱体、胶囊、L-Ext、C-Ext、软管。相对于标准基本体，其形态上更为复杂。

虽然3ds Max提供了13种扩展几何三维物体，但是在制作效果图中经常用到的只有切角长方体、切角圆柱体、L形挤出体、C形挤出体。下面将详细讲述它们的用途及参数，其余的在这里就不介绍了。

7.3.1 切角长方体

切角长方体可以用来创建带有倒圆角或倒直角的立方体及长方体的各种变体等，在效果图中可以用来制作沙发、家具等构件。

切角长方体与长方体的创建方法基本相同，只是比长方体多了一个设置倒角的步骤。

创建切角长方体的操作如下。

01 单击“（创建）”|“（几何体）”|“扩展基本体”|“切角长方体”按钮。

02 将光标光标移到视图中，单击并按住鼠标左键不放拖曳光标，视图中生成一个长方形平面，如图7-18所示。在适当的位置松开鼠标左键并上下移动光标，调整其高度，如图7-19所示。单击鼠标左键后再次上下移动光标，调整其圆角的系数，再次单击鼠标左键，切角长方体创建完成，如图7-20所示。

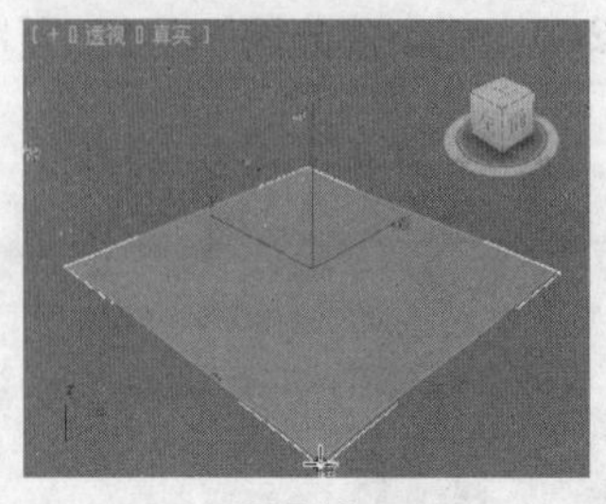

图7-18

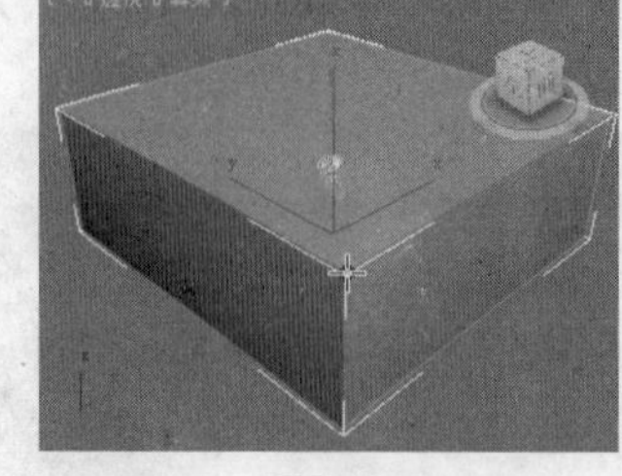

图7-19

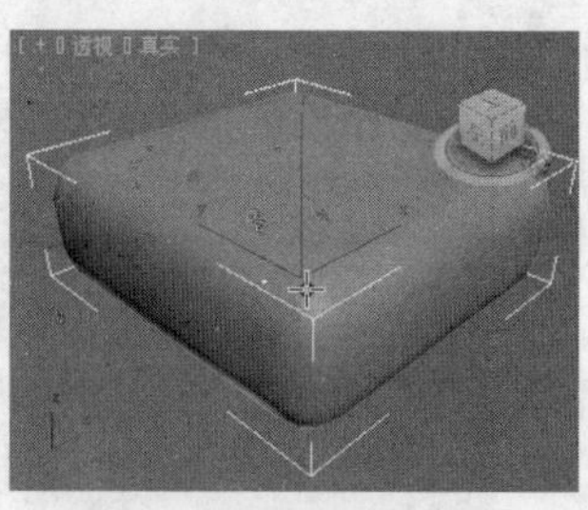

图7-20

"参数"卷展栏（如图7-21所示）选项功能如下。

参数
长度: 84.768mm
宽度: 132.45mm
高度: 42.384mm
圆角: 17.219mm
长度分段: 1
宽度分段: 1
高度分段: 1
圆角分段: 3
平滑
生成贴图坐标
真实世界贴图大小

图7-21

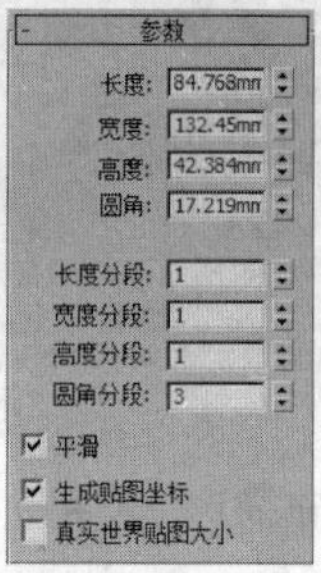

- 长度/宽度/高度：与长方体一样，在这里就不重复讲述了。
- 圆角：决定切角长方体圆角半径的大小（数值越大圆角越大，当数值为0时，变成长方体）。
- 圆角分段：设置圆角的分段数，值越高，圆角越圆滑。在一般情况下设置为3就足够了，但必须勾选"平滑"选项，如不勾选，则为直角。

7.3.2 切角圆柱体

切角圆柱体可以用来创建带有切圆角或切直角的圆柱体、多边体等。在效果图中可以用来制作圆形桌面、茶几面、各种家具等构件。

切角圆柱体和切角长方体创建方法相同，两者都具有圆角的特性。

创建切角圆柱体的操作如下。

01 单击"（创建）"|"（几何体）"|"扩展基本体"|"切角圆柱体"按钮。

02 将鼠标光标移到视图中，单击并按住鼠标左键不放拖曳光标，视图中生成一个圆形平面，如图7-22所示。在适当的位置松开鼠标左键并上下移动光标，调整其高度，如图7-23所示，单击鼠标左键后再次上下移动光标，调整其圆角的系数，再次单击鼠标左键，切角圆柱体创建完成，如图7-24所示。

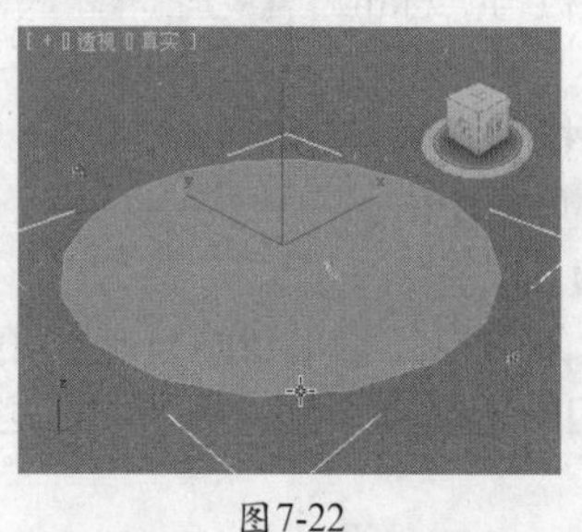

图7-22

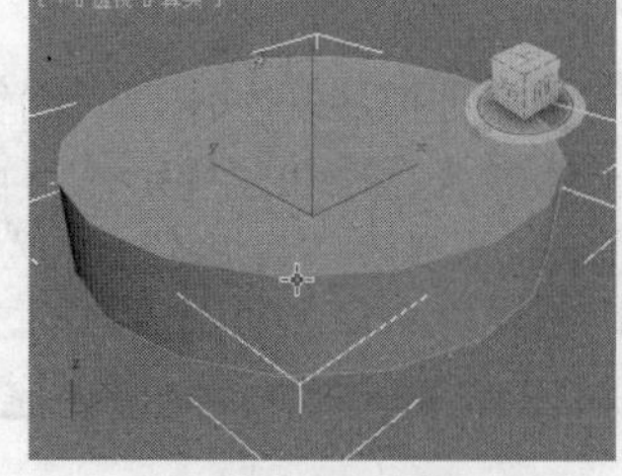

图7-23

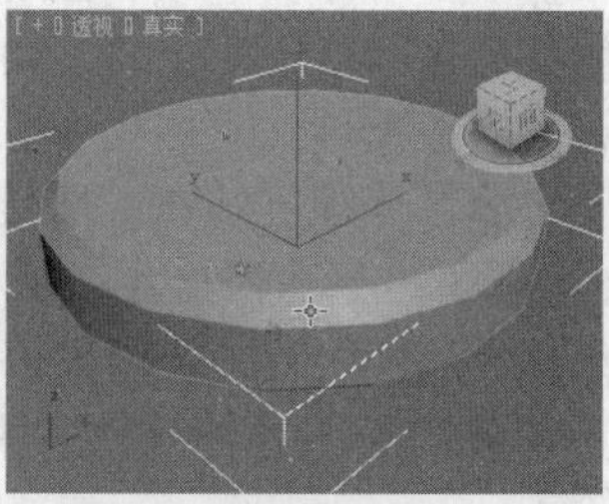

图7-24

"参数"卷展栏（如图7-25所示）选项功能如下。

参数
长度: 84.768mm
宽度: 132.45mm
高度: 42.384mm
圆角: 17.219mm
长度分段: 1
宽度分段: 1
高度分段: 1
圆角分段: 3
平滑
生成贴图坐标
真实世界贴图大小

图7-25

- 半径/高度：与圆柱体一样，在这里就不重复讲述了。
- 圆角：设置切角圆柱体的圆角半径，确定圆角的大小（数值越大圆角越大，当数值为0时，则为圆柱体了。
- 圆角分段：设置圆角的分段数，值越高，圆角越圆滑。

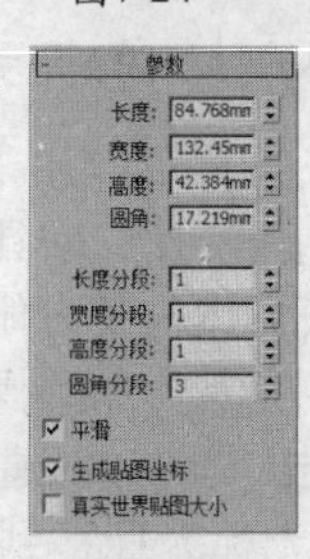

7.3.3 扩展基本体建模——制作沙发

场景路径：Scene\cha07\沙发.max	贴图路径：map\cha07\沙发
最终场景路径：Scene\cha07\沙发场景.max	视频路径：视频\cha07\制作沙发.mp4

沙发也是客厅或接待场所不可缺少的家具，它的造型相对来说复杂一些，制作的过程稍微烦琐。下面就用已经学过的切角长方体、切角圆柱体来制作一个沙发造型。在制作沙发时，重点要掌握（对齐）工具的使用。

制作沙发的操作如下。

01 单击“（创建）”|“（几何体）”|“扩展基本体”|“切角长方体”按钮，在顶视图中创建切角长方体作为沙发底架模型，在“参数”卷展栏中设置“长度”为550、“宽度”为1100、“高度”为200、“圆角”为6、“圆角分段”为3，如图7-26所示。

02 在前视图中使用移动复制法复制模型，作为沙发的坐垫模型，修改复制出模型参数，设置“高度”为110、“圆角”为30，在工具栏中单击（对齐）按钮，在弹出的对话框中选择“对齐位置”为“Y位置”、“当前对象”为“最小”、“目标对象”为“最大”，单击“确定”按钮，如图7-27所示。

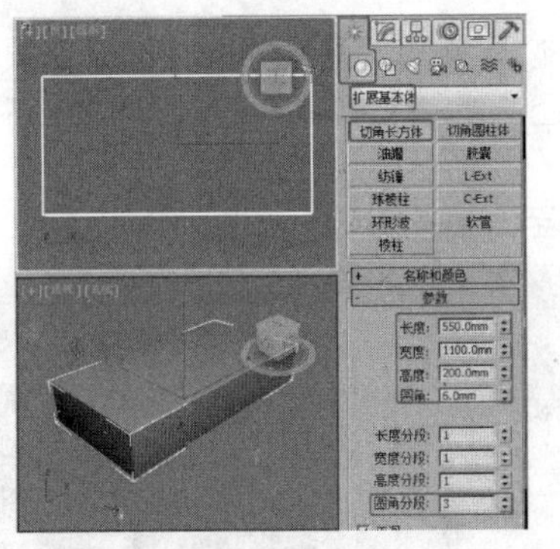

图7-26

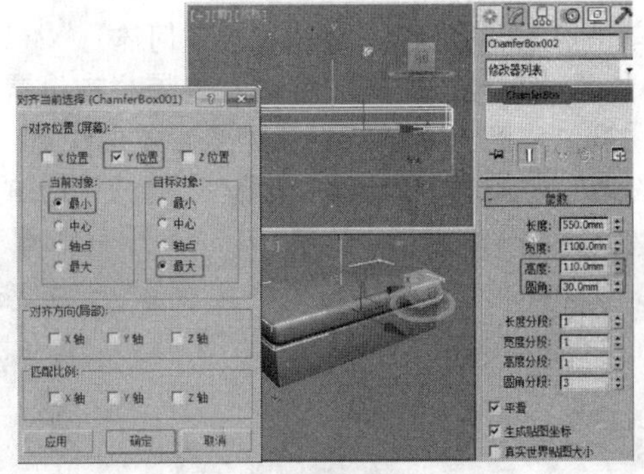

图7-27

03 在左视图中创建切角长方体作为沙发扶手模型，在“参数”卷展栏中设置“长度”为500、“宽度”为550、“高度”为120、“圆角”为15，调整模型至合适的位置，如图7-28所示。

04 在前视图中使用移动复制法复制扶手模型，在工具栏中单击（对齐）按钮，在弹出的对话框中选择“对齐位置”为“X位置”、“当前对象”为“最小”、“目标对象”为“最大”，单击“确定”按钮，如图7-29所示。

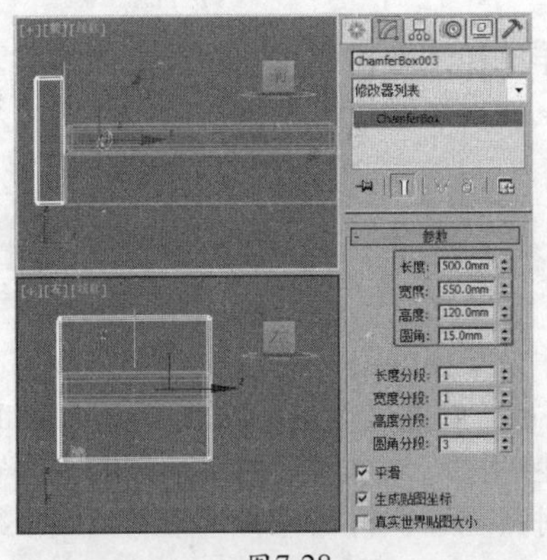

图7-28

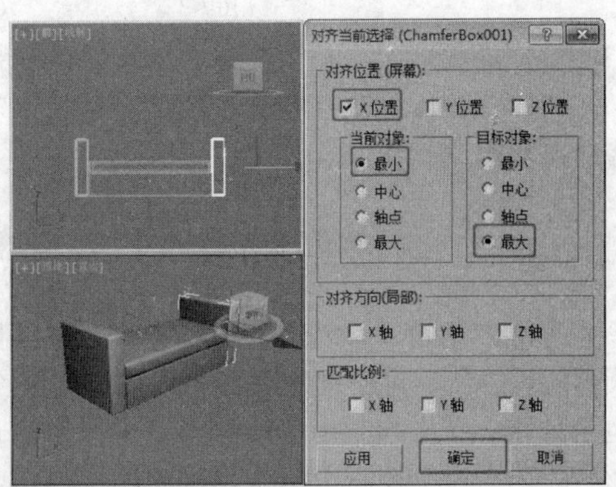

图7-29

05 选择沙发垫模型，按Ctrl+V快捷键复制模型作为沙发的靠背，修改复制出模型的参数，设置“圆角”为20。在工具栏中激活（角度捕捉切换），在左视图中使用（选择并旋转）工具调整模型角度，使用（选择并移动）工具调整模型至合适的位置，如图7-30所示。

06 单击“（创建）”|“（几何体）”|“扩展基本体”|“切角圆柱体”按钮，在顶视图中创建切角圆柱体作为底座，在“参数”卷展栏中设置“半径”为50、“高度”为15、“圆角”为5、“圆角分段”为3、“边数”为30，调整模型至合适的位置，如图7-31所示。

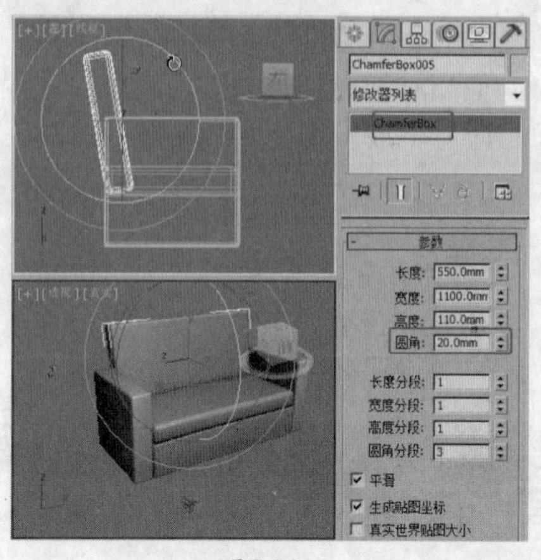

图7-30

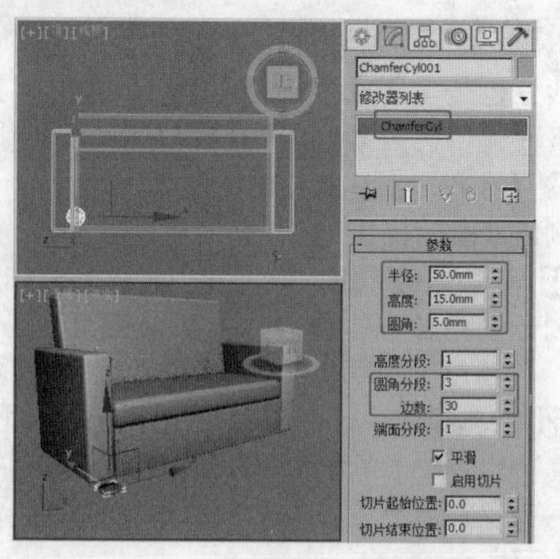

图7-31

07 单击“（创建）”|“（几何体）”|“标准基本体”|“圆柱体”按钮，在顶视图中创建圆柱体作为支柱模型，在“参数”卷展栏中设置“半径”为25、“高度”为80、“高度分段”为1，使用（对齐）工具调整模型至合适的位置，如图7-32所示。

08 复制沙发腿和沙发支柱模型，调整复制出的模型至合适的位置，如图7-33所示。

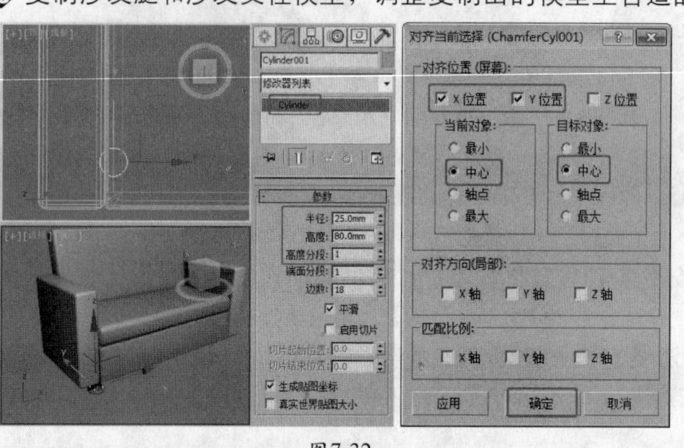

图7-32

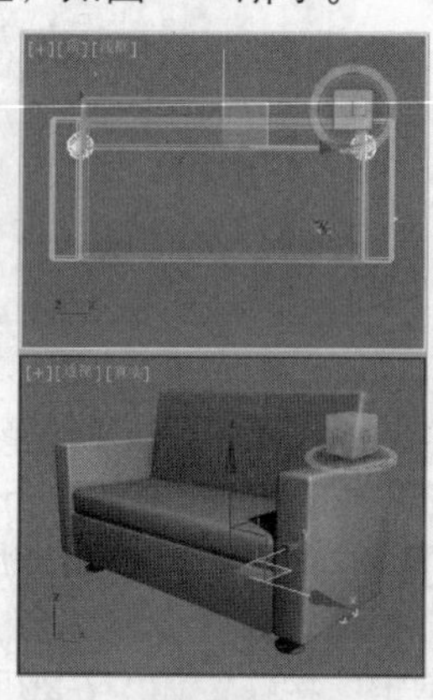

图7-33

至此“标准基本体”和“扩展基本体”的作用与操作已详细地讲述了。通过上面的学习可以看出，用这些几何体创建一些复杂的造型是远远不够的，如果想制作出精细的造型，就必须使用二维线形来制作。

7.4 二维线形的绘制与编辑

绘画是最常见的一种表达和交流方式，也是早期制作效果图的唯一方法。它主要是先在纸上画出大体的轮廓线，再根据建筑物所用材料及位置进行上色、修饰直至最终完成。正规的3ds Max建模也是如此，首先绘制出二维线形（类似于绘画中的轮廓线），再通过使用相应的修改器将二维线形转化为三维物体（类似于绘画中的上色），最后对其位置、材质进行调节（类似于绘画中的修饰），直至最终完成效果图。

综上所述可以看出，二维线形的绘制在制作效果图中是至关重要的，学好二维线形的绘制也是制作优秀效果图的关键，所以希望大家能认真阅读本节，早日掌握软件，将其应用于设计工作中。

二维线形在效果图制作的过程中是使用频率最高的，应该说标准基本体可以用来创建一些简单的三维造型，复杂一点的三维造型就需要二维线形来绘制了。但所绘制的线形毕竟是属于二维的，想要做出复杂造型，就必须对它们施加一些编辑命令，只有这样才可以得到计划中的三维造型。如图7-34所示的图形就是用二维线形绘制，再施加编辑命令得到的。总而言之，可以用二维线形来创建任何造型，在以后的学习中将会具体讲解如何应用编辑命令。

图7-34

3ds Max的二维线形有3类，分别是样条线、NURBS曲线和扩展样条线，三者都可以作为三维建模的基础工具，而在室内应用最多的是样条线。

"样条线"创建面板一般由7个不同的卷展栏组成，根据选择线形的不同，面板结构会发生变化。

选择 （创建）命令面板上的 （图形）选项卡，在"对象属性"卷展栏中列出了12种线形类型，分别是线、矩形、圆、椭圆、弧、圆环、多边形、星形、文本、螺旋线、卵形、截面，如图7-35所示。

样条线的12种二维线形按照生成步骤的多少分为以下3类。

- 第一类：拖动鼠标一次创建完成，包括矩形、圆、椭圆形、多边形、文本、截面。
- 第二类：拖动鼠标两次创建完成，包括线、弧、圆环、星形、卵形。
- 第三类：拖动鼠标三次创建完成，包括螺旋线。

注意 勾选"开始新图形"复选框后，创建的线形都是独立的。如果不勾选此选项，创建的线形是一体的。

在12种二维线形中，无论哪一种被激活，面板下的4种卷展栏都是相同的，分别是渲染、插值、创建方法、键盘输入，如图7-36所示。

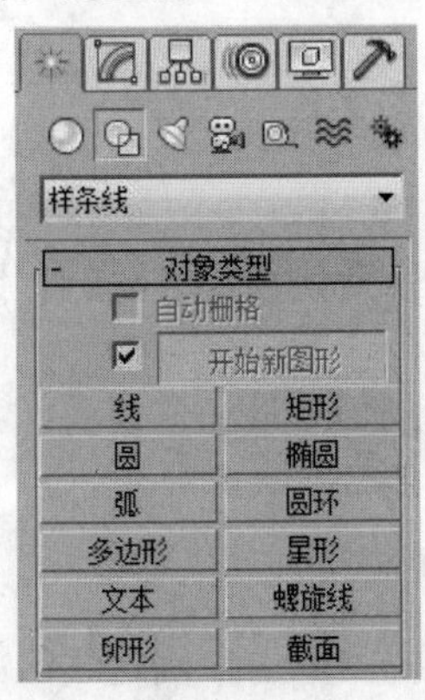

图7-35

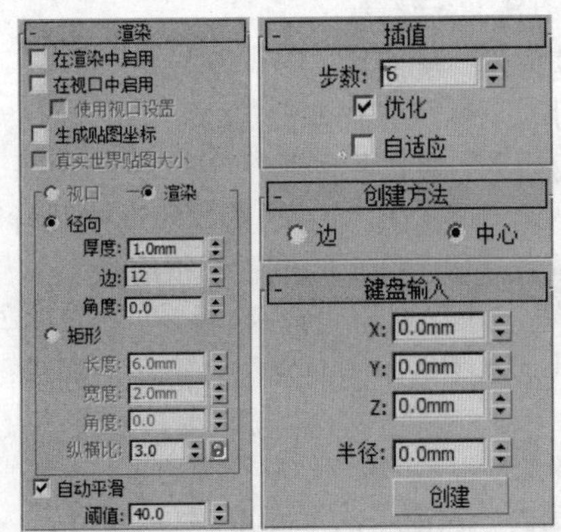

图7-36

1. "渲染"卷展栏

"渲染"卷展栏中可以开关线形的可渲染属性，并可以指定渲染时的粗细和贴图坐标。

- 在渲染中启用：启用该选项后，使用为渲染器设置的径向或矩形参数将图形渲染为3D网格。
- 在视口中启用：启用该选项后，使用为渲染器设置的径向或矩形参数将图形作为3D网格显示在视口中。

- 使用视口设置：当选择“在视口中启用”复选框时，此选项才可用。不选中此项，样条线在视口中的显示设置与渲染设置相同；选中此项，可以为样条线单独设置显示属性，通常用于提高显示速度。
- 生成贴图坐标：勾选该选项后，为可渲染的线形指定默认的贴图坐标。
- 径向：样条线渲染（或显示）截面为圆形（或多边形）的实体。
  - 厚度：用于设置视口或渲染中线的直径大小。
  - 边：设定可渲染线形剖面的边数。如果将该参数设定为4，得到一个正方形的剖面。
  - 角度：用于调整视口或渲染中线的横截面旋转的角度。
- 矩形：样条线渲染（或显示）截面为长方形的实体。
  - 长度/宽度：设置长方形截面的长度/宽度值。
  - 纵横比：长方形截面的长宽比值。此参数和“长”、“宽”参数值是联动的，改变长或宽值时，“纵横比”会自动更新；改变纵横比值时，长度值会自动更新。如果按下后面的（锁定）按钮，则保持纵横比不变，调整长或宽的值，另一个参数值会相应发生改变。

2.“插值”卷展栏

“插值”卷展栏用于设置样条线的“步数”，也就是样条线上两个顶点之间的短直线数量。步数越多，样条线越平滑。

- 步数：设置程序在每个顶点之间使用的分段的数量，默认参数为6。步数设置效果如图7-37所示。

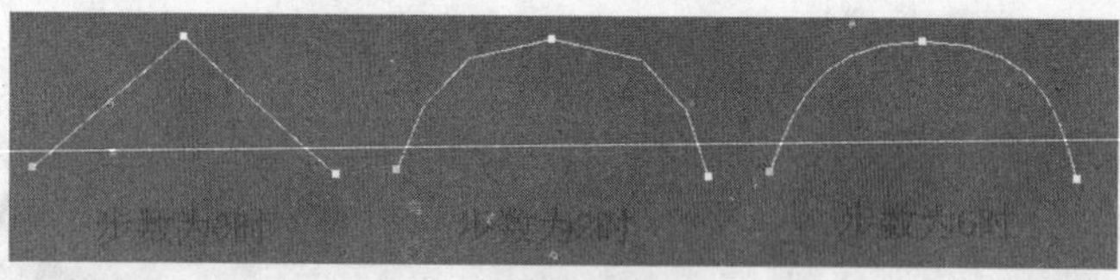

图7-37

- 优化：此选项默认为勾选，计算机会自动对图形进行检测，合理优化样条线步数数量的分配。曲线的圆滑程度靠步数来决定。
- 自适应：如勾选该选项，绘制的曲线会变得很圆滑，步数的多少就无法修改了，一切由计算机控制，会产生很多点面，增加场景的复杂程度，计算机运行就比较缓慢。一般情况不赞同勾选此选项。

3.“创建方法”卷展栏

控制以哪一种方式来创建线形。

4.“键盘输入”卷展栏

通过输入具体的数值来控制生成线形的尺寸和位置。通常不会使用此方法的，因它需要计算具体的坐标位置来确定图形的位置，很麻烦。

以上4项是二维线形的共有设置，包含的内容也完全一样，所以在此一并讲述。其他选项及参数会因二维线形类型的不同而变化，将在后面进行单独的讲述。

7.4.1 线

线的绘制需一次或多次来完成。单击“线”按钮，在任意视图单击来确定线的第一点，移动鼠标再次单击来确定线的第二点，单击右键结束，此时就绘制了一条线段。单击（修改）按钮，进入“修改”命令面板，如图7-38所示。

在二维图形中，线是比较特殊的一种，它没有可以编辑的参数。创建完线后就可以在“顶点”、“线段”、“样条线”等子对象层级中进行编辑。其中，它的顶点与顶点之间构成线段，线段与线段之间可构成样条线（独立的线形），这些造型全部被称为二维线形的子对象。下面就讲述它们的使用方法及用途。

1. 顶点

顶点在视图中显示为黄色或白色的，黄色的顶点是顶点中的初始顶点，这些顶点实际上相当于线的衔接点，当顶底处于选择状态时显示为红色。顶点有4种类型，分别是平滑、角点、Bezier（贝塞尔）、Bezier角点，如图7-39所示。

如果想改变顶点的类型，首先在选择集中激活“顶点”或在“选择”卷展栏中激活 （顶点）按钮，在视图中选择要修改的顶点，将光标放在顶点的上方，单击鼠标右键，弹出右键快捷菜单，就可以选择所需要的顶点类型，如图7-40所示。

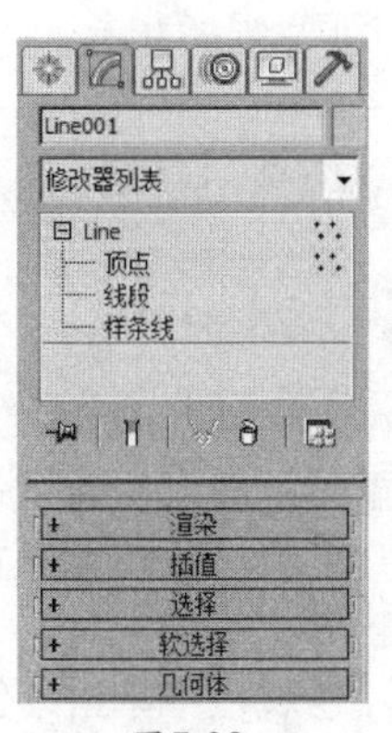

图7-38

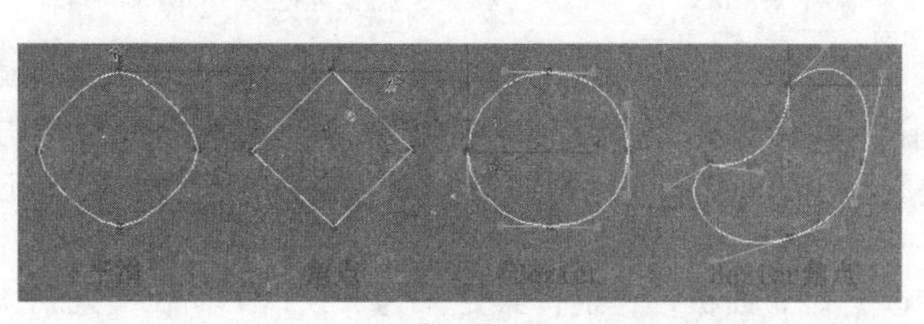

图7-39

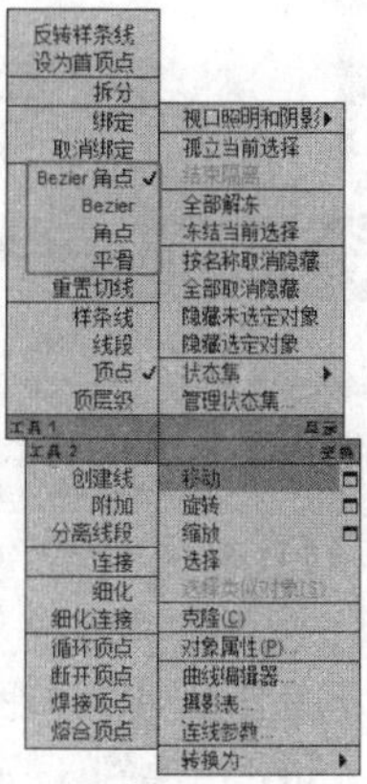

图7-40

通常想改变顶点的位置，就使用工具栏中的 （选择并移动）工具来调整。想精细调整，就必须使用“几何体”卷展栏中的选项了，其中“优化”、“圆角”、“切角”按钮经常用到。

- 优化：单击此按钮，可以在二维线形中插入顶点。在视图中线形的合适位置单击，就可以插入一个新的顶点。
- 圆角：单击此按钮，在视图有顶点的位置拖动鼠标，顶点的角将变为圆角。
- 切角：单击此按钮，在视图有顶点的位置拖动鼠标，顶点的角将变为倒直角。

2. 线段

线段是指复合线中两个顶点之中的线，可以是直线也可以是曲线。

在选择集中激活“线段”或在“选择”卷展栏中激活 （线段）按钮，可以使用工具栏中的 （选择并移动）工具来调整位置。在“几何体”卷展栏中有一个非常好用的“拆分”按钮。

- 拆分：在视图选择任意一条要划分的线段，然后在右侧的窗口中输入段数，再单击“拆分”按钮，就可以将选择的线段平均插入所输入的份数。

3. 样条线

样条线是指线形内部的一个独立线形。它有3种形态，分别是闭合曲线、非闭合曲线、复合曲线，如图7-41所示。

激活 （样条线）按钮，在“几何体”卷展栏中有几个经常用到的命令，分别是轮廓、布尔、镜像、修剪。

- 轮廓：可以使一个非闭合曲线变成一个闭合的线形，如图7-42所示。

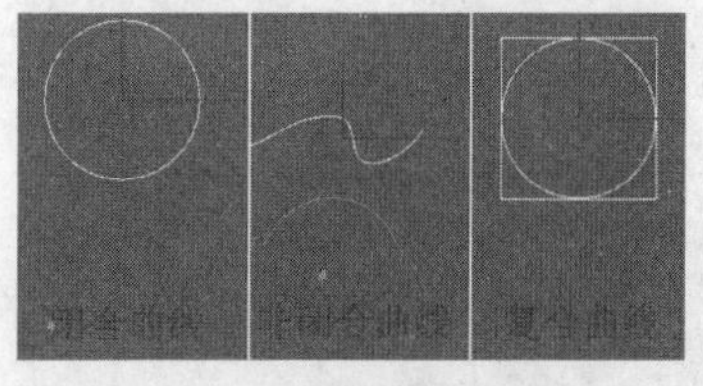

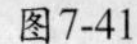

图7-41

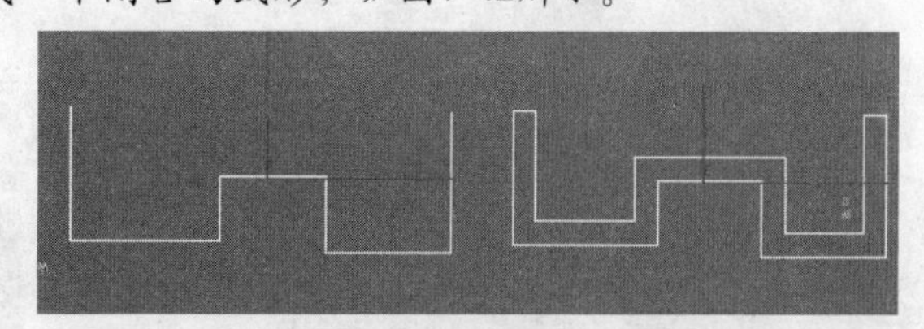

图7-42

- 布尔：可以在两个以上的线形之间进行并集、差集、相交计算，得到一个新的图形。其效果如图7-43所示。

注意 执行布尔运算必须具备3个条件：①凡是参加布尔运算的线形必须是封闭的；②凡是参加布尔运算的线形必须有重合的部分；③凡是参加布尔运算的线形必须连接为一体。

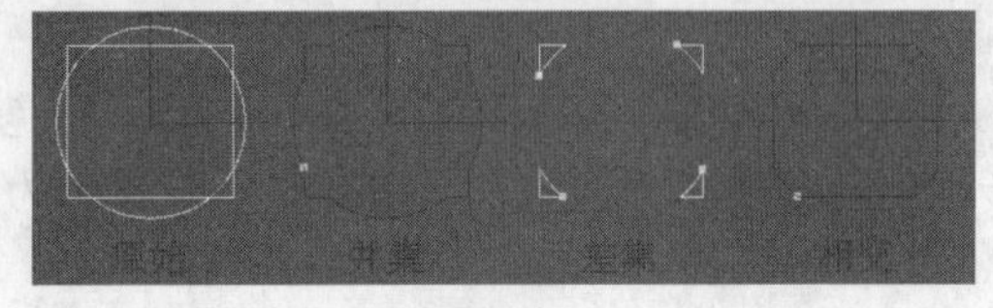

图7-43

- 镜像：是按照对称的方式使物体发生水平、垂直、水平垂直镜像。
- 修剪：可以将多余的样条线修剪掉。

注意 修剪后的图形，修剪处的顶点不是连接的，需要用到"焊接"命令将顶点两个顶点焊接为一个。

动手操作——制作文件架

场景路径：Scene\cha07\文件架.max	贴图路径：map\cha07\文件架
最终场景路径：Scene\cha07\文件架场景.max	视频路径：视频\cha07\制作文件架.mp4

01 单击"（创建）"|"（图形）"|"线"按钮，在前视图中单击鼠标左键以创建第一点，按住Shift键移动鼠标光标，单击鼠标左键以创建第二点，依次创建第三、四点，单击鼠标右键以完成创建，如图7-44所示。

02 切换到（修改）命令面板，将选择集定义为"顶点"，在"几何体"卷展栏中单击"优化"按钮，在前视图中依次在线上添加顶点，如图7-45所示。

03 按Ctrl+A快捷键全选顶点，单击鼠标右键，在弹出的快捷菜单中选择"Bezier角点"命令，在前视图中调整顶点，如图7-46所示。

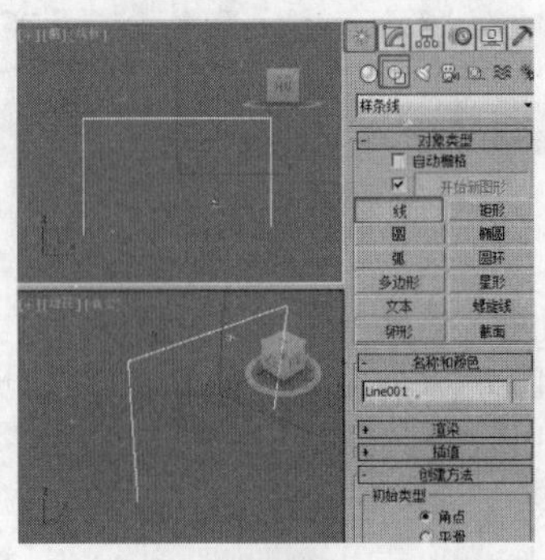

图7-44

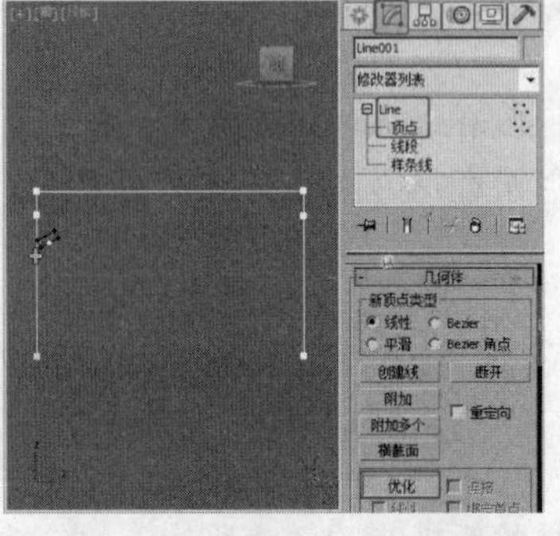

图7-45

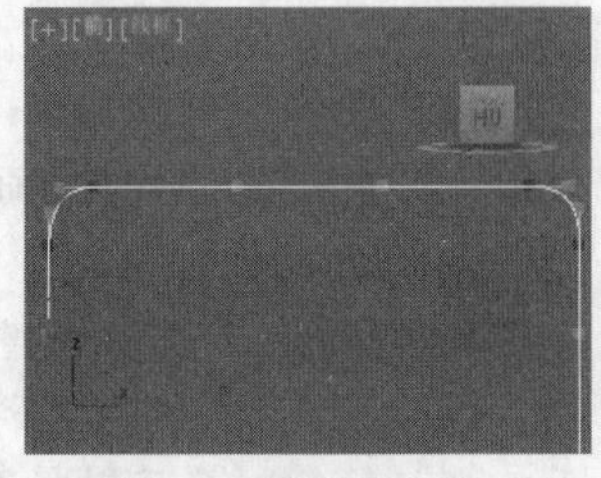

图7-46

04 使用移动复制法在左视图中以"实例"的方式复制模型，在"渲染"卷展栏中勾选"在渲染中启用"、"在视口中启用"选项，为"径向"设置合适的"厚度"，如图7-47所示。

05 在左视图中创建可渲染的样条线，为"径向"设置合适的"厚度"，调整模型至合适的位置，如图7-48所示。

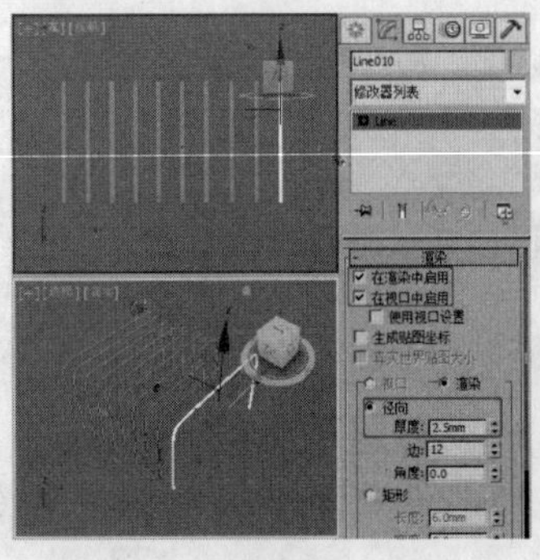

图7-47

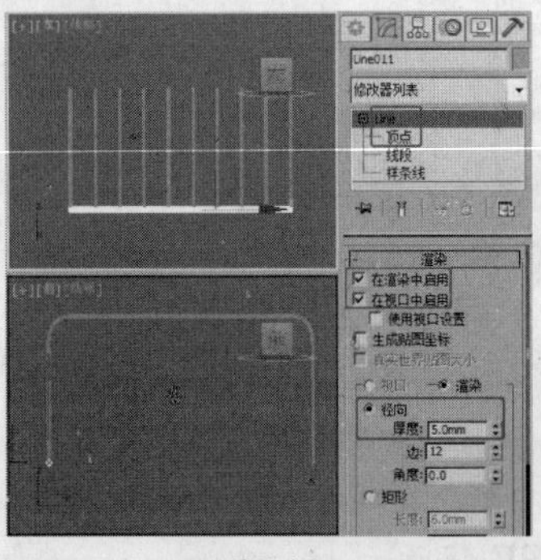

图7-48

06 复制Line011模型，调整复制出的模型至合适的位置，至此文件架模型制作完成，如图7-49所示。将创建的模型储存起来，文件命名为“文件架.max”。

图7-49

7.4.2 圆

圆可以用来绘制大小不同的各种圆形。在效果图制作过程中，主要用来制作圆形天花、圆形装饰及一些圆形铁艺造型。

创建圆形的操作如下。

01 单击“（创建）”|“（图形）”|“圆”按钮。

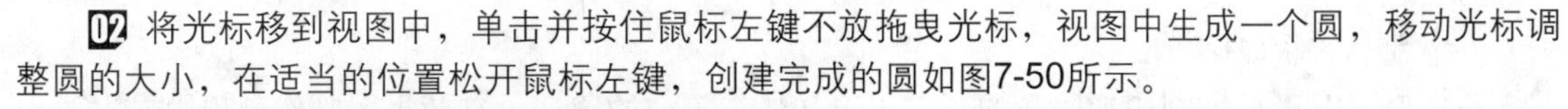

02 将光标移到视图中，单击并按住鼠标左键不放拖曳光标，视图中生成一个圆，移动光标调整圆的大小，在适当的位置松开鼠标左键，创建完成的圆如图7-50所示。

“参数”卷展栏（如图7-51所示）选项功能如下。

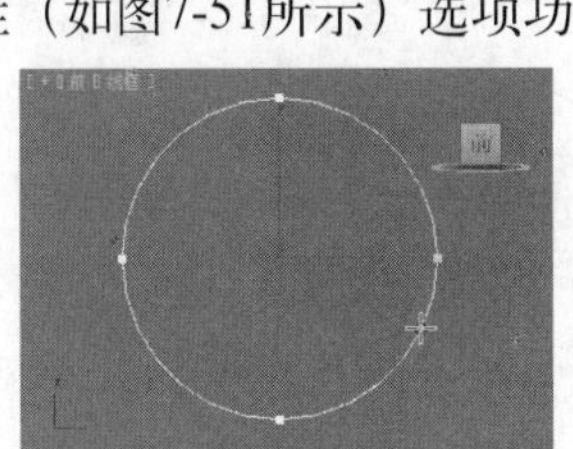

图7-50

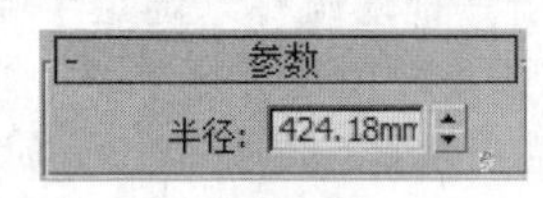

图7-51

- 半径：用来设置圆形的半径大小。

> **注意** “渲染”和“插值”卷展栏，所有二维线形都具备这两个参数，就不再做讲解了。

7.4.3 弧

弧可以用来绘制各种形态的圆弧及扇形。在效果图制作过程中，主要用来制作拱形门、弧形窗、带有圆弧形状的扶栏、铁艺造型。

创建弧的操作如下。

01 单击“（创建）”|“（图形）”|“弧”按钮。

02 将鼠标光标移到视图中，单击并按住鼠标左键不放拖曳光标，视图中生成一条直线，如图7-52所示。松开鼠标左键并移动光标，调整弧的大小，如图7-53所示。在适当的位置单击鼠标左键，弧创建完成，如图7-54所示。图中显示的是以“端点－端点－中央”方式创建的弧。

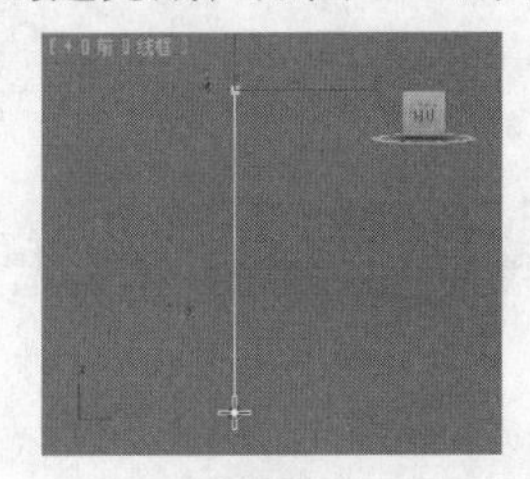

图7-52

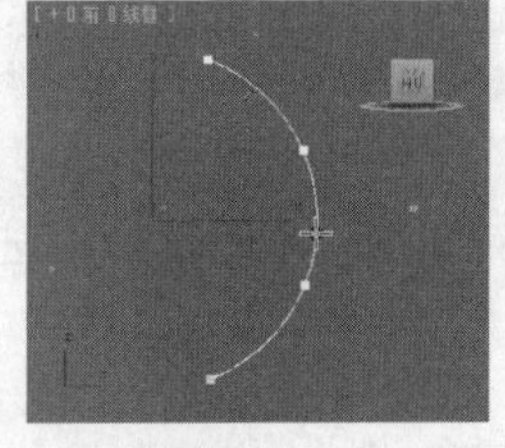

图7-53

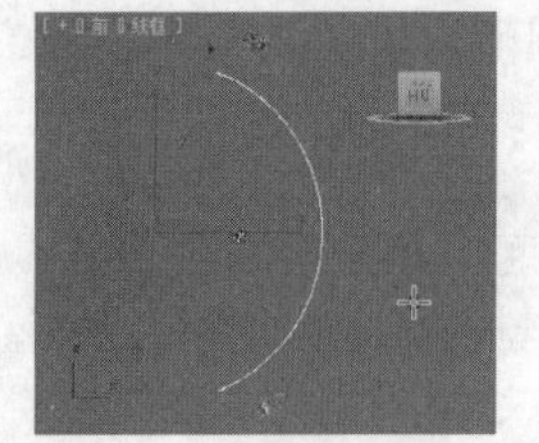

图7-54

“参数”卷展栏（如图7-55）选项功能如下。

- 半径：设置弧形所属圆形的半径。
- 从：设置弧形的起始角度（依据局部坐标系X轴）。
- 到：设置形的终止角度（依据局部坐标系X轴）。
- 饼形切片：勾选该选项产生封闭的扇形，如图7-56所示。
- 反转：用于反转弧形，即产生弧形所属圆周另一半的弧形。如果将样条线转换为可编辑样条线，可以在样条线次级结构层次选择此选项。

图7-55

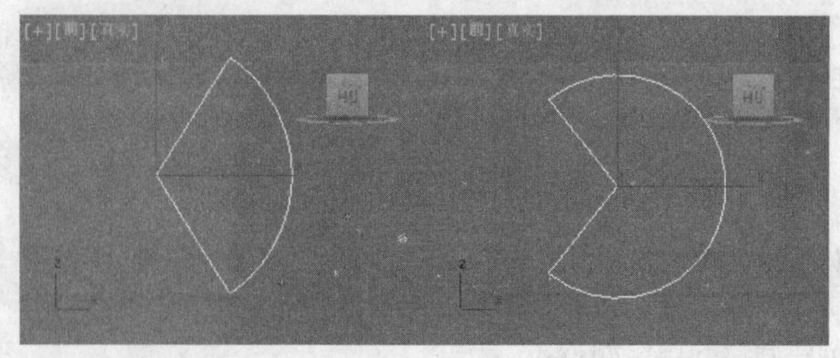
图7-56

7.4.4 多边形

多边形可以用来绘制任意边数的正多边形和任意等分的圆形。在效果图制作过程中，主要用来制作仿古窗棱及一些多边的造型。

创建多边形的操作如下。

01 单击“（创建）”|“（图形）”|“多边形”按钮。

02 在前视图单击并拖动鼠标来确定半径和边数，就可以创建一个多边形，需一次创建完成。创建完成的多边形如图7-57所示。

“参数”卷展栏（如图7-58所示）选项功能如下。

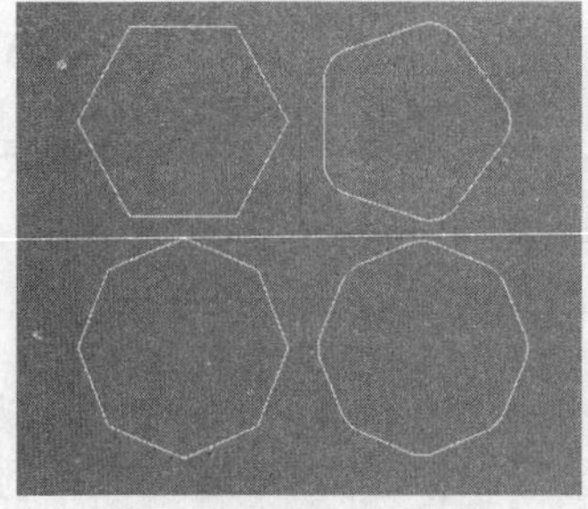
图7-57

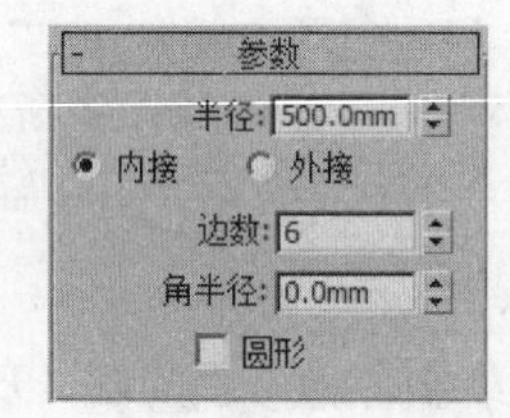

图7-58

- 半径：设置多边形半径的大小。
- 内接：系统默认为选中，设置多边形的中心点到角点的距离为内切于圆的半径。
- 外接：选中该选项，设置指多边形的中心点到任意边中点的距离为外切于圆的半径。
- 边数：设置多边形边的数量。取值范围是3～100，随着边数增多，多边形近似为圆形。
- 角半径：制作圆角多边形，设置圆角半径的大小。
- 圆形：选中该选项，多边形可变为圆形。

7.4.5 文本

文本可以用来绘制各种文本，并对字体、字距及行距进行调整。在效果图制作过程中，主要用来制作霓虹灯字及各种艺术字。

创建文本的操作如下

01 单击“（创建）”|“（图形）”|“文本”按钮。

02 在“参数”卷展栏的“文本”编辑框中输入所需要的文本，在视图单击就可以创建出文本，如图7-59所示。

“参数”卷展栏（如图7-60所示）选项功能如下。

- 字体列表：可以用来选择各种字体。
- 大小：设置文本的字号大小，默认为100mm。
- 字间矩：设置文本字符的间距。
- 行间距：设置多行文本的行间距。

- “文本”编辑框：用于输入和编辑文本，按Enter键可以换行。默认的文本内容是“MAX文本”，在编辑框中支持与系统剪贴板之间的复制、剪贴、粘贴操作。
- 更新：设置视图更新。单击该按钮，可以将文本编辑的结果在场景中进行显示更新，只有选中“手动更新”选项，该按钮才有效。
- 手动更新：勾选该选项后，采用单击“更新”按钮的方式，将文本编辑的结果在场景中进行显示更新；取消勾选该选项，场景会自动更新对文本对象的编辑。如果遇到比较复杂的文本对象或场景，会减慢屏幕刷新速度。

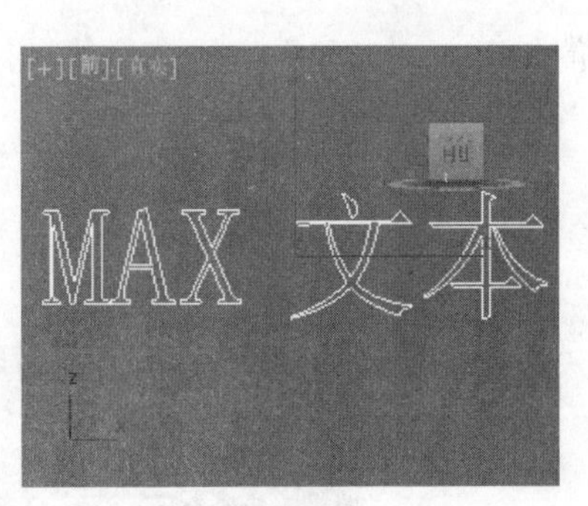

图7-59

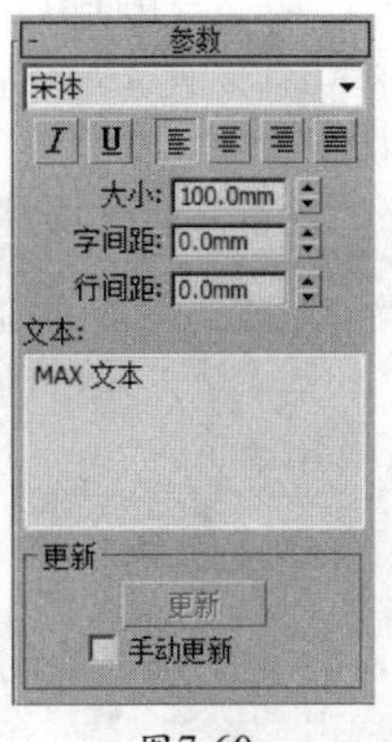

图7-60

7.4.6 卵形

卵形可以创建类似鸡蛋的样条线。在效果图制作过程中，主要用来制作鹅卵石、蛋类。

创建卵形的操作如下。

01 单击“（创建）”|“（图形）”|“卵形”按钮。

02 在视图中单击鼠标左键并垂直拖动以设定卵形的初始尺寸，水平拖动以更改卵形的方向（其角度），如图7-61所示。

> 注意
> 如果在创建卵形之前禁用了“轮廓”选项，那么到此即完成率卵形图形的创建。

03 释放鼠标左键，再次拖动以设定轮廓的初始位置，单击鼠标左键即完成了卵形的创建，如图7-62所示。

“参数”卷展栏（如图7-63所示）选项功能如下。

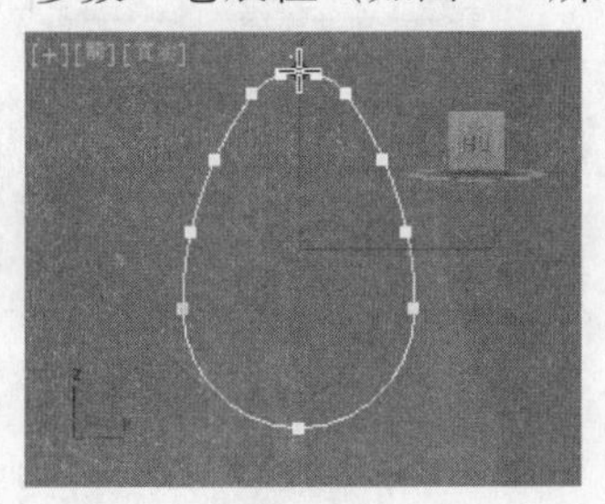
图7-61

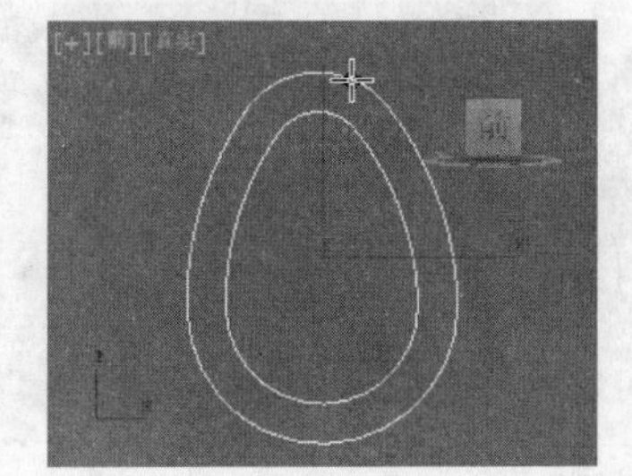
图7-62

图7-63

- 长度：设定卵形的长度（其长轴）。
- 宽度：设定卵形的宽度（其短轴）。
- 轮廓：启用后，会创建一个轮廓，这是与主图形分开的另外一个卵形图形。默认设置为启用。
- 厚度：启用“轮廓”后，设定主卵形图形与其轮廓之间的偏移。
- 角度：设定卵形的角度，即绕图形的局部Z轴的旋转。当角度为0.0时，卵形的长度是垂直的，较窄的一端在上。

7.4.7 矩形

矩形可以用来绘制各种形态的矩形及一些艺术造型。在效果图制作过程中，主要用来制作门框、窗框。

创建矩形的操作如下。

01 单击“ （创建）”|“ （图形）”|“矩形”按钮。

02 将鼠标光标移到视图中，单击并按住鼠标左键不放拖曳光标，视图中生成一个矩形，移动光标调整矩形大小，在适当的位置松开鼠标左键，矩形创建完成，如图7-64所示。创建矩形时按住Ctrl键，可以创建出正方形。

“参数”卷展栏（如图7-65所示）选项功能如下。

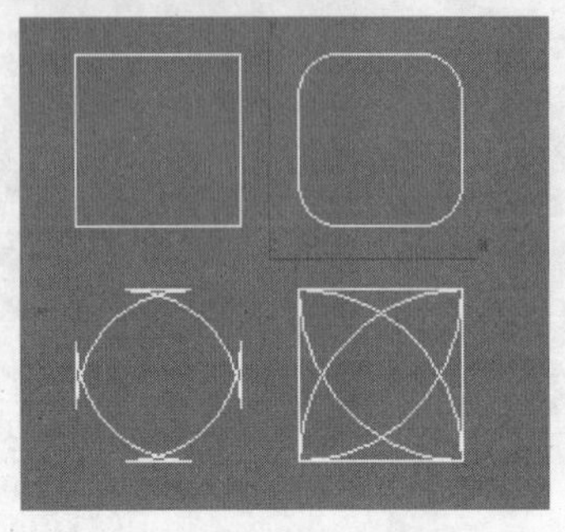

图7-64

图7-65

- 长度/宽度：设置矩形的长度与宽度。
- 角半径：设置矩形四边圆角半径。

7.4.8 星形

星形可以用来绘制各种形态的星形图案及齿轮。在效果图制作过程中，主要用来制作星状造型，如凉亭屋顶、五星等。

创建星形的操作如下。

01 单击“ （创建）”|“ （图形）”|“星形”按钮。

02 将鼠标光标移到视图中，单击并按住鼠标左键不放拖曳光标，视图中生成一个星形，如图7-66所示，松开鼠标左键并移动光标，调整星形的形态，在适当的位置单击鼠标左键，星形创建完成，如图7-67所示。

“参数”卷展栏（如图7-68所示）选项功能如下。

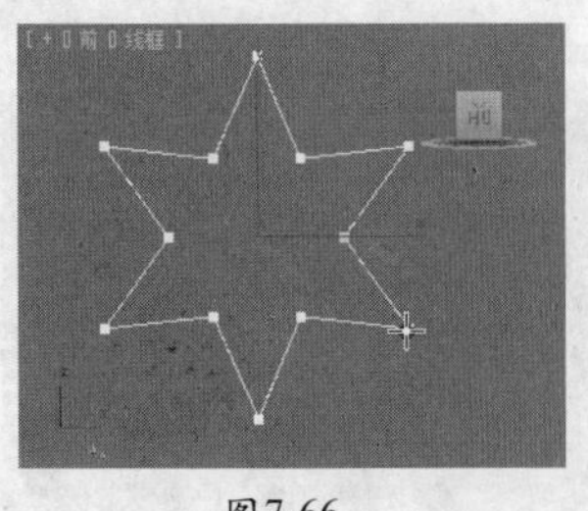

图7-66

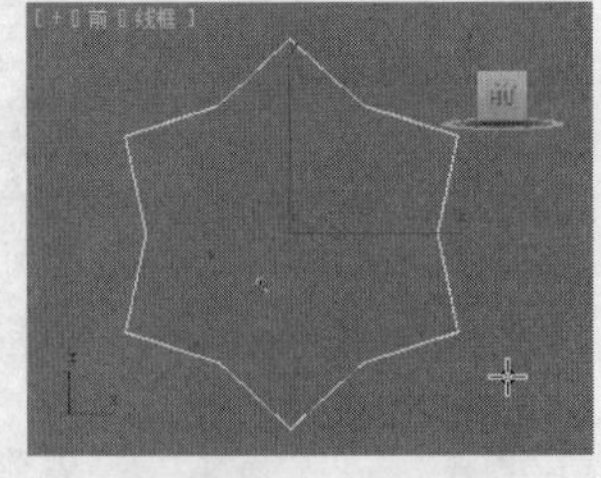

图7-67

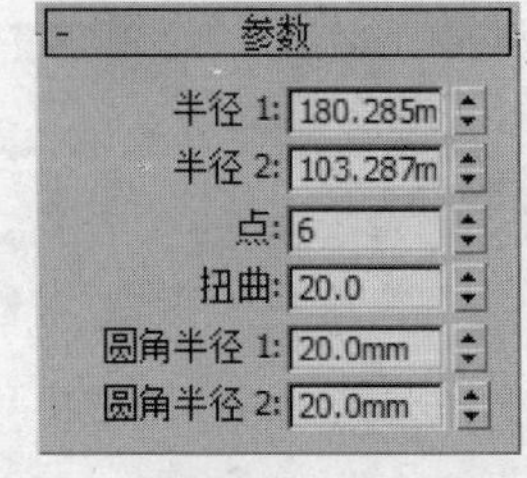

图7-68

- 半径1/半径2：用来设置星形的内、外半径。
- 点：设置星形的顶点数目，取值范围3～100，如图7-69所示。
- 扭曲：可以使外角与内角产生角度扭曲，围绕中心旋转外圆环的顶点，产生类似于锯齿状的形态，如图7-70所示。

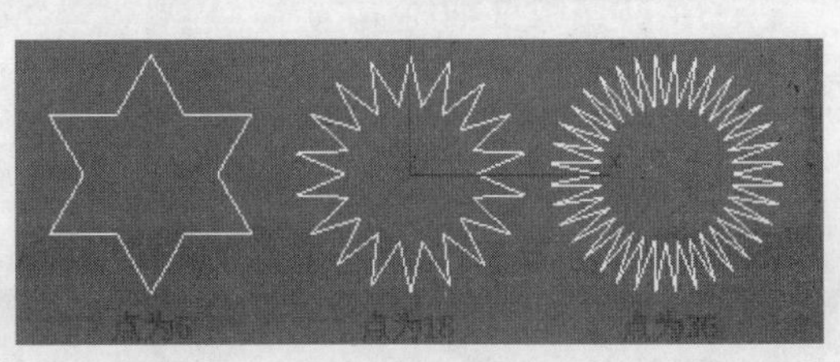

图7-69

- 圆角半径1/圆角半径2：设置星形内、外圆环上的倒圆半径的大小，如图7-71所示。

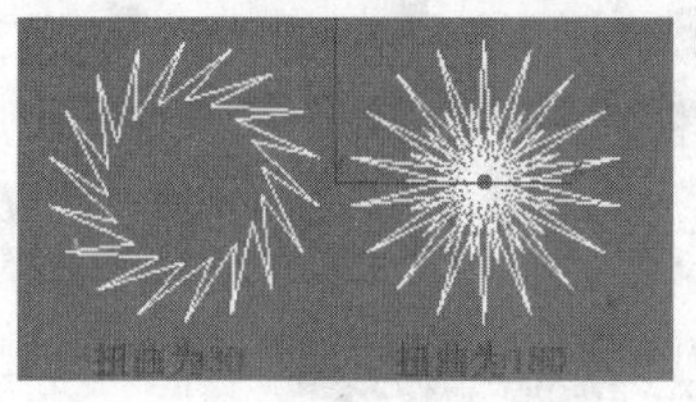

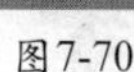
图7-70

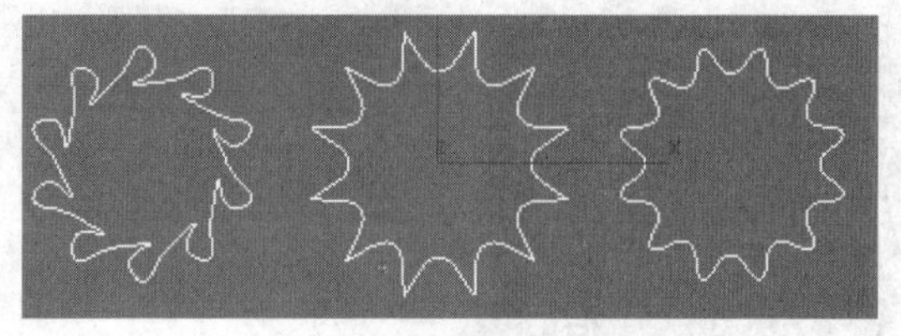
图7-71

7.4.9 螺旋线

螺旋线可以用来绘制各种形态的弧形及弹簧。在效果图制作过程中，主要用来制作灯具的吊杆、旋转楼梯扶手，也可以作为放样的路径或阵列的轨迹。

创建螺旋线的操作如下。

01 单击“（创建）”|“（图形）”|“螺旋线”按钮。

02 将光标移到视图中，单击并按住鼠标左键不放拖曳光标，确定它的半径1后释放鼠标左键，如图7-72所示。向上或向下移动并单击鼠标来确定它的高度，如图7-73所示。再向上或向下移动并单击鼠标来确定它的半径2，螺旋线创建完成，如图7-74所示。

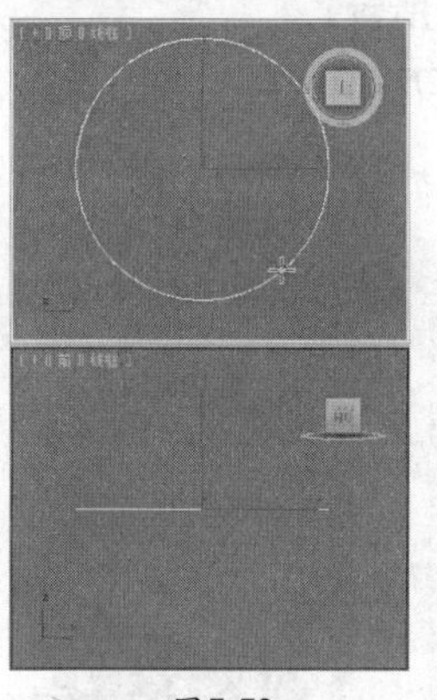
图7-72

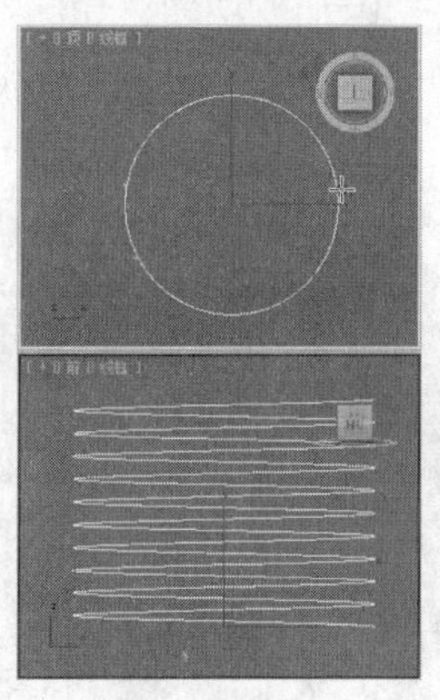
图7-73

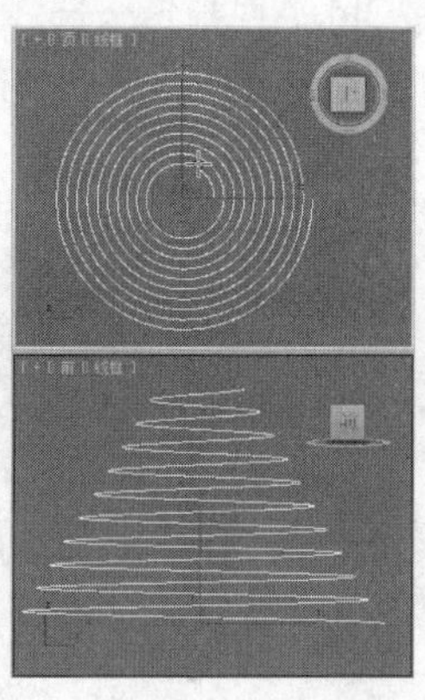
图7-74

“参数”卷展栏选项功能如下。

- 半径1/半径2：定义螺旋线开始圆环的内径和外径。
- 高度：设置螺旋线的高度。
- 圈数：设置螺旋线在起始圆环与结束圆环之间旋转的圈数。
- 偏移：设置螺旋的偏向。
- 顺时针/逆时针：设置螺旋线的旋转方向。

7.4.10 二维图形的编辑

在二维线形中，除了线有顶点、线段、样条线等子对象进行编辑外，其他的二维线形就不能那么随意编辑了，它们只能靠参数改变形态。如果将它们连接为一体或想像线那样方便自如的调整，有两种方法：一种方法是在修改器列表中施加“编辑样条线”修改器命令；另一种方法是将要修改的二维图形转换为“可编辑样条线”图形。

1. 方法1

01 首先在同一视图中创建几个图形，选择其中一个图形，切换到（修改）命令面板，在修改器列表中选择“编辑样条线”修改器，如图7-75所示。

> **注意** “编辑样条线”修改器的面板与“线”的修改面板基本相同，只是“渲染”和“插值”两个卷展栏不在“编辑样条线”面板中，而是在原始图形的面板中。

02 在“几何体”卷展栏中单击“附加多个”按钮，如图7-76所示。

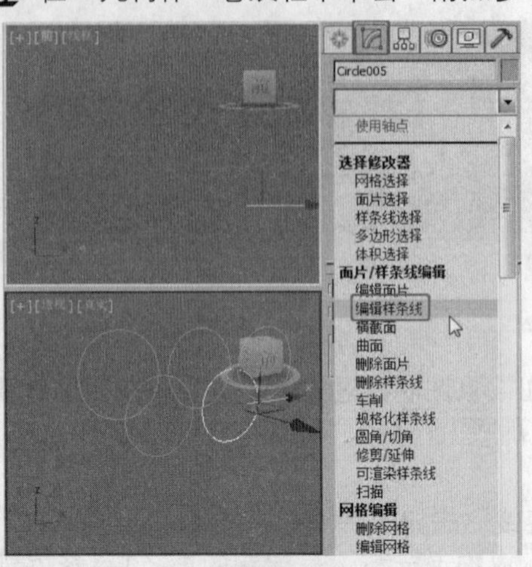

图7-75

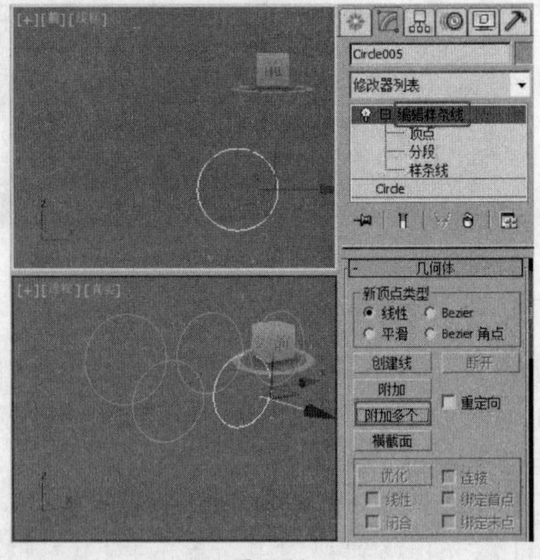

图7-76

03 弹出“附加多个”对话框，在列表中依次选择所有的图形（也可以根据创建图形的需要选择），或者按Ctrl+A快捷键全选，单击“附加”按钮，如图7-77所示。

04 此时原本独立的图形就附加为一个图形了，如图7-78所示。

2. 方法2

首先在视图中创建图形，然后将鼠标放在图形上单击右键，弹出右键快捷菜单，选择“转换为”|“转换为可编辑样条线”命令，如图7-79所示。

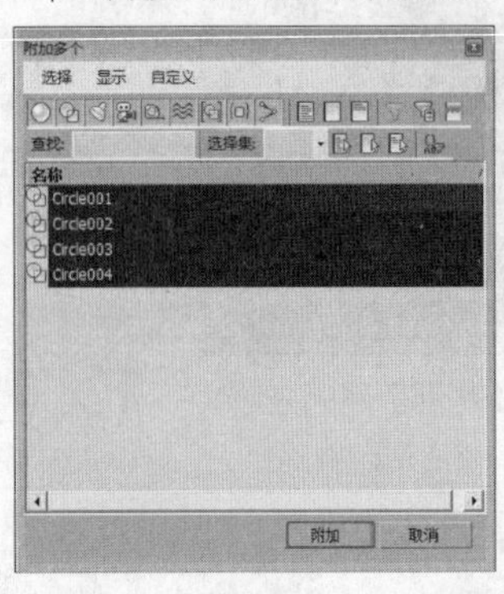

图7-77

图7-78

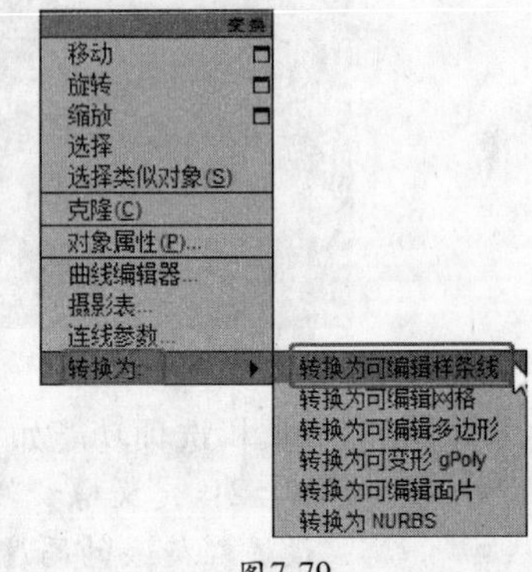

图7-79

此时的图形将变成“可编辑样条线”图形。可编辑样条线中的功能与线的功能是完全一样的，在这里就不重复讲述了。

7.5 用二维线形生成三维造型

在前面的章节中学习了二维线形的绘制和修改，但是这些只是一些简单的二维线形。要想利用二维线形来绘制复杂的造型，就必须给它施加适当的编辑修改命令，通过这些命令使二维线形生成三维物体，一步步绘制出复杂的结构造型。下面将学习“挤出”、“车削”、“倒角”、“倒角剖面”修改器命令，但之前先来学习一下修改器堆栈的用法。

7.5.1 修改器堆栈

堆栈是一个计算机术语，在3ds Max中被称为“修改器堆栈”，主要用来管理修改器。修改器堆栈可以理解为对各道加工工序所做的记录，修改器堆栈是场景物体的档案。它的功能主要包括3个方面：①堆栈记录物体从创建至被修改完毕这一全过程所经历的各项修改内容，包括创建参数、修改工具以及空间变型（但不包含操作移动、旋转、缩放）。②在记录的过程中，保持各项修改过程的顺序，即创建参数在最底层，其上是各修改工具，最顶层是空间变型。③堆栈不但按顺序忠实记录操作过程，而且可以随时返回其中的某一步骤进行重新设置。

- 子对象：子物体就是指构成物体的元素。对于不同类型的物体，子物体的划分也不同，如二维物体的子物体分为顶点、分段、样条线等，三维物体的子物体分为顶点、边、边界、多边形、元素等。
- 堆栈列表：堆栈列表位于修改面板的最上方，选择一个物体，单击（修改）按钮，此修改面板如图7-80所示，下端为修改工具栏，上端即为堆栈面板。

"修改器堆栈"中的工具按钮功能如下。

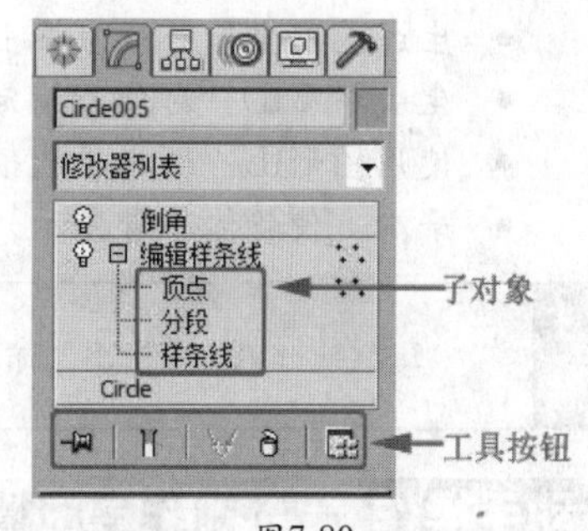

图7-80

- （锁定堆栈）：默认情况下，在对物体进行修改时，选择哪个物体，在堆栈中就会显示哪个物体的修改内容。当激活此项时，会把当前物体的堆栈内容固定在堆栈表内不做改变。
- （显示最终结果开/关切换）：激活该项，将显示场景物体的最终修改结果（做图时经常使用）。
- （使唯一）：激活该项，当前物体会断开与其他被修改物体的关联。
- （从堆栈中移出修改器）：从堆栈列表中删除所选择的修改命令。
- （配置修改器集）：单击此项会弹出修改器分类列表。

为了优化堆栈，在建模完毕后可以将物体的所有"记录"合并，此时场景物体将被转化为"可编辑网格物体"，这一过程就被称为塌陷。塌陷后，便无法通过创建参数对物体的长、宽、高进行控制，因为它的创建参数已在塌陷过程中消失。

上面讲了关于三维物体的创建及参数的修改，但是如果想让它的形体发生一些奇特的造型，那么必须给该物体施加修改命令。下面就来学习"挤出"修改器命令的使用。

7.5.2 "挤出"修改器

"挤出"修改器的作用是使二维物体沿着其局部坐标系的Z轴方向生长，给它增加一个厚度，还可以沿着挤出方向为其指定段数，如果二维线形是封闭的，可以指定挤出的物体是否有顶面和底面，如图7-81所示。

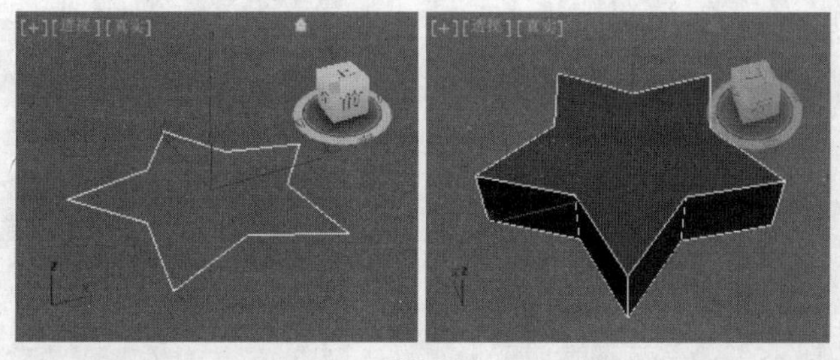
图7-81

1. 施加方法

首先在视图中创建一条封闭的线形或者创建一个其他二维线形，确认该线形处于被选状态，然后单击（修改）按钮，进入"修改"命令面板，在"修改器列表"中选择"挤出"修改器即可，"挤出"修改器的参数面板如图7-82所示。

2."参数"卷展栏

- 数量：设置挤出的数量的厚度。
- 分段：设置挤出厚度上的片段划分数。

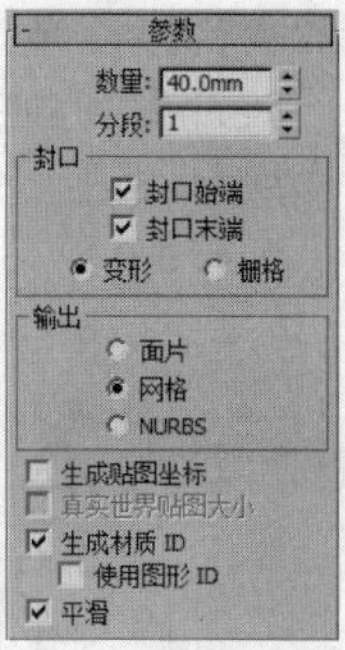

- 封口：设置挤出物体两端的有无。
  - 封口始端：在顶端加面封盖物体。
  - 封口末端：在底端加面封盖物体。
  - 变形：用于变形动画的制作，保证点面数恒定不变。
  - 栅格：对边界线进行重排列处理，以最精简的点面数来获取优秀的造型。
- 输出：用于设置输出线架的属性。
  - 面片：将挤出物体输出为面片模型，可以用“编辑面片”命令。
  - 网格：将挤出物体输出为网格模型，可以用“编辑网格”命令。
  - NURBS：将挤出物体输出为NURBS模型。
- 生成贴图坐标：可为挤出的物体指定贴图坐标。
- 生成材质ID：对顶盖指定ID号为1，对底盖指定ID号为2，对侧面指定ID号为3。
- 使用图形ID：选择该选项，将使用线形的材质ID。
- 平滑：使物体平滑显示。

图7-82

注意 二维线形执行“挤出”命令时，必须是封闭的，否则挤出完成后中间是空心的。

动手操作——制作房间墙体及窗户

场景路径：Scene\cha07\制作墙体及窗户.max	贴图路径：map\cha07\墙体及窗户
最终场景路径：Scene\cha07\制作墙体及窗户场景.max	视频路径：视频\cha07\制作墙体及窗户.mp4

制作墙体可用两种方法：第一种方法是比较专业的思路，就是将CAD平面图引入到3ds Max中直接执行“挤出”修改器命令。第二种方法比较随意，是直接在3ds Max中用线形及三维物体创建。下面就用第二种方法来制作墙体及窗框。

01 单击“ （创建）”|“ （图形）”|“矩形”按钮，先在前视图创建一个“长度”为1100、“宽度”为1500的矩形作为墙体。按Ctrl+V快捷键复制矩形作为窗口，设置复制出的矩形的“长度”为580、“宽度”为850，如图7-83所示。

02 选择其中的一个矩形，为其施加“编辑样条线”修改器，在“几何体”卷展栏中单击“附加”按钮，附加另一个矩形，如图7-84所示。

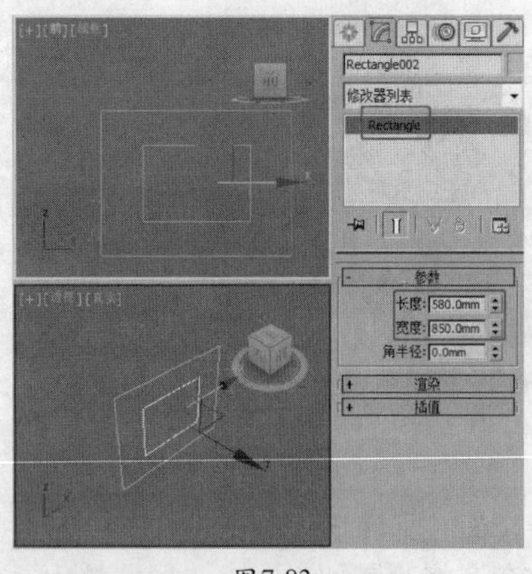

图7-83

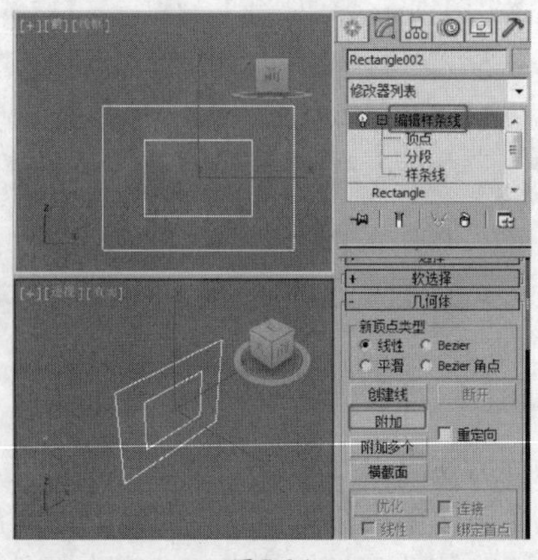

图7-84

03 为图形施加“挤出”修改器，在“参数”卷展栏中设置“数量”为120，墙体和窗口就制作完成了，如图7-85所示。

04 在工具栏中右击 （捕捉开关）按钮，在弹出的“栅格和捕捉设置”对话框中先单击“清除全部”按钮，再勾选“顶点”选项，如图7-86所示。然后关闭对话框。

注意

使用“捕捉开关”，是为了更准确快捷地创建图形或模型。

05 激活 （捕捉开关）按钮，单击“ （创建）”|“ （图形）”|“矩形”按钮，将鼠标光标移至需要创建图形的位置，此时，捕捉到的顶点位置会以黄色十字显示，创建如图7-87所示的矩形作为窗框模型，关闭 （捕捉开关）按钮。

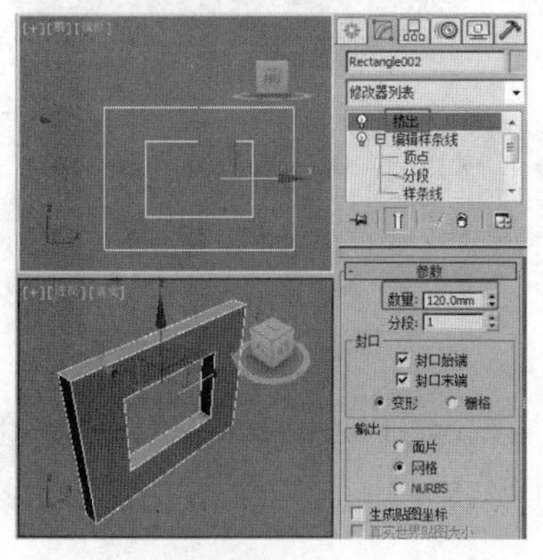

图7-85

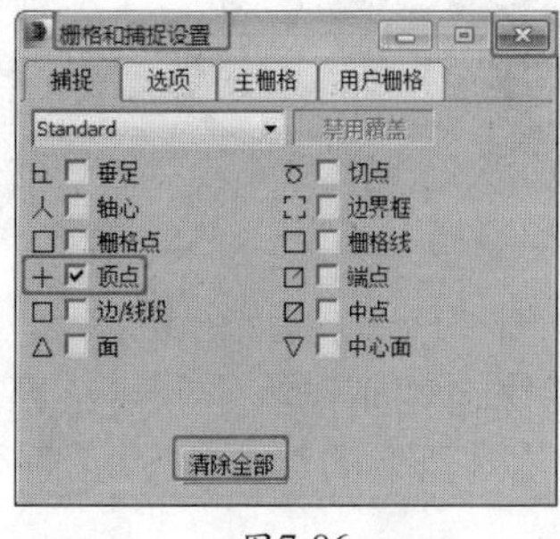

图7-86

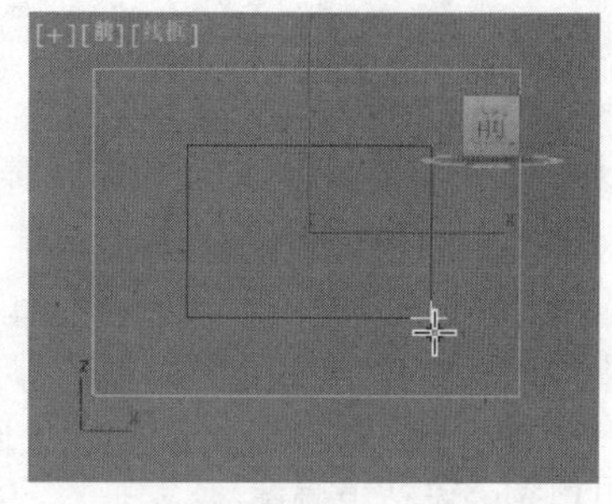

图7-87

06 为Rectangle003施加“编辑样条线”修改器，将选择集定义为“样条线”，在“几何体”卷展栏中单击“轮廓”按钮，在前视图中单击样条线并拖动鼠标设置轮廓，至合适的位置释放鼠标左键以完成轮廓的设置，如图7-88所示。

注意

也可以在“轮廓”按钮后设置数值，按Enter键确定轮廓。

07 继续在前视图中创建矩形，如图7-89所示。复制矩形，并将模型调整至合适的位置。

注意

在顶视图中调整位置时，必须要与之前的作为窗框的矩形在同一个水平位置。

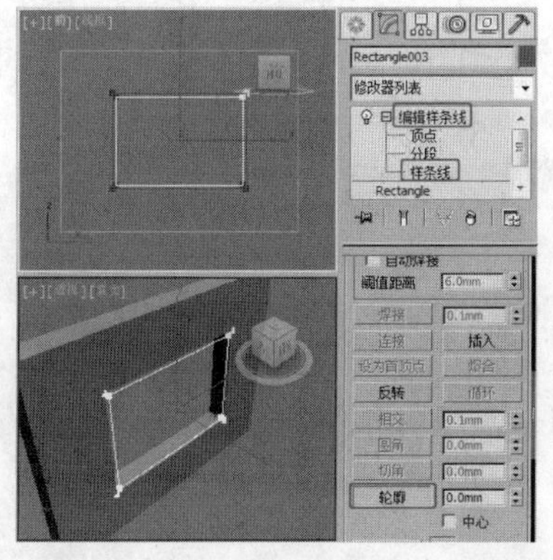

图7-88

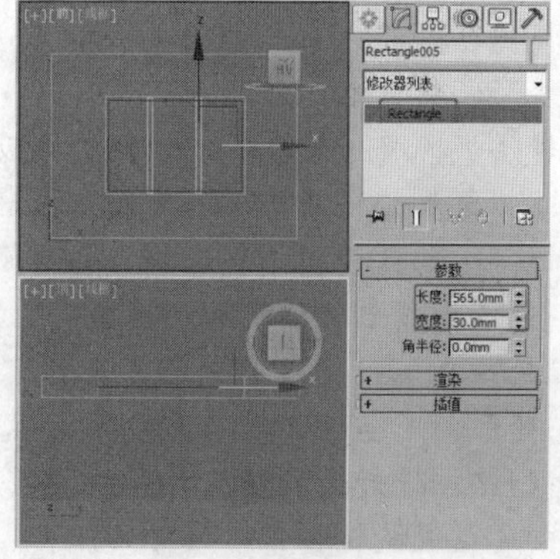

图7-89

08 为矩形施加“编辑样条线”修改器，将矩形附加到一起，如图7-90所示。

09 将选择集定义为“样条线”，在“几何体”卷展栏中单击“修剪”按钮，修剪相交多余的样条线。在视图中框选修剪后所得的顶点，单击“焊接”按钮；或直接勾选“自动焊接”选项，勾选该选项时，要设置合适的“阈值距离”，过大会与其他顶点连接，过小则没有作用，如图7-91所示。

提示

该步骤也可以直接用“布尔”的差集直接完成。

10 为图形施加“挤出”修改器，在“参数”卷展栏中设置“数量”为50，调整模型至合适的位置，如图7-92所示。

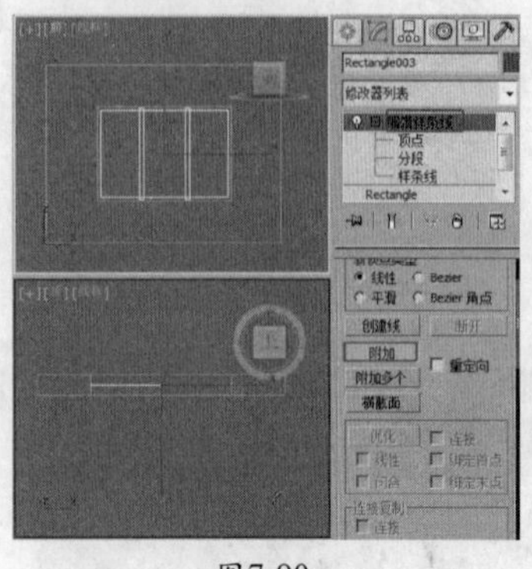

图7-90

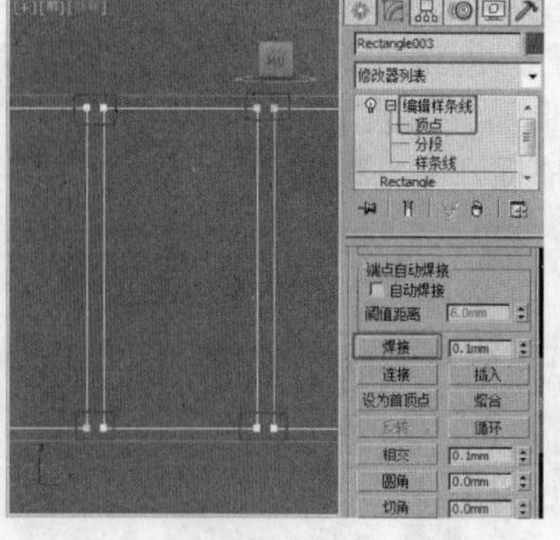

图7-91

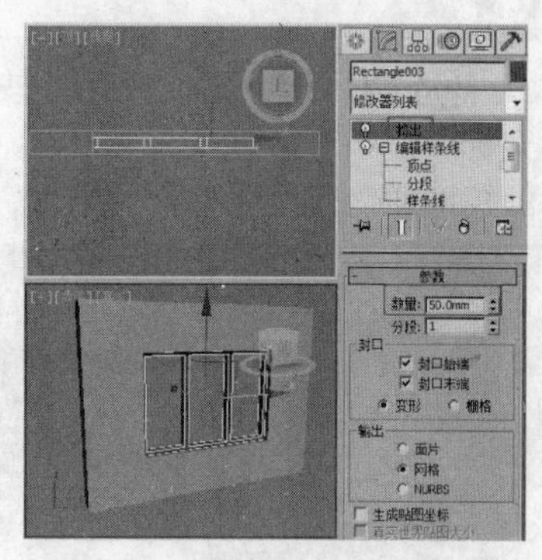

图7-92

11 将制作的模型保存，文件名为“墙体及窗框.max”。

用“挤出”修改器命令除了能快速地制作墙体外，还可以制作出很多造型，如装饰墙、楼梯、雕花等。应该说是制作效果图用到较多的一个命令。“挤出”修改器同样在制作室外效果图中用到的次数很频繁。

7.5.3 “车削”修改器

“车削”修改器命令可以将一个二维图形沿一个轴向旋转一周，从而生成一个旋转体。这是非常实用的模型工具，它常用来建立诸如高脚杯、装饰柱、花瓶及一些对称的旋转体模型。旋转的角度可以是0°~360°的任何数值。

1. 施加方法

首先在视图中绘制出要制作造型的剖面线，封闭或不封闭的线形都可以，但效果不一样。确认该线形处于被选状态，然后切换到（修改）命令面板，在“修改器列表”中选择“车削”修改器命令即可。“车削”修改器的“参数”卷展栏如图7-93所示。

2. “参数”卷展栏

- 度数：设置旋转成形的角度，360°为一个完整环形，小于360°为不完整的扇形。
- 焊接内核：将中心轴向上重合的点进行焊接精减，以得到结构相对简单的造型，如果要作为变形物体，不能将此项打开。
- 翻转法线：将造型表面的法线方向反向。
- 分段：设置旋转圆周上的片段划分数，值越高，造型越平滑。
- 封口：用于设置顶端和底端是否封闭。
  - 封口始端：将顶端加面覆盖。
  - 封口末端：将底端加面覆盖。
  - 变形：不进行面的精简计算，不能用于变形动画的制作。
  - 栅格：进行面的精简计算，不能用于变形动画的制作。
- 方向：设置旋转轴中心的方向。
  - X/Y/Z：单击不同的轴向，得到不同的效果。
- 对齐：设置线形与中心轴的对齐方式。
  - 最小：将曲线内边界与中心轴对齐。
  - 中心：将曲线中心与中心轴对齐。
  - 最大：将曲线外边界与中心轴对齐。
- 输出：用于设定输出线架造型的形式。
  - 面片：将旋转成形的物体转化为面片造型。
  - 网格：将旋转成形的物体转化为栅格造型。

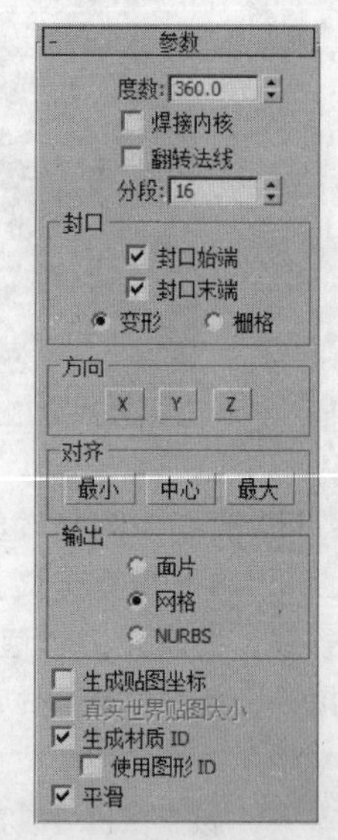

图7-93

- NURBS：将旋转成形的物体转化为NURBS曲面造型。
- 生成贴图坐标：可为旋转的物体指定内置式贴图坐标。
- 生成材质ID：为造型指定特殊的材质ID号，两端面指定为ID1、ID2，侧面指定为ID3。
- 使用图形ID：选择该选项，将使用线形的材质ID。
- 平滑：用于设置物体是否平滑显示。

动手操作——制作欧式台灯

场景路径：Scene\cha07\欧式台灯.max	贴图路径：map\cha07\欧式台灯
最终场景路径：Scene\cha07\欧式台灯场景.max	视频路径：视频\cha07\制作欧式台灯.mp4

熟练掌握二维线形的绘制和调整，是使用“车削”修改器的必要条件，因为只有二维线形创建完美了，车削出的三维模型才会美观、自然。完成的台灯造型模型效果如图7-94所示。

01 单击“（创建）”|“（图形）”|“线”按钮，在前视图中创建如图7-95所示的封口图形。

02 切换到（修改）命令面板，将线的选择集定义为“顶点”，使用“Bezier”、“Bezier角点”调整顶点，调整后的图形如图7-96所示。

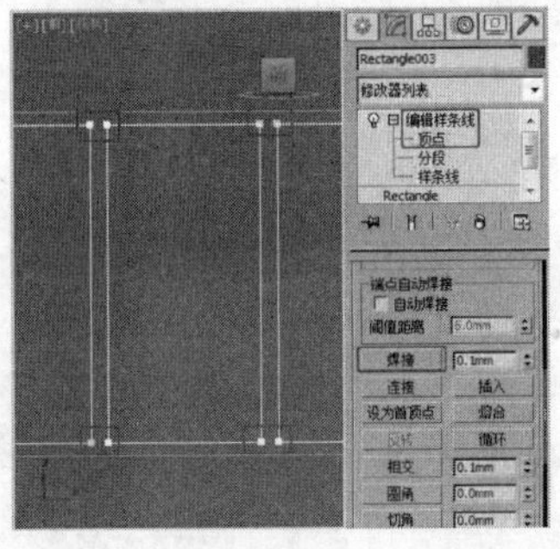
图7-94

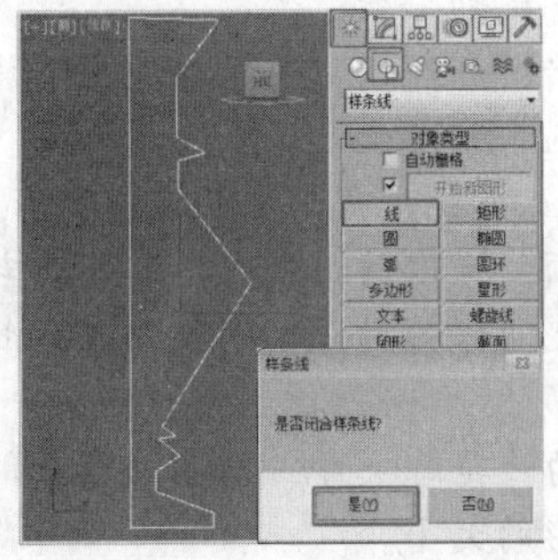
图7-95

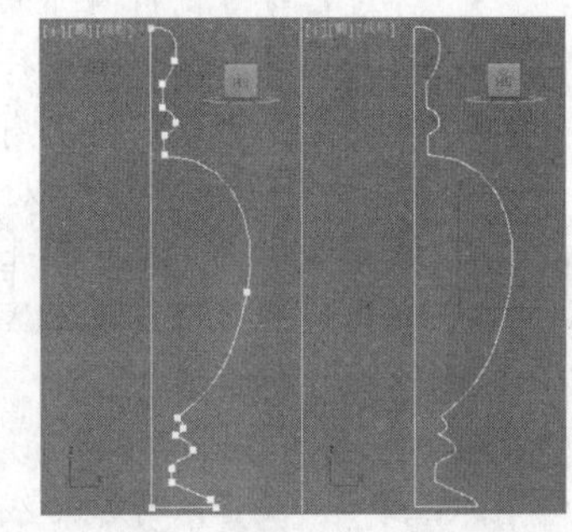
图7-96

03 为图形施加“车削”修改器，在“参数”卷展栏中勾选“焊接内核”选项，设置“分段”为32，选择“方向”为Y、“对齐”为“最小”，如图7-97所示。

04 在前视图中画一条斜线作为灯罩，切换到（修改）命令面板，将线的选择集定义为“样条线”，为线设置“轮廓”，如图7-98所示。

05 为图形施加“车削”修改器，在“参数”卷展栏中选择“方向”为Y、“对齐”为“最小”，将选择集定义为“轴”，在顶视图中调整轴和模型至合适的位置，如图7-99所示。

06 将制作的模型保存起来，文件名为“台灯造型.max”。

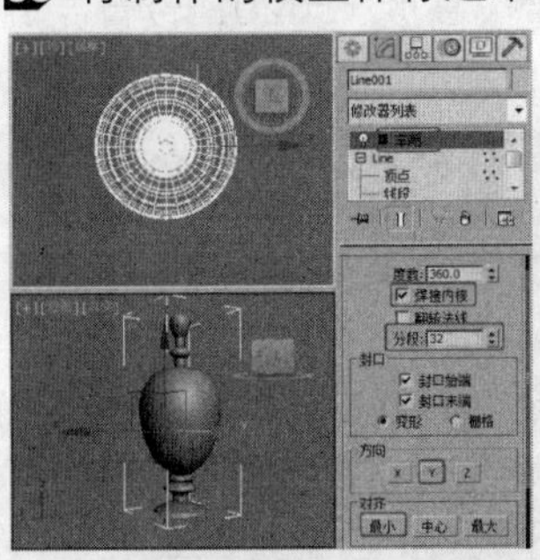
图7-97

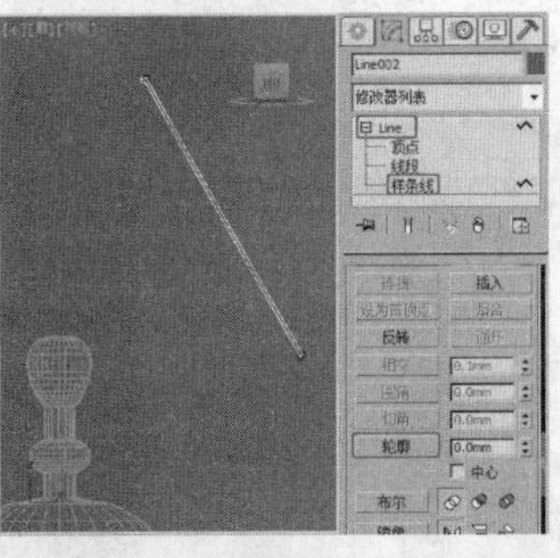
图7-98

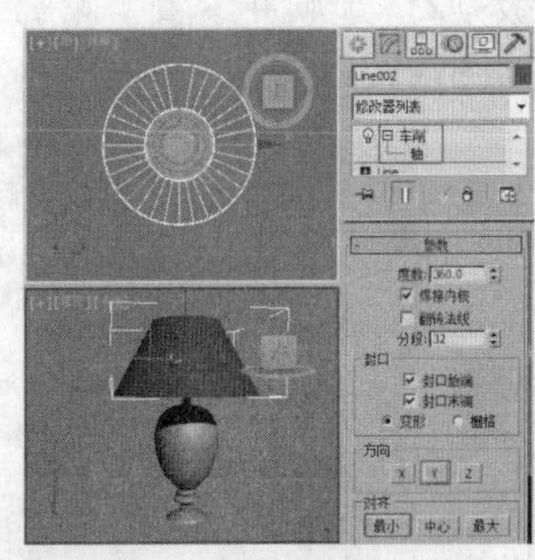
图7-99

7.5.4 “倒角”修改器

“倒角”修改器可以对线形造型增长一定的厚度形成立体造型，还可以使生成的立体造型产生一定的线形或圆形倒角。

1. 施加方法

首先在视图中绘制一条封闭的线形或者绘制一个其他的二维线形，确认该线形处于被选状态，然后切换至 （修改）命令面板，在“修改器列表”中选择“倒角”修改器命令即可。“倒角”修改器的参数面板如图7-100所示。

2. “参数”卷展栏

- 封口：对造型两端进行加盖控制，如果两端都加盖处理，则生成封闭实体。
  - 始端：将开始截面加盖。
  - 末端：将结束截面加盖。
- 封口类型：设置顶盖表面的构成类型。
  - 变形：不处理表面，以便进行变形操作，制作变形动画。
  - 栅格：进行表面栅格处理，它产生的渲染效果要优于变形方式。
- 曲面：控制侧面的曲率、平滑度以及指定贴图坐标。
  - 线性侧面：设置倒角内部片段划分为直线方式。
  - 曲线侧面：设置倒角内部片段划分为曲线方式。
  - 分段：设置倒角内部的片段划分数。
  - 级间平滑：对倒角进行平滑处理，但总保持顶盖不被平滑。
  - 生成贴图坐标：使用内置式贴图坐标。
- 相交：打开此选项，可以防止尖锐折角产生的突出变形。
  - 避免线相交：打开此选项，可以防止锐折角部位产生的突出变形。
  - 分离：设置两个边界线之间保持的距离间隔，以防止越界交叉。

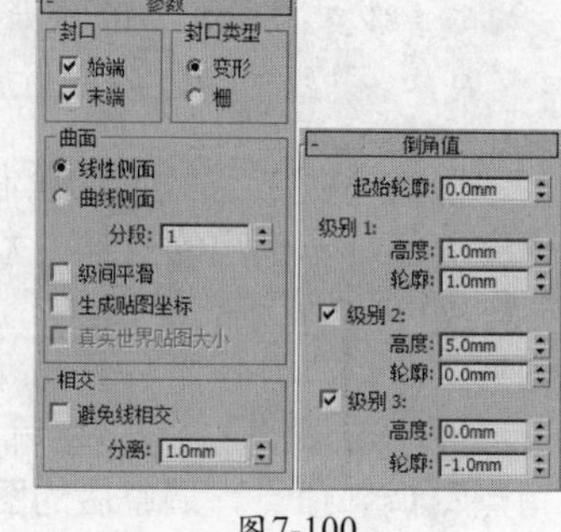

图7-100

3. “倒角值”卷展栏

- 起始轮廓：设置原始线形的外轮廓大小。如果大于0，外轮廓加粗；小于0，则外轮廓变细；等于0，将保持原始线形的大小。
- 级别1/级别2/级别3：分别设置3个级别的“高度”和“轮廓”大小。

动手操作——制作二级天花吊顶

01 在顶视图创建一个“长度”为1000、“宽度”为1000的矩形，再创建一个“半径”为300的圆，调整图形至合适的位置。为圆施加“编辑样条线”修改器，将矩形与其附加到一起，如图7-101所示。

02 为图形施加“倒角”修改器，在“倒角值”卷展栏中设置“级别1”的“高度”为20，勾选“级别2”选项并设置“轮廓”为30、勾选“级别3”选项并设置“高度”为20，设置完成后的形态如图7-102所示。

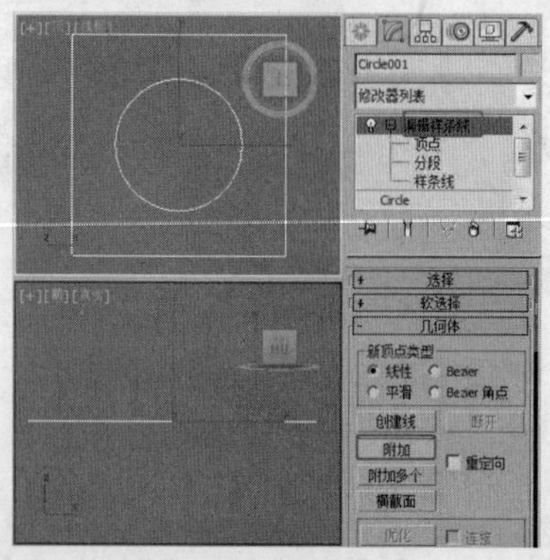

图7-101

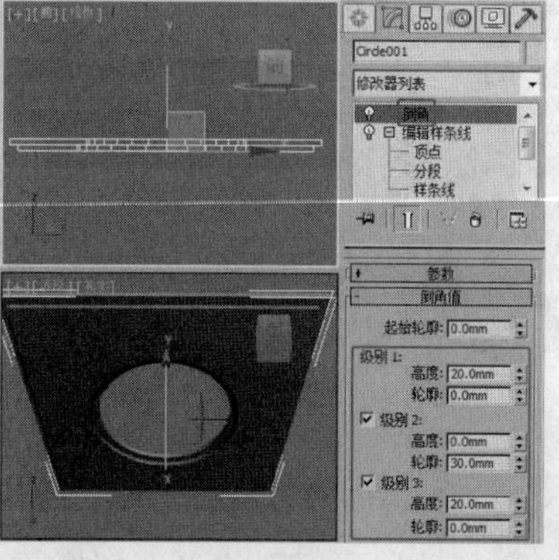

图7-102

03 将制作的模型保存起来，文件名为“二级天花吊顶.max”。

7.5.5 “倒角剖面”修改器

“倒角剖面”是从“倒角”工具中衍生出来的，它要求提供一个截面路径作为倒角的轮廓线，有些类似于下面要讲解的“放样”命令，但在制作完成后这条剖面线不能删除，否则斜切轮廓后的模型就会一起被删除。

1. 施加方法

首先在视图中创建两个图形，一条作为剖面，一条作为剖面的路径。选择该截面路径，然后切换到（修改）命令面板，在“修改器列表”中选择“倒角剖面”修改器命令，在“参数”卷展栏中单击“拾取剖面”按钮，然后在视图中拾取剖面，即可生成三维模型。参数面板如图7-103所示。

2.“参数”卷展栏

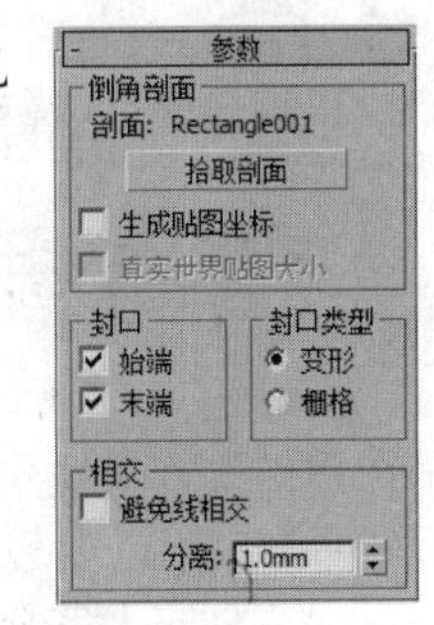

图7-103

- 倒角剖面：在为线形指定修改命令后，单击“拾取剖面”按钮，在视图中选取作为倒角剖面线的线形。
- 封口：设置两个底面是否加盖。
  - 始端：将开始端加盖。
  - 末端：将结束端加盖。
- 封口类型：设置顶盖表面的构成类型。
  - 变形：不处理表面，以便进行变形操作，制作变形动画。
  - 栅格：进行表面栅格处理，它产生的渲染效果要优于Morph方式。
- 相交：可以防止尖锐折角产生的突出变形。
  - 避免线相交：打开此选项，可以防止尖锐折角产生的突出变形。
  - 分离：设置两个边界线之间保持的距离间隔，以防止越界交叉。

动手操作——制作装饰画

场景路径：Scene\cha07\装饰画.max	贴图路径：map\cha07\装饰画
最终场景路径：Scene\cha07\装饰画场景.max	视频路径：视频\cha07\制作装饰画.mp4

01 单击“（创建）”|“（图形）”|“线”按钮，在顶视图中创建如图7-104所示的图形作为剖面。

02 单击“（创建）”|“（图形）”|“矩形”按钮，在前视图中创建矩形作为路径，设置合适的参数，如图7-105所示。

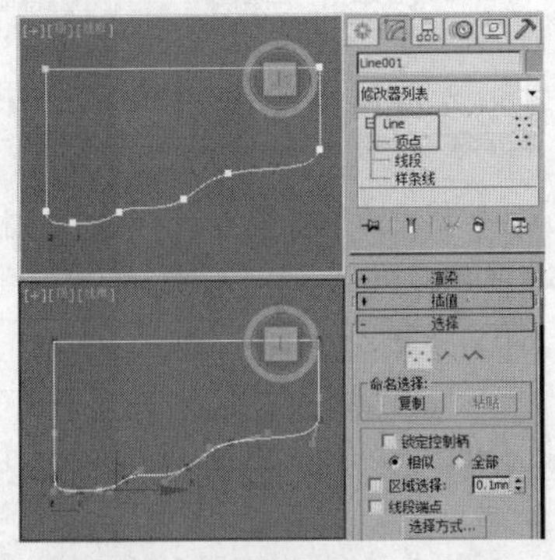
图7-104

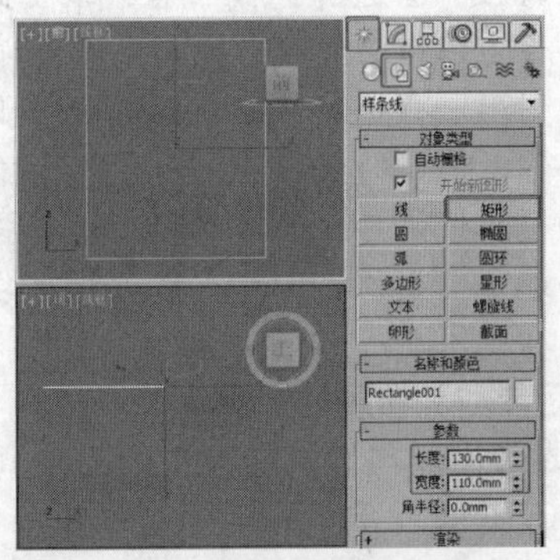
图7-105

03 为矩形施加“倒角剖面”修改器，在“参数”卷展栏中单击“拾取剖面”按钮，在场景中拾取作为剖面的图形，如图7-106所示。

04 在前视图中创建长方体作为底板模型，设置合适的参数，调整模型至合适的位置，如图7-107所示。

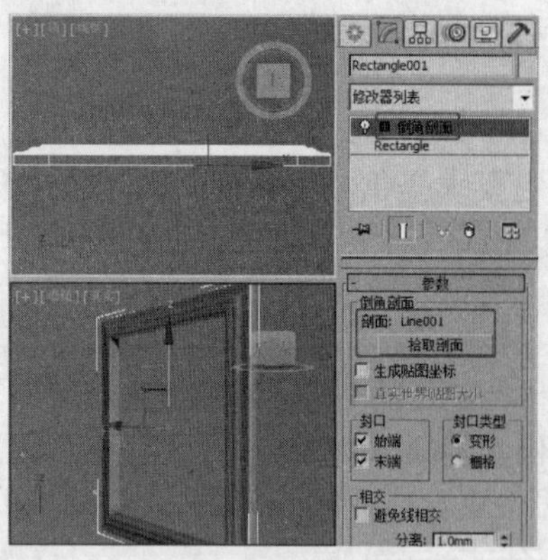

图7-106

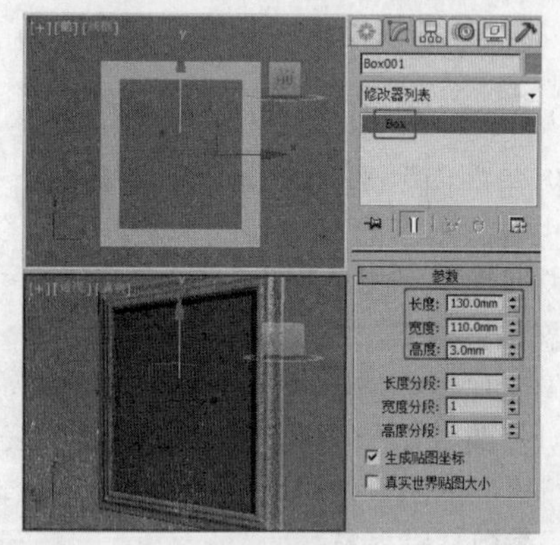

图7-107

05 将制作的模型保存起来，文件命名为“装饰画.max”。

7.6 使用放样命令生成复杂造型

放样是3ds Max最强大的将二维转化为三维复杂造型的命令。用二维线形如何生成三维物体呢？想必大家对这句问话已经不再陌生，也许有的读者会脱口说出使用“挤出”、“车削”等一系列命令。不过要想创建一些形体更为复杂的物体，恐怕这些修改命令就无能为力了。

本节将向大家介绍放样命令，它是在制作效果图时常用的一种创建造型方法，在造型制作上有着很大的灵活性，利用它可以制作窗帘、桌布、天花角线等造型，可以创建各种特殊形态的造型。不仅如此，3ds Max系统还为放样物体提供了强大的修改编辑功能，可以更加灵活地控制放样物体的形态。但是放样自身也有一些弱点，步骤相对烦琐，做图的精确度很难控制。除了这些，用放样制作的造型面数相对较多，这也是应该注意的问题。

在命令面板中单击“（创建）”|“（几何体）”按钮，在（几何体）选项卡中，单击“标准基本体”，在弹出的下拉列表中选择“复合对象”选项，出现“复合对象”创建面板，然后单击“放样”按钮，可以看到它的参数面板。“放样”作为一个功能强大的创建命令，其命令面板内容繁多，包括“创建方法”、“曲面参数”、“路径参数”、“蒙皮参数”4个卷展栏。

1. “创建方法”卷展栏

“创建方法”卷展栏的参数选项确定放样造型的创建方法，以及放样造型与截面、路径的关系，如图7-108所示。

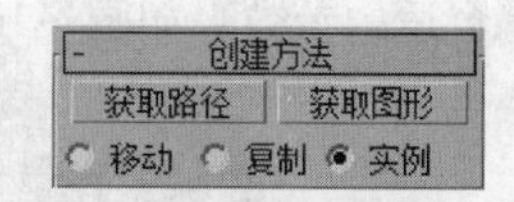

图7-108

- 获取路径：当选择完截面后，单击此按钮，就可以在视图中选择将要作为路径的线形，从而完成放样的过程。
- 获取图形：当选择完路径后，单击此按钮，就可以在视图中选择将要作为截面的线形，从而完成放样的过程。
- 移动/复制/实例：确定路径、截面与放样产生的造型之间的关系，一般使用默认的“实例”选项。用“实例”生成放样对象后，可以通过修改生成放样对象的样条线来方便地修改放样对象。

2. “曲面参数”卷展栏

“曲面参数”卷展栏的参数主要用来调整放样造型表面的类型、平滑方式及程度、贴图坐标等，如图7-109所示。

- 平滑长度：在路径方向上平滑放样表面。当路径曲线或路径上的图形更改大小时，这类平滑非常有用。
- 平滑宽度：在截面圆周方向上平滑放样表面。当图形更改顶点数或更改外形时，这类平滑非常有用。
- 应用贴图：启用和禁用放样贴图坐标。必须启用“应用贴图”才能访问其余的项目。

- 长度重复：设置贴图在放样对象路径方向上的重复次数。贴图的底部放置在路径的第一个顶点处。
- 宽度重复：设置贴图在放样对象截面圆周方向的重复次数。贴图的左边缘将与每个图形的第一个顶点对齐。
- 规格化：决定顶点的间距是否影响长度方向上以及截面圆周向上的贴图。选中该复选框，顶点对贴图没有影响，贴图将在长度与截面圆周向上均匀分布；当未选中该复选框时，放样路径的分段和放样截面的顶点都将影响贴图坐标。贴图坐标及其重复次数都将与放样路径的分段间隔和放样截面的顶点间距成正比例。

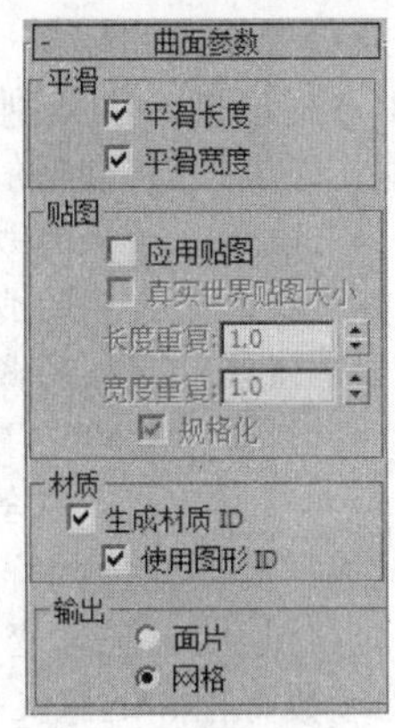

图7-109

3. **“路径参数”卷展栏**

“放样”就是在路径上排列截面从而产生几何体。对于放样造型来说，一个点上只有一个截面，因此在放样过程中一个路径点上只能获取一个截面；但是一条路径上有无数个点，因此，放样造型可以获取无数个截面。

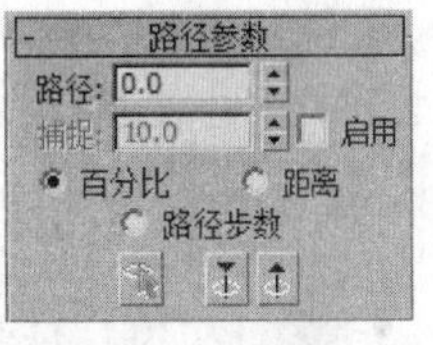

图7-110

“路径参数”卷展栏的参数确定路径上不同的位置点，如图7-110所示。

- 路径：通过此项来改变截面在路径上的位置，具体的参数含义由“百分比”、“距离”、“路径步数”来决定。
- 捕捉：设置捕捉的单位变量，若选择为20，然后勾选“启用”复选框，则路径参数栏的数值将以20为单位进行变化。
- 百分比：激活此项，则“路径”参数中将以百分率的形式表示当前路径。
- 距离：选中此项，“路径”参数将以实际距离来表示当前路径。
- 路径步数：以路径样条线上的步数来表示当前路径位置。
- （拾取图形）：该按钮用于选择路径上已有型的位置，以便随时更换。
- （上一个图形）、（下一个图形）：该按钮用于在路径上已有截面之间进行选择。

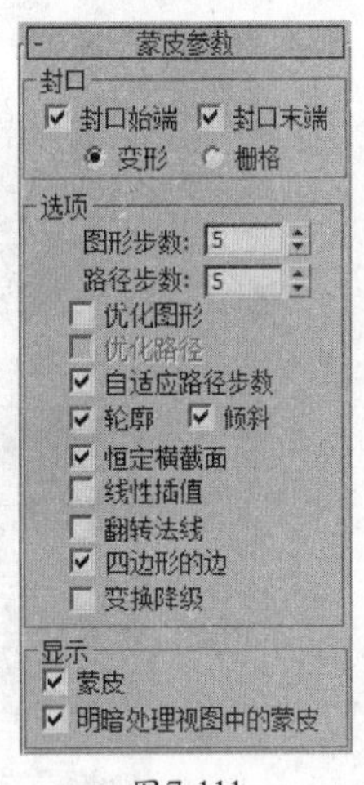

图7-111

4. **“蒙皮参数”卷展栏**

“蒙皮参数”卷展栏的参数主要用来设置放样造型各个方向上的段数以及蒙皮结构，如图7-111所示。

- 封口始端：使放样对象路径起点处封闭。
- 封口末端：使放样对象路径终点处封闭。
- 图形步数：控制路径上截面型点与点间的步数，它完全取代截面二维图形原有参数中的步数设置，值越大截面圆周方向段数越多，表面越平滑。
- 路径步数：控制放样路径点与点之间步数，数量值越大，路径方向段数越多，表面越平滑。
- 优化图形：此选项功能会自动将截面图形中直线段数的步数设置为0，可以大大地减少放样物体的面数，加快计算机的运行速度。
- 蒙皮：激活此项，即显示放样对象栅格蒙皮。
- 明暗处理视图中的蒙皮：如果启用，则忽略蒙皮设置，在着色视图中显示放样的蒙皮。

7.6.1 放样的变形

放样功能之所以灵活，是因为它不仅仅可以使二维图有“厚度”，更重要的是放样自带了5个功能强大的修改命令，可以实现对放样对象的截面随意修改，这些修改命令包括缩放、扭曲、倾斜、倒角、拟合。

图7-112

这5个修改命令是放样模型自带的命令，因此只能应用于放样模型。选中放样模型，切换到（修改）命令面板，在最下边的“变形”卷展栏中，提供了5种变形的方法，如图7-112所示。

- 缩放：放样的截面图在X、Y轴向上的缩放变形。
- 扭曲：放样的截面图在X、Y轴向上的扭曲变形。
- 倾斜：放样的截面图在Z轴向上的扭曲变形。
- 倒角：放样的模型产生倒角变形。
- 拟合：进行拟合放样建模，功能无比强大。

放样变形建模同样不能离开二维图形作为截面和路径的支持，不能将三维模型去进行放样变形，也就是说，放样变形必须在一个放样物体上。5种放样变形建模各有自己独立的控制界面，相同的参数有相同的意义方法。

本节以“缩放变形”为例讲解放样方法，其他放样的操作方法相似。

“缩放变形”是一个功能强大的变形方法，通过改变一个或几个截面图形在X、Y轴向上的缩放比例关系，使放样物体在沿Z轴生成时发生变形，可以得到意想不到的效果。

选中一个放样模型，切换到（修改）命令面板，在“变形”卷展栏中单击“缩放”按钮，弹出“缩放变形”窗口，如图7-113所示。

- （均衡）：此项用使X、Y轴进行统一变化。
- 、、（显示X、Y、XY轴）：分别用于显示X、Y、XY轴的变化。
- （插入角点）：单击此按钮，可在控制线上加入一控制点。
- （移动控制点）：激活此按钮来改变控制点的位置，此时场景中的放样对象的轮廓也会随着控制点的变化而变化。在移动控制点时单击右键，会弹出如图7-114所示的菜单，可以设置控制点的类型，从而设置控制线的形状。
- （删除控制点）：可将当前激活控制点删除。
- （重置曲线）：可使控制线恢复到默认状态。

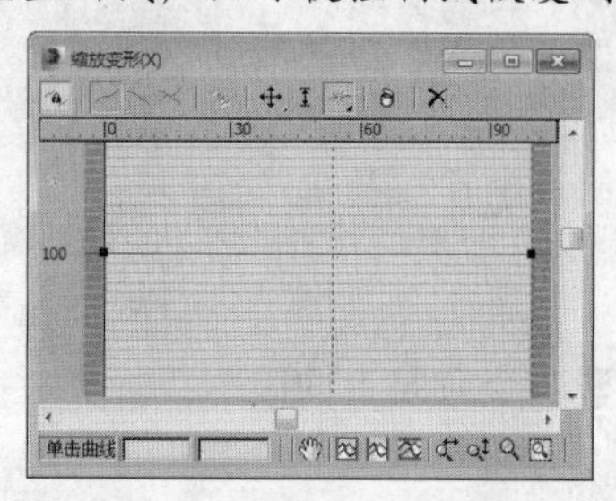

图7-113

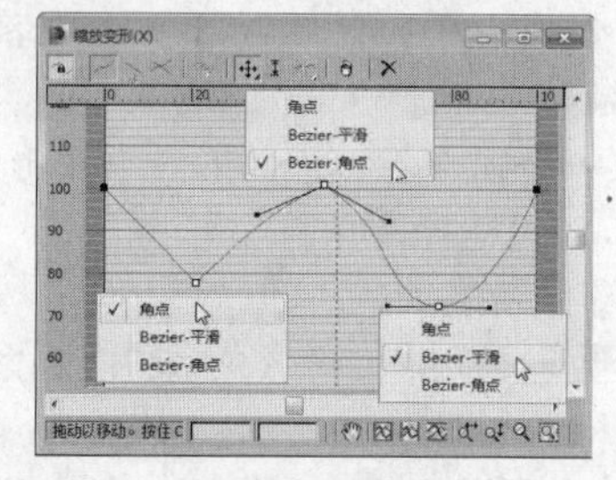

图7-114

7.6.2 使用放样命令——缩放变形窗帘

场景路径：Scene\cha07\窗帘.max	贴图路径：map\cha07\窗帘
最终场景路径：Scene\cha07\窗帘场景.max	视频路径：视频\cha07\缩放变形窗帘.mp4

使用放样命令可以制作出很多复杂造型，典型的例子是制作各种窗帘造型。下面就介绍使用放样命令制作窗帘的步骤。

制作窗帘的操作如下。

01 单击“（创建）”|“（图形）”|“线”按钮，在顶视图创建如图7-115所示的线作为放样图形。

02 在前视图中创建直线作为放样路径，如图7-116所示。

注意 如果在制作效果图时，应按照实际尺寸来绘制截面线与路径，也就是按照房间的高度与窗的宽度。现在练习可以随意绘制，但是它们的比例不能相差太大。

03 选择作为路径的Line002，单击“ （创建）”|“ （几何体）”|“复合对象”|“放样”按钮，在“创建方法”卷展栏中单击“获取图形”按钮，在场景中拾取放样图形，如图7-117所示。

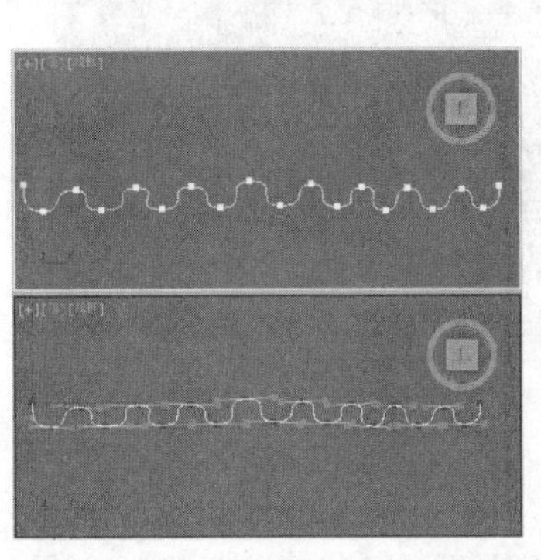
图7-115

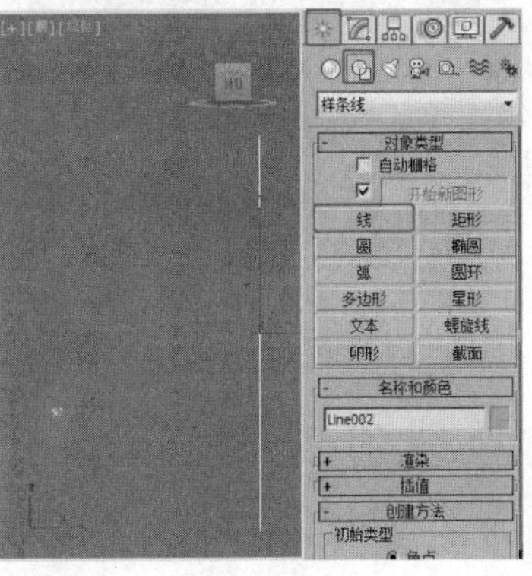
图7-116

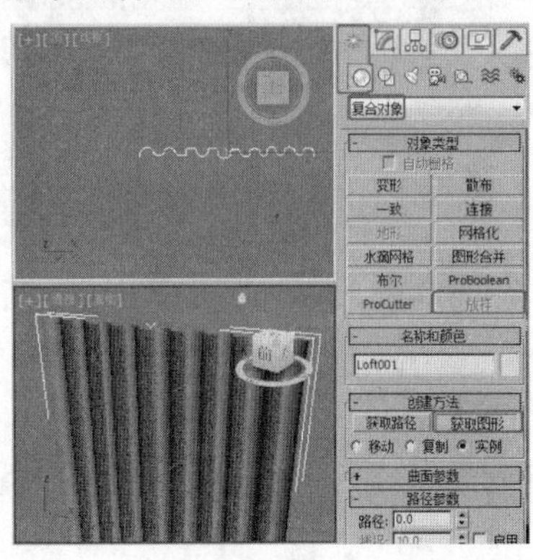
图7-117

注意：创建放样模型后，发现窗帘的图形方向是与创建的放样图形相反的，下面来调整它的放样图形。

04 切换到 （修改）命令面板，将放样的选择集定义为“图形”，在工具栏中单击 （选择并旋转）按钮，激活 （角度捕捉）按钮，在场景中框选放样模型，在顶视图中调整其角度，如图7-118所示。关闭“图形”选择集。

05 在“变形”卷展栏中单击“缩放”按钮，在弹出的“缩放变形”窗口中，单击 （插入角点）按钮为曲线添加角点，使用 （移动控制点）工具调整控制点，如图7-119所示。

06 在调整控制点的同时观看场景中模型的效果变化，调整后的模型如图7-120所示。

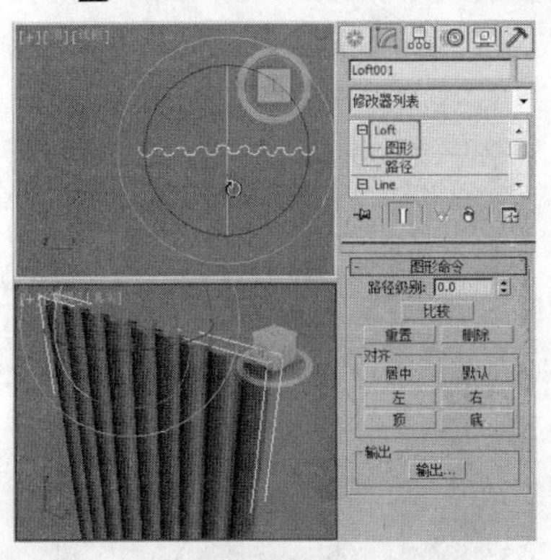
图7-118

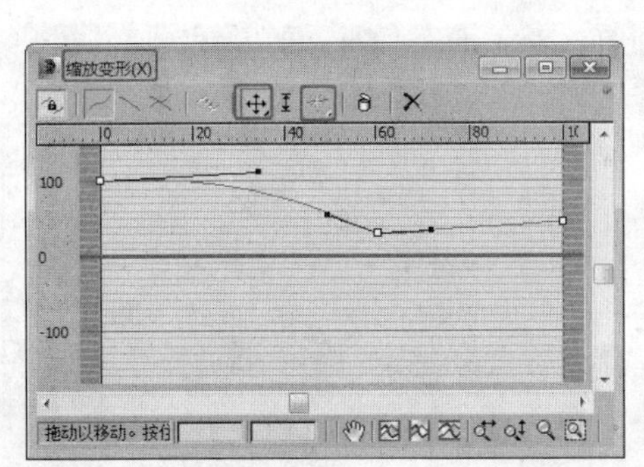

图7-119

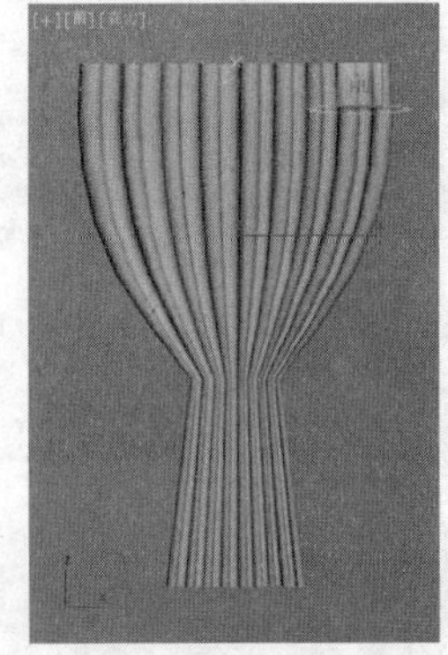
图7-120

注意：经过缩放修改后，发现窗帘是对称的，下面来调整它的形态。

07 将放样的选择集定义为“图形”，在“图形命令”卷展栏中单击“左”按钮，如图7-121所示。

08 再次调整模型的“缩放变形”，如图7-122所示。

09 调整后的模型如图7-123所示。

10 使用 （镜像）工具在前视图中复制模型，在弹出的对话框中选择“镜像轴”为X、“克隆当前选择”为“复制”，设置合适的“偏移”距离以调整复制出的模型位置，单击“确定”按钮，如图7-124所示。

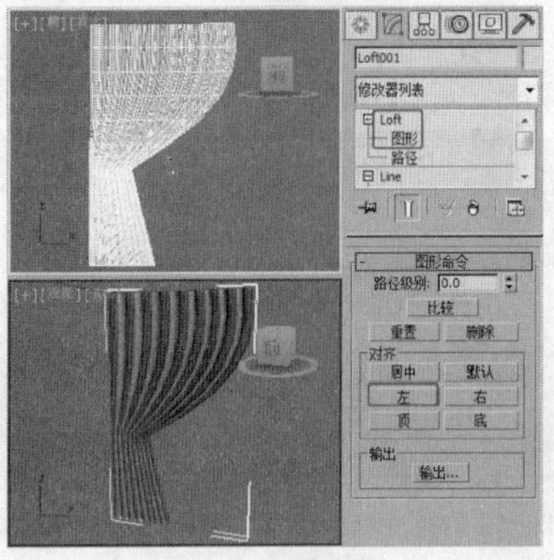
图7-121

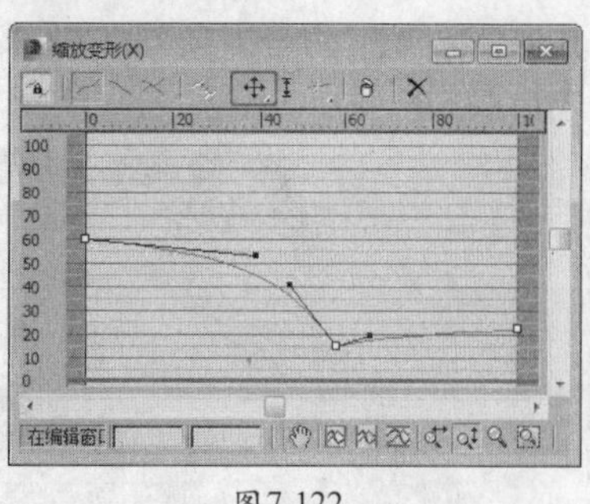

图7-122

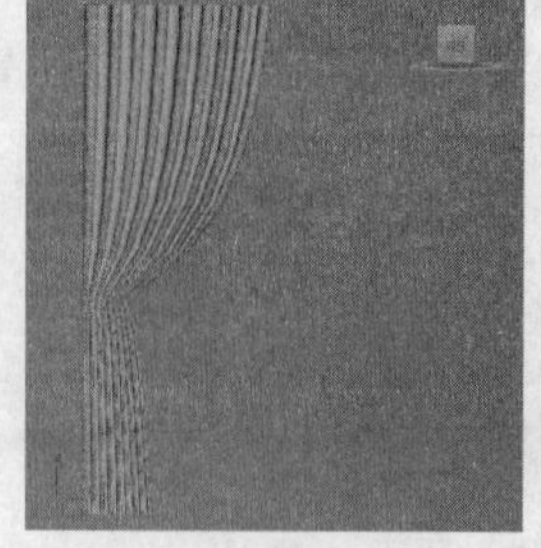
图7-123

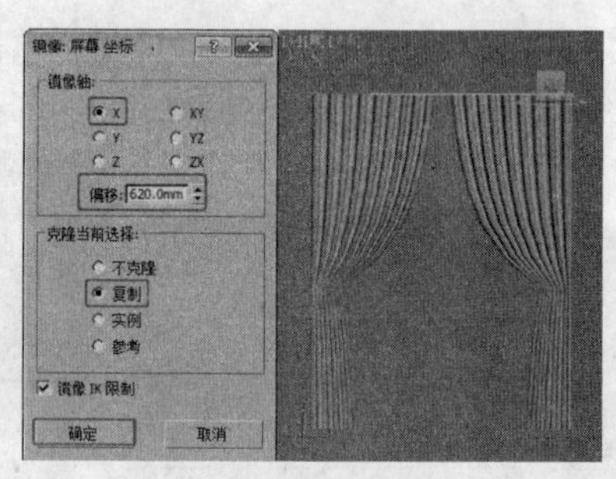

图7-124

11 将制作的模型保存起来，文件命名为“窗帘.max”。

7.6.3　使用放样命令——制作圆形桌布

场景路径：Scene\cha07\圆形桌布.max	贴图路径：map\cha07\桌布
最终场景路径：Scene\cha07\圆形桌布场景.max	视频路径：视频\cha07\倒角变形桌布.mp4

在制作桌布时主要使用多截面来完成，多截面是指一条路径上有两个或两个以上的截面图形。制作圆形桌布的操作如下。

01 首先在顶视图创建一个半径为100的圆作为第一个放样图形，再创建一个星形作为第二个放样图形，设置“半径1”为105、“半径2”为98、“点”为22、“圆角半径1”为5、“圆角半径2”为5，如图7-125所示。

02 在前视图中创建一条直线作为放样路径，如图7-126所示。

03 选择作为路径的Line001，单击“（创建）”|“（几何体）”|“复合对象”|“放样”按钮，在“创建方法”卷展栏中单击“获取图形”按钮，在场景中拾取第一个放样图形圆形，如图7-127所示。

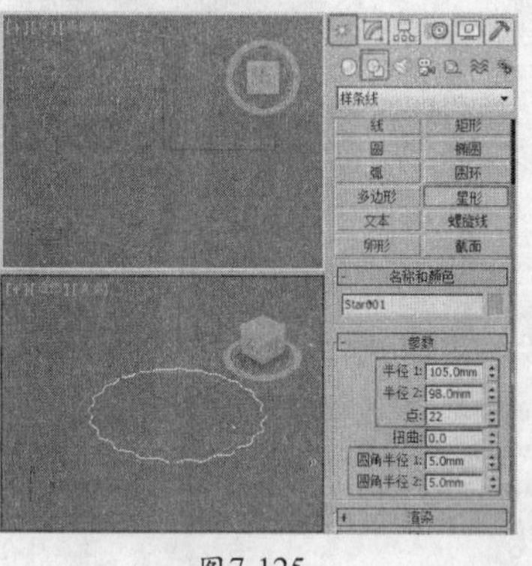

图7-125

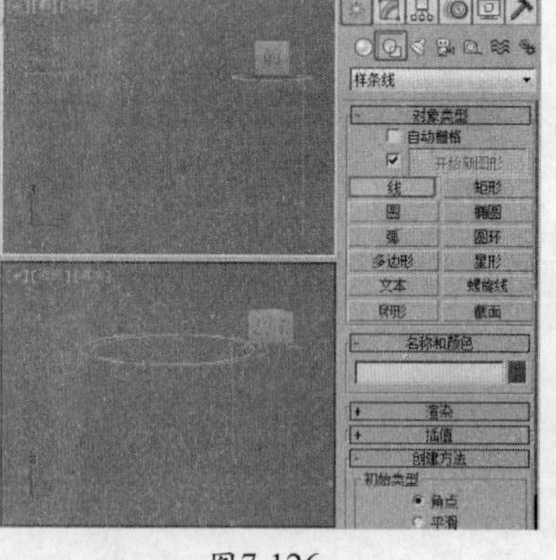

图7-126

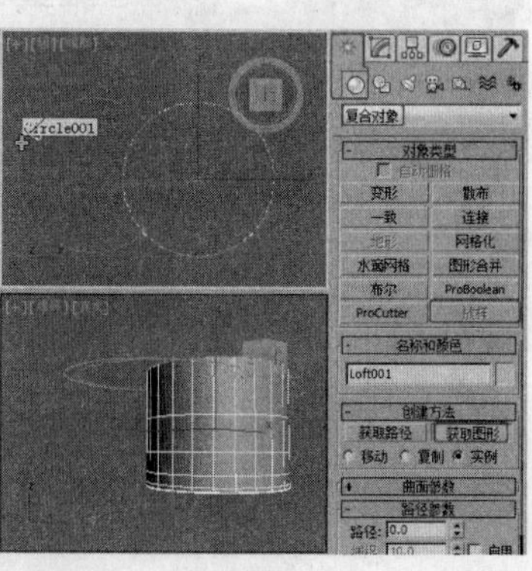

图7-127

04 在“路径参数”卷展栏中设置“路径”为100，再次单击“获取图形”按钮，在场景中拾取第二个放样图形星形，生成的桌布造型如图7-128所示。

> **注意**　对于桌布拐角的地方应该圆滑一点，这时就应该用“变形”卷展栏中的“倒角”命令来完成。

05 切换到（修改）命令面板，在“变形”卷展栏中单击“倒角”按钮，弹出“倒角变形”对话框，在控制线上添加一个点，并调整控制点，如图7-129所示。

06 调整完成后的模型如图7-130所示。将制作的模型保存起来，文件名为“圆形桌布.max”。

“放样”是建模中重要的组成部分，通过放样可以制作复杂的模型。更重要的是放样提供了很多控制选项，较三维建模有更强的控制力，尤其是“缩放”命令，在制作复杂造型时使用的是最多的。

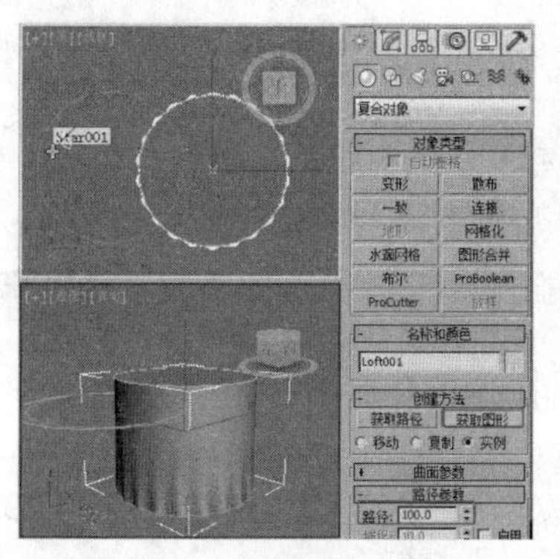
图7-128

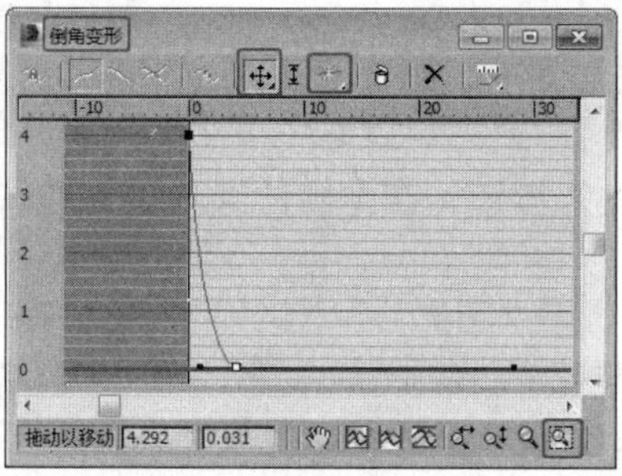

图7-129

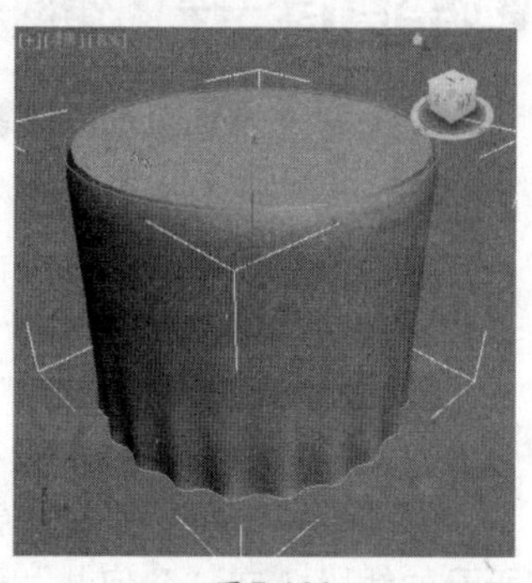
图7-130

7.7 使用修改命令编辑三维模型

7.7.1 “弯曲”修改器

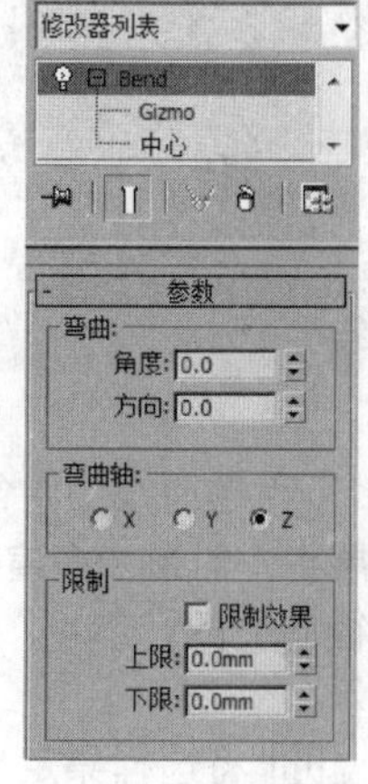

图7-131

“弯曲”修改器是一个比较简单的命令，可以对选择的物体进行无限度数的弯曲变形操作，并且通过各轴向控制物体弯曲的角度和方向，可以用“参数”卷展栏中的“限制”栏限制弯曲在物体上的影响范围，使物体产生局部弯曲效果。

通常用“弯曲”修改器命令可以制作旋转楼梯、弧形墙等造型。

1. 施加方法

首先在顶视图创建一个三维物体，切换到（修改）命令面板，在“修改器列表”中选择“弯曲”修改器即可。“弯曲”修改器的参数面板如图7-131所示。

2. 修改器堆栈

- Gizmo：可以在此子对象层级上与其他对象一样对Gizmo进行变换并设置动画，也可以改变弯曲修改器的效果。转换Gizmo，将以相等的距离转换它的中心，再根据中心转动和缩放Gizmo。
- 中心：可以在子对象层级上平移中心并对其设置动画，改变弯曲Gizmo的图形，并由此改变弯曲对象的图形。

3. “参数”卷展栏

- 角度：用于设置沿垂直面弯曲的角度大小，范围为-999999～999999。
- 方向：用于设置弯曲相对于水平面的方向，范围为-999999～999999。
- 弯曲轴：有X、Y、Z三个轴向。对于在相同视图建立的物体，选择不同的轴向时效果也不一样。
- 限制：用于将弯曲效果限定在中心轴以上或以下的某一部分。通过这种控制可以产生物体局部弯曲效果。
  - 限制效果：选中该复选框，将对对象指定限制影响的范围，其影响区域将由下面的上、下限的值确定。
  - 上限：将弯曲限制在中心轴以上，在限制区域以外将不会受到弯曲影响。常用值0～360（取值范围从-999999～999999）。
  - 下限：将弯曲限制在中心轴以下，在限制区域以外将不会受到弯曲影响。常用值0～360（取值范围从-999999～999999）。

> **注意** 施加“弯曲”修改器的前提是物体必须有足够的段数，否则达不到所需要的效果。

动手操作——制作旋转楼梯

场景路径：Scene\cha07\旋转楼梯.max	贴图路径：map\cha07\旋转楼梯
最终场景路径：Scene\cha07\旋转楼梯场景.max	视频路径：视频\cha07\制作旋转楼梯.mp4

01 鼠标右击（捕捉开关）按钮，在弹出的菜单中勾选“栅格点”选项，激活（捕捉开关）按钮。

02 单击“（创建）”|“（图形）”|“线”按钮，在前视图创建如图7-132所示的图形（水平为3个栅格、垂直为2个栅格）。

03 切换到（修改）命令面板，将线的选择集定义为“线段”，在前视图中选择如图7-133所示的线段，在“几何体”卷展栏中设置“拆分”为12，单击“拆分”按钮。

04 为图形施加“挤出”修改器，在“参数”卷展栏中设置“数量”为100，如图7-134所示。

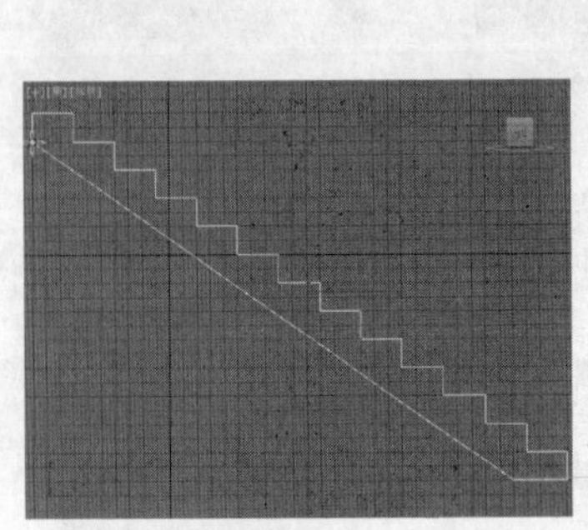

图7-132

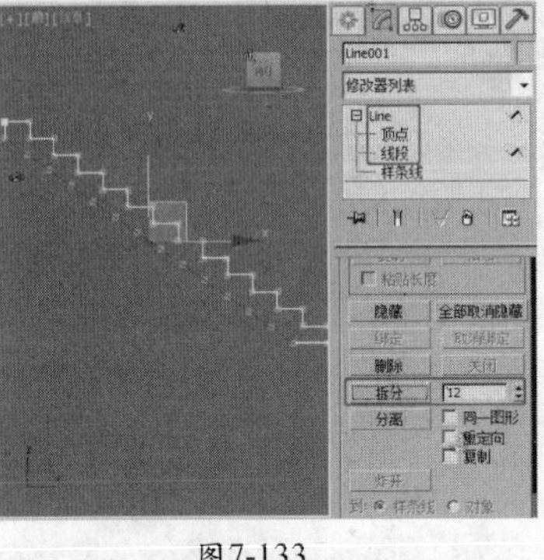

图7-133

图7-134

05 在前视图中创建可渲染的线作为扶手模型，在“渲染”卷展栏中勾选“在渲染中启用”、“在视口中启用”选项，设置“径向”的“厚度”为6，调整模型至合适的位置，如图7-135所示。

06 将选择集定义为“线段”，为线设置合适的“拆分”段数，如图7-136所示。

07 复制扶手模型，并修改复制出的模型参数，在“渲染”卷展栏中设置“径向”的“厚度”为2。复制Line003模型，调整复制出的模型至合适的位置，如图7-137所示。

08 在前视图中创建如图7-138所示的图形。

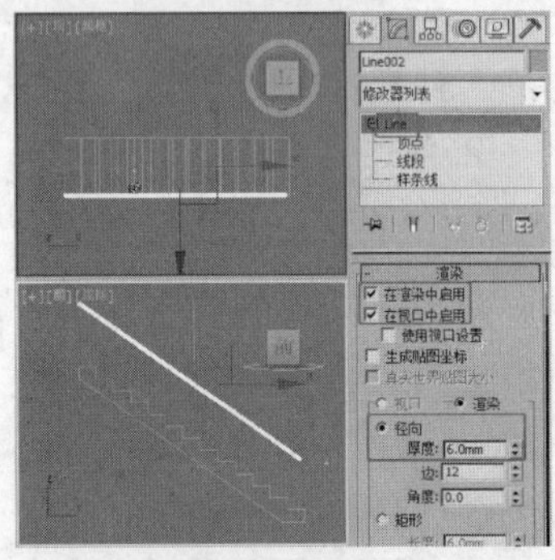

图7-135

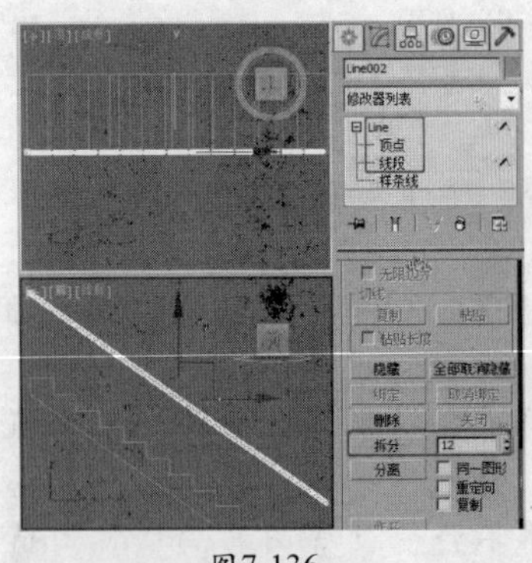

图7-136

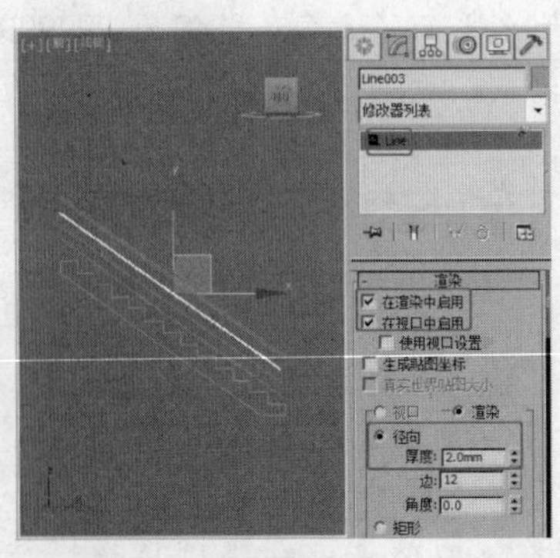

图7-137

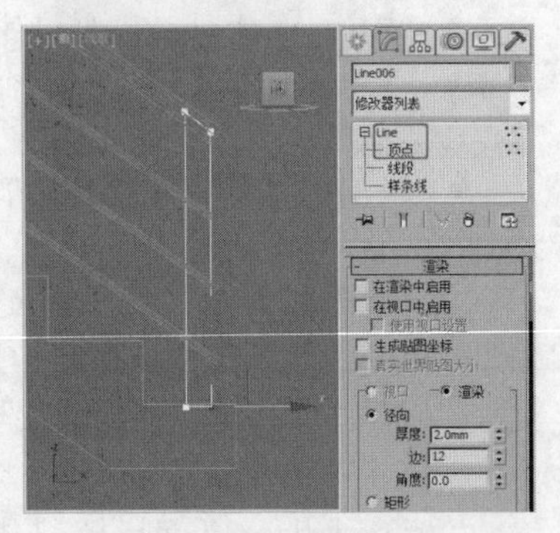

图7-138

09 为图形施加“倒角”修改器，在“倒角值”卷展栏中设置“级别1”的“高度”为0.5、“轮廓”为0.5，勾选“级别2”选项并设置“高度”为3，勾选“级别3”选项并设置“高度”为0.5、“轮廓”为-0.5，复制支柱模型，并调整复制出的模型至合适的位置，如图7-139所示。

10 在场景中复制模型，如图7-140所示。

11 按Ctrl+A快捷键全选模型，在菜单栏中选择“组”|“成组”命令将模型成组，为组施加“弯曲”修改器，在“参数”卷展栏中设置“角度”为180、“方向”为90，选择“弯曲轴”为X，如图7-141所示。

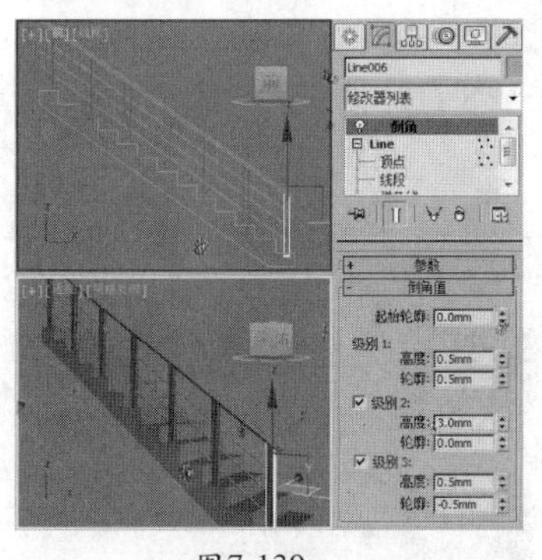
图7-139

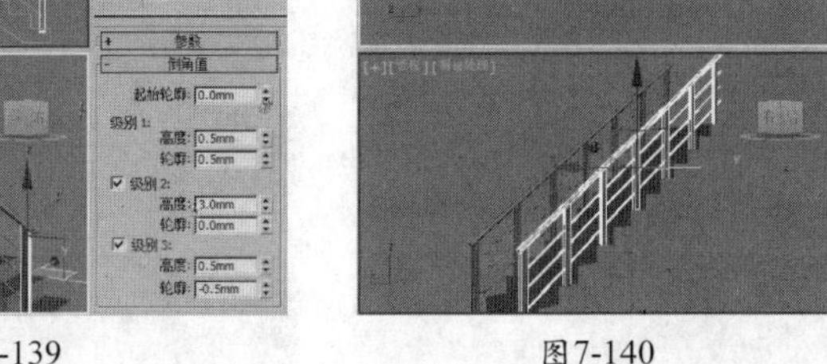
图7-140

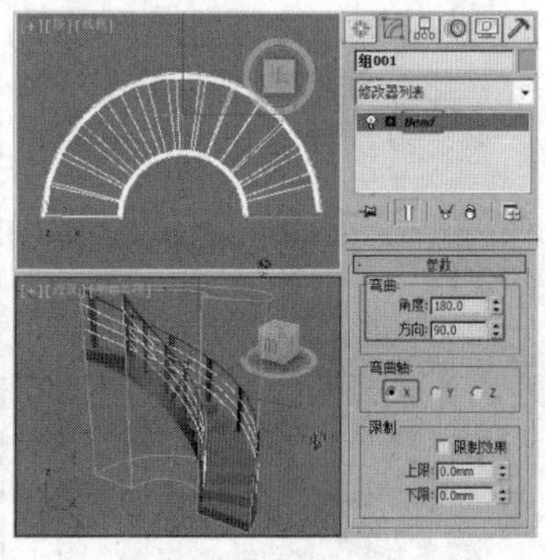
图7-141

12 将制作的模型保存起来，文件命名为“旋转楼梯.max”。

7.7.2 “锥化”修改器

“锥化”修改器是通过缩放对象的两端而产生锥形轮廓来修改物体，同时还可以加入平滑的曲线轮廓，允许控制锥化的倾斜度、曲线轮廓的曲度，还可以限制局部的锥化效果，并且可以实现物体局部锥化效果。

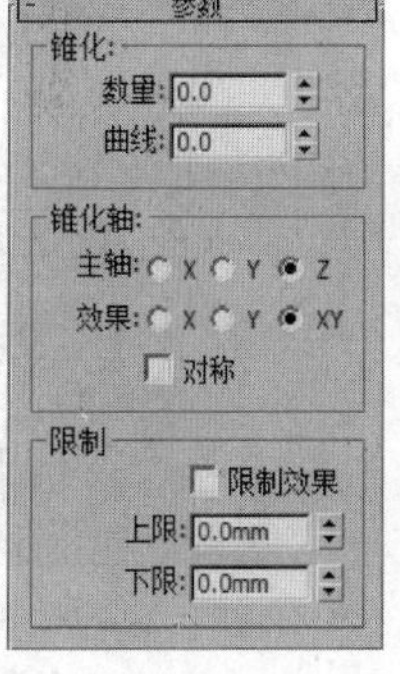

图7-142

1. 施加方法

首先在顶视图创建一个三维物体，确认该物体处于被选状态，切换到（修改）命令面板，在“修改器列表”中选择“锥化”修改器命令即可。

2. “参数”卷展栏（如图7-142所示）

- 数量：决定锥化倾斜的程度（正值向外，负值向里）。
- 曲线：决定锥化轮廓的弯曲程度（正值向外，负值向里）。
- 锥化轴：设置锥化影响的坐标轴向。
  - 主轴：设置基本依据轴向，有X、Y、Z三个轴向可供选择。
  - 效果：设置影响效果的轴向，有X、Y、XY三个轴向可供选择。
  - 对称：可以设置一个对称的影响效果，如两头尖或中间细的物体。
- 限制：限制锥化在物体上的影响范围，通过这种控制可以产生物体局部锥化的效果。
  - 限制效果：打开限制效果，允许限制锥化影响在子物体上的范围。
  - 上限/下限：分别设置锥化限制的区域，常用值0～360（取值范围从-999999～999999）。

动手操作——制作田园台灯

场景路径：Scene\cha07\田园台灯.max	贴图路径：map\cha07\田园台灯
最终场景路径：Scene\cha07\田园台灯场景.max	视频路径：视频\cha07\制作田园台灯.mp4

01 单击“（创建）”|“（图形）”|“线”按钮，在前视图中创建如图7-143所示图形。

02 为图形施加“车削”修改器，在“参数”卷展栏中设置“分段”为32，选择“方向”为Y、“对齐”为“最小”，如图7-144所示。

03 在顶视图中创建星形，并为星形设置合适的参数，如图7-145所示。

04 为星形施加“编辑样条线”修改器，将选择集定义为“样条线”，在“几何体”卷展栏中单击“轮廓”按钮，为图形设置合适的轮廓，如图7-146所示。

05 为图形施加“挤出”修改器，在“参数”卷展栏中分别设置合适的“数量”和“分段”，如图7-147所示。

06 为模型施加“锥化”修改器，在“参数”卷展栏中设置合适的参数，勾选“限制效果”选项，并设置合适的“上限”数值，如图7-148所示。

07 将制作的模型保存起来，文件命名为“台灯.max”。

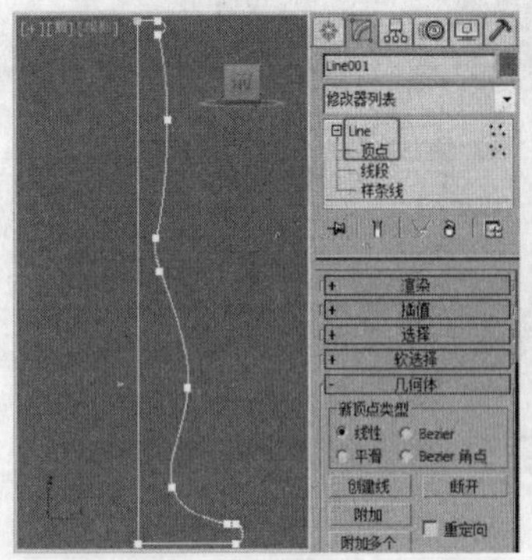

图7-143

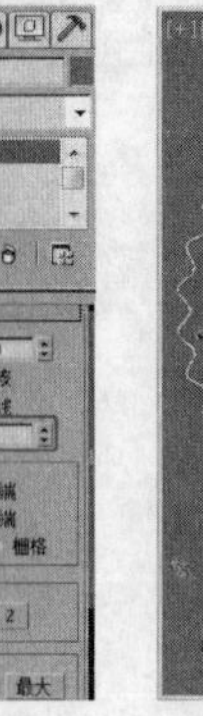

图7-144

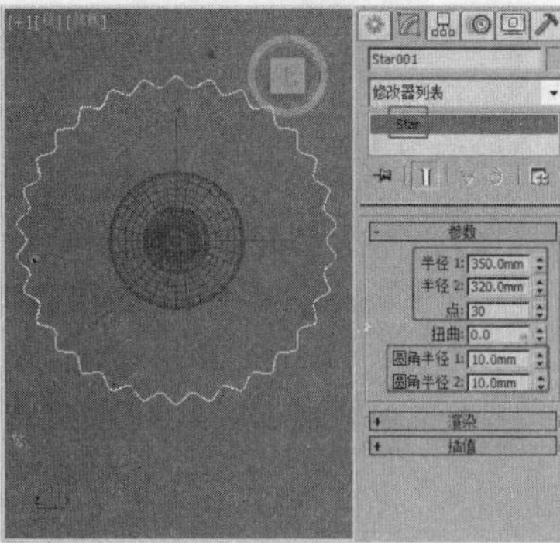

图7-145

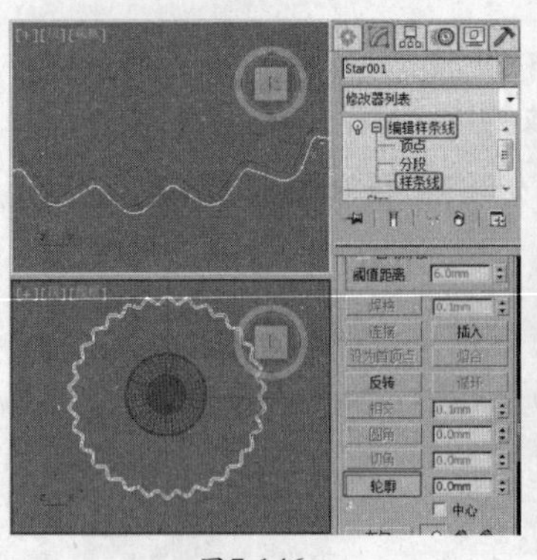

图7-146

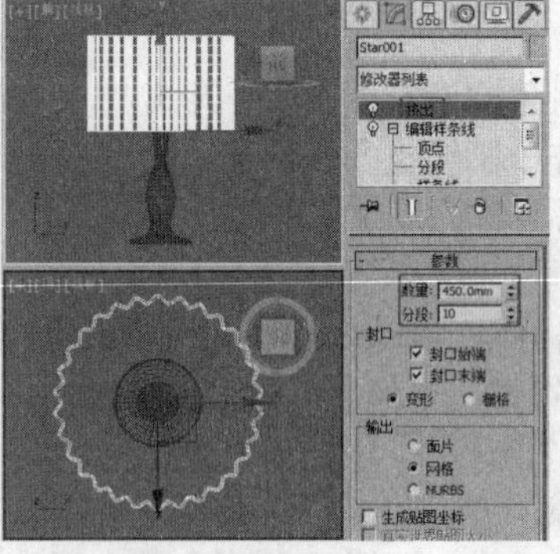

图7-147

图7-148

7.7.3 “噪波”修改器

“噪波”修改器可以使对象表面各点在不同方向进行随机变动，使物体产生不规则的表面，以产生凹凸不平的效果。通常用“噪波”修改器可以制作山峰、水纹、布料的皱纹等。

1. 施加方法

创建一个三维模型后，确认该物体处于被选状态，切换到（修改）命令面板，在“修改器列表”中选择“噪波”修改器命令即可。

2.“参数”卷展栏（如图7-149所示）

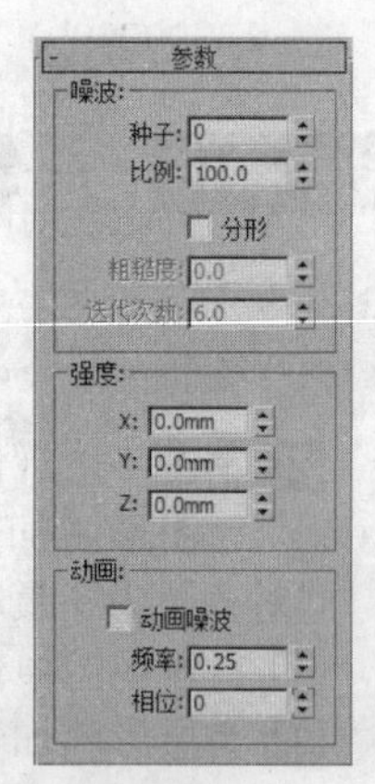

图7-149

- 种子：从设置的数中生成一个随机起始点。在创建地形时尤其有用，因为每种设置都可以生成不同的配置。
- 比例：设置噪波影响（不是强度）的大小。较大的值产生更为平滑的噪波，较小的值产生锯齿现象更严重的噪波。
- 分形：专用于产生数字分形地形。勾选此选项，噪波变得无序而复杂，很适合制作地面的地形之用。
- 粗糙度：设置表面起伏的程度。值越大，起伏越剧烈，表面越粗糙。
- 迭代次数：控制分形功能所使用的迭代（或是八度音阶）的数目。较小的迭代次数使用较少的分形能量并生成更平滑的效果。
- 强度：分别控制X、Y、Z三个轴向上对物体噪波的强度。值越大，噪波越剧烈。

- 动画噪波：使用系统内定的噪波动画控制，产生一个正弦波动的动态噪波，无需进行动画记录操作，只要打开此选项即可。
- 频率：设置正弦波的周期，调节噪波效果的速度，较高的频率使得噪波振动得更快，较低的频率产生较为平滑和更温和的噪波。
- 相位：移动基本波形的开始点和结束点。默认情况下，动画关键点设置在活动帧范围的任意一端。通过在“轨迹视图”窗口中编辑这些位置，可以更清楚地看到相位的效果。

7.7.4 “晶格”修改器

“晶格”修改器将物体的边与顶点转换为新的三维物体。这种功能对于一些栅格、框架结构建筑的建模很有帮助。“晶格”修改器命令既可以作用于整个物体，也可以对物体局部进行。通常用“晶格”修改器创建一些骨架结构，如电视塔、信号塔、室内的支架等。

1. 施加方法

创建一个三维模型后，确认该物体处于被选状态，切换到（修改）命令面板，在“修改器列表”中选择“晶格”修改器即可。

2.“参数”卷展栏（如图7-150所示）

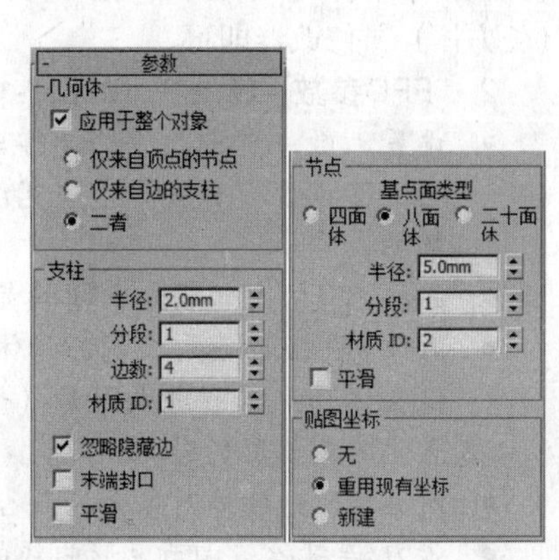

图7-150

- 几何体：用于设置线框几何体的形态。
  - 应用于整个对象：勾选时将影响全部物体，不勾选可以对局部起作用。
  - 仅来自顶点的节点：只影响顶点。
  - 仅来自边的支柱：只影响边。
  - 二者：影响边与顶点。
- 支柱：设置柱化的控制参数。
  - 半径：设置柱化截面的半径大小，即柱化的粗细程度。
  - 分段：设置柱化物体长度上的划分段数。
  - 边数：设置柱化物体截面图形的边数。
  - 材质ID：为柱化物体设置特殊的材质ID号。
  - 忽略隐藏边：只将可见的边转化为圆柱体。
  - 末端封口：为柱化物体两端加盖，使柱化物体成为封闭的物体。
  - 平滑：对柱化物体表面进行平滑处理，产生平滑的圆柱体。
- 节点：用于设置顶点的控制参数。
  - 基点面类型：设置以何种几何体作为顶点的基本造型，可以选择“四面体”、“八面体”、“二十面体”3种类型。
  - 半径：设置球化物体的大小。
  - 分段：设置球化物体的划分段数。值越大，面越多，物体越平滑并更接近球体。
  - 材质ID：给顶点设置特殊材质的ID号。
  - 平滑：对球化物体进行表面平滑处理。
- 贴图坐标：用于设置贴图坐标的方式。
  - 无：不指定贴图坐标。
  - 重用现有坐标：使用当前物体自身的贴图坐标。
  - 新建：为球化物体和柱化物体指定新的贴图坐标，柱化物体的贴图坐标为柱形，球化物体的贴图坐标为球形。

注意

“晶格”修改器与其他的修改器有所不同，它可分别用在三维物体和二维线形上。

7.7.5 FFD修改器

FFD代表自由变形。FFD修改器不仅作为空间扭曲物体，还作为基本变动修改工具，用来灵活地弯曲物体的表面，有些类似于捏泥人的手法。FFD修改器使用晶格框包围选中的几何体，通过调整晶格的控制点，可以改变封闭几何体的形状。

FFD是3ds Max中对栅格对象进行变形修改最重要的命令之一，它的优势在于通过控制点的移动使栅格对象产生平滑一致的变形，尤其适合用来制作室内效果中的家具。

FFD分为多种方式，包括FFD2×2×2、FFD3×3×3、FFD4×4×4、FFD（长方体）、FFD（圆柱体）。但是它们的功能与使用方法基本一致，只是控制点数量与控制形状略有变化。常用的是FFD（长方体）修改器，它的控制点可以随意设置。

1. 施加方法

创建一个三维模型后，确认该物体处于被选状态，切换到（修改）命令面板，在“修改器列表”中选择“FFD（长方体）”修改器即可。

2.“FFD参数”卷展栏（如图7-151所示）

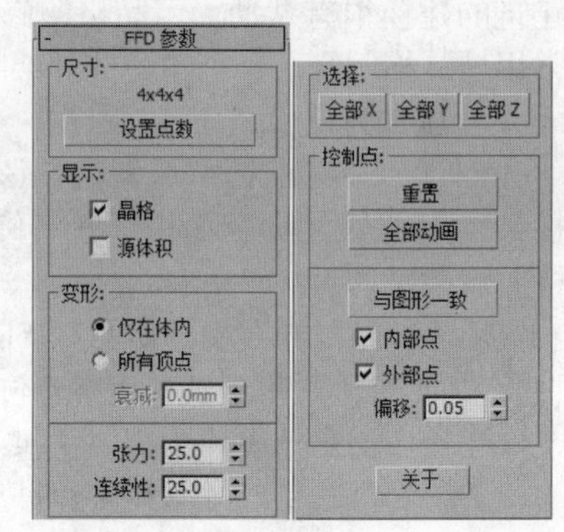

图7-151

- 设置点数：单击此按钮，弹出“设置FFD尺寸”对话框，可设置“长度”、“宽度”、“高度”的控制点数量。
- 晶格：是否显示控制之间的黄色虚线格。
- 源体积：显示变形盒的原始体积和形状。
- 仅在体内：只有进入FFD（长方体）内的物体对象顶点才受到变形的影响。
- 所有顶点：物体对象无论是否在FFD（长方体）内，表面所有顶点都受到变形影响。
- 张力/连续性：调节变形曲线的张力值和连续性。虽然无法看到变形曲线，但可以实时地调节并观看效果。
- 全部X/Y/Z：打开后，选定一个控制点时，所有该方向上的控制点都将被选定。可以同时打开两个或3个按钮。
- 重置：恢复参数默认的设置。

7.7.6 “编辑网格”修改器

“编辑网格”修改器是一个针对三维物体操作的修改命令，也是一个修改功能非常强大的命令，最适合创建表面复杂而又无需精度建模的造型。“编辑网格”修改器属于网格物体的专用编辑工具，并可根据不同需要使用不同子物体和相关的命令进行编辑。

“编辑网格”修改器提供了顶点、边、面、多边形、元素5种子物体修改方式，对物体的修改更加方便。

1. 施加方法

创建一个三维模型后，确认该物体处于被选状态，切换到（修改）命令面板，在“修改器列表”中选择“编辑网格”修改器即可。“编辑网格”修改器面板如图7-152所示。

“编辑网格”包含了“选择”、“软选择”和“编辑几何体”3种卷展栏。

2. 子层级

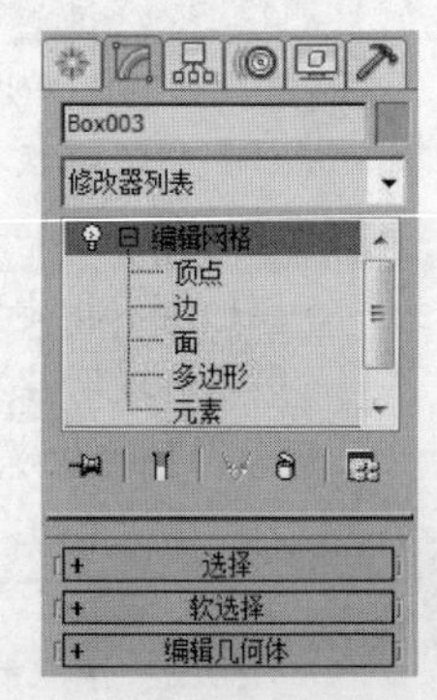

图7-152

- 顶点：可以完成单点或多点的调整和修改，可对选择的单点或多点进行移动、旋转和缩放变形等操作（向外挤出选择的顶点，物体会向外凸起；向内推进选择的点，物体会向内凹入）。激活此按钮，通常使用工具栏中的（选择并移动）、（选择并旋

转）、 （选择并均匀缩放）工具来调整物体的形态。

- 边：以物体的边作为修改和编辑的操作基础。
- 面：以物体三角面作为修改和编辑的操作基础。
- 多边形：以物体的方形面作为修改和编辑操作的基础。激活此项，有3个非常好用的选项，分别是“编辑几何体”卷展栏下的“挤出”、“倒角”、“切割”命令。
- 元素：指组成整个物体的子栅格物体，可对整个独立体进行修改和编辑操作。

7.7.7 “编辑多边形”修改器

“编辑多边形”对象也是一种网格对象，它在功能和使用上几乎和“编辑网格”是一致的。不同的是“编辑网格”是由三角形面构成的框架结构，而“编辑多边形”对象既可以是三角网格模型，也可以是四边或更多。其功能也比“编辑网格”强大。

1. 施加方法

创建一个三维模型后，确认该物体处于被选状态，切换到 （修改）命令面板，在“修改器列表”中选择“编辑多边形”修改器即可。或者也可以在创建模型后，右击模型，将模型转换为“可编辑多边形”模型。

2. “编辑多边形”修改器与“可编辑多边形”的区别

“编辑多边形”修改器与“可编辑多边形”大部分功能相同，但卷展栏功能有不同之处，如图7-153所示。

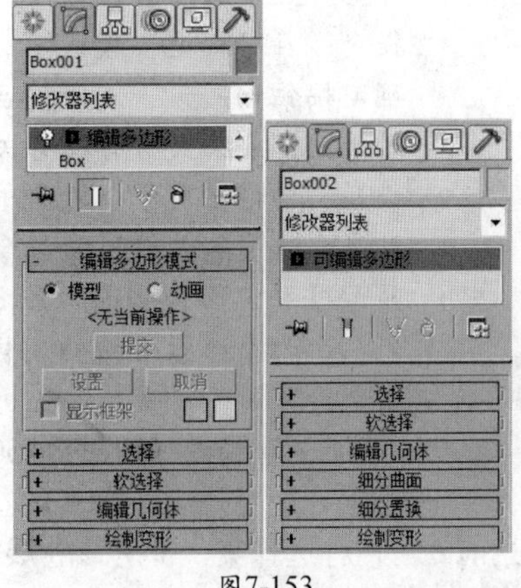

图7-153

- “编辑多边形”是一个修改器，具有修改器状态所说明的所有属性。其中包括在堆栈中将“编辑多边形”放到基础对象和其他修改器上方，在堆栈中将修改器移动到不同位置以及对同一对象应用多个“编辑多边形”修改器（每个修改器包含不同的建模或动画操作）的功能。
- “编辑多边形”有两个不同的操作模式：“模型”和“动画”。
- “编辑多边形”中不再包括始终启用的“完全交互”开关功能。
- “编辑多边形”提供了两种从堆栈下部获取现有选择的新方法：使用堆栈选择和获取堆栈选择。
- “编辑多边形”中缺少“可编辑多边形”的“细分曲面”和“细分置换”卷展栏。
- 在“动画”模式中，通过单击“切片”而不是“切片平面”来开始切片操作。也需要单击“切片平面”来移动平面。可以设置切片平面的动画。

3. “编辑多边形”修改器的子物体层级（如图7-154所示）

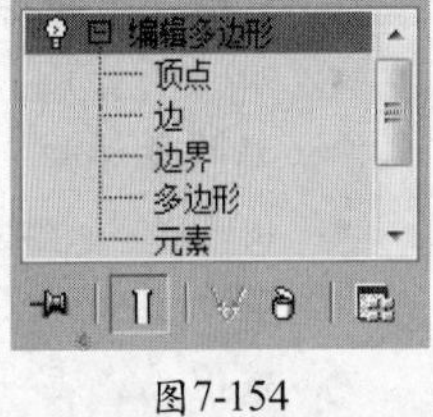

图7-154

- 顶点：顶点是位于相应位置的点。它们定义构成多边形对象的其他子对象的结构。当移动或编辑顶点时，它们形成的几何体也会受影响。顶点也可以独立存在；这些孤立顶点可以用来构建其他几何体，但在渲染时，它们是不可见的。当定义为“顶点”时，可以选择单个或多个顶点，可以使用标准方法移动它们。
- 边：边是连接两个顶点的直线，它可以形成多边形的边。边不能由两个以上多边形共享。另外，两个多边形的法线应相邻。如果不相邻，应卷起共享顶点的两条边。当定义为“边”选择集时，选择一条和多条边，然后使用标准方法变换它们。
- 边界：边界是网格的线性部分，通常可以描述为孔洞的边缘，一般是多边形仅位于一面时的边序列。例如，长方体没有边界，但茶壶对象有若干边界：壶盖、壶身和壶嘴上有边界，还有两个边界在壶把上。如果创建圆柱体，删除末端多边形时，相邻的一条边会形成边界。当将选择集定义为“边界”时，可选择一个和多个边界，然后使用标准方法变换它们。

- 多边形：多边形是通过曲面连接的3条或多条边的封闭序列。多边形提供“编辑多边形”对象的可渲染曲面。当将选择集定义为“多边形”时，可选择单个或多个多边形，然后使用标准方法变换它们。
- 元素：元素是两个或两个以上可组合为一个更大对象的单个网格对象。

4.“编辑多边形模式”卷展栏（如图7-155所示）

“编辑多边形模式”卷展栏是“编辑多边形”修改器中的公共参数卷展栏，无论当前处于何种选择集，都有该卷展栏。

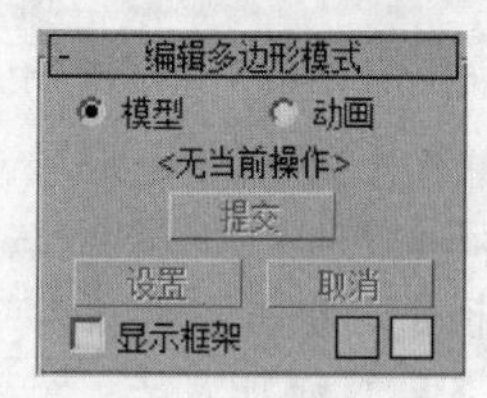

图7-155

- 模型：用于使用“编辑多边形”功能建模。在“模型”模式下，不能设置操作的动画。
- 动画：用于使用“编辑多边形”功能设置动画。

提示 除选择“动画”外，必须启用“自动关键点”或使用“设置关键点”才能设置子对象变换和参数更改的动画。

- 标签：显示当前存在的任何命令。否则，它显示“无当前操作”。
- 提交：在“模型”模式下，使用助手（又称小盒）接受任何更改并关闭小盒（与小盒上的确定按钮相同）。在“动画”模式下，冻结已设置动画的选择在当前帧的状态，然后关闭对话框，会丢失所有现有关键帧。
- 设置：切换当前命令的助手（又称小盒）。
- 取消：取消最近使用的命令。
- 显示框架：在修改或细分之前，切换显示编辑多边形对象的两种颜色线框的显示。框架颜色显示为复选框右侧的色样。第一种颜色表示未选定的子对象，第二种颜色表示选定的子对象。可通过单击其色样更改颜色。“显示框架”切换只能在子对象层级使用。

5.“选择”卷展栏（如图7-156所示）

“选择”卷展栏是“编辑多边形”修改器中的公共参数卷展栏，无论当前处于何种选择集，都有该卷展栏。

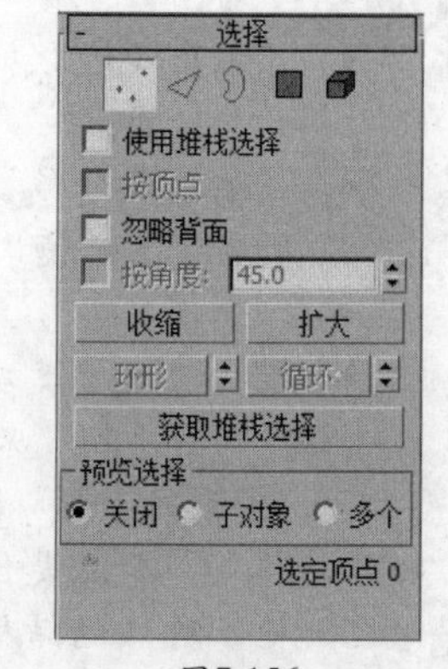

图7-156

- （顶点）：访问顶点子对象层级，可从中选择光标下的顶点；区域选择将选择区域中的顶点。
- （边）：访问边子对象层级，可从中选择光标下的多边形的边，也可框选区域中的多条边。
- （边界）：访问边界子对象层级，可从中选择构成网格孔洞边框的一系列边。
- （多边形）：访问多边形子对象层级，可选择光标下的多边形。区域选择选中区域中的多个多边形。
- （元素）：访问元素子对象层级，通过它可以选择对象中所有相邻的多边形。区域选择用于选择多个元素。
- 使用堆栈选择：启用时，编辑多边形自动使用在堆栈中向上传递的任何现有子对象选择，并禁止手动更改选择。
- 按顶点：启用时，只有通过选择所用的顶点，才能选择子对象。单击顶点时，将选择使用该选定顶点的所有子对象。该功能在顶点子对象层级上不可用。
- 忽略背面：启用后，选择子对象将只影响朝向前的那些对象。
- 按角度：启用时，选择一个多边形会基于复选框右侧的角度设置同时选择相邻多边形。该值可以确定要选择的邻近多边形之间的最大角度。仅在多边形子对象层级可用。
- 收缩：通过取消选择最外部的子对象缩小子对象的选择区域。如果不再减少选择大小，则可以取消选择其余的子对象，如图7-157所示。

- 扩大：朝所有可用方向外侧扩展选择区域，如图7-158所示。

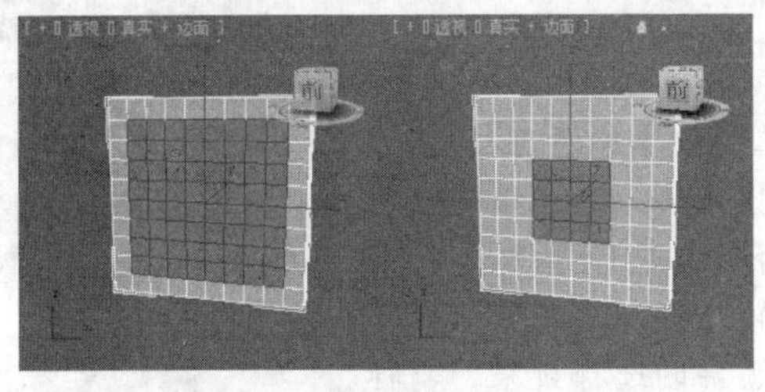
图7-157

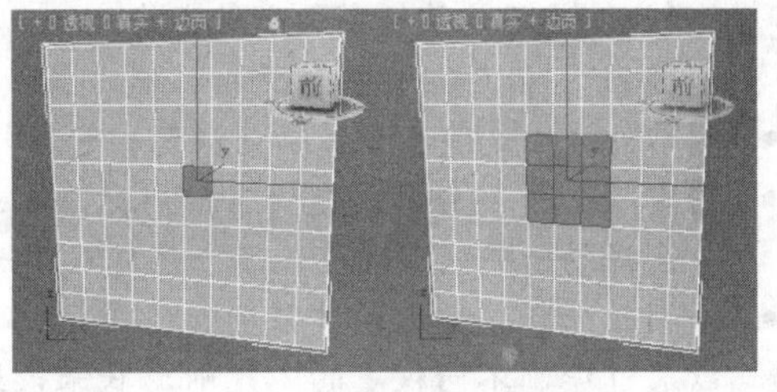
图7-158

- 环形：环形按钮旁边的微调器允许在任意方向将选择移动到相同环上的其他边，即相邻的平行边，如图7-159所示。如果选择了循环，则可以使用该功能选择相邻的循环。只适用于边和边界子对象层级。
- 循环：在与所选边对齐的同时，尽可能远地扩展边选定范围。循环选择仅通过四向连接进行传播，如图7-160所示。

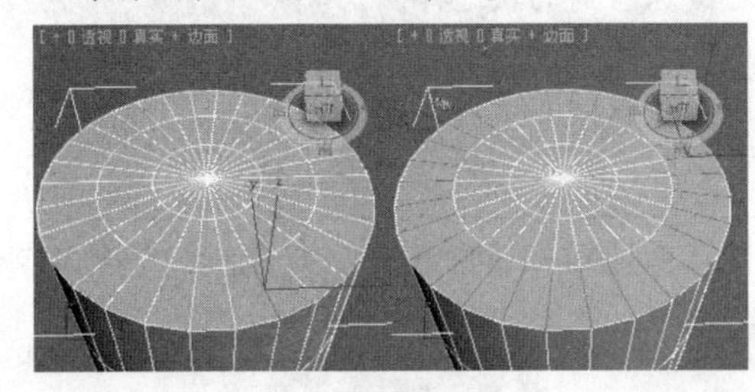
图7-159

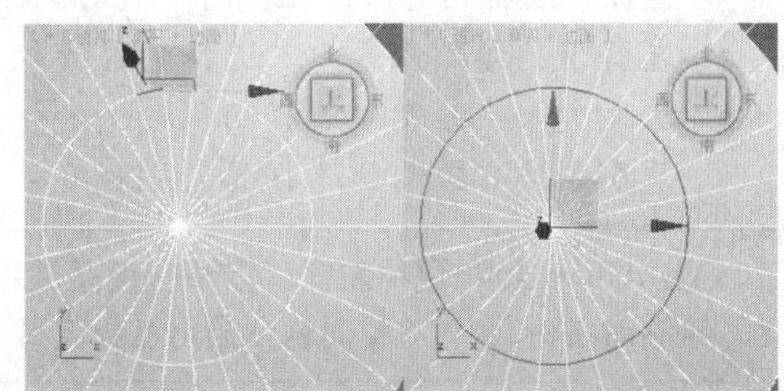
图7-160

- 获取堆栈选择：使用在堆栈中向上传递的子对象选择替换当前选择，可以使用标准方法修改此选择。
- 预览选择：提交到子对象选择之前，该选项允许预览它。根据鼠标的位置，可以在当前子对象层级预览，或者自动切换子对象层级。
  - 关闭：预览不可用。
  - 子对象：仅在当前子对象层级启用预览，如图7-161所示。
  - 多个：像子对象一样起作用，但根据鼠标的位置，也在顶点、边和多边形子对象层级级别之间自动变换。

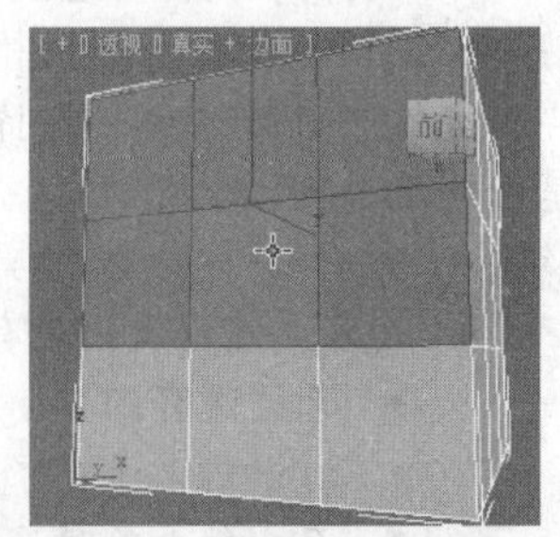
图7-161

- 选定0个对象："选择"卷展栏底部是一个文本显示，提供有关当前选择的信息。如果没有子对象选中，或者选中了多个子对象，那么该文本给出选择的数目和类型。

6."软选择"卷展栏（如图7-162所示）

"软选择"卷展栏是"编辑多边形"修改器中的公共参数卷展栏，无论当前处于何种选择集，都有该卷展栏。

- 使用软选择：启用该选项后，3ds Max会将样条线曲线变形应用到所变换的选择周围的未选定子对象。要产生效果，必须在变换或修改选择之前启用该复选框。
- 边距离：启用该选项后，将软选择限制到指定的面数，该选择在进行选择的区域和软选择的最大范围之间。
- 影响背面：启用该选项后，那些法线方向与选定子对象平均法线方向相反的、取消选择的面就会受到软选择的影响。
  - 衰减：定义影响区域的距离，是用当前单位表示的从中心到球体的边的距离。使用越高的衰减设置，就可以实现更平缓的斜坡，具体情况取决于几何体比例。

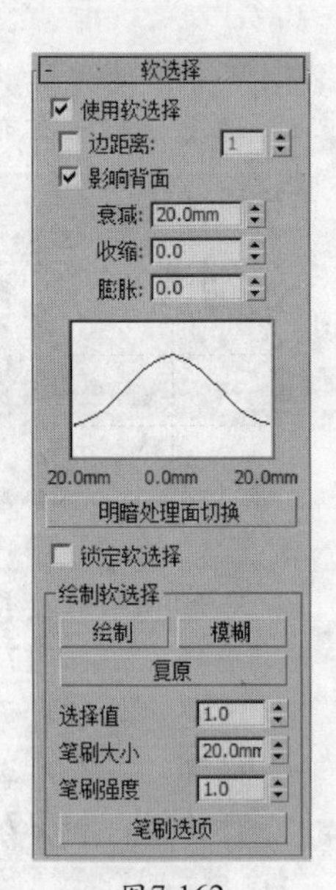

图7-162

- 收缩：沿着垂直轴提高并降低曲线的顶点，设置区域的相对突出度。为负数时，将生成凹陷，而不是点。设置为 0 时，收缩将跨越该轴生成平滑变换。
- 膨胀：沿着垂直轴展开和收缩曲线。
- 明暗处理面切换：显示颜色渐变，它与软选择权重相适应。
- 锁定软选择：启用该选项将禁用标准软选择选项，通过锁定标准软选择的一些调节数值选项，避免程序选择对其进行更改。
- 绘制软选择：可以通过鼠标在视图上指定软选择，绘制软选择可以通过绘制不同权重的不规则形状来表达想要的选择效果。与标准软选择相比而言，绘制软选择可以更灵活地控制软选择图形的范围，不再受固定衰减曲线的限制。
  - 绘制：选择该选项，在视图中拖动鼠标，可在当前对象上绘制软选择。
  - 模糊：绘制以软化现有绘制的软选择的轮廓。
  - 复原：选择该选项，在视图中拖动鼠标，可复原当前的软选择。
  - 选择值：绘制或复原软选择的最大权重，最大值为1。
  - 笔刷大小：绘制软选择的笔刷大小。
  - 笔刷强度：绘制软选择的笔刷强度，强度越高，达到完全值的速度越快。

提示 通过Ctrl+Shift+鼠标左键可以快速调整笔刷大小，通过Alt+Shift+鼠标左键可以快速调整笔刷强度，绘制时按住Ctrl键可暂时恢复启用复原工具。

  - 笔刷选项：可打开“绘制笔刷”对话框来自定义笔刷的形状、镜像、压力设置等相关属性。

7. “编辑几何体”卷展栏（如图7-163所示）

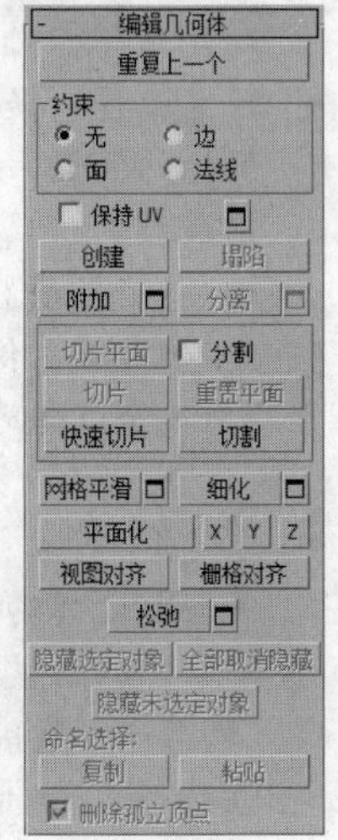

图7-163

“编辑几何体”卷展栏是“编辑多边形”修改器中的公共参数卷展栏，无论当前处于何种选择集，都有该卷展栏。该卷展栏在调整模型时是使用最多的。

- 重复上一个：重复最近使用的命令。
- 约束：可以使用现有的几何体约束子对象的变换。
  - 无：没有约束。这是默认选项。
  - 边：约束子对象到边界的变换。
  - 面：约束子对象到单个面的变换。
  - 法线：约束每个子对象到其法线（或法线平均）的变换。
- 保持UV：勾选该选项，编辑子对象时，不影响对象的 UV 贴图。
- 创建：创建新的几何体。
- 塌陷：通过将其顶点与选择中心的顶点焊接，使连续选定子对象的组产生塌陷，如图7-164所示。

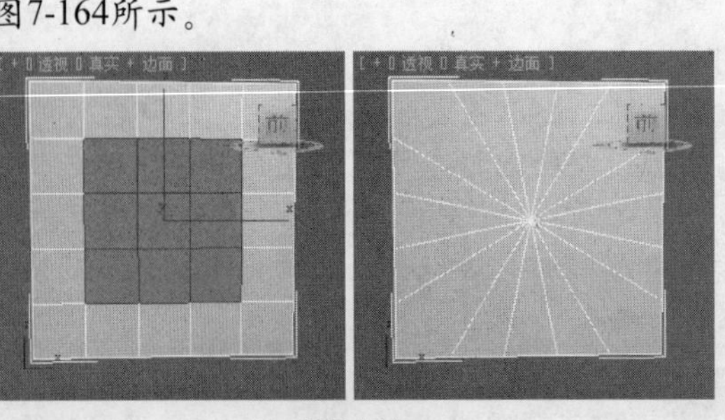

图7-164

- 附加：用于将场景中的其他对象附加到选定的多边形对象。单击▫（附加列表）按钮，在弹出的对话框中可以选择一个或多个对象进行附加。
- 分离：将选定的子对象和附加到子对象的多边形作为单独的对象或元素进行分离。单击▫（设置）按钮打开“分离”对话框，可设置多个选项。
- 切片平面：为切片平面创建Gizmo，可以通过定位和旋转来指定切片位置。同时启用“切片”和“重置平面”按钮；单击“切片”，可在平面与几何体相交的位置创建新边。
- 分割：启用时，通过快速切片和分割操作，可以在划分边的位置处的点创建两个顶点集。
- 切片：在切片平面位置处执行切片操作。只有启用“切片平面”时，才能使用该选项。
- 重置平面：将切片平面恢复到其默认位置和方向。只有启用“切片平面”时，才能使用该选项。
- 快速切片：可以将对象快速切片，而不操纵Gizmo。进行选择并单击“快速切片”按钮，然后在切片的起点处单击一次，再在其终点处单击一次。激活命令时，可以继续对选定内容执行切片操作。要停止切片操作，在视口中单击右键，或者重新单击“快速切片”按钮将其关闭。
- 切割：用于创建一个多边形到另一个多边形的边，或在多边形内创建边。单击起点并移动鼠标光标，然后再单击，再移动和单击，以便创建新的连接边。右键单击一次，退出当前切割操作，然后可以开始新的切割，或者再次右键单击退出切割模式。
- 网格平滑：使用当前设置平滑对象。
- 细化：根据细化设置细分对象中的所有多边形。单击▫（设置）按钮，可以指定平滑的应用方式。
- 平面化：强制所有选定的子对象成为共面。该平面的法线是选择的平均曲面法线。
- X、Y、Z：平面化选定的所有子对象，并使该平面与对象的局部坐标系中的相应平面对齐。例如，使用的平面是与按钮轴相垂直的平面，因此，单击X按钮时，可以使该对象与局部YZ轴对齐。
- 视图对齐：使对象中的所有顶点与活动视口所在的平面对齐。在子对象层级，此功能只会影响选定顶点或属于选定子对象的那些顶点。
- 栅格对齐：使选定对象中的所有顶点与活动视口所在的平面对齐。在子对象层级，只会对齐选定的子对象。
- 松弛：使用当前的松弛设置将松弛功能应用于当前选择。松弛可以规格化网格空间，方法是朝着邻近对象的平均位置移动每个顶点。单击▫（设置）按钮，可以指定松弛功能的应用方式。
- 隐藏选定对象：隐藏选定的子对象。
- 全部取消隐藏：将隐藏的子对象恢复为可见。
- 隐藏未选定对象：隐藏未选定的子对象。
- 命令选择：用于复制和粘贴对象之间的子对象的命名选择集。
  - 复制：打开一个对话框，可以指定要放置在复制缓冲区中的命名选择集。
  - 粘贴：从复制缓冲区中粘贴命名选择。
- 删除孤立顶点：启用时，在删除连续子对象的选择时删除孤立顶点。禁用时，删除子对象会保留所有顶点。默认设置为启用。

8.“绘制变形”卷展栏（如图7-165所示）

“绘制变形”卷展栏是“编辑多边形”修改器中的公共参数卷展栏，无论当前处于何种选择集，都有该卷展栏。

- 推/拉：将顶点移入对象曲面内（推）或移出曲面外（拉）。推拉的方向和范围由推/拉值所确定。
- 松弛：将每个顶点移到由它的邻近顶点平均位置所计算出来的位置上，来规格化顶点之间

的距离。松弛使用与松弛修改器相同的方法。

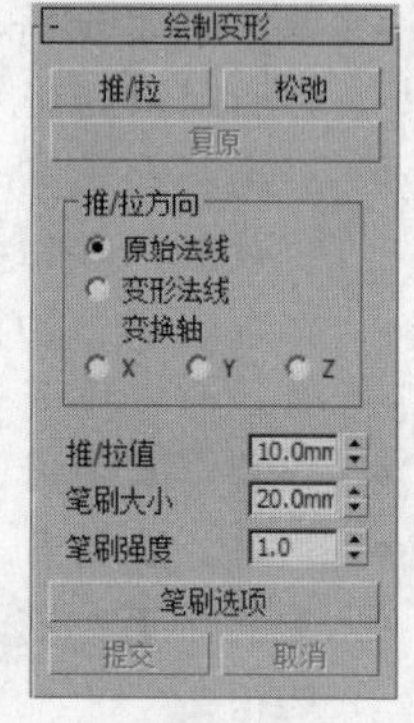

图7-165

- 复原：通过绘制可以逐渐擦除或反转推/拉或松弛的效果，仅影响从最近的提交操作开始变形的顶点。如果没有顶点可以复原，复原按钮就不可用。
- 推/拉方向：此设置用以指定对顶点的推或拉是根据曲面法线、原始法线或变形法线进行，还是沿着指定轴进行。
  - 原始法线：选择此项后，对顶点的推或拉会使顶点以它变形之前的法线方向进行移动。重复应用绘制变形时，总是将每个顶点以它最初移动时的相同方向进行移动。
  - 变形法线：选择此项后，对顶点的推或拉会使顶点以它现在的法线方向进行移动，也就是说变形之后的法线。
  - 变换轴X、Y、Z：选择此项后，对顶点的推或拉会使顶点沿着指定的轴进行移动。
- 推/拉值：确定单个推/拉操作应用的方向和最大范围。正值将顶点拉出对象曲面，负值将顶点推入曲面。
- 笔刷大小：设置圆形笔刷的半径。
- 笔刷强度：设置笔刷应用推/拉值的速率。低的强度值应用效果的速率要比高的强度值来得慢。
- 笔刷选项：单击此按钮以打开“绘制选项”对话框，在该对话框中可以设置各种笔刷相关的参数。
- 提交：使变形的更改永久化，将它们烘焙到对象几何体中。在使用“提交”后，就不可以将复原应用到更改上。
- 取消：取消自最初应用绘制变形以来的所有更改，或取消最近的提交操作。

9.“编辑顶点”卷展栏（如图7-166所示）

只有将选择集定义为“顶点”时，才会显示该卷展栏。

- 移除：删除选中的顶点，并接合起使用这些顶点的多边形。

> **注意** 选中需要删除的顶点，如图7-167所示。如果直接Delete键，此时网格中会出现一个或多个洞，如图7-168所示。如果单击“移除”按钮则不会出现孔洞，如图7-169所示。

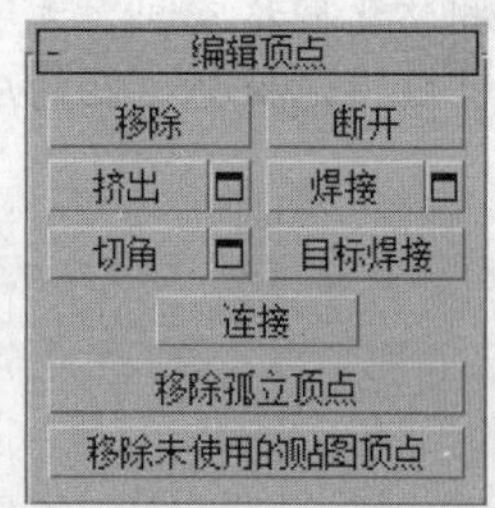

图7-166

图7-167

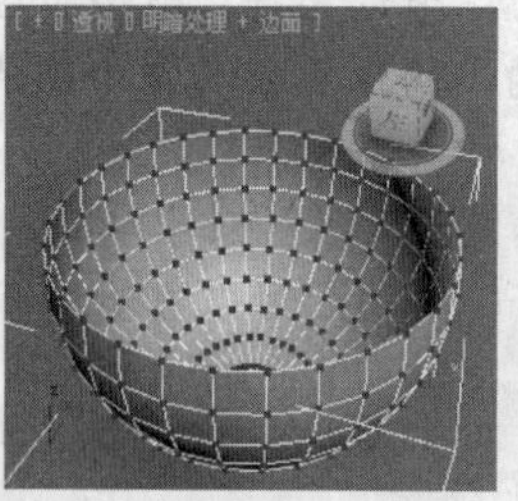
图7-168

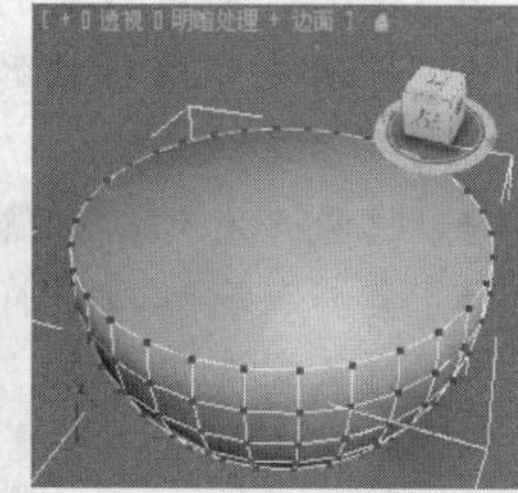
图7-169

- 断开：在与选定顶点相连的每个多边形上，都创建一个新顶点，这可以使多边形的转角相互分开，使它们不再相连于原来的顶点上。如果顶点是孤立的或者只有一个多边形使用，则顶点将不受影响。
- 挤出：可以手动挤出顶点，方法是在视口中直接操作。单击此按钮，然后垂直拖动到任何顶点上，就可以挤出此顶点。挤出顶点时，它会沿法线方向移动，并且创建新的多边形，形成挤出的面，将顶点与对象相连。挤出对象的面的数目，与原来使用挤出顶点的多边形数目一样。□（设置）按钮会打开挤出顶点助手，以便通过交互式操纵执行挤出。
- 焊接：对焊接助手中指定的公差范围内选定的连续顶点进行合并。所有边都会与产生的单个顶点连接。□（设置）按钮会打开焊接顶点助手以便设定焊接阈值。

- 切角：单击此按钮，然后在活动对象中拖动顶点。如果想准确地设置切角，先单击■（设置）按钮，然后设置切角量值，如图7-170所示。如果选定多个顶点，那么它们都会被施加同样的切角。
- 目标焊接：可以选择一个顶点，并将它焊接到相邻目标顶点，如图7-171所示。目标焊接只焊接成对的连续顶点，也就是说，顶点有一个边相连。
- 连接：在选中的顶点对之间创建新的边，如图7-172所示。

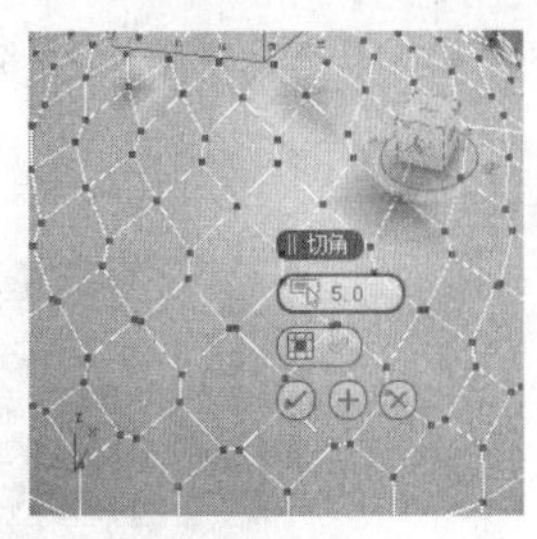

图7-170

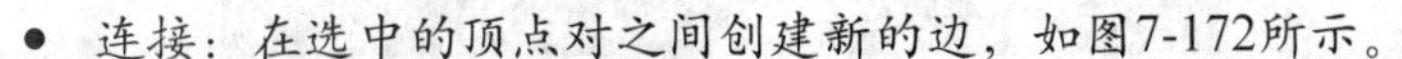
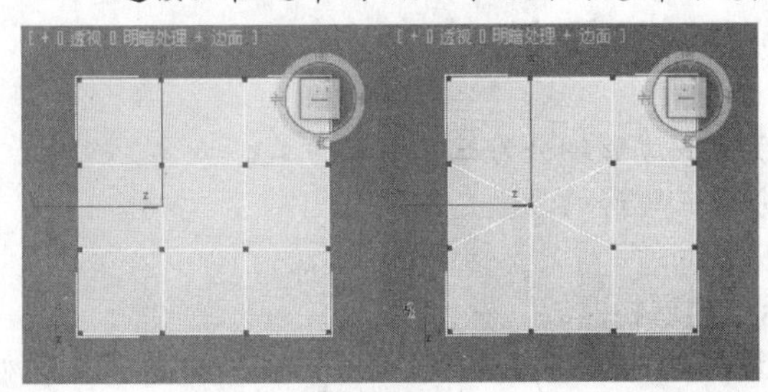
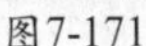
图7-171

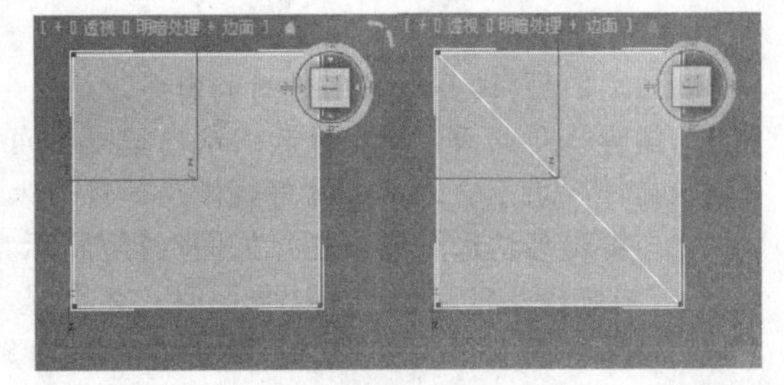
图7-172

- 移除孤立顶点：将不属于任何多边形的所有顶点删除。
- 移除未使用的贴图顶点：某些建模操作会留下未使用的贴图顶点，它们会显示在展开UVW编辑器中，但是不能用于贴图。可以使用这一按钮，来自动删除这些贴图顶点。

10.“编辑边”卷展栏（如图7-173所示）

只有将选择集定义为“边”时，才会显示该卷展栏。

- 插入顶点：用于手动细分可视的边。启用插入顶点后，单击某边即可在该位置处添加顶点。
- 移除：删除选定边并组合使用这些边的多边形。
- 分割：沿着选定边分割网格。对网格中心的单条边应用该工具时，不会起任何作用。影响边末端的顶点必须是单独的，以便能使用该选项。例如，因为边界顶点可以一分为二，所以可以在与现有的边界相交的单条边上使用该选项。另外，因为共享顶点可以进行分割，所以可以在栅格或球体的中心处分割两个相邻的边。
- 桥：使用多边形的桥连接对象的边。桥只连接边界边，也就是只在一侧有多边形的边。创建边循环或剖面时，该工具特别有用。单击■（设置）按钮打开跨越边助手，以便通过交互式操纵在边对之间添加多边形，如图7-174所示。

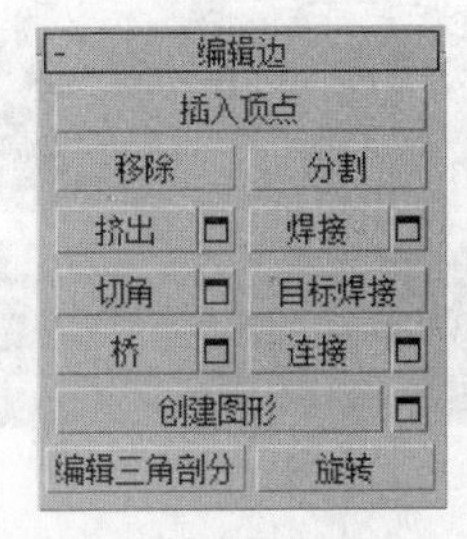

图7-173

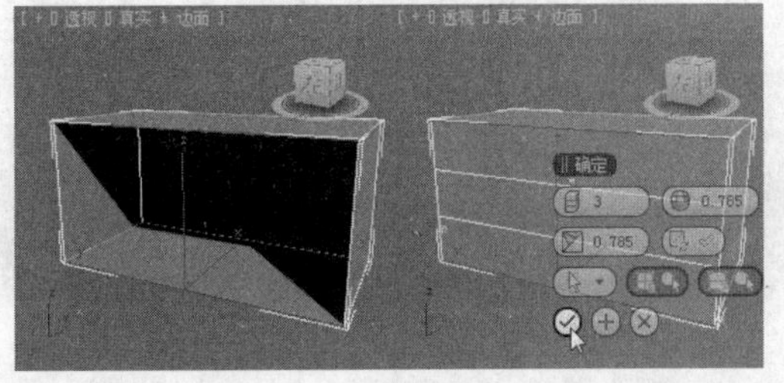

图7-174

- 创建图形：选择一条或多条边创建新的曲线。
- 编辑三角剖面：用于修改绘制内边或对角线时多边形细分为三角形的方式。
- 旋转：用于通过单击对角线修改多边形细分为三角形的方式。激活旋转时，对角线可以在线框和边面视图中显示为虚线。在旋转模式下，单击对角线可更改其位置。要退出旋转模式，在视口中单击右键或再次单击旋转按钮。

11.“编辑边界”卷展栏（如图7-175所示）

只有将选择集定义为“边界”时，才会显示该卷展栏。

- 封口：使用单个多边形封住整个边界环，如图7-176所示。

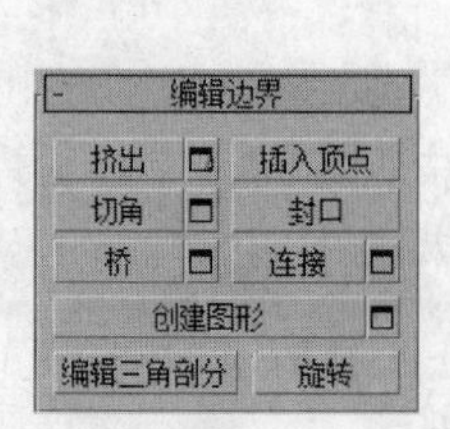

图7-175

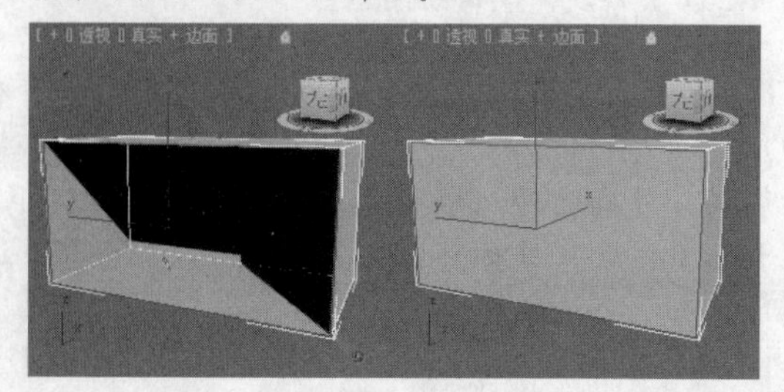

图7-176

- 创建图形：选择边界创建新的曲线。
- 编辑三角剖面：用于修改绘制内边或对角线时多边形细分为三角形的方式。
- 旋转：用于通过单击对角线修改多边形细分为三角形的方式。

12. “编辑多边形”卷展栏（如图7-177所示）

只有将选择集定义为“多边形”时，才会显示该卷展栏。

- 轮廓：用于增大或减小每组连续的选定多边形的外边，单击▣（设置）按钮打开多边形加轮廓助手，以便通过数值设置施加轮廓操作，如图7-178所示。

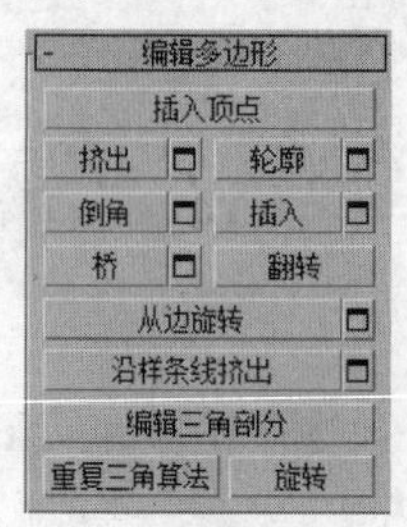

图7-177

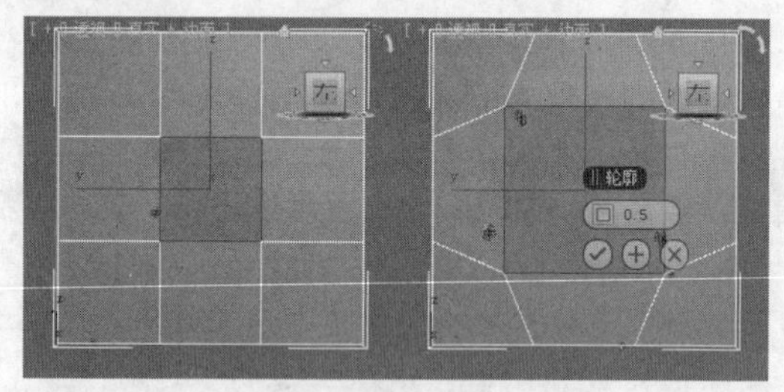

图7-178

- 倒角：通过直接在视口中操作执行手动倒角处理。单击▣（设置）按钮打开倒角助手，以便通过交互式操作执行倒角处理，如图7-179所示。
- 插入：执行没有高度的倒角操作，如图7-180所示即在选定多边形的平面内执行该操作。单击“插入”按钮，然后垂直拖动任何多边形，以便将其插入。单击▣（设置）按钮打开插入助手，以便通过交互式操作插入多边形。

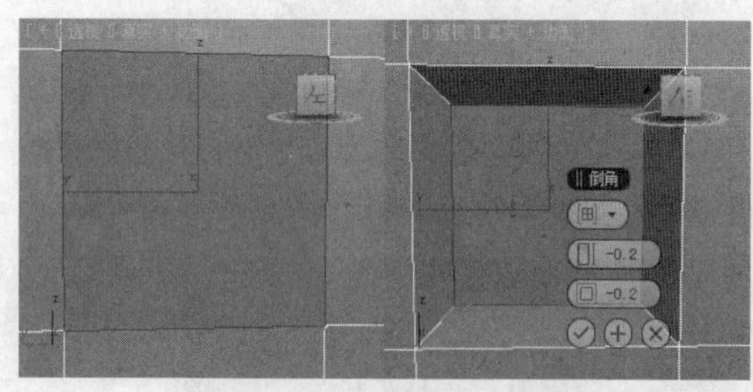

图7-179

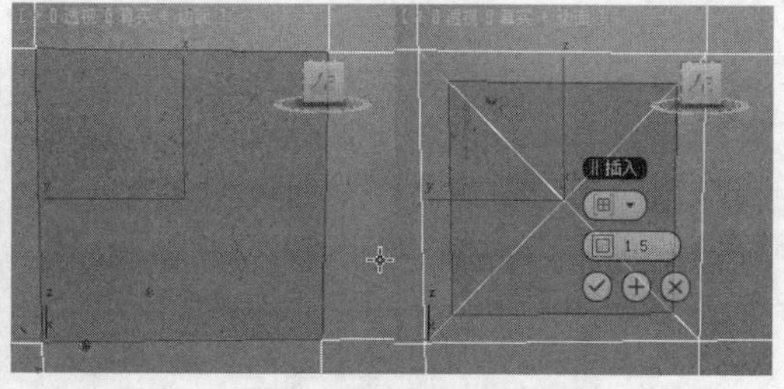

图7-180

- 翻转：反转选定多边形的法线方向。
- 从边旋转：通过在视口中直接操纵执行手动旋转操作。单击▣（设置）按钮打开从边旋转助手，以便通过交互式操作旋转多边形。
- 沿样条线挤出：沿样条线挤出当前的选定内容。单击▣（设置）按钮打开沿样条线挤出助手，以便通过交互式操作沿样条线挤出。
- 编辑三角剖面：可以通过绘制内边修改多边形细分为三角形的方式，如图7-181所示。

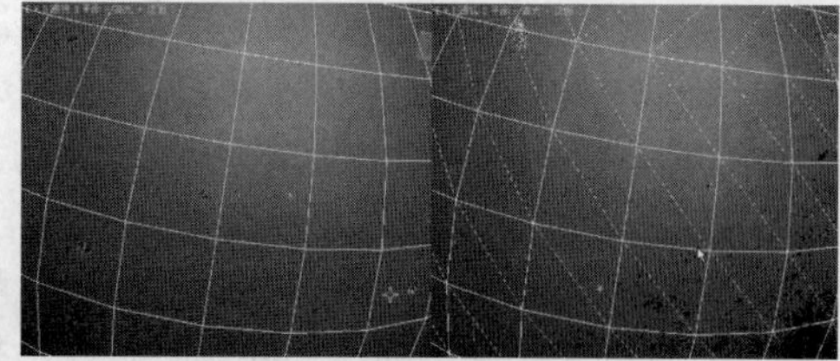

图7-181

- 重复三角算法：允许3ds Max对多边形或当前选定的多边形自动执行最佳的三角剖分操作。
- 旋转：用于通过单击对角线修改多边形细分为三角形的方式。

13. “多边形：材质ID”卷展栏和“多边形：平滑组”卷展栏

只有将选择集定义为“多边形”时，才会显示这两个卷展栏，如图7-182所示。

图7-182

- 设置ID：用于向选定的面片分配特殊的材质ID编号，以供多维/子对象材质和其他应用使用。
- 选择ID：选择与相邻ID字段中指定的材质ID对应的子对象。输入或使用该微调器指定ID，然后单击“选择ID”按钮。
- 清除选择：启用时，选择新ID或材质名称会取消选择以前选定的所有子对象。
- 按平滑组选择：显示说明当前平滑组的对话框。
- 清除全部：从选定片中删除所有的平滑组分配多边形。
- 自动平滑：基于多边形之间的角度设置平滑组。如果任何两个相邻多边形的法线之间的角度小于阈值角度（由该按钮右侧的微调器设置），它们会包含在同一平滑组中。

> **注意** “元素”选择集的卷展栏中的相关命令与“多边形”选择集功能相同，这里就不重复介绍了，具体命令参考“多边形”选择集即可。

动手操作——制作液晶显示器

场景路径：Scene\cha07\液晶显示器.max	贴图路径：map\cha07\液晶显示器
最终场景路径：Scene\cha07\液晶显示器场景.max	视频路径：视频\cha07\制作液晶显示器.mp4

01 单击“（创建）”|“（几何体）”|“扩展基本体”|“切角长方体”按钮，在前视图中创建切角长方体，在“参数”卷展栏中设置“长度”为200、“宽度”为350、“高度”为10、“圆角”为4、“圆角分段”为3，如图7-183所示。

02 切换到（修改）命令面板，为模型施加“编辑多边形”修改器，将选择集定义为“多边形”，在前视图中选择多边形，在“编辑多边形”卷展栏中单击“倒角”后的设置按钮，在弹出的助手（又称小盒）中设置“轮廓”为-5，单击“确定”按钮，如图7-184所示。

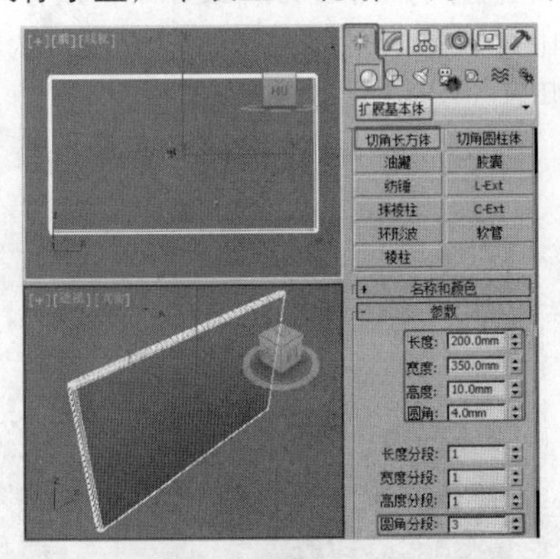

图7-183

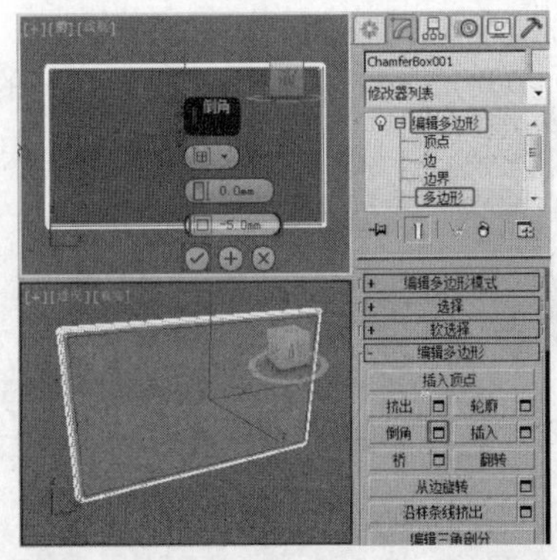

图7-184

03 使用（选择并均匀缩放）工具在前视图中沿Y轴缩放多边形，使用（选择并移动）工具沿Y轴调整多边形，如图7-185所示。

04 再次为多边形设置倒角，单击“倒角”后的设置按钮，在弹出的助手（又称小盒）中设置“高度”为-5、“轮廓”为-3，单击“确定”按钮，如图7-186所示。

05 在后视图中选择如图7-187所示的多边形，在“编辑多边形”卷展栏中单击“倒角”后的设置按钮，在弹出的小盒中设置“高度”为8、“轮廓”为-6，单击“确定”按钮。

06 将选择集定义为“边”，在“选择”卷展栏中勾选“忽略背面”选项，以防在选择边时误选，在透视图中选择如图7-188所示的4个边。

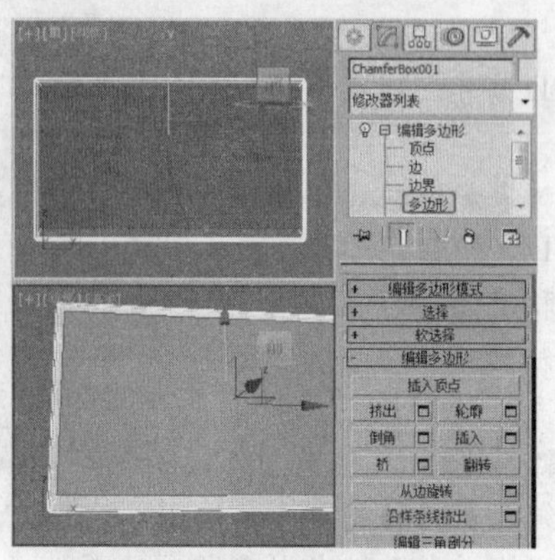

图7-185

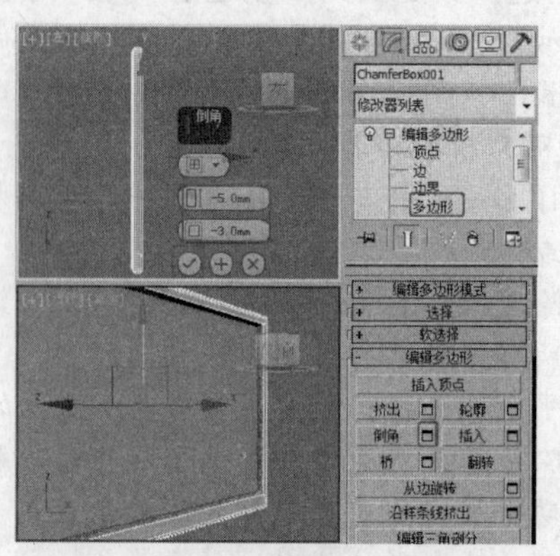

图7-186

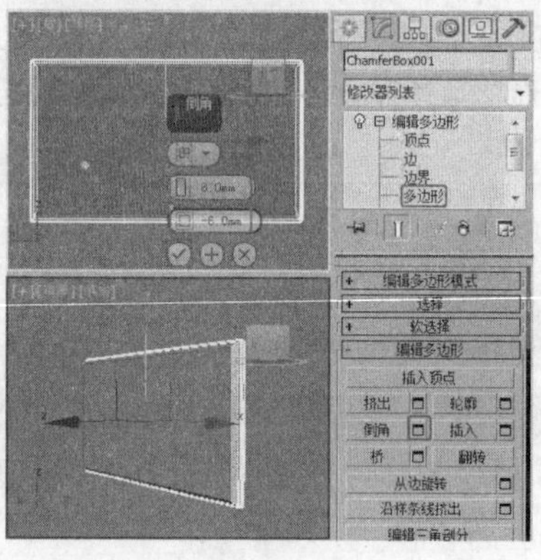

图7-187

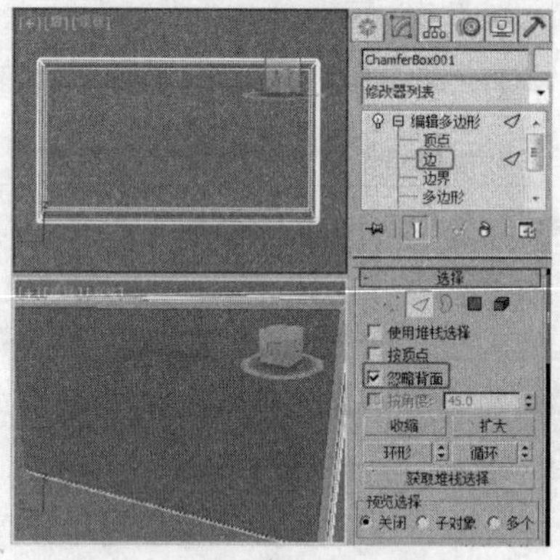

图7-188

07 在“编辑边”卷展栏中单击“切角”后的设置按钮，在弹出的助手（又称小盒）中设置“数量”为10、“分段”为20，单击“确定”按钮，如图7-189所示。

08 单击“（创建）”|“（几何体）”|“扩展基本体”|“切角长方体”按钮，在前视图中创建切角长方体作为布尔对象，在“参数”卷展栏中设置“长度”为50、“宽度”为240、“高度”为30、“圆角”为3，调整模型至合适的位置，如图7-190所示。

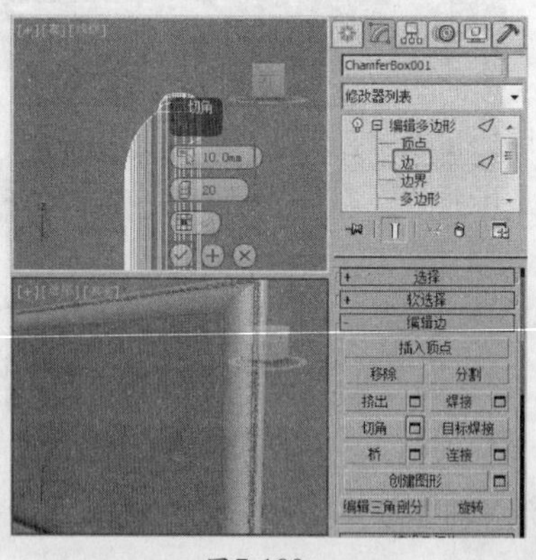

图7-189

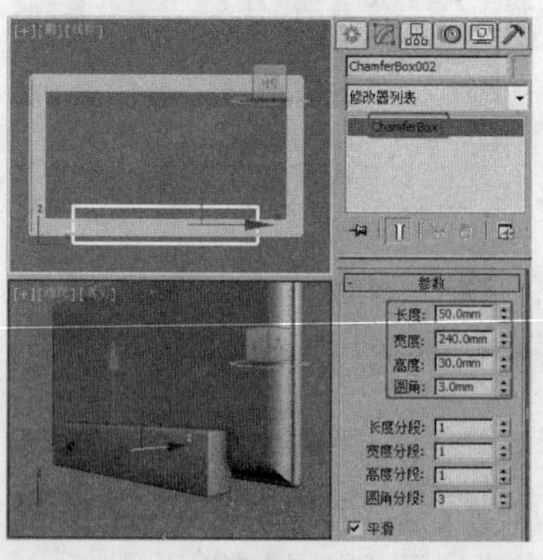

图7-190

09 选择ChamferBox001模型，单击“（创建）”|“（几何体）”|“复合对象”|“布尔”按钮，在“拾取布尔”卷展栏中单击“拾取操作对象B”按钮，在场景中拾取作为布尔对象的

ChamferBox002，如图7-191所示。

⑩ 在前视图中创建切角长方体作为底座支柱，在“参数”卷展栏中设置“长度”为50、“宽度”为40、“高度”为20、“圆角”为3，调整模型至合适的位置，如图7-192所示。

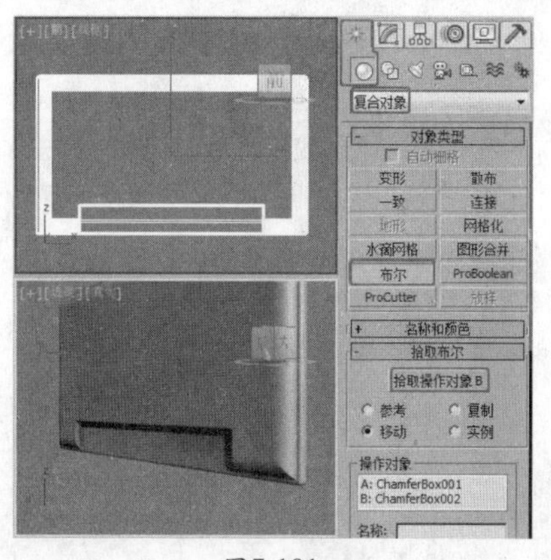

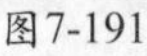

图7-191

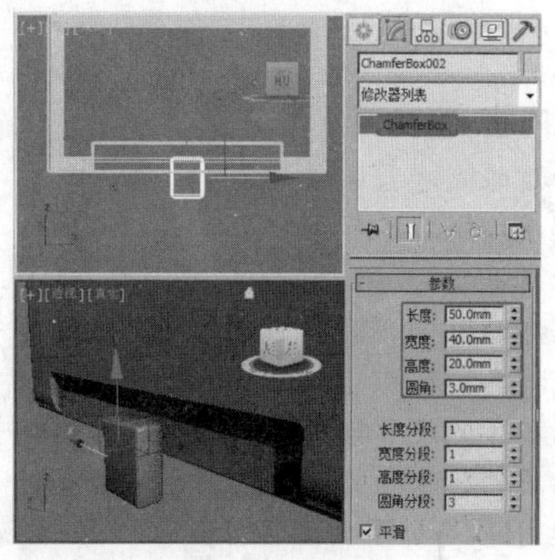

图7-192

⑪ 在顶视图中创建切角圆柱体作为底座模型，在“参数”卷展栏中设置“半径”为70、“高度”为10、“圆角”为2、“圆角分段”为3、“边数”为30，调整模型至合适的位置，如图7-193所示。

⑫ 在视图中继续创建切角圆柱体作为按钮模型，调整完成后的模型如图7-194所示。

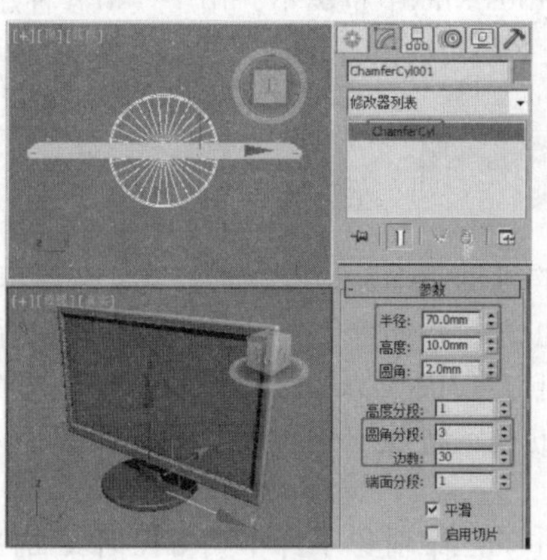

图7-193

图7-194

⑬ 将创建的模型储存，文件命名为“液晶显示器.max”。

7.8 小结

本章介绍了基础物体、二维线形的用途及创建方法，以图、文、实例制作相结合的形式，用简洁的话语、清晰的结构，以最明了的方式带领各位读者快速进入制作效果图的大门。

二维线形在制作效果图中是非常好用的，本章专门介绍了二维线形的基础知识及绘制方法，并介绍了与某些修改命令配合生成三维物体的方法。这些方法在制作效果图中会经常用到，希望读者能熟练掌握。为了强化对命令的理解，本章制作了一些小范例，可以通过这种学习方法，将这些修改命令掌握得更熟练一些。希望读者多进行这方面的练习，活学活用，以巩固所学的知识和技能。

第8章　3ds Max的材质

本章内容

- 材质的概述
- 材质编辑器界面
- 材质类型
- 程序贴图
- 模拟真实材质
- 材质库的建立与调用
- 材质的特殊应用
- 使用UVW贴图调整贴图坐标

材质是3ds Max中的重要内容，它可以使生硬的造型变得生动、逼真，富有生活气息。无论在哪一个应用领域，材质的表现都占有极其重要的作用。同时，材质的调制是一个复杂的过程，包含了众多参数与选项的正确设置。

现实生活中的建筑离不开各种建筑材料，同样在3ds Max中也离不开用于模拟各种建筑材料的“材质”，因此学会调制各种建筑上的常用材质也是必不可少的技能。

8.1　材质的概述

材质是什么呢？从严格的意义上来讲，材质实际上就是3ds Max系统对真实物体视觉效果的表现，而这种视觉效果又通过颜色、质感、反光、折光、透明性、自发光、表面粗糙程度以及肌理纹理结构等诸多要素显示出来。这些视觉要素都可以在3ds Max中用相应的参数或选项来进行设定，各项视觉要素的变化和组合使物体呈现出不同的视觉特性。在场景中所观察到的以及制作的材质就是这样一种综合的视觉效果。

材质就是指对真实材料视觉效果的模拟，场景中的三维对象本身不具备任何表面性，当创建完物体后，只是以颜色表现出来，自然也就不会产生与现实材料相一致的视觉效果。要产生与生活场景一样丰富多彩的视觉效果，只有通过材质的模拟，这样造型才会呈现出真实材料的视觉特征，具有真实感，使制作的效果图更接近于现实效果。

8.2　材质编辑器界面

材质的调制对于学习制作效果图的人员来说，可是一门很深奥的学问，使用材质不但可以使简单的模型变得生动、逼真，还可以避免许多复杂的建模过程，使工作更省力。例如，通过凹凸贴图可以创建出逼真的砖墙，而不需要对每一个砖块都进行建模。

在3ds Max中，材质的编辑和生成是在材质编辑器中完成的，只要单击工具栏中的（材质编辑器）按钮，或按键盘中的M键，即可打开“材质编辑器”窗口，如图8-1所示为默认的“Slate材质编辑器”。

“Slate材质编辑器”窗口包括8个部分，即菜单栏、工具栏、材质/贴图浏览器、活动视图、状态栏、导航器、参数编辑器、视图导航。

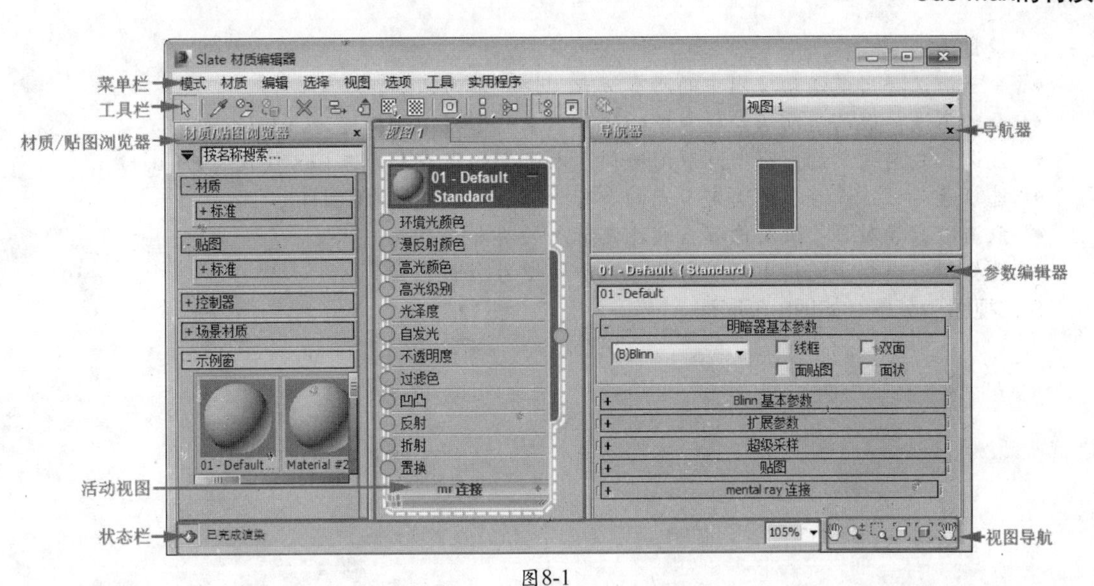

图8-1

8.2.1 菜单栏

菜单栏中包含带有创建和管理场景中材质的各种选项的菜单，大部分菜单选项也可以从工具栏中或导航按钮中找到。

1. **“模式”菜单（如图8-2所示）**

- 精简材质编辑器：显示精简材质编辑器。
- Slate材质编辑器：显示Slate材质编辑器。

2. **“材质”菜单（如图8-3所示）**

- 从对象选取：选择此选项后，3ds Max会显示一个滴管光标。单击场景视图中的一个对象，可在当前的活动视图中显示出其材质。
- 从选定项获取：在场景视图中选择一个对象，单击该选项后，选中对象的材质将会在活动视图中显示。
- 获取所有场景材质：在当前视图中显示所有场景材质。
- 将材质指定给选定对象：将当前材质指定给当前选中的所有对象。快捷键为A。
- 导出为XMSL文件：打开一个文件对话框，将当前材质导出到MetaSL（XMSL）文件。

3. **“编辑”菜单（如图8-4所示）**

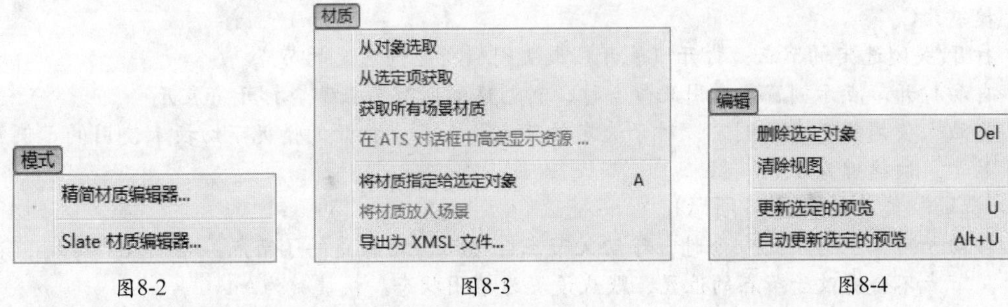

图8-2　　图8-3　　图8-4

- 删除选定对象：在活动视图中删除选定的节点或关联。快捷键为Delete。
- 清除视图：删除活动视图中的全部节点和关联。
- 更新选定的预览：自动更新关闭时，选择此命令可以为选定的节点更新预览窗口。快捷键为U。
- 自动更新选定的预览：切换选定预览窗口的自动更新。快捷键为Alt+U。

4. **“选择”菜单（如图8-5所示）**

- 选择工具：激活选择工具，当其处于活动状态时，此菜单选项旁边会有一个复选标记。快捷键为S。

- 全选：选择当前活动视图中的所有节点。快捷键为Ctrl+A。
- 全部不选：取消当前活动视图中的所有节点的选择。快捷键为Ctrl+D。
- 反选：之前选定的所有节点取消选择，未选择的现在全部选择。快捷键为Ctrl+I。
- 选择子对象：选择当前选定节点的所有子节点。快捷键为Ctrl+C。
- 取消选择子对象：取消选择当前选定节点的所有子节点。
- 选择树：选择当前树中的所有节点。快捷键为Ctrl+T。

5. "视图"菜单（如图8-6所示）

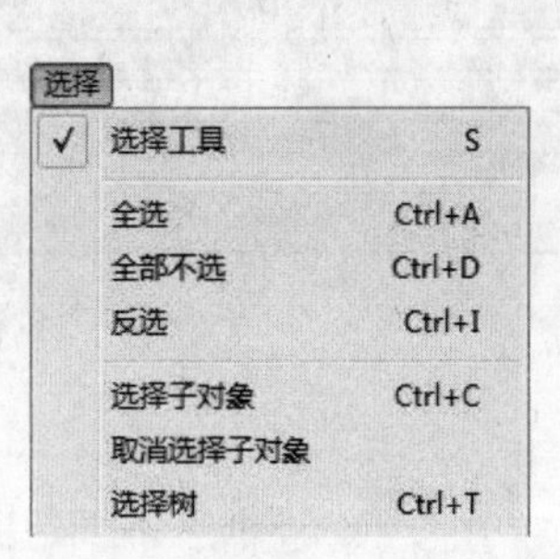

图8-5

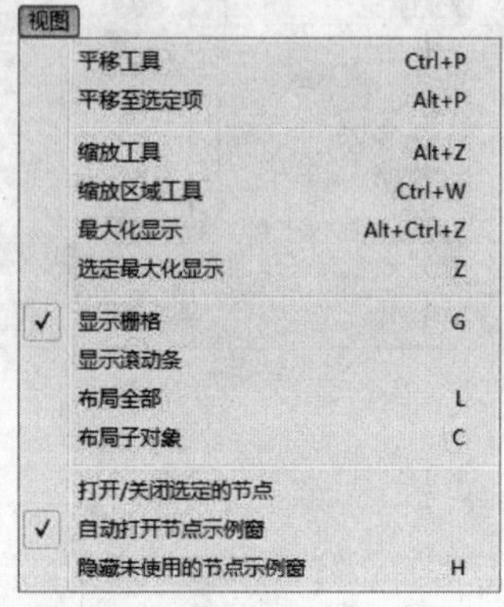

图8-6

- 平移工具：启用平移工具后，在当前活动视图中拖动就可平移视图了。快捷键为Ctrl+P。
- 平移至选定项：将视图平移至当前选择的节点。快捷键为Alt+P。
- 缩放工具：启用缩放工具后，在当前视图中拖动就可以缩放视图了。快捷键为Alt+Z。
- 缩放区域工具：启用缩放区域工具后，在视图中拖动一块矩形选区就可以放大该区域。快捷键为Ctrl+W。
- 最大化显示：缩放视图，从而让视图中的所有节点都可见且居中显示。快捷键为Alt+Ctrl+Z。
- 选定最大化显示：缩放视图，从而让视图中的所有选定节点都可见且居中显示。快捷键为Z。
- 显示栅格：将一个栅格的显示切换为视图背景。默认设置为启用，快捷键为G。
- 显示滚动条：根据需要，切换视图右侧和底部的滚动条的显示。默认设置为禁用状态。
- 布局全部：自动排列视图中所有节点的布局。快捷键为L。
- 布局子对象：自动排列当前所选节点的子对象的布局。此操作不会更改父节点的位置。快捷键为C。
- 打开/关闭选定的节点：打开（展开）或关闭（折叠）选定的节点。
- 自动打开节点示例窗：启用此命令时，新创建的所有节点都会打开（展开）。
- 隐藏未使用的节点示例窗：对于选定的节点，在节点打开的情况下切换未使用的示例窗的显示。快捷键为H。

6. "选项"菜单（如图8-7所示）

- 移动子对象：启用此命令时，移动父节点会移动与之相随的子节点。禁用此命令时，移动父节点不会更改子节点的位置。默认设置为禁用状态。快捷键为Alt+C。
- 将材质传播到实例：启用此命令时，任何指定的材质将被传播到场景中对象的所有实例，包括导入AutoCAD块或基于ADT样式的对象；它们都是DRF文件中常见的对象类型。
- 启用全局渲染：切换预览窗口中位图的渲染。默认为启用，快捷键为Alt+Ctrl+U。
- 首选项：打开"首选项"对话框，从中可以设置"Slate材质编辑器"窗口的界面。

7. "工具"菜单（如图8-8所示）

- 材质/贴图浏览器：切换"材质/贴图浏览器"的显示。默认为启用，快捷键为O。

- 参数编辑器：切换参数编辑器的显示。默认为启用，快捷键为P。
- 导航器：切换导航器的显示。默认为启用，快捷键为N。

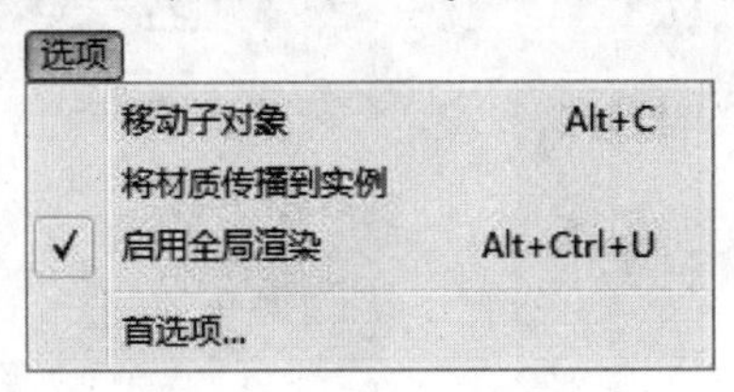

图8-7

图8-8

8.2.2 工具栏

使用工具栏可以快速访问许多命令。该工具栏还包含一个下拉列表，可以在命令的视图之间进行选择。如图8-9所示为工具栏。

图8-9

- （视口中显示明暗处理材质）：激活该按钮，在场景视图中为使用此材质的对象应用Phong明暗处理，并且会显示该材质的漫反射颜色和不透明度贴图。
- （在预览中显示背景）：仅当选定了单个材质节点时才启用此按钮。启用“在预览中显示背景”，将向该材质的预览窗口添加多颜色的方格背景。如果要查看不透明度和透明度的效果，该图案背景很有帮助。
- （布局全部-垂直）：单击此选项，将以垂直模式自动布置所有节点。
- （布局全部-水平）：单击此选项，将以水平模式自动布置所有节点。
- （按材质选择）：仅当为场景中使用的材质选择了单个材质节点时，该按钮才处于启用状态。

8.2.3 材质/贴图浏览器

“材质/贴图浏览器”对话框中的每个库和组都有一个带有打开/关闭（+/－）图标的标题栏，该图标可用于展开或收缩列表。组可以有子组，子组有自己的标题栏，某些子组可以有更深层的子组。“材质/贴图浏览器”对话框如图8-10所示。

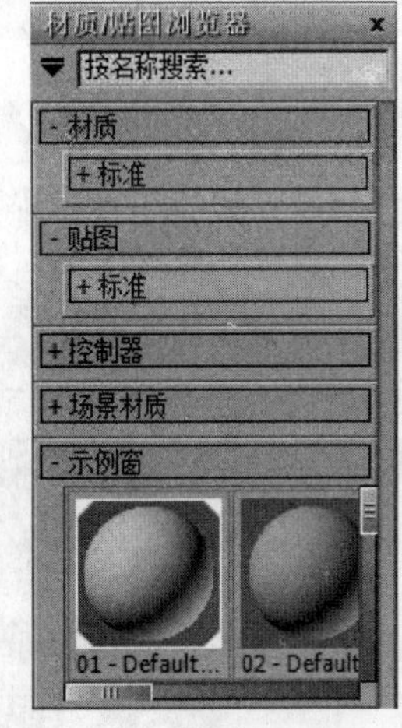

图8-10

- 材质/贴图：“材质”组和“贴图”组显示可用于创建新的自定义材质和贴图的基础材质与贴图类型。这些类型是标准类型，它们可能具有默认值，但实际上是供用户进行自定义的模板。
- 控制器：“控制器”组显示可用于为材质设置动画的动画控制器。
- 场景材质：“场景材质”组列出用在场景中的材质（有时为贴图）。默认状态下，它始终保持最新，以便显示当前场景状态。
- 示例窗：“示例窗”组是由“精简材质编辑器”使用的示例窗的小版本。

8.2.4 活动视图

在“视图”面板中显示有材质和贴图节点，可以在节点之间创建关联。

1. 编辑节点

可以折叠节点或隐藏其窗口，如图8-11所示；也可以展开节点显示窗口，如图8-12所示；还可以在水平方向调整节点的大小，这样更易于读取窗口名称，如图8-13所示。

图8-11

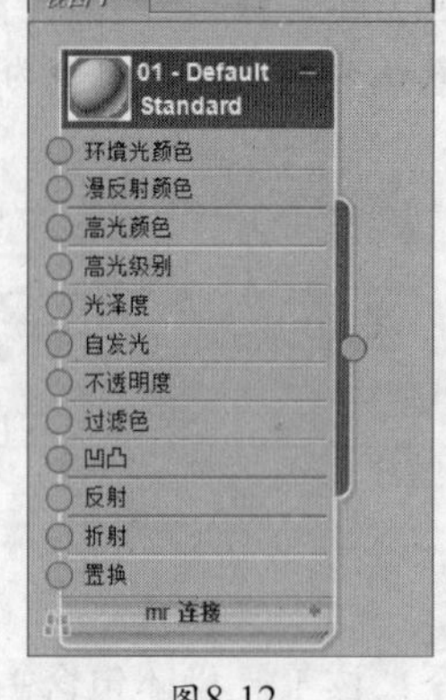

图8-12

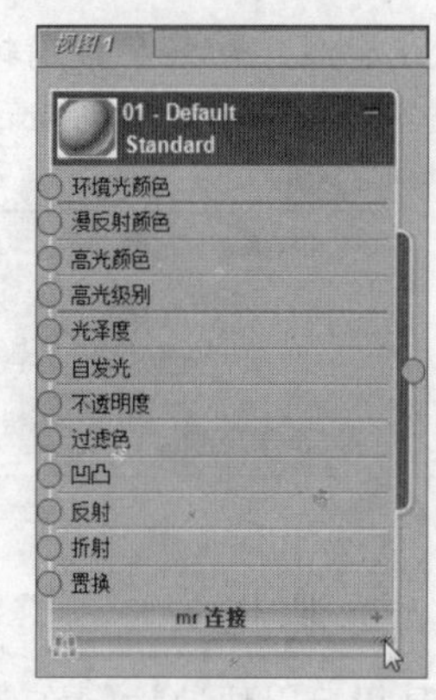

图8-13

通过双击预览，可以放大节点标题中预览的大小。再次双击预览，可恢复预览大小，如图8-14所示。

在节点的标题栏中，材质预览的拐角处表明材质是否是热材质。没有三角形，表示场景中没有使用材质；轮廓是白色的三角形，表示是热材质，或者说它已经在场景中实例化；实心白色三角形，表示不仅是热材质，而且已经应用到当前选定的对象，如图8-15所示。如果材质没有应用于场景中的任何对象，通常称它为冷的。

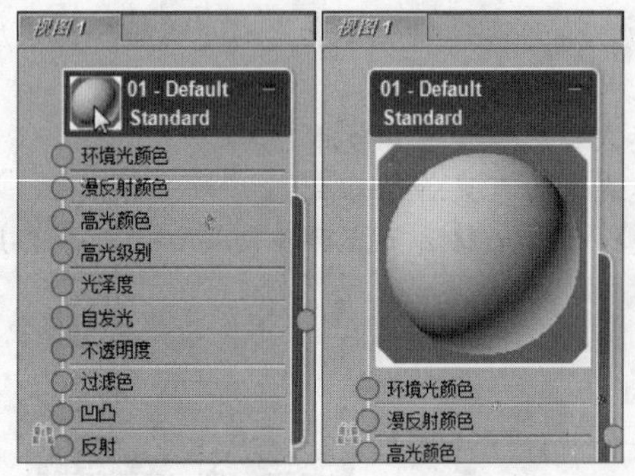

图8-14

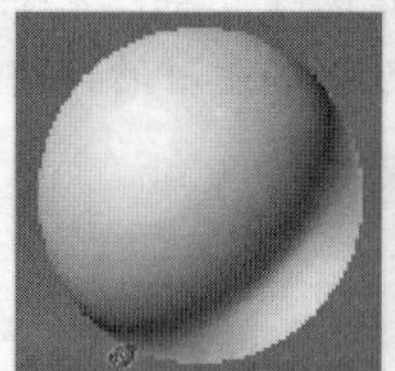
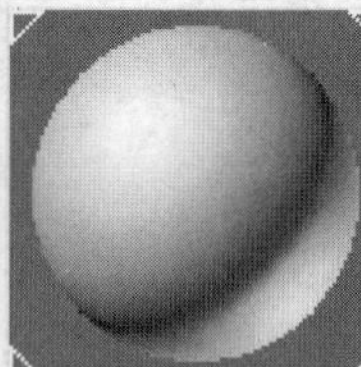
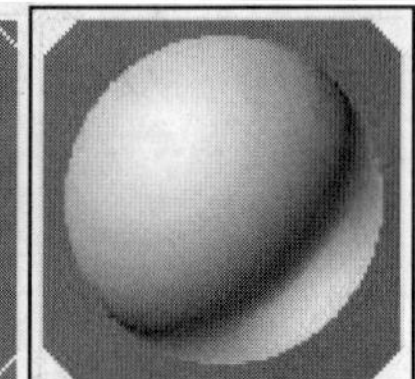
图8-15

2. 关联节点

要设置材质组件的贴图，先将一个贴图节点关联到该组件窗口的输入套接字，然后从贴图套接字拖到材质套接字上，如图8-16所示。

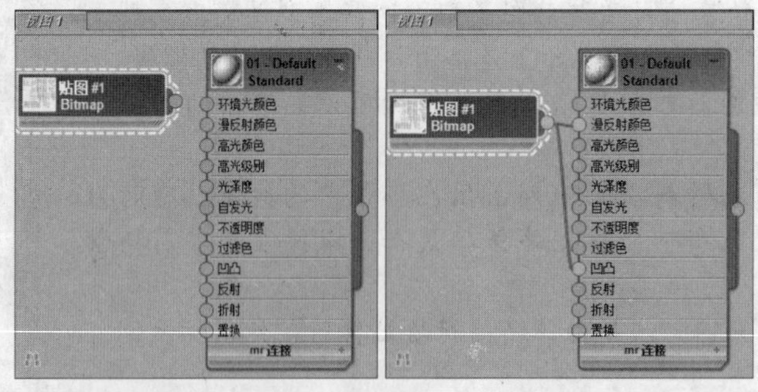

图8-16

若要移除选定项，单击工具栏中的 ✕ （删除选定对象）按钮，或直接按Delete键。同样，使用这种方法也可以将创建的关联删除。

3. 替换关联方法

从视图中拖动出关联，在视图的空白部分上释放新关联，将打开一个用于创建新节点的菜单，如图8-17所示。用户可以从输入套接字向后拖动，也可以从输出套接字向前拖动。

如果将关联拖动到目标节点的标题栏，则将显示一个弹出菜单，可通过它选择要关联的组件窗口，如图8-18所示。

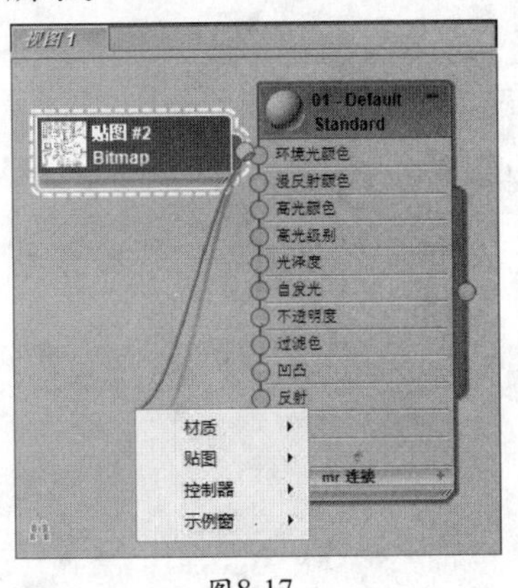

图8-17

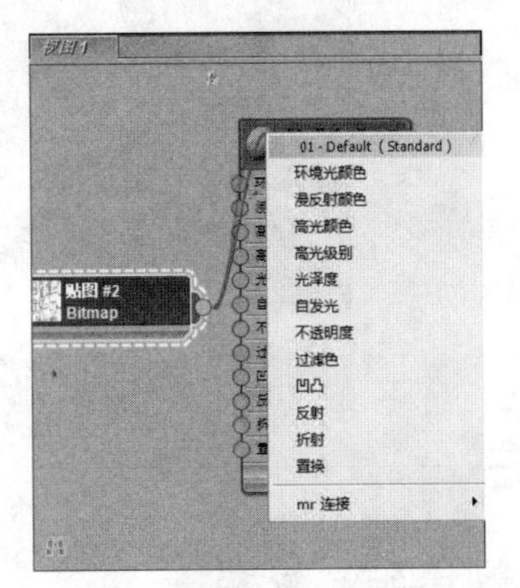

图8-18

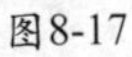

8.2.5 状态栏

显示当前是否完成预览窗口的渲染。

8.2.6 视图导航

视图导航工具与“视图”菜单中的各项命令相同。

8.2.7 参数编辑器

材质和贴图上有各种可以调整的参数。要查看某个位置或节点的参数，双击此节点，参数就会出现在参数编辑器中，如图8-19所示。左图为材质节点的控件，右图为位图节点的控件。

也可以直接在节点显示中编辑参数，如图8-20所示。但一般来说，“参数编辑器”界面更易于阅读和使用。默认情况下，不能用图表示的组件在节点显示中呈隐藏状态。

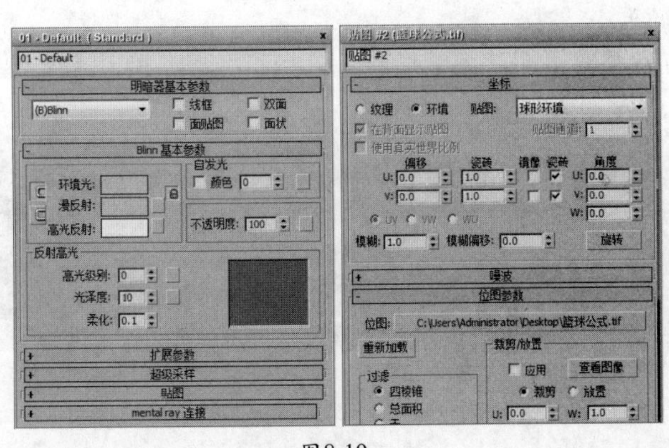

图8-19

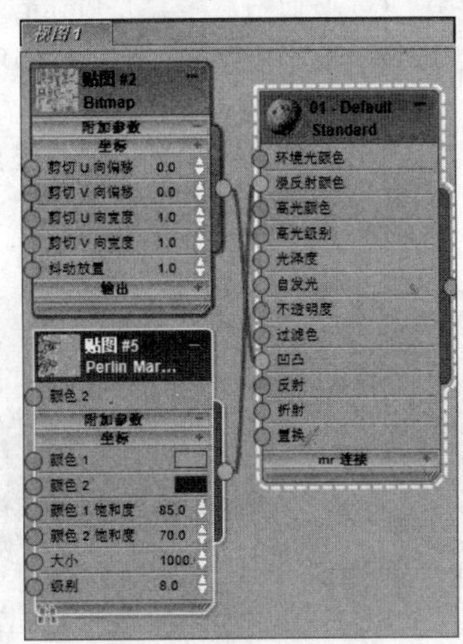

图8-20

8.2.8 导航器

导航器位于“Slate材质编辑器”对话框中，用于浏览活动视图的控件，与3ds Max视口中用于浏览几何体的控件类似。如图8-21所示为导航器对应的视图控件。

导航器中的红色矩形显示了活动视图的边界。在导航器中拖动矩形，可以更改“视图”布局。

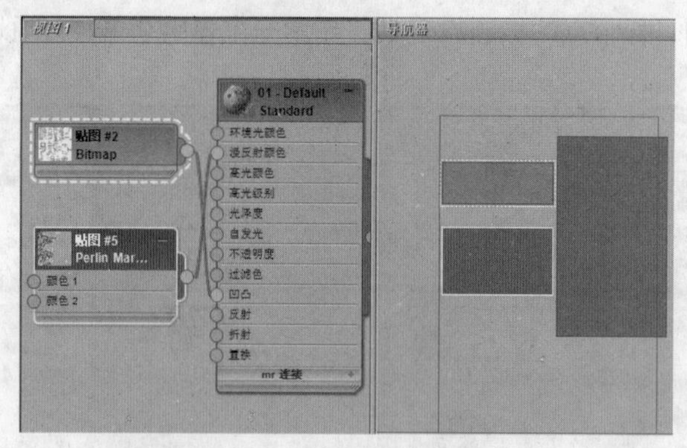

图8-21

8.3 明暗器类型

下面使用常用的“精简材质编辑器”为大家介绍材质面板的各项命令，在“Slate材质编辑器”的菜单栏中选择“精简材质编辑器”，打开的窗口如图8-22所示。

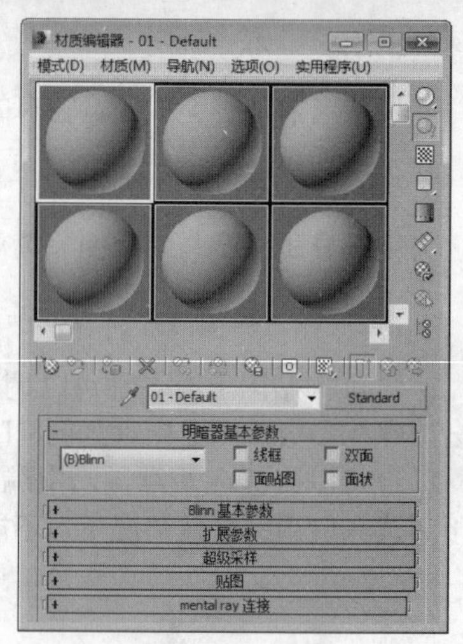

图8-22

“明暗器基本参数”卷展栏可用于选择要用于“标准”材质的明暗器类型，某些附加的控件影响材质的显示方式。

- “着色模式”下拉列表：可以在此选择不同的材质渲染着色模式，也就是确定材质的基本性质。对于不同的着色模式，其下的参数面板也会有所不同。材质的着色模式是指材质在渲染过程中处理光线照射下物体表面的方式。3ds Max提供了8种明暗类型：各向异性、Blinn（胶性）、金属、多层、Oren-Nayar-Blinn（砂面凹凸胶性）、Phong（塑性）、Strauss（杂性）和半透明明暗器，如图8-23所示。
- 线框：以线框模式渲染材质，如图8-24所示。可以在“扩展参数”卷展栏中设置线框的大小。
- 双面：使材质成为“双面”。将材质应用到选定面的双面，如图8-25左图为未使用“双面”选项，右图为勾选了“双面”选项的效果。

图8-23

图8-24

图8-25

- 面贴图：将材质应用到几何体的各面。如果材质是贴图材质，则不需要贴图坐标。贴图会自动应用到对象的每一面。
- 面状：就像表面是平面一样，渲染表面的每一面。

8.3.1 Blinn与Phong

Blinn与Phong都是以光滑的方式进行表面渲染，效果非常相似，基本参数也完全相同。如图8-26所示，通过仔细观察可以发现它们的区别。

Blinn高光点周围的光晕是旋转混合的，Phong是发散混合的；背光处Blinn的反光点形状近似圆形，清晰可见，Phong的则为梭形，影响周围的区域较大；通过增加"柔化"参数值，Blinn的发光点仍保持尖锐的形态，而Phong却趋向于均匀柔和反射贴图效果；Blinn易表现冷色坚硬的材质。

"Blinn基本参数"卷展栏（如图8-27所示）选项功能如下。

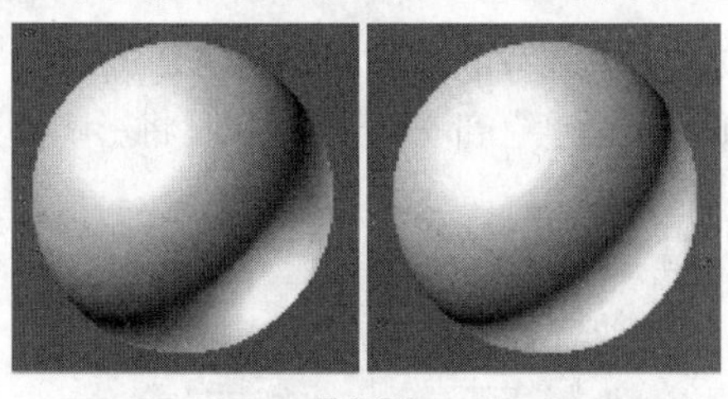

图8-26

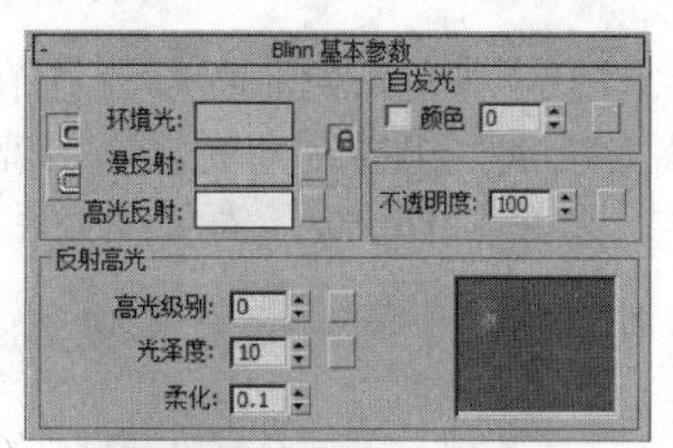

图8-27

- 环境光：控制环境光颜色。环境光颜色是位于阴影中的颜色（间接灯光），该色块右侧有个锁定按钮，用于锁定"环境光"和"漫反射"、"高光反射"3种材质。
- 漫反射：控制漫反射颜色。漫反射颜色是位于直射光中的颜色。
- 高光反射：控制高光反射颜色。高光反射颜色是发光物体高亮显示的颜色。
- 自发光：材质会使用特定的自发光颜色。禁用此选项后，材质会使用漫反射颜色来自发光，并且显示一个微调器，来控制自发光的量。默认设置为禁用状态。
  - ◆ 颜色：启用"颜色"选项后，色样会显示自发光颜色。
- 不透明度：以百分比设置材质的不透明度。
- 高光级别：设置高光强度。
- 光泽度：设置高光的范围，值越高，高光范围越小。
- 柔化：对高光区的反光做柔化处理，使它变得模糊、柔和。

8.3.2 各向异性

"各向异性"明暗器使用椭圆、高光创建表面。如果为头发、玻璃或磨沙金属建模，这些高光很有用，如图8-28所示的明暗类型为"各向异性"。它的基本参数大体上与Blinn相同，只在高光和漫射度部分有所不同。

图8-28

"各向异性参数"卷展栏（如图8-29所示）选项功能如下。

- 漫反射级别：控制漫反射部分的亮度。增减该值可以在不影响高光部分的情况下增减漫反射部分的亮度。如图8-30所示，左图的"漫反射级别"参数为50，中间图的参数为100，右图的参数为150。

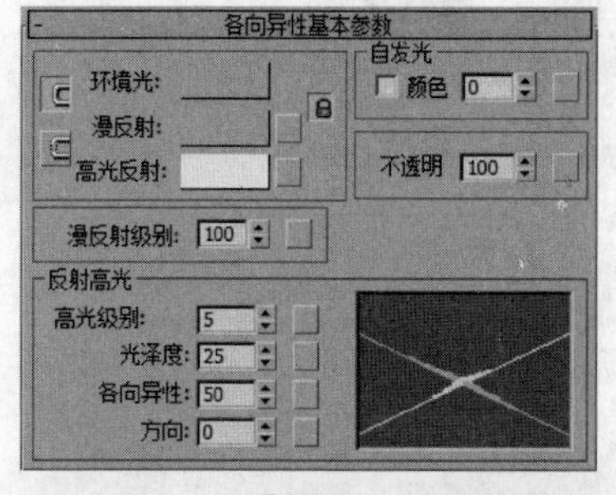

图8-29

图8-30

- 各向异性：控制高光部分的各向异性和形状。值为0时，高光形状呈椭圆形；值为100时，高光变形为极窄条状。
- 方向：用来改变高光部分的方向，范围是0~9999。

8.3.3 金属

这是一种比较特殊的渲染方式，效果如图8-31所示。专用于金属材质的制作，可以提供金属所需的强烈反光。它取消了“高光反射”色彩的调节，反光点的色彩仅依赖于“漫反射”色彩和灯光的色彩。

由于取消了“高光反射”色彩的调节，所以在高光部分的高光度和光泽度设置也与Blinn有所不同，“高光级别”仍控制高光区域的亮度，而“光泽度”部分变换的同时将影响高光区域的亮度和大小。“金属基本参数”卷展栏如图8-32所示。

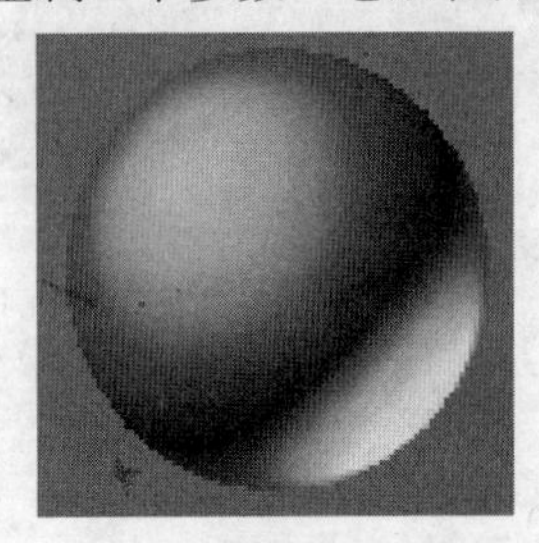

图8-31

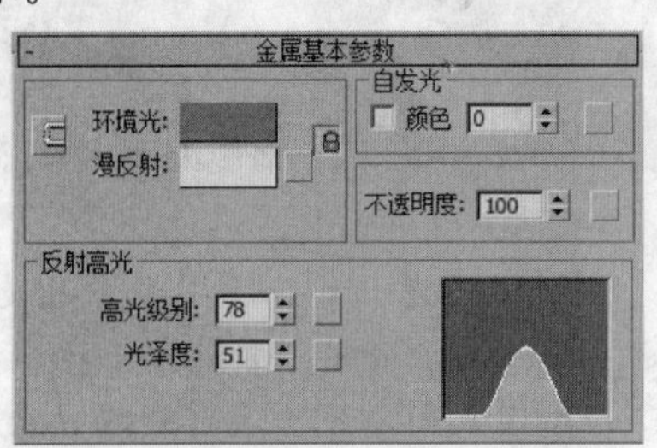

图8-32

8.3.4 多层

“多层”渲染属性与“各向异性”类型有相似之处，如图8-33所示，它的高光区域也属于“各向异性”类型，意味着从不同的角度产生不同的高光尺寸。当“各向异性”为0时，它们基本是相同的，高光是圆形的，和Blinn相同。当“各向异性”为100时，这种高光的各项异性达到最大程度的不同，在一个方向上高光非常尖锐，而另一个方向上光泽度可以单独控制。“多层”最明显的不同在于，它拥有两个高光区域控制。通过高光区域的分层，可以创建很多不错的特效，“多层基本参数”卷展栏如图8-34所示。

图8-33

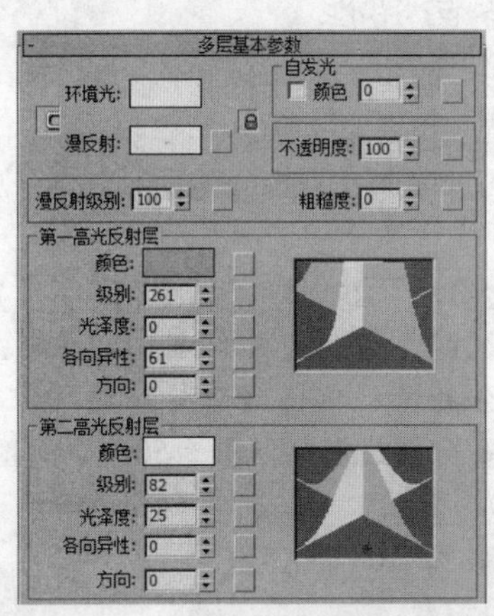

图8-34

8.3.5 Oren-Nayar-Blinn

Oren-Nayar-Blinn渲染属性是Blinn的一种特殊变量形式。通过它附加的“反射级别”和“粗糙度”两个设置，也可以实现物质材质的效果。这种渲染通常用来表现纺织物、陶制品等不光滑粗糙对象的表面。“Oren-Nayar-Blinn基本参数”卷展栏如图8-35所示。

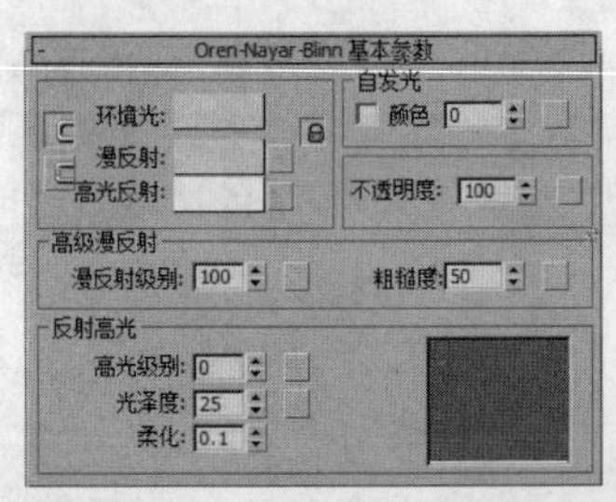

图8-35

8.3.6 Strauss

Strauss提供了一种金属感的表面效果，比“金属”渲染属性更简洁，参数更简单。

“Strauss基本参数”卷展栏（如图8-36所示）选项功能如下。

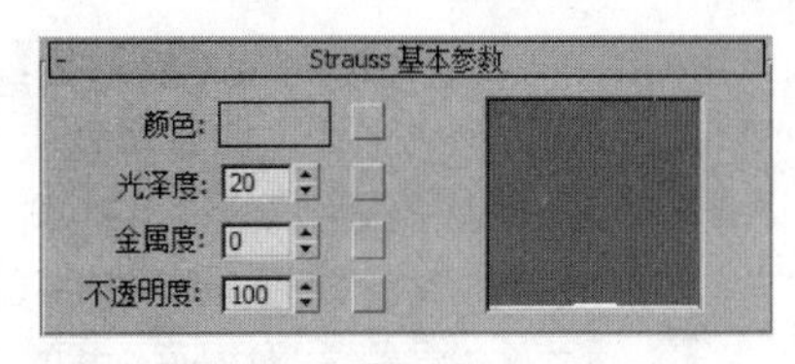

图8-36

- 颜色：设置材质的颜色。相当于其他渲染属性中的漫反射颜色选项，而高光和阴影部分的颜色则由系统自动计算。
- 金属度：设置材质的金属表现程度。由于主要依靠高光表现金属程度，所以“金属度”需要配合“光泽度”才能更好地发挥效果。

8.3.7 半透明明暗器

“半透明”明暗器与Blinn明暗器类似，但它还可用于指定半透明。半透明对象允许光线穿过，并在对象内部使光线散射。通常使用“半透明明暗器”模拟较薄的对象，比如被霜覆盖的和被侵蚀的玻璃等。

半透明本身就是双面效果，使用“半透明”明暗器，背面照明可以显示在前面。要生成半透明效果，材质的两面将接受漫反射灯光，虽然在渲染和着色视口中只能看到一面，但是如果启用双面，就能看到两面。如果使用光能传递，则将处理由半透明透射的灯光。半透明效果只出现在渲染中，不会出现在着色视口中。

“半透明基本参数”卷展栏（如图8-37所示）选项功能如下。

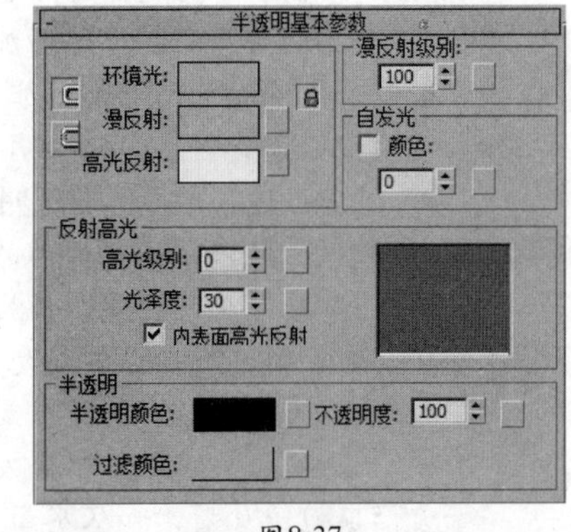

图8-37

- 半透明颜色：指定半透明颜色。这是在材质内散射的灯光的颜色，该颜色无需与由材质透射的过滤色相同，这两种颜色的值将进行相乘。单击色样可更改半透明颜色。单击后面的按钮可将贴图指定给半透明颜色组件。
- 过滤颜色：指定过滤颜色，该颜色值将与半透明颜色值相乘。单击色样可更改过滤颜色。单击后面的按钮可将贴图指定给过滤颜色组件。
- 不透明度：以百分比设置材质的不透明度。在示例窗的图案背景下，可以更好地预览效果。

8.4 材质类型

按M键，打开材质编辑器，在材质编辑器中单击“标准”按钮，打开“材质/贴图浏览器”对话框，可以看到3ds Max 2014系统提供了16种标准的材质类型，如图8-38所示。

其中最常用的是“标准”、“多维/子对象”材质，其他如“混合”、“建筑”等也很常用，都是在制作效果图时很实用的材质类型。

图8-38

8.4.1 标准

“标准”材质是默认的通用材质。在真实生活中，对象的外观取决于它反射光线的情况。在3ds Max中，标准材质用来模拟对象表面的反射属性，在不使用贴图的情况下。标准材质为对象提供了单一均匀的表面颜色效果。“标准”材质面板如图8-39所示。

1.“扩展参数”卷展栏（如图8-40所示）

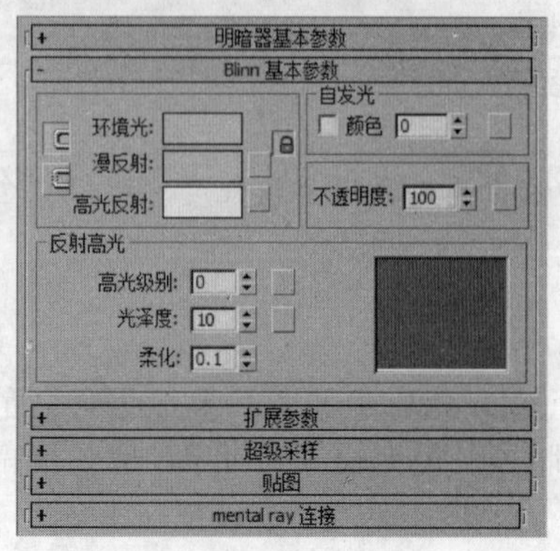

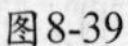

图8-39

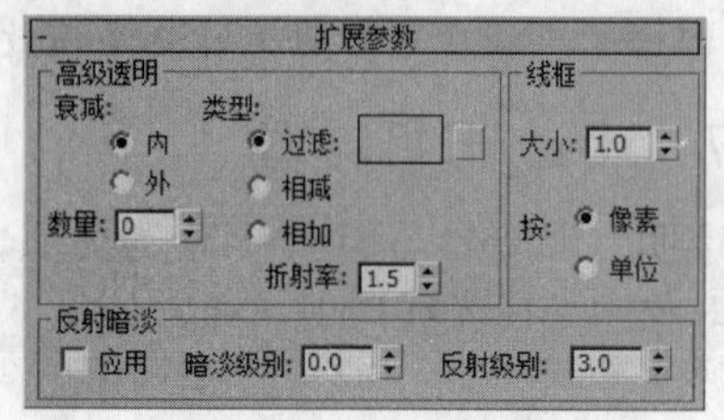

图8-40

- 高级透明：这些控件影响透明材质的不透明度衰减。
    - ◆ 衰减：选择在内部还是在外部进行衰减，以及衰减的程度。
        - ▲ 内：向着对象的内部增加不透明度，就像在玻璃瓶中一样。
        - ▲ 外：向着对象的外部增加不透明度，就像在烟雾云中一样。
    - ◆ 数量：向着对象的外部增加不透明度，就像在烟雾云中一样。
    - ◆ 类型：选择如何应用不透明度。
        - ▲ 过滤：过滤器计算与透明曲面后面的颜色相乘的过滤色。单击色样可更改过滤颜色。
        - ▲ 相减：从透明曲面后面的颜色中减除。
        - ▲ 相加：增加到透明曲面后面的颜色中。
    - ◆ 折射率：设置折射贴图和光线跟踪所使用的折射率（IOR）。IOR 用来控制材质对透射灯光的折射程度。1.0是空气的折射率，这表示透明对象后的对象不会产生扭曲。折射率为1.5，后面的对象就会发生严重扭曲，就像玻璃球一样。对于略低于1.0的IOR，对象沿其边缘反射，如从水面下看到的气泡。默认设置为1.5。
- 反射暗淡：这些控件使阴影中的反射贴图显得暗淡。
    - ◆ 应用：启用以使用反射暗淡。禁用该选项后，反射贴图材质就不会因为直接灯光的存在或不存在而受到影响。默认设置为禁用状态。
    - ◆ 暗淡级别：阴影中的暗淡量。该值为0.0时，反射贴图在阴影中为全黑。该值为 0.5时，反射贴图为半暗淡。该值为1.0时，反射贴图没有经过暗淡处理，材质看起来好像禁用“应用”一样。默认设置为0.0。
    - ◆ 反射级别：影响不在阴影中的反射的强度。“反射级别”值与反射明亮区域的照明级别相乘，用以补偿暗淡。在大多数情况下，默认设置为3.0，会使明亮区域的反射保持在与禁用“反射暗淡”时相同的级别上。

2.“超级采样”卷展栏（如图8-41所示）

- 使用全局设置：启用此选项后，对材质使用默认扫描线渲染器卷展栏中设置的超级采样选项。默认设置为启用。
- 启用局部超级采样器：启用此选项后，对材质使用超级采样。默认设置为禁用状态。
- 采样器下拉列表：选择应用何种超级采样方法。除非禁用“使用全局设置”，否则此列表为禁用状态。默认设置为Max 2.5星。
- 超级采样贴图：启用此选项后，也将对应用于材质的贴图进行超级采样。启用此选项后，超级采样器将以平均像素表示贴图。只有禁用“使用全局设置”后，此开关才处于活动状态。默认设置为启用。

3.“贴图”卷展栏（如图8-42所示）

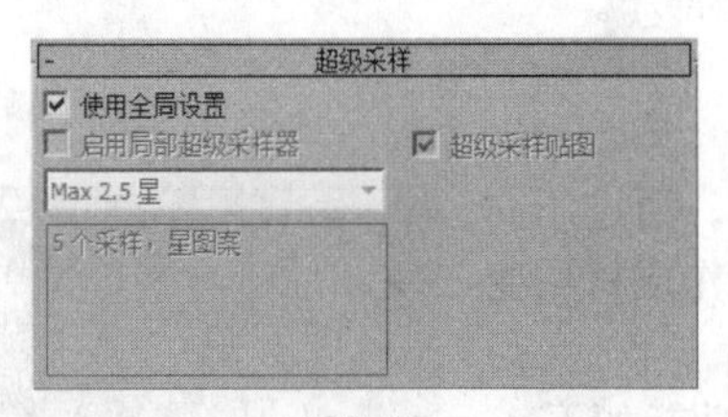

图8-41

图8-42

在每种方式右侧有一个“无”按钮，单击“无”按钮会弹出“材质/贴图浏览器”对话框。但现在只能够选择贴图，这里提供了30多种贴图类型，可以用在不同的贴图方式上。当选择了一个贴图类型后，会自动进入其贴图设置层级中，以便进行相应的参数设置。单击（转到父对象）按钮，可以返回贴图方式设置层级，这时该按钮会显示出贴图类型的名称，左侧核对框中会打一个对号，表示当前该贴图方式处于活动状态；如果关闭该核对框，会关闭该贴图方式的影响，此时渲染时不会表现出它的影响，但内部的设置不会丢失。

“数量”下面的数值控制贴图的程度，例如对漫反射贴图，值为100时表示完全覆盖；值为50时表示以50%的透明度进行覆盖。一般最大值都为100，表示百分比值，只有“凹凸”、“高光级别”和“置换”等除外，最大可设为999。

通过拖动操作，可在各贴图方式之间变换或者复制贴图。

8.4.2　多维/子对象

将多个材质组合为一种复合式材质，分别给一个对象的不同子对象指定选择级别，创建“多维/子对象”材质，可将它指定给目标对象。

1.“多维/子对象”材质的施加方法

按M键打开材质编辑器，在材质编辑器中单击“标准”按钮，在弹出的“材质/贴图浏览器”对话框中选择“材质”|“标准”卷展栏中的“多维/子对象”材质，单击“确定”按钮，或者双击“多维/子对象”即可将材质转换为“多维/子对象”，如图8-43所示。“多维/子对象”材质设置面板如图8-44所示。

图8-43

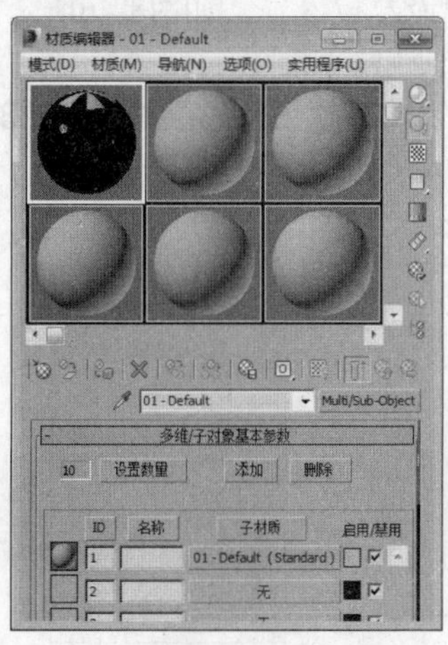

图8-44

2.“多维/子对象基本参数”卷展栏

- 设置数量：设置拥有子级材质的数目，注意如果减少数目，会将已经设置的材质丢失。
- 添加：添加一个新的子材质。新材质默认的ID号为当前最大的ID号加1。
- 删除：删除当前选择的子材质。
- ID（ID排序）：单击后，子材质ID号的升序排列。
- 名称（名称排序）：单击后，按名称栏中指定的名称进行排序。
- 子材质（子材质排序）：按子材质的名称进行排序。

8.4.3 混合

混合指将两种不同的材质融合在表面的同一面上。通过不同的融合度，控制两种材质表现出的强度，并且可以制作成材质变形动画。

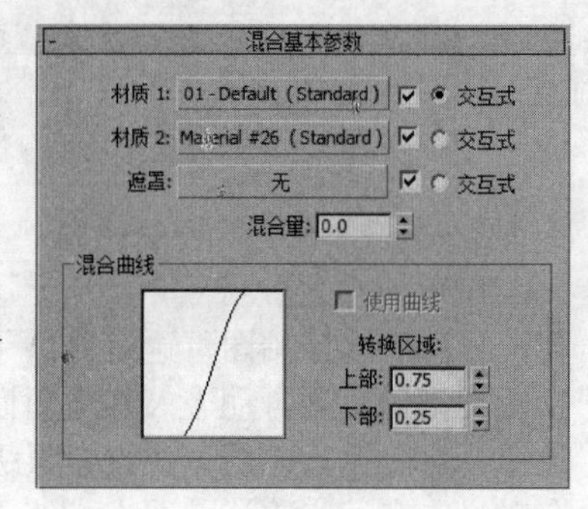

图8-45

“混合基本参数”卷展栏（如图8-45所示）选项功能如下。

- 材质1/材质2：通过选中右侧的复选框选择相应的材质。
- 遮罩：选择一张图案或程序贴图来作为蒙板，利用蒙板图案的明暗度来决定两个材质的融合情况。
- 交互式：在视图中以“平滑+高光”方式交互渲染时，选择哪一个材质显示在对象表面。
- 混合量：确定融合的百分比例。对无蒙板贴图的两个材质进行融合时，依据它来调节混合程度。值为0时，材质1完全可见，材质2不可见；值为1时，材质1不可见，材质2可见。
- 混合曲线：控制蒙板贴图中黑白过渡区造成的材质融合的尖锐或柔和程度，专用于使用了遮罩贴图的融合材质。
  - 使用曲线：确定是否使用混合曲线来影响融合效果。
  - 转换区域：分别调节“上部”和“下部”数值来控制混合曲线，两值相近时，会产生清晰尖锐的融合边缘；两值差距很大时，会产生柔和模糊的融合边缘。

8.4.4 建筑

“建筑”材质与光度计灯光或光能传递一起使用时能够创造出非常逼真的光照效果。可以根据不同材料的属性来选择物理属性，非常简单，而且效果也不错。

1.“模板”卷展栏

在“模板”卷展栏的模板下拉列表中，提供了24种常用的材质模板，每个模板都提供一组不同的预设参数设置，如图8-46所示。用户可以根据创建对象的不同，从中选择自己需要的材质模型进行使用，同时也可以进行自定义调整。

2.“物理性质”卷展栏（如图8-47所示）

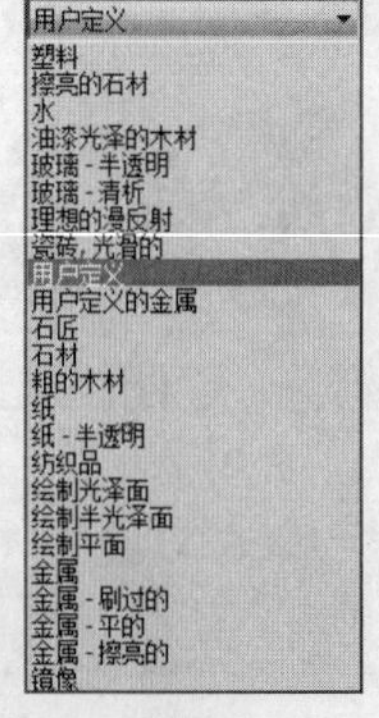

图8-46

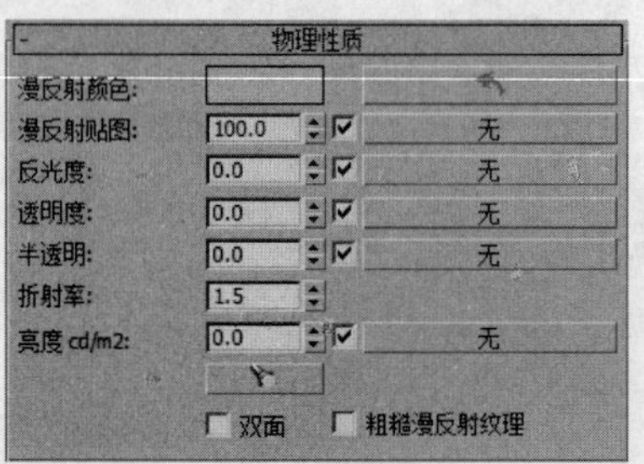

图8-47

- 漫反射颜色：控制漫反射颜色，单击后面的色块，可以在弹出的颜色拾色器中设置颜色。单击后面的按钮，根据“漫反射贴图”通道所指定贴图计算出平均颜色，并将这个颜色设置为“漫反射颜色”。如果没有在“漫反射贴图”通道中使用任何贴图，则这个按钮为不可用状态。该按钮对于减少“漫反射贴图”的强度非常有用，当漫反射贴图覆盖于自身的平均色彩上时，效果比覆盖于没有关联的色彩上时更加真实。
- 漫反射贴图：可以为建筑材质的漫反射指定一个贴图。贴图按钮左侧的输入框用来控制贴图强度，是一个百分比值：为100时表示只有贴图时可见的；低于100则可以透过贴图看到漫反射颜色。
- 反光度：设置材质的反光度。这个参数也是一个百分比参数。通常反光度越大，表示反射的高光的面积越小。
- 透明度：控制材质的透明度。此参数为百分比参数：数值为100时表示完全透明；参数越低，越不透明；如果为0，则材质完全不透明。
- 半透明：控制材质的半透明效果。半透明材质能让光线穿透，并且在对象内形成散射。
- 折射率：折射率控制材质如何反射、折射光线。
- 亮度cd/m2：当此参数小于0时，材质表现为自发光效果。
- （由灯光设置亮度）：开启此按钮，可以通过所选择的某个灯光为材质指定一个亮度。先按下此按钮，然后在场景中单击需要的灯光，这样灯光的亮度就会被设置为材质的亮度。
- 双面：勾选此项，可使材质双面显示，默认为关闭。
- 粗糙漫反射纹理：勾选此项，可将材质从灯光和曝光控制中排除，则渲染时将使用其自身设定的“漫反射颜色”或贴图显示。默认为关闭状态。

3. “特殊效果”卷展栏（如图8-48所示）

- 凹凸：可以控制材质的凹凸效果，或指定一个贴图控制凹凸效果。
- 置换：可以控制材质的置换效果，也可以通过指定一个贴图来控制置换效果。
- 强度：可以指定一个贴图来控制材质的亮度。
- 裁切：可以给材质指定一个裁切贴图，使材质产生部分透明的效果。

4. “高级照明覆盖”卷展栏（如图8-49所示）

图8-48

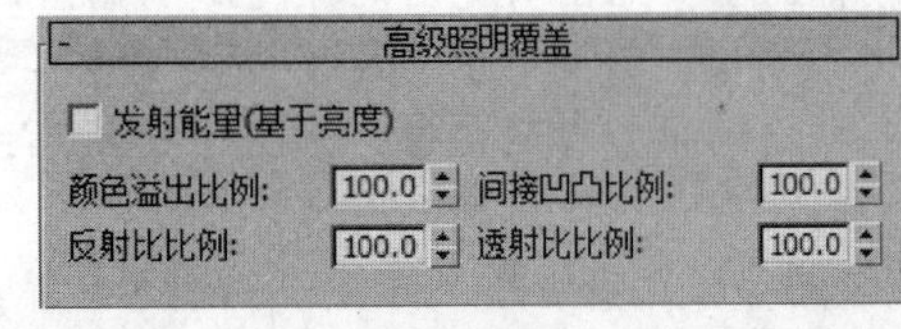

图8-49

- 发射能量（基于亮度）：勾选此项，材质能在光能传递中发射能量，发射的能量基于材质的“亮度”参数大小。
- 颜色溢出比例：提高或降低反射颜色的饱和度，可设置范围为0~100，默认值为100。
- 间接凹凸比例：缩放材质被间接光照区域的凹凸贴图效果。
- 反射比比例：提高或减少对象反射的能量，可设置范围为0~100。默认值为100。
- 透射比比例：提高或减少对象透射的能量，可设置范围为0.1~5，默认值为1。

8.5 程序贴图

程序贴图是3ds Max自带的一些贴图，一共提供了39种，分为2D程序贴图和3D程序贴图。最常用的是位图贴图，其他如“棋盘格”、“渐变”、“噪波”、“光线跟踪”、“平铺”等也很常用，都是在制作效果图时很实用的贴图类型。如果想用VRay进行渲染，“光线跟踪”、“反射/折射”、“平面镜”这些程序贴图就无效了。

8.5.1 位图贴图

位图贴图是3ds Max程序贴图中最常用的贴图类型，支持多种图像格式，包括.gif、.jpg、.psd、.tif等图像，因此可以将实际生活中的造型照片图像作为位图使用，如大理石图片、木纹图片等。调用这种位图可以真实地模拟出实际生活中的各种材料。

1. “坐标”卷展栏（如图8-50所示）

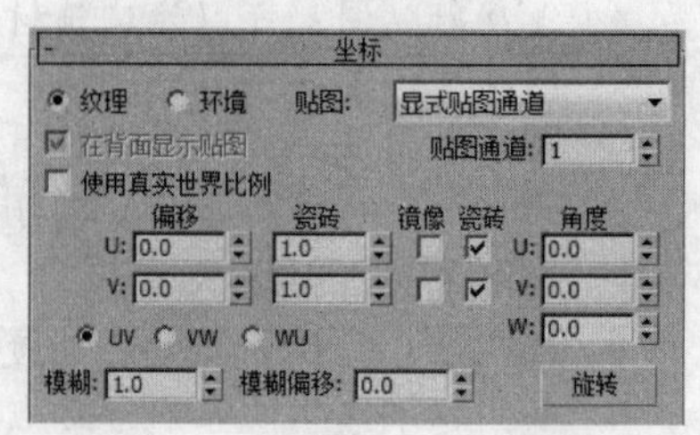

图8-50

- 纹理：将该贴图作为纹理应用于表面。从贴图列表中选择坐标类型。
- 环境：使用贴图作为环境贴图。从贴图列表中选择坐标类型。
- 贴图：列表条目因选择“纹理”贴图或“环境”贴图而异。
- 在背面显示贴图：启用此选项后，平面贴图将被投影到对象的背面，并且能对其进行渲染。禁用此选项后，不能在对象背面对平面贴图进行渲染。默认设置为启用。
- 使用真实世界比例：启用此选项之后，使用真实宽度和高度值而不是UV值将贴图应用于对象。默认设置为禁用。
- 偏移：在UV坐标中更改贴图的位置，以符合它的大小。
- 瓷砖：决定贴图的大小。
- 镜像：从左至右（U轴）或从上至下（V轴）镜像贴图。
- 瓷砖：决定平铺的轴。
- 角度：通过U、V、W设置贴图旋转的角度。
- UV、VW、WU：更改贴图使用的贴图坐标系。默认的UV坐标将贴图作为幻灯片投影到表面。VW坐标与WU坐标用于对贴图进行旋转使其与表面垂直。
- 旋转：显示“旋转贴图坐标”对话框，用于通过在弧形球图上拖动来旋转贴图（与用于旋转视口的弧形球相似，虽然在圆圈中拖动是绕全部3个轴旋转，而在其外部拖动则仅绕W轴旋转）。
- 模糊：基于贴图离视图的距离影响贴图的锐度或模糊度。
- 模糊偏移：影响贴图的锐度或模糊度，而与贴图离视图的距离无关。“模糊偏移”会模糊对象空间中自身的图像。如果需要对贴图的细节进行软化处理或者散焦处理以达到模糊图像的效果时，使用此选项。

2. “位图参数”卷展栏（如图8-51所示）

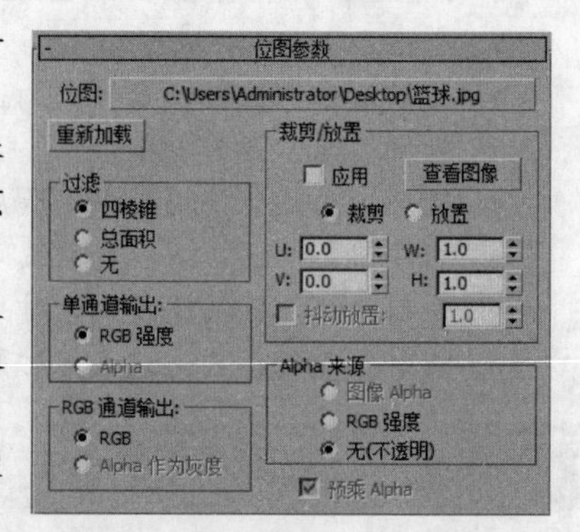

图8-51

- 位图：用于从资源管理器中选择位图文件，指定文件后，位图文件的路径名将出现在长按钮中。
- 重新加载：重新载入位图。如果在Photoshop中更新保存过的位图文件，则不需要再从资源管理器中选择该文件，直接单击此按钮即可。
- “裁剪/放置”选项组：用于裁剪图像或改变图像的尺寸及位置。裁减图像可以选择出矩形区域内的图像来使用，裁减不改变位图的尺寸；放置图像可以在位图的原有平铺范围内缩放位图并改变其位置，但在渲染时显示的是整个位图。
  - 裁剪：可以裁剪位图或减小其尺寸用于自定义放置。裁剪位图意味着将其减小为比原来的长方形区域更小。裁剪不更改位图的比例。
  - 放置：用于改变图像的尺寸及位置。放置图像可以在位图原有平铺范围内缩放位图并改变其位置，但在渲染时显示的是整个位图。

- ◆ 应用：使裁剪或放置图像的设置有效。
- ◆ 查看图像：打开的窗口中显示由区域轮廓（各边和角上具有控制柄）包围的位图。要更改裁剪区域的大小，拖动控制柄即可。要移动区域，可将鼠标光标定位在要移动的区域内，然后进行拖动。

3. “时间”卷展栏（如图8-52所示）

- 开始帧：指定动画贴图将开始播放的帧。
- 播放速率：允许对应用于贴图的动画速率加速或减速。
- 将帧与粒子年龄同步：启用此选项后，3ds Max会将位图序列的帧与贴图应用到的粒子的年龄同步。利用这种效果，每个粒子从出生开始显示该序列，而不是被指定于当前帧。默认设置为禁用状态。
- 结束条件：如果位图动画比场景短，则确定其最后一帧后所发生的情况。有“循环”、“往复”、“保持”3个选项，默认为循环。

4. “噪波”卷展栏（如图8-53所示）

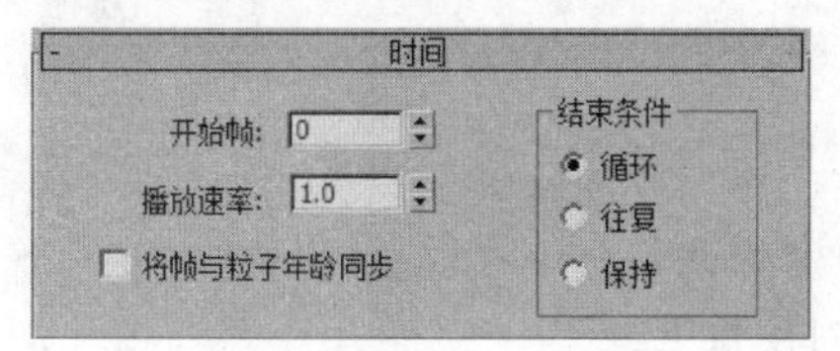

图8-52

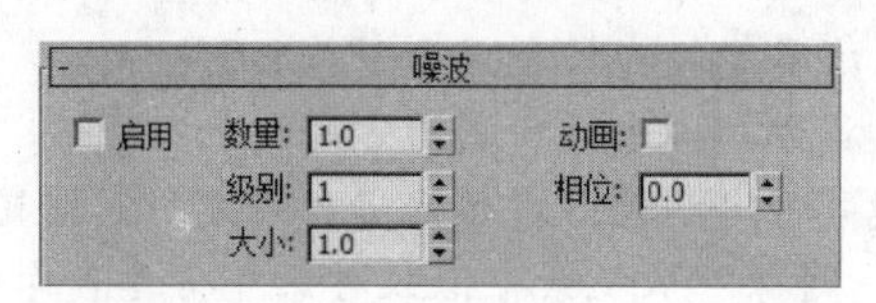

图8-53

- 启用：决定噪波参数是否影响贴图。
- 数量：设置分形功能的强度值，以百分比表示。如果数量为0，则没有噪波。如果数量为100，贴图将变为纯噪波。默认设置为1.0。
- 级别：可以理解为迭代次数。数量值决定了层级的效果。数量值越大，噪波效果就越强。范围为1～10，默认设置为1。
- 大小：设置噪波函数相对于几何体的比例。如果值很小，那么噪波效果相当于白噪声。如果值很大，噪波尺度可能超出几何体的尺度，出现这样的情况后，将不会产生效果或者产生的效果不明显。
- 动画：决定动画是否启用噪波效果。如果要将噪波设置为动画，必须启用此参数。
- 相位：控制噪波函数的动画速度。

8.5.2 “棋盘格”贴图

“棋盘格”贴图可以产生两色方格交错的图案（默认为黑白交错图案），是纹理变化最单一的合成贴图，它将两种颜色或贴图以国际象棋棋盘的形式组织起来。可以产生多彩色方格图案效果。

“棋盘格”贴图常用于产生一些格状纹理，或者砖墙、地板块等有序纹理。表现的效果如图8-54所示。

“棋盘格参数”卷展栏（如图8-55所示）选项功能如下。

图8-54

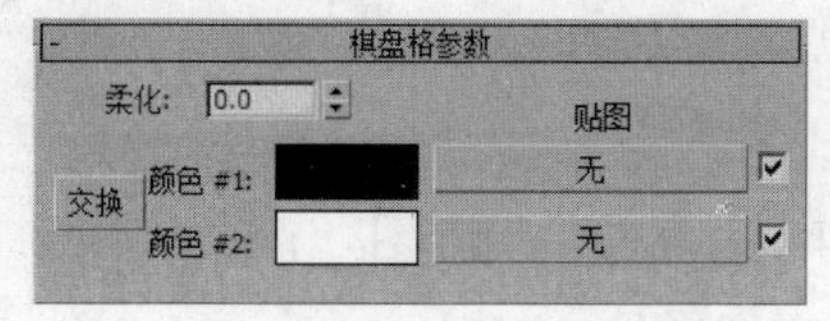

图8-55

- 柔化：模糊两个区域之间的交界。
- 交换：单击此按钮，可以将两者设置进行交换。
- 颜色#1、颜色#2：分别设定两个棋盘区域的颜色，右边长按钮可调用贴图代替棋盘的颜色。

8.5.3 “衰减”贴图

这种贴图产生由明到暗的衰减影响，作用于“不透明度”、“自发光”和“过滤色贴图”等，主要产生一种透明衰减效果，强的地方透明，弱的地方不透明，近似于标准材质的“透明衰减”影响，只是控制的能力更强。

1.“衰减参数”卷展栏（如图8-56所示）

- 前:侧：默认情况下，“前:侧”是位于该卷展栏顶部的组的名称。“前:侧”面表示“垂直/平行”衰减。该名称会因选定的衰减类型而改变。在任何情况下，左边的名称是指顶部的那组控件，而右边的名称是指底部的那组控件。可以从中设置衰减颜色。
- 按钮：用来交换上下的控制设置
- 衰减类型：选择衰减类型，共5种。
- 衰减方向：选择衰减的方向。
- 模式特定参数：只有将“衰减方向”设置为“对象”后才可以应用和提供第一个参数。
  - 对象：从场景中拾取对象并将其名称放到按钮上。
  - 覆盖材质IOR：允许更改为材质所设置的折射率。
- 折射率：设置一个新的折射率。只有在启用“覆盖材质IOR”，该选项才可用。
- 近端距离：设置混合效果开始的距离。
- 远端距离：设置混合效果结束的距离。
- 外推：启用此选项之后，效果继续超出“近端距离”和“远端距离”距离。

2.“混合曲线”卷展栏（如图8-57所示）

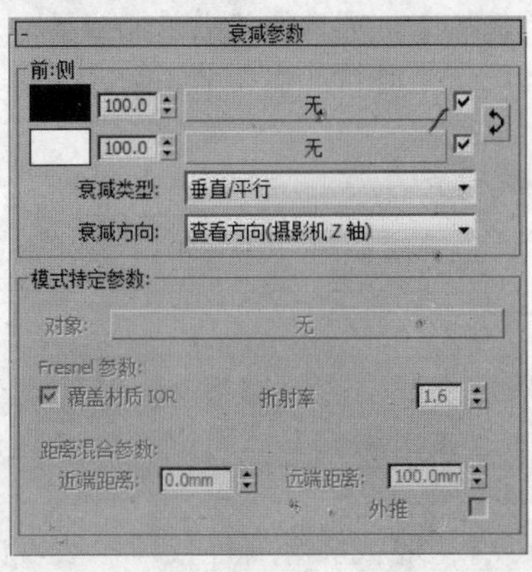

图8-56

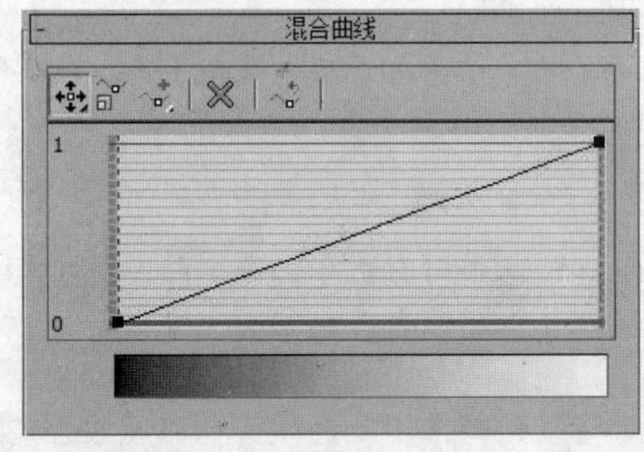

图8-57

通过调节混合曲线图，可以直观地控制各种类型的衰减的产生。调节结果直接反映在下方的渐变图上。

- （移动）：将一个选中的点向任意方向移动，在每一边都会被非选中的点所限制。
- （缩放点）：在选定点的渐变范围内对其进行缩放。
- （添加点）：在图形线上的任意位置添加一个Bezier角点。该点在移动时构建一个锐角。
- （删除点）：删除选定的点。
- （重置曲线）：将图返回到默认状态，即介于0和1之间的直线。

8.5.4 “渐变”贴图

“渐变”贴图可以产生三色（或3个贴图）的渐变过渡效果，它有“线性渐变”和“放射渐变”两种类型，三个色彩可以随意调节，相互区域比例的大小也可调。通过贴图可以产生无限级别的渐变和图像嵌套效果，另外自身还有“噪波”参数可调，用于控制相互区域之间融合时产生的杂乱效果。在“不透明度”中使用此贴图，可产生一些光的效果。

“渐变参数”卷展栏（如图8-58所示）选项功能如下。

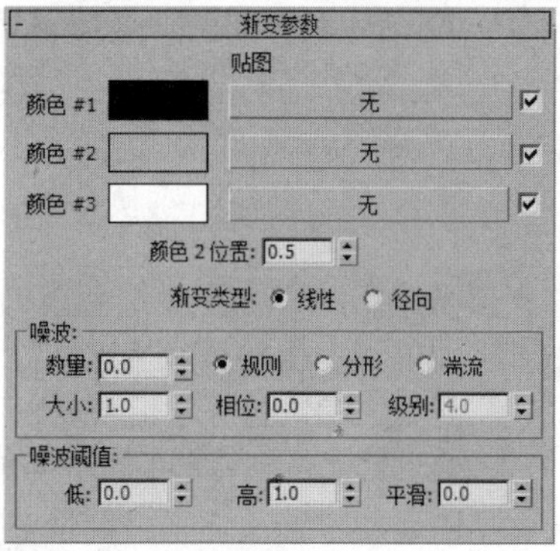

- 颜色#1、颜色#2、颜色#3：分别设置3个渐变区域，通过色块可以设置颜色，通过“贴图”按钮可以设置贴图。
- 颜色2位置：设置中间色的位置，默认为0.5，3种色平均分配区域。值为1时，颜色2代替了颜色1，形成颜色2和颜色3的双色渐变；值为0时，颜色2代替了颜色3，形成了颜色1和颜色2的双色渐变。

图8-58

- 渐变类型：分为“线性”和“径向”两种。
- 数量：控制噪波的程度，值为0时不产生噪波影响。
- 大小：设置噪波函数的比例，即碎块的大小密度。
- 相位：控制噪波变化的程度，进行动画设置可以产生动态的噪波效果。
- 级别：针对分形噪波计算，控制迭代计算的次数，值越大，噪波越复杂。
- 规则/分形/湍流：提供3种强度不同的噪波生成方式。
- 低：设置低的阈值。
- 高：设置高的阈值。
- 平滑：根据阈值对噪波值产生平滑处理，以避免产生锯齿现象。

8.5.5 “噪波”贴图

“噪波”贴图是使用比较频繁的贴图类型，通过两种颜色的随机混合，产生一种噪波效果，常用于无序贴图效果的制作。表现的效果如图8-59所示。

“噪波参数”卷展栏（如图8-60所示）选项功能如下。

图8-59

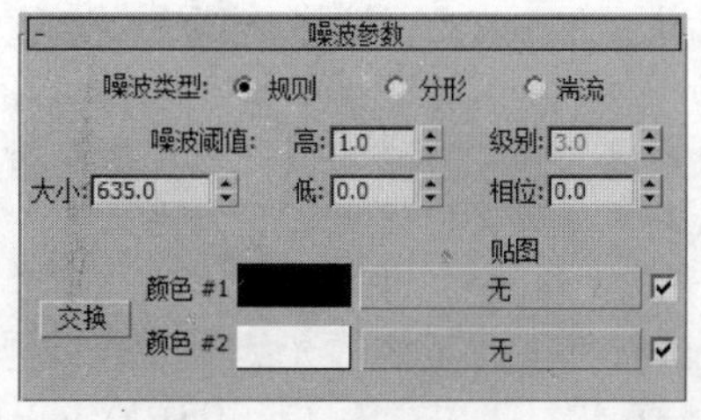

图8-60

- 噪波类型：分为“规则”、“分形”、“湍流”3种类型，产生不同的噪波效果。这3种噪波类型产生的图案如图8-61所示。
- 噪波阈值：控制两色噪波的颜色限制。
- 大小：设置噪波纹理的大小。
- 高/低：通过高低值控制两种颜色邻近阈值的大小，降低“高”值使颜色#2更强烈，升高“低”值使颜色#1更强烈。
- 级别：控制分形运算时重复计算的次数，值越大，噪波越复杂。

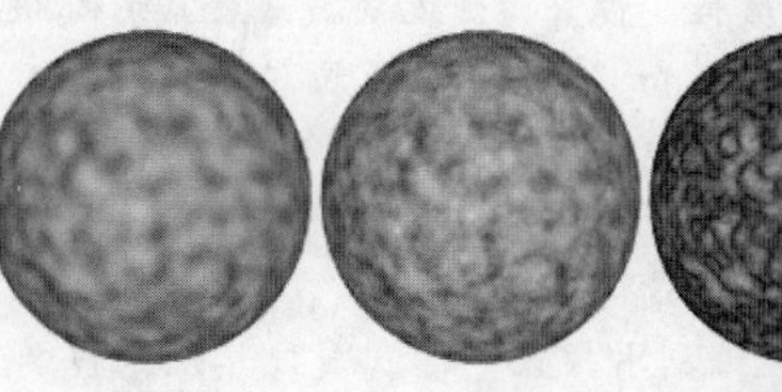

图8-61

- 相位：控制噪波的变化，可以产生动态的噪波效果（如动态的云雾）。
- 颜色#1、颜色#2：分别设置噪波的两种颜色，也可以为它们指定两个贴图，产生嵌套的噪波效果。

8.5.6 “光线跟踪”贴图

“光线跟踪”贴图提供完全的反射和折射效果，大大优越于“反射/折射”贴图，但渲染时间相对来说更长。当然可以通过排除功能对场景进行优化计算，这样可以节省一定时间。

“光线跟踪”贴图常用于表现玻璃、大理石、金属等带有反射、折射的材料，如图8-62所示。

“光线跟踪”贴图可以与其他贴图类型一同使用，能用于任何种类的材质。它一般在“反射”贴图通道中使用，来表现带有反射的材质。

1. “光线跟踪器参数”卷展栏（如图8-63所示）

图8-62

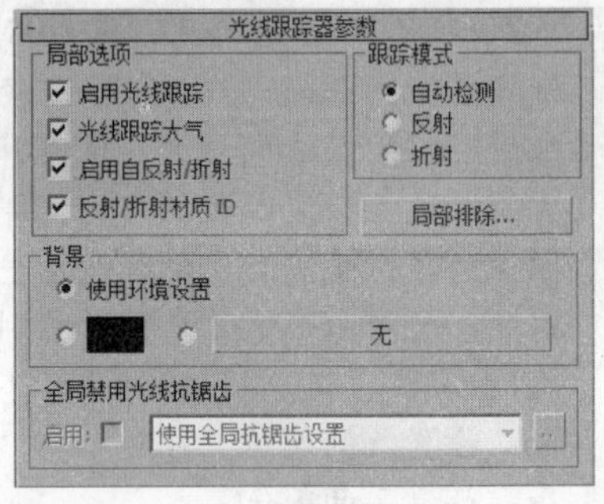

图8-63

- 自动检测：系统会自动进行测试。如果作为“反射”贴图，将进行反射计算；如果作为“折射”贴图，将进行折射计算；如果用作其他贴图方式，应使用下面的两个选项手动控制。
  - 反射：进行反射计算。
  - 折射：进行折射计算。

> **注意** 如果将“光线跟踪”贴图用于“凹凸”贴图，凹凸强度值过大时可能导致跟踪失败。

- 使用环境设置：在进行光线跟踪计算时考虑当前场景的环境设置。
- 色块：用指定色替代当前环境，进行光线跟踪计算。
- 贴图按钮：指定一张贴图替代当前环境，进行光线跟踪计算。这样可以为场景中的不同物体指定不同的环境贴图进行反射和折射计算，也可以为一个空场景中的物体指定环境贴图效果，这样会使渲染速度加快。

2. “衰减”卷展栏（如图8-64所示）

在默认状态下，系统的光线跟踪衰减是关闭的，这就表示光线进行反射和折射没有能量损失，它会一直进行下去，而实际上这是不正确的。在这里可以控制产生光线衰减，根据距离的远近产生不同强度的反射和折射效果。这样不仅增强了真实感，而且可以提高渲染速度。

- 衰减类型：选择衰减的方式。
  - 禁用：默认时，衰减为关闭状态。
  - 线性：设置为线性衰减，衰减影响根据其下的“开始”和“开始”的范围值来计算。
  - 平方反比：通过反向平方计算衰减，只使用“开始”值。虽然这是自然界中光线衰减速率的算法，但总是得不到希望的渲染结果。
- 指数：利用指数进行衰减计算，根据其下的“开始”和“开始”值来计算，也可以直接对“指数”值进行

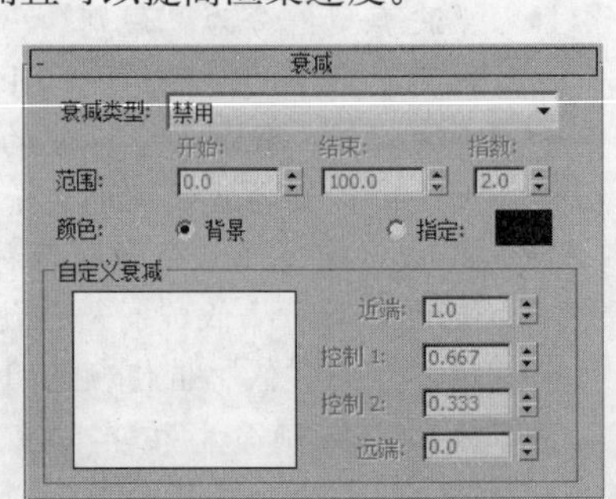

图8-64

指定。

- 自定义衰减：允许自己指定一条衰减曲线。
- 开始/结束：分别设置衰减开始和结束时的距离，以世界单位计量。
- 颜色：设置光线在最后衰减至消失时状态，默认为“背景”，即隐没在场景的背景中，也可以通过“指定”项指定特殊的颜色。
- 近端：设置在距离的开始范围处反射/折射光线的强度。
- 远端：设置在距离的结束范围处反射/折射光线的强度。
- 控制1：设置起始处曲线的形态。
- 控制2：设置结束处曲线的形态。

3.“基本材质扩展”卷展栏

“基本材质扩展”卷展栏主要用来更好地协调光线跟踪贴图的效果，参数如图8-65所示。

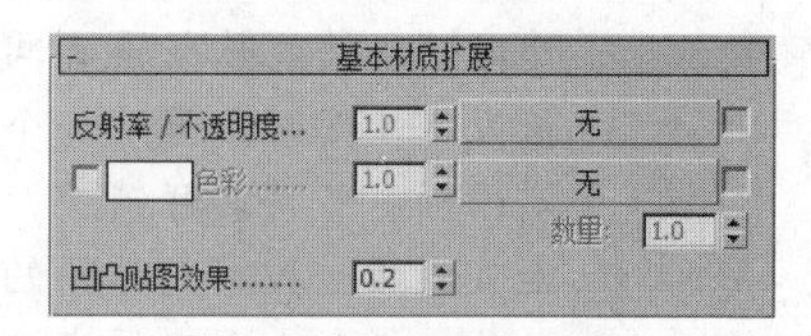

图8-65

- 反射率/不透明度：主要用来控制影响光线跟踪结果的强度。
- 贴图按钮：指定控制光线跟踪数量的贴图，允许根据物体的表面来决定光线跟踪的强度。

8.5.7 “平铺”贴图

“平铺”贴图是一种计算机根据特定的模式计算出的图案，在效果图制作中有着广泛的应用。用“平铺”贴图可以制作砖墙材质、大理石方格地面、铝扣板、装饰线、马赛克等。运用好了，能够产生非常理想的效果。这个程序贴图可以说是制作地面材质用的最多、最好用的一种。

1.“标准控制”卷展栏（如图8-66所示）

主要是选择一种类形，在“预设类型”下拉列表中可以选择一种所需要的形状。列表中包含7中常用建筑平铺图案，分别是连续砌合、常见的荷兰式砌合、英式砌合、1/2连续砌合、堆栈砌合、连续砌合（Fine）、堆栈砌合（Fine）。表现效果如图8-67所示。

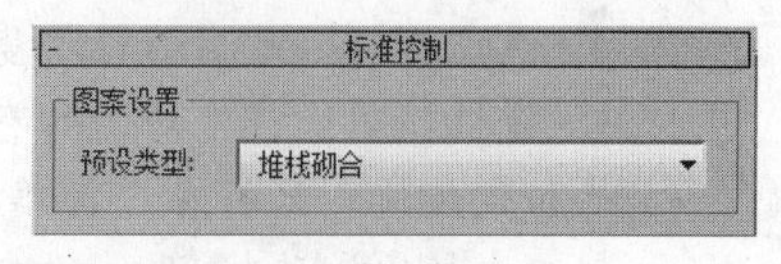

图8-66

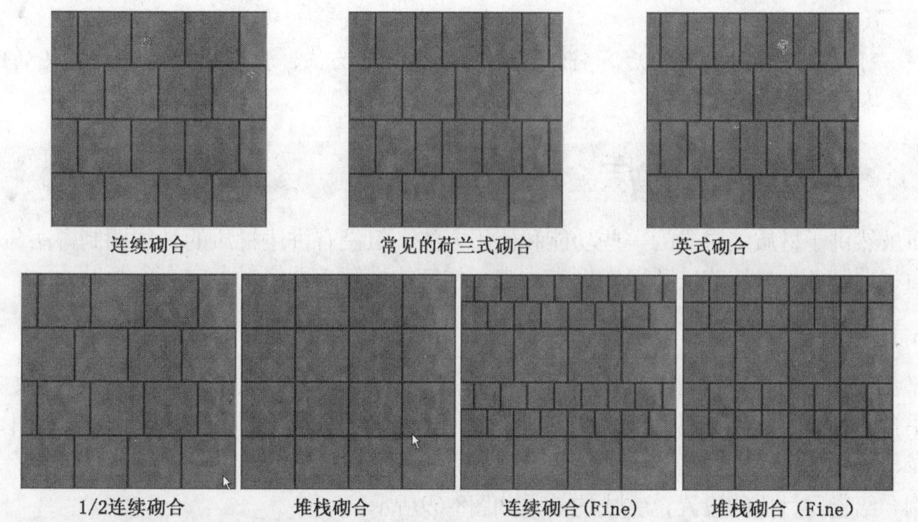

图8-67

2.“高级控制”卷展栏（如图8-68所示）

- 显示纹理样例：更新并显示贴图指定给瓷砖或砖缝的纹理。
- 平铺设置：设置瓷砖参数。

- 纹理：控制用于瓷砖的当前纹理贴图的显示。单击后面None无按钮，可以指定贴图。
- 水平数：控制行的瓷砖数。
- 垂直数：控制列的瓷砖数。
- 颜色变化：控制瓷砖的颜色变化。
- 淡出变化：控制瓷砖的淡出变化。

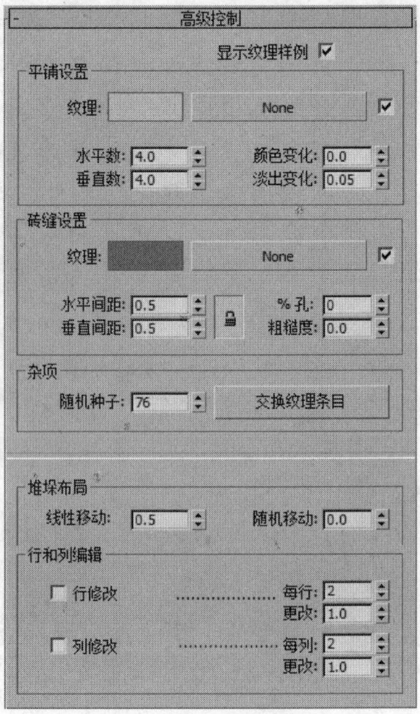

● 砖缝设置：设置砖缝参数。

- 纹理：控制砖缝的当前纹理贴图的显示。单击后面的None按钮，可以指定贴图。
- 水平间距：控制瓷砖间的水平砖缝的大小。在默认情况下，将此值与垂直间距锁定，因此当其中的一值发生改变时，另外一个值也将随之改变。单击锁定图标，可将其解锁。
- 垂直间距：控制瓷砖间的垂直砖缝的大小。
- %孔：设置由丢失的瓷砖所形成的孔占瓷砖表面的百分比。砖缝穿过孔显示出来。
- 粗糙度：控制砖缝边缘的粗糙度。

图8-68

● 随机种子：对瓷砖应用颜色变化的随机图案。这样，不用进行其他设置，就能创建完全不同的图案。

● 交换纹理条目：在瓷砖间和砖缝间交换纹理贴图或颜色。

● 堆垛布局：只有在“标准控制”卷展栏中选择“预设类型”为“自定义平铺”时，此控制组才处于活动状态。

- 线性移动：每隔两行将瓷砖移动一个单位。
- 随机移动：将瓷砖的所有行随机移动一个单位。

● 行和列编辑：只有在“标准控制”卷展栏中选择“预设类型”为“自定义平铺”时，此控制组才处于活动状态。

- 行修改：启用此选项后，将根据每行的值和改变值，为行创建一个自定义的图案。默认设置为禁用状态。
- 列修改：启用此选项后，将根据每列的值和更改值，为列创建一个自定义的图案。默认设置为禁用状态。

8.6 模拟真实材质

前面虽然讲了材质编辑器的一些功能和使用方法，但没有讲述材质的具体调制方法与技巧。下面将调制各种材质的技巧以实例方式进行详细的讲解，希望对大家有所帮助。

8.6.1 瓷器材质

瓷器材质需要有很高的高光及光泽度，还要有一定的反射效果。通常用瓷器材质来表现卫生间的洗手盆、座便器、浴缸等。有的瓷器带有印花图案，那就需要为模型指定位图贴图，比如花瓶、茶壶、茶杯等。

本例介绍瓷器材质的设置，完成的效果如图8-69所示。

原始场景路径：Scene\cha08\瓷器材质.max	贴图路径：map\cha08\瓷器材质
最终场景路径：Scene\cha08\瓷器材质OK.max	视频路径：视频\cha08\8.6.1 瓷器材质.mp4

01 打开随书附带光盘中的“Scene\cha08\瓷器材质.max ”文件，在场景中选择茶壶模型，

按M键打开材质编辑器，选择一个新的材质样本球，在“明暗器基本参数”卷展栏中勾选“双面”选项，如图8-70所示。

02 在“贴图”卷展栏中单击“漫反射颜色”后的None按钮，在弹出的“材质/贴图浏览器”对话框中选择位图贴图“map\cha08\瓷器材质\ci3.jpg”，进入“漫反射颜色”层级面板，如图8-71所示。单击（转到父对象）按钮，返回上一级面板。

03 为“反射”指定光线跟踪贴图，单击（转到父对象）按钮返回上一级，设置“反射”的数值为20，单击（将材质指定给选定对象）按钮，如图8-72所示。

图8-69

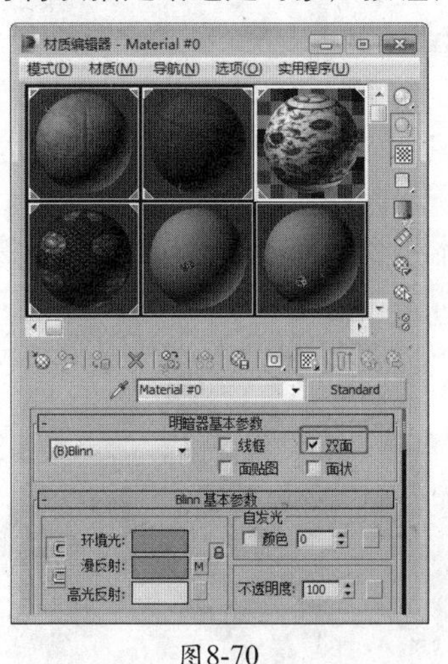

图8-70

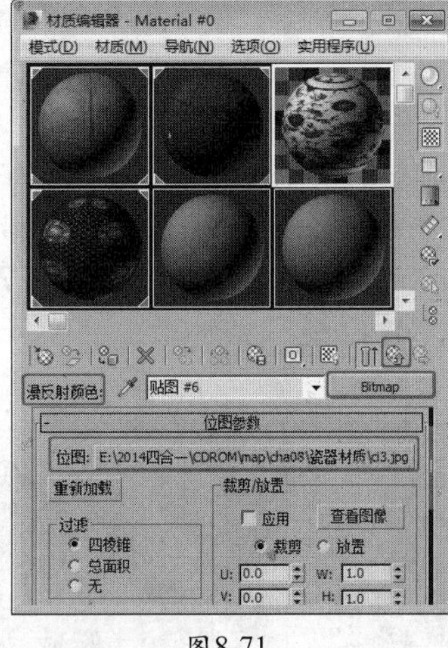
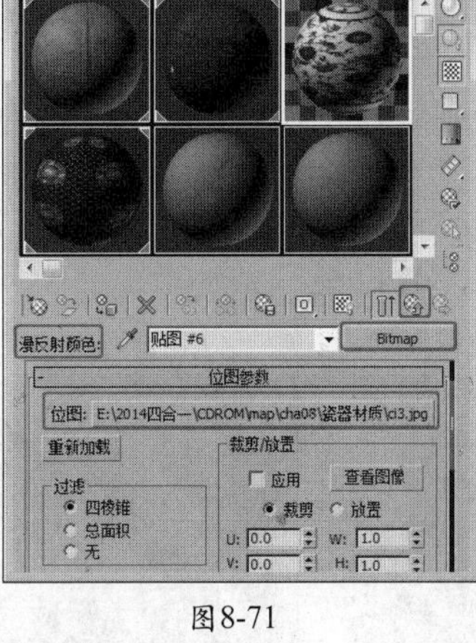

图8-71

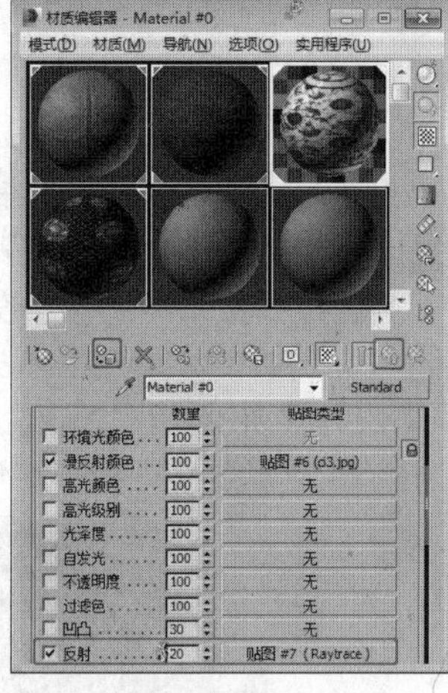

图8-72

04 渲染场景，可以得到如图8-69所示的效果。

8.6.2 木纹材质

木材是从古至今用得最多的建筑材料，在现代的装饰行业中，木纹材质本身有很多种表现形式，但还是万变不离其宗。木纹材质主要根据位图图像的不同变换各种不同的木纹材质。

本例介绍木纹材质的设置，完成的效果如图8-73所示。

原始场景路径：Scene\cha08\木纹材质.max	贴图路径：map\cha08\木纹材质
最终场景路径：Scene\cha08\木纹材质OK.max	视频路径：视频\cha08\8.6.2 木纹材质.mp4

01 打开随书附带光盘中的“Scene\cha08\木纹材质.max”文件，在场景中选择桌椅模型，按M键打开材质编辑器，选择一个新的材质样本球，在“明暗器基本参数”卷展栏中选择明暗器类型为Phong，在“Phong基本参数”卷展栏中解除“环境光”按钮的锁定状态，设置“环境光”的红绿蓝值分别为183、175、175，设置“漫反射”的红绿蓝值分别为242、235、213，设置“高光反射”的红绿蓝值分别为230、228、228，设置“自发光”为5、“高光级别”为79、“光泽度”为31、“柔化”为0.6，如图8-74所示。

图8-73

02 在“扩展参数”卷展栏中选择“衰减”类型为“外”，设置“过滤”的红绿蓝值分别为183、175、175，设置线框的“大小”为0，设置“反射级别”为0.1，如图8-75所示。

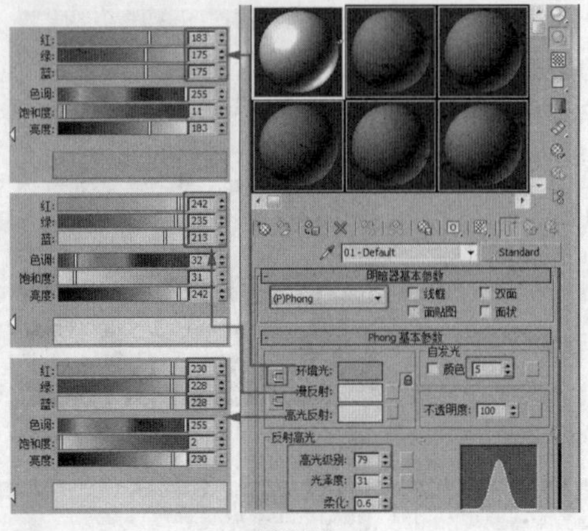

图8-74

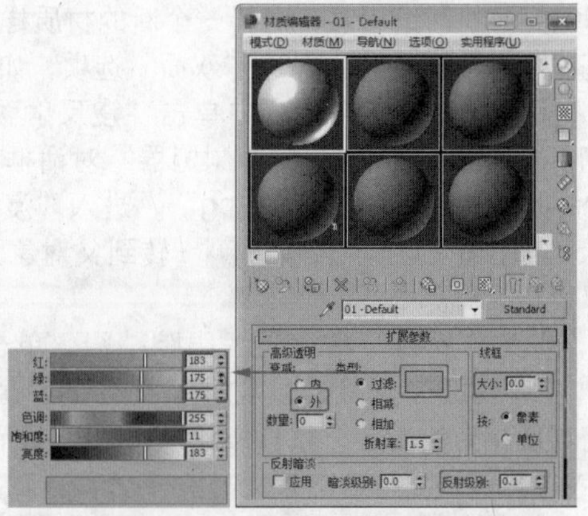

图8-75

03 在“贴图”卷展栏中为“漫反射颜色”指定“RGB染色”，进入“RGB染色参数”层级面板，设置蓝色色块的红绿蓝值分别为47、47、255，如图8-76所示。

04 为“贴图”指定位图贴图“map\cha08\木纹材质\樱桃木-2.jpg”，进入“贴图”层级面板，在“坐标参数”卷展栏中设置“角度”的U为90，如图8-77所示。

05 在“输出”卷展栏中设置“输出量”为1.05、“RGB偏移”为0.06、“RGB级别”为1.1，如图8-78所示。

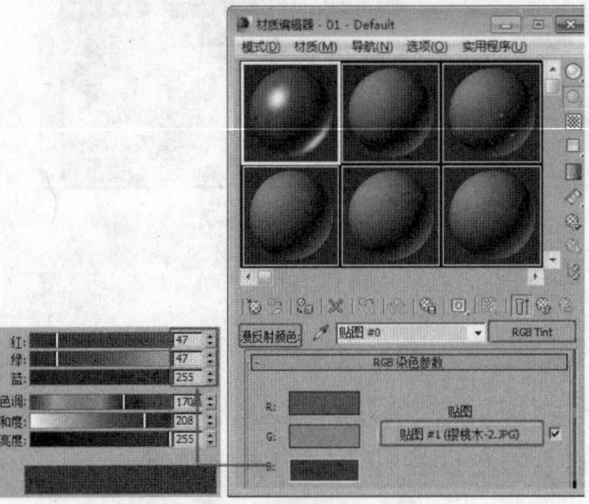

图8-76

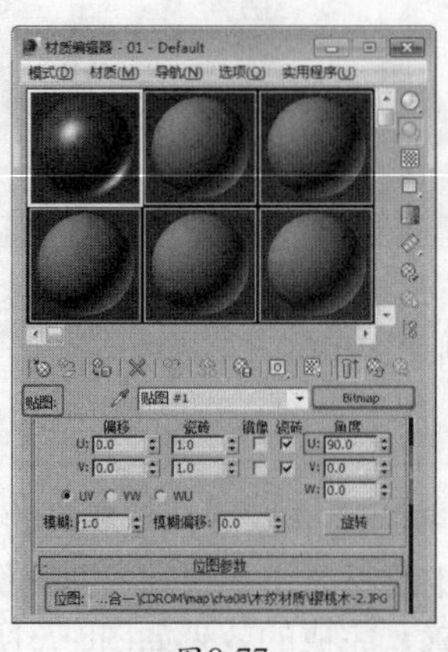

图8-77

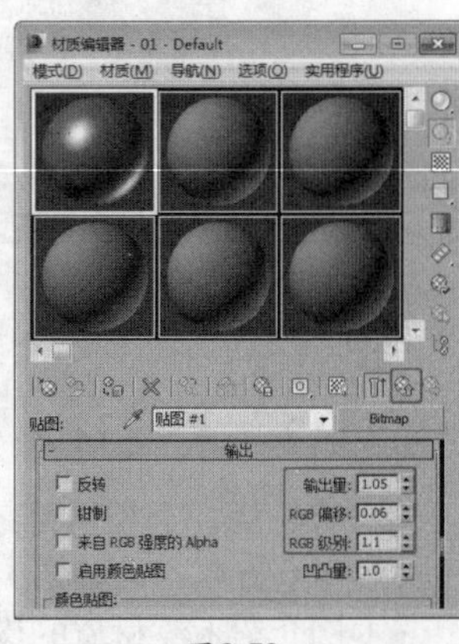

图8-78

06 返回主层级面板，单击 (将材质指定给选定对象）按钮将材质指定给选定对象，渲染场景即可得到如图8-73所示的效果图。

注意 木材类材质现在已经有了更广的范围，它还包含竹材及各种仿木板等。所以如果当遇到竹材及仿木板时，也可按木材的方法调制。

8.6.3 石材材质

石材材质的表现技巧与木纹材质的表现技巧有相似之处。对于一个场景空间来说，也不外乎是“高光材质”、“毛面材质”、“清晰反射石材”及“模糊反射石材”几种材质属性。石材常用于墙面、地面、制作各种装饰品。

本例介绍石材材质的设置，完成的效果如图8-79所示。

原始场景路径：Scene\cha08\石材材质.max	贴图路径：map\cha08\石材材质
最终场景路径：Scene\cha08\石材材质OK.max	视频路径：视频\cha08\8.6.3 石材材质.mp4

01 打开随书附带光盘中的“Scene\cha08\石材材质.max”文件，在场景中选择地板模型，

图8-79

按M键打开材质编辑器，选择一个新的材质样本球，在“Blinn基本参数”卷展栏中设置“高光级别”为55、“光泽度”为25，如图8-80所示。

02 在“贴图”卷展栏中为“漫反射颜色”指定位图贴图“map\cha08\石材材质\白色微晶石.jpg”，如图8-81所示。

03 在“贴图”卷展栏中设置“反射”的数值为15，并为“反射”指定“平面镜”贴图，单击（（转到父对象）按钮返回上一级，单击（将材质指定给选定对象）按钮，如图8-82所示。

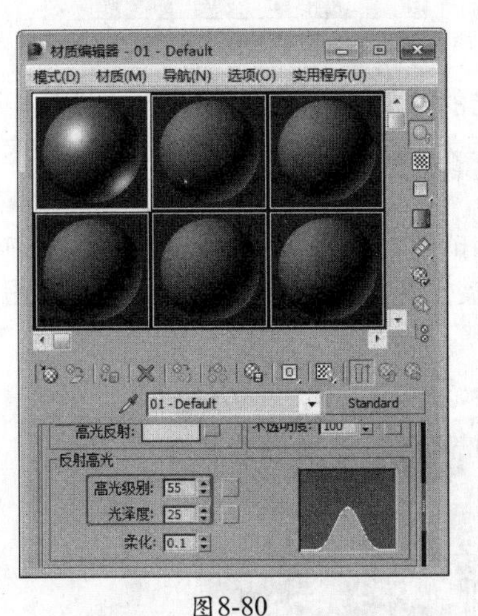

图8-80

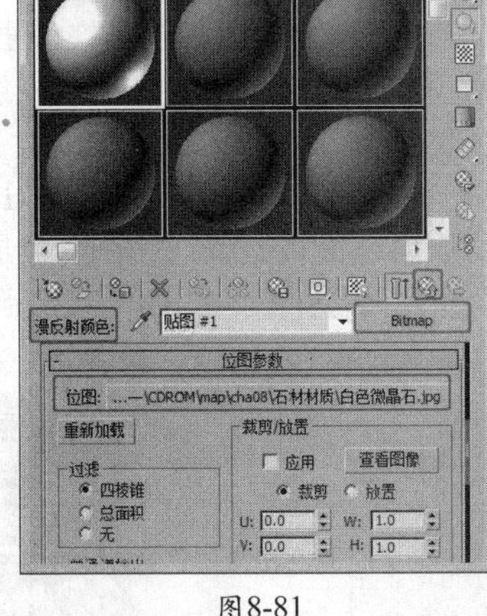

图8-81

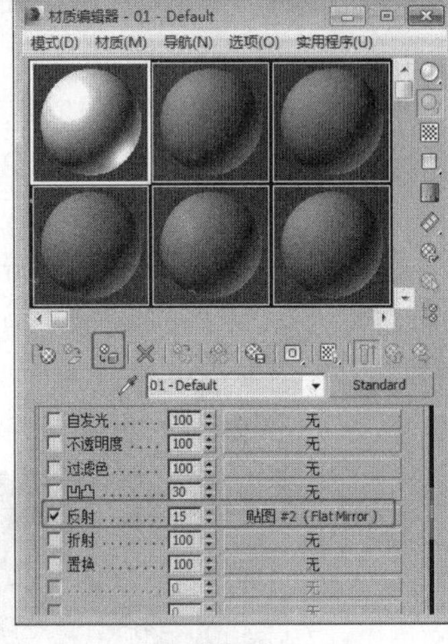

图8-82

04 渲染场景，可以得到如图8-79所示的效果。

8.6.4 包装盒材质

包装盒材质相对来说复杂一点，一般需要为多个元素设置贴图，这时就用到了“多维/子对象”材质。

本例介绍包装盒材质的设置，完成的效果如图8-83所示。

原始场景路径：Scene\cha08\包装盒材质.max	贴图路径：map\cha08\包装盒材质
最终场景路径：Scene\cha08\包装盒材质OK.max	视频路径：视频\cha08\8.6.4 包装盒材质.mp4

01 打开随书附带光盘中的“Scene\cha08\包装盒材质.max”文件，在场景中选择包装盒模型，将模型的选择集定义为“多边形”，在“多边形：材质ID”卷展栏中分别选择3个材质ID看一下，如图8-84所示。

图8-83

02 按M键打开材质编辑器，选择一个新的材质样本球，将材质转换为“多维/子对象”材质，在“多维/子对象基本参数”卷展栏中单击“设置数量”按钮，设置数量为3，如图8-85所示。

03 单击1号材质后的子材质按钮，进入1号材质层级面板，在“贴图”卷展栏中为“漫反射颜色”指定位图贴图“map\cha08\包装盒材质\正面.jpg”，如图8-86所示。

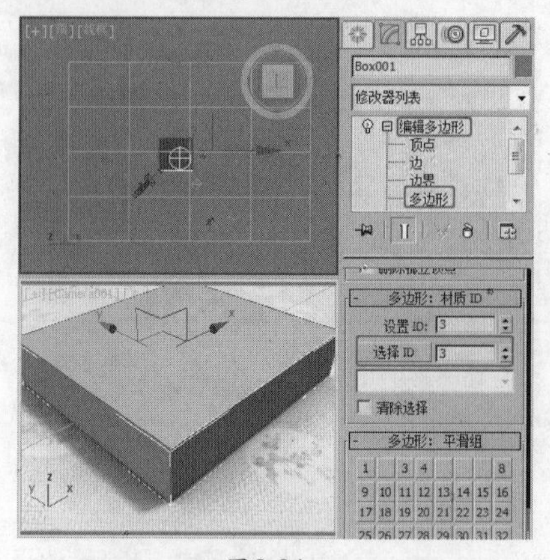

图8-84

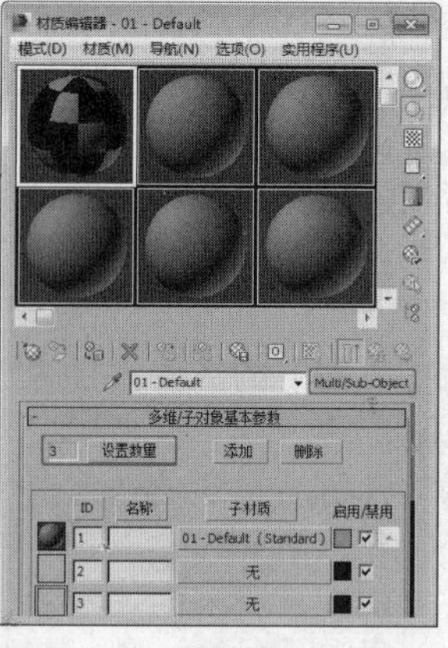

图8-85

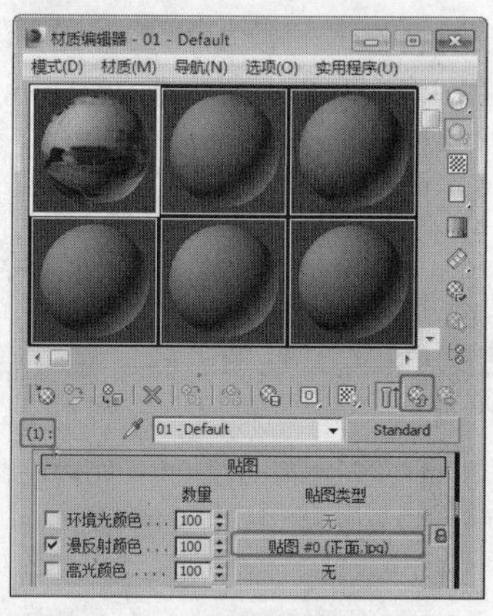

图8-86

04 返回主层级面板，单击2号材质后的“无”按钮，在弹出的“材质/贴图浏览器”对话框中为其指定“标准”材质，进入2号材质层级面板，在“贴图”卷展栏中为“漫反射颜色”指定位图贴图“map\cha08\包装盒材质\正面侧面.jpg”，如图8-87所示。

05 返回主层级面板，单击3号材质后的“无”按钮，在弹出的“材质/贴图浏览器”对话框中为其指定“标准”材质，进入3号材质层级面板，在“贴图”卷展栏中为“漫反射颜色”指定位图贴图“map\cha08\包装盒材质\背面和侧面.jpg”，如图8-88所示。

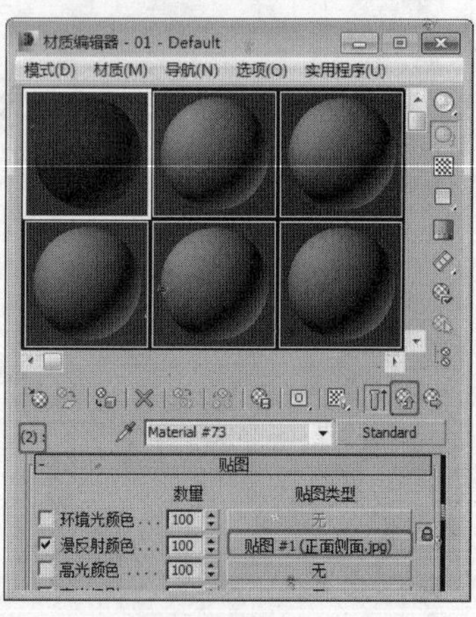

图8-87

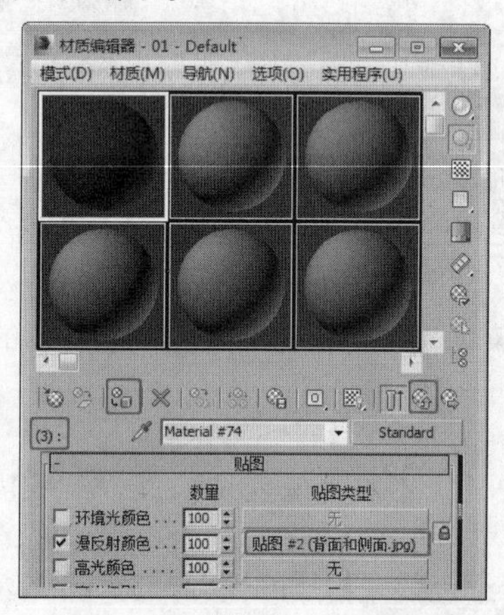

图8-88

06 返回主层级面板，单击（将材质指定给选定对象）按钮，将材质指定给选定模型，渲染场景，可以得到如图8-83所示的效果。

8.6.5 玻璃材质

在效果图制作中，玻璃是最常用的一种材质，但是想表现真实而生动的效果时需要一些技巧。根据表面肌理的不同，可分为很多种，如清玻璃、磨砂玻璃、裂纹玻璃、钻石玻璃等，它们的表现方法大不相同，但玻璃的剔透感和硬度还是基本相似的。玻璃材质主要用于玻璃门、玻璃窗、茶几、隔断及各种瓶子等造型。

本例介绍玻璃材质的设置，完成的效果如图8-89所示。

原始场景路径：Scene\cha08\玻璃材质.max	贴图路径：map\cha08\玻璃材质
最终场景路径：Scene\cha08\玻璃材质OK.max	视频路径：视频\cha08\8.6.5 玻璃材质.mp4

01 打开随书附带光盘中的“Scene\cha08\玻璃材质.max”文件，在场景中选择玻璃模型，按M键打开材质编辑器，选择一个新的材质样本球，在“Blinn基本参数”卷展栏中解除“环境光”按钮的锁定状态，设置“环境光”的红绿蓝值分别为144、192、174，设置“漫反射”的

红绿蓝值分别为174、209、195，设置“高光反射”的红绿蓝值均为206、“自发光”颜色为44、“不透明度”为20、“高光级别”为80、“光泽度”为25，如图8-90所示。

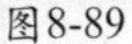

图8-89

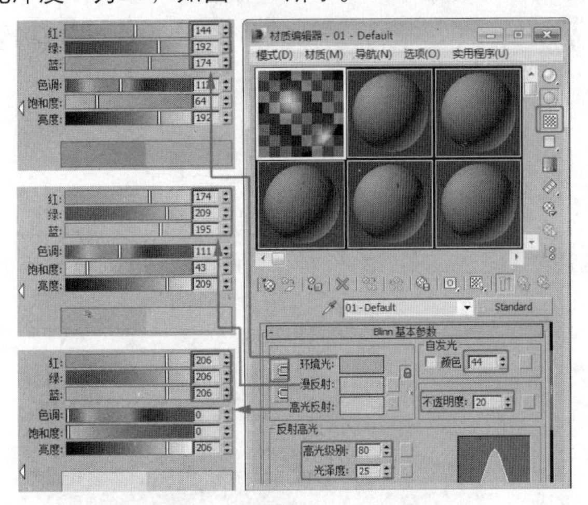

图8-90

02 在“贴图”卷展栏中为“反射”指定平面镜贴图，进入“反射”层级面板，在“平面镜参数”卷展栏中勾选“应用于带ID的面”选项，为其指定反射面。单击（转到父对象）按钮返回上一级，如图8-91所示。

03 为“折射”指定光线跟踪贴图，单击（转到父对象）按钮返回上一级，设置“折射”的数值为30，如图8-92所示。

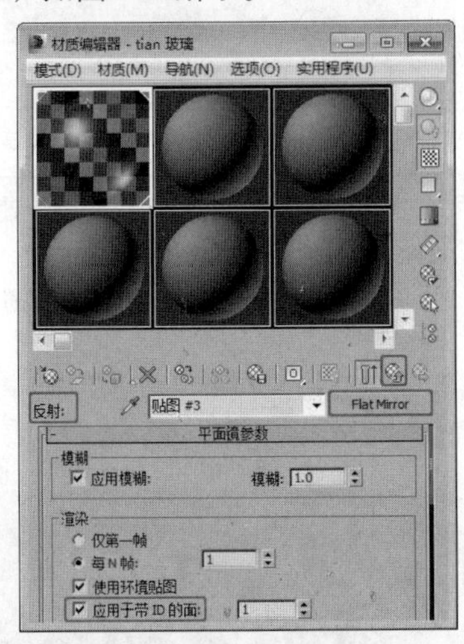

图8-91

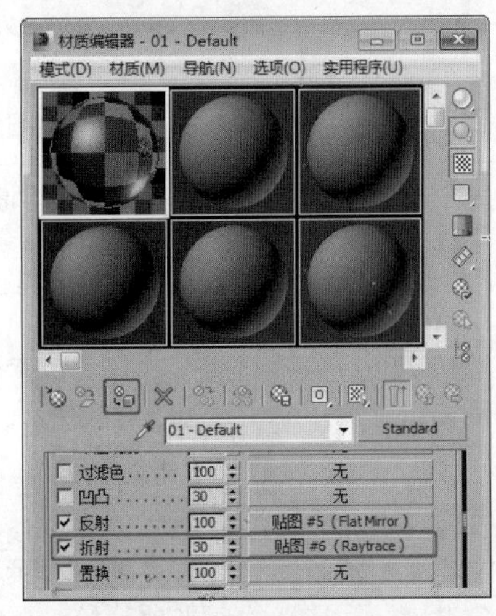

图8-92

04 单击（将材质指定给选定对象）按钮，将材质指定给选定模型，渲染场景，可以得到如图8-89所示的效果。

8.6.6 金属材质

在效果图制作中，金属材质的应用是比较广泛的，经常用到的有不锈钢、黄铜、铝合金。它主要用于各种家具的支架、扶手、灯具、门窗、柜台及装饰架等。

本例介绍金属材质的设置，完成的效果如图8-93所示。

原始场景路径：Scene\cha08\金属材质.max	贴图路径：map\cha08\金属材质
最终场景路径：Scene\cha08\金属材质OK.max	视频路径：视频\cha08\8.6.6 金属材质.mp4

01 打开随书附带光盘中的“Scene\cha08\金属材质.max”文件，在场景中选择需要指定材

质的模型，按M键打开材质编辑器，选择一个新的材质样本球，在“明暗器基本参数”卷展栏中选择明暗器类型为“金属”，在“金属基本参数”卷展栏中解除“环境光”按钮的锁定状态，设置“环境光”的红绿蓝值均为0、“漫反射”的红绿蓝值均为255、“高光级别”为78、“光泽度”为46，如图8-94所示。

图8-93

02 在“贴图”卷展栏中为“反射”指定光线跟踪贴图，并设置“反射”的数值为70，单击（将材质指定给选定对象）按钮将材质指定给模型，如图8-95所示。

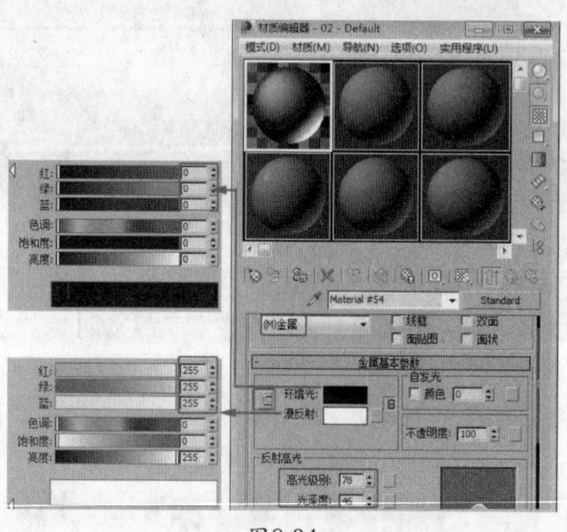
图8-94

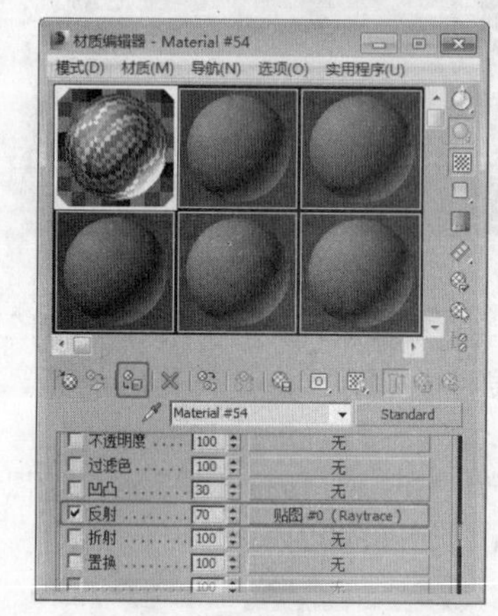
图8-95

03 渲染场景，可以得到如图8-93所示的效果。

注意	这仅是金属种类中的一种，但它们的调制方法基本相同，需要更改的只是它们的色值、高光以及反射3项。如果想调得效果更好、更逼真，最好找一块相应的金属材料，一边观察一边调节，这样就可以得到非常精美的金属材质。这也是经常使用的方法。送大家一句格言：只有认真地观察生活中的环境，才能很好地模拟它们。

8.6.7 镜面材质

在效果图制作中，镜面材质的应用是比较常用的，但想表现真实而生动的效果需要一些技巧。根据镜面反射的清晰度不同，材质可分为很多种。它主要用于各种各类镜子、高楼的反光玻璃等一些高反射的对象。

本例介绍镜面材质的设置，完成的效果如图8-96所示。

图8-96

原始场景路径：Scene\cha08\镜面材质.max	贴图路径：map\cha08\镜面材质
最终场景路径：Scene\cha08\镜面材质OK.max	视频路径：视频\cha08\8.6.7 镜面材质.mp4

01 打开随书附带光盘中的“Scene\cha08\镜面材质.max”文件，在场景中选择镜子模型，按M键打开材质编辑器，选择一个新的材质样本球，在“Blinn基本参数”卷展栏中设置“环境光”和“漫反射”的红绿蓝值均为0，如图8-97所示。

02 在“贴图”卷展栏中为“反射”指定平面镜贴图，进入“反射”层级面板，在“平面镜参数”卷展栏中勾选“应用于带ID的面”选项，为其指定反射面，如图8-98所示。

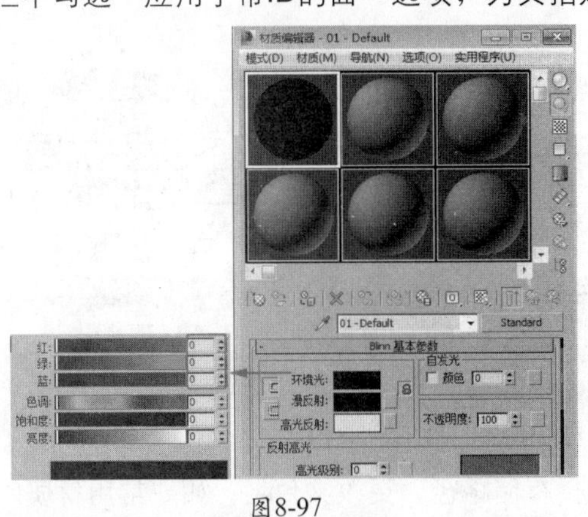
图8-97

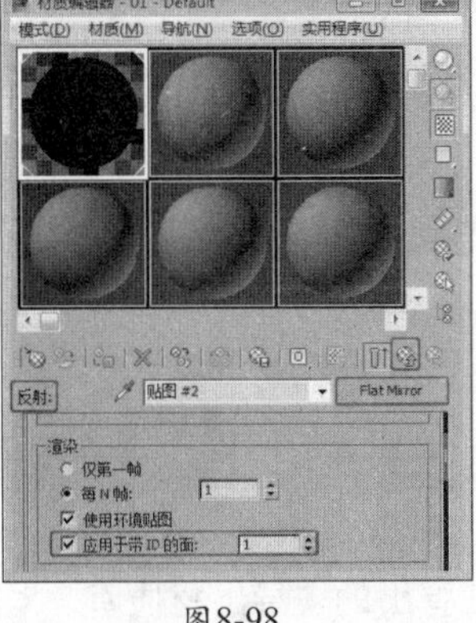
图8-98

03 单击（转到父对象）按钮返回上一级面板，将材质指定给模型，渲染场景可以，得到如图8-96所示的效果。

8.7 材质库的建立与调用

作为一名专业的设计师或效果图制作人员，应该将常用的材质调制完成之后保存起来，建立自己专有的材质库。以后再用到相同的材质，直接从材质库中调用就可以了。材质库的有效应用可以更快捷地利用3ds Max制作效果图，从而在无形中提高了做图的速度及工作效率。

材质库的建立与调用的操作如下。

01 按M键打开材质编辑器，选择一个新的材质样本球，调制一种乳胶漆材质。

02 在工具栏中单击（获取材质）按钮，在弹出的“材质/贴图浏览器”对话框中单击（材质/贴图浏览器选项）按钮，在弹出的下拉菜单中选择“新材质库”命令，如图8-99所示。

03 在弹出的“创建新材质库”对话框中单击“保存”按钮，如图8-100所示。

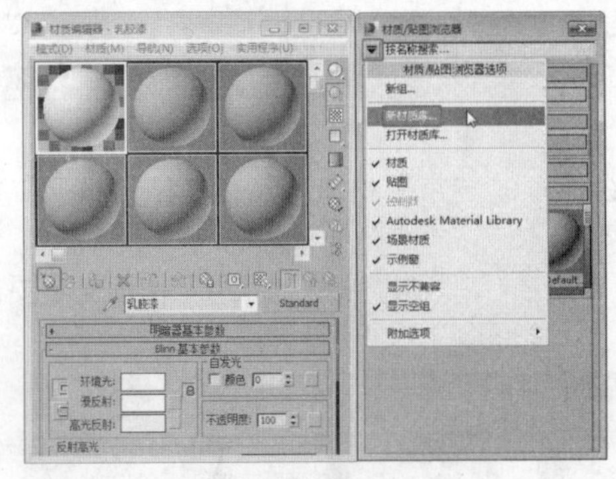
图8-99

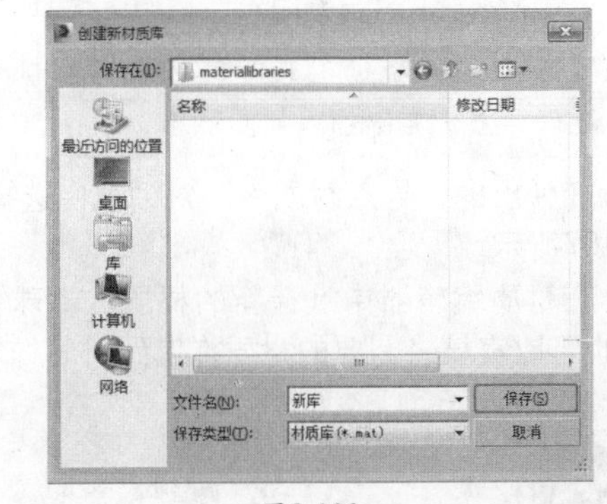
图8-100

04 保存后，在“材质/贴图浏览器”对话框中就可以看到名为“新库.mat”的材质库，如图8-101所示。

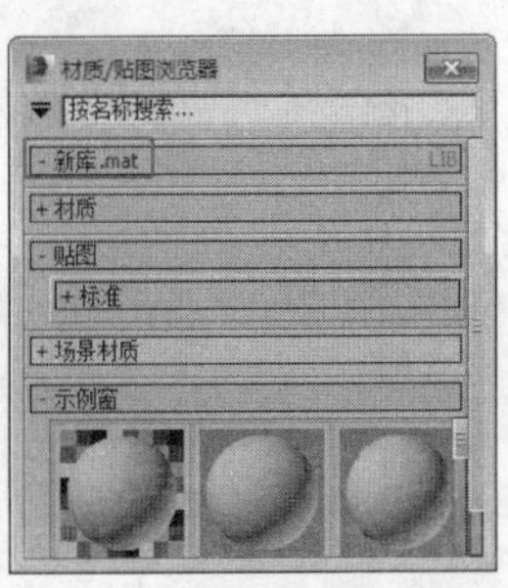
图8-101

05 选择设置好的乳胶漆材质，单击（放入库）按钮，在弹出的菜单中选择“新库.mat”选项，如图8-102所示。

06 在弹出的“放置到库”对话框中输入材质的名称，单击“确定”按钮，此时在“材质/贴图浏览器”对话框中可以看到“乳胶漆”材质已放置到“新库.mat”中了，如图8-103所示。

07 在“材质/贴图浏览器”对话框中的“新库.mat”卷展栏上

鼠标右击，在弹出的快捷菜单中选择“存储路径”|“另存为”命令，如图8-104所示。

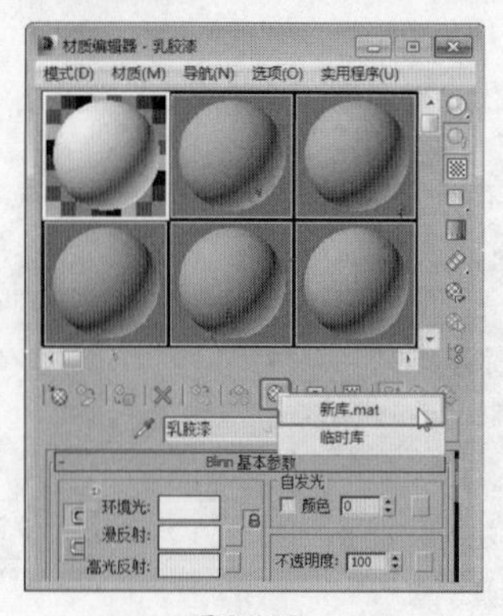

图8-102

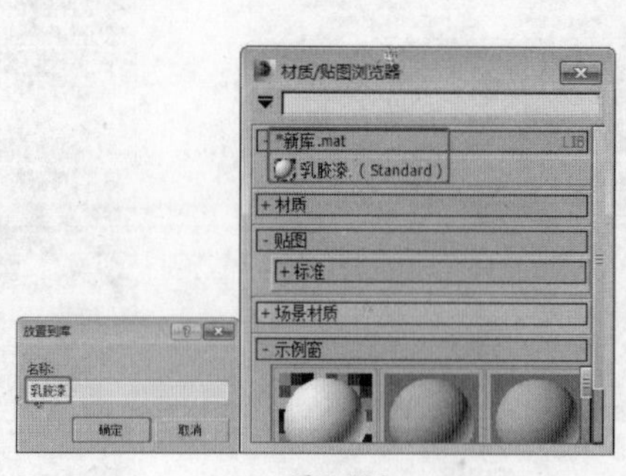

图8-103

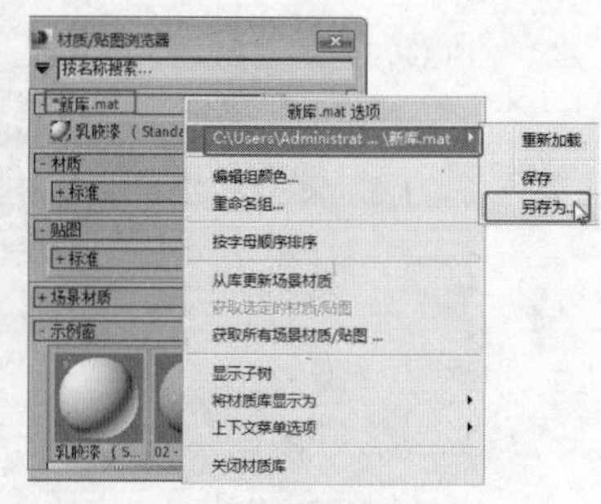

图8-104

08 在弹出的“导出材质库”对话框中选择存储路径，更改文件名，如“常用材质库”，单击“保存”按钮，如图8-105所示。

09 至此材质库的建立就完成了，下面介绍如何导入和使用材质库。

10 打开一个新的场景，按M键打开材质编辑器，单击 （获取材质）按钮，在弹出的“材质/贴图浏览器”对话框中单击 （材质/贴图浏览器选项）按钮，在弹出的菜单中选择“打开材质库”命令，如图8-106所示。

图8-105

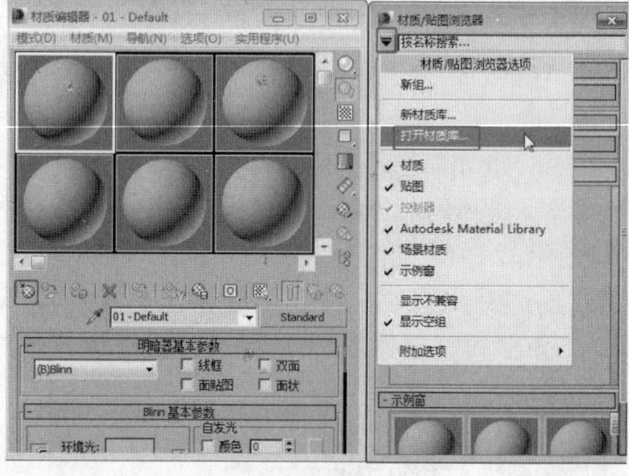

图8-106

11 在弹出的“导入材质库”对话框中选择已经保存的“常用材质库”，单击“打开”按钮，如图8-107所示。

12 在材质编辑器中选择新的材质样本球，在“材质/贴图浏览器”对话框中双击需要的材质即可；也可以直接将需要的材质拖曳到材质样本球上，如图8-108所示。

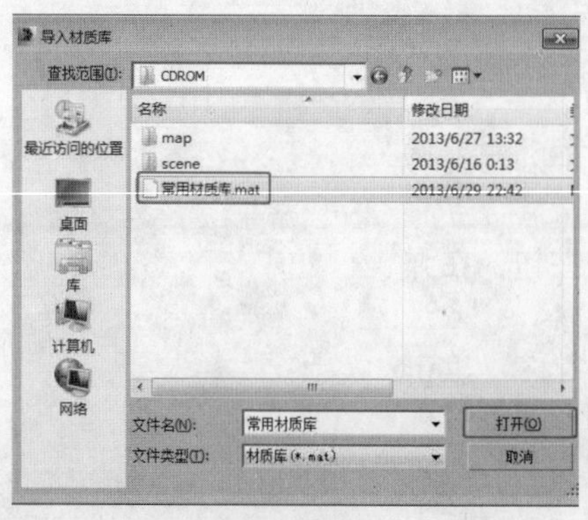

图8-107

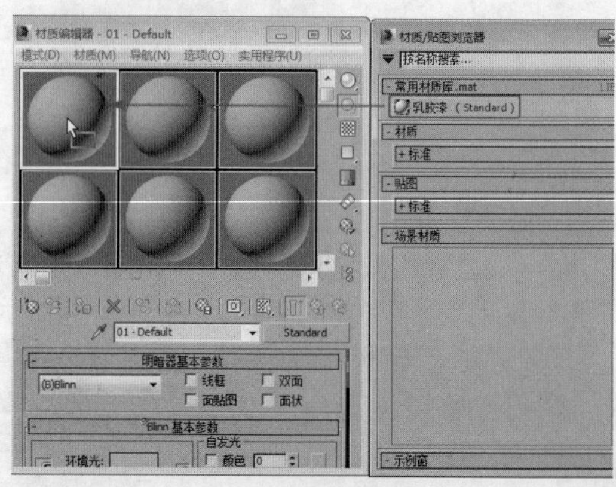

图8-108

8.8 使用UVW贴图调整贴图坐标

使用“UVW贴图”调整贴图的纹理是很方便的，只要选择一个赋予纹理的物体，然后在修改器列表中施加“UVW贴图”修改器命令，通过调整各项参数，可以得到一个合理的纹理。

当一个造型被创建出来后，它就具有一个自己的贴图坐标，也就是内建的贴图坐标。但是当造型被做了某些修改之后，如执行了“编辑网格”、“布尔运算”等修改命令，此时赋予带有纹理的材质时，它便找不到贴图坐标了，物体上就不会显示纹理。渲染时会弹出“缺少贴图坐标”对话框，并显示缺少贴图坐标的物体的名称，如图8-109所示。

此时必须在视图中找到该物体并选择它，然后在修改器列表中给它施加一个“UVW贴图”修改器命令，在“贴图”组中可以选择不同的贴图类型，如平面、柱形、球形、收缩包裹、长方体、面、XYZ到UVW，其中最常用的有平面、柱形、长方体、球形，如图8-110所示。

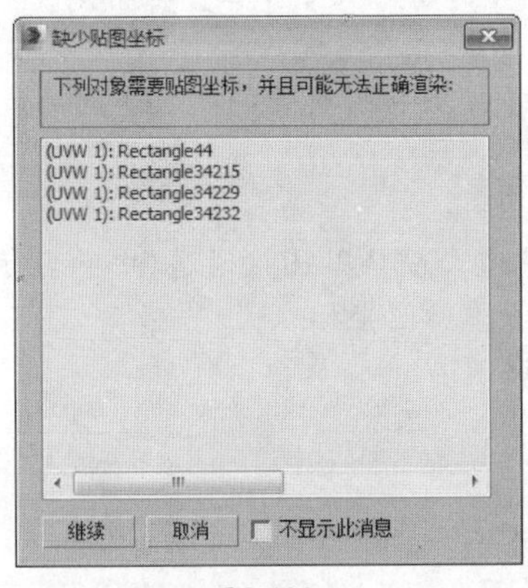

图8-109

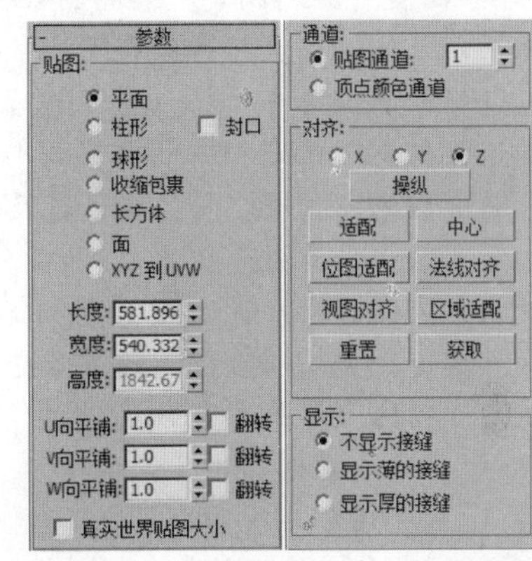

图8-110

“参数”卷展栏选项功能如下。

- 平面：将贴图沿平面映射到物体表面，适用于平面的贴图，可以保证贴图的大小、比例不变。平面的表现效果如图8-111所示。
- 柱形：将贴图沿圆柱侧面映射到物体表面，适用于圆柱体的贴图，右侧“封口”选项用于控制圆柱体两端面的贴图方式。如果不选择，两端面会形成扭曲撕裂的效果；将其选择，即为两端面单独指定一个平面贴图。柱形的表现效果如图8-112所示。
- 球形：将贴图沿球体内表面映射到物体表面，适用于球体或类似球体贴图。球形的表现效果如图8-113所示。

图8-111

图8-112

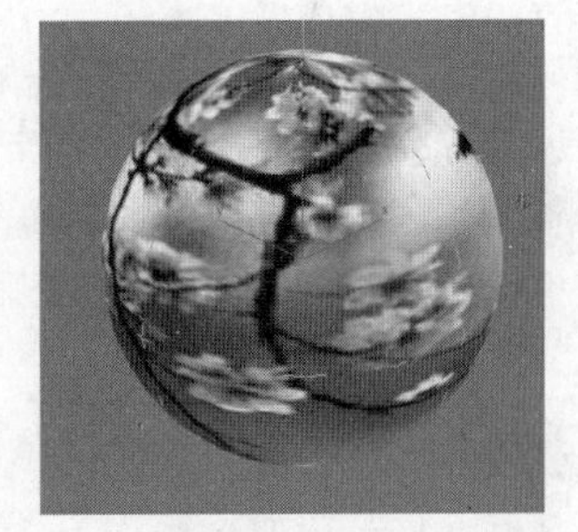

图8-113

- 收缩包裹：将整个图像从上向下包裹住整个物体表面，它适用于球体或不规则物体贴图，优点是不产生接缝和中央裂隙。在模拟环境反射的情况下使用比较多，收缩包裹的表现效果如图8-114所示。
- 长方体：按6个垂直空间平面将贴图分别镜射到物体表面，适用于立方体类物体，常用于建筑物的快速贴图，是使用率最高的一种。长方体的表现效果如图8-115所示。
- 面：直接为每个表面进行平面贴图。其表现效果如图8-116所示。

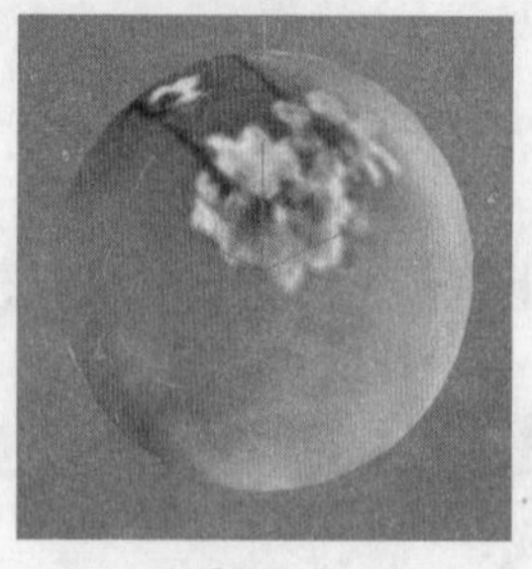
图8-114

图8-115

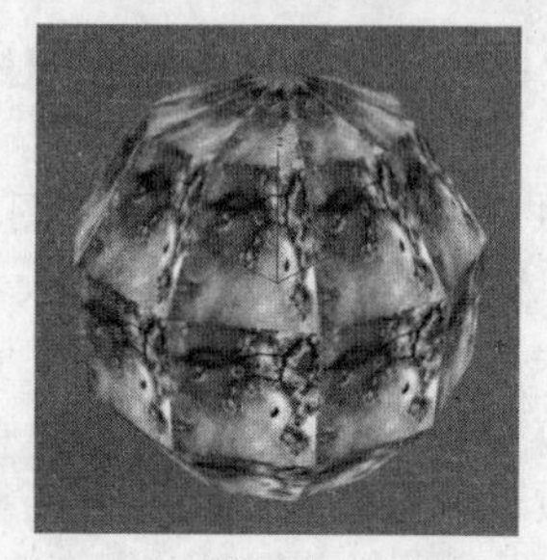
图8-116

- XYZ到UVW：适配3D程序贴图坐标到UVW贴图坐标。这个选项有助于将3D程序贴图锁定到物体表面。如果拉伸表面，3D程序贴图也会被拉伸，不会造成贴图在表面流动的错误动画效果。
- 长度/宽度/高度：分别指定代表贴图坐标的Gizmo物体的尺寸。在“次物体”级别中也可以修改变换框物体的位置、方向和尺寸。
- U向平铺/V向平铺/W向平铺：分别设置在3个方向上贴图重复的次数。材质编辑器中的重复值和这里的重复值是相乘的关系。
- 翻转：将贴图方向按照坐标方向进行反转。
- 贴图通道：每个物体拥有99个UVW贴图坐标通道，默认贴图按通道1中的坐标指定进行贴图，使用多重贴图坐标通道可以使一个面具备多重贴图坐标。
- 顶点颜色通道：使用顶点颜色通道来定义贴图通道。
- 对齐：设置贴图坐标的对齐方法。
  - X、Y、Z：选择坐标对齐的轴向。
  - 适配：自动锁定到物体外围边界盒上。
  - 中心：自动将变换框物体中心对齐到物体中心上。
  - 位图适配：选择一张图像文件，将坐标按它的长宽比对齐。
  - 法线对齐：按下按钮后，在物体的表面单击并拖动，初始的变换框会被放置在鼠标点取的表面。变换框的XY平面对齐到点取的表面，变换框的X轴放置在物体的XY平面。法线对齐不防碍平滑组，以内插值替换的法线基于表面的平滑分配。因此，可以对齐贴图图标到表面的任何部分。
  - 视图对齐：将贴图坐标对齐当前激活视图。
  - 区域适配：在视图上拉出一个范围来确定贴图坐标。
  - 重置：恢复贴图坐标的初始设置。
  - 获取：通过点取另一个物体，从而将它的贴图坐标设置引入到当前物体。

既使物体没有执行“编辑网格”、“布尔运算”等修改命令，给它施加“UVW贴图”修改器命令来调整贴图纹理的偏移、平铺、角度等也是很方便的。如果在位图的“坐标”卷展栏下调整坐标，首先很不方便，而且调整之后场景中物体的纹理都会跟随改变。所以对于复杂的场景，用“UVW贴图”修改器命令后改变贴图的位置及形态是很方便的。

8.9 小结

本章详细地介绍了材质的基本知识及各项参数面板的作用。重点讲述了常用装饰材质的调制，如乳胶漆、瓷器、木材、石材、布料、玻璃、金属等。由此可见，材质对质感和纹理的表现起着至关重要的作用，所以希望能多加练习掌握其精髓。

本章所讲述的这些材质只是材质中的一部分，因为材质是无穷、需要不断去探索的。学习材质，学会在生活学习、观察和收集，留心观察身边的每一件事物，观察它们在不同环境中的不同表现；将各种颜色、纹理细节等进行收集，整理出自己的资料库。再复杂的材质也是由基本的材质一步一步调制出来的，通过不同的调制方法，最终目的是做出好的效果。

第9章　3ds Max的灯光

本章内容

- 灯光的类型
- 标准灯光
- 光度学灯光
- VRay灯光
- 各种灯光的表现

在效果图的制作过程中，灯光的设置是最重要的一个环节。标准灯光只会计算直射光，不能计算出其他对象的反射光源，因而产生的效果生硬，明暗的反差过强，这些都是3ds Max在模拟现实灯光方面的不足之处，也是大家要用布光技术来弥补的地方。不过它也有一些功能是现实中的灯光所没有的，如可以通过关闭投射阴影而使对象失去应有的阴影，从而得到一些特殊的效果。

现实中的光并不都是直线传播，一个对象接受光照，并非都来自光源，还包括空气的散射、地面、墙面、天花板等周围对象反射的光，这些光会使场景中的对象受光变得更均匀、更柔和，而3ds Max中的光度学灯光配合光能传递使用就可以表现出这种效果，渲染功能基本接近于VRay软件了。无论用什么样的方法进行渲染，最终的目的就是得到一个理想的、真实的效果。

9.1　灯光的类型

3ds Max中的灯光分为标准和光度学两大类。其中光度学灯光能模拟出真实的灯光效果。通过对“分布”、“颜色”、“亮度”、“阴影”等参数的设置，最终创建出比较真实的效果（请注意光度学照明灯光与高级照明属性的材质及高级照明的系统相配合使用，才能真正体现它的优势）。

无论使用哪一种类型的灯光，最终目的都是为了得到一个真实而生动的效果。一幅出色的效果图需要恰到好处的灯光效果，3ds Max中的灯光比现实中的灯光优越得多，可以随意调节亮度、颜色，可以随意设置能否穿透对象或是投射阴影，还能设置它要照亮哪些对象而不照亮哪些对象。

9.2　标准灯光

标准灯光是3ds max中传统的灯光系统，属于一种模拟的灯光类型，能够模仿生活中的各种光源，并且由于光源的发光方式不同而产生各种不同光照效果。它与光学度灯光最大的区别在于没有基于实际物理属性的参数设置。

单击“（创建）”|“（灯光）”|“标准”按钮，面板会显示8种标准灯光类型，即目标聚光灯、自由聚光灯、目标平行光、自由平行光、泛光、天光、mr Area Omni（区域泛光灯）、mr Area Spot（区域聚光灯），如图9-1所示。

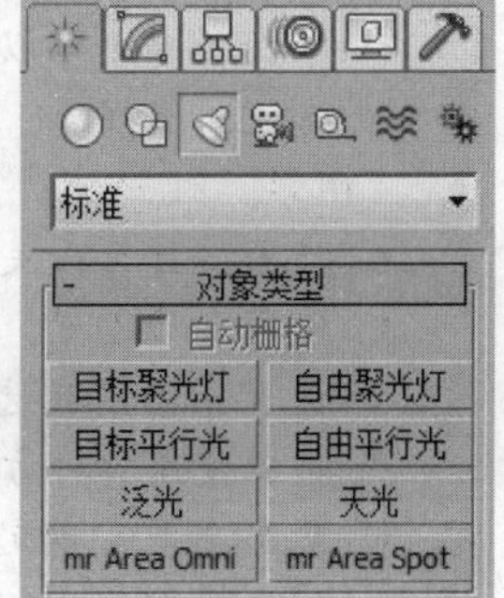

图9-1

1. 目标聚光灯

目标聚光灯是一种锥形状的投射光束，可影响光束内被照射的对象，产生一种逼真的投射阴影。当有对象遮挡光束时，光束将被截断，且光束的范围可以任意调整。目标聚光灯包含有两个部分：投射点，即场景中的圆锥体图形；目标点，即场景中的小立方体图形。可以通过调整这两个图形的位置来改变对象的投影状态，从而产生逼真的立体效果。聚光灯有矩形和圆形两种投影区域，矩形特别适合制作电影投影图像、窗户投影等；圆形适合筒灯、台灯、壁灯、车灯等灯光的照射效果。

2. 自由聚光灯

自由聚光灯是一个圆锥形图标，产生锥形照射区域，它是一种没有投射目标的聚光灯，通常用于运动路径上，或是与其他对象相连而以子对象方式出现。自由聚光灯主要应用于动画的制作，在本书中将不作详细讲解。

3. 目标平行光

目标平行光可以产生圆柱形或方柱形平行光束，平行光束是一种类似于激光的光束，它的发光点与照射点大小相等。目标平行光主要用于模拟阳光、探照灯、激光光束等效果。

4. 自由平行光

自由平行光是一种与自由聚光灯相似的平行光束。但它的照射范围是柱形的，多用于动画的制作。

5. 泛光灯

泛光灯是在效果图制作中应用最多的光源，可以用来照亮整个场景，是一种可以向四面八方均匀发光的点光源，它的照射范围可以任意调整，可使对象产生阴影。场景中可以用多盏泛光灯相互配合使用，以产生较好的效果，但要注意泛光灯也不能过多，否则效果图会因整体过亮，缺少暗部而没有层次感。所以要很好地掌握泛光灯的搭配技巧。

6. 天光

天光主要用于模拟太阳光遇到大气层时产生的散射照明。它提供整体的照明和很虚的阴影效果，但不会产生高光，而且有时阴影过虚，所以常需与太阳光或目标平行光配合使用，以体现对象的高光和阴影的清晰度。使用这种灯光必须配合“光跟踪器”，才产生出理想的效果。

7. mr Area Omni（区域泛光灯）

mr Area Omni（区域泛光灯）支持全局光照、聚光等功能。这种灯不是从点光源发光，而是从光源周围的一个较宽阔区域内发光，并生成边缘柔和的阴影，可以为渲染的场景增加真实感，但是渲染时间会慢一些。

8. mr Area Spot（区域聚光灯）

与mr Area Omni（区域泛光灯）的功能基本一致，在这里就不重复讲述了。

9.2.1 标准灯光的通用参数

虽然3ds Max提供了很多种类型的灯光，但是它们的参数基本完全相同。下面就以目标聚光灯为例，详细地讲述灯光面板中参数的功能。

1. “常规参数”卷展栏（如图9-2所示）

“常规参数”卷展栏专用于标准灯光，这些参数用于控制灯光的开启、类型的选择、阴影的透射、排除一些不需要照明的对象等。

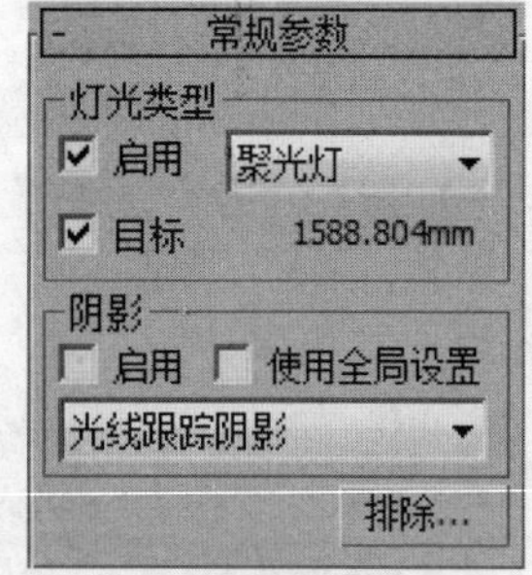

图9-2

- “灯光类型”组。
  - 启用：打开或关闭灯光。
  - 灯光类型：改变已经创建好的灯光，只有在（修改）命令面板中才可以使用。灯光类型可在聚光灯、平行光、泛光之间选择。
- “阴影”组。
  - 启用：打开或关闭灯光的阴影，其效果如图9-3所示。
  - 使用全局设置：启用此选项，使用该灯光投射阴影的全局设置；禁用此选项，启用阴影的单个控件。如果未选择使用全局设置，则必须选择渲染器使用哪种方法来生成特定灯光的阴影。
  - 阴影类型：确定灯光投射阴影的方式，3ds Max中产生的阴影有5种类型，分别为高级光线跟踪、mental ray阴影贴图、区域阴影、阴影贴图和光线跟踪阴影。其中mental ray

阴影贴图，在选择不同的阴影类型时，它的阴影参数面板也不一样，产生的效果也不一样。如图9-4所示的是两种阴影类型的比较。

图9-3

图9-4

- 排除：将对象排除在灯光影响以外，单击此按钮将弹出“排除/包含”对话框，如图9-5所示。

“排除/包含”对话框用来设置不需要受灯光影响的对象，或者灯光只影响某些对象。当场景中有些对象需要单独照亮时，就可以为灯光设置此选项。

2.“强度/颜色/衰减”卷展栏（如图9-6所示）

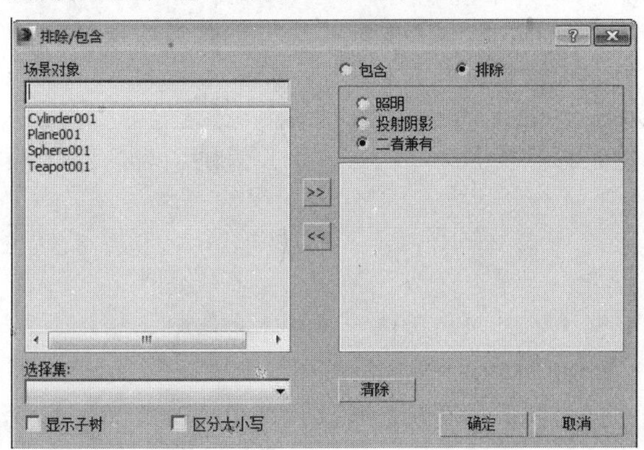

图9-5

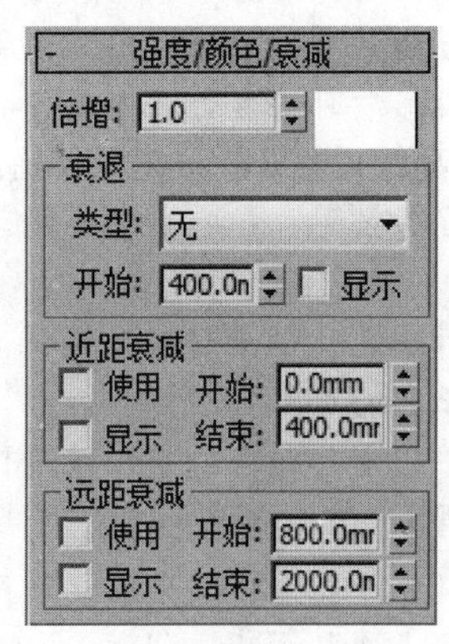

图9-6

“强度/颜色/衰减”卷展栏用来设置灯光的强弱、灯光的颜色以及灯光的衰减参数。在现实世界中，不管灯光的亮度如何，灯光的光源区域最亮，离光源越远则会变得越暗，远到一定的距离就没有了光照效果，这种物理现象叫做灯光的衰减。

可以对泛光灯及聚光灯使用衰减效果。使用衰减会使场景中的灯光更加真实，而且由于渲染场景时不计算灯光衰减为0的对象，所以还节省时间。默认灯光是不使用衰减的。设置灯光时，除了辅助光源，其他的光都应使用衰减。

- 倍增：将灯光的功率放大一个正或负的量。如果将倍增设置为2，灯光将亮两倍。负值可以减去灯光，这对于在场景中有选择地放置黑暗区域非常有用。
- 色块：显示灯光的颜色。单击色块将显示颜色选择器，用于选择灯光的颜色，默认值为白色。
- 衰退：“衰退”是使远处灯光强度减小的另一种方法。
  - 类型：在下拉列表中可以选择一种衰减的计算类型，分别为无、倒数、平方反比。
  - 开始：在右边的文本框中可以输入控制衰减范围。
  - 显示：勾选此选项，可以显示衰减范围框。
- “近距衰减”组。
  - 使用：使灯光的近距衰减有效。
  - 开始：设定开始出现光线时的位置。
  - 显示：在视图中显示近距衰减的区域。
  - 结束：光线强度增加到最大值时的位置。

- “远距衰减”组：设置远距衰减范围，有助于缩短渲染时间。

3.“聚光灯参数”卷展栏（如图9-7所示）

当创建的是聚光灯时，才显示这个卷展栏，主要用于调整聚光灯的聚光区和衰减区。

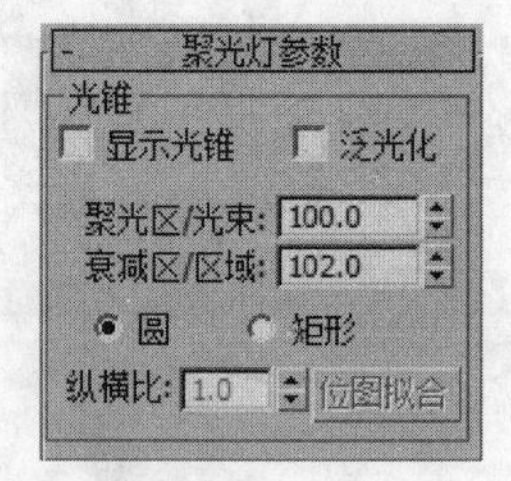

图9-7

- 显示光锥：控制聚光灯锥形框的显示。当灯光被选择时，不管此选项是否被打开，均显示锥形框。
- 泛光化：启用泛光化后，灯光在所有方向上投影灯光。但是，投影和阴影只发生在其衰减圆锥体内。
- 聚光区/光束：调整聚光灯锥形框聚光区的角度，在锥形框聚光区内的对象受全部光强的照射，聚光区的值以角度计算，默认值为43.0。
- 衰减区/区域：调整衰减区的角度以设置光线完全不照射的范围，默认值为45.0。此衰减区外的对象将不受任何光照的影响，此范围于聚光区之间，光线由强向弱进行衰减变化。
- 圆/矩形：设置聚光灯是圆形灯还是矩形灯，默认设置是圆形，产生圆锥状灯柱；矩形灯产生立方体灯柱，常用于窗户投影灯或电影、幻灯机的投影灯。
- 纵横比：设置矩形光束的纵横比。使用“位图拟合”按钮可以使纵横比匹配特定的位图。
- 位图拟合：如果灯光的投影纵横比为矩形，应设置纵横比以匹配特定的位图。当灯光用作投影灯时，该选项非常有用。

4.“高级效果”卷展栏（如图9-8所示）

“高级效果”卷展栏主要用来控制灯光影响表面区域的方式，并提供了对投影灯光的调整和设置。

- 对比度：调节对象高光区与过渡区之间表面的对比度，取值范围0～100。默认值为0，是正常的对比度。
- 柔化漫反射边：柔化过渡区与阴影区表面之间的边缘，避免产生清晰的明暗分界。取值范围0～100，数值越小边界越柔和。
- 漫反射：启用此选项，灯光将影响对象曲面的漫反射属性。禁用此选项，灯光在漫反射曲面上没有效果。
- 高光反射：启用此选项，灯光将影响对象曲面的高光属性。禁用此选项，灯光在高光属性上没有效果。
- 仅环境光：启用此选项，灯光仅影响照明的环境光组件。
- 贴图：勾选该选项，并单击右侧的按钮可以选择一张图像作为投影图。可以使灯光投影出图片效果，如果使用动画文件，可以投影出动画，和电影放映机一样。如果增加质量光效，可以产生彩色的图像光柱，如图9-9所示。

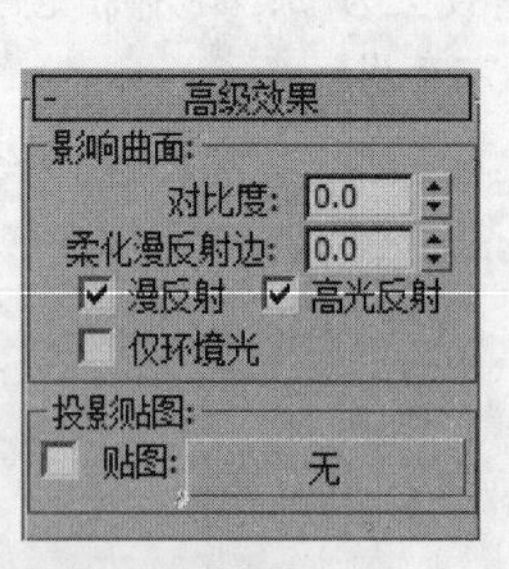

图9-8

图9-9

注意：如果要调整用于投影贴图的参数，可以打开材质编辑器，拖曳贴图到一个未编辑的材质示例窗中，采用关联的复制方式再进行编辑。

5.“阴影参数”卷展栏（如图9-10所示）

场景中的阴影可以描述许多重要信息，例如可以描述灯光和对象之间的关系，对象和其下面表面的相对关系等。“阴影参数”卷展栏主要是来调节阴影的颜色、浓度以及阴影贴图的使用。

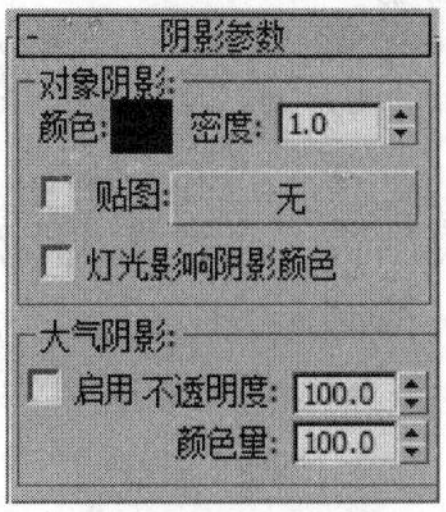

图9-10

- 颜色：设置阴影的颜色，默认设置是黑色。阴影的颜色可进行手动设置。
- 密度：调整阴影的浓度。增加阴影浓度的值可使阴影更重（或者使阴影更亮），减小阴影浓度的值可使影子变淡。默认值为1.0。
- 贴图：为阴影指定一幅贴图。
- 灯光影响阴影颜色：勾选此选项后，光将影响阴影的颜色。
- 大气阴影：选项组中的选项用于控制大气效果如何投射阴影，一般大气效果是不产生阴影的。
  - 启用：打开或关闭大气阴影。
  - 不透明度：用于设置大气阴影的不透明度，默认值为100.0。
  - 颜色量：用于调整大气色和阴影色的混合程度，该值是一个百分数，默认值为100.0。

6.“阴影贴图参数”卷展栏（如图9-11所示）

当在“常规参数”卷展栏中选择阴影类型为“阴影贴图”后，将出现“阴影贴图参数”卷展栏。这些参数用来控制灯光投射阴影的质量（此类型是系统默认的一个选项）。

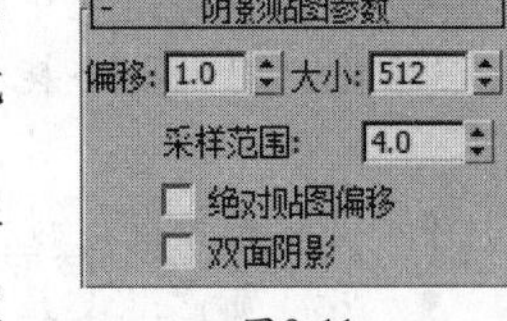

图9-11

- 偏移：用来设置阴影与对象之间的距离。值越小，阴影越接近对象。如果发现阴影离对象太远而产生悬空现象时，减少它的数值即可。
- 大小：设定阴影贴图的大小，如果阴影面积较大，应提高此值，否则阴影会显得很粗糙。虽然提高它的值可以优化阴影的质量，但也会大大提高渲染时间。
- 采样范围：设置阴影中边缘区域的柔和程度。值越高，边缘越柔和，可以产生比较模糊的阴影。

> **注意**
> 在使用阴影贴图时才有“采样范围”选项，如果使用其他的阴影方式不会有此选项。

- 绝对贴图偏移：以绝对值方式计算贴图偏移的偏移值。
- 双面阴影：勾选此选项与使用双面材质所产生的阴影效果一样。

7.“光线跟踪阴影”卷展栏（如图9-12所示）

当在“常规参数”卷展栏中选择阴影类型为“光线跟踪阴影”后，将出现“光线跟踪阴影参数”卷展栏。

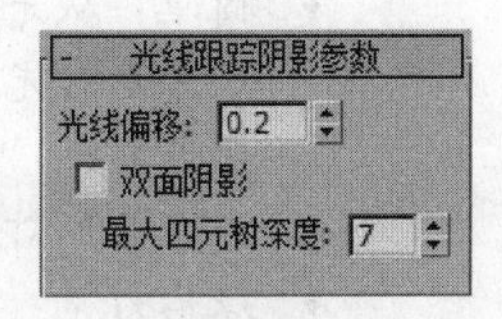

图9-12

- 光线偏移：设定阴影靠近或远离其投射阴影对象的偏移距离。当值很小时，阴影可能在不应该显示的位置显示，与对象重叠；当值很大时，阴影会和投射阴影的对象分离。
- 双面阴影：选中该复选框，在计算阴影时考虑背面阴影，此时对象内部并不被外部灯光照亮，同时也会耗费更多的渲染时间。未选中时，将忽略背面阴影，此时渲染加快，外部灯光也可以照亮对象内部。
- 最大四元树深度：设定光线跟踪器的四元树的最大深度，默认值为7。四元树用来计算光线跟踪阴影的数据结构，具有深度大的四元树的光线跟踪器以耗内存的代价来替代渲染计算速度。泛光灯生成光线跟踪阴影时的计算速度要比聚光灯慢得多，所以泛光灯要尽量少使用光线跟踪来生成阴影，或者使用聚光灯来模拟泛光灯。

光线跟踪的阴影效果鲜明强烈，如同强烈日光照射下的阴影，计算速度非常缓慢，阴影的边缘清晰可见，有偏移值可调。它适用于制作建筑外景效果图，而且有一项特殊的功能，即可以在

透明对象后产生透明的阴影，这一点是“阴影贴图”方式无法做到的，但是它无法产生模糊的阴影。

8. “高级光线跟踪参数”卷展栏（如图9-13所示）

当在“常规参数”卷展栏中选择阴影类型为“高级光线跟踪”后，将出现“高级光线跟踪参数”卷展栏，如图9-13所示，提供了更多的参数来控制光线跟踪阴影。

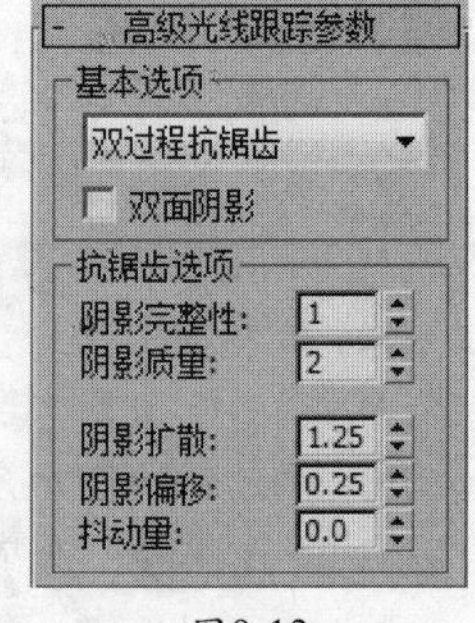

图9-13

- “基本选项”下拉列表：用来选择产生阴影的光线跟踪类型。3ds Max提供了“简单”、“单过程抗锯齿”和“双过程抗锯齿”3种类型。
  - 简单：向表面投射单支光线，且实行消除锯齿。
  - 单过程抗锯齿：向表面投射一束光线，且同时从每个发光表面发射同样数量的光线。
  - 双过程抗锯齿：向表面投射两束光线，第一束光线用来确定表面上的点是处于完全照亮、完全阴影或半阴影状态。如果处于半阴影状态，则投射第二束光线进一步平滑阴影边界。
- 双面阴影：选中该复选框，在计算阴影时考虑背面阴影，此时对象内部并不被外部灯光照亮，同时也会耗费更多的渲染时间；未选中时，将忽略背面阴影，此时渲染加快，外部灯光也可以照亮对象内部。
- 阴影完整性：设置从发光表面发射的光线数量。默认值为1。
- 阴影质量：设置从发光表面发射的第二束光线数量。默认值为2。
- 阴影扩散：设置反走样边缘的模糊半径（以像素为单位）。默认值为1.25。
- 阴影偏移：设置发射光线的对象到产生阴影的点之间的最小差距，用来防止模糊的阴影影响其他区域。当增加模糊值时，应同时增加阴影偏差值。默认值为0.25。
- 抖动量：用于增加光线位置的随机性。默认值为0。

9. “区域阴影”卷展栏（如图9-14所示）

当在“常规参数”卷展栏中选择阴影类型为“区域阴影”后，将出现“区域阴影”卷展栏。可适用于任何类型的光线以产生区域阴影效果，从而模拟出真实的光照效果。

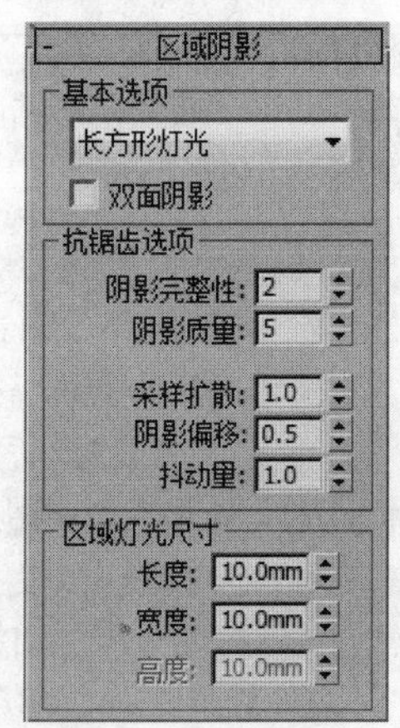

图9-14

- “基本选项”下拉列表：用来从中选择区域阴影的产生方式。3ds Max提供了5个选项，即简单、长方形灯光、圆形灯光、长方体形灯光、球形灯光。
  - 简单：从光源向表面投射单一光线，不考虑反走样计算。
  - 长方形灯光：以长方形阵列的方式从光源向表面投射光线。
  - 圆形灯光：以圆形阵列的方式从光源向表面投射光线。
  - 长方体形灯光：从光源向表面投射盒状光线。
  - 球形灯光：从光源向表面投射球状光线。
- 双面阴影：选中该复选框，在计算阴影时考虑背面阴影，此时对象内部并不被外部灯光照亮，同时也会耗费更多的渲染时间；未选中时，将忽略背面阴影，此时渲染加快，外部灯光也可以照亮对象内部。
- 阴影完整性：设置从发光表面发射的第一束光线数量。这些光线是从接收光源光线的表面发射出来的，增加精确的阴影轮廓和细节。默认值为2。
- 阴影质量：设置投射到半阴影区域内的光线数量。这些光线是从半阴影区内的点或阴影的反走样边缘发射、用来平滑阴影边缘的，增加阴影轮廓产生更精确更平滑的半阴影效果。默认值为5。
- 采样扩散：设置反走样边缘的模糊半径（以像素为单位）。默认值为1。

- 阴影偏移：设置发射光线的对象到产生阴影的点之间的最小差距，用来防止模糊的阴影影响其他区域。当增加模糊值时，应同时增加阴影偏差值。默认值为0.5。
- 抖动量：用于增加光线位置的随机性。由于初始光线排列规则，因而在模糊的阴影部分也有规则的人工痕迹。使用抖动可以把这些因素转化为噪音，使肉眼不易察觉。建议值为0.25～1.0，越模糊的阴影需要越大的抖动程度。通过增加“抖动量”的值可更大程度上混合多个阴影，以产生更真实的阴影效果。默认值为1。
- 区域灯光尺寸：用于计算区域阴影的虚拟光源大小，不影响实际的光源大小。
  - ◆ 长度、宽度、高度：分别用于设置区域阴影的长度、宽度和高度。默认值均为10。

10.“**优化**”**卷展栏**（如图9-15所示）

当在“常规参数”卷展栏中选择阴影类型为“高级光线跟踪”或“区域阴影”后，将出现“优化”卷展栏。该卷展栏参数可用来为高级光线跟踪和区域阴影提供附加控制，以达到最佳效果。

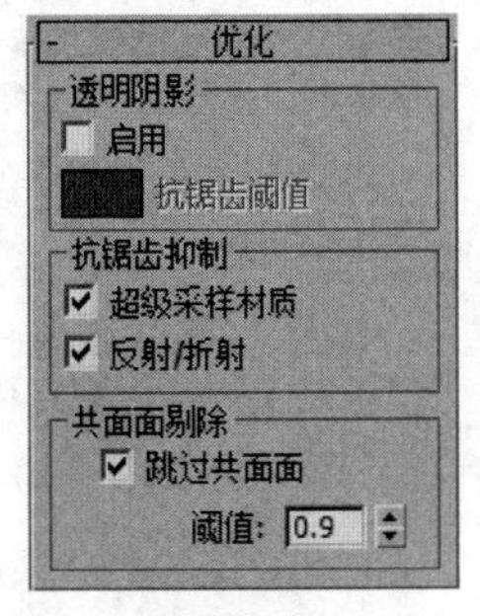

图9-15

- 启用：选中该复选框，透明的表面将投射出彩色的阴影；反之，则所有的阴影都是黑色的，同时加快阴影的生成速度。
- 抗锯齿阈值：用来设置在进行消除锯齿之前透明对象之间的最大色差。增加此颜色值，可降低阴影对锯齿痕迹的敏感程度，同时加快阴影的生成速度。
  - ◆ 超级采样材质：当绘制超级样本材质阴影时，禁用该选项，将会增加渲染时间。系统默认为勾选。
  - ◆ 反射/折射：当绘制反射或折射阴影时，禁用该选项，将会增加渲染时间。系统默认为勾选。
- 跳过共面面：选中该复选框，可防止相邻面之间相互遮蔽。对于诸如球这样的曲面上的明暗界限需要特别关注。
- 阈值：用来设置相邻面之间的角度，默认为0.9，取值范围从0（垂直）～1（平行）。

11.“**大气和效果**”**卷展栏**（如图9-16所示）

图9-16

- “大气和效果”卷展栏主要是增加、删除以及修改大气效果。
- 添加：单击此按钮，将弹出“添加大气或效果”对话框，从中可以为灯光增加大气效果或者光效。
- 删除：从列表中删除已选择的大气效果及光效。
- 大气及光效列表：显示为灯光增加的所有大气效果及光效的名称。
- 设置：单击此按钮，可对选择的大气或光效进行设置。如果选择的是一个大气效果，则弹出“环境”对话框；如果是光效，则弹出“渲染效果”对话框。

还有“mental ray间接照明”和“mental ray灯光明暗器”卷展栏，这里就不讲述了。

9.2.2 标准灯光设置的五要素

对于不同的场景和光照，需要设置不同的灯光组合。

灯光的设置看起来好像没有什么规律，难以琢磨。其实不然，无论是什么样的场景，使用什么样的灯光组合，设置灯光的基本方法是一样的，具体有以下5项重要设置。

- 强度：指光的明亮度，它决定由此光线照射的场景（物体）是明亮还是昏暗。这在生活中是随处可见的，例如物体在阳光下和月光下的亮度是不同的。
- 色彩：不同的光线色彩带来的心理暗示是不同的，例如阳光在一天的变化过程就会让人产生不同的感受。
- 位置：不同的光线位置会引起物体高光和阴影的变化。调整光照位置是营造画面独特气氛

的一种有效手段。

- 阴影：有效的阴影可以充分表现空间感和层次感。同时应注意阴影大小、色彩变化，阴影的色彩与形成阴影的光线色彩通常是补色关系。
- 衰减：在三维软件中光的默认设置是没有衰减的，有时物体虽然距离灯光很远，但它的亮度可能比距离灯光近的还要大。正确设置光的衰减不仅可以有效控制光照范围，还是刻画空间的有效手段。

了解以上关于光的重要知识，对制作效果图时模拟真实世界的光线是非常重要的。只要按部就班地合理解决上述问题，就可以完成布光的工作，取得令人满意的结果。

9.3 光度学灯光

光学度灯光通过设置灯光的光学度值来显示场景中的场景灯光效果。用户可以为灯光指定各种的缝补方式、颜色特征，还可以导入从照明厂商那里获得的特定光学度文件。

单击"（创建）"|"（灯光）"|"光度学"按钮，面板将显示3种光度学灯光类型，分别是目标灯光、自由灯光、mr天空入口，如图9-17所示。单击任意灯光按钮，弹出"创建光度学灯光"对话框，如图9-18所示。

图9-17

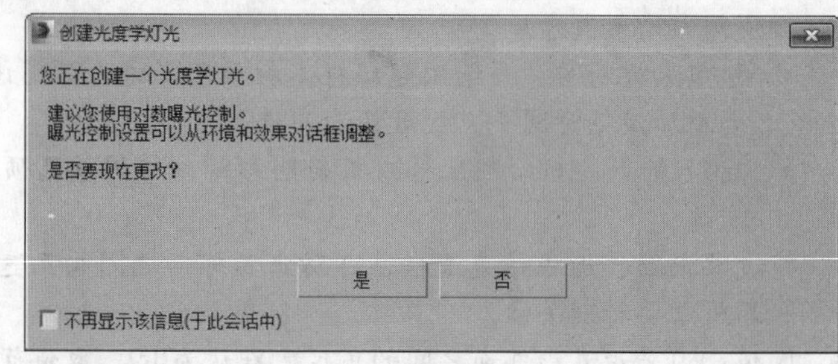

图9-18

注意：在创建光度学灯光时，有可能遇到卡屏现象。找到3ds Max的安装目录，进入dlcomponents文件夹，找到DlComponentList_x64文件，先创建一个DlComponentList_x64文件夹，然后删除DlComponentList_x64文件，就可以解决这个问题了。

9.3.1 目标灯光

目标灯光具有可以用于指向灯光的目标子对象。如图9-19所示为采用球形分布、聚光灯分布以及Web分布的目标灯光的视口示意图。

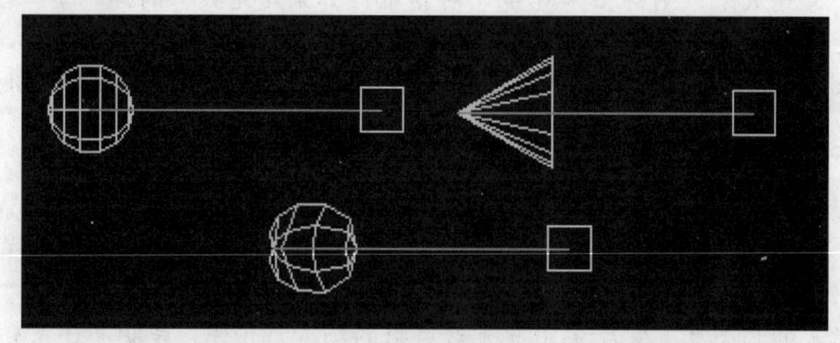

图9-19

创建目标灯光的操作步骤如下。

01 单击"（创建）"|"（灯光）"|"光度学"|"目标灯光"按钮。

02 在视口中单机鼠标左键并拖动鼠标，拖动的初始点是灯光的位置，释放鼠标的点就是目标位置。

03 设置创建参数，调整灯光的位置和方向。

1.“常规参数”卷展栏（如图9-20所示）

“灯光分布（类型）”下拉列表提供了4种灯光分布类型，即光度学Web、聚光灯、统一漫反射、统一球形。

- 光度学Web：光度学 Web 分布使用光域网定义分布灯光。如果选择该灯光类型，在修改面板上将显示对应的卷展栏。
- 聚光灯：当使用聚光灯分布创建或选择光度学灯光时，修改面板上将显示对应的卷展栏。
- 统一漫反射：统一漫反射分布仅在半球体中投射漫反射灯光，就如同从某个表面发射灯光一样。统一漫反射分布遵循Lambert余弦定理，即从各个角度观看灯光时，它都具有相同明显的强度。
- 同一球形：统一球形分布，如其名称所示，可在各个方向上均匀投射灯光。

2.“分布（光度学Web）”卷展栏（如图9-21所示）

- Web缩略图：在选择光度学文件之后，该缩略图将显示灯光分布图案的示意图。
- 选择光学度文件：单击此按钮，可选择用做光度学 Web 的文件。该文件可采用 IES、LTLI 或 CIBSE 格式。
- X轴旋转：沿着X轴旋转光域网。旋转中心是光域网的中心。范围为–180° ～180° 。
- Y轴旋转：沿着Y轴旋转光域网。
- Z轴旋转：沿着Z轴旋转光域网。

3.“强度/颜色/衰减”卷展栏（如图9-22所示）

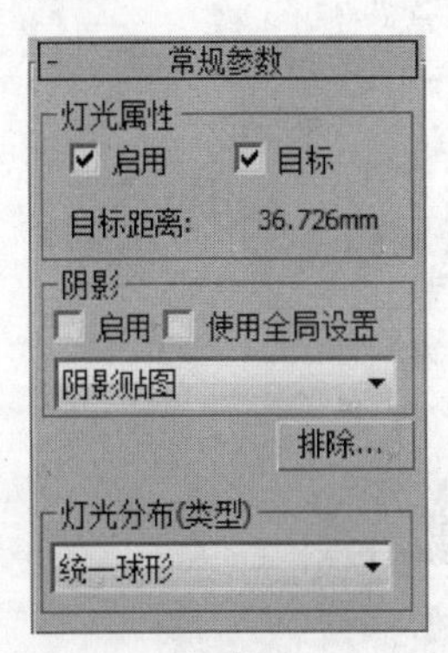

图9-20

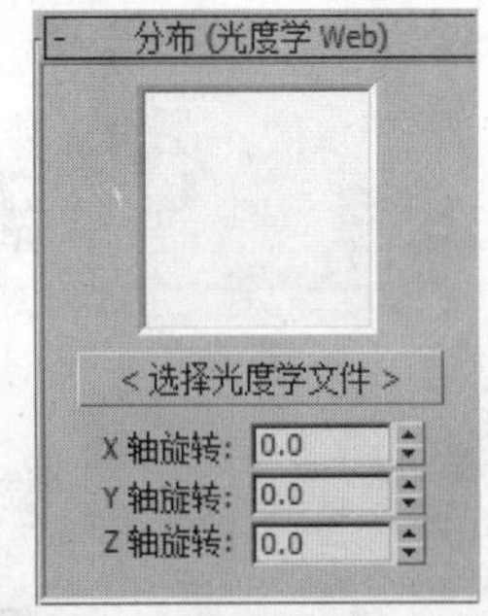

图9-21

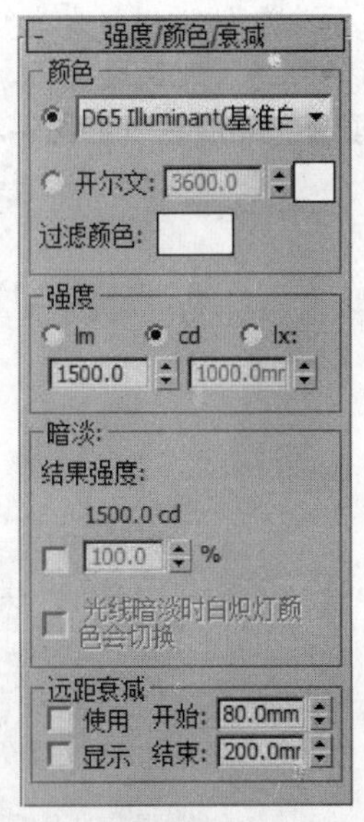

图9-22

- “颜色”组。
  - 灯光：拾取常见灯规范，使之近似于灯光的光谱特征。“开尔文”参数旁边的色样，用于反映选择的灯光。在下拉列表中选择灯光颜色类型。
  - 开尔文：通过调整色温微调器设置灯光的颜色。色温以开尔文度数显示。相应的颜色在温度微调器旁边的色样中可见。
  - 过滤颜色：使用颜色过滤器模拟置于光源上的过滤色的效果。
- 强度：这些控件在物理数量的基础上指定光度学灯光的强度或亮度。
  - lm：测量整个灯光（光通量）的输出功率。100瓦的通用灯炮约有1750 lm的光通量。
  - cd：用于测量灯光的最大发光强度，通常向着瞄准发射。100 瓦通用灯炮的发光强度约为139 cd。

- lx：测量由灯光引起的照度，该灯光以一定距离照射在曲面上，并面向光源的方向。勒克斯（lx）是国际场景单位，等于1流明/平方米。照度的美国标准单位是尺烛光（fc），等于1流明/平方英尺。要从尺烛光转换为勒克斯，需乘以10.76。例如，要指定35 fc的照度，要将照度设置为376.6 lx。

- “暗淡”组。
  - 结果强度：用于显示暗淡所产生的强度，并使用与“强度”组相同的单位。
  - 暗淡百分比：启用该选项后，该值会指定用于降低灯光强度的倍增。值为100%时，则灯光具有最大强度；值较低时，灯光较暗。
  - 光线暗淡时白炽灯颜色会切换：启用此选项之后，灯光可在暗淡时通过产生更多黄色来模拟白炽灯。

4.“图形/区域阴影”卷展栏（如图9-23所示）

在“从（图形）发射光线”组的下拉列表中可以选择阴影生成的图形。

- 点光源：计算阴影时，如同点在发射灯光一样。点图形未提供其他控件。
- 线：计算阴影时，如同灯光从一条线发出一样。线性图形提供了长度控件。矩形：计算阴影时，如同灯光从矩形区域发出一样。区域图形提供了长度和宽度控件。
- 圆形：计算阴影时，如同灯光从圆形发出一样。圆图形提供了半径控件。球形：计算阴影时，如同灯光从球体发出一样。球体图形提供了半径控件。圆柱体：计算阴影时，如同灯光从圆柱体发出一样。圆柱体图形提供了长度和半径控件。
- 灯光图形在渲染中可见：启用此选项后，如果灯光对象位于视野内，灯光图形在渲染中会显示为自供照明（发光）的图形。关闭此选项后，将无法渲染灯光图形，而只能渲染它投影的灯光。默认设置为禁用状态。

5.“模板”卷展栏（如图9-24所示）

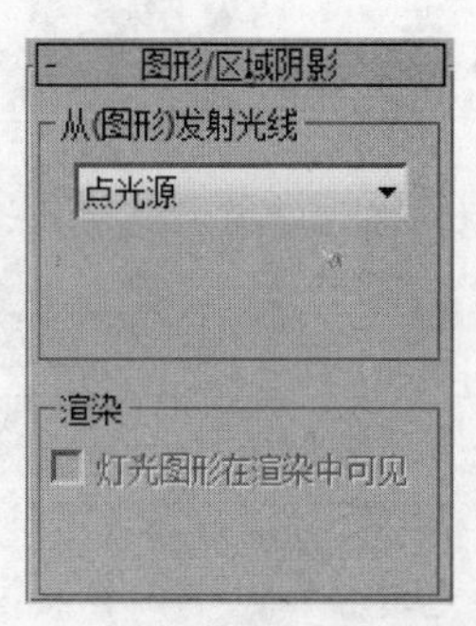

图9-23

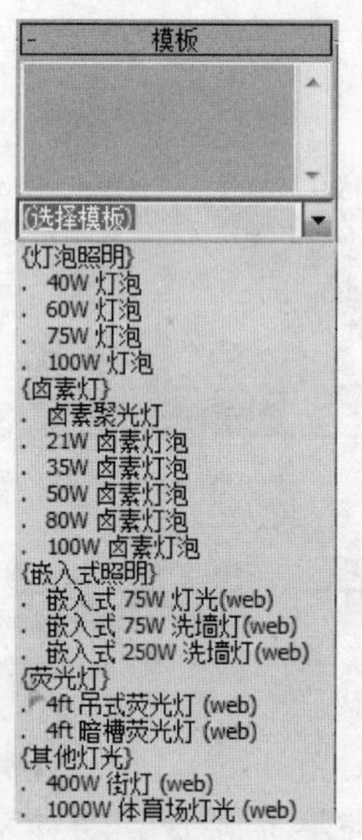

图9-24

通过“模板”卷展栏，可以在各种预设的灯光类型中进行选择。当选择模板时，将更新灯光参数以使用该灯光的值，并且列表之上的文本区域会显示灯光的说明。如果标题选择的是类别而非灯光类型，则文本区域会提示选择实际的灯光。

9.3.2 自由灯光

自由灯光不具备目标子对象，可以通过使用变换瞄准它。如图9-25所示为采用球形分布、聚光灯分布以及Web分布的自由灯光的视口示意图。

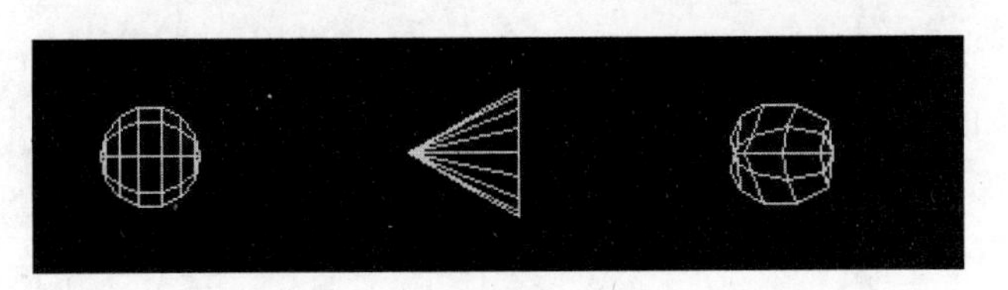

图9-25

9.3.3 mr天空入口

“mr天空入口”是专为Mental Ray渲染器准备的灯光，它提供了一种聚集内部场景中的现有天空照明的有效方法，无需高度最终聚集或全局照明设置（这会使渲染时间过长）。实际上，入口就是一个区域灯光，从环境中导出其亮度和颜色。

为使“mr天空入口”正确工作，场景必须包含天光组件。此组件可以是“IES天光”、“mr天光”，也可以是“天光”。

1.“mr天光入口参数”卷展栏（如图9-26所示）

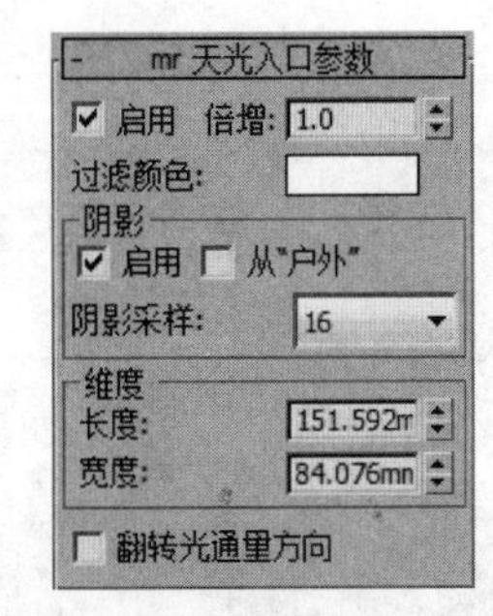

图9-26

- 启用：切换来自入口的照明。禁用时，入口对场景照明没有任何效果。
- 倍增：增加灯光功率。例如，如果将该值设置为2，灯光将亮两倍。
- 过滤颜色：渲染来自外部的颜色。
- “阴影”组。
  - 启用：切换由入口灯光投影的阴影。
  - 从“户外”：启用此选项时，从入口外部的对象投射阴影；也就是说，在远离箭头图标的一侧。默认情况下，此选项处于禁用状态，因为启用后会显著增加渲染时间。
  - 阴影采样：由入口投影的阴影的总体质量。如果渲染的图像呈颗粒状，需增加此值。
- “维度”组。
  - 长度/宽度：使用这些微调器设置长度和宽度。
  - 翻转光通量方向：确定灯光穿过入口方向。箭头必须指向入口内部，这样才能从天空或环境投影光。

2.“高级参数”卷展栏（如图9-27所示）

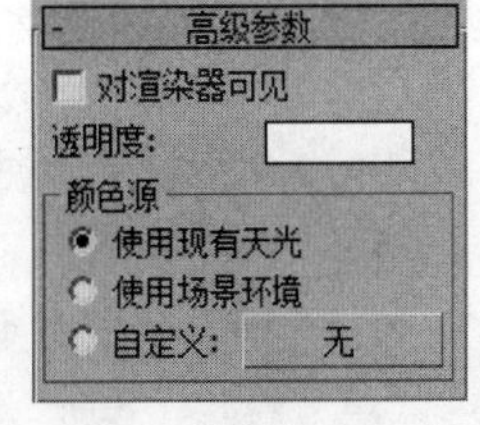

图9-27

- 对渲染器可见：启用此选项时，mr天空入口对象将出现在渲染的图像中。启用此选项，可防止外部对象出现在窗口中。
- 透明度：过滤窗口外部的视图。更改此颜色时，不会更改射入的灯光，但是会对外部对象的暗淡程度有影响；如果外部对象过度曝光，则此设置会很有帮助。
- 使用现有天光：使用天光。默认情况下，当使用mr物理天空环境贴图的mr天光处于默认值时，往往会提供蓝色照明，就像实际天光一样。
- 使用场景环境：针对照明颜色使用环境贴图。如果天光和环境贴图的颜色不同，并且希望针对内部照明使用后者，需使用此选项。
- 自定义：可针对照明颜色使用任何贴图。选择“自定义”，然后单击“无”按钮，以打开“材质/贴图浏览器”对话框，选择一个贴图即可。

9.4 VRay灯光

VRay灯光是在安装了VRay渲染器之后才有的。VRay除了支持3ds Max的标准灯光和光度学灯

光外，还提供了自己的灯光面板，包括VR灯光、VRayIES、VR环境灯光、VR太阳，如图9-28所示。

图9-28

9.4.1 VR灯光

VR灯光分为4种类型：平面、穹顶、球体和网格体，表现形态如图9-29所示。

"参数"卷展栏（如图9-30所示）选项功能如下。

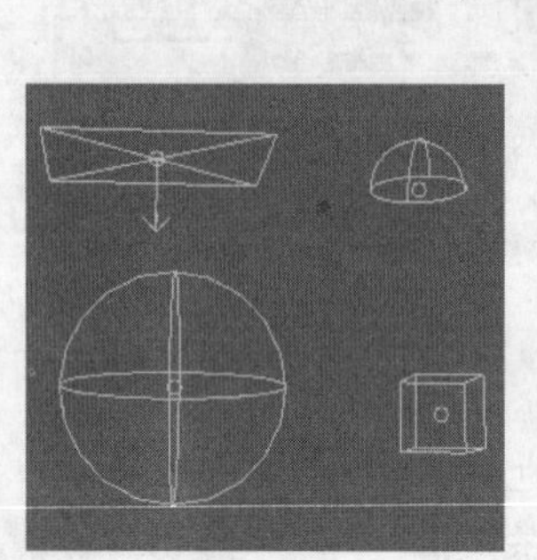

图9-29

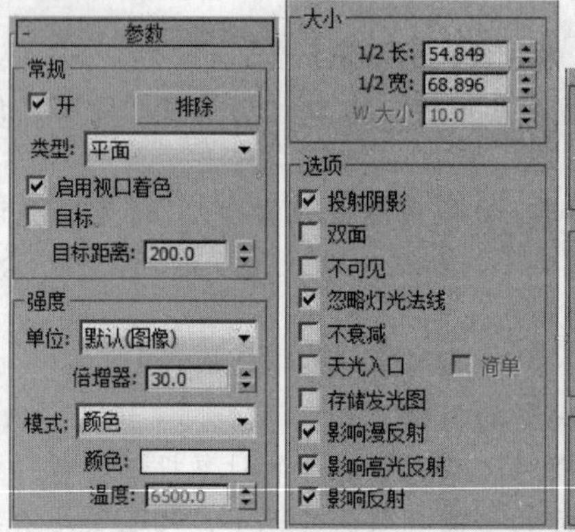

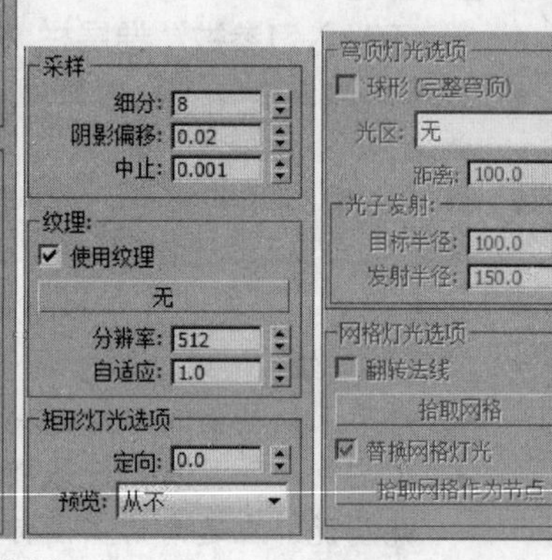

图9-30

- "常规"组。
  - 开：打开灯光的照射，控制灯光的开关。
  - 排除：可以将场景中的物体排除光照或者单独照亮。
  - 类型：灯光的类型，在右侧的下拉列表中一共有4种灯光类型，分别是平面、穹顶、球体和网格。
- "强度"组。
  - 单位：灯光的强度单位。
  - 颜色：可以设置灯光的颜色。
  - 倍增器：调整灯光的亮度。
- "大小"组。
  - 1/2长：平面灯光长度的1/2。如果灯光类型选择"球体"，这里的参数就变成半径；如果灯光类型选择"穹顶"或者"网格"，这里的参数不可用。
  - 1/2宽：平面灯光宽度的1/2。如果灯光类型选择"穹顶"、"球体"或"网格"，这里的参数不可用。
  - W大小：光源的W向尺寸。当选择"球体"光源时，该选项不可用。
- "选项"组。
  - 双面：用来控制灯光的双面都产生照明效果，当灯光类型为"平面"时才有效，其他灯光类型无效。
  - 投射阴影：向灯光照射物体投射VRay阴影。若取消该选项的勾选，该灯光只对物体产生照明效果。
  - 不可见：用来控制渲染后是否显示灯光，在设置灯光时一般勾选这个选项。
  - 忽略灯光法线：光源在任何方向上发射的光线都是均匀的，如果将这个选项取消，光线将依照光源的法线向外照射。

- ◆ 不衰减：在真实的自然界中，所有的光线都是有衰减的。如果将这个选项取消，VR灯光将不计算灯光的衰减效果。
- ◆ 天光入口：如果勾选该选项，前面设置的很多参数都将被忽略，即被VR环境灯光参数代替。这时的VR灯光就变成了GI（缓冲）灯光，失去了直接照明。
- ◆ 储存发光图：如果使用发光图来计算间接照明，则勾选该选项后，发光图会存储灯光的照明效果。它有利于快速渲染场景。当渲染完光子的时候，可以把这个VR灯光关闭或删除，对最后的渲染效果没有影响，因为它的光照信息已经保存在发光贴图里。
- ◆ 影响漫反射：该选项决定灯光是否影响物体材质属性的漫反射。
- ◆ 影响高光反射：该选项决定灯光是否影响物体材质属性的高光反射。
- ◆ 影响反射：该选项决定灯光是否影响物体材质属性的反射。

- “采样”组。
  - ◆ 细分：用来控制渲染后的品质。比较低的参数，杂点多，渲染速度快；比较高的参数，杂点少，渲染速度慢。
  - ◆ 阴影偏移：用来控制物体与阴影偏移距离，一般保持默认即可。
- “纹理”组：贴图通道。
  - ◆ 使用纹理：允许用户使用贴图作为半球光的光照。
  - ◆ 分辨率：贴图光照的计算精度，最大为2048。
- “穹顶灯光选项”组。
  - ◆ 目标半径：该选项定义光子从什么地方开始发射。
  - ◆ 发射半径：该选项定义光子从什么地方开始结束。

9.4.2 VRay IES

VRay IES灯光可以根据色温控制灯光的颜色，基于物理计算，更真实。

“VRay IES参数”卷展栏（如图9-31所示）选项功能如下。

- 启用：开启VRayIES灯光。
- 目标：开启VRayIES灯光的目标点。
- 无：调用光域网文件按钮。
- 中止：控制灯光照亮的范围。数值越大，范围越小。
- 阴影偏移：控制阴影偏移。
- 投影阴影：产生阴影。
- 使用灯光图形：使用灯的形状。
- 图形细分：控制灯形状的细分。
- 颜色模式：控制灯的色彩模式。
- 颜色：可以直接为灯光指定颜色。
- 色温：根据色温值来控制灯光的颜色。
- 功率：控制灯光的强度。
- 排除：可以排除对某个物体的照射。

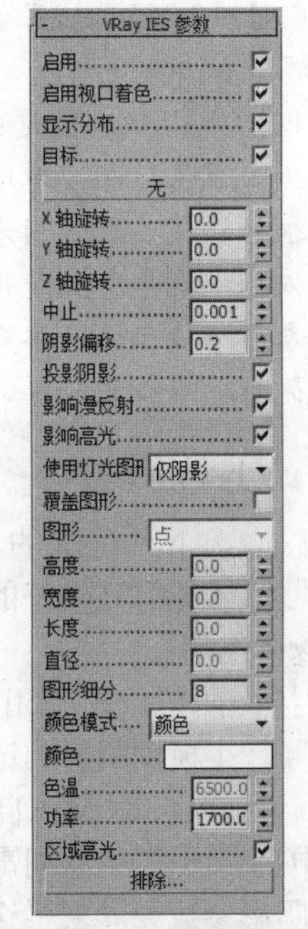

图9-31

9.4.3 VR环境灯光

“VR环境灯光”主要用于模拟物理世界里真实环境光的效果，“VR太阳”位置的变化对它有影响。

“VRay环境灯光参数”卷展栏（如图9-32所示）选项功能如下。

- 启用：打开或关闭环境光。
- 模式：环境光的模式，一共有3种模式，分别是直接光+全局光、直接光、全局光。
- 强度：指定环境光的照射强度。
- 灯光贴图：指定贴图后，贴图影响灯光的颜色和强度。
- 无：为环境光指定贴图按钮。

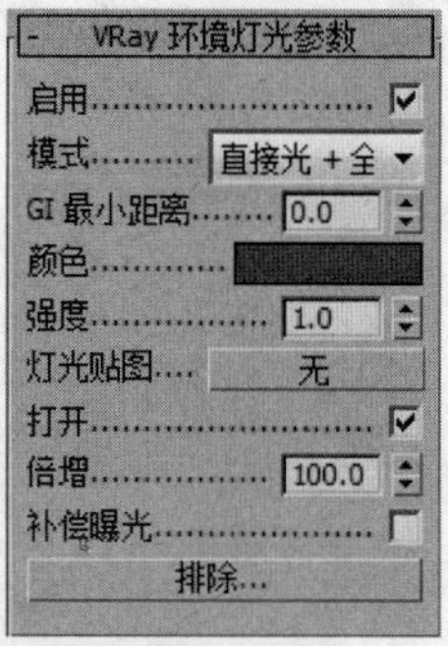

- VRay 环境灯光参数
启用 ☑
模式 直接光 + 全
GI 最小距离 0.0
颜色
强度 1.0
灯光贴图 无
打开 ☑
倍增 100.0
补偿曝光 ☐
排除...

图9-32

9.4.4 VR太阳

“VR太阳”主要用于模拟物理世界里真实的太阳光照效果，它的变化，主要是随着“VR太阳”位置的变化而变化的。

“VRay太阳参数”卷展栏（如图9-33所示）选项功能如下。

- 开启：打开或关闭太阳光。
- 不可见：这个参数没有什么意义。
- 浊度：这个参数就是空气的混浊度，能影响太阳和天空的颜色。如果数值小，则表示晴朗干净的空气，颜色比较蓝；如果数值大，则表示阴天有灰尘的空气，颜色呈橘黄色。
- 臭氧：这个参数是指空气中氧的含量。如果数值小，则阳光比较黄；如果数值大，则阳光比较蓝。
- 强度倍增：这个参数是指阳光的亮度，默认值为1，场景会出现很亮、曝光的效果。一般情况下使用标准摄影机的话，亮度设置为0.01～0.005；如果使用VR摄影机的话，亮度使用默认值就可以了。
- 大小倍增：这个参数是指阳光的大小。数值越大，阴影的边缘越模糊；数值越小，边缘越清晰。
- 阴影细分：该参数是用来调整阴影的质量。数值越大，阴影质量越好，且没有杂点。
- 阴影偏移：这个参数是用来控制阴影与物体之间的距离。
- 光子发射半径：这个参数和发光贴图有关。
- 排除：与标准灯光一样，用来排除物体的照明。

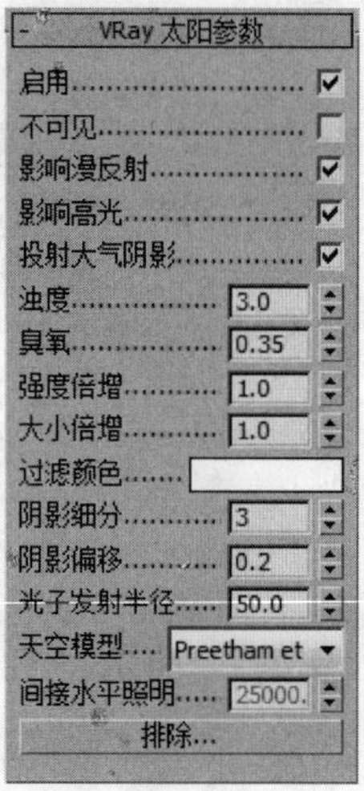

- VRay 太阳参数
启用 ☑
不可见 ☐
影响漫反射 ☑
影响高光 ☑
投射大气阴影 ☑
浊度 3.0
臭氧 0.35
强度倍增 1.0
大小倍增 1.0
过滤颜色
阴影细分 3
阴影偏移 0.2
光子发射半径 50.0
天空模型 Preetham et
间接水平照明 25000.
排除...

图9-33

9.4.5 VRay阴影

在大多数情况下，标准的3ds Max光线追踪阴影无法在VRay中正常工作，此时必须使用“VRay阴影”，才能得到较好的效果。它除了支持模糊阴影外，也可以正确表现来自VRay置换物体或者透明物体的阴影。

VRay支持面阴影，在使用VRay透明折射贴图时，“VRay阴影”是必须使用的。同时，用“VRay阴影”产生模糊阴影的计算速度要比其他类型阴影的计算速度快。

安装VRay后，在3ds Max自带灯光的“常规参数”卷展栏中选择“VRay阴影”，如图9-34所示。在面板中会显示“VRay阴影参数”卷展栏，如图9-35所示。

“VRay阴影参数”卷展栏选项功能如下。

- 透明阴影：这个选项用于确定场景中透明物体投射的阴影。当物体的阴影由一个透明物体产生的时候，该选项十分有用。当打开该选项时，VRay会忽略3ds Max的物体阴影参数。
- 偏移：这个参数用来控制物体底部与阴影偏移距离，一般保持默认即可。
- 区域阴影：打开或关闭面阴影。
- 长方体：计算阴影时，假定光线是由一个长方体发出的。

- 球体：计算阴影时，假定光线是由一个球体发出的。
- U大小/V大小/W大小：当计算面阴影时，可以分别控制光源的U、V、W向尺寸。如果光源是球形光源，“U大小”等于该球形的半径，“V大小”和“W大小”无效。
- 细分：这个参数用来控制面积阴影的品质。比较低的参数，杂点多，渲染速度快；比较高的参数，杂点少，渲染速度慢。

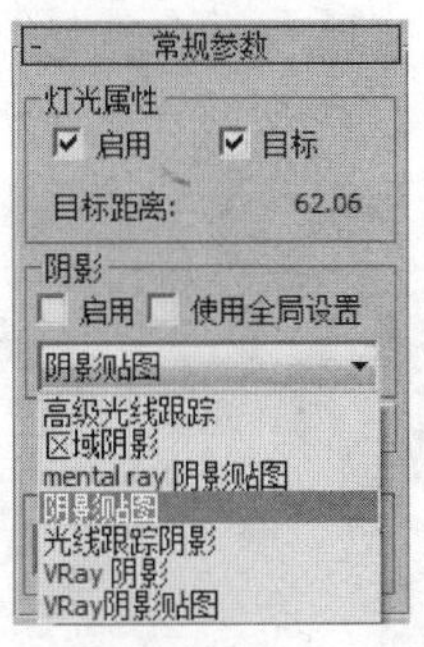

图9-34

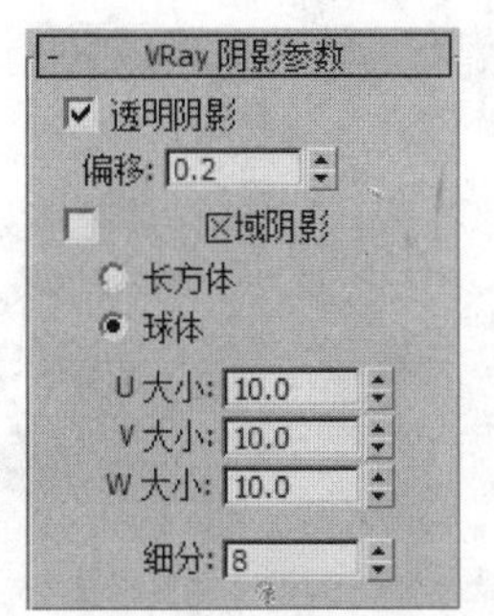

图9-35

9.5 应用灯光——大堂灯光的创建

本例介绍使用3ds Max系统自带灯光类型创建大堂灯光的步骤，制作完成的效果如图9-36所示。

图9-36

> **提示** 场景中各灯光的具体参数可以参考“大堂灯光的创建OK.max”。

场景路径：Scene\cha09\大堂灯光的创建.max	贴图路径：map\cha09\大堂灯光的创建
最终场景路径：Scene\cha09\大堂灯光的创建OK.max	视频路径：视频\cha09\9.5 大堂灯光的创建.mp4

01 打开随书附带光盘中的“Scene\ch09\大堂灯光的创建.max”场景，如图9-37所示。渲染该场景，得到如图9-38所示的效果。

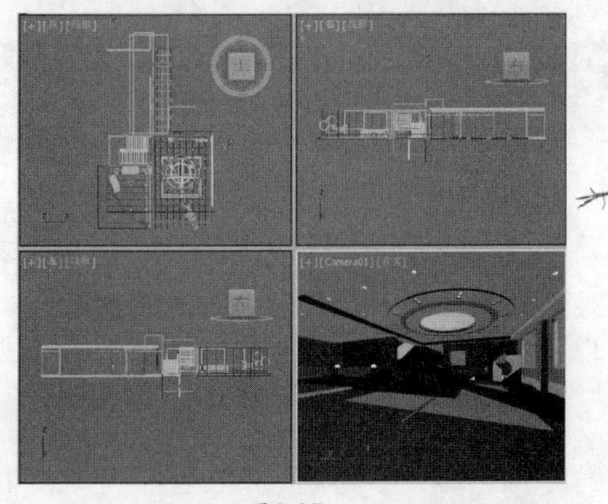
图9-37

图9-38

02 单击“（创建）”|“（灯光）”|“标准”|“泛光”按钮，在顶视图中创建泛光灯。

在“常规参数”卷展栏“阴影”组勾选“启用”选项。在“强度/颜色/衰减”卷展栏中设置“色块”的颜色红绿蓝值均为100，勾选“远距衰减”组的“使用”选项，设置“开始”为600、“结束”为2500。在“高级效果”卷展栏中设置“柔化漫反射边”为50，在“阴影贴图参数”卷展栏中设置“采样范围”为25。在场景中调整灯光的位置，对泛光灯进行实例复制，设置出灯光阵列照明，如图9-39所示。

图9-39

03 渲染场景得到如图9-40所示的效果。如果效果不理想，可以调整“远距衰减”。

04 继续创建泛光灯，照亮中间灯池的位置，在“高级效果”卷展栏中设置“柔化漫反射边”为50，在“阴影贴图参数”卷展栏中设置“采样范围”为25，在“强度/颜色/衰减”卷展栏中设置颜色“色块”的红绿蓝值均为180，勾选“远距衰减”组的“使用”选项，设置“开始”为700、“结束”为3300，调整灯光至合适的位置，如图9-41所示。

图9-40

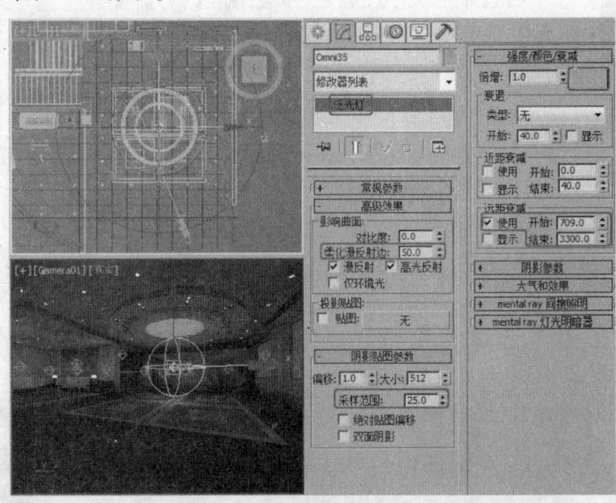

图9-41

05 渲染场景，得到如图9-42所示的效果。

06 在两个石墩中间圆孔处创建泛光灯，在“强度/颜色/衰减”卷展栏中设置“色块”的颜色红绿蓝值均为150，勾选“显示”选项。在“远距衰减”组中勾选“使用”选项，设置“开始”为300、“结束”为1500。在“高级效果”卷展栏中设置“柔化漫反射边”为50。复制灯光，调整灯光至合适的位置，如图9-43所示。

07 渲染场景，得到如图9-44所示的效果。

08 在场景中台灯的位置创建泛光灯灯光，在“强度/颜色/衰减”卷展栏中设置 “色块”的颜色红绿蓝值均为70，勾选“显示”选项。在“远距衰减”组中勾选“使用”选项，设置“开始”为300、“结束”为2200。在“高级效果”卷展栏中设置“柔化漫反射边”为50。复制灯光，调整灯光至合适的位置，如图9-45所示。

图9-42

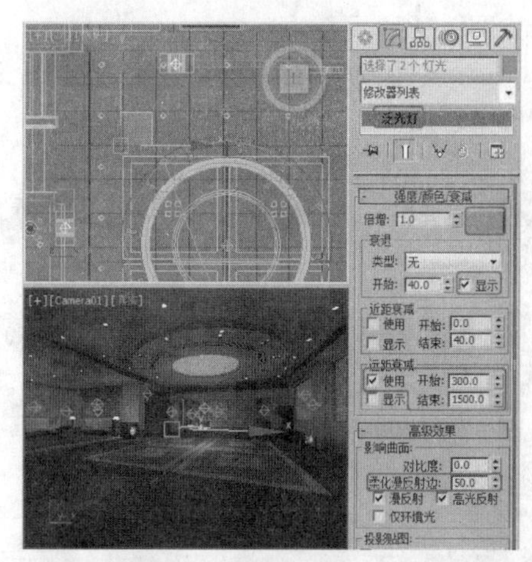

图9-43

图9-44

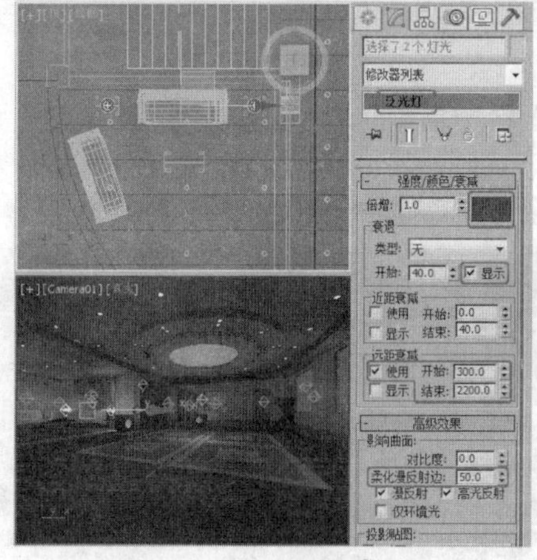

图9-45

09 渲染场景，得到如图9-46所示的效果。

10 在场景中楼梯的位置创建泛光灯，在“强度/颜色/衰减”卷展栏中设置“色块”的颜色红绿蓝值均为65，勾选“显示”选项。在“远距衰减”组中勾选“使用”选项，设置“开始”为1100、“结束”为3800。在“高级效果”卷展栏中设置“柔化漫反射边”为50。复制灯光，调整灯光至合适的位置，如图9-47所示。

图9-46

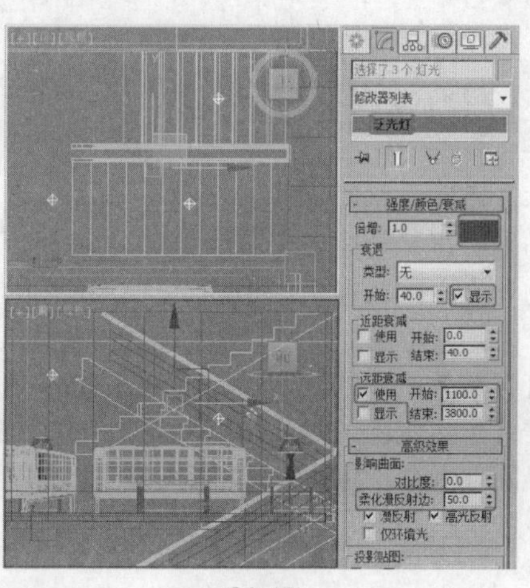

图9-47

11 在正面形象墙的位置创建目标聚光灯，设置灯光的参数，并调整灯光的位置和角度，复制灯光，如图9-48所示。

12 在沙发背景墙位置创建目标聚光灯，设置灯光的参数，调整灯光的位置和角度，并复制灯光，如图9-49所示。

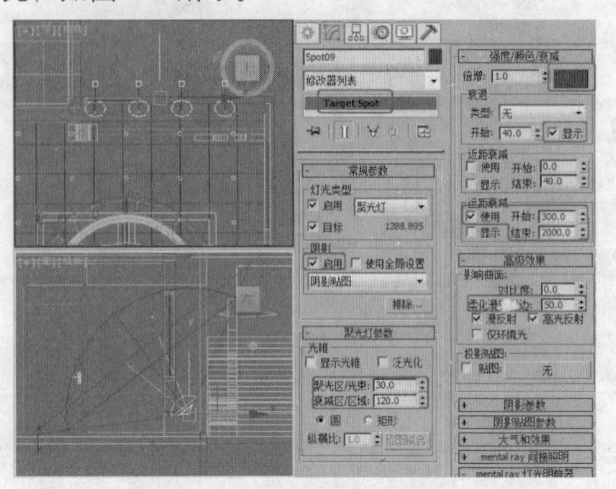

图9-48

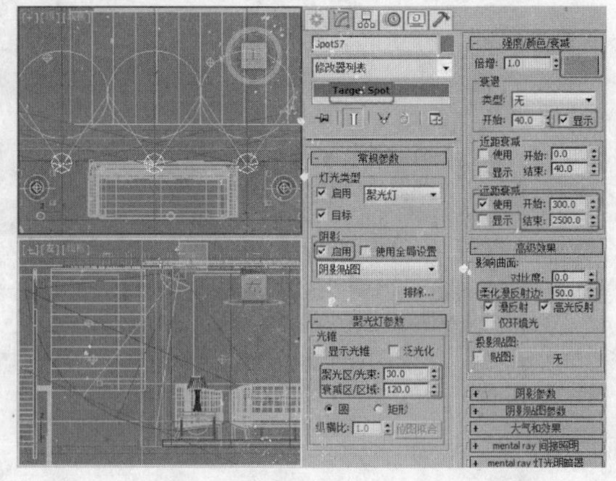

图9-49

13 在场景中楼梯的位置创建目标聚光灯，设置灯光的位置，设置灯光的参数，如图9-50所示。

14 渲染场景，得到如图9-51所示效果。

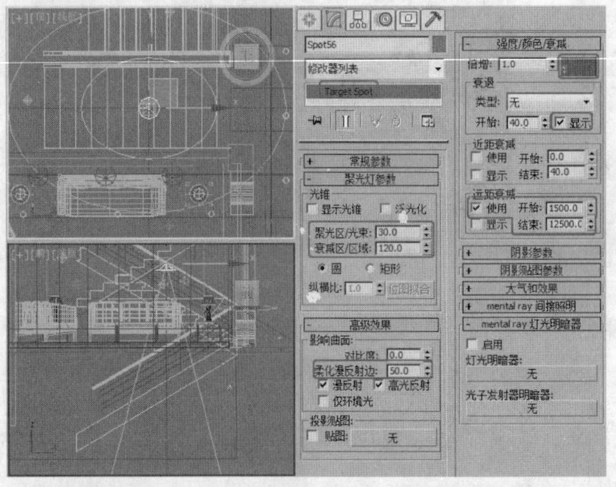
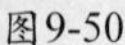

图9-50

图9-51

9.6 小结

本章通过实例详细讲述了灯光的创建及功能。因为灯光的设置是一个难点，所以专门拿出一章来详细讲述，希望读者从中能够掌握创建灯光的技巧。设置灯光也需要在日常的生活中多观察周围的环境，因为在生活中光是无处不在的。如果感觉掌握得还不是很好，可以在后面几章的实例操作中，再重点加以练习，直到全部掌握。

灯光是效果图的灵魂，灯光设置也是效果图制作中的难点部分。要想设置好灯光，就应先了解真实灯光的变化，明白3ds Max中灯光与真实光源之间的差别。布光原则和过程具有很大的差异性，但同时也存在共性，希望大家在操作的过程中慢慢积累经验，创作出精品效果图。

第10章　摄影机

本章内容

- 摄影机的作用
- 摄影机面板详解
- 效果图中摄影机的表现技巧

3ds Max中的摄影机与现实中的摄影机在功能和原理上相同，可是却比现实中的摄影机功能更强大，很多效果是现实中的摄影机达不到的，如可以在瞬间移至任何角度、换上各种镜头、瞬间更改镜头效果等。所特有的“剪切平面（也称摄影机剪切或视图剪切）”功能可以透过房间的外墙看到里面的物体，还可以给效果图加入“雾效”来制作神话中的仙境等。总之，摄影机的功能非常强大，想要表现效果图任何一部分，都必须通过它来完成。

10.1　摄影机的作用

摄影机决定了视图中物体的位置和大小，也就是说所看到的内容是由摄影机决定的。所以，掌握3ds Max中摄影机的用法与技巧，是进军效果图制作领域关键的一步。

1. 灯光的设置要以摄影机为基础

灯光布置的角度和位置是效果图最重要的因素，角度不仅仅单指灯光与场景物体之间，而是代表灯光、场景物体和摄影机三者之间的角度，三者中有一个因素发生变动，则最终结果就会相应的改变。这说明在灯光设置前应先定义摄影机与场景物体的相对位置，再根据摄影机视图内容来进行灯光的设置。

无论是从建模角度还是从灯光设置角度，摄影机都应首先设置，这是规范制图过程的开始。

摄影机是眼睛，是进行一切工作的基础，只有在摄影机确定的前提下，才能高效、有序地进行制作。

2. 摄像基本常识

在正式学习摄影机的使用之前，先来了解一些摄像的常识，它有助于大家更好地理解和使用摄影机。

- 视点：就是摄影机的观察点，视点决定能看到什么，能表现什么。
- 视心：就是视线的中心，视心决定了构图的中心内容。
- 视距：摄影机与物体之间的距离，决定了所表现内容的大小和清晰度。它符合近大远小的物理特性。
- 视高：摄影机与地面的高度，决定了画面的地平线或视平线的位置，产生俯视或仰视的效果。
- 观看视角：这里所说的视角是指视线与所观察物体的角度，决定了画面构图是平行透视，还是成角透视。
- 视角：镜头视锥的角度，决定了观察范围。

以上各个要点的最终确定，就产生了最佳构图，视点和视心共同决定所看到的效果图内容。

10.2　摄影机面板详解

在前面已经讲述了关于摄影机的知识，但是3ds Max中的摄影机到底什么样？到底怎么用？这才是真正学习的目地，所以应先知道摄影机在3ds Max中的位置及形态。

单击（创建）命令面板上的（摄影机）按钮，面板中将显示3ds Max系统提供的目标和"自由"两种摄影机类型，如图10-1所示。

图10-1

- 目标摄影机：目标摄影机包括摄影机镜头和目标点，用于查看目标对象周围的区域。与自由摄影机相比，它更容易定位。在效果图制作过程中，主要用来确定最佳构图。
- 自由摄影机：自由摄影机只有一个图标，没有目标点，它在摄影机指向的方向查看区域。其他的功能与目标摄影机完全相同，多用于制作轨迹动画。

目标摄影机和自由摄影机绝大部分的参数是完全相同的，下面统一介绍。

1. "参数"卷展栏（如图10-2所示）

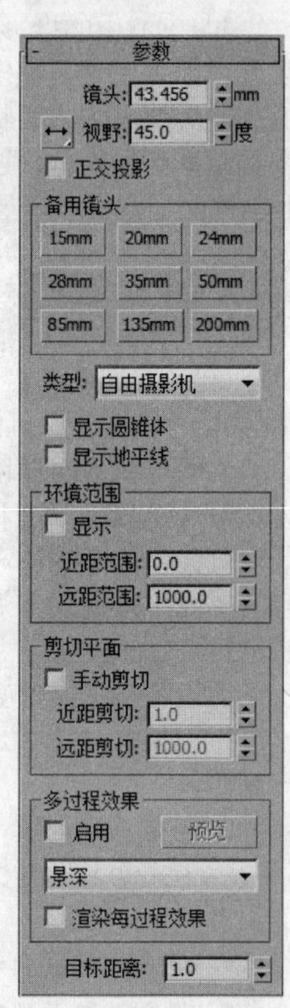

图10-2

- 镜头：可用于模拟9.8471～100000毫米（mm）的各种镜头。在"备用镜头"选项组中提供了9种常用镜头供选择和使用。
- 视野：定义了摄影机在场景中看到的区域，其单位是度。视角与镜头是两个互相依存的参数，两者保持一定的换算关系，无论调节哪个参数，得到的效果完全一致。
- ：分别代表水平、垂直、对方3种方式，这是3种计算视野的方法，但不会影响摄影机的效果。一般使用水平方式。
- 备用镜头：3ds Max同时设置了常用的9种规格镜头。
- 显示圆锥体：激活该选项，显示摄影机锥形框。
- 显示地平线：是否在摄影机视图中显示天际线，这在进行手动真景融合时非常有用，它有助于将场景物体与照片中实景对齐。
- 环境范围：3ds Max可以模拟各种大气环境效果，多用于动画制作。大气浓度的设置由摄影机的范围来定义，该参数可用来定义摄影机范围，有点类似灯光中的"衰减"设置。
    - 近距范围：定义摄影机完全可见范围，此范围内物体不受大气效果影响。
    - 远距范围：定义摄影机不可见范围，即大气效果最强区域。在"近距范围"和"远距范围"之间的大气效果强度呈线性变化。
    - 显示：是否显示大气范围。
- 剪切平面：这是三维摄影机的一个超现实功能，是用来实现透过房间的外墙而看见里面物体的独特工具。
    - 手动剪切：此项控制摄影机的剪切功能是否有效。
    - 近距剪切：用来设置近距离的剪切面到摄影机的距离，此距离之内的场景物体将不可见。
    - 远距剪切：用来设置远距离的剪切面到摄影机的距离，此距离之外的场景物体不可见。
- 多过程效果：使用这些控件可以指定摄影机的景深或运动模糊效果。当由摄影机生成时，通过使用偏移以多个通道渲染场景，这些效果将生成模糊。它们增加渲染时间。
    - 启用：启用该选项后，使用效果预览或渲染。禁用该选项后，不渲染该效果。
    - 预览：单击该选项，可在活动摄影机视口中预览效果。如果活动视口不是摄影机视图，则该按钮无效。
    - 效果下拉列表：可以选择生成哪个多重过滤效果，景深或运动模糊。这些效果相互排斥。
    - 渲染每过程效果：启用此选项后，如果指定任何一个，则将渲染效果应用于多重过滤效果的每个过程（景深或运动模糊）。禁用此选项后，将在生成多重过滤效果的通道之后只应用渲染效果。默认设置为禁用状态。
- 目标距离：显示摄影机与目标点之间距离，即视距。

2. “景深参数”卷展栏（如图10-3所示）

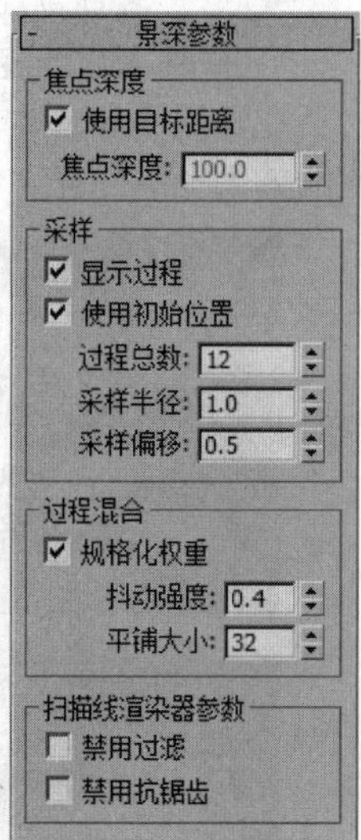

图10-3

- “焦点深度”组。
  - 使用目标距离：启用该选项后，将摄影机的目标距离用作每过程偏移摄影机的点。
  - 焦点深度：当“使用目标距离”处于禁用状态时，设置距离偏移摄影机的深度。
- “采样”组。
  - 显示过程：启用此选项后，渲染帧窗口显示多个渲染通道。禁用此选项后，该帧窗口只显示最终结果。此控件对于在摄影机视口中预览景深无效。
  - 使用初始位置：启用此选项后，第一个渲染过程位于摄影机的初始位置。禁用此选项后，与所有随后的过程一样，偏移第一个渲染过程。
  - 过程总数：用于生成效果的过程数。增加此值可以增加效果的精确性，但却以渲染时间为代价。
  - 采样半径：通过移动场景生成模糊的半径。增加该值将增加整体模糊效果，减小该值将减少模糊。
  - 采样偏移：模糊靠近或远离采样半径的权重。增加该值将增加景深模糊的数量级，提供更均匀的效果。减小该值将减小数量级，提供更随机的效果。
- 过程混合：抖动混合的多个景深过程可以由该组中的参数控制。这些控件只适用于渲染景深效果，不能在视口中进行预览。
  - 规格化权重：使用随机权重混合的过程可以避免出现诸如条纹这些人工效果。当启用“规格化权重”后，将权重规格化，会获得较平滑的结果。当禁用此选项后，效果会变得清晰一些，但通常颗粒状效果更明显。
  - 抖动强度：控制应用于渲染通道的抖动程度。增加此值会增加抖动量，并且生成颗粒状效果，尤其在对象的边缘上。
  - 平铺大小：设置抖动时图案的大小。此值是一个百分比，0是最小的平铺，100是最大的平铺。
- 扫描线渲染器参数：使用这些控件可以在渲染多重过滤场景时禁用抗锯齿或锯齿过滤。禁用这些渲染通道可以缩短渲染时间。
  - 禁用过滤：启用此选项后，禁用过滤过程。默认设置为禁用状态。
  - 禁用抗锯齿：启用此选项后，禁用抗锯齿。

10.3 效果图中摄影机的表现技巧

效果图设置摄影机的目的是为了得到一个好的观察角度，同时还可以夸大空间感与透视感，那么怎样来表现这些效果呢？这就需要调整摄影机镜头，而且必须是各种不同型号的镜头。既然与镜头有关，那么就必须先来了解摄影机镜头的分类与作用。

- 标准镜头：指镜头焦距在40～50mm之间，拍摄三面透视关系接近人眼的正常感觉，所以被称为标准镜头。3ds Max中默认的摄影机设置为43.456mm，即是人眼的焦距。一般情况下，可直接使用这种镜头类型。
- 广角镜头：广角镜头特点是景深大，视野宽，前面与后面的景物大小对比鲜明，夸张现实生活中纵深方向物与物之间的距离。广角镜头在效果图制作中是经常使用的，可以夸大透视与空间感，产生不同寻常的透视效果。
- 长焦距镜头：视角窄，视野小，景深也小，多数用于场景某对象的特写，可以压缩纵深方向物与物的距离，改变了正常的透视关系，使多层景物有贴在一起的感觉，产生长焦畸变，减弱画面的纵深和空间感。在鸟瞰图的制作中，有时可以使用长焦距镜头，以产生类似轴测图的视觉效果。

在这三种镜头中，经常使用广角镜头来表现效果图的空间感与透视感。不同型号的镜头所表现的效果也不一样，如图10-4所示。

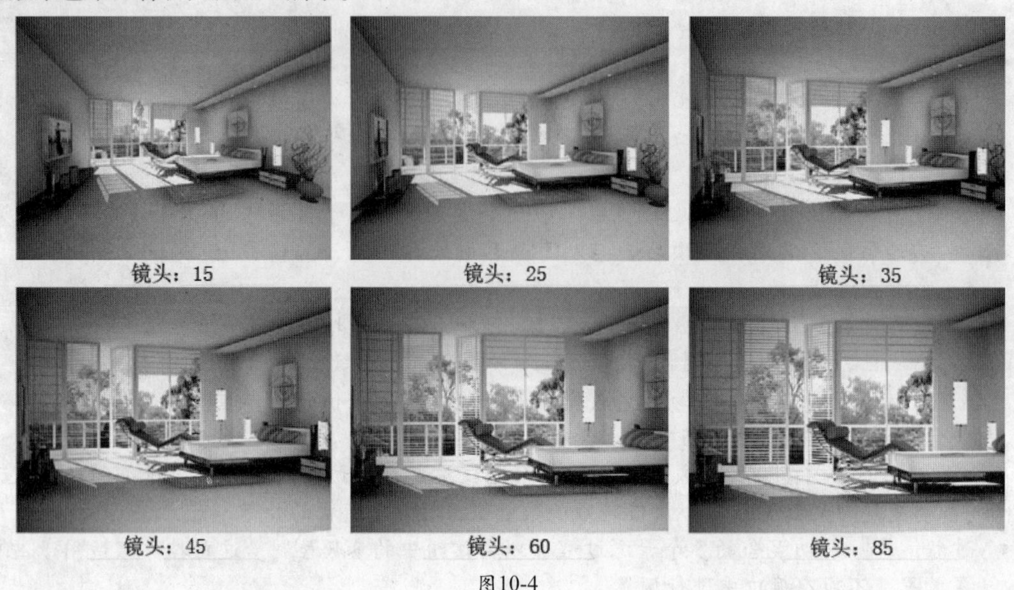

图10-4

从上图的效果可以明显看出，如果将镜头设置得太小，看上去变形了。如果设置太大，场景没有透视感和空间感，观看到的范围太小，反而成了远大近小。所以比较理想的镜头是在20~30之间。

除了镜头大小表现的效果不一样外，设置摄影机还有一个重要的问题，就是镜头和目标点。在观察物体时有3种观察方法。

- 平视：当镜头的高度与目标点的高度在一条水平线上，所看到的物体为平视。在表现效果图时这是常用的一种。
- 仰视：当镜头的高度低于目标点的高度，所看到的物体为仰视。通常用仰视效果来表现一些很大气的空间，给人的感觉雄伟、壮观、高大。
- 俯视：当镜头的高度高于目标点的高度，所看到的物体为俯视（在室外效果图的应用领域中称鸟瞰图）。

这3种观察视角的效果如图10-5所示。

图10-5

10.3.1 摄影机设置实例

如果对摄影机的功能及作用完全掌握，设置摄影机并不是很难。主要是通过一个理想的空间和一个完美的观察视角，能充分将自己的设计意图表现出来就可以了。下面通过一幅卫生间效果图来详细地讲述摄影机的设置技巧与方法。

动手操作——为卫生间设置摄影机

原始场景路径：Scene\cha10\卫生间.max	贴图路径：map\cha10\卫生间
最终场景路径：Scene\cha10\卫生间场景.max	视频路径：视频\cha10\10.3.1 为卫生间设置摄影机.mp4

01 打开原始场景文件“Scene\cha10\卫生间.max”，该场景文件没有摄影机，我们将为其设置一盏摄影机。这个空间几乎是封闭的，在设置摄影机或观看效果的时候不是很方便，那么就应该调整摄影机的“剪切平面”组下的参数。

02 单击“（创建）”|“（摄影机）”|“目标”按钮，在顶视图沿Y轴由下往上拖曳鼠标，创建目标摄影机。

03 在透视图中单击鼠标右键激活，按键盘上的C键，透视图即可变成摄影机视图。虽然透视图已变为摄影机视图，但效果不好，下面就来进行调整。

04 调整“镜头”为28.0，勾选“手动剪切”复选框，设置“近距剪切”为1228，“远距剪切”为10000。摄影机的高度在房间的中间，将摄影机移动到视图中合适的位置，位置及形态如图10-6所示。

此时，摄影机的设置就完成了。在设置的过程中，可以根据自己的设计意图来表现画面。要想得到一个好的角度及空间，必须反复调整位置、镜头等参数，渲染的卫生间效果如图10-7所示。

图10-6

图10-7

10.3.2 鸟瞰图设置实例

鸟瞰图就是从高空向下俯视，看到所有房间整体的效果。

实例操作——设置鸟瞰图

原始场景路径：Scene\cha10\鸟瞰.max	贴图路径：map\cha10\鸟瞰
最终场景路径：Scene\cha10\鸟瞰场景.max	视频路径：视频\cha10\10.3.2 设置鸟瞰图.mp4

01 打开素材场景文件“Scene\cha10\鸟瞰.max”。

02 单击“（创建）”|“（摄影机）”|“目标”按钮，在顶视图沿Y轴由下往上拖曳鼠标创建目标摄影机，在场景中调整摄影机的位置和角度。

03 在顶视图选择摄影机的镜头，进入（修改）命令面板，调整“镜头”为24，勾选“手动剪切”复选框，设置“近距剪切”为1227，“远距剪切”为8000。摄影机的高度在房间的中间，将摄影机移动到视图中合适的位置，位置及形态如图10-8所示。

04 按Shift+Q快捷键，快速渲染摄影机视图，效果如图10-9所示。

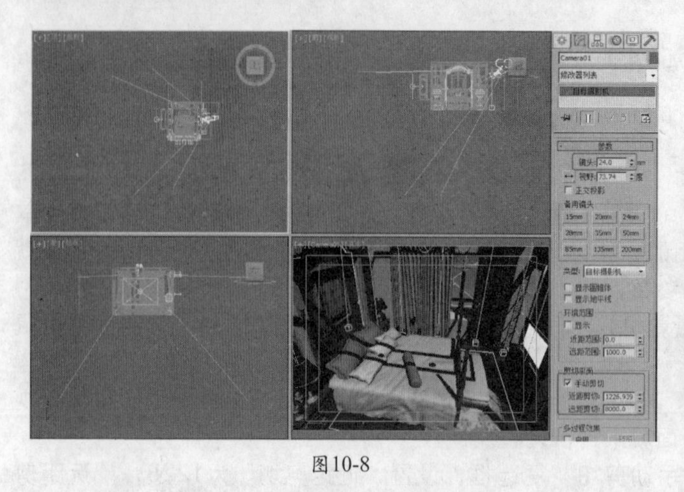
图10-8

图10-9

10.3.3 浏览动画设置实例

想要连续观察室内各个局部效果，必须给效果图设置动画。制作简单的室内浏览动画并不是很麻烦，只要按照下面的步骤进行操作，就可以设置出理想的室内浏览动画。

实例操作——为室内场景设置浏览动画

原始场景路径：Scene\cha10\室内浏览动画.max

最终场景路径：Scene\cha10\室内浏览动画场景.max

贴图路径：map\cha10\室内浏览动画

视频路径：视频\cha10\10.3.3 为室内场景设置浏览动画.mp4

下面将为室内的客厅设置浏览动画，如图10-10所示为浏览动画的分帧镜头效果。

图10-10

01 打开素材文件“Scene\cha10\室内浏览动画.max”，在顶视图绘制一条曲线，作为摄影机运动的轨迹，形态如图10-11所示。

02 单击“（创建）”|“（摄影机）”|“自由”按钮，在左视图中创建自由摄影机，如图10-12所示。

03 切换到（运动）面板，在“指定控制器”卷展栏中选择“位置”控制器，单击按钮，在弹出的“指定位置控制器”对话框中选择“路径约束”，单击“确定”按钮，如图10-13所示。

04 在“路径参数”卷展栏中单击“添加路径”按钮，在场景中拾取创建的运动路径线，并勾选“跟随”复选框，如图10-14所示。

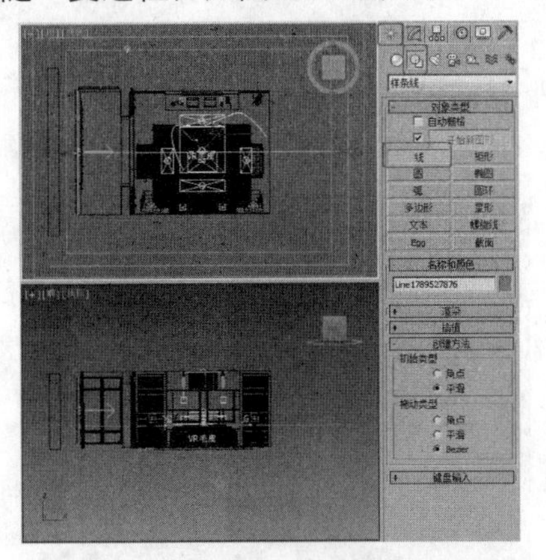

图10-11

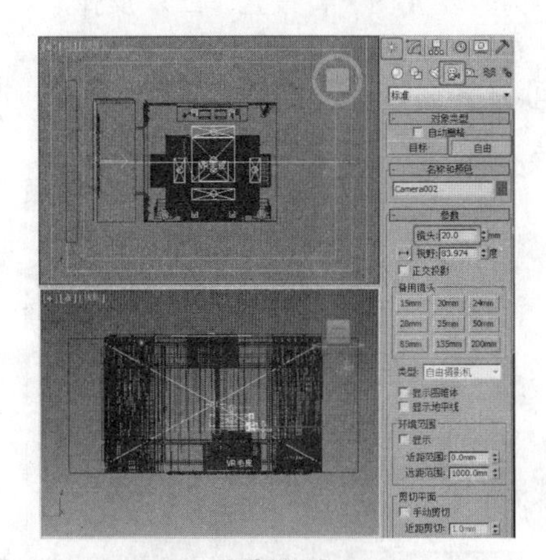

图10-12

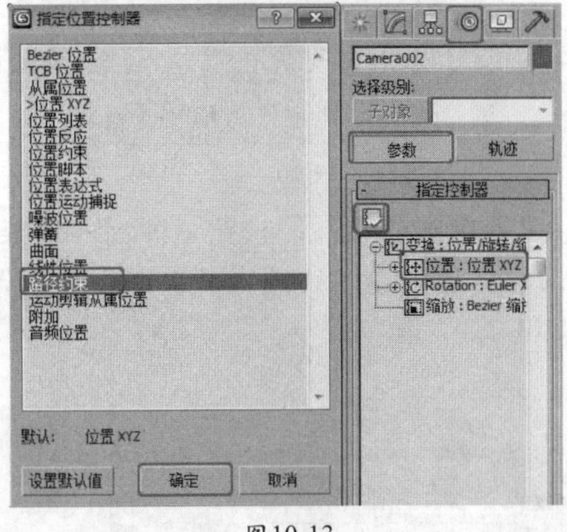

图10-13

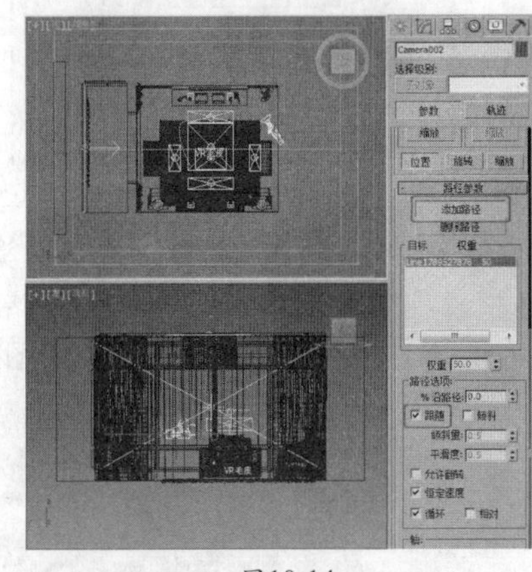

图10-14

05 这样摄影机就被指定路径了，可以拖动时间滑块观察场景设置的摄影机动画。

06 打开“渲染设置”对话框，选择“公用”选项卡，在“公用参数”卷展栏中选择“活动时间段”选项，并设置一个渲染输出的大小尺寸，如图10-15所示。

07 选择V-Ray选项卡，在“V-Ray::图像采样器（反锯齿）”卷展栏中设置“图像采样器”的“类型”为“固定”，设置“抗锯齿过滤器”为“区域”，如图10-16所示。

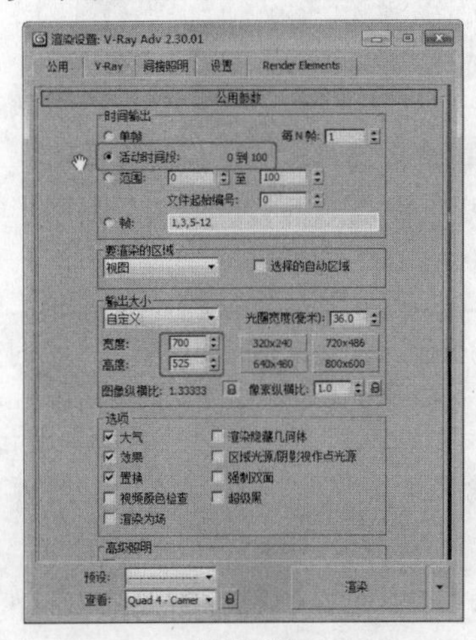

图10-15

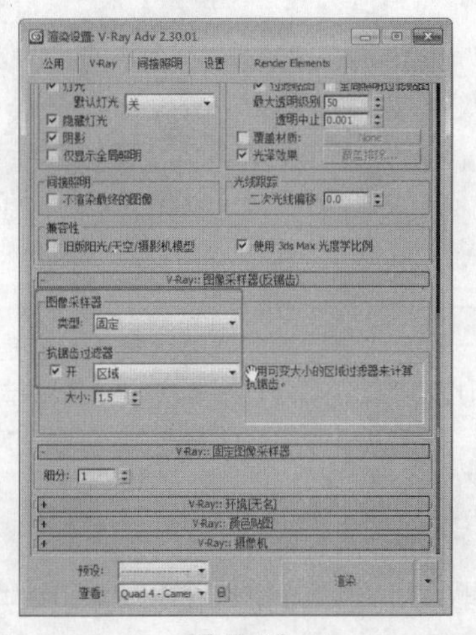

图10-16

08 在“间接照明”选项卡中设置“V-Ray::间接照明”卷展栏“首次反弹”下的“全局照明

引擎”为“发光图”，设置“二次反弹”下的“全局照明引擎”为“灯光缓存”。在“V-Ray::发光图”卷展栏中设置“当前预置”为“中”，如图10-17所示。

09 选择“V-Ray::灯光缓存”卷展栏，设置“细分”为400，勾选“存储直接光”和“显示计算相位”复选框，如图10-18所示。

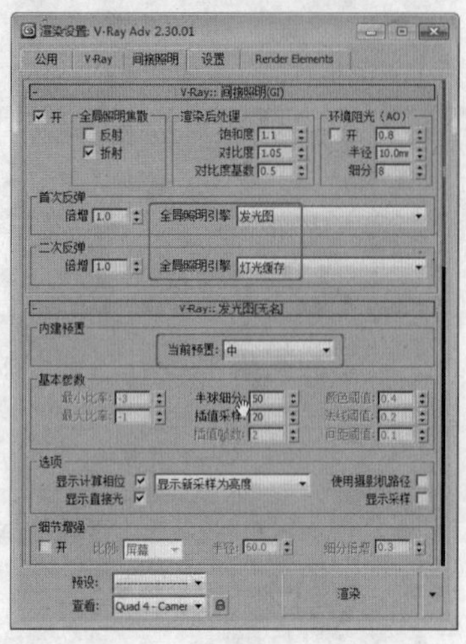

图10-17

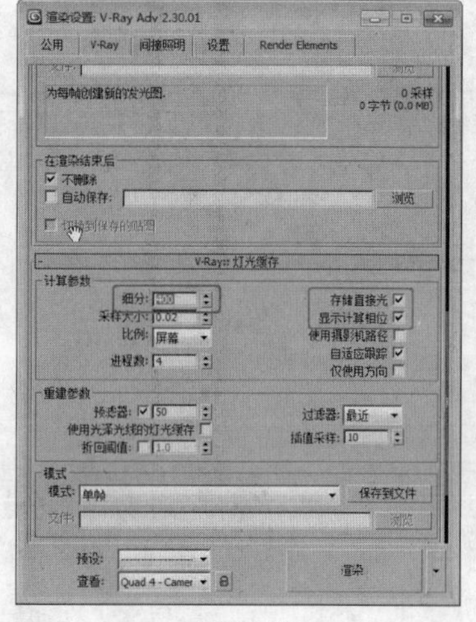

图10-18

10 返回到“公用”选项卡，在“渲染输出”组中单击“文件”按钮，弹出“渲染输出文件”对话框，在该对话框中选择一个存储路径，为文件命名，选择“保存类型”为“AVI文件（*.avi）”，单击“保存”按钮即可，如图10-19所示。

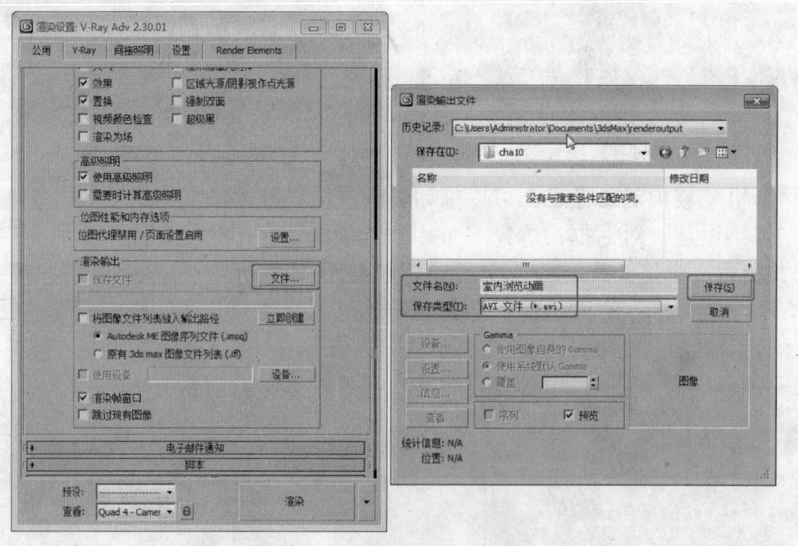

图10-19

> **注意**　一般渲染动画的时间都比较长，这是因为占用系统的资源比较大，有时要渲染几个小时或者几十个小时。渲染时间的长短取决于场景中造型的复杂程度。

10.4 小结

本章重点介绍了摄影机在效果图中的作用及设置技巧。一幅好的效果图，摄影机的设置是很重要的，空间感、透视感及观察范围都靠摄影机来体现。它不但可以表现静止的画面，还可以表现动画效果。相对来说，表现动画的工作量很大，每一部分都要建立好。

第11章 认识VRay

本章内容

- VRay简介
- VRay的特点与版本
- 指定VRay渲染器
- VRay置换模式

从本章开始，将介绍3ds Max中一个出色的渲染器——VRay。目前市场上有很多针对3ds Max的第三方渲染器插件，VRay就是其中比较出色的一款。它主要用于渲染一些特殊的效果，如次表面散射、光迹追踪、焦散、全局照明等。VRay是一种结合了光线跟踪和光能传递的渲染器，其真实的光线计算能创建出专业的照明效果，可用于建筑设计、灯光设计、展示设计等多个领域。

11.1 VRay简介

VRay是由Chaosgroup和Asgvis公司出品，中国由曼恒公司负责推广的一款高质量渲染软件，是目前业界最受欢迎的渲染引擎。基于V-Ray 内核开发的有VRay for 3ds Max、Maya、Sketchup、Rhino等诸多版本，为不同领域的优秀3D建模软件提供了高质量的图片和动画渲染。除此之外，VRay也可以提供单独的渲染程序，方便使用者渲染各种图片。

VRay是目前最优秀的渲染插件之一，可以说在产品渲染和室内外效果图制作中，VRay的渲染速度和效果都是数一数二的。

11.2 软件特点与版本

VRay渲染器除包含所有的基本功能外，还包括基于G-缓冲的抗锯齿功能、可重复使用光照贴图、可重复使用光子贴图、真正支持 HDRI贴图、可产生正确物理照明的自然面光源等功能。

VRay渲染器提供了一种特殊的材质——VRayMtl。在场景中使用该材质，能够获得更加准确的物理照明（光能分布），更快的渲染，反射和折射参数调节更方便。使用VRayMtl，可以应用不同的纹理贴图，控制其反射和折射，增加凹凸贴图和置换贴图，强制直接全局照明计算，选择用于材质的BRDF。

1. VRay渲染器的特点

- 真实性。照片级效果，阴影材质表现真实。
- 全面性。可以胜任室内外、建筑、外观、建筑动画、工业造型、影视动画等效果的制作。
- 灵活性与高效性。可根据实际需要调控参数，从而自由控制渲染的质量和速度。可调控，操作性强。在低参数时，渲染速度快，质量差；在高参数时，渲染速度慢，质量高。
- 基于G-缓冲的抗锯齿功能，可重复使用光照贴图，对于动画可增加采样。
- 可重复使用光子贴图带有分析采样的运动模糊。
- 真正支持 HDRI贴图。包含 *.hdr,*.rad 图片装载器，可处理立方体贴图和角贴图坐标。可直接贴图而不会产生变形或切片。
- 可产生正确物理照明的自然面光源。

目前世界上出色的渲染器为数不多，如Chaos Software公司的VRay，SplutterFish公司的Brazil，Cebas公司的Finalrender，Autodesk公司的Lightscape，还有运行在Maya上的Renderman等。这几款渲染器各有所长，但VRay的灵活性、易用性更高，并且VRay还有“焦散之王”的美誉。VRay还包括了其他增强性能的特性，包括真实的3d Motion Blur（三维运动模糊）、Micro Triangle Displacement（极细三角面置换）、Caustic（焦散）、通过VRay材质的调节完成Sub-suface scattering（次表面散射）的sss效果、和Network Distributed Rendering（网络分布式渲染），等等。VRay特点是渲染速度快（比FinalRender的渲染速度平均快20%），目前很多制作公司使用它来制作建筑动画和效果图，就是看中了其速度快的优点。

2. VRay渲染器的版本

目前最新的VRay版本为V-Ray 2.40.03。V-Ray 2.40.03能支持3ds Max 2013版本，不过也能安装在3ds Max 2014版本中使用，只要手动更改目录就可以了。

11.3 指定VRay渲染器

安装完VRay渲染器后，VRay灯光会在灯光面板中显示。下面介绍在3ds Max中调用VRay渲染器和指定VRay材质的方法，VRay材质只有在指定VRay渲染器之后才会显示。

1. 调用VRay渲染器的操作

01 在工具栏中单击（渲染设置）按钮，在弹出的“渲染设置”对话框中选择“公用”选项卡，在“指定渲染器”卷展栏中单击“产品级”后的灰色按钮，在弹出的“选择渲染器”对话框中选择“V-Ray Adv”渲染器，单击“确定”按钮，再单击“保存为默认设置”按钮即可，如图11-1所示。

02 指定完成后的“渲染设置”对话框如图11-2所示。

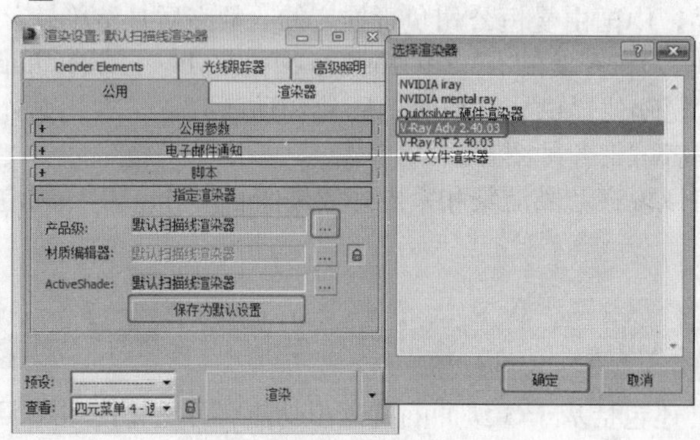

图11-1

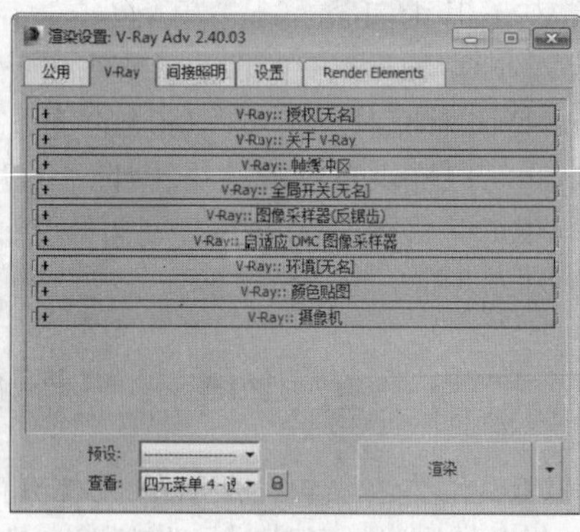

图11-2

2. 指定VRay材质的操作

01 按M键打开材质编辑器，单击（获取材质）按钮，在弹出的“材质/贴图浏览器”对话框中双击需要的VRay材质，如图11-3所示。也可以在打开材质编辑器后，单击Standard按钮，在弹出的“材质/贴图浏览器”对话框中双击需要的VRay材质。

02 即可指定VRay材质，如图11-4所示。

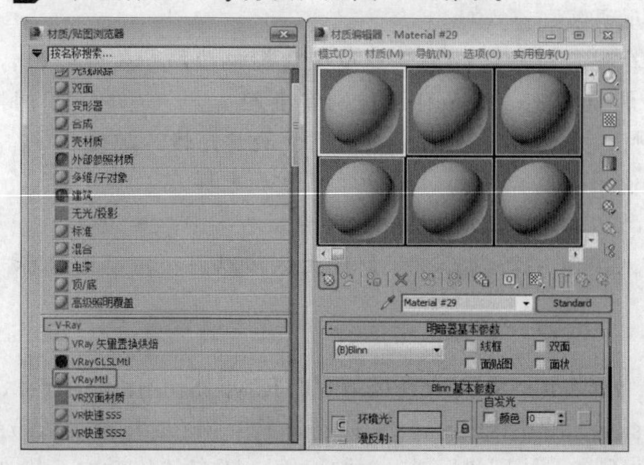

图11-3

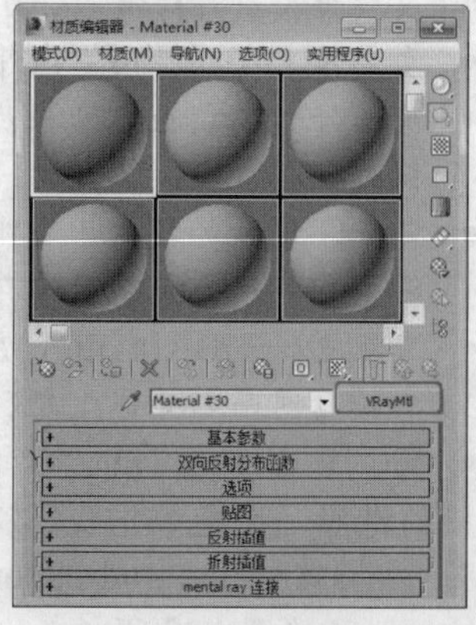

图11-4

11.4 VRay对象

安装VRay渲染器后，在命令面板中单击“（创建）”|“（几何体）”|“VRay”按钮，即可看到如图11-5所示的VRay对象，VRay提供了VR代理、VR毛皮、VR平面、VR球体4种对象。

图11-5

11.4.1 VR代理

当需要创建点、面较多模型的场景时，比如一个需要很多树的场景，树模型本身的点、面的数值是很多的，这样场景就占用了很大资源，会导致3ds Max场景运行很卡，甚至是电脑死机，在渲染时也会非常慢。VRay提供的“VR代理”对象正好可以解决这个问题。

下面介绍“VR代理”的使用方式。

01 首先，创建模型外部网格文件，在顶视图中创建一个树模型，如图11-6所示。

02 鼠标右击模型，在弹出的快捷菜单中选择“V-Ray网格导出”命令，在弹出的“VRay网格导出”对话框中单击“文件夹”后的“浏览”按钮，指定存储路径并修改文件名称，设置一个合适的“预览面数”，单击“确定”按钮，这样VR代理模型外部网格文件创建好了，如图11-7所示。

03 打开一个新的场景，单击“（创建）”|“（几何体）”|“VRay”|“VR代理”按钮，在顶视图中拖动鼠标创建模型，此时弹出“选择外部网格文件”对话框，打开之前创建好的网格文件即可，按数字7键可以看到它的多边形、点的数量，如图11-8所示。

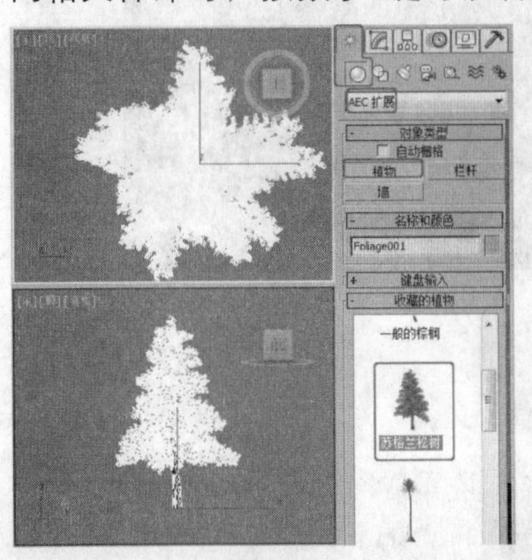
图11-6

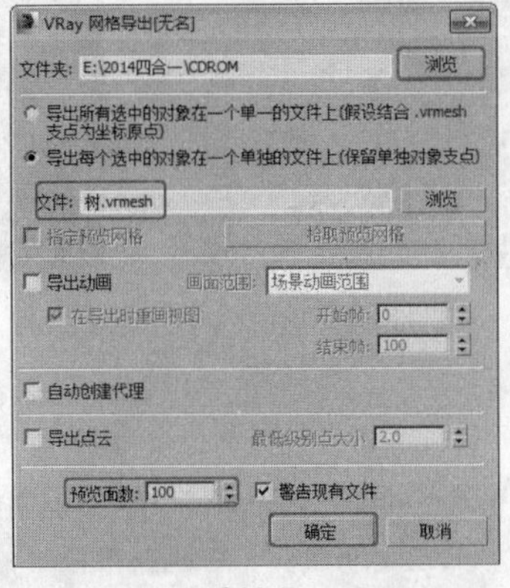

图11-7

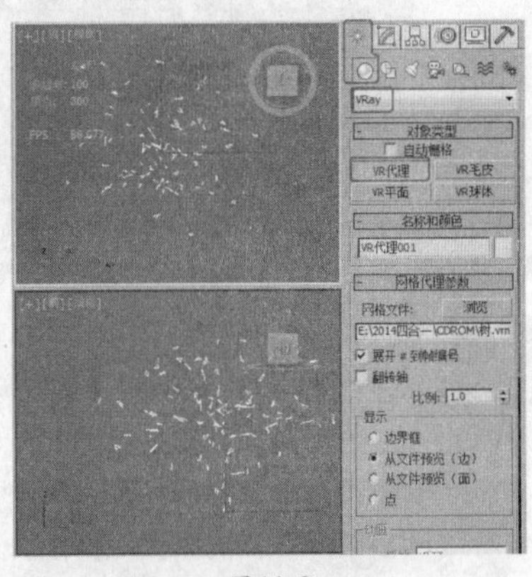
图11-8

04 使用移动复制法复制模型，如图11-9所示。此时场景运行速度不会感觉有明显区别，渲染场景的速度依然很快。

05 从渲染场景可以看到创建的VRay代理模型没有材质，如图11-10所示。

06 下面解决材质问题。打开材质编辑器，使用吸管工具在树模型上吸取材质，如图11-11所示。

07 单击（获取材质）按钮，在弹出的“材质/贴图浏览器”对话框中选择场景中用到的树的材质，右击鼠标，在弹出的快捷菜单中选择“复制到”|“临时库”命令，将树的材质复制到临时库中，如图11-12所示。

08 这样，在创建VRay代理的时候，将材质直接指定给VRay代理的模型，即可出现材质的效果，如图11-13所示为

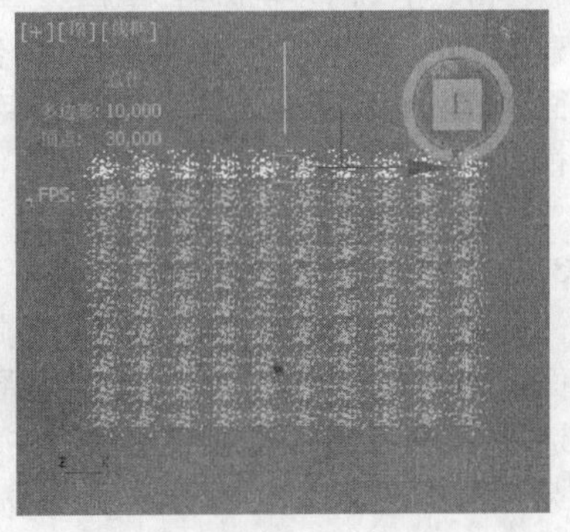
图11-9

临时库中的材质。

09 指定材质后渲染的效果如图11-14所示。

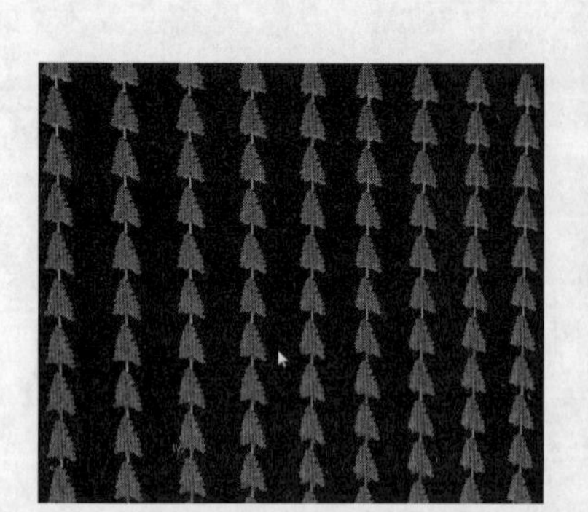

图11-10

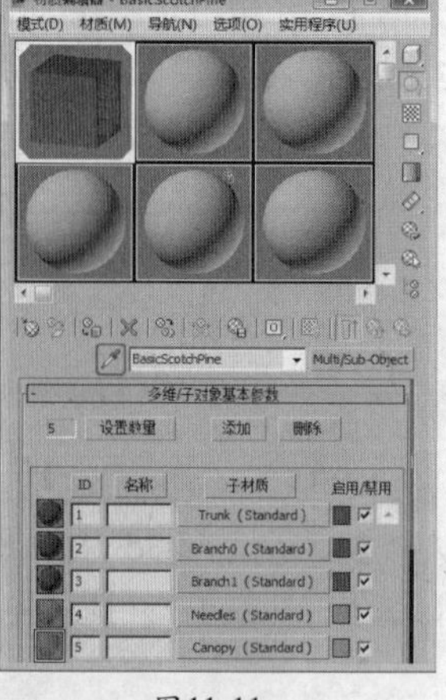

图11-11

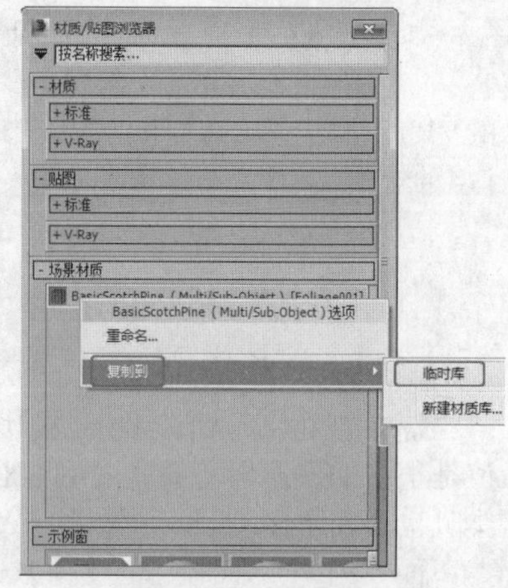

图11-12

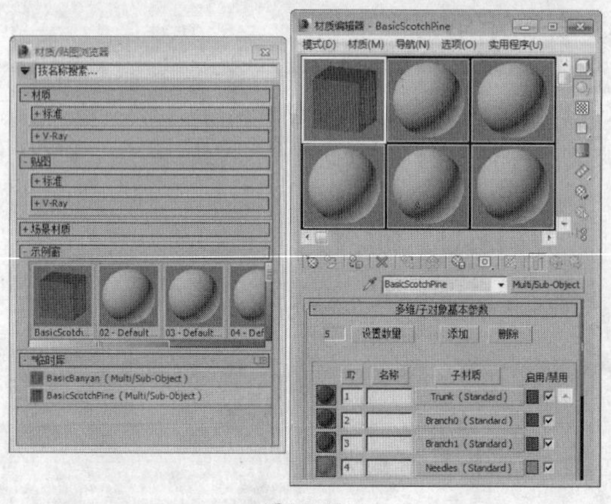

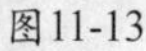

图11-13

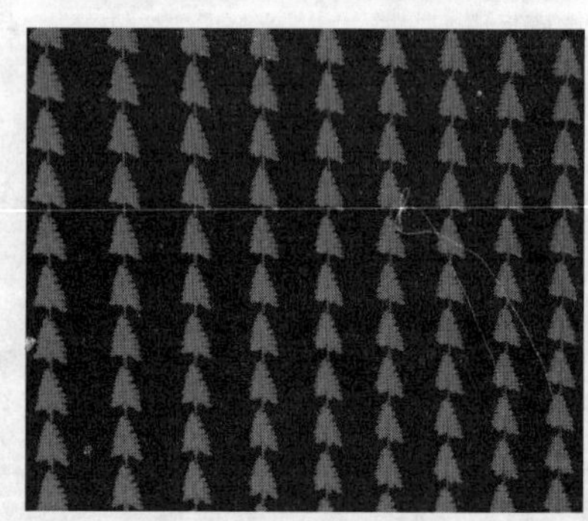

图11-14

11.4.2 VR毛皮

场景路径：Scene\cha11\11.4.2 VR毛皮o.max	贴图路径：map\11.4.2 VR毛皮
最终场景路径：Scene\cha11\11.4.2 VR毛皮.max	视频路径：视频\cha11\11.4.2 VR毛皮.mp4

本例介绍使用VR毛皮制作长毛地毯的方法，具体表现效果如图11-15所示。

01 打开随书附带光盘中的“Scene\cha11\11.4.2 VR毛皮o.max”文件，如图11-16所示。

02 在场景中选择模型，单击“（创建）”|“（几何体）”|“VRay”|“VR平面”按钮，即可在场景中创建VR毛皮地毯的长毛模型。在“参数”卷展栏中设置“长度”为4、“厚度”为0.03、“重力”为-1、“弯曲度”为3，在“几何体细节”组中设置“结数”为8，在“分配”组中选择“每个面”选项，设置“每个面”为500，在“布局”组中选择“全部对象”选项。在“视口显示”卷展栏中勾选“视口预览”，并设置“最大毛发”为300，如图11-17所示。最终渲染效果如图11-15所示。

图11-15

图11-16

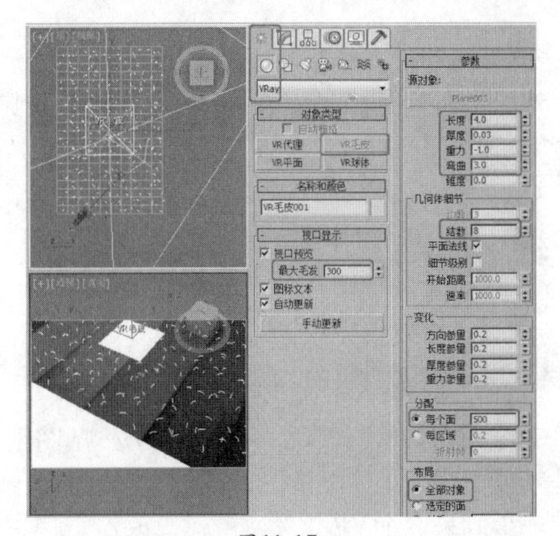
图11-17

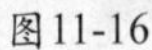

提示 VR_毛皮按钮默认为灰色，要在场景中选择一个模型座位载体，才可以使其显示出来并且可以用。

11.4.3 VR平面

场景路径：Scene\cha11\11.4.3 VR平面o.max	贴图路径：map\11.4.3 VR平面
最终场景路径：Scene\cha11\11.4.3 VR平面.max	视频路径：视频\cha11\11.4.3 VR平面.mp4

VR平面是无限大的平面，可以用它来制作室外的没有封闭的面。本例介绍使用VR平面制作室外地面模型的方法，具体表现效果如图11-18所示。

图11-18

01 打开随书附带光盘中的“Scene\cha11\11.4.3 VR平面o.max”文件，如图11-19所示。

02 单击“（创建）”|“（几何体）”|“VRay”|“VR平面”按钮，在顶视图中创建VR平面作为地面，在场景中调整其合适的位置，如图11-20所示。最终渲染效果如图11-18所示。

图11-19

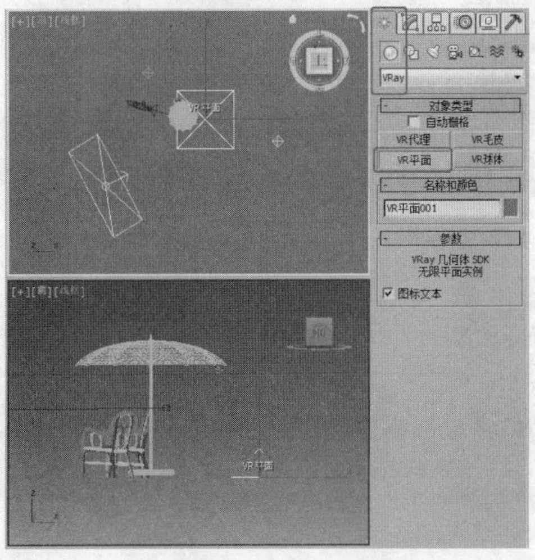
图11-20

11.4.4 VR球体

对象被创建后，可以在视图中看到以3条封闭的二维线段组成的线框球体，但是它可以渲染出一个完整的球体。

11.5 VRay置换模式

场景路径：Scene\cha11\11.5 置换模式o.max	贴图路径：map\11.5 置换模式
最终场景路径：Scene\cha11\11.5 置换模式.max	视频路径：视频\cha11\11.5 置换模式.mp4

VRay置换模式与3ds Max中的凹凸贴图很相似，但是功能更强大。凹凸贴图仅仅是材质作用于对象表面的一个效果。而VRay置换模式修改器是作用于对象模型上的一个效果，它表现出来的效果比凹凸贴图表现的效果更丰富更强烈。VRay置换模式通常用来制作地毯和靠枕材质等，具体表现效果如图11-21所示。

图11-21

01 打开随书附带光盘中的“Scene\cha11\11.5 置换模式o.max”文件，如图11-22所示。

02 在场景中选择靠枕模型，切换到（修改）命令面板，为其施加“VRay置换模式”修改器，在“参数”卷展栏中单击“公用参数”组中“纹理贴图”下的“无”按钮，为其指定位图贴图“Scene\map\11.5 置换模式>bed-auto2.jpg”文件，设置“数量”为25.4，如图11-23所示。最终渲染效果如图11-21所示。

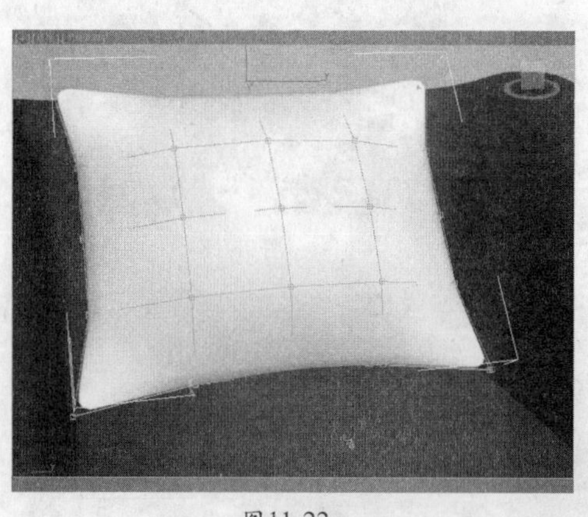

图11-22

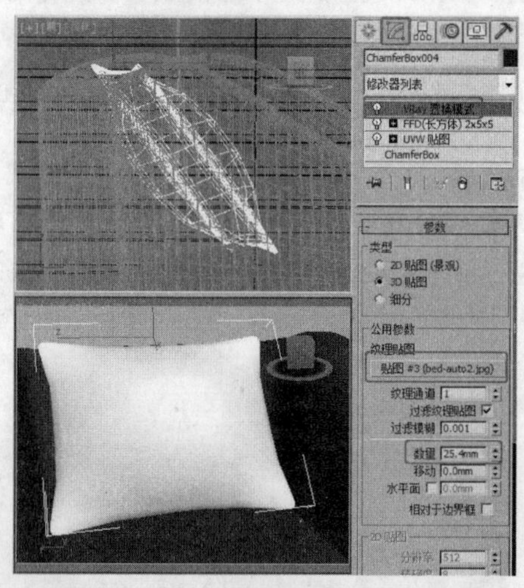

图11-23

11.6 小结

本章带领大家认识了VRay，对VRay软件的特点和版本进行了初步介绍，然后绘出VRay对象和置换模式实例操作。通过本章学习，可对VRay进行简单了解和操作。

第12章　VRay的渲染参数面板

本章内容

- V-Ray::授权
- 关于VRay
- V-Ray::帧缓冲区
- V-Ray::全局开关
- V-Ray::图像采样器（反锯齿）
- V-Ray::间接照明
- V-Ray::发光图
- V-Ray::自适应DMC图像采样器
- V-Ray::焦散
- V-Ray::环境
- V-Ray::颜色贴图
- V-Ray::摄影机
- V-Ray::灯光缓存

渲染就是根据所创建的模型、指定的材质、所使用的灯光以及环境效果灯，将在场景中创建的对象进行实体化显示，也就是将创建的三维场景拍摄成照片或录制的动画显示给大家。

VRay是目前最优秀的渲染插件之一。尤其在产品的渲染和效果图的制作中，VRay几乎可以称得上是速度最快、渲染效果数一数二的渲染软件。近年来，VRay更是在维持并完善原有优势的基础上，逐渐加强了自身薄弱技术环节建设，向人们证实了自己强大的功能。

12.1　V-Ray::授权

装好3ds Max后，把VRay全部文件复制到3ds Max的根目录下，运行3ds Max，从渲染器里选择VRay，授权里有一串号码，用VRay的算号器算出后填上，重新启动3ds Max就好了。也有一种可能还要输入计算机名称，在VRay里有个授权面板里面可以找到输入位置，如图12-1所示的“V-Ray::授权”。

还有一种是直接安装的，可以不用算号，像安装软件一样安装就可以。

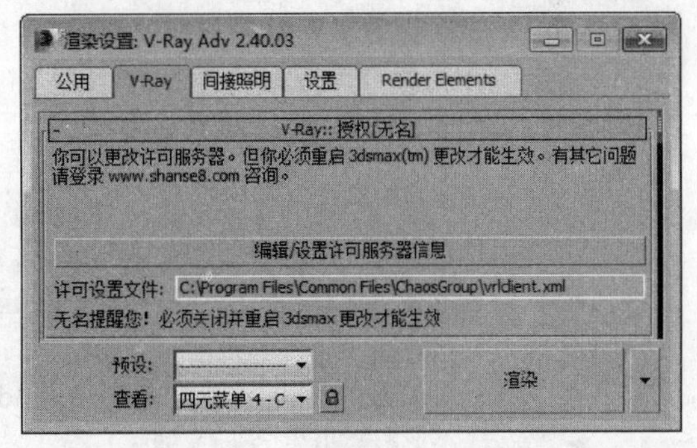

图12-1

12.2　关于VRay

VRay是由著名的3ds Max的插件提供商推出的一款体积较小、但功能却十分强大的渲染器插件。VRay是目前最优秀的渲染插件之一，尤其在室内效果图制作中，几乎可以称得上是速度最快、渲染效果最好的渲染软件精品。随着VRay的不断升级和完善，在越来越多的效果图实例中向人们证实了自己强大的功能。如图12-2所示为安装VRay后显示的VRay版本界面。

VRay主要用于渲染一些特殊的效果，如次表面散射、光迹追踪、焦散、全局照明等，可用于建筑设计、灯光设计、展示设计、动画渲染等多个领域。

VRay渲染器有Basic Psckage和Advanced Packsge两种包装形式。Basic Psckage具有适当的功能和较低的价格，适合学生和业余艺术家使用。Advanced Packsge包含有几种特殊功能，适合专业人员使用。

图12-2

12.3　V-Ray::帧缓冲区

“渲染设置”对话框的V-Ray选项卡“V-Ray::帧缓冲区”卷展栏“启用内置帧缓存”选项用于控制VRay内置帧缓冲器是否启用，如图12-3所示。启用帧缓存后渲染场景的效果如图12-4所示，VR帧缓存是一个独立的窗口。

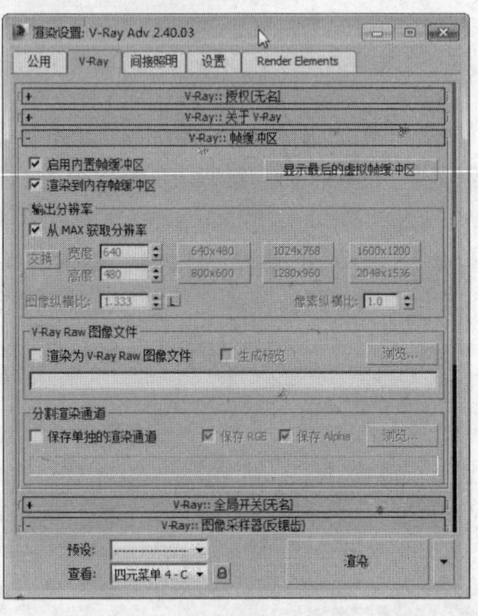

图12-3

图12-4

“V-Ray::帧缓冲区”卷展栏选项功能如下。

- 显示最后的虚拟帧缓冲区：显示上一次渲染帧。
- “输出分辨率”组。
  - 从MAX获取分辨率：决定是否使用3ds Max的分辨率设置。
  - 宽度：设置渲染窗口的宽度。
  - 高度：设置渲染窗口的高度。

> **提示**　设置渲染窗口的的宽度和高度，可以直接在“输出分辨率”组设置渲染窗口的宽度和高度。“输出分辨率”组中的参数与“公用”选项卡“公用参数”卷展栏中的“输出大小”参数基本相同。在启用“从MAX获取分辨率”选项时，可以使用“公用”选项卡中的输出大小。

- “V-Ray Raw图像文件”组。
  - 渲染为V-Ray Raw图像文件：决定渲染图像是否在渲染窗口保存。
  - 浏览：单击该按钮，在弹出的对话框中选择存储路径和类型。

- “分割渲染通道”组。
  - 保存单独的渲染通道：控制分通道渲染，可控制每个通道单独输出。

“分割渲染通道”组中的“浏览”按钮与“公用”选项卡“公用参数”卷展栏“渲染输出”组中的“文件”按钮功能相同。

12.4 V-Ray::全局开关

“V-Ray::全局开关”卷展栏（如图12-5所示）选项功能如下。

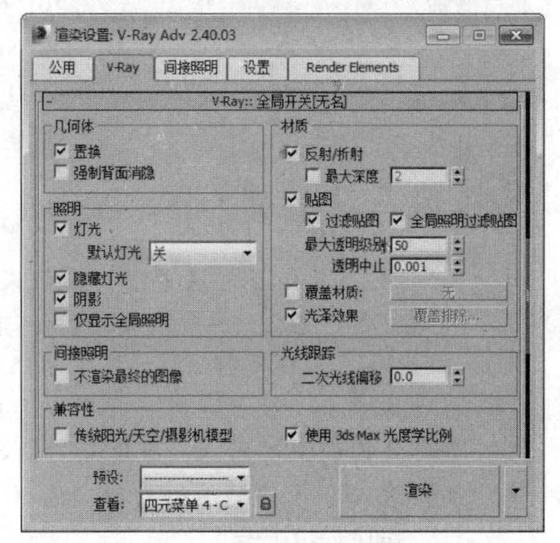

图12-5

- “几何体”组。
  - 置换：决定是否使用VRay的置换贴图。
- “灯光”组。
  - 灯光：场景是否使用全局的灯光。
  - 默认灯光：是否使用3ds Max的默认灯光。3ds Max默认的场景中有两盏灯光，如果在场景中没有创建任何灯光，默认灯光有效；如果在场景中创建灯光默认灯光，则自动删除。
  - 隐藏灯光：如果设定该选项，系统会渲染隐藏的灯光。
  - 阴影：决定是否渲染阴影。
  - 仅显示全局照明：如果设定该选项，直接光照将不计算在最终的图像里，但系统在进行全局光照计算时包含直接光照的计算，最后只显示间接光照的效果。
- “材质”组。
  - 反射/折射：是否计算VRay贴图或材质中的光线的反射/折射效果。
  - 最大深度：设置VRay贴图或材质中反射/折射的最大反弹次数。反弹次数越多，计算越慢。
  - 贴图：是否渲染纹理贴图。
  - 过滤贴图：是否渲染纹理过滤贴图。
  - 最大透明级别：控制透明物体被光线追踪的最大反弹次数。
  - 透明中止：控制对透明物体的追踪何时终止。
  - 覆盖材质：勾选后场景中的所有物体将使用该材质。通过该选项后的“无”按钮，可以设置场景中的覆盖材质。选择材质后，可以将材质拖曳到新的材质样本球上，并通过材质编辑器对其进行编辑。
- “间接照明”组。
  - 不渲染最终的图像：选择后，VRay 只计算相应的全局光照贴图（光照贴图、灯光贴图和发光贴图），这对于渲染动画过程很有用。

12.5 V-Ray::图像采样器（反锯齿）

“V-Ray::图像采样”卷展栏（如图12-6所示）选项功能如下。

- “图像采样器”组：在“类型”列表可以选择“固定”、“自适应确定性蒙卡洛”和“自适应细分”3种图像采样器。
  - 固定：这是最简单的采样方法，它对每个像素采用固定的几个采样。这时出现用于设置固定参数的“V-Ray::固定图像采样器”卷展栏，如图12-7所示，从中设置“细分”参数可以调节每个像素的采样数。

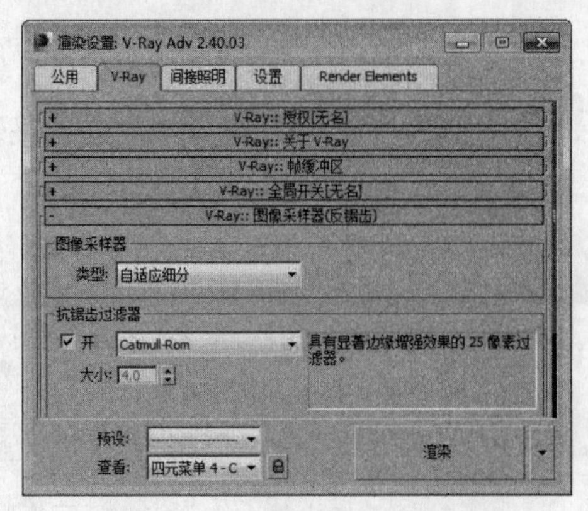

图12-6

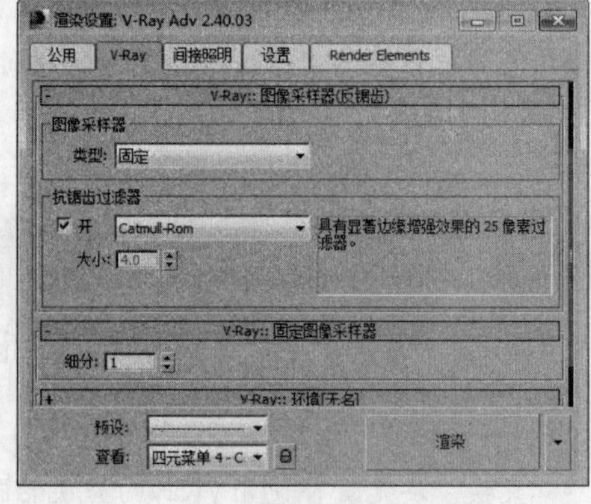

图12-7

◆ 自适应确定性蒙卡洛：一种简单的较高级采样，图像中的像素首先采用较少的采样数目，然后对某些像素进行高级采样以提高图像质量。选择该类型后出现“V-Ray::自适应DMC图像采样器”卷展栏，其中“最小细分”参数控制细分的最小值限制；“最大细分”参数控制细分的最大值限制，如图12-8所示。

- 自适应细分：这是一种在每个像素内使用少于一个采样数的高级采样器。它是VRay中最值得使用的采样器。一般说来，相对于其他采样器，它能够以较少的采样（花费较少的时间）来获得相同的图像质量。选择该类型后出现“V-Ray::自适应细分图像采样器”卷展栏，如图12-9所示。

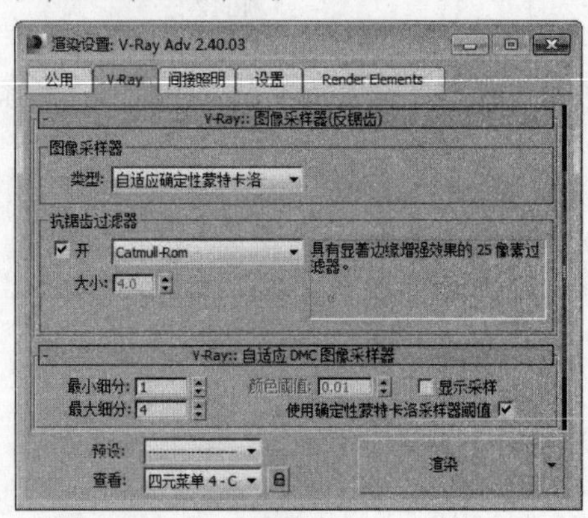

图12-8

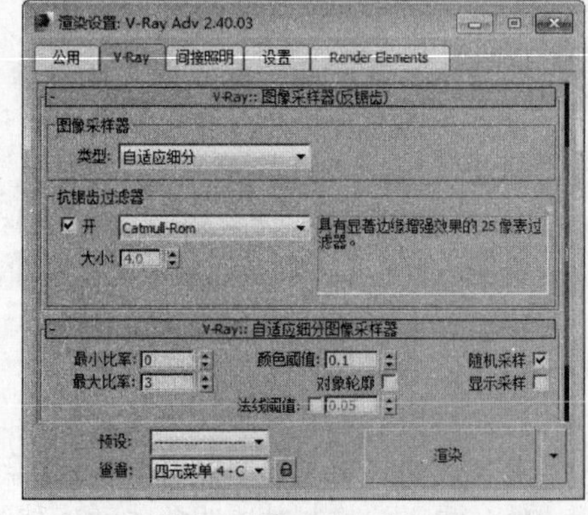

图12-9

- “抗锯齿过滤器”组。
  - ◆ “开”选项：使用抗锯齿过滤器。在下来列表中选择抗锯齿过滤器。每选择一种过滤器，其功能将会在右侧的文本框中显示出来，这里就不详细介绍了。

12.6 V-Ray::间接照明

“V-Ray::间接照明”卷展栏（如图12-10所示）选项功能如下。

- 开：打开间接照明。
- “全局光焦散”组。
  - ◆ 反射：允许间接的光照从反射物体被反射。
  - ◆ 折射：允许间接照明通过透明的物体，默认为打开。
- “渲染后处理”组。
  - ◆ 饱和度：控制颜色混合程度。
  - ◆ 对比度：控制明暗对比度。

- ◆ 对比度基数：这个参数决定对比度的基础推进。它定义在对比度计算期间以全局光照的值保持不变。数值越大，全局光效果越暗；数值越小，效果越亮。
- “首次反弹”组。
  - ◆ 倍增器：该值决定首次漫反射对最终的图像照明起多大作用。
  - ◆ 全局照明引擎：有4种引擎可供选择，即发光贴图、光子贴图、准蒙特卡洛算法和灯光缓存。
- “二次反弹”组。
  - ◆ 全局照明引擎：有4种选项可供选择，即无、光子贴图、准蒙特卡洛算法和灯光缓存。

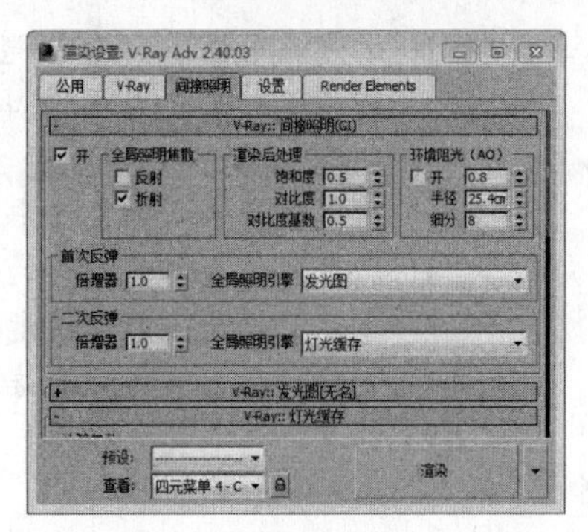

图12-10

12.7 V-Ray::发光图

“V-Ray::发光图”卷展栏（如图12-11所示）选项功能如下。

- “内建预置”组。
  - ◆ 当前预置：从中选择当前预置，包括自定义、非常低、低、中、中-动画、高和高-动画。
- “基本参数”组。
  - ◆ 最小比率：该值决定每个像素中的最少全局照明采样数目。通常应当保持该值为负数，这样全局照明能够快速计算图像中大的和平坦的面。

提示 如果该值大于或等于0，那么光照贴图计算将会比直接照明计算慢，并消耗更多的系统内存。该值最好不要超过-3。

- ◆ 最大比率：该值决定每个像素中的最大全局照明采样数目。该值最好不要超过1，以免计算机崩溃。
- ◆ 半球细分：这个参数决定单独的GI样本的品质。较小的值可以获得较快的速度，但是也可能会产生黑斑，较高的值可以得到平滑的图像。它类似于直接计算的细分参数。

注意 “半球细分”并不代表被追踪光线的实际数量，光线实际数量接近于这个参数的平方值，并受QMC采样器的相关参数的控制。如该值大于或等于0，那么光照贴图计算将会比直接照明计算慢，并消耗更多的系统内存。

- ◆ 插值帧数：这个参数决定被用于插值计算的GI样本的数量。较大的值会趋向于模糊GI的细节，虽然最终的效果很光滑。但较小的值会产生更光滑的细节，但是也可能会产生黑斑。
- ◆ 颜色阈值：当相邻的全局照明采样点颜色差异值超过该值时，VRay将进行更多的采样以获取更多的采样点。该值最好设到0.5以内。
- ◆ 法线阈值：当相邻采样点的法线向量夹角余弦值超过该值时，VRay将会获取更多的采样点。该值最好设到0.5以内。
- ◆ 间距阈值：当相邻采样点的间距值超过该值时，VRay将会获取更多的采样点。动画时最好设到0.5左右，平时最好在0.1左右。
- “选项”组。
  - ◆ 显示计算相位：可以观看到计算过程，但会增加一点点渲染时间，如图12-12所示显示了渲染时的状态。
- “模式”组。
  - ◆ 模式：该列表中默认的模式为“单帧”，在这种情况下，VRay单独计算每一个单独帧

的光照贴图，所有预先计算的光照贴图都被删除，该模式会完全重新计算发光贴图进行渲染。发光贴图计算即光能传递的重新计算；“从文件”模式表示每个单独帧的光照贴图都是同一张图，渲染开始时，它从某个选定的文件中载入，任何此前的光照贴图都被删除，从文件中读取发光贴图进行计算光照。

- ◆ 保存：保存当前渲染的发光贴图。
- ◆ 重置：删除当前的发光贴图。
- ◆ 文件：显示文件的链接路径。
- ◆ 浏览：浏览发光贴图或重新载入发光贴图。

- “在渲染后结束”组。
  - ◆ 不删除：当选择该项时，VRay会在完成场景渲染后，将光照贴图保存在内存中。
  - ◆ 自动保存：可以设定该光照贴图保存路径。
  - ◆ 浏览：指定发光贴图的文件位置和名称。
  - ◆ 切换到保存的贴图：自动将保存后，系统将自动读取发光贴图。

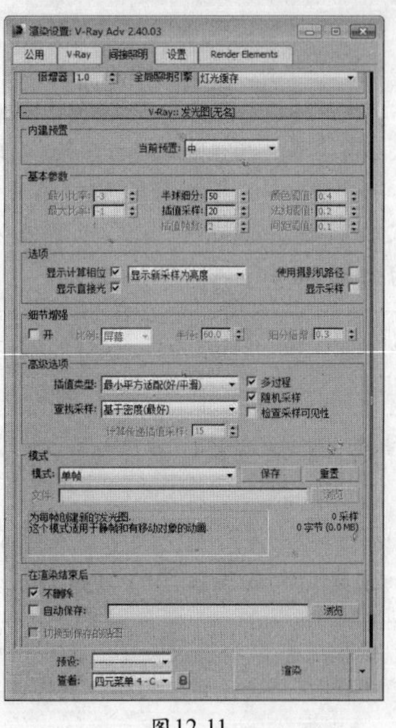

图12-11

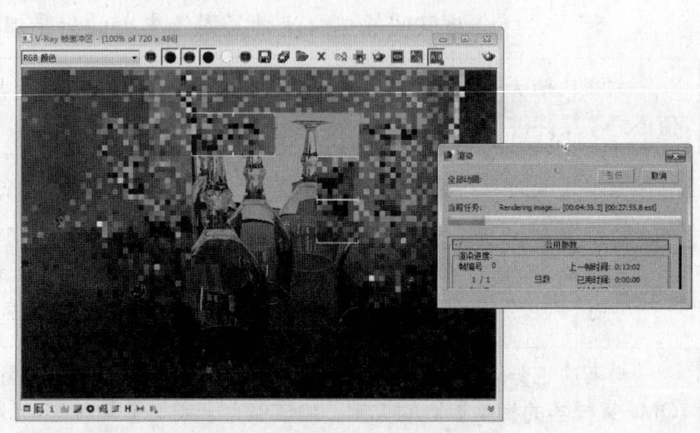

图12-12

12.8 V-Ray::自适应DMC图像采样器

“V-Ray::自适应DMC图像采样器”卷展栏（如图12-13所示）选项功能如下。

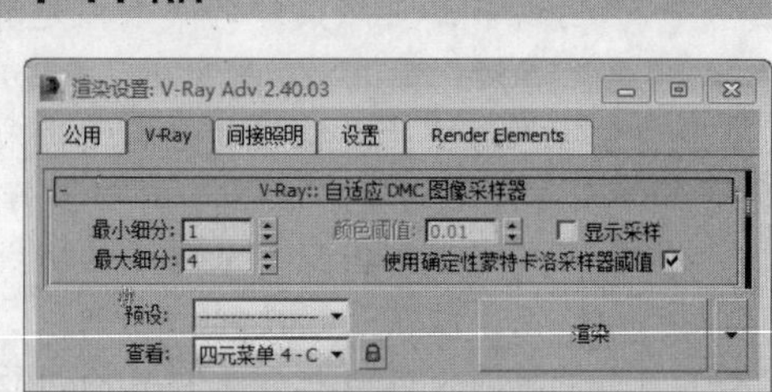

图12-13

- 最小细分：默认为1，提高它的参数可以减少大量平坦的地面或是墙壁上的涤波。
- 最大细分：默认为4，提高它的参数可以提高场景中带有反射折射的物体的质量。
- 颜色阈值：图像的转换是比较像素的过程，在比较两个像素时，如果RGB的颜色值的差异小于颜色阈值，则可以认为这两个像素是相同的颜色，因此，颜色阈值越高，则颜色数量越少。
- 显示采样：对其勾选就可把原先的公式备份出来。
- 使用确定性蒙特卡洛采样器阈值：对其勾选就使用确定性蒙特卡洛采样器阈值，不对其勾选则使用颜色阈值参数。

12.9 V-Ray::焦散

在“渲染设置”对话框“间接照明”选项卡“V-Ray::焦散”卷展栏的“开”选项用于控制VRay焦散是否启用，如图12-14所示。

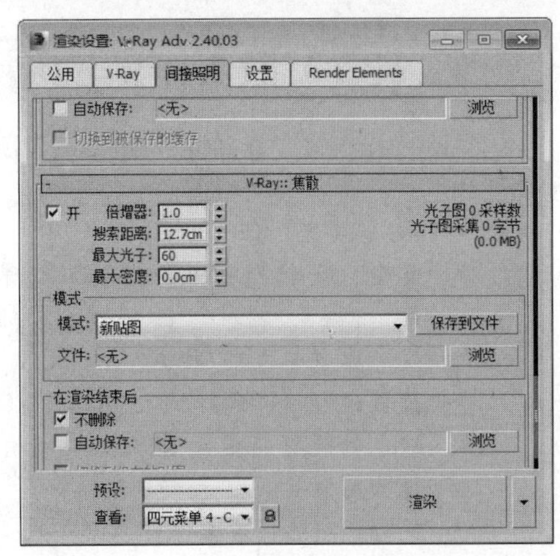

图12-14

“V-Ray::焦散”卷展栏选项功能如下。

- 倍增器：默认值为1，用于设置焦散亮度，值越大，焦散效果越亮；反之，则越焦散效果越暗。
- 搜索距离：光子追踪撞击到物体表面后，以撞击光子为中心的圆形的自动搜索区域，这个区域的半径值就是“搜索距离”。较小的数值会产生斑点，较大的数值会产生模糊焦散效果。
- 最大光子：定义单位区域内的光子数量，再根据这个区域内的光子数量进行均匀照明，较小的数值不容易得到焦散效果，较大的数值会产生模糊焦散效果。
- 最大密度：控制光子的最大密度，0表示使用VR内部确定的密度，较小的数值会让焦散效果比较锐利。

12.10 V-Ray::环境

“V-Ray::环境”卷展栏（如图12-15所示）选项功能如下。

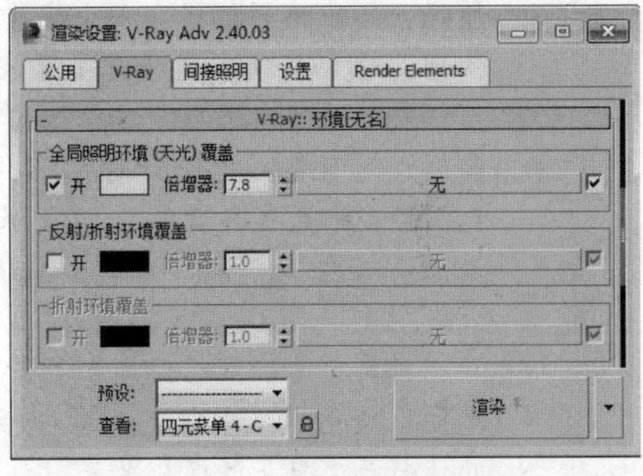

图12-15

- 全局照明环境（天光）覆盖：勾选“开”即开启全局照明环境（天光）覆盖。“倍增器”默认为1.0，提高它的参数可以使场景变亮。
- 反射/折射环境覆盖：勾选“开”选项，即可以覆盖场景中反射/折射物体的反射/折射颜色和贴图。
- 折射环境覆盖：不勾选时，折射物体受反射/折射环境覆盖影响；勾选时，受折射环境覆盖影响。

12.11 V-Ray::颜色贴图

“V-Ray::颜色贴图”卷展栏（如图12-16所示）选项功能如下。

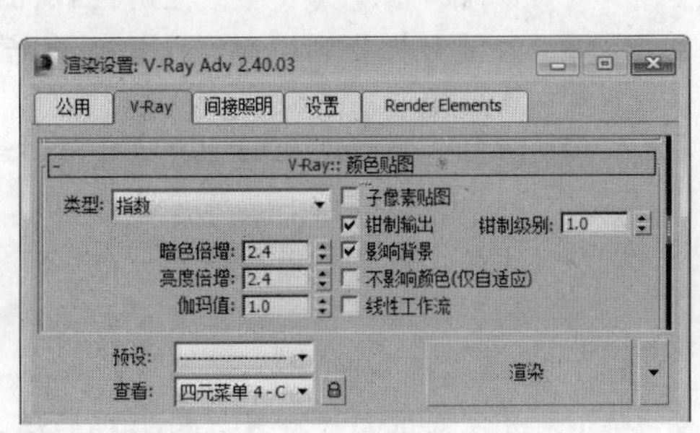

图12-16

- 类型：下拉列表中包括线性倍增、指数、HSV指数、强度指数、伽玛校正、强度伽玛、莱茵哈德等7种类型。
- 子像素贴图：对其勾选可以避免图像中产生的某些杂点，使渲染图像看起来比较平滑。
- 钳制输出：对其勾选可以通过限制来纠正某

些无法在渲染图中表现出来的色彩。

- 影响背景：对其勾选可以用来控制曝光模式是否影响背景。

12.12 V-Ray::摄影机

"V-Ray::摄影机"卷展栏（如图12-17所示）选项功能如下。

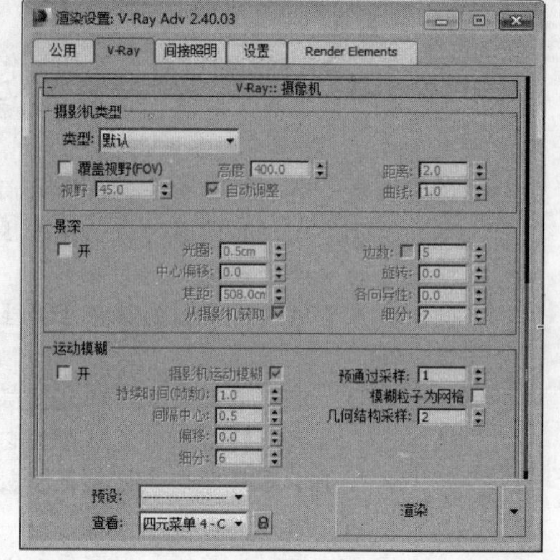

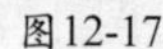
图12-17

- "摄影机类型"组。
  - 类型：下拉列表中包括默认、球形、圆柱（点）、圆柱（正交）、盒、鱼眼、变形球（旧式）7种类型。
  - 覆盖视野（FOV）:通过勾选可以代替3ds Max的视野，这个选项支持所有摄影机镜头类型。
  - 视野：勾选"覆盖视野（FOV）"后可以通过设置视野参数来调整摄影机的视野。
  - 高度：这个参数只有在使用"正交圆柱"摄影机时才有效，用于设置摄影机的高度。
  - 自动调整：这个选项只有在使用"鱼眼"类型摄影机的时候才激活，勾选的时候，V-Ray将自动计算"距离"值，以便渲染图像适配图像的水平尺寸。
  - 距离：这个参数只针对鱼眼摄影机类型。所谓的鱼眼摄影机模拟的是类似下面的这种情况：标准摄影机指向一个完全反射的球体，球体半径为1，然后反射场景到摄影机的快门。这个选项描述的就是从摄影机到反射球体中心的距离。需要注意的是，在"自动调整"选项勾选后，这个选项将失效。

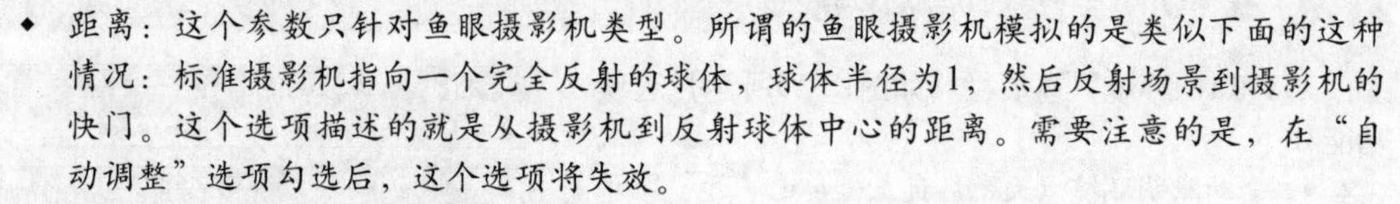

  - 曲线：这个参数也是针对鱼眼类型摄影机类型，它控制渲染图像扭曲的轨迹。取值为1，意味着是真实世界中的鱼眼摄影；取值为0的时候，将意味着产生最大的扭曲效果；在接近2的时候，扭曲会减少。
- "景深"组。
  - 开：对其勾选即开启摄影机的景深效果。
  - 光圈：使用世界单位定义虚拟摄影机的光圈尺寸。较小的取值将减少景深效果，较大的值将产生更多的模糊效果。
  - 中心偏移：散景偏移原物体的距离。这个参数决定景深效果的一致性，值为0意味着光线均匀地通过光圈，正值意味着光线趋向于光圈边缘集中，负值则意味着向光圈中心集中。
  - 焦距：指镜头长度，控制摄影机的焦距，焦距越小，摄影机的可视范围就越大。
  - 从摄影机获取：当这个选项激活后，如果渲染的是摄影机视图，焦距由摄影机的目标点确定。
  - 边数：模拟真实世界摄影机的多边形的光圈。如果这个选项不激活，那么系统则使用一个完美的圆形来作为光圈形状。
  - 旋转：指定光圈形状的方位。
  - 细分：用于控制景深效果的品质。
- "运动模糊"组。
  - 开：对其勾选即开启摄影机的运动模糊效果。

- 持续时间（帧数）：在摄影机快门打开的时候指定在帧中持续时间。
- 间隔中心：指定关于3ds Max动画帧的运动模糊的时间间隔中心。取值为0.5意味着运动模糊的时间间隔中心位于动画帧之间的中部；值为0则意味着位于精确的动画帧位置。
- 偏移：控制运动模糊效果的偏移，值为0意味着灯光均匀通过全部运动模糊间隔。正值意味着光线趋向于间隔末端，负值意味着光线趋向于间隔起始端。
- 细分：确定运动模糊的品质。
- 预通过采样：计算发光贴图的过程中在时间段有多少样本被计算。
- 模糊粒子为网格：将粒子作为网格模糊，用于控制粒子系统的模糊效果。当勾选的时候，粒子系统会被作为正常的网格物体来产生模糊效果。然而，有许多的粒子系统在不同的动画帧中会改变粒子的数量。可以不勾选此参数，使用粒子的速度来计算运动模糊。
- 几何结构采样：设置产生近似运动模糊的几何学片断的数量，物体被假设在两个几何学样本之间进行线性移动，对于快速旋转的物体，需要增加这个参数值才能得到正确的运动模糊效果。

12.13 V-Ray::灯光缓存

在“渲染设置”对话框的“间接照明”选项卡中，“灯光缓存”卷展栏与“发光贴图”的作用是一样的，都是用来控制渲染时的质量级别。

“V-Ray::灯光缓存”卷展栏（如图12-18所示）选项功能如下。

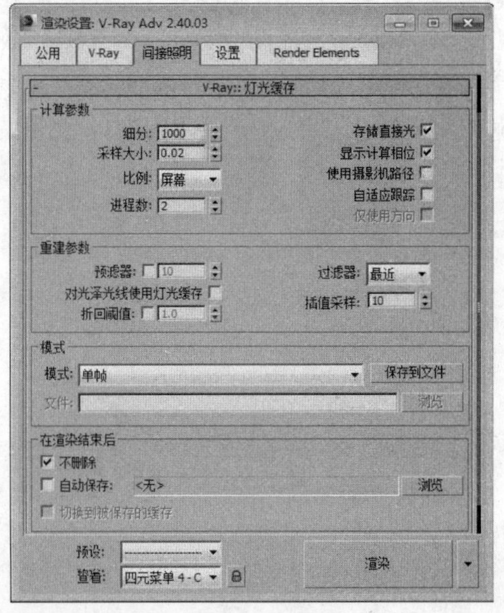

图12-18

- “计算参数”组。
  - 细分：对于整体计算速度和阴影计算影响很大。值越大质量越好。测试时可以设为100～300，最终渲染时可设为1000～1500。
  - 采样大小：决定灯光贴图中样本的间隔。较小的值意味着样本之间相互距离较近，灯光贴图将保护灯光锐利的细节，不过会导致产生噪波，并且占用较多的内存，反之亦然。根据灯光贴图比例模式的不同，这个参数可以使用世界单位，也可以使用相对图像的尺寸。保持默认即可。采用屏幕模式的话，一般应用下样本尺寸0.01~0.02，如果确实需要细节的话，可以设置小一点的样本尺寸，当然细分需要相应增加，采样过滤也要设置足够，才能避免因采样不足而产生的黑斑和漏光。
  - 比例：有两种选择，屏幕和世界，主要用于确定样本尺寸和过滤器尺寸。
  - 存储直接光：这个选项勾选后，灯光贴图中也将储存和插补直接光照明的信息。这个选项对于使用发光贴图或直接计算GI 方法作为初级反弹的场景特别有用。因为直接光照明包含在灯光贴图中，而不是再需要对每一个灯光进行采样。不过请注意，只有场景中灯光产生的漫反射照明才能被保存。如果想使用灯光贴图来近似计算GI，同时又想保持直接光的锐利，请不要勾选这个选项。
  - 显示计算相位：打开这个选项可以显示被追踪的路径。它对灯光贴图的计算结果没有影响，只是可以给用户一个比较直观的视觉反馈。

- “重建参数”组。
  - 预滤器：勾选的时候，在渲染前，灯光贴图中的样本会被提前过滤。注意，它与灯光贴图的过滤是不一样的，这种过滤是在渲染中进行的。预过滤的工作流程是：依次检查每一个样本，如果需要就修改它，以便其达到附近样本数量的平均水平。更多的预过滤样本将产生较多模糊和较少的噪波的灯光贴图。一旦新的灯光贴图从硬盘上导入或被重新计算，预过滤就会被计算。预过滤的作用就是以插补方式来计算LC，使LC的样本不会有空白的地方，主要目的是避免噪点和漏光之类的问题。当然参数越高，细节也越好。
  - 过滤器：这个选项确定灯光贴图在渲染过程中使用的过滤器类型，下拉列表中包括无、最近、固定3种类型。过滤器是确定在灯光贴图中以内插值替换的样本是如何发光的。
  - 对光泽光线使用灯光缓存：如果打开选项，灯光贴图将会把光泽效果一同进行计算，这样有助于加速光泽反射效果。
- “模式”组。
  - 模式：确定灯光贴图的渲染模式，下拉列表中包括单帧、穿行、从文件、渐进路径跟踪4种类型。

12.14 小结

本章介绍VRay渲染器渲染的设置，主要介绍VRay的渲染参数面板各卷展栏的功能及设置。通过对本章的学习，应熟练掌握VRay渲染器的各项功能。

第13章　VRay的基本操作

本章内容

- VRay白膜线框图的渲染
- 草图渲染的参数设置
- 成图渲染的参数设置
- 存储并调用光子贴图

本章将介绍VRay的基本操作，熟悉VRay渲染器的如何渲染场景的。

13.1　VRay白膜线框图的渲染

场景路径：Scene\cha13\ 13.1 VRay白膜线框图的渲染o.max

最终场景路径：Scene\cha13\ 13.1 VRay白膜线框图的渲染.max

贴图路径：map\cha13

视频路径：视频\cha13\ 13.1 VRay白膜线框图的渲染.mp4

本例介绍设置白膜线框渲染，最终渲染的白膜线框图效果如图13-1所示，原始场景的效果如图13-2所示。

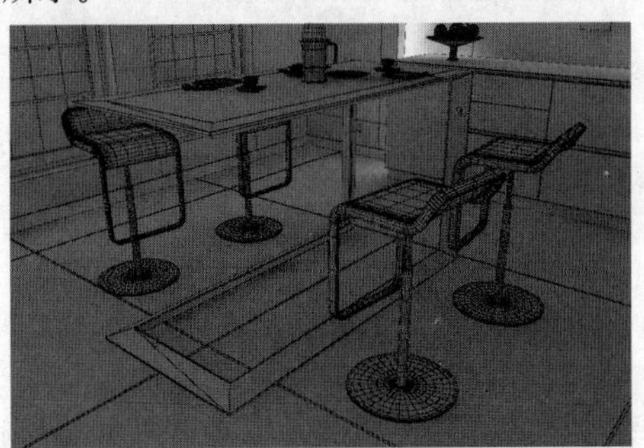

图13-1

图13-2

01 打开随书附带光盘中的“Scene\cha13\ VRay白膜线框图的渲染o.max”文件。

02 在工具栏中单击（渲染设置）按钮，在弹出的“渲染设置”对话框中指定“V-Ray Adv 2.40.03”渲染器，单击“确定”按钮，如图13-3所示。

03 切换到V-Ray选项卡，在“VRay::全局开关”卷展栏中选择“默认灯光”的状态为“关”，勾选“覆盖材质”选项，将“覆盖材质”转换为VRayMtl材质，如图13-4所示。

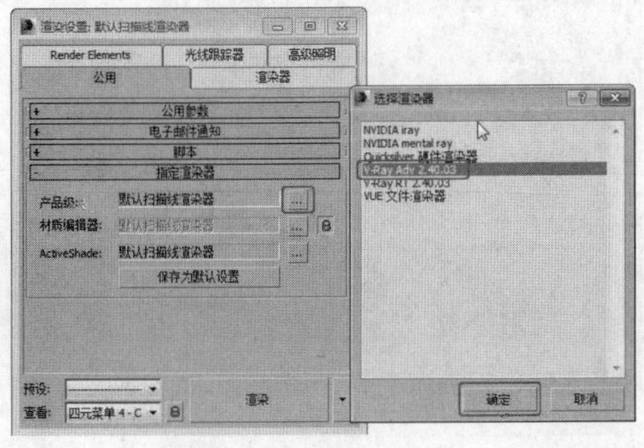

图13-3

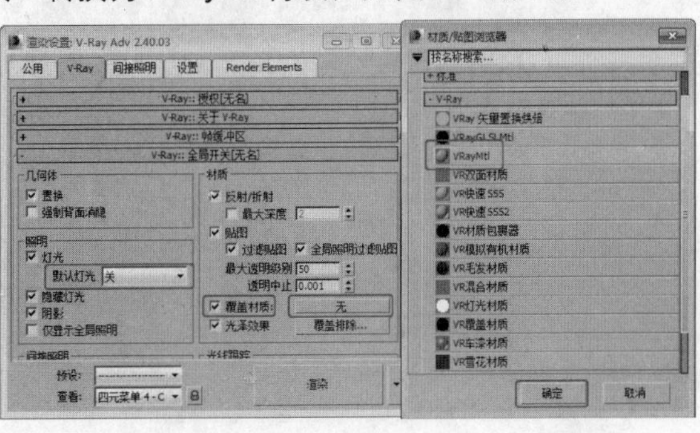

图13-4

04 按M键打开材质编辑器，将覆盖材质以“实例”的方法复制到一个新的材质样本球上，如图13-5所示。

05 在“基本参数”卷展栏中设置“漫反射”的红绿蓝值均为240，如图13-6所示。

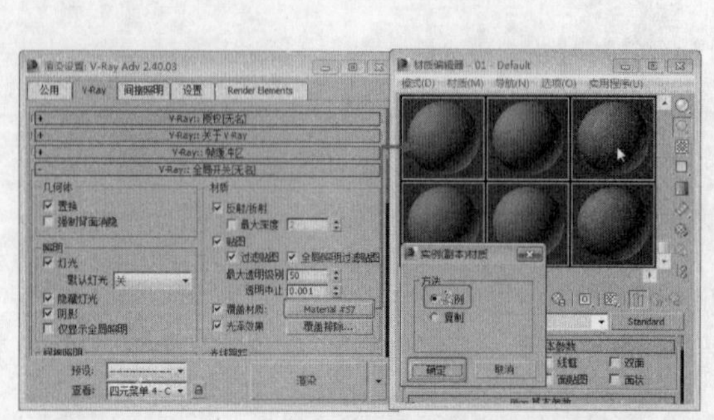

图13-5

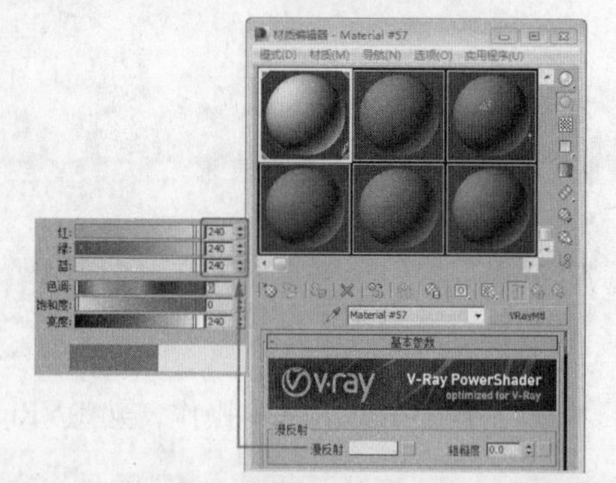

图13-6

06 为“漫反射”指定“VR边纹理”贴图，进入“漫反射贴图”层级面板，在“VRay边纹理参数”卷展栏中设置纹理颜色的红绿蓝值均为20，如图13-7所示。

07 在“VRay::图像采样器（反锯齿）”卷展栏中选择“图像采样器”组中的“类型”为“固定”，在“抗锯齿过滤器”组中勾选“开”复选框，在下拉列表中选择“区域”，如图13-8所示。

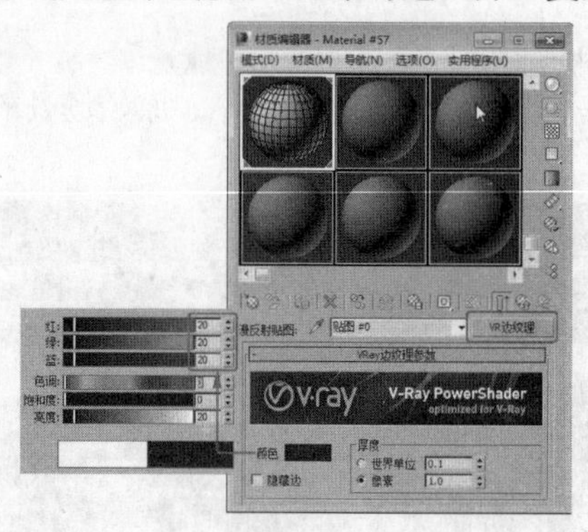

图13-7

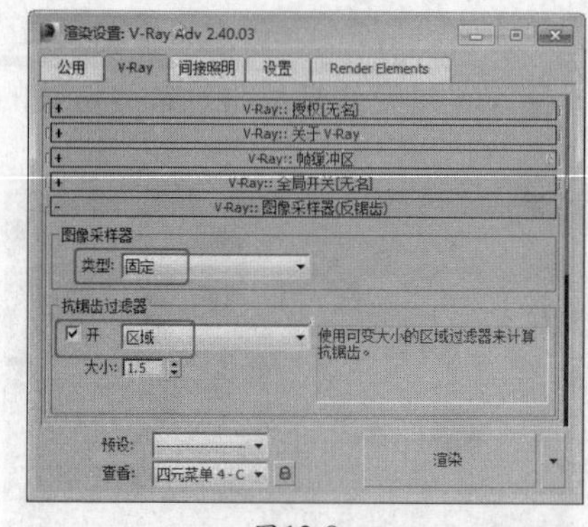

图13-8

08 切换到“间接照明”选项卡，在“VRay::间接照明”卷展栏中勾选“开”复选框，选择“二次反弹”组的“全局照明引擎”为“灯光缓存”，在“VRay::发光图”卷展栏中选择“当前预置”为“非常低”，在“选项”组中勾选“显示计算相位”、“显示直接光”选项，如图13-9所示。

09 在“VRay::灯光缓存”卷展栏中设置“细分”为100，如图13-10所示。渲染场景，得到如图13-1所示的线框效果。

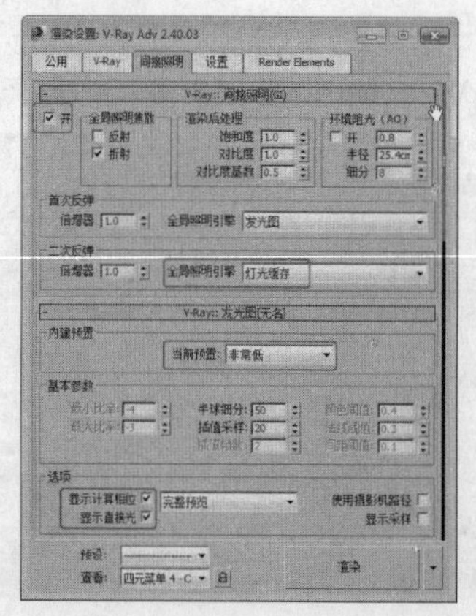

图13-9

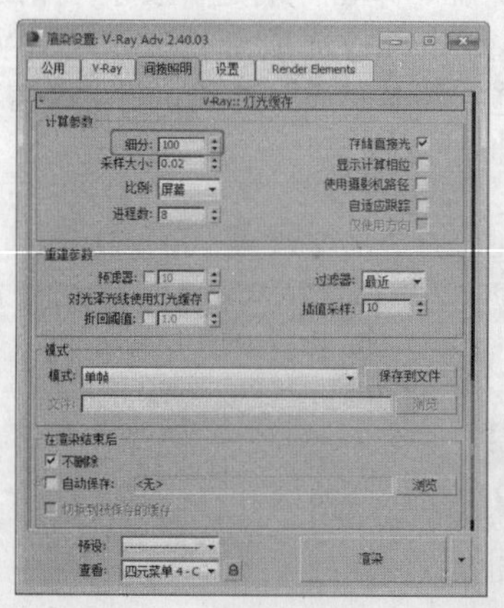

图13-10

13.2 草图渲染的参数设置

在最终渲染效果图之前，都要进行草图渲染，本例将介绍设置草图渲染参数的方法。测试渲染效果如图13-11所示。

场景路径：Scene\cha13\13.2 草图渲染的参数设置o.max

最终场景路径：Scene\cha13\13.2 草图渲染的参数设置.max

贴图路径：map\cha13

视频路径：视频\cha13\13.2 草图渲染的参数设置.mp4

01 打开随书附带光盘中的“Scene\cha13\13.2 草图渲染的参数设置o.max”文件，如图13-12所示。

图13-11

图13-12

02 在“渲染设置”对话框中选择“公用”选项卡，在“公用参数”卷展栏“输出大小”组中设置合适的“宽度”和“高度”，如图13-13所示。

03 切换到V-Ray选项卡，在“V-Ray::图像采样器（反锯齿）”卷展栏“图像采样器”组中选择“类型”为“固定”，在“抗锯齿过滤器”组中勾选“开”，在下拉列表中选择“区域”，如图13-14所示。

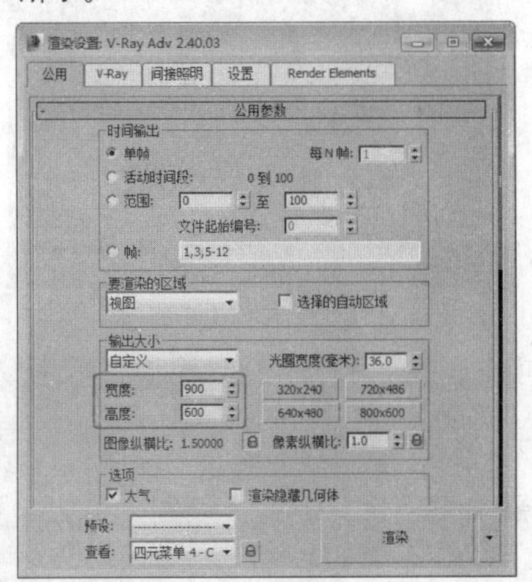

图13-13

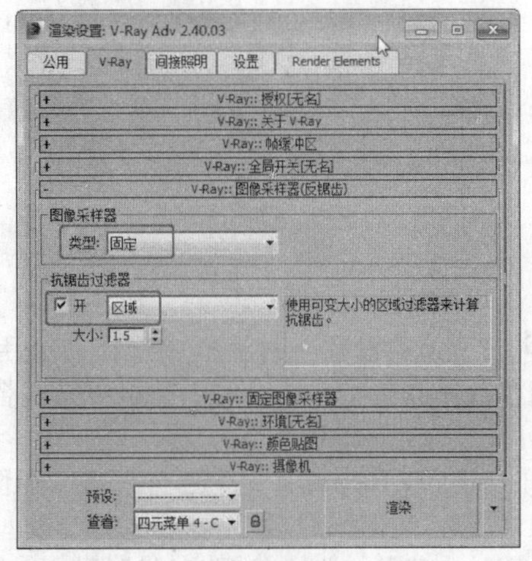

图13-14

04 切换到“间接照明”选项卡，在“V-Ray::间接照明”卷展栏中勾选“开”，在“首次反弹”组中设置“全局照明引擎”为“发光图”，在“二次反弹”组中设置“全局照明引擎”为“灯光缓存”。在“V-Ray::发光图”卷展栏“内建预置”组中设置“当前预置”为“非常低”，如图13-15所示。

05 在“V-Ray::灯光缓存”卷展栏“计算参数”组中设置“细分”为100，单击“渲染”按钮即可进行草图渲染，如图13-16所示。最终测试渲染效果如图13-11所示。

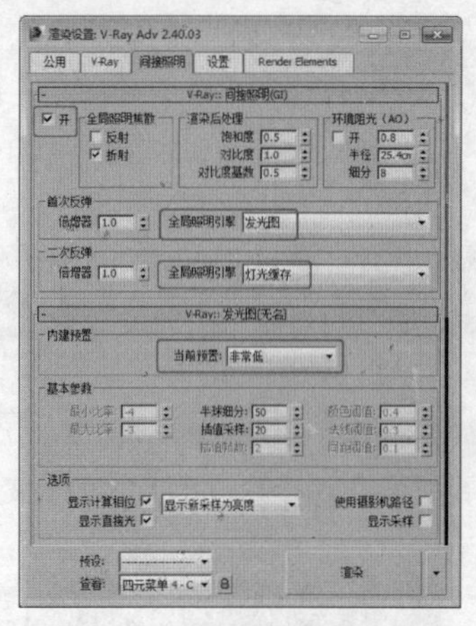
图13-15

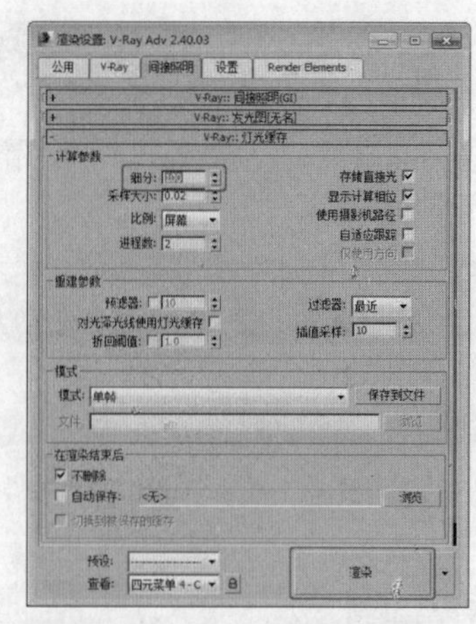
图13-16

13.3 成图渲染的参数设置

本例介绍设置成图渲染的输出参数设置方法，最终渲染效果如图13-17所示。

场景路径：Scene\cha13\13.3 成图渲染的参数设置o.max

最终场景路径：Scene\cha13\13.3 成图渲染的参数设置.max

贴图路径：map\cha13

视频路径：视频\cha13\13.3 成图渲染的参数设置.mp4

01 打开随书附带光盘中的“Scene\cha13\13.3 成图渲染的参数设置o.max”文件，如图13-18所示。

图13-17

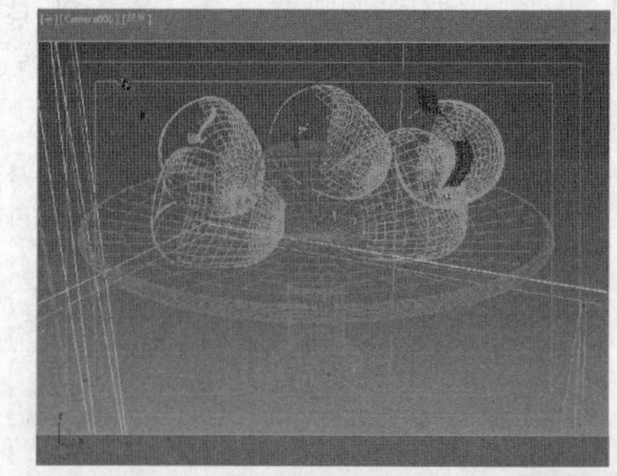
图13-18

02 在“渲染设置”对话框中选择“公用”选项卡，在“公用参数”卷展栏“输出大小”组中设置合适的“宽度”和“高度”，如图13-19所示。

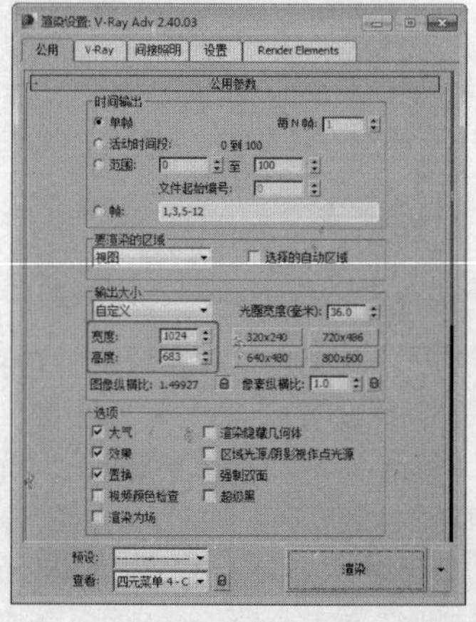
图13-19

03 切换到V-Ray选项卡，在“V-Ray::图像采样器（反锯齿）”卷展栏“图像采样器”组中选择“类型”为“自适应确定性蒙特卡洛”，在“抗锯齿过滤器”组中勾选“开”，在下拉列表中选择Catmull-Rom，如图13-20所示。

04 切换到“间接照明”选项卡，“V-Ray::间接照明”卷展栏“二次反弹”组中设置“全局照明引擎”为“灯光缓存”。在“V-Ray::发光图”卷展栏“内建预置”组中设置“当前预置”为“高”，如图13-21所示。

05 在“V-Ray::灯光缓存”卷展栏“计算参数”组中设置

“细分”为1000，单击“渲染”按钮即可进行最终渲染，如图13-22所示。最终渲染效果如图13-17所示。

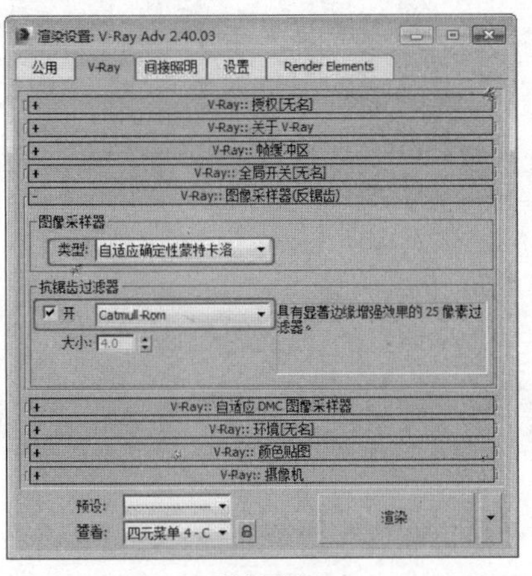
图13-20

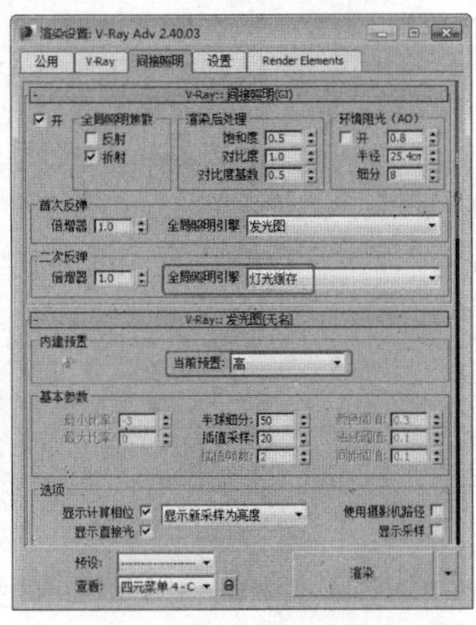
图13-21

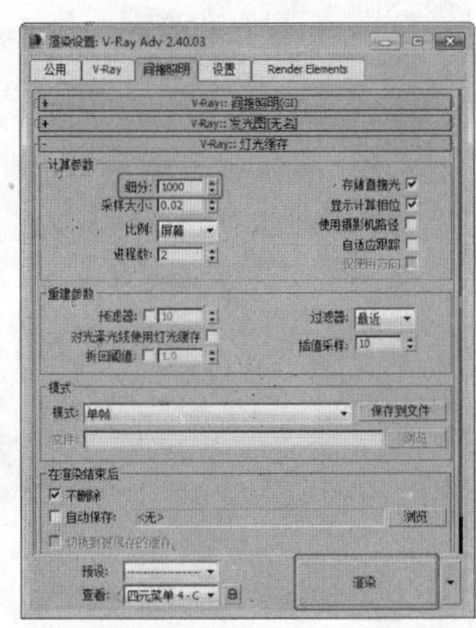
图13-22

13.4 存储并调用光子贴图

本例介绍“V-Ray”渲染器的保存光子与调用，最终效果如图13-23所示。

场景路径：Scene\cha13\13.4 存储并调用光子贴图o.max

最终场景路径：Scene\cha13\13.4 存储并调用光子贴图.max

贴图路径：map\cha13

视频路径：视频\cha13\13.4 存储并调用光子贴图.mp4

01 打开随书附带光盘中的“Scene\cha13\13.4 存储并调用光子贴图o.max”文件，如图13-24所示。

图13-23

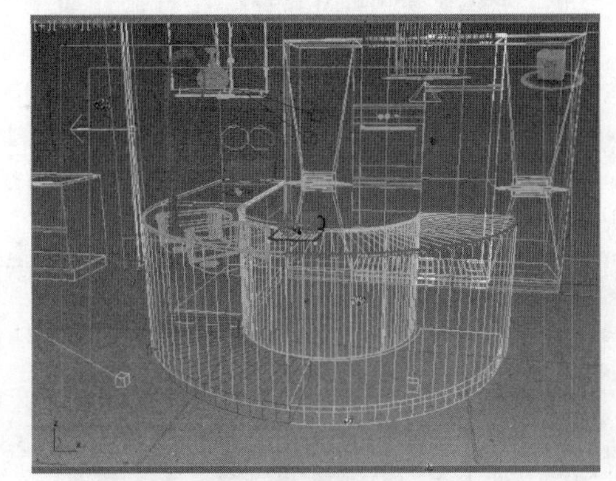
图13-24

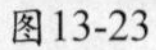

02 在“渲染设置”对话框中选择“公用”选项卡，在“公用参数”卷展栏“输出大小”组中设置一个相对较小的渲染尺寸，如图13-25所示。

03 切换到“间接照明”选项卡，在“V-Ray::发光图”卷展栏“在渲染结束后”组中勾选“自动保存”和“切换到保存的贴图”选项，单击“浏览”按钮为贴图指定存储路径，如图13-26所示。

04 在“V-Ray::灯光缓存”卷展栏中设置“细分”为500，在“在渲染结束后”组中勾选“自动保存”、“切换到被保存的缓存”选项，单击“浏览”按钮为贴图指定存储路径，如图13-27所示。

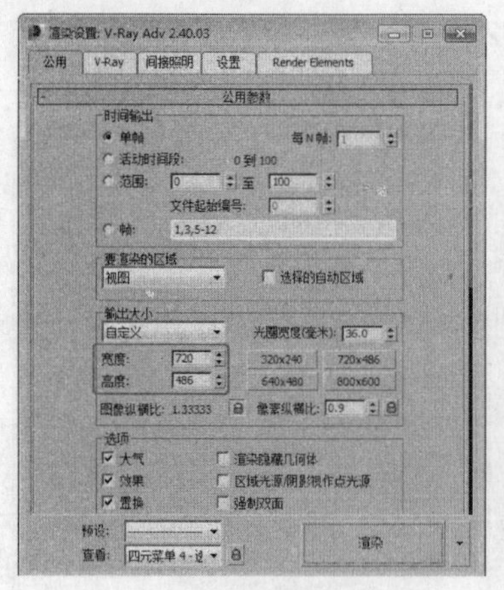

图13-25

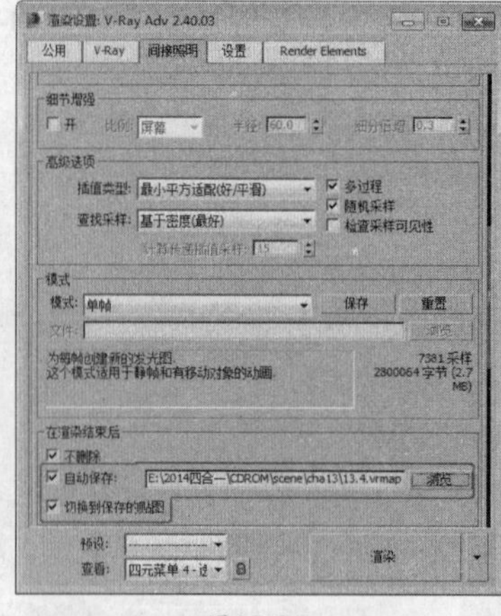

图13-26

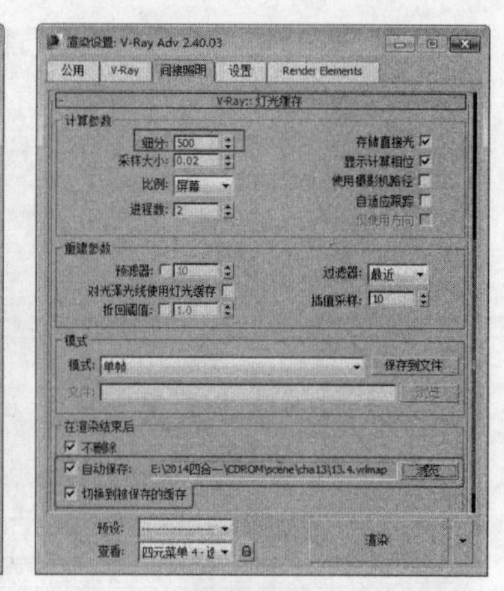

图13-27

05 切换到V-Ray选项卡，在“V-Ray::全局开关”卷展栏“间接照明”组中勾选“不渲染最终的图像”选项，如图13-28所示。

06 单击“渲染”按钮渲染光子贴图，光子贴图效果如图13-29所示。

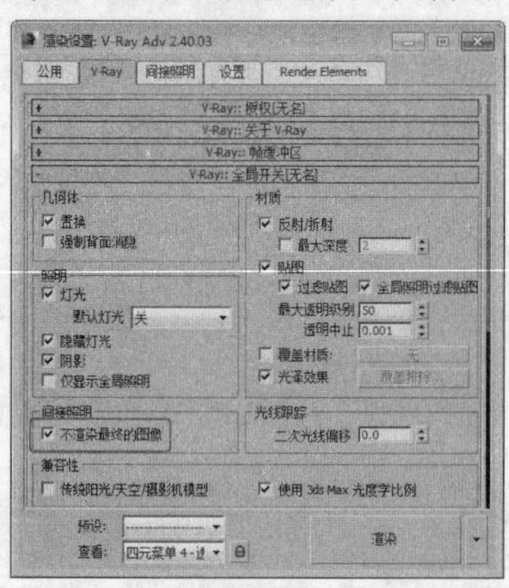

图13-28

图13-29

07 打开“渲染设置”对话框，在“间接照明”选项卡的“V-Ray::发光图”卷展栏中，光子贴图已自动保存，如图13-30所示。

08 在“V-Ray::灯光缓存”卷展栏中，光子贴图已自动保存，如图13-31所示。

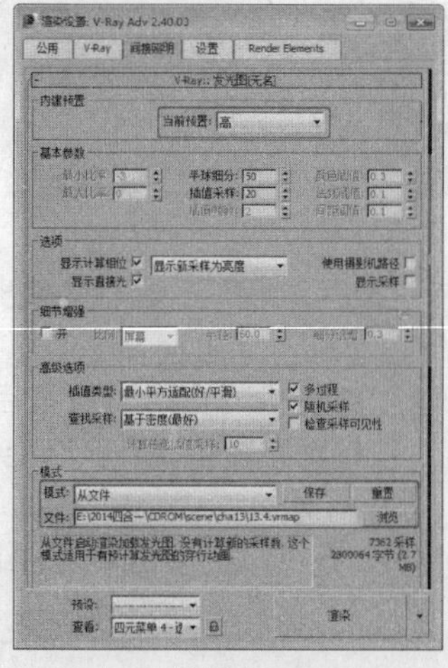

图13-30

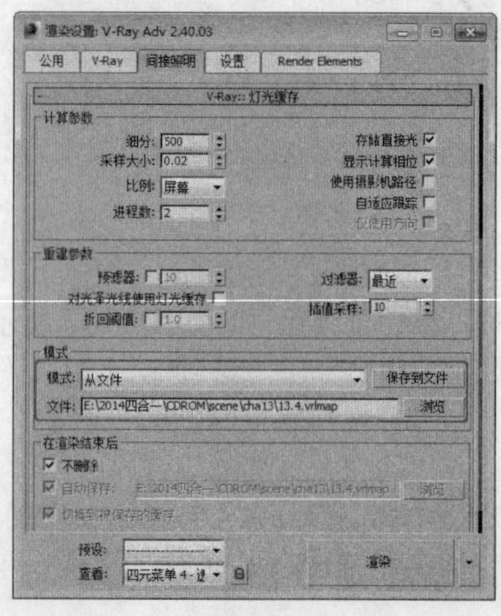

图13-31

09 切换到V-Ray选项卡，在“V-Ray::全局开关”卷展栏“间接照明”组中取消勾选“不渲染最终的图像”选项，如图13-32所示。

10 切换到“间接照明”选项卡，在“V-Ray::灯光缓存”卷展栏中设置“细分”为1000，如图13-33所示。

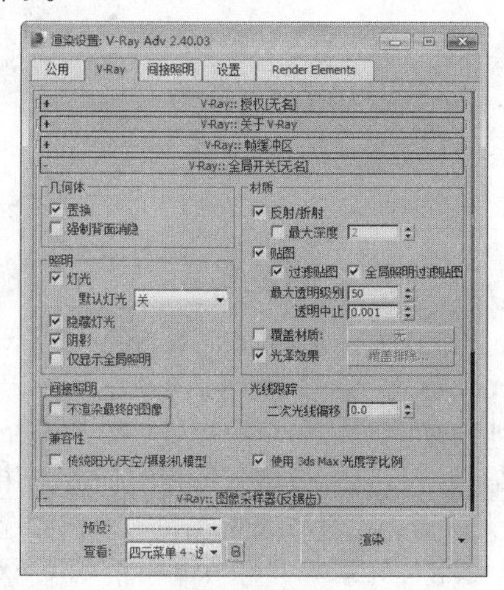

图13-32

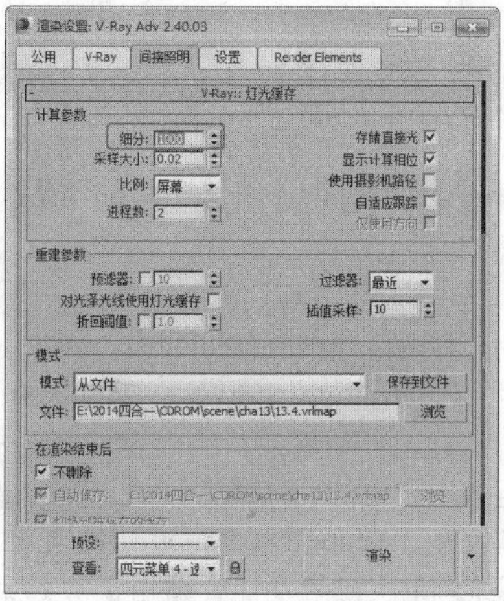

图13-33

11 切换到“公用参数”选项卡，设置一个合适的输出大小，如图13-34所示。

12 渲染场景可以看到如图13-35所示的效果。此时场景不缓冲光子贴图，只渲染最终效果。渲染出的最终效果如图13-23所示。

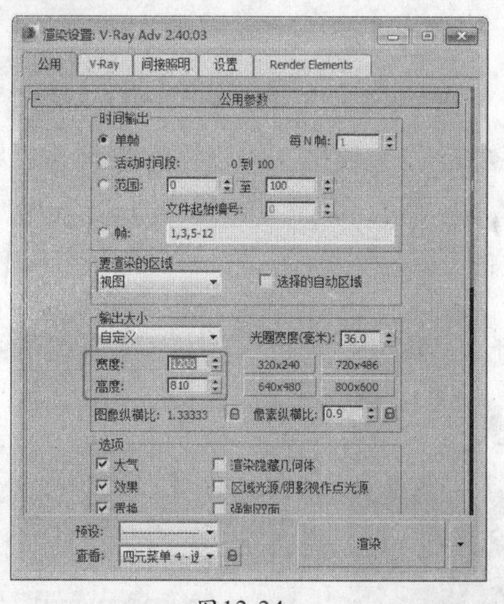

图13-34

图13-35

13.5 小结

本章带领大家学习了VRay白膜线框图的渲染、草图渲染的参数设置、成图渲染的参数设置、存储并调用光子贴图。通过对本章的学习应熟练掌握VRay渲染器的快速渲染，节省渲染时间。

第14章　Photoshop CS6基础应用

本章内容

- Photoshop的工作界面
- Photoshop中重要术语的含义
- 与图像相关的概念
- 像素尺寸

平面设计与图像处理软件Photoshop CS6是Adobe的最新设计套件Creative Suite 6中大家最熟悉的重要组件。Photoshop CS6包含全新的 Adobe Mercury 图形引擎，采用了全新的用户界面，重新开发了设计工具，可利用最新的内容识别技术更好地修复图片，为用户提供更多的选择工具；有超快的性能和现代化的UI，编辑时几乎能获得即时结果，可以有效增强用户的创造力并大幅提升用户的工作效率。Adobe Photoshop CS6 具有功能强大的摄影工具以及可实现出众图像选择、图像润饰和逼真绘画的突破性功能，适用于摄影师和印刷设计人员。Adobe Photoshop CS6 Extended 则是在标准版的基础上添加了用于处理3D、动画和高级图像分析等工具，适用于专业的视频编辑人员、跨媒体设计人员、Web 设计人员、交互式设计人员等

14.1　Photoshop的工作界面

14.1.1　Photoshop窗口组成模块

启动Photoshop CS6，可以看到在工作界面中主要由菜单栏、选项栏、标题栏、工具箱、状态栏、文档窗口以及面板等几大区域组成，如图14-1所示。

图14-1

- 菜单栏：Photoshop CS6的菜单栏中包含11项主菜单，分别是文件、编辑、图像、图层、文字、选择、滤镜、3D、视图、窗口和帮助。单击相应的主菜单，即可打开子菜单。
- 标题栏：在Photoshop中打开文件以后，在画布上方会自动出现标题栏。在标题栏中会显示

这个文件的名称、格式、窗口缩放比例以及颜色模式等信息。

- 文档窗口：是显示打开图像的地方。
- 工具箱：集合了Photoshop CS6的大部分工具，可以折叠显示或展开显示。单击工具箱顶部的按钮，可以将其折叠为双栏；单击按钮即可还原回展开的单栏模式。
- 选项栏：主要用来设置工具的参数选项，不同工具的选项栏也不同。
- 状态栏：位于工作界面的最底部，可以显示当前文档的大小、文档尺寸、当前工具和窗口缩放比例等信息。单击状态栏中的三角形图标，可以设置要显示的内容，如图14-2所示。
- 面板：主要用来配合图像的编辑、操作进行控制以及设置参数等。每个面板的右上角都有一个图标，单击该图标可以打开该面板的菜单选项。如果需要打开某一个面板，可以单击菜单栏中的"窗口"菜单项，在展开的子菜单中单击即可打开该面板，如图14-3所示。

图14-2

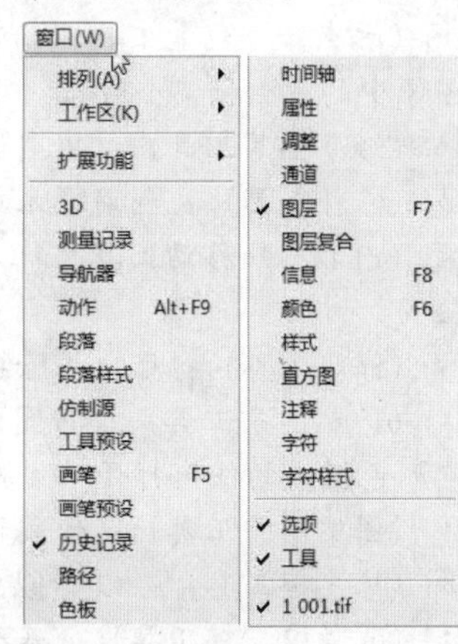

图14-3

14.1.2 工具箱

Photoshop CS6 的工具箱中有很多工具图标，其中工具的右下角带有三角形图标表示这是一个工具组，每个工具组中又包含多个工具，在工具组上单击鼠标右键即可弹出隐藏的工具。左键单击工具箱中的某一个工具，即可选择该工具，如图14-4所示。

掌握这些工具的使用并熟悉这些工具的快捷键，可以加快后期制作的周期，节约时间。在工具箱中每个工具基本都有快捷键，隐藏的工具后面的字母则是对应该工具的快捷键。

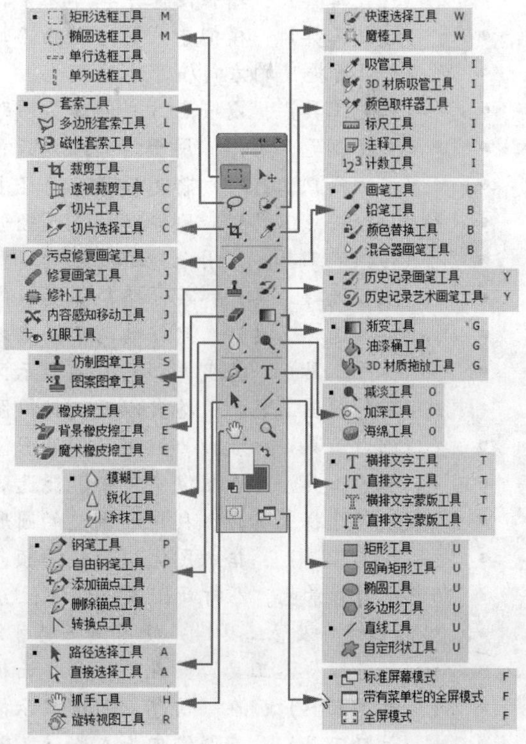

图14-4

- （移动工具）：移动图层、参考线、形状或选区内的像素。
- （矩形选框工具）：创建矩形选区与正方形选区，按住Shift键可以创建正方形选区。
- （椭圆选框工具）：制作椭圆选区和正圆选区，按住Shift键可以创建正圆选区。
- （单行选框工具）：创建高度为1像素的选区，常用来制作网格效果。
- （单列选框工具）：创建宽度为1像

素的选区，常用来制作网格效果。

- （套索工具）：自由地绘制出形状不规则的选区。
- （多边形套索工具）：创建转角比较强烈的选区。
- （磁性套索工具）：能够以颜色上的差异自动识别对象的边界，特别适合于快速选择与背景对比强烈且边缘复杂的对象。
- （裁剪工具）：以任意尺寸裁剪图像。
- （透视裁剪工具）：可以在需要裁剪的图像上制作出带有透视感的裁剪框，在应用裁剪后可以使图像带有明显的透视感。
- （切片工具）：从一张图像创建切片图像。
- （切片选择工具）：为改变切片的各种设置而选择切片。
- （污点修复画笔工具）：不需要设置取样点，自动从所修饰区域的周围进行取样，消除图像中的污点和某个对象。
- （修复画笔工具）：用图像中的像素作为样本进行绘制。
- （修补工具）：利用样本或图案来修复所选图像区域中不理想的部分。
- （内容感知移动工具）：在用户整体移动图片时选中的某物体时，智能填充物体原来的位置。
- （红眼工具）：可以去除由闪光灯导致的瞳孔红色泛光。
- （仿制图章工具）：将图像的一部分绘制到同一图像的另一个位置上，或绘制到具有相同颜色模式的任何打开的文档上，也可以将一个图层的一部分绘制到另一个图层上。
- （图案图章工具）：使用预设图案或载入的图案进行绘画。
- （橡皮擦工具）：以类似画笔描绘的方式将像素更改为背景色或透明。
- （背景橡皮擦工具）：基于色彩差异的智能化擦除工具。
- （魔术橡皮擦工具）：清除与取样区域类似的像素范围。
- （模糊工具）：柔化硬边缘或减少图像中的细节。
- （锐化工具）：增强图像中相邻像素之间的对比，以提高图像的清晰度。
- （涂抹工具）：模拟手指划过湿油漆时所产生的效果。可以拾取鼠标单击处的颜
- 色，并沿着拖曳的方向展开这种颜色。
- （钢笔工具）：以锚点方式创建区域路径，主要用于绘制矢量图形和选取对象。
- （自由钢笔工具）：用于绘制比较随意的图形，使用方法与套索工具非常相似。
- （添加锚点工具）：将光标放在路径上，单击即可添加一个锚点。
- （删除锚点工具）：删除路径上已经创建的锚点。
- （转换点工具）：用来转换锚点的类型（角点和平滑点）。
- （路径选择工具）：在“路径”面板内选择路径，可以显示出锚点。
- （直接选择工具）：只移动两个锚点之间的路径。
- （抓手工具）：拖曳并移动图像显示区域。
- （旋转视图工具）：拖曳以及旋转视图。
- （缩放工具）：放大、缩小显示的图像。
- （魔棒工具）：在图像中单击，能选取颜色差别在容差值范围内的区域。
- （快速选择工具）：利用可调整的圆形笔尖迅速地绘制出选区。
- （吸管工具）：拾取图像中的任意颜色作为前景色，按住Alt键进行拾取可将当前拾取的颜色作为背景色。在打开图像的任何位置采集色样，可作为前景色或背景色。
- （3D材质吸管工具）：使用该工具可以快速吸取3D模型中各个部分的材质。
- （颜色取样器工具）：在“信息”面板显示取样的RGB值。
- （标尺工具）：在“信息”面板显示拖曳的对角线距离和角度。
- （注释工具）：在图像内加入附注。PSD、TIFF、PDF文件都有此功能。

- （计数工具）：可以对图像中的元素进行计数，也可以自动对图像中的多个选定区域进行计数。
- （画笔工具）：使用前景色绘制出各种线条，同时也可以利用它来修改通道和蒙版。
- （铅笔工具）：用无模糊效果的画笔进行绘制。
- （颜色替换工具）：将选定的颜色替换为其他颜色。
- （混合器画笔工具）：可以像传统绘画过程中混合颜料一样混合像素。
- （历史记录画笔工具）：将标记的历史记录状态或快照用作源数据对图像进行修改。
- （历史记录艺术画笔工具）：将标记的历史记录状态或快照用作源数据，并以风格化的画笔进行绘画。
- （渐变工具）：以渐变方式填充拖曳的范围，在渐变编辑器内可以设置渐变模式。
- （油漆桶工具）：可以在图像中填充前景色或图案。
- （3D材质拖放工具）：在选项栏中选择一种材质，在选中模型上单击可以为其填充材质。
- （减淡工具）：可以对图像进行减淡处理。
- （加深工具）：可以对图像进行加深处理。
- （海绵工具）：增加或降低图像中某个区域的饱和度。如果是灰度图像，该工具将通过灰阶远离或靠近中间灰色来增加或降低对比度。
- （横排文字工具）：创建横排文字图层。
- （直排文字工具）：创建直排文字图层。
- （横排文字蒙版工具）：创建水平文字形状的选区。
- （直排文字蒙版工具）：创建垂直文字形状的选区。
- （矩形工具）：创建长方形路径、形状图层或填充像素区域。
- （圆角矩形工具）：创建圆角矩形路径、形状图层或填充像素区域。
- （椭圆工具）：创建正圆或椭圆形路径、形状图层或填充像素区域。
- （多边形工具）：建多边形路径、形状图层或填充像素区域。
- （直线工具）：创建直线路径、形状图层或填充像素区域。
- （自定形状工具）：创建事先存储的形状路径、形状图层或填充像素区域。
- （以快速蒙版方式编辑）：切换快速蒙版模式和标准模式。
- （前景色/背景色）：单击打开拾色器，设置前景色和背景色。
- （切换前景色和背景色）：切换所设置的前景色和背景色。
- （默认的前景色和背景色）：恢复默认的前景色和背景色。
- （以快速蒙版方式编辑）：切换快速蒙版模式和标准模式。
- （标准屏幕模式）：标准屏幕模式可以显示菜单栏、标题栏、滚动条和其他屏幕元素。
- （带有菜单栏的全屏模式）：带有菜单栏的全屏模式可以显示菜单栏、50%的灰色背景、无标题栏和滚动条的全屏窗口。
- （全屏模式）：全屏模式只显示黑色背景和图像窗口。如果要退出全屏模式，可以按Esc键。如果按Tab键，将切换到带有面板的全屏模式。

14.1.3 工具选项栏

工具选项栏将在工作区顶部的菜单栏下出现，会随所选工具的不同而改变。选项栏中的某些设置（如绘画模式和不透明度）是几种工具共有的，而有些设置则是某一种工具特有的。

可以通过使用手柄栏在工作区中移动选项栏，也可以将它停放在屏幕的顶部或底部。将指针悬停在工具上时，将会出现工具提示。

在工具箱中选择（缩放工具），可以看到缩放工具的工具选项栏，如图14-5所示。

调整窗口大小以满屏显示 缩放所有窗口 细微缩放 实际像素 适合屏幕 填充屏幕 打印尺寸 基本功能

图14-5

在该工具属性栏中可以选择和设置缩放工具的属性类型，缩放图像到合适的尺寸。

14.1.4 菜单栏

在Photoshop CS6中，面板的最上方为菜单栏，其中包括11种菜单，包括文件、编辑、图像、图层、文字、选择、滤镜、3D、视图、视口和帮助，如图14-6所示。

Ps 文件(F) 编辑(E) 图像(I) 图层(L) 文字(Y) 选择(S) 滤镜(T) 3D(D) 视图(V) 窗口(W) 帮助(H)

图14-6

- 文件：可以执行新建、打开、存储、关闭、导入、打印等命令。
- 编辑：可以指定对文件操作的一系列调整，如还原、后退、渐隐、剪切、拷贝、粘贴、清除、填充、描边、变换、定义画笔、颜色预置等。
- 图像：在该菜单中可以找到对图像文件进行编辑的命令，如调整模式、色调、对比度、颜色、图像大小、画布大小、图像旋转等应用图像效果的命令。
- 图层：在该菜单中包含了各类调整图层的一些命令。
- 文字：该菜单用于编辑创建的文字。
- 选择：该菜单有各种选择图层、图像、选区的方法和对选区的编辑命令。
- 滤镜：从中可以设置图像各种各样的特色和风格效果。
- 3D：可以对创建的模型进行3D效果的处理，使用其中的一个3D命令即可进入三位视图，可以从任何角度观察绘图效果。
- 视图：在该菜单中包含了对视口的编辑命令，如常用的放大、缩小、显示、标尺、对齐等。
- 窗口：通过该菜单可以设置显示和隐藏在窗口中的各个面板。
- 帮助：结合菜单可以轻松学习Photoshop软件，另外在该菜单中还包含了Photoshop的产品信息。

14.1.5 状态栏

状态栏位于工作界面的最底部，可以显示当前文档的大小、文档尺寸、当前工具和窗口缩放比例等信息。

单击状态栏中的▶三角形图标，可以设置要显示的内容，例如这里选择“文档尺寸”，如图14-7所示，即显示当前窗口的尺寸。

单击状态栏中的▶三角形图标，在弹出的列表中选择“文档大小”，如图14-8所示，即显示当前文档的大小。

图14-7

图14-8

在“缩放”比例文本框中可以调整缩放当前视口的大小，如图14-9所示为100%显示视口，如果当前文档显示不全，系统会自动在文档窗口的底端和右侧显示滚动条。

设置当前视口缩放比例为66.67%，如图14-10所示，视口缩放比例同🔍（缩放工具）功能相同，也可以使用快捷键Ctrl＋＋键放大文档窗口，使用快捷键Ctr＋－键缩放文档窗口。

图14-9

图14-10

14.1.7 面板

常用的面板有“图层”面板、“路径”面板、“颜色”面板、“通道”面板、“历史记录”面板等。一般面板都会折叠在窗口的右侧，如图14-11所示。单击▸▸（折叠）按钮，即可展开面板，如图14-12所示。再次单击▸▸（折叠）按钮，可以再次折叠为图标。

图14-11

图14-12

如果需要的面板没有在窗口中显示，可以单击“窗口”菜单，从中选择需要显示的面板，即可显示在窗口中。

如果在显示的面板中有不需要的面板，可以在面板的标题上按住鼠标，并移动拖曳出来，如图14-13所示，单击✕（关闭）按钮，即可将拖曳出的面板关闭。将面板拖曳到文档窗口中成为单独的面板后，再拖曳到右侧面板的项目栏中，即可再将其放置到面板项目栏中，如图14-14所示。

图14-13

图14-14

14.2 Photoshop中重要术语的含义

每种软件都有自己有用的重要术语，本章介绍Photoshop中常用的重要术语。

14.2.1 图层

素材路径：素材\cha14

最终效果路径：Scene\cha14\图层.psd

视频路径：视频\cha14\14.2.1 图层.mp4

图层是制作效果图时最重要的一种常用术语，下面通过案例来了解图层，并介绍“图层”面板的基本操作。

01 打开随书附带光盘中的“素材\cha14\图层.jpg”文件，如图14-15所示。将“图层”面板拖曳到文档窗口中。

02 拖曳“背景”图层到 （新建图层）按钮上，如图14-16所示，这样可以复制出“背景副本”图层，如图14-17所示。

03 选择复制出的图层副本，按Ctrl+M快捷键，在弹出的对话框中调整曲线的形状，如图14-18所示。

04 单击“正常”下拉按钮，可以弹出图层的混合模式，这里选择“柔光”，如图14-19所示。

图14-15

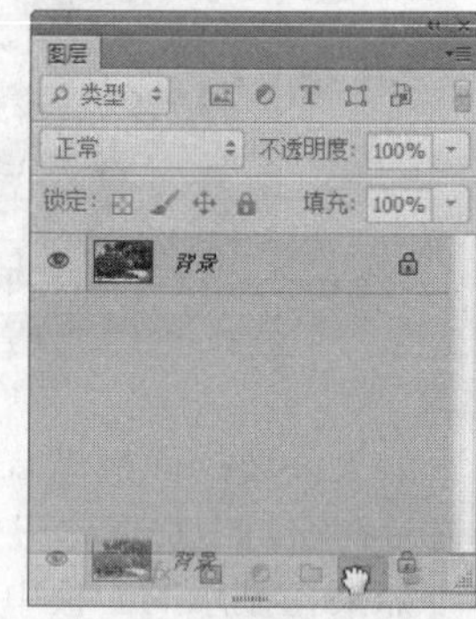

图14-16

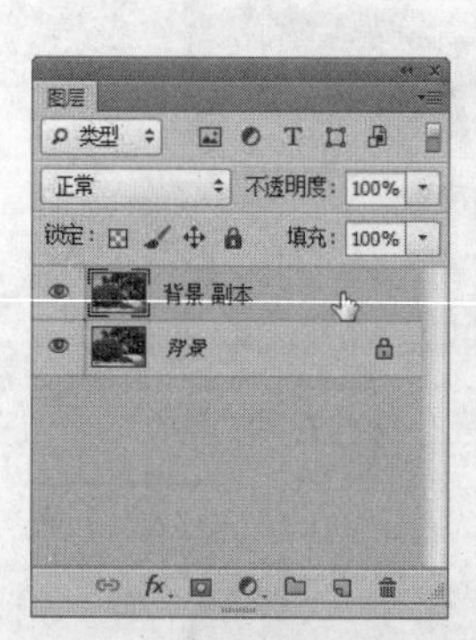

图14-17

图14-18

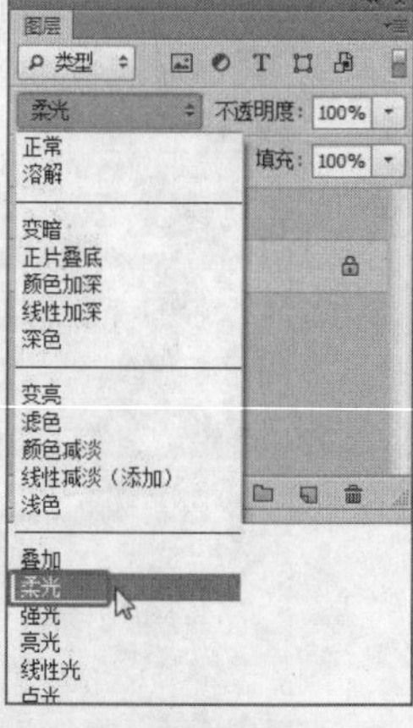

图14-19

05 在选择图层的混合模式后设置图层的“不透明度”为50%，如图14-20所示。

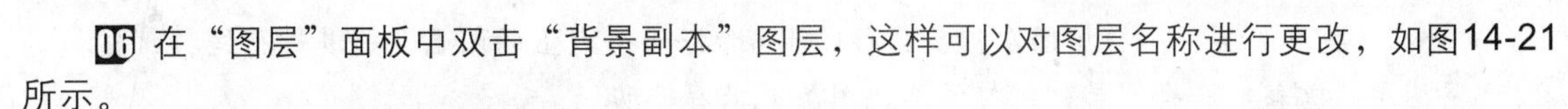

06 在“图层”面板中双击“背景副本”图层，这样可以对图层名称进行更改，如图14-21所示。

07 选择图层，单击图层上方的（锁定全部）按钮，可以将所有图层锁定，如图14-22所示。

图14-20

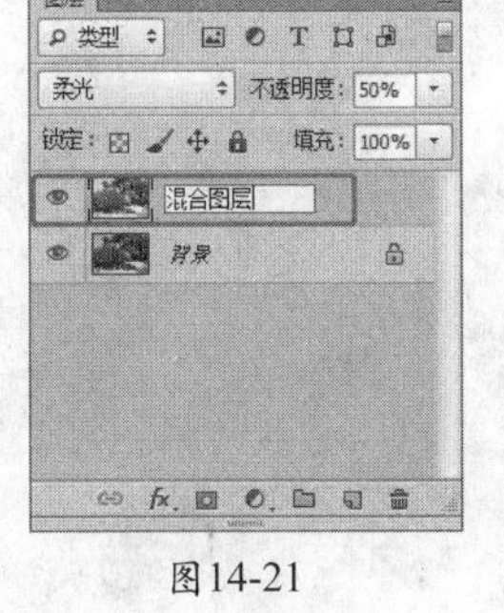

图14-21

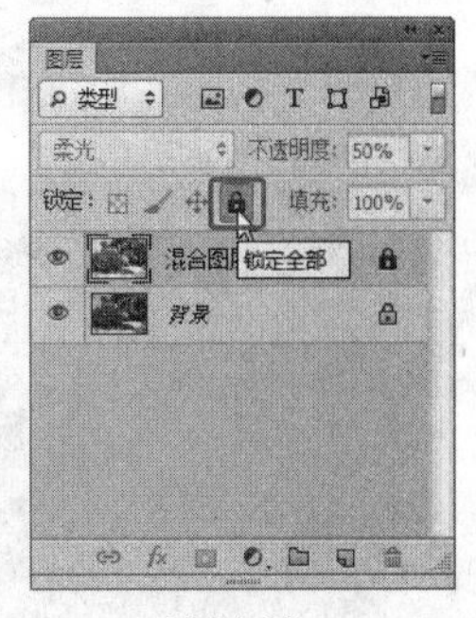

图14-22

08 按Ctrl+Shift+Alt+E快捷键，盖印所有可见图层到新的图层中，这里盖印图层为“图层1”，如图14-23所示。

09 在菜单栏中选择“滤镜”|“渲染”|“镜头光晕”命令，在弹出的对话框中可以设置合适的参数，如图14-24所示为创建的镜头光晕效果。

图14-23

图14-24

10 单击图层前的（显示/隐藏图层）按钮，可以显示和隐藏图层，如图14-25所示。

“图层”面板中工具选项的功能如下。

- 类型：单击该列表框，弹出筛选图层的类型名称、效果、模式、属性、颜色等，如选择“名称”类型，如图14-26所示，将出现文本框，在其中输入筛选的图层包含的文字，即可在图层中显示相应的图层。同样（像素图层滤镜）、（调整图层滤镜）、（文字图层滤镜）、（形状图层滤镜）、（智能对象滤镜）这些按钮也是筛选图层的类型按钮，选择其中的类型按钮，即可显示相应的图层。
- 正常：单击该文本框，弹出图层的混合模式，使用图层的混合模式可以设置图层盖印到另一个图层上的效果。
- 锁定：锁定图像在文档中的位置，类型包括（锁定透明像素）、（锁定图像像素）、（锁定位置）、（锁定全部），根据需要选定锁定图层的类型。

- （链接图层）：链接图层需要按住Ctrl键选择两个以上的图层，将其进行链接，链接的图层只需移动一个图层，链接的其他图层也跟着移动。
- （添加图层样式）：单击该按钮，弹出列表，从中可以为选择图层施加样式，如斜面和浮雕、描边、内阴影、内发光、光泽等。
- （添加图层蒙版）：该按钮，可以将选区以外的图层遮盖掉。

图14-25

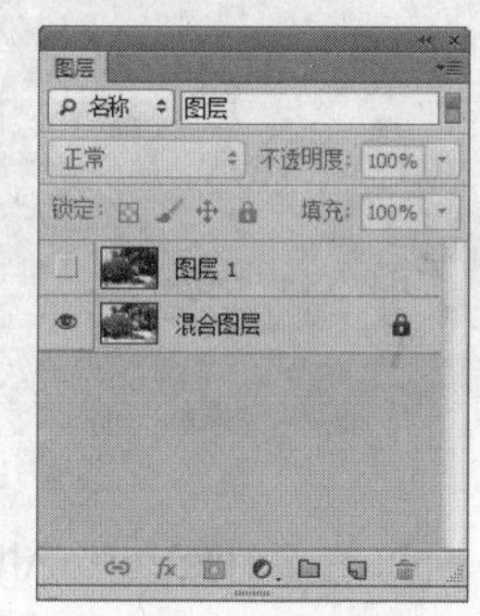

图14-26

- （创建新的填充和调整图层）：在图层的上方创建一个图层调整填充图层，如图14-27所示为创建的“色彩平衡”调整图层。
- （创建新组）：在制作效果图时，可以创建图层组来管理相应的图层，如建筑前植物、建筑后装饰等图层组，可以便于查找相应的图像素材。
- （创建新图层）：单击该按钮，可以创建新的图层。

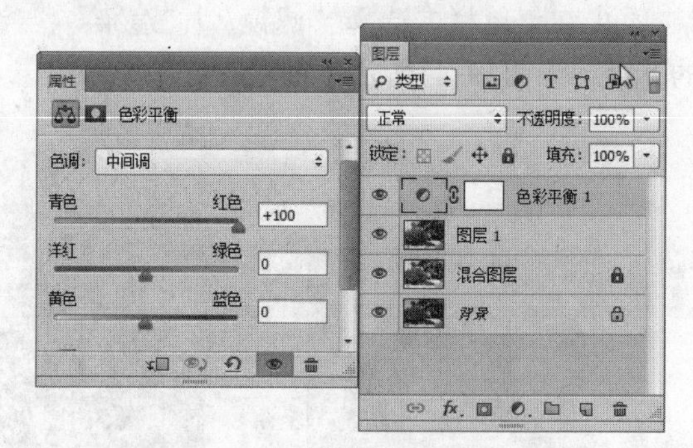

图14-27

- （删除图层）：单击该按钮，可以将当前选择的图层删除。也可以选择多个图层，拖曳到该按钮上，删除图层。
- （显示/隐藏图层）：单击该按钮，可以将图层隐藏。同样在隐藏的图层前单击，显示按钮，即可显示相应的图层。

14.2.2 通道

素材路径：素材\cha14

最终效果路径：Scene\cha14\通道.psd

视频路径：视频\cha14\14.2.2 通道.mp4

一般一张图像可根据与图像的颜色模式来分通道，如RGB模式就有4个通道，分别是RGB、红、绿、蓝；如CMYK就有5个通道，分别是CMYK、青色、洋红、黄色、黑色。通过通道可以选择相应的颜色区域，下面介绍通道的使用以及“通道”面板。

01 打开一张图像或者打开随书附带光盘中的“素材\cha14\通道.jpg”文件，如图14-28所示。然后显示“通道”面板。

02 在“通道”面板中选择“蓝”通道，单击通道下的 （将通道作为选区载入）按钮，如图14-29所示。

图14-28

图14-29

03 显示RGB通道，如图14-30所示。

04 单击 （创建新通道）按钮，确定选区处于选择状态，如图14-31所示。

图14-30

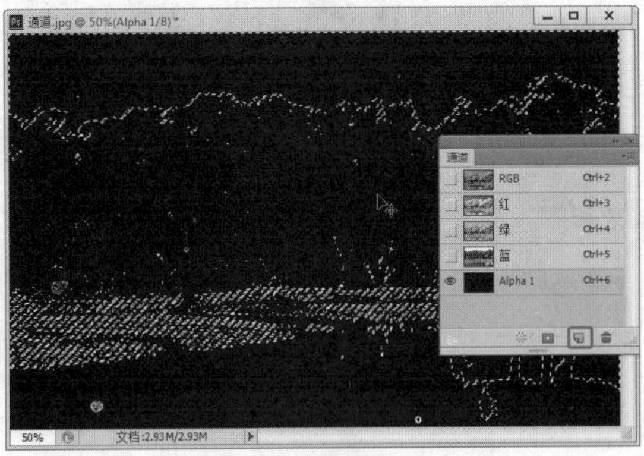

图14-31

05 在工具箱中选择 （画笔工具），确定前景色为白色，可以在工具选项栏中设置一个较大的笔触，在天空的位置描绘白色，如图14-32所示。

06 按Ctrl+D快捷键，将选区取消选择，如图14-33所示。

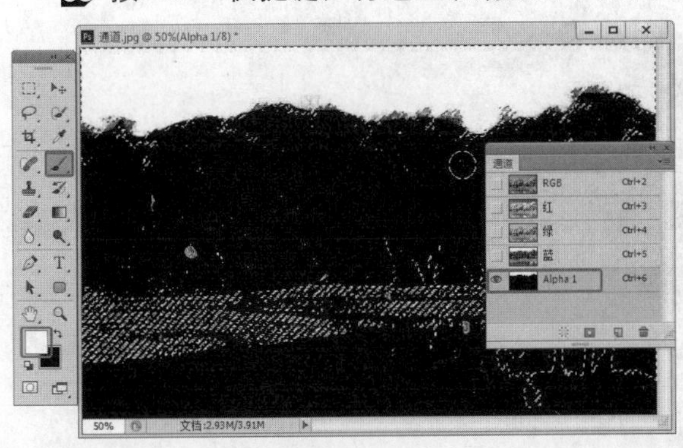

图14-32

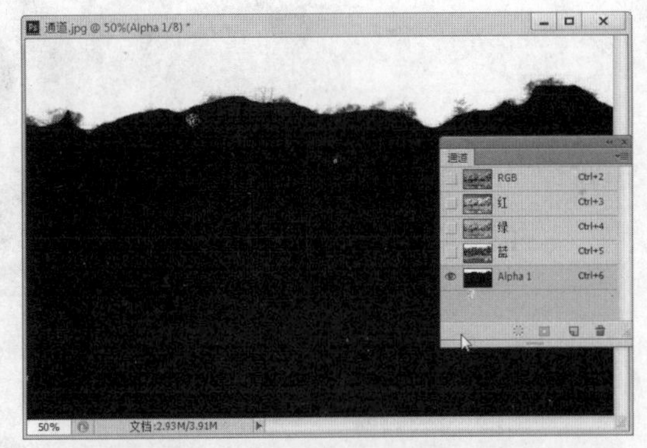

图14-33

07 在“通道”面板中选择Alpha1通道，单击通道下的 （将通道作为选区载入）按钮，如图14-34所示。

08 隐藏Alpha1通道，选择RGB通道，在“图层”面板中新建一个图层，如图14-35所示。

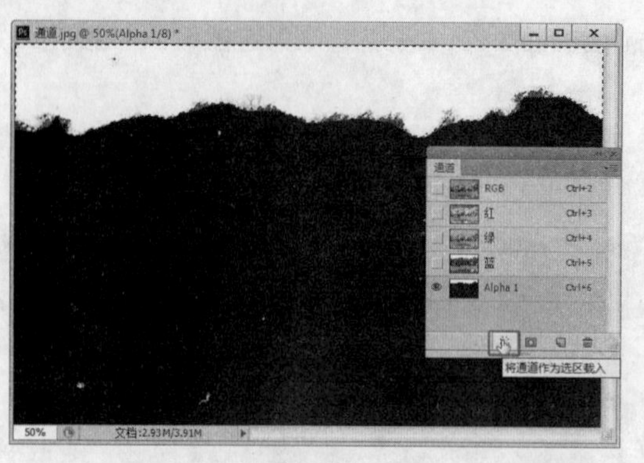
图14-34

图14-35

09 在工具箱中选择 （渐变工具），在工具选项栏中单击渐变色块，弹出如图14-36所示的对话框，从中设置浅蓝渐变，如图14-36所示。

10 确定选区处于选择状态，从底端至顶端拖曳出填充线，如图14-37所示。

11 填充渐变后，按Ctrl+D快捷键，将选区取消选择，效果如图14-38所示。

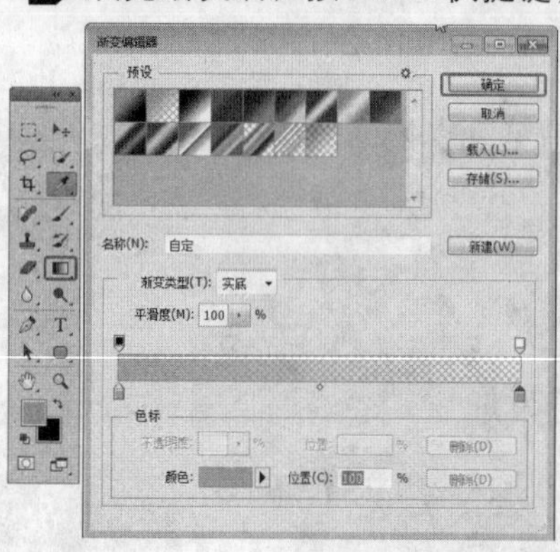
图14-36

图14-37

图14-38

14.2.3 蒙版

素材路径：素材\cha14	最终效果路径：Scene\cha14\蒙版.psd
视频路径：视频\cha14\14.2.3 蒙版.mp4	

蒙版就是选框的外部（选框的内部就是选区）。下面通过实例的制作来介绍Photoshop中蒙版的应用。

01 打开随书附带光盘中的“素材\cha14\蒙版.jpg”文件，如图14-39所示。

02 打开随书附带光盘中的“素材\cha14\蒙版2.jpg”文件，如图14-40所示。

图14-39

图14-40

03 在工具箱中选择 (移动工具)，将“蒙版2.jpg”图像拖曳到“蒙版.jpg”文件中，如图14-41所示。

04 拖曳到“蒙版.jpg”文件中的图像素材文件如图14-42所示。

图14-41

图14-42

05 按Ctrl+T快捷键，打开自由变换命令，在工具选项栏中单击 (保持长宽比) 按钮，调整长宽比到合适的大小，如图14-43所示。

06 确定当前为自由变换状态，鼠标右击图像区域，在弹出的快捷菜单中选择“水平翻转”命令，如图14-44所示。

图14-43

图14-44

07 在工具箱中选择 （魔棒工具），在工具选项栏中取消“连续”复选框的勾选，在白色的区域单击创建选区，如图14-45所示。

图14-45

08 按Ctrl+Shift+I快捷键，反选选区，如图14-46所示。

09 创建选区后，单击“图层”面板底部的 （蒙版）按钮，创建选区蒙版，如图14-47所示。

图14-46

图14-47

14.3 与图像相关的概念

下面介绍一些与图像相关的基础知识，包括像素、分辨率、常用的色彩模式、常用图像文件格式等。

14.3.1 像素

“像素”（Pixel）是由Picture（图像）和Element（元素）这两个单词的字母所组成的，是用来计算数码影像的一种单位。如同摄影的相片一样，数码影像也具有连续性的浓淡阶调，若把影像放大数倍，会发现这些连续色调其实是由许多色彩相近的小方点所组成，这些小方点就是构成影像的最小单位“像素”（Pixel），如图14-48所示。这种最小的图形的单元在屏幕上显示的通常是单个的染色点。越高的像素，其拥有的色板也就越丰富，越能表达颜色的真实感，这些点阵图又叫位图。

在处理位图图像时，所编辑的是像素而不是对象或形状，它的大小和质量取决于图像中的像素点的多少，每平方英寸中所含像素越多，图像越清晰，颜色之间的混和也越平滑。计算机存储位图像实际上是存储图像的各个像素的位置和颜色数据等信息，所以图像越清晰，像素越多，相应的存储容量也越大。

位图图像的主要优点在于表现力强、细腻、层次多、细节多，可以十分容易地模拟出像照片一样的真实效果。由于是对图像中的像素进行编辑，所以在对图像进行拉伸、放大或缩小等处理时，其清晰度和光滑度会受到影响。位图图像可以通过数码相机、扫描或PhotoCD获得，也可以通过其他设计软件生成位图图像，也称点阵图像或绘制图像。当放大位图时，可以看见构成图像的单个图片元素。扩大位图尺寸就是增大单个像素，会使线条和形状显得参差不齐。但是如果从稍远一点的位置观看，位图图像的颜色和形状又是连续的，这就是位图的特点。

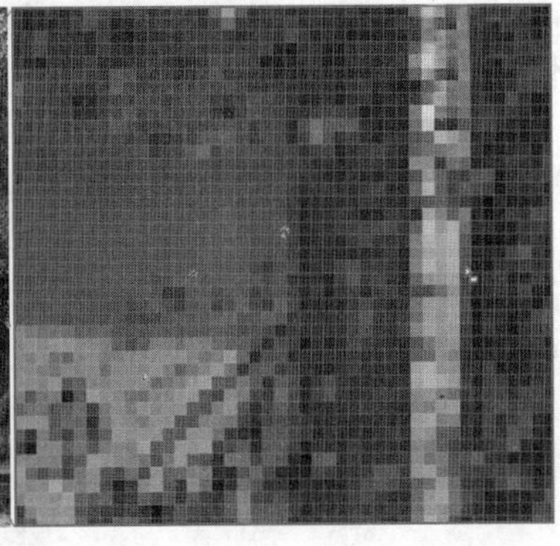

图14-48

14.3.2 分辨率

分辨率（Resolution）就是屏幕图像的精密度，是指显示器所能显示的像素的多少。由于屏幕上的点、线和面都是由像素组成的，显示器可显示的像素越多，画面就越精细，同样的屏幕区域内能显示的信息也越多，所以分辨率是个非常重要的性能指标。可以把整个图像想象成是一个大型的棋盘，而分辨率的表示方式就是所有经线和纬线交叉点的数目。

显示分辨率，是指单位长度内包含的像素点的数量，它的单位通常为像素/英寸（ppi）。以分辨率为1024×768的屏幕来说，即每一条水平线上包含有1024个像素点，共有768条线，即扫描列数为1024列，行数为768行。分辨率不仅与显示尺寸有关，还受显像管点距、视频带宽等因素的影响。其中，它和刷新频率的关系比较密切，严格地说，只有当刷新频率为“无闪烁刷新频率”时显示器能达到的最高分辨率数，即为这个显示器的最高分辨率。分辨率的种类有很多，其含义也各不相同，正确理解分辨率在各种情况下的具体含义，弄清不同表示方法之间的相互关系是至关重要的。

分辨率决定了位图图像细节的精细程度。

通常情况下，图像的分辨率越高，所包含的像素就越多，图像就越清晰，印刷的质量也就越好。同时，它也会增加文件占用的存储空间。

描述分辨率的单位有：（dpi点每英寸）、lpi（线每英寸）和ppi（像素每英寸）。但只有lpi是描述光学分辨率的尺度。虽然dpi和ppi也属于分辨率范畴内的单位，但是它们的含义与lpi不同。而且lpi与dpi无法换算，只能凭经验估算。

另外，ppi和dpi经常都会出现混用现象。但是它们所用的领域存在区别。从技术角度说，“像素”只存在于电脑显示领域，而“点”只出现于打印或印刷领域。

分辨率是度量位图图像内数据量多少的一个参数。通常表示成每英寸像素（pixel per inch, ppi）和每英寸点（dot per inch, dpi）。包含的数据越多，图形文件的长度就越大，也能表现更丰富的细节。但更大的文件需要耗用更多的计算机资源，更多的内存，更大的硬盘空间等。假如图像包含的数据不够充分（图形分辨率较低），就会显得相当粗糙，特别是把图像放大为一个较大尺寸观看的时候。所以在图片创建期间，必须根据图像最终的用途决定正确的分辨率。这里的技巧是要保证图像包含足够多的数据，能满足最终输出的需要。同时要适量，尽量少占用一些计算机的资源。

14.3.3 常用图像色彩模式

色彩模式是数字世界中表示颜色的一种算法。在数字世界中，为了表示各种颜色，人们通常将颜色划分为若干分量。由于成色原理的不同，决定了显示器、投影仪、扫描仪这类靠色光直接合成颜色的颜色设备和打印机、印刷机这类靠使用颜料的印刷设备在生成颜色方式上的区别。

- RGB模式：适用于显示器、投影仪、扫描仪、数码相机等。
- CMYK模式：适用于打印机、印刷机等。
- Lab模式：L为无色通道，a为yellow-bule通道，b为red-green通道，是比较接近人眼视觉显示的一种颜色模式。

除基本的RGB模式、CMYK模式和Lab模式之外，Photoshop还支持（或处理）其他的颜色模式，这些模式包括位图模式、灰度模式、双色调模式、索引颜色模式和多通道模式。并且这些颜色模式有其特殊的用途。例如，灰度模式的图像只有灰度值而没有颜色信息；索引颜色模式尽管可以使用颜色，但相对于RGB模式和CMYK模式来说，可以使用的颜色真是少之又少。下面就来介绍这几种颜色模式。

- 位图模式：位图模式用两种颜色（黑和白）来表示图像中的像素。位图模式的图像也叫作黑白图像。因为其深度为1，也称为一位图像。由于位图模式只用黑白色来表示图像的像素，在将图像转换为位图模式时会丢失大量细节，因此Photoshop提供了几种算法来模拟图像中丢失的细节。
- 灰度模式：灰度模式可以使用多达256级灰度来表现图像，使图像的过渡更平滑细腻。灰度图像的每个像素有一个0（黑色）～255（白色）之间的亮度值。灰度值也可以用黑色油墨覆盖的百分比来表示（0%等于白色，100%等于黑色）。使用黑色或灰度扫描仪产生的图像常以灰度显示。
- 双色调模式：双色调模式采用2～4种彩色油墨来创建由双色调（2种颜色）、三色调（3种颜色）和四色调（4种颜色）混合其色阶来组成图像。在将灰度图像转换为双色调模式的过程中，可以对色调进行编辑，产生特殊的效果。而使用双色调模式最主要的用途是使用尽量少的颜色表现尽量多的颜色层次，这对于减少印刷成本是很重要的，因为在印刷时，每增加一种色调都需要更大的成本。
- 索引颜色模式：索引颜色模式是网上和动画中常用的图像模式，当彩色图像转换为索引颜色的图像后，包含近256种颜色。索引颜色图像包含一个颜色表。如果原图像中颜色不能用256色表现，则Photoshop会从可使用的颜色中选出最相近颜色来模拟这些颜色，这样可以减小图像文件的尺寸。颜色表用来存放图像中的颜色并为这些颜色建立颜色索引，可在转换的过程中定义或在声称索引图像后修改。
- 多通道模式：多通道模式对有特殊打印要求的图像非常有用。例如，如果图像中只使用了一两种或两三种颜色时，使用多通道模式可以减少印刷成本并保证图像颜色的正确输出。
- 8位/16位通道模式：在灰度RGB或CMYK模式下，可以使用16位通道来代替默认的8位通道。根据默认情况，8位通道中包含256个色阶，如果增到16位，每个通道的色阶数量为65536个，这样能得到更多的色彩细节。Photoshop可以识别和输入16位通道的图像，但对于这种图像限制很多，所有的滤镜都不能使用，另外16位通道模式的图像不能被印刷。

14.3.4 常用图像文件格式

图像文件格式就是存储图像数据的方式，它决定了图像的压缩方法、支持何种Photoshop 功能，以及文件是否与一些文件相兼容等属性。下面介绍一些常见的图像格式。

- PSD：是 Photoshop 的默认存储格式，能够保存图层、蒙版、通道、路径、未栅格化的文字、图层样式等。在一般情况下，保存文件都采用这种格式，以便随时进行修改。PSD格式应用非常广泛，可以直接将这种格式的文件置入到Illustrator、InDesign 和Premiere 等Adobe 软件中。
- PSB ：是一种大型文档格式，可以支持最高达到 300 000 像素的超大图像文件。它支持Photoshop 的所有功能， 可以保存图像的通道、图层样式和滤镜效果不变， 但是只能在

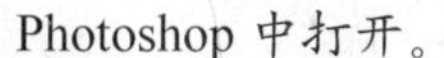

Photoshop 中打开。

- BMP：是微软开发的固有格式，这种格式被大多数软件支持。此格式采用了一种叫 RLE 的无损压缩方式，对图像质量不会产生什么影响。BMP 格式主要用于保存位图图像，支持 RGB、位图、灰度和索引颜色模式，但是不支持Alpha 通道。
- GIF 格式：是输出图像到网页最常用的格式。采用 LZW 压缩，支持透明背景和动画，被广泛应用在网络中。
- DICOM：通常用于传输和保存医学图像，如超声波和扫描图像。此种格式文件包含图像数据和标头，其中存储了有关医学图像的信息。
- EPS：是为在 PostScript 打印机上输出图像而开发的文件格式，是处理图像工作中最重要的格式，被广泛应用在Mac 和PC 环境下的图形设计和版面设计中，几乎所有图形、图表和页面排版程序都支持这种格式。
- IFF 格式：由 Commodore 公司开发，由于该公司已退出了计算机市场，因此 IFF 格式也将逐渐被废弃。
- JPEG：是平时最常用的一种图像格式。它是一个最有效、最基本的有损压缩格式，被绝大多数的图形处理软件所支持。
- DCS 格式：是 Quark 开发的 EPS 格式的变种，主要在支持这种格式的 QuarkXPress、PageMaker和其他应用软件上工作。DCS 便于分色打印，Photoshop 在使用DCS 格式时，必须转换成CMYK颜色模式。
- PCX：是 DOS格式下的古老程序 PC PaintBrush固有格式的扩展名，目前并不常用。
- PDF：是由 Adobe Systems 创建的一种文件格式，允许在屏幕上查看电子文档。PDF 文件还可被嵌入到Web 的HTML 文档中。
- RAW：是一种灵活的文件格式，主要用于在应用程序与计算机平台之间传输图像。RAW 格式支持具有Alpha 通道的CMYK、RGB 和灰度模式，以及无Alpha 通道的多通道、Lab、索引和双色调模式。
- PXR：是专为高端图形应用程序设计的文件格式，它支持具有单个 Alpha通道的 RGB和灰度图像。
- PNG：是专为Web开发的，是一种将图像压缩到Web上的文件格式。PNG格式与GIF格式不同的是，PNG 格式支持24 位图像并产生无锯齿的透明背景。PNG 格式由于可以实现无损压缩，并且可以存储透明区域，因此常用来存储背景透明的素材。
- SCT：支持灰度图像、RGB 图像和 CMYK 图像，但是不支持 Alpha 通道，主要用于 Scitex 计算机上的高端图像处理。
- TGA：专用于使用 Truevision 视频板的系统，它支持一个单独 Alpha 通道的 32 位 RGB 文件，以及无Alpha 通道的索引、灰度模式，并且支持16 位和24 位的RGB 文件。
- TIFF：是一种通用的文件格式，所有绘画、图像编辑和排版程序都支持该格式，而且几乎所有桌面扫描仪都可以产生TIFF 图像。TIFF 格式支持具有Alpha 通道的CMYK、RGB、Lab、索引颜色和灰度图像，以及没有Alpha 通道的位图模式图像。Photoshop 可以在TIFF 文件中存储图层和通道，但是如果在另外一个应用程序中打开该文件，那么只有拼合图像才是可见的。
- 便携位图格式 PBM：支持单色位图（即1位/像素），可以用于无损数据传输。因为许多应用程序都支持这种格式，所以可以在简单的文本编辑器中编辑或创建这类文件。

14.4 像素尺寸

像素大小和尺寸大小没有本质联系，不是像素越多相片尺寸就越大，因为图像还有个像素/英寸的参数，就是dpi，它表示每英寸有多少像素，把像素大小和dpi结合起来才能确定一张相片的实际大小，由于dpi根据实际需要可以取不同的值，所以很难说像素大的相片就大。

如图14-49所示的图片在打印出来以后的是多大，可以使用菜单栏“图像”|“图像大小”命令看到该图的信息，如图14-50所示。

图14-49

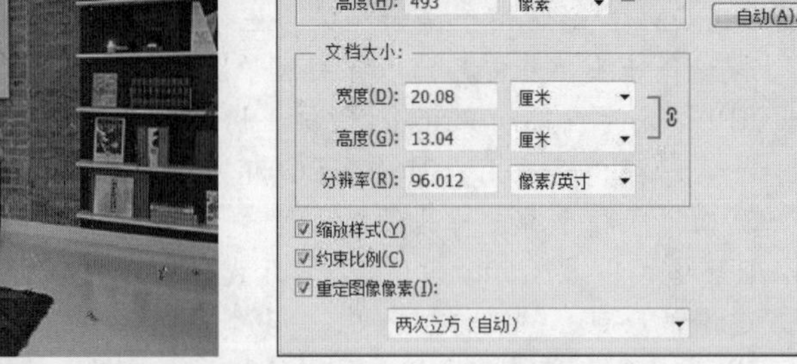

图14-50

“像素大小”指的是图像在电脑中的大小。其下的“文档大小”实际上就是打印大小，指的就是这幅图像打印出来的尺寸。当看到尺寸为13.23cm × 7.91cm，它可以被打印在一张A4大小的纸上。

电脑中的像素和传统长度值不能直接换算，因为一个好似虚拟的，一个是现实的，它们需要一个桥梁才能相互转换，这个桥梁就是位于“文档大小”下的“分辨率”。注意这里的分辨率是打印出来的分辨率，这个分辨率和显示器的分辨率是不同的。

现在的取值为96，后面的单位是“像素/英寸”，表示在1英寸的长度中打印多少像素，取值是96，那么在纸上1英寸的距离就分布96个像素，2英寸就是192，由此类推。这个单位使用较为广泛，我们平时所说的电视机或者显示器的寸数也是英寸，在出版行业也是如此，通常使用“像素每英寸”作为打印分辨率的标准，简称dpi。

在Photoshop中，也可以把分辨率单位换成符合我们习惯的“像素/厘米”，如图14-51所示，首先，每厘米80像素，则宽度的像素就是80 × 10=800像素，即高度就是800像素。如果这时把宽度的像素改为400，打印出来就是800 ÷ 400=2，意味着宽度就减少了一般，在分辨率不变的情况下打印出来的也相应缩放一半，打印尺寸即为5cm × 3cm。

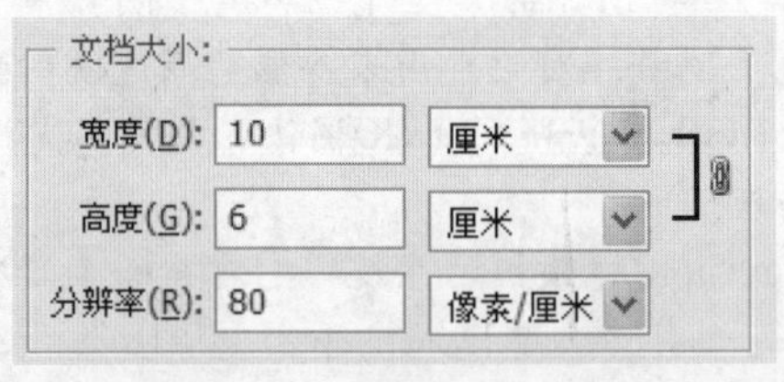

图14-51

14.5 小结

本章介绍了PhotoshopCS6中的基础应用，了解最基础的工具命令和术语的，可以帮助读者更快速地掌握图像和效果图的后期处理。

第15章　Photoshop中的常用工具和命令

本章内容

- 图像选择工具
- 图像编辑工具
- 图像选择和编辑
- 图像色彩调整
- 调整配景素材
- 使用渐变工具调整背景

本章主要介绍Photoshop中常用的工具，例如图像的选择、编辑，色彩调整，素材的选择、移动和缩放，并介绍渐变工具在Photoshop中的重要功能。熟悉掌握这些工具命令的使用方法以及快捷键的操作，可以大大提高日常的工作效率。

15.1　图像选择工具

15.1.1　选择工具的分类

选择图像工具包括选框工具，颜色选择工具、路径选择工具。

- 选框工具：选框工具包括（矩形选框工具）、（椭圆选框工具）、（单行选框工具）、（单列选框工具）、（套索工具）和（多边形套索工具）。
- 颜色选择工具：颜色选择工具包括（魔棒工具）、（快速选择工具）、（吸管工具）、（3D材质吸管工具）、（颜色取样器工具）、（磁性套索工具）。
- 路径选择工具：路径选择工具包括（钢笔工具）、（自由钢笔工具）、（添加锚点工具）、（删除锚点工具）、（转换点工具）、（路径选择工具）、（直接选择工具）。

15.1.2　选框工具

选区不仅用于在选区中绘制或编辑内容，抠图也是选区的重要功能之一，制作出素材图像中需要保留的对象选区，然后将其从背景中分离出来，并与其他元素进行融合，这就是合成的重要步骤之一。

选框工具组是Photoshop 中最常用的选区工具，适合于圆形、椭圆形、正方形、长方形等规则的形状，如图15-1所示为典型的圆形选区。对于转折处比较强烈的图案，可以使用多边形套索工具来进行选择，如图15-2所示为转折处比较强烈的不规则选区。

图15-1

图15-2

Photoshop 中包含多种方便快捷的选区工具，熟练掌握这些基本工具的使用方法，可以快速选择需要的选区。例如选框工具组、套索工具组、魔棒与快速选择工具组，每个工具组中又包含多种工具。

使用（矩形选框工具）、（椭圆选框工具）创建选区时，按住Alt键可以从中心开始绘制矩形和正圆形选区。

（套索工具）需要按住鼠标左键对选区进行绘制。而（多边形套索工具）只需在需要选择边界位置单击固定选区点，它根据强烈的颜色对比的轮廓创建选择点和选区。

15.1.3 颜色选择工具

Photoshop CS6 中还包含一类以色调进行选择的工具，当需要选择的对象与背景之间的色调差异比较明显时，使用（魔棒工具）、（快速选择工具）、（磁性套索工具）、（3D材质吸管工具）、（颜色取样器工具）和“色彩范围”命令可以快速地将对象分离出来。这些工具和命令都可以基于色调之间的差异来创建选区。如图15-3和图15-4所示是使用快速选择工具将前景对象抠选出来并更换背景后的效果。

图15-3

图15-4

15.1.4 路径选择工具

素材路径：素材\cha15　　视频路径：视频\cha15\15.1.4 选择家具.mp4

路径工具包括（钢笔工具）、（自由钢笔工具）、（添加锚点工具）、（删除锚点工具）、（转换点工具）、（路径选择工具）、（直接选择工具）。在创建路径选区时，在它们之间相互转换，结合使用才能完成一个精确的路径选区的创建。

下面介绍使用路径选择工具选择沙发的操作步骤

01 首先打开随书附带光盘中的“素材\cha15\沙发.tiff”文件，使用（钢笔工具）在打开图像的沙发轮廓位置单击创建锚点，如图15-5所示。

02 将创建的锚点在第一个创建点上单击，即可创建完整的路径，如图15-6所示。

图15-5

图15-6

03 使用（转换点工具），在需要平滑的点上按住鼠标拖动，即可拖曳出控制点，通过控制手柄完成曲线的调整，如图15-7所示。

04 在创建路径时，如果发现有多余的不需要的锚点，使用（删除锚点工具），在需要删除的点上单击，即可将锚点删除，如图15-8所示。

图15-7

图15-8

05 使用（直接选择工具），可以选择和移动锚点，如图15-9所示为移动锚点的位置。

06 调整选区后按Ctrl+Enter快捷键，可以将创建的路径载入选区，如图15-10所示。

图15-9

图15-10

15.2 图像编辑工具

在Photoshop CS6中，图像编辑工具包括橡皮擦工具、加深和减淡工具、图章工具、修复工具、文字工具、裁切工具、抓手工具等。

15.2.1 橡皮擦工具

打开工具箱橡皮擦工具组时，弹出的扩展工具有3个，即（橡皮擦工具）、（背景橡皮擦工具）和（魔术橡皮擦工具）。

（橡皮擦工具）的作用是用来擦去不要的某一部分，如果要擦去的是背景图层的话，那它擦去部分就会显示设定的背景色颜色（如背景色为红色，擦去部分也是红色的）。如图15-11所示，如果要设置为普通图层，双击图层后会显示“新建图层”对话框，单击“好”按钮就变成普通图层，擦掉的部分会变成透明区显示（即马赛克状）。

使用（背景橡皮擦工具），擦除的对象是鼠标中心点所触及到的颜色。如果把鼠标放在图片某一点上，所显示擦头的位置变成鼠标中心点所接触到的颜色；如果把鼠标中心点接触到图片上的另一种颜色，“背景色”也相应变更，如图15-12所示。

图15-11

图15-12

（魔术橡皮擦工具）比较类似于魔棒工具，它是选取色块用的，可以改变它的“容差”来选取不同范围的色块，例如图片上有蓝、黄两种颜色，“容差”值是32，用鼠标在图片上点一下，蓝颜色的区域被擦除掉了，再在黄颜色上点一下，黄色也被擦除掉了，这就是魔术橡皮擦工具的使用，如图15-13所示。

在使用橡皮擦工具时，结合使用工具选项栏中的各项命令和参数，将会出现不一样的效果，读者可以尝试一下。

图15-13

15.2.2 加深和减淡工具

（减淡工具）工具常通过提高图像的亮度来校正曝光度，如图15-14右图所示为使用减淡工具后的效果，只需按住鼠标左键即可使用减淡工具调整图像。

（加深工具）工具的功能与（减淡工具）工具相反，它可以降低图像的亮度，通过加暗来校正图像的曝光度。加深工具的使用方法与减淡工具相同，如图15-15右图所示为设置了加深后的效果。

图15-14

图15-15

15.2.3 图章工具

（仿制图章工具）的用法基本上与修复画笔工具一样，效果也相似，但是这两个工具也有不同点：修复画笔工具在修复时，在颜色上会与周围颜色进行一次运算，使其更好地与周围融合，因此新图的色彩与原图色彩不尽相同。而用仿制印章工具复制出来的图像在色彩上与原图是完全一样的，因此仿制印章工具在进行图片处理时，用处是很大的。

在图像需要的位置按住Alt键拾取图像源，然后在其需要改图像的位置按住鼠标进行绘制，即可使用仿制图章工具，如图15-16所示。

图15-16

（图案图章工具）是使用预设图案或载入的图案进行绘画，用来复制预先定义好的图案。使用图案图章工具可以利用图案进行绘画，可以从图案库中选择图案或者自己创建图案，如图15-17所示为使用图案图章工具复制出的图像前后对比。

图15-17

图案图章工具的工具选项栏如图15-18所示，从中可以设置合适的笔触大小，选择合适的图案。

模式：正常 不透明度：100% 流量：100% 对齐 印象派效果

图15-18

15.2.4 修复工具

（污点修复画笔工具）不需要设置取样点，自动从所修饰区域的周围进行取样，消除图像中的污点和某个对象。

如图15-19所示为打开的一张带有污点的图像，在工具箱中选择（污点修复画笔工具），在其工具选项栏中设置画笔笔触和大小，在污点上绘制以覆盖污点，如图15-20所示。

图15-19

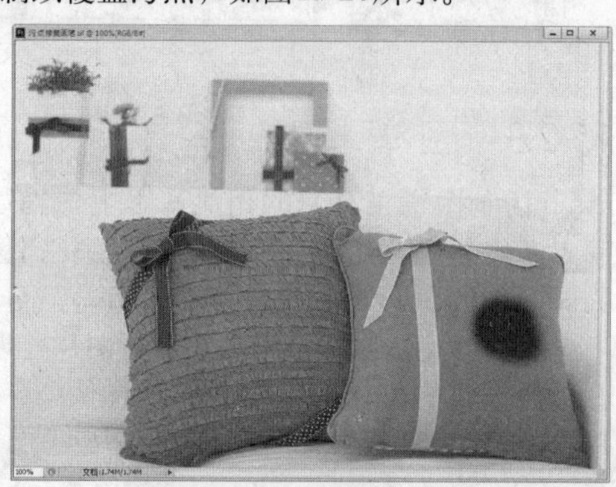

图15-20

松开鼠标即可将污点去掉，效果如图15-21所示。

（修复画笔工具）与图章工具的用法相同，功能上的不同是它可以根据修复内容周围的花纹进行自动模拟。

（修补工具）可以在污点处绘制选区。如图15-22所示，绘制选区后，将选区移动到相似图案的位置，如图15-23所示；松开鼠标即可完成修补，如图15-24所示。

（内容感知移动工具）同样是在需

图15-21

要处理的区域创建选区。如图15-25所示，在用户整体移动图片中选中的某物体时（如图15-26所示），智能填充物体原来的位置，如图15-27所示。

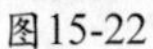

图15-22

图15-23

图15-24

图15-25

图15-26

图15-27

（红眼工具）可以去除由闪光灯导致的瞳孔红色泛光。

15.2.5 文字工具

文字工具包括（横排文字工具）、（直排文字工具）、（横排文字蒙版工具）、（直排文字蒙版工具），如果在窗口中创建文字，选择文字工具后在视口中单击，创建闪动光标，输入文本即可，如图15-28所示。

如需移动文本的位置，可以将鼠标移动到文本以外的任意位置，当鼠标呈现为移动工具形状时，即可移动文字的位置。滑选文字，选择创建的文本，如图15-29所示。

在工具选项栏中设置文字字体、大小、颜色，调整文本的位置即可，如图15-30所示。[IT]（直排文字工具）与[T]（横排文字工具）的创建文字和调整方法相同。

图15-28

图15-29

图15-30

[T]（横排文字蒙版工具）是在文档窗口中创建文字选区，选择[T]（横排文字蒙版工具）后创建文本，如图15-31所示是创建的蒙版效果。然后选择其他工具，即可创建文本蒙版的选区，如图15-32所示。[IT]（直排文字蒙版工具）也是用于创建文本蒙版的，方法相同。

图15-31

图15-32

15.2.6　裁切工具

想要调整画面构图或去除多余边界，可使用Photoshop。在Photoshop 中可以使用多种方法对图像进行裁切，如裁剪工具、“裁剪”命令和“裁切”命令都可以轻松去掉画面的多余部分，如图15-33所示。

图15-33

裁剪是指移去部分图像，以突出或加强构图效果。使用 （裁剪工具）可以裁剪掉多余的图像，并重新定义画布的大小。选择 （裁剪工具）后，在画面中调整裁切框。如图15-34所示为打开的图像，如图15-35所示为调整裁剪区，以确定需要保留的部分。或拖曳出一个新的裁切区域，然后按Enter 键或双击鼠标左键即可完成裁剪，如图15-36所示。

图15-34

图15-35

使用 （透视裁剪工具）可以在需要裁剪的图像上制作出带有透视感的裁剪框，在应用裁剪后可以使图像带有明显的透视感。单击工具箱中的 （透视裁剪工具）按钮，在画面中绘制一个裁剪框，如图15-37所示。

图15-36

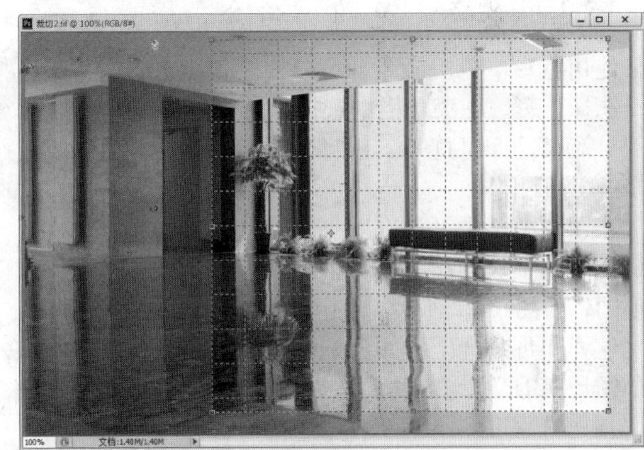

图15-37

将光标定位到裁剪框的一个控制点上，按住并向内拖动，如图15-38所示。

调整完成后单击选项栏中的“提交当前裁剪操作”按钮，即可得到带有透视感的画面效果，如图15-39所示。

图15-38

图15-39

15.2.7 抓手工具

(抓手工具)一般配合(缩放工具)来使用，当图像放大导致窗口显示不全的时候，使用(抓手工具)可以在窗口中移动查看图像显示区域，如图15-40所示。

图15-40

15.3 图像选择和编辑

本章主要介绍图像选择和编辑，例如色彩范围的选择、调整边缘、图像变换、图像调整、图层调整命令等。熟练掌握这些工具的使用方法，可以极大提高日常的工作效率。

15.3.1 "色彩范围"命令

使用色彩单范围命令，可以通过调整颜色容差，选择色彩，在菜单栏中选择"选择"|"色彩范围"命令，即可打开"色彩范围"对话框，如图15-41所示。

在图像中单击可拾取颜色，在"色彩范围"对话框中调整"颜色容差"参数，可以调整选取的范围，如图15-42所示。

这样即可将选区的颜色选取下来，创建的选区如图15-43所示。

创建选区后，即可对选区中的色彩进行调整了。

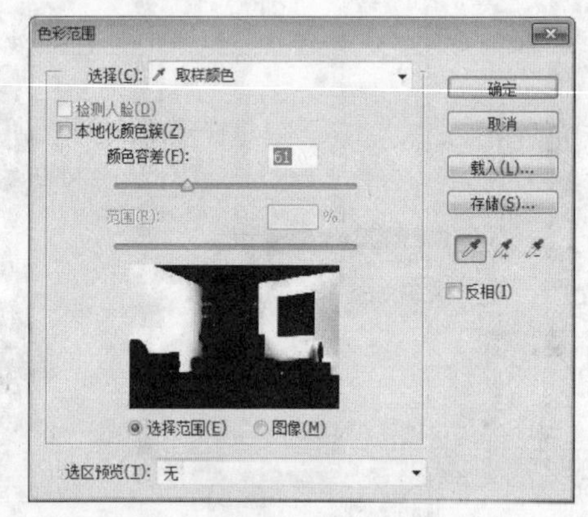

图15-41

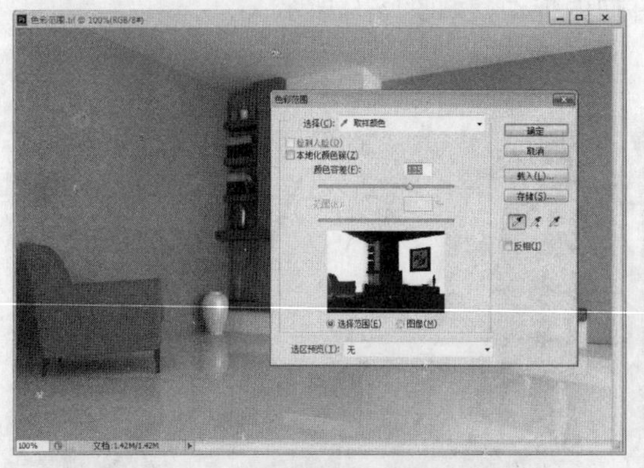

图15-42

图15-43

15.3.2 "调整边缘"命令

"调整边缘"命令可以对选区的边缘进行处理，并为选区创建蒙版图层。

选择“调整边缘”命令时，必须在图像文档中创建选区。如图15-44所示，在菜单栏中选择“选择”|“调整边缘”命令，弹出如图15-45所示的对话框，选区效果如图15-46所示，调整边缘参数后，单击“确定”按钮，可以看到调整后的效果，即会新建图像文件并为其施加蒙版，如图15-47所示。

图15-44

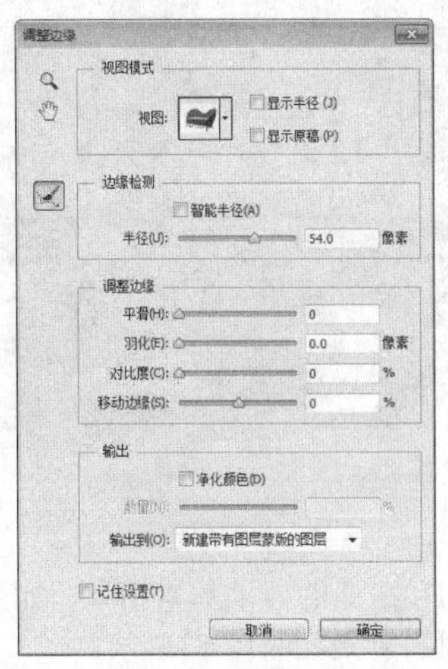

图15-45

图15-46

图15-47

15.3.3 “变换”命令

“变换”命令可以调整图像的缩放、旋转、斜切、扭曲、透视、变形、水平翻转、垂直翻转等，该命令必须是在当前图层为单独图层且并非锁定图层、或者为选区时使用。在菜单栏中选择“编辑”|“变换”命令，如图15-48所示，从中选择需要的命令，这里选择了“缩放”，如图15-49所示。

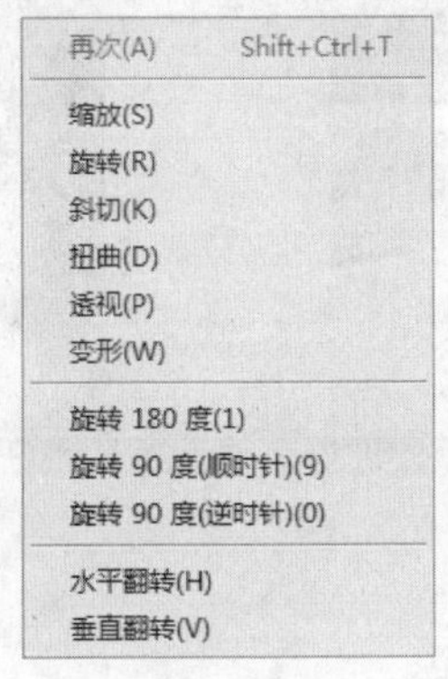

图15-48

图15-49

将鼠标移动到四边角处的控制点上，按住鼠标等比缩放，如图15-50所示，按Enter键确定缩放操作。

旋转图像的效果如图15-51所示。

图15-50

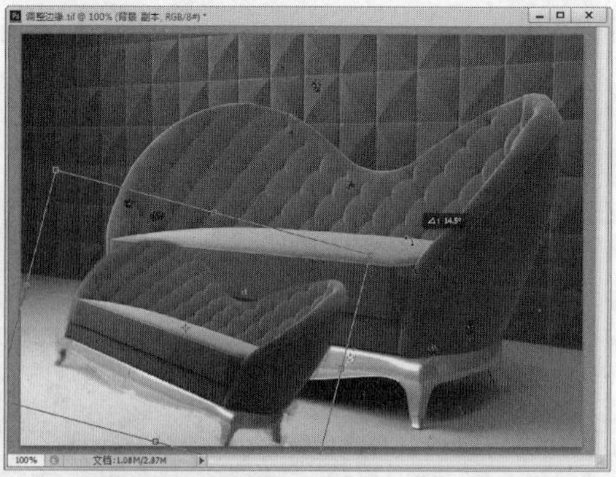

图15-51

斜切和扭曲的效果基本相同，如图15-52所示。

透视的效果如图15-53所示。

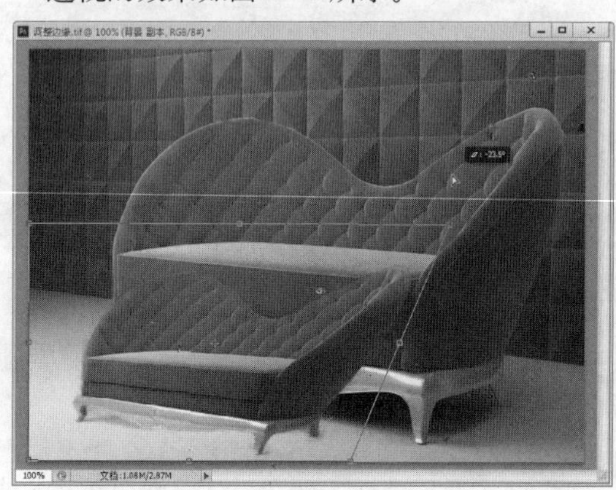

图15-52

图15-53

变形的效果如图15-54所示。在变换区域上鼠标右击，在弹出的快捷菜单中有所有变形，如图15-55所示。

图15-54

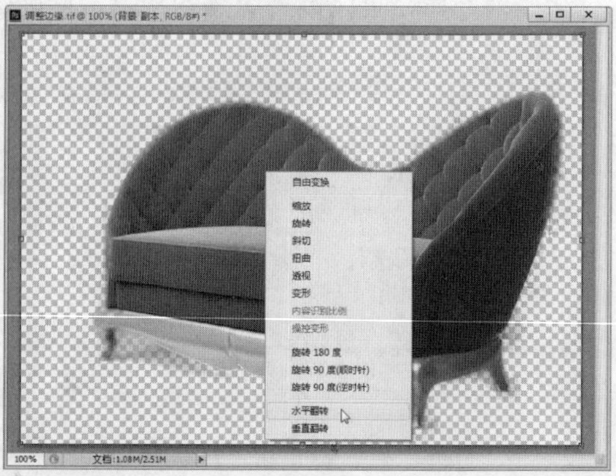

图15-55

水平翻转的效果如图15-56所示。

垂直翻转的效果如图15-57所示。

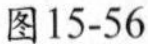

图15-56

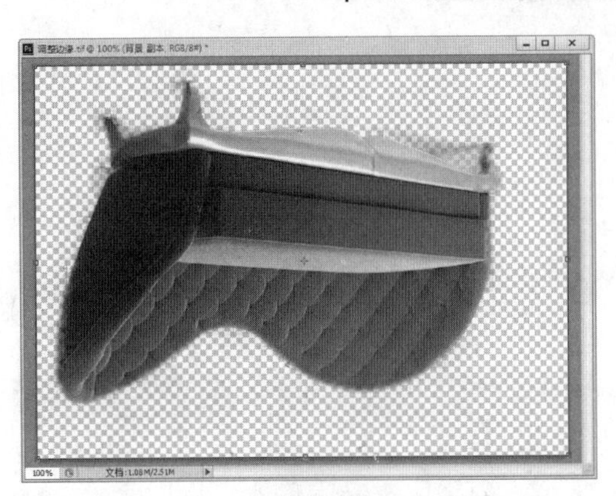

图15-57

15.3.4　图层调整命令

在Photoshop中提供有许多的图层调整命令，如图15-58所示，选择“图层”菜单，即可显示出许许多多的与图层相关的命令，其中有新建、复制图层、删除、重命名图层、图层样式、智能滤镜、新建填充图层，等等。这些命令中还有些有隐藏的子菜单，菜单名称后面都会跟随相应的快捷键。

“图层”菜单都是针对图层面板的，而这些命令大部分都在“图层”面板上显示为图标按钮，读者可以尝试使用这些命令。

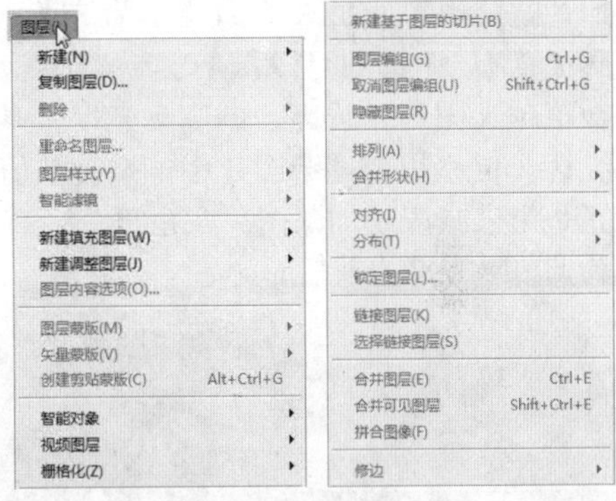

图15-58

15.4　图像色彩调整

Photoshop提供了许多针对图像的色彩、曝光和色调等的调整命令，下面认识一下这些图像调整命令。

可以打开一张图像，在菜单栏中选择“图像”命令，如图15-59所示，在弹出的子菜单中可以看到许多图像调整命令，而且可以根据需要设置不同的命令参数。

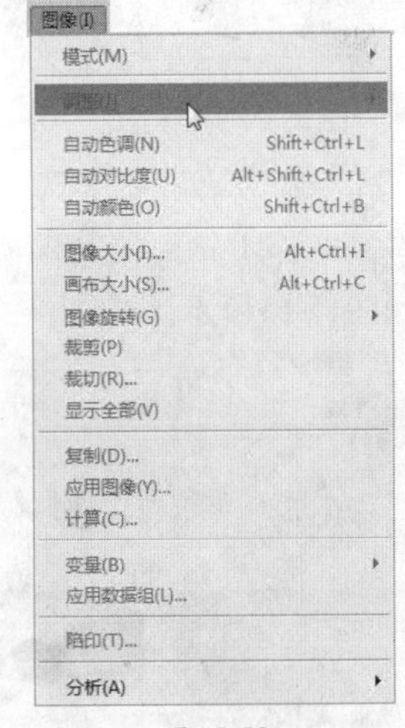

图15-59

15.4.1　“亮度/对比度”命令

“亮度/对比度”对话框中的“亮度”可以调整图像的明亮程度，“亮度”值越高图像就越明亮直至曝光。对话框中的“对比度”可以调整颜色的强弱对比。该命令可以很直观地对图像进行调整，可以将一张灰暗的图像变得明亮起来，如图15-60所示。

图15-60

15.4.2 “曝光度”命令

“曝光度”是用来控制图片的色调强弱的工具，跟摄影中的曝光度有点类似，曝光时间越长，照片就会越亮。如图15-61所示为“曝光度”对话框。

曝光度有3个选项可以调节：曝光度、位移、灰度系数校正。曝光度用来调节图片的光感强弱，数值越大图片会越亮，调高曝光度，高光部分会迅速提亮直到过曝而失去细节，所以说调的是高光区。位移用来调节图片中的灰度数值，也就是中间调的明暗，就是定“中性灰”。灰度系数校正是用来减淡或加深图片灰色部分，有时也可以提亮灰暗区域，增强暗部的层次。如图15-62所示为调整曝光度的前后对比。

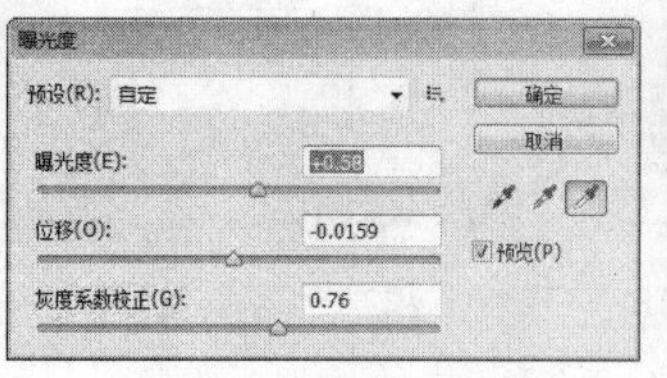

图15-61

图15-62

15.4.3 “色阶”命令

使用“色阶”命令可以调整图像的阴影、中间调和高光的关系，从而调整图像的色调范围或色彩平衡，如图15-63所示。

图15-63

15.4.4 “自然饱和度”命令

“自然饱和度”命令和“色相饱和度”命令里的饱和度相比，最大的区别是自然饱和度只增加未达到饱和的颜色的饱和度，而饱和度则增加整个图像的饱和度，可能会导致图像颜色过于饱和，而自然饱和度不会出现这种问题，如图15-64所示。

图15-64

15.4.5 “曲线”命令

“曲线”是Photoshop中最常用的调整工具，理解了曲线就能触类旁通很多其他色彩调整命令。通过曲线，可以调节全体或是单独通道的对比、可以调节任意局部的亮度、可以调节颜色。

下面是一张办公效果图，如图15-65所示。图片缺乏对比，像素过于集中在中间调，通过调整曲线节点的高度“曲线”可以对其改善，如图15-66所示。调整亮度比后的效果如图15-67所示。

图15-65

图15-66

图15-67

从上面可以发现，单独提高或降低曲线亮度都不能完全解决问题，它们在改善图像一部分的同时也破坏了图像的另一部分。如果能取长补短，那么问题就解决了。曲线的另一个特点是可以添加多个调节点。在图像的任意地方添加调节点，单独调节，这样就可以针对不同亮度色值区域进行调整。如图15-68所示，降低亮度提高中间调，降低暗调，这样就可以得到一张对比度很强的效果，效果如图15-69所示。

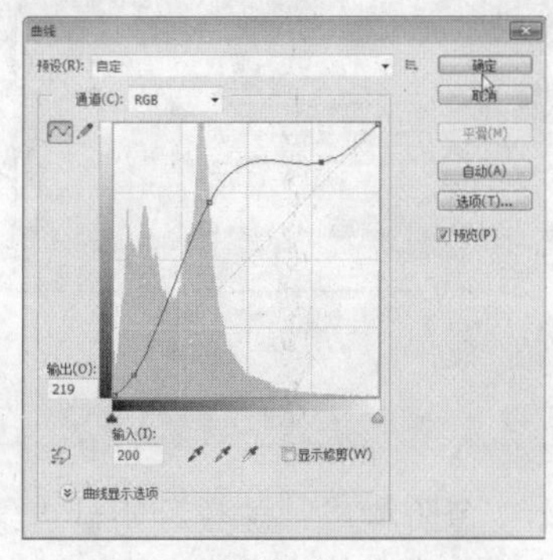

图15-68

图15-69

15.4.6 “色相/饱和度”命令

图15-70

“色相/饱和度”功能是用来调整图像中的颜色阴影、色相、强度、颜色饱和度以及亮度的。

饱和度是图像色彩的浓淡程度，类似电视机中的色彩调节，改变的同时下方的色谱也会跟着改变。调至最低的时候，图像就变为灰度图像了。对灰度图象改变色相是没有作用的。

明度就是亮度，类似电视机的亮度调整。具体效果读者可以动手操作调试一下，这里就不详细介绍了。

如图15-70所示，下面将以这张图像为例介绍色相/饱和度。打开“色相/饱和度”对话框，从中选择颜色为“黄色”，设置换色的参数，这次主要设置图像中的植物，如图15-71所示。然后选择颜色为“红色”，设置红色的参数，如图15-72所示。

图15-71

图15-72

15.4.7 “色彩平衡”命令

“色彩平衡”命令主要是通过调整颜色的分量达到一种平衡。在图像的处理中，通常用来调整整体的颜色，它还可以分阶段地对照片的亮部、暗部、中间调进行调整，可以轻松地转换图像的颜色，如图15-73所示。

图15-73

15.4.8 “色调分离”命令

“色调分离”命令是指一幅图像原本是由紧紧相邻的渐变色阶构成，被数种明显边缘的颜色所代替。这是一种颜色间的色调转变。色调分离可能是因为系统或文件格式对渐变色阶的支持不够，也可通过图像编辑工具达到相同效果。如图15-74所示，下面将以此效果图为例进行设置。

如图15-75、图15-76、图15-77所示为不同的色调分离参数的效果。

图15-74

图15-75

图15-76

图15-77

15.4.9 “阈值”命令

“阈值”就是临界值，Photoshop中的阈值，实际上是基于图片亮度的一个黑白分界值，默认值是50%中性灰，即128，亮度高于128（<50%的灰）的会变白，低于128（>50%的灰）的会变黑，如图15-78所示为原始效果图，如图15-79、图15-80、图15-81所示为不同阈值参数的效果。

图15-78

图15-79

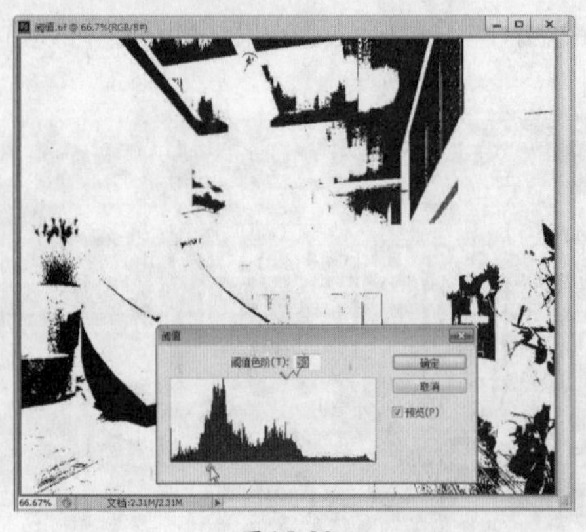
图15-80

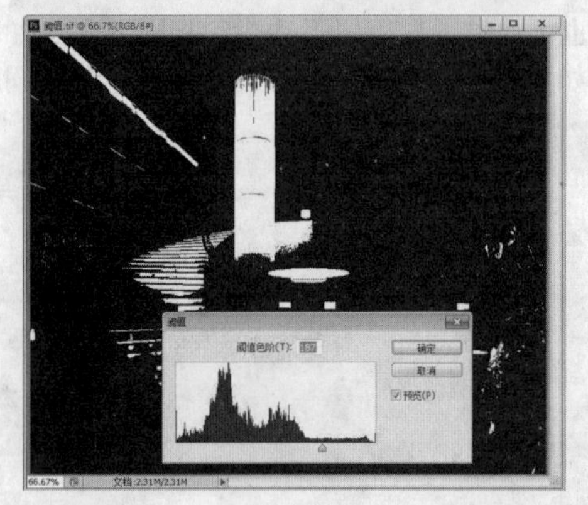
图15-81

15.4.10 “黑白”命令

“黑白”命令主要是将图像调整为黑色色调，在弹出的对话框中可以调整哪种颜色在黑白中增强，增强的色调就会变得更黑。如图15-82所示为原始效果，如图15-83所示为黑白调整。

图15-82

图15-83

15.5 调整配景素材

在后期效果图中，最为常用的就是配镜素材的添加，并对配景素材进行调整，例如常用的选择、移动和缩放，以及调整素材的大小。

素材路径：素材\cha15　　视频路径：视频\cha15\15.5 调整配景素材.mp4

01 首先打开随书附带光盘中的“素材\cha15\配景素材的选择、移动和缩放.tif”和“素材\cha15\竹子.psd”文件，如图15-84和图15-85所示。

图15-84

图15-85

02 在工具箱中选择（移动工具），将竹子素材拖曳到效果图中，光标成为+号箭头，如图15-86所示。

03 松开鼠标即可添加竹子到效果图中，此时可以看到“图层”面板中自动添加了新的素材图层“图层1”，如图15-87所示。

04 使用（移动工具）移动素材的位置，按Ctrl+T快捷键，打开自由变换命令，按住Shift键，将光标放置到右上角控制点处，按住鼠标左键等比例缩放素材图像，如图15-88所示。

图15-86

图15-87

图15-88

05 调整素材大小后，将光标移动到控制点的右上角，呈现弯曲状时，按住鼠标左键上下移动调整素材的角度，如图15-89所示。

06 调整的角度如图15-90所示。

图15-89

图15-90

07 调整角度和大小后，按Enter键，确认自由变换。使用（移动工具）调整素材的位置，

如图15-91所示。

08 确定（移动工具）处于选择状态，按住Alt键移动素材，可以对素材图层进行复制，如图15-92所示。

这样一个简单的素材图像就添加到效果图中了。

图15-91

图15-92

15.6 使用“羽化”功能处理倒影

羽化是对选区的边缘进行模糊的一个命令。

有一个选区，在没有羽化值的时候，直接填充得到的区域会是一个硬边，有羽化值的时候，得到是一个边缘逐渐透明的区域，当然这只是应用之一。

它还可以应用在许多方面，例如要删去某一个图片的某一个地方，不想删得太突兀，还要让边缘逐渐消失，这时也可以用一个带羽化的选区去删除。

羽化的指定可以在绘制之前，也可以在绘制之后，选区工具的选项栏里有个羽化值，可以绘制前指定。如果值是0，绘制选区后，也可以用右键单击选区，选择羽化命令。后者用的比较多。

素材路径：素材\cha15　　视频路径：视频\cha15\15.6 使用【羽化】处理倒影.mp4

01 打开随书附带光盘中的“素材\cha15\水面.psd”文件，如图15-93所示。

02 使用（套索工具）选择如图15-94所示的山和植物。

图15-93

图15-94

03 按Ctrl+J快捷键，将选区中的图像复制到新的图层“图层1”中，如图15-95所示。

04 按Ctrl+T快捷键，打开自由变换命令，鼠标右击变换区域，在弹出的快捷菜单中选择“垂直翻转”命令，如图15-96所示。

图15-95

图15-96

05 按Enter键，确定翻转，再调整图像的位置，如图15-97所示。

06 按Ctrl+T快捷键，在变换区域中鼠标右击，在弹出的快捷菜单中选择“变形”命令，在场景中调整图形，如图15-98所示。

图15-97

图15-98

07 按住Ctrl键，单击“图层1”的缩览图，将其载入选区，并使用（多边形套索工具）并按住Shift键创建选区，如图15-99所示。

08 在菜单栏中选择“选择”|“修改”|“羽化”命令，在弹出的对话框中设置“羽化半径”，单击“确定”按钮，如图15-100所示。

图15-99

图15-100

09 创建的羽化选区如图15-101所示。

10 按Ctrl+Shift+I快捷键，将选区反选，如图15-102所示。

11 多次按Delete键删除选区中的图像，直到满意的效果，如图15-103所示。

12 按Ctrl+D快捷键，取消选区的选择，在“图层”面板中设置“不透明度”为50%，如图15-104所示。

图15-101

图15-102

图15-103

图15-104

15.7 使用渐变工具调整背景

渐变工具可以创建多种颜色间的逐渐混合。

渐变工具的功能可以说是变幻无穷，很多立体感的图案及背景都经常用它来完成，所以掌握其基本的使用方法是必要的，读者可以从预设渐变填充中选取或创建自己的渐变。

素材路径：素材\cha15\渐变.tif　　视频路径：视频\cha15\15.7 使用渐变工具调整背景.mp4

01 打开随书附带光盘中的“素材\cha15\渐变.tif”文件，如图15-105所示，在“图层”面板中新建“图层1”。

图15-105

02 在工具箱中选择（渐变工具），显示工具选项栏，如图15-106所示。

图15-106

03 在工具选项栏中单击渐变色块，弹出如图15-107所示的对话框，从中单击渐变色左侧底端的色标，单击“颜色”后的色块，在弹出的“拾色器”中设置颜色。

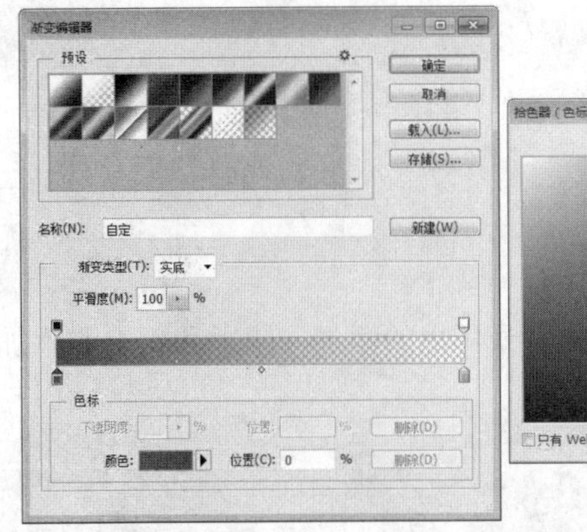

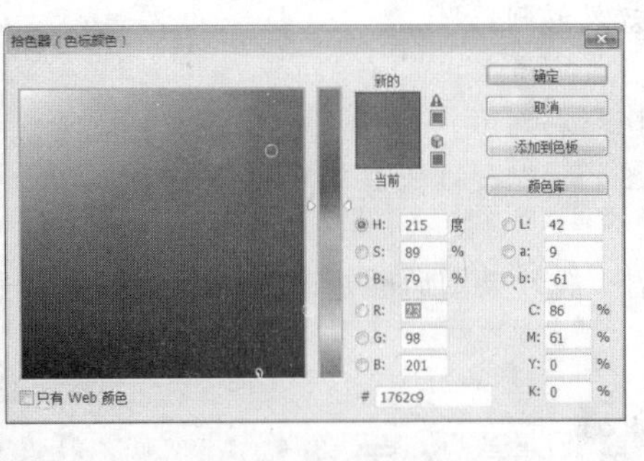

图15-107

04 在效果图的天空位置拖曳出填充渐变线，如图15-108所示。

05 填充后，设置图层的混合模式为“叠加”。根据情况可以设置其他的混合模式，这里就不详细介绍了，如图15-109所示。

图15-108

图15-109

15.8 小结

本章介绍了Photoshop中常用的工具和图像调整命令。通过对这些常用工具和命令的学习，可以帮助我们对处理和调整效果图有一个基本的理解。

熟练掌握这些工具和命令，可以快速地处理和调整效果图。

第16章　后期处理技巧

本章内容

- 光晕效果的制作
- 添加背景环境
- 添加阴影和倒影
- 效果图的后期处理流程

本章介绍一般效果图后期处理的技巧，包括背景环境的添加、阴影和倒影的添加、室内后期处理流程。

16.1　光晕效果

素材路径：素材\cha16\光晕.tif　　视频路径：视频\cha16\16.1 光晕效果.mp4

完成的光晕前后对比效果，如图16-1所示。

图16-1

01 打开随书附带光盘中的“素材\cha16\光晕.tif”文件，如图16-2所示。

02 按Ctrl+M快捷键，在弹出的对话框中调整曲线。调整图像的效果参见图16-3，并在场景中顶部如图16-3所示的位置创建选区。

图16-2

图16-3

03 在“图层”面板底部单击“创建新图层”按钮新建图层，确定背景色为白色，按Ctrl+Delete

快捷键填充选区为背景色白色，如图16-4所示。

04 填充选区后，在菜单栏中选择“选择”|“修改”|“收缩”命令，在弹出的对话框中设置“收缩量”，如图16-5所示。

图16-4

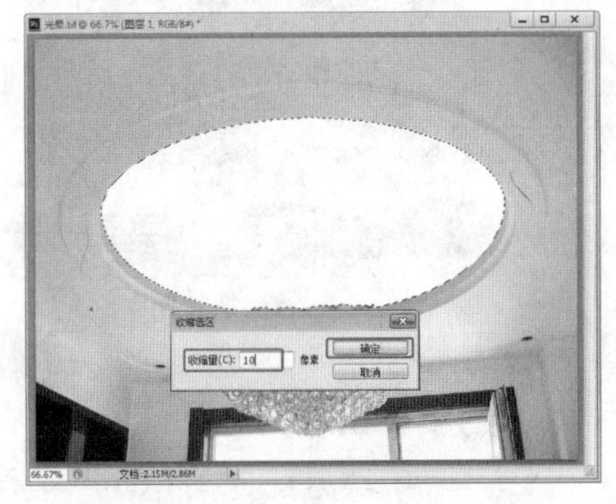

图16-5

05 收缩选区后的效果如图16-6所示。

06 在菜单栏中选择“选择”|“修改”|“羽化”命令，在弹出的对话框中设置选区的羽化，如图16-7所示。

图16-6

图16-7

07 删除设置羽化后的选区，如图16-8所示。

08 按Ctrl+D快捷键，取消选区的选择，使用橡皮擦工具擦除遮盖吊灯的白色光晕，如图16-9所示。

图16-8

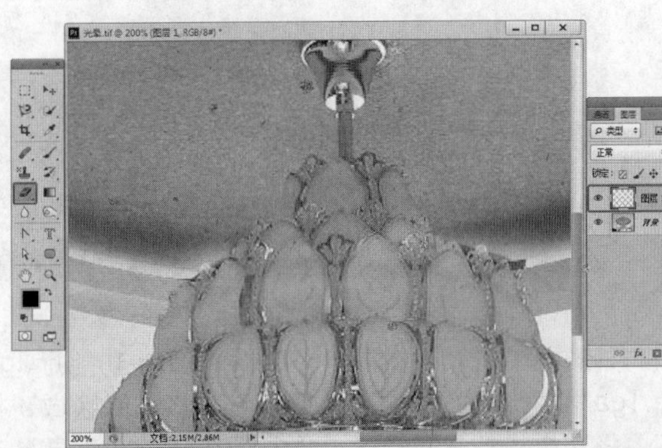

图16-9

09 选择菜单栏中的“滤镜”|“模糊”|“高斯模糊”命令，在弹出的对话框中设置参数，如图16-10所示。

10 设置模糊后调整一下光晕的大小，如图16-11所示。

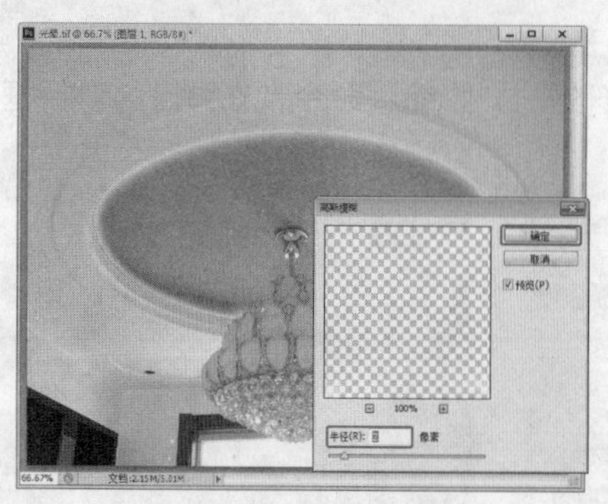
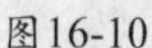
图16-10

图16-11

11 在“图层”面板中取消“图层1”的可见性，并选择“背景”图层，使用减淡工具调整其灯池，如图16-12所示。

12 显示“图层1”，完成光晕效果的制作，如图16-13所示。

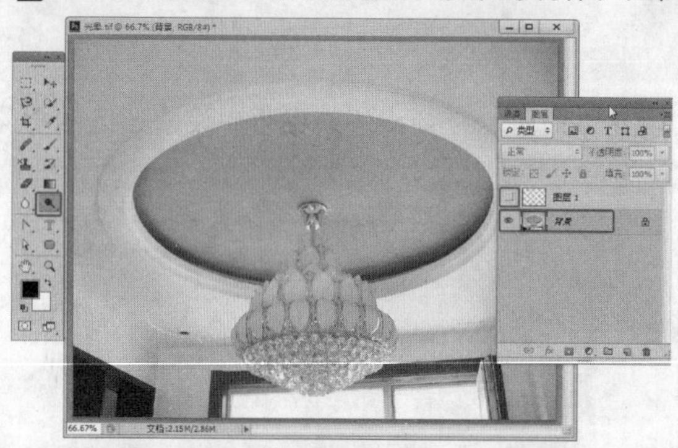
图16-12

图16-13

16.2 背景环境的添加

素材路径：素材\cha16\多功能厅.tga　　视频路径：视频\cha16\16.2 背景环境的添加.mp4

下面介绍如何为渲染出的效果图添加背景图像，完成的前后效果对比如图16-14所示。

图16-14

01 打开随书附带光盘中的“素材\cha16\多功能厅.tga”文件，如图16-15所示。一般效果图会输出为.Tga格式，以方便调整透明和没有模型的区域，打开“通道”面板，按住Alt键单击Alpha的缩览图，将整个模型载入选区后便于调整。该图正是具有通道的TGA文件。

02 对于带有通道的TGA文件，想将图像载入选区，选择“选择”|“载入选区”命令，在弹出的对话框中使用默认设置即可，如图16-16所示。

03 载入选区的效果如图16-17所示。在效果图没有通道时，可以使用任何的选区工具进行选择，这里就不详细介绍了。

04 按Ctrl+D快捷键取消选区的选择状态，打开背景素材文件“素材\cha16\13.jpg”，如图16-18所示。

图16-15

图16-16

图16-17

图16-18

05 将打开的背景素材图像拖曳到效果图中，如图16-19所示，按Ctrl+T快捷键调整素材的大小和角度。

06 调整大小和角度后，按Enter键确认调整，单击图层前的眼睛，将其隐藏，将“背景”效果图图像载入选区，如图16-20所示。

图16-19

图16-20

07 显示并选择“图层1”，按Ctrl+Shift+I快键反选图像，单击“图层”面板底部的“添加图层蒙版”按钮，为图层添加蒙版，如图16-21所示。

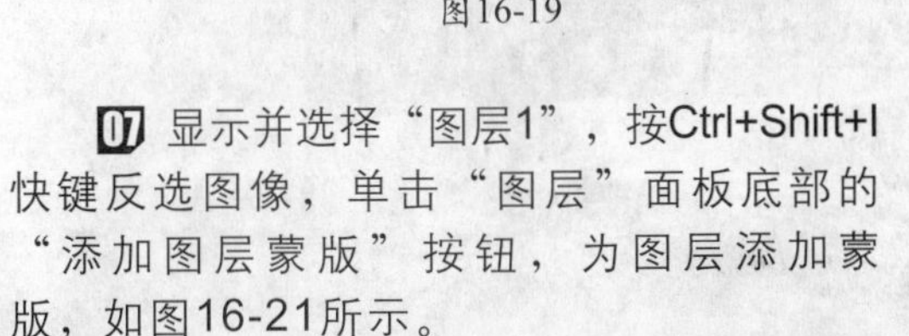

如果窗外背景与效果图不协调，可以参考前面章节中调整效果图的方法调整图像，这里就不详细介绍了。

图16-21

16.3 阴影和倒影的添加

素材路径：素材\cha16\倒影和阴影.psd　　视频路径：视频\cha16\16.3 阴影和倒影的添加.mp4

下面介绍如何为素材图像添加阴影和倒影，完成的前后效果如图16-22所示。

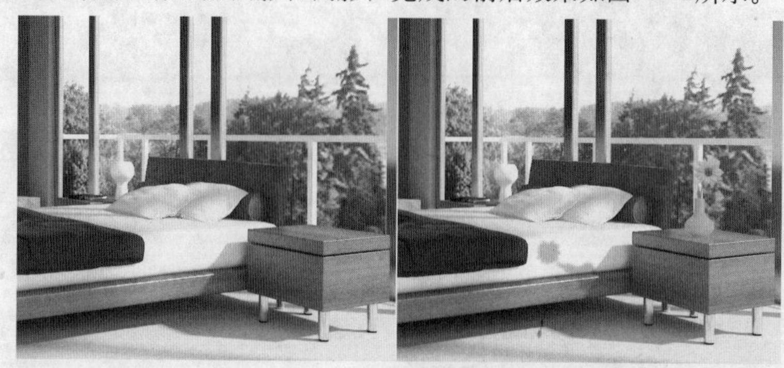

图16-22

01 打开随书附带光盘中的“素材\cha16\倒影和阴影.psd”效果文件，如图16-23所示。

02 打开随书附带光盘中的“素材\cha16\花瓶02.psd”素材文件，如图16-24所示。

图16-23

图16-24

03 将素材图像拖曳到效果文件中，如图16-25所示。

04 按Ctrl+J快捷键复制素材图像到新的图层中，按Ctrl+T快捷键翻转素材图像，如图16-26所示。

图16-25

图16-26

05 按Enter键确认操作，在“图层”面板中为图像设置合适的不透明度，使用多边形套索工具选取床头柜面以外的图像，如图16-27所示。

06 在菜单栏中选择“选择”|“修改”|“羽化”命令，在弹出的对话框中设置“羽化半径”为10，单击“确定”按钮，如图16-28所示。

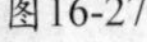

图16-27

图16-28

07 按Delete键，将选区中的图像删除，如图16-29所示。

08 复制素材图像，按Ctrl+T快捷键，调整素材的大小和角度，如图16-30所示。、

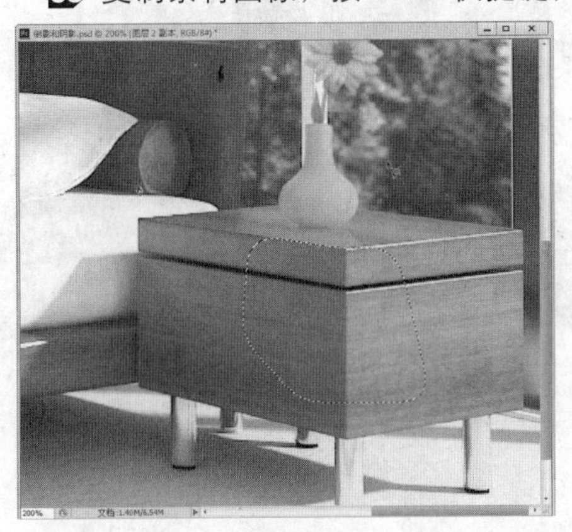

图16-29

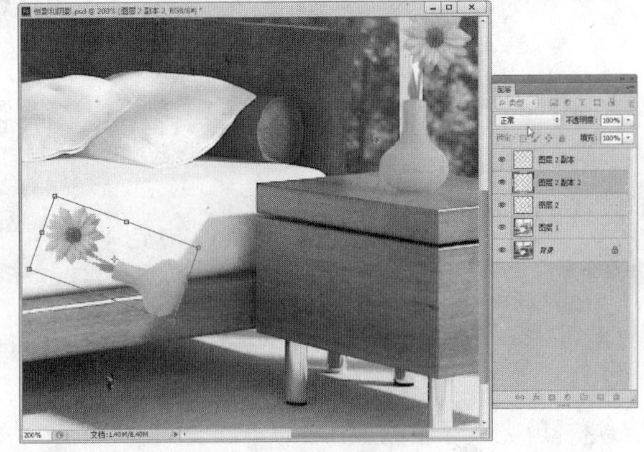

图16-30

09 按Ctrl+U快捷键，在弹出的对话框中设置参数，如图16-31所示。

10 设置素材图层的“不透明度”参数，如图16-32所示。

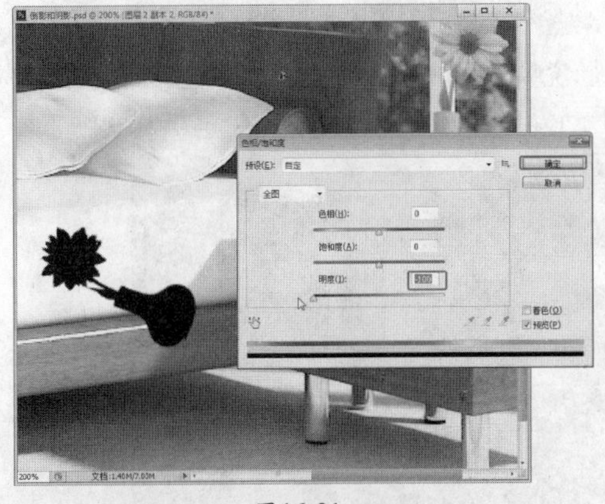

图16-31

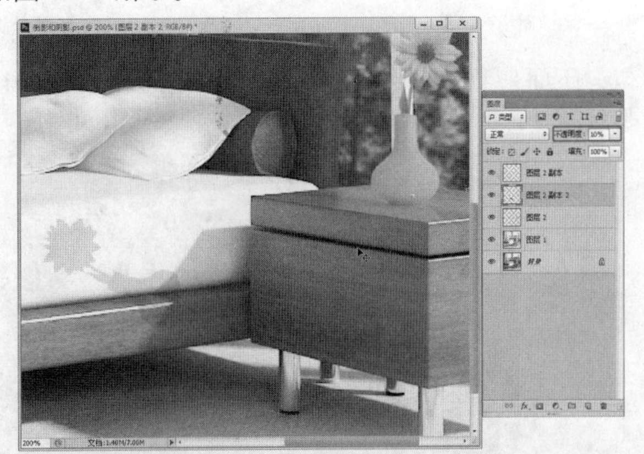

图16-32

11 在菜单栏中选择“滤镜”|“模糊”|“高斯模糊”命令，在弹出的对话框中设置合适的模糊参数，如图16-33所示。

12 使用多边形套索工具选择如图16-34所示的选区，并对图像进行移动。

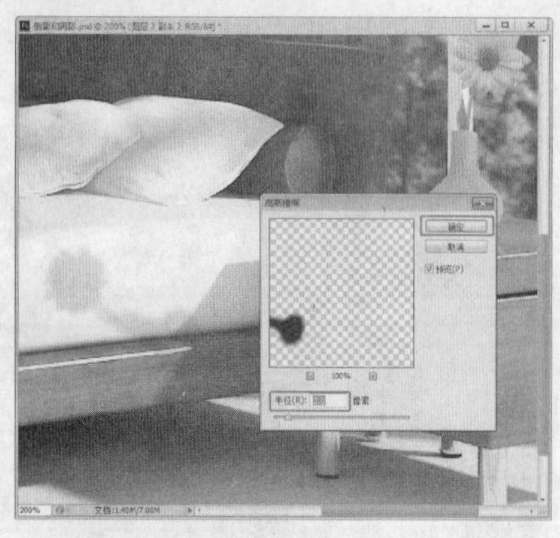

图16-33

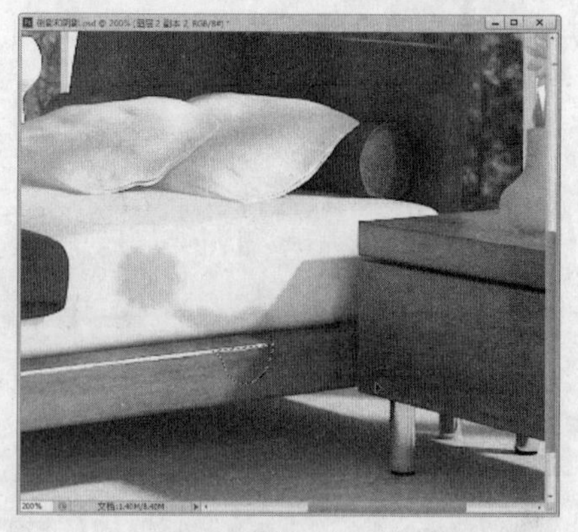

图16-34

13 将素材图层的“不透明度”调整到100%，按Ctrl+U快捷键，在弹出的对话框中设置合适的参数，如图16-35所示。

14 设置图层的“不透明度”，如图16-36所示。

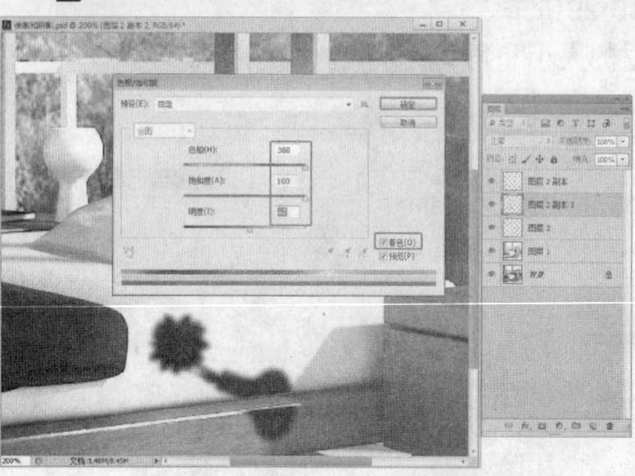

图16-35

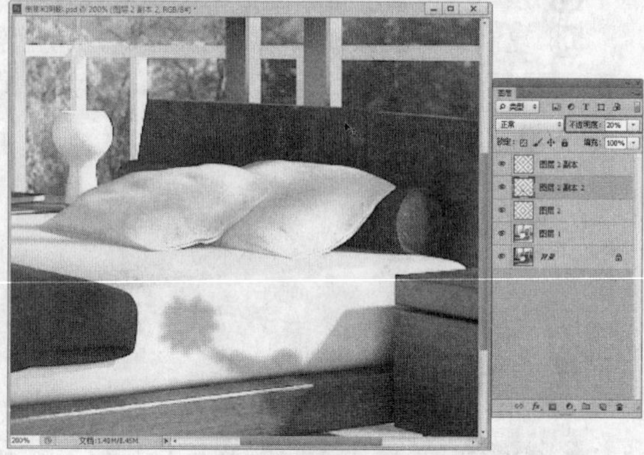

图16-36

这样就完成了植物倒影和阴影的处理。

16.4 室内后期处理流程

素材路径：素材\cha16\卧室.tag　　视频路径：视频\cha16\16.4 室内后期出路流程.mp4

下面来学习室内后期的处理流程，以一个案例进行说明，调整图像整体色调和添加装饰素材是后期处理的重要知识。完成后的效果对比如图16-37所示。

图16-37

01 打开随书附带光盘中的“素材\cha16\卧室.tag”效果文件，如图16-38所示。

02 按Ctrl+M快捷键，在弹出的对话框中调整曲线，如图16-39所示。

图16-38

图16-39

03 打开“素材\cha16\植物4.psd”文件，如图16-40所示。

04 将其拖曳到效果图文件中，如图16-41所示。

图16-40

图16-41

05 在菜单栏选择“图像”|“调整”|“自然饱和度”命令，在弹出的对话框中设置参数，如图16-42所示。

06 按Ctrl+J快捷键复制素材图像为“图层1副本”图层，调整图层的位置，按Ctrl+T快捷键翻转图像，如图16-43所示。

图16-42

图16-43

07 使用多边形套索工具选取如图16-44所示的柜子面以外的区域。

08 在菜单栏中选择“选择”|“修改”|“羽化”命令，在弹出的对话框中设置合适的“羽化半径”，单击“确定”按钮，如图16-45所示。按Delete键将选区中的图像删除，为倒影图层设置合适的“不透明度”。

图16-44

图16-45

09 在“图层”面板中新建“图层2”，使用椭圆选框工具在如图16-46所示的花盆位置创建选区，设置前景色为黑色。按Alt+Delete快捷键，将选区填充为黑色。

10 按Ctrl+D快捷键取消选择，在菜单栏中选择“滤镜”|“模糊”|“高斯模糊”命令，在弹出的对话框中设置“半径”为4.6，如图16-47所示。可以为其设置一个合适的“不透明度”。

图16-46

图16-47

11 在“图层”面板中选择“图层1”，按Ctrl+J快捷键，复制“图层1副本2”，如图16-48所示，先调整图层的位置，再调整图像的位置。

12 按Ctrl+U快捷键，在弹出对话框中调整参数，如图16-49所示。

图16-48

图16-49

13 在菜单栏中选择“滤镜”|“模糊”|“高斯模糊”命令，在弹出的对话框中设置模糊参数，如图16-50所示。

14 设置合适的图层“不透明度”，如图16-51所示。

图16-50

图16-51

15 选择“图层1”，按Ctrl+U快捷键，在弹出的对话框中设置参数，如图16-52所示。

16 打开“素材\cha16\植物1.psd”文件，如图16-53所示。

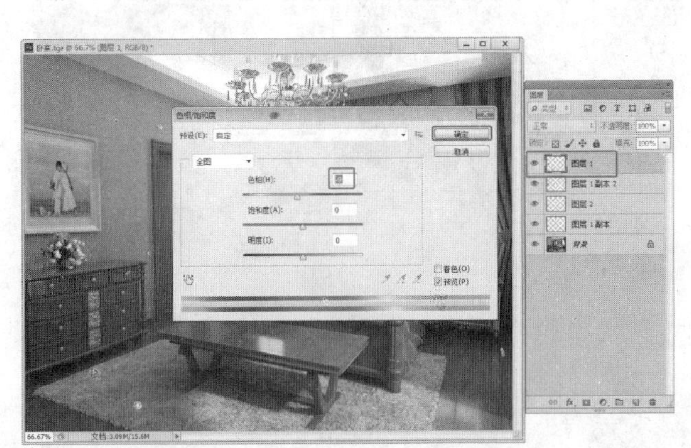
图16-52

图16-53

17 拖曳素材到效果图中，按Ctrl+T快捷键，调整素材的大小，如图16-54所示。

18 使用前面介绍的方法制作倒影效果，如图16-55所示。

图16-54

图16-55

19 按Ctrl+Shift+Alt+E快捷键，盖印所有可见图层到新的图层中，如图16-56所示。在菜单栏中选择“图像”|“调整”|“色彩平衡”命令，在弹出的对话框中设置合适的参数。

20 复制盖印后的图层，按Ctrl+M快捷键，在弹出的对话框中调整曲线，如图16-57所示。

21 设置图层的混合模式为“柔光”，设置“不透明度”参数合适即可，如图16-58所示。

22 在菜单栏中选择“滤镜”|“模糊”|“高斯模糊”命令，在弹出的对话框中设置合适的参数，如图16-59所示。

图16-56

图16-57

图16-58

图16-59

23 完成的效果如图16-60所示。

图16-60

16.5 小结

本章中介绍了Photoshop后期处理中常用的一些修饰图像的技巧，并介绍了一个简单的室内后期处理流程。通过对本章的学习，读者可以对后期处理有一个较深度的了解。

第17章　客厅的设计与表现

本章内容

- 方案介绍
- 模型的建立
- 设置场景材质
- 设置草图渲染
- 创建灯光
- 最终渲染设置
- 后期处理

本例结合使用AutoCAD、3ds Max、VRay以及Photoshop来制作全套家装图中的客厅效果。

17.1　方案介绍

本例介绍全套家装效果图中的客厅效果的制作。客厅是效果图中最主要的装修之一，是主人与客人会面的地方，也是房子的门面。客厅的摆设、颜色反映主人的性格、特点、眼光、个性等。

本例制作的是简约欧式客厅效果。欧式风格一般以整体风格豪华、富丽、充满强烈的动感效果，多用轻快纤细的曲线装饰，效果典雅、亲切。

17.2　模型的建立

场景路径：Scene\cha17\客厅场景.max	贴图路径：map\cha17	素材路径：素材\cha17
视频路径：视频\cha17\ 17.2 模型的建立01.mp4、17.2 模型的建立02.mp4和17.2 模型的建立03.mp4		

下面介绍如何建立客厅模型，如图17-1所示为3ds Max场景效果图。

图17-1

17.2.1　存储图纸

下面将介绍如何将提供的图纸在AutoCAD中进行调整，方便导入到3ds Max中作为建模参考。

01 运行AutoCAD 2014，打开随书附带光盘中的“素材\cha17\客厅图纸.dwg”文件，如图17-2所示。

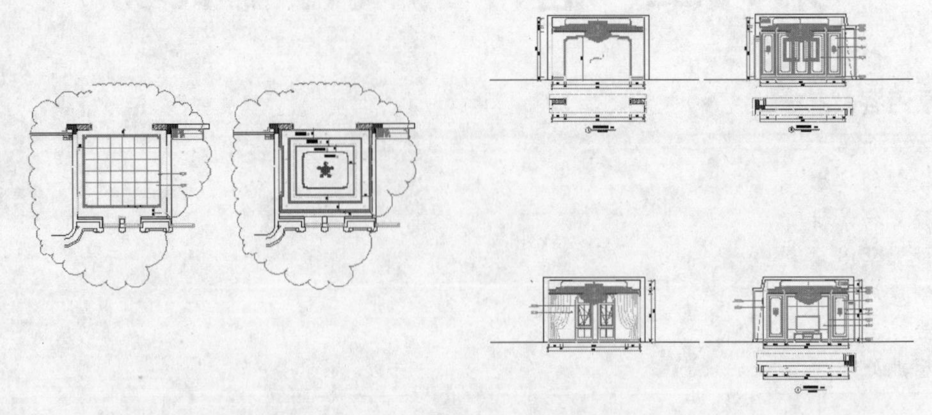

图17-2

02 在打开的图纸中，包括了客厅的地面、顶面、走廊面、正面、电视背景墙和沙发背景墙几个面，下面将分别删除多余的图形和注释。如图17-3所示为客厅的顶面，将其另存为一个图形。

03 分别将几个面的图形删除和存储，如图17-4所示。

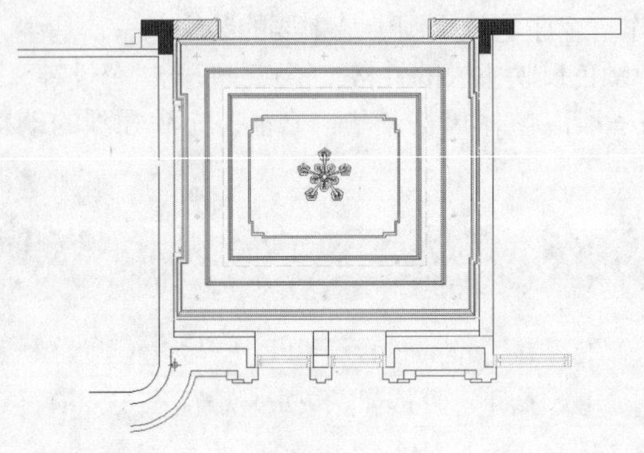

图17-3

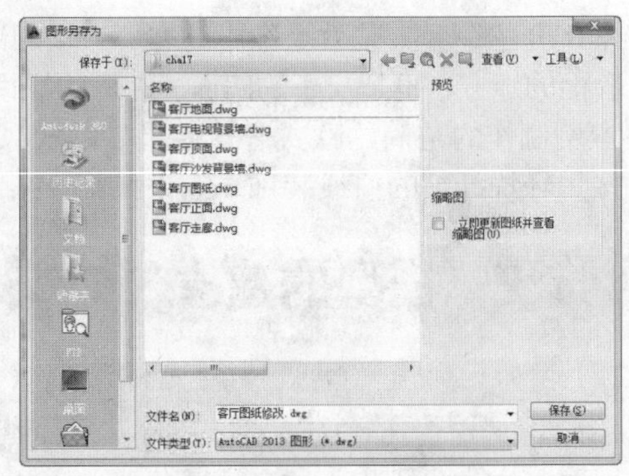

图17-4

17.2.2 导入图纸

下面介绍如何将修改后的图纸导入到3ds Max中。

01 运行3ds Max 2014软件，选择“文件”|“导入”命令，在弹出的对话框中选择存储的客厅顶面图，如图17-5所示。

02 图纸导入到3ds Max 2014软件中后，调整图形的颜色。选择导入的图形，右击鼠标，在弹出的快捷菜单中选择“冻结当前选择”命令，效果如图17-6所示。

图17-5

图17-6

17.2.3　通过图纸绘制客厅模型

01 首先来绘制整个客厅的墙体。单击“ （创建）”|“ （图形）”|“线”按钮，在顶视图中绘制墙体轮廓，如图17-7所示。切换到 （修改）命令面板，将选择集定义为“顶点”，调整图形的形状。

02 将选择集定义为“样条线”，通过调整样条线的轮廓参数调整样条线的轮廓，如图17-8所示。

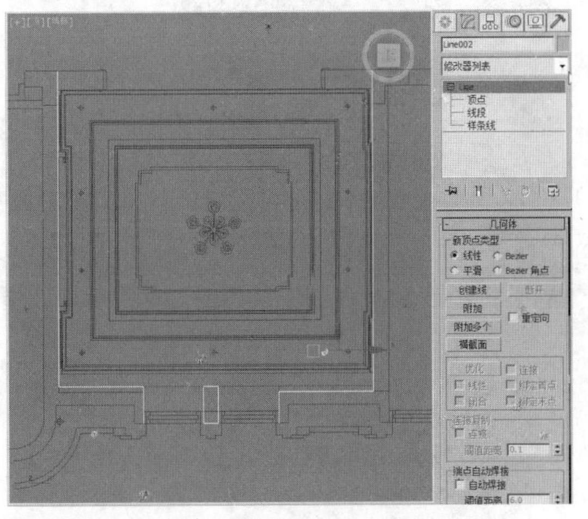

图17-7

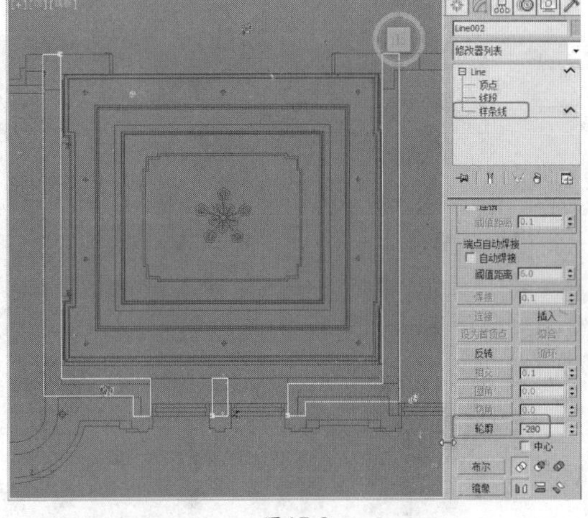

图17-8

注意　由于创建线图形的方向不同，所以调整轮廓的正负也不同，这里可以根据情况设置正负参数+280和-280（墙体厚度为280）。

03 下面来绘制正面墙体模型效果。调整好图形后，导入正面图纸图形，将图形成组，并将其调整到如图17-9所示的位置。

04 为绘制的墙体图形施加“挤出”修改器，在“参数”卷展栏中设置“数量”为3600，如图17-10所示。

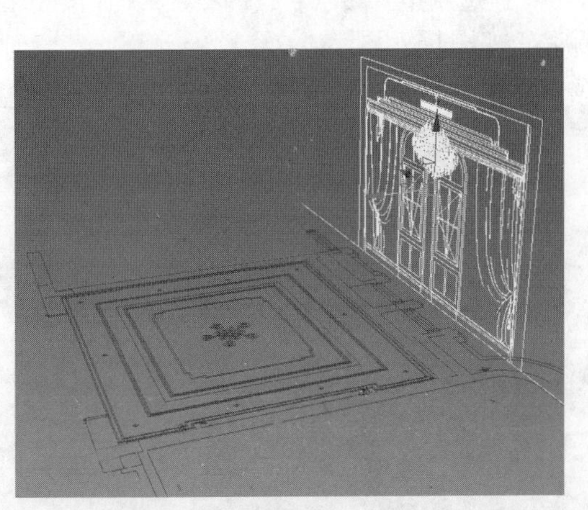

图17-9

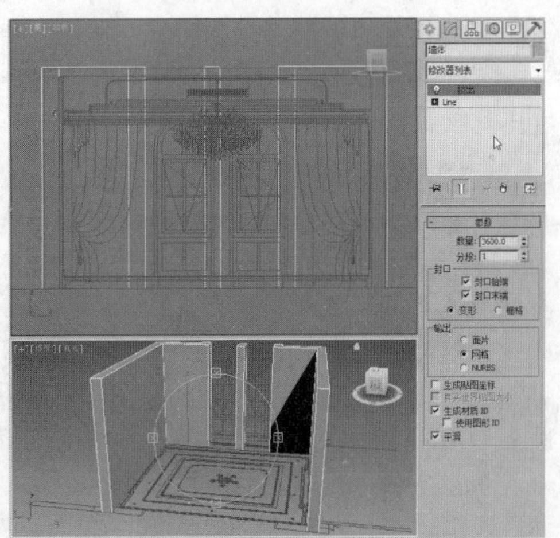

图17-10

05 在拱形门的位置创建图形“弧”，参数可以参考绘制的拱形门弧度，合适即可，如图17-11所示。

06 为“弧”施加“编辑样条线”修改器，将选择集定义为“样条线”，为弧设置轮廓，如图17-12所示。

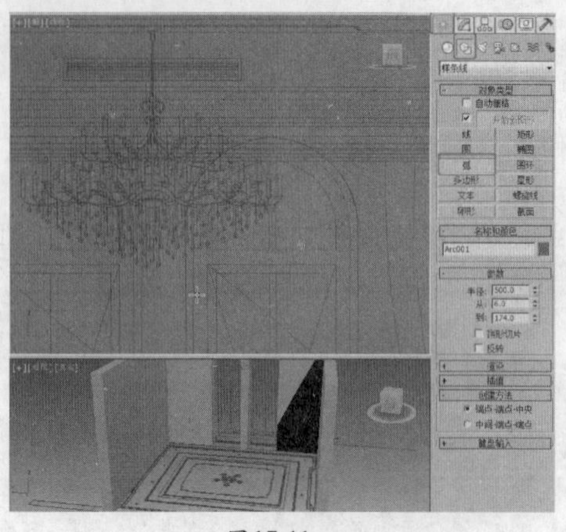
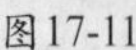
图17-11

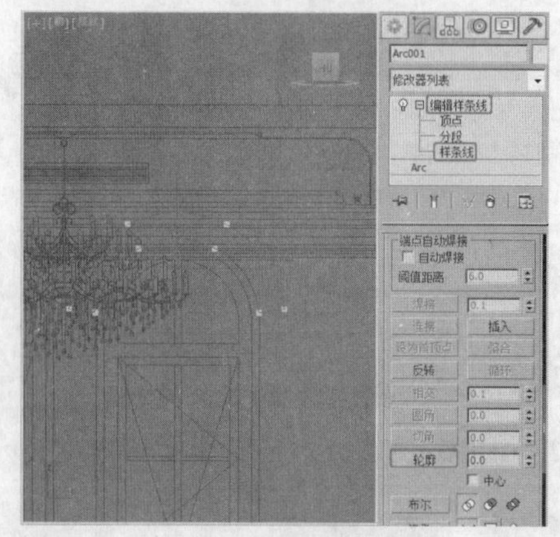
图17-12

07 将选择集定义为“顶点”，删除多余顶点并调整顶点，如图17-13所示。

08 为图形施加“挤出”修改器，并在“参数”卷展栏中设置“数量”为600，复制模型，调整模型的位置，如图17-14所示。

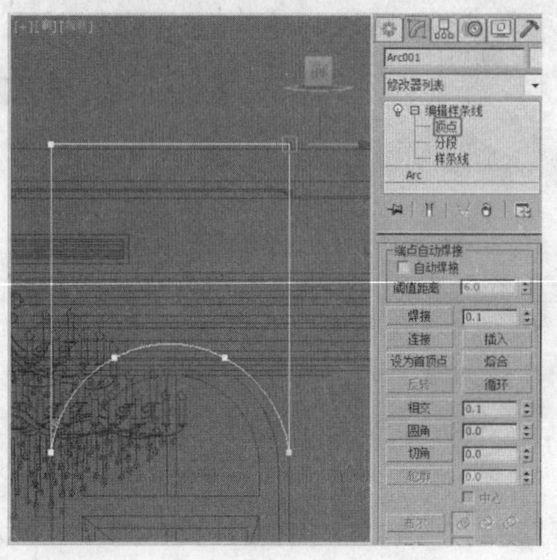
图17-13

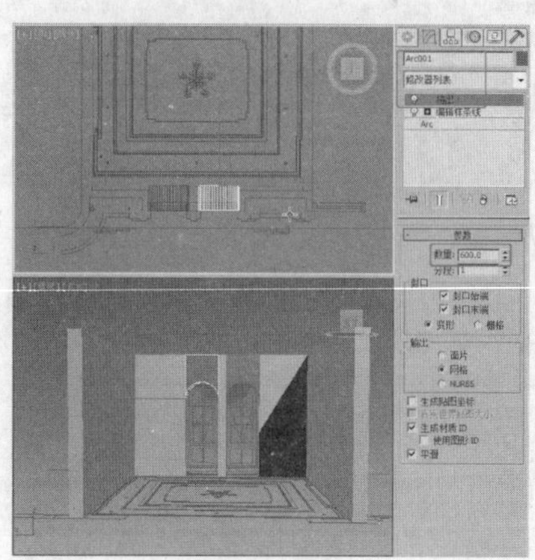
图17-14

09 复制绘制的弧形墙，删除其“挤出”修改器，通过调整“顶点”，调整拱形门门框边饰的形状。将选择集定义为“分段”，将底部的分段删除，如图17-15所示。

10 在顶视图中绘制如图17-16所示的图形，作为拱形门门框边饰的放样图形。

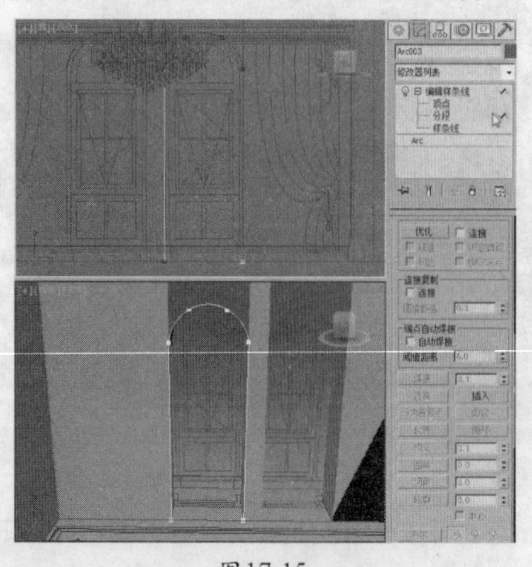
图17-15

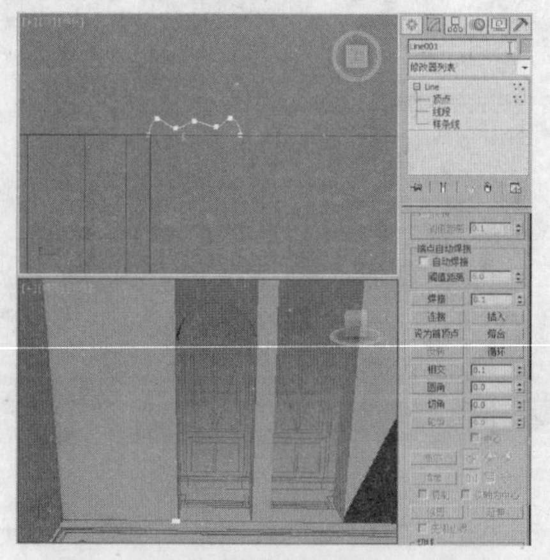
图17-16

11 在场景中选择复制并调整的拱形门门框边饰图形，单击“ （创建）”|“ （几何体）”|“复合对象”|“放样”按钮，在“创建方法”卷展栏中单击“获取图形”按钮，在场景中

单击绘制的拱形门门框边饰的放样图形，如图17-17所示。

⑫ 如果场景中放样出的模型出现如图17-17所示的纹理内翻，可以将选择集定义为“图形”，在场景中旋转图形，如图17-18所示。

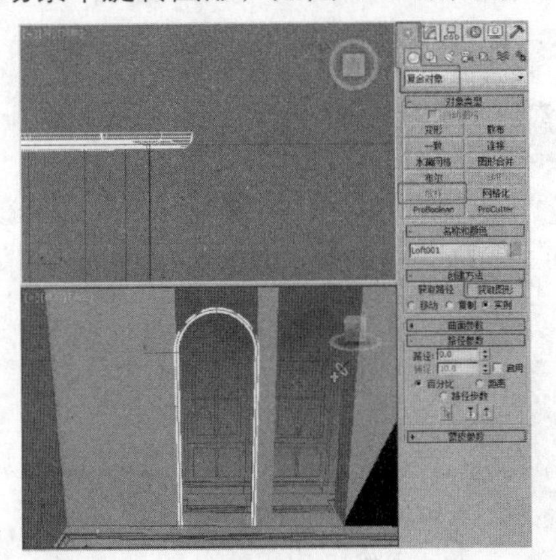
图17-17

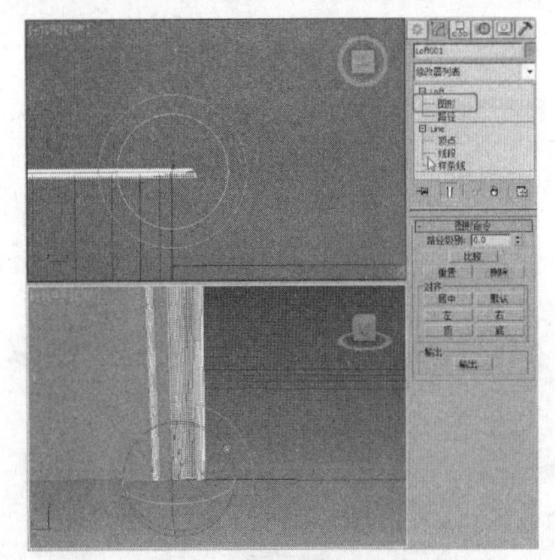
图17-18

⑬ 设置放样模型的“路径步数”为15，复制并调整拱形门门框边饰，如图17-19所示。

⑭ 在前视图中创建如图17-20所示的图形作为踢脚线的放样图形。

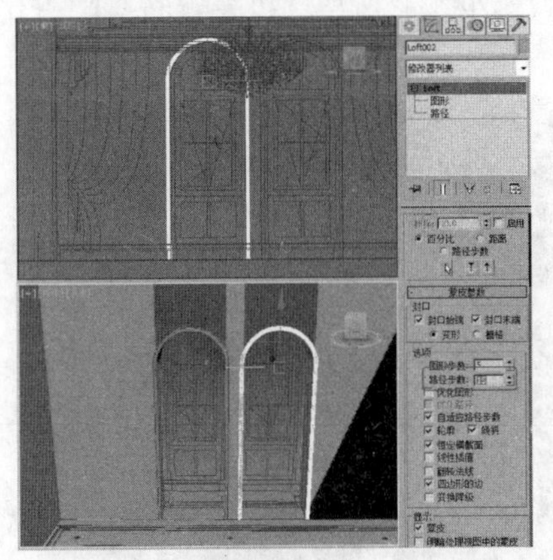
图17-19

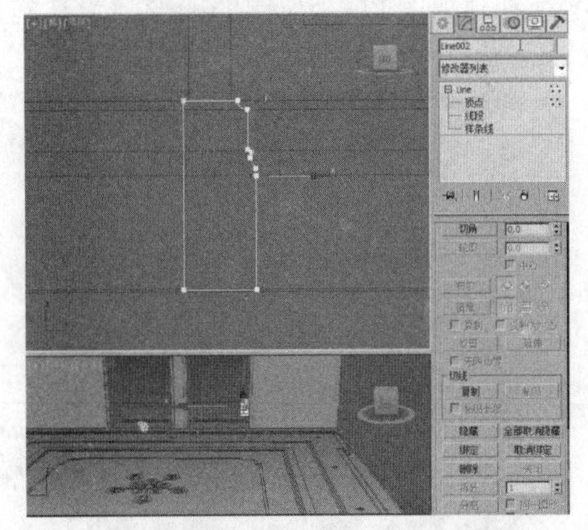
图17-20

⑮ 在顶视图中创建如图17-21所示的踢脚线路径。

⑯ 在场景中选择作为踢脚线路径的线，单击“（创建）”|“（几何体）”|“复合对象”|“放样”按钮，在“创建方法”卷展栏中单击“获取图形”按钮，在场景中拾取作为踢脚线的放样图形，创建出踢脚线的效果，如图17-22所示，如果放样的模型出现错误，对其进行调整。

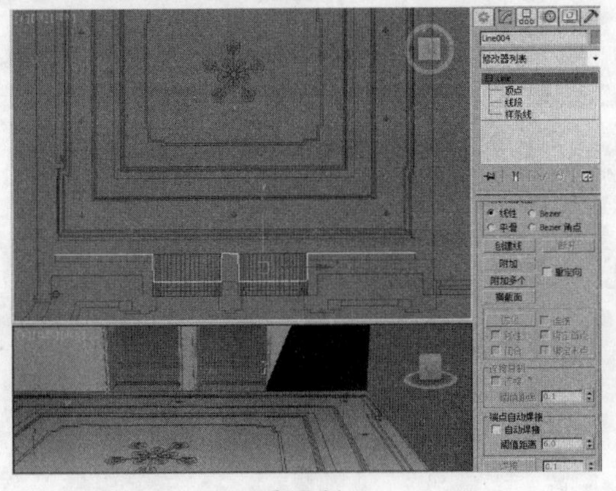
图17-21

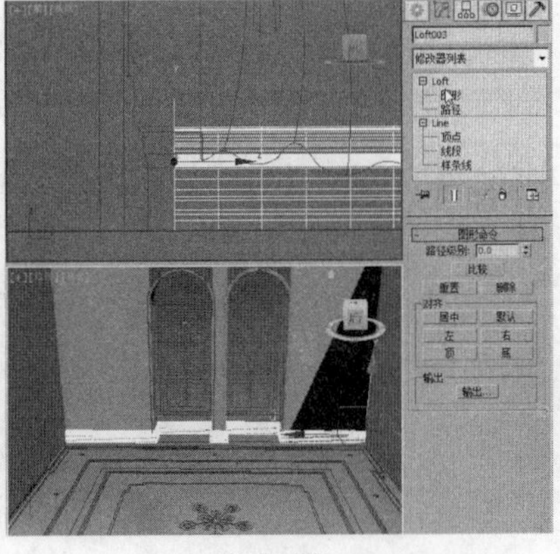
图17-22

17 在门框的位置创建弧，合适即可，如图17-23所示。

18 为弧施加“编辑样条线”修改器，通过对顶点的编辑，调整出门框的形状。将选择集定义为“样条线”，设置合适的“轮廓”，如图17-24所示。

图17-23

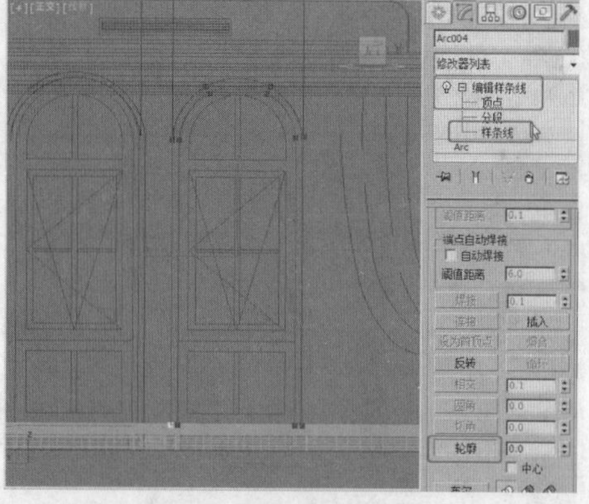

图17-24

19 调整门框后关闭选择集，为其施加“挤出”修改器，在“参数”卷展栏中设置“数量”为100，在场景中调整模型的位置，如图17-25所示。

20 继续创建如图17-26所示的图形，为其施加“挤出”修改器，设置“数量”为100，调整模型的位置。

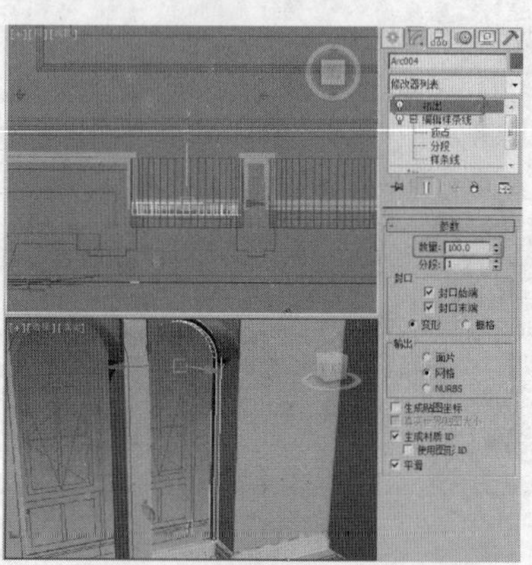

图17-25

图17-26

21 通过顶点捕捉，在后视图中如图17-27所示的位置绘制矩形。

22 为矩形施加“编辑样条线”修改器，将选择集定义为“样条线”，参考导入的图纸，设置矩形轮廓，并为其施加“挤出”修改器，设置“数量”为70，调整模型的位置，如图17-28所示。

图17-27

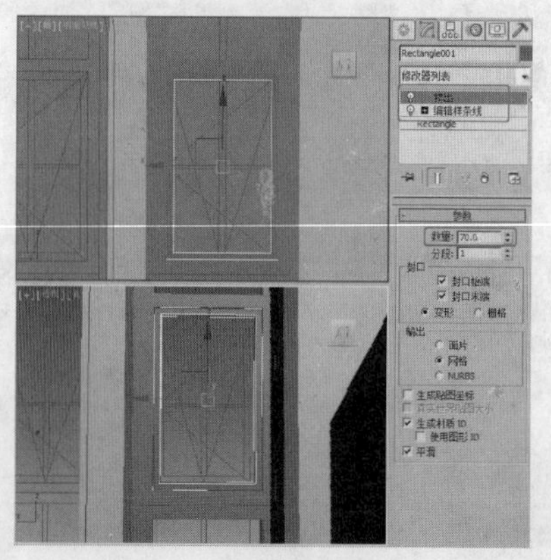

图17-28

23 参考图纸，绘制矩形作为窗格，如图17-29所示。

24 为矩形施加“挤出”修改器，设置基础的“数量”为70，复制并调整矩形作为窗格，如图17-30所示。

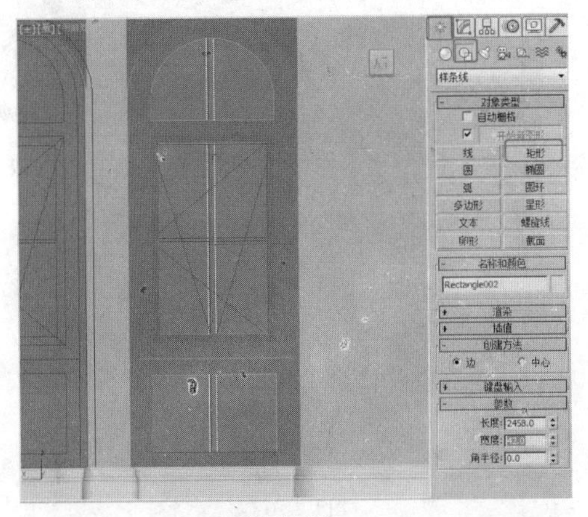
图17-29

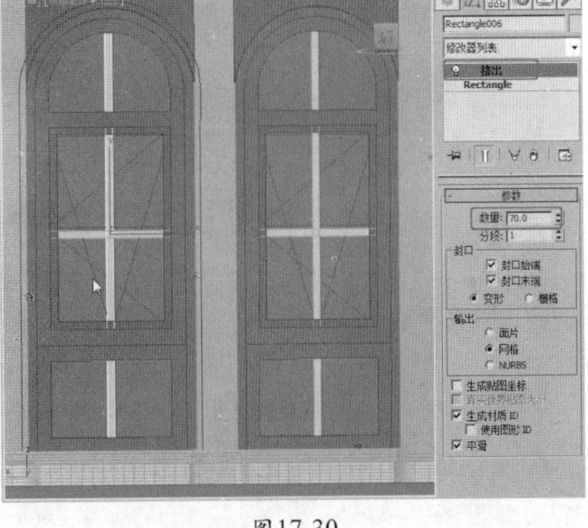
图17-30

25 下面介绍制作沙发背景墙模型。选择“文件”|“导入”命令，在弹出的对话框中选择随书附带光盘中的“素材\cha17\客厅沙发背景墙.dwg”文件，如图17-31所示，单击“打开”按钮。

26 将导入到场景中的图纸成组，并设置其合适的位置和角度，为其设置一个合适的颜色，在适当的时候冻结该图纸，如图17-32所示。

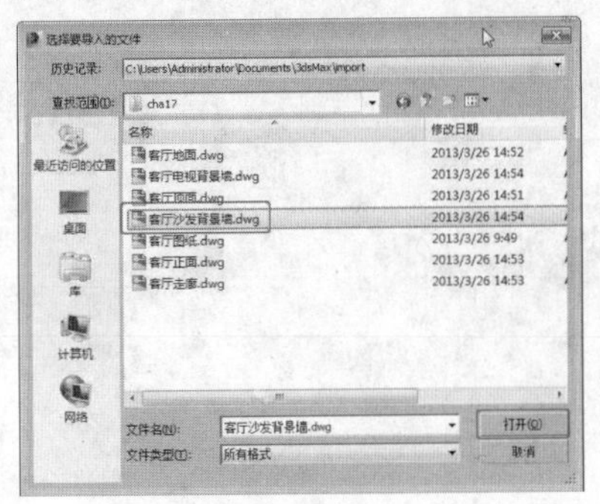
图17-31

图17-32

27 可以将场景中用不到的模型随时隐藏和显示，在左视图中根据调整好的图纸绘制如图17-33所示的矩形。

28 为创建的矩形施加“编辑样条线”修改器，参考图纸，为其设置一个合适的“轮廓”值，如图17-34所示。

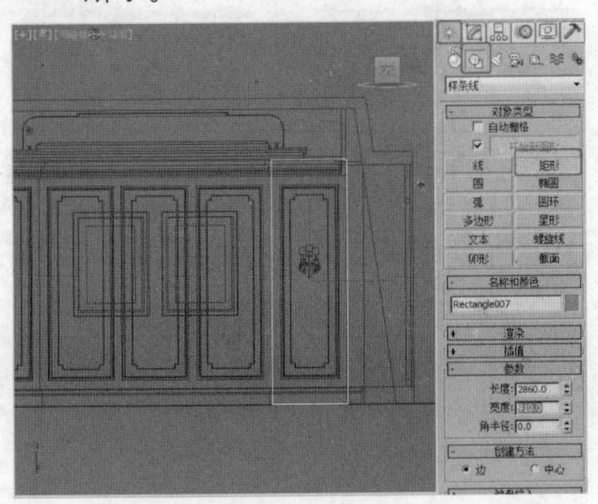
图17-33

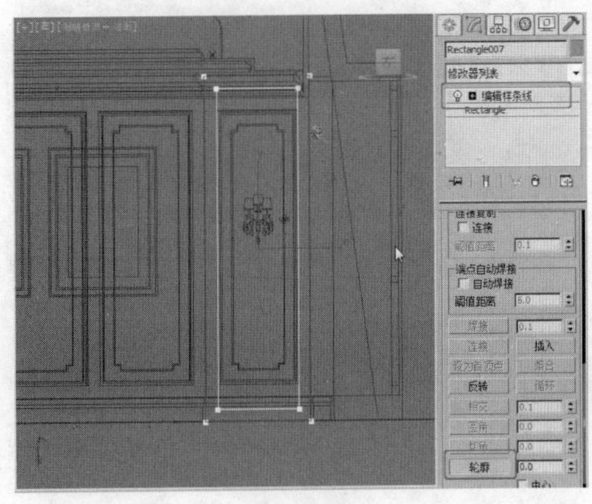
图17-34

29 将选择集定义为“顶点”，调整图形的形状，然后为其施加“挤出”修改器，设置挤出的“数量”为50，如图17-35所示。

30 在挤出模型的内侧创建一个“高度”为25的合适的长方体，如图17-36所示。

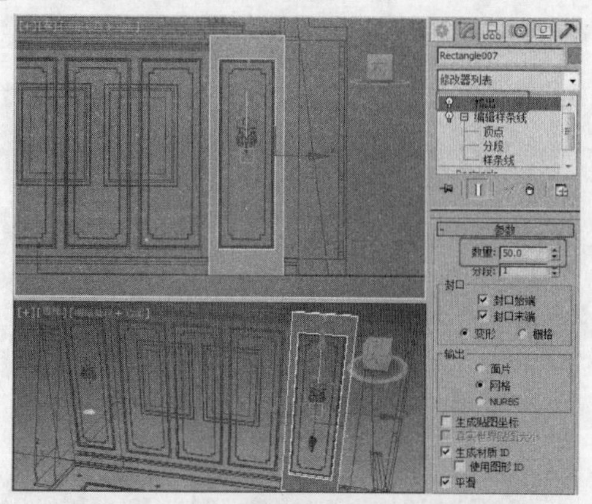

图17-35

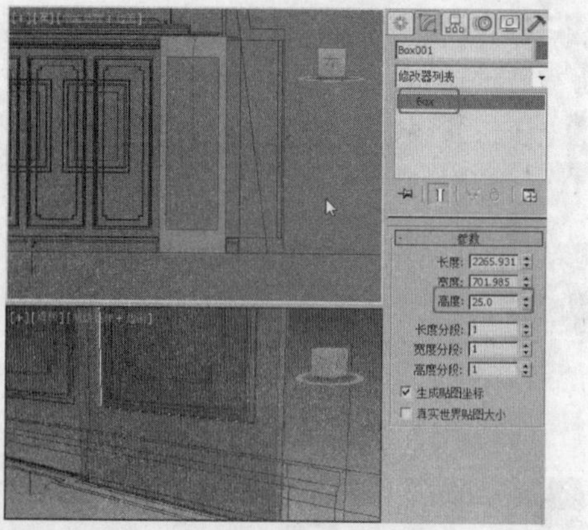

图17-36

31 在创建的长方体位置创建一个装饰边路径，如图17-37所示。

32 使用直线工具创建装饰边的放样图形，如图17-38所示。

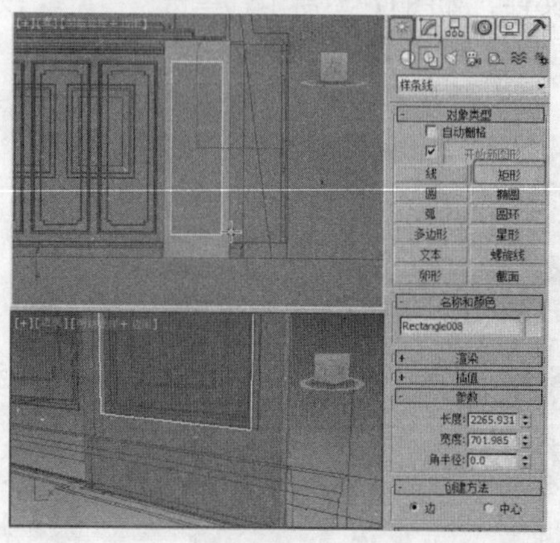

图17-37

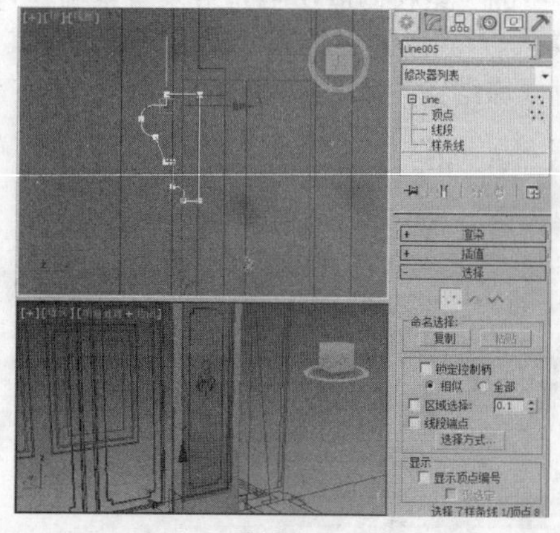

图17-38

33 在场景中选择作为装饰边的路径，单击“ （创建）”|“ （几何体）”|“复合对象”|“放样”按钮，在“创建方法”卷展栏中单击“获取图形”按钮，在场景中选择作为装饰边的放样图形，如图17-39所示。

34 调整放样模型的效果，如图17-40所示。

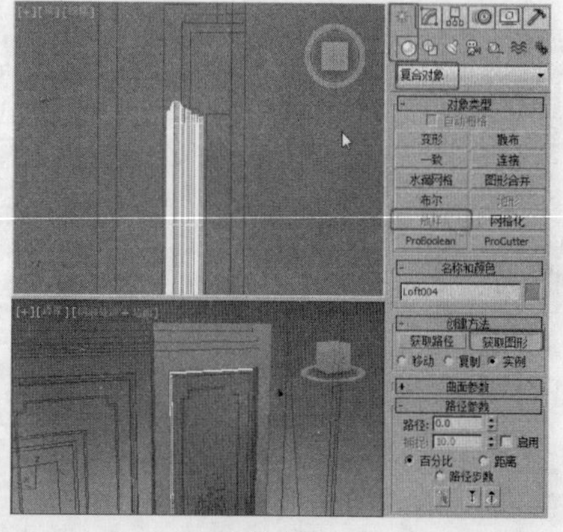

图17-39

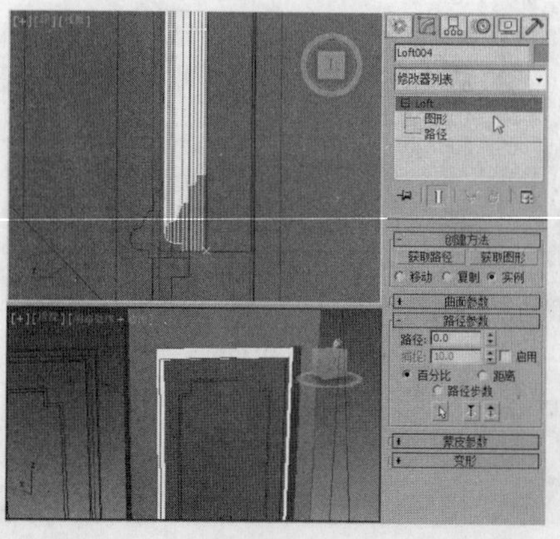

图17-40

35 在左视图中创建样条线，在“渲染”卷展栏中勾选“在渲染中启用”和“在视口中启用”选项，设置“厚度”为15，创建的装饰边如图17-41所示，调整模型的位置。

36 在场景中复制模型，并调整其合适的前后位置，如图17-42所示。

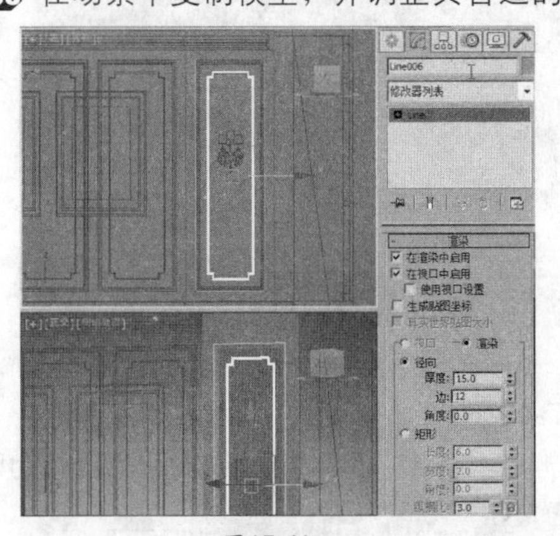

图17-41

图17-42

37 这样沙发背景墙就制作完成，下面来制作电视背景墙。使用同样的方法导入“客厅电视背景墙.dwg”文件，如图17-43所示。

38 在场景中将合并的图纸成组，调整其位置和颜色，如图17-44所示。

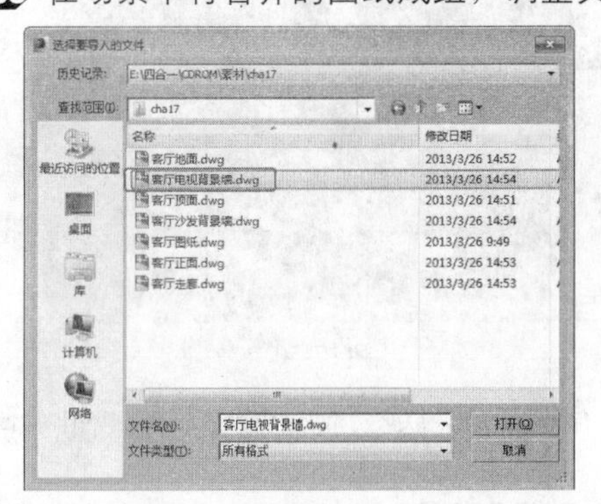

图17-43

图17-44

39 将沙发背景墙中的装饰板模型复制到电视背景墙的位置，并根据图纸调整其合适的大小，如图17-45所示。

40 根据图纸，在如图17-46所示的位置创建线，取消其可渲染，如图17-46所示。

图17-45

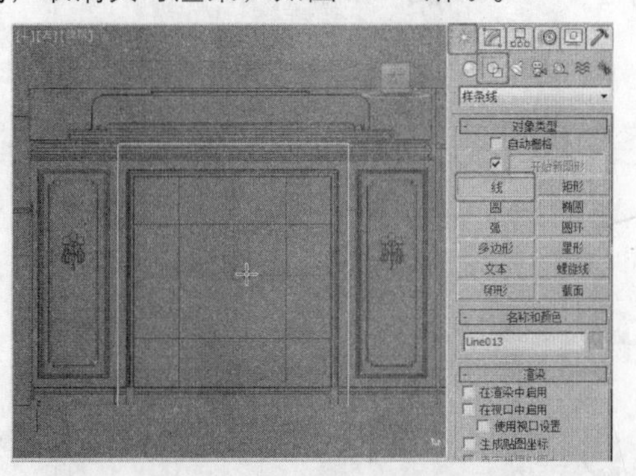

图17-46

41 切换到 （修改）命令面板，将选择集定义为“样条线”，根据图纸设置样条线的“轮廓”值，如图17-47所示。

42 关闭选择集，为图形施加“挤出”修改器，设置挤出“数量”为100，调整模型的位置，如图17-48所示。

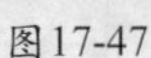
图17-47

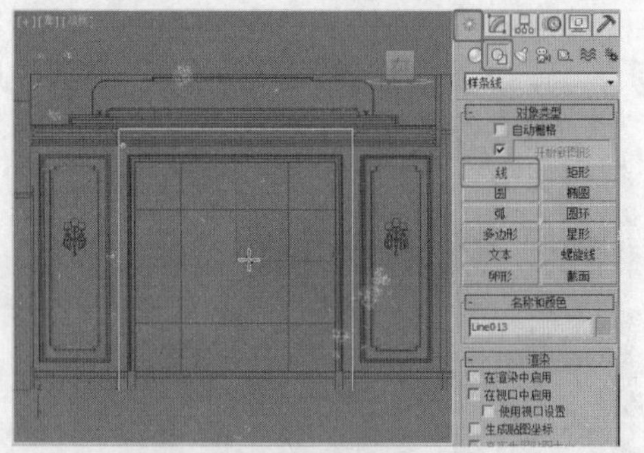

图17-48

43 复制一个装饰边模型，对其进行调整，如图17-49所示。

44 根据图纸绘制如图17-50所示的图形，并为其施加“挤出”修改器，设置“数量”为60。

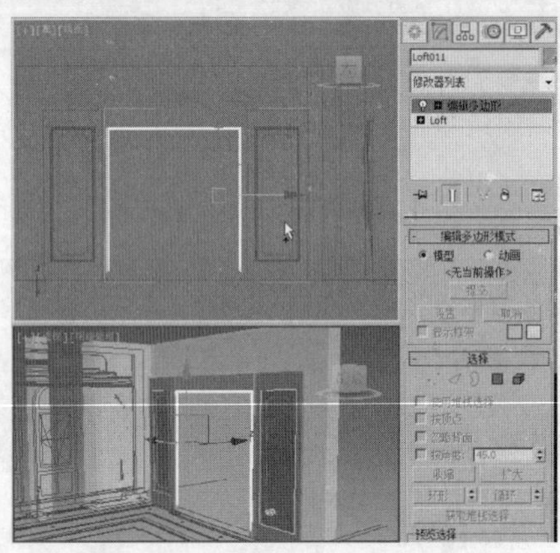

图17-49

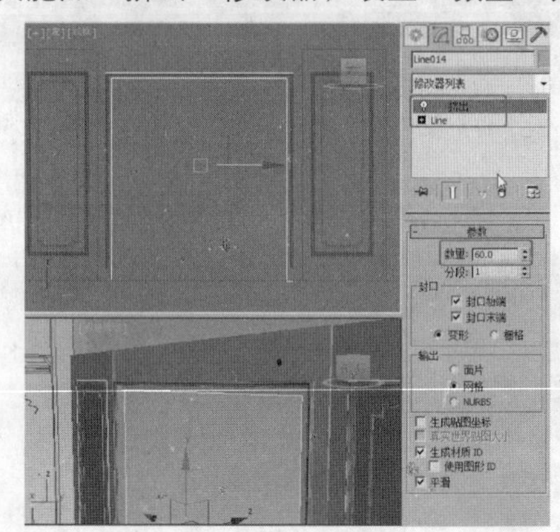

图17-50

45 创建样条曲线，如图17-51所示，在“渲染”卷展栏中勾选“在渲染中启用”和“在视口中启用”选项，设置“厚度”为15。

46 调整电视墙装饰边的各个模型效果和位置，如图17-52所示。

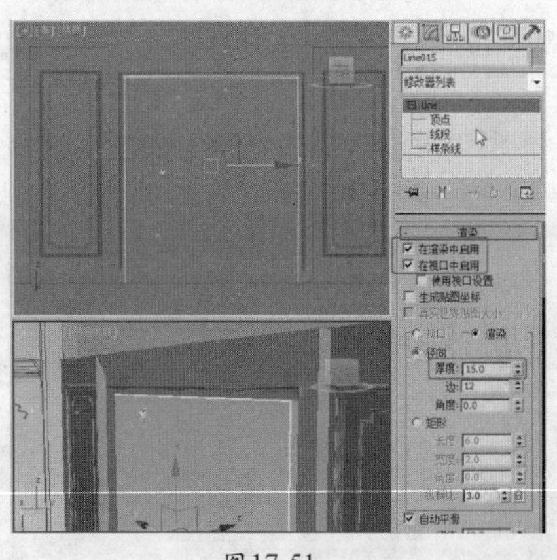

图17-51

图17-52

47 单击“（创建）”|“（几何体）”|“长方体”按钮，根据图纸绘制如图17-53所示的长方体，设置“长度分段”为3、“宽度分段”为3、“高度”为1。

48 为长方体施加“编辑多边形”修改器，将选择集定义为“顶点”，调整模型。将选择集定义为“多边形”，在右视图中选择如图17-54所示的多边形，在“编辑多边形”卷展栏中单击“倒角”后的按钮，设置倒角类型为“按多边形”，设置倒角高度为10、倒角轮廓为-8。

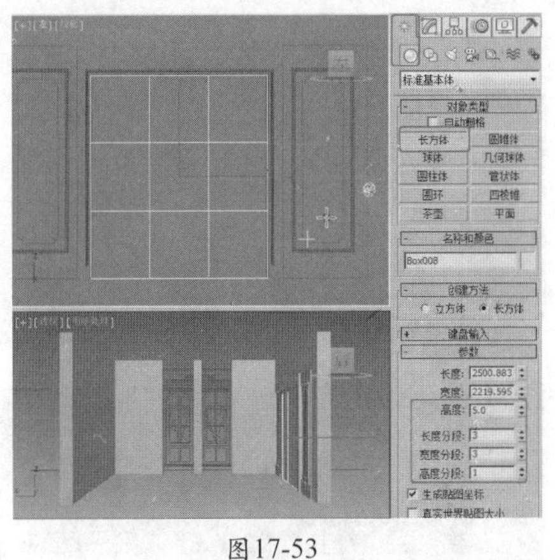
图17-53

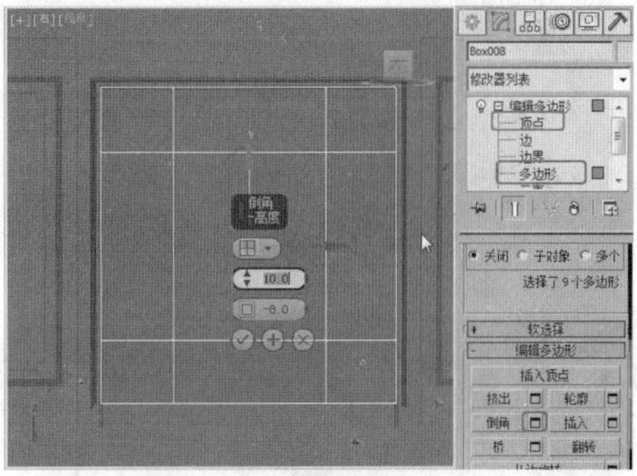

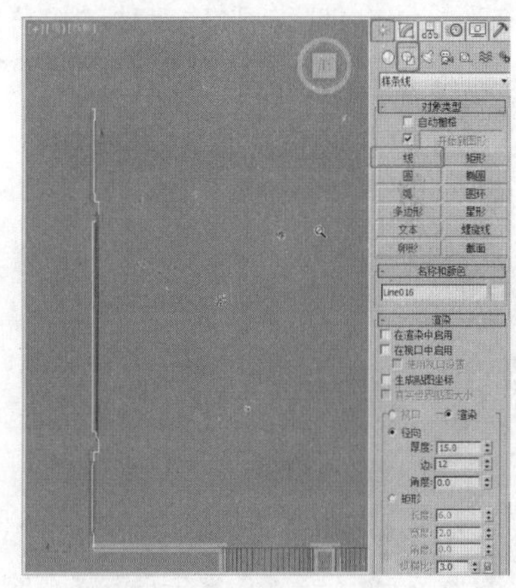
图17-54

49 关闭选择集，调整模型的效果和位置，如图17-55所示。

50 创建两侧的墙体后，下面再为其创建踢脚线和墙角线。在顶视图中根据墙体的凹凸形状创建踢脚线的放样路径，如图17-56所示。

图17-55

图17-56

51 使用创建的放样路径，获取拱形门处的踢脚线图形，创建出踢脚线，调整放样的模型，如图17-57所示。

52 使用同样的方法创建沙发背景墙的踢脚线，如图17-58所示。

图17-57

图17-58

53 在左视图中创建墙角线的放样图形，如图17-59所示。

54 根据墙体的凹凸效果绘制墙线路径，使用放样工具放样出墙角线效果，如图17-60所示。

> **注意**
> 正面墙体的脚线在创建的时候，要留一定的空间放置窗帘。

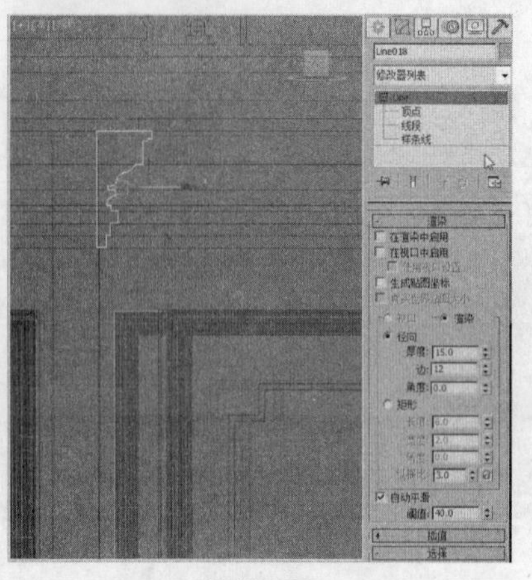

图17-59

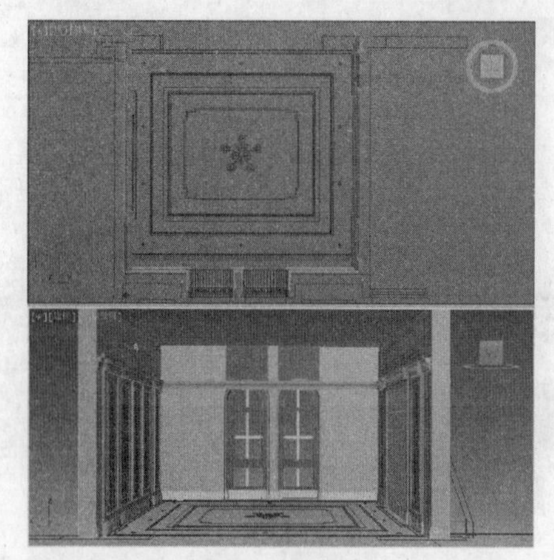

图17-60

55 下面为场景创建顶的效果。根据图纸，在左视图中墙角线的上方创建如图17-61所示的顶截面图形。

56 在顶视图中创建矩形作为顶的放样路径，如图17-62所示。

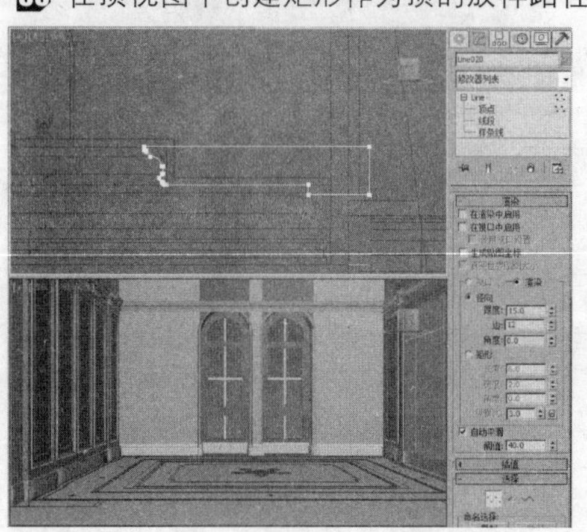

图17-61

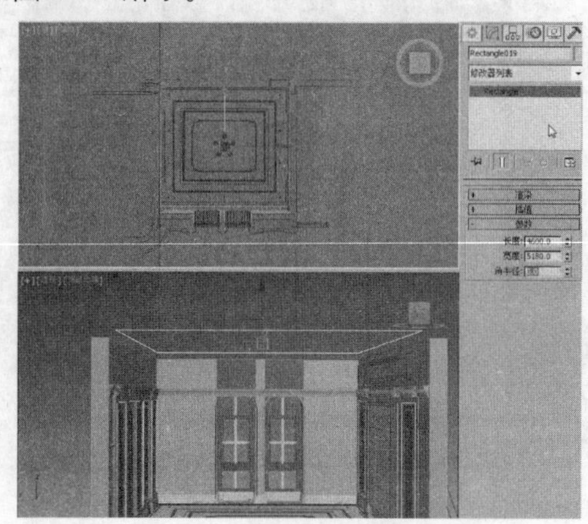

图17-62

57 调整放样出的模型效果，如图17-63所示。

58 复制并调整顶模型，如图17-64所示。

图17-63

图17-64

59 在顶视图中创建长方体，设置“高度”为500，其他参数合适即可，如图17-65所示。

60 根据图纸创建切角长方体，设置“高度”为690、“圆角”为140，长宽合适即可，作为长方体的布尔对象，如图17-66所示。

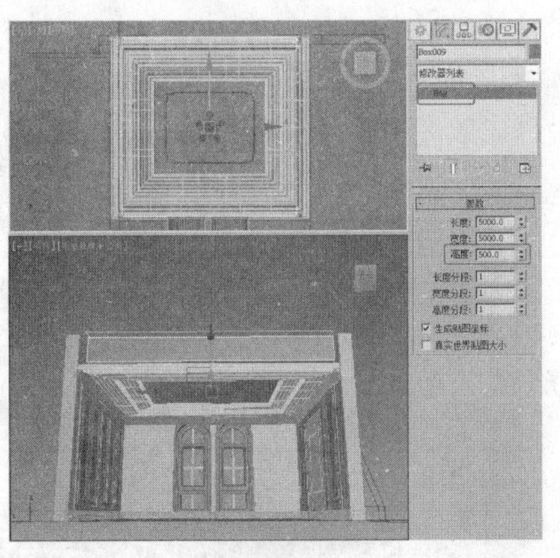

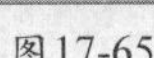
图17-65

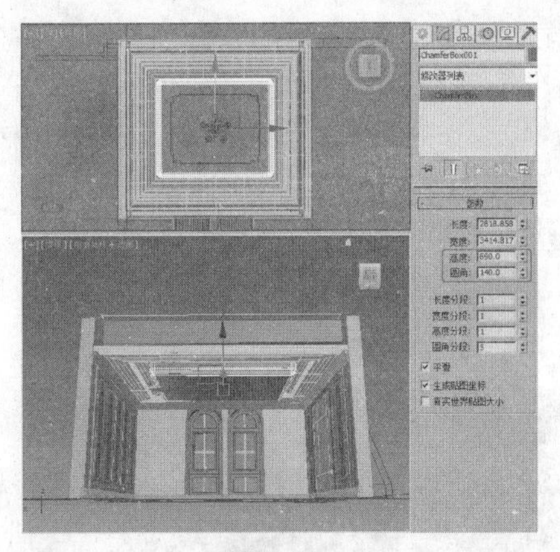

图17-66

61 根据图纸绘制如图17-67所示的图形，并为其施加“挤出”修改器，设置“数量”为100。调整模型到合适的位置。

62 在场景中选择长方体，单击“（创建）”|“（几何体）”|“复合对象”|“ProBoolean”按钮，在“拾取布尔对象”卷展栏中单击“开始拾取”按钮，在场景中拾取创建的切角长方体和挤出的模型，如图17-68所示。

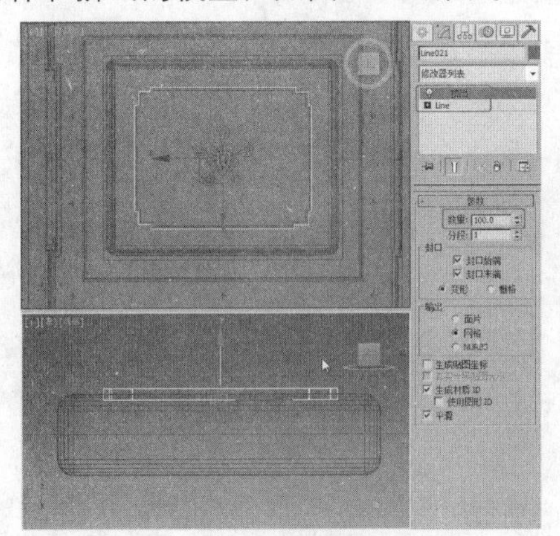

图17-67

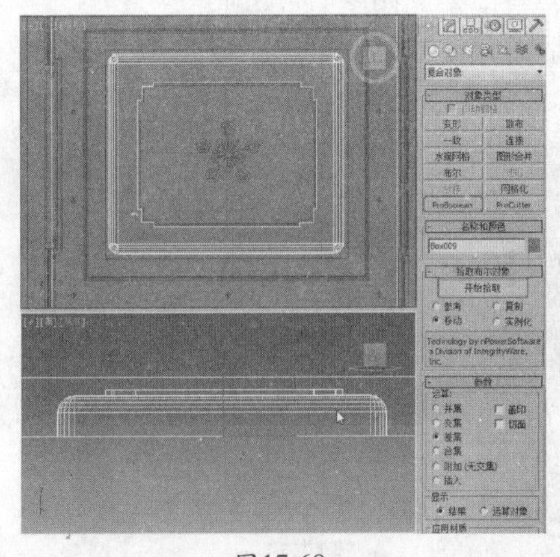

图17-68

63 在场景中选择布尔后的模型，切换到（修改）命令面板，在运算对象列表框中选择挤出的图形模型，选择“子对象运算”组中的“复制”选项，单击“提取选定对象”按钮，如图17-69所示。

64 提取模型后，在修改器堆栈中删除“挤出”修改器，如图17-70所示。

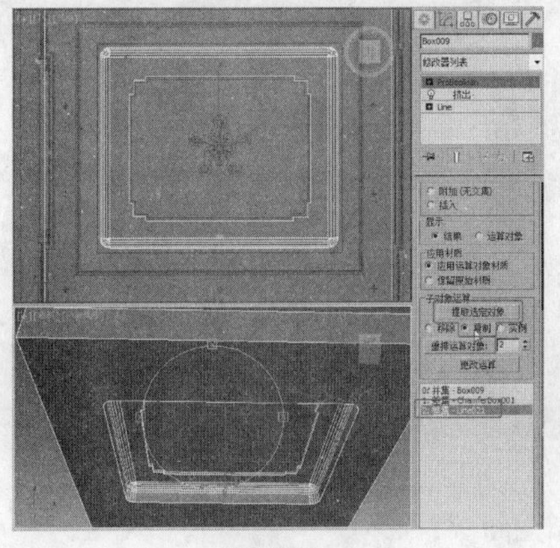

图17-69

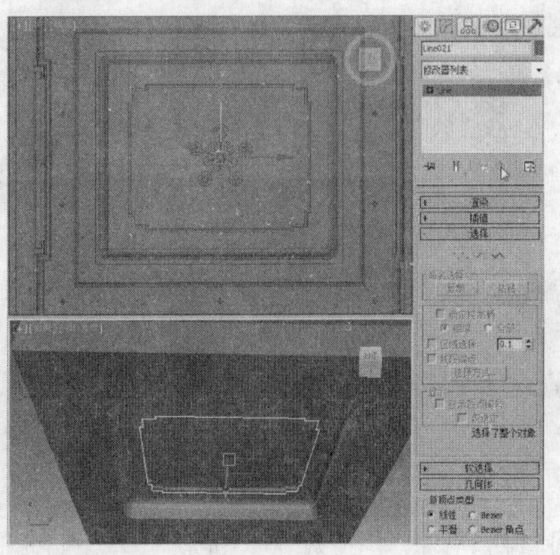

图17-70

65 在左视图中创建如图17-71所示的装饰边框放样图形。

66 在场景中选择提取出的图形，单击“ (创建)”|“ (几何体)”|“复合对象”|“放样”按钮，在“创建方法”卷展栏中单击“获取图形”按钮，在场景中拾取刚创建的放样图形，如图17-72所示。

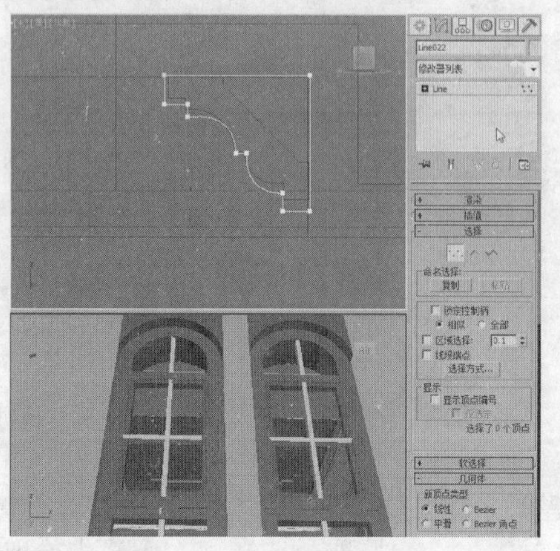
图17-71

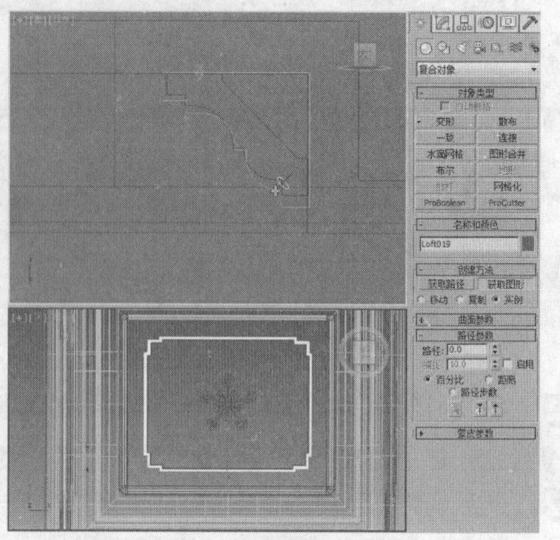
图17-72

67 调整模型，如图17-73所示。

68 下面介绍地面的创建。导入地面图纸，根据图纸绘制如图17-74所示的两个图形。

图17-73

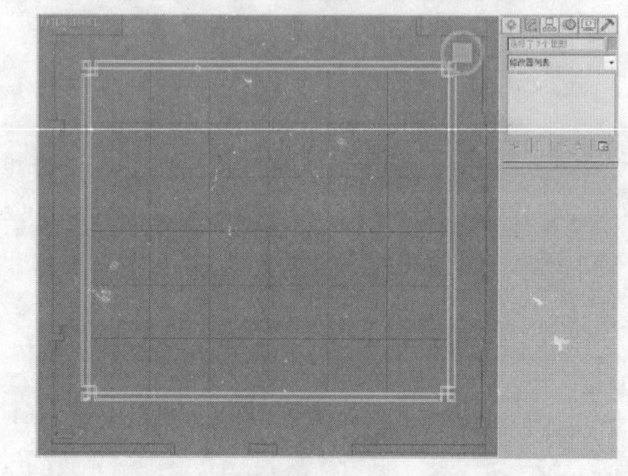
图17-74

69 修剪样条线图形，如图17-75所示。设置合适的“焊接”参数焊接顶点，为地面创建的两个图形施加“挤出”修改器，设置挤出“数量”为1.5。

70 创建长方体作为地面，设置“高度”为1，其他参数合适的即可，如图17-76所示。

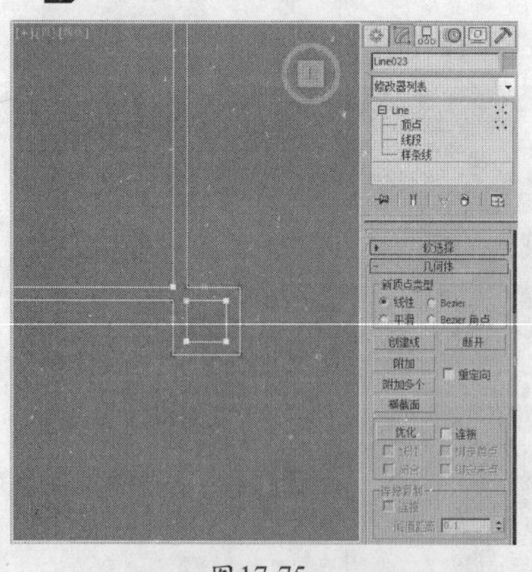
图17-75

图17-76

71 调整各个模型的效果，完成模型的创建，如图17-77所示。

图17-77

17.3 设置场景材质

场景路径：Scene\cha17\客厅场景.max　　贴图路径：map\cha17

视频路径：视频\cha17\ 17.3 设置场景材质.mp4

创建场景模型后，下面介绍如何设置场景模型的材质。

01 指定渲染器为VRay，如图17-78所示。

02 在工具栏中单击（材质编辑器）按钮，打开材质编辑器，选择一个新的材质样本球，将材质样本球命名为“墙纸”，将材质转换为VRayMtl材质。在“基本参数”卷展栏中设置“漫反射”的红绿蓝值分别为203、200、191，如图17-79所示。

03 在“墙纸”的“贴图”卷展栏中为“凹凸”指定位图贴图“map\cha17\壁纸88.jpg”文件，如图17-80所示。

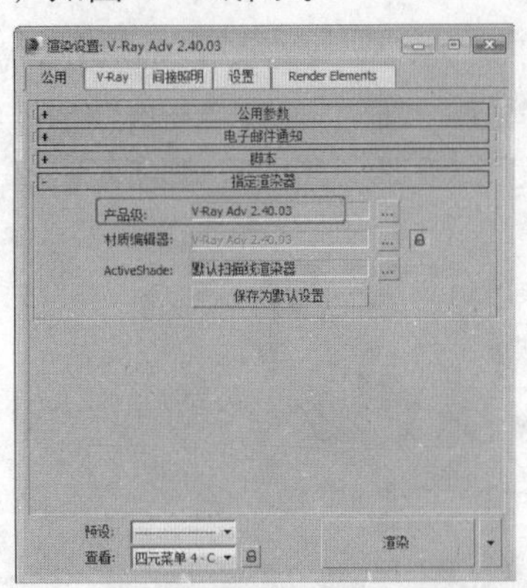

图17-78

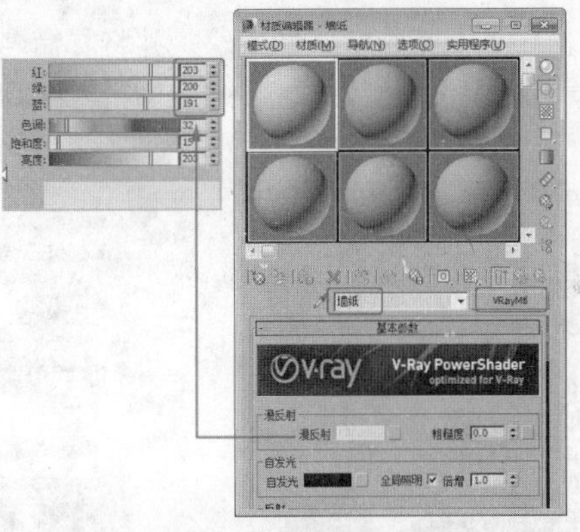

图17-79

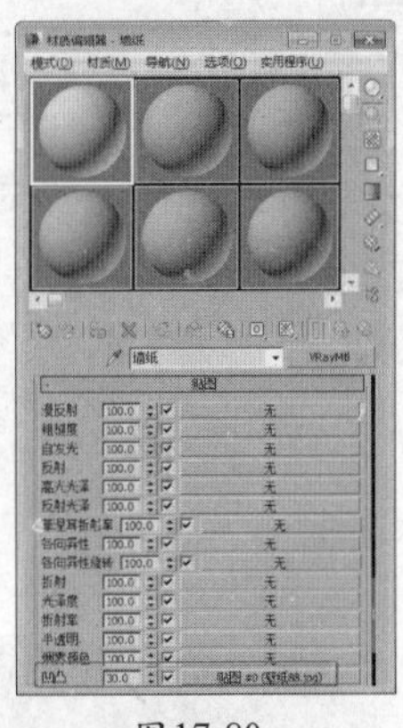

图17-80

04 将“墙纸”材质指定给场景，作为墙体和装饰墙体的模型，如图17-81所示。选择这些指定墙纸材质的模型，为其施加“UVW贴图”修改器，在“参数”卷展栏中选择贴图方式为“长方体”，设置“长度”、“宽度”和“高度”的参数均为600。

图17-81

05 在材质编辑器中选择一个新的材质样本球，并将其命名为“白乳胶”，将材质转换为VRayMtl材质。在“基本参数”卷展栏中设置“漫反射”的红绿蓝为240、240、240，设置“反射”的红绿蓝为20、20、20，设置“高光光泽度”为0.4，如图17-82所示。

06 将“白乳胶”材质指定给场景中如图17-83所示的模型。

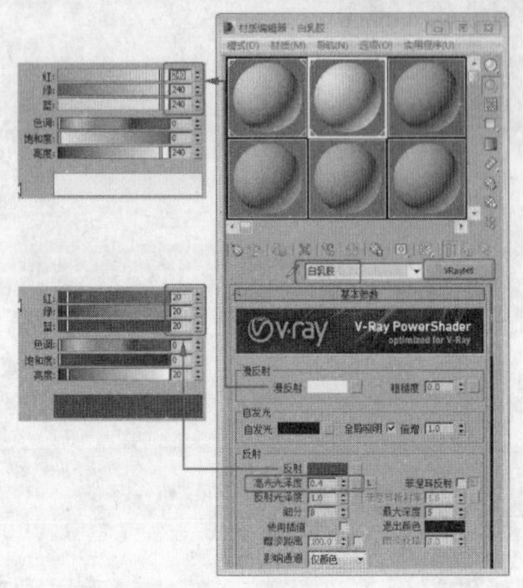

图17-82

图17-83

07 在材质编辑器中选择一个新的材质样本球，并将其命名为“金箔顶”，将材质转换为VRayMtl材质。在“基本参数”卷展栏中设置“漫反射”的红绿蓝为229、216、198，设置“反射”的红绿蓝为20、20、20，设置“高光光泽度”为0.4，如图17-84所示。将材质指定给场景中定中灯池模型。

08 在材质编辑器中选择一个新的材质样本球，并将其命名为“白漆”，将材质转换为VRayMtl材质。在“基本参数”卷展栏中设置“漫反射”的红绿蓝为255、255、255，设置“反射”的红绿蓝为32、32、32，设置“高光光泽度”为0.85、设置“反射光泽度”为0.85，如图17-85所示。

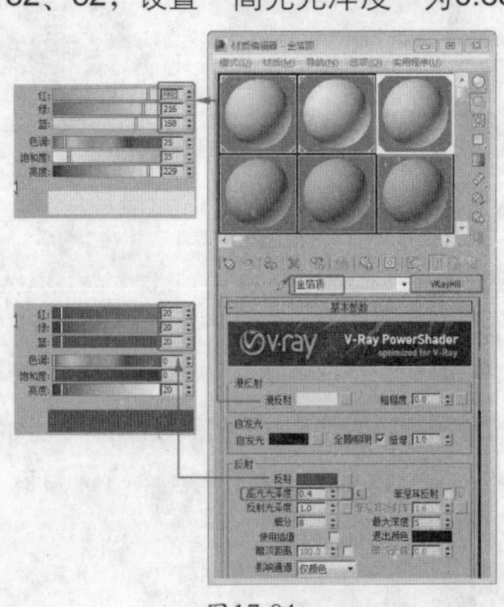

图17-84

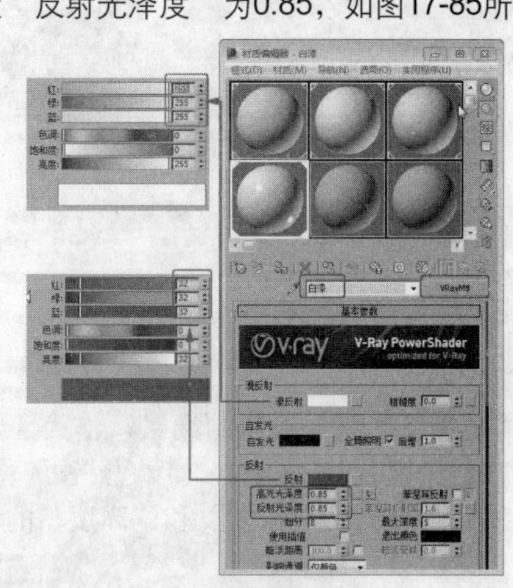

图17-85

09 将材质指定给场景中如图17-86所示的模型。

10 在“白漆”材质的“贴图”卷展栏中为“凹凸”指定“map\cha17\wood_19_diffuseA.jpg”文件，如图17-87所示。

11 在材质编辑器中选择一个新的材质样本球，并将其命名为“浅色软包”，将材质转换为VRayMtl材质。在“基本参数”卷展栏中设置“反射”的红绿蓝为57、57、57，设置“反射光泽度”为0.72，如图17-88所示。

12 在“贴图”卷展栏中为“漫反射”指定“衰减”贴图，进入贴图层级，在“衰减参数”卷展栏中设置第一个色块的红绿蓝为194、175、145，设置第二个色块的红绿蓝为166、149、

126，如图17-89所示。将材质指定给场景中电视背景墙的软包模型。

图17-86

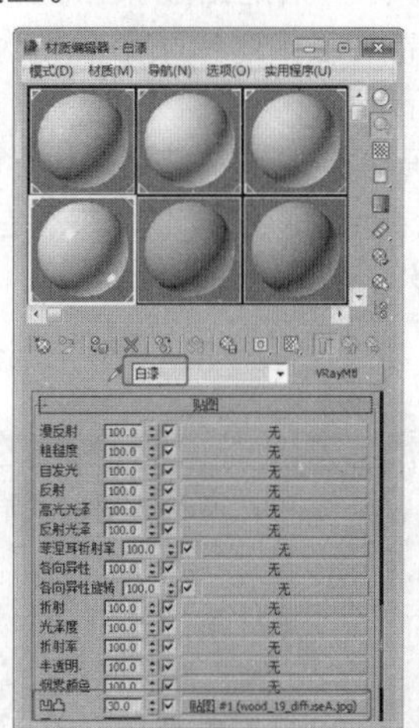

图17-87

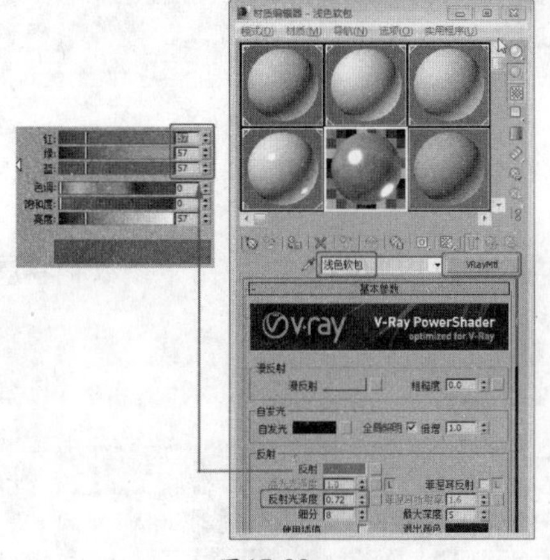

图17-88

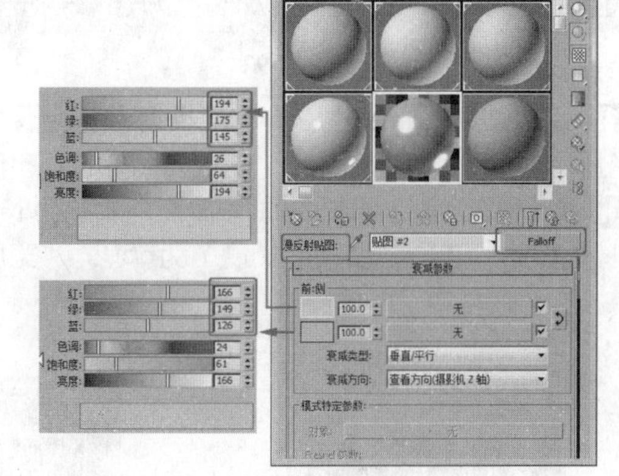

图17-89

13 在材质编辑器中选择一个新的材质样本球，并将其命名为“中欧米黄”，将材质转换为VRayMtl材质。在“基本参数”卷展栏中设置“反射”的红绿蓝为47、47、47，设置“高光光泽度”为0.85，如图17-90所示。

14 在“贴图”卷展栏中为“漫反射”指定位图贴图“map\cha17\中欧米黄.jpg”文件，勾选“应用”选项，单击“查看图像”按钮，在弹出的对话框中调整裁剪区域，如图17-91所示。

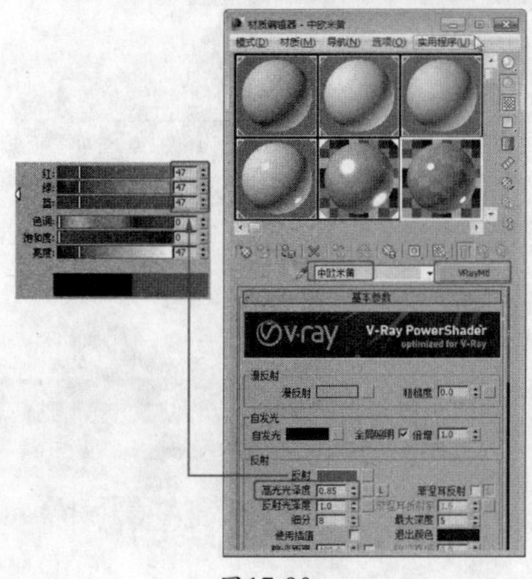

图17-90

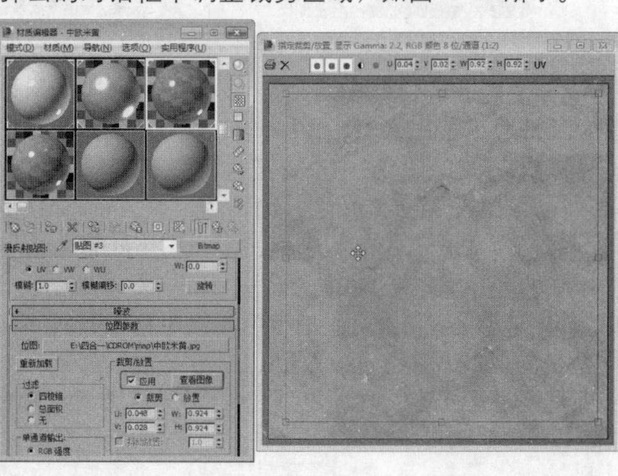

图17-91

15 将材质指定给场景中的踢脚线，选择踢脚线模型，为其施加“UVW贴图”修改器，在“参数”卷展栏中选择贴图类型为“长方体”，设置“长度”、“宽度”和“高度”均为800，如图17-92所示。

16 在材质编辑器中选择一个新的材质样本球，并将其命名为“大理石”，将材质转换为VRayMtl材质。在“基本参数”卷展栏中设置“反射”的红绿蓝为40、40、40，设置“高光光泽度”为0.85，如图17-93所示。

图17-92

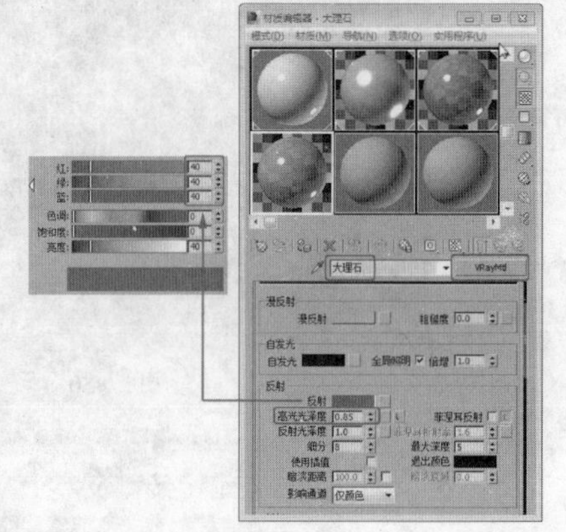

图17-93

17 在“贴图”卷展栏中为“漫反射”指定位图贴图“map\cha17\中欧米黄.jpg”文件，如图17-94所示。

18 将材质指定给场景中的地面长方体，为长方体施加“UVW贴图”，在“参数”卷展栏中选择“长方体”选项，设置“长度”为650、“宽度”为700，如图17-95所示。

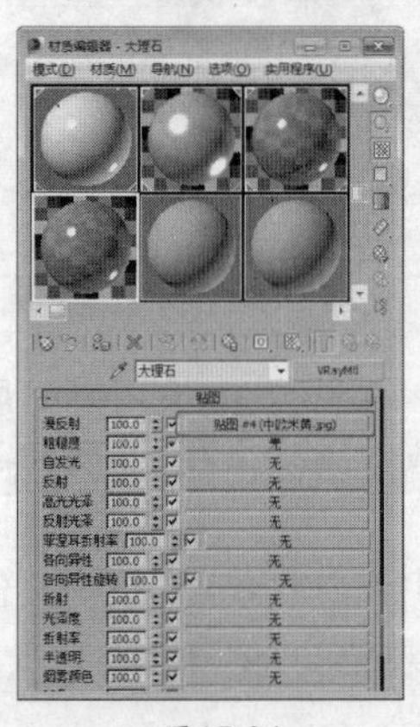

图17-94

图17-95

19 在材质编辑器中选择一个新的材质样本球，并将其命名为“黑金花”，将材质转换为VRayMtl材质。在“基本参数”卷展栏中设置“反射”的红绿蓝为47、47、47，设置“高光光泽度”为0.85，如图17-96所示。

20 在“贴图”卷展栏中为“漫反射”指定位图贴图“map\cha17\黑金花0.jpg”文件，如图17-97所示。

21 将“黑金花”材质指定给场景中地面花纹，为其模型指定“UVW贴图”修改器，在“参数”卷展栏中选择“平面”选项，设置“长度”和“宽度”参数为600，如图17-98所示。

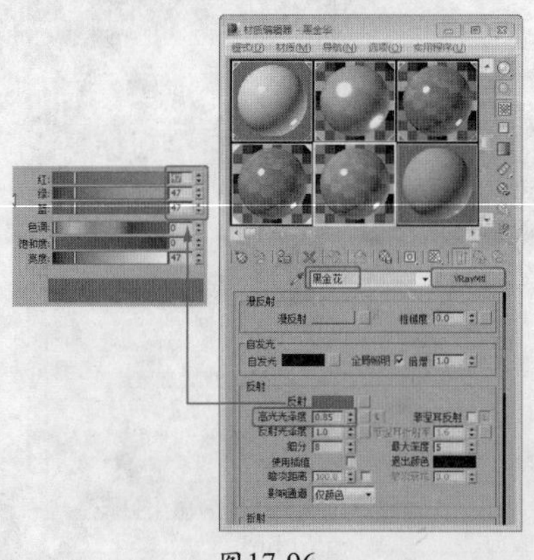

图17-96

综合案例写实篇

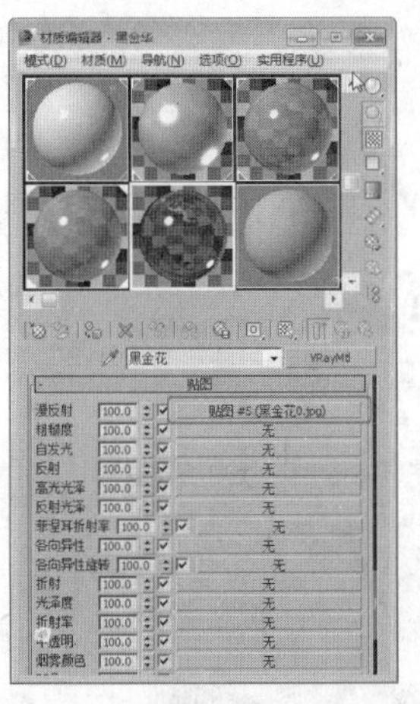
图17-97

图17-98

17.4 合并场景

场景路径：Scene\cha17\客厅场景.max	贴图路径：map\cha17
素材路径：素材\cha17	视频路径：视频\cha17\ 17.4 合并场景.mp4

场景制作完成后，接下来为场景合并模型。家具装饰构件模型的制作非常简单。这里就不详细介绍了，直接将其合并到室内场景中。

01 调整场景中的各个模型效果，在场景中调整透视图，按Ctrl+C快捷键，创建摄影机，如图17-99所示。

02 选择“文件”|“导入”|“合并”命令，在弹出的对话框中选择随书附带光盘中的“素材\cha17\沙发.max”场景文件，单击“打开”按钮，如图17-100所示。

图17-99

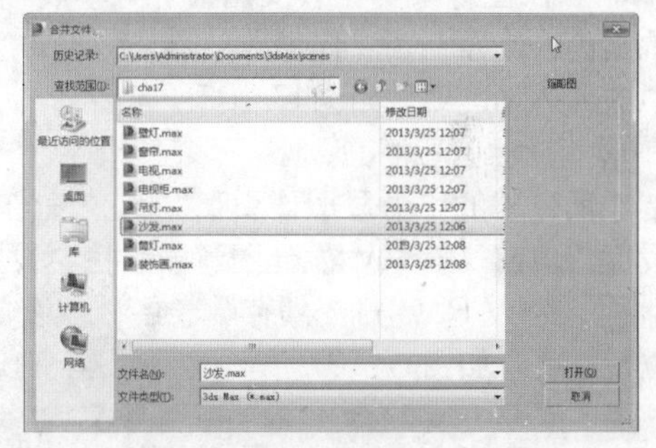
图17-100

03 将沙发场景合并到室内场景中，调整沙发模型的位置和大小，如图17-101所示。

04 使用相同的方法合并其他场景，如图17-102所示。

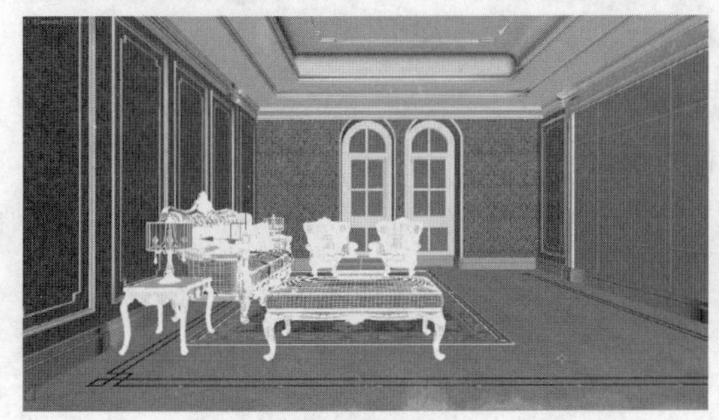
图17-101

图17-102

05 在顶视图中创建作为背景的弧，为其施加“挤出”修改器，设置“数量”为3500，如图17-103所示。

06 打开材质编辑器，选择一个新的材质样本球，将材质转换为“VR灯光材质”，在“参数”卷展栏中单击“颜色”后的灰色按钮，为其指定位图贴图“map\cha17\02.jpg”文件，如图17-104所示。

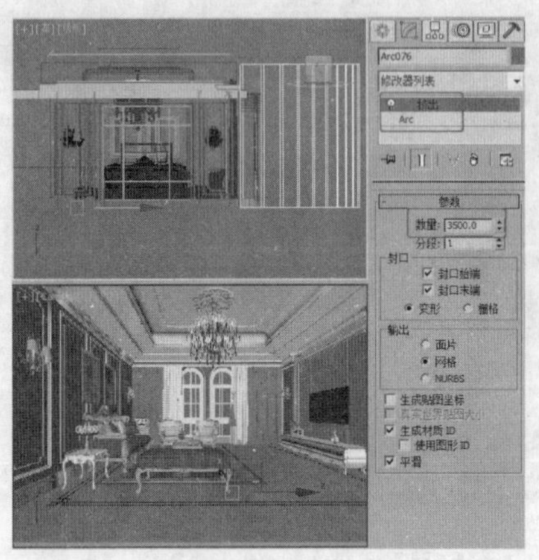
图17-103

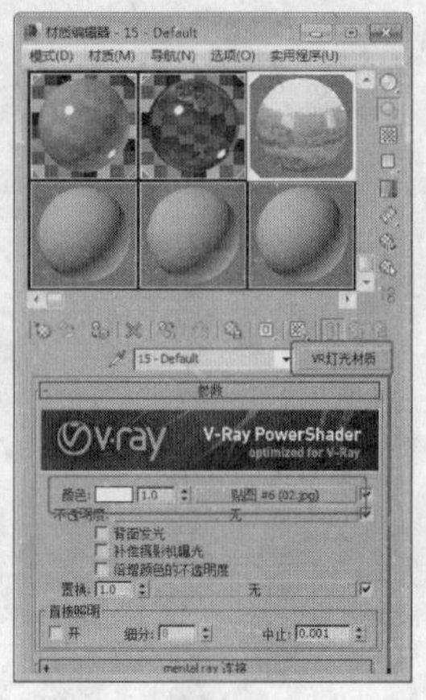
图17-104

17.5 设置草图渲染

场景路径：Scene\cha17\客厅场景.max　　视频路径：视频\cha17\ 17.5 设置草图渲染.mp4

下面介绍如何设置草图渲染。

01 在工具栏中单击（渲染设置）按钮，打开“渲染设置”对话框，切换到V-Ray选项卡，在“V-Ray::图像采样器（反锯齿）”卷展栏中设置“图像采样器”的“类型”为“固定”，设置“抗锯齿过滤器”为“区域”。在“V-Ray::环境”卷展栏中勾选“全局照明环境（天光）覆盖”组中的“开”选项，如图17-105所示。

02 切换到“间接照明”选项卡，在“V-Ray::间接照明”卷展栏中勾选“开”选项，设置“首次反弹”的“全局照明引擎”为“发光图”，设置“二次反弹”的“全局照明引擎”为“灯光缓存”。在“V-Ray::发光图”卷展栏中设置“当前预置”为“非常低”，如图17-106所示。

03 在“V-Ray::灯光缓存”卷展栏中设置“细分”为100，勾选“存储直接光”和“显示计算相位”选项，如图17-107所示。

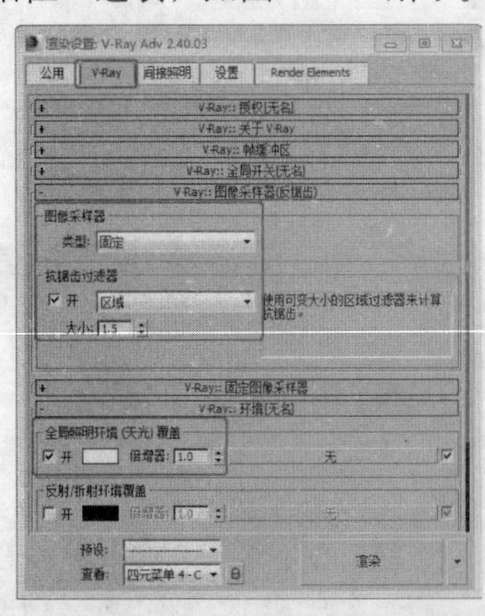
图17-105

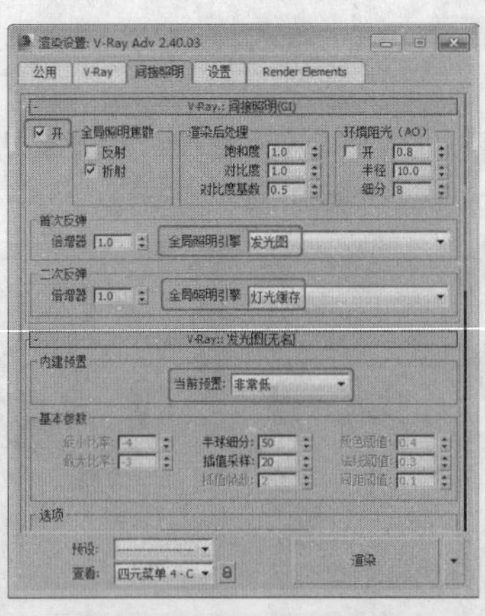
图17-106

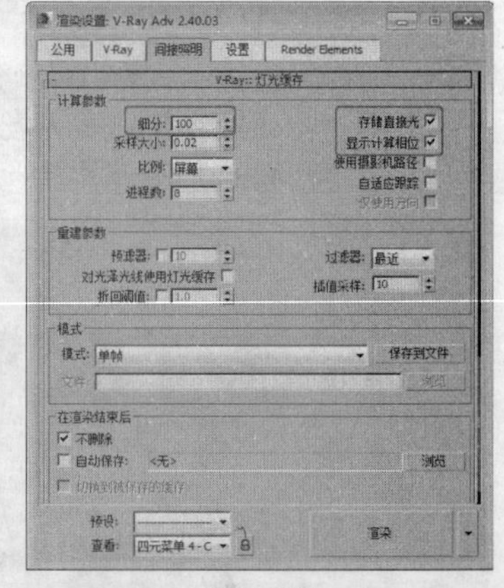
图17-107

04 渲染场景可以看到如图17-108所示的效果。由于设置了渲染的环境，场景中又有发光材质和灯的光效，所以场景看着比较亮。

05 在如图17-108所示的效果中可以看到场景中的背景没有显示出来，这里可以为窗外景的弧模型施加“法线”修改器，将其法线翻转。

06 设置测试渲染的尺寸为650×400，如图17-109所示。

07 渲染场景，得到如图17-110所示的效果。

图17-108

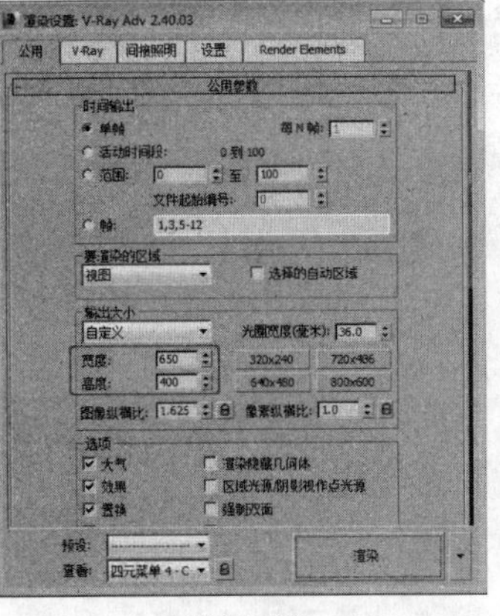

图17-109

图17-110

17.6 创建灯光

场景路径：Scene\cha17\客厅场景.max　　贴图路径：map\cha17

视频路径：视频\cha17\ 17.6 创建灯光.mp4

测试渲染设置场景之后，下面介绍场景中的灯光创建。

01 单击“（创建）”|“（灯光）”|“ VRay ”|“ VR灯光”按钮，在前视图中拱形门的位置创建VR灯光，在场景中调整灯光的位置。在“参数”卷展栏中设置“倍增器”为15，设置灯光的颜色红绿蓝为214、234、255，勾选“选项”组中的“不可见”选项，在场景中复制灯光，如图17-111所示。

02 渲染当前场景效果，如图17-112所示。

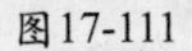

图17-111

图17-112

03 在场景中筒灯的位置创建“光度学”|“目标灯光”，调整并实例复制灯光。在“常规参数”卷展栏中勾选“阴影”组中的“启用”选项，选择阴影类型为“阴影贴图”，选择“灯光分布（类型）”为“光度学Web”。在“分布（光度学Web）”卷展栏中为其指定光度学文件“map\cha17\1（4500cd）.ies”。在“强度/颜色/衰减”卷展栏中设置“过滤颜色”的红绿蓝值分别为253、224、188，设置“强度”的cd为4500，如图17-113所示。

图17-113

04 渲染当前场景，效果如图17-114所示。

05 将场景中不需要的模型隐藏，只留下如图17-115所示的顶灯池。在顶视图中创建VR灯光，调整灯光的位置和照射角度，并对灯光进行实例复制。在“参数”卷展栏中设置“倍增器”为3.5，设置灯光的颜色红绿蓝为255、234、204，勾选“选项”组中的“不可见”选项。

图17-114

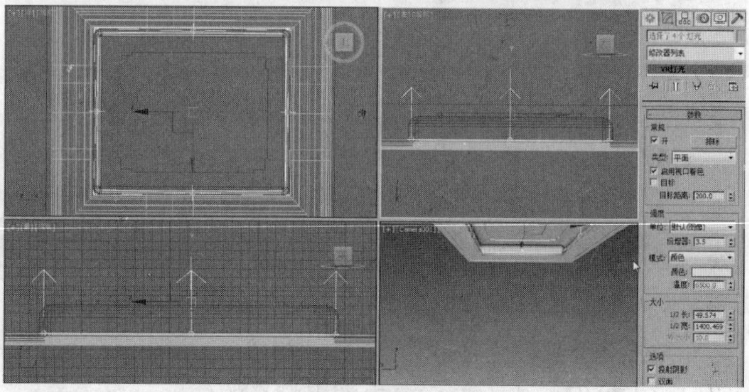

图17-115

06 使用同样的方法和参数创建电视背景墙的暗藏灯，如图17-116所示。

07 渲染当前场景，得到如图17-117所示的效果。

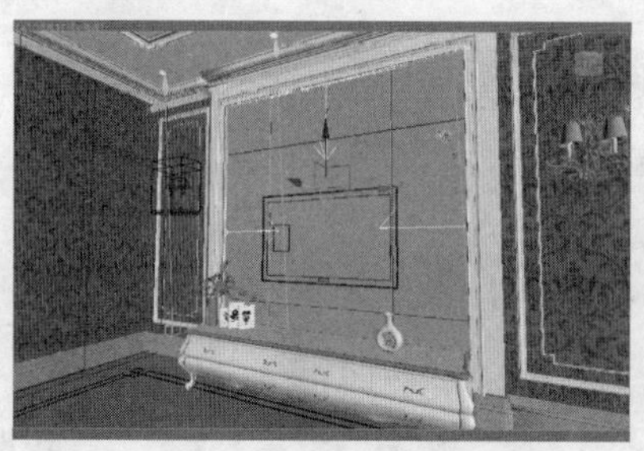

图17-116

图17-117

17.7 最终渲染设置

场景路径：Scene\cha17\客厅场景.max　　视频路径：视频\cha17\ 17.7 最终渲染设置.mp4

场景灯光创建完成后，下面就是渲染最终效果设置了。

17.7.1 提高材质和灯光的细分

在最终渲染中，提高材质细分和灯光细分是一个重要的环节，可以使渲染出的材质灯光效果

更加细腻。

01 打开材质编辑器，选择“金箔顶”材质，设置“反射”组中的“细分”为20，如图17-118所示。

02 选择“浅色软包”材质，设置“反射”组中的“细分”为20，如图17-119所示。

03 选择“白漆”材质，设置“反射”组中的“细分”为20，如图17-120所示。

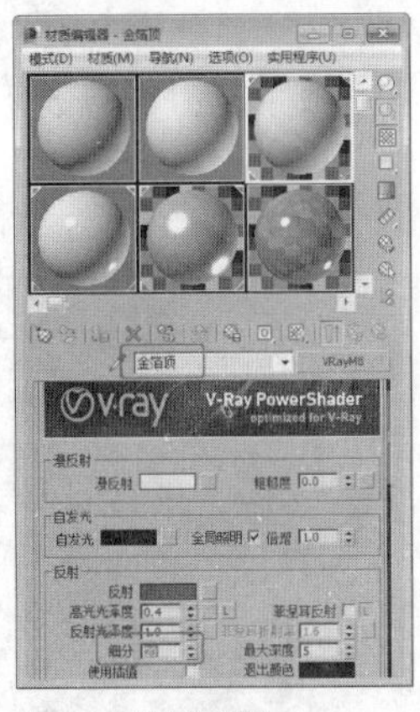

图17-118

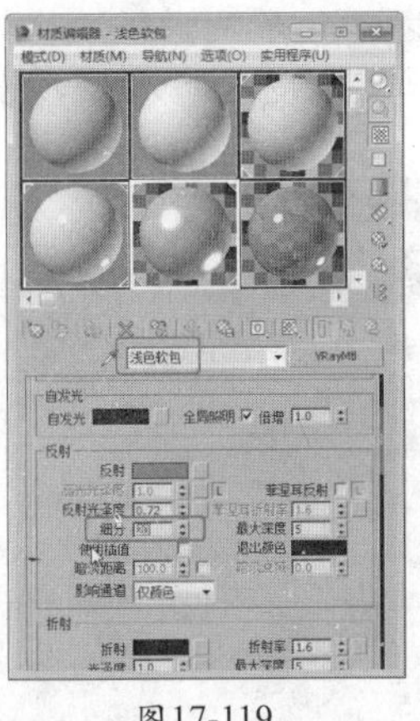

图17-119

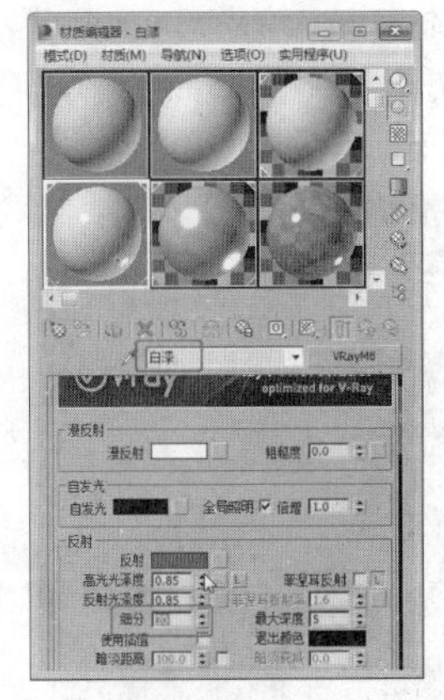

图17-120

04 在场景中选择拱形门处的两个灯光，设置其“细分”为20，如图17-121所示。

图17-121

05 在场景中设置作为暗藏灯的灯光的“细分”为12，如图17-122所示。

图17-122

17.7.2 提高渲染参数

下面将提高渲染参数。

01 打开“渲染设置”对话框，切换到V-Ray选项卡，在“V-Ray::环境”卷展栏中设置“全局照明环境（天光）覆盖”的“倍增器”为0.5。在“V-Ray::颜色贴图”卷展栏中设置“类型”为“指数”，并设置“暗色倍增”和“亮度倍增”均为1.2，勾选“子像素贴图”和“钳制输出”选项，如图17-123所示。

02 在“V-Ray::图像采样器（反锯齿）”卷展栏中选择“图像采样器”的“类型”为“自适应确定性准蒙特卡洛”，选择“抗锯齿过滤器”为Mitchell-Nertravali，如图17-124所示。

03 切换到“间接照明”选项卡，从中设置“V-Ray::发光贴图”的“当前预置”为“中”，如图17-125所示。

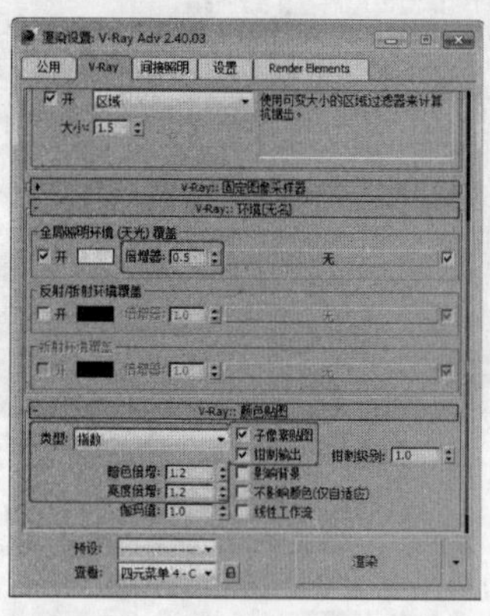
图17-123

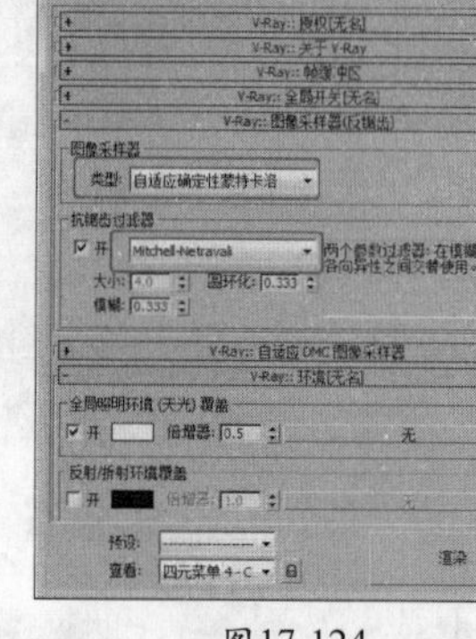
图17-124

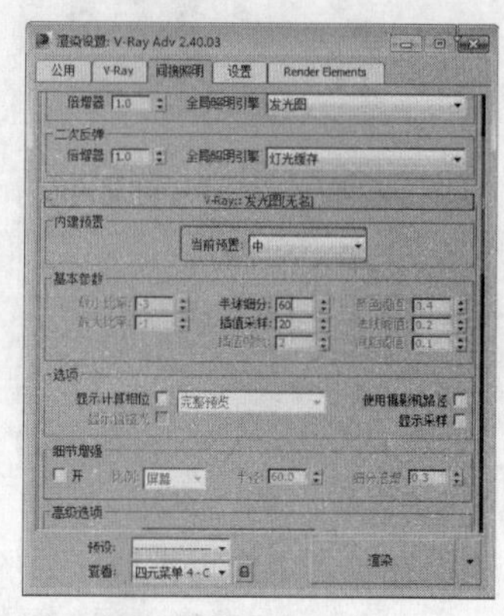
图17-125

04 在“V-Ray::灯光缓存”卷展栏中设置“细分”为1200，如图17-126所示。

05 切换到“设置”选项卡，在“V-Ray::DMC采样器”卷展栏中设置“最小采样值”为20、“噪波阈值”为0.002，如图17-127所示。

06 设置一个合适的最重渲染尺寸，如图17-128所示。

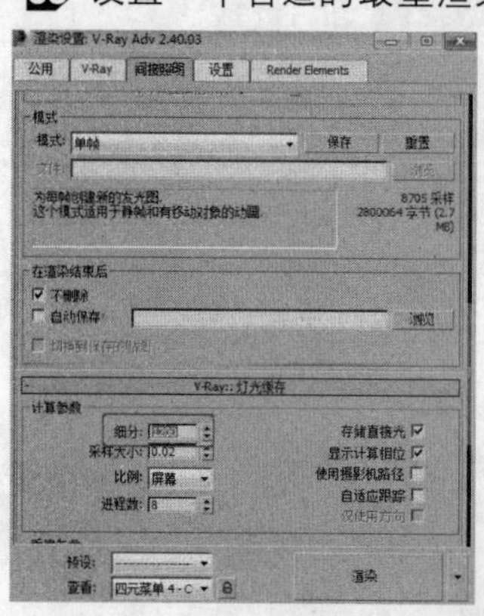
图17-126

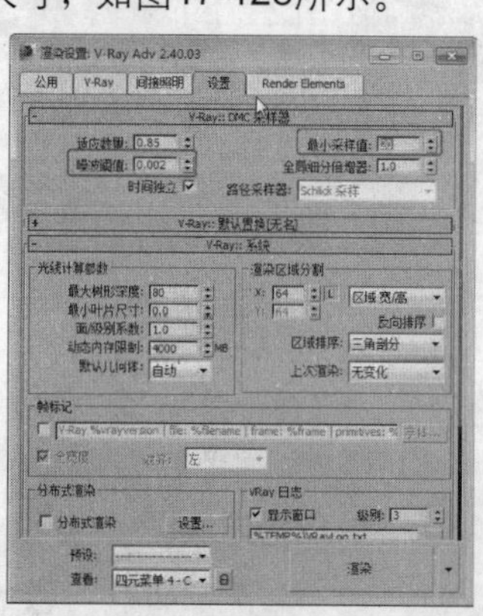
图17-127

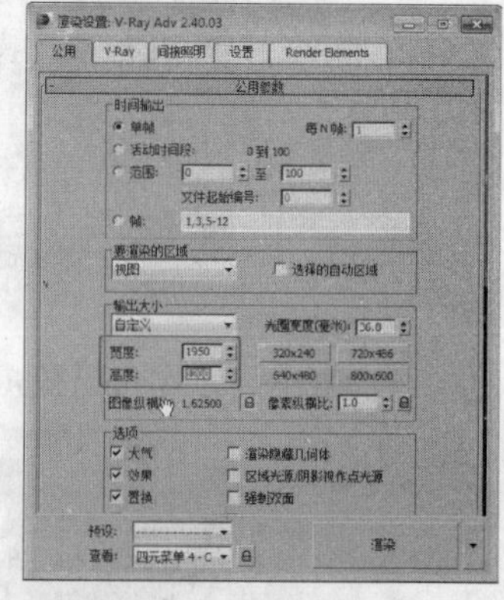
图17-128

07 最终渲染的效果如图17-129所示。

图17-129

综合案例写实篇

17.8 后期处理

场景路径：Scene\cha17\客厅后期.psd　　素材路径：Scene\cha17

视频路径：视频\cha17\ 17.8 后期处理.mp4

下面在Photoshop软件中对渲染输出的图像进行后期处理，效果如图17-130所示。

01 运行Photoshop软件，打开渲染的客厅效果图，如图17-131所示。

图17-130

图17-131

02 按Ctrl+M快捷键，在弹出的对话框中调整曲线的形状，如图17-132所示，单击“确定”按钮。

图17-132

03 在菜单栏中选择“图像”|“调整”|“自然饱和度”命令，在弹出的对话框中调整参数，合适即可，如图17-133所示。

图17-133

04 打开“Scene\cha17\光晕.psd”文件，如图17-134所示。

05 将素材拖曳到场景中，如图17-135所示。

图17-134　　　　图17-135

06 按住Alt键移动复制光晕，按Ctrl+T快捷键，调整光晕的大小，如图17-136所示。

图17-136

07 使用同样方法为吊灯设置光晕，如图17-137所示。

图17-137

08 打开素材“Scene\cha17\装饰.psd”文件，如图17-138所示。

09 将装饰素材拖曳到场景文件中，如图17-139所示。

图17-138　　图17-139

10 按Ctrl+T快捷键，在场景中调整素材的大小，如图17-140所示。

图17-140

11 将素材图像所在的图层“图层2”拖曳到“新建图层”按钮上，复制“图层2副本”。按Ctrl+T快捷键，垂直翻转图像，并调整其高度，如图17-141所示。

图17-141

12 按Enter键，确定自由变换。使用任意选区工具选择超出茶几的图像，并按Delete键将其删除，在“图层”面板中设置“不透明度”为50%，如图17-142所示。

13 完成后期处理，效果如图17-143所示。

14 在菜单栏中选择“文件”|“存储为”命令，将带有图层的文件进行另存，便于以后修

改，为文件命名，选择“格式”为PSD，单击“保存”按钮，如图17-144所示。

图17-142

图17-143

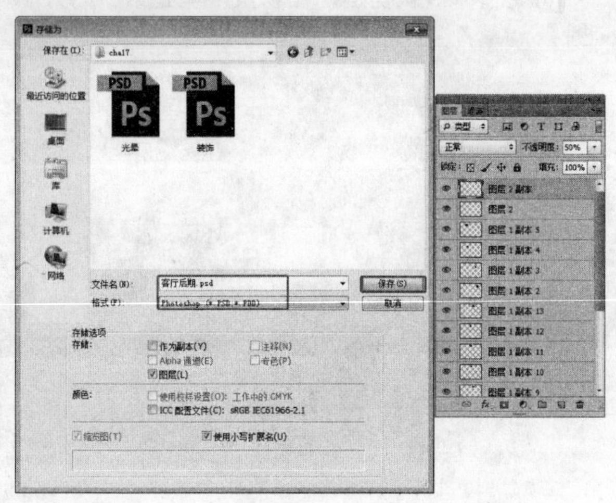

图17-144

15 在“图层”面板中单击右上角的图层管理按钮，在弹出的菜单中选择“拼合图像”命令，如图17-145所示。

16 在菜单栏中选择“文件”|“存储为”命令，将合并图层后的文件存储为TIF格式，以便于观察效果。为文件命名，单击“保存”按钮，如图17-146所示。

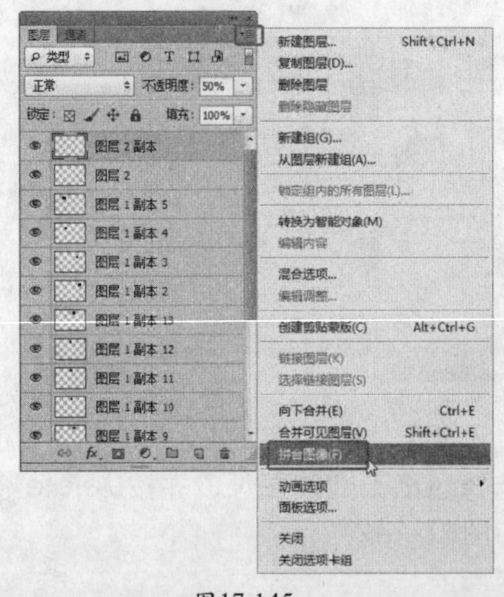

图17-145

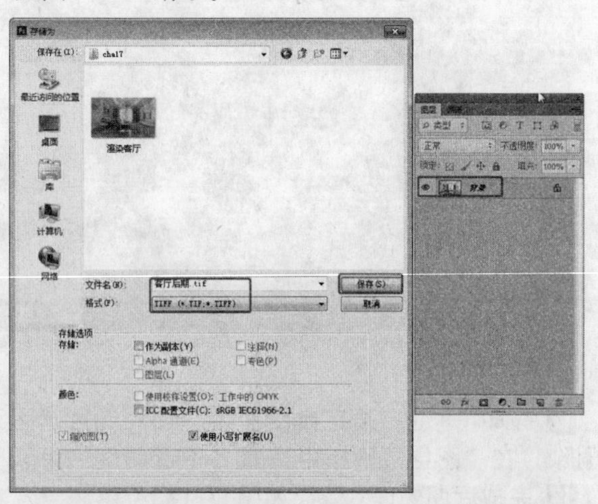

图17-146

第18章　餐厅的设计与表现

本章内容

- 方案介绍
- 模型的建立
- 设置场景材质
- 设置草图渲染
- 创建灯光
- 最终渲染设置
- 后期处理

本例结合使用AutoCAD、3ds Max、VRay以及Photoshop来制作全套家装图中的餐厅效果。

18.1　方案介绍

本例介绍全套家装效果图中的餐厅效果的制作。餐厅，最重要的特点是使用起来要方便。餐厅的装修也要注意，色彩要温馨一些，能够增加人的食欲。适合用明朗轻快的色调，一些橙色系列的颜色给人一种温馨的感觉，也能够促进人的食欲。

18.2　模型的建立

场景路径：Scene\cha18\餐厅.max　　贴图路径：map\cha18　　素材路径：素材\cha18

视频路径：视频\cha18\ 18.2 模型的建立01.MP4 和 18.2 模型的建立02.mp4

下面介绍如何建立餐厅模型，如图18-1所示为3ds Max场景效果图。

图18-1

18.2.1　存储图纸

下面对提供的图纸在AutoCAD中进行调整，方便导入到3ds Max中作为建模参考。

01 运行AutoCAD 2014，打开随书附带光盘中的“素材\cha18\餐厅图纸.dwg”文件，如图18-2所示。

图18-2

02 在打开的图纸中可以看到，该图纸包括了餐厅的各个角度的平面图，分别删除多余的图形和注释。如图18-3所示为餐厅的顶面，将其另存为一个图形。

03 分别将几个面的图形删除和存储。如图18-4所示为餐厅的背面冲向卧室的面，在该例中不需要表现。

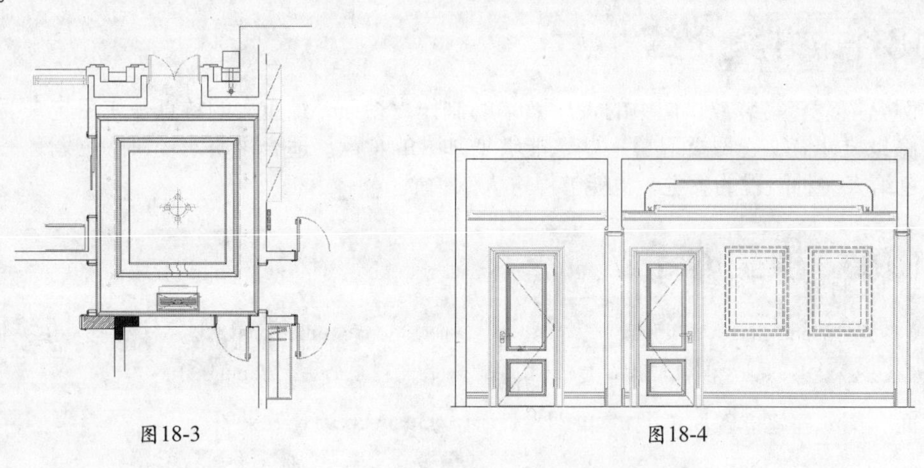

图18-3　　图18-4

18.2.2　导入图纸

下面介绍如何将修改后的图纸导入到3ds Max中。

01 运行3ds Max 2014软件，选择“文件”|“导入”命令，在弹出的对话框中选择存储的顶面图，如图18-5所示。

02 在3ds Max 2014中调整图形的颜色。选择导入的图形，右击鼠标，在弹出的快捷菜单中选择“冻结当前选择”命令，效果如图18-6所示。

图18-5

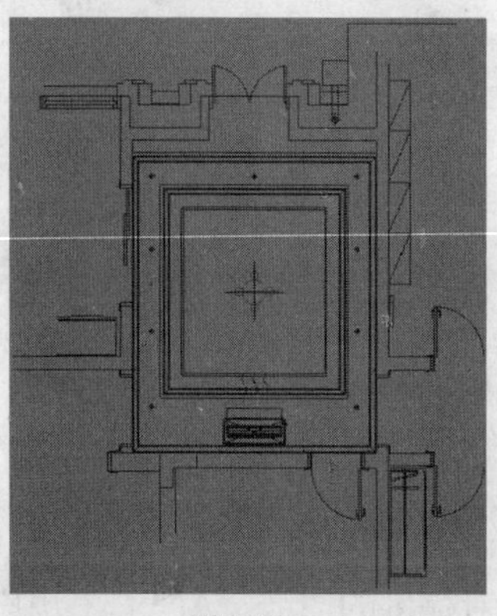

图18-6

18.2.3 通过图纸绘制餐厅模型

下面介绍通过导入的图纸来制作餐厅模型的方法。

01 首先绘制整个餐厅的墙体。单击"（创建）"|"（图形）"|"线"按钮，在顶视图中绘制墙体轮廓，如图18-7所示，切换到（修改）命令面板，将选择集定义为"顶点"，调整图形的形状。

> **注意** 由于创建线图形的方向不同，所以调整轮廓的正负也不同，这里可以根据情况设置正负参数+280和-280（墙体厚度为280）。

02 下面来绘制正面墙体模型效果。调整好图形后，导入正面图纸图形，将图形成组，并将其调整到如图18-8所示的位置。

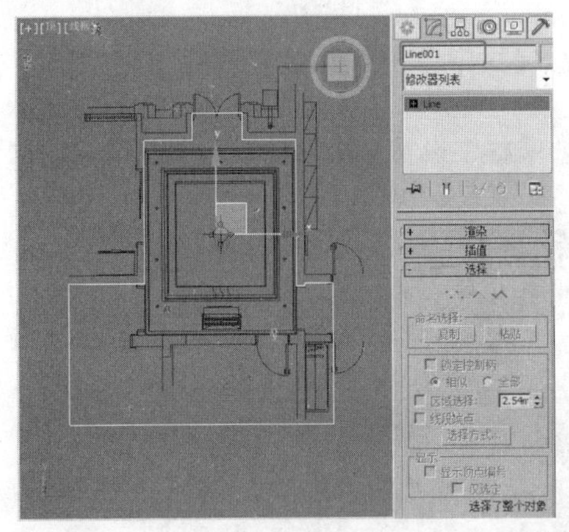

图18-7

图18-8

03 将绘制的图形命名为"墙体"，为绘制的墙体图形施加"挤出"修改器，在"参数"卷展栏中设置合适的"数量"值，如图18-9所示。

04 为模型施加"编辑多边形"修改器，将选择集定义为"多边形"，在场景中选择拱形装饰门窗的多边形，如图18-10所示，将其删除。

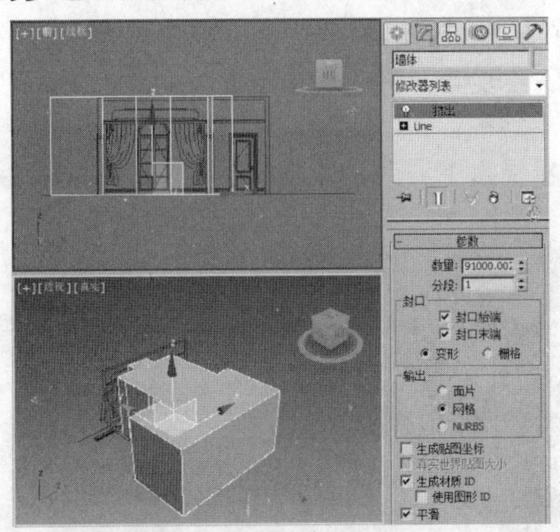

图18-9

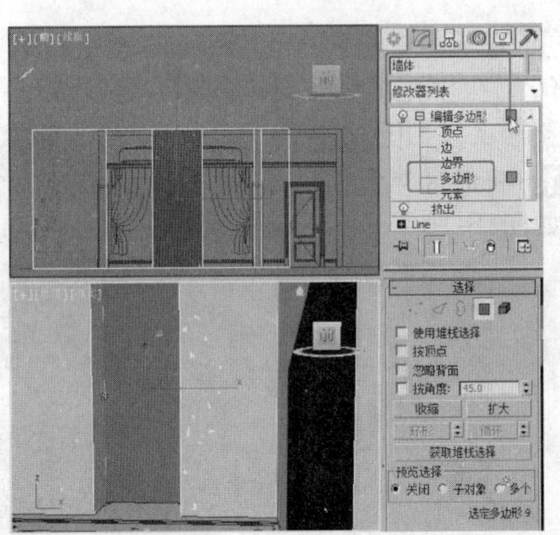

图18-10

05 参考导入的正面图纸，在拱形门的位置创建图形弧，参数可以参考绘制的拱形门弧度，合适即可，如图18-11所示。

06 为弧施加"编辑样条线"修改器，将选择集定义为"顶点"，在"几何体"卷展栏中单击"创建线"按钮，在弧上优化两侧创建线，如图18-12所示。

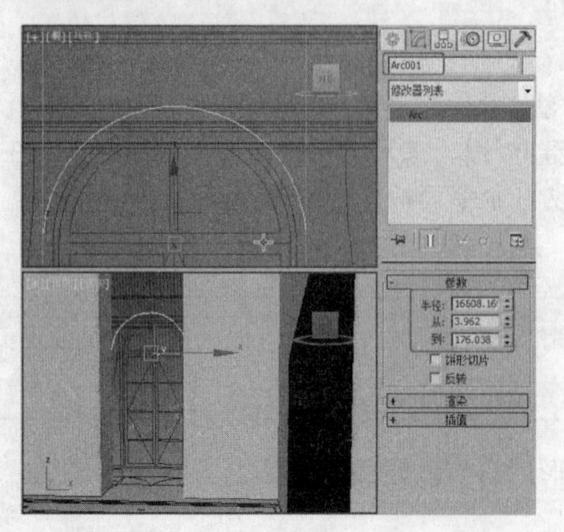

图18-11

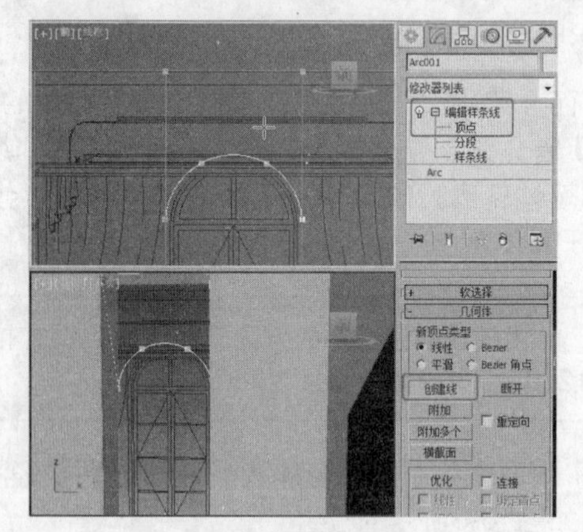

图18-12

07 按Ctrl+A快捷键全选顶点，在“几何体”卷展栏中单击“焊接”按钮，焊接顶点，如图18-13所示。

08 为图形施加“挤出”修改器，并在“参数”卷展栏中设置合适的参数，调整模型的位置，如图18-14所示。

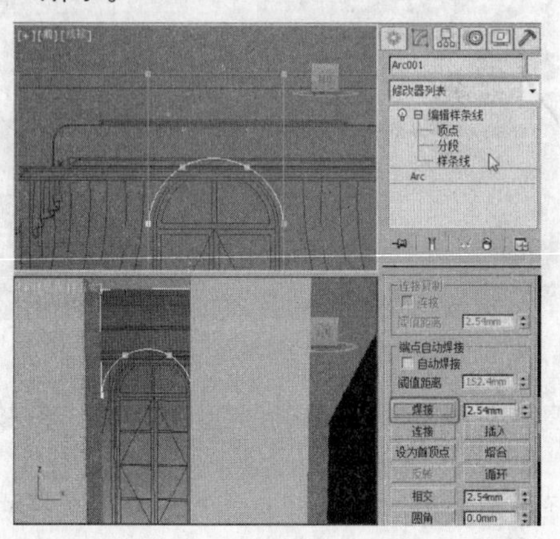

图18-13

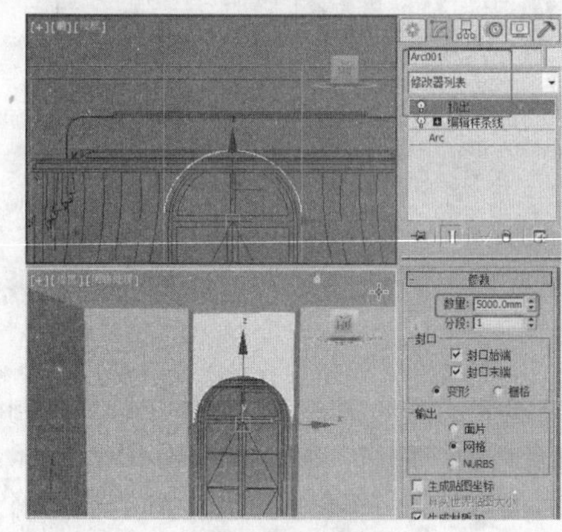

图18-14

09 在场景中选择Arc001，按Ctrl+V快捷键，在弹出的对话框中选择“复制”选项，复制出Arc002。在模型的修改器堆栈中回到“编辑样条线”修改器，将选择集定义为“顶点”，在场景中调整顶点，如图18-15所示。

10 将选择集定义为“样条线”，在“几何体”卷展栏中激活“轮廓”按钮，设置样条线的轮廓，如图18-16所示，接着再调整图形“顶点”。

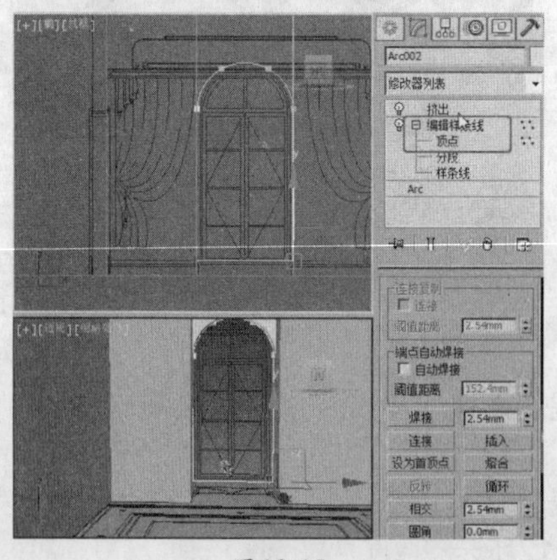

图18-15

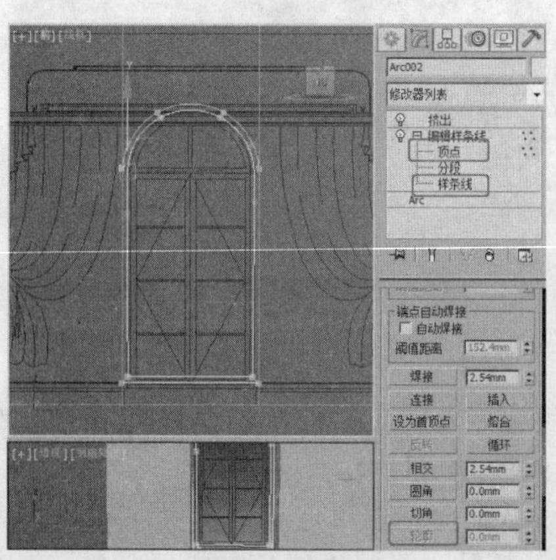

图18-16

11 在Arc002的修改器堆栈中选择“挤出”修改器，设置其“数量”值，参数合适即可，如图18-17所示。

12 复制并调整出Arc003模型，如图18-18所示。

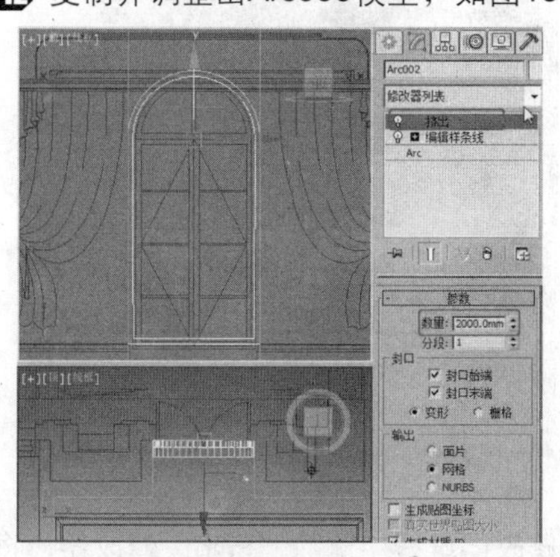

图18-17

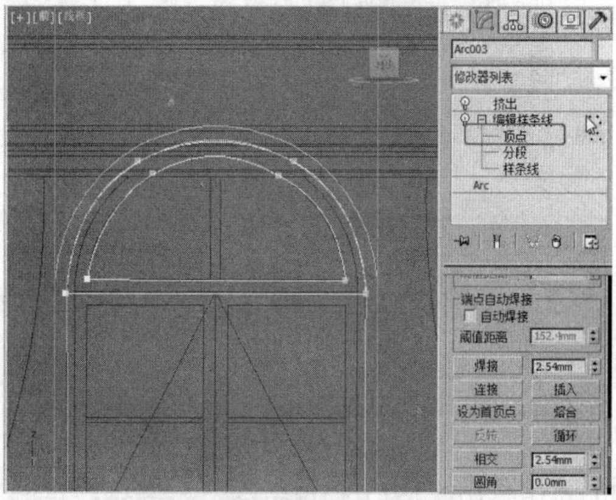

图18-18

13 回到“挤出”修改器，修改合适的“数量”值，如图18-19所示。

14 在前视图中创建如图18-20所示的长方体，设置合适的参数。

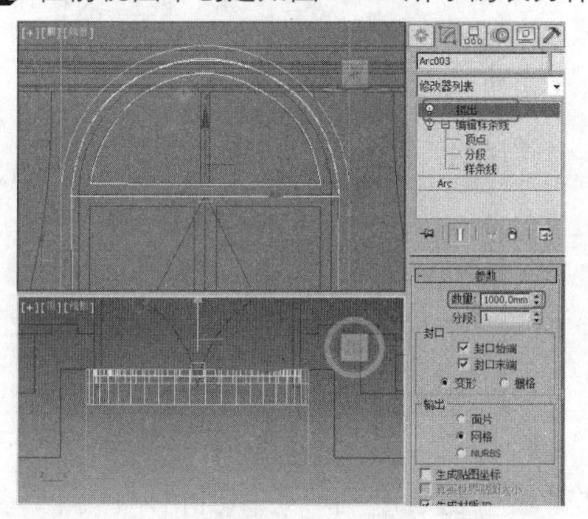

图18-19

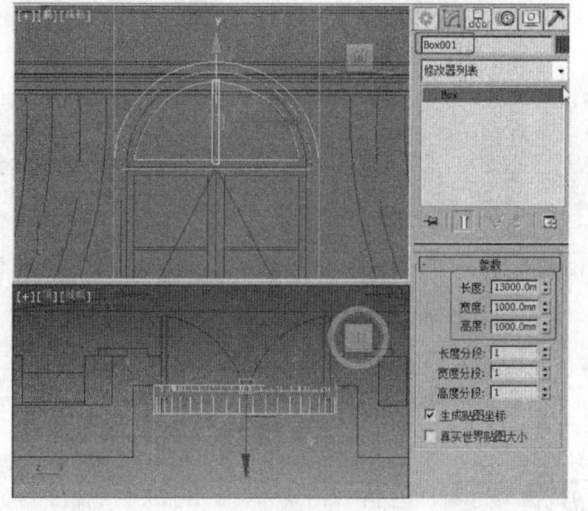

图18-20

15 绘制合适大小的矩形，为矩形施加“编辑样条线”修改器，将选择集定义为“样条线”，将选择集定义为“样条线”，在“几何体”卷展栏中单击“轮廓”，设置合适的轮廓，如图18-21所示。为矩形施加“挤出”修改器，并设置合适的挤出“数量”。

16 创建合适参数的长方体，并对长方体进行复制，如图18-22所示。

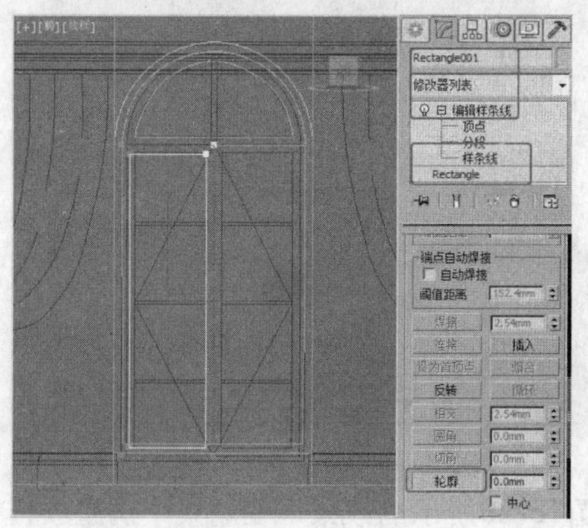

图18-21

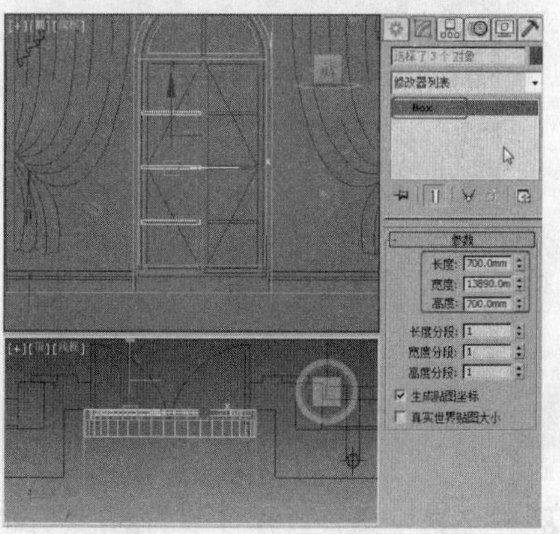

图18-22

17 复制模型，如图18-23所示。

18 在拱形门窗的位置创建平面作为玻璃，调整模型合适的位置，如图18-24所示。

图18-23

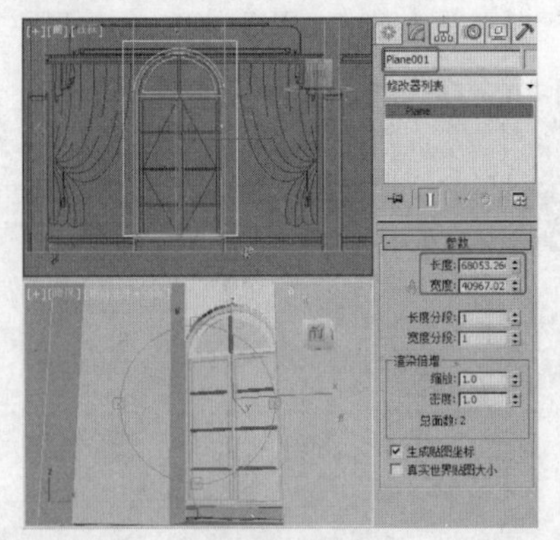

图18-24

19 在场景中选择Arc001模型，对齐进行复制，在修改器堆栈中删除“挤出”修改器，将选择集定义为“样条线”，将内侧的样条线删除，作为放样路径，如图18-25所示。

20 在顶视图中使用“线”创建如图18-26所示的图形，作为放样图形。

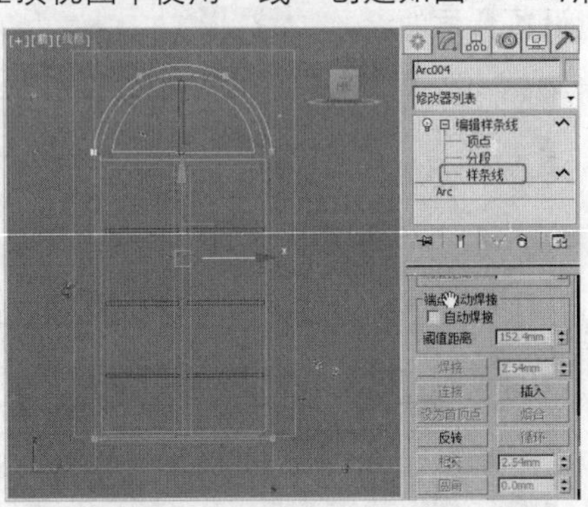

图18-25

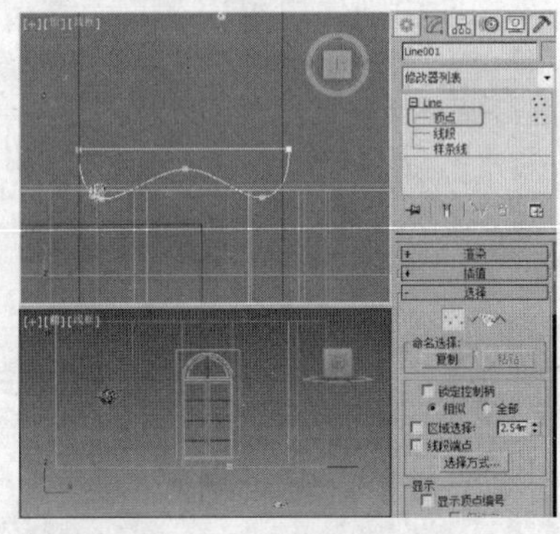

图18-26

21 在场景中选择图18-25中的放样路径，单击“（创建）”|“（几何体）”|“复合对象”|“放样”按钮，在“创建方法”卷展栏中单击“获取图形”按钮，在场景中获取放样图形，创建放样模型，如图18-27所示。

22 选择放样出的模型，将选择集定义为“图形”，在场景中调整图形，如图18-28所示，直至模型到合适的效果。

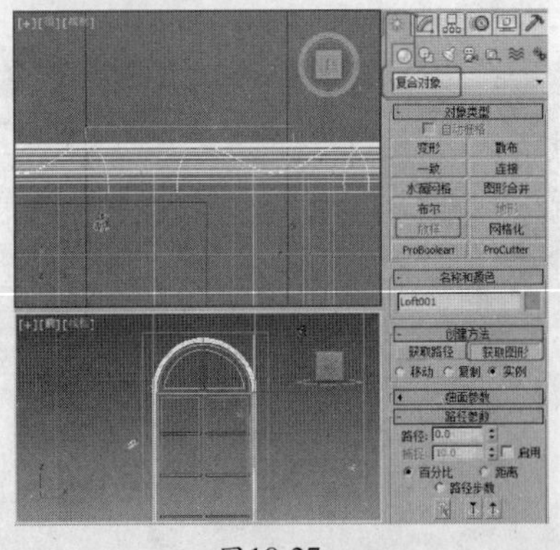

图18-27

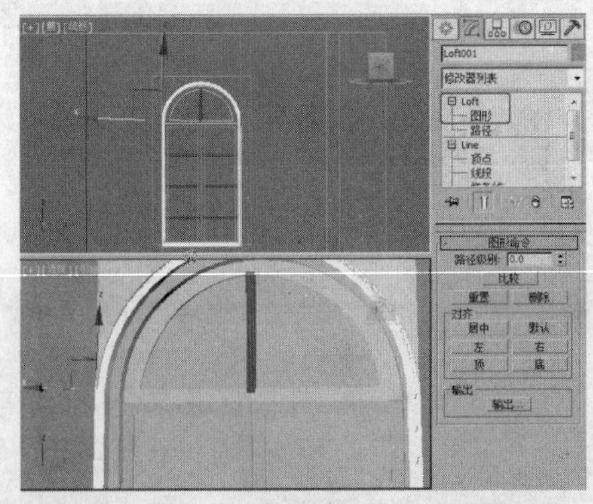

图18-28

23 在场景中调整放样模型的图形，调整至如图18-29所示的效果，在场景中调整放样模型的位置。

24 调整拱形门窗的各个模型到合适的位置，如图18-30所示。

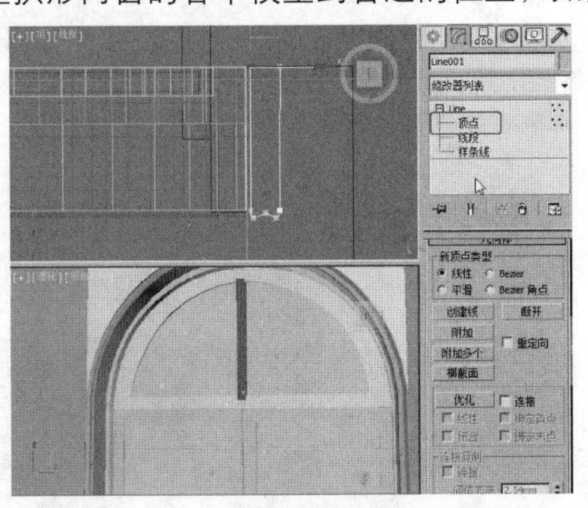
图18-29

图18-30

25 下面介绍左侧墙体的制作。选择“文件”|“导入”命令，在弹出的对话框中选择随书附带光盘中的“素材\cha18\餐厅左面.dwg”文件，在场景中调整导入图形的位置和颜色，将其成组，必要时可以将其冻结和隐藏。在场景中选择“墙体”模型，将选择集定义为“边”，在场景中选择作为门位置两侧的边，在“编辑边”卷展栏中单击“连接”按钮后的▫（设置）按钮，在弹出的小盒中设置合适的参数，如图18-31所示。按住Ctrl键选择门位置底部的边，为边设置“连接”，连接出门宽线。

26 将选择集定义为“多边形”，在场景中选择连接边后的门洞多边形，在“编辑多边形”卷展栏中单击“挤出”后的▫（设置）按钮，在弹出的小盒中设置合适的参数，如图18-32所示。

图18-31

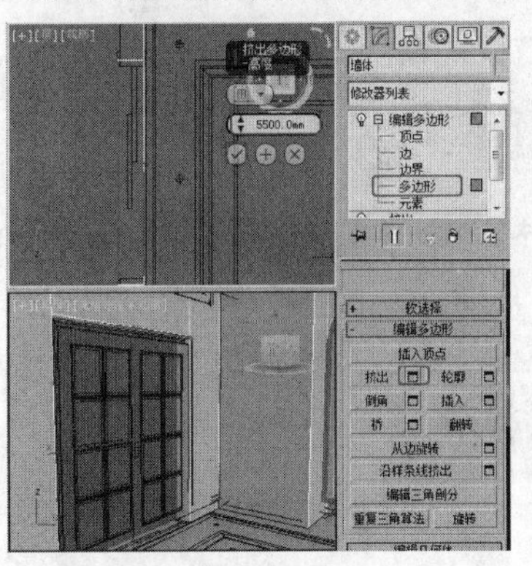
图18-32

27 将挤出后的多边形删除，如图18-33所示。

28 在创建出的门洞位置创建线，作为门框的放样路径，如图18-34所示。

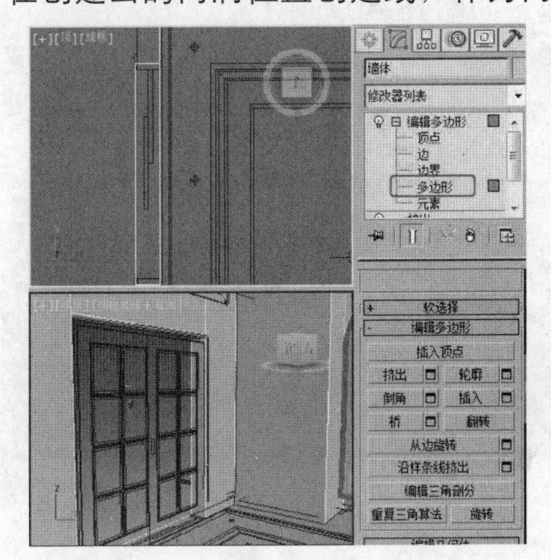
图18-33

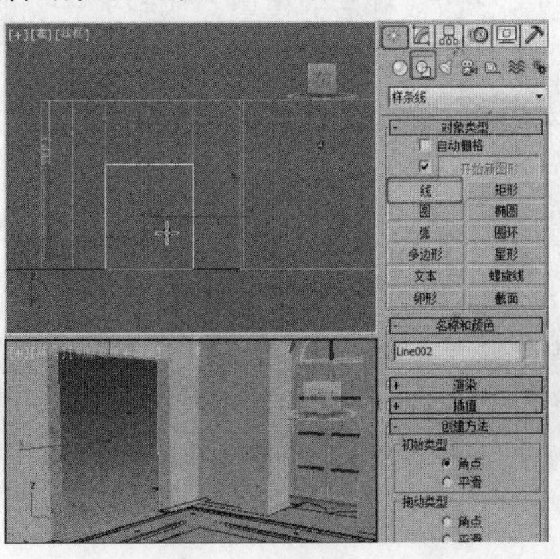
图18-34

29 在顶视图中绘制门框的放样图形，调整图形的效果，如图18-35所示。

30 选择门框的放样路径，单击“ （创建）”|“ （几何体）”|“复合对象”|“放样”按钮，在“创建方法”卷展栏中单击“获取图形”按钮，在场景中拾取绘制的放样图形，如图18-36所示。

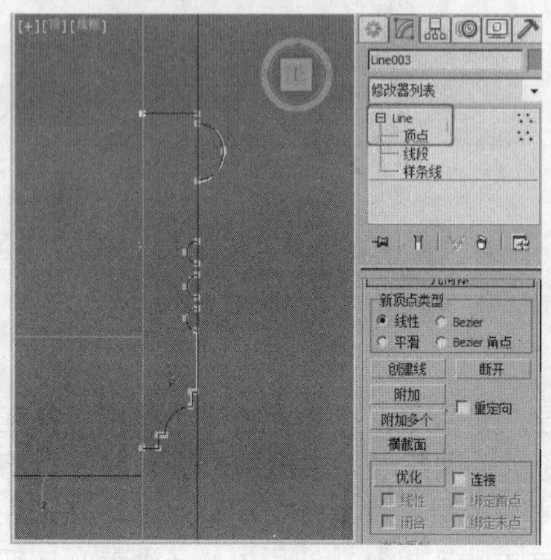

图18-35

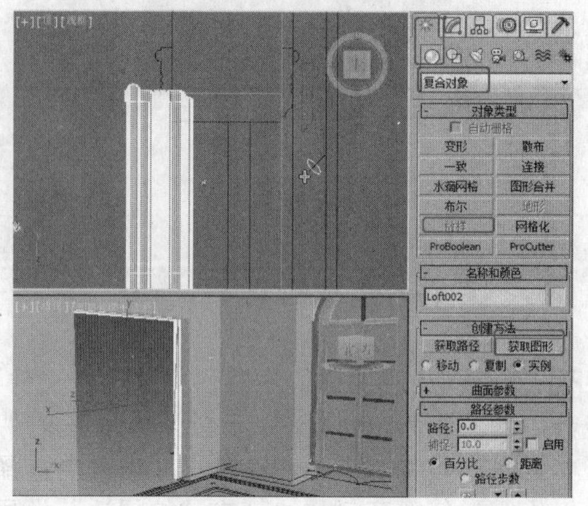

图18-36

31 放样出模型后，将选择集定义为“图形”，在场景中调整模型的效果，如图18-37所示。

32 复制放样的模型，为模型施加“编辑多边形”修改器，删除部分模型，调整模型效果如图18-38所示。

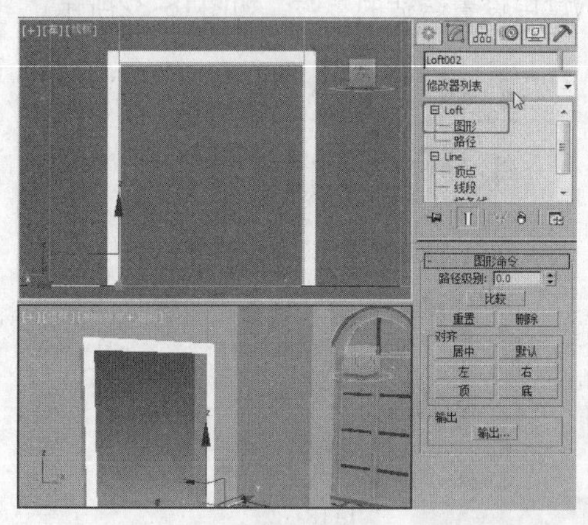

图18-37

图18-38

33 接下来制作右侧墙体的效果。导入右侧图纸，调整图纸的位置，如图18-39所示。

34 复制修改放样后的模型，放到另一侧的过道处，如图18-40所示。

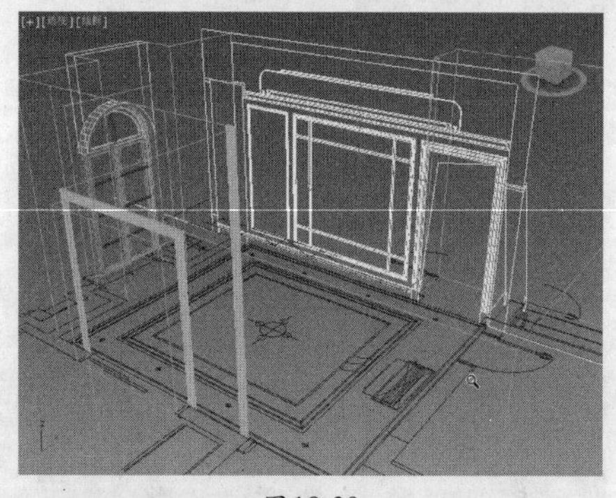

图18-39

图18-40

35 在左视图中创建与左侧墙体先攻大小的矩形，如图18-41所示。

36 为矩形施加“编辑样条线”修改器，将选择集定义为“样条线”，在场景中设置样条线的“轮廓”值，根据图纸调整轮廓顶点的形状，如图18-42所示。

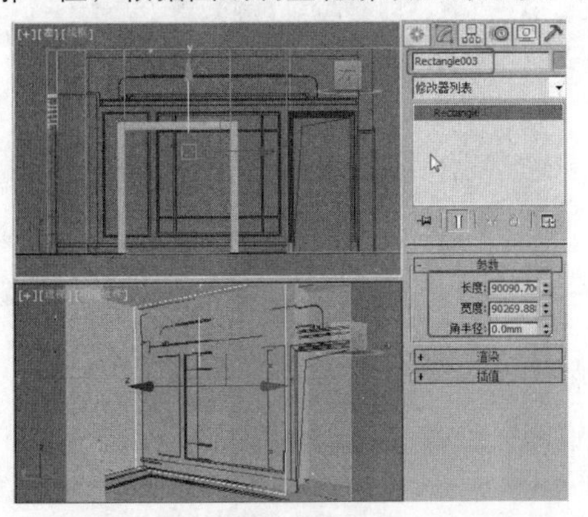

图18-41

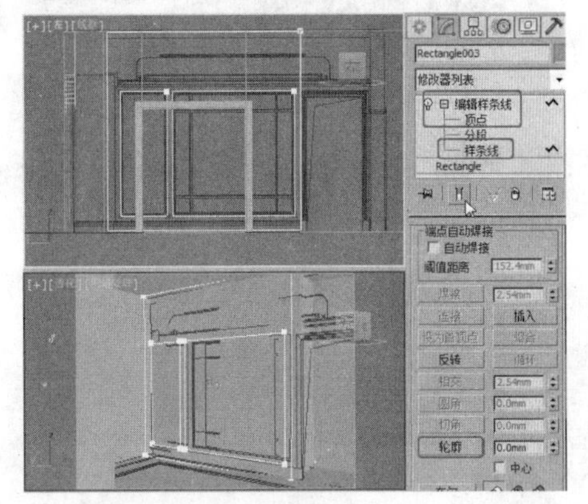

图18-42

37 为图形施加“挤出”修改器，设置合适的参数，如图18-43所示。

38 根据图纸在如图18-44所示的位置创建矩形作为装饰花边的路径，隐藏图纸后观看效果。

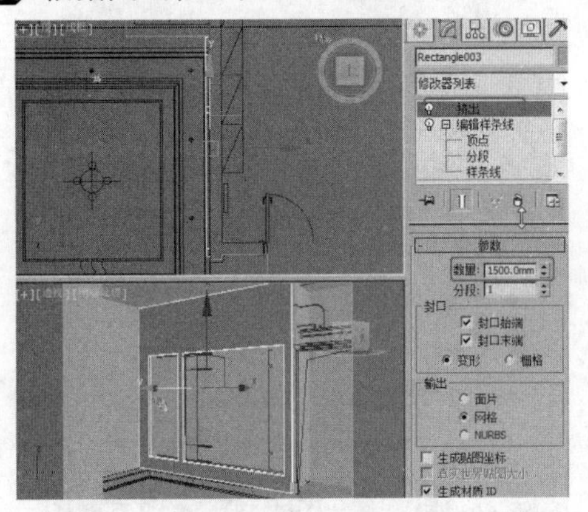

图18-43

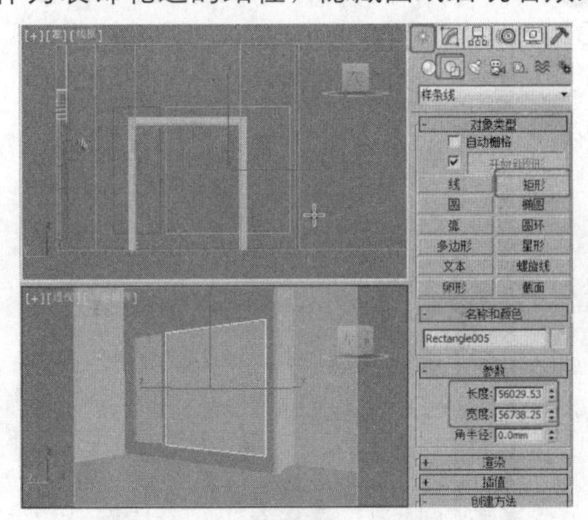

图18-44

39 创建并调整出如图18-45所示的图形，作为装饰花边图形。

40 选择作为放样路径的矩形，单击“（创建）”|“（几何体）”|“复合对象”|“放样”按钮，在“创建方法”卷展栏中单击“获取图形”按钮，在场景中获取图18-45中绘制的图形，放样出的模型如图18-46所示。

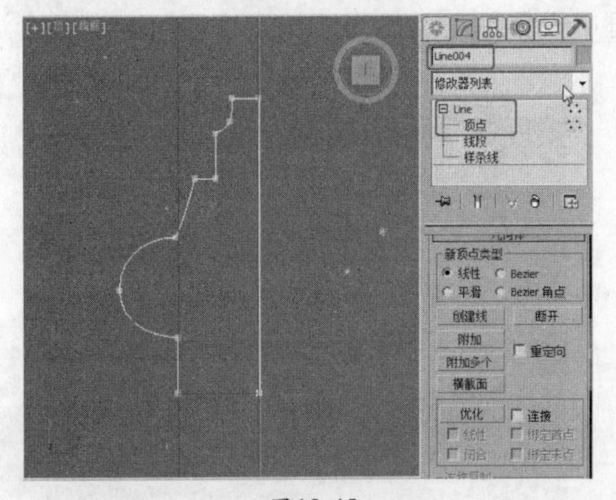

图18-45

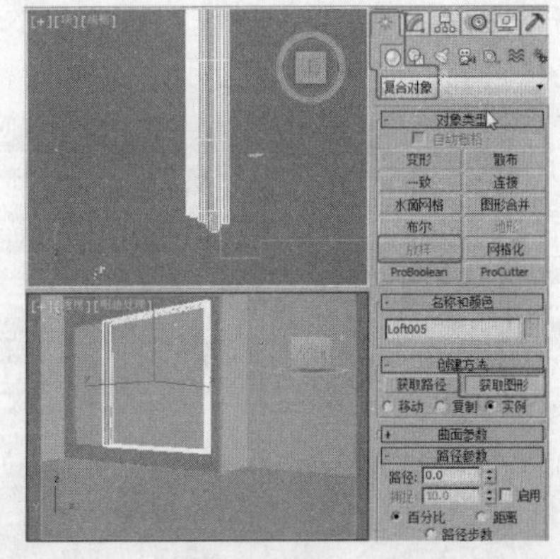

图18-46

41 将放样出的模型的选择集定义为“图形”，在场景中调整图形，直到模型合适位置，如图18-47所示。

42 再次调整放样的图形，改变一下放样模型的效果，满意即可，如图18-48所示。

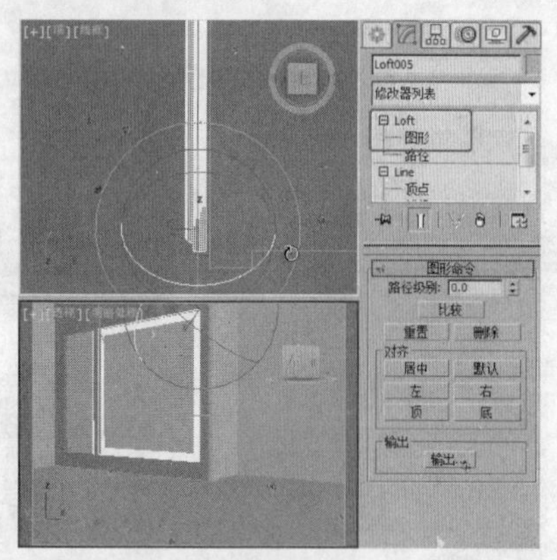
图18-47

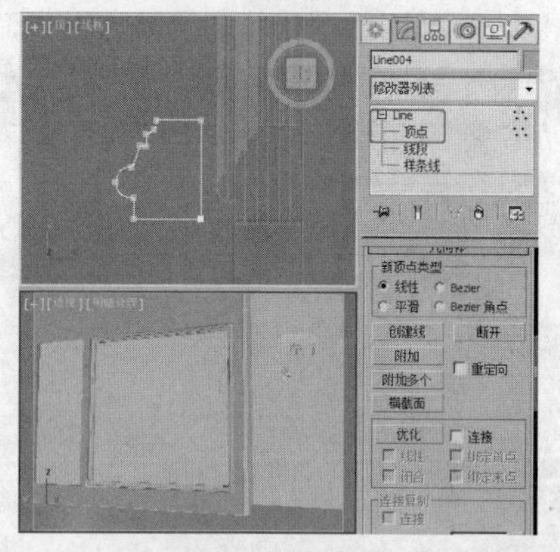
图18-48

43 复制一个装饰边模型，为其施加“编辑多边形”修改器，将选择集定义为“顶点”，在场景中调整模型，如图18-49所示。

44 在如图18-50所示的位置创建平面，设置合适的参数，设置“长度分段”和“宽度分段”均为3。

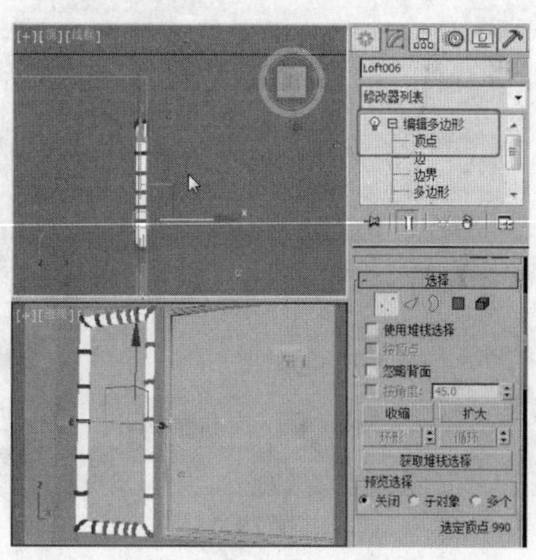
图18-49

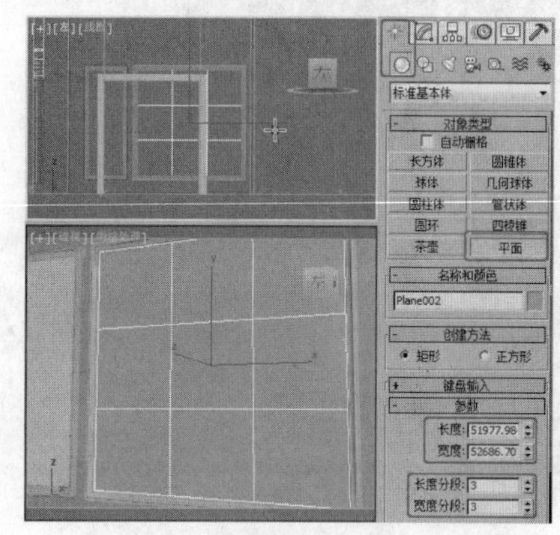
图18-50

45 为平面施加“编辑多边形”修改器，将选择集定义为“顶点”，在场景中调整顶点，如图18-51所示。

46 将选择集定义为“多边形”，选择平面的全部多边形，在“编辑多边形”卷展栏中单击“倒角”后的□（设置）按钮，在弹出的对话框中设置倒角类型为“按多边形”，设置合适的倒角高度和轮廓，如图18-52所示。

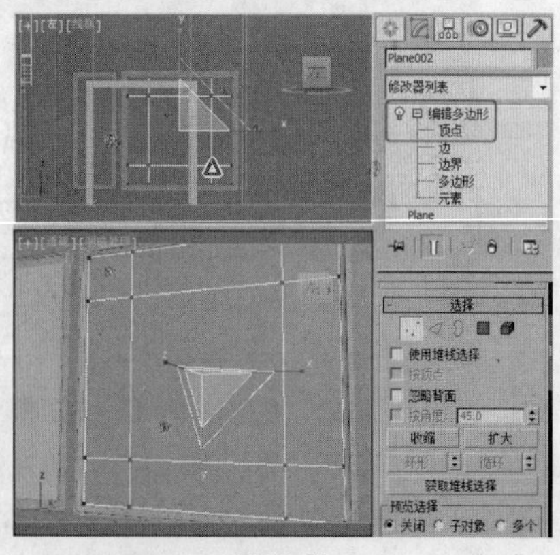
图18-51

图18-52

47 在场景中选择“墙体”模型，按Ctrl+V快捷键，在弹出的对话框中选择“复制”选项，命名“名称”为“踢脚线路径”，单击“确定”按钮，如图18-53所示。在“踢脚线路径”堆栈中，将施加的所有修改器删除。

48 在左视图中创建踢脚线图形，如图18-54所示。

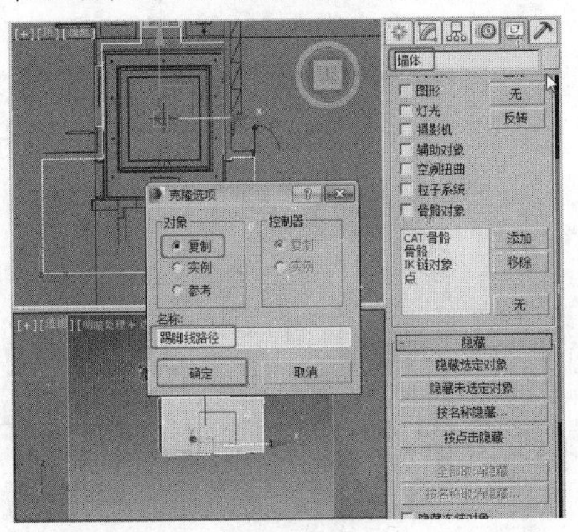

图18-53

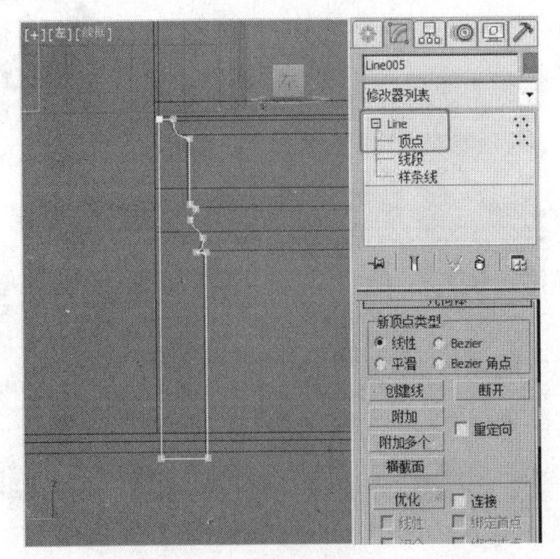

图18-54

49 在场景中选择“踢脚线路径”，单击“（创建）”|“（几何体）”|“复合对象”|“放样”按钮，在“创建方法”卷展栏中单击“获取图形”按钮，在场景中拾取踢脚线图形，如图18-55所示。

50 选择踢脚线模型，将选择集定义为“图形”，在场景中调整图形，如图18-56所示。

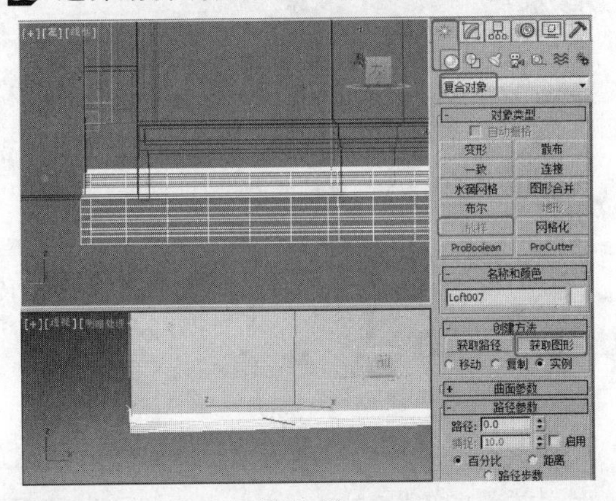

图18-55

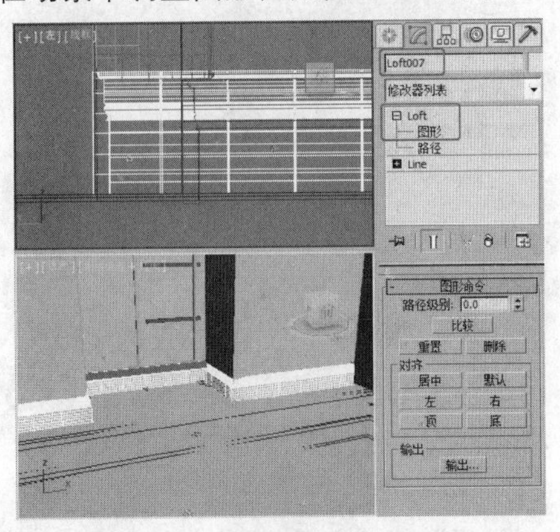

图18-56

51 在场景中选择“踢脚线路径”，调整其形状到合适的效果，如图18-57所示。

52 在左视图中推拉门的位置创建长方体，大小合适即可，如图18-58所示。

图18-57

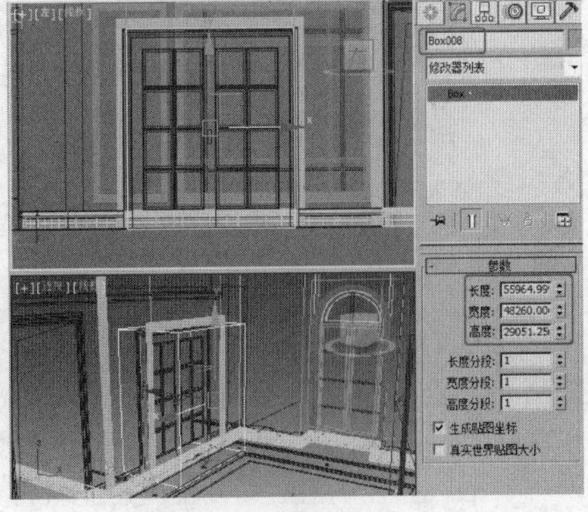

图18-58

53 在场景中选择放样出的踢脚线模型，单击“（创建）”|“（几何体）”|“复合对象”|“布尔”按钮，在“拾取布尔”卷展栏中单击“拾取操作对象B”按钮，在场景中拾取长方体，如图18-59所示。

54 下面介绍顶的制作。在场景中选择踢脚线路径，按Ctrl+V快捷键，在弹出的对话框中选择“复制”选项，将“名称”命名为“角线路径”，单击“确定”按钮，如图18-60所示。

图18-59

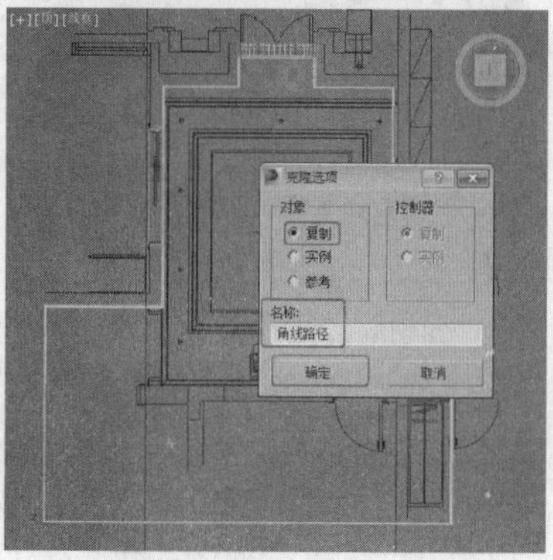

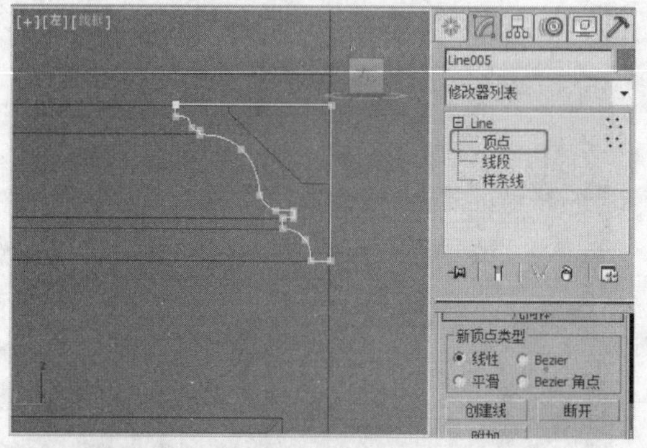

图18-60

55 选择“角线路径”图形，将选择集定义为“顶点”，在场景中调整图形的形状，如图18-61所示。

56 在左视图中创建角线的放样图形，如图18-62所示。

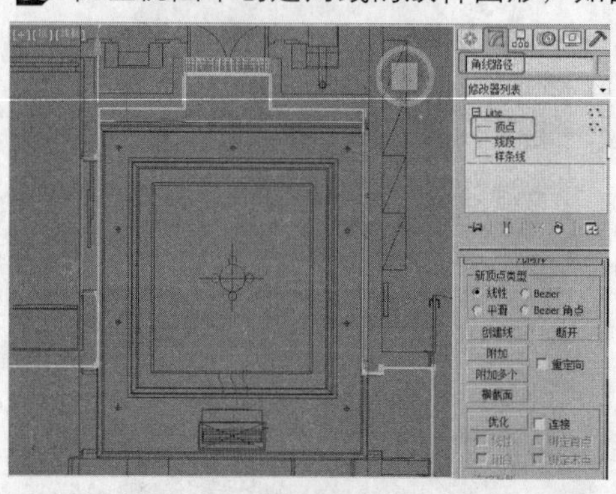

图18-61

图18-62

57 在场景中选择“角线路径”图形，单击“（创建）”|“（几何体）”|“复合对象”|“放样”按钮，在“创建方法”卷展栏中单击“获取图形”按钮，在场景中拾取角线图形，如图18-63所示。

58 将选择集定义为“图形”，在场景中调整图形，如图18-64所示。

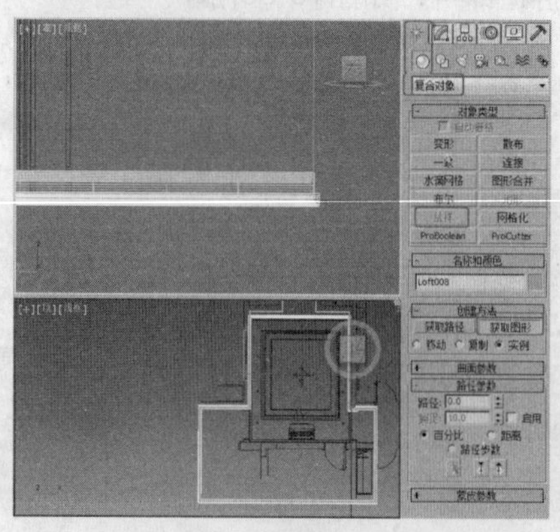

图18-63

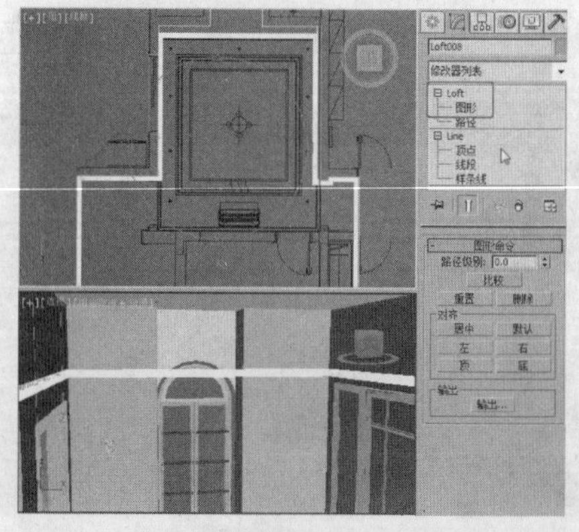

图18-64

综合案例写实篇

59 在场景中调整“角线路径”的形状，如图18-65所示。

60 在场景中选择作为角线的图形，按Ctrl+V快捷键，在弹出的对话框中选择“复制”选项，单击“确定”按钮，如图18-66所示。

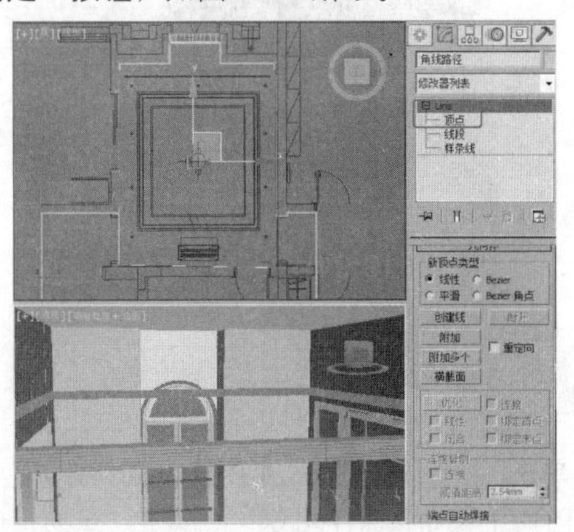

图18-65

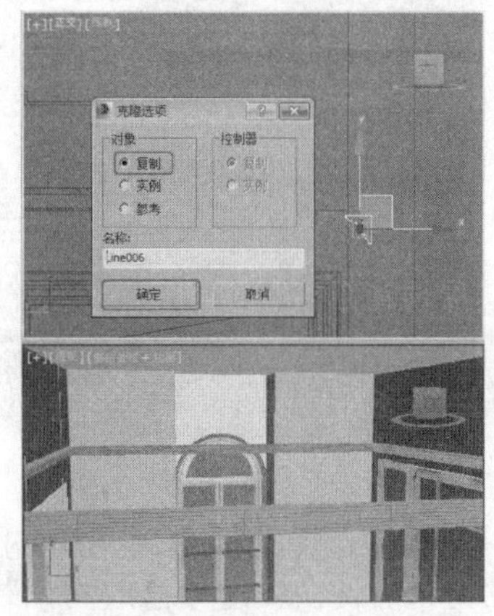

图18-66

61 复制出图形后，在场景中调整图形的形状，如图18-67所示。

62 在场景中选择“角线路径”，按Ctrl+V快捷键复制一个放样路径，单击“（创建）”|“（几何体）”|“复合对象”|“放样”按钮，在“创建方法”卷展栏单击“获取图形”按钮，在场景中拾取复制并调整角线图形，将选择集定义为“图形”，在场景中调整图形，如图18-68所示。

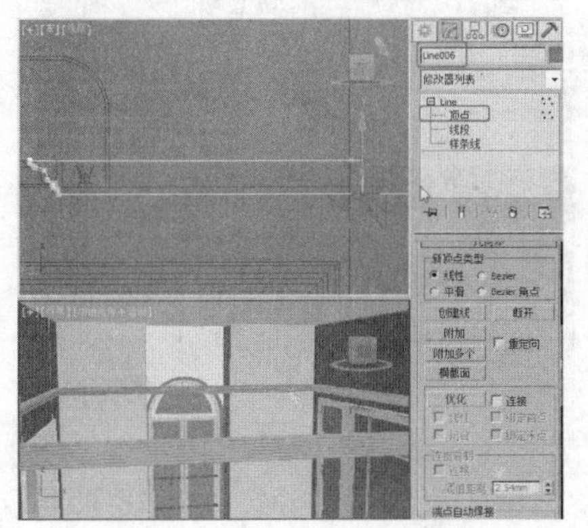

图18-67

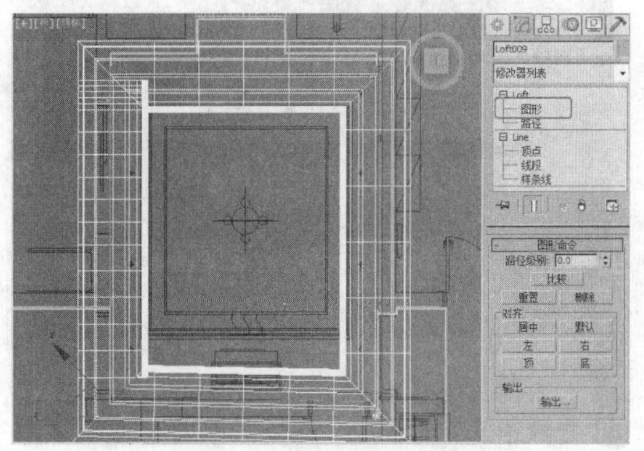

图18-68

63 关闭选择集，在“蒙皮参数”卷展栏中设置“路径步数”为0，如图18-69所示。

64 将选择集定义为“路径”，将路径的选择集定义为“顶点”，调整路径，如图18-70所示。

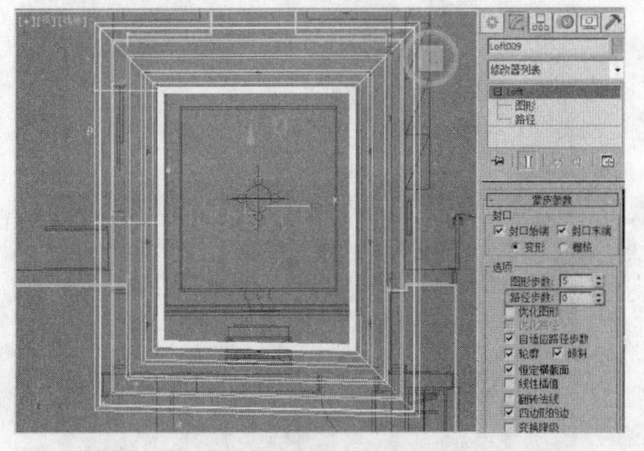

图18-69

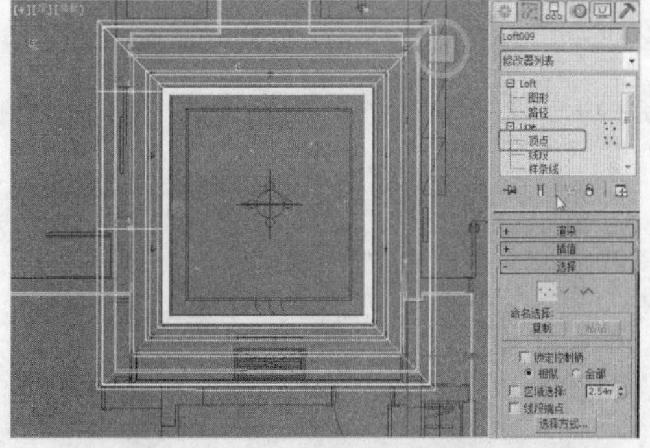

图18-70

65 在顶视图中创建长方体，作为顶中灯池，如图18-71所示，设置合适的参数。

66 在场景中如图18-72所示的位置创建切角长方体和长方体，调整模型的位置。

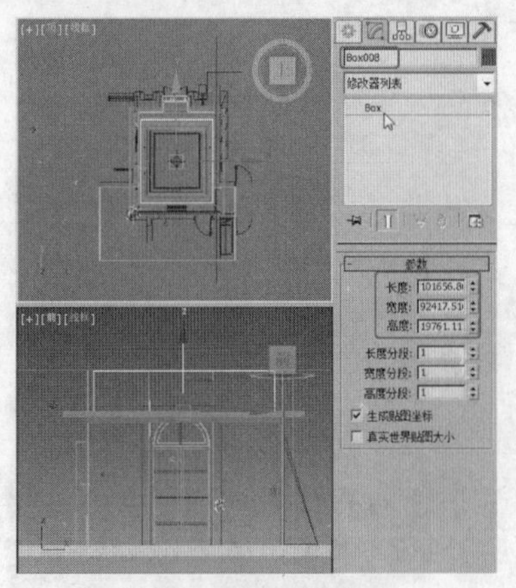

图18-71

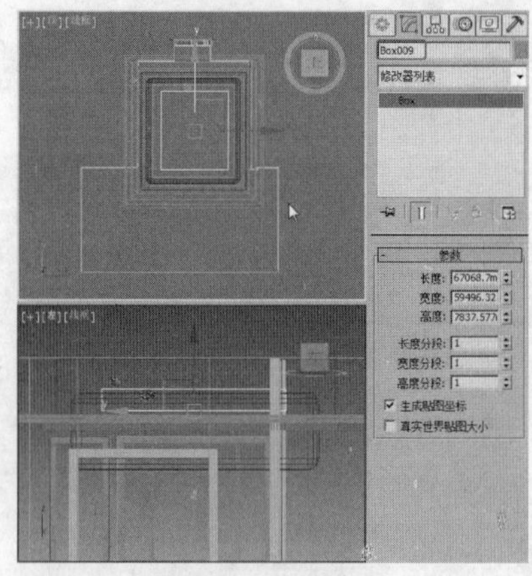

图18-72

67 在场景中选择图18-72中创建的长方体，单击“ （创建）”|“ （几何体）”|“复合对象”|“布尔”按钮，在“拾取布尔”卷展栏中单击“拾取操作对象B”按钮，在场景中拾取切角长方体。再次激活布尔命令，“拾取操作对象B”为小长方体，如图18-73所示。

68 在左视图中创建如图18-74所示的顶灯池的花边图形。

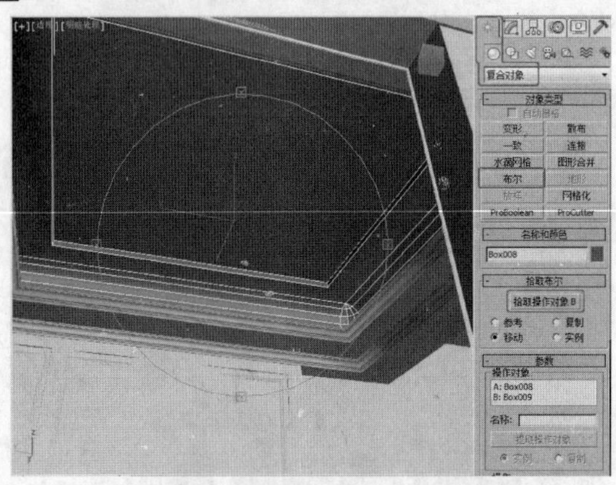

图18-73

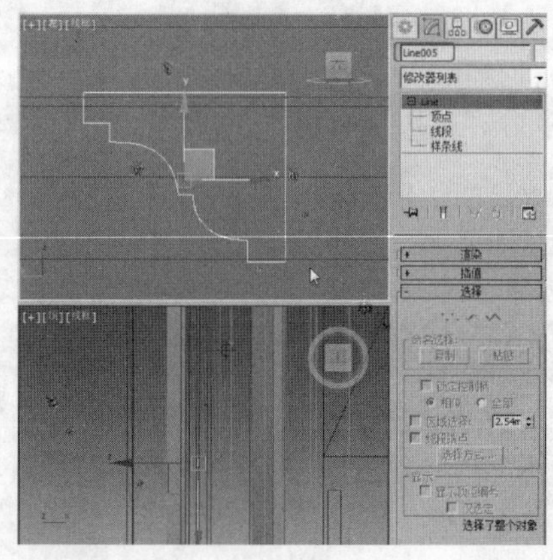

图18-74

69 隐藏不需要的模型，在场景中顶灯池方形槽的位置创建合适大小的矩形，如图18-75所示。

70 选择创建的矩形，单击“ （创建）”|“ （几何体）”|“复合对象”|“放样”按钮，在“创建方法”卷展栏中单击“获取图形”按钮，在场景中拾取创建的放样图形，如图18-76所示。

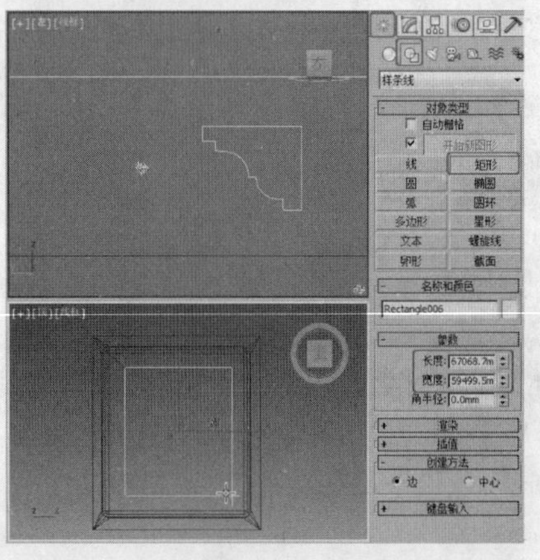

图18-75

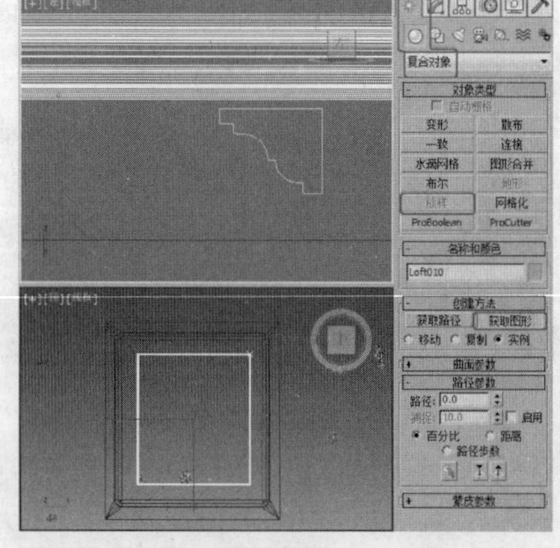

图18-76

71 调整放样模型的位置，如图18-77所示。

72 在场景中为顶灯池模型施加“编辑多边形”修改器，将选择集定义为“顶点”，在场景中调整模型的效果，合适即可，如图18-78所示。

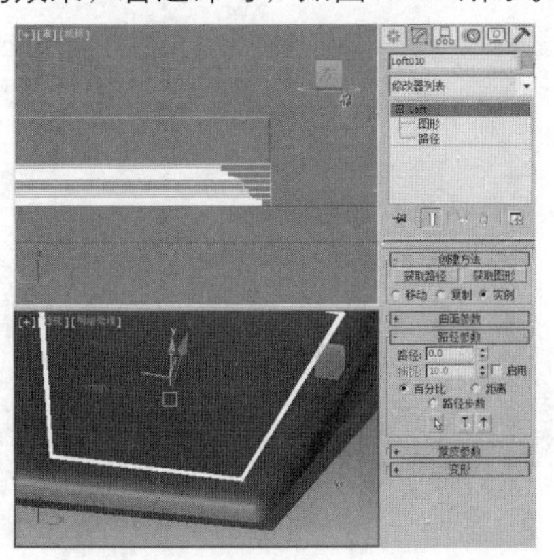

图18-77

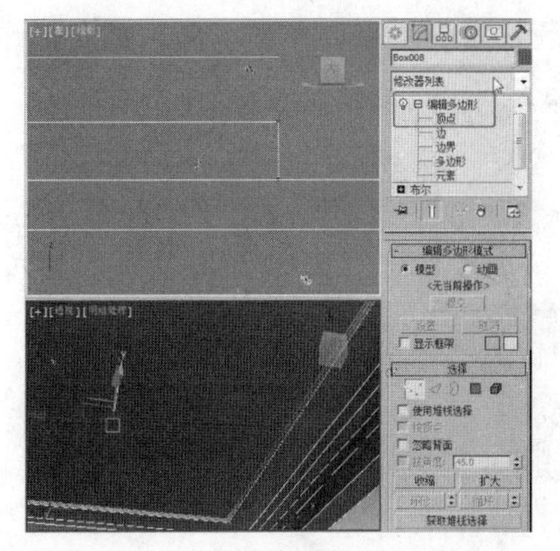

图18-78

73 接下来制作地面效果。导入餐厅地面图形，如图18-79所示，调整其图形的位置，设置颜色，并将其成组。

74 在场景中选择“墙体”模型，将选择集定义为“多边形”，在场景中选择底部的多边形，在“编辑几何体”卷展栏中单击“分离”后的■（设置）按钮，在弹出的对话框中设置“分离为”为“地面”，单击“确定”按钮，如图18-80所示。

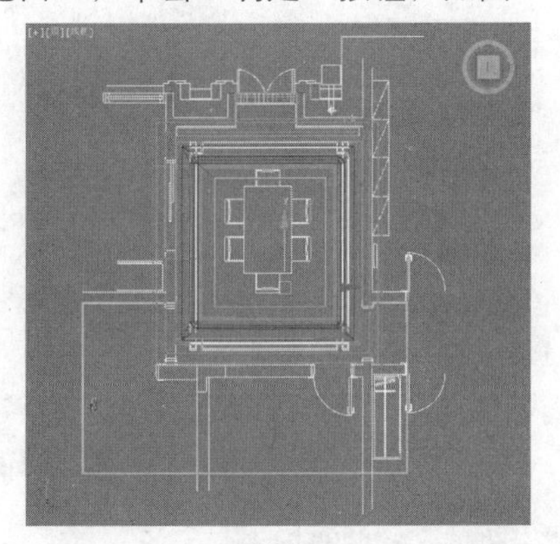

图18-79

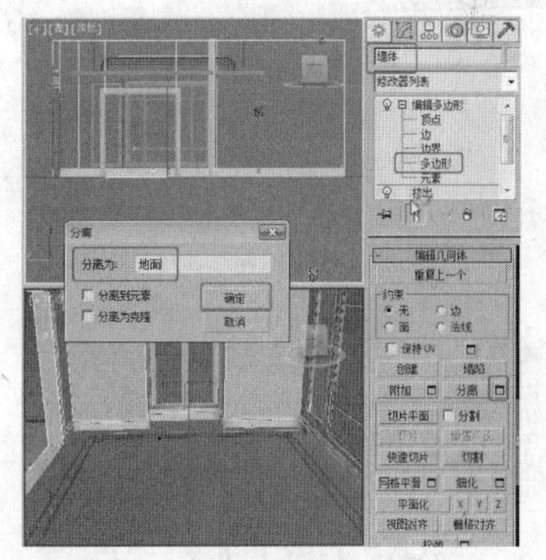

图18-80

75 在如图18-81所示的位置根据图纸绘制地面花纹图形。

76 将选择集定义为“样条线”，设置样条线的轮廓，如图18-82所示。

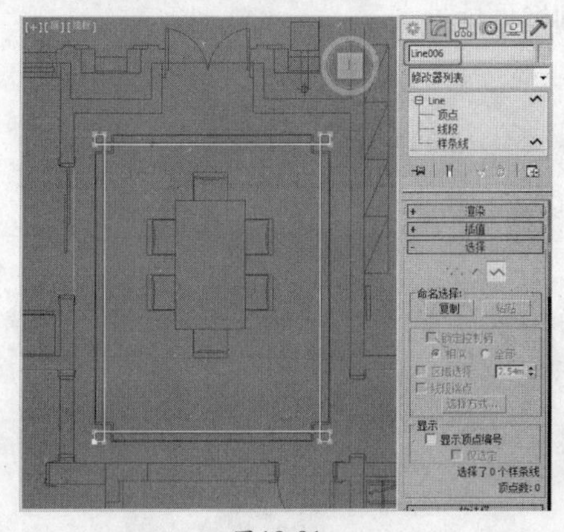

图18-81

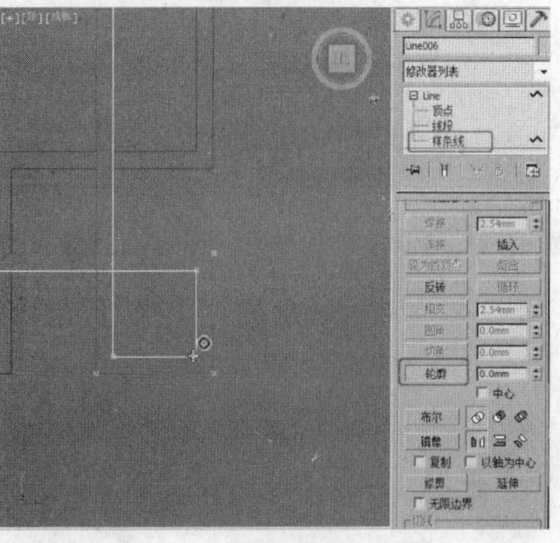

图18-82

77 单击“修剪”按钮，修剪样条线，效果如图18-83所示。

78 将选择集定义为“顶点”，按Ctrl+A快捷键全选顶点，单击“焊接”按钮焊接顶点，如图18-84所示。

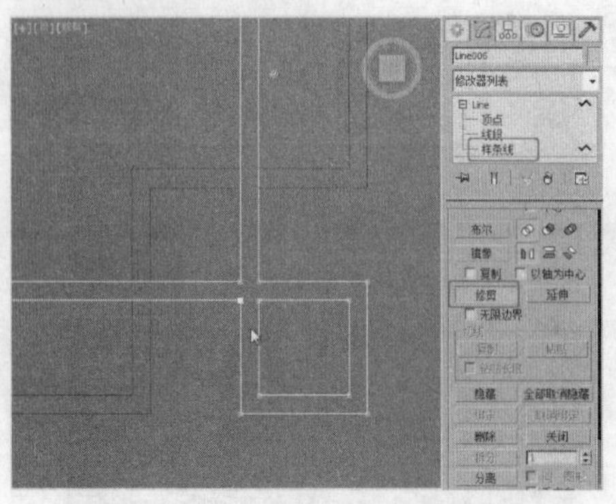

图18-83

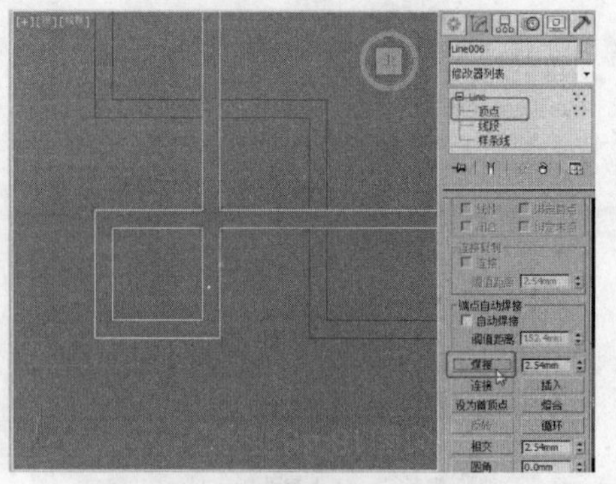

图18-84

79 关闭选择集，为图形施加“挤出”修改器，设置合适的“数量”值，如图18-85所示。

80 使用同样的方法绘制另一个地面装饰模型，如图18-86所示。

图18-85

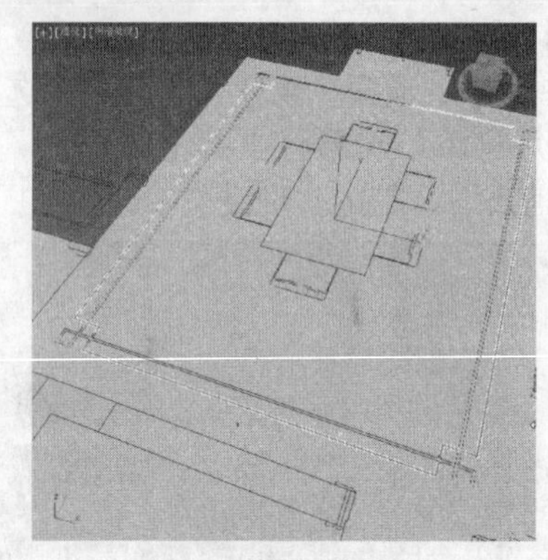

图18-86

18.3 设置场景材质

场景路径：Scene\cha18\餐厅.max　　贴图路径：map\cha18

视频路径：视频\cha18\ 18.3 设置场景材质.mp4

餐厅场景的材质与客厅中的材质大部分相同，这里可以将餐厅场景先进行存储，打开客厅场景，如图18-87所示，再将客厅场景中的材质调用到餐厅场景中。

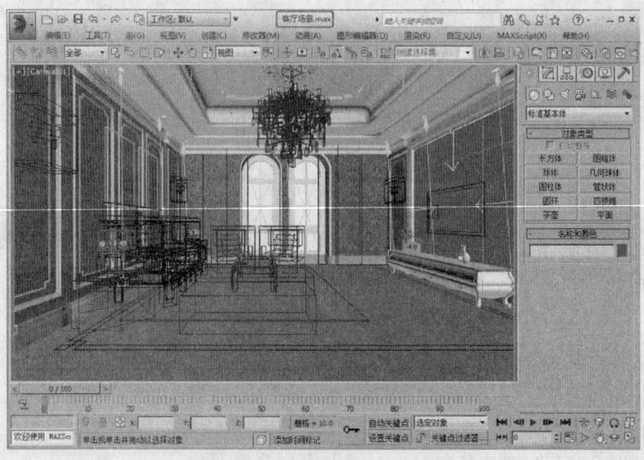

图18-87

01 打开材质编辑器，可以看到前面设置的室内框架的材质，单击 (获取材质)按钮，如图18-88所示。

02 在弹出的“材质/贴图浏览器”对话框中选择“示例窗”卷展栏，从中选择一个场景框架用到的材质，右击鼠标，在弹出的快捷菜单中选择“复制到”|“新建材质库”命令，如图18-89所示。

03 在弹出的对话框中选择一个路径，并为材质库命名，单击“保存”按钮，如图18-90所示。

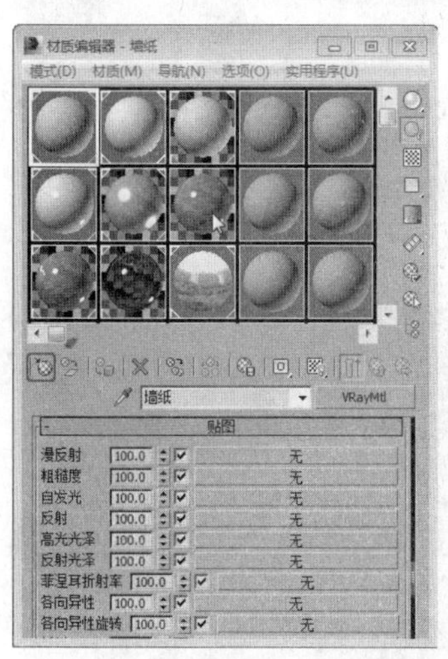

图18-88

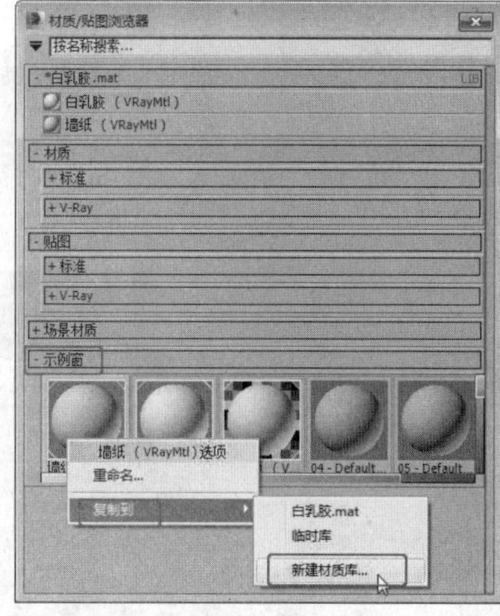

图18-89

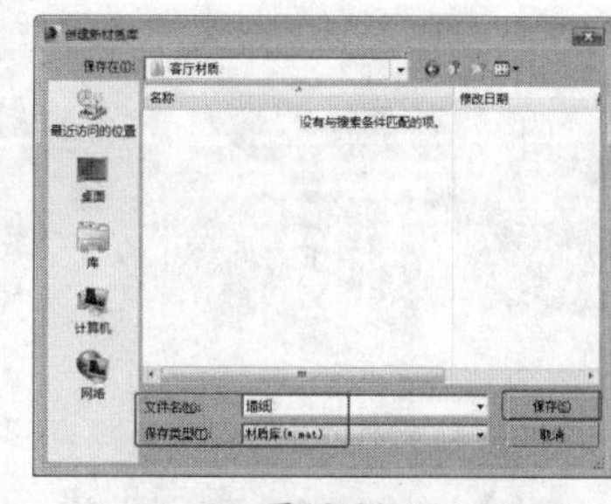

图18-90

04 选择另一个需要存储的材质样本球，并在其上放单击鼠标右键，在弹出的快捷菜单中选择“复制到”命令，在子菜单中选择建立的材质库，如图18-91所示，使用同样的方法将其他的场景材质存储到材质库中。

05 关闭客厅场景，打开餐厅场景文件，从中打开“材质编辑器”，单击 (获取材质)按钮，在弹出的“材质/贴图浏览器”对话框中可以看到材质库，如图18-92所示。

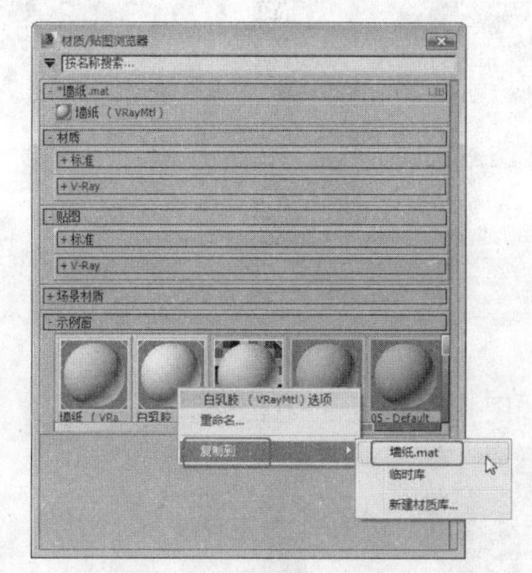

图18-91

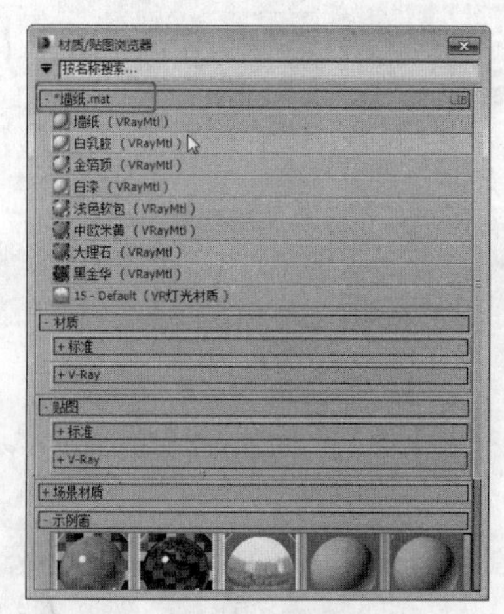

图18-92

06 在材质编辑器中选择新样本球，将材质库的材质放置到不同的材质样本球上，如图18-93所示。

07 在场景中创建合适角度的摄影机。选择“墙纸”材质，将其指定给场景中的“墙体”模型，并为其指定“UVW贴图”修改器，设置合适的参数，如图18-94所示。

08 选择“白乳胶”材质，将其指定给场景中如图18-95所示的模型。

09 选择“金箔顶”材质，将其指定给场景中如图18-96所示的模型。

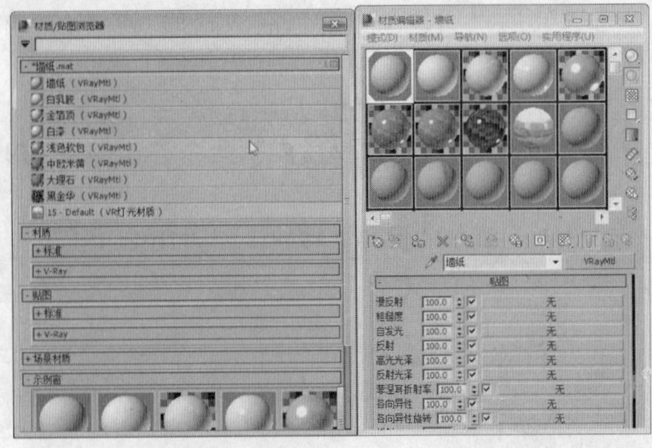

图18-93

图18-94

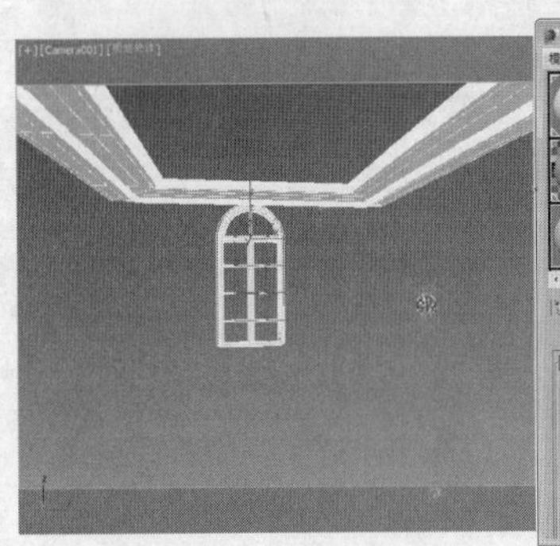

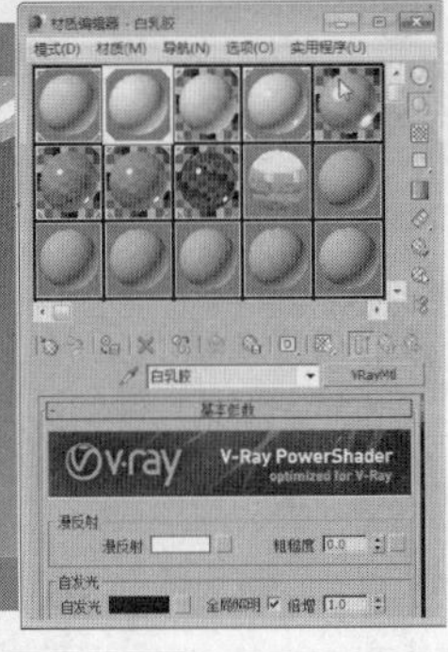

图18-95

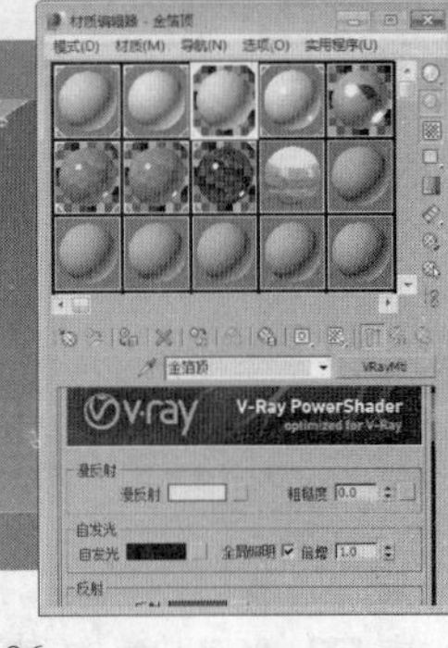

图18-96

10 选择“白漆”材质，将其指定给场景中如图18-97所示的模型。

11 选选择“大理石”材质，将其指定给场景中如图18-98所示的地面模型，为模型施加“UVW贴图”修改器，在“参数”卷展栏中选择“贴图”类型为长方体，设置合适的参数。

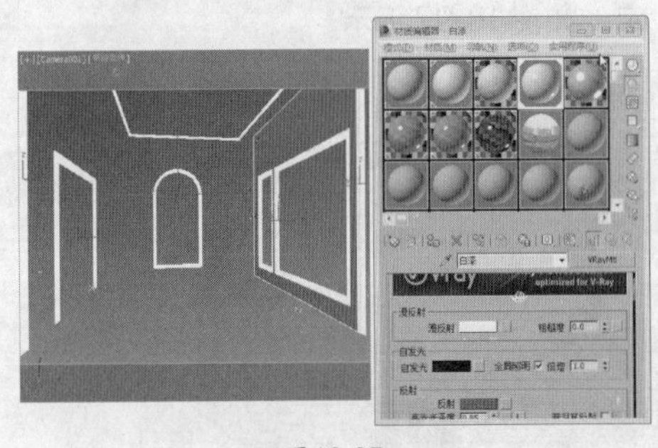

图18-97

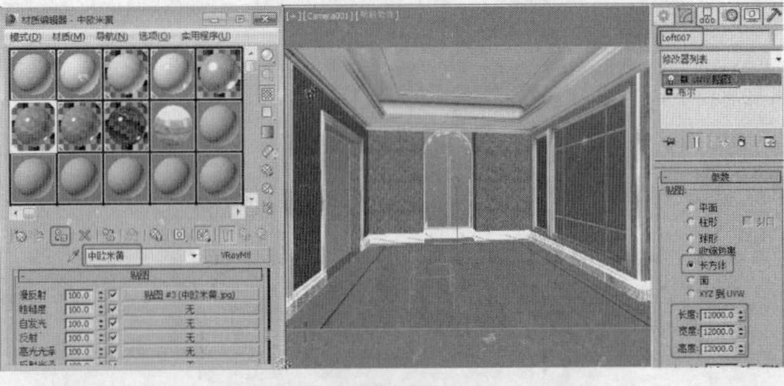

图18-98

12 选择“大理石”材质，将其指定给场景中如图18-99所示的地面模型。

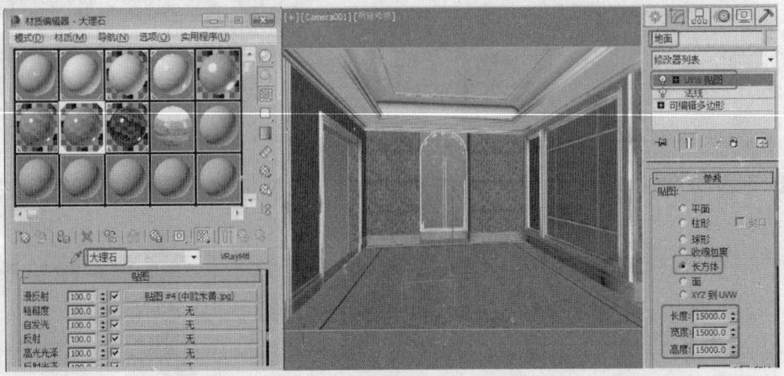

图18-99

13 选择“黑金华”材质，将其指定给场景中如图18-100所示的地面装饰模型。

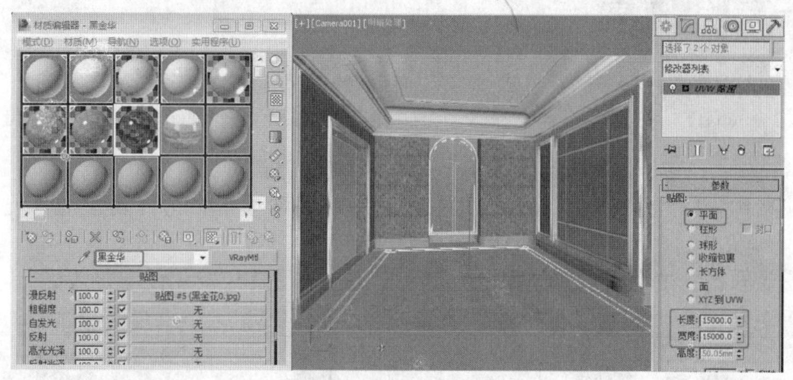

图18-100

14 在场景中选择右侧墙体的装饰平面，为其设置一个镜面材质。选择一个新的材质样本球，将材质转换为VRayMtl材质，设置“反射”的红绿蓝为255、255、255，设置“反射光泽度”为0.9，将材质指定给选定对象，如图18-101所示。

15 在场景中选择作为拱形门窗的玻璃的平面模型，选择一个新的材质样本球，将材质转换为VRayMtl材质，设置“漫反射”的红绿蓝为0、0、0，设置“反射”的红绿蓝为30、30、30，设置“折射”的红绿蓝为250、250、250，如图18-102所示。将其指定给选定对象。

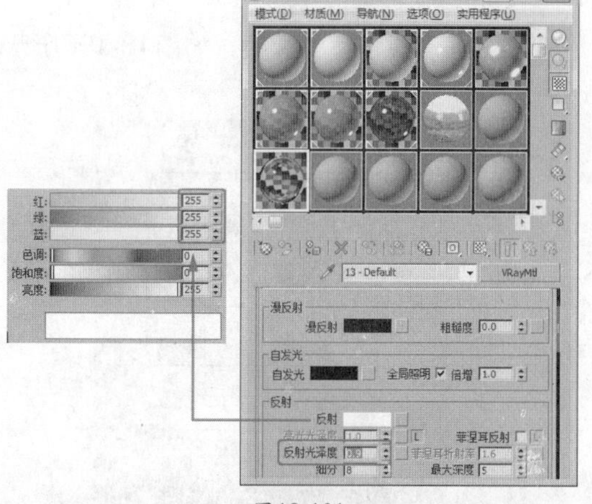

图18-101

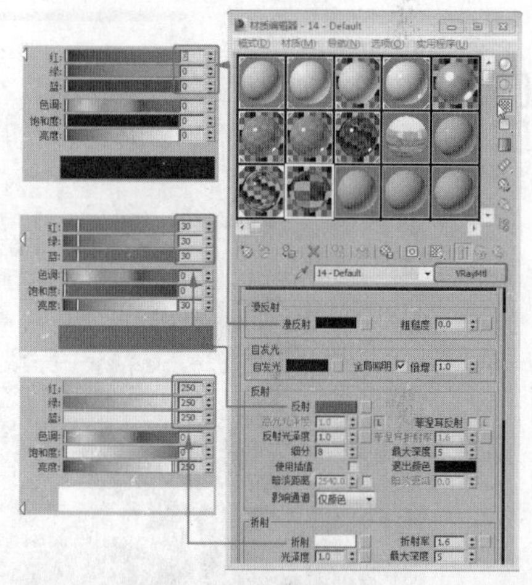

图18-102

16 检查一下场景和场景模型。这里为墙体模型和右侧墙体平面装饰模型指定了“法线”修改器，可以根据需要进行设置，如图18-103所示。

图18-103

18.4 合并场景

场景路径：Scene\cha18\餐厅.max	贴图路径：map\cha18
素材路径：素材\cha18	视频路径：视频\cha18\ 18.4 合并场景.mp4

场景制作完成后，接下来为场景合并模型。

01 选择“文件”|“导入”|“合并”命令，在弹出的对话框中选择随书附带光盘中的“素材\cha18”中的场景文件，如图18-104所示。

02 选择需要导入的模型，调整模型的大小和位置，如图18-105所示。

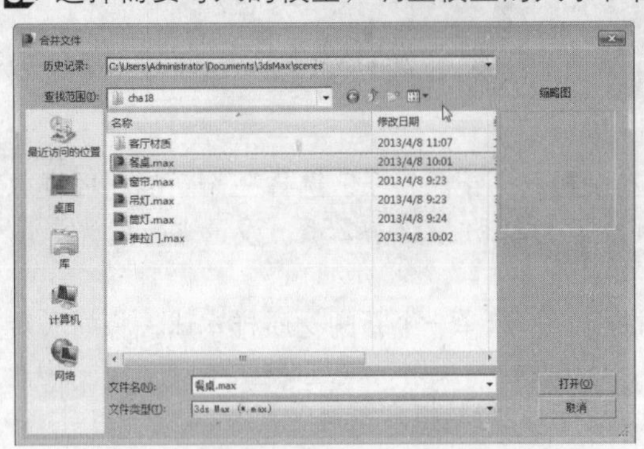

图18-104

图18-105

03 在顶视图中创建弧，并为弧施加“挤出”修改器，设置合适的参数，如图18-106所示。

04 为创建的弧模型指定灯光材质，如图18-107所示。

图18-106

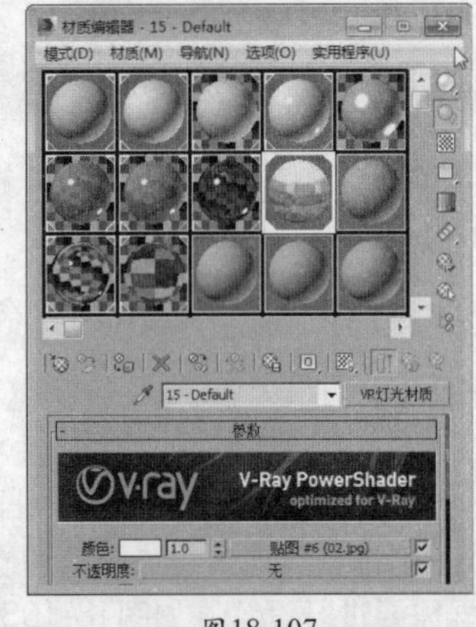

图18-107

18.5 设置草图渲染

场景路径：Scene\cha18\餐厅.max	视频路径：视频\cha18\ 18.5 设置草图渲染.mp4

下面介绍如何设置草图渲染。

01 在工具栏中单击（渲染设置）按钮，打开“渲染设置”对话框，设置一个渲染尺寸，如图18-108所示。

02 切换到V-Ray选项卡，在“V-Ray::图像采样器（反锯齿）”卷展栏中设置“图像采样器”的“类型”为“固定”，设置“抗锯齿过滤器”为“区域”。在“V-Ray::环境”卷展栏中勾选“全局照明环境（天光）覆盖”组中的“开”选项，如图18-109所示。

03 切换到“间接照明”选项卡，在“V-Ray::间接照明”卷展栏，从中勾选“开”选项，设置

"首次反弹"的"全局照明引擎"为"发光图"，设置"二次反弹"的"全局照明引擎"为"灯光缓存"。在"V-Ray::发光图"卷展栏中设置"当前预置"为"非常低"，如图18-110所示。

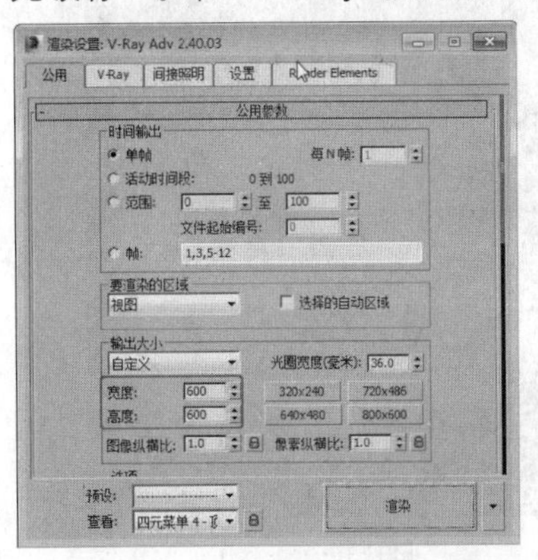
图18-108

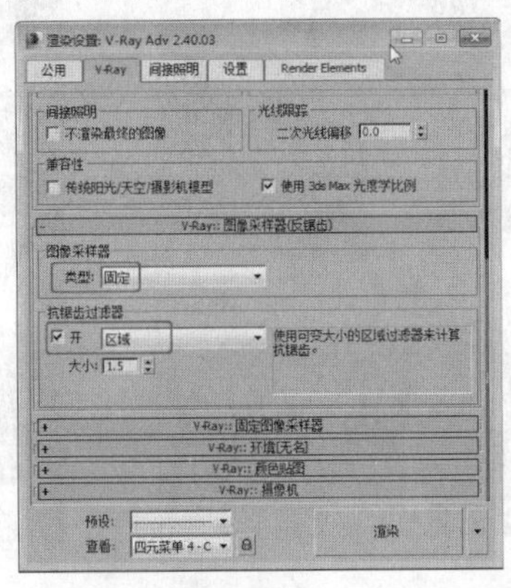
图18-109

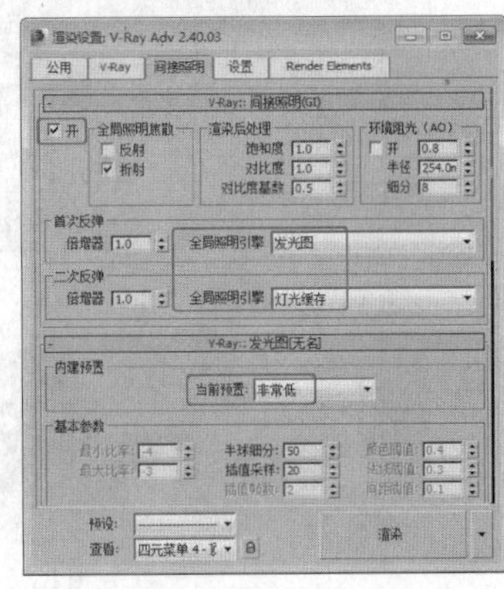
图18-110

04 在"V-Ray::灯光缓存"卷展栏中设置"细分"为100，勾选"存储直接光"和"显示计算相位"选项，如图18-111所示。

05 为背景弧施加"法线"修改器，将其法线翻转，如图18-112所示。

06 在场景中为角线模型施加"编辑多边形"修改器，将选择集定义为"顶点"，在场景中调整模型的顶点，如图18-113所示，在制作模型过程中随时调整模型效果。

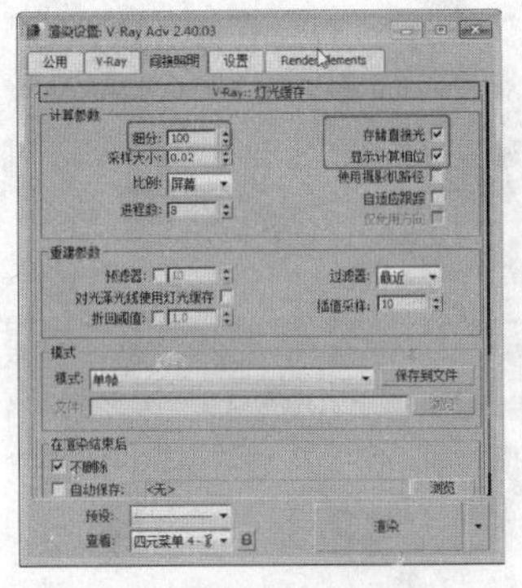
图18-111

图18-112

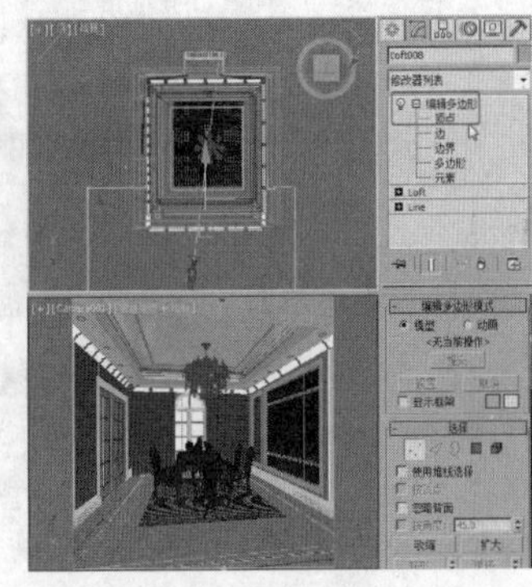
图18-113

18.6 创建灯光

场景路径：Scene\cha18\餐厅.max　　贴图路径：map\cha18

视频路径：视频\cha18\ 18.6 创建灯光.mp4

测试渲染设置场景之后，下面介绍场景中灯光的创建。

01 单击"（创建）"|"（灯光）"|"VRay"|"VR灯光"按钮，在前视图中拱形门窗的位置创建VR灯光，在场景中调整灯光的位置。在"参数"卷展栏中设置"倍增器"为3，设置灯光的颜色红绿蓝为213、233、255，勾选"选项"组中的"不可见"选项，如图18-114所示。

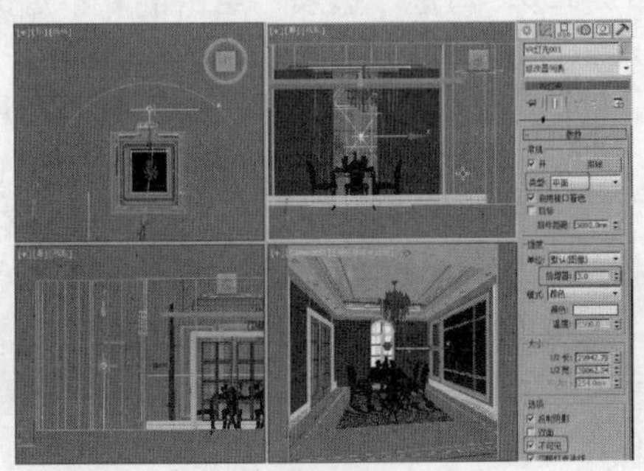
图18-114

02 继续创建平面灯光，设置灯光的"倍增器"为10，设置灯光的颜色红绿蓝为168、209、255，勾选"选项"组中的"不可见"选项，如图18-115所示。

03 渲染当前场景效果，如图18-116所示。

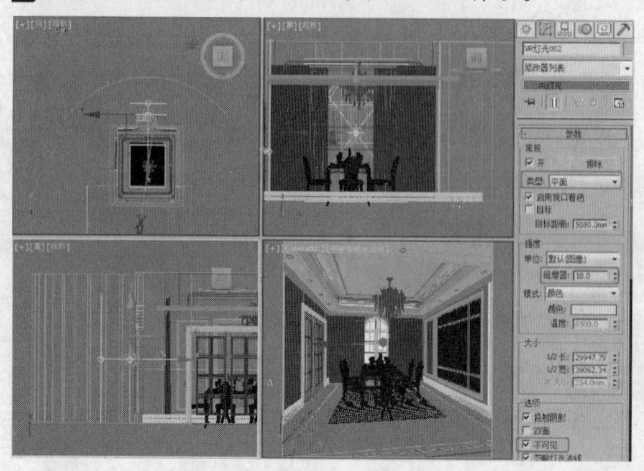

图18-115

图18-116

04 继续在场景中创建VRay灯光，调整灯光的位置和照射角度，复制灯光。在“参数”卷展栏中设置“倍增器”为2，设置灯光的颜色红绿蓝为255、244、226，勾选“选项”组中的“不可见”选项，如图18-117所示。

05 渲染场景，得到如图18-118所示的效果。

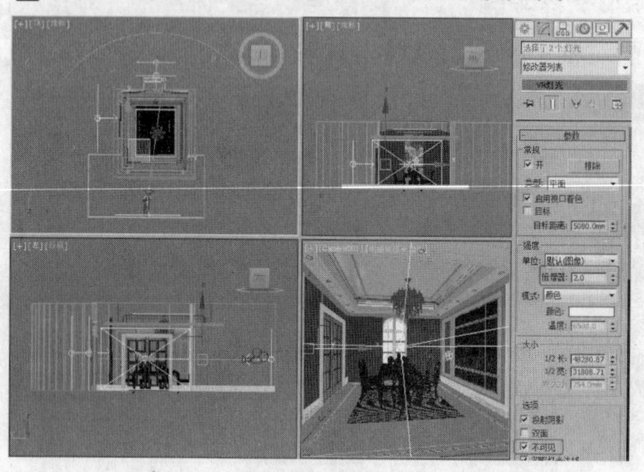

图18-117

图18-118

06 在顶视图中创建VRay灯光，调整灯光的位置。在“参数”卷展栏中设置“倍增器”为2，设置灯光的颜色红绿蓝为255、244、226，勾选“选项”组中的“不可见”选项，取消选中“双面”、“影响高光反射”和“影响反射”选项，如图18-119所示。

07 继续在灯池的位置创建VRay灯光，调整灯光的位置和照射角度，实例复制灯光。在“参数”卷展栏中设置“倍增器”为3.5，设置灯光的颜色红绿蓝为255、211、133，勾选“选项”组中的“不可见”选项，取消“双面”选项的勾选，如图18-120所示。

08 渲染当前场景效果，如图18-121所示。

09 在场景中筒灯的位置创建“光度学”|“目标灯光”，调整并实例复制灯光。在“常规参数”卷展栏中选择“灯光分布（类型）”为“光度学Web”。在“分布（光度学Web）”卷展栏中为其指定光度学文件“map\cha18\1（4500cd）.ies”。在“强度/颜色/衰减”卷展栏中设置“强度”为4500，如图18-122所示。

10 渲染场景，得到如图18-123所示的效果。

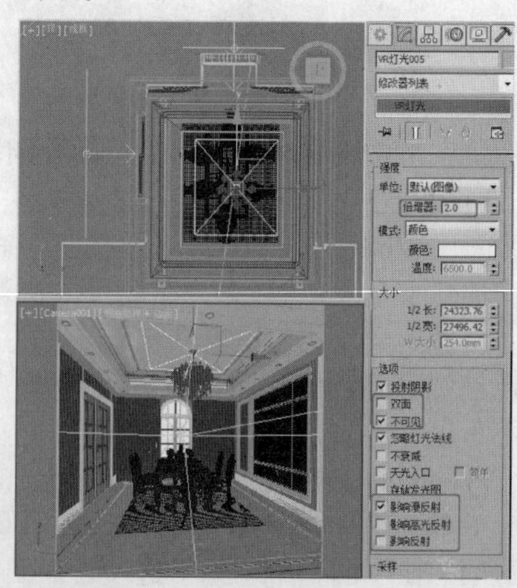

图18-119

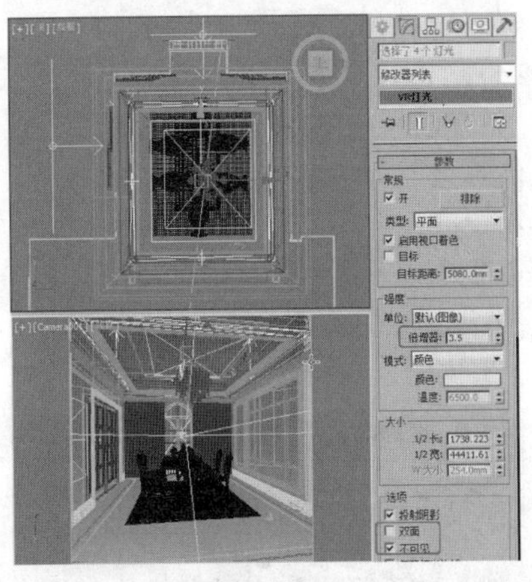
图18-120

图18-121

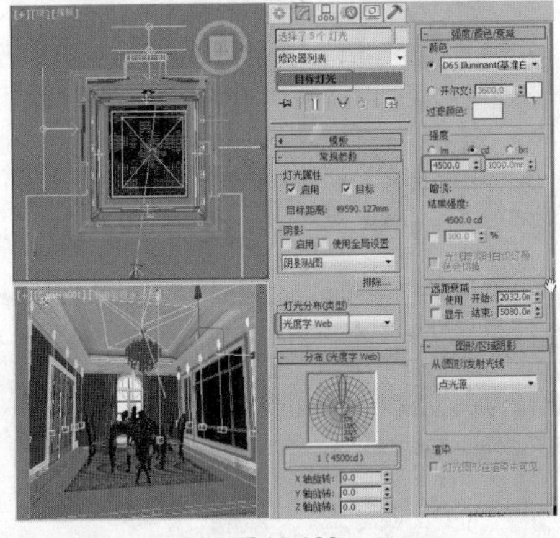
图18-122

图18-123

18.7 最终渲染设置

场景路径：Scene\cha18\餐厅.max　　视频路径：视频\cha18\ 18.7最终渲染设置.mp4

场景灯光创建完成后，下面就是渲染最终效果设置了。

01 打开渲染设置面板，设置渲染的最终尺寸，如图18-124所示。

02 在“V-Ray::图像采样器（反锯齿）”卷展栏中选择“图像采样器”的“类型”为“自适应确定性准蒙特卡洛”，选择“抗锯齿过滤器”为Catmull-Rom，如图18-125所示。

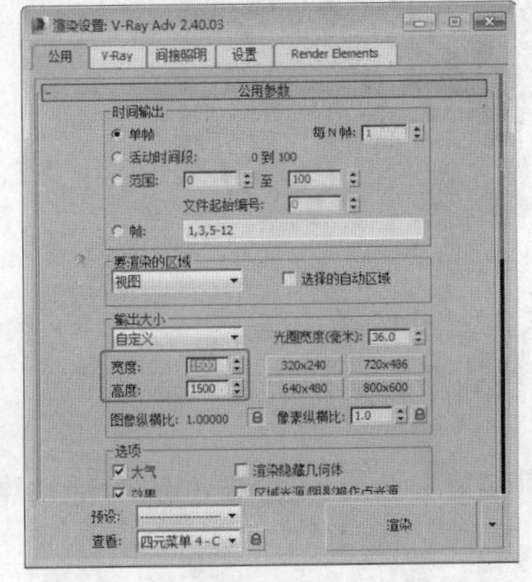
图18-124

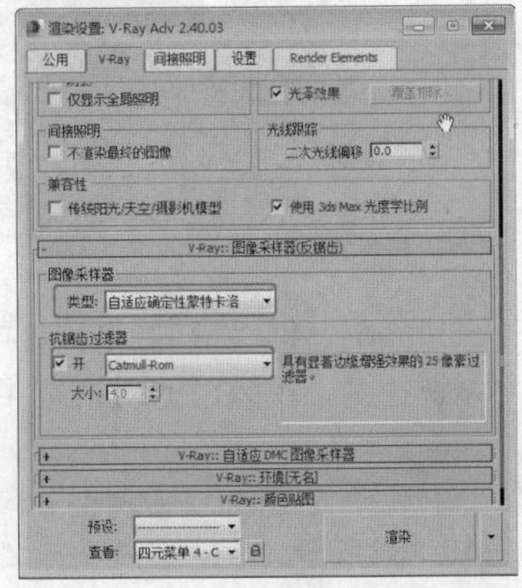
图18-125

03 切换到“间接照明”选项卡，从中设置“V-Ray::发光图”的“当前预置”为“高”，如图18-126所示。

04 在“V-Ray::灯光缓存”卷展栏中设置“细分”为1500，如图18-127所示。

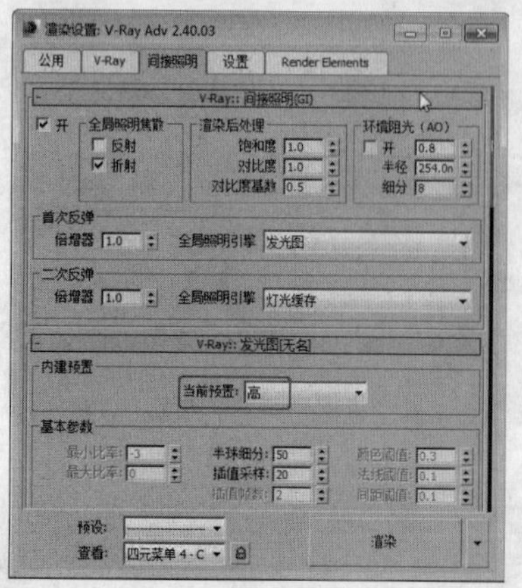

图18-126

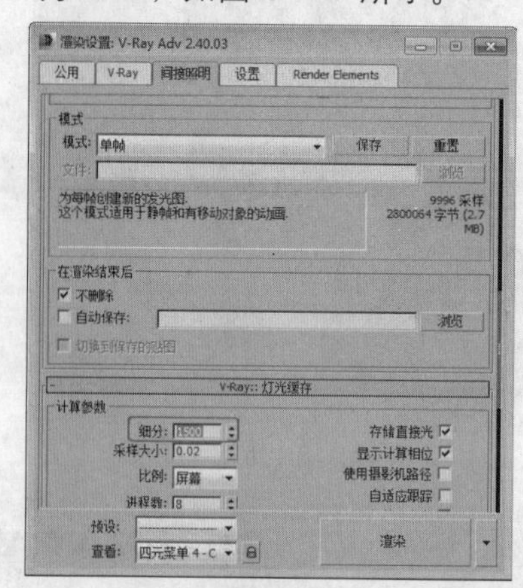

图18-127

18.8 后期处理

场景路径：Scene\cha18\餐厅后期.psd　　素材路径：Scene\cha18

视频路径：视频\cha18\ 18.8 后期处理.mp4

下面在Photoshop软件中对渲染输出餐厅图像进行后期处理，效果如图18-128所示。

图18-128

01 运行Photoshop软件，打开渲染的餐厅效果图，如图18-129所示。

02 按Ctrl+M快捷键，在弹出的对话框中调整曲线的形状，单击“确定”按钮，如图18-130所示。

03 在菜单栏中选择“图像”|“调整”|“自然饱和度”命令，在弹出的对话框中调整参数，合适即可，如图18-131所示。

04 打开“Scene\cha18\光晕.psd”文件，如图18-132所示。

图18-129

图18-130

图18-131

图18-132

05 参照前面客厅的后期处理来为餐厅添加光晕，完成的后期处理效果如图18-133所示。

图18-133

06 分别将带有图层的场景文件进行另存。然后将图层合并，并将合并图层后的效果文件进行另存。

第19章　卧室的设计与表现

本章内容

- 方案介绍
- 材质的设置
- 设置草图渲染
- 创建灯光
- 最终渲染设置
- 后期处理

本例结合使用AutoCAD、3ds Max、VRay以及Photoshop来制作全套家装图中的主卧效果。

19.1　方案介绍

本例介绍全套家装效果图中的卧室效果的制作。卧室是供人在其内睡觉、休息的空间。卧室布置的好坏，直接影响到人们的生活、工作和学习，所以卧室是家庭装修设计的重点之一。因此在设计时，人们首先注重实用，其次是装饰。在风水学中，卧室的格局是非常重要的，卧室的布局直接影响一个家庭的幸福、夫妻的和睦、身体健康等诸多元素。好的卧室格局不仅要考虑物品的摆放、方位，整体色调的安排以及舒适性也都是不可忽视的环节。

19.2　材质的设置

场景路径：Scene\cha19\主卧O.max	贴图路径：map\cha19
视频路径：视频\cha19\ 19.2 材质的设置01.mp4 和 19.2 材质的设置02.mp4	

下面介绍如何卧室效果图材质的设置，如图19-1所示为3ds Max渲染出的效果图。

19.2.1　布料材质的设置

下面介绍场景中布料材质的设置。

01 运行3ds Max 2014，打开随书附带光盘中的“Scene\cha19\主卧o.Max”文件，如图19-2所示。

02 打开材质编辑器，从中选择一个新的材质样本球，将其命名为“地毯”，将材质转换为VRayMtl材质，在“贴图”卷展栏中为“漫反射”、“凹凸”、“置换”指定“位图”贴图，设置“凹凸”的数量为20、“置换”数量为2，贴图分别为随书附带光盘中的“map\cha19\1_182358_3副本.jpg”、“布纹bump.jpg”和“arch25_fabric_Gbump.jpg”文件，如图19-3所示。

图19-1

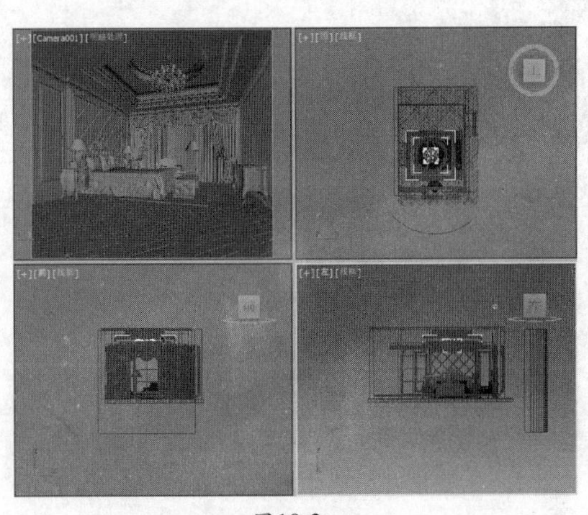

图19-2

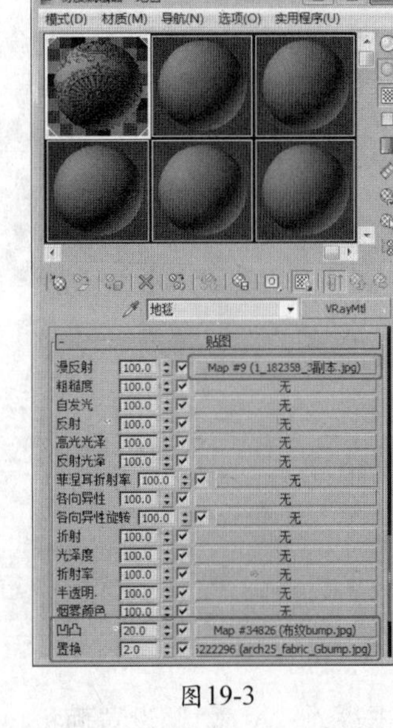

图19-3

03 进入地毯材质的"凹凸贴图"层级面板，从中设置"坐标"卷展栏中的"瓷砖"的U和V均为5，如图19-4所示。同样设置"置换"的"瓷砖"参数。

04 按H键，在弹出的对话框中选择"地毯"模型，如图19-5所示，将设置的"地毯"材质指定给场景中的选定对象。

05 选择一个新的材质样本球，将材质转换为"多维/子对象"材质，单击"设置数量"按钮，在弹出的对话框中设置"设置数量"为2，如图19-6所示。

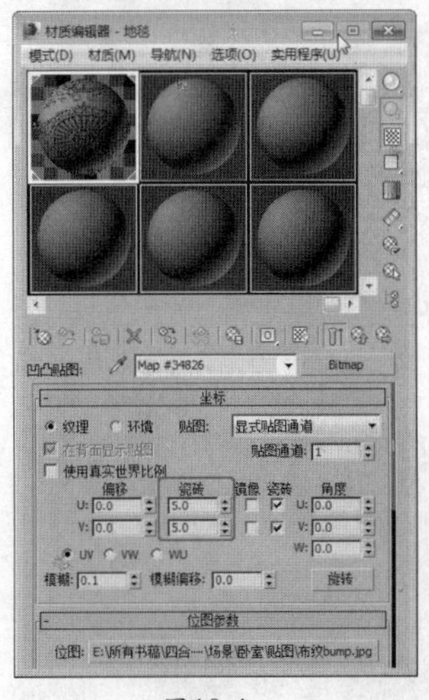

图19-4

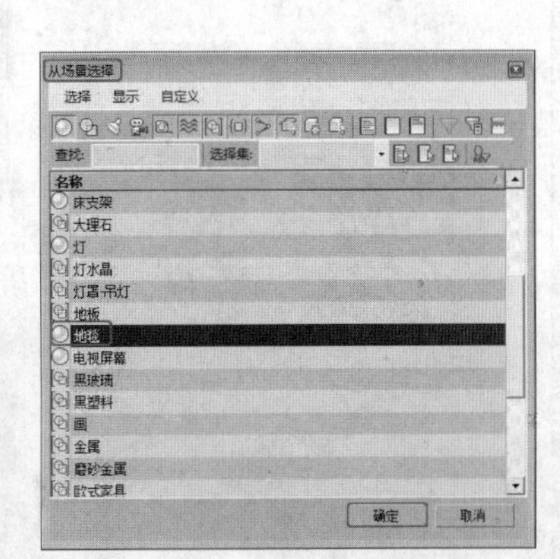

图19-5

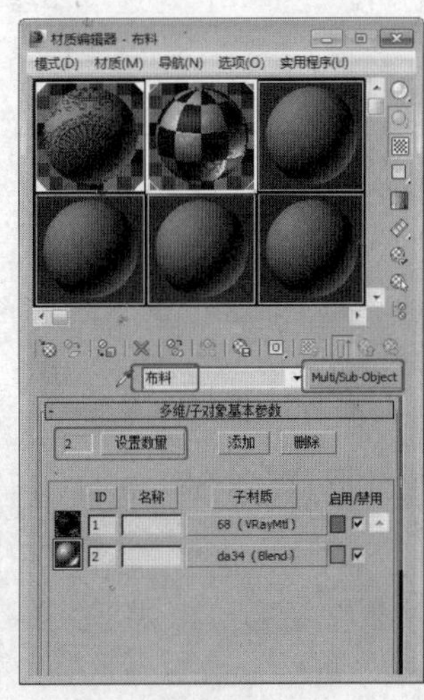

图19-6

06 单击进入1号材质设置面板，设置材质为VRayMtl材质，在"基本参数"卷展栏中设置"反射"的"高光光泽度"为0.55、"反射光泽度"为0.65，勾选"菲涅耳反射"复选框，设置"菲涅耳折射率"为20，如图19-7所示。

07 在"双向反射分布函数"卷展栏中设置类型为"反射"，设置"各向异性"参数为0.4。在"贴图"卷展栏中为"漫反射"和"反射"指定相同的位图贴图"map\cha19\s387an.jpg"文件，如图19-8所示。

08 进入2号材质设置面板，将材质转换为"混合"材质，在"混合基本参数"卷展栏中为"材质1"和"材质2"指定VRayMtl材质，为"遮罩"指定位图，如图19-9所示。

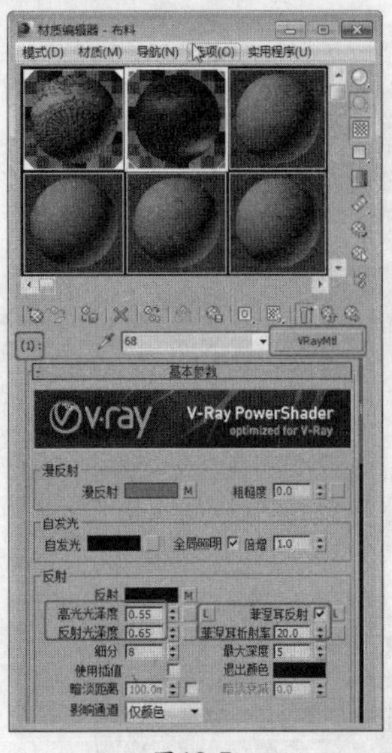
图19-7

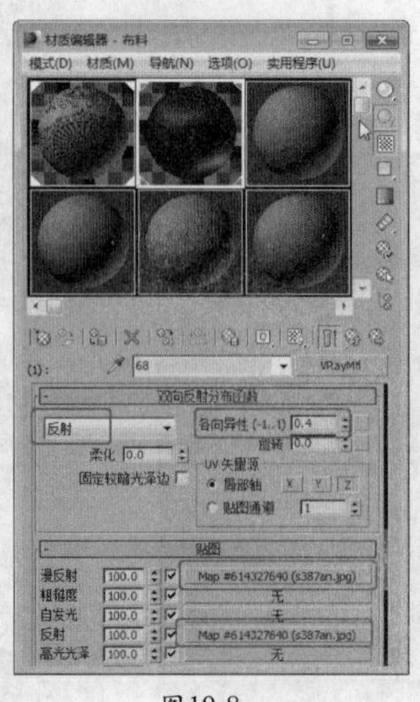
图19-8

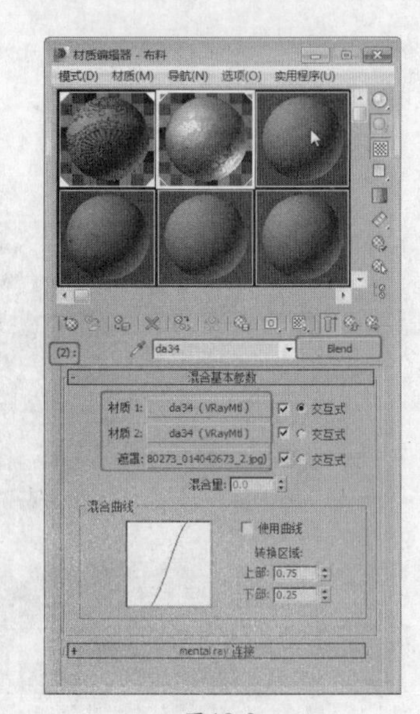
图19-9

09 单击进入“材质1”设置面板，在“基本参数”卷展栏中设置“反射”的“高光光泽度”为0.5、“反射光泽度”为0.7，勾选“菲涅耳反射”复选框，设置“菲涅耳反射率”为5，如图19-10所示。

10 在“贴图”卷展栏中为“漫反射”和“反射”指定相同的位图贴图“map\cha19\s378d2ac.jpg”文件，如图19-11所示。

11 进入“材质2”材质设置面板，在“基本参数”卷展栏中设置“高光光泽度”为0.5、“反射光泽度”为0.6，勾选“菲涅耳反射”复选框，设置“菲涅耳反射率”为2，如图19-12所示。

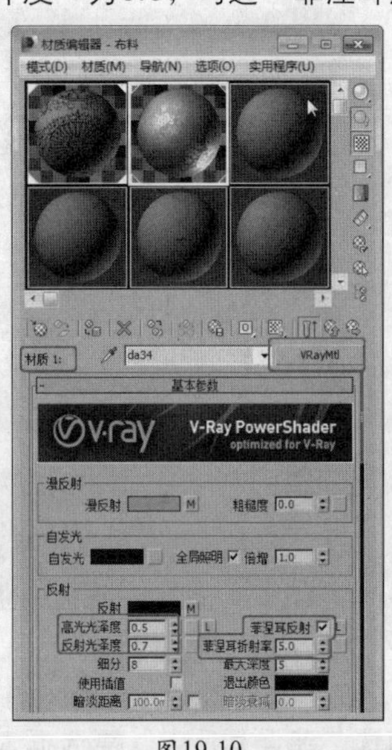
图19-10

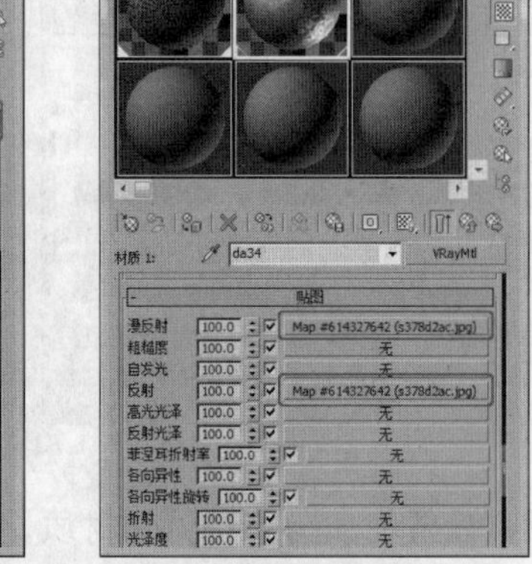
图19-11

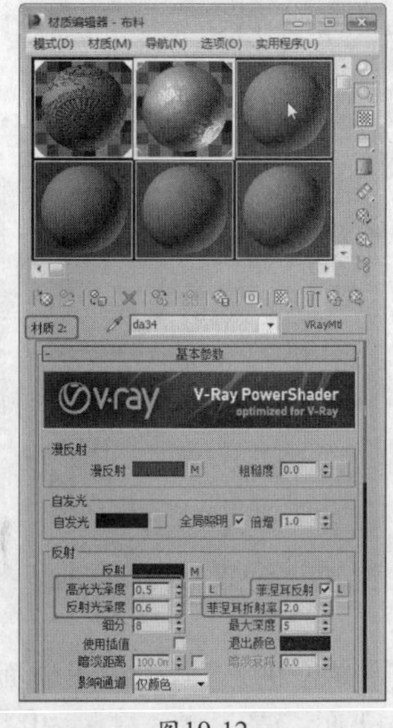
图19-12

12 在“贴图”卷展栏中为“漫反射”和“反射”指定相同的位图贴图“map\cha19\s378d2acS.jpg”文件，如图19-13所示。

13 为“遮罩”指定位图贴图“map\cha19\680273_014042673_2.jpg”文件，如图19-14所示，回到主材质面板，将材质指定给场景中对应材质名称的模型。

14 在“布料”材质的“多维/子对象”卷展栏中将1号材质拖曳到新的材质样本球上，在弹出的对话框中选择“实例”选项，单击“确定”按钮，如图19-15所示。

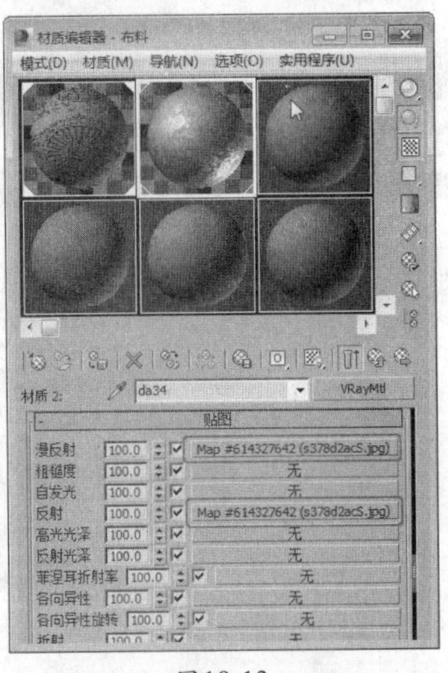

图19-13

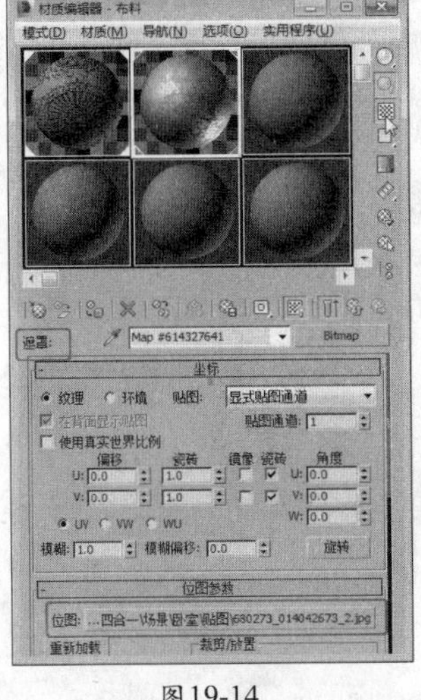

图19-14

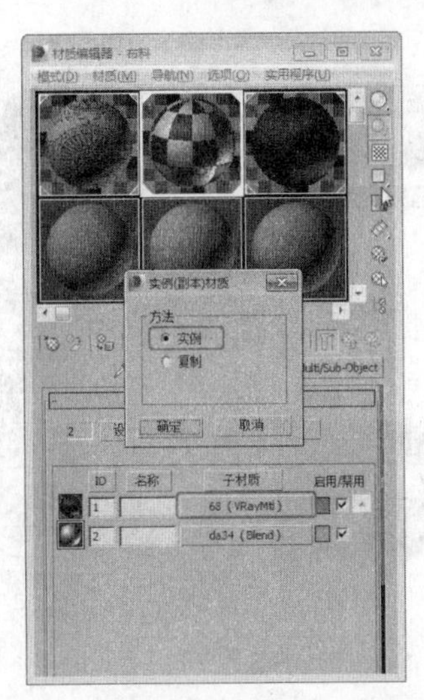

图19-15

15 将复制的1号材质命名为“床罩”，将材质指定给场景中对应的模型，如图19-16所示。

16 选择一个新的材质样本球，将其命名为“座椅布料”，将材质转换为VRayMtl材质，在“基本参数”卷展栏中设置“反射”的红绿蓝为160、160、160，设置“高光光泽度”为0.55、“反射光泽度”为0.7，勾选“菲涅耳反射”复选框，设置“菲涅耳反射率”为2.3，如图19-17所示。

17 在“贴图”卷展栏中为“漫反射”指定“衰减”贴图，进入贴图层级，在“衰减参数”卷展栏中设置第一个色块的红绿蓝为185、159、126，设置第二个色块的红绿蓝为210、194、173，设置“衰减类型”为Fresnel，如图19-18所示，将材质指定给场景中对应的模型。

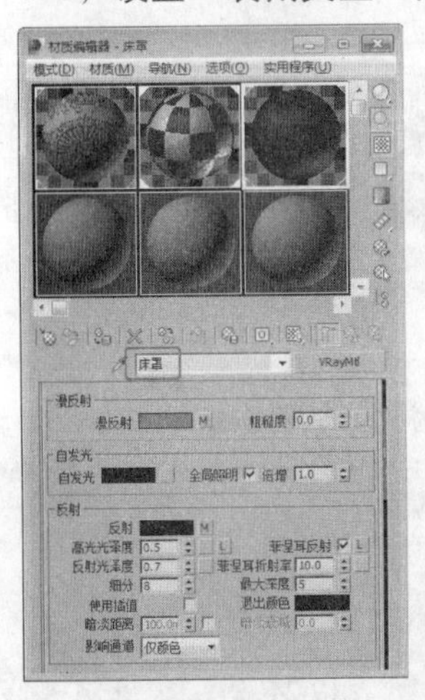

图19-16

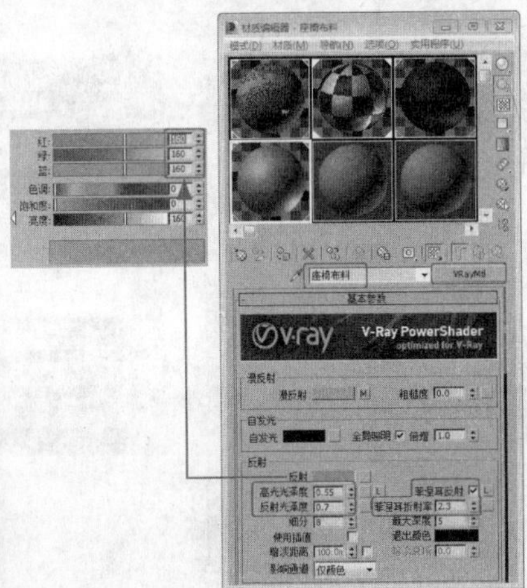

图19-17

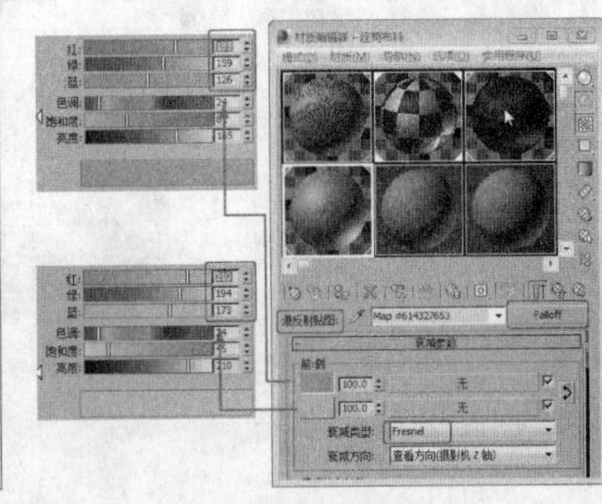

图19-18

18 选择一个新的材质样本球，将其命名为“抱枕1”，将材质转换为VRayMtl材质，在“基本参数”卷展栏中设置“漫反射”的红绿蓝为75、61、48，设置“反射”的红绿蓝为75、61、48，设置“反射光泽度”为0.55，如图19-19所示。

19 在“贴图”卷展栏中为“反射”指定位图贴图“map\cha19\水泥地板锈e石无缝dddd.jpg”文件，如图19-20所示，将材质指定给场景中对应的模型。

20 选择一个新的材质样本球，将其命名为“白色床单”，将材质转换为VRayMtl材质，在“基本参数”卷展栏中设置“反射”的红绿蓝为40、40、40，设置“高光光泽度”为0.41、“反射光泽度”为1.7，勾选“菲涅耳反射”复选框，设置“菲涅耳反射率”为2.2，如图19-21所示。

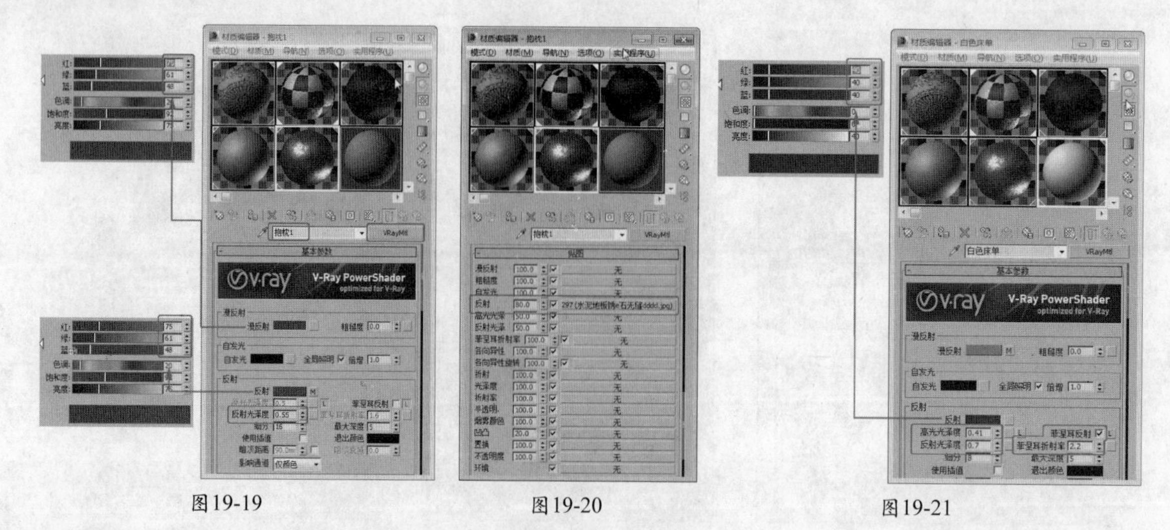

图19-19　　图19-20　　图19-21

21 在“贴图”卷展栏中为“漫反射”指定“衰减”贴图，为“凹凸”指定位图贴图“map\cha19\Arch30_towelbump5.jpg”文件，如图19-22所示，将材质指定给场景中对应的模型。

22 进入漫反射的衰减贴图层级，在“衰减参数”卷展栏中设置第一个色块的红绿蓝为234、232、228，设置第二个色块的红绿蓝为241、240、237，设置“衰减类型”为Fresnel，如图19-23所示，将材质指定给场景中对应的模型。

23 选择一个新的材质样本球，将其命名为“窗帘布1”，将材质转换为VRayMtl材质，在“基本参数”卷展栏中设置“漫反射”的红绿蓝为99、78、60，设置“反射”的红绿蓝为77、66、57，设置“反射光泽度”为0.55，设置“细分”为16，如图19-24所示。

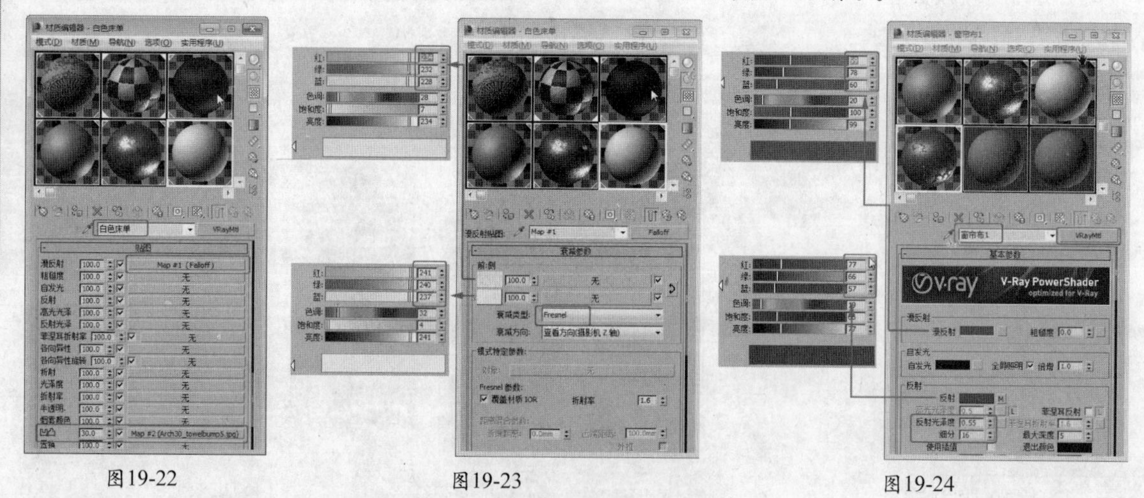

图19-22　　图19-23　　图19-24

24 在“贴图”卷展栏中设置“反射”的数量为80，为其指定位图贴图“map\cha19\p01A.jpg”文件，如图19-25所示，将材质指定给场景中对应的模型。

25 选择一个新的材质样本球，将其命名为“窗帘布2”，将材质转换为VRayMtl材质，在“基本参数”卷展栏中设置“漫反射”的红绿蓝为216、161、89，设置“反射”的“高光光泽度”为0.6、“反射光泽度”为0.8，设置“细分”为10，如图19-26所示。

26 在“贴图”卷展栏中为“反射”指定位图贴图“map\cha19\水泥地板锈e石无缝dddd.jpg”文件，如图19-27所示，将材质指定给场景中对应的模型。

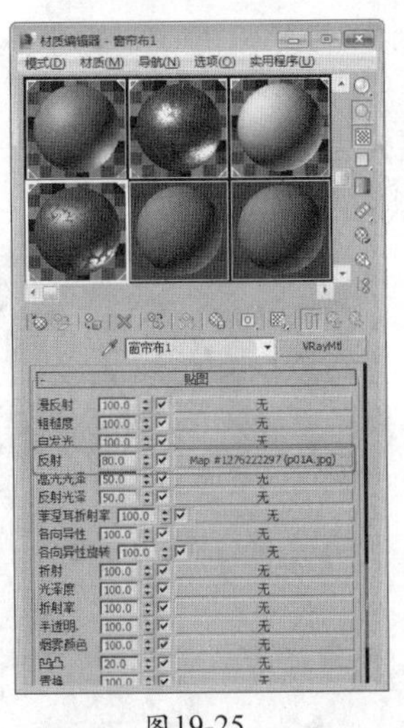
图19-25

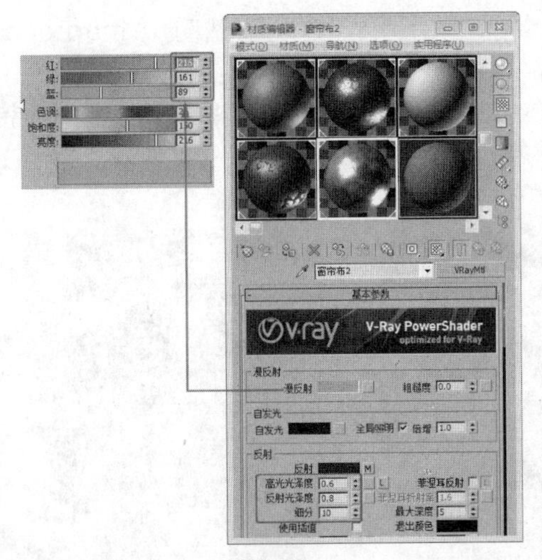
图19-26

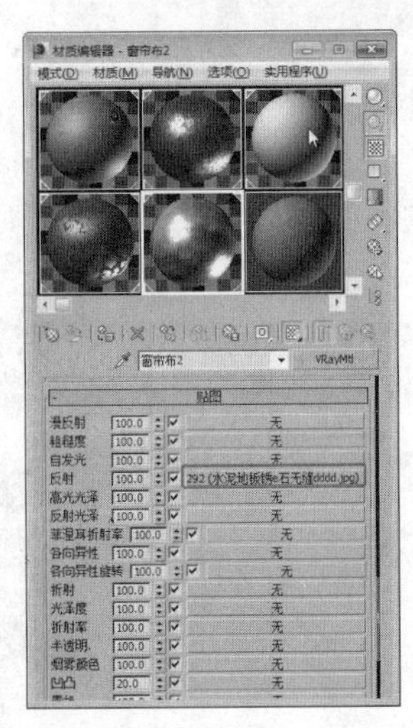
图19-27

27 选择一个新的材质样本球，将其命名为“窗纱”，将材质转换为VRayMtl材质，在“基本参数”卷展栏中设置“漫反射”的红绿蓝为240、240、240，设置“折射”的“光泽度”为0.75，如图19-28所示。

28 在“贴图”卷展栏中为“漫反射”和“折射”指定衰减贴图，并设置其贴图的数量为80，如图19-29所示。

29 进入漫反射的衰减贴图层级，设置第一个色块的红绿蓝为196、196、196，设置第二个色快的红绿蓝为226、226、226，如图19-30所示。

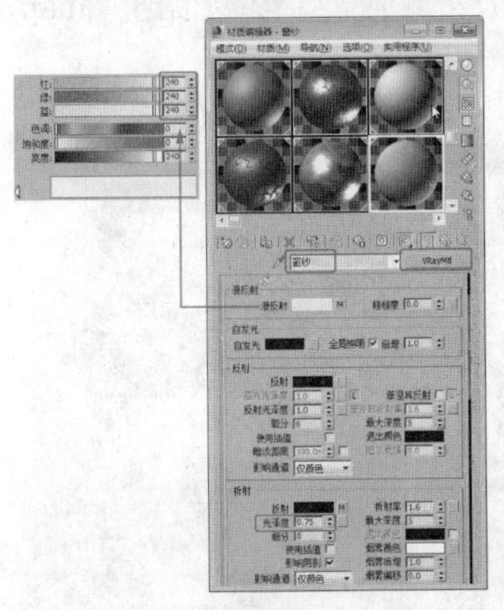
图19-28

图19-29

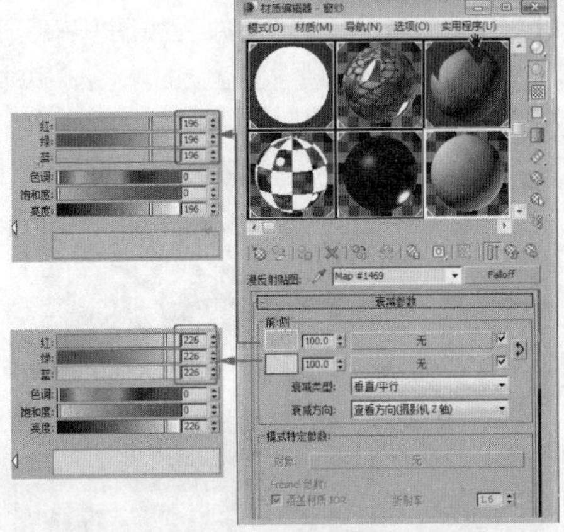
图19-30

30 进入“折射”的衰减贴图层级，设置第一个色块的红绿蓝为110、110、110，设置第二个色快的红绿蓝为0、0、0，如图19-31所示，将材质指定给场景中对应的模型。

19.2.2 漆材质的设置

接下里设置漆材质。

01 选择一个新的材质样本球，将其命名为“墙体”，将材质转换为VRayMtl材质，在“基本参数”卷展栏中设置“漫反射”的红绿蓝为203、200、191，如图19-32所示。

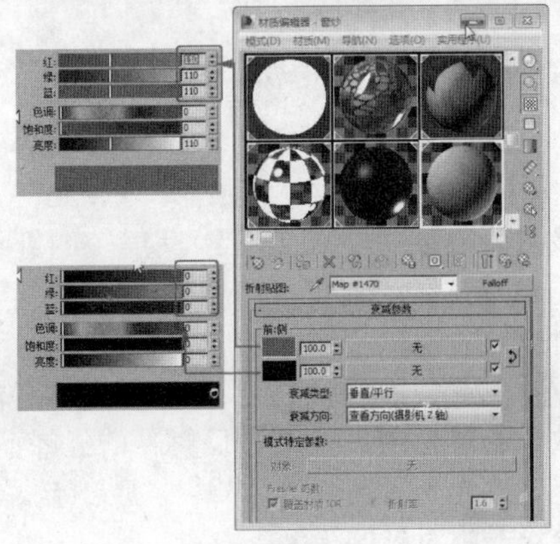
图19-31

02 在“贴图”卷展栏中为“凹凸”指定位图贴图 “map\cha19\壁纸88.jpg”文件，如图19-33所示。

03 选择一个新的材质样本球，将其命名为“欧式家具”，将材质转换为“混合”材质，在“混合基本参数”卷展栏中为“材质1”指定VRayMtl材质，为“遮罩”指定位图，如图19-34所示。

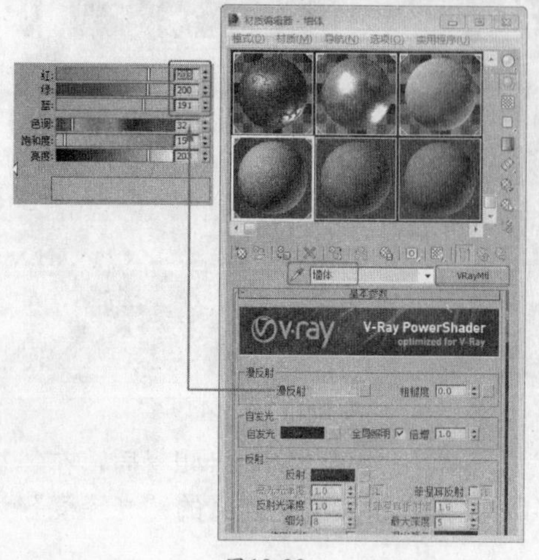

图19-32

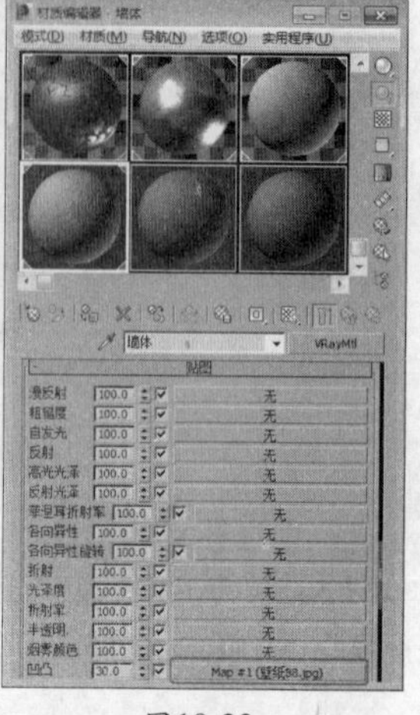

图19-33

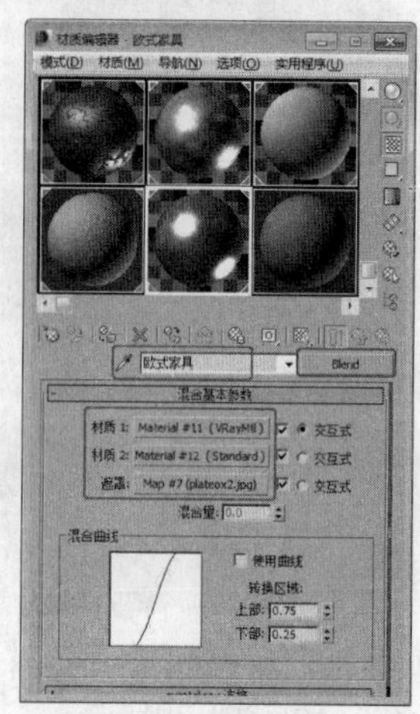

图19-34

04 单击进入“材质1”材质设置面板，在“基本参数”卷展栏中设置“漫反射”的红绿蓝为183、183、183，设置“反射”的红绿蓝为156、156、156，设置“高光光泽度”为0.65、“反射光泽度”为0.7，如图19-35所示。

05 进入“材质2”材质设置面板，在“贴图”卷展栏中为“漫反射颜色”指定位图贴图“map\cha19\741699.jpg”文件，如图19-36所示。

06 为“遮罩”指定位图贴图“map\cha19\plateox2.jpg”文件，如图19-37所示。

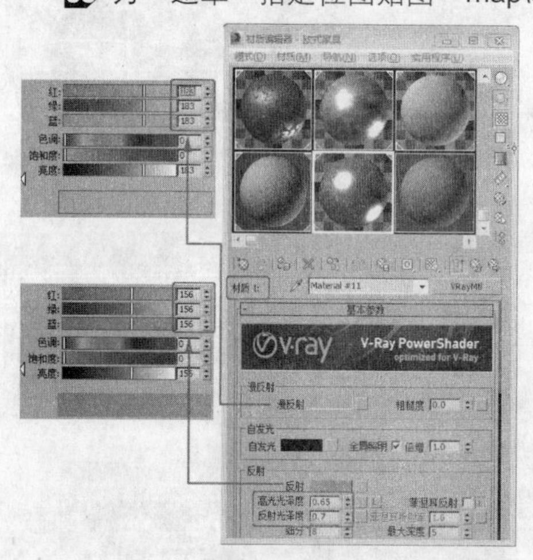

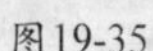

图19-35

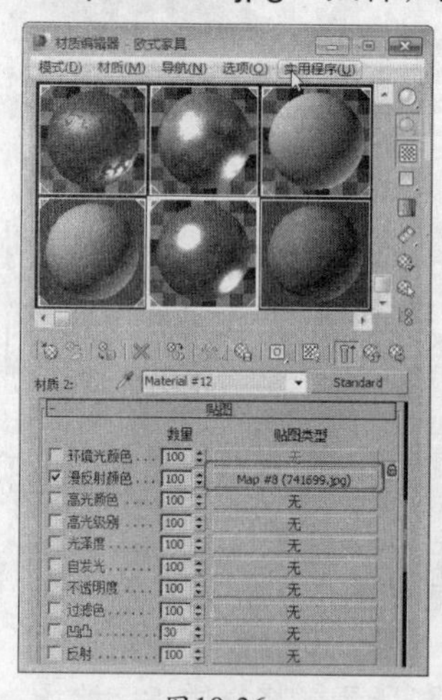

图19-36

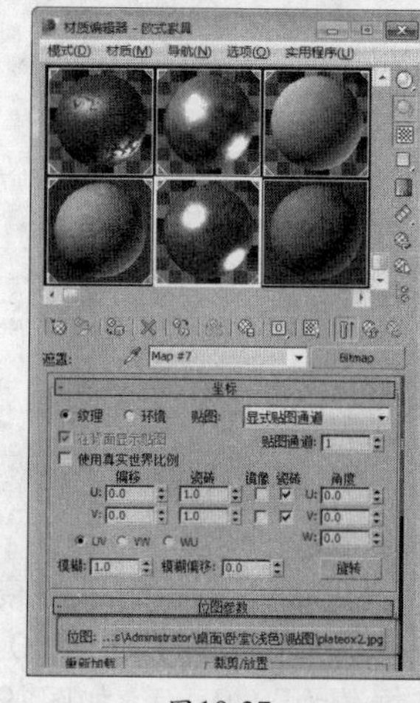

图19-37

07 选择一个新的材质样本球，将其命名为“白乳胶”，将材质转换为VRayMtl材质，在“基本参数”卷展栏中设置“漫反射”的红绿蓝为240、240、240，设置“反射”的红绿蓝值均为20，解锁“高光光泽度”选项，设置“高光光泽度”为0.4，如图19-38所示，将材质指定给场景中对应的模型。

08 选择一个新的材质样本球，将其命名为“白漆”，将材质转换为VRayMtl材质，在“基本参数”卷展栏中设置“漫反射”的红绿蓝为246、243、234，设置“反射”的红绿蓝值均为30，设置“高光光泽度”为0.83、“反射光泽度”为0.96、“细分”为16，如图19-39所示，将材质指定给场景中对应的模型。

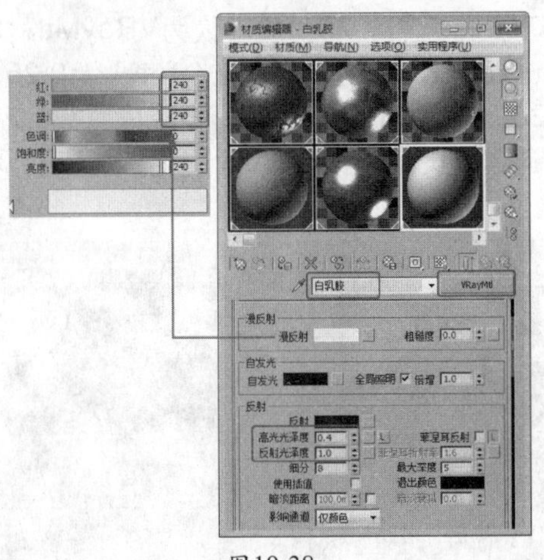

图19-38

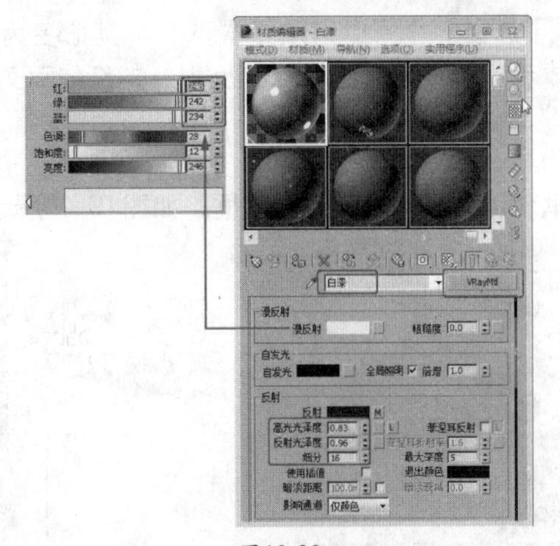

图19-39

09 在“贴图”卷展栏中为“反射”指定衰减贴图，如图19-40所示。

10 进入衰减贴图层级，设置第一个色块的红绿蓝为0、0、0，设置第二个色块的红绿蓝为156、165、183，设置“衰减类型”为Fresnel，如图19-41所示，将材质指定给场景中对应的模型。

11 选择一个新的材质样本球，将其命名为“顶灯池颜色”，将材质转换为VRayMtl材质，设置“漫反射”的红绿蓝为233、216、190，设置“反射”的红绿蓝为20、20、20，设置“高光光泽度”为0.4，如图19-42所示，将材质指定给场景中对应的模型。

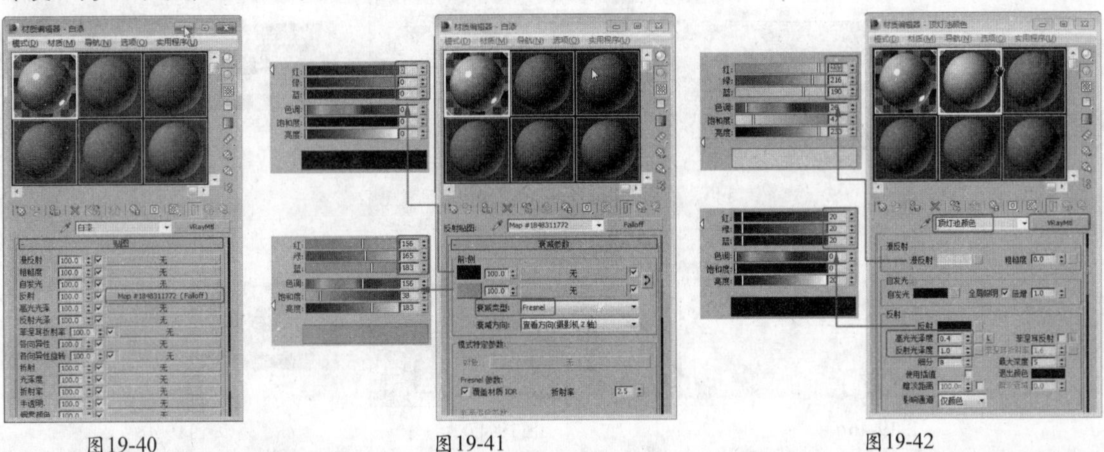

图19-40　　图19-41　　图19-42

19.2.3　玻璃材质的设置

下面介绍场景玻璃材质的设置。

01 选择一个新的材质样本球，将其命名为“灯水晶”，将材质转换为“VR覆盖材质”，如图19-43所示。

02 单击进入“基本材质”贴图层级，将材质转换为VRayMtl材质，设置“漫反射”的红绿蓝为255、255、255，如图19-44所示。

03 在“贴图”卷展栏中为“反射”指定衰减贴图，为“环境”指定输出贴图，进入“环境”设置面板，在“输出”卷展栏中设置“输出量”为2，如图19-45所示。

04 进入反射的衰减贴图层级面板，设置第一个色块的红绿蓝为20、20、20，设置第二个色块的颜色为白色，如图19-46所示。

05 回到“灯水晶”主材质设置面板，单击“全局照明材质”后的材质按钮，进入“GI材质”贴图层级面板，将材质转换为“VRay灯光材质”，在“参数”卷展栏中设置“颜色”的倍增为3，如图19-47所示，将材质指定给场景中对应的模型。

06 选择一个新的材质样本球，将其命名为“灯罩-吊灯”，将材质转换为VRayMtl材质，在“基本参数”卷展栏中设置“反射”的红绿蓝为25、25、25，设置“高光光泽度”为0.25，勾选使用“菲涅耳反射”；设置“折射”的红绿蓝为120、120、120，设置“光泽度”为0.7、“细分”为12，勾选“影响阴影”复选框，选择“影响通道”类型为颜色+Alpha，在“选项”卷展栏中取消勾选“跟踪反射”复选框，如图19-48所示。

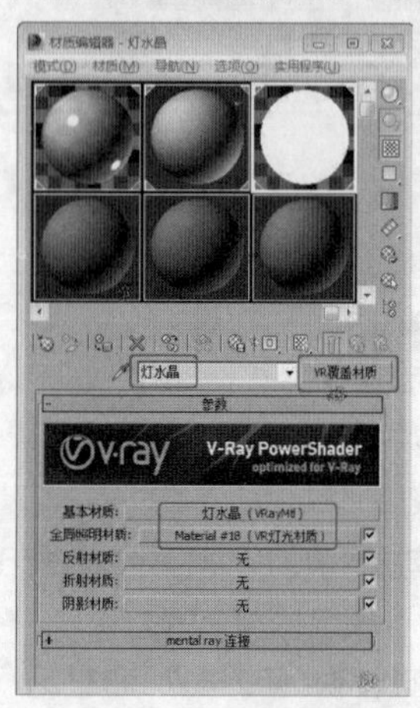

图19-43

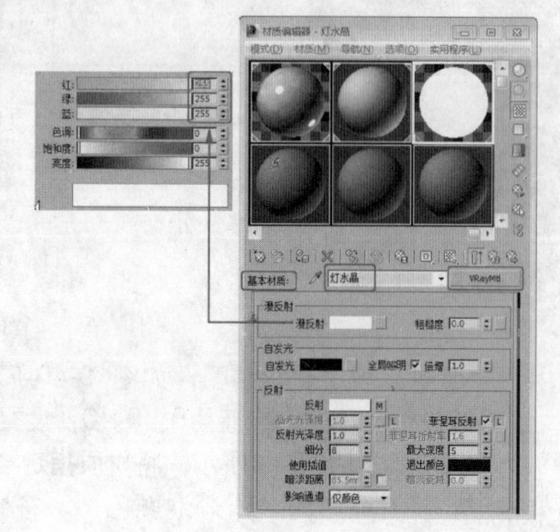

图19-44

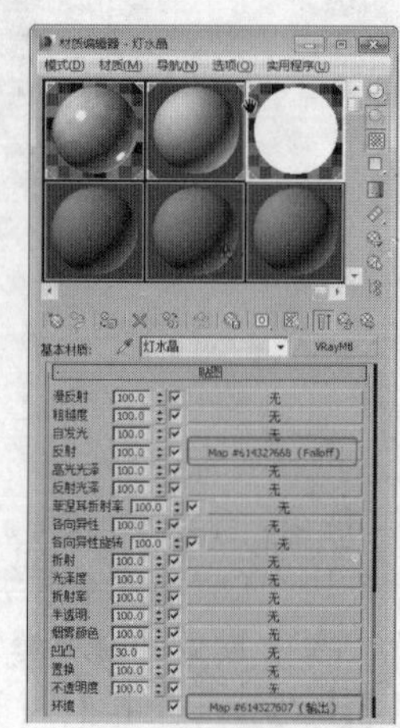

图19-45

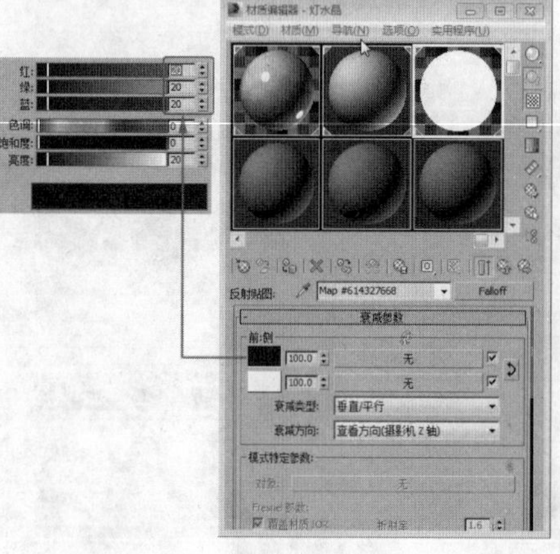

图19-46

图19-47

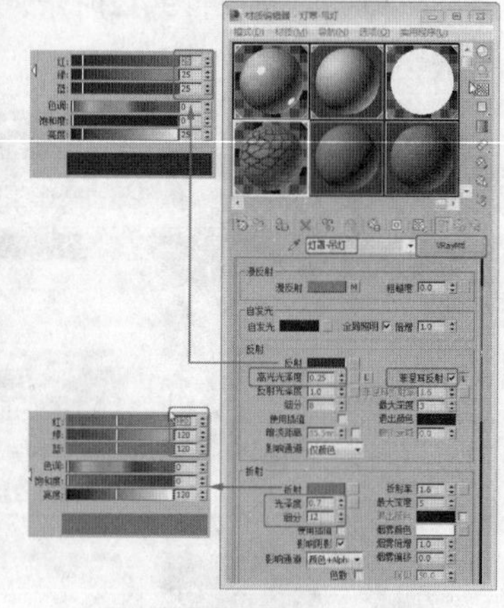

图19-48

07 在“贴图”卷展栏中为“漫反射”指定位图贴图“map\cha19\02.jpg”文件，如图19-49所示，将材质指定给场景中对应的模型。

08 选择一个新的材质样本球，将其命名为“电视屏幕”，将材质转换为VRayMtl材质，在“基本参数”卷展栏中设置“漫反射”和“反射”的红绿蓝为30、30、30，设置反射的“高光光泽度”为0.65、“反射光泽度”为0.78、“细分”为12，如图19-50所示，将材质指定给场景中对应的模型。

09 选择一个新的材质样本球，将其命名为“黑玻璃”，将材质转换为VRayMtl材质，在“基本参数”卷展栏中设置“漫反射”的红绿蓝为8、8、8，设置“反射”的红绿蓝为74、74、74，设置“折射”的红绿蓝为55、55、55，如图19-51所示，将材质指定给场景中对应的模型。

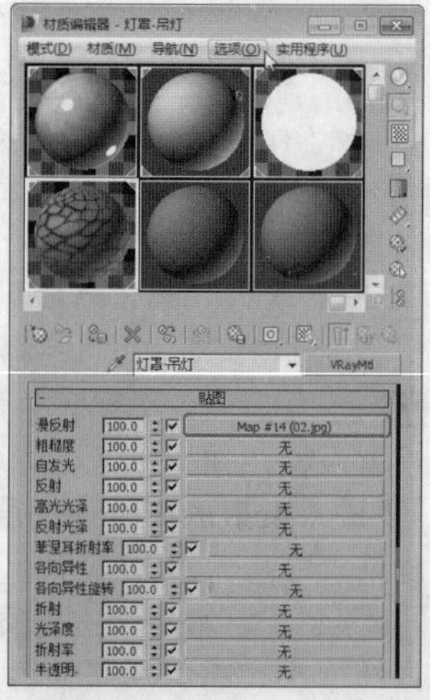

图19-49

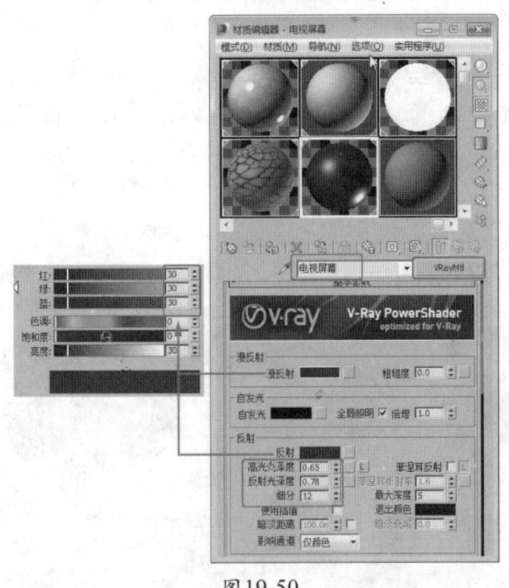

图19-50

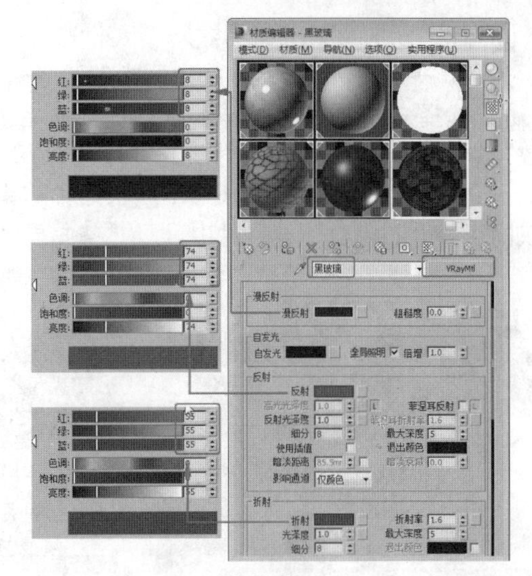

图19-51

19.2.4　金属材质的设置

下面介绍场景中金属材质的设置。

01 选择一个新的材质样本球，将其命名为“床支架”，将材质转换为VRayMtl材质，在“基本参数”卷展栏中设置“反射”的“高光光泽度”为0.6、“反射光泽度”为0.65，勾选“菲涅耳反射”复选框，设置“菲涅耳折射率”为20，如图19-52所示。

02 在“贴图”卷展栏中为“漫反射”指定的位图贴图“map\cha19\200810417332729533ffas.jpg”文件；为“反射”和“反射光泽”指定相同的位图贴图“map\cha19\200810417332729533ffa1.jpg”文件，如图19-53所示，将材质指定给场景中对应的模型。

03 选择一个新的材质样本球，将其命名为“磨砂金属”，将材质转换为VRayMtl，在“基本参数”卷展栏中设置“漫反射”的红绿蓝为85、85、85，设置“反射”的红绿蓝为180、180、180，设置“高光光泽度”为0.9、“反射光泽度”为0.9，如图19-54所示，在“双向反射分布函数”卷展栏中选择类型为“沃德”，将材质指定给场景中对应的模型。

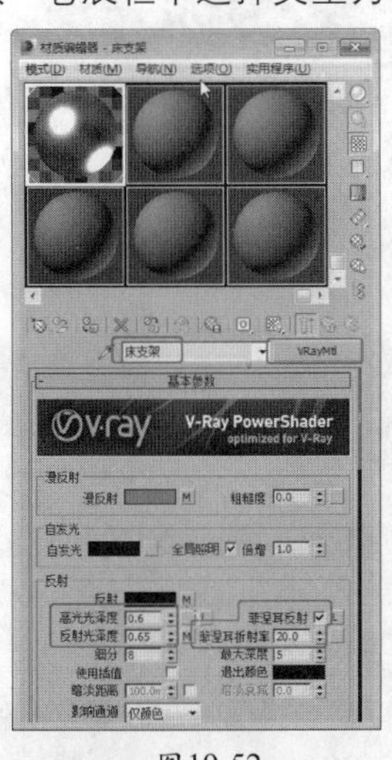

图19-52

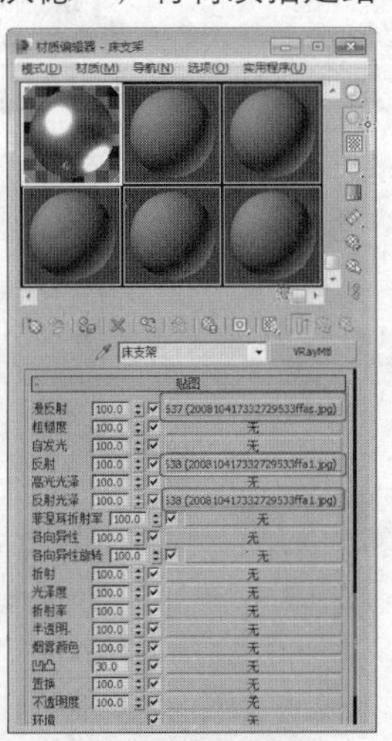

图19-53

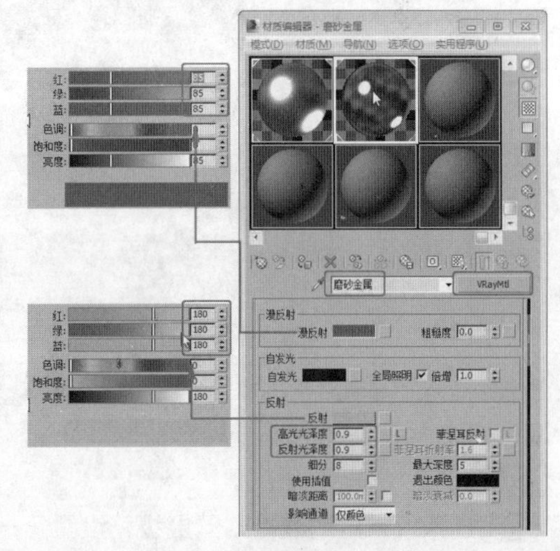

图19-54

04 选择一个新的材质样本球，将其命名为“金属”，将材质转换为VRayMtl，在“基本参数”卷展栏中设置“漫反射”的红绿蓝为211、211、211，设置“反射”的红绿蓝为166、181、193，设置“高光光泽度”为0.9、“反射光泽度”为0.92，如图19-55所示。

05 在“双向反射分布函数”卷展栏中设置类型为“沃德”，设置“各向异性”为0.5、“旋转”为70，如图19-56所示，将材质指定给场景中对应的模型。

06 选择一个新的材质样本球，将其命名为“香槟金”，将材质转换为VRayMtl，在“基本参数”卷展栏中设置“漫反射”的红绿蓝为121、102、78，设置“反射”的红绿蓝为108、87、59，设置“高光光泽度”为0.65、“反射光泽度”为0.9、“细分”为12，如图19-57所示，在“双向反射分布函数”卷展栏中设置“各向异性”为0.3，将材质指定给场景中对应的模型。

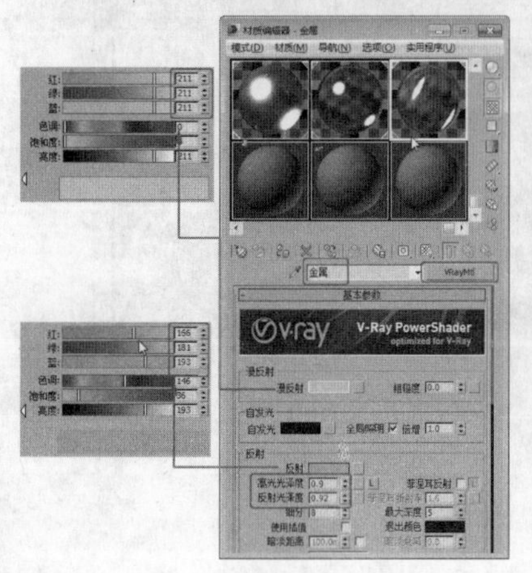

图19-55

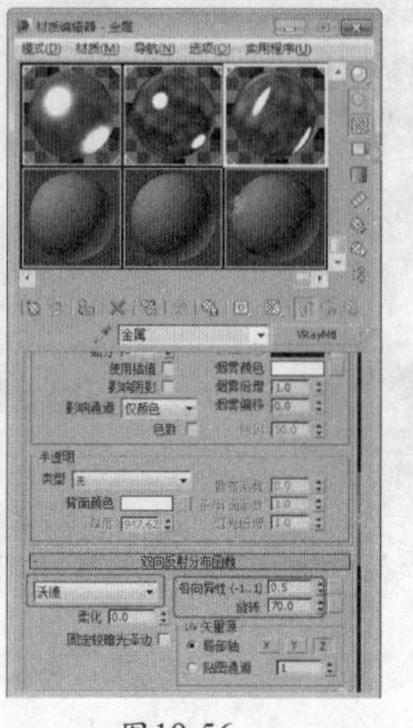

图19-56

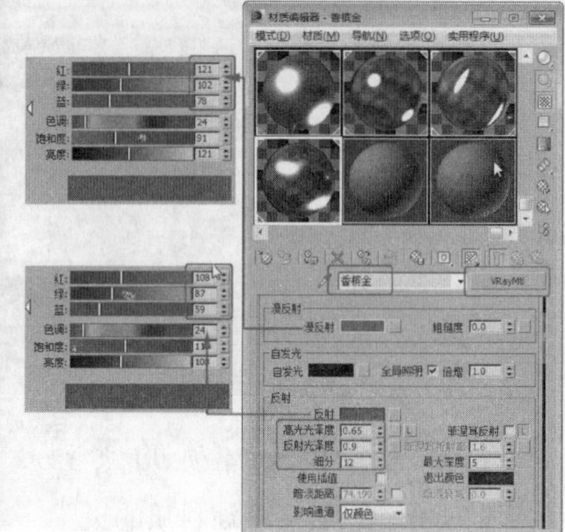

图19-57

19.2.5 皮革材质的设置

01 选择一个新的材质样本球，将其命名为“浅色软包”，将材质转换为VRayMtl，在“基本参数”卷展栏中设置“反射”的红绿蓝为57、57、57，设置“反射光泽度”为0.72，如图19-58所示。

02 在“贴图”卷展栏中为“漫反射”指定衰减贴图，如图19-59所示。

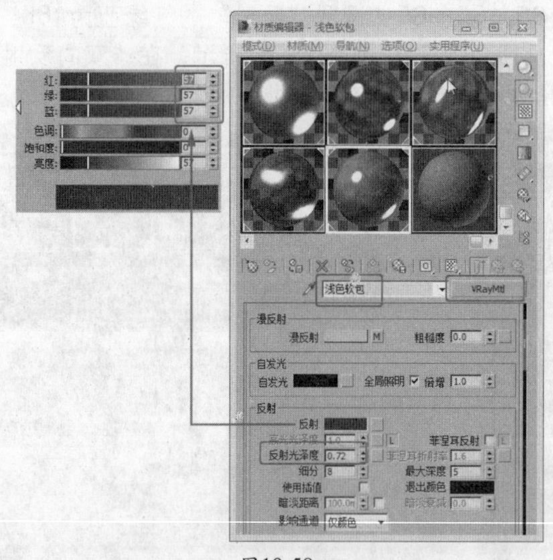

图19-58

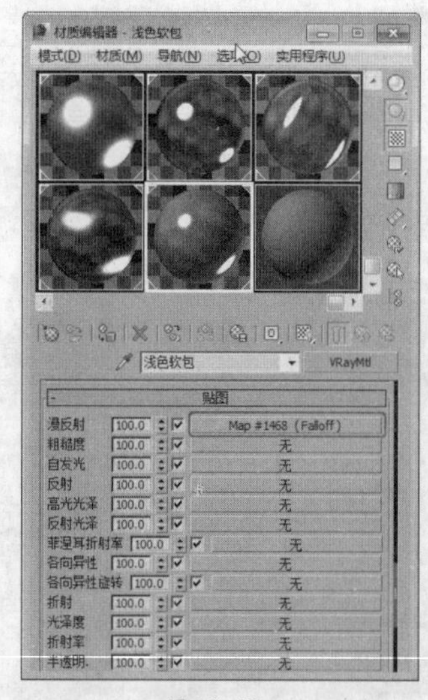

图19-59

03 进入漫反射的衰减贴图层级，设置第一个色块的红绿蓝为194、175、145，设置第二个色块的红绿蓝为166、149、126，将材质指定给场景中对应的模型，如图19-60所示。

04 选择一个新的材质样本球，将其命名为“皮革床”，将材质转换为VRayMtl材质，在“基本参数”卷展栏中设置“反射”的红绿蓝为160、160、160，设置“高光光泽度”为0.55、“反射光泽度”为0.7，勾选“菲涅尔反射”选项并将其解锁，设置“菲涅尔折射率”为2.3，如图19-61所示。

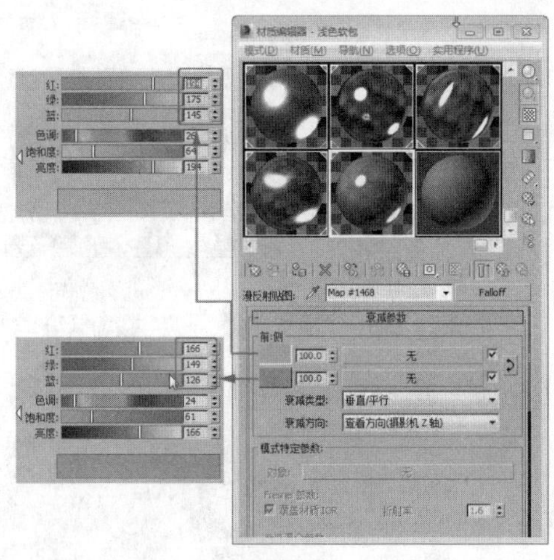
图19-60

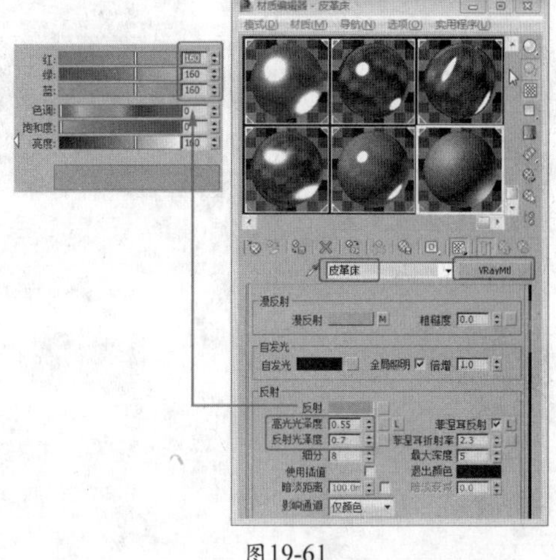
图19-61

05 在“贴图”卷展栏中为“漫反射”指定衰减贴图，为“凹凸”指定位图贴图“map\cha19\Arch30_towelbump5.jpg”文件，如图19-62所示。

06 进入漫反射的衰减贴图层级，在“衰减参数”卷展栏中设置第一个色块的红绿蓝值分别为185、159、126，设置第二个色块的红绿蓝值分别为210、194、173，选择“衰减类型”为Fresnel，将材质指定给场景中对应的模型，如图19-63所示。

07 此时可以发现材质编辑器中没有空白材质样本球，这里可以选择材质编辑器菜单栏中的“实用程序”|“重置材质编辑器”命令，如图19-64所示，将材质指定给场景中对应的模型。

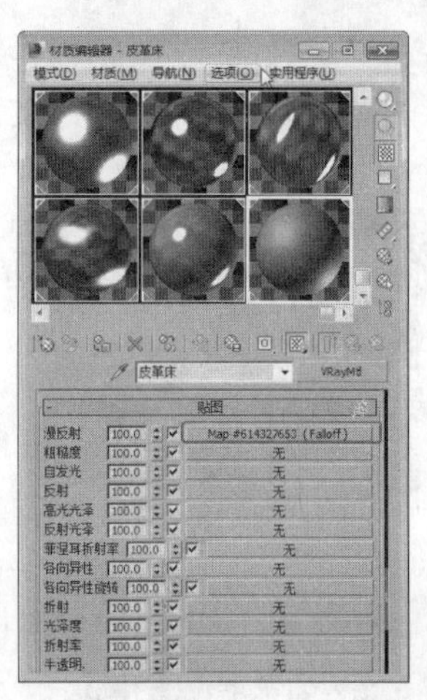
图19-62

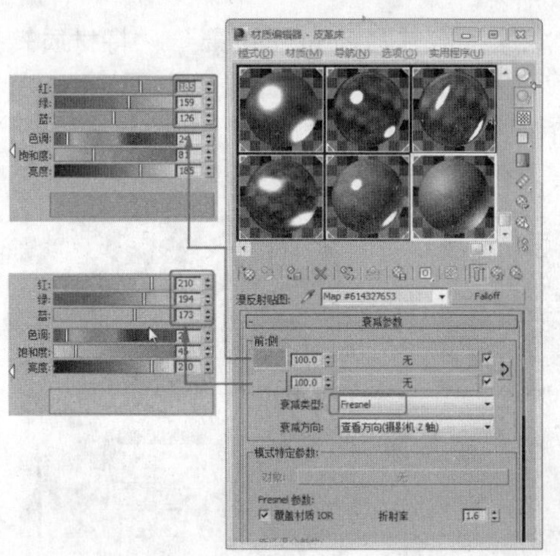
图19-63

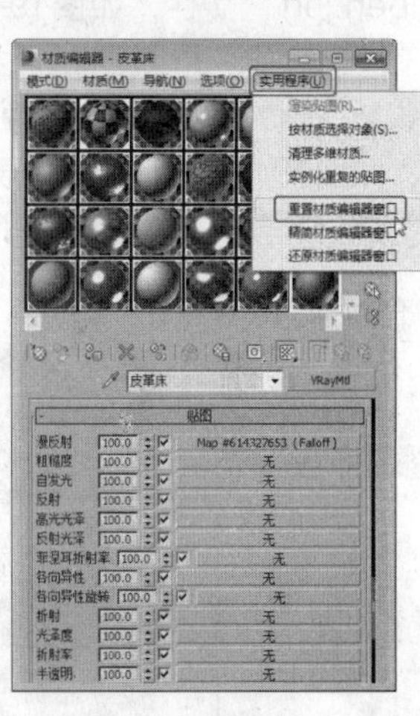
图19-64

19.2.6 木纹材质的设置

01 选择一个新的材质样本球，将其命名为“地板”，将材质转换为VRayMtl材质，在“基本参数”卷展栏中设置“反射”的“高光光泽度”为0.8、“反射光泽度”为0.92，设置“细分”为18，如图19-65所示，在“双向反射分布函数”卷展栏中选择类型为“沃德”。

02 在“贴图”卷展栏中为“漫反射”指定位图“map\cha19\深色人字地板AA.jpg”文件；为“反射”指定“衰减”贴图；设置“凹凸”的数值为20，为“凹凸”指定位图贴图“map\cha19\深色人字地板（缝隙）.jpg”文件，如图19-66所示。

03 进入反射的衰减贴图层级，设置衰减的第一个色块红绿蓝为0、0、0，设置第二个色块的红绿蓝为139、180、255，选择“衰减类型”为Fresnel，设置“折射率”为2.5，如图19-67所示，将材质指定给场景中对应的模型。

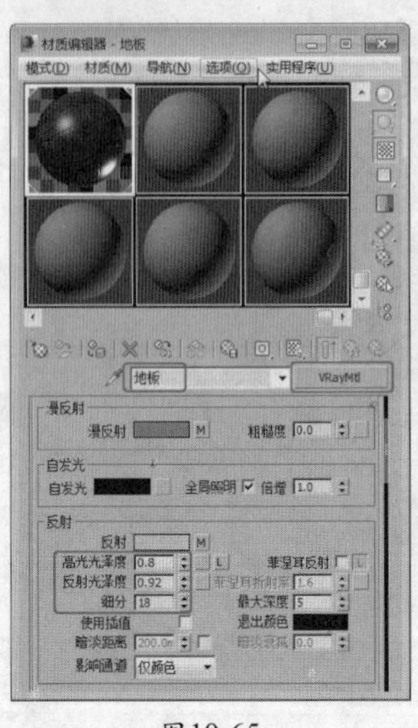
图19-65

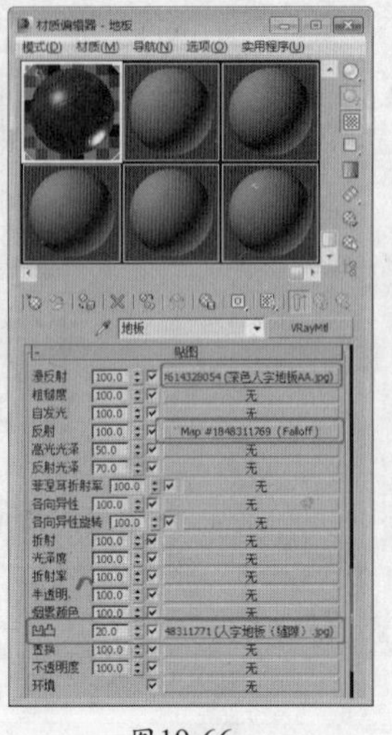
图19-66

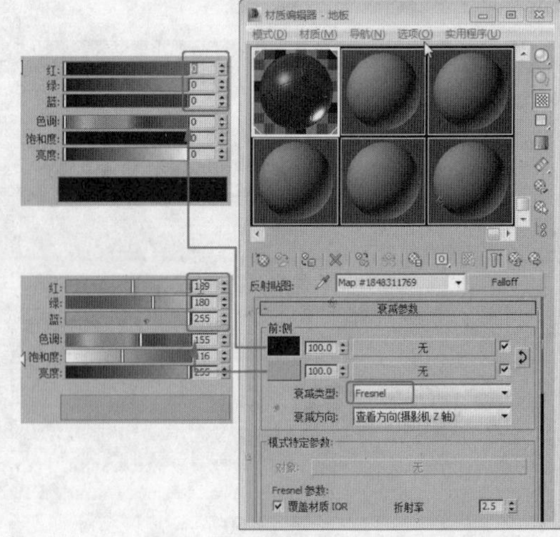
图19-67

19.2.7 石材材质的设置

01 选择一个新的材质样本球，将其命名为“大理石”，将材质转换为VRayMtl，在“基本参数”卷展栏中设置“反射”的红绿蓝为36、36、36，设置“高光光泽度”为0.85，如图19-68所示。

02 在“贴图”卷展栏中为“漫反射”指定位图贴图 “map\cha19\1251845-SA157-embed.jpg”文件，如图19-69所示。

03 选择一个新的材质样本球，将其命名为“外景”，将材质转换为“VR灯光材质”，在“参数”卷展栏中设置“颜色”倍增为2，为其指定位图贴图“map\cha19\background.jpg”文件，如图19-70所示，将材质指定给场景中对应的模型。

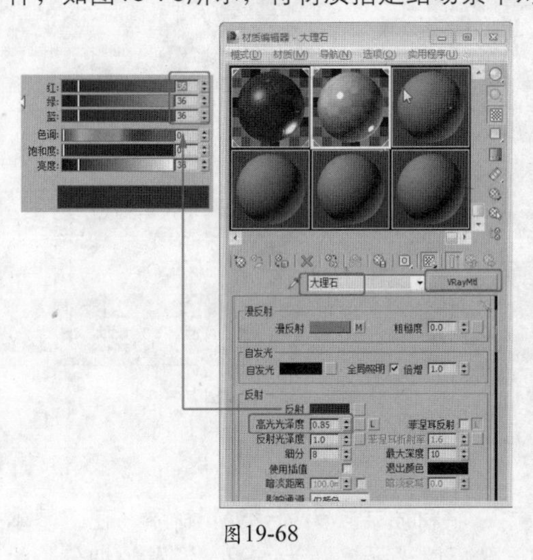
图19-68

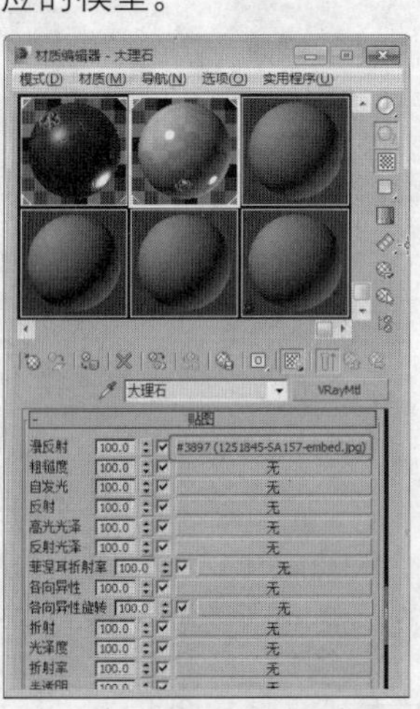
图19-69

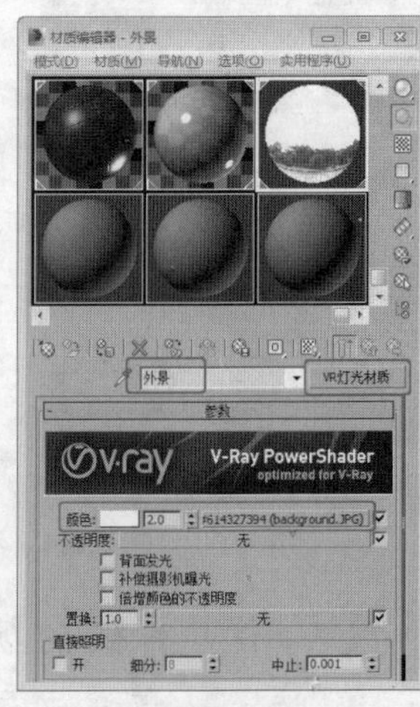
图19-70

19.2.8 其他材质的设置

01 选择一个新的材质样本球，将其命名为“灯”，将材质转换为“VR灯光材质”，在“参数”卷展栏中设置“颜色”倍增为5，如图19-71所示。

02 选择一个新的材质样本球，将其命名为“灯罩”，将材质转换为“多维/子对象”，设置材质数量为2，如图19-72所示，将1号材质设置为前面介绍过的“金属”，将2号材质设置为前面介绍过的“灯罩-吊灯”。

03 选择一个新的材质样本求，将其命名为“画”，在“贴图”卷展栏中为“漫反射颜色”指定位图贴图“map\cha19\床品装饰画.jpg”，如图19-73所示。

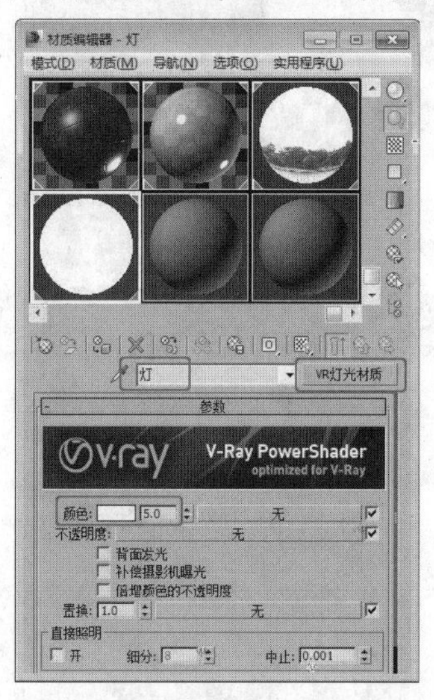

图19-71

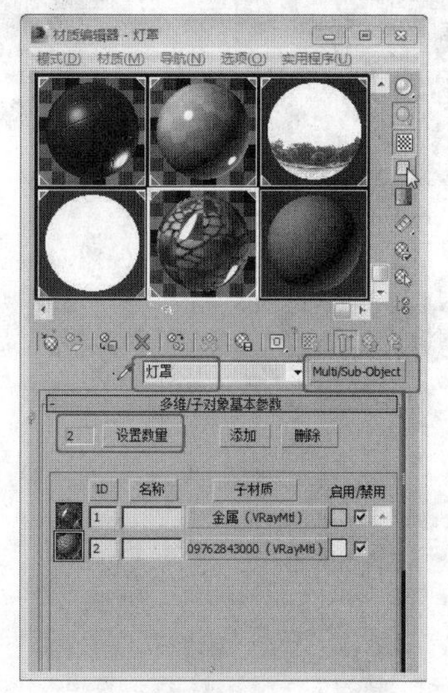

图19-72

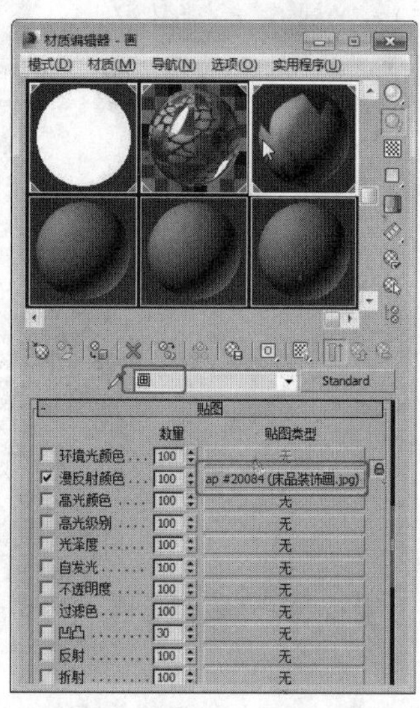

图19-73

04 选择一个新的材质样本球，将其命名为“筒灯”，将材质转换为“多维/子对象”材质，设置材质数量为2，如图19-74所示。

05 单击进入1号材质，进入材质设置面板，将材质转换为VRayMtl，在“基本参数”卷展栏中设置“漫反射”和“反射”的红绿蓝为221、221、221，设置“反射光泽度”为0.85，如图19-75所示。

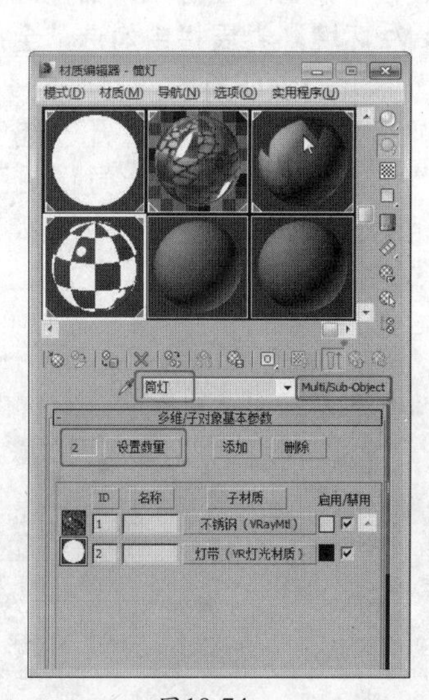

图19-74

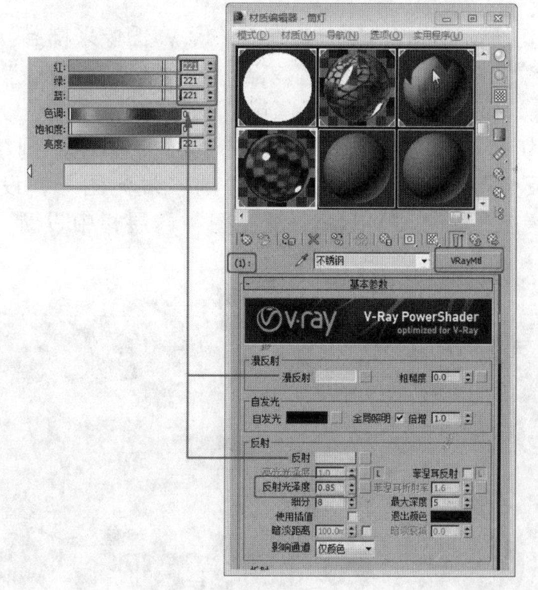

图19-75

06 单击进入2号材质设置面板，将材质转换为VR灯光材质，在“参数”卷展栏中设置“颜色”的红绿蓝为219、214、200，设置颜色倍增为6，如图19-76所示。

07 选择一个新的材质样本球，将其命名为“黑塑料”，将材质转换为VRayMtl，在“基本参数”卷展栏中设置“漫反射”的红绿蓝为18、18、18，设置“反射”的红绿蓝为255、255、255，设置“高光光泽度”为0.7，设置“反射光泽度”为0.7，设置“细分”为12，勾选“菲涅耳反射”复选框，设置“菲涅耳折射率”为1.6，如图19-77所示。

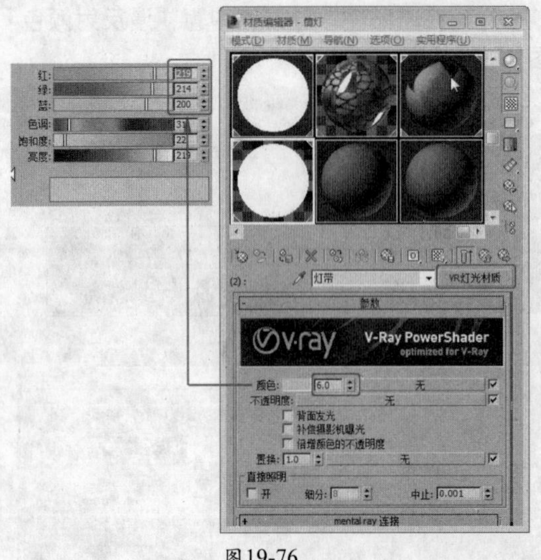

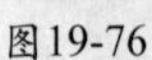

图19-76

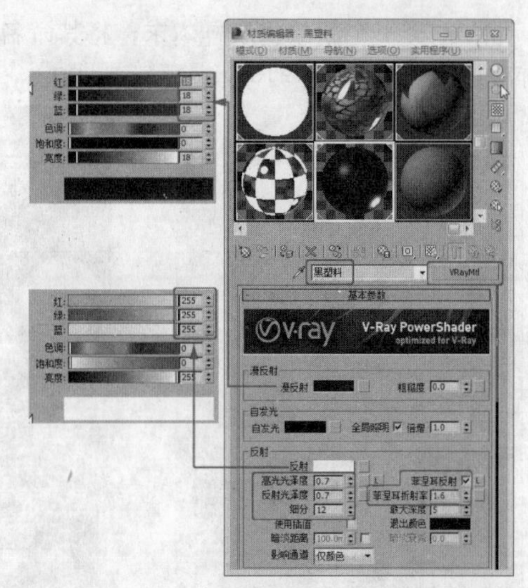

图19-77

19.3 设置草图渲染

场景路径：Scene\cha19\主卧O.max　　视频路径：视频\cha19\ 19.3 设置草图渲染.mp4

下面介绍如何设置草图渲染。

01 在工具栏中单击（渲染设置）按钮，打开“渲染设置”对话框，设置一个渲染尺寸，如图19-78所示。

02 切换到V-Ray选项卡，在“V-Ray::图像采样器”卷展栏中设置“图像采样器”的“类型”为“固定”，设置“抗锯齿过滤器”为“区域”。在“V-Ray::环境”卷展栏中勾选“全局照明环境（天光）覆盖”组中的“开”选项，设置“倍增器”为0.5，如图19-79所示。

03 切换到“间接照明”选项卡，在“V-Ray::间接照明”卷展栏，勾选“开”选项，设置“首次反弹”的“全局照明引擎”为“发光图”，设置“二次反弹”的“全局照明引擎”为“灯光缓存”。在“V-Ray::发光图”卷展栏中设置“当前预置”为“非常低”，如图19-80所示。

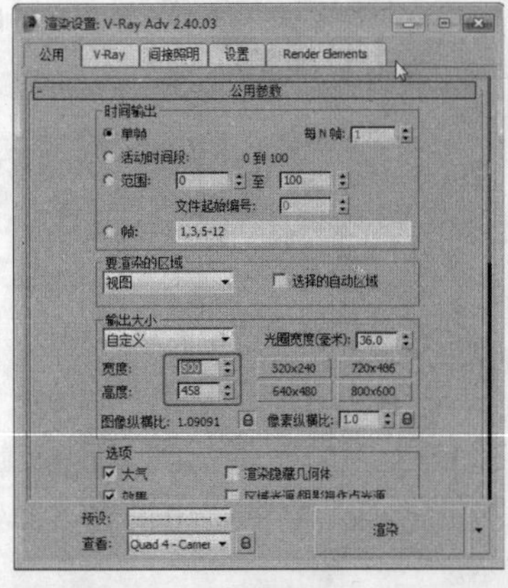

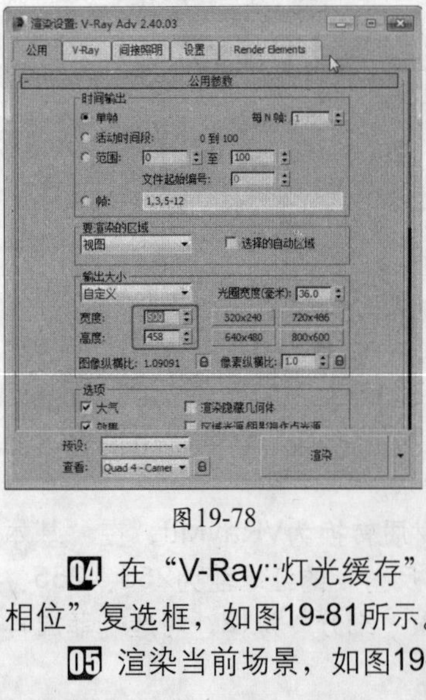

图19-78

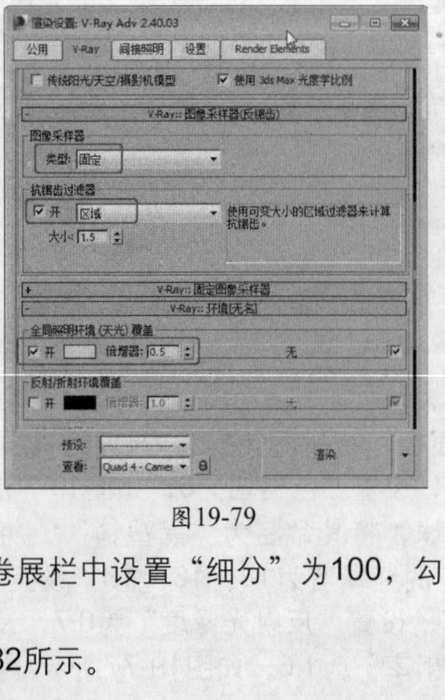

图19-79

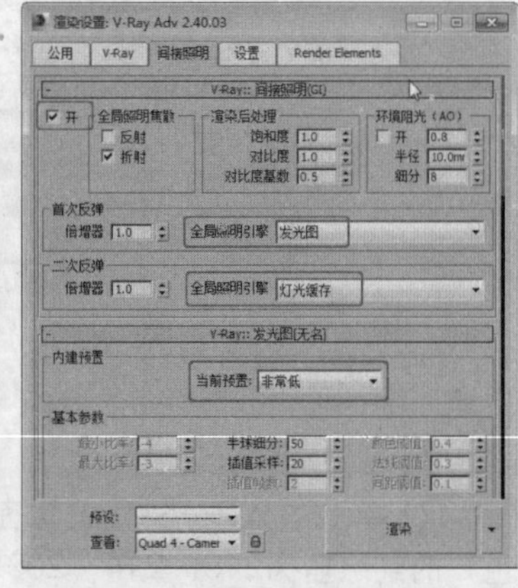

图19-80

04 在“V-Ray::灯光缓存”卷展栏中设置“细分”为100，勾选“存储直接光”和“显示计算相位”复选框，如图19-81所示。

05 渲染当前场景，如图19-82所示。

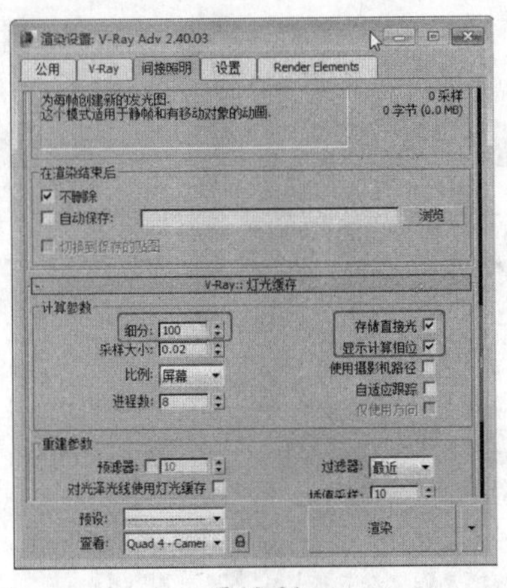

图19-81

图19-82

19.4 创建灯光

场景路径：Scene\cha19\主卧O.max　　贴图路径：map\cha19

视频路径：视频\cha19\ 19.4 创建灯光.mp4

测试渲染设置场景之后，下面介绍场景中灯光的创建。

01 单击“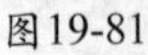（创建）”|“（灯光）”|“VRay ”|“VR灯光”按钮，在前视图中窗户的位置创建VR灯光，在场景中调整灯光的位置。在“参数”卷展栏中设置“倍增器”为3，设置灯光的颜色红绿蓝为213、233、255，勾选“选项”组中的“不可见”选项，如图19-83所示。

02 继续创建VR灯光，设置灯光的“倍增器”为10，设置灯光的颜色红绿蓝为168、209、255，勾选“选项”组中的“不可见”选项，如图19-84所示。

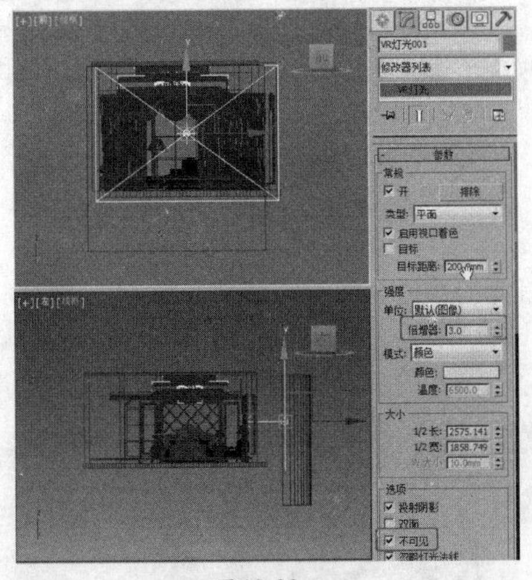

图19-83

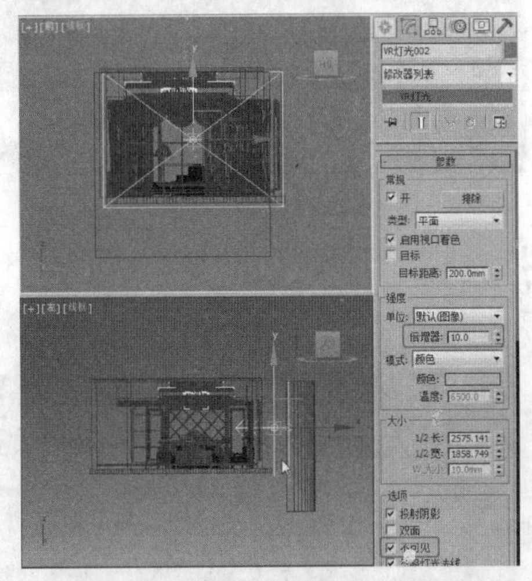

图19-84

03 渲染当前场景，效果如图19-85所示。

04 在场景中筒灯的位置创建“光度学”|“目标灯光”，调整并实例复制灯光。在“常规参数”卷展栏中选择“灯光分布（类型）”为“光度学Web”。在“分布（光度学Web）”卷展栏中为其指定光度学文件“map\cha19\1（4500cd）.ies”。在“强度/颜色/衰减”卷展栏中设置“过滤颜色”的红绿蓝值分别为254、231、182，设置“强度”的cd为4500，如图19-86所示。

05 渲染场景，得到如图19-87所示的效果。

06 在顶圆形灯池中创建VR平面灯光，在“参数”卷展栏中设置“倍增器”为2，设置灯光

综合案例写实篇

“颜色”的红绿蓝为253、241、226，勾选“不可见”选项，取消勾选“影响高光反射”和“影响反射”选项，如图19-88所示。

图19-85

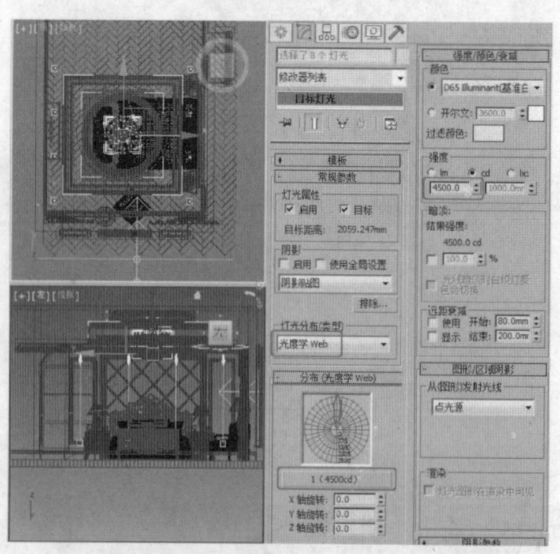

图19-86

图19-87

图19-88

07 渲染场景，得到如图19-89所示的效果。

08 在场景中复制窗户位置处的VR灯光，调整灯光的照射角度和位置，设置“倍增器”为2，如图19-90所示。

图19-89

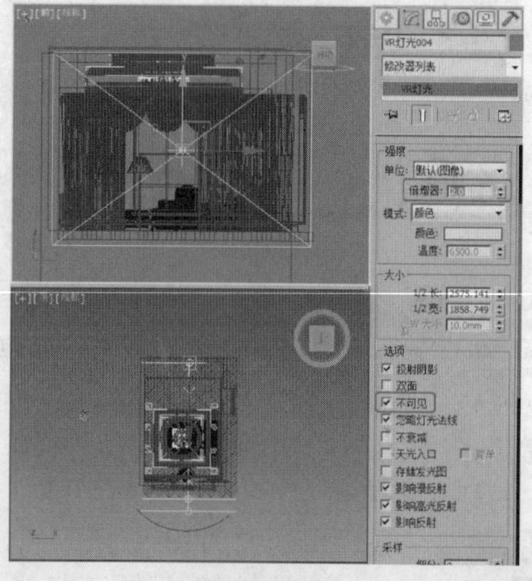

图19-90

09 渲染场景，得到如图19-91所示的效果。

10 在场景中顶灯池的位置创建VR平面灯光，调整灯光的大小和照射角度及位置，在“参数”卷展栏中设置“倍增器”为3.5，设置灯光颜色的红绿蓝值分别为255、211、133，勾选“不可见”选项，如图19-92所示。

图19-91

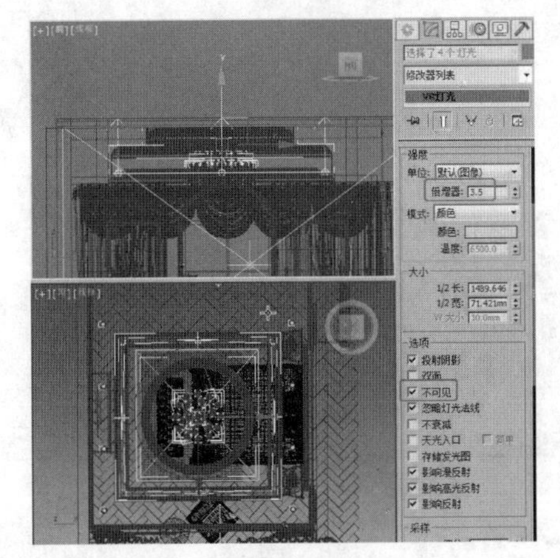

图19-92

11 创建VRay球体灯光，复制灯光到台灯和落地灯的位置，在“参数”卷展栏中设置“倍增器”为3.5、勾选“不可见”选项，如图19-93所示。

12 渲染场景，得到如图19-94所示的效果。

图19-93

图19-94

19.5 最终渲染设置

场景路径：Scene\cha19\主卧O.max　　视频路径：视频\cha19\ 19.5 最终渲染设置.mp4

场景灯光创建完成后，下面就是渲染最终效果设置了。

01 打开“渲染设置”对话框，设置渲染的最重尺寸，如图19-95所示。

02 在“V-Ray::图像采样器（反锯齿）”卷展栏中选择“图像采样器”的“类型”为“自适应确定性准蒙特卡洛”，选择“抗锯齿过滤器”为Mitchell-Netravali，如图19-96所示。

03 在“V-Ray::颜色贴图”卷展栏中设置“类型”为“指数”，设置“暗色倍增”为1.2、“亮度倍增”为1.2，如图19-97所示。

04 切换到“间接照明”选项卡，设置“V-Ray::发光贴图”的“当前预置”为“低”，设置“半球细分”为60、“插值采样”为30，如图19-98所示。

综合案例写实篇

05 在“V-Ray::灯光缓存”卷展栏中设置“细分”为1200，如图19-99所示。

06 选择“设置”选项卡，在“V-Ray::DMC采样器”卷展栏中设置“适应数量”为0.8，设置“澡波阈值”为0.002，如图19-100所示。

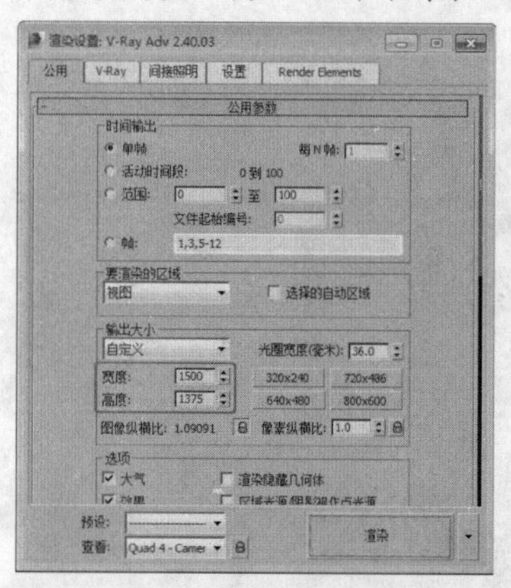
图19-95

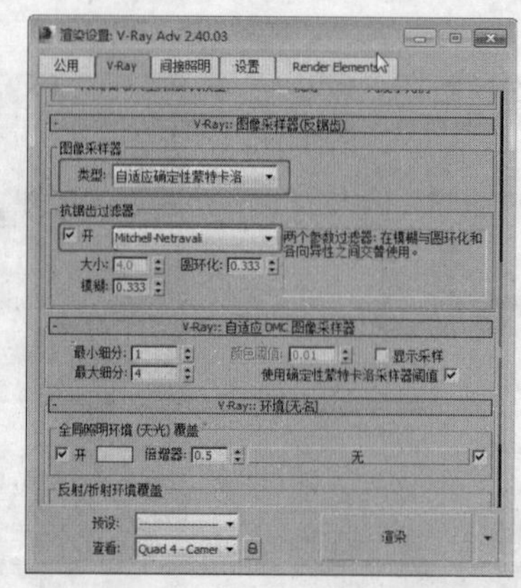
图19-96

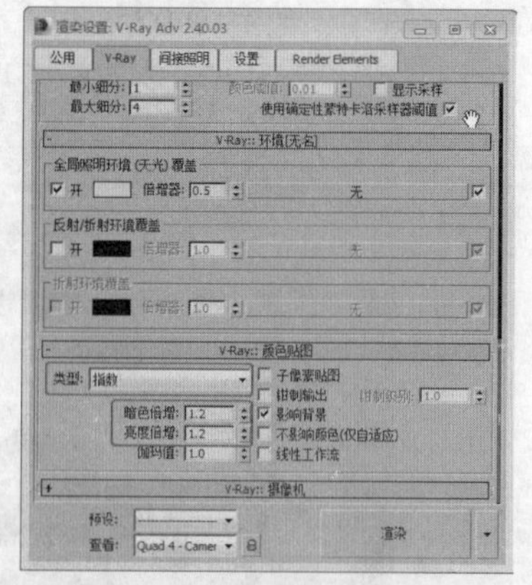
图19-97

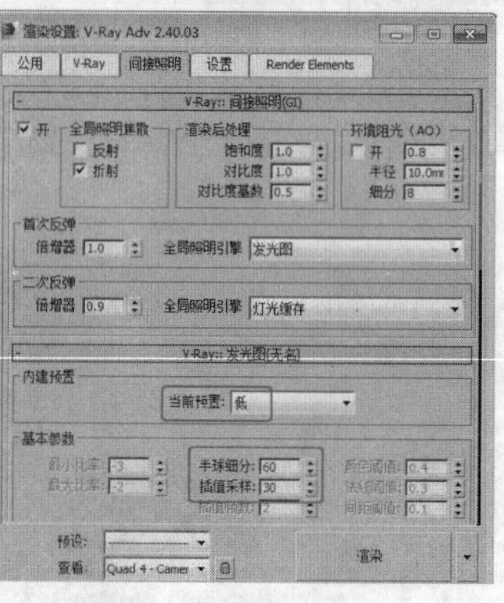

图19-98

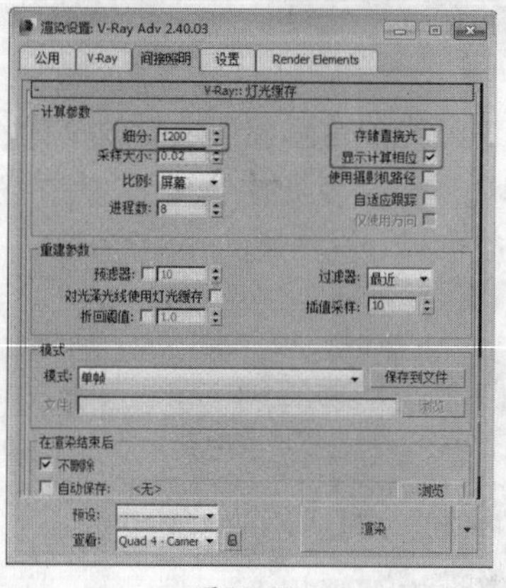
图19-99

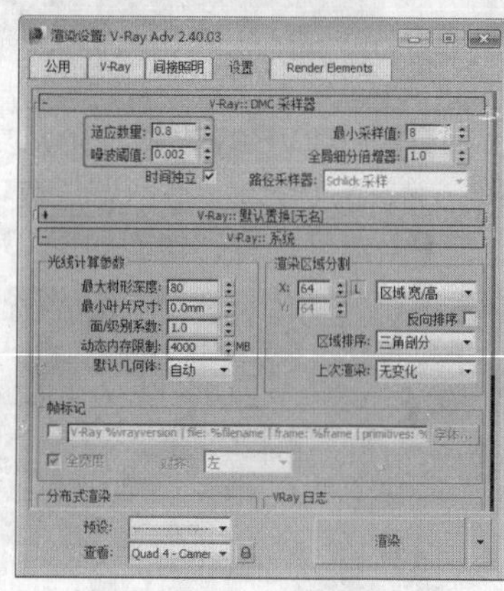
图19-100

19.6 后期处理

场景路径：Scene\cha19\卧室后期.psd　　素材路径：Scene\cha19

视频路径：视频\cha19\ 19.6 后期处理.mp4

下面在Photoshop软件中对渲染输出卧室图像进行后期处理，效果如图19-101所示。

01 运行Photoshop软件，打开渲染的卧室效果图，如图19-102所示。

图19-101

图19-102

02 按Ctrl+M快捷键，在弹出的对话框中调整曲线的形状，如图19-103所示，单击“确定”按钮。

图19-103

03 在菜单栏中选择“图像”|“调整”|“自然饱和度”命令，在弹出的对话框中调整参数，合适即可，如图19-104所示。

04 为卧室添加光晕，完成的后期处理效果如图18-105所示。

图19-104

图19-105

05 分别将带有图层的场景文件进行另存，然后将图层合并，并将合并图层后的效果文件进行另存。

第20章　卫生间的设计与表现

本章内容

- 方案介绍
- 材质的设置
- 设置草图渲染
- 创建灯光
- 最终渲染设置
- 后期处理

本例结合使用AutoCAD、3ds Max、VRay以及Photoshop来制作全套家装图中的卫生间效果。

20.1　方案介绍

本例介绍全套家装效果图中的卫生间效果的制作。随着人们居家生活质量的日益提高，好的卫生间不再只是洗漱的单一空间，也不再是灰暗、潮湿或许还有点异味的场所。卫生间是家中最隐秘的一个地方，精心对待卫生间，就是精心捍卫自己和家人的健康与舒适。

20.2　材质的设置

场景路径：Scene\cha20\卫生间O.max　　贴图路径：map\cha20

视频路径：视频\cha20\ 20.2 材质的设置.mp4

下面介绍卫生间效果图材质如何设置，如图20-1所示为3ds Max渲染出的效果图。

图20-1

20.2.1　金属材质的设置

下面介绍场景中金属材质的设置。

01 运行3ds Max 2014，打开随书附带光盘中的“Scene\cha20\卫生间o.Max”文件，如图20-2所示。

02 打开材质编辑器，从中选择一个新的材质样本球，将其命名为“不锈钢”，将材质转换为VRayMtl，在“基本参数”卷展栏中设置“反射”的红绿蓝值均为180，设置“高光光泽度”为0.85、“反射光泽度”为0.85、“细分”为15，如图20-3所示，在“双向反射分布函数”卷展栏中选择类型为“沃德”，将材质指定给对应的模型。

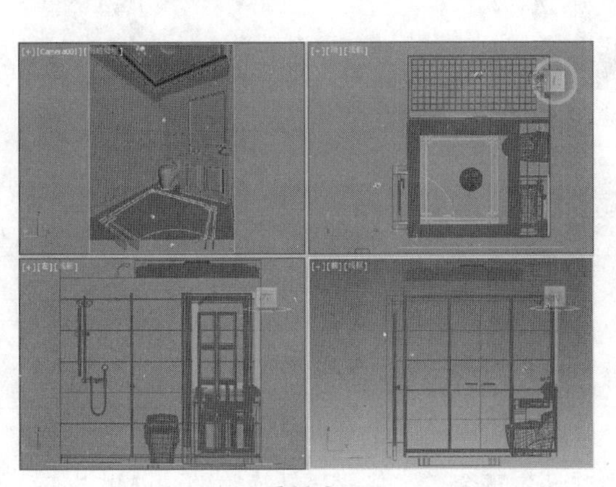

图20-2

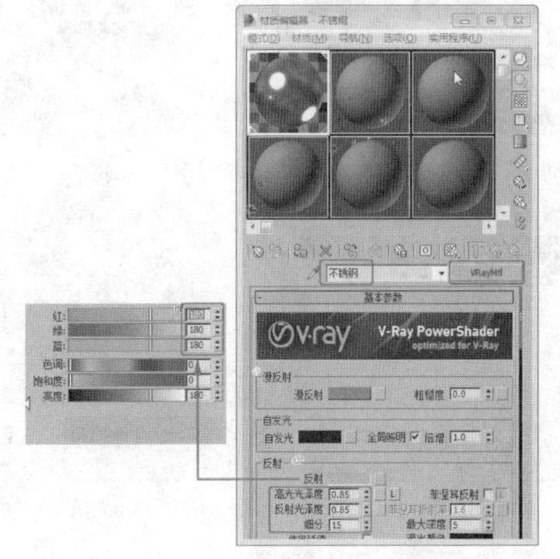

图20-3

03 打开材质编辑器，选择一个新的材质样本球，将其命名为“亮光不锈钢”，将材质转换为VRayMtl，在“基本参数”卷展栏中设置“反射”的红绿蓝值均为183，设置“高光光泽度”为0.65，在“双向反射分布函数”卷展栏中设置反射的“各向异性”为0.3，如图20-4所示，将材质指定给对应的模型。

04 选择一个新的材质样本球，将其命名为“金属镜框”，将材质转换为VRayMtl，在“基本参数”卷展栏中设置“漫反射”的红绿蓝值分别为108、88、54，设置“反射”的红绿蓝值均为37，设置“高光光泽度”为0.65、“反射光泽度”为0.88、“细分”为12，在“双向反射分布函数”卷展栏中设置反射的“各向异性”为0.3，如图20-5所示，将材质指定给场景中的对应对象。

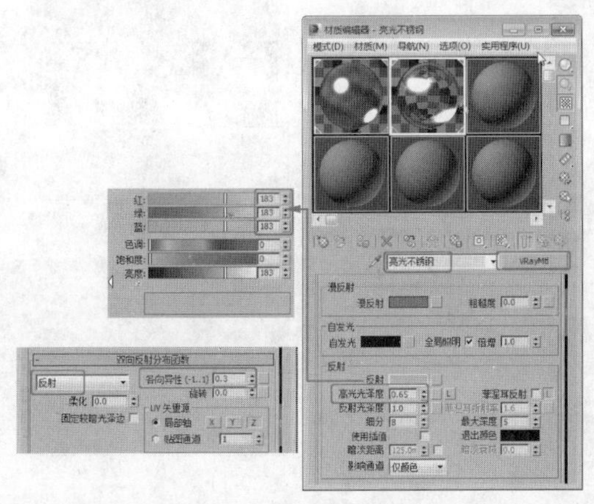

图20-4

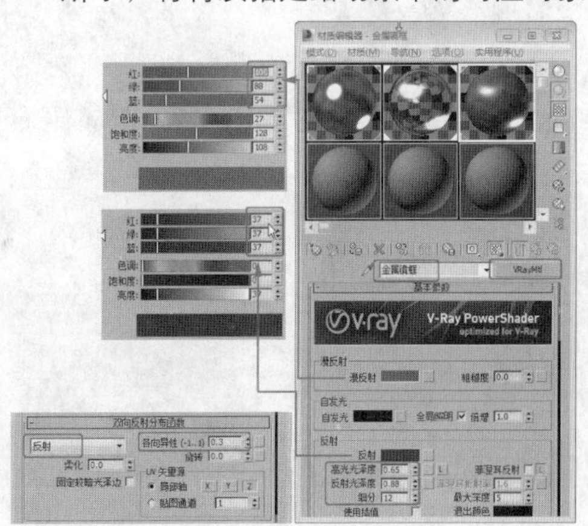

图20-5

20.2.2 石材材质的设置

01 选择一个新的材质样本球，将其命名为“中欧米黄”，将材质转换为VRayMtl，在“基本参数”卷展栏中设置“高光光泽度”为0.82、“反射光泽度”为0.98，如图20-6所示。

02 在“贴图”卷展栏中为“漫反射”指定位图贴图“map\cha20\中欧米黄.jpg”文件；为

“反射”指定衰减贴图，如图20-7所示。

03 进入“反射贴图”层级面板，在“衰减参数”卷展栏设置第二个色块的红绿蓝值均为230，选择“衰减类型”为Fresnel。设置“折射率”为2.2，单击 （转到父对象）按钮，返回到主材质面板，如图20-8所示，将材质指定给对应的模型。

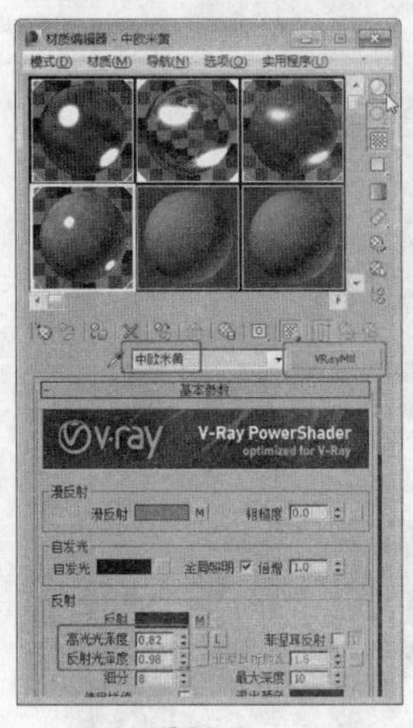

图20-6

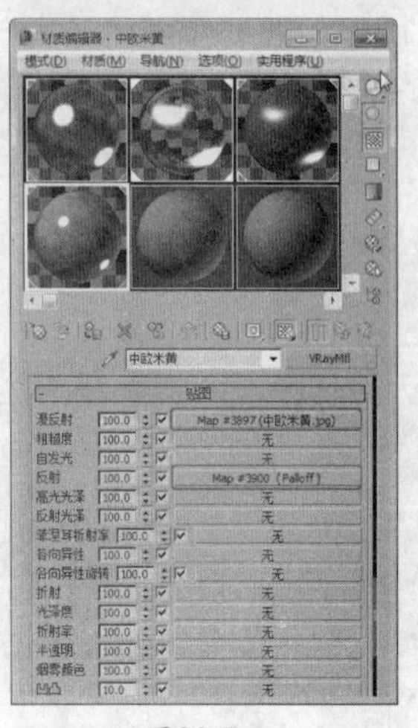

图20-7

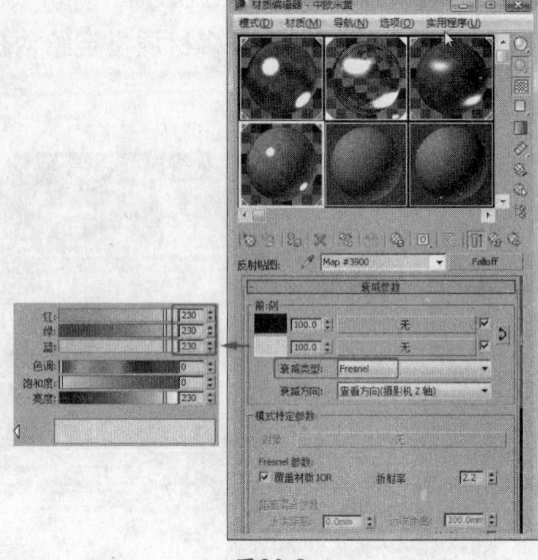

图20-8

04 选择一个新的材质样本球，将其命名为“凡尔赛金”，将材质转换为VRayMtl，在“基本参数”卷展栏中设置“高光光泽度”为0.82、“反射光泽度”为0.95，如图20-9所示。

05 在“贴图”卷展栏中为“漫反射”指定位图贴图“map\cha20\凡尔赛金.jpg”文件；进入“漫反射贴图”层级面板，在“坐标”卷展栏中设置“角度”下的W值为90；为“反射”指定衰减贴图，如图20-10所示。

06 进入“衰减参数”卷展栏，设置第二个色块的红绿蓝值均为230，选择“衰减类型”为Fresnel，设置“折射率”为2.2，如图20-11所示，返回主材质面板，将材质指定给对应的模型。

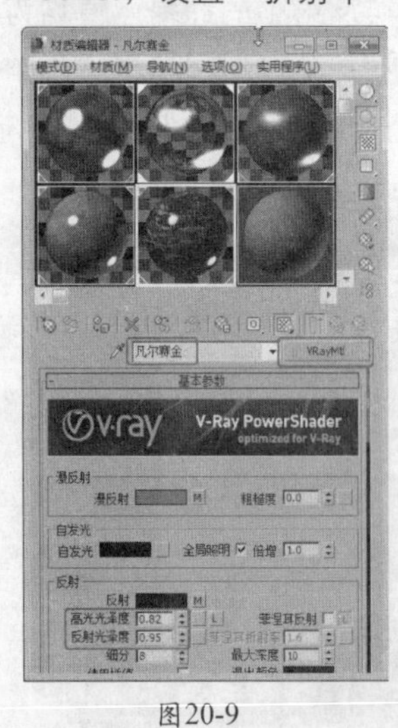

图20-9

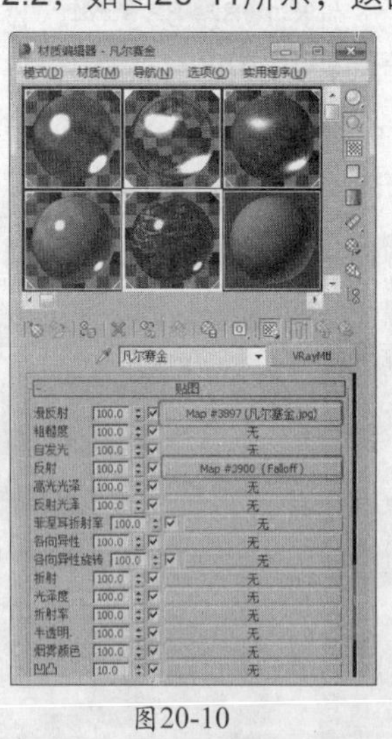

图20-10

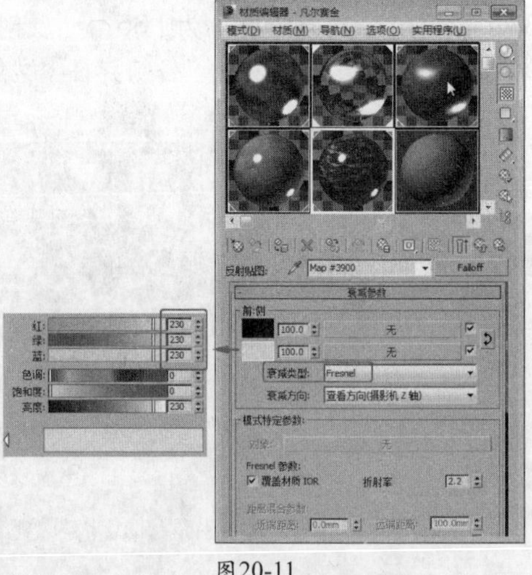

图20-11

07 选择一个新的材质样本球，将其命名为“波斯灰”，将材质转换为VRayMtl，在“基本参数”卷展栏中设置“高光光泽度”为0.82、“反射光泽度”为0.95，如图20-12所示。

08 在“贴图”卷展栏中为“漫反射”指定位图贴图“map\cha20\波斯灰石材.jpg”文件，进入“漫反射贴图”层级面板，在“坐标”卷展栏中设置“角度”下的W值为90；为“反射”指定衰减贴图，如图20-13所示。

09 进入“衰减参数”卷展栏，设置第二个色块的红绿蓝值均为230，选择“衰减类型”为

Fresnel，设置“折射率”为2.2，如图20-14所示。返回到主材质面板，将材质指定给场景中对应材质名称的模型。

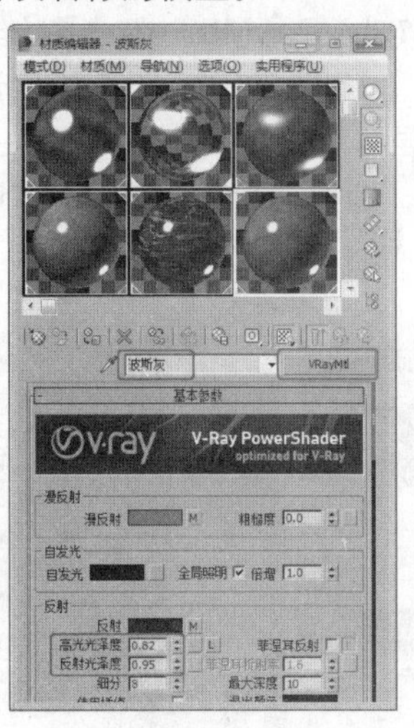

图20-12

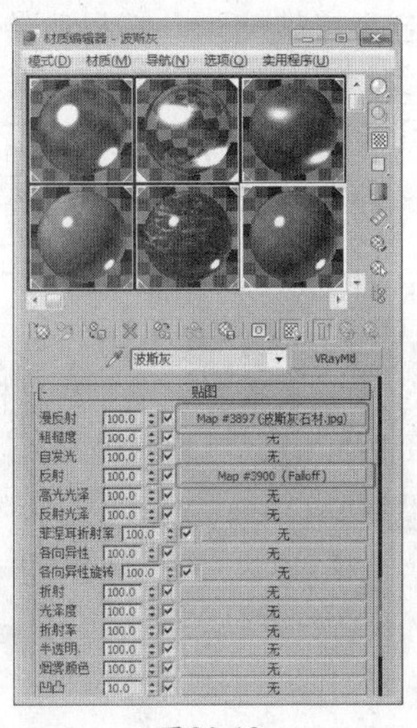

图20-13

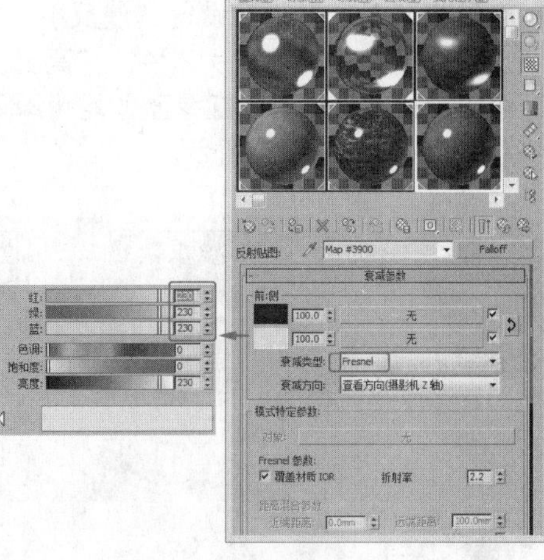

图20-14

⑩ 选择一个新的材质样本球，将其命名为“米黄墙砖”，将材质转换为VRayMtl，在“基本参数”卷展栏中设置“高光光泽度”为0.82、“反射光泽度”为0.98，如图20-15所示。

⑪ 在“贴图”卷展栏中为“漫反射”指定位图贴图“map\cha20\米黄墙.jpg”文件；为“反射”指定衰减贴图，如图20-16所示。

⑫ 进入“衰减参数”卷展栏，设置第二个色块的红绿蓝值均为230，选择“衰减类型”为Fresnel，设置“折射率”为2.2，如图20-17所示。返回到主材质面板，将材质指定给场景中对应材质名称的模型。

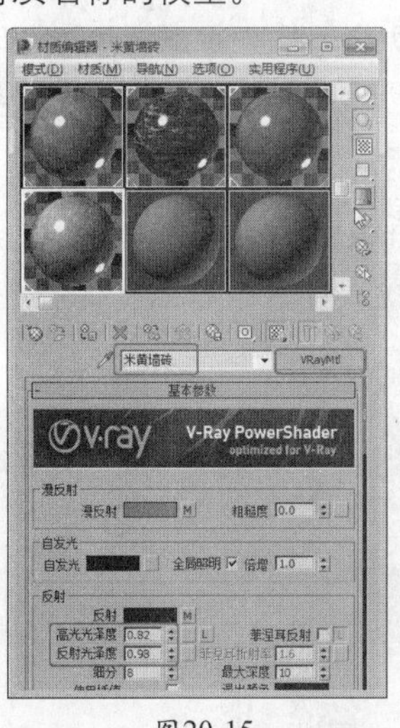

图20-15

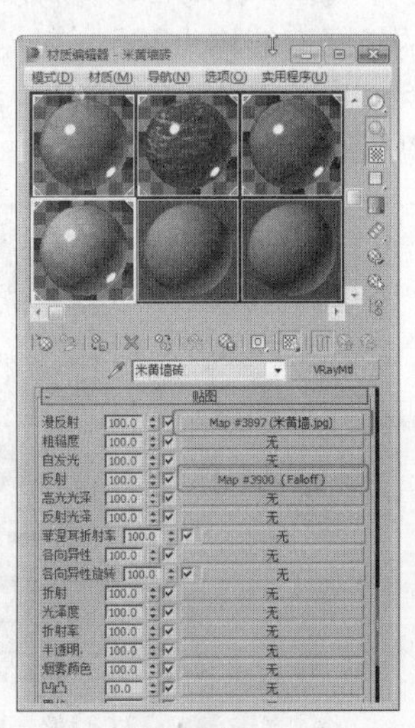

图20-16

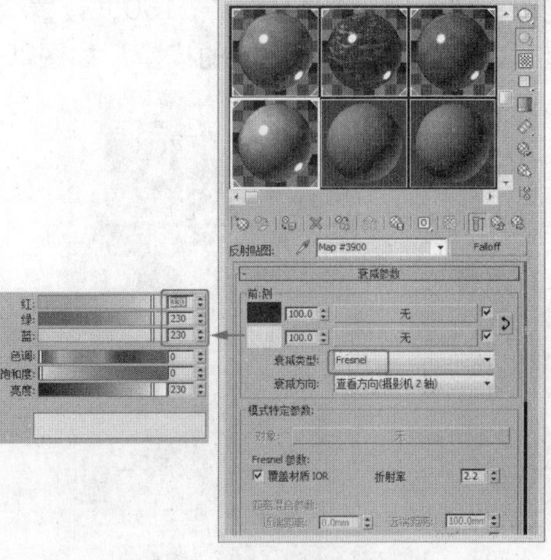

图20-17

20.2.3 玻璃材质的设置

① 选择一个新的材质样本球，将其命名为“灯罩”，将材质转换为VRayMtl，在“基本参数”卷展栏“反射”组设置“反射”的红绿蓝值均为25、“高光光泽度”为0.25、勾选“菲涅耳反射”复选框，在“折射”组中设置“折射”的红绿蓝值均为30、“光泽度”为0.7、“细分”为12，勾选“影响阴影”选项，选择“阴影通道”为“颜色+Alpha”，如图20-18所示，在“选项”卷展栏中取消勾选“跟踪反射”复选框。

② 在“贴图”卷展栏中为“漫反射”指定位图贴图“map\cha20\松香玉.jpg”文件，进入

“漫反射贴图”层级面板，在“位图参数”卷展栏中裁剪位图区域，将材质指定给场景中对应的模型，如图20-19所示。

03 选择一个新的材质样本球，将其命名为“玻璃”，将材质转换为VRayMtl，在“基本参数”卷展栏“漫反射”组设置“漫反射”的红绿蓝值分别为114、127、138，在“反射”组中设置“反射”的红绿蓝值均为224、“高光光泽度”为0.85、勾选“菲涅耳反射”复选框，在“折射”组中设置“折射”的红绿蓝值均为222，勾选“影响阴影”复选框，选择“影响通道”为“颜色+Alpha”，如图20-20所示。

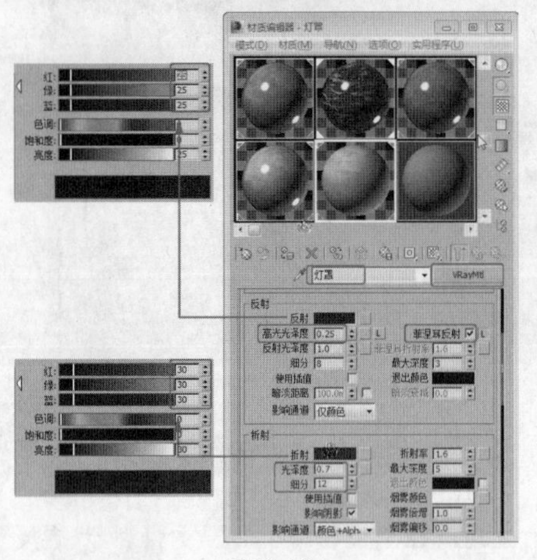

图20-18

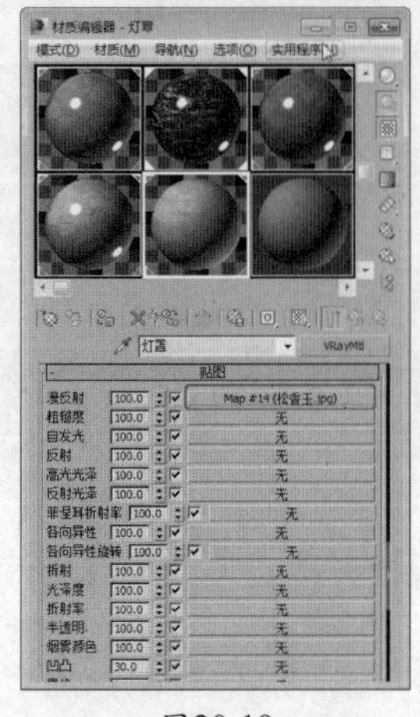

图20-19

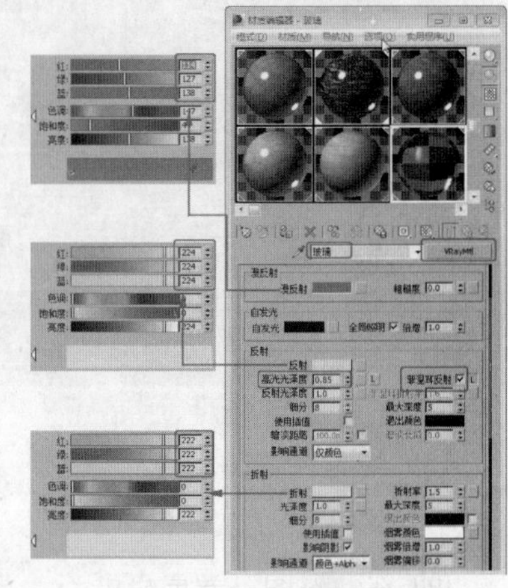

图20-20

04 在“双向反射分布函数”卷展栏中选择反射类型为“沃德”，设置“各向异性”为0.4、“旋转”为-82，将材质指定给对应的模型，如图20-21所示。

05 选择一个新的材质样本球，将其命名为“磨砂玻璃”，将材质转换为VRayMtl，在“基本参数”卷展栏“漫反射”组设置“漫反射”的红绿蓝值均为235，在“折射”组中设置“折射”的红绿蓝值分别为154、157、160，设置“光泽度”为0.75、“细分”为15，勾选“影响阴影”复选框，将材质指定给对应的模型，如图20-22所示。

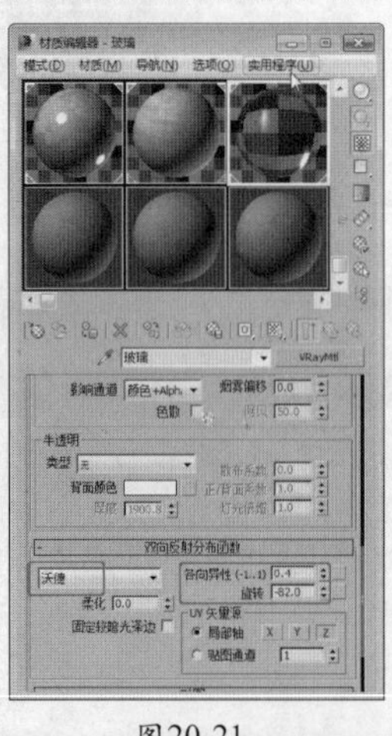

图20-21

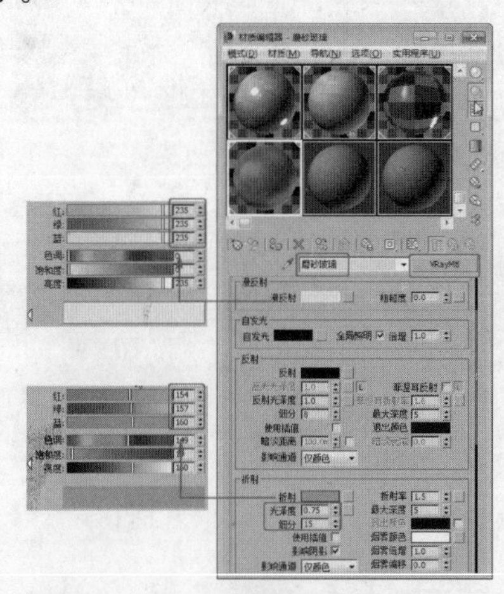

图20-22

20.2.4 瓷器和漆材质的设置

01 选择一个新的材质样本球，将其命名为“瓷器”，将材质转换为VRayMtl，在“基本参数”卷展栏“漫反射”组设置“漫反射”的红绿蓝值均为235，在“反射”组中设置“反射”的红绿蓝值均为35、“高光光泽度”为0.78、“反射光泽度”为0.98、“细分”为11，如图20-23所示。将材质指定给场景中对应的模型。

02 选择一个新的材质样本球，将其命名为“白漆”，将材质转换为VRayMtl，在“基本参数”卷展栏设置“漫反射”的红绿蓝值均为255，设置“反射”的红绿蓝值均为30、“高光光泽度”为0.85、“反射光泽度”为0.97，如图20-24所示。将材质指定给场景中对应的模型。

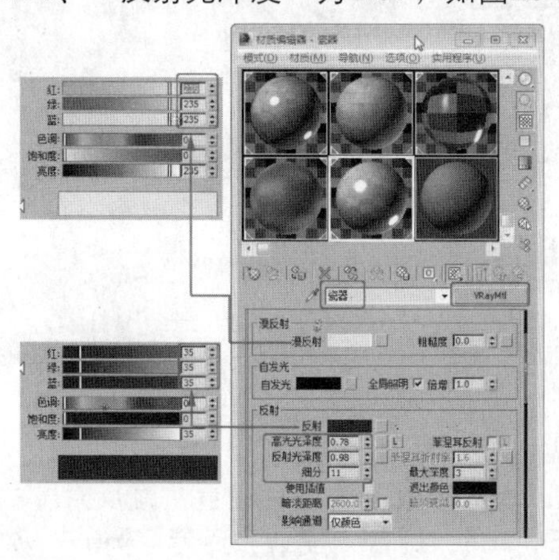
图20-23

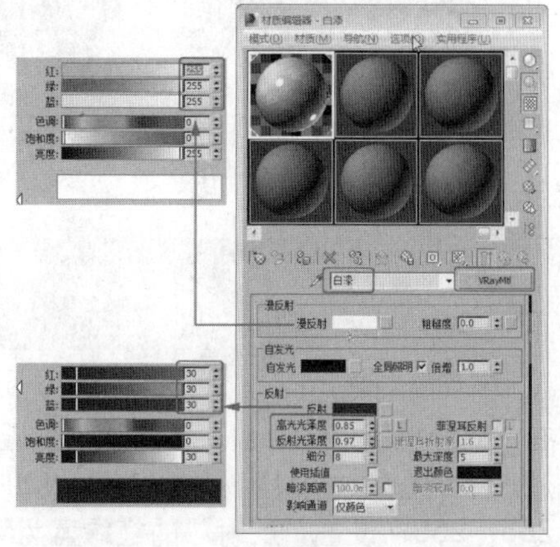
图20-24

03 选择一个新的材质样本球，将其命名为“陶瓷花瓶”，将材质转换为VRayMtl，在“基本参数”卷展栏设置“反射”的“高光光泽度”为0.9、“反射光泽度”为0.85，如图20-25所示，在“双向反射分布函数”卷展栏中设置“各项异性”为0.3。

04 在“贴图”卷展栏中为“漫反射”指定位图贴图“map\cha20\514629221.jpg”文件，为“反射”指定衰减贴图，如图20-26所示。

05 进入反射的衰减贴图层级，设置第一个色块的颜色为黑色，设置第二个色块的红绿蓝为153、200、252，选择“衰减类型”为Fresnel，如图20-27所示，将材质指定给场景中对应的模型。

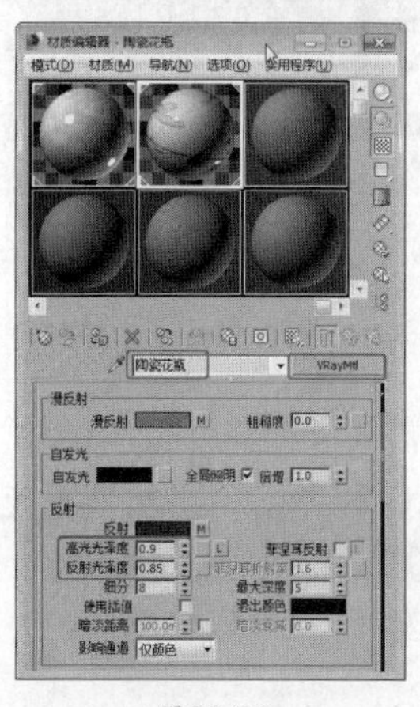
图20-25

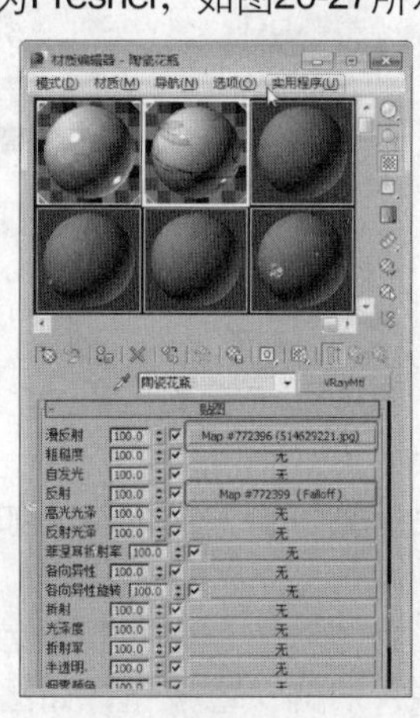
图20-26

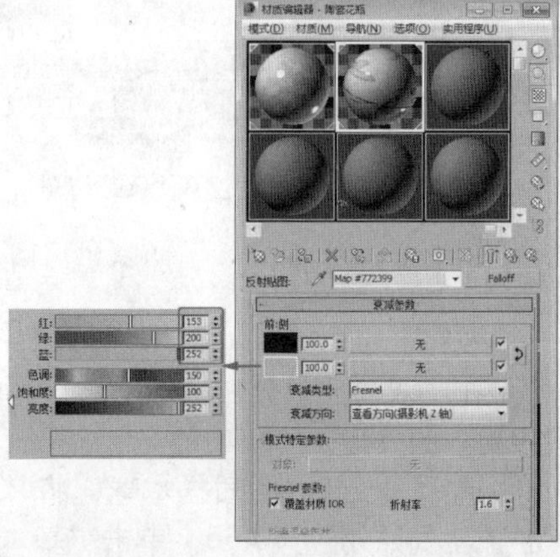
图20-27

20.2.5 其他材质的设置

01 选择一个新的材质样本球，将其命名为“清镜”，将材质转换为VRayMtl，在“基本参数”卷展栏设置“反射”的红绿蓝为229、238、232，如图20-28所示，将材质指定给场景中对应的模型。

02 选择一个新的材质样本球，将其命名为“化妆品”，将材质转换为“多维/子对象”材质，设置“设置数量”为3，如图20-29所示。

03 单击进入1号材质，将材质转换为VRayMtl，在“基本参数”卷展栏中设置“漫反射”的红绿蓝为204、191、151，设置“反射”的红绿蓝为185、102、35，设置“反射光泽度”为0.8，如图20-30所示。

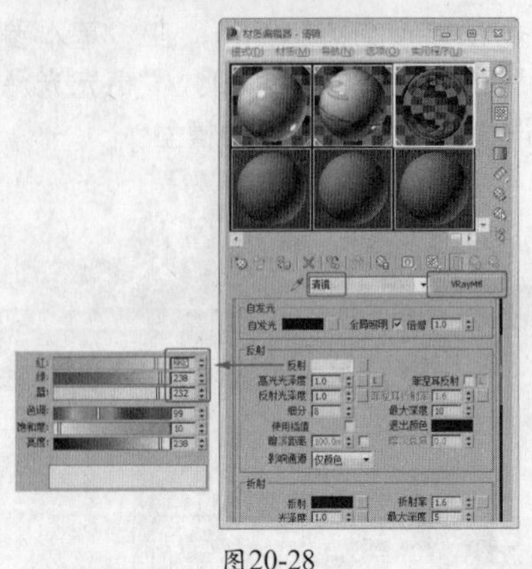

图20-28

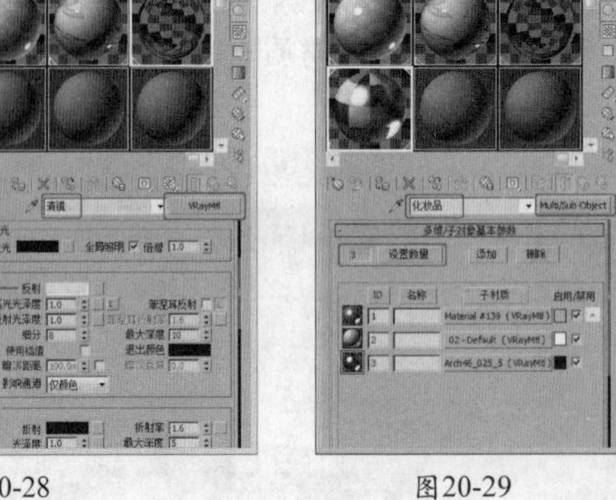

图20-29

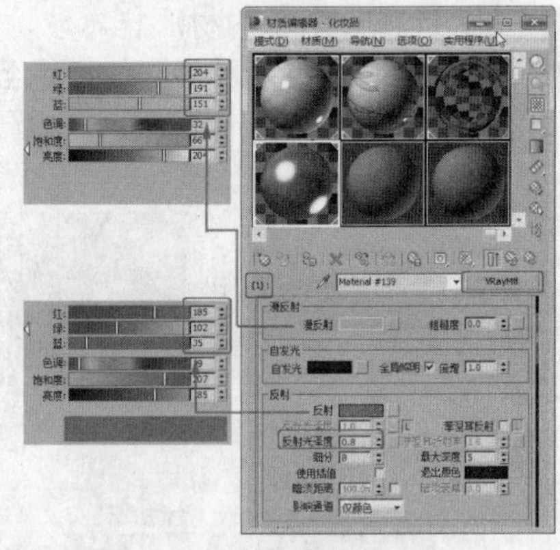

图20-30

04 在“双向反射分布函数”卷展栏中设置类型为“沃德”，如图20-31所示。

05 进入2号材质，将材质转换为VRayMtl，在“基本参数”卷展栏设置“漫反射”的红绿蓝为255、255、255，设置“反射”的红绿蓝为54、54、54，设置“反射光泽度”为0.9，勾选“菲涅耳反射”复选框，如图20-32所示。

06 进入3号材质，将材质转换为VRayMtl，在“基本参数”卷展栏设置“漫反射”的红绿蓝为15、15、15，设置“反射”的红绿蓝为198、187、143，设置“反射光泽度”为0.8，如图20-33所示。

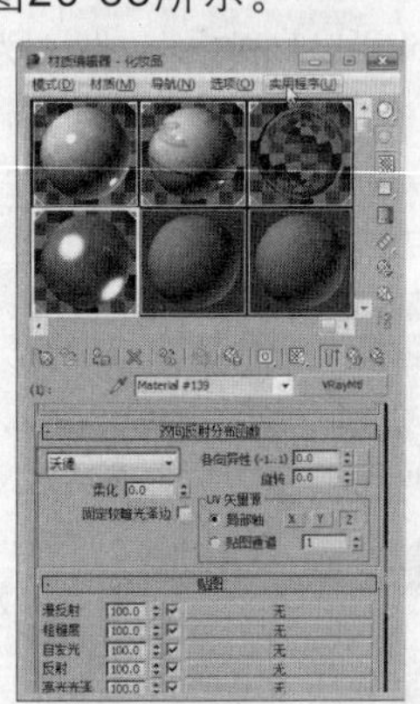

图20-31

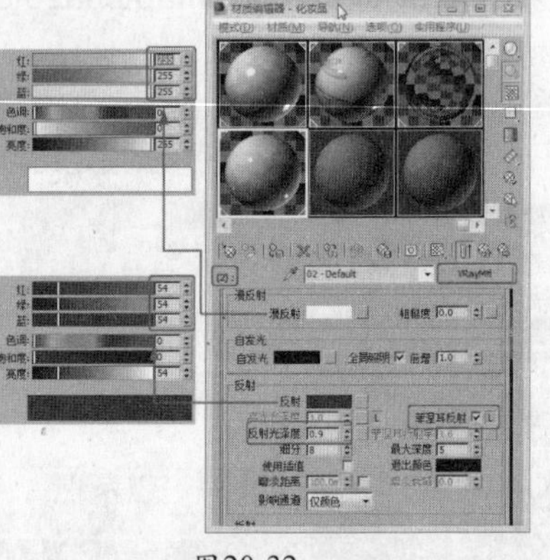

图20-32

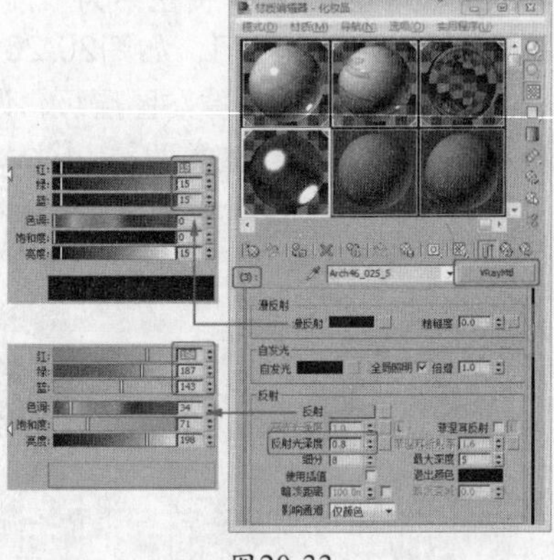

图20-33

07 在“双向反射分布函数”卷展栏中设置类型为“沃德”，如图20-34所示，将材质指定给场景中对应的模型。

08 选择一个新的材质样本球，将其命名为“叶子”，将材质转换为“VR材质包裹器”，设置“生成全局照明”为0.65，单击“基本材质”后的灰色按钮，如图20-35所示。

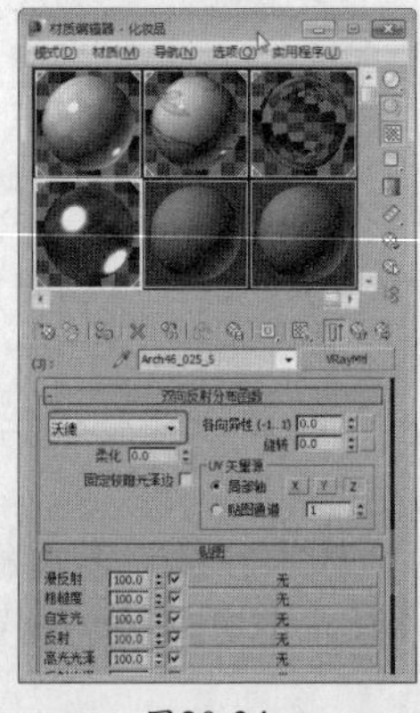

图20-34

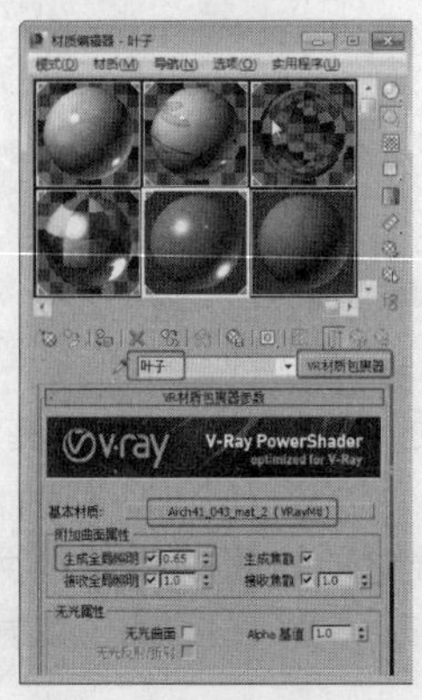

图20-35

09 进入“基本材质”设置面板，从中将其材质转换为VRayMtl，在“基本参数”卷展栏设置“漫反射”的红绿蓝为175、179、60，设置“反射”的红绿蓝为20、20、20，设置“反射光泽度”为0.7，设置“折射”的红绿蓝为40、40、40，设置“光泽度”为0.2，如图20-36所示，将材质指定给场景中对应的模型。

10 选择一个新的材质样本球，将其命名为“筒灯”，将材质转换为“多维/子对象”材质。设置“设置数量”为2，如图20-37所示。

11 单击进入1号材质，将其转换为VRayMtl，设置“漫反射”的红绿蓝为188、188、188，设置“反射”的红绿蓝为180、180、180，设置“高光光泽度”为0.6，如图20-38所示，在“选项”卷展栏中取消勾选“跟踪反射”复选框。

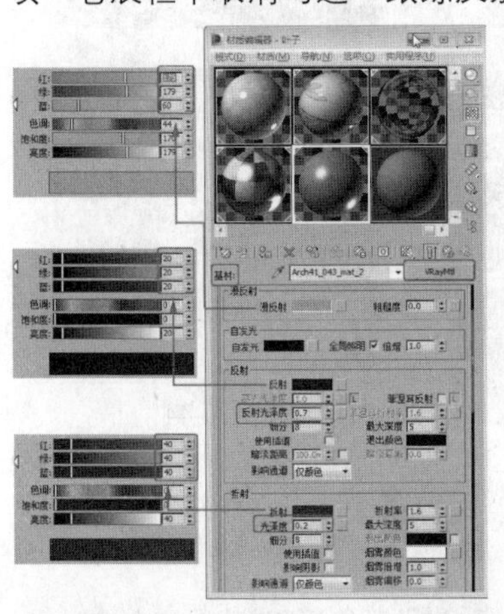

图20-36

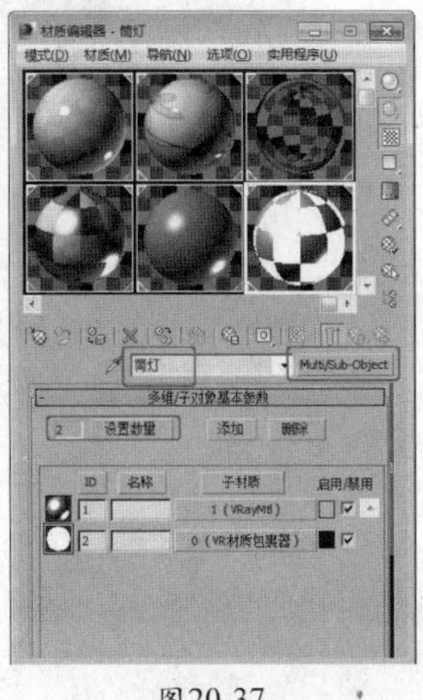

图20-37

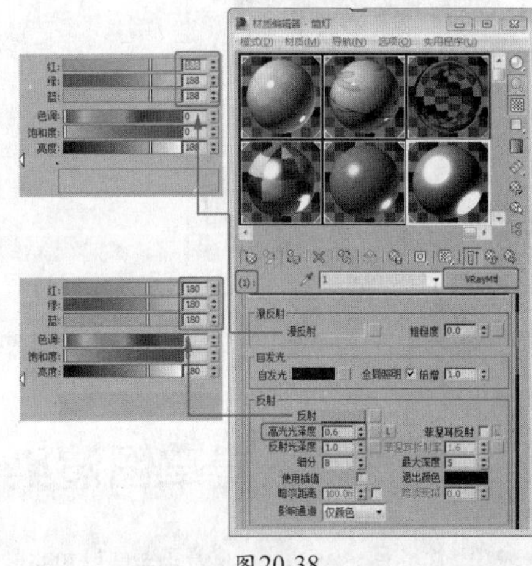

图20-38

12 单击进入2号材质，将其转换为VR材质包裹器材质，设置“生成全局照明”和“接收全局照明”均为0，如图20-39所示。

13 单击进入“基本材质”设置面板，将材质转换为“VR灯光材质”，设置灯光颜色的倍增为9，如图20-40所示，将材质指定给场景中的对应模型。

14 选择一个新的材质样本球，将其命名为“花”，将材质转换为VRayMtl，在“基本参数”卷展栏中设置“反射”的红绿蓝为20、20、20，设置“反射光泽度”为0.4，如图20-41所示。

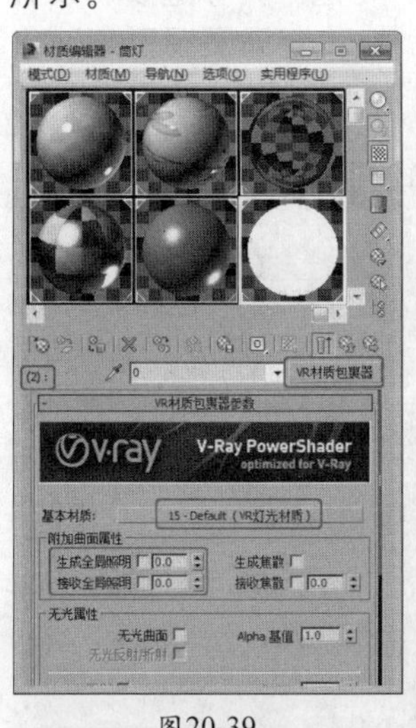

图20-39

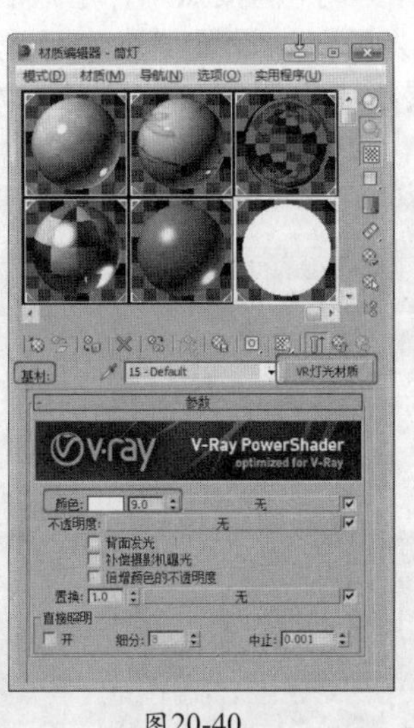

图20-40

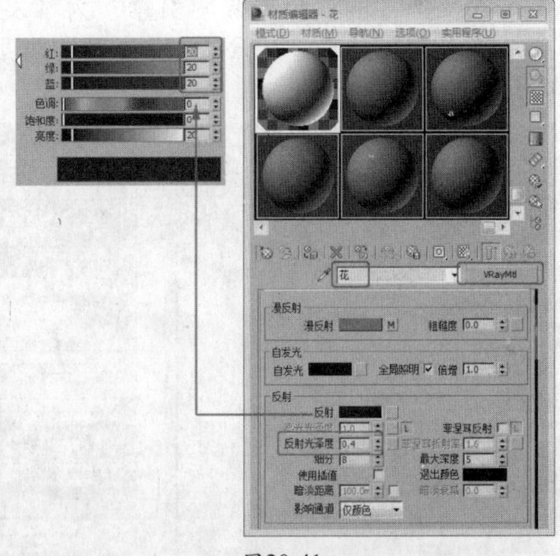

图20-41

15 在“贴图”卷展栏中为“漫反射”指定衰减贴图，如图20-42所示。

16 进图贴图层级，设置第一个色块的红绿蓝为204、141、206，设置第二个色块的颜色为白

色，设置数量为30，如图20-43所示，将材质指定给场景中对应的模型。

17 选择一个新的材质样本球，将其命名为“顶底”，将材质转换为“多维/子对象”，设置“设置数量”为2，如图20-44所示。用同样的操作，将1号材质设置为“中欧米黄”，将2号材质设置为“白乳胶”，将材质指定给场景中对应的模型。

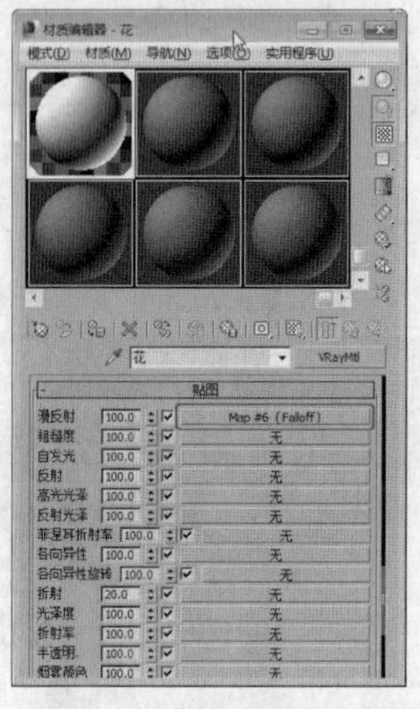

图20-42

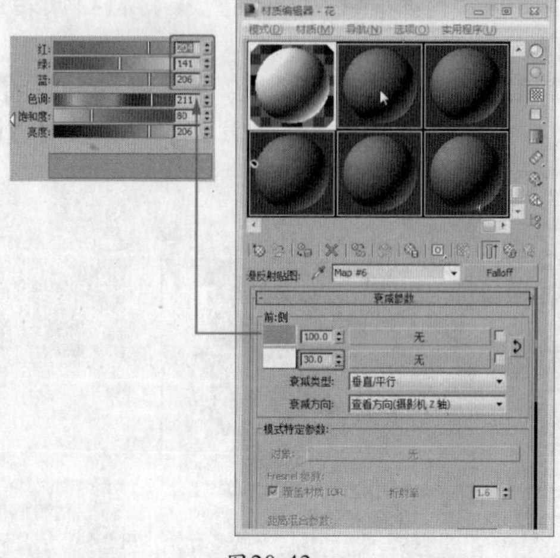

图20-43

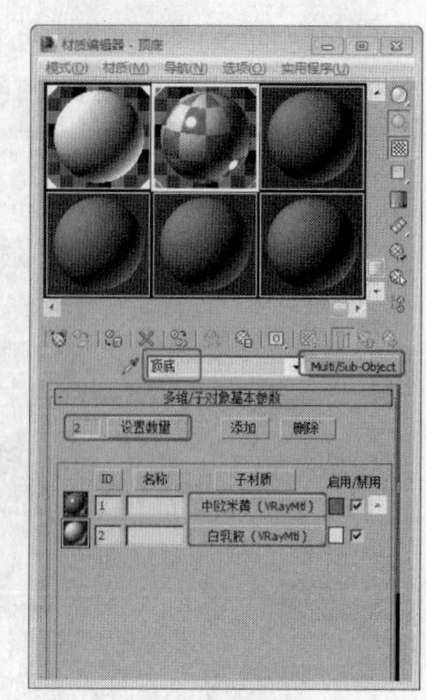

图20-44

20.3 设置草图渲染

场景路径：Scene\cha20\卫生间O.max　　视频路径：视频\cha20\ 20.3 设置草图渲染.mp4

下面介绍如何设置草图渲染。

01 在工具栏中单击（渲染设置）按钮，打开“渲染设置”对话框，设置一个渲染尺寸，如图20-45所示。

02 切换到V-Ray选项卡，在“V-Ray::图像采样器（反锯齿）”卷展栏中设置“图像采样器”的“类型”为“固定”，设置“抗锯齿过滤器”为“区域”。在“V-Ray::环境”卷展栏中勾选“全局照明环境（天光）覆盖”组中的“开”选项，设置“倍增器”为0.5，如图20-46所示。

03 切换到“间接照明”选项卡，在“V-Ray::间接照明”卷展栏，勾选“开”选项，设置“首次反弹”的“全局照明引擎”为“发光图”，设置“二次反弹”的“全局照明引擎”为“灯光缓存”。在“V-Ray::发光图”卷展栏中设置“当前预置”为“非常低”，如图20-47所示。

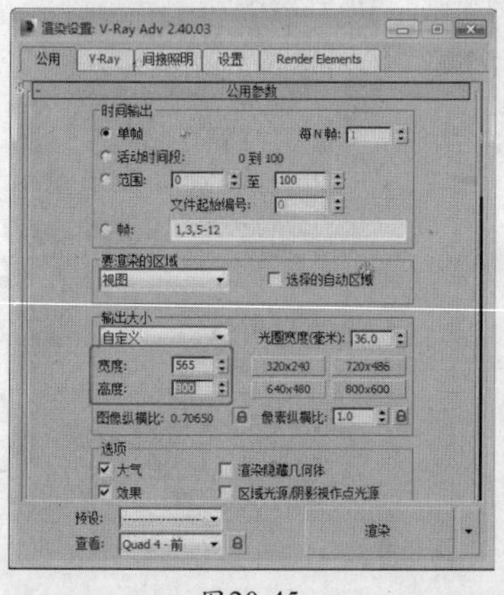

图20-45

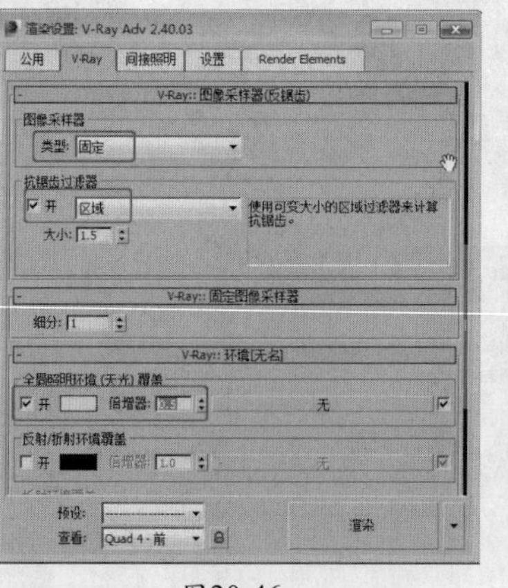

图20-46

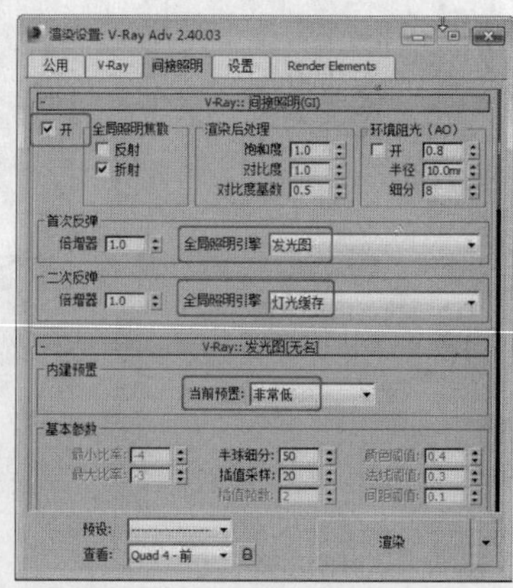

图20-47

04 在“V-Ray::灯光缓存”卷展栏中设置“细分”为100，勾选“存储直接光”和“显示计算相位”选项，如图20-48所示。

05 渲染当前场景，如图20-49所示。

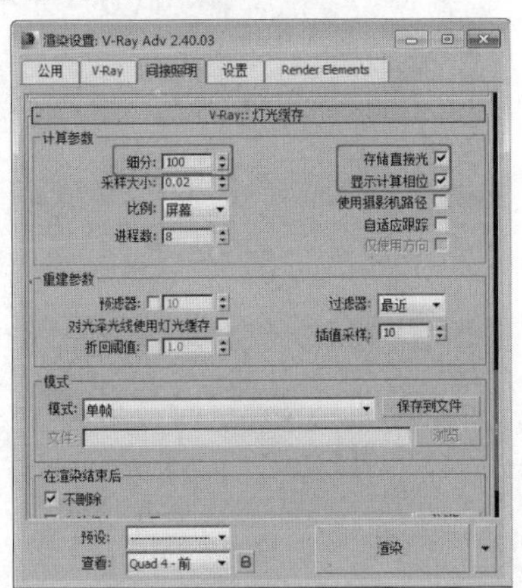

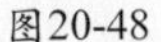
图20-48

图20-49

20.4 创建灯光

场景路径：Scene\cha20\卫生间O.max　　贴图路径：map\cha20

视频路径：视频\cha20\ 20.4 创建灯光.mp4

测试渲染设置场景之后，下面介绍场景中灯光的创建。

01 单击“（创建）”|“（灯光）”|“VRay ”|“ VR灯光”按钮，在左视图中门的位置创建VR灯光，在场景中调整灯光的位置。在“参数”卷展栏中设置“倍增器”为5，设置灯光的颜色红绿蓝为226、237、254，勾选“选项”组中的“不可见”选项，如图20-50所示。

02 渲染当前场景，得到如图20-51所示的效果。

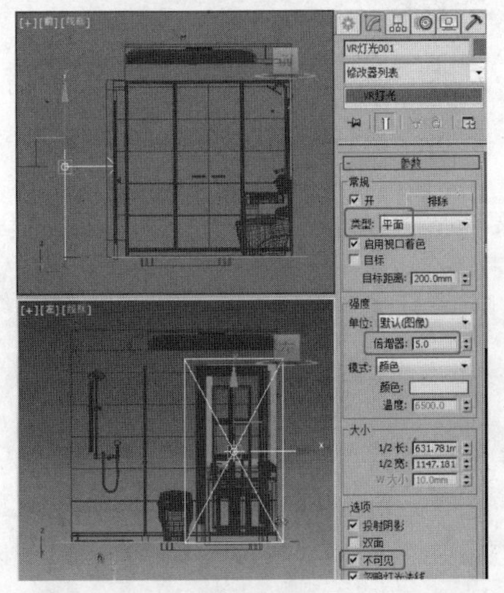

图20-50

图20-51

03 在顶视图中创建VR平面灯光，设置灯光的“倍增器”为3，设置灯光的颜色红绿蓝为243、240、235，勾选“选项”组中的“不可见”选项，取消勾选“影响反射”选项，如图20-52所示。

04 继续在顶视图中创建VR平面灯光，设置灯光的“倍增器”为3，设置灯光的颜色红绿蓝为255、247、226，勾选“选项”组中的“不可见”选项，取消勾选“影响反射”选项，如图20-53所示。

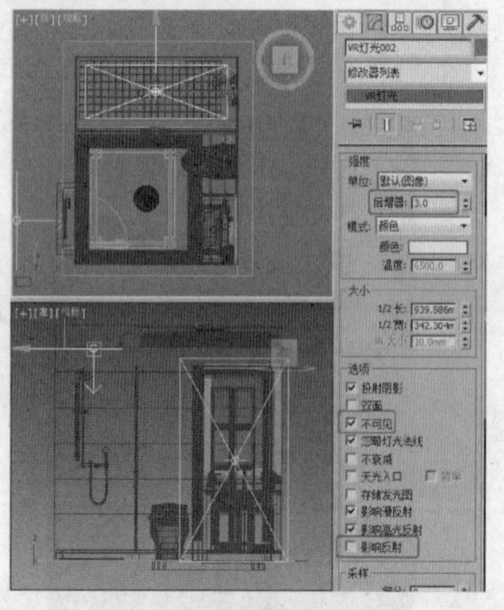

图20-52

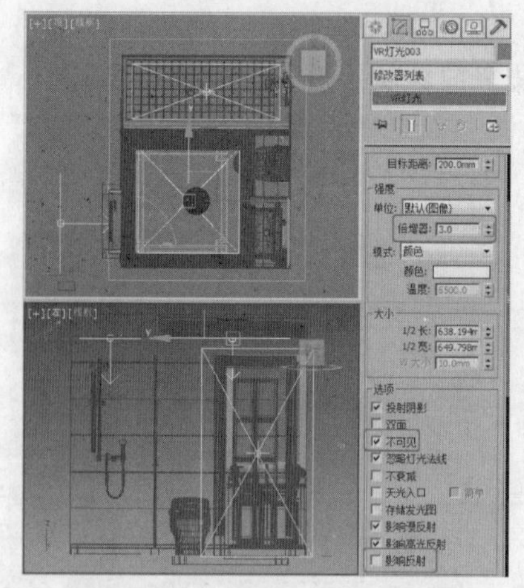

图20-53

05 渲染当前场景，效果如图20-54所示。

06 在顶视图中灯池处创建VR平面灯光，复制并调整灯光，设置灯光的“倍增器”为6，设置灯光的颜色红绿蓝为254、221、149，勾选“选项”组中的“不可见”选项，如图20-55所示。

图20-54

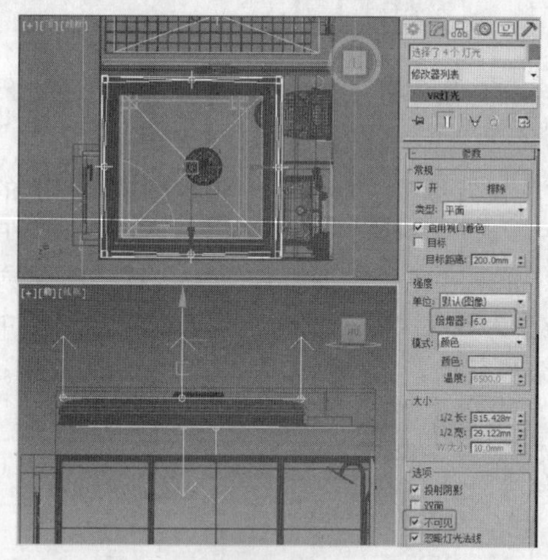

图20-55

07 继续复制灯光，调整灯光的位置和照射角度，修改灯光的“倍增器”为4，如图20-56所示。

08 渲染当前场景，得到如图20-57所示的效果。

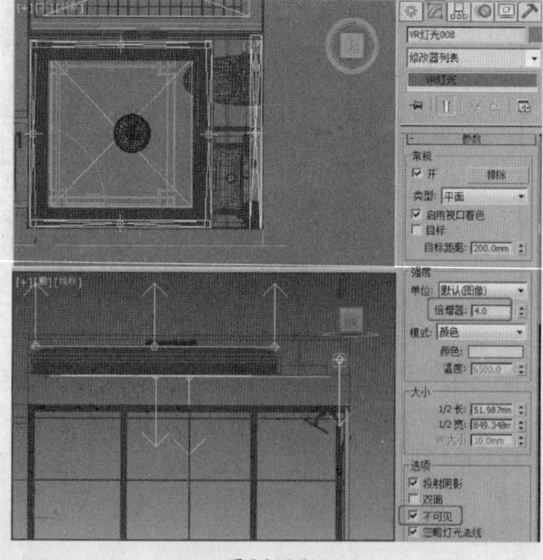

图20-56

图20-57

09 在顶视图中创建VR灯光，设置灯光“类型”为“球体”，设置“倍增器”为20，勾选“不可见”选项，取消勾选“影响反射”选项，如图20-58所示。

10 渲染场景，得到如图20-59所示的效果。

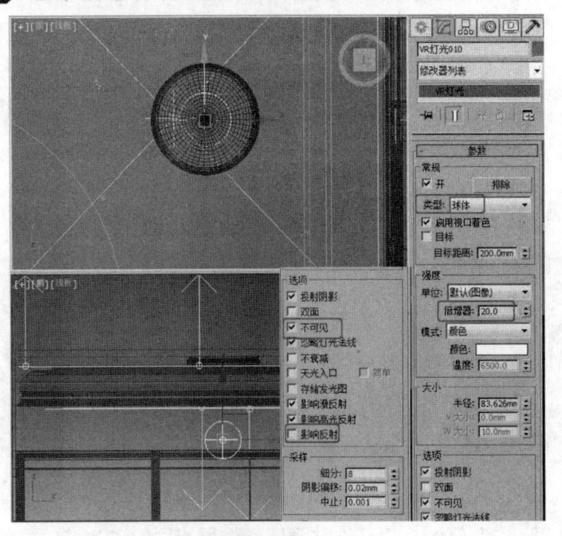

图20-58

图20-59

11 在场景中筒灯的位置创建“光度学”|“目标灯光”，调整并实例复制灯光。在“常规参数”卷展栏中选择“灯光分布（类型）”为“光度学Web”。在“分布（光度学Web）”卷展栏中为其指定光度学文件“map\cha20\1（4500cd）.ies”。在“强度/颜色/衰减”卷展栏中设置“强度”为4500，如图20-60所示。

12 渲染场景，得到如图20-61所示的效果。

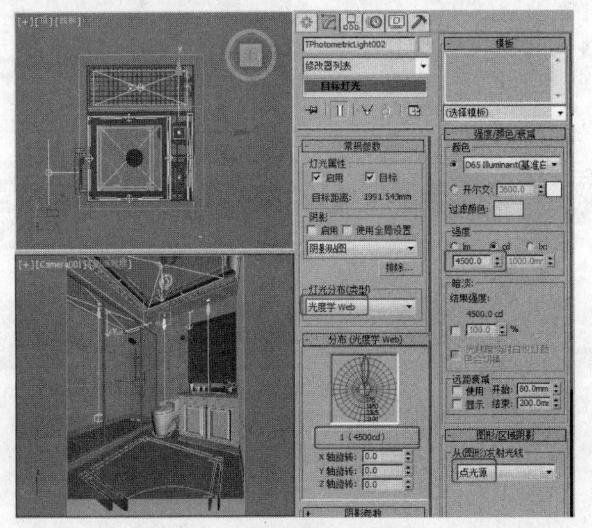

图20-60

图20-61

20.5 最终渲染设置

场景路径：Scene\cha20\卫生间O.max	视频路径：视频\cha20\ 20.5 最终渲染设置.mp4

场景灯光创建完成后，下面就是渲染最终效果设置了。

01 打开“渲染设置”对话框，设置渲染的最终尺寸，如图20-62所示。

02 在“V-Ray::图像采样器”卷展栏中选择“图像采样器”的“类型”为“自适应确定性准蒙特卡洛”，选择“抗锯齿过滤器”为Mitchell-Netravali，如图20-63所示。

03 在“V-Ray::颜色贴图”卷展栏中设置“类型”为“指数”，设置“暗色倍增”为1.2、“亮度倍增”为1.2，如图20-64所示。

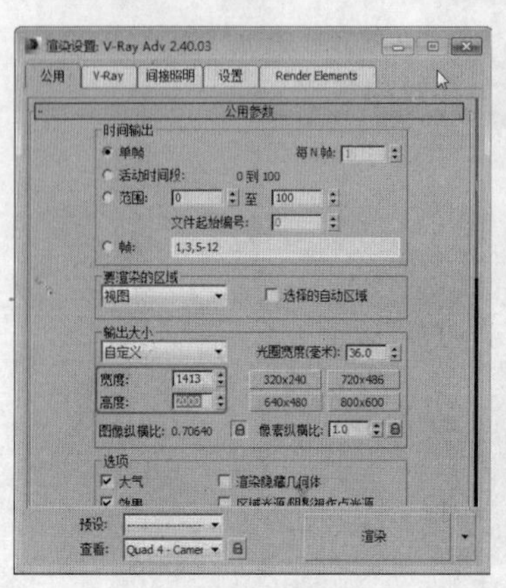
图20-62

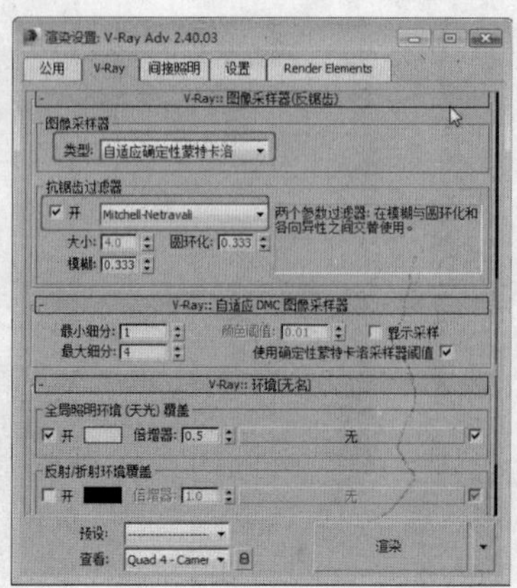
图20-63

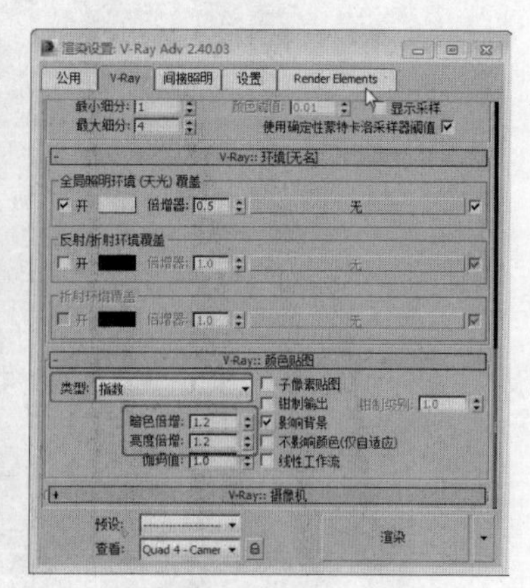
图20-64

04 切换到“间接照明”选项卡，设置“V-Ray::发光贴图”卷展栏的“当前预置”为“低”，设置“半球细分”为60、“插值采样”为30，如图20-65所示。

05 在“V-Ray::灯光缓存”卷展栏中设置“细分”为1200，如图20-66所示。

06 选择“设置”选项卡，在“V-Ray::DMC采样器”卷展栏中设置“适应数量”为0.8，设置“澡波阈值”为0.002，设置“最小采样值”为16，如图20-67所示。

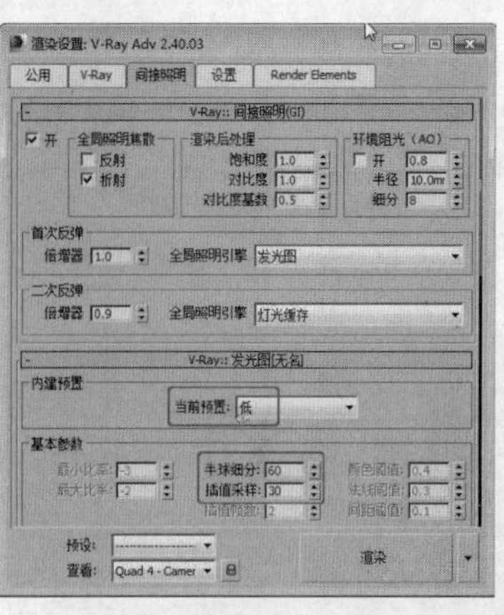
图20-65

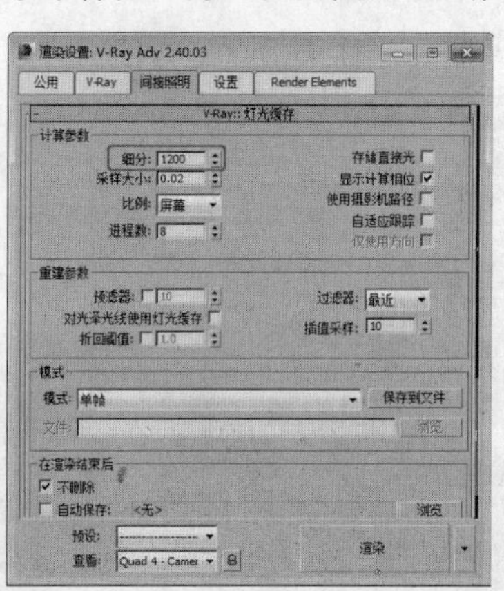
图20-66

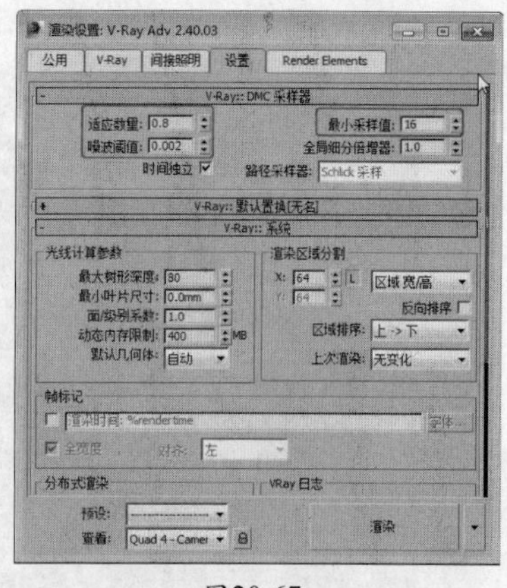
图20-67

20.6 后期处理

场景路径：Scene\cha20\卫生间后期.psd	素材路径：Scene\cha20
视频路径：视频\cha20\ 20.6 后期处理.mp4	

下面在Photoshop软件中对渲染输出卫生间图像进行后期处理，效果如图20-68所示。

01 运行Photoshop软件，打开渲染的卫生间效果图，如图20-69所示。

02 使用裁剪工具裁剪渲染出卫生间图像，如图20-70所示。

03 按Ctrl+M快捷键，在弹出的对话框中调整曲线的形状，如图20-71所示，单击“确定”按钮。

图20-68

图20-69

图20-70

图20-71

04 在菜单栏中选择“图像”|“调整”|“自然饱和度”命令，在弹出的对话框中调整参数，合适即可，如图20-72所示。

05 为卫生间添加光晕，完成的后期处理效果如图20-73所示。

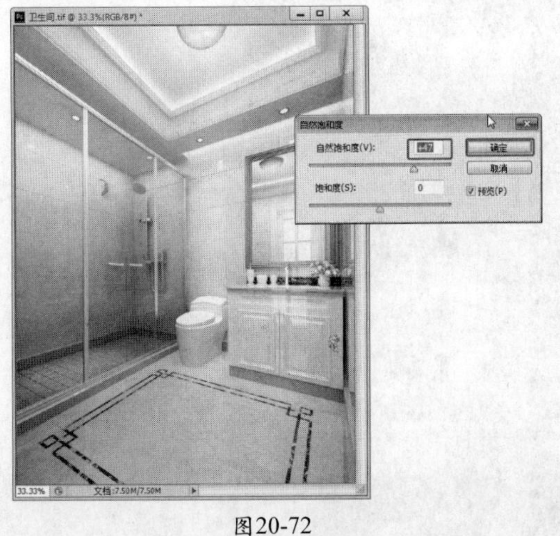
图20-72

图20-73

06 分别将带有图层的场景文件进行另存，然后将图层合并，并将合并图层后的效果文件进行另存。

第21章 大堂的设计与表现

本章内容

- 方案介绍
- 材质的设置
- 设置草图渲染
- 创建灯光
- 最终渲染设置
- 后期处理

本例结合使用AutoCAD、3ds Max、VRay以及Photoshop来制作全工装效果图中的大堂效果。

21.1 方案介绍

本例介绍大堂的工装效果图。大堂是指较大建筑物中宽敞的房间，用于会客、宴会、行礼、展览等，是整个公司或楼宇大厦的门面。

本例将主要介绍成工装效果图中大堂的材质、灯光和渲染。

21.2 材质的设置

场景路径：Scene\cha21\大堂O.max	贴图路径：map\cha21
视频路径：视频\cha21\ 21.2 材质的设置.mp4	

下面介绍如何设置大堂效果图的材质，如图21-1所示为3ds Max渲染出的效果图。

图21-1

21.2.1 金属材质的设置

下面介绍场景中金属材质的设置。

01 运行3ds Max 2014，打开随书附带光盘中的“Scene\cha21\大堂o.Max”文件，如图21-2所示。

02 打开材质编辑器，从中选择一个新的材质样本球，将其命名为“亮光金属”，将材质转换为VRayMtl，在“基本参数”卷展栏中设置“反射”的红绿蓝值均为163，设置“高光光泽度”为0.65、“反射光泽度”为0.9，如图21-3所示。

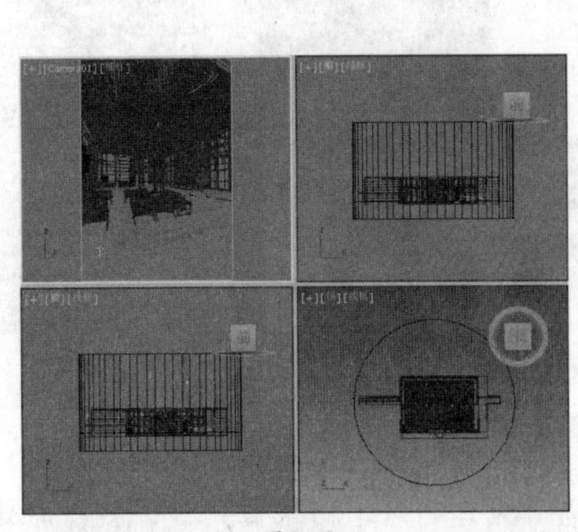

图21-2

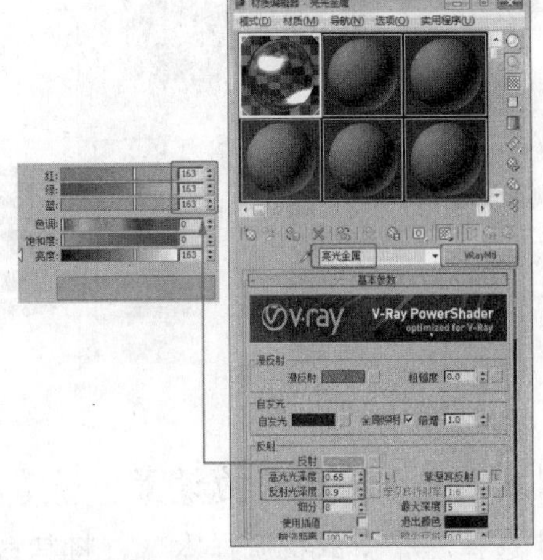

图21-3

03 在“双向反射分布函数”卷展栏中设置反射的“各向异性”为0.3，如图21-4所示，将材质指定给对应的模型。

04 选择一个新的材质样本球，将其命名为“亮香槟金”，将材质转换为VRayMtl，在“基本参数”卷展栏中设置“漫反射”的红绿蓝值分别为120、102、85，设置“反射”的红绿蓝值分别为93、82、72，设置“高光光泽度”为0.7、“反射光泽度”为0.9，如图21-5所示。

05 在“双向反射分布函数”卷展栏中设置反射的“各向异性”为0.3，将材质指定给场景中的对应对象，如图21-6所示。

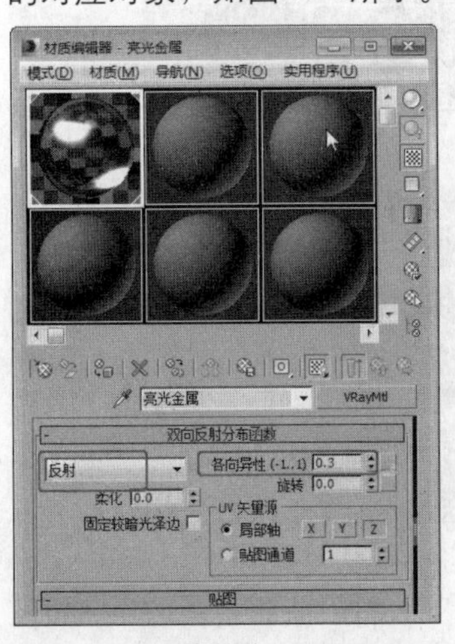

图21-4

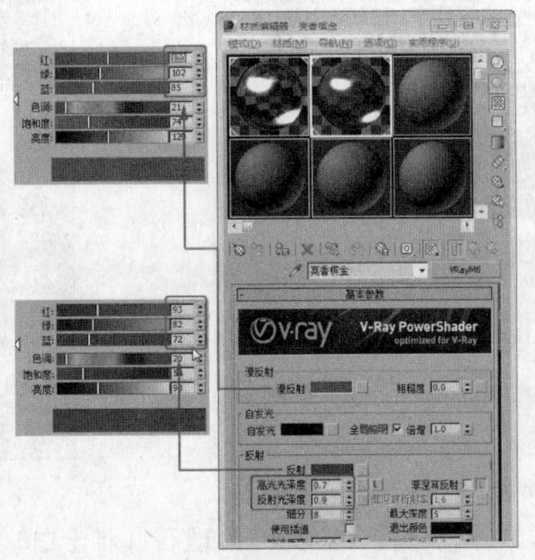

图21-5

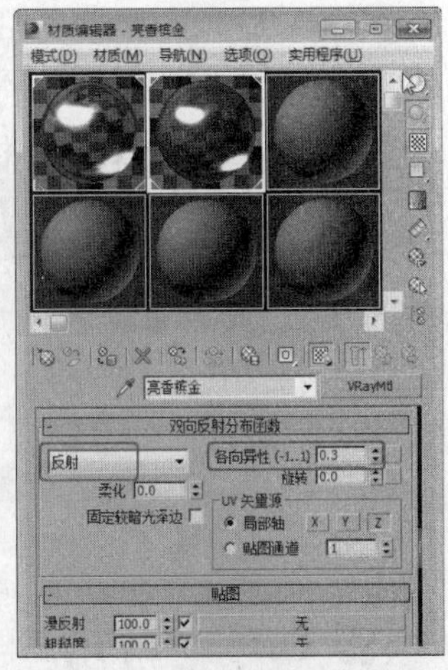

图21-6

06 选择一个新的材质样本球，将其命名为“磨砂香槟金”，将材质转换为VRayMtl，在“基本参数”卷展栏中设置“漫反射”的红绿蓝值分别为132、116、101，设置“反射”的红绿蓝值分别为46、44、40，设置“高光光泽度”为0.6、“反射光泽度”为0.65。在“双向反射分布函数

综合案例写实篇

数”卷展栏中设置反射的“各向异性”为0.3，将材质指定给对应的模型，如图21-7所示。

07 选择一个新的材质样本球，将其命名为“黑金属”，将材质转换为VRayMtl，在“基本参数”卷展栏中设置“漫反射”的红绿蓝值均为24，设置“高光光泽度”为0.8，如图21-8所示。

08 在“贴图”卷展栏中为“反射”指定衰减贴图，进入“反射贴图”层级面板，选择“衰减类型”为Fresnel。返回主材质面板，将材质指定给对应的模型，如图21-9所示。

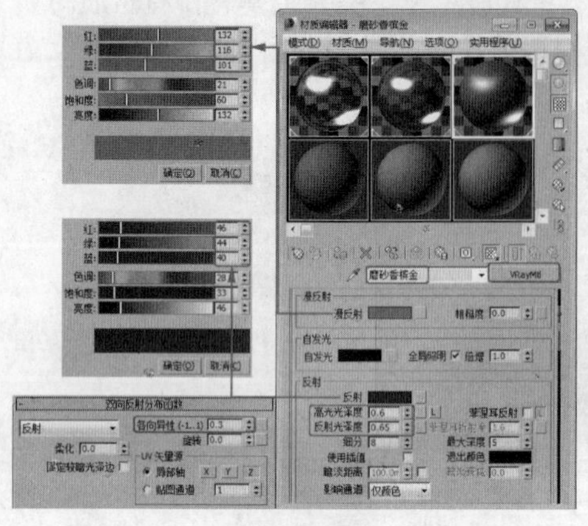

图21-7

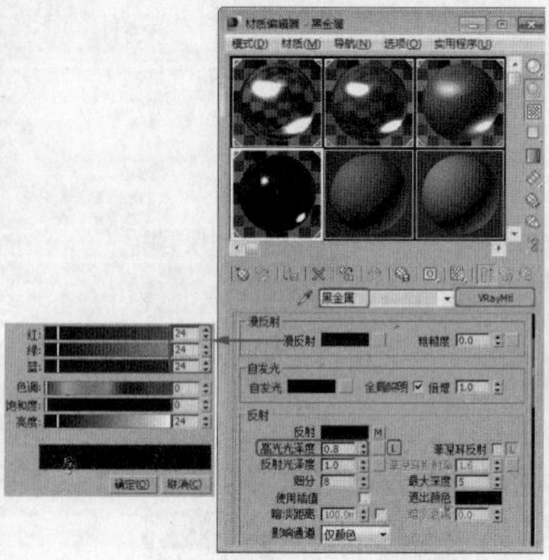

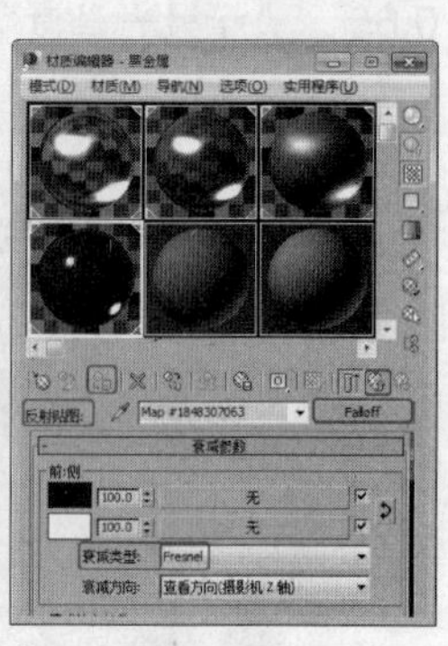

图21-8

图21-9

21.2.2 石材材质的设置

01 选择一个新的材质样本球，将其命名为“大理石（地面米黄）”，将材质转换为VRayMtl，在“基本参数”卷展栏中设置“反射”的红绿蓝值均为47、“高光光泽度”为0.85，如图21-10所示。

02 在“贴图”卷展栏中为“漫反射”指定位图贴图“map\cha21\木纹石地砖4块.jpg”文件，将材质指定给场景中对应的模型，如图21-11所示。

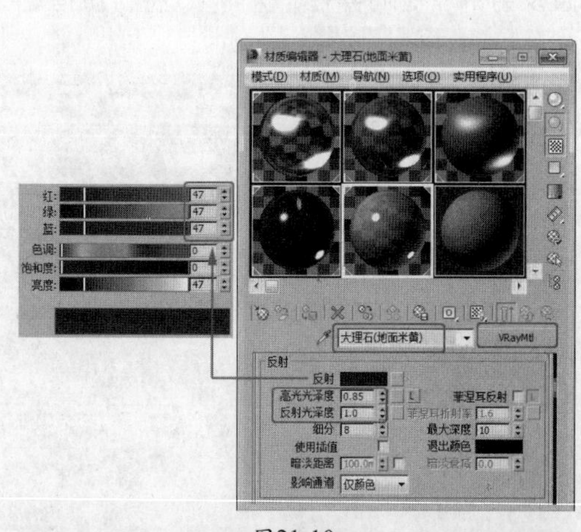

图21-10

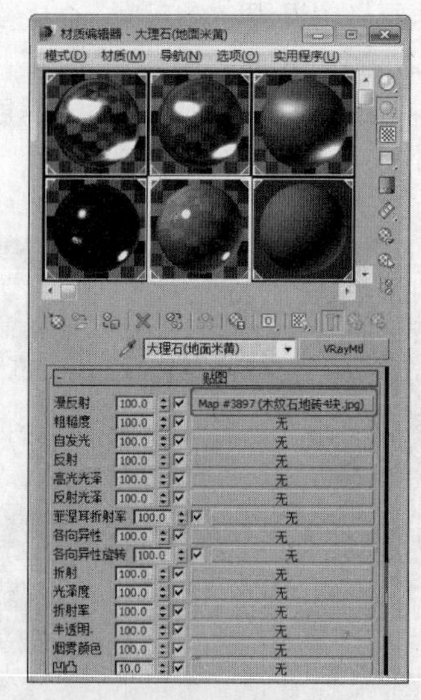

图21-11

03 选择一个新的材质样本球，将其命名为“大理石（雅士白）”，将材质转换为VRayMtl，在“基本参数”卷展栏中设置“反射”的红绿蓝值均为8、“高光光泽度”为0.85、“反射光泽度”为0.88，如图21-12所示。

04 在“贴图”卷展栏中为“漫反射”指定位图贴图“map\cha21\DM——009.jpg”文件。进入“漫反射贴图”层级面板，在“位图参数”卷展栏中单击“查看图像”按钮，在弹出的对话框中裁剪图像，裁剪完后勾选“应用”选项，将材质指定给场景中对应的模型，如图21-13所示。

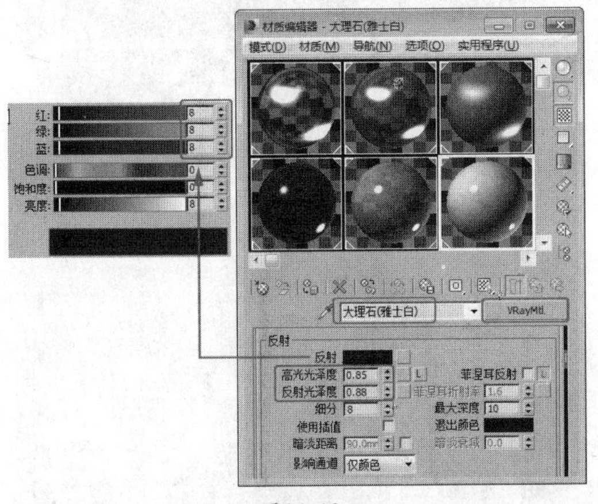
图21-12

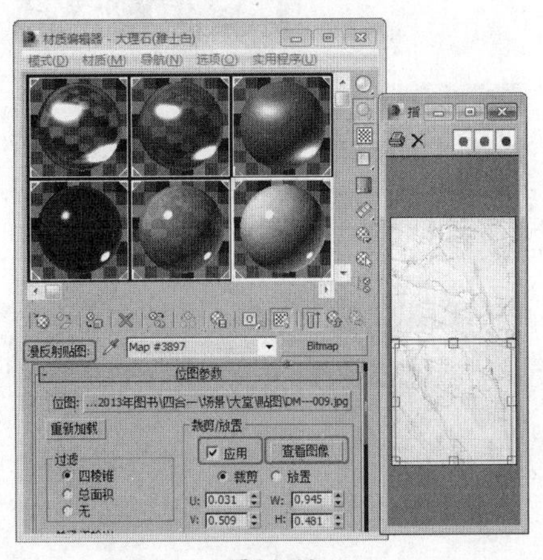
图21-13

05 选择一个新的材质样本球，将其命名为“白砂岩”，将材质转换为VRayMtl，在“基本参数”卷展栏中设置“反射”的红绿蓝均为35，如图21-14所示。

06 在“贴图”卷展栏中为“漫反射”指定位图贴图“map\cha21\白砂岩.jpg”文件，如图21-15所示，将材质指定给场景中的对应模型。

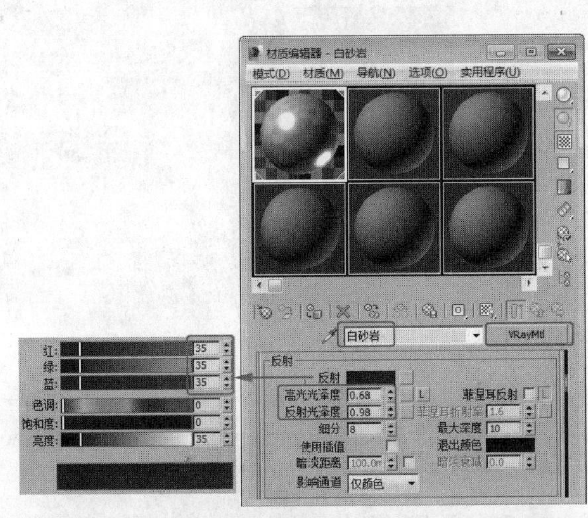
图21-14

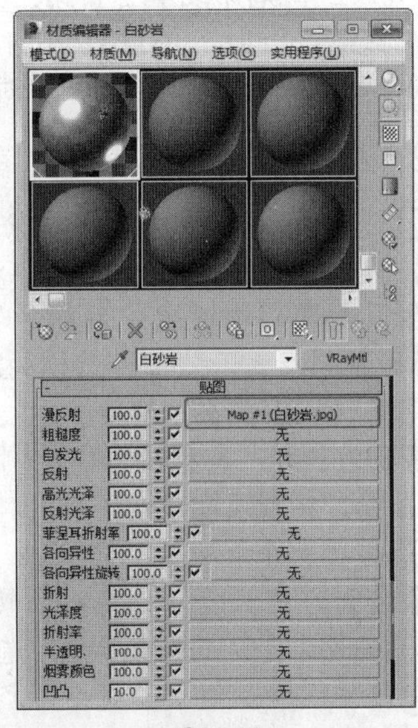
图21-15

21.2.3 玻璃材质的设置

01 选择一个新的材质样本球，将其命名为“水晶灯”，将材质转换为VRayMtl，在“基本参数”卷展栏中设置“漫反射”的红绿蓝为128、141、151，设置“折射”的红绿蓝均为221，如图21-16所示，将材质指定给场景中对应的模型。

02 选择一个新的材质样本球，将其命名为“清玻璃”，将材质转换为VRayMtl，在“基本参数”卷展栏中设置“漫反射”的红绿蓝为98、138、144；设置“折射”的红绿蓝均为217，勾选“菲涅耳反射”复选框；设置“折射”的红绿蓝均为221。在“双向反射分布函数”卷展栏中设置类型为“沃德”，设置“各向异性”为0.4、设置“旋转”为-82，如图21-17所示，将材质指定给场景中对应的模型。

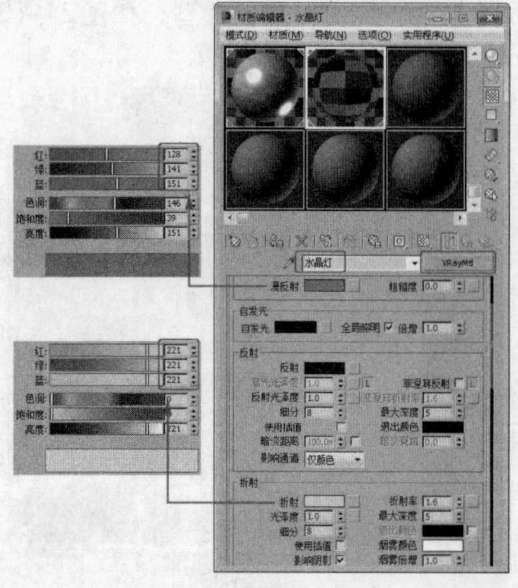

图21-16

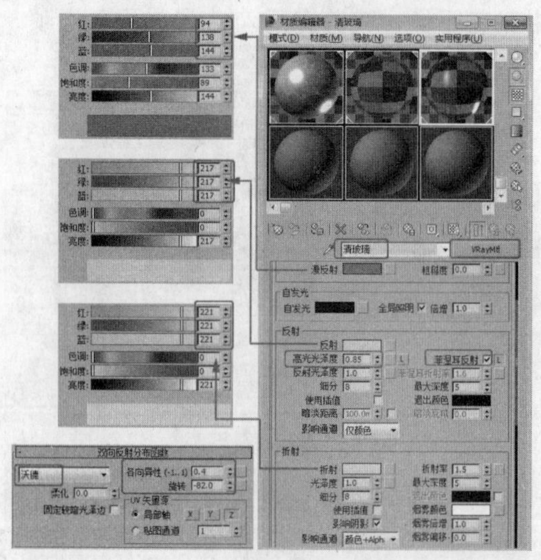

图21-17

03 选择一个新的材质样本球，将其命名为“窗玻璃”，将材质转换为VRayMtl，在“基本参数”卷展栏中设置“漫反射”的红绿蓝为210、219、219；设置“折射”的红绿蓝均为104；设置“折射”的红绿蓝均为232，如图21-18所示，将材质指定给场景中对应的模型。

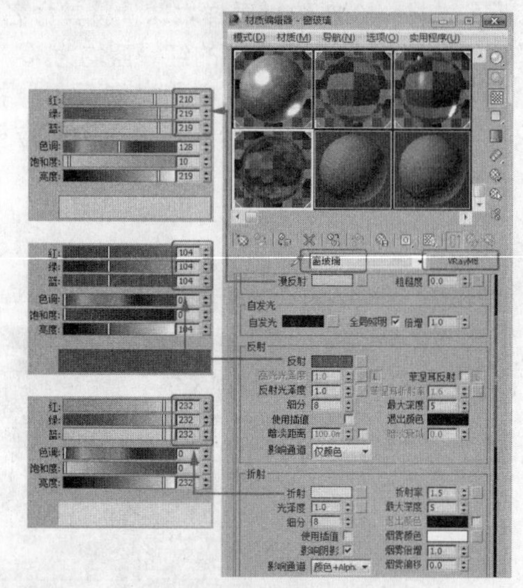

图21-18

21.2.3 漆和瓷器材质的设置

01 选择一个新的材质样本球，将其命名为“灰乳胶”，将材质转换为VRayMtl，在“基本参数”卷展栏中设置“反射的”红绿蓝均为166，设置“反射”的红绿蓝均为20，设置“高光光泽度”为0.4。在“选项”卷展栏中取消勾选“跟踪反射”和“雾系统单位比例”选项，如图21-19所示，将材质指定给场景中对应的模型。

02 选择一个新的材质样本球，将其命名为“白乳胶”，将材质转换为VRayMtl，在“基本参数”卷展栏中设置“漫反射”的红绿蓝均为250，设置“反射”的红绿蓝均为20设置“高光光泽度”为0.4，如图21-20所示，将材质指定给场景中的对应模型。

03 选择一个新的材质样本球，将其命名为“白陶瓷”，将材质转换为VRayMtl材质，在“基本参数”卷展栏中设置“漫反射”的红绿蓝均为250，设置“反射”的“高光光泽度”为0.85，设置“反射光泽度”为0.95，如图21-21所示。

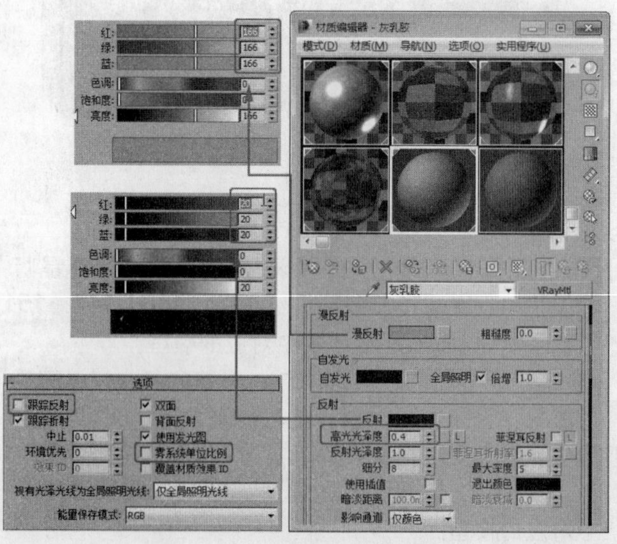

图21-19

综合案例写实篇

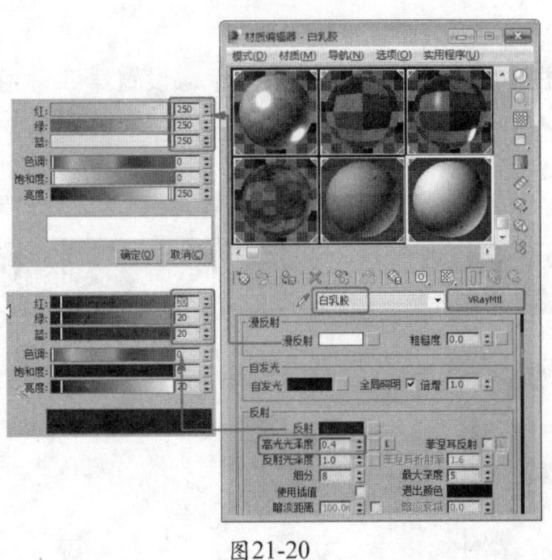
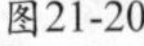
图21-20

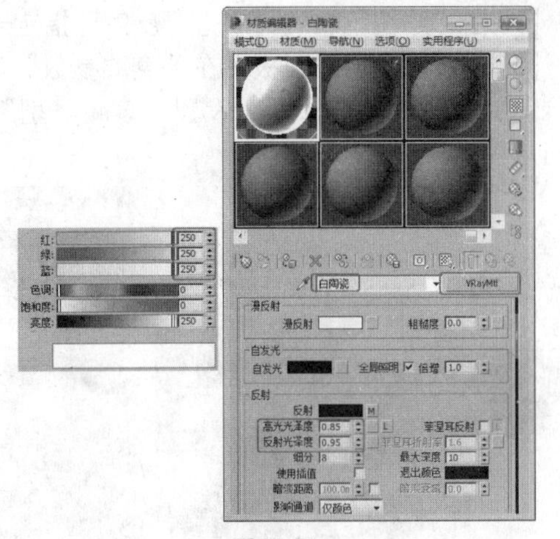
图21-21

04 在“双向反射分布函数”卷展栏中设置类型为“沃德”，设置“各向异性”为0.5，设置“旋转”为70。在“贴图”卷展栏中为“反射”指定衰减贴图，如图21-22所示。

05 进入反射的衰减贴图层级，在“衰减参数”卷展栏中设置“衰减类型”为Fresnel，如图21-23所示。

06 回到主材质面板，为“环境”指定“输出”贴图，进入贴图层级，在“输出”卷展栏中设置“输出量”为3，如图21-24所示，将材质指定给场景中的对应模型。

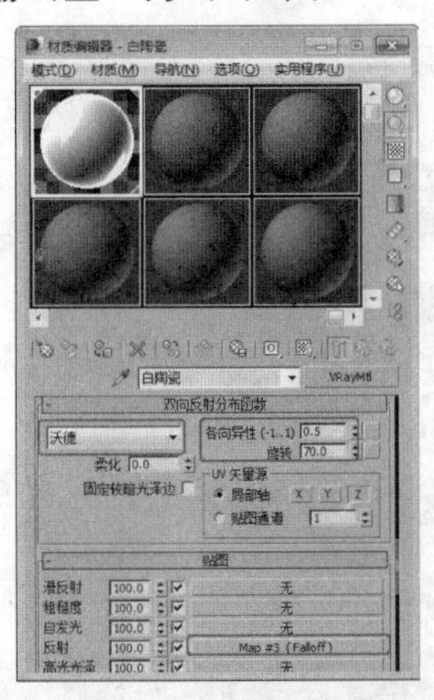
图21-22

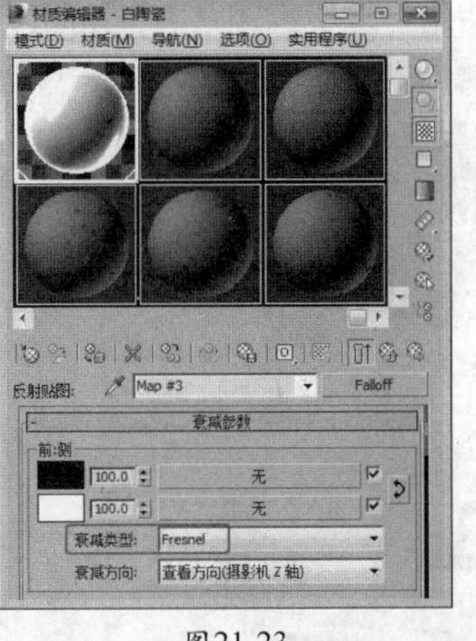
图21-23

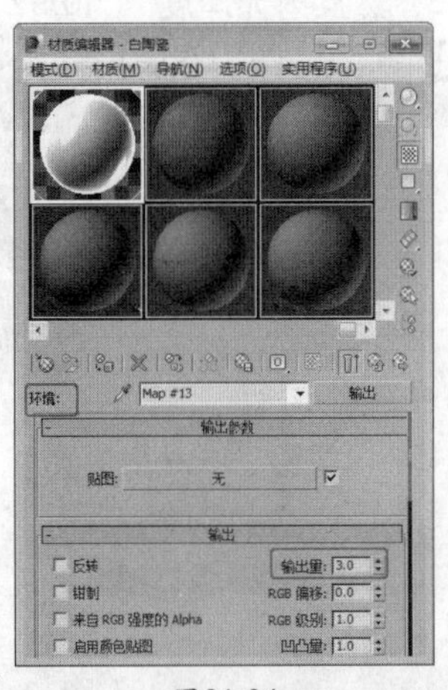
图21-24

07 选择一个新的材质样本球，将其命名为“飞机灰”，将材质转换为VRayMtl，在“基本参数”卷展栏中设置“漫反射”的红绿蓝为123、125、126，设置“反射”的红绿蓝均为20，设置“高光光泽度”为0.71，设置“反射光泽度”为0.8，如图21-25所示，将材质指定给场景中的对应模型。

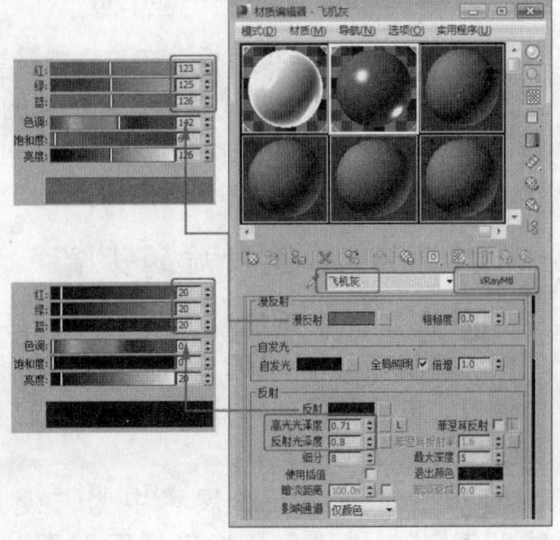
图21-25

21.2.4 铝板材质的设置

01 选择一个新的材质样本球，将其命名为“香槟金铝板1”，将材质转换为VRayMtl，在“基本参数”卷展栏中设置“漫反射”的红绿蓝为174、168、160；设置“反射”的“高光光泽度”为0.68、“反射光泽度”为0.92，如图21-26所示。

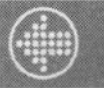

02 在“贴图”卷展栏中为“反射”指定衰减贴图，如图21-27所示。

03 进入贴图层级面板，在“衰减参数”卷展栏中设置第一个色块为黑色，设置第二个色块的红绿蓝为139、180、255，设置“衰减类型”为Fresnel，如图21-28所示，将材质指定给场景中的对应模型。

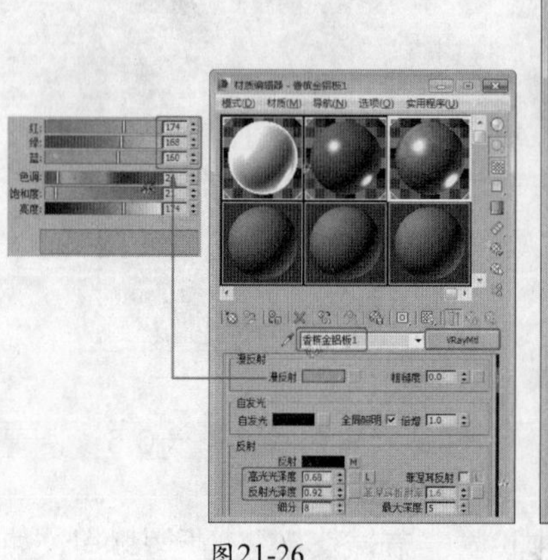

图21-26

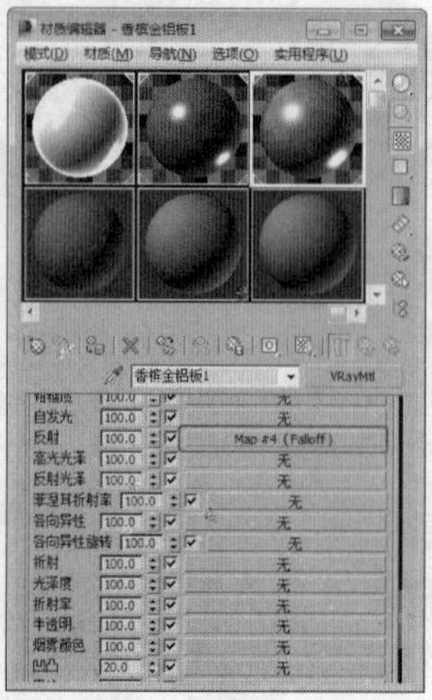

图21-27

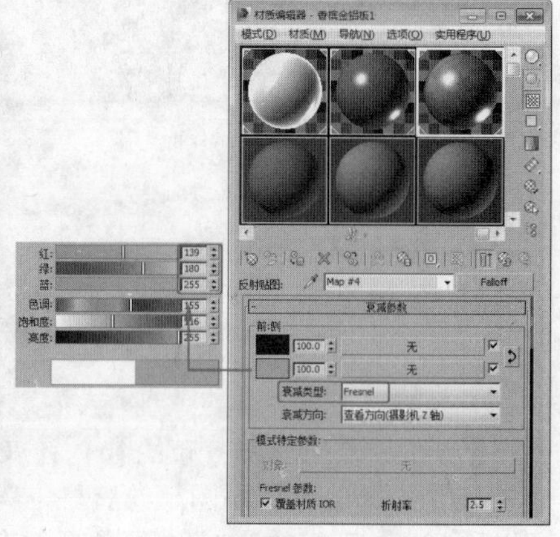

图21-28

04 选择一个新的材质样本球，将其命名为“香槟金铝板2”，将材质转换为VRayMtl，在“基本参数”卷展栏中设置“漫反射”的红绿蓝为80、77、73；设置“反射”的“高光光泽度”为0.68、“反射光泽度”为0.92，如图21-29所示。

05 在“贴图”卷展栏中为“反射”指定衰减贴图，如图21-30所示。

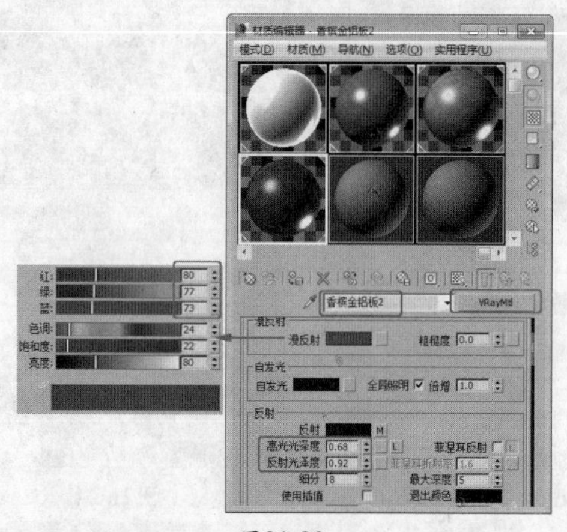

图21-29

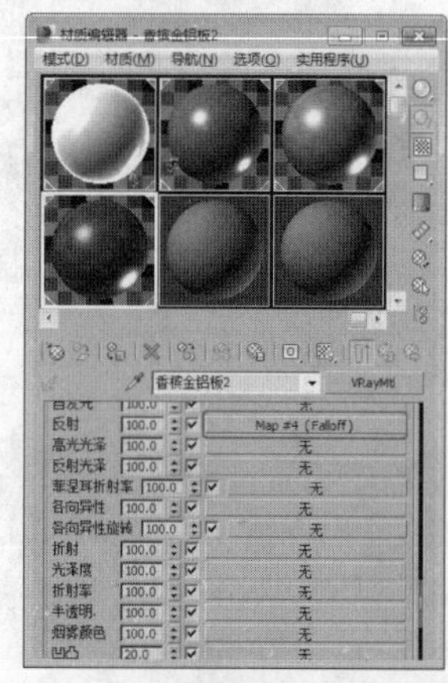

图21-30

06 进入贴图层级面板，在“衰减参数”卷展栏中设置第一个色块为黑色，设置第二个色块的红绿蓝为139、180、255，设置“衰减类型”为Fresnel，如图21-31所示，将材质指定给场景中的对应模型。

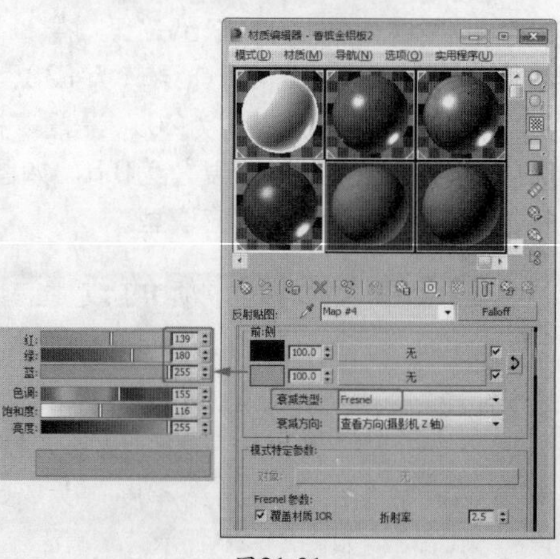

图21-31

21.2.5　其他材质的设置

01 选择一个新的材质样本球，将其命名为“叶子”，将材质转换为VRayMtl，在“基本参数”卷展栏中设置“反射”的红绿蓝均为80，设置“反射光泽度”为0.7，如图21-32所示。

02 在“贴图”卷展栏中为“漫反射”指定衰减贴图，为“凹凸”指定位图贴图“map\cha21\

Archmodels66_16_bump.jpg”文件，如图21-33所示。

03 进入漫反射的衰减贴图层级，为第一个色块和第二个色块后的灰色按钮分别指定位图贴图“map\cha21\ Archmodels66_leaf_16.jpg”和“Archmodels66_leaf_15.jpg”文件，如图21-34所示，将材质指定给场景中对应的模型。

04 选择一个新的材质样本球，将其命名为“土”，将材质转换为VRayMtl，在“贴图”卷展栏中为“漫反射”指定位图贴图“map\cha21\arch24_dirt-2.jpg”文件，如图21-35所示，将材质指定给场景中的对应模型。

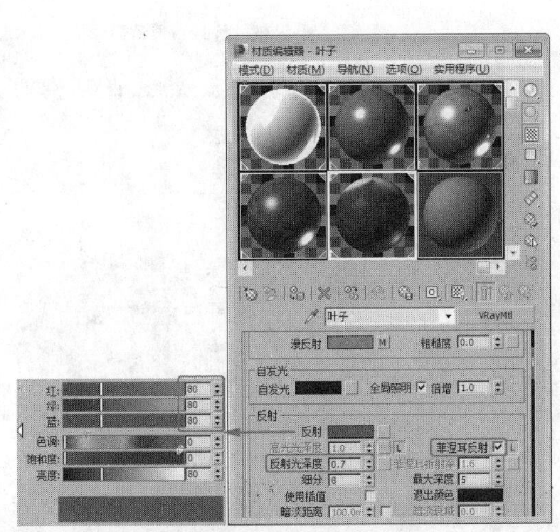

图21-32

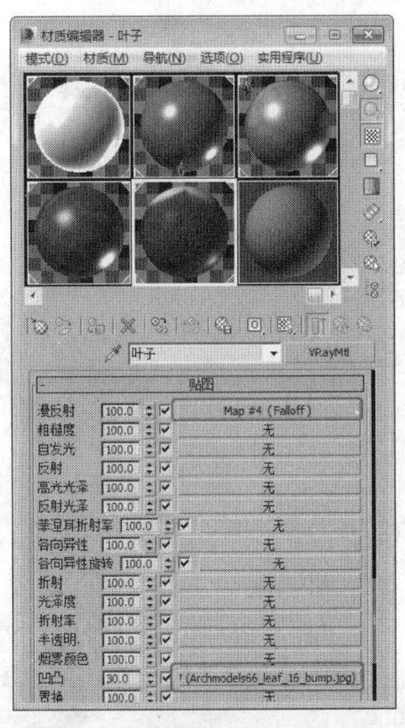

图21-33

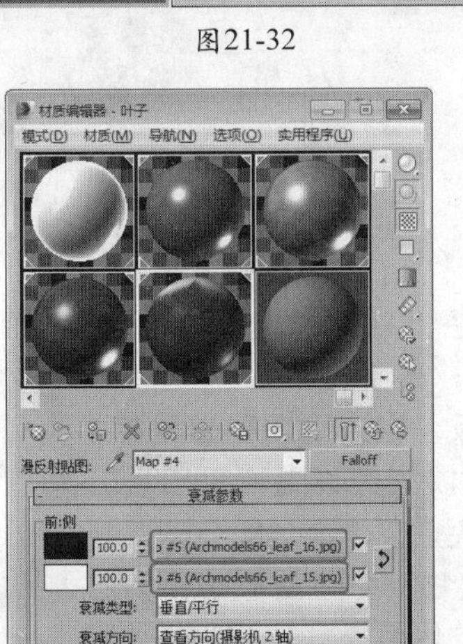

图21-34

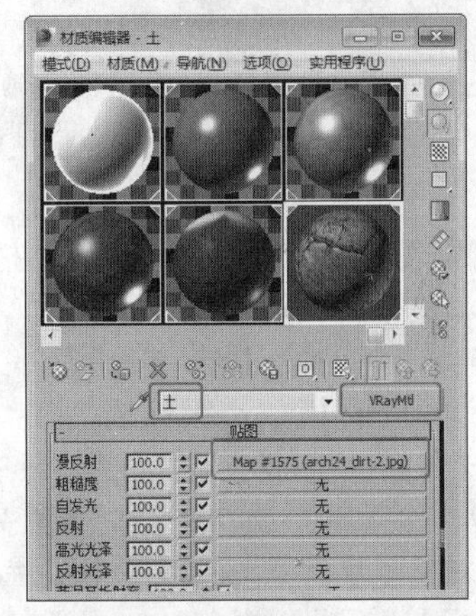

图21-35

05 选择一个新的材质样本球，将其命名为“外景”，将材质转换为“VR灯光材质”，设置颜色的倍增为1.2，如图21-36所示。

06 为“颜色”指定位图贴图“map\cha21\ 643133-2002919920435841-embed.jpg”文件，进入“灯光颜色”层级面板，在“坐标”卷展栏中设置“瓷砖”的U向轴为4，如图21-37所示。返回主材质面板，将材质指定给场景中的对应模型。

07 选择一个新的材质样本球，将其命名为“射灯”，将材质转换为“多维/子对象”材质，在“多维/子对象基本参数”卷展栏中设置子对象的数量为2，如图21-38所示。

08 单击材质ID1后的“子材质”按钮，进入“（1）号材质”层级面板，将其命名为“柱子1”，设置“环境光”的红绿蓝值均为252，如图21-39所示。返回主材质面板。

09 单击材质ID2后的“子材质”按钮，将材质转换为VRayMtl，进入“（2）号材质”层级面板，将其命名为“跳台柱子”，在“基本参数”卷展栏中设置“漫反射”的红绿蓝值均为240，设

置“反射光泽度”为0.9，如图21-40所示。

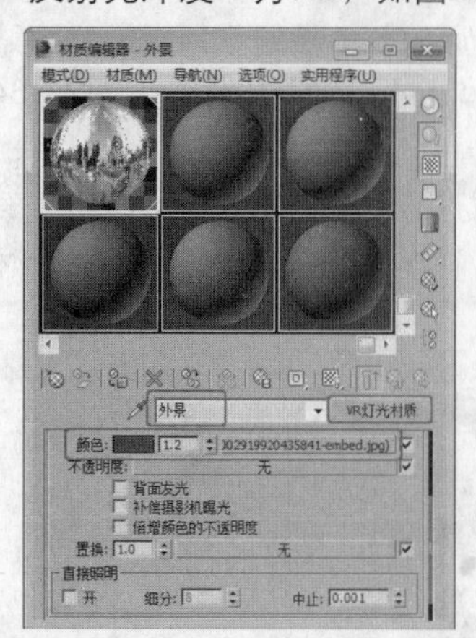
图21-36

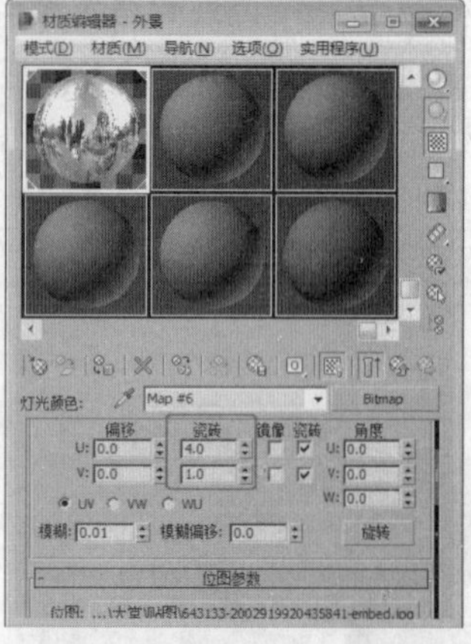
图21-37

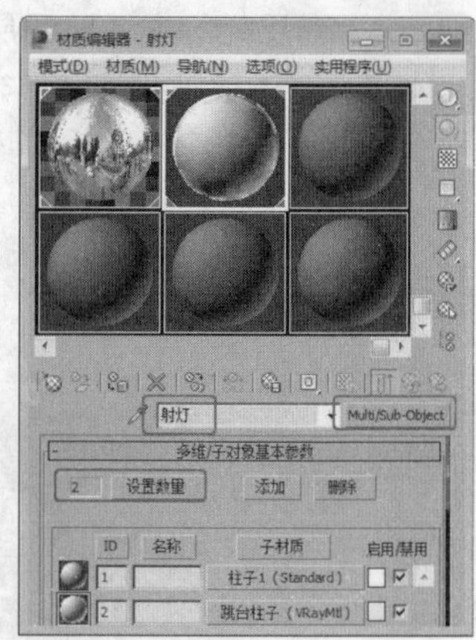
图21-38

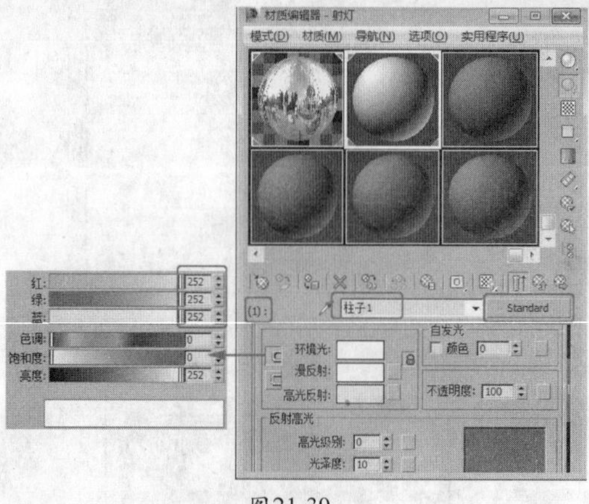
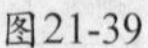
图21-39

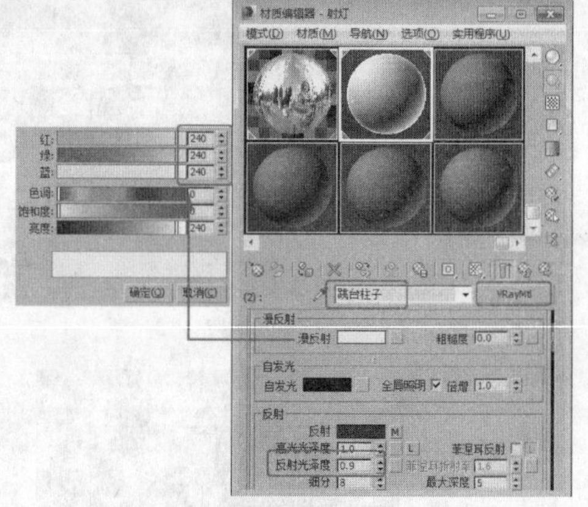
图21-40

10 在“贴图”卷展栏中为“反射”指定衰减贴图，进入“反射贴图”层级面板，选择“衰减类型”为Fresnel，如图21-41所示。

11 单击 （转到父对象）按钮返回上一级面板，在“贴图”卷展栏中为“环境”指定“输出”贴图，进入“环境”层级面板，在“输出”卷展栏中设置“输出量”为1.5，如图21-42所示。返回主材质面板，将材质指定给场景中的对应模型。

12 选择一个新的材质样本球，将其命名为“植物”，将材质转换为“多维/子对象”材质，在“多维/子对象基本参数”卷展栏中设置子对象的数量为2，如图21-43所示。

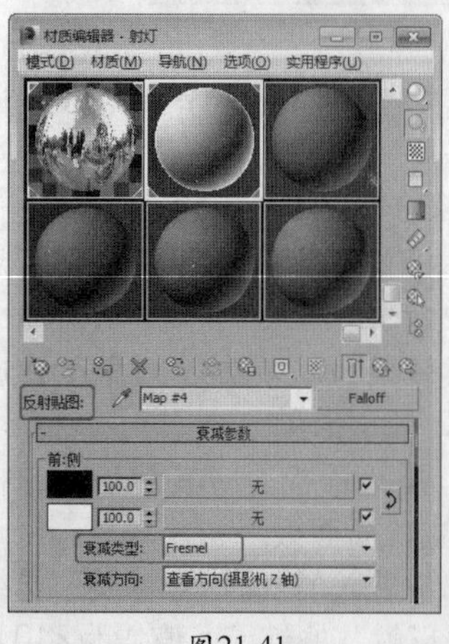
图21-41

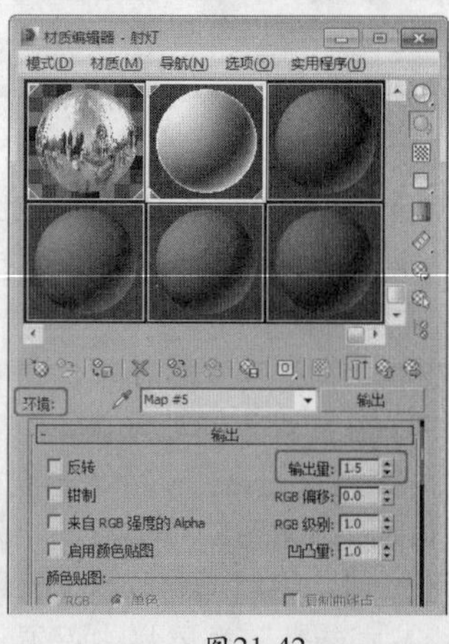
图21-42

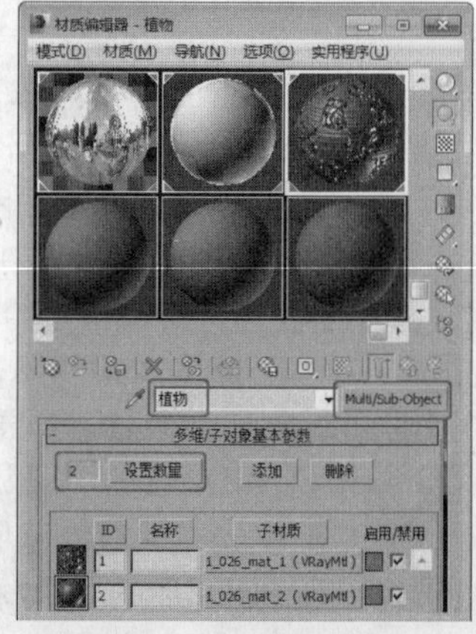
图21-43

13 单击进入1号材质设置面板，将材质转换为VRayMtl，在“基本参数”卷展栏中设置“反射”的红绿蓝均为44，设置“反射光泽度”为0.65，如图21-44所示。

14 在“贴图”卷展栏中为“漫反射”指定位图贴图“map\cha21\arch41_026_leaf.jpg”文件；设置“凹凸”的数量为70，为其指定“噪波”贴图，如图21-45所示。

15 进入凹凸的噪波贴图层级，在“坐标”卷展栏中设置“瓷砖”的X、Y、Z均为0.127，在“噪波参数”卷展栏中设置“大小”为45.3，设置“高”为0.6、“低”为0.4、“相位”为15.3，如图21-46所示。

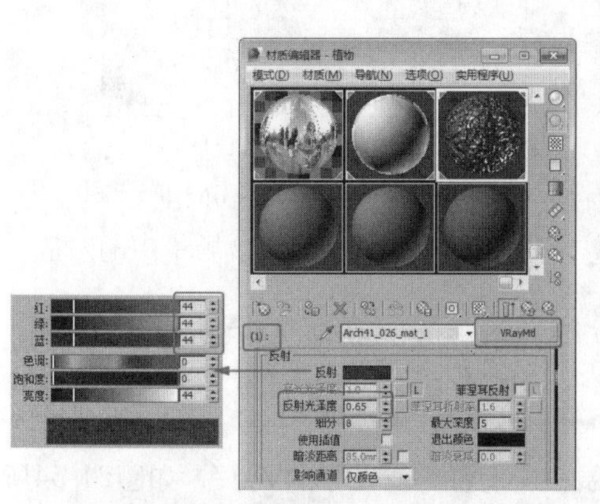
图21-44

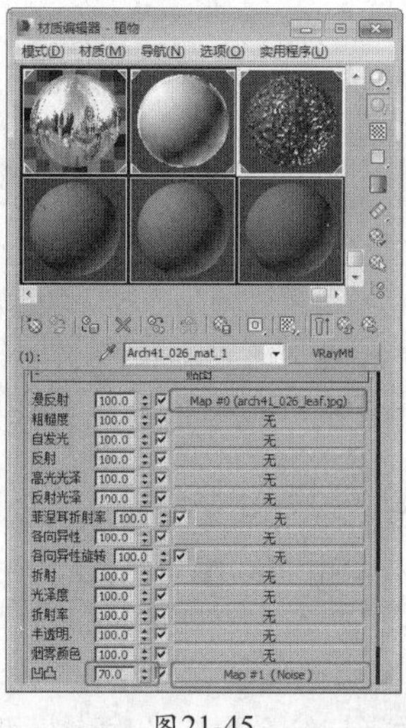
图21-45

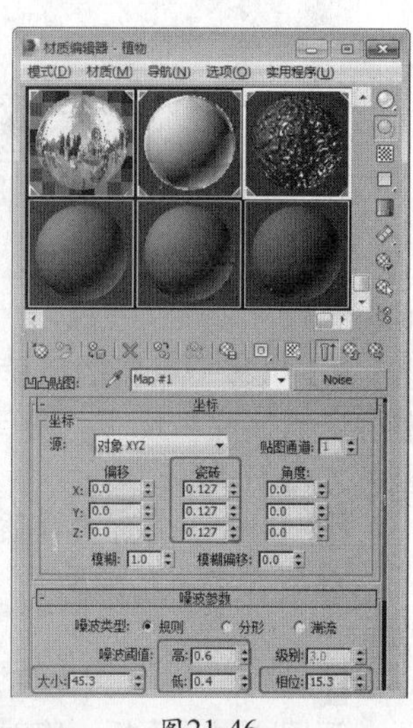
图21-46

16 回到1号材质的主面板，在“反射插值”卷展栏中设置“最小比率”为-3，设置“最大比率”为0。在“折射插值”卷展栏中设置“最小比率”为-3，设置“最大比率”为0，如图21-47所示。

17 进入2号材质设置面板，将材质转换为VRayMtl，在“基本参数”卷展栏中设置“反射”的红绿蓝均为27，设置“反射光泽度”为0.6，如图21-48所示。

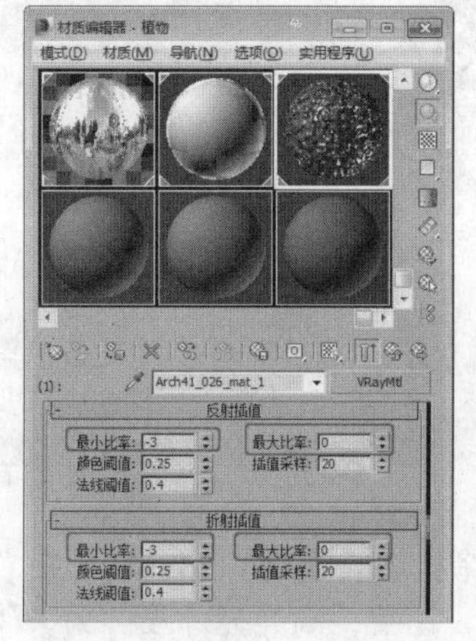
图21-47

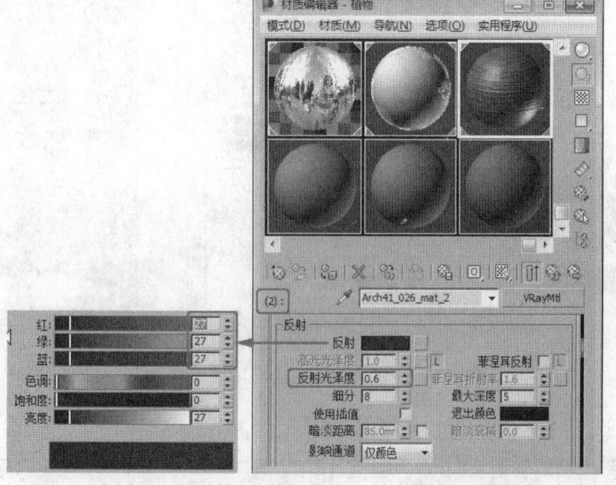
图21-48

18 在“贴图”卷展栏中为“漫反射”指定位图贴图“map\cha21\arch41_026_bark.jpg”文件，进入贴图层级，在“坐标”卷展栏中设置“瓷砖”的V为6，如图21-49所示。

19 拖曳“漫反射”后的贴图至“凹凸”后，在弹出的对话框中，选择以“实例”的方式复制，设置“凹凸”的数值为900，如图21-50所示。

20 在“反射插值”卷展栏中设置“最小比率”为-3、“最大比率”为0，在“折射插值”卷展栏中设置“最小比率”为-3、“最大比率”为0，如图21-51所示。返回主材质面板，将材质指定给场景中的对应模型。

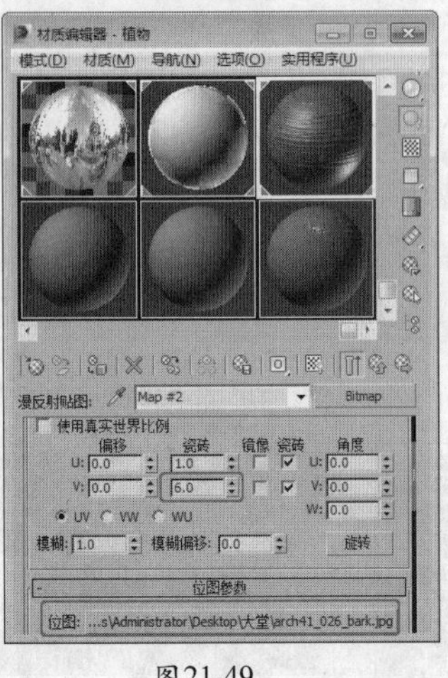

图21-49

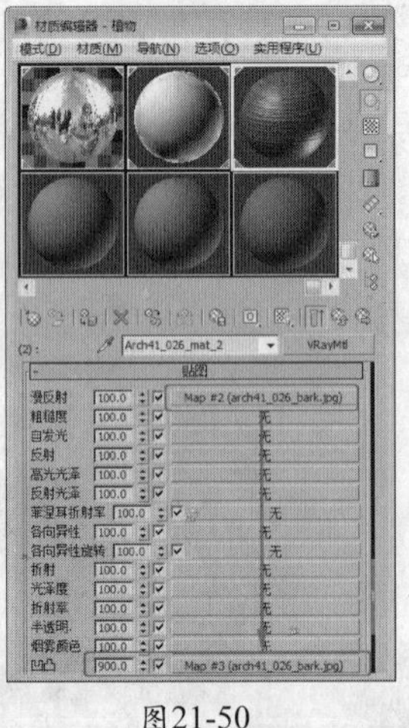

图21-50

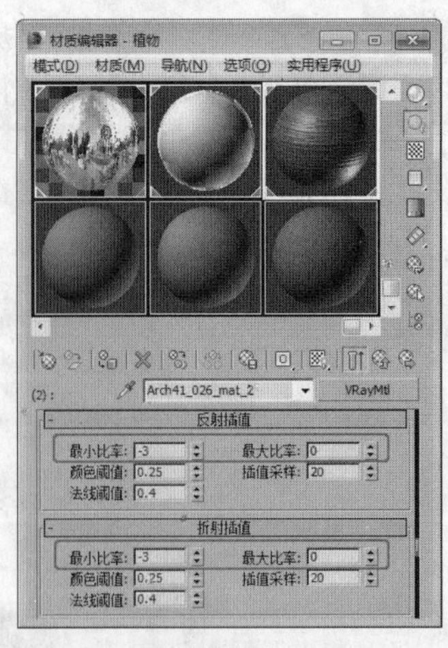

图21-51

21 选择一个新的材质样本球，将其命名为“植物1”，将材质转换为VRayMtl，在“基本参数”卷展栏中设置“漫反射”的红绿蓝值分别为88、109、30，将材质指定给场景中的对应模型，如图21-52所示。

22 选择一个新的材质样本球，将其命名为“植物茎”，将材质转换为VRayMtl，在“贴图”卷展栏中为“漫反射”指定位图贴图“map\cha21\arch24_pear_2.jpg”文件，如图21-53所示。

23 进入“漫反射贴图”层级面板，在“坐标”卷展栏中设置“瓷砖”的V为7，如图21-54所示。返回主材质面板，将材质指定给场景中的对应模型。

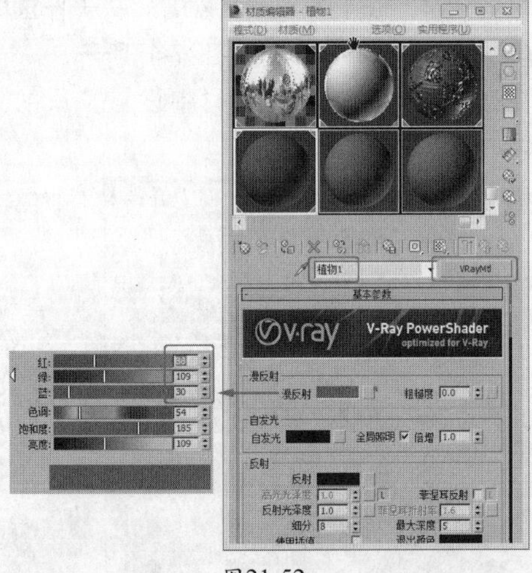

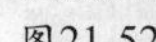

图21-52

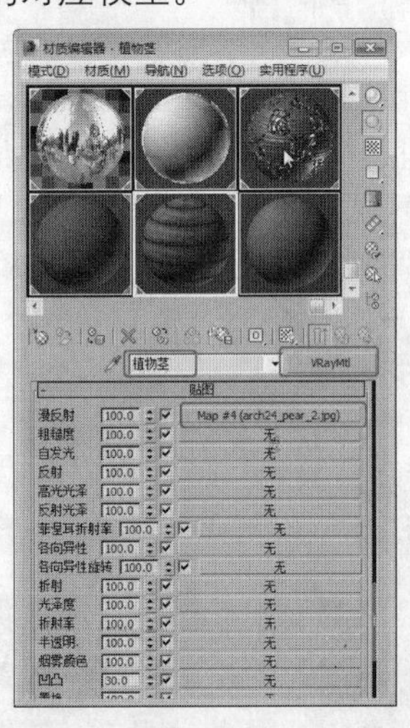

图21-53

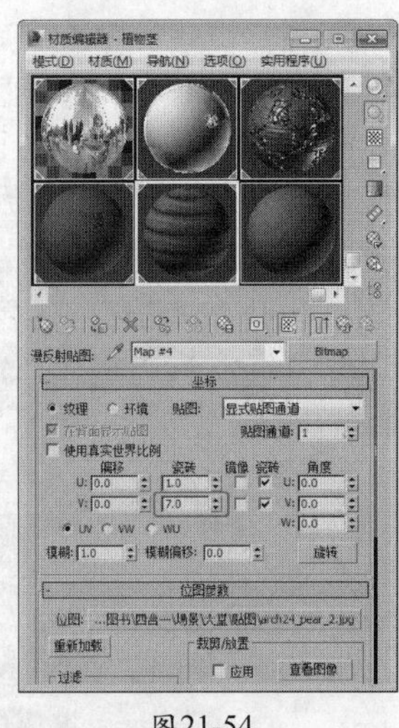

图21-54

24 选择一个新的材质样本球，将其命名为“皮革”，将材质转换为VRayMtl，在“基本参数”卷展栏中设置“漫反射”的红绿蓝值分别为49、35、23，设置“高光光泽度”为0.75、“反射光泽度”为0.7，如图21-55所示。

25 在“双向反射分布函数”卷展栏中选择反射类型为“沃德”，在“贴图”卷展栏中为“反射”指定衰减贴图，如图21-56所示。

26 进入“反射贴图”层级面板，在“衰减参数”卷展栏中设置第二个色块的红绿蓝值均为174，选择“衰减类型”为Fresnel，如图21-57所示。

27 返回主材质面板，在“贴图”卷展栏中为“凹凸”指定位图贴图“map\cha21\ 皮.jpg”文件，设置“凹凸”的数值为25，如图21-58所示，将材质指定给场景中的对应模型。

28 选择一个新的材质样本球，将其命名为“筒灯”，将材质转换为“多维/子对象”材质，在“多维/子对象基本参数”卷展栏中设置子材质的数量为3，如图21-59所示。

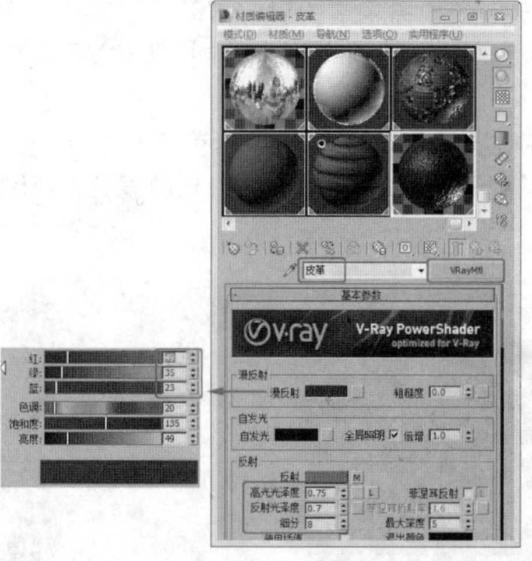

图21-55

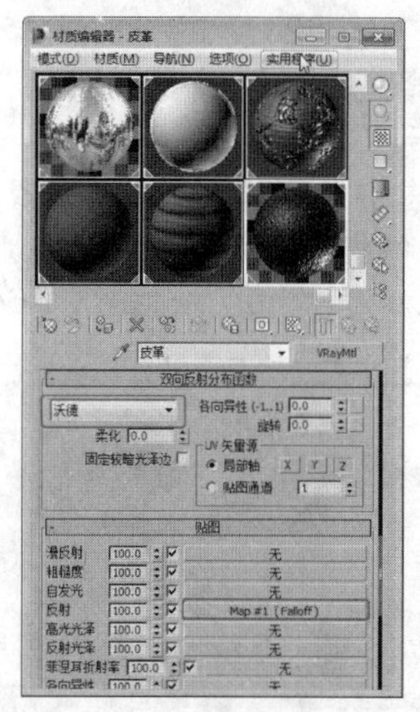

图21-56

图21-57

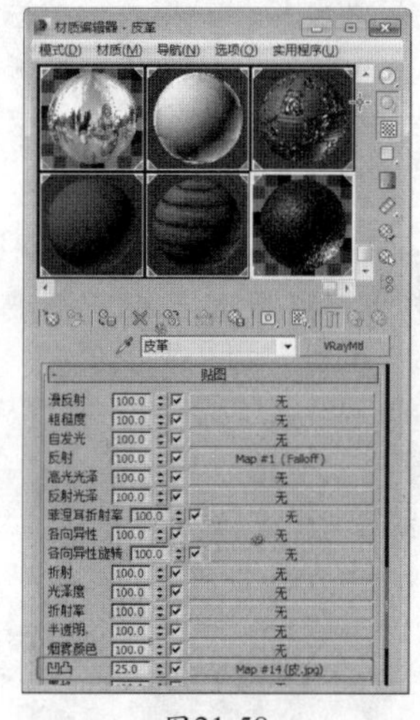

图21-58

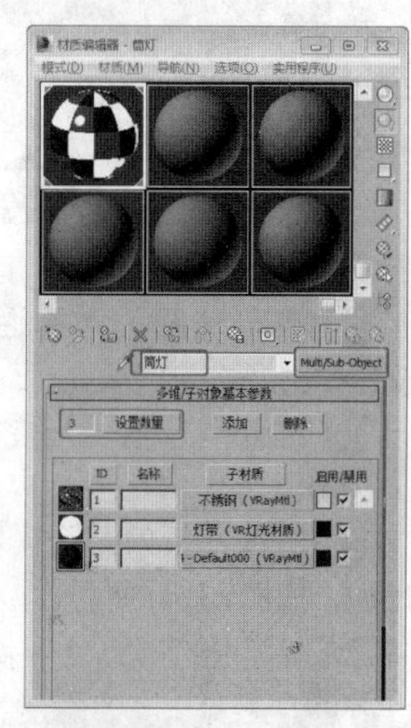

图21-59

29 单击进入1号材质设置面板，将材质转换为VRayMtl，在“基本参数”卷展栏中设置“漫反射”的红绿蓝均为221，设置“反射”的红绿蓝均为220，设置“反射光泽度”为0.85，如图21-60所示。

30 进入2号材质设置面板，将材质转换为“VR灯光材质”，在“参数”卷展栏中“颜色”的红绿蓝为244、228、211，设置灯光的倍增为1.5，如图21-61所示。

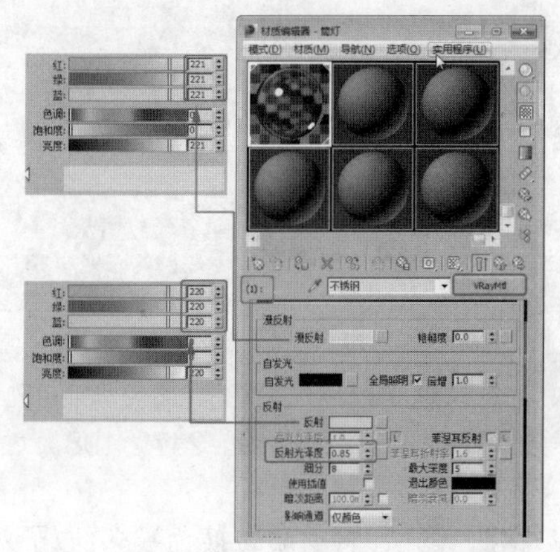

图21-60

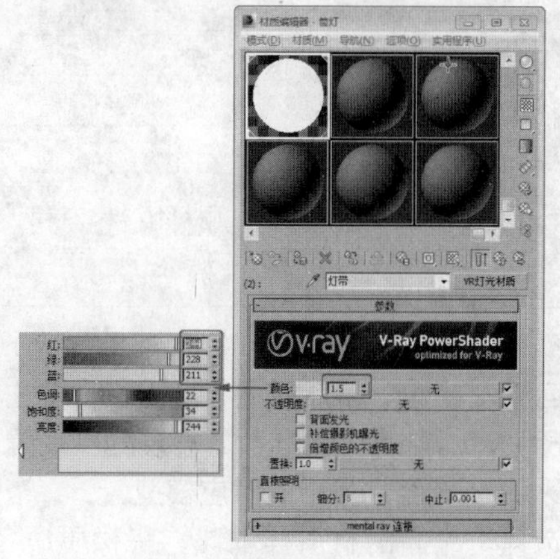

图21-61

31 进入3号材质设置面板，将材质转换为VRayMtl，在“基本参数”卷展栏中设置“漫反射”的红绿蓝均为24，如图21-62所示，将材质指定给场景中的对应模型。

32 选择一个新的材质样本球，将其命名为“花瓣”，将材质转换为“VR覆盖材质”，如图21-63所示。

33 单击进入“基本材质”设置面板，将材质转换为VRayMtl，在“基本参数”卷展栏中设置“反射”的红绿蓝均为90，勾选“菲涅耳反射”选项，设置“反射光泽度”为0.55；设置“折射”的“光泽度”为0.75，如图21-64所示。

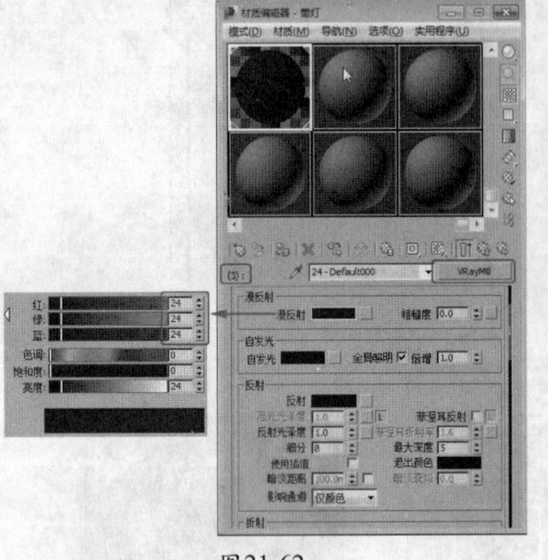

图21-62

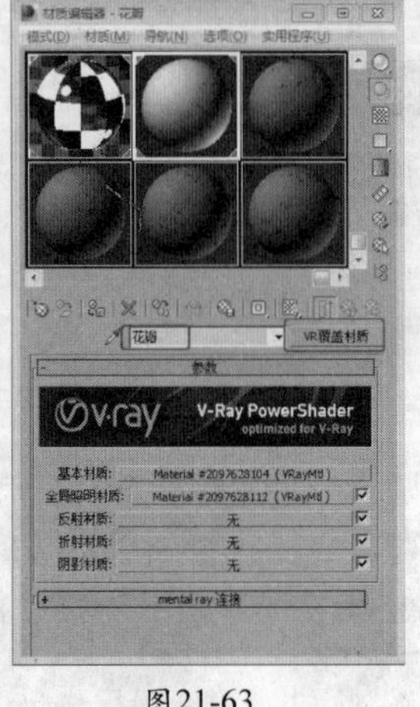

图21-63

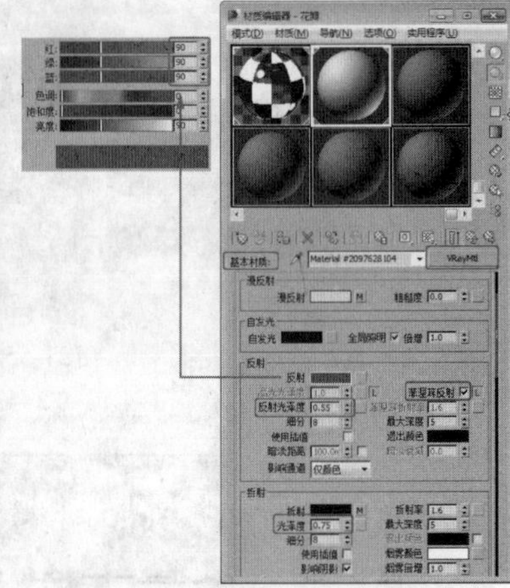

图21-64

34 在“贴图”卷展栏中为“漫反射”指定渐变坡度贴图，为“折射”指定衰减贴图，如图21-65所示。

35 进入漫反射的渐变坡度贴图层级面板，在“渐变坡度参数”卷展栏中设置渐变颜色，如图21-66所示。

36 进入“折射贴图”层级面板，设置第一个色块的红绿蓝均为30，设置第二个色块的红绿蓝均为0，如图21-67所示。

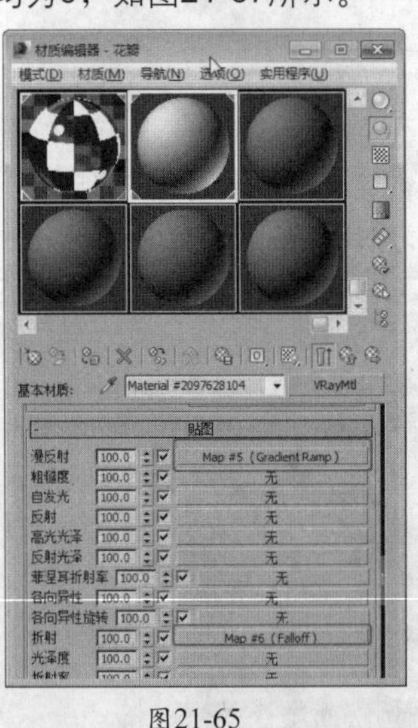

图21-65

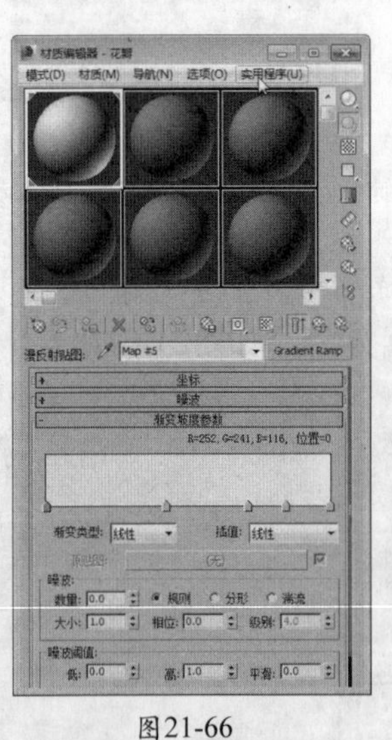

图21-66

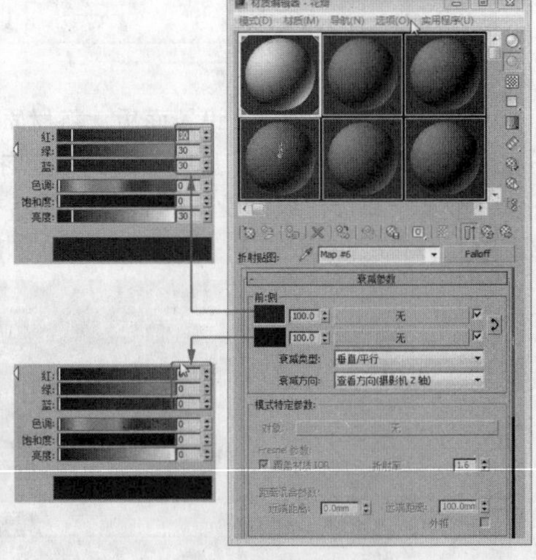

图21-67

37 回到“花瓣”材质的主材质面板，单击进入“全局照明材质”的GI材质设置面板，将材质转换为VRayMtl，在“基本参数”卷展栏中设置“漫反射”的红绿蓝为249、247、198，如图21-68所示，将材质指定给场景中的对应模型。

38 选择一个新的材质样本球，将材质命名为“踢脚线”，将材质转换为“多维/子对象”材

质，设置材质的数量为2，如图21-69所示。参照“白砂岩”和“飞机灰”材质的方法设置踢脚线材质，将材质指定给场景中对应的模型。

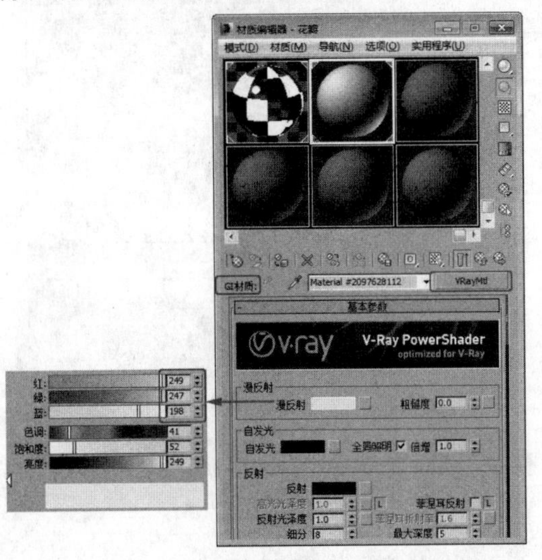

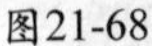
图21-68

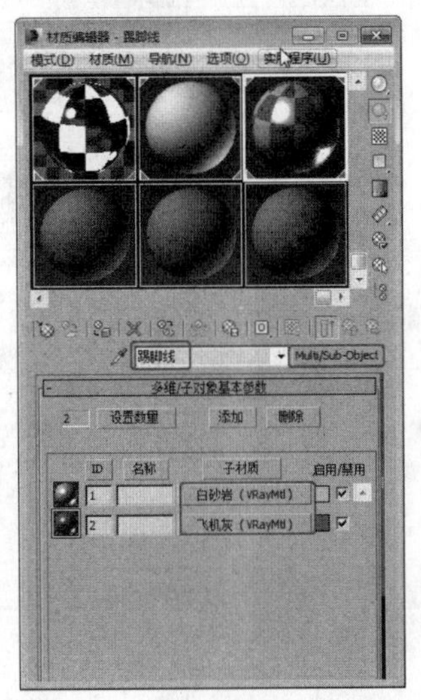

图21-69

21.3 设置草图渲染

场景路径：Scene\cha21\大堂O.max　　视频路径：视频\cha21\ 21.3 设置草图渲染.mp4

下面介绍如何设置草图渲染。

01 在工具栏中单击（渲染设置）按钮，打开“渲染设置”对话框，设置一个渲染尺寸，如图21-70所示。

02 切换到V-Ray选项卡，在“V-Ray::图像采样器（反锯齿）”卷展栏中设置“图像采样器”的“类型”为“固定”，设置“抗锯齿过滤器”为“区域”，如图21-71所示。

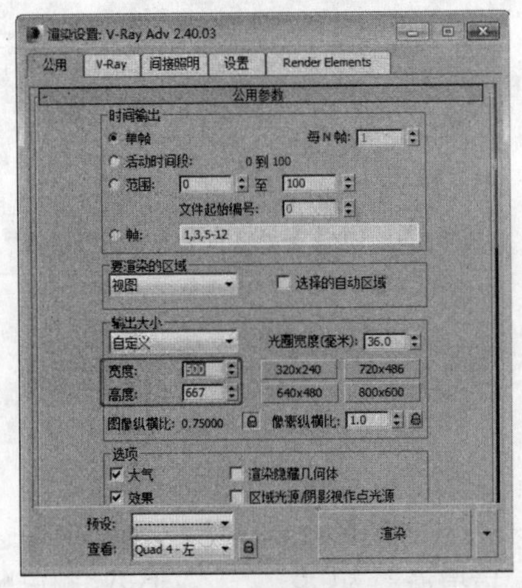

图21-70

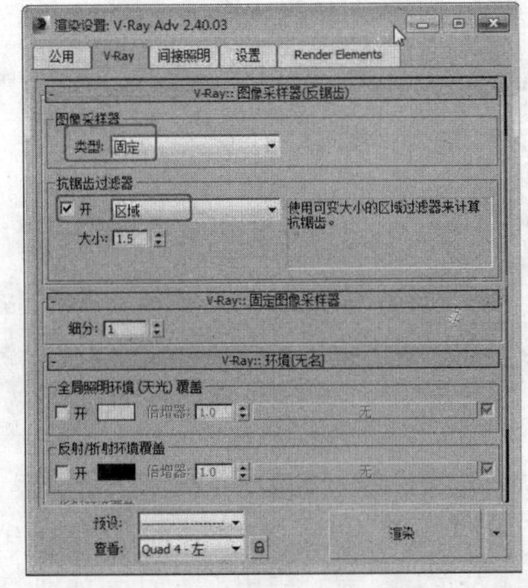

图21-71

03 切换到“间接照明”选项卡，在“V-Ray::间接照明”卷展栏，勾选“开”选项，设置“首次反弹”的“全局照明引擎”为“发光图”，设置“二次反弹”的“全局照明引擎”为“灯光缓存”。在“V-Ray::发光图”卷展栏中设置“当前预置”为“非常低”，如图21-72所示。

04 在“V-Ray::灯光缓存”卷展栏中设置“细分”为100，勾选“存储直接光”和“显示计算相位”选项，如图21-73所示。

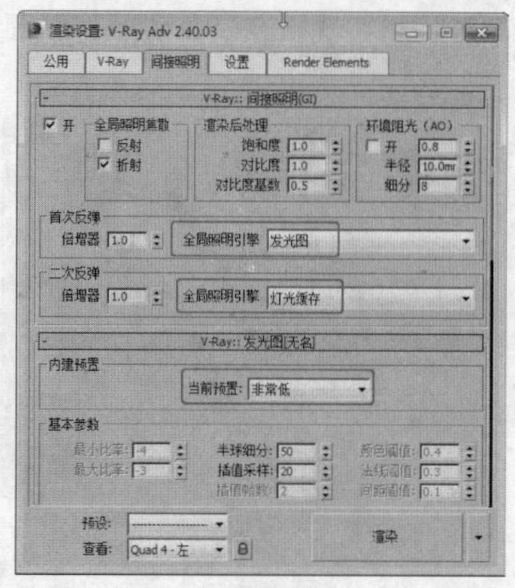

图21-72

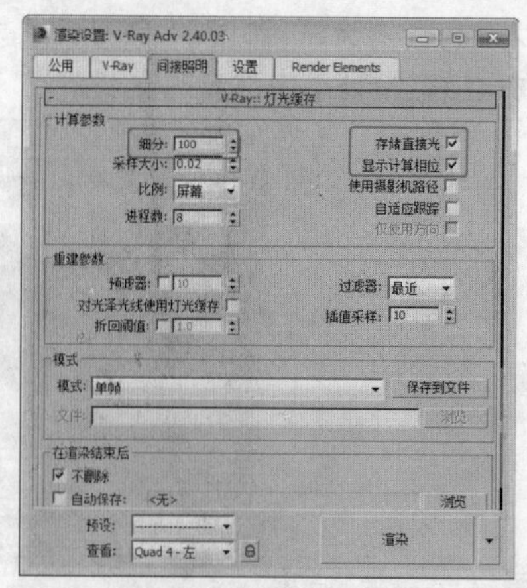

图21-73

21.4 创建灯光

场景路径：Scene\cha21\大堂O.max　　贴图路径：map\cha21

视频路径：视频\cha21\ 21.4 创建灯光.mp4

测试渲染设置场景之后，下面介绍场景中灯光的创建。

01 单击“(创建)”|“(灯光)”|“VRay”|“VR太阳”按钮，在顶视图中创建VR太阳，在弹出的对话框中单击“否”按钮，如图21-74所示。

02 在“VRay太阳参数”卷展栏中设置“强度倍增”为0.01、“大小倍增”为3，设置“阴影细分”为8，如图21-75所示。

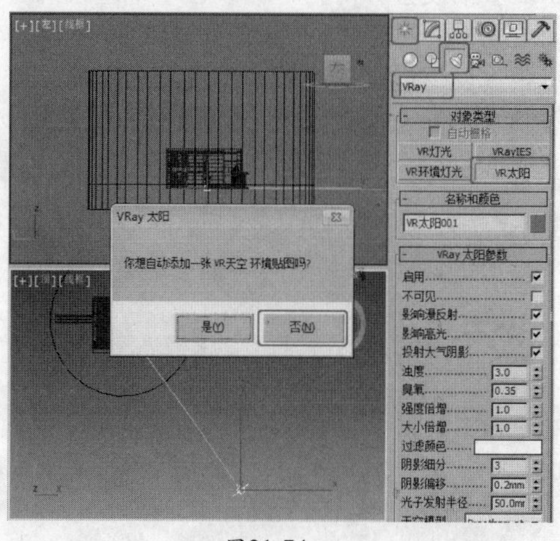

图21-74

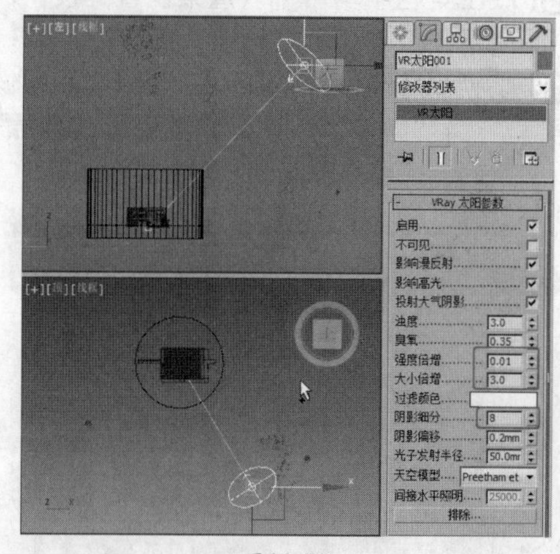

图21-75

03 渲染场景，得到如图21-76所示的效果。

04 打开“渲染设置”对话框，选择V-Ray选项卡，在“V-Ray::环境”卷展栏中勾选“全局照明环境（天光）覆盖”组中的“开”选项，设置“倍增器”为0.5。在“V-Ray::颜色贴图”卷展栏中设置“类型”为“莱因哈德”，设置“倍增”为2、“加深值”为0.65，如图21-77所示。

05 渲染场景，得到如图21-78所示的效果。

06 在前视图中窗户处创建VR平面灯光，复制并调整灯光，设置灯光的“倍增器”为13，设置灯光的颜色红绿蓝为178、200、234，勾选“选项”组中的“不可见”选项，如图21-79所示。

07 渲染场景，得到如图21-80所示的效果。

图21-76

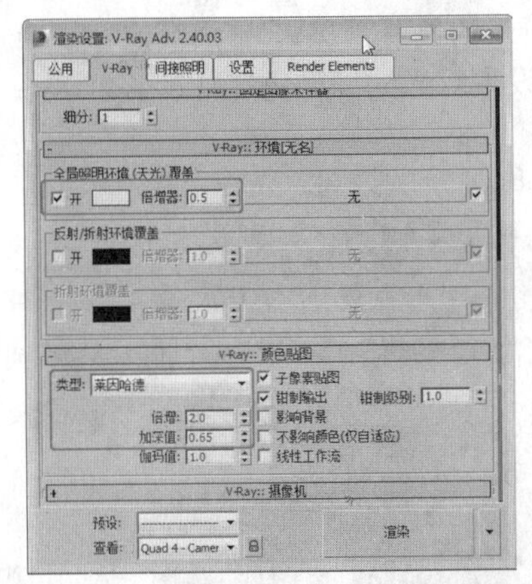
图21-77

图21-78

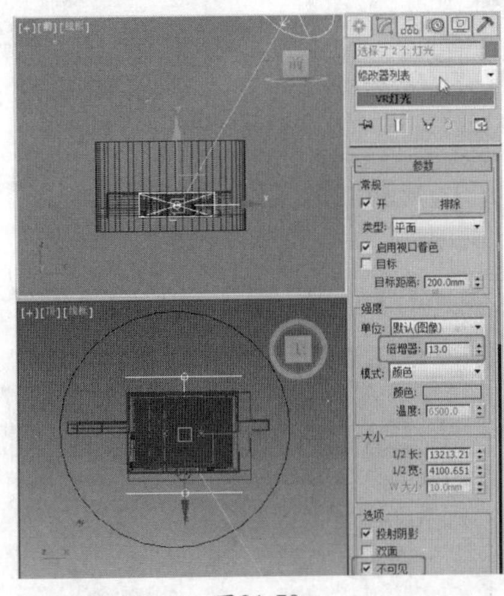
图21-79

图21-80

08 在场景中筒灯的位置创建“光度学”|“目标灯光”，调整并实例复制灯光。在“常规参数”卷展栏中选择“灯光分布（类型）”为“光度学Web”。在“分布（光度学Web）”卷展栏中为其指定光度学文件“map\cha21\7.ies”。在“强度/颜色/衰减”卷展栏中设置“强度”为19011，设置“过滤颜色”的红绿蓝为252、223、192，如图21-81所示。

09 继续复制灯光，如图21-82所示。

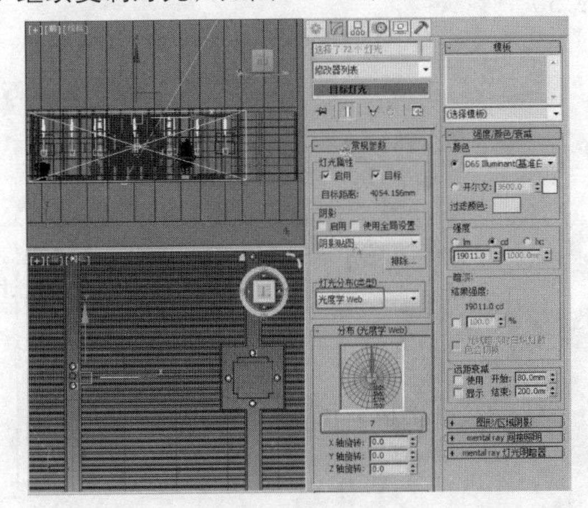
图21-81

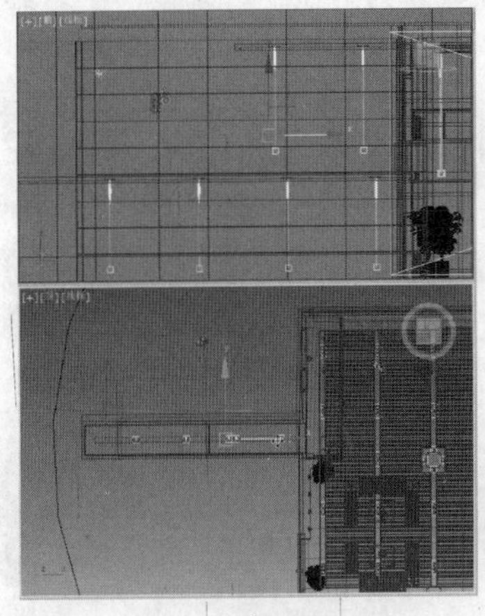
图21-82

10 渲染当前场景，得到如图21-83所示的效果。

11 在顶视图中如图21-84所示的位置创建VR平面灯光，复制并调整灯光的位置，在“参数”卷展栏中设置“倍增器”为2，设置灯光的“颜色”红绿蓝为252、240、223，勾选“选项”组中的“不可见”选项。

12 渲染场景，得到如图21-85所示的效果。

图21-83

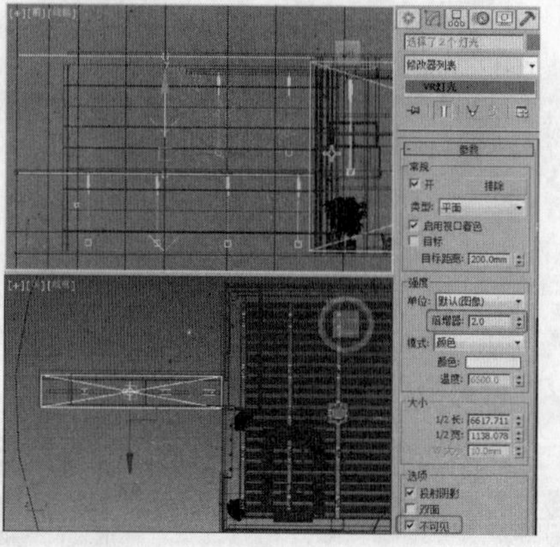
图21-84

图21-85

21.5 最终渲染设置

场景路径：Scene\cha21\大堂O.max　　视频路径：视频\cha21\ 21.5 最终渲染设置.mp4

场景灯光创建完成后，下面就是渲染最终效果设置了。

01 打开“渲染设置”对话框，设置渲染的最终尺寸，如图21-86所示。

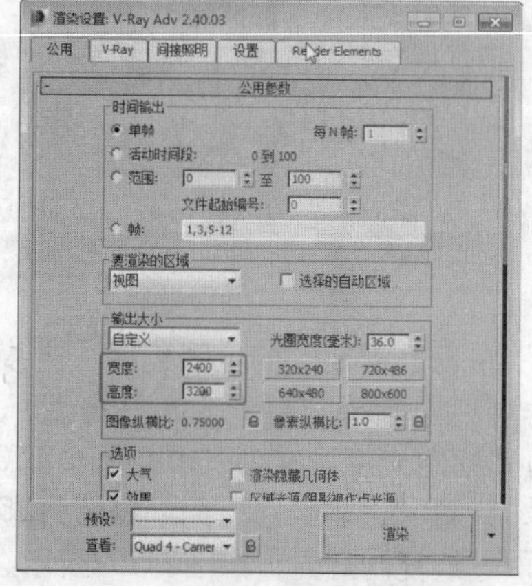
图21-86

02 在“V-Ray::图像采样器”卷展栏中选择“图像采样器”的“类型”为“自适应确定性准蒙特卡洛”，选择“抗锯齿过滤器”为Catmull-Rom，如图21-87所示。

03 切换到“间接照明”选项卡，在“V-Ray::间接照明”卷展栏中设置“二次反弹”的“倍增器”为0.92。在“V-Ray::发光贴图”卷展栏设置“当前预置”为“低”，设置“半球细分”为60、“插值采样”为30，如图21-88所示。

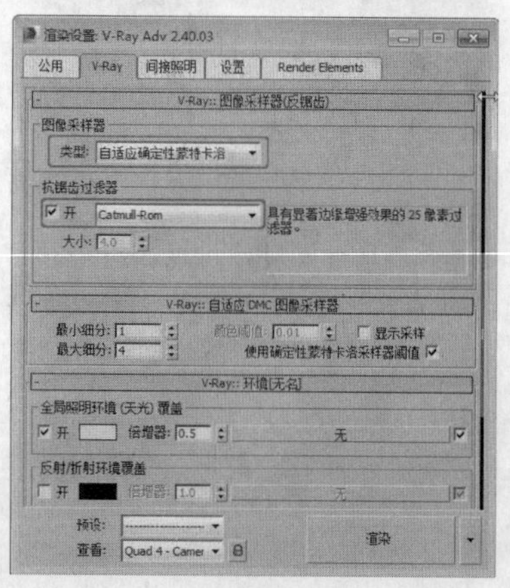
图21-87

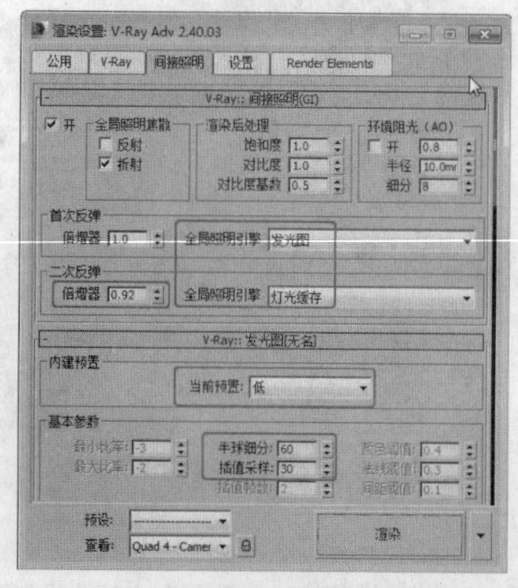
图21-88

04 在“V-Ray::灯光缓存”卷展栏中设置“细分”为1200，如图21-89所示。

05 选择“设置”选项卡，在“V-Ray::DMC采样器”卷展栏中设置“适应数量”为0.8，设置“澡波阈值”为0.002，设置“最小采样值”为16，如图21-90所示。

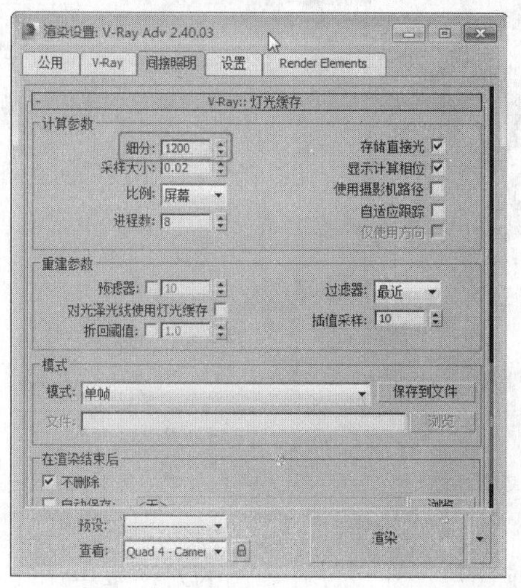

图21-89

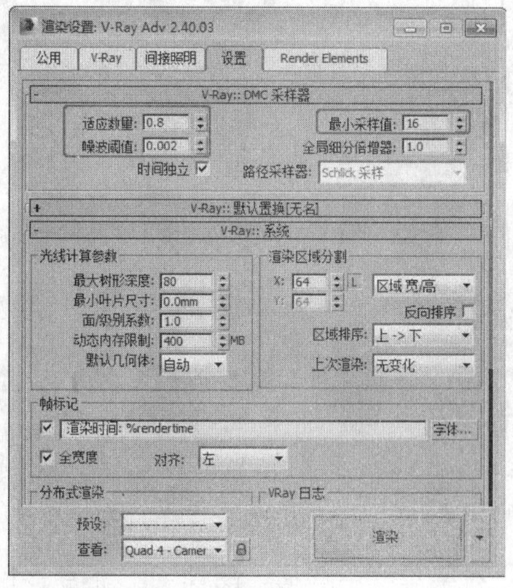

图21-90

21.6 后期处理

素材路径：Scene\cha21 | 视频路径：视频\cha21\ 21.6 后期处理.mp4

下面在Photoshop软件中对渲染输出的大堂图像进行后期处理，后期处理的效果，如图21-91所示。

01 运行Photoshop软件，打开渲染的大堂效果图，如图21-92所示。

图21-91

图21-92

02 使用裁剪工具裁剪渲染出的大堂图像，如图21-93所示。

03 按Ctrl+M快捷键，在弹出的对话框中调整曲线的形状，如图21-94所示，单击“确定”按钮。

图21-93

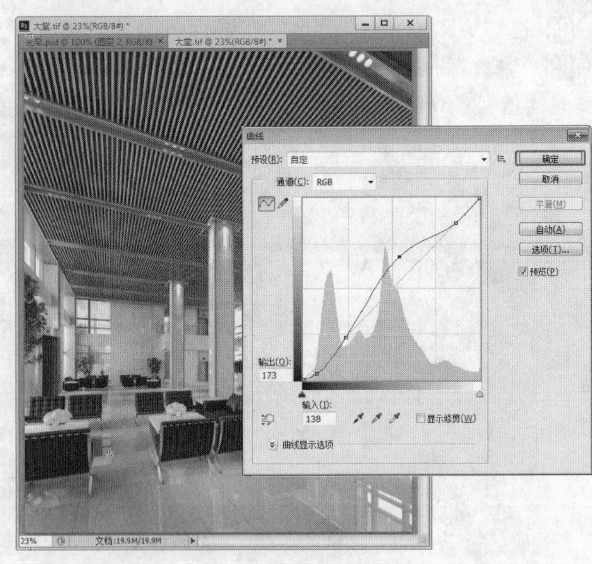

图21-94

04 在菜单栏中选择“图像”|“调整”|“自然饱和度”命令，在弹出的对话框中调整参数，合适即可，如图20-95所示。

05 分别将带有图层的场景文件进行另存，然后将图层合并，并将合并图层后的效果文件进行另存。

图21-95

第22章　住宅楼的设计与表现

本章内容

- 方案介绍
- 模型的建立
- 设置场景材质
- 创建灯光
- 设置草图渲染
- 设置最终渲染
- 后期处理

本例结合使用AutoCAD、3ds Max、VRay以及Photoshop来制作住宅楼的效果。

22.1　方案介绍

住宅楼是指供居住的房屋，包括别墅、公寓、职工宿舍和住宅楼等。

22.2　模型的建立

场景路径：Scene\cha22\住宅.max　贴图路径：map\cha22　素材路径：素材\cha22

视频路径：视频\cha22\ 22.2 模型的建立01.MP4 、 22.2 模型的建立02.MP4 和 22.2 模型的建立03.mp4

下面介绍如何建立住宅楼模型，如图22-1所示为3ds Max场景效果图。

图22-1

22.2.1　查看图纸

01 使用AutoCAD 2014查看随书附带光盘中的“素材\cha22\住宅顶面.dwg”文件，如图22-2所示。

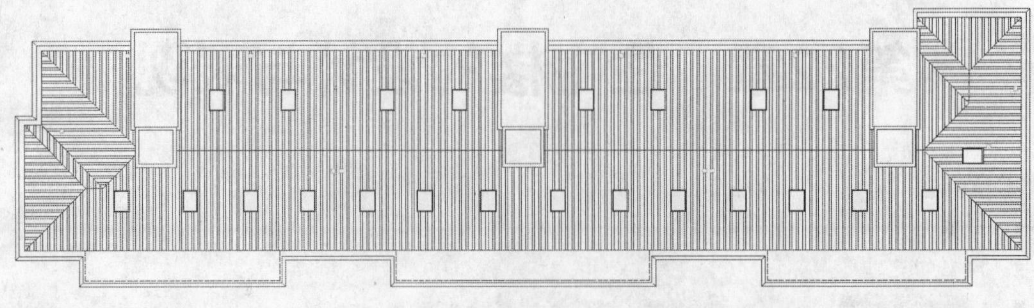

图22-2

02 继续使用AutoCAD 2014查看随书附带光盘中的“素材\cha22\住宅正面.dwg”文件，如图22-3所示。

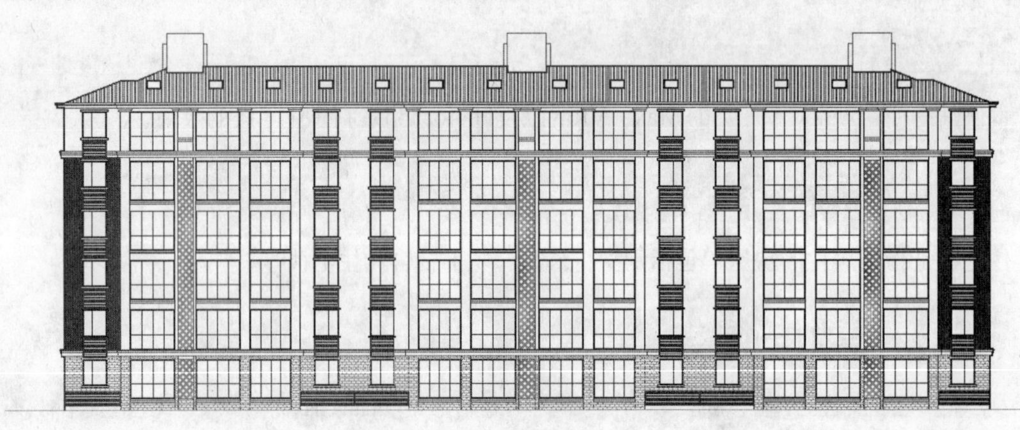

图22-3

03 使用同样的方法查看“住宅侧面01.dwg”、“住宅侧面02.dwg”文件，如图22-4和图22-5所示。

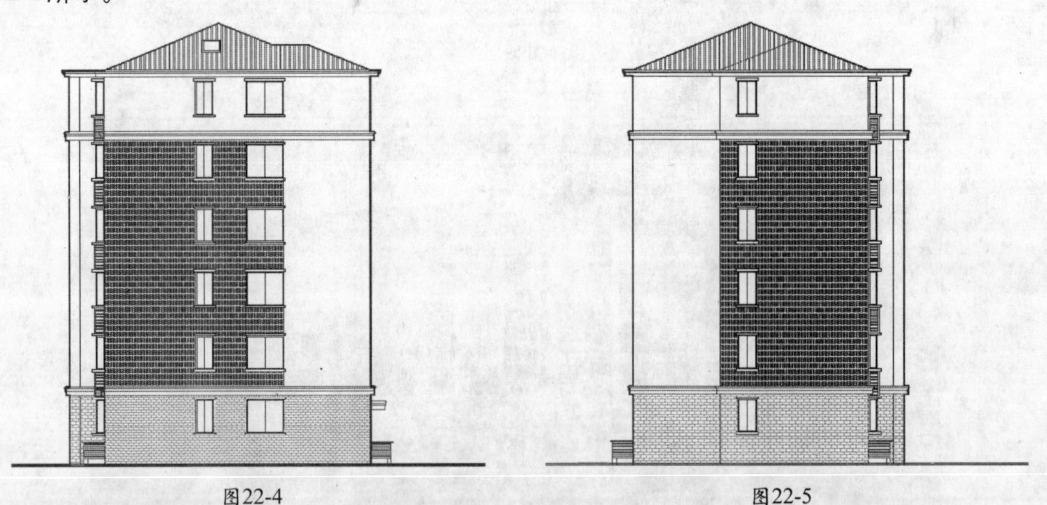

图22-4　　图22-5

下面将在这些图纸的基础上，在3ds Max中创建住宅模型。

22.2.2　导入图纸

下面将提供的住宅图纸导入到3ds Max中。

01 运行3ds Max 2014软件，选择“文件”|“导入”命令，在弹出的对话框中选择“住宅正面.dwg”文件，单击“打开”按钮，如图22-6所示。

02 导入“住宅侧面01.dwg”、“住宅侧面02.dwg”到3ds Max 2014软件中，调整图形的颜色，调整图形至合适的位置和角度，如图22-7所示。

03 导入“住宅顶面.dwg”到3ds Max 2014软件中，调整图形的颜色，再调整图形至合适的位置和角度。选择所有导入的图形，鼠标右击，在弹出的快捷菜单中选择“冻结当前选择”命令，如图22-8所示。

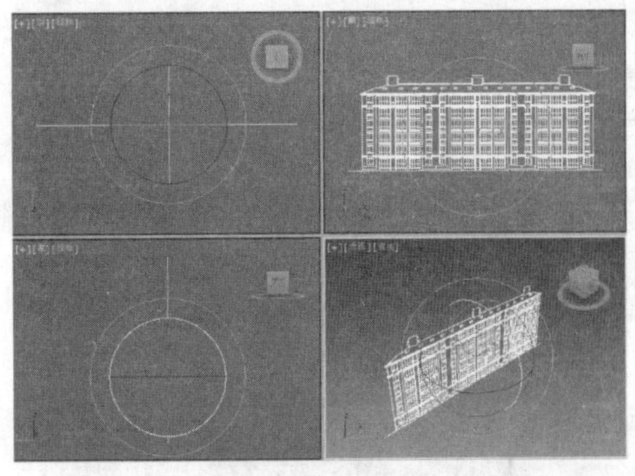

图22-6

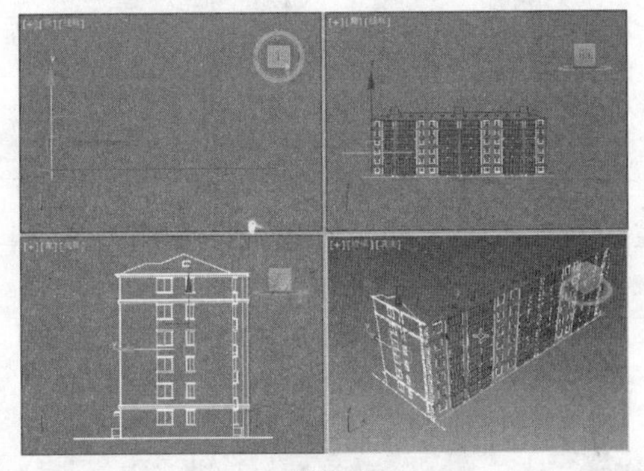

图22-7

图22-8

注意

在建模过程中，根据情况和需要取消冻结和隐藏图形。

22.2.3 通过图纸绘制住宅模型

下面介绍通过导入的图纸来制作住宅楼的模型。

01 单击“（创建）”|“（图形）”|“矩形”按钮，在前视图中根据图纸创建矩形，如图22-9所示。

02 继续在前视图中创建合适的矩形，为矩形施加“编辑样条线”修改器，将选择集定义为“样条线”，在“几何体”卷展栏中单击“附加”按钮，将两个矩形附加到一起，如图22-10所示。

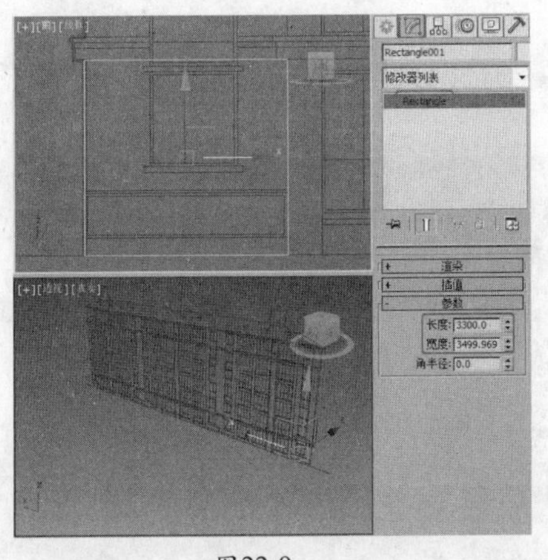

图22-9

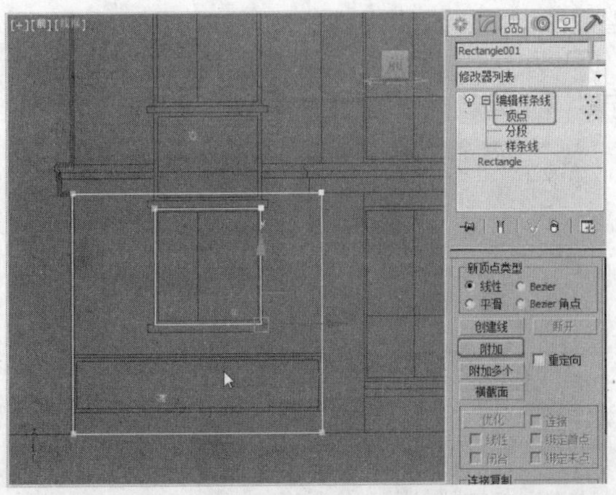

图22-10

03 为图形施加“挤出”修改器，在“参数”卷展栏中设置合适的挤出数量，调整模型至合适的位置，如图22-11所示。

综合案例写实篇

04 复制模型，在修改器堆栈中选择“编辑样条线”修改器，将选择集定义为“样条线”，移动复制内侧的样条线，将选择集定义为“顶点”，调整顶点，选择“挤出”修改器，调整模型至合适的位置，如图22-12所示。

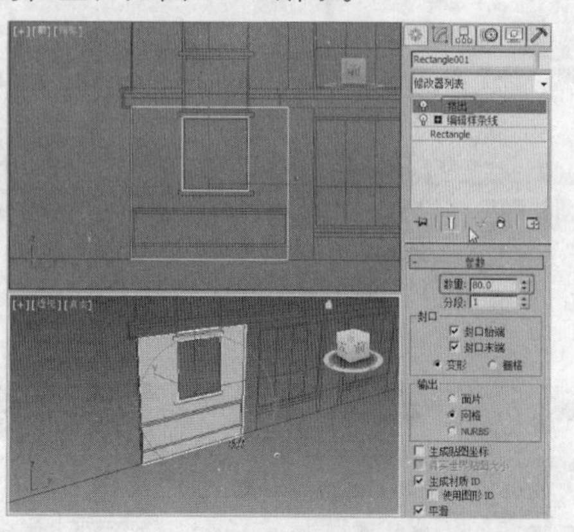

图22-11

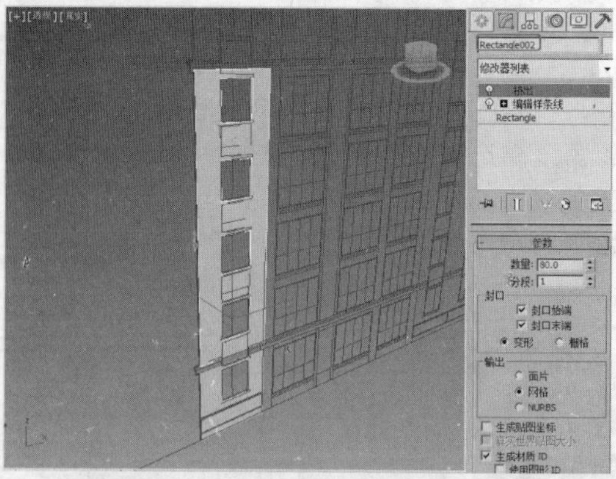

图22-12

05 复制下面的模型，调整模型至上面的位置，将选择集定义为“顶点”，调整模型，如图22-13所示。

06 打开（捕捉开关），在前视图中创建如图22-14所示的矩形。

图22-13

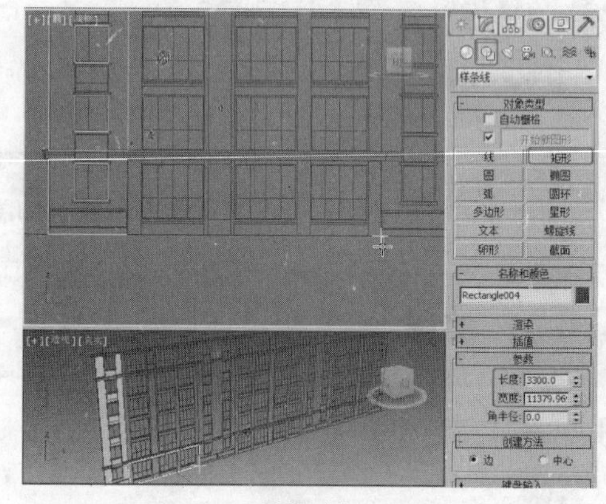

图22-14

07 创建3个相同的矩形，为其中一个施加“编辑样条线”修改器，将4个矩形附加到一起，并调整图形，如图22-15所示。

08 为图形施加“挤出”修改器，设置合适的“数量”，调整模型至合适的位置，如图22-16所示。

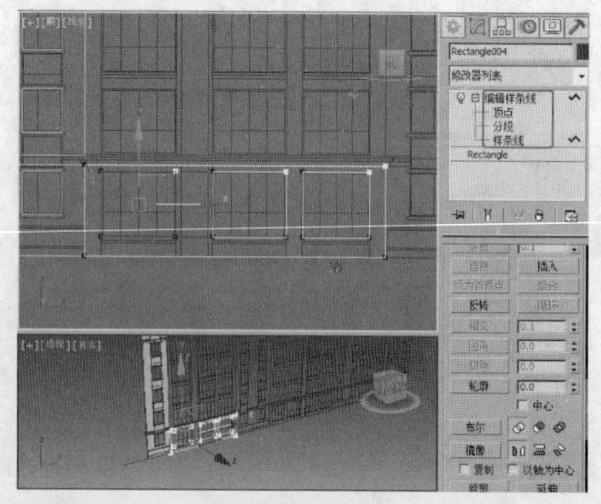

图22-15

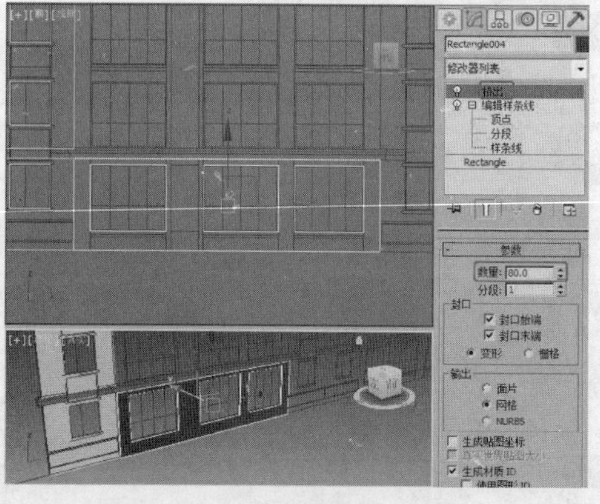

图22-16

09 复制模型并调整，效果如图22-17所示。

10 使用前面的方法创建如图22-18所示的模型。

图22-17

图22-18

11 调整墙体至合适的位置，如图22-19所示。

12 创建凸出墙体的侧面墙体，如图22-20所示。

图22-19

图22-20

13 复制凸出侧面墙体至另一面，调整模型至合适的位置，如图22-21所示。

14 在左视图中创建如图22-22所示的模型。

图22-21

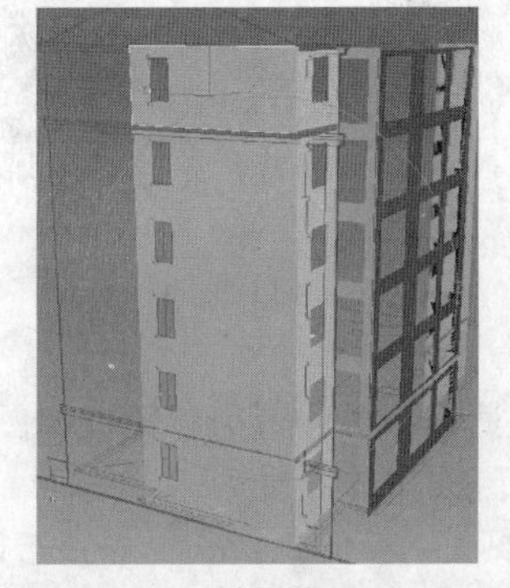
图22-22

15 使用直线工具在顶视图中创建后墙线，为其设置合适的轮廓，施加“挤出”修改器，设置合适的参数，如图22-23所示。

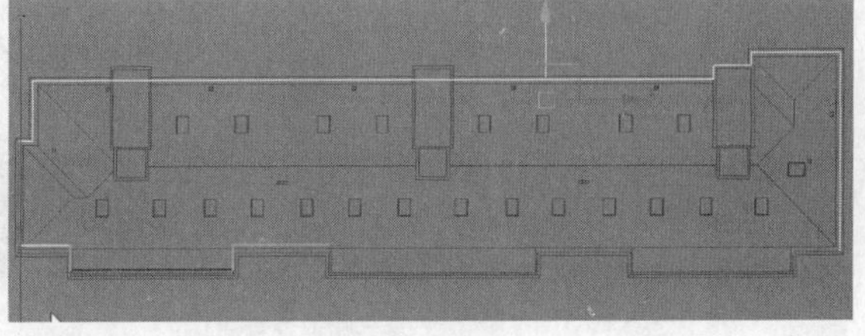
图22-23

16 墙体基本创建完成后，下面介绍窗户的制作。根据图纸绘制左侧窗框。首先绘制窗户大小的矩形图形，为其施加“编辑样条线”修改器，将选择集定义为“样条线”，

按住Shift键移动复制样条线，将选择集定义为“顶点”，调整样条线的顶点，制作出窗框的图形，如图22-24所示。

17 为左侧的窗框施加“挤出”修改器，设置合适的“数量”即可，如图22-25所示。

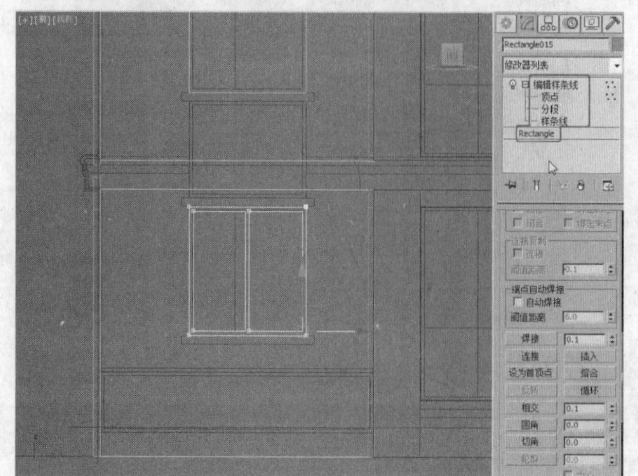

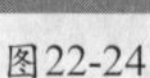

图22-24

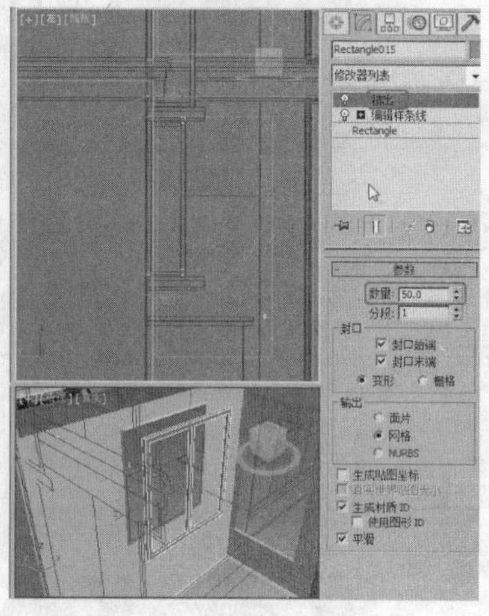

图22-25

18 创建矩形，为其施加“编辑样条线”修改器，设置矩形的“样条线”的“轮廓”，并为其施加“挤出”修改器，这里设置挤出“数量”为50，如图22-26所示。

19 复制一侧的窗框模型到窗框的另一侧，并根据图纸在窗框的上下方创建长方体作为窗台，参数合适即可，如图22-27所示为左侧一层窗框和窗台。

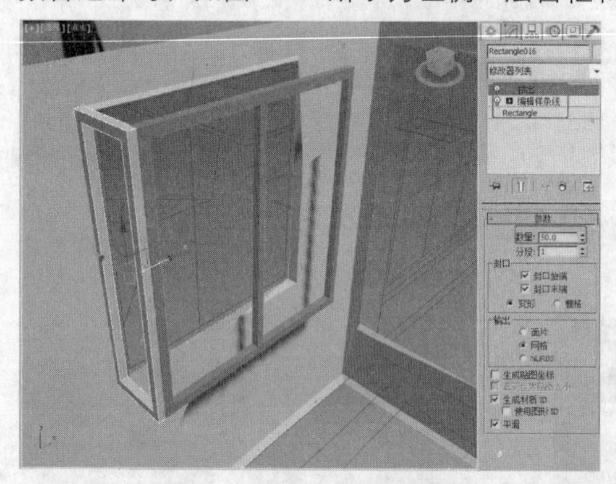

图22-26

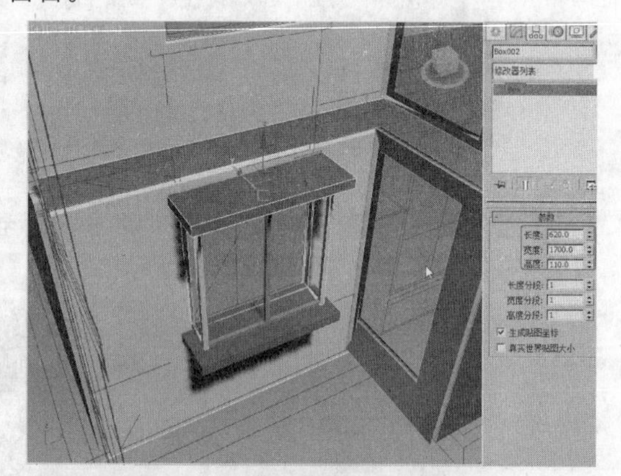

图22-27

20 在左侧一层窗户下方的位置创建矩形，设置矩形合适的参数和渲染参数，如图22-28所示，复制并调整模型的位置。

21 使用同样的方法在一层窗户的上方创建可渲染的矩形和样条线，并对长方体进行复制，如图22-29所示。

22 复制窗框、窗台和窗户下可渲染的矩形框，完成左侧墙体窗框的效果，如图22-30所示。

23 在左侧窗框的位置使用直线工具创建窗户形状，为其设置“轮廓”，并为其施加“挤出”修改器，设置合适的参数作为窗户的玻璃，如图22-31所示。

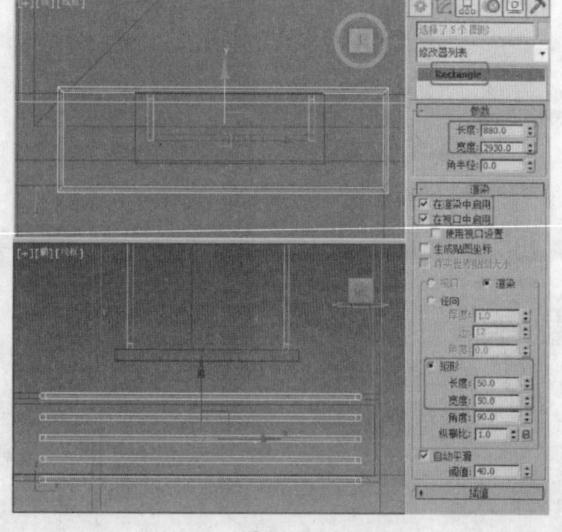

图22-28

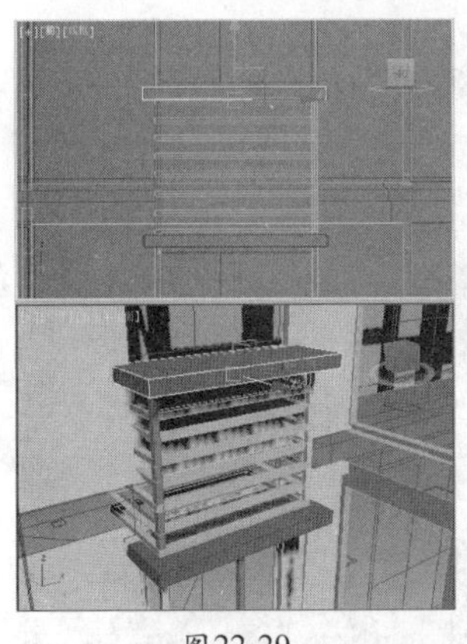

图22-29

图22-30

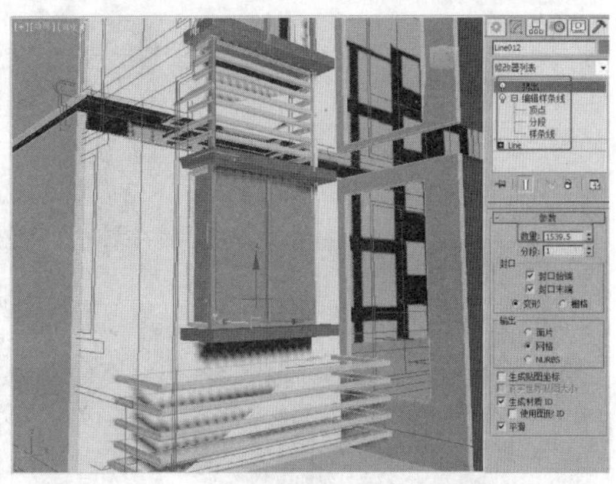

图22-31

24 复制窗户玻璃模型，如图22-32所示。

25 为凸出侧面墙体创建窗框模型，复制并调整复制出的模型至合适的位置，如图22-33所示。

26 为正面凸出墙体创建窗框模型，复制并调整复制出的模型至合适的位置，如图22-34所示。

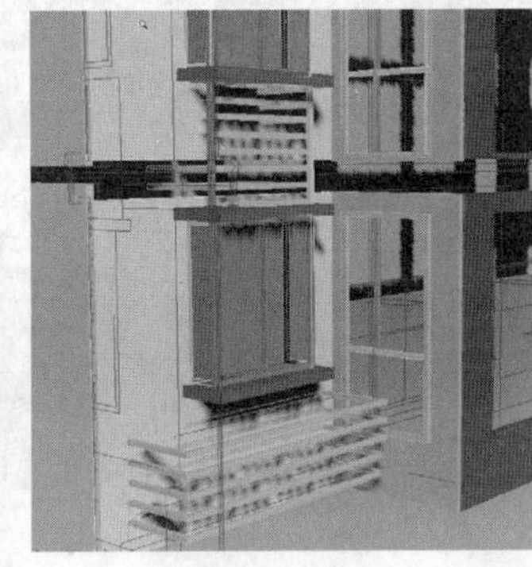

图22-32

图22-33

图22-34

27 使用长方体作为玻璃模型，这里设置的“高度”为5，复制玻璃模型并调整模型至合适的位置，如图22-35所示。

28 将正面左侧的窗框、窗台、可渲染的矩形框复制到右侧，调整模型，如图22-36所示。

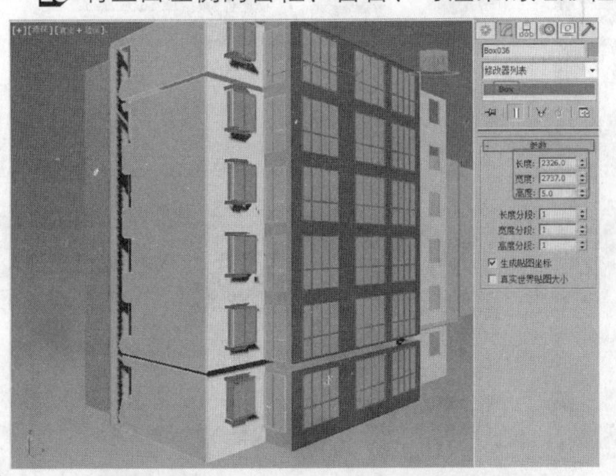

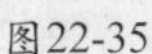

图22-35

图22-36

29 将凸出侧面墙体的窗框和玻璃以“镜像”的方式复制到另一面，如图22-37所示。

30 在左视图中创建侧面墙体窗框和玻璃模型，复制模型并调整至合适的位置，如图22-38所示。

31 在左视图中，根据图纸使用直线工具创建如图22-39所示的图形作为倒角的剖面。

图22-37

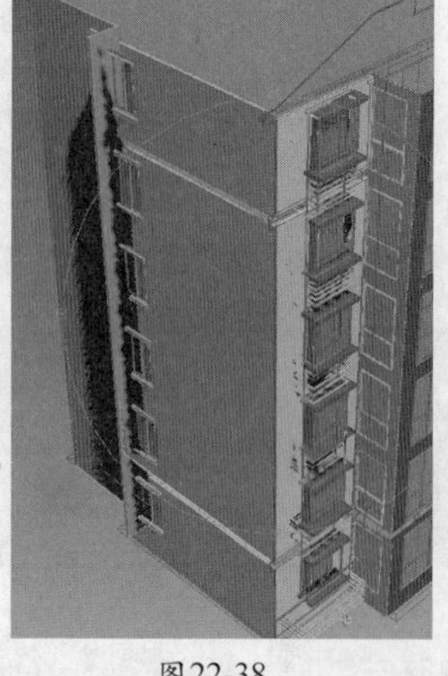
图22-38

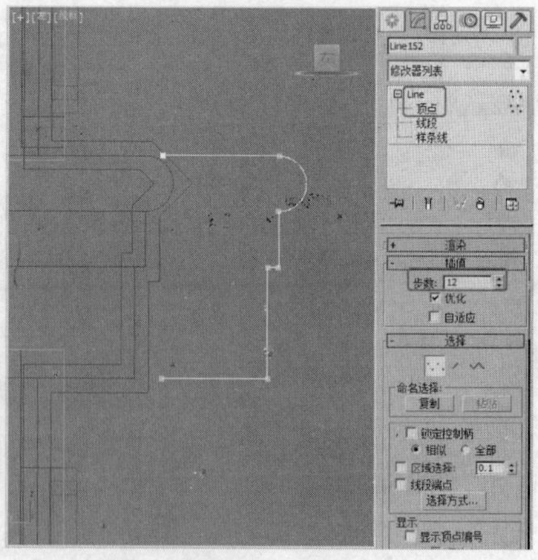
图22-39

32 根据图纸在顶视图中绘制倒角剖面路径，如图22-40所示。

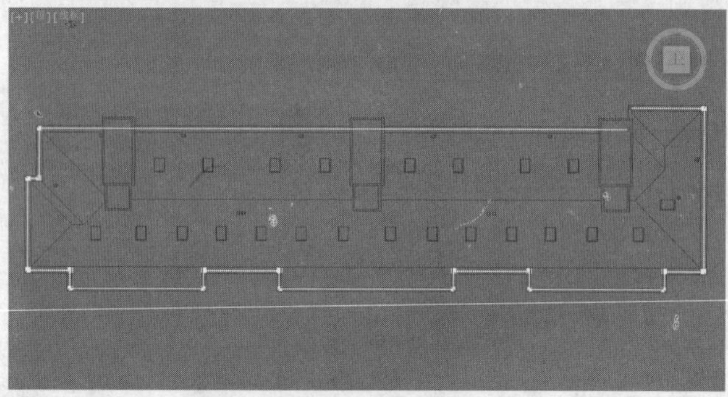
图22-40

33 为图形施加“倒角剖面”修改器，在“参数”卷展栏中单击“拾取剖面”按钮，在场景中拾取作为剖面的图形，复制并调整模型至合适的位置，如图22-41所示。

34 在前视图中，根据图纸绘制前面装饰立柱的剖面图，如图22-42所示。

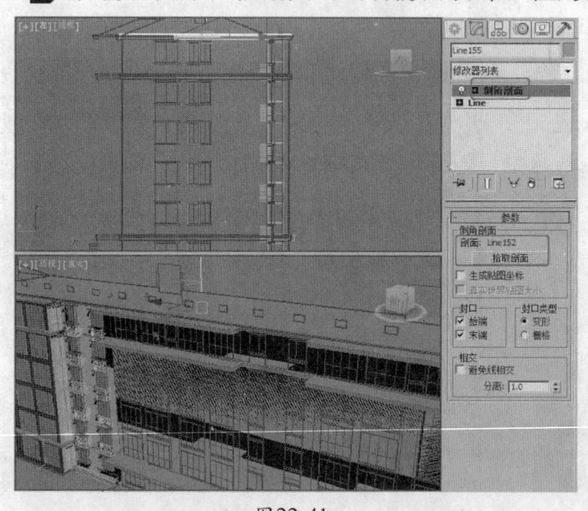
图22-41

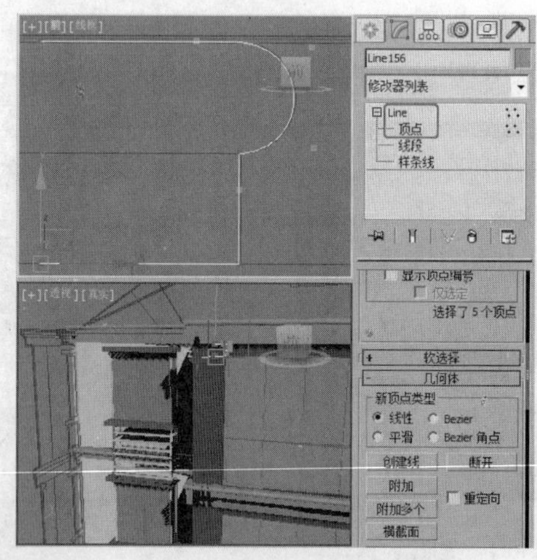
图22-42

35 在顶视图中创建矩形作为装饰柱的路径，为其施加“倒角剖面”修改器，拾取作为剖面的图形，调整模型至合适的位置，如图22-43所示。

36 复制装饰柱模型，并调整复制出的模型至合适的位置，在顶视图中调整中间的两个模型X轴向的大小，如图22-44所示。

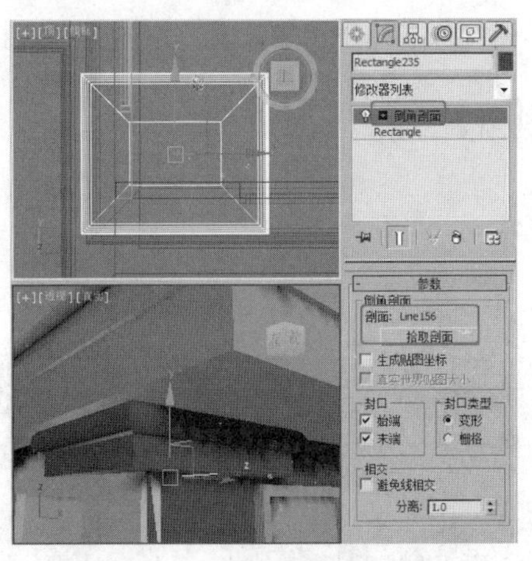

图22-43

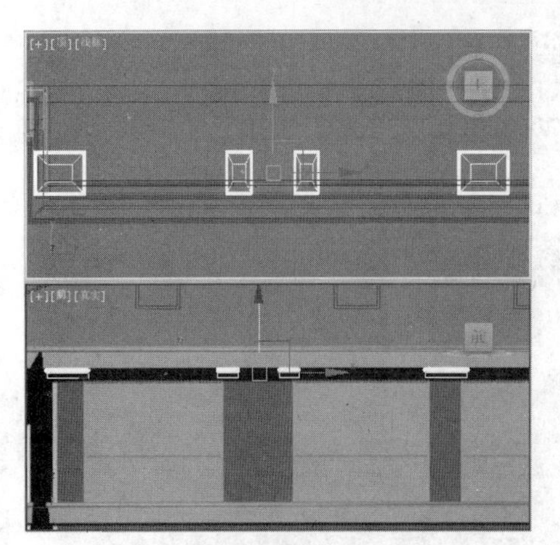

图22-44

37 在前视图中根据图纸绘制如图22-45所示的图形。

38 为图形施加“挤出”修改器，设置合适的参数，调整模型至合适的位置，如图22-46所示。

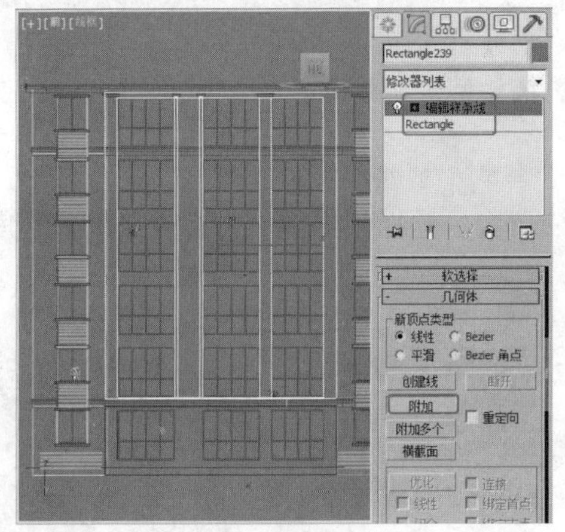

图22-45

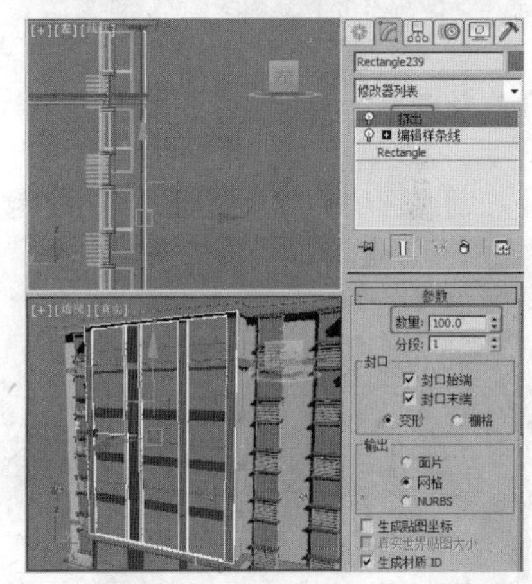

图22-46

39 复制模型，为模型施加“编辑多边形”修改器，将选择集定义为“边”，在“编辑几何体”卷展栏勾选“分割”选项，单击“切片平面”按钮，调整切片平面至合适的位置和角度，单击“切片”按钮，如图22-47所示。

40 将选择集定义为“元素”，选择切面以下的元素，按Delete键删除选中元素，如图22-48所示。

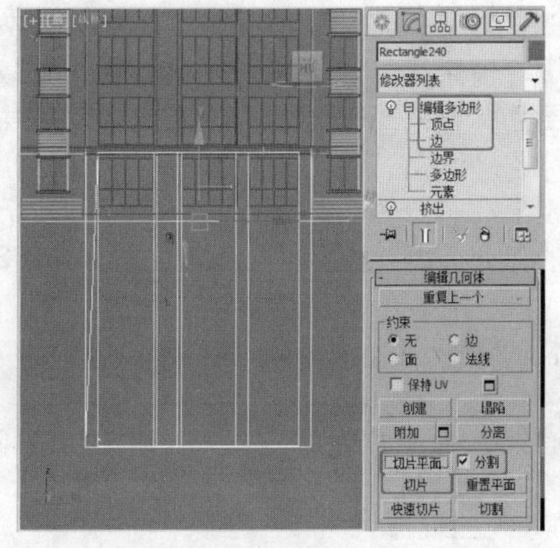

图22-47

图22-48

41 在左视图中根据图纸绘制窗台装饰图形，为图形施加“挤出”修改器，设置合适的挤出参数，如图22-49所示。

42 复制模型，调整模型至合适的位置，如图22-50所示。

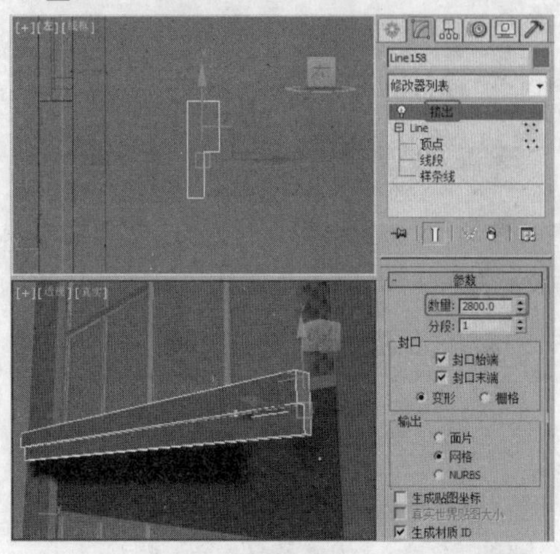

图22-49

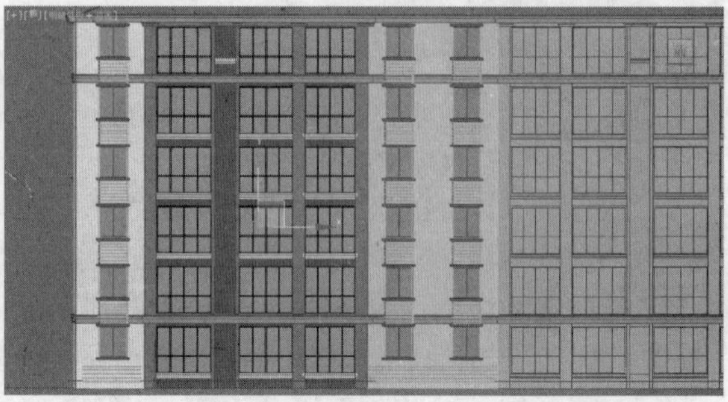

图22-50

43 在前视图中创建一个合适的长方体作为装饰墙模型，调整模型至合适的位置，如图22-51所示。

44 在前视图中创建两个长方体作为镂空雕花，将它们成组，以移动复制法复制模型。选择所有镂空雕花，单击（角度捕捉切换）按钮，使用（选择并旋转）工具调整模型的角度，如图22-52所示。

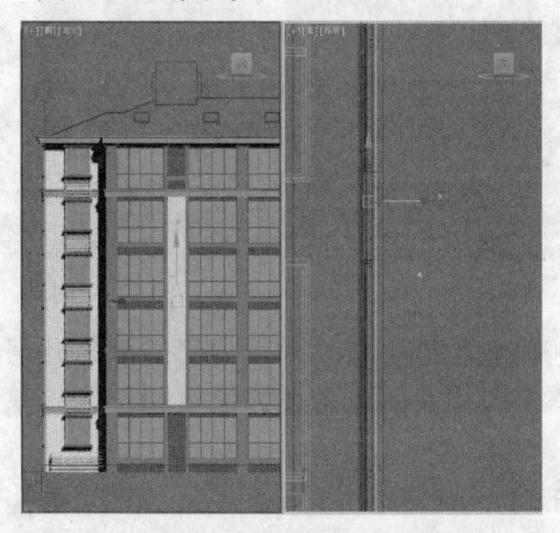

图22-51

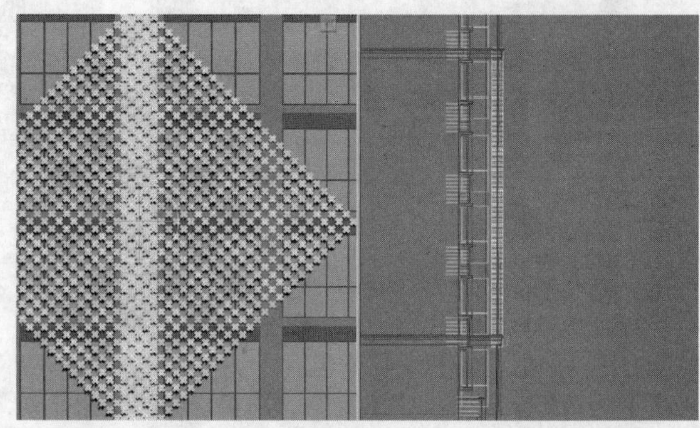

图22-52

45 先选择镂空雕花中的一个长方体，为其施加“编辑多边形”修改器，将其他镂空雕花中的长方体附加到一起。选择装饰墙模型，单击“（创建）”|“（几何体）”|“复合对象”|“ProBoolean”按钮，在“拾取布尔对象”卷展栏中单击“开始拾取”按钮，在场景中拾取镂空雕花，如图22-53所示。

46 复制装饰墙至合适的位置，为其施加“编辑多边形”修改器，调整模型，如图22-54所示。

47 创建一个合适大小的长方体作为装饰墙底下的部分，调整模型至合适的位置，如图22-55所示。

48 下面复制前部楼体模型。先复制凸出前面墙体，调整模型，如图22-56所示。

注意

根据图纸可以先调整左侧的两个顶点，然后将选择集定义为“样条线”，使用移动复制法复制最右侧的4个小矩形至左侧。或者在调整顶点后，在前视图中创建4个合适的小矩形，使用对齐工具使它们对齐墙体的Z轴位置，将它们附加到墙体模型的样条线上即可。

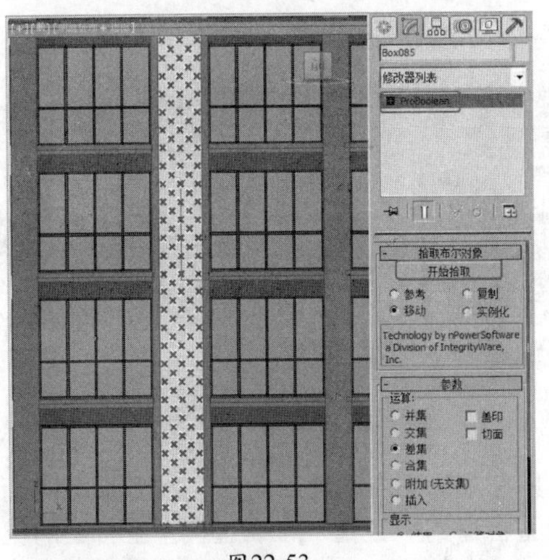

图22-53

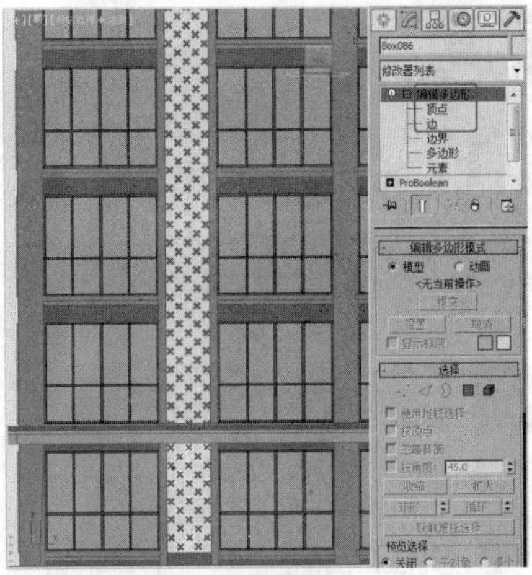

图22-54

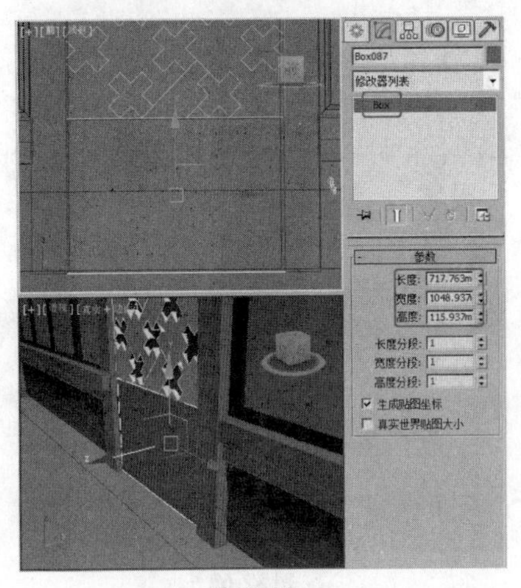

图22-55

图22-56

49 继续复制模型，如图22-57所示。

50 使用上面的方法调整复制过来的模型，调整后的效果如图22-58所示。

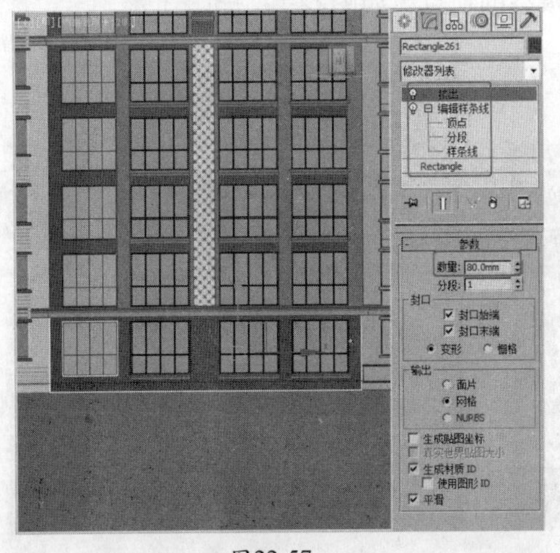

图22-57

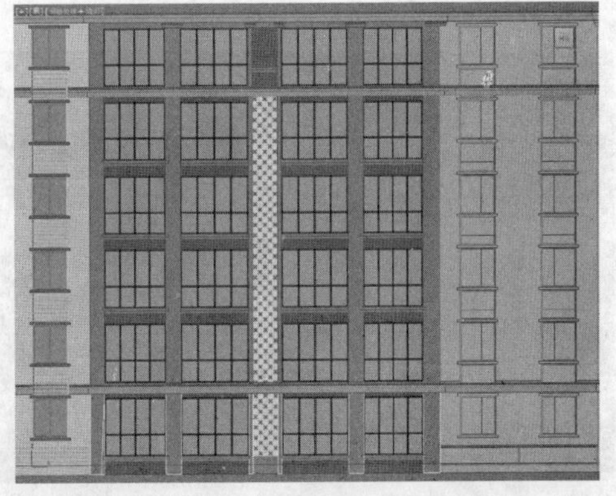

图22-58

51 复制凸出侧面墙体、窗口和玻璃模型，调整模型至合适的位置，如图22-59所示。

52 使用“镜像”复制的方法将左侧单元的正面模型复制到右侧单元，如图22-60所示。

图22-59

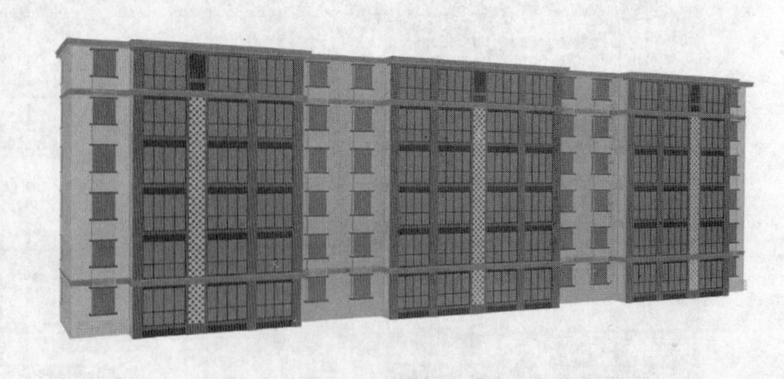

图22-60

53 下面根据图纸绘制楼顶模型。使用直线工具在左视图中创建三角形，如图22-61所示。

54 为图形施加“挤出”修改器，根据图纸设置合适的“数量”，调整模型至合适的位置，如图22-62所示。

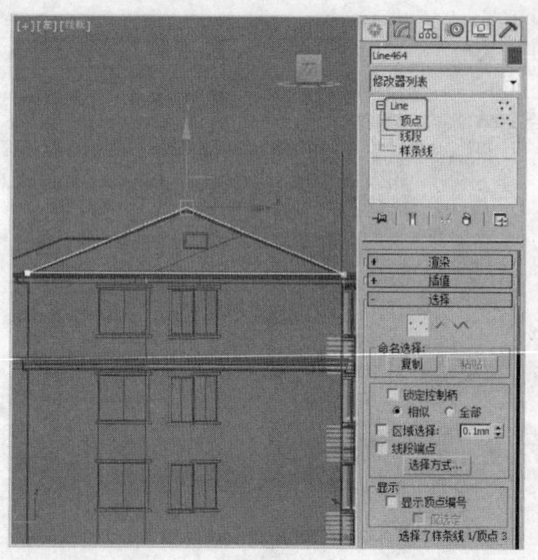

图22-61

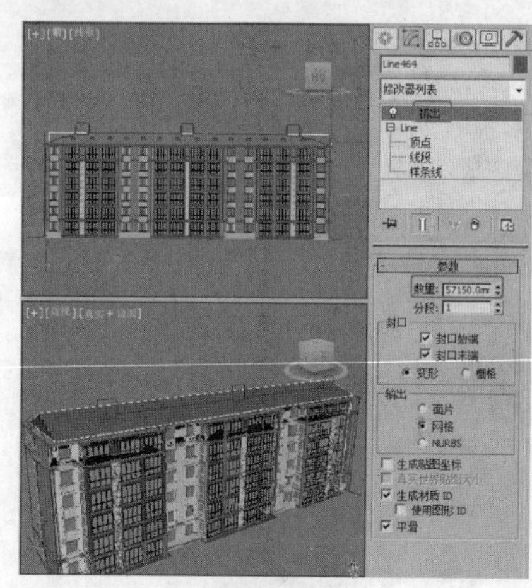

图22-62

55 为模型施加“编辑多边形”修改器，将选择集定义为“顶点”，使用缩放工具调整顶部的顶点，如图22-63所示。

56 复制模型并调整至合适的位置，然后调整模型的顶点，如图22-64所示。

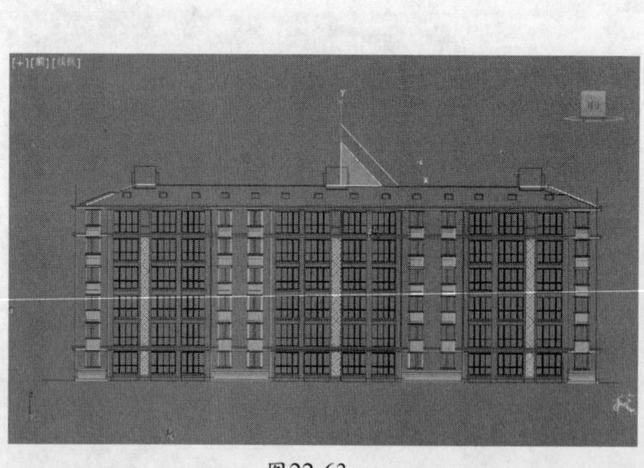

图22-63

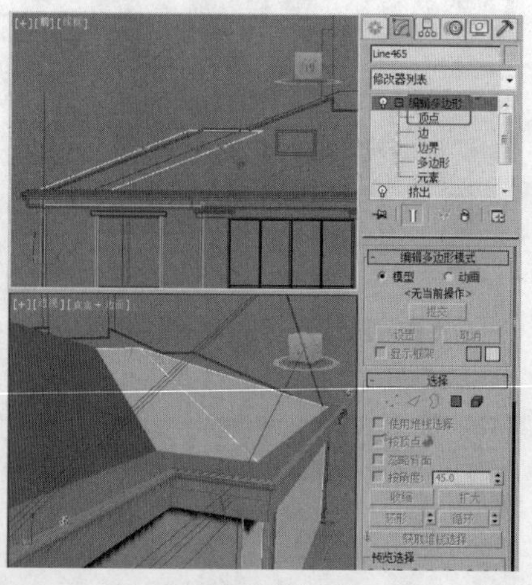

图22-64

57 在顶视图中创建两个合适的长方体作为楼顶凸出模型，复制模型并调整至合适的位置，如图22-65所示。

58 在前视图中创建可渲染的矩形作为楼顶窗框模型，如图22-66所示，使用长方体作为窗框玻璃模型。

图22-65

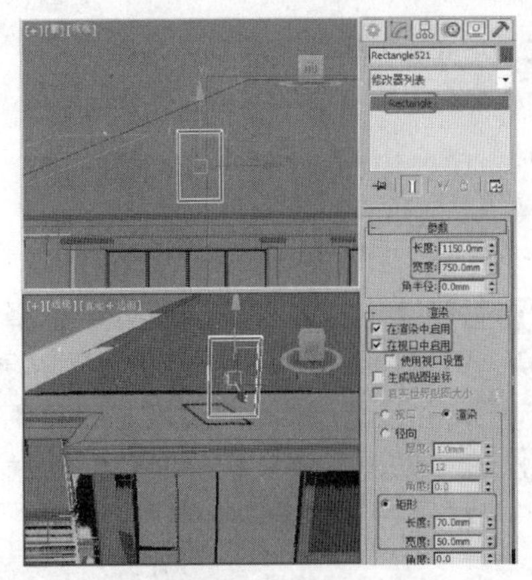
图22-66

59 在左视图中调整楼顶窗户模型的角度和位置，在前视图中复制模型并调整至合适的位置，如图22-67所示。

图22-67

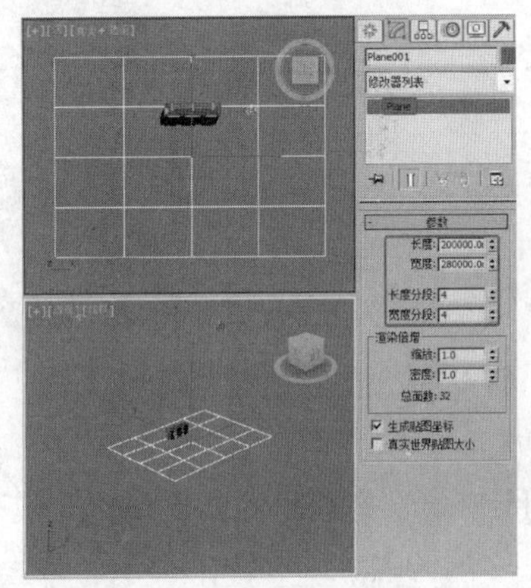
图22-68

60 完成楼体模型后，在顶视图中创建平面作为地面模型，如图22-68所示，大小合适即可，调整平面到楼体的下方。

61 单击“（创建）”|“（几何体）”|“VRay”|“VR代理”按钮，在顶视图中创建VR代理，弹出的“选择外部网格文件”对话框，选择随书附带光盘中的“map\cha22\树.vrmesh”文件，单击“打开”按钮，如图22-69所示。

62 在场景中复制并调整VR代理模型的位置和大小，如图22-70所示。

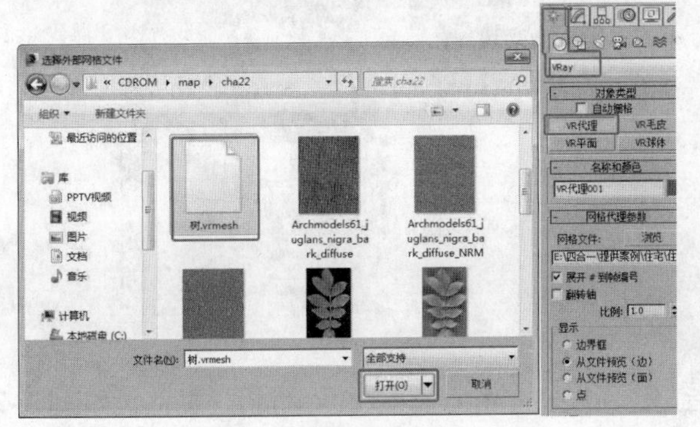
图22-69

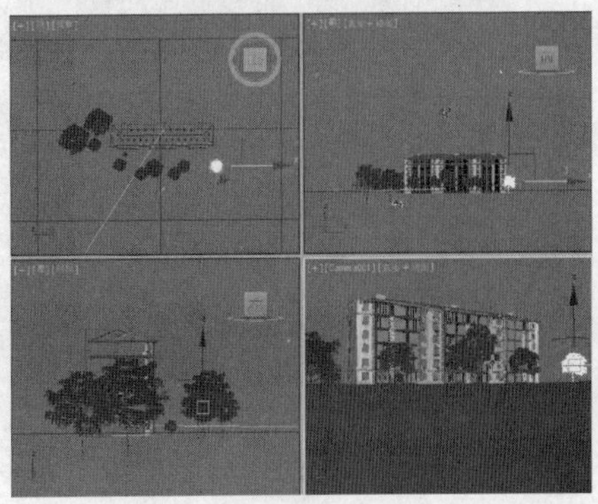
图22-70

22.3 设置场景材质

场景路径：Scene\cha22\住宅.max	贴图路径：map\cha22
视频路径：视频\cha22\ 22.3 设置场景材质.mp4	

创建场景模型后，下面介绍如何设置场景模型的材质。

22.3.1 石材材质的设置

01 按M键，打开材质编辑器，选择一个新的材质样本球，将其命名为“石材-地面”，将材质转换为VRayMtl，在“基本参数”卷展栏中设置“反射”的红绿蓝值均为22，解锁“高光光泽度”选项，并设置“高光光泽度”为0.8，如图22-71所示。

02 在“贴图”卷展栏中为“漫反射”指定位图贴图“map\cha22\035.jpg”文件，如图22-72所示，将材质指定给场景中作为地面的平面。

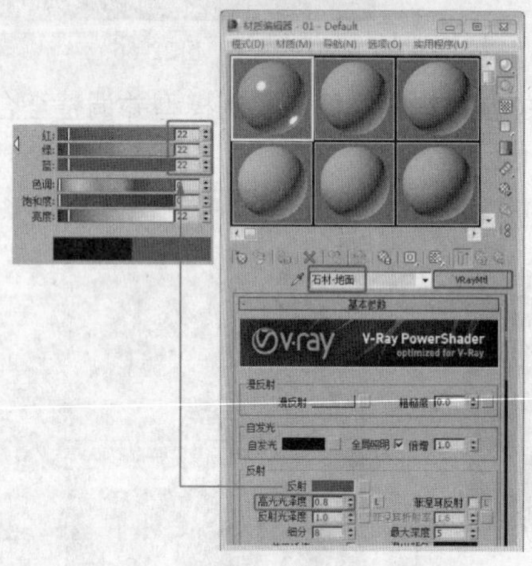
图22-71

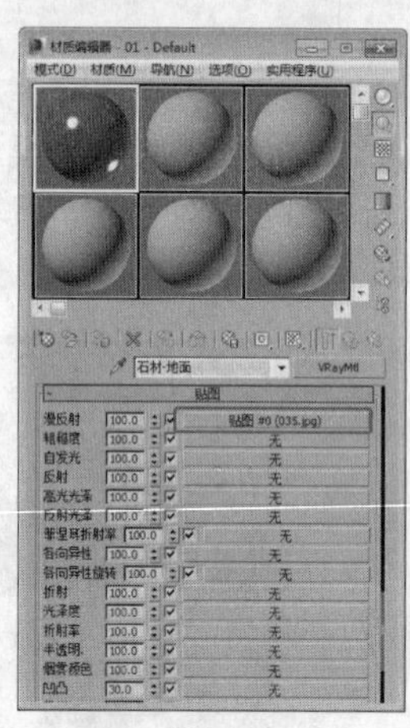
图22-72

03 在场景中选择地面模型，为模型指定“UVW贴图”修改器，在“参数”卷展栏中选择“贴图”类型为“平面”，设置“长度”为800、“宽度”为800，如图22-73所示。

04 按M键，打开材质编辑器，选择一个新的材质样本球，将其命名为“石材（一层）”，将材质转换为VRayMtl，在“基本参数”卷展栏中设置“反射”的红绿蓝值均为10、“反射光泽度”为0.85，如图22-74所示。

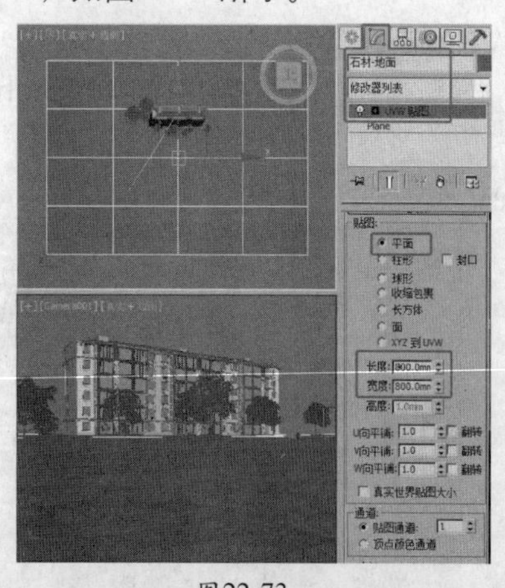
图22-73

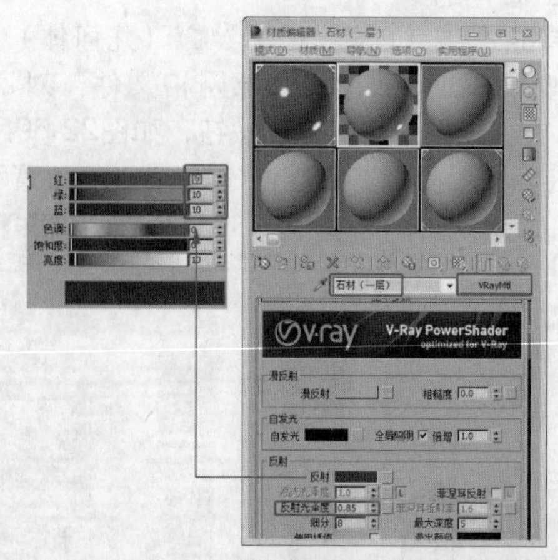
图22-74

05 在“贴图”卷展栏中为“漫反射”指定位图贴图“map\cha22\9e8.jpg”文件，如图22-75所示，将材质指定给一层石材墙体模型。

06 在场景中选择指定了“石材（一层）”材质的模型，为模型指定“UVW贴图”修改器，在“参数”卷展栏中选择“贴图”类型为“长方体”，设置“长度”为700、“宽度”为700、“高度”为700，如图22-76所示。

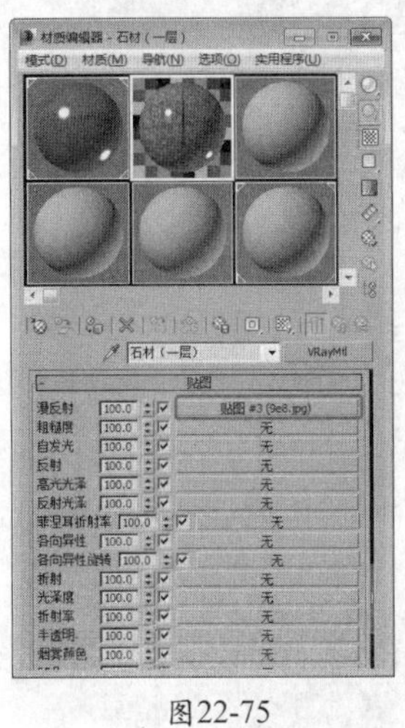
图22-75

图22-76

07 按M键，打开材质编辑器，选择一个新的材质样本球，将其命名为“石材（两侧）”，将材质转换为VRayMtl，在“贴图”卷展栏中为“漫反射”、“凹凸”指定“平铺”贴图，如图22-77所示。

08 进入“漫反射贴图”层级，在“标准控制”卷展栏中使用默认的选项。在“高级控制”卷展栏中设置“平铺设置”的“纹理”的红绿蓝值为74、81、82，设置“砖缝设置”组中的“纹理”红绿蓝值均为3，如图22-78所示。

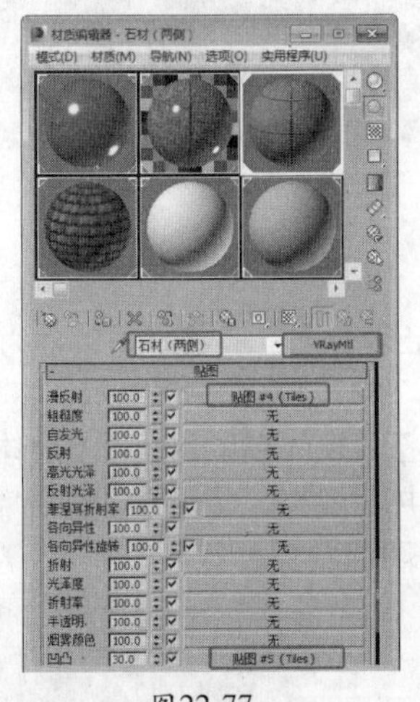
图22-77

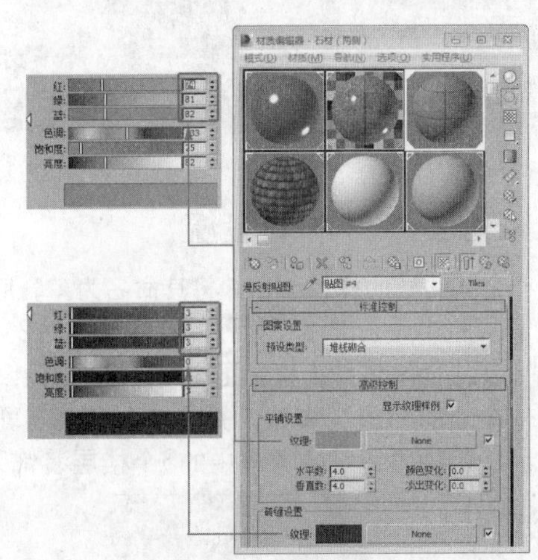
图22-78

09 进入“凹凸”贴图层级面板，使用默认的平铺参数即可，如图22-79所示，将材质指定给建筑两侧2~5楼墙体。

10 选择指定了“石材（两侧）”的模型，为其施加“UVW贴图”修改器，在“参数”卷展栏中选择“贴图”类型为“长方体”，设置“长度”、“宽度”和“高度”的参数合适即可，如图22-80所示。

11 在材质编辑器中选择一个新的材质样本球，将材质样本球命名为“石材（屋顶）”，将材质转换为VRayMtl。在“贴图”卷展栏中为“漫反射”指定位图贴图“map\cha22\017.jpg”文件，如图22-81所示，将材质指定给场景中作为屋顶的模型。

12 选择指定“石材（屋顶）”材质的模型，为其施加“UVW贴图”修改器，在“参数”卷展栏中选择“贴图”类型为“平面”，设置合适的“长度”和“宽度”，如图22-82所示。

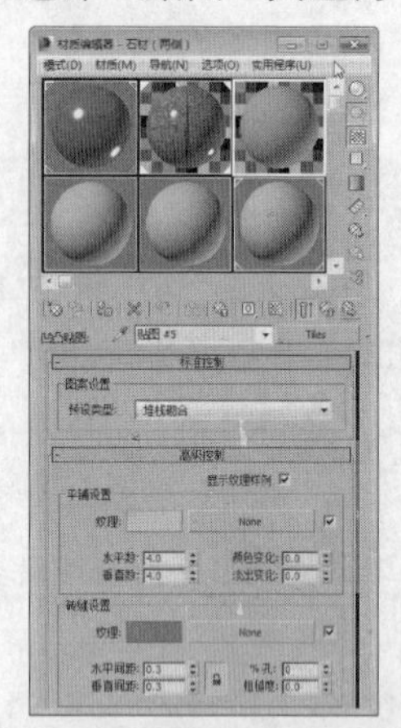

图22-79

图22-80

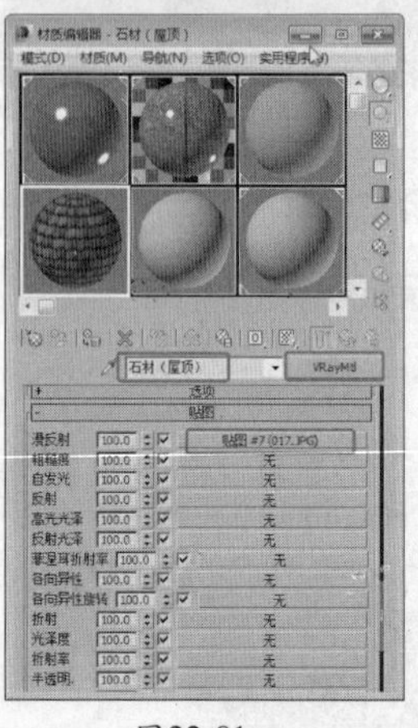

图22-81

图22-82

综合案例写实篇

22.3.2 乳胶漆材质的设置

01 选择一个新的材质样本球，并将其命名为“乳胶漆（正墙体）”，将材质转换为VRayMtl。在“基本参数”卷展栏中设置“漫反射”的红绿蓝为242、242、242，如图22-83所示，将材质指定给场景中的左侧窗台、正面墙体装饰柱、正面凸出墙体窗台装饰、正面墙体模型和楼顶上墙体模型。

02 选择一个新的材质样本球，并将其命名为“乳胶漆中度灰”，使用默认的标准材质即可，如图22-84所示。将材质指定给场景中的3个楼层装饰隔断和凹面的窗台模型。

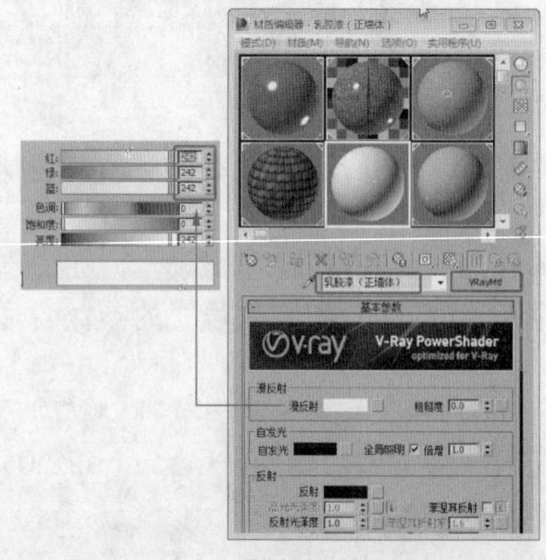

图22-83

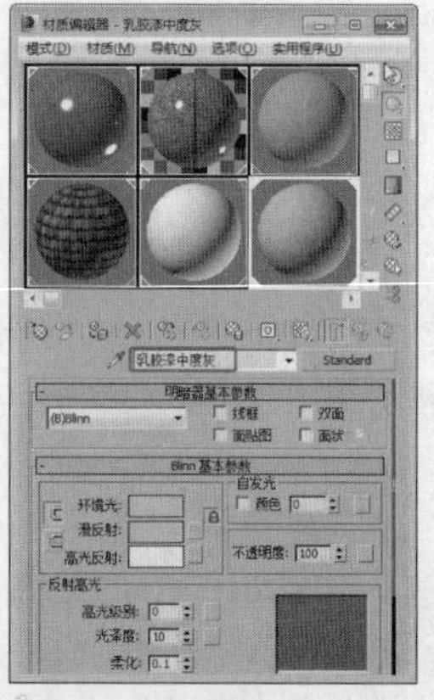

图22-84

03 查看现在为止指定的材质场景效果，如图22-85所示，如有遗漏可以指定。

04 选择一个新的材质样本球，并将其命名为“窗框”，使用默认的标准材质即可，在“Blinn基本参数”卷展栏中设置“环境光”和“漫反射”的红绿蓝值均为67，如图22-86所示，将材质指定给场景中的窗框模型。

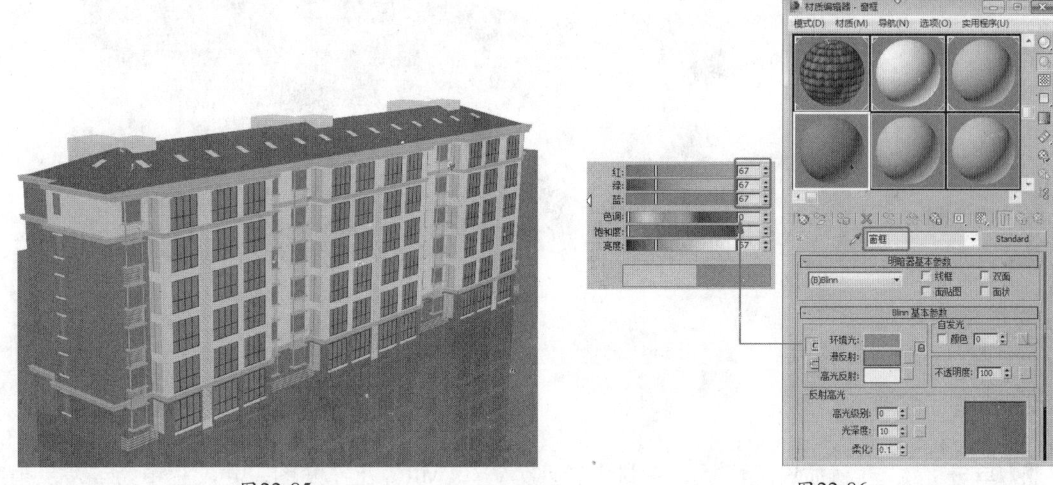

图22-85　　图22-86

05 选择一个新的材质样本球，并将其命名为“工艺墙”，使用默认的标准材质即可，在“Blinn基本参数”卷展栏中设置“环境光”和“漫反射”的红绿蓝值为233、206、164，如图22-87所示，将材质指定给场景中的装饰墙模型。

06 选择一个新的材质样本球，并将其命名为“栅栏”，使用默认的标准材质即可，在“Blinn基本参数”卷展栏中设置“环境光”和“漫反射”的红绿蓝值为127、92、69，如图22-88所示，将材质指定给场景中的栅栏模型。

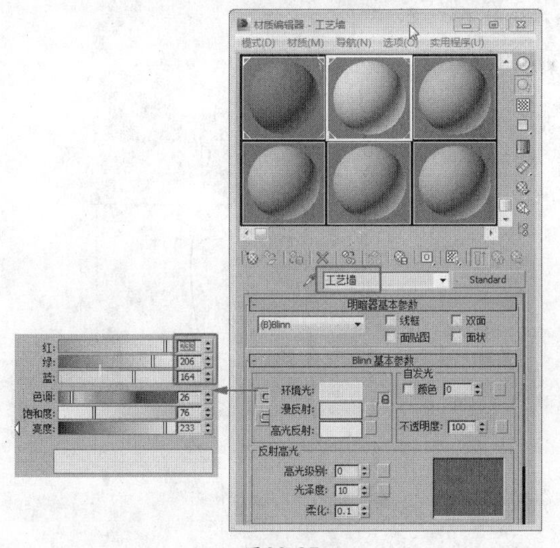

图22-87

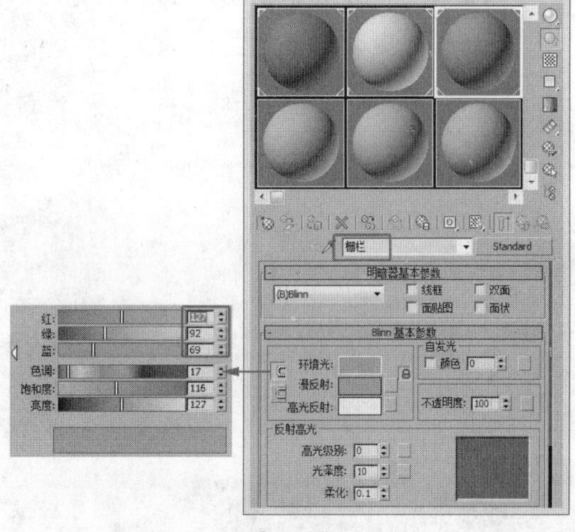

图22-88

22.3.3　玻璃材质的设置

01 选择一个新的材质样本球，将材质转换为VRayMtl，设置玻璃材质。在“基本参数”卷展栏中设置“漫反射”的红绿蓝值为84、104、122，设置“反射”的红绿蓝值均为124，设置“折射”的红绿蓝值均为215，如图22-89所示，将材质指定给场景中的玻璃模型。

02 渲染当前场景，得到如图22-90所示的效果。

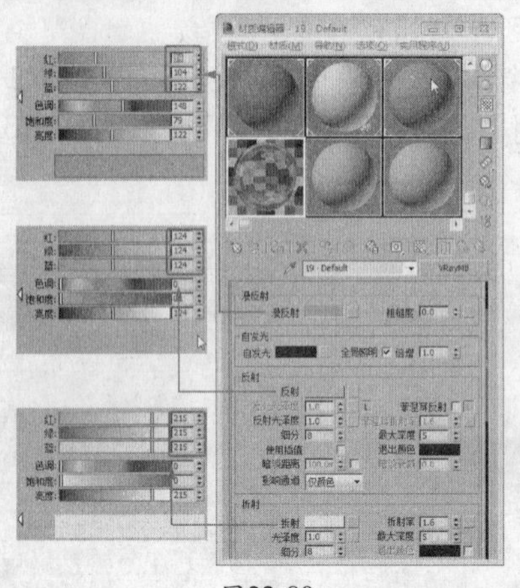

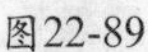

图22-89

图22-90

22.3.4 树材质的设置

01 选择一个新的材质样本球，将其转换为“多维/子对象”材质，设置“设置数量”为2，如图22-91所示。

02 单击进入1号材质设置面板，将材质转换为VRayMtl，在“贴图”卷展栏中为“漫反射”和“不透明度”分别指定位图贴图“map\cha22\Archmodels61_juglans_nigra_leaf_diffuse.jpg”和“Archmodels61_juglans_nigra_leaf_opacity.jpg”文件，如图22-92所示。

03 单击进入2号材质设置面板，将材质转换为VRayMtl，在“贴图”卷展栏中为“漫反射”指定位图贴图“map\cha22\ Archmodels61_juglans_nigra_bark_diffuse.jpg”文件，如图22-93所示，将该材质指定给场景中的VRay代理模型。

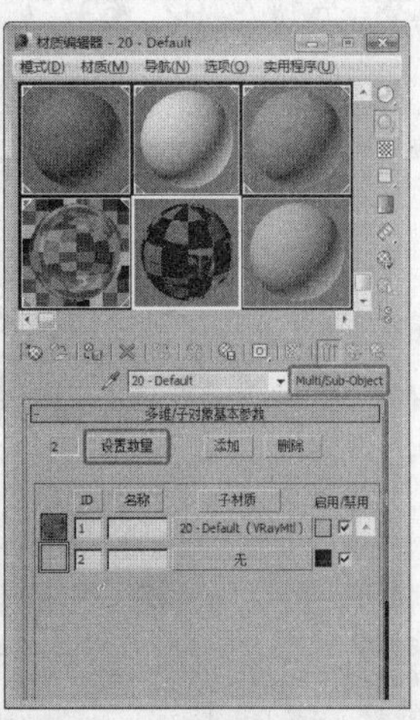

图22-91

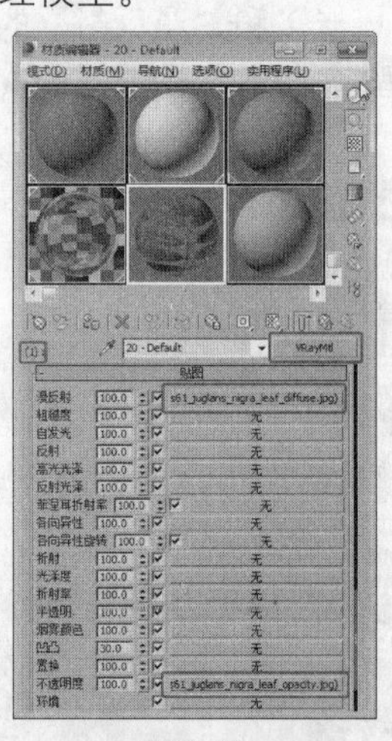

图22-92

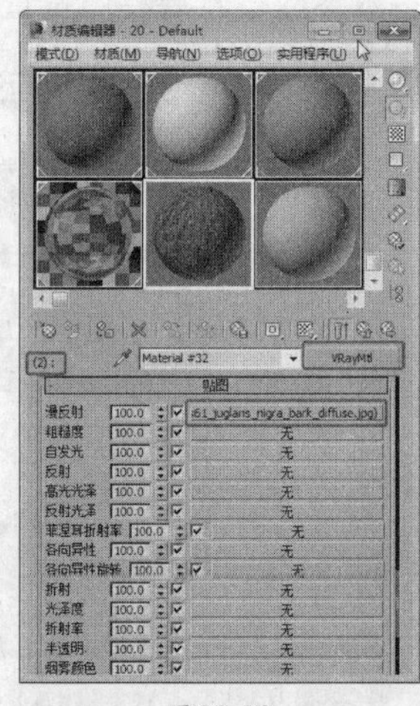

图22-93

22.4 创建灯光

场景路径：Scene\cha22\住宅.max　　视频路径：视频\cha22\ 22.4 创建灯光.mp4

下面介绍室外建筑场景灯光的创建。

01 将标准的目标摄影机删掉，换成VR物理摄影机，在“基本参数”卷展栏中设置合适的参数，如图22-94所示。

02 设置一个测试渲染的尺寸，并选择“要渲染的区域”为“裁剪”，在视口中裁剪视图渲染区，如图22-95所示。

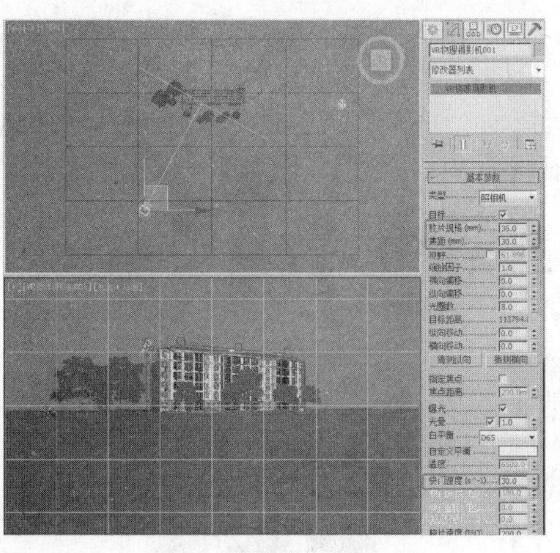

图22-94

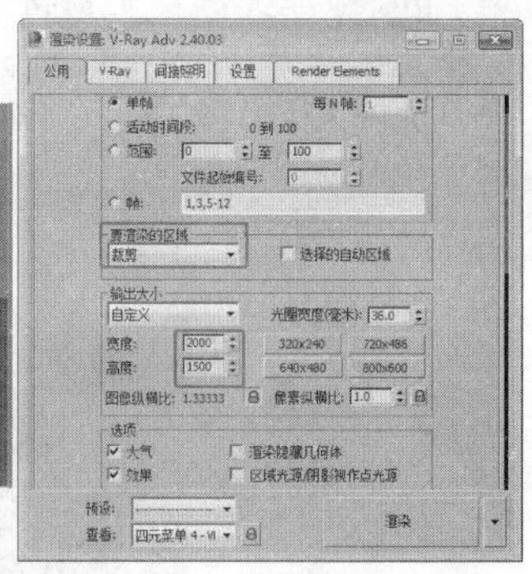

图22-95

03 渲染场景，得到如图22-96所示的效果。检查场景中有没有遗漏，以及有无指定错误的材质。

注意

在制作过程中，会将不需要的模型隐藏，在后面的设置中将全部显示模型。

04 单击“ （创建）”|“ （灯光）”|“VRay”|“VR太阳”按钮，在顶视图中创建VRay太阳灯光，在弹出的对话框中单击“是”按钮，如图22-97所示。

图22-96

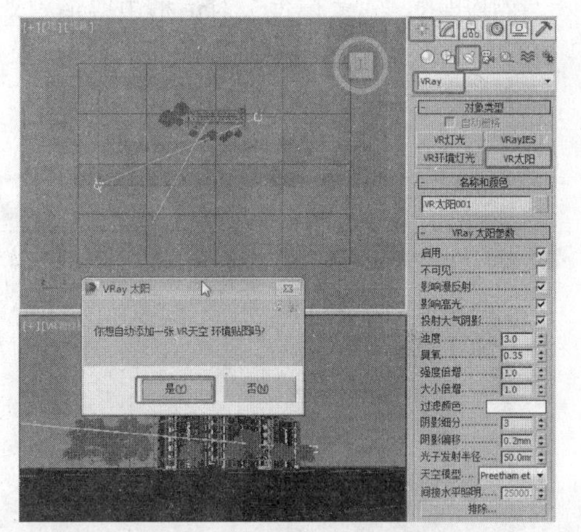

图22-97

05 在场景中调整灯光的照射角度，如图22-98所示。

06 继续创建并调整VRay太阳灯光，如图22-99所示。

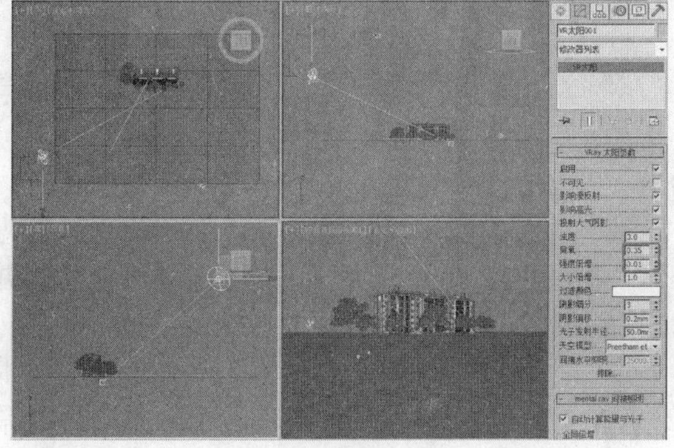

图22-98

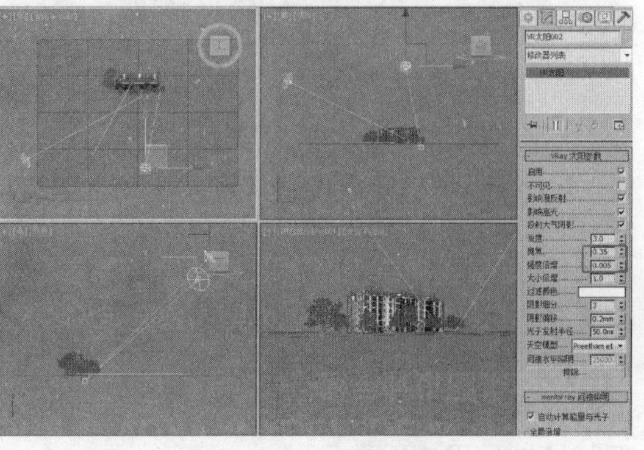

图22-99

07 按8键，打开“环境和效果”对话框，将“环境贴图”下的贴图按钮拖曳到新的材质样本球上，在弹出的对话框中选择“实例”选项，单击“确定”按钮，如图22-100所示。

08 选择实例复制到材质编辑器中的VR天空贴图文件，在“VRay天空参数”卷展栏中勾选“指定太阳节点”，并单击“太阳光”后的贴图按钮，在场景中导入VR太阳001，设置合适的参数，如图22-101所示。

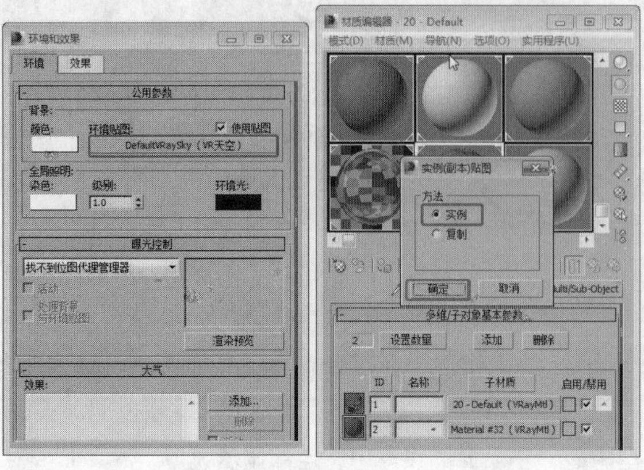

图22-100

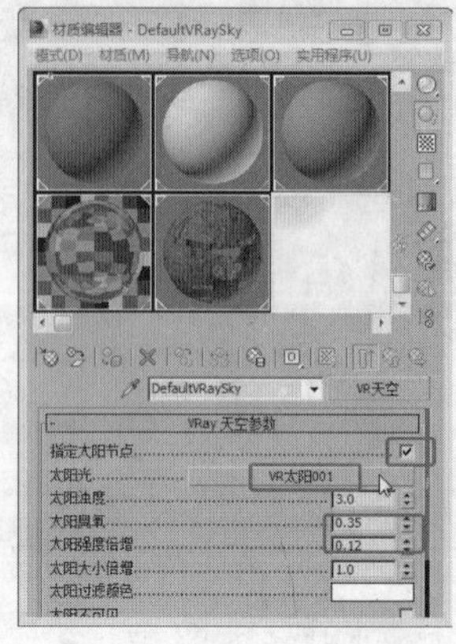

图22-101

09 渲染场景，得到如图22-102所示的效果。

10 在场景中选择所有的VR代理物体，右击鼠标，在弹出的快捷菜单中选择“对象属性”命令，在弹出的“对象属性”对话框中取消“对摄影机可见”选项，如图22-103所示。

图22-102

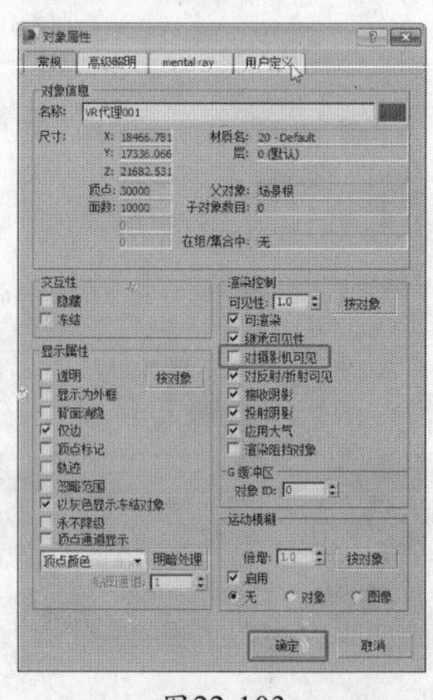

图22-103

22.5 设置草图渲染

场景路径：Scene\cha22\住宅.max　　视频路径：视频\cha22\ 22.5 设置草图渲染.mp4

下面介绍如何设置草图渲染。

01 在工具栏中单击（渲染设置）按钮，打开“渲染设置”对话框，切换到V-Ray选项卡，在“V-Ray::图像采样器”卷展栏中设置“图像采样器”的“类型”为“固定”，取消勾选“抗锯齿过滤器”组中“开”选项。在“V-Ray::颜色贴图”卷展栏中选择“类型”为“线性倍增”，并勾选“子像素贴图”、“钳制输出”和“影响背景”选项，如图22-104所示。

02 切换到“间接照明”选项卡，在“V-Ray::间接照明”卷展栏，勾选“开”选项，设置“对比度”为1.5，其他使用默认。在“V-Ray::发光图”卷展栏中，设置“当前预置”为“非常低”，如图22-105所示。

03 在“V-Ray::BF强算全局光”卷展栏中设置“细分”为8，“二次反弹”为3，如图22-106所示。

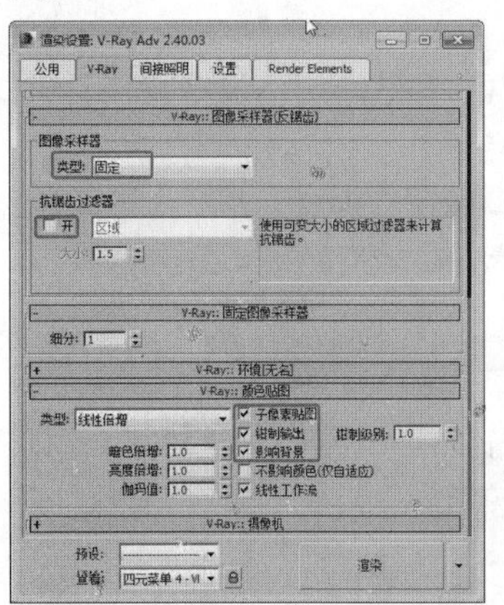
图22-104

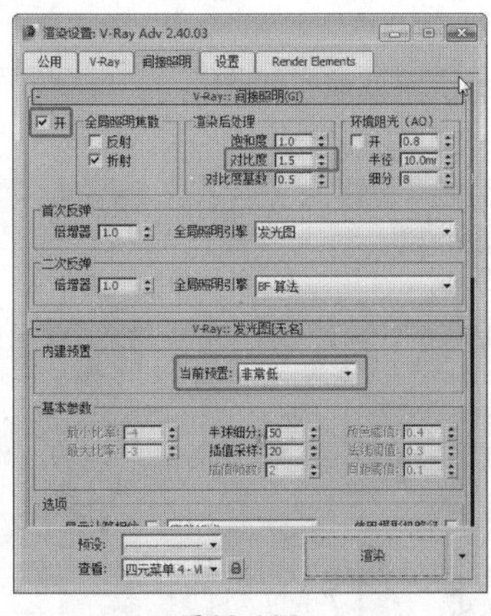
图22-105

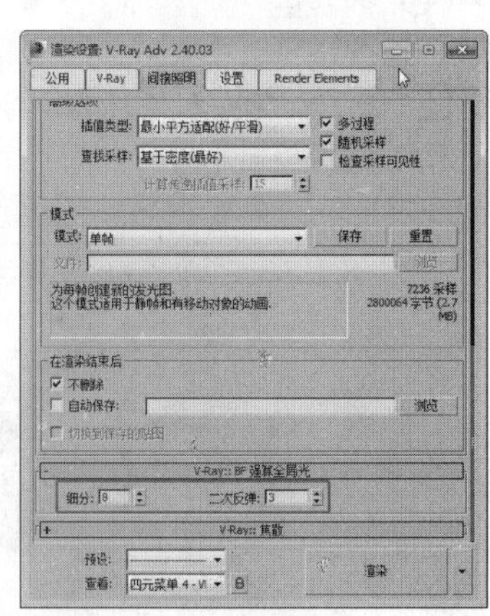
图22-106

04 渲染场景，可以看到如图22-107所示的效果。

图22-107

22.6 设置最终渲染

场景路径：Scene\cha22\住宅.max　　视频路径：视频\cha22\ 22.6 设置最终渲染.mp4

测试渲染设置场景之后，下面介绍场景中灯光的创建。

01 在“渲染设置”对话框Render Elements选项卡中单击“添加”按钮，在弹出的对话框中选择VRayWireColor，如图22-108所示。

02 设置最终渲染尺寸，如图22-109所示。

03 选择V-Ray选项卡，在“V-Ray::固定图像采样器”卷展栏中设置“细分”为20，如图22-110所示。

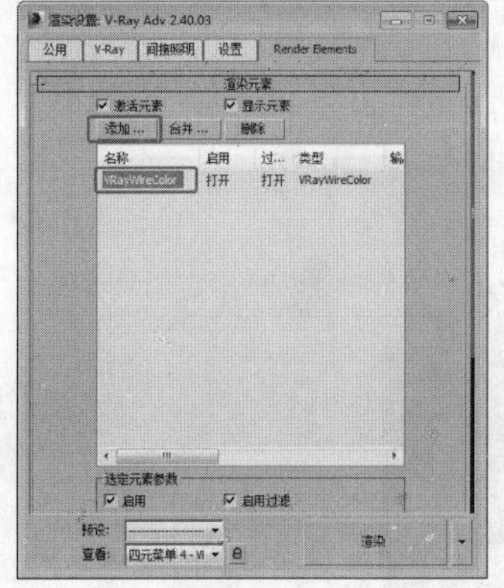
图22-108

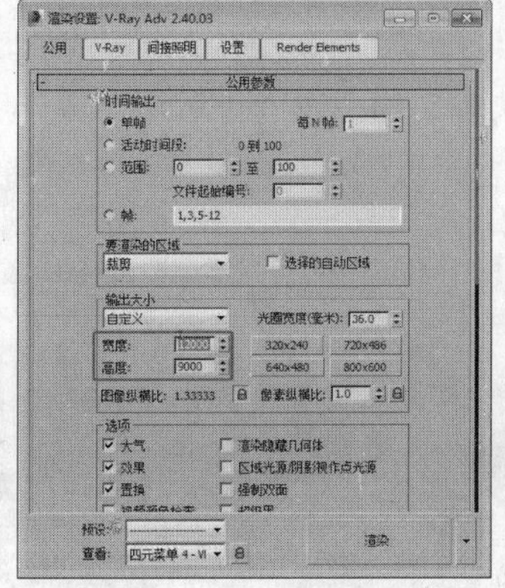
图22-109

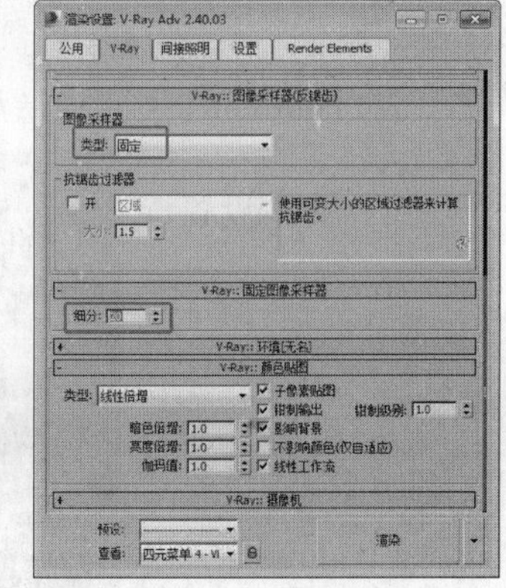
图22-110

04 选择"间接照明"选项卡，设置"二次反弹"的"全局照明引擎"为"灯光缓存"。在"V-Ray::发光图"卷展栏中设置"当前预置"为"中"，设置"半球细分"为60、"插值采样"为30，如图22-111所示。

05 在"V-Ray::灯光缓存"卷展栏中设置"细分"为1500，设置"采样大小"为0.02，勾选"存储直接光"和"显示计算相位"选项，如图22-112所示。

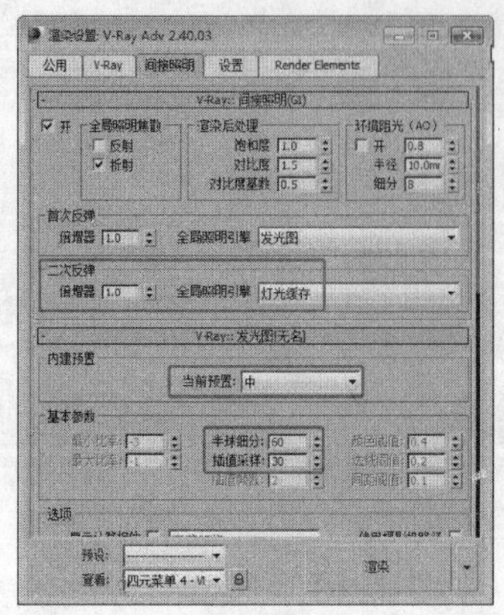

图22-111

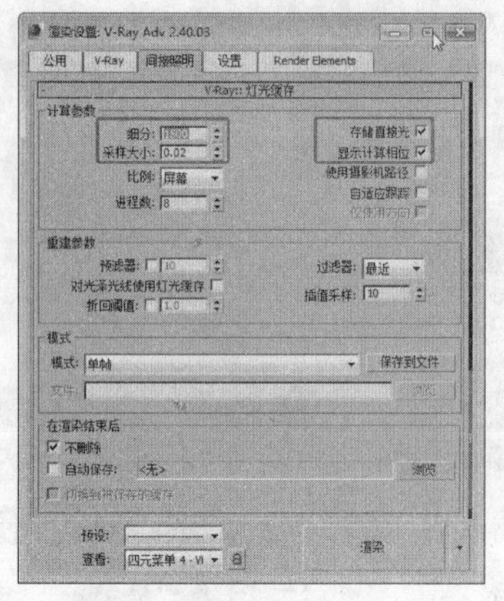

图22-112

06 重新裁剪场景的渲染范围，可以适当调整得大一些，这样可以有多余的空间修饰，如图22-113所示。

07 渲染当前场景效果，如图22-114所示，将渲染的效果和线框颜色图存储为TGA文件，便于后期的处理。

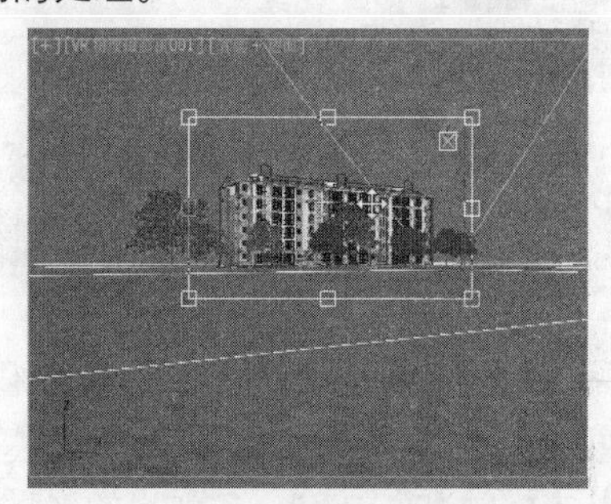

图22-113

图22-114

22.7 后期处理

场景路径：Scene\cha22\住宅后期.psd　　素材路径：Scene\cha22

视频路径：视频\cha22\ 22.7 后期处理.mp4

下面在Photoshop软件中对渲染输出的图像进行后期处理，后期处理的效果如图22-115所示。

图22-115

01 运行Photoshop软件，打开渲染的住宅和住宅线框颜色图，如图22-116和图22-117所示。

图22-116

图22-117

02 选择线框颜色图，在菜单栏中选择“选择”|“载入选区”命令，在弹出的对话框中使用默认参数，如图22-118所示，单击“确定”按钮。

03 载入选区后，按Ctrl+C快捷键，将选区中的图像进行复制。切换到效果图文件中，按Ctrl+V快捷键，粘贴图像到文件中，如图22-119所示。

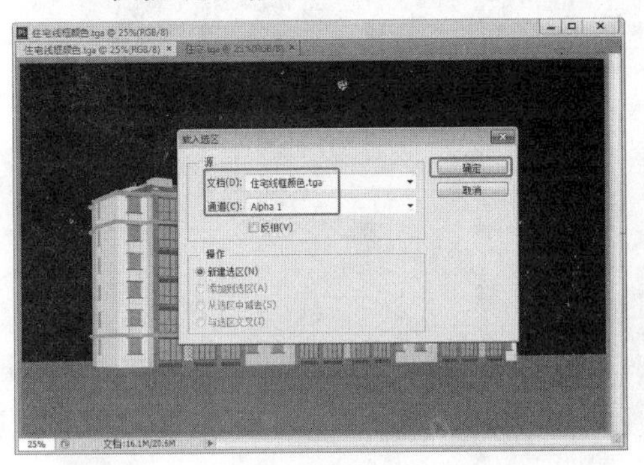

图22-118

图22-119

04 隐藏粘贴到效果图文件中的线框图，选择“背景”图层，在菜单栏中选择“选择”|“载入选区”命令，在弹出的对话框中使用默认参数，单击“确定”按钮，如图22-120所示。

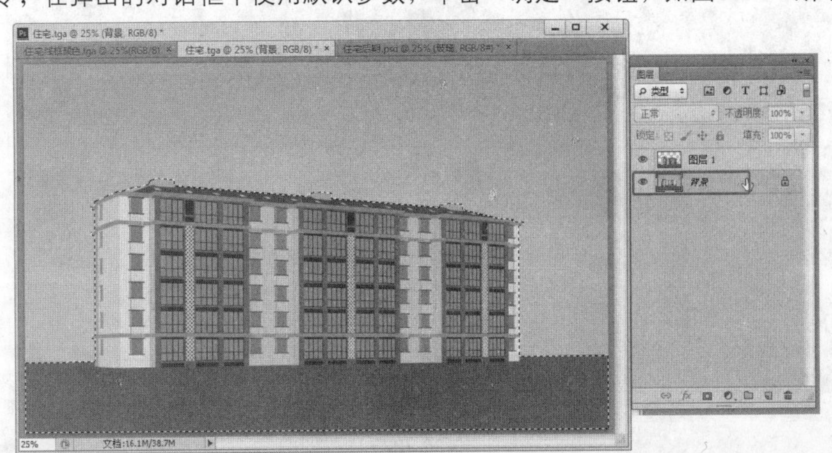

图22-120

05 确定“背景”图层处于选择状态，并确定将建筑图像载入选区，按Ctrl+J快捷键，将选区中的图像复制到“图层2”中，调整图层的位置，如图22-121所示。

06 打开随书附带光盘中的“Scene\cha22\天空.jpg”文件，如图22-122所示。

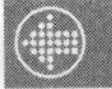

图22-121

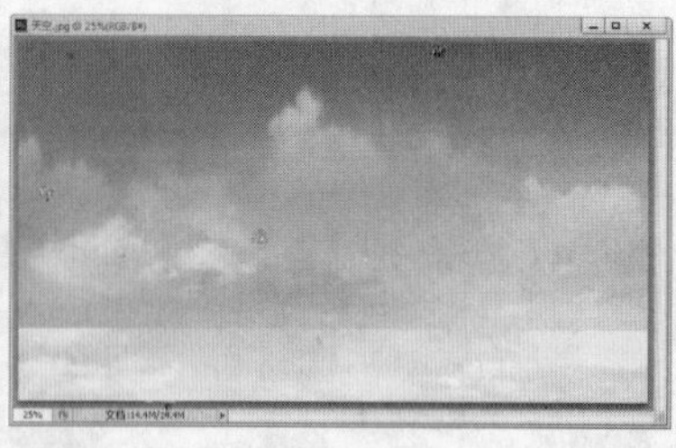

图22-122

07 将素材图像拖曳到效果图文件中，将其图层命名为“天空”，并调整图层的位置，如图22-123所示。

图22-123

08 隐藏“图层2”，选择“图层1”，使用魔术棒工具选择地面颜色，如图22-124所示。

图22-124

09 显示并选择“图层2”，按Delete键，将选区中的图像删除，如图22-125所示。

10 打开随书附带光盘中的“Scene\cha22\地面.psd”文件，如图22-126所示。

11 将地面素材拖曳到效果图文件中，将其图层命名为“地面”，调整图层的位置，如图22-127所示。

图22-125

图22-126

图22-127

12 调整"图层2"和"图层1"的位置，如图22-128所示。

图22-128

13 裁剪图像，如图22-129所示。

图22-129

14 打开随书附带光盘中的“Scene\cha22\远景.psd”文件，如图22-130所示。

15 将素材拖曳到效果图文件中，调整素材的位置和大小，如图22-131所示。

图22-130

图22-131

16 打开随书附带光盘中的“Scene\cha22\玻璃贴图0000000.psd”文件，如图22-132所示，在文件中选择“图层2”，并将其拖曳到效果图中。

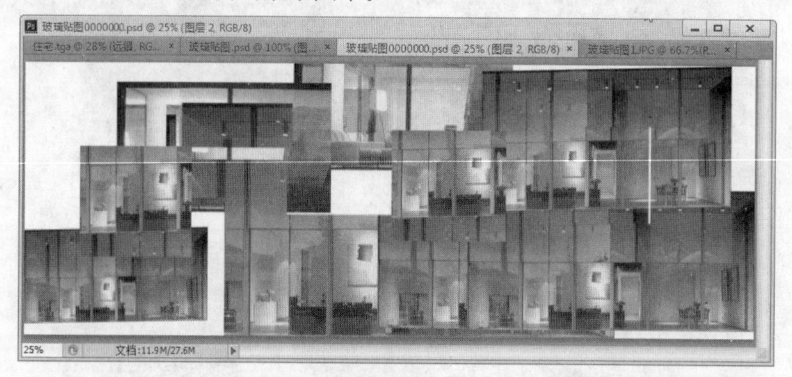

图22-132

17 按住Alt键移动复制拖曳到效果图文件中的图像，调整其位置。按住Ctrl键选择所有复制的图像图层，如图22-133所示，按Ctrl+E快捷键合并图层，将其作为窗户的反射。

图22-133

18 在“图层”面板中隐藏部分图层，选择“图层1”，使用魔术棒工具选择玻璃区域，如图22-134所示。

图22-134

19 按Ctrl+J快捷键，将选区中的图像复制到新的图层中，并将图层命名为“玻璃”，如图22-135所示。

图22-135

20 选择合并作为窗户的反射图层，按住Ctrl键单击“玻璃”图层的缩览图，将其载入选区，如图22-136所示。

图22-136

21 选择作为窗户反射的图层，单击“图层”面板底部的添加图层蒙版按钮，将其进行遮罩操作，使用橡皮擦工具擦除不需要的部分，如图22-137所示。

图22-137

22 设置窗户反射图层的“不透明度”，参数合适即可，如图22-138所示。

图22-138

23 使用同样的方法将“玻璃贴图0000000.psd”文件中的“图层1”拖曳到场景中，按Alt键移动复制图像，如图22-139所示。

图22-139

24 将复制图像的所有图层合并为一个图层，并使用同样的方法为其设置遮罩和不透明效果，如图22-140所示。

图22-140

25 打开随书附带光盘中的“Scene\cha22\玻璃贴图.psd”文件，如图22-141所示。

26 将“玻璃贴图.psd”文件中的图像拖曳到效果图文件中，使用同样的方法将其设置为玻璃的反射，如图22-142所示。

图22-141

图22-142

27 打开随书附带光盘中的“Scene\cha22\玻璃贴图1.jpg”文件，如图22-143所示。

28 参照前面的方法将其设置为玻璃的反射，如图22-144所示。

图22-143

图22-144

29 在“图层”面板中选择“图层2”，并将其命名为“建筑”，在菜单栏中选择“图像”|“调整”|“亮度/对比度”命令，在弹出的对话框中设置合适的参数即可，如图22-145所示。

图22-145

30 重新调整一下窗户反射图层的“不透明度”，如图22-146所示。

图22-146

31 打开随书附带光盘中的“Scene\cha22\大树.psd”文件，在需要的树素材上右击鼠标，在弹出的菜单中选择其素材相应的图层，如图22-147所示。

32 将选择的树素材拖曳到效果图文件中，调整图层的位置，图像的大小和位置，如图22-148所示。

图22-147

图22-148

33 使用同样的方法，将其他树素材添加的效果图中，如图22-149所示。

34 打开随书附带光盘中的“Scene\cha22\人.psd”文件，在需要的素材上右击鼠标，在弹出的菜单中选择其素材相应的图层，如图22-150所示。

图22-149

图22-150

35 添加人物素材到效果文件中，调整素材的大小和位置，如图22-151所示。

36 使用同样的方法，添加其他人物素材文件，如图22-152所示。

图22-151

图22-152

37 在“图层”面板中选择建筑和建筑玻璃反射的图层，如图22-153所示。

图22-153

38 将选择的图层拖曳到“创建新图层”按钮上，复制图层后，按Ctrl+E快捷键，将复制出的图层合并为一个图层，并将其命名为“建筑”，如图22-154所示。

39 复制“建筑”图层到左右两侧，作为辅助建筑，调整其大小，如图22-155所示。

图22-154

图22-155

40 打开随书附带光盘中的“Scene\cha22\光.psd”文件，如图22-156所示。

41 将光素材文件拖曳到场景文件中，调整其位置，如图22-157所示。

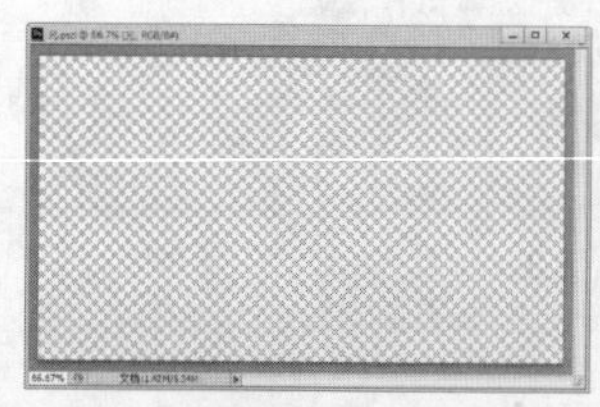

图22-156

图22-157

42 打开随书附带光盘中的“Scene\cha22\飞鸟.psd”文件，如图22-158所示。

43 将素材拖曳到效果文件中，如图22-159所示。

图22-158

图22-159

44 选中如图22-160所示的“建筑”图层，设置图层的混合模式为“叠加”，设置“不透明度”为50%。

图22-160

45 使用橡皮擦工具，在工具属性栏中设置不透明度，擦除建筑一部分窗户反射的图像，如图22-161所示。

图22-161

46 在“图层”面板底部单击 (创建新的填充或调整图层)按钮，在弹出的菜单中选择

“亮度/对比度”命令，设置亮度和对比度参数，如图22-162所示。

图22-162

47 在“图层”面板底部单击 （创建新的填充或调整图层）按钮，在弹出的菜单中选择“色彩平衡”命令，在“属性”面板中设置色彩平衡，如图22-163所示。

图22-163

48 调整两个调整图层的位置，如图22-164所示。

图22-164

49 将制作完成的带有图层的效果图文件进行存储，便于以后修改；合并图层，将其存储为效果图文件。